河北省科普专项项目编号：20555401K

柯克火灾调查

KIRK'S FIRE INVESTIGATION

原著第八版

EIGHTH EDITION

[美] 大卫·J.伊科夫（David J.Icove）
杰罗德·A.海恩斯（Gerald A.Haynes） 著

刘义祥　李　阳　等译

化学工业出版社

·北京·

内 容 简 介

《柯克火灾调查》（原著第八版）整合了《柯克火灾调查》（原著第七版）和《火灾现场重建》（原著第三版）的内容。《柯克火灾调查》一直是美国开展火灾调查培训的最权威教材，是火灾调查职业领域的专业著作。本书分为12章，章节次序合乎逻辑，章节内容相互联系。内容包括火灾调查原则、火灾动力学基础、化学火灾和爆炸、引火源、火灾现场勘验、火灾现场记录、各种类型的火灾、物证检验鉴定技术、火灾模拟、火灾试验、放火犯罪现场分析、火灾中人的伤亡、附录（包括单位换算和精选材料性能）。本教材广泛适用于火灾调查、法庭取证、工程设计和司法审判等领域部门的工作人员。

图书在版编目（CIP）数据

柯克火灾调查：原著第8版 /（美）大卫·J.伊科夫（David J.Icove），（美）杰罗德·A.海恩斯（Gerald A.Haynes）著；刘义祥等译. —北京：化学工业出版社，2021.12

书名原文：Kirk's Fire Investigation(Eighth Edition)

ISBN 978-7-122-40513-5

Ⅰ.①柯…　Ⅱ.①大…　②杰…　③刘…　Ⅲ.①火灾-调查

Ⅳ.①TU998.12

中国版本图书馆CIP数据核字（2021）第273023号

责任编辑：提　岩　张双进　　　　　　　文字编辑：林　丹　姚子丽
责任校对：王佳伟　　　　　　　　　　　装帧设计：王晓宇

出版发行：化学工业出版社（北京市东城区青年湖南街13号　邮政编码100011）
印　　装：河北京平诚乾印刷有限公司
787mm×1092mm　1/16　印张47¼　字数1059千字　2021年12月北京第1版第1次印刷

购书咨询：010-64518888　　　　　　　售后服务：010-64518899
网　　址：http://www.cip.com.cn
凡购买本书，如有缺损质量问题，本社销售中心负责调换。

定　　价：398.00元　　　　　　　　　　　　　　版权所有　违者必究

献　词

作者将《柯克火灾调查》（第八版）献给圣迭戈加利福尼亚消防科学与技术公司 Vytenis（Vyto）Babrauskas 博士。

Babrauskas 博士拥有斯沃斯莫尔学院物理学学士学位，加利福尼亚大学伯克利分校的结构工程硕士学位和消防工程博士学位，他是第一个被授予消防工程博士学位的人。

作为 NFPA 921 和 NFPA 901 委员会的主要成员，Babrauskas 博士在火灾和爆炸调查领域以一己之力作出了很大贡献，他的专著《引燃手册》是该领域必备参考资料。

作者对于 Babrauskas 博士过去、现在以及持续的贡献致敬。

作者简介

本书由美国两个经验最丰富的消防工程师合著。他们在消防、行为科学、消防工程、火灾行为、事故调查、犯罪侦查和犯罪现场重建等领域，总共拥有超过 100 年的工作经验。

David J. Icove

作为世界知名消防工程专家，Icove 博士具有超过 45 年的工作经验，参与编著了《柯克火灾调查》（第七版）和《火灾现场重建》这两部领域内引领性著作，以及《预防放火犯罪牟利》这一部经济利益放火案件中的示范性教材。自 1992 年，他一直是 NFPA 921 火灾调查技术委员会的主要成员。同时，他还担任 NPFA 901 火灾报告委员会的主席。

作为一名退休的联邦执法人员，Icove 博士曾经作为犯罪侦查员，先后就职于联邦、州及地方执法机构。他是一名职业注册工程师、国际放火火灾调查员协会（IAAI）认证的火灾调查员（CFI），美国国家火灾调查员协会（NAFI）认证的火灾和爆炸调查员（CFEI）、消防工程协会理事，同时是美国国家法庭科学工程学院（NAFE）理事及董事会认可的外交官。

Icove 博士作为联邦调查局（FBI）联合反恐工作队（JTTF）成员，于 2005 年退休，在工作的最后 2 年，他担任美国田纳西河谷管理局（TVA）警察局刑事侦查分局（位于田纳西州诺克斯维尔）的探员。除了开展重大案件侦查外，Icove 博士还与包括美国应急管理部（FEMA）消防管理局在内的多个机构合作，负责监督指导火灾调查人员高阶培训和技术课程的开发。

在 1993 年前往美国田纳西河谷管理局之前，Icove 博士在弗吉尼亚州匡蒂科，FBI 的行为科学与犯罪分析精英部门担任了 9 年项目主任。在 FBI 时，他担任放火和爆炸调查支持项目（ABIS）的首席主管，该项目由 FBI 和 ATF 探员参与完成。在 Icove 博士进入 FBI 工作之前，他作为犯罪案件侦查人员，在诺克斯维尔警察局放火侦查处、俄亥俄州消防局以及田纳西州消防局工作。

在火灾现场重建方面，Icove 博士的专业特长来自现场调查经验、开展火灾测试和实验、狱审放火和爆炸犯罪嫌疑人。Icove 博士一直作为专家证人，在民事和刑事审判中出庭作证，甚至在美国国会关于重要放火案件审判和立法创制征求意见时，发表专家看法。

Icove 博士在田纳西大学获得电气工程学士和硕士学位，以及工程科学和力学博士学位。同时，他还获得了马里兰大学帕克分校的消防工程硕士学位。Icove 博士最近成为田纳西大学电气工程和计算机科学系美国保险商实验室（UL）的特聘实践教授，讲授马里兰大学专业硕士研究生的消防工程课程，是田纳西州诺克斯县火灾调查部门的调查人员，诺克斯县警长办公室的预备副警长。

Gerald A. Haynes 是一名职业注册消防工程师，在消防工程领域具有 40 多年的工作经验。他取得了马里兰大学帕克分校的消防工程专业工学学士和硕士学位。目前，他是 Haynes and Associates 有限责任公司的总裁，同时担任马里兰大学高级工程教育办公室兼职讲师。

Haynes 先生先后在美国司法部，美国烟酒、枪械和爆炸物管理局，美国商务部，美国建筑标准和技术研究所以及消防研究实验室等机构任职。他具有多方面的经验，包括城市消防、火灾和爆炸调查、复杂事故分析与工程技术支持，且服过兵役。他曾就火灾原因和火灾实验方案，在联邦和州法院作为专家证人进行作证。在美国和国际上，他做过多次关于火灾动力学、火灾模拟和消防工程分析等方面的报告。目前他是多个专业组织的成员，包括美国消防工程师协会（SFPE）、美国国家法庭科学工程学院（NAFE）、美国职业工程师协会（NSPE）、美国消防协会（NFPA）、国际放火火灾调查员协会（IAAI）、美国国家火灾调查员协会（NAFI）和美国材料实验国际协会（ASTM International）。他是NFPA 921《火灾和爆炸调查指南》、NFPA 1033《火灾调查员职业资格认证标准》技术委员会的前任委员。

原著其他作者

朱莉·莱文·亚历山大，*Health Science* 期刊和 TED 副总裁

玛琳·麦克休·普拉特，投资组合管理董事

德里尔·特拉卡洛，投资组合经理

卡罗尔·拉泽里克，*Development* 期刊编辑

丽莎·纳林，投资组合管理助理

保罗·德鲁卡，*Content Production and Digital Studio* 副总裁

梅丽莎·巴什，*Health Science* 期刊总编辑

朗达·阿韦萨，SPi 全球项目总监

玛丽·安·格劳兰德，运营专家

艾米·帕尔蒂埃，*Health Science* 期刊数字信息工作室管理制作人

布莱恩·普里贝拉，数字信息团队负责人

丽莎·里纳尔迪，数字信息项目负责人

大卫·格塞尔，产品营销副总裁

布莱恩·霍尔，现场营销经理

iEnergizer Aptara 有限公司，全部服务项目的管理与实施

瓦切·德米尔吉安，仓库经理

卡利·凯勒，Cenveo 封面设计

亚伦·L. 艾伦，田纳西州诺克斯维尔市诺克斯县警长办公室警探

LSC Communications, Inc.，打印及装订

Phoenix Color/Hagerstown，封面打印

本书中，经允许后从其他地方借鉴的内容，已在适当位置列出相关人员并致谢。

商标是制造商和销售人员为区分其产品而使用的名称。当这些名称出现在本书中时，出版商会依据商标权，将这些商标名称的首字母大写或全部字母大写。

注：本书的部分内容由美国田纳西州山谷管理局（TVA）和联邦调查局（FBI）前工作人员大卫·J. 伊科夫编写。书中观点仅代表伊科夫博士及合著者观点，不代表 TVA 或美国政府观点。书中出现的任何产品、制造过程、商品名称、商标、制造商或其他内容也不代表是 TVA 或美国政府所认可或推荐的。

本书译者

主　译　刘义祥　李　阳

翻　译　（按姓氏笔画排序）

王　霁　刘　玲　刘义祥　苏文威

李　阳　李晓康　李朝阳　杨永斌

张金专　金　静　高　阳

译者的话

《柯克火灾调查》是世界火灾调查领域最权威的培训教材和专业著作。《柯克火灾调查》（原著第八版）由美国知名消防工程专家大卫·J. 伊科夫（David J. Icove）博士与 Haynes and Associates 有限责任公司总裁、马里兰大学高级工程教育办公室兼职讲师杰罗德·A. 海恩斯（Gerald A. Haynes）共同编写。该书在《柯克火灾调查》（原著第七版）和《火灾现场重建》（原著第三版）的基础上进行重新编写。内容全面、贴近实战、聚焦前沿。

火灾发生后，准确调查认定火灾原因，是划清火灾责任，吸取火灾教训，提高消防安全水平的前提。火灾调查作为消防工作的重要基础，同时涉及火灾科学、物证技术学、法律等多个学科，具有技术含量高、专业性强的特点。

随着我国社会发展和人民生活水平的提高，新型火灾不断出现，给火灾调查工作带来了新的挑战。如何提高火灾调查技术水平，有针对性开展消防工作，是建设平安中国的需要，也是摆在每个消防工作者面前的任务。为了学习和借鉴国外火灾调查经验，我们组织人员翻译了这本著作。该书可以作为高等学校消防专业的教学参考书，也可作为火灾调查工作者的工作参考书。

本书由中国人民警察大学刘义祥教授和李阳副教授担任主译。全书包括 12 章，其中第 1 章由李阳副教授翻译，第 2 章由李晓康副教授（2.1～2.9.8）、苏文威工程师（2.9.9～2.10）、王霁副教授（2.11）翻译，第 3 章由杨永斌副教授翻译，第 4 章由高阳讲师翻译，第 5 章由刘义祥教授翻译，第 6 章由张金专教授（6.1～6.3）、刘玲教授（6.4～6.7）翻译，第 7 章由李阳副教授（7.1～7.3）、李朝阳工程师（7.6～7.10）、高阳讲师（7.4）、刘玲教授（7.5）翻译，第 8 章由刘玲教授翻译，第 9 章由杨永斌副教授翻译，第 10 章由王霁副教授翻译，第 11、12 章由金静副教授翻译。

本书的翻译出版，得到了河北省创新能力提升计划项目资助。翻译过程中，得到了有关业务部门专家学者的支持和指导，谨在此表达谢意。

由于译者水平有限，不足之处在所难免，恳请广大读者批评指正。

刘义祥

2021 年 8 月

第八版前言

自 1969 年 Paul L. Kirk 博士出版第一版《火灾调查》和 2004 年出版第一版《火灾现场重建》以来，火灾调查领域发生了日新月异的变化，但相较于以往所有的年份，过去一年发生的变化更多。Kirk 博士是加利福尼亚大学伯克利分校的生物化学与刑事侦查学教授，主要从事微量化学专业物证检验鉴定分析方面的研究。1953 年，Kirk 博士撰写了代表作《犯罪侦查》，并一直从事私人犯罪侦查实践工作，参与了众多火灾和爆炸调查工作。1969 年，Paul L. Kirk 博士撰写出版了第一版《火灾调查》，此为第一部由科研人员而不是火灾调查人员撰写的火灾调查专业教材。Kirk 博士 1970 年去世，去世前一直负责加利福尼亚大学伯克利分校的犯罪学项目，并开启了许多现在活跃在世界各地的犯罪学家的职业生涯。Kirk 博士注重运用科学理论解决火灾和爆炸难题，其影响和指导意义深远，即使在 40 多年后的今天，火灾调查领域仍在强调运用科学方法开展火灾调查。为了致敬 Kirk 博士将科学原理引入火灾调查的创举，《柯克火灾调查》在书名上保留了他的名字，作为此教材的精神传承。在认定起火部位和火灾原因方面，火灾调查不应仅仅依靠勘验现场残留物、询问相关证人和经验性感官现象开展。现如今的火灾调查人员必须紧跟法庭科学的快速发展、火灾现场记录的快速革新，更要直面法庭上专家证人的精准辩护带来的压力挑战。

应当时出版商 John Wiley & Sons 的邀请，Jorn D. DeHaan 博士于 1980 年成为了《柯克火灾调查》的作者。DeHaan 博士广泛参加国际火灾、爆炸和法庭科学专业组织，拥有渊博的知识，并具有与许多著名专家分享技术和信息的机会。DeHaan 在攻读博士学位期间，致力于易燃液体挥发层形成的研究（斯特拉斯克莱德大学，1995）。然而，在 30 多年后，DeHaan 博士认为需要新一代具备现代调查应用工程技能的人，来牵头完成此项工作。

《柯克火灾调查》（第八版）整合了《柯克火灾调查》（第七版）和《火灾现场重建》（第三版）的内容。新教材的设计可应对法庭取证的新挑战。《柯克火灾调查》仍然是开展火灾调查培训的最权威教材，是火灾调查职业领域的专家著作。同时，作为一部配套教材，对美国消防协会（NFPA）的最新版 NFPA 921《火灾和爆炸调查指南》、NFPA 1033《火灾调查员职业资格认证标准》以及其他相关标准中的概念进行了讲解补充。

《柯克火灾调查》保持了在火灾调查领域中，引领同行评审，并被广泛引用的专家著作地位。书中的概念和调查技术均经过了同行评审，已得到了火灾和爆炸调查领域的广泛认可。尽管《柯克火灾调查》中吸纳和介绍了一些新技术，超出了 NFPA 921 和其他相关标准的发布内容，但该书完全可以作为专家证人的参考书籍放心使用。

由于用于法庭取证的火灾现场记录已经成为几乎所有竞争性调查审判的基石，简单地开展现场重建，如：复位家具、将火灾后的物品放回火灾前的位置，已无法满足要求。因此，在现场记录过程中，火灾调查人员必须掌握科学开展火灾痕迹分析的技能，所采用的分析方法必须基于可辨识痕迹的专家解释，符合火灾动力学原理。

《柯克火灾调查》（第八版）对法庭科学中涉及的消防工程内容进行了深入探索，包括工程计算和火灾模拟，全书通过对几个案例的深入剖析，详细揭示了现代技术的发展优势，也涵盖了多个专题领域，包括：扫描和全景照相的运用、综合技术报告的制作、引燃矩阵分析方法、专家证人证言以及计算机模拟和激光成像。同时，还对如何保持持续进步展开了讨论。

新版教材可以为那些希望提高法庭取证能力的调查人员提供帮助，有助于他们进一步提高调查水平，强调使用科学方法开展调查的现实需求，细化了建立有效假设后需要详细了解的信息。在此教材的引导下，调查人员会学会如何制作和权威呈现专家证人证言，从而为法庭作证做好充足准备。

在火灾调查领域中，《柯克火灾调查》（第八版）是对放火犯罪现场和放火动机分析讲解最深入的一部教科书。本书有助于调查人员更深入、更前沿地了解火灾调查领域中消防工程的概念、技术和分析方法，使读者掌握更高水平的专业技术知识。

致　谢

在此向此版教材和过去版本编写和出版过程中许多给予我们帮助和鼓励的人表示感谢，包括许多个人和以下机构，以及机构的现在和过去的员工。

David M. Banwarth 联合公司，LLC，代顿，马里兰：David M. Banwarth, P. E.

烟酒、枪械和爆炸物管理局（ATF）：Steve Carman（退休），Steve Avato，Dennis C. Kennamer（退休），Dr. David Sheppard，Jack Malooly（退休），Wayne Miller（退休），Michael Marquardt，Luis Velaszco（退休），John Mirocha（退休），Ken Steckler（退休），Brian Grove，John Allen 和 Jeffrey E. Theodore

J. H. 伯戈因联合公司（英国）：Robin Holleyhead 和 Roy Cooke

夏布利班纳与斯托弗公司，P.C.，查塔努加，田纳西：Jeffrey，G. Granillo，Richard W. Bethea，William Dearing 和 John G. Jackson

多南工程设计有限责任公司，LLC：Sandra K. Wesson，James Enos，James Caton 和 Thomas R. May

肯塔基东部大学：Gregory E. Gorbett 博士，James L. Pharr，Andrew Tinsley 博士和 Ronald L. Hopkins（退休）

联邦调查局（FBI）：Richard L. Ault（退休），Stephen R. Band 博士，S. Annette Bartlett，James E. Bentley, Jr.（退休），John Henry Campbell 博士（退休），Theodore E. Childress（已故），R. Joe Clark（退休），Roger L. Depue 博士（退休），Jon Eyer（退休），William Hagmaier（退休），Joseph A. Harpold（退休），Robert "Roy" Hazelwood（已故），Timothy G. Huff（退休），Edwin Kelly（已故），Sharon A. Kelly（退休），John L. Larsen（退休），James A. O'Connor 博士（退休），John E. Otto（退休），Rex W. Ownby（退休），Robert K. Ressler（已故），William L. Tafoya 博士（退休），Howard "Bud" Teten 博士（退休），Scott A. Wenger，Arthur E. Westveer（已故）和 Eric Witzig（退休）

火灾和材料研究实验室，LLC：Elizabeth C. Buc，P.E. 博士，Livonia，Michigan Mark A. Campbell，火灾调查研究中心，科罗拉多

消防安全研究所：John M. "Jack" Watts, Jr. 博士

消防科学与技术公司：Vyto Babrauskas 博士

法庭取证火灾分析办公室：Lester Rich

加德纳联合公司：Mick Gardiner，Jim Munday 和 Jack Deans

古德逊工程公司，丹顿，得克萨斯：Mark Goodson, P.E.，Lee Green, P.E. 和 Rodger H. Ide

艾瑞斯消防有限责任公司，LLC，帕克，科罗拉多：Robert K. Toth

以色列国家警察（耶路撒冷）：Shalom Tsaroom（退休），Arnon Grafit，Dan Muller 博士，Ran Shelef，Dana Sonenfeld 和 Myriam Azoury

肯特考古野外学校，英国：Paul Wilkinson 和 Catherine Wilkinson 博士

诺克斯县警长办公室（田纳西）：Carleton E. Bryant，IV。诺克斯县消防调查组：Det. Michael W. Dalton（退休）；Inv. Shawn Short；Inv. Greg Lampkin；Det. Aaron Allen；Inv. Michael Patrick；Inv. Daniel Johnson；Kathy Saunders，诺克斯县防火处长

诺克斯维尔消防局（田纳西）：防火处长 Danny Beeler

徕卡测量系统：Rick Bukowski 和 Tony Grissim

梅萨县警长办公室，科罗拉多：Benjamin J. Miller

大都会警察法医实验室，火灾调查科，伦敦（英国）：Roger Berrett（退休）

麦金尼消防局（得克萨斯）：Mark Wallace 局长

谋杀问责项目办公室：Thomas K. Hargrove 和 Eric Witzig

美国国家法医工程师协会：Michael D. Leshner，P.E.

美国国家标准和技术协会（NIST）：Richard W. Bukowski，William Grosshandler 博士（退休），Dan Madrzykowski（退休）和 Kevin McGrattan 博士

百慕大国家博物馆：Edward C. Harris 博士

新罕布什尔州消防局办公室：J. William Degnan，Donald P. Bliss（退休）

新南威尔士消防队：Ross Brogan（退休）

尼斯蒂科克劳奇与凯斯勒公司，P.C.：Kathleen Crouch 和 Rachel Wall

诺瓦托消防局：Forrest Craig 助理局长

俄亥俄州消防局，雷诺兹堡：Eugene Jewell（已故），Charles G. McGrath（退休），Mohamed M. Gohar（退休），J. David Schroeder（退休），Jack Pyle（已故），Harry Barber，Lee Bethune，Joseph Boban，Kenneth Crawford，Dennis Cummings，Dennis Cupp，Robert Davis，Robert Dunn，Donald Eifler，Ralph Ford，James Harting（退休），Robert Lawless，Keith Loreno，Mike McCarroll，Matthew J. Hartnett，Brian Peterman，Mike Simmons，Rick Smith，Stephen W. Southard 和 David Whitaker（退休）

帕诺斯卡公司：Ted Chavalas

精密模拟器有限责任公司：Kirk McKenzie

奎斯特菲茨帕特里克与杰拉德公司，PLLC，诺克斯维尔，田纳西：Michael A. Durr

里奇兰消防局（华盛顿）：Glenn Johnson 和 Grant Baynes

萨克拉门托县消防局（加利福尼亚）：Jeff Campbell（退休）

圣保罗岛消防局办公室（明尼苏达）：Jamie Novak

圣安娜消防局办公室（加利福尼亚）：Jim Albers（退休）和 Bob Eggleston（退休）

圣力嘉学院消防工程技术系：David McGill

格伦特法医办公室（得克萨斯）：Nizam Peerwani 博士，Ronald L. Singer

田纳西州消防局办公室：Richard L. Garner（退休），Robert Pollard，Eugene Hartsook（已故）和 Jesse L. Hodge（退休）

美国田纳西河谷管理局（TVA）：Carolyn M. Blocher，James E. Carver（退休），R.

Douglas Norman（退休），Larry W. Ridinger（退休），Sidney G. Whitehurst（退休）和 Norman Zigrossi（退休）

得克萨斯州消防局办公室：Chris Connealy

保险商实验室（UL）：J. Thomas Chapin 博士，Pravinray D. Gandhi,P.E. 博士和 Dan Madrzykowski, P.E.

阿肯色大学人类学系：Elayne J. Pope博士，现在泰德沃特区首席法医办公室，诺福克，弗吉尼亚

爱丁堡大学土木工程系：荣誉教授 Dougal Drysdale 博士

马里兰大学消防工程系：John L. Bryan 博士（荣誉退休），James A. Milke 博士，Frederick W. Mowrer 博士（荣誉退休），James G. Quintiere 博士（荣誉退休），Dr. Marino di Marzo 和 Steven M. Spivak 博士（荣誉退休）

田纳西大学：A. J. Baker 博士，William M. Bass 博士，Wayne Davis 博士，Samir M. El-Ghazaly，Rafael C. Gonzalez 博士，Sonja Hill，Michael Langston 博士，Evans Lyne 博士，Matthew M. Mench 博士，Lindsey K. Miller，Masood Parang 博士，Leon Tolbert 博士，M. Osama Soliman 博士，Dawnie Wolfe Steadman 博士，Jerry Stoneking 博士（已故）和学习消防工程专业课程的多名学生

美国检察官办公室：Jack B. Hood，Jason R. Cheek 和 Gary Brown

美国消费品安全委员会：Gerard Naylis（退休）和 Carol Cave

美国消防局，美国应急管理部（FEMA）：Edward J. Kaplan，Kenneth J. Kuntz（退休），Robert A. Neale（退休），Denis Onieal 博士，Lester Rich

美国核管理委员会：Mark Henry Salley, P.E.

诚恳、衷心地感谢每个评审过早期手稿的人，他们解决了技术问题，对此书的版式和内容提供了许多有益的建议。

特别鸣谢策划编辑 Carol Lazerick；文字编辑 Bret Workman A；校对 Karen Jones；以及管理助理 Lisa Narine，Portfolio。

同时，特别感谢我们的家人和朋友多年来的耐心支持。

同行评审

为了确保教材内容的均衡、实用、权威和准确，进行同行评审是非常重要的。在本版和以前版本的《柯克火灾调查》和《火灾现场重建》同行评审过程中，以下人员、部门、机构和公司给予了大力支持。

Vytenis (Vyto) Babrauskas 博士，消防科学与技术公司，圣迭戈，加利福尼亚。

John Bailot，公共管理硕士，IAAI-CFI，EMT-P，兼职教师，圣路易斯社区学院 - 森林公园，圣路易斯，密苏里。

David M. Banwarth，P.E.，消防工程师，David M. Banwarth 联合公司，LLC，代顿，马里兰。

Richard L. Bennett，消防工程和紧急服务专业副教授，阿克伦大学，阿克伦城，俄亥俄。

Elizabeth C. Buc 博士，P.E.，CFI，火灾和材料研究实验室，LLC，利沃尼亚，密歇根。

John L. Bryan 博士（已故），荣誉教授，马里兰大学消防工程系，大学城，马里兰。

Charlie Butterfield，M. Ed.，NRP，首席财务官，教授，消防管理程序专业，爱达荷州立大学，波卡特洛，爱达荷。

Brian Carlson，理科硕士，火灾科学专业，辛辛那提大学，俄亥俄。

Guy E. "Sandy" Burnette, Jr.，律师，塔拉哈西，佛罗里达。

Steven W. Carman，理科硕士，消防工程专业，IAAI-CFI，Carman & Associates 火灾调查公司所有人，格拉斯瓦利，加利福尼亚。

Jody Cooper，IAAI-CFI，CVFI，JJMA 调查有限责任公司所有人 / 火灾调查员，同时为俄克拉荷马州立大学教师，波托，俄克拉荷马。

Carl E. Chasteen，BS，CPM，FABC，司法服务主管，州消防局佛罗里达分局局长，哈瓦那，佛罗里达。

Robert F. Duval，美国消防协会，昆西，马萨诸塞。

Mark Fyffe，MPA，BS，消防安全工程，兼职教授，辛辛那提大学，俄亥俄。

Christopher Gauss，IAAI-CFI，队长，巴尔的摩县火灾调查局，陶森，马里兰。

Gregory E. Gorbett 博士，无国界医生组织，CFEI，IAAI-CFI，副教授 /FPSET 程序协调员，肯塔基东部大学，里士满，肯塔基。

Kristopher Grod，持有执业证书，高级讲师，消防员职业等级 1 & 2，中北部技术学院，沃索，威斯康星。

Gary S. Hodson，犹他州山谷大学，犹他消防救援学院，犹他。

William Jetter，博士，高级讲师，消防安全管理专业，固体危险废料专业，健康和安全专业，火灾科学专业，辛辛那提，俄亥俄。

本书主要内容

《柯克火灾调查》（第八版）分为以下 12 章及附录，章节次序合乎逻辑，章节内容相互联系。

第一章 火灾调查原则，介绍了在起火点和起火原因认定技术领域，推动其快速发展的基础及背景。此章介绍了在火灾现场重建过程中，火灾调查人员依据的消防工程、法庭科学、行为科学的综合原理采用的系统方法。使用此种方法，火灾调查人员能够更加准确地分析建筑火灾的起火部位、火灾强度、火势发展、蔓延方向、持续时间和居住者的行为。

第二章 火灾动力学基础，帮助火灾调查人员清楚了解火灾现象、常见材料的热释放速率、热传递、火势的发展和蔓延、火羽流和受限空间火灾。

第三章 化学火灾和爆炸，帮助火灾调查人员全面了解化学火灾与爆炸、危险品分类之间的相互关系。作为该领域的国际知名专家，Elizabeth Buc 博士为本章撰写做出了重要贡献。

第四章 引火源，探讨了调查和识别引火源过程中已有和最新的方法。调查认定过程中使用 Bilancia 引燃矩阵法，确保每次应用科学方法开展调查时，都能系统地建立合理全面的假设。

第五章 火灾现场勘验，介绍了火灾调查人员在分析火灾破坏和认定起火部位时，所用火灾痕迹形成的科学和工程技术基础。当火灾扑灭后，火灾痕迹常常是唯一残存的可见证据。当火灾调查人员进行现场重建时，准确记录和解释火灾痕迹的能力是其最为重要的技能之一。

第六章 火灾现场记录，详细介绍了支撑法庭取证分析和报告所需的系统方法。火灾现场记录的目的包括：记录现场观察发现，强化火灾发展特征，识别和保护物证。其基本内容是通过详细的记录，充分支撑调查结果和法庭陈述。本章还包括对实用新技术的评述，以实现准确全面地记录。

第七章 各种类型的火灾，介绍了火灾调查人员在开展调查前，理应熟悉了解的可燃物、引火源和火灾行为的基本规律。本章包括建筑火灾、野外火灾、车辆火灾、预制房屋火灾和船舶火灾。还介绍了调查目的，以及通过制定合理有序计划，实现调查目的的必要性，同时详解了火灾后现场特征的价值和局限性，以及产生这些现场特征的物质变化过程。

第八章 物证检验鉴定技术，介绍了在火灾和爆炸调查中检验鉴定实验室的作用，以及所需检验鉴定的种类。不仅包括火灾残留物分析，也包括对各种物质进行广泛的物理、化学、光学和仪器分析。

第九章 火灾模拟，介绍了针对火灾、爆炸和人的行为模拟，所使用的各种数学、物理和计算机辅助技术。对多种模型进行了探究，介绍了各自的优缺点。同时也介绍了多个案例。

第十章 火灾试验，描述了政府对纺织品的相关规定，但火灾中纺织品仍时常是最先被引燃的物品。本章讨论了常见纺织品和室内装饰材料的性质，以及在目前研究中，它们在火灾危险性及火灾荷载方面发挥的作用。

第十一章 放火犯罪现场分析，综述了分析放火嫌疑人动机和意图的技术方法。介绍了普遍认可的基于动机的放火案件分类标准，以及故意破坏、寻求刺激、报复、掩盖罪行、放火牟利等放火案件实例。同时对连环放火案的地理特征也进行了研究，并对放火嫌疑人的选择目标进行了分析。

第十二章 火灾中人的伤亡，深入探究了火灾对人体和逃生能力的影响。本章分析了火灾中人员受到燃烧产物、有毒气体和高温环境的作用时死亡的原因。同时介绍了人体上可能呈现的火灾痕迹特征，并总结了在亡人调查过程中应开展的尸检和法医检验。

附录，包括单位换算和精选材料性能。

本书适用对象

服务于法庭取证的火灾调查远远不止是确定火灾现场存在什么家具及其原始位置那么简单。火灾现场分析和重建包括辨别和记录所有火灾现场的相关特征，即材料、尺寸、位置、物证，帮助认定可燃物、建立人员行为和联系。基于消防工程和人的行为规律，这些信息用于分析各种起火部位、起火原因和火灾发展的过程场景，以及对人的行为的影响。

本教材广泛适用于火灾调查、法庭取证、工程设计和司法审判等领域的政府和非政府部门工作人员。预期教材使用人员包括：

■ 公共安全部门履行火灾调查职责的公务人员。

■ 放火及涉火犯罪嫌疑案件的公诉人，其具有提供分析证据和向非技术法官与陪审团呈现技术细节的能力。

■ 司法官员，其致力于更好地理解所主持审判案件的技术细节。

■ 非政府机构的调查人员、保险理算员、保险公司代理律师等，其主要负责处理索赔业务，或在认定火灾原因过程中获得利益。

■ 市民和社区服务机构，其负责组织面向公众的警示教育，以降低火灾风险和火灾造成的经济损失。

■ 科学家、工程师、学者以及火灾现场重建相关专业的在校学生。

在应用法庭取证工程技术时，全面掌握火灾动力学原理是非常有用的。本书介绍并说明了火灾现场重建系统方法的最新解释。这些方法参照法庭科学、行为学的同时，还借鉴了消防工程原理。

在此教科书中，作者使用历史的火灾案例，用全新的课程知识和视角，审视历史火灾的起火、发展、蔓延和造成的后果。示范案例资料遵守或超过 NFPA 所提出的方法要求，方法源自 2017 版 NFPA 921《火灾和爆炸调查指南》和其补充标准 2014 版 NFPA 1033《火灾调查员职业资格认证标准》。本书使用真实案例，说明法庭科学、消防工程和人为因素中相关概念的新看法。每个案例都运用 NFPA 921 和《柯克火灾调查》的指导原则进行说明。在有些案例中，使用了消防工程分析或火灾模拟，并对相关技术进行了探索。

作者感谢消防工程师协会（SFPE）提供的多篇基础参考文献，这些文献构成了本书诸多资料的基础。从火灾科学核心原理到人员行为，这些基础文献涵盖了《SFPE 防火工程手册》和诸多 SFPE 的工程实践指南。

本版更新之处

在过去十年，第八版是内容革新最大胆的版本之一。《柯克火灾调查》（第八版）在之前版本的基础上，进行了全面更新和精简，提供了最新的调查技术和创新的记录方法。

以下是相较之前版本，此版的主要变化。

■ 为满足 FESHE[译者注：FESHE（Fire and Emergency Service Higher Education）是美国消防管理局的高级培训课程] 课程指南对火灾调查与分析的要求，对接 2017 版 NFPA 921 和 2014 版 NFPA 1033。

■ 强调并参照 NFPA 1033 中对火灾调查人员的最低工作表现要求 (JPRs)。

■ 根据 NFPA 1033 中列出的 16 个基础知识需求，提供了相关背景知识。

■ 囊括了应用科学方法，开展火灾调查的最新内容，特别是引入了 Bilancia 引燃矩阵法。

■ 为方便读者学习理解，几乎所有照片都是彩色的。

■ 通过对最新案例的深入分析，说明了火灾调查与分析的应用方法。

■ 本教材中使用的词汇表，提供了火灾调查中最新专业术语的定义。

■ 本教材是美国消防学院、国际放火火灾调查员协会（IAAI）和美国国家火灾调查员协会（NAFI）的火灾调查职业培训和认证课程的指定和补充教材。

■ 提供了国际放火火灾调查员协会（IAAI）的火灾调查技术人员（IAAI-FIT）和证据收集技术人员（IAAI-ECT）考试所需的基本知识。

■ 为师生提供了沟通交流的网站，包括 NIST、NFPA、美国司法部和美国化学与危险品安全评估委员会等组织的问题集。

标志特征

■ 介绍了重建火灾现场的系统方法，这种方法中调查人员要综合运用消防工程、法庭科学及行为科学的相关原理。

■ 介绍了火灾痕迹如何产生，以及调查人员在判断火灾破坏和认定起火部位时，分析火灾痕迹形成的科学基础。

■ 细化了开展火灾调查分析和制作调查报告所需的系统方法。

■ 详述了放火嫌疑人动机和意图的分析技术。

■ 介绍了多种模拟火灾、爆炸和人员行为的数学、物理和计算机方法。

■ 提供了火灾对人的影响及逃生能力的深入分析方法。

■ 详述了标准且适用的司法检验鉴定实验室和火灾测试方法，这对于火灾现场分析和重建具有重要作用。

课程描述

本课程讲授放火案件的技术、调查、法律和社会等方面的内容，包括放火火灾分析与侦查的原则、放火案件的实施环境与心理因素、相关法律问题、干预措施和缓解策略。

作为国家级培训课程指南，美国消防学院开发的火灾和应急救援高级教育课程（FESHE）是许多消防机构和培训课程必备的。下面的网格列出了火灾调查与分析课程要求的内容，以及具体内容在本书中所在的位置。

课程要求	章											
	一	二	三	四	五	六	七	八	九	十	十一	十二
具备能够开展火灾调查与分析的技术与知识，了解火灾损失和放火案件的特点和影响	X	X	X	X	X	X	X	X	X	X	X	X
按照法律要求和最高实践标准，记录火灾现场	X				X	X	X	X	X	X		X
使用科学方法、火灾科学和相关技术，分析火灾现场	X	X	X	X	X	X	X	X	X	X	X	X
为系统开展放火火灾调查和案件准备，进行法律基础分析	X				X	X	X	X	X	X	X	X
设计和整合各种纵火相关的干预和缓解策略	X						X				X	X

项目	2014 版 NFPA 1033 所列出的火灾调查人员专业技术能力
火灾调查员的一般要求	4.1.2 在分析过程中能够运用各种科学方法
	4.1.3 开展各类现场的安全评估
	4.1.4 与相关的专业人员和机构保持必要的联系
	4.1.5 遵守所有适用的法律法规要求
	4.1.6 了解调查组的组织和运作及事故调查管理体系
现场勘查	4.2.1 火灾现场保护
	4.2.2 开展火场外围勘验
	4.2.3 开展火场内部勘验
	4.2.4 解释火灾痕迹
	4.2.5 解释并分析痕迹
	4.2.6 检查清理火灾残骸
	4.2.7 重构起火区域
	4.2.8 检查建筑系统运行状况
	4.2.9 区分爆炸和其他类型破坏

项目	2014 版 NFPA 1033 所列出的火灾调查人员专业技术能力
现场记录	4.3.1 绘制现场图
	4.3.2 拍摄现场照片
	4.3.3 制作现场勘验笔录
证据收集和保存	4.4.1 采用正确程序处理伤亡人员
	4.4.2 定位、收集和包装证据
	4.4.3 挑选用于分析的证据
	4.4.4 保存好证据链
	4.4.5 处理证据
询问	4.5.1 制定询问计划
	4.5.2 开展调查询问
	4.5.3 分析询问信息
调查后期工作	4.6.1 收集报告和记录
	4.6.2 分析调查档案
	4.6.3 协调专家资源
	4.6.4 寻找关于动机和时机的证据
	4.6.5 提出关于火灾起火点、起火原因和责任的意见
报告	4.7.1 制作书面报告
	4.7.2 口头陈述调查结果
	4.7.3 法庭诉讼中举证
	4.7.4 向公众介绍相关信息

目录

第二章
火灾动力学基础　　062

第三章
化学火灾和爆炸　169

第四章
引火源

第五章
火灾现场勘验 280

第六章
火灾现场记录　337

第七章
各种类型的火灾　　　　　　　　　　　　419

第八章
物证检验鉴定技术　530

第十一章
放火犯罪现场分析　　　　　　　　　　625

第十二章
火灾中人的伤亡 664

附录 A
单位换算

附录 B
精选材料性能

术语

第一章

火灾调查原则

关键术语

- 溯因推理（abductive reasoning）；
- 失火火灾（accidental fire）；
- 燃烧（combustion）；
- 犯罪事实（corpus delicti）；
- 数据（data）；
- 演绎推理（deductive reasoning）；
- 爆炸（explosion）；
- 火灾（fire）；
- 起火原因（fire cause）；
- 放火罪（arson）；
- 火灾动力学（fire dynamic）；
- 火灾调查人员（fire investigator）；
- 火灾痕迹（fire pattern）；
- 火灾现场调查和重建（fire scene investigation and reconstruction）；
- 法庭科学（forensic science）；
- 假设（hypothesis）；
- 放火火灾（incendiary fire）；
- 归纳推理（inductive logic or reasoning）；
- 职业要求（job performance requirement）；
- 排除认定（negative corpus）；
- 专家意见（opinion）；
- 起火点（fire origin）；
- 同行审查（peer review）；
- 可能的（possible）；
- 极可能的（probable）；
- 必备知识（requisite knowledge）；
- 必备技能（requisite skills）；
- 科学方法（scientific method）；
- 疑似的（suspicious）；
- 技术专家（technical expert）；
- 原因不明的（undetermined）；
- 通风（ventilation）

目标

阅读本章后，应该学会：

陈述火灾调查人员在火灾或爆炸的起火点、起火原因和发生发展过程的调查认定中应发挥的作用。

知晓火灾调查领域的主要同类出版物。

诠释NFPA 921和NFPA 1033对科学火灾调查和专家举证的影响。

理解在火灾调查领域，政府部门和非政府部门调查人员职业要求（JPR）的范围和作用。

理解美国、英国火灾损失统计报告存在的问题，特别是放火火灾的统计。

熟知火灾和爆炸调查中评价专家意见的可信度等级。

理解火灾调查和现场重建是科学研究的需求。

掌握火灾和爆炸调查过程中科学方法的应用。

能列出科学方法系统过程的七个基本步骤。

掌握火灾现场调查中专家举证的基础。

理解建立各种待检验假设的理念。

1.1
火灾调查

本书主要介绍火灾调查领域的相关内容，包含火灾（fire）或爆炸（explosion）的起火点（fire origin）、起火原因（fire cause）（O&C）和发展过程的认定。起火点和起火原因调查是指火灾或爆炸后，调查人员为确定导致或引起事故发生原因而开展的调查工作。火灾本身较复杂，证据往往会被损毁或破坏，因此在法庭科学中，火灾调查是最难以付诸实践的领域之一。由于无法确定是放火火灾（incendiary fire）还是只存在放火罪（arson）嫌疑，调查人员必须统筹考虑火灾前后的各个事件，证实或反驳所有指控或怀疑。如果调查结果表明是故意放火，则必须评估并消除合理的失火火灾（accidental fire）原因。

最新版《柯克火灾调查》是本领域最权威的书籍和专家论文。此书既可以用于培训，也是多个地区职业认证的基础资料。整个火灾调查方法论的主体都是构建在《柯克火灾调查》和以下三种同类出版物的基础上。

《法庭火灾现场重建》（第三版），2013 年出版，此书是本书的中间过渡书籍，也被视为一部有权威性的法庭科学书籍。该书将火灾工程分析的思想融入火灾调查之中（Icove、DeHaan 和 Haynes，2013）。

《火灾和爆炸调查指南》（美国消防协会，NFPA 921），2013 年 11 月 12 日由 NFPA 标准委员会批准，2016 年 11 月 11 日生效（NFPA，2017）。NFPA 921 的 2017 版取代之前的所有版本，并被从业人员和司法管辖部门视为开展火灾和爆炸调查的标准。2016 年 12 月 1 日 NFPA 921 被批准为美国国家标准。

《火灾调查人员职业资格认证标准》（美国消防协会，NFPA 1033），2013 年 5 月 28 日由 NFPA 标准委员会批准，2013 年 6 月 17 日生效（NFPA，2014）。2014 版的 NFPA 1033 取代之前的所有版本，2013 年 6 月 17 日被批准为美国国家标准。

火灾调查人员（fire investigators）必须广泛掌握该领域必备知识（requisite knowledge）与技能（requisite skills），并不断更新知识与技能。根据火灾调查人员的职业资格认证标准［又称职业要求（job performance requirement）］，火灾调查人员必须具备高中以上学历，掌握 16 个关键领域的基础工作知识，并且不断更新知识储备（NFPA，2014，1.3.7）。

火灾现场调查和重建（fire scene investigation and reconstruction）是指采用科学的方法，调查认定火灾最可能的发展过程。调查和重建过程，往往从了解火灾发生前的现场状况开始，逐步还原火灾从起火到熄灭的过程。通过火灾现场调查和重建，可以解释火焰和烟气的发展、可燃物所起的作用、通风的影响、自动消防设施和人为灭火行动的效能、建筑物的影响、生命安全特征以及人员死伤的方式等方面的情况。

NFPA 1033（2014）确定了火灾调查人员的职业要求。此标准针对政府部门和非政府部门的人员，规定了从事火灾调查工作的最低职业要求。针对调查人员必须从事的各项任务，对各项工作任务的职业要求进行了详细规定，从而保证各项任务的完成。各项任务如表 1-1 所示。

表1-1　2014年版的NFPA 1033规定的火灾调查人员职业要求

类别		职业要求
4.1	火灾调查人员基本要求	4.1.1　火灾调查人员应当满足 4.2 至 4.7 规定的工作要求 4.1.2　在调查和得出结论的过程中，火灾调查人员应当严格按照科学方法的所有步骤，进行实际的调查分析 4.1.3　由于火灾调查人员要在有害环境中开展工作，因此对所有现场，应当按照国家和地区的安全标准进行现场安全评估，并纳入调查组织方针和程序 4.1.4　火灾调查人员应当与其他相关专业人员和单位保持必要的联系 4.1.5　火灾调查人员应遵循相关法律规定的要求 4.1.6　火灾调查人员应当能够在整个事故管理系统中理解火灾调查组的组织和运作
4.2	现场勘验	4.2.1　保护火灾现场 4.2.2　开展外围勘验 4.2.3　开展内部勘验 4.2.4　解释火灾在材料表面作用的特征 4.2.5　解释和分析火灾痕迹 4.2.6　检查和清除火灾残骸 4.2.7　重建起火部位 4.2.8　检查建筑系统运行状况 4.2.9　区分爆炸破坏和其他类型破坏的差别
4.3	现场记录	4.3.1　绘制现场图 4.3.2　拍照记录现场 4.3.3　撰写调查笔录
4.4	证据收集与保存	4.4.1　使用恰当的程序处置死伤人员 4.4.2　定位、记录、收集、标识、包装和存储证据 4.4.3　选择分析的证据 4.4.4　维护证据保管链 4.4.5　证据的处置

类别	职业要求
4.5 询问	4.5.1 制定询问计划 4.5.2 开展询问 4.5.3 审查询问信息
4.6 后期调查工作	4.6.1 报告和记录的收集 4.6.2 分析评估调查文件 4.6.3 协调专家资源 4.6.4 作案动机和作案时机证据的建立 4.6.5 形成起火点、起火原因和火灾相关责任认定的意见
4.7 结果陈述	4.7.1 撰写书面报告 4.7.2 陈述调查发现 4.7.3 法庭诉讼中的举证

资料来源：NFPA 1033: Standard for Professional Qualifications for Fire Investigator. Published by National Fire Protection Association, © 2014

火灾调查人员不仅要参考和依据《柯克火灾调查》《法庭火灾现场重建》、NFPA 921、NFPA 1033 以及其他专家论著，还必须使用规定的系统而又科学的方法开展调查工作。除了现场调查记录外，调查人员还必须收集物证和书证，开展后期调查工作，并在民事或刑事诉讼之前，提交一份全面的书面报告。

在涉嫌放火火灾（incendiary fire）中，除了要认定火灾的起火点和起火原因外，调查人员还要肩负额外的职责，即认定实施放火的人员，并为认定事实提供证据。在所有火灾中，放火火灾占有相当高的比例，并且由于放火者本身是故意放火以破坏财物，往往会造成无法估量的经济损失。

作为专家证人进行作证的火灾调查人员，多数都要得到一个或多个国际性专业组织的认证。为确保火灾调查人员的工作成果和结论有效，必须通过交互审查、宣誓证词、听证会、接受质疑和法庭作证等方式进行严格的同行审查（peer review）。总之，全面细致的火灾调查是，没有参与过该调查的火灾调查专家通过同行审查，即使不能得出完全相同的认定意见和结论，也能得出相似的。

1.2
火灾问题

在世界范围内，火灾始终是所有公共安全问题中造成损失最大的一类。由火灾和爆炸造成的人员伤亡事件持续发生。相较于各类犯罪来说，火灾造成的财产损失要大得多，类似于飓风和地震造成的财产损失。由于无法获得准确的事故数据，要想全面统计分析火灾问题带来的影响还比较困难。

1.2.1　美国火灾统计

在美国，火灾事故统计工作由联邦应急管理部的国家消防局（FEMA/USFA）负责。其信息统计报告机构，与国家火灾信息委员会相同，在自愿的基础上，使用国家火灾事故报告系统（NFIRS）开展统计工作。由于州预算的缩减，常造成火灾事故数据采集统计项目优先等级的降低。

统一犯罪报告（UCR）是通过联邦调查局（FBI）的国家事故报告系统（NIBRS）进行数据统计的，但放火火灾的数据，只有当消防或警察部门调查人员将放火火灾报告提交NIBRS后才能进行统计。因此，如果调查人员无法提供或填写故意放火的专项调查报告时，放火犯罪案件就将出现漏统漏报。

虽然美国消防协会（NFPA）也对火灾事故数据进行收集统计，但其统计的数据是从消防部门获取的，主要是用于编写《国家火警调查》。1977年以来，NFPA每年都会进行全国火灾问题的统计，包括当地消防部门参与处置的火灾造成的死亡人数、受伤情况和财产损失（Haynes，2015）。

据美国消防协会统计，2014年美国政府消防部门共受理1298000起火灾，造成116亿美元的财产损失。其中，建筑火灾约494000起，较2013年增长了1.3%。建筑火灾造成的财产损失总额达98亿美元，比上一年增长了3.4%。每起建筑火灾的平均财产损失为19931美元，比2013年的平均值增加了2%。居民火灾约占全部建筑火灾的74%，统计数据为367500起，比上一年下降0.5%。约发生了167500起车辆火灾和610500起室外火灾，分别增长了2.1%和8.1%（Haynes，2015）。

目前没有绝对且准确反映火灾造成的伤亡情况的方法。2014年，NFPA统计有53275人在火灾中死亡，15775人受伤。居民家庭火灾造成2745人死亡，车辆火灾造成310人死亡，1275人受伤（Haynes，2015）。据美国安全委员会报告称，火灾在所有造成人员意外死亡的因素中排名第6位（NSC，2008）。

据NFPA统计，2014年共有53275人死于火灾，15775人在火灾中受伤，较2013年分别增长了1.1%和下降了0.9%。在居民火灾中，2745人死亡，11825人受伤。另外，在高速公路车辆火灾中，310人死亡，1275人受伤（Haynes，2015）❶。

NFPA统计数据显示，2014年美国64名在职消防员牺牲，2015年68名消防员牺牲，相较于2013年的97名有所下降。相比之下，2014年造成消防员多人牺牲的最严重事故是两起造成两人牺牲的火灾，均发生在公寓楼中。过去十年消防员年均牺牲人数为83人（Fahy、LeBlanc和Molis，2015）。2013年之前，65880名消防员在执行任务时受伤，并有7100人感染传染病，17400人面对危险处境（Karter和Molis，2014）。

除了造成直接损失外，火灾还造成了无法估量的间接财产损失。之前所列的以美元计的实际财产损失，仅占全部损失的10%。几乎每场大火都会导致盈利锐减、大量失业、财产贬值、税收降低，由此造成的损失是无法估量的。在2005年《消防工程》杂志中，Frazier估计美国每年因火灾造成的总支出成本在1300亿～2500亿美元之间（Frazier，2005）。每起火灾扑灭过程中，都要支出人员和设备成本，历史建筑也会永远

---

❶　本段与上一段中部分内容有重复，原书即如此。

消失。森林草原火灾污染了水域，烧毁了林木，杀死了野生动物，而这些都是无法用金钱计量的。

NFPA 最新统计数据（Hall，2014）显示，美国总的火灾支出成本是火灾造成的直接损失与用于防火、保护和减灾的资金的总和。就 2011 年而言，总支出成本约为 3290 亿美元，超过了美国国内生产总值的 2%。NFPA 通过计算以下数据得到此结果，主要包括：财产损失（149 亿美元）、保险费（202 亿美元）、消防事业费（423 亿美元）、翻新建筑费（310 亿美元）及其他（489 亿美元），志愿消防员投入的时间（1398 亿美元），以及火灾造成的群众和消防员伤亡（317 亿美元）（Hall，2014）。

1.2.2　英国火灾统计

火灾损失问题并非只在美国一个国家出现。2009 年，英国消防救援部门采用电子事故记录系统（IRS），取代了其前身——火灾数据报告系统。英国火灾统计数据由社区和地方政府的相关部门（CLG）负责收集、维护和分析。

2013 年 4 月至 2014 年 3 月英国火灾统计数据显示，消防部门受理火灾 212500 起，该项数据在过去十年中呈现逐渐下降的趋势。其中近 19% 是住宅火灾，68% 是室外火灾，包括：垃圾堆、道路车辆、草地和荒地发生的火灾（Crowhurst，2015）。

同期火灾造成 322 人死亡，为 50 年来的最低纪录。住宅火灾造成的死亡人数约占总死亡人数的 80%。80 岁以上老人死亡率是平均死亡率的 4 倍。41% 的受害人死于吸入有毒烟气，烧伤导致的死亡占 20%（Crowhurst，2015）。

1.2.3　火灾调查人员在准确报告起火原因中的作用

火灾调查人员在事故灾难中应该发挥什么作用呢？调查人员可以通过准确高效地认定起火原因，确定火灾是意外事故还是人为放火，在有效减少火灾损失方面做出突出贡献。20 世纪 60 年代，调查人员提出衣服和床上用品的火灾危险性，70 年代，追踪到即时启动电视存在安全隐患问题，80 年代，发现咖啡机和便携取暖器的危险性，这都有效减少了火灾造成的人员伤亡。20 世纪 90 年代，几个大城市逮捕并拘留了数名连环放火罪犯，拯救了数十名受害者的生命。火灾调查人员在现场勘验、实验检验、火灾研究中花费大量时间，最根本的目的就是拯救生命和防止伤害。

火灾调查在消防监管和规范制定过程中也发挥着举足轻重的作用。推动生命安全和消防安全规范不断完善，可以有效防止火灾发生和降低火灾致死率。这些规范往往是基于最佳预测模型编写的，为确保规范内容取得预期效果，且不会引发其他风险，唯一方法是记录符合规范的建筑物和运输工具中发生火灾时的具体防范效果。20 世纪初，建筑者用石头、混凝土、钢和玻璃建造不燃建筑可以有效防范火灾。但是 1911 年发生了三角衬衫厂（Triangle Shirtwaist）火灾这样的重大悲剧，人们开始意识到：建筑火灾中主要影响因素不仅仅是建筑材料，还包括建筑物内物品；对于火灾现场逃生自救来说，恰当的逃生手段也至关重要（Von Drehle，2003）。而且，当时的手动报警和灭火系统都还存在严重不足。

1.3
放火案件侦查

相较于其他调查，火灾现场调查往往需要慎之又慎。因为在明确是否存在放火嫌疑之前，就不得不开展火灾现场调查，所以从现场安全、证据处理和证据收集的角度，应将每个火灾现场都看作是可能的犯罪现场。但作为犯罪现场来讲，典型的火灾现场与理想化的犯罪现场又完全不同。

火灾现场物品往往会遭到大规模破坏，首先是火灾本身对物品造成的破坏，其次是消防员的灭火和清除余火行动造成的破坏。这些破坏都会对放火或失火火灾的起火原因证据造成影响。

车辆、人员、设备、消防水带和大量用水都会对现场造成污染。由于火灾往往吸引公众和媒体的关注，并且许多现场过火面积较大，导致其更加复杂，因此保护现场并控制无关人员进入格外困难。

通常情况下，火灾发生数天或数周后，才会开展现场调查工作，现场证据可能受到天气或人为的破坏。因为这些不利因素，在火灾调查工作中，不难理解为什么警察和消防人员常常会面临失职的风险。而如果能始终都做到准确认定起火原因，民事和刑事案件都将得到成功审判，则是十分难能可贵的。

1.3.1 报告放火犯罪

美国司法部（DOJ）的联邦调查局（FBI）发布的《犯罪统一报告》（UCR），提供了具有启示性的放火犯罪情况统计数据。在本章中，使用 2015 年发布的 2014 年统计数据。联邦调查局每年都会发布美国的犯罪情况，记录整个美国的犯罪情况分布。据 UCR，2013 年相较 2012 年，放火犯罪减少了 13.5%（FBI，2015）。

FBI 的 UCR 程序中将放火犯罪定义为：无论其是否有欺诈目的，所有以蓄意或恶意的方式，烧毁或企图烧毁住宅、公共建筑、机动车辆、飞机和他人财物等的犯罪行为。

FBI 仅收集经调查后确定为故意放火的数据。统计数据中不包括"疑似放火"和"未知或未确定"的火灾。

FBI 指出，放火犯罪率是通过各执法机构提供给 UCR 程序的 12 个完整月的数据计算得来的。因为不同机构报告放火犯罪的标准不同，所以与其他国家报告系统不同，UCR 程序收集的数据不包括任何估计的放火犯罪。

据 2014 年的 UCR 程序统计，15324 个执法机构（根据 1 ～ 12 月的放火数据）报告了 42934 起放火案件，相比 2013 年下降 4%。在这些机构中，14646 个机构提供了约 40268 起放火案件的扩展犯罪数据。这些数据显示，涉及建筑物（住宅、仓库、公共场所等）的放火案件引发 17790 起火灾，占案件总数的 44.2%。可动财产火灾约占放火案件总数的 23.2%，其他财产类型（如：农作物、木材、栅栏等）火灾占 31.5%（FBI，2015）。表 1-2 为 2014 年 FBI 的统一犯罪报告（UCR）的统计数据明细，由 14750 个机构报告，涉及 262342126 人。

表1-2　根据财产类型统计的2014年美国放火犯罪案件

财产分类	放火犯罪案件数	放火犯罪所占比例/%[①]	未使用建筑所占比例/%	平均损失/美元	全部查清放火火灾数	放火罪犯承认放火所占比例/%[②]	18岁以下罪犯放火查清比例/%
总计	39174	100.0		16055	8555	21.8	25.5
全部建筑	17854	45.6	14.6	29779	4577	25.6	25.6
单人住宅	8630	22.0	14.9	27742	2109	24.4	18.2
其他住所	3071	7.8	10.1	26786	848	27.6	15.2
仓库	1113	2.8	18.9	11341	233	20.9	41.6
工业/制造业用地	141	0.4	29.8	167545	35	24.8	14.3
其他商业用地	1594	4.1	16.7	56592	370	23.2	23.2
社区/公共场所	1513	3.9	14.9	15948	579	38.3	63.0
其他建筑	1792	4.6	14.6	33161	403	22.5	27.0
车辆火灾总计	9154	23.4		7716	1051	11.5	10.4
机动汽车	8608	22.0		7416	937	10.9	9.4
其他车辆	546	1.4		12458	114	20.9	18.4
其他	12166	31.1		2189	2927	24.1	30.6

① 由于四舍五入，百分比可能不会是100.0。

② 包括通过逮捕或特殊手段清除的纵火案。2014年，美国联邦调查局（FBI）统一犯罪报告机构在2014年报告了14750起放火犯罪案件，涉及人数为262342126人。

2014 年 FBI 统计数据显示，由放火案件造成的平均事故财产损失达到 16055 美元。对工业及制造业建筑实施的放火犯罪，造成的平均损失最高（平均每次放火案件达到 167545 美元）。关于放火犯罪发生率，2014 年 UCR 数据显示，在美国每 10 万居民中就有约 14.2 人涉嫌放火犯罪（FBI，2015）。

在 2008 年的 NFPA 报告中，NFIRS 5.0 版本将放火分类由之前的放火（incendiary）变更为故意放火（intentionally set）。在报告系统中，NFIRS 不再设疑似（suspicious）放火火灾一类（Karter，2009）。

据 NFPA 2007 ~ 2011 年的统计数据，消防部门报告在美国共发生 28.26 万起故意实施的放火案件，造成 420 人死亡，1360 人受伤，直接财产损失达 13 亿美元。在这些火灾中，仅 18% 为建筑火灾，7% 为车辆火灾，75% 为室外和其他类别火灾（Campbell，2014）。表 1-3 为 2007 ~ 2011 年统计数据细目表。

表1-3　按事故类型分类的放火案件年平均数据

事故类型	火灾数量		死亡人数		受伤人数		直接财产损失（百万）	
室外或未分类火灾	211500	（75%）	20	（4%❶）	150	（11%）	$60	（5%）
室外垃圾火灾	126300	（45%）	0❽	（1%）	40	（3%）	$10	（0%❷）
室外或未分类火灾（除垃圾火灾外）	85200	（30%）	10❽	（4%）	110	（8%）	$50	（4%）
建筑火灾	50800	（18%）	370	（92%❸）	1150	（84%）	$1050	（86%❺）
车辆火灾	20400	（7%）	30	（8%❹）	70	（5%）	$180	（14%）
总计	282600❻	（100%）	420	（100%）	1360❼	（100%）	$1290	（100%）

资料来源：Reprinted with permission from NFPA's report, "Annual Averages of Intentional Fires by Incident Type" Copyright © 2014, National Fire Protection Association。

　　因为美国有些管辖部门并不是将所有的放火犯罪案件（建筑或车辆火灾）都录入执法案件采集系统，所以造成估算的数据偏低。此外，被列为危害公共财产犯罪的放火行为也可能不按照放火犯罪报告。

　　Scripps Howard 新闻公司和田纳西大学对选定的管辖区域进行审计调查，调查人员认为，故意放火引发的建筑火灾总数接近所有火灾的 40%（Icove 和 Hargrove，2014）。由于相关部门面临着预算削减，将更多的资源投入其他应急服务之中，而减少了对火灾调查的投入，因此这些统计数据还可能再打一定的折扣。

1.3.2　放火案件估算的相关问题

　　调查时间紧张，有经验的调查人员稀缺，或为了避免火灾被认定为犯罪行为后带来的麻烦，都可能导致一些火灾被错误定性为失火火灾，这样就造成美国对放火犯罪的估算数据相对保守。这些复杂情况可能涉及管理问题，如需要更多的调查时间或需其他政府机构参与，也可能涉及政治问题，如引发对某领域的负面关注。美国 NFPA 估算只有 6.1% 的建筑火灾为放火火灾，与英国的估算数据形成鲜明的对比，说明美国 NFPA 的数据采集和处理存在系统性问题。

　　最近 NFPA 的估算数据表明，自 1980 年以来，故意放火的发生率已经有所下降。故意放火火灾总数由 1980 年的 859800 起下降到 2011 年的 269900 起，下降了 69%。这些估算数据包括故意放火引发的建筑火灾减少 76%，车辆火灾减少 77%，室外和其他类别火灾

---

❶　原书此处有误，正确的应为 5%。

❷　原书此处有误，正确的应为 1%。

❸　原书此处有误，正确的应为 88%。

❹　原书此处有误，正确的应为 7%。

❺　原书此处有误，正确的应为 81%。

❻　原书此处有误，正确的应为 282700。

❼　原书此处有误，正确的应为 1370。

❽　原书此处有误，对应百分数也有误。

减少 65%（Campbell，2014）。

造成这一数据下降的一个重要原因是，2003 年 NFIRS 更改了火灾类别划分的标准，撤销了过去的"疑似"起火原因的类别。目前，只有被明确认定为故意放火火灾时，才属于"放火火灾"的类别。在此之前，统计数据中有一半的"疑似"和"原因不明"的火灾被计入"放火火灾"类别之中。但是美国的火灾调查人员则怀疑即使是先前的数据（15%）也要远低于实际调查的真实数据。

证据不足、缺少调查时间和资源，与其他政府机构配合不足，造成将火灾认定为原因不明的（undetermined）或偶然（accidental）火灾成为权宜之计。近年来，这些问题表现得更加突出。州、地方政府的各级预算严重削减，甚至削减了消防和警察部门的火灾调查业务经费。因此，火灾调查被交给消防公司的职员来做，而就识别支撑放火火灾的证据而言，这些人可能接受过培训，也可能没有。

2000 年，针对火灾第一响应的警察、消防和医疗卫生机构，美国司法研究所出版了《火灾与放火现场证据：公共安全人员指南》（NIJ，2000）。NIJ 希望通过培训这些具有火灾调查及物证相关知识的专业人员，使更多的案件可以成功提起诉讼。随着整个美国公共服务事业的减少，目前尚不清楚该指南是否发挥了应有的作用。从 NFIRS 那里得知，上报为主观故意引发的火灾比例依然较小，说明该指南并没有发挥什么作用。

执法机构对大量的谋杀、强奸、暴力犯罪和毒品相关活动等刑事犯罪案件尚无法应对，从而忽视了放火犯罪案件，导致形势更加严峻。相较于其他侵犯人身权利的恶性犯罪，将放火罪归类为财产犯罪，就难以避免地降低了放火案件调查的优先等级，同时减少了政策支持。

我们必须认识到放火是侵犯人身权利的犯罪行为。它针对的目标是人们居住、工作、经营和进行宗教活动的场所。火就像枪、刀、斧一样，也是一种武器。当以人为攻击目标时，犯罪分子有可能直接对人身实施放火，常见的则是通过对建筑或车辆实施放火，故意将受害人困于其中。每种放火行为都是犯罪行为，都会侵害到对火灾做出响应、进入现场拯救生命的消防和警察部门人员的人身安全。

成功的火灾调查以查明事故原因为最终目标，是有效降低火灾造成损失的主要途径。对于失火火灾，可以通过识别和消除危险物品及生产工艺，避免违规操作或操作失误，同时制订并实施更完善的建筑规范和消防安全办法，从而进行有效预防。而对于放火火灾，英国办理车辆放火犯罪案件的经验表明，通过及时发现犯罪案件、认定案件责任、进行诉讼追责，可有效地减少放火火灾发生（ODPM，2005）。

由于火灾一般涉及重大财产损失，这类财产损失诉讼也自然成为民事诉讼中常见的诉讼类型。然而，尽管在经济和司法领域十分重要，火灾却成为最困难的调查领域之一。由于火灾具有破坏性，一些灭火行动也会给准确认定起火原因带来困难，增加火灾调查的挑战性。调查人员的责任不仅是要查明起火点和起火原因，还要用科学有效的数据、合情合理的方式，为调查得出的结论进行辩护。缺少合理的现场重建和科学数据，调查结论无法得到证实，也无法对放火罪提起诉讼。即使在民事案件中对证据要求降低，如果没有科学分析，也难以做出公正的判决。

夏洛克·福尔摩斯 (Sherlock Holmes) 曾经说过："在没有证据之前就做出理论推断，本身就是一个严重的错误。一些人总是试图扭曲事实来迎合理论，而不是从事实出发建立理论。"（Doyle，1891）从公共安全和经济的角度来看，为了准确认定火灾原因，熟练掌握调查方法，并尽可能广泛地应用调查方法十分重要。绝不能在开展调查之前就预先设定火灾是失火，还是放火。在没有对所有证据进行分析之前，调查人员不得对起火原因进行预判。如果在收集证据前，调查人员就将火灾认定为放火火灾，那他在证据收集中就极可能会只收集放火火灾的证据，而忽视其他证据。

对于那些不管火灾的真正原因是什么，将所有火灾都认作失火火灾的调查人员，也要提出同样的警告。虽然早在史前时代火就已为人所知，但许多人对它仍然知之甚少，甚至包括一些消防员、火灾调查人员，以及其他与火灾有关行业的从业人员同样如此。

1.4
火灾调查中的科学需求

1.4.1 关于火灾调查的火灾研究国际学术会议

在法庭科学领域，火灾调查方面对科研的需求早已不是一个新问题，1997年召开的关于火灾调查的国际火灾研究会议上，就曾提出许多与当今相同的原则和方法。例如，在1997年11月的国际会议中，对火灾调查领域的现状和技术差距进行了评估（Nelson和Tontarski，1998）。会议认为，关于火灾调查和现场重建的方法和原则，还存在诸多科研方面的漏洞与空白。

这次会议指出火灾调查相关的研究、发展、培训和教育方面的需求，包括：
- **火灾事故重建**：用于检验引火源假设的实验方法。
- **火灾和燃烧痕迹分析**：通过比对墙壁和天花板残留的痕迹，地板上液体残留的痕迹，以及固体可燃物热辐射产生的痕迹，建立验证方法并开展培训。
- **燃烧速率**：不同物质燃烧速率的测定，以及燃烧速率数据库的建立。
- **电气引燃**：电气故障作为引火源的识别方法。
- **轰燃**：轰燃对火灾痕迹和其他特征的影响。
- **通风**：通风对火灾发展和起火点认定的影响。
- **火灾模拟**：用火灾模拟开展验证的方法，以及开展相关的教育和培训。
- **健康与安全**：评价火灾调查人员职业健康与安全的方法。
- **认证**：为调查和实验人员制定培训和认证制度。
- **培训教员**：对职业培训讲师进行授课内容和专业知识教授方法的培训。

会议的主要目的是促进火灾调查人员对科学原则的发展和运用，并明确哪些方法可以改善政府部门调查人员的调查工作。会议在消防研究基金（FPRF，2002）的资助下，就会后需要开展的工作，发表了一份白皮书。这份白皮书提出，许多用于认定起火点和起火原因的方法，缺乏基本的科学基础。其中列出了可燃材料、建筑结构、通风条件、灭火战斗的复杂类型和形式，作为影响认定的因素。

1.4.2 国家研究委员会报告

2009 年，美国国家研究委员会下设的法庭科学需求认定委员会通过美国国家科学院出版社发布了一份报告，题为"强化美国法庭科学：发展之路"（NAP，2009）。该研究提出了法庭科学面临的问题，包括火灾调查的问题。

报告具体指出：

通过对比，在燃烧痕迹和破坏特征的本质多样性以及各种助燃剂对它们的影响方面，还需要开展更多的研究。尽管存在研究不足，但有些放火火灾的调查人员仍在继续认定某种放火火灾是否发生。然而，从其向委员会提供的证词看，那些通常用于说明助燃剂存在的经验原则（如：木材"龟裂纹"，特殊的炭化痕迹）中，许多已经被证明是错误的。这就需要对实验进行设计，从而为调查放火嫌疑案件提供坚实的科学基础。

美国国家研究委员会的报告称，要对犯罪现场调查、法庭科学体系、实验室、研究资金和专业协会进行综合管理。最终，报告建议对法庭科学、资格认证、能力验证、培训、法医（验尸）系统、自动指纹识别系统和国土安全等方面的工作方法、实践和实施进行优化。

对于每个人来说，大火引起的严重破坏和火灾自身的破坏性都会给人自然而然地留下深刻印象。对于保险公司调查人员来说，由于他们被期望分析造成损失，并为此支付索赔，因此这种印象有可能被强化。这种对于火灾破坏结果和程度的过度关注，并不利于准确开展火灾调查。调查人员应关注的是起火原因，而不是破坏程度，过多地关注破坏程度将使起火点和起火原因的调查变得更加复杂。

1.4.3 NFPA 1033 中的"十六条"

准确而又全面地开展火灾调查工作，具有相当大的难度和复杂性，要有前期的知识储备，对于每名调查人员来说，都需要掌握完成此项任务的综合分析方法。这种分析方法要求，要成为一名成功的火灾调查人员，必须了解并掌握火灾、可燃物、人员和调查程序的方方面面。调查人员还应真正理解火灾是如何燃烧的，是哪些因素控制火灾行为，并不是所有火灾都是精准地按照预计的方式发展的。这种来自常规或预期的火灾动力学（fire dynamic）偏差，必须与火灾条件及起火原因建立联系。其影响因素往往包括内部可燃物的性质，火灾发生的物理条件和环境。

为确保火灾调查人员满足最低教育要求，《火灾调查人员职业资格认证标准》（NFPA 1033）强制要求火灾调查人员掌握胜任职业岗位的一系列教育科目。2009 版的 NFPA 1033 要求掌握 13 个，2014 版又增加了 3 个科目。

NFPA 1033（2014，1.3.7）明确火灾调查人员应具备高中以上教育水平，并具备以下 16 个主题的基本知识，同时保持知识的不断更新。注意，在 NFPA 921（2017）中的对照章节对各个主题进行了介绍。

①火灾科学（见：NFPA 921，2017 版，第 5 章）。
②火灾化学（见：NFPA 921，2017 版，第 5 章）。
③热力学（见：NFPA 921，2017 版，第 5 章）。
④热计量学（见：NFPA 921，2017 版，第 5 章）。

⑤ 火灾动力学（见：NFPA 921，2017 版，第 5 章）。

⑥ 爆炸动力学（见：NFPA 921，2017 版，第 23 章）。

⑦ 火灾计算机模拟（见：NFPA 921，2017 版，第 22 章）。

⑧ 火灾调查（见：NFPA 921，2017 版，第 4 章）。

⑨ 火灾分析（见：NFPA 921，2017 版，第 4 章和第 22 章）。

⑩ 火灾调查方法（见：NFPA 921，2017 版，第 4 章）。

⑪ 火灾调查技术（见：NFPA 921，2017 版，第 22 章）。

⑫ 危险品（见：NFPA 921，2017 版，第 13 章）。

⑬ 失效分析与分析工具（见：NFPA 921，2017 版，第 22 章）。

⑭ 消防系统（见：NFPA 921，2017 版，第 8 章）。

⑮ 证据的收集、记录与保存（见：NFPA 921，2017 版，第 29 章）。

⑯ 电气原理和电气系统（见：NFPA 921，2017 版，第 9 章）。

《柯克火灾调查》（第八版）介绍了各个主题的内容。本书中的注解综合参考了 2014 版 NFPA 921 和 NFPA 1033 的相关章节，以及其他相关标准。

1.4.4　火灾调查中忽视的第十七条

通风（ventilation）的概念是火灾调查领域中最重要内容之一，但常常被人们忽视。与通风的影响同样重要的是要充分地了解可燃物的基本属性。这些特性包括可燃物的化学性质、密度、热导率和热容，它们决定着可燃物的可燃性和火焰蔓延特征。反过来，它们控制着引燃的性质及之后发生的事情。

这些属性主要由可燃物的化学性质决定，调查人员应充分了解和掌握相关可燃物的化学性质和反应过程。不同的引火源（炽热体、火焰或电火花），对可燃物的影响不同。因此，调查人员必须依据引火源与最初可燃物发生相互作用的科学数据，认定某一特定引火源是否能够引燃某种可燃物，并考虑需要持续作用的时间要素。如同要集中精力确定火灾现场中的可燃物一样，通风因素也同样需要进行重点考虑（如果没有空气，就不会发生火灾，就没有火灾调查需求）。调查人员需要记录和分析房间、窗户和门的大小，以及通风条件在火灾中发生的变化。

通风要素与可燃物要素一样，必须进行深入分析。火灾发生的基本条件要求同时存在可燃物（状态适当）、氧气和热量（适量），三者通过自维持化学反应相结合。调查人员分析从引燃到火势熄灭的各个阶段时，都必须考虑到这些因素。还必须了解传热原理及其对表面的影响，因为它们是火灾后调查人员解读火灾蔓延和火灾痕迹的基础。

燃烧（combustion）的作用很重要。参与火灾案件（无论刑事案件还是民事案件）的调查人员，都需要熟悉燃烧领域的化学知识。律师不了解化学反应发生过程及结果，在询问非专业人员和技术证人时，可能无法确认是否得到了正确结论的关键事实。是否具备这些知识也将影响是要对案件诉诸审判，还是按照起诉外的最优方式进行处理的决定。因此，调查人员掌握基本的可燃物、火灾和燃烧的化学知识，以及火灾痕迹特征形成规律，有助于开展调查工作。

由于多数火灾不是住宅火灾，就是工业建筑火灾，因此一些人会倾向于把所有火灾都参照这两类火灾的特征进行调查分析。在火灾调查实践中，这种倾向性错误会更加明显。对于森林、草原火灾来说，尽管在空气中可燃物的基本燃烧方式是相同的，但火灾蔓延的动力学特征以及火灾行为诊断标志的分析和解释，却与建筑火灾有很大不同。在此类火灾中，必须分析天气、地形和可燃物密度等因素。

当前我们在火灾调查中还面临一些难题：调查没有房屋或树木存在的荒野或郊区火灾；对性质特殊的火灾，比如工业设施火灾，无论火灾规模多么小，即使是存在一点点疑惑，调查人员都必须仔细分析发现的问题，寻求技术援助；新产品或现代技术工艺火灾越来越多，即使是有经验的调查人员也难免会不熟悉此类火灾。

调查人员还必须熟悉爆炸，一些火灾往往伴随着爆炸而发生。从起火原因上看，有可能是意外事故，也可能是人为故意的。要清楚地了解燃烧和爆炸两种化学反应过程之间的区别与联系，以便在兼具二者的事故发生时，能够正确地解释。虽然两个过程都涉及可燃物或起爆物的快速氧化放热反应，但伴有火灾的爆炸，往往与炸弹、工业炸药或可燃气体与空气的预混气体发生的爆炸不同。在后续的调查和庭审阶段，有时会忽略这一区别。虽然爆炸装置的调查完全不同于与火灾相关的爆炸事故调查，但两者都要依靠系统收集和分析数据，从而形成缜密准确的调查结论。

1.5
火灾调查科学方法

火灾调查的科学方法不仅遍及整个案件的审查过程，而且还涉及现场勘验工作。通过对现场及火场内部物品耐心、彻底和系统的分析评估，往往可以揭示案件的关键信息。有些情况下，由于长时间的燃烧，有些现场被完全破坏，以至于在灰烬中几乎无法找到与起火点、起火原因、火势发展相关的任何信息，没有可靠的燃烧痕迹以确定火灾作用方向或持续时间。在破坏现场，建筑内部物品的信息甚至也可能失实。

对一些调查人员来说，有种难以理解的倾向，即对起火原因有种内在偏见。这些调查人员常认为，所有火灾都是由简单原因引发的，如：电气设备或发烟物质，然后他们花费大量精力证实火灾是由这种原因引起的，而不是寻找真正的原因。坚持使用系统科学的调查方法，可以最大限度地减少先入为主造成的不良影响。

另一种倾向是，在无法准确判定火场内部可燃物和燃烧状况与实验条件是否一致的情况下，却用小尺寸火灾实验观察到的结果对整个事故进行推断。只需应用消防工程和火灾动力学研究的数据进行辅助分析，调查人员就可以理解这种推断的条件和局限。

1.5.1 科学方法

虽然 Francis Bacon（1561 ～ 1626）的职业生涯以律师的身份开启，但他最闻名于世的是建立和推广归纳推理（inductive logic or reasoning）的方法，以实施批判性科学调查。采用这种方法，Bacon 建立的评判观点或原则是从一系列特定事件的观察结果中抽象而来的。归纳逻辑的方法是通过观察、实验和检验假设的方式提取知识信息。

运用相关的科学原理和研究成果，结合系统的检验方法，使法庭火灾现场重建得到不断巩固加强。这对于日后需要提供专家证言的案件来说特别重要。

国际试验材料学会（ASTM International），前身为美国试验材料学会，将技术专家（technical expert）简要定义为"在机械工艺、应用科学或其他相关技能方面，接受过专门教育、培训，具备经验的人"（ASTM International，1989）。根据 ASTM 的定义，经过合格训练、取得资格的火灾调查人员，能够掌握火灾科学原理并在实践中付诸运用，即可视为技术专家。但是，在第 10 版《ASTM 工程科学与技术词典》中，并没有出现相关内容和定义（ASTM International，2005）。

科学方法（scientific method）的基本概念可以简单地概括为观察、记录、假设、检验、重新评估和总结。科学方法包含成熟的科学与消防工程原理，同时涵盖同行的研究与测试内容，被认为是开展火灾现场分析和重建的最佳方法。最近，美国国家科学院出版了第三版《科学证据参考手册》，介绍了使用科学方法的主要成效，特别是在法庭和工程科学领域（NAP，2011）。

NFPA 921（NFPA，2017，3.3.160）明确了科学方法的应用。

系统地寻求相关信息，包括：识别并明确问题；通过观察和实验收集数据；数据分析；建立假设、评估与检验；尽可能确定最终假设。

并根据 NFPA 1033（NFPA，2014，4.1.2）提出的工作绩效要求，细化了每起调查中使用科学方法的具体要求。

随着整个调查分析过程的不断深入，为了得出结论（或重点），火灾调查人员应履行科学方法的全部方法和步骤。

NFPA 921（2017，1.3.2）也提出这样的要求。

由于每起火灾和爆炸事故，有其相同之处，也有其不同之处，因此编制本指南无法针对任何一起具体事故，面面俱到地阐述其全面调查与分析所需要的全部内容。但是，调查每起事故时，都应该遵循科学方法（格外强调）。

在使用科学方法时，火灾调查人员需要对一个有效假设不断进行检验和完善，直到得出最终的专家结论或意见，如图 1-1 所示。在火灾现场调查过程中，科学方法应用的一个重要理念是调查人员不应带着对起火原因先入为主的预判进入现场。没有在现场勘验过程中收集到充足的数据信息前，不宜建立任何具体的假设（NFPA，2017，4.3.6）。

为便于在火灾调查及重建过程中应用科学方法，作者进行了详细描述，以下是七步系统化流程。通过正确的运用，这个系统化流程说明了如何对一个假设进行正确的构建、检验和验证。

① 了解调查需求。在开始全面调查之前，最初到场人员的首要责任是保护现场。接到通知后，调查人员应尽快前往现场，以根据现场情况确定和准备全面调查所需的资源。明确我们的调查目的不仅是要认定火灾的起火点和起火原因，还要通过制订新的设计方

案、法律规范或实施策略，以防止今后类似火灾、爆炸人员伤亡事故的重复发生。对于公共安全部门，对每起火灾的起火点和起火原因做出认定往往是其法定职责。此外，查找与火灾原因有关的不安全产品，使不安全产品被召回，也能预防事故发生。

② 明确调查问题。制订初步调查计划，对现场进行保护，确定造成损失的原因和性质，进行需求评估，制订和实施策略计划，并编写报告。还应明确开展调查询问、保存证据、审核调查发现和记录损失的主要责任人和其职责任务。

③ 收集数据信息。数据（data）是指"作为讨论或决定的基础资料的事实或信息"（ASTM International，1989）。通过直接观察、测量、拍照、证据提取、测试、实验、回顾比对历史案例和询问证人，对事故的事实和信息进行收集。并对数据收集、保存过程的合法性，以及数据自身的可靠性和权威性进行审查验证。数据收集包括：涉及的建筑、车辆或林野的全面记录；施工和占用情况；可燃物或火灾荷载；发现残骸和证据的处理情况与逐层特征；火灾（热和烟）痕迹的勘验情况；炭化深度、煅烧和电弧路径图的调查应用。

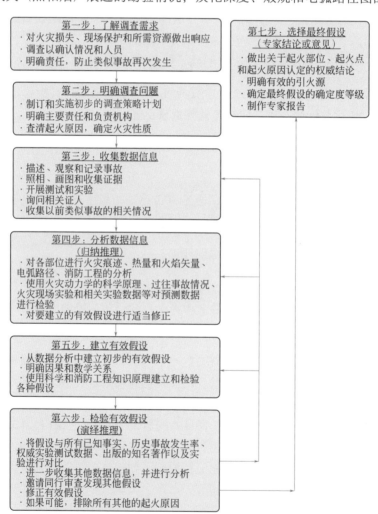

图 1-1　用于火灾现场调查和重建的科学方法流程图［摘自 NFPA 921（NFPA，2008、2011 和 2014，4.3）］

资料来源：Icove D. J. and J. D. DeHaan. 2009. Forensic Fire Scene Reconstruction. 2nd ed. Upper Saddle River，NJ: Pearson Brady Publications

④ 分析数据信息（归纳推理）。使用归纳推理，对所有收集的数据进行分析。调查人员根据掌握的知识、培训内容和实践经验，对整体信息数据进行分析评估。这种主观分析方法包括：类似事故历史的了解（从参考文献中获知），以及通过培训和学习掌握火灾动力学、火灾实验经验和实验数据。数据分析可能包括：火灾破坏痕迹、热量和火焰矢量、电弧路径图、火灾工程与模拟分析。

⑤ 建立有效假设。假设（hypothesis）定义为"为解释特定的事实作出的推测或猜想，作为进一步调查的基础，可能在调查中被证实，也可能被推翻"（ASTM International，1989）。根据数据分析，建立初步的有效假设，基于该假设的起火点、起火原因和火势发展情况应与现场观察、物证和证人证言情况相符。通过该假设可以提出某种因果机理或数学关系（例如，火羽流高度、不同火灾荷载的影响、有效引火源的位置、房间尺寸、门窗开或关的影响）。

⑥ 检验有效假设（演绎推理）。演绎推理（deductive reasoning），就是"从给定的前提，通过逻辑推理的方式，得出结论的过程"（NFPA，2017，3.3.41）。这个步骤包括在已知事实的基础上推理得出结论的过程，也包括将有效假设与已知事实、类似历史事故、相关火灾实验数据以及权威文献著作进行比对检验的过程。假设检验的一个关键特征是，对产生的其他假设也要进行检验。如果其他假设与有效假设是相互对立的，那么对它们进行分析，就可能揭示所需解决的问题。当所有假设都通过比对数据进行严格检验后，此时那些仍然不能排除的假设，应该被认为是可行的。对所有有效假设进行分析的过程中，要尽量不断收集、补充和分析更多的数据，从证人那里获取更多新的信息，从而不断对当前有效假设进行完善和修正。这可能涉及与其他具有相关经验和受过培训的调查人员一起反复审查分析（同行审查）。重复步骤④～⑥，直到某个有效假设与数据之间无矛盾点。

⑦ 选择最终假设（专家结论或意见）。专家意见（opinion）定义为"一种根据事实和逻辑做出的，但是没有绝对证据的看法或判断"（ASTM International，1989）。当有效假设与证据分析完全一致时，它就可以作为最终假设，可作为调查结论或意见由官方公布。

1.5.2 确定程度

一旦选择了最终假设，通常就要明确专家意见的确定程度。编制报告人的专业水平不一，确定程度也可能存在差异。例如，消防工程师将应用科学和工程原理对人员、住宅、工作场所、财产和环境进行保护，以免其受到火灾的破坏影响。消防工程师还会分析建筑用途，火灾发生发展过程，以及火灾对人和财产造成的影响。过去他们通常在书面报告中这样写："此份专家意见达到了工程确定度的合理水平。"

只有达到较高的确定度，才可作为法庭意见提出，也就是说，除此以外没有其他符合逻辑的方案，可以相同程度地匹配现有数据。在法庭的起火点和起火原因认定中，调查人员要用科学知识还原火灾的发展蔓延路径，逆向追溯至起火部位，并在起火部位处查明起火原因。这种观点常被表述为"达到了科学确定度的合理水平"。

然而，美国 DOJ 在 2016 年 9 月 6 日新发布的指南中指出，DOJ 实验室的法庭科学专家在其报告或证词中不再使用"合理的科学确定度"或"合理的法庭科学准则确定度"等术语。这一变化是 DOJ 对国家法庭科学委员会（NCFS）提出建议的直接回应。DOJ 的指南还提出："除非法官或相关法律要求，检察部门在法庭上提交司法报告或进行法庭专家询问时，要避免使用这类表达方式。"另外还要求 DOJ 实验室要在线发布内部验证研究情况，并希望法庭科学专家能够遵循第 16 部分"法庭科学实践专业责任规范"（DOJ，2016）。

在进行火灾或爆炸的起火原因假设检验时，如果只有一个假设满足现有数据，而其他假设最终被排除，那么最终意见可以说达到了科学确定度的合理水平（在现有数据的限定范围内）。如果出现新的可靠数据，则所有科学结论都要接受重新检验和分析。例如，早期的观测数据使古人认为地球是宇宙的中心，而后来的数据显示，这种看法是错误的，并提出了日心说。当然，现代数据显示，我们的整个太阳系正在一个更大的星系中循环，而这个星系也在宇宙中移动。

如果存在两个火灾或爆炸的起火点或起火原因的认定假设，并且两者都无法被证明是错误的，那么确定性或可信度将降低为"可能"或"疑似"，结论也应该是原因不明。在美国对抗性的司法体系中，提出二选一假设是检验专家意见确定性的一种公平方式。

参照 NFPA 921，专家意见应能经受同行审查或法庭交叉询问的质疑（NFPA，2017，19.6）。NFPA 921 目前对于专家意见，只提出了两个等级的确定度，即"可能的"(possible)和"极可能的"(probable)。由于没有涵盖"结论性"意见，这并非总是现实可行的。当所有已掌握的数据都符合最终假设，且所有合理假设都经过检验，并最终确定为被接受或被排除，才能提出"结论性"意见。显然，如果不能提出结论性意见，但现有数据着重支持某一种假设，并且这一假设的可能性远远大于其他可选择假设，则提出"极可能的"意见。如果两个或多个假设具有等同的可能性，那么提出"可能的"意见是合理的。

极可能的意见具有较大可能性的确定度等级，或假设为真的可能性大于 50%。可能的意见是可行的确定度等级，但达不到极可能，特别是当两个或两个以上的假设可能性等同时。

如果意见的确定度仅为"可能"或"疑似"，则起火原因（fire cause）并未明确，且无法确定唯一的最终假设，原因则应认定为"不明原因"。NFPA 921（NFPA，2017，4.5.2和 20.1.4）指出，调查中收集数据的可信性，以及从数据分析中得出假设的可信度，完全取决于调查人员。

目前，在 NFPA 921 的等级制度中，并不包括这样的特征。在刑事案件中，与事实审查的最终决定一样，要遵照"排除合理怀疑"的原则，对意见进行严格审查。在民事案件中，意见可能取决于哪一事件更可能发生的分析评估。意见要经受同行审查或法庭交叉询问的合理审查（NFPA，2017，19.7）。

1.5.3 有效假设

有效假设的概念是科学方法工作框架的核心。在火灾现场重建过程中，有效假设建立在调查人员对起火点、起火原因及火势发展的描述和解释的基础上。每个有效假设都要经过反复审查和修改，并非是最终结论。

如图 1-2 所示，调查人员提出一个有效假设后，要通过多渠道收集的信息以及过去的调查经验等进行检验比对，从而对有效假设进行修改和完善。有效假设也可能包括其他具备普通常识和经验的职业调查人员的技术审查。创建和检验一个有效假设后，也应注意创建和检验其他假设。详细的技术审查见 NFPA 921（NFPA，2017，4.6.2）。

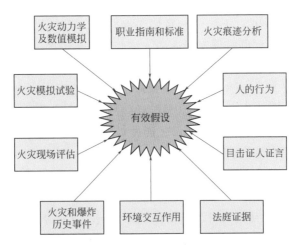

图 1-2　建立有效假设可能的信息来源（由田纳西大学 David J. Icove 提供）

新的假设往往是建立在先前假设基础上的，特别是知识基础扩大时。当已建立的有效假设无法匹配新的数据信息时，调查人员就要尝试着建立新的假设，有些情况下，需要从新的视角审视问题。

重复性是科学方法的基础之一，因此，来自先前假设的事实能够独立反复地用于检验和核实。即使有效假设满足所有的已知实验证据，它也可能因为随后的实验或调查发现而被推翻。例如，来自实验的证据为解释火灾痕迹提供了新的见解（Shanley，1997；Hopkins，2008；Hopkins、Gorbett 和 Kennedy，2009；Icove 和 DeHaan，2006）。过去认为仅存在助燃剂的现场才会出现某些火灾痕迹，按照新的原理验证、实践检验和实验测试，被证明是错误的（DeHaan 和 Icove，2012；NFPA，2017）。这类痕迹包括：混凝土剥落、家具弹簧塌陷和玻璃炸裂（DeHaan 和 Icove，2012；Lentini，1992；Tobin 和 Monson，1989）。

根据调查人员对基础科学复杂程度的了解，以及其对火灾动力学和火灾数值模拟知识的运用区分火灾调查专家和火灾调查新手。虽然火灾蔓延的基本规律是建立在已知的火灾动力学原理基础上的，但对火灾动力学的理解却在不断更新和完善，特别是通过数值模拟的方法对实际火灾情况进行的研究。由于调查人员要在行业内应用火灾科学知识，因此在有效假设的建立与行业交流中，使用相同的术语进行现场描述和解释非常重要，同时也利于进行同行审查。

假设是建立在专业指南和标准之上的，特别是那些权威指南和标准。广泛使用的工程手册有：《消防手册》（NFPA，2008）、《SFPE 消防工程手册》（SFPE，2008）、《引燃手册：消防安全工程、火灾调查、风险管理和法庭科学的原理和应用》（Babrauskas，2003）。广泛认可的指南有：《火灾和爆炸调查指南》（NFPA 921，2017）；国家司法研究所出版的《火灾和放火现场证据：公共安全人员指南》（NIJ，2000）；《柯克火灾调查》（第7 版，DeHaan 和 Icove，2012）；《打击放火牟利：调查人员的先进技术》第 2 版（Icove、

Wherry 和 Schroeder，1998）。其他 NIJ 的国家指南涉及主题有：普通犯罪现场、死亡调查、目击证人识别、爆炸、数字图像和电子证据等。ASTM 也有多个适用于火灾调查的标准实践方法，将在本章的后续内容中介绍。

消防工程师协会（SFPE）出版了一系列工程指南，其中许多指南能够帮助我们更好地了解掌握火灾和人类行为并开展实际评估。这些出版物包括 SFPE 的《油池火焰对外围可燃物辐射评估工程指南》《1 级和 2 级皮肤烧伤的预测》《辐射作用下固体材料的引燃》《建筑防火性能分析与设计》《火灾中的人类行为》《火灾对建筑构件的影响》《计算机火灾模拟 DETACT-QS 评估》《防火设计中的火灾风险评估》《防火设计过程的同行审查》，以及《计算机模拟是否适合给定应用的证实》。SFPE 通过其网站 www.SFPE.org. 提供这些参考资料和其他出版物，只象征性地收取费用。

火灾痕迹（fire pattern）是解释火羽流对建筑结构、内部物品，以及车辆、森林、草原及其他财产或受害人造成影响的一个重要因素。由于放火嫌疑人经常使用液体助燃剂实施放火，因此权威的火灾测试对这方面知识体系进行了扩展，将火灾痕迹分析纳入其中，并专门对普通可燃物的燃烧痕迹与使用易燃和可燃液体产生的燃烧痕迹进行了对比（DeHaan，1995；DeHaan 和 Icove，2012；Putorti、McElroy 和 Madrzykowski，2001；Shanley，1997）。

在分析评估火灾中人的活动和耐受力时，对人类行为的理解至关重要。并非所有人对火灾危险的看法都一样。调查人员必须能够理解和解释在场人员对随时间和地点变化的烟气和火灾的反应，他们是如何成功逃生的，或各种燃烧产物是如何导致他们死亡的。分析评估不仅要涉及单个人的行为特征，还应包括所在主要群体（家庭成员）或陌生人的相互影响。在分析解释人员对火灾迹象的反应、做出的决定、决策和行为时，还要考虑性别差异。有关此方面的更多内容，请参阅 SFPE 出版的 2003 版的《工程指南：火灾中人的行为》。

在建立和检验假设过程中，证人关于其火灾前、火灾中和火灾后行为的证言非常重要。通常情况下，需要对证人进行第二次询问，从而获取初次询问陈述过程中遗漏的细节信息。这些信息可能包括目击证人在火灾前看到的情况，以及火灾的发现和发展过程。

法庭科学（forensic science）可以为建立有效假设提供更多的信息。例如：传统的火灾痕迹司法检验的使用；压痕和微量物证的分析；近年来 DNA 鉴定在亡人案件调查中被越来越多地应用。了解初始温度、湿度、风速和火灾蔓延方向等环境因素的相互作用，在建立有效假设中发挥着重要作用。例如，高层建筑火灾中，风和温度等环境因素以及火灾发生的位置（是发生在中性面之上还是之下），可能对气味、烟气的最初发现以及火灾蔓延或强度都会造成影响（Madrzykowski 和 Kerber，2009；SFPE，2008）。作为一种环境间的交互作用，雷击也可能成为引火源，也应予以考虑。美国气象研究表明，路易斯安那州和佛罗里达州是雷击频率最高的州，其次是邻近的田纳西州、密西西比州和肯塔基州（Orville 和 Huffines，1999）。

火灾和爆炸事故历史记录对于建立有效假设来说也很重要。对类似事故案例的了解，将为建立假设提供另一个视角，有助于在选择最终假设前对假设进行检验。虽然不能根据这些统计数据来证明当前正在调查的火灾的原因，但是，这些数据可以为有效假设的建立、检验和完善提供帮助。

许多公共和私营组织收集火灾数据，用来统计分析分布情况，从而进行风险评估并制定防火策略。表 1-4 是 2004 ～ 2008 年按原因对餐饮部门年均火灾损失的介绍（Evarts，2010）。

NFPA 还对住宅火灾进行了介绍，并公布了起火物的统计数据，这些数据对于建立假设非常重要（Rohr，2001、2005）。其他企业关于火灾损失经验数据资源也是可以使用的，例如：FM Global 公司定期发布的"财产损失预防数据表"（FM Global，2015）。

当调查人员正在处理、审查或查阅类似案件时，以往的事故案例也可能成为调查人员现场评估的实践经验。在建立有效假设时，调查人员可能结合专业的指南和标准，总结出具有启发性的专业知识、培训内容和实践经验。历史统计数据有助于建立用于检验的其他假设，但由于它并不在表中，不能用于排除某具体火灾的起火原因。

通过将公认的科学原理和研究相结合，辅以经验性的火灾实验，可以为火灾现场重建提供有价值的见解。科学实验结果通常可以重现，而且其错误率能够得到验证。这些结果通常被认为是客观的，排除了研究人员的偏见。ASTM 国际防火标准委员会（E05）负责制订和维护得到认可的火灾测试程序。

表1-4　2004～2008年餐饮部门各种原因火灾年均损失情况

起火原因	数量 / 起	百分比 /%
烹饪设备（炉灶、油炸锅、烤架）	4410	54
配电系统（电灯、发热灯、电线）	620	8
放火	410	5
取暖设备	830	10
发烟物质	610	7
烘干机或洗衣机	130	2
其他	1150	14
总计	8160	100

资料来源：Evarts, B. 2010. U.S. Structure Fires in Eating and Drinking Establishments. Quincy, MA:National Fire Protection Association

1.5.4　有效假设检验

对于每个有经验的调查人员来说，能够熟练地建立有效假设至关重要。达到熟练程度可以通过以下途径实现：共同参与火灾现场证据的分析与记录，记录目击证人在火灾中观察到的情况及行为，对比类似案例的历史记录，阅读火灾方面的文献，积极参加权威性火灾实验以及撰写与发布同行审查的研究。

用于法庭火灾现场重建的科学方法，为火灾中可修改的（有效）假设建立、假设检验以及起火点、火灾发展、现场破坏与起火原因的合理认定，提供了一些基本原则。通过一个反复过程，有效假设被反复地审视、修改和完善，直到其与所有掌握的数据达到一致为止。此种情况下，假设将成为最终认定，可以作为调查的结论性意见提出。

在火灾调查中，努力求证多个假设的理念并非新理念。案例研讨 1-1 中，在 1942 年的椰林夜总会火灾（Cocoanut Grove Night Club Fire）调查中，提出了多个假设。虽然有些理论似乎有些牵强，但在案件中调查人员仍逐一进行了排查。这个例子将说明如何利用科学方法排除那些没有得到分析数据、消防准则和证人观察支撑的理论。

案例研讨 1-1：验证假设

1942 年 11 月 28 日，美国波士顿的椰林夜总会火灾（Cocoanut Grove Night Club Fire），造成了 492 人死亡，多人重伤，其中 131 人在附近医院接受治疗。这场火灾最初发生在一个叫 Melody Lounge 的地下室，火灾发生后迅速蔓延到整个酒吧大堂，并沿着楼梯蔓延至临街的门厅。

关于这起火灾是如何发生、发展的，调查火灾的机构收到了大量社会各界发表的意见看法。尽管确切的引火源至今仍存在争议，但许多公众意见也必须写入调查报告。这些意见中涉及的主要问题包括使用可燃装饰材料、火灾快速蔓延、缺少足够的出口，以及造成大量人员死亡的原因。众所周知，火灾目击证人报告酒吧大堂最先起火，引燃了周围的可燃装饰物和布满盖布的天花板及墙壁，火沿着楼梯向上蔓延，从而阻断了唯一的建筑出口。

1943 年 1 月 11 日发布的 NFPA（1943）官方报告中，介绍了许多关于这起火灾的起火点、起火原因和迅速蔓延的认定理论。虽然发布的报告没有充分载明这些认定理论的技术细节，但它仍然可作为火灾现场重建和分析中有效假设的一个例子。最初的 NFPA 报告列出了以下理论，并排除了不可能的理论，以及缺乏证据支撑的理论。

常规火灾理论。常规火灾理论认为火灾现场天花板和墙壁上布、纸的装饰和其他可燃物燃烧，产生了大量的烟气和一氧化碳，同时也为火灾快速蔓延提供了途径。报告指出，可能还有一个无法解释的因素加速了火灾的发展，但是并没有进一步介绍这一因素。回想起来，有大量的人员是死于火灾后的数小时，其实他们已经从火灾中心现场逃生，他们的死亡让人怀疑烟气中是否含有特殊成分加剧了其毒性。

酒精理论。酒精理论认为，醉酒者口中的酒精蒸气造成了火势的迅速蔓延。其中还有这样的提议，即桌上饮品中蒸发出的温热酒精也可能是导致火灾发展的一个原因。由于酒精蒸气的浓度太低了，根本不会造成火灾蔓延，因此这一理论的可能性被排除。

火棉理论。火棉（硝化纤维素）理论认为，在建筑墙壁上大量使用人造革，致使火灾迅速蔓延，燃烧产生亚硝酸产物，从而导致了大量人员死亡。但科学的评估否定了这一理论。因为这些材料只含有少量火棉，不足以造成火灾蔓延或大量人员死亡。

电影胶片理论。当得知该建筑之前作为电影胶片交易场所使用时，提出了电影胶片理论。这个理论认为，在隐蔽的区域，仍然有一定数量的正在分解的硝化纤维胶片，并被周围的引火源引燃。然而，目击证人的证言并不支持此理论。

制冷剂气体理论。Melody Lounge 场所的空调被错误地置于墙角处。空调机系统曾经使用氨气或二氧化硫作为制冷剂。这些制冷剂可燃且有毒。后来也排除了这种制冷剂被引燃的理论。氨气确实是一种易燃气体，但是它的浓度要远高于人类可承受程度才能被引燃。同时，逃生人员也没有说闻到氨气的味道。再者，制冷剂气体在铜管中流动，这些铜管只有在火灾前受到机械破坏或外界热源作用开裂，气体才会泄漏。

阻燃剂理论。阻燃剂化学理论基于添加在可燃装饰中的阻燃剂受热后，可能释放出氨气或其他气体。调查无法确定在装饰材料中是否添加过阻燃剂，逃生人员也没有表述与此相关的迹象。当时的消防监督员会用火柴的火焰作用于部分装饰材料纤维，作为现场检查测试。据说，火灾前测试的装饰通过了这种存在局限性的测试。

灭火器理论。灭火器理论来自调查人员发现火灾初期有人使用灭火器扑救人造棕榈树的火焰，灭火剂可能释放出了有毒气体。但调查并没有发现支撑此理论的证据。

杀虫剂理论。当调查人员了解到，位于地下室的厨房中有使用过杀虫剂的痕迹时，就出现了杀虫剂理论。他们认为，如果易燃气体聚集在密闭的墙体空间内，这种气体可能引起报告中所称的最初的闪燃现象。但并没有信息表明杀虫剂中含有可燃液体，也没有证据表明曾过量地使用杀虫剂。

汽油理论。当调查人员确定该建筑曾作为车库使用，在地下室内仍然存放着汽油罐后，提出了汽油理论。因为汽油蒸气比空气要重，容易在低处聚集，所以汽油蒸气不会从油罐中溢出。这一理论最终被排除了。实际的现场调查证明，没有引火源可以引燃这种浓度的蒸气，并出现火灾中看到的火势蔓延情况。汽油蒸气的浓度远低于可燃浓度时，在场人员就能够闻到汽油的味道。

电气线路理论。当调查人员掌握了建筑的部分线路是由无证电工安装的情况后，就有电气线路理论提出。此理论认为，过负荷电气线路产生了易燃和有毒气体。但并没找到证据支撑线路过负荷或电气故障引起燃烧的理论。

阴燃火灾理论。调查人员通过在场证人了解到，许多墙摸起来温度很高，可能存在未被察觉的阴燃现象，就提出了阴燃火灾理论。经调查人员对实际火灾现场进行勘验后，并没有找到支撑此理论的证据。

半个多世纪后，该起火灾的起火原因仍然被标记为"原因不明"。有些目击证人声称，最初的火灾发生在一棵人造树上，火柴、打火机或蜡烛的火焰都有可能将其引燃。椰林夜总会火灾的起火原因假设仍在验证中。回顾 NFPA 自 1982 年开始调查以及总结的最新研究综述表明，火灾数值模拟和科学方法的使用可能为查明案件带来新的视角（Beller 和 Sapochetti，2000；Grant，1991；Reinhardt，1982）。想了解更多内容，请查阅 Schorw（2005）和 Esposito（2005）。

1.5.5 使用科学方法的好处

对于调查火灾或爆炸事故来说，使用科学方法具有诸多好处：
- 科学研究领域认可该方法。
- 使用统一的同行评审实践协议，如 NFPA 921。

•使用科学方法可提升专家证言的可靠性。

第一，在技术领域和研究领域，都欣然接受科学方法的使用。使用这种方法开展的调查，更容易让总是怀疑调查深度不够的人认可。

第二，科学方法是文献资料中普遍认可的实践规程。那些忽视或偏离推荐方法的人出具的报告和意见，将受到更严格的审查。现在的火灾调查著作都认可该方法的应用（DeHaan 和 Icove，2012）。

2000 年 NIJ 出版的《火灾和放火现场证据：公共安全人员指南》反复引用科学方法。该指南指出，在火灾或放火现场调查中的做法，对查清案件发挥着关键作用。深入、细致、彻底的调查方法，是确保潜在物证不被污染、不被破坏，潜在证人不被忽略的关键。

第三，也是最重要的，在火灾和爆炸案件中，专家证言依据更多的是使用科学方法得出的意见。美国最高法院最近判决中也强调了这些原则，许多州的法院也紧跟这一趋势。1.6 节将详细讨论专家证言的相关问题。

1.5.6　科学方法之外的方法

除了科学方法外，还有其他的方法，这些方法使用不同于归纳推理和演绎推理的逻辑。例如，溯因推理（abductive reasoning）是通过推理对一种现象给出最佳解释的过程。采用溯因推理解释观察结果的例子有：如果下雨，草是湿的。这个溯因规则解释了为什么草是湿的。另一种解释可能是：如果没有下雨，草会湿吗？使用了草坪洒水器，或者露水很重也会使草变湿。在这种方法中，推理从一组给定的事实开始，并得出最可能的解释或假设。这种推理将产生可以检验的替代方案，因此合理地应用科学方法做出起火点和起火原因的认定才是关键。

溯因推理的现代应用包括：人工智能、事故树诊断和自动规划。有关归纳推理、演绎推理和溯因推理的详细内容介绍，请参阅国防情报学院题为"批判性思维与情报分析"的论文（Moore，2007）。溯因推理的可采纳性已经被讨论过，但并未包括在 NFPA 921 中，而在火灾研讨会中曾引用过（Brannigan 和 Buc，2010）。

1.5.7　关于科学调查的法律意见

在过去 15 年间，因 Daubert、Kumho Tire、Joiner 和 Benfield 等人的法律释义要求，火灾调查工作发生了一系列意义深远的变化。现在火灾调查人员出庭时，必须向法庭证明其经受过专业培训并取得了能够就火灾发表意见的职业资格，有数据（信息）支撑以数据为基础的结论，遵循了调查和认定程序的规范要求，并按照科学方法开展调查工作。

在火灾和爆炸调查中，通过始终如一的规范收集数据是非常重要的。一个基本规范实例是如前 NIJ 所述的指南。《法庭火灾现场重建》(Icove、DeHaan 和 Haynes，2013) 和《火灾和爆炸调查指南》(NFPA 921，2017) 中介绍了更多规范的细节。关于火灾调查记录的商业规范，在所有的恶劣天气下都是适用的（Rite-in-the-Rain，2016）。要注意，规范并不是一本刻板规定列出所有步骤的"食谱"，而只是对现场勘验的系统、全面的数据收集和保存方法的概述。

火灾调查中的复杂问题，往往使调查人员难以应对，但是如果能够保持耐心，并遵循燃烧、火灾行为和热传递的基本科学规律，在取得足够的数据信息时，往往能够得到准确合理的火灾认定结论。

1.6
专家作证基础

根据 2014 版 NFPA 1033 中 4.7.3，火灾调查人员作为专家证人，应具有一定的经验。同样，按照 2014 版 NFPA 1033 中的 4.7.4，调查人员还可能应邀向公众陈述调查发现。

• 依据标准：2014 版 NFPA 1033 中 4.7.3 条

任务：

在法庭审判过程中作证，说明调查发现和报告内容，与法律顾问协商，清晰、准确地呈现所有与调查相关的信息和证据，调查人员的举止和着装应符合诉讼场合。

绩效结果：

调查人员将在模拟法庭中作证，并接受交叉询问。

条件：

说明调查发现，30 分钟内审查资料，并与检方的法律顾问协商。

任务步骤：

① 在 30 分钟内查看所提供的信息。

② 在作证前向检察官提问。

③ 在作证前回答检察官的问题。

④ 在法庭上为检察官的问题准确作证。

⑤ 在法庭上准确无误地回答辩护律师的交叉询问。

⑥ 展示适当的法庭风度：

a. 姿势。

b. 言谈举止。

c. 镇静。

d. 信心。

⑦ 展示出适当的沟通技巧：

a. 恰当地回答问题。

b. 保持客观性。

c. 恰当地使用专业语言。

d. 避免使用行话/习惯表达和亵渎。

e. 准确地表达事实。

f. 证言与书面事实一致。

资料来源：Washington State Patrol, Form No. 3000-420-081 (Sept. 2014) Fire Protection Bureau, Standards and Accreditation, Olympia, Washington http://www.wsp.wa.gov/fire/docs/

cert/fire_invest.pdf

- 依据标准: 2014 版 NFPA 1033 中 4.7.4 条

任务:

提供相关数据信息, 公开展示信息, 以便确保信息准确、适合听众, 明确地提供受众所需的信息。

绩效结果:

调查员在 5 分钟内进行一次公共信息的介绍。

条件:

提供调查报告、事故指挥官的简报、听众类型的信息以及 5 分钟时间。

任务步骤:

① 审查调查报告。

② 从事故指挥官那里获得简报。

③ 进行 5 分钟介绍。

④ 回答听众的问题。

⑤ 告知事故指挥官相关介绍内容和问题。

资料来源: Fire Protection Bureau, Standards and Accreditation: Form No. 3000-420-081. Copyright © 2014 by Washington State Patrol

1.6.1 《联邦证据规则》

根据此书的撰写目的, 应将重点放在联邦法庭体系中如何呈现证据。《联邦证据规则》(FRE, 2012) 清楚地表明了可以出庭作证的人员。虽然联邦准则并不适用于所有州的法庭以及国际情况, 但是许多州效仿联邦准则的做法。

根据 701、702、703、704 和 705 条款, 以下 FRE 的修订内容生效于 2011 年 12 月 1 日, 解释了证据和意见证词的可接受性。

- 701 条款: 普通证人的意见证据

如果证人不是以专家身份作证, 以意见或推断的形式呈现的证人证言, 可能限于以下推断或意见:

a. 基于证人的理性认知;

b. 有助于清楚地理解证人证言或明确问题的事实;

c. 未依据 702 条款范围内的科学、技术和专业知识。

- 702 条款: 专家证人证言

如果证据的解释或事实的理解需要借助于科学、技术和专业知识, 需要具有专门知识、技能、经验或经过专门教育培训的人员作为专家出庭作证、陈述意见, 如果出现以下情况, 可以不邀请专家证人:

a. 证人证言依据的数据事实足够可靠;

b. 证人证言来自可靠的原理方法;

c. 证人已经将原理方法准确可靠地应用到案件事实之中。

- 703 条款：专家意见证据的基础

针对某一特定案件专家得出的意见或推断所依据的数据或事实，可能是专家当时或之前了解的数据或事实。如果在某一特定的领域，专家在形成意见或推断时，所依据的数据或事实是相对合理的，为了让得出的意见或推断得到认可，数据或事实不需要被采纳为证据。意见或推断的提出者不得向陪审团透露在其他情况下不被采纳的事实或数据，除非法院认为这些事实或数据在协助陪审团评估专家意见方面的证明价值大大超过其所带来的不利影响。

- 704 条款：最终问题的观点看法

a. 除在 b. 部分所述的情况外，以意见或推断的形式呈现的证言，由于包含审判人员对所述事实的最终看法，只能在没有异议的情况下被采纳认可；

b. 在刑事案件中，没有专家证人对被告人的精神状况作证，起诉或辩护中就会出现有关被告人的精神状况是否构成犯罪要素的意见。此类最终问题只和事实审判人员有关。

- 705 条款：专家意见下的数据或事实揭露

如果法庭在其他方面没有要求，专家不是第一次就相关的数据事实作证，专家可能根据得出的意见或推断进行作证，并给出理由。在所有情况中，专家都可能被要求在交叉询问中说明相关的数据事实。

1.6.2　专家证人证言的信息来源

通常来说，专家得出专家意见，主要依据以下四种信息来源（Kolczynski，2008）。

（1）直接观察

直观观察的情况包括火灾现场勘验、实验室测试、火灾现场实验以及遵循 703 条款开展的证据分析等过程中直接观察到的情况。重要的是专家要到火灾现场实地查看，而不是仅仅依赖于其他当事人提供的图片。虽然到现场非常有必要，但并不是每次都要或能到现场，特别是现场变动较大或破坏较为严重时。如果照相记录非常全面，或者有其他方式记录和佐证，专家也可以依据照片作证（United States v. Rudy Gardner，2000）。

（2）审判前向专家呈现的事实

在审判前，专家往往要认真地审查案件情况，获知与事实情况相关的内容。此内容可能来自其他专家报告、科学手册、学术论文或过往实验结果的相关情况。部分内容来自专业文献中提供的信息资料，如：NFPA 921、《柯克火灾调查》和《SFPE 消防工程手册》。

701 条款允许普通证人提供证据，作为非专家意见证据。这些意见证据可能包括中毒的状态、车辆的速度和闻到的汽油味。例如，消防员在火灾调查方面不是专家，但他们可以就其进入起火建筑时闻到了浓重汽油味作证。

702 条款要求，专家证人证言要有助于验证事实，在一定程度上证据的可接受性取决于科学研究或实验与案件中某一特定争议事实的关系。[在"Paoli Railroad Yard PCB Litigation"案（1994）中引用了"United States v. John W. Downing 案"（1985）]。进一步说，专家分析中的每一步，都必须与专家在具体案件中的工作息息相关。

根据 702 条款，只要普通证人具有从事某种分析的能力，根据可行的分析方法得出某种意见，普通证人也可以提供专家证人证言。可行的分析方法中包括 NFPA 921 和各种 ASTM 标准规定的方法。

703 条款从 1975 年颁布以来，只要这些事实从非诉讼的角度来看是形成专业判断所必需的，就可以要求专家根据此事实提供专业的意见，不必考虑此观点看法是否作为证据使用。仅因为专家证人根据相关信息得出的观点看法，并不能使其所得到的信息在法庭上得到认可。根据 703 条款，专家证人可能也会依据听到的表述，如其他证人的表述。例如，专家证人所用的信息，可能来自火灾的目击证人、其他证人证言、现场记录和报告、火灾视频监控以及关于案件提交的书面报告，这些都有助于形成专家的意见（United States v. Ruby Gardner, 2000）。

（3）法庭中提供的事实

法庭中提供的事实也可以作为专家证人证言的基础。所依据的事实可能来自其他证人证言或其他证据呈现的内容。专家证人也可能被问到一些问题的假设情况。例如，专家可能被问道："假如在三个不同的房间，分别发现了三个装满汽油的塑料壶，壶上留有起灯芯燃烧作用的物质。根据你作为火灾调查人员 25 年经验和上述事实，你可以得出什么调查结论？"

（4）替代假设的验证

在专家证人证言中，一个重要的理念是对替代假设进行验证，对案件中其他合理假设通过试验测试或批判性评论的方式进行验证。根据 ASTM E620-11(ASTM International, 2011a, 4.3.2)，要求专家在报告中记录其得到的观点或结论所使用的逻辑或理由。在近期一起案件中，针对起火原因假设，专家不能否定与其所提起火原因假设等效的其他原因。在庭审中发现，虽然专家在火灾研究方面具有资质，但他的证言缺乏对其结论客观有效性的证据支撑（Wal-Mart Stores, Petitioner, v. Charles T. Merrell, Sr., et al, 2010）。

1.6.3 专家证人证言的公开

根据 2010 年 12 月 1 日修订生效的《联邦民事诉讼程序规则》第 26（a）（2）（B）条（FRCP, 2010），以下是在民事案件中根据指南要求公开专家证人证言的情况。

2. 专家证人证言的公开

A. 通常来说，除规则第 26（a）（1）条要求公开的外，根据《联邦证据规则》702、703 和 705 条款，当事人必须向其他当事人说明法庭作证的所有证人身份。

B. 必须提供书面报告的证人。如果法庭无其他额外要求和规定，专家证人被邀请或被特别聘请到法庭提供专家证人证言，或专家有责任为当事人提供专家证人证言时，专家证人证言将同专家制作和签字的书面报告一同公开。此报告应涵盖以下内容：

（1）证人表达意见的完整表述以及所依据的基础和理由；

（2）得出意见时所考虑的数据或事实；

（3）所有用于概括或支撑观点看法的证物；

（4）证人资格，包括：过去 10 年间出版著作的目录；

（5）在过去 4 年里，证人作为专家法庭作证或宣誓作证的所有其他案件目录；

（6）在此案件中，用于研究和作证的报酬说明。

C.无需提供书面报告的证人。如果法庭无额外要求和规定，证人无需提供书面报告，此时将公开以下内容：

（1）根据《联邦证据规则》702、703和705条款，证人提供证据的主要案件事实说明；

（2）证人作证的案件事实和意见的总结。

D.公开专家证人证言的时间。委员会必须按照法庭要求的时间和顺序，公开相关证人证言。在法庭无明确规定时，公开必须做到：

（1）在法庭审判或案件准备审判的日期前至少90日内公开；

（2）根据《联邦民事诉讼程序规则》第26（a）（2）（B）和（C）条，如果就同一案件事实，单独提供的证据与其他当事人认同的证据存在矛盾和争议，必须在其他当事人公开后30日内公开。

E.补充公开。根据《联邦民事诉讼程序规则》第26（e）条的规定，多方当事人需要时必须补充公开。

《联邦证据规则》705条款要求公开专家形成专家意见的事实依据及基础数据。如果没有法庭要求，专家将就某一意见进行作证，而不是首先介绍得到此意见的事实依据及基础数据。但是，在后续的交叉审查过程中，专家可能会被要求公开基础事实及数据。

根据《联邦民事诉讼程序规则》第26（a）（2）（B）条，要求专家提供书面的证人报告。此报告必须由专家证人制作并签字，必须包括以下内容：

完整地表述所有的意见，连同形成意见所依据的基础；

形成意见时专家使用的数据和信息；

总结和支撑意见打算使用的证物；

专家证人资格，包括：过去10年内出版著作的目录；

支付报告和证人证言的报酬；

在过去4年，证人作为专家法庭作证或宣誓作证的所有其他案件目录。

书面公开专家报告有多种形式。表1-5列出了专家写给律师的总结公开信和报告的大体内容。表1-6列出了作为专家时需要说明的情况（Beering，1996）。

表1-5 专家公开报告中建议出现的标题

1.公开和约定范围
2.个人背景和资格
3.专业意见总结
4.受损财产的描述
5.火灾调查中关注的标准和使用的方法
6.火灾事故（包括名称、事件表）
7.其他调查分析 　火灾调查培训和经验 　高等教育 　知识和认证 　应用可靠方法时的专业知识 　资质

8. 证据损毁的影响（如果存在）
　定义、责任和记录
　诉讼实现的时间表
　通知当事方
　关键证据的丢失和损毁
　取证时间表

9. 开展独立火灾调查的影响

10. 签名／盖章的意见摘要

附录 A——审查信息列表
附录 B——专业资格、过往证词
附录 C——收到的报酬
附录 D——补充的数据
附录 E——程序清单（计算机模型）

表1-6　作为火灾专家时需要说明的情况

种类	例子
身份认证——专家是谁，他或她在此领域工作了多久？	姓名 职务、部门 当前和以前的工作
教育和培训经历——专家接受过哪些正式的专业培训？	正规教育 消防训练学院 国家消防学院 FBI 学院 联邦执法培训中心 国际和国家的年度研讨会 专业培训
认证——专家是否在他或她的领域获得了执照、认证或其他认证？	火灾调查人员 警官 消防专家 专业工程师 教练
经验——专家如何获得关于火灾的第一手知识和经验？	灭火 火灾调查 火灾现场实验 实验室检验
先前的证词——专家是否先前提供过证词？	刑事、民事和行政法院 普通证人和专家证人 管辖区域（州、联邦、国际）
专业协会——专家是哪个专业协会的会员，其身份是什么（例如，资深会员，终身会员）？	专业火灾调查领域 火灾与法庭科学工程领域
教学经验——该专家是否对该领域的其他人进行过认证和任职培训？	地方、州、联邦、国际学校和组织 国家科学院 大专院校

续表

种类	例子
专业刊物——专家是否撰写并发表过经过同行评审的高质量文章？	同行评审的文章和科技论文 图书 国家标准
奖励和荣誉——专家获得过哪些重要的荣誉和奖励？	当地、州、联邦和国际专业组织和协会

资料来源：Beering, P. S. 1996. Verdict: Guilty of burning—What prosecutors should know about arson. Insurance Committee for Arson Control. Indianapolis, IN

1.6.4 多伯特（Daubert）标准

火灾和爆炸调查更偏重于自然科学，涉及的人文科学内容较少。在呈现专家证人证言时，科学方法与相关工程原理和研究内容相结合时，此方面特点显得尤为突出 (Kolar, 2007; Ogle，2000)。在近期审判过程中，美国最高法院对专家科学性和技术性的意见不断进行完善细化使其成为可受理性的意见，特别是涉及现场调查的专家意见。这些决议影响着专家意见应该如何进行解释，以及如何被采纳。

法官将以审慎的态度排除那些投机的或数据不可靠的专家证人证言。在"Daubert v. Merrell Dow Pharmaceuticals 案"中（1993），法庭规定审判法官有责任确保专家证人证言不仅相关而且可靠。法官发挥着守门员的作用，决定着某一科学理论和技术的可靠性。"Daubert v. Merrell Dow Pharmaceuticals 案"的结果是，法庭提出了法官在判断专家所用理论和技术是否得到认可时用到的四个标准。如表 1-7 所示，该标准被称为多伯特标准，用于检验专家证人证言的可测试性、同行审查情况、错误率与专业标准以及普遍接受的情况。

表1-7　多伯特审查的标准和相关问题

标准	审查的相关问题
可测试性	方法、理论或技术是否经过测试？
同行审查情况	方法、理论或技术是否经过同行审查和出版？
错误率与专业标准	方法、理论或技术的已知或潜在错误率是多少？
	方法、理论或技术是否符合控制标准？这些标准是如何维持的？
普遍接受情况	科学界是否普遍接受这种方法？

多伯特标准要求法官判断专家证人证言是否与案件呈现的事实匹配。核心的问题往往是，专家得出结论使用的方法是否是经过鉴定、认可以及同行审查。

在距今更近的判决中，"Kumbo Tire Co. Ltd. v. Carmichael 案"中，法庭应用多伯特标准判定专家证人证言是依据科学理论还是依据经验。总之，专家意见必须在同行认可的文献、测试实验和实践做法以及一个如果他们认为证词可信法庭就会采纳的证明文件之间保持平衡。

一个引用多伯特标准和 702、703 条款的联邦案件中，采纳 John DeHaan 博士通过审查其他专家案件材料得到的关于起火点和放火起火原因的专家证人证言（United States v.

Ruby Gardner，2000）。Dehaan 博士是通过审查报告、照片和第三方当事人观察结果得出的专家证人证言，并且有些依据的内容可能并没有直接被作为证据。

法庭判决认为这个程序是可靠的、恰当的，可以据此定罪。此外，法庭还有其他与此专家证人证言相似的证言，包括：放火调查专家形成意见看法时，所用到的传闻证言和第三方当事人所见，就像精神病医生一样，作为专家可以仅依靠现场人员报告、其他医生询问和背景信息进行作证。

在第三巡回上诉法院案件"United States v. John W.Downing 案"（1985）中，使用多伯特标准和唐宁（Downing）要素认定专家采用的方法是可靠的。唐宁要素需分析：

① 技术与已被确认为可靠的方法之间的关系；

② 依据此方法进行作证的专家证人是有资质的；

③ 方法已在非审判性问题上使用。

1.6.5 弗莱（Frye）标准

现如今，16 个州和哥伦比亚特区（Giannelli 和 Imwinkelried，2007,1–15）依据弗莱实验（在各地有变化，例如，在加利福尼亚州叫 Kelly-Frye 实验，在马里兰州叫 Reed-Frye 实验，而在密歇根州就叫 Davis-Frye 实验），作为判断专家证人证言被采纳的标准，替代多伯特标准。1923 年，因为测谎新科学技术面对质疑时有一定的拥护者，为了解决测谎新科学技术的可采纳性问题，达成了最初的弗莱决议。在哥伦比亚特区的美国申诉法庭是这样表述的："很难去定义，什么时候科学原理与发现跨越了试验与已论证事实的界限。对于这种模糊不清的情况，科学原理的证明力必须予以确认，并且法庭也将做大量的工作，去证明由此科学原理与发现推测出的专家证人证言的准确性，由此种推测得出的结论性事实也必须得到充分论证，以便在其所属的领域能够获得广泛的认可。"（Frye v. United States，1923）

类似于多伯特决议，弗莱决议也将法官看作肩负着摒弃伪科学责任的守门员。弗莱标准或普遍认可的测试背后的推理（Graham，2009），将从以下 6 个方面帮助审判者：

① 促进整个司法机构在一定程度上统一决策；

② 避免诉讼过程中耗时且经常出现误导的科学技术突然出现；

③ 确保引入的科学证据可靠且相关；

④ 保证存在对科学判决进行严格审查的专家组；

⑤ 防止陪审团过分倚重科学技术作为证据的自然倾向，而法官（事实审判者）在评估证据的可靠性时处于不利地位；

⑥ 当通过抗辩者的交叉询问，可能无法或不可能揭露不妥之处时，在新的领域对专家证人证言施加界线标准。

弗莱标准较为保守，当严格使用弗莱标准时，要求新的技术方法已经过足够长时间的应用，大量的人员已进行过实践测试，证明其是已得到普遍认可的概念，这给当事人带来负担。在弗莱标准中，并没有提到任何方法，法官应该依据其判断普遍认可的情况。单个专家证人的证言几乎不可能被接受，特别是存在偏见或既得利益的专家。为了得到认可，要使用经多个同行审查并公开发表的论文、法庭聘请的中立专家的证人证言以及多个专家的证人证言。

"在类似于《联邦证据规则》104（a）的条款下，初审法官要做出是否已满足弗莱测试的判断。要应用'强势'标准"（Giannelli 和 Imwinkelried，2007，1–5），有些法庭已应用多伯特标准分析问题，判定中立同行审查、全方位测试、明确错误率和写明适用技术的客观标准等技术方法是否得到认可。一种衡量标准是，如果使用的技术得到了科学领域绝大多数人的支持，就会得到普遍接受。

对于弗莱标准来说，另一个大问题是技术定位在哪个领域非常困难。火灾调查和重建都要依托多个领域，即火灾动力学、火灾工程学、化学，有些案件还可能涉及人的行为学。他们并不是仅仅涉及单一的专业技术学科。法官可能会查阅火灾工程学、火灾安全学或化学等领域有关火灾调查的文献资料（可能会询问当地大学教师，他们可能熟悉相关概念，也可能不熟悉）。

有些法庭拓展了弗莱标准应用范围，使其超出了技术可靠性的判断，而分析技术内在原理或所依据的原理。如果让火灾调查人员去说明火灾事实内在原理的准确性，如 V 形痕迹、剥落痕迹、玻璃破碎、轰燃、晕环痕迹等现象的内在原理，这种拓展就给火灾调查人员带来了实际问题，如果调查人员知道，也要用火灾动力学和材料学知识解释。

有些法庭将有些证据不再划归到科学证据范围内，而将其认为是简单的确证证据（实物模型、照片、X 透射照片等），从而回避了弗莱标准。在这些案件中，法官不用再盲目地迷信出庭专家证人的保证，而是通过自身观察来确认结果。

这些概念和观点将在案例研讨 1-2 ～案例研讨 1-6 中进行详细讨论。

案例研讨 1-2：多伯特标准和火灾调查人员

关于多伯特标准在火灾现场调查中应用的讨论愈发激烈，焦点在于起火点和起火原因的认定过程中，是否涉及科学证据或非科学技术证据。严谨科学立场的拥护者对火灾调查进行了严厉批评，认为火灾现场调查到处充斥着伪科学问题，指出许多之前被火灾调查人员使用的但近些年被火灾科学家纠正过来的错误概念（剥落、地板烧穿等）。他们提倡在火灾现场分析中将多伯特标准作为唯一方法，防止回到缺少科学训练、未取得资质的调查人员使用错误火灾现场调查方法的老路。

对比而言，技术专家认为火灾现场调查涉及物理和化学两个学科，从来都不是像化学和物理那样单纯的科学。在多伯特标准中，"非科学"一词是一种法律上的区别，而不是科学上的区别。这并不是说火灾调查是不科学的或缺乏对科学原理的应用。换言之，火灾调查是对构成每个火灾现场调查的主客观要素的认识，或是通过勘验、分析和最终解释火灾现场证据，得出关于起火点和起火原因结论的过程中人的因素的认识。

在多伯特标准出现的早期，第十巡回上诉法院案件的申诉法庭解决了放火犯罪案件中火灾调查人员的证人证言问题。在"United States v. Markum 案"中（1993），法庭采信了消防官的证人证言，即火灾是由于放火造成的，主要是由于消防官具有从事火灾调查工作的丰富经验。法庭是这样表述的：

只有经验才可以让证人有资格提供专家意见。见 Farner v. Paccar, Inc.,562 F. 2d 518, 528-29(8th Cir. 1977); Cunningham v. Gans, 501 F. 2d 496, 500(2nd Cir. 1974)。

Pearson 队长具有 29 年从事消防员和消防队长职业的经历。除了观察和扑救火灾工作外，他还进入放火火灾调查学校，接受放火火灾调查培训。预审法庭发现，Pearson 队长具备经验和相关培训经历，可作为专家证人，分析火灾是否是初次火灾导致复燃，以及是否是故意放火导致的问题。此发现显然没有问题（United States v. Markum，1993，896）。

另一个用多伯特标准解决火灾调查问题的案件是 "Polizzi Meats, Inc.（PMI）v. Aetna Life and Casualty 案"（1996）。在此案件中，美国新泽西州联邦地区法院是这样裁决的：

PMI 的法律顾问辩护道，由于缺少关于起火原因的科学证据，在审讯过程中没有一个 Aetna 的证人可以作证。此种令人诧异的辩解源自美国最高法院对 "Daubert v. Merrel Dow Pharmaceuticals, Inc 案" 判决的严重错误理解。当法官面对依据新理论或方法提出的专家科学证言时，Daubert 将为其使用此专家证人证言提供标准。在多伯特标准中，没有任何内容表示，法官可以排除警察或火灾调查人员关于起火点和起火原因的相关证言（Polizzi Meats, Inc. v. Aetna Life and Casualty, 1996, 336–37）。

上述两个判决仅仅是被报道的案件，是多伯特标准在具体火灾调查中的应用，此种情况一直延续到第十一巡回上诉法院对 Joiner 案件进行宣判过程中，其对整个火灾现场调查过程进行完全不同的审查。

（资料来源：Guy E. Burnette, Jr., Tallahassee, Florida, 2003）

 案例研讨 1-3：Joiner 案件（对多伯特标准的说明）

因为来自不同管辖区域的法庭持续尝试解释多伯特标准的全意，美国最高法院再次开始展开讨论，并提供了相关指导和关注。在 "General Electric Company v. Joiner 案"（1997）中，初审法官做出了有利于被告人的最终判决，法庭对案件进行了审查，在诉讼中提到原告是由于受到 PCB（多氯联苯）化学物质作用而患上癌症的。支持原告诉讼要求的科学证据来自小白鼠的实验室研究，将大剂量的 PCB 化学物质注入小白鼠体内，开展病理学研究，发现对于人来说，PCB 化学物质与癌症确实有一定的因果关系。初审法官判定，由原告提供的证据无法满足多伯特标准的要求，声称原告专家提供的证据是"主观判定"，也可能是"未得到支撑的推测"。注明 Joiner 无法提供 PCB 化学物质作用与癌症之间因果关系的可靠科学证据。

在上诉中，美国最高法院第十一巡回上诉法院否定了此判决结果，提出应该将证据提交给陪审团，以便做出重新判决。上诉法院发现《联邦证据规则》支持专家证人证言的可采性作为通则。进一步说，由于初审判决是"结果决定的"，因此上诉法庭将采用更加严格的标准审查初审法庭的判决。

美国最高法院推翻了第十一巡回上诉的判决，恢复初审法庭的判决。通过这样做，法庭重申和澄清了多伯特决议中的有些要点。首先，再次肯定了初审法官守门员的角色，特别是，初审法官不仅被允许就专家证人提供的证据的重要性得出自己的结论，而且还被期望这样做。值得注意的是，在多伯特决议前，这一直是初审法官的职责。因为这是初审法官的恰当职责，认可或否决专家证人证言的决定就不应受限于上诉过程中更严格审查标准的限制。在上诉过程中，初审法官的决议应给予顺从，否决它就需要说明初审法官决议时存在滥用自由裁量权的情况。

最高法院提出，针对专家证人证言使用的多伯特标准，不仅是审查和授权所用的方法，更是对专家证人根据方法和数据得出的最终结论的详细审查。显然，最高法院并没有澄清科学证据和技术证据之间存在的争论。因为 Joiner 案件显然是"科学证据"案件，法院并未解决该案件中的问题。此仍将是解释多伯特标准和专家证人证言可采性争论的主要内容。Benfield 决议直接解决了此问题，并展示了一个新的关于此火灾调查关键内容的观点看法。

（资料来源：Guy E. Burnette, Jr., Tallahassee, Florida, 2003）

 案例研讨 1-4：Benfield 案件

在 1998 年的"Michigan Miller's Mutual Insurance Company（密歇根米勒多种保险公司）v. Benfield 案"中，美国最高法院在第十次巡回法院使用多伯特标准对火灾现场调查进行了分析。此案件在火灾调查领域引起了极大的关注，已成为多伯特争论的焦点。

1996 年 1 月，在佛罗里达州坦帕市的联邦区法院，对 Benfield 案件进行了审理。此案件涉及一起房屋火灾，保险公司拒绝按照政策赔偿损失，部分理由是此起火灾为放火火灾，并明显是投保人参与实施的放火。作为保险公司的一员，具有 30 多年从事火灾调查经验的调查人员作为专家证人，陈述了关于该起火灾的起火点与起火原因认定的意见看法。他说此起火灾始于餐桌的顶部，此处堆积着衣物、纸张和常见可燃物。他主要是通过肉眼观察进行现场勘验，并根据现场缺少意外火灾发生的证据，连同在现场看到的其他证据和事实，认定此火灾为放火火灾。经过对调查人员的交叉询问，原告提议根据多伯特标准不予采纳此专家的证人证言。初审法庭予以同意。在法庭判决中对此证人证言给予了回击，法官具体认为：

此证人引用的不是科学理论，采用的不是科学方法。他依靠的是经验。他并没有做科学实验和分析。他没有列举包括放火在内所有可能的原因，然后使用科学方法进行逐一排除，最后确定放火无法排除。他说，根据他的肉眼观察没有发现火源或起火点，因此应该是放火。毫无疑问，此结论不符合多伯特标准，其是建立在缺乏公认的科学方法的基础上的。

最后，必须要注意的是，他的结论并没有依据对现场残留物的科学检验，而仅仅是根据他的非科学检验无法判断起火点和起火原因得出的。不幸的是，根据多伯特标准和多伯特前标准此证人证言是不充分的，此证人证言将受到质疑，将引导陪审团漠视相同内容。（Michigan Miller's Mutual Insurance Company v. Benfield, 140 F.3d 915, 1998, Daubert motion hearing transcript at 124–26）

有趣的是，Benfield 案件中法庭起初根据专家作为火灾调查人员的证书和资格，认为专家有资格就起火部位和起火原因发表看法，允许其作证。然而，根据在案件中他开展火灾现场调查中所采用的方法得到的证据呈现之后，法庭开始质疑他提供的专家证人证言。质疑专家证人证言后，法官随后发现，存在法律问题，Michigan Miller 没有证明存在放火行为，直接裁定放火问题。

证据无可争辩地说明，起火点位于餐桌的顶部。因此，该起火灾的起火原因就成了唯一要解决的问题。专家证人证言交代，当天开展调查时，对 Benfield 太太进行询问，她告诉该专家，当火灾发生前她仍在房内的时候，在餐桌上放着一盏防风灯和一半满的灯油瓶。他还交代，他查看了消防部门在现场被破坏前拍摄的现场照片，看到空的未被破坏的灯油瓶，躺在地板上，瓶盖已经消失，这说明油瓶是打开的，在放火前已经不在桌子上了。他也解释了在火灾现场让他排除所有可能意外火灾原因的调查发现。他用排除法认定此火灾为放火火灾，该方法一直被认为是认定起火点和起火原因最可靠的方法。然而，他并没有找到火灾的引火源。更重要的是，他没有从多个角度"科学地记录"他的调查发现，主要凭借的是他 30 多年的调查经验，甚至他自己坚称是火灾科学方面的专家，并遵照科学方法开展的火灾调查工作。

在 Benfield 太太律师的交叉询问中，要求此专家说出科学方法的定义，并要求说明拍摄的与火灾毫无关系照片的"科学偏见"。交叉询问过程中，继续对专家无法说明客观性和科学性的证据提出质疑。对于专家判断认定的火灾阴燃起火特征和发现火灾前燃烧时间的估计，火灾调查人员仅仅依靠观察分析烟熏痕迹和其他物证而得出结论，而不是基于热释放速率和火势蔓延速度的科学计算。法庭认为，在交叉询问中发现专家采用的方法与科学调查方法不符，有些方面仅仅依靠专家自己学习的知识和经验得出结论，根据多伯特标准，法庭是不予认可的。

在 1998 年 5 月 4 日，第十一巡回上诉法院发布了对 Benfield 案件的判决。与 Markum 案件和 Polizzi Meats 联邦地区案件的第十巡回上述法院判决结果不同，法庭注意到调查人员的火灾现场调查分析符合多伯特可靠性检验要求。在得出此结论的过程中，法庭发现在 Benfield 案件中调查人员坚称自己是火灾科学方面的专家，并宣称是按照 NFPA 921 的科学方法展开的工作。所以他自我认可，他是按照科学程序开展调查工作的，此程序也是多伯特标准要求的。

根据多伯特可靠性试验，上诉法院支持初审法院质疑专家证人证言的决议。特别指出的是认可专家证人证言是需要初审法院谨慎判断的，在缺少滥用自由裁量权或决议明显存在错误的证明材料的情况下，上诉法院是坚持初审法院决议的。根据这一令人生畏的标准，初审法庭的法官将针对呈现给陪审团的专家资格和证人证言是否可靠、是否充分做出最后的表述。初审法庭的法官不仅仅是有权利判定证人是否有资格作为专家那么简单；在专家证人证言的事实基础和判定结论呈现给陪审团之前，首先应该得到初审法官的认可。起着守门员作用的初审法官可能最终否决专家证人的发现和结论，从而取代陪审团得出结论。

在 Benfield 案件决议中，调查人员将各种未获得科学支撑和未进行科学记录的结论作为认定的基础，以至于他的观察和发现违背了多伯特可靠性实验的要求。在起火餐桌的上方悬挂着一盏吊灯，没有留下引发火灾的任何痕迹，但是调查人员并没有开展任何勘验检查，以科学地排除其不是引发火灾的原因。仅靠他的调查发现是不够充分的。相类似，根据多伯特标准，他所说的瓶中的灯油加速了火灾蔓延也不被认可，因为他并不能科学地证明火灾前瓶中有油，并没有从现场残留物中提取样品，以科学地证明起火时存在灯油。调查人员的上述调查发现以及其他调查发现清楚地说明，他的调查认定缺乏科学基础，仅仅是依据调查其他火灾的经验做出的个人判断。

在 Benfield 案件中，并不是为了说明发现调查人员是错误的。事实上，此火灾中从来没有找到过任何关于意外火灾的证据。讽刺的是，上诉法庭坚持初审法官质疑保险公司调查人员的决议，允许新的关于 Michigan Miller's 公司放火辩护的审讯。上诉法庭认为通过消防部门调查人员得知，此火灾最可能的是放火案件。消防部门调查人员最初将此火灾认定为原因不明（实际上对他的观点看法的记录没有提出任何质疑），并且就火灾本身而言还存在许多涉嫌犯罪的情形。

涉嫌犯罪的情形包括，Benfield 太太说她离开此房屋，并没有锁住门闩，但她返回发现火灾时，门闩是锁着的。只有 Benfield 太太和她女儿（不在本地）有锁的钥匙。她说他的男朋友用院子水管灭火，此说法被参与火灾扑救的消防员否认。她的保险索赔显然要虚高很多。她一直想卖她的房子，但是一直没有卖出。她一直劝说与她分居的丈夫将房子过户给她，但一直也没有实现。就在火灾之前，Benfield 太太开了一个异常账户。

通过列举所有的原因，上诉法庭虽然否定了保险公司调查人员的放火火灾认定，但确实存在明显的放火证据。介绍此案件是为了说明保险公司调查人员作为火灾科学方面的专家与消防部门代表作为火灾调查专家进行作证的差别。

（资料来源：Guy E.Burnette, Jr., Tallahasse, Florida 2003）

 案例研讨 1-5：MagneTek 案件（合法案件分析）

美国最高法院在第十巡回上诉法院的判决中强调，火灾诉讼案件中合理分析和呈现专家证人证言的重要性。Truck "Insurance Exchange v. MagneTek, Inc. 案"不仅说明了在专家证人证言可采性方面多伯特标准的应用，同时有效反驳了大量案件中长期使用的证明起火原因的火灾科学原理。

MagneTek 案件中涉及 Truck 保险交易所（Truck Insurance Exchange）的债权转移情况，Truck 保险交易所将日光灯镇流器生产厂家告上法庭，因为他们声称镇流器引起的火灾，烧毁了科罗拉多州莱克伍德市的一家餐厅。接到报警，消防部门首先到达现场后发现餐厅浓烟滚滚，但并没有明火出现。随后，火势从地下室储藏间的顶棚穿过餐厅的厨房地板。在火灾得到控制和火熄灭之前，餐厅被烧毁了，造成了 150 万美元的经济损失。

当地消防部门组织的调查和承保人聘请的私人火灾调查公司都认为，火灾源自地下室储藏间顶棚和厨房地板之间的空隙内。在地下室，调查人员发现了安装在储藏间顶棚处的日光灯具残骸。他们认为灯具是火灾的起火点，认定火灾是由于日光灯内镇流器发生故障而引起的。

调查人员和检验鉴定人员对日光灯进行了勘验。他们认为是 MagneTek 生产的镇流器。他们发现灯具上存在氧化痕迹，说明发生了内部故障，镇流器内部线圈变色说明它发生短路引起过热，从而导致火灾发生。镇流器内部设有热保护器，当内部温度超过111℃时，镇流器将切断灯具的电源。即使是发生火灾后镇流器内的热保护器依旧能正常工作。但是，调查人员仍然坚持认为镇流器发生了某种故障，出现过热现象而引发的火灾。

用 MagneTek 生产的相同镇流器开展实验，结果显示：所有样品中至少有一个当其短路时，直到其内部温度达到171℃前，甚至在镇流器温度恒定维持在148℃或更高时，都不会切断供给灯具的电源。

调查人员从理论上认为，镇流器产生的热量可引起吊顶木质结构发生热解，长时间作用产生可燃炭层，将在远低于其引燃温度204℃（对于新木材来说，其引燃温度比204℃还要高）的情况下被引燃。其实，关于形成可燃炭层的热解现象，火灾调查和研究人员已经发表了众多研究报告、综述文献和研究论文。许多火灾无法解释清楚，就会考虑此种原因，往往联系到建筑中墙内、吊顶内和地板处的加热管道。然而对于 MagneTek 这个案件来说，调查和研究人员已经就确认此现象发生争论了好多年。

在此案件中，调查人员认为储藏室日光灯附近有电线穿过吊顶，但是忽视了电气线路发生故障的可能性。虽然餐厅大火造成了大部分电气线路和该区域的其他证据损毁，但是调查人员报告称没有在电气线路上发现产生电弧或发生短路的痕迹。因为调查人员最后认定火灾就是从灯具这个位置而起的，所以他们认为此处唯一的引火源就是灯具和镇流器。

热解和形成可燃炭层是 MagneTek 案件中原告提出抗议的依据。灯具中镇流器在其热保护装置处并没有显现出故障痕迹，镇流器在大约111℃时产生的热量非常有限。甚至对于比对样品镇流器，按照设计热保护出现故障时，产生的温度也不会超过171℃。调查人员认可的整块新木材的引燃温度是不低于204℃，并且仅镇流器单独作用，此温度也无法引燃木材。镇流器可以引发火灾的理论，依据是木材在镇流器产生的较低温度下，由于热解而被引燃。

根据案件中的调查发现，MagneTek 提出多伯特动议，要求否决专家关于镇流器引发火灾的证人证言。MagneTek 坚持认为支持此起火原因的专家并没有提供科学可靠的热解理论。根据多伯特标准和 FRE 702 规则，可靠性受到质疑的专家理论，需要论证专家证人证言所依据的理论方法。

关于多伯特标准，最高法院提出了在做出可靠性决议前诸多必需审查要素。虽然初审法庭不能完全排除各种因素，在确定可靠性时应该检验。

在证明专家的理论方法科学、正确方面，法院是这么表述的："原告不需要证明专家是绝对正确的，或在科学领域专家理论是普遍接受的。取而代之，原告必须说明，专家得出结论使用的方法是科学合理的，所得意见依据的事实要充分满足 702 条款可靠性要求。"

同见"Mitchell v. Gencorp Inc. 案"（10th Cir. 1999）。

第十巡回上诉法院应用对初审法院的上诉审查标准，就多伯特问题作出规定：关于下级法院滥用自由裁量权，上诉法院应当"坚定而准确地确认下级法院显而易见的审判错误或者超过其审批权限的情况"（United States v. Ortiz, 1986）。法院随后审查初审法官的判决，根据 702 条款和多伯特标准，专家证人证言无法满足可靠性标准要求。代表 Truck 保险交易所作证的行业专家非常知名，拥有牛津大学的高级学位，具有 20 多年从事火灾和爆炸研究的经验。初审法庭和上诉法庭都认为，根据 702 条款此专家毫无疑问具备资格。然而，他将热解和可燃炭层理论假设作为引燃灯具周围区域木质材料原因的理论基础，此理论在起火原因认定时并不可靠。

根据多伯特标准，可靠性标准既适用于所提供的理论，也适用于该理论对案件事实的应用。法庭关注点在于这些可靠性标准最初的组成部分。关于此理论的支撑，保险公司已经介绍了三篇关于热解和可燃炭层理论的文献。这些文章是由世界上最知名的火灾科学专家撰写的，但是这些文献和案例研讨认为，热解过程的发生可能需要"不确定的时长"，被表述为"数年时间"或"非常长的时间"，并没有具体的关于热解过程顺序和时间的量化数据。其中一篇文献是这样说的，"此过程还有许多未知的内容"，并且还说"理论得到充分优化，可能还需要几十年的时间"。此文章总结道，"目前，木材的长时间、低温引燃现象并没有得到证实，但也没有被否认。"

原告的技术人员在其证词中表述，热解过程取决于"诸多因素，但尚未明确"。他想去说明"你可以去详细查阅热解炭层理论，了解其形成及化学反应动力学，并且不只存在一种理论"。为原告作证的其他专家，根据他们从事火灾调查工作的经验，热解理论和燃烧炭层理论并没有具体的科学理论参考。

法庭认为，调查人员根据 NFPA 921 提出发生设备火灾的假设，必须认定起火区域内可燃物的引燃温度，然后认定仪器设备要达到可燃物引燃温度或高于此温度。就此方面而言，在两个法庭中专家都无法满足。对于多数木材而言，204℃是被引燃的临界温度，在此案件中，没有科学证据表明受灯具作用的可燃物（木材）引燃温度低于此温度，并且经镇流器的试验测试，即使是热保护器故障，镇流器也无法接近木材引燃温度。他们的假设不得不依据一个不可靠理论（热解理论）或一个不牢靠的关于镇流器温度的假设推断，这都与他们自己的试验测试相悖。照此，他们的证言是没法得到认可的。

上诉法庭肯定了初审法庭的审判结果，根据多伯特标准，判决所有专家的证人证言都不充分可靠，无法得到采信认可。在缺少专家证人证言的情况下，Truck 保险交易所是无法就起火原因对案件做出初步认定的。于是，初审法庭做出了有利于 MageTek 的最终判决，上诉法庭也认可此判决。

此判决对于各地火灾诉讼案件都有非常大的影响。它说明按照多伯特标准的判决要求，在证明火灾的起火原因时，科学可靠证据的重要性。同时，提供了一个典型案例，理论无法得到证实，得不到科学界的普遍认可，在法庭上是经不住多伯特质疑的。

此判决有许多教育启示意义。最重要的是，专家必须做好证实其调查方法和理论可靠性的准备，以满足初审法庭的要求。仅仅凭借经验是不够的。支撑起火原因认定的理论，即使表面上看着是符合逻辑的合理理论，也必须经过科学证实。如果没有科学基础，即使是最有经验的调查专家也无法得到法庭认可。聘请调查人员的案件当事人必须意识到，调查中使用的调查方法和理论，必须满足多伯特标准对其可靠性的要求，有助于他们正确选择专家调查火灾，认定结果得到法庭认可。接手案件的律师必须认识到上述问题，以便成功地在法庭中提起诉讼。调查人员、当事人和律师都有责任确保案件正确被调查并提起诉讼。MagneTek 案件是没有做好调查而令人反思的典型案例。

（资料来源：Guy E. Burnette, Jr., Tallahassee, Florida 2003）

 案件研讨 1-6：MagneTek 案件（科学案件分析）

通过对 MagneTek 案件的科学分析和评估，发现法庭可能不需要了解诸多火灾科学的相关理论，如热解理论，这些理论并不是最新发现的理论，并且没有任何科学异议。在 MagneTek 案件中，根据多伯特标准，法庭否决了长时间、低温引燃的热解理论，认为此理论不可靠。希望在法庭上解释这一现象的火灾调查人员，必须用权威的文献和明确的概念进行清晰而又令人信服的解释。

在《引燃手册》（Babrauskas, 2003, 18）中，热解被明确定义为"在热的作用下，物质发生的化学降解"。根据氧气发挥的作用，此定义包括氧化和非氧化两种热解方式。热解这个过程已经开展了数十年的研究。如果没有热解来分解物质的分子结构，多数固体可燃物不会发生燃烧。但是，在已公布的法院判决中，热解仍未得到充分的研究和记载（大概是指燃烧过程）。尚不清楚法院的这种错误表述对今后的审议会产生什么影响。

按照科学方法的表述，引燃发生的条件是这样的：

① 可能用到科学理论、测试和计算方法；

② 参考物质的权威数据。

例如，在第二个案件中，同行审查文献（Babrauskas, 2004, 2005）用于解释木材在长时间、低温作用下的引燃温度可以低至77℃。排除其他具有引燃能力的热源，在 MagneTek 案件中就可以证实产生热量的物质，温度超过77℃，接触到木材时，作用足够长的时间，就具有引燃危险。有些物质是具有自燃模型的。然而，对于火灾调查人员来说，此时并没有一个模型，可以用时间 - 温度曲线预测热解导致引燃，从而准确地预测所需条件，这主要是由于作为可燃物的木材复杂的化学本质造成的，同时木材的种类和结构的属性上也存在本质差异。

更大的问题在于，法庭宣称可燃物质具有"手册"上的引燃温度，高温物质低于此温度将无法作为有效引火源，法庭实际上否定了自身发热引燃现象的存在。在实际火灾中，自发热物质并没有固定的引燃温度。进一步说，如果物质（如木材）在外界热源、短期或长期自身发热的作用下可以发生燃烧，后者的最低温度，与前者公开发表的温度无关。

最后，就木材自燃（例如：更低的温度发生燃烧）作证的火灾调查人员应该通过收集此方面相关发现和木材引燃过程大量数据，做好解释此种现象的准备。除了《引燃手册》

外，还存在大量的经过同行审查的文献和案例研讨资料。同时，还有大量的关于木材炭化和引燃的其他信息资料。

（本科学案例分析主要基于华盛顿州 Issaquah 消防科技公司 Vytenis Babrauskas 博士提供的信息。关于更多信息，Zicherman 和 Lynch（2006 年）以及 Babrauskas（2004 年）也讨论了本案例的技术优点。）

1.7
NFPA 921 对基于科学的专家证人证言的影响

因为 NFPA 921 可以为火灾和爆炸事故的分析与可靠系统调查提供指导，所以符合多伯特标准，引用 NFPA 921 已经成为专家证人证言的关键要素（Campagnolo，1999；DeHaan 和 Icove，2012）。联邦法庭的观点和规则主要聚焦在以下领域：

① 调查规程、指南和同行审查文献的使用；

② 对燃烧痕迹的解释方法；

③ 作证资格。

新的调查方案的进步和调查方法的优化，专业教育的不断发展，有助于及时了解火灾、工程和法律相关的研究成果，这对于所有职业火灾调查人员来说非常重要。与科学研究一样，如今知识体系也会随着新的发展而不断发生变化，影响着调查人员对所建假设的审查检验。

1.7.1 NFPA 921 的相关内容

1997 年，在民事案件中被告保险公司反对原告专家证人在其证言中提及 NFPA 921，此意见得到一名美国联邦法官的支持。1988 年 11 月 6 日火灾问题出现后，NFPA 921 在 1992 年首次出版。法官要求原告向他提供 NFPA 921 的副本。法官发现，按照《联邦证据规则》703 条款，任何涉及 NFPA 921 的内容几乎都没有作为证据的价值，将会对陪审团造成干扰（LaSalle National Bank et al. v. Massachusetts Bay Insurance Company et al，1997）。这种极端保守看法并没有得到广泛认可。事实上，在此之后多数法庭决议都认可 NFPA 921 的价值。

例如，1999 年 11 月 18 日发生的一起机动车事故，有人驾驶汽车撞到电线杆后，被困在车辆驾驶座大约 45 分钟。目击证人看到出现蓝色频闪且车辆内部起火，严重灼烧着被困的人员。因为按照要求的安全设施，汽车在碰撞后没有切断电池连接，所以向生产厂家提起了法律责任诉讼，控告其存在缺陷设计（John Witten Tunnell v. Ford Motor Company，2004）。原告指控带电的线束发生高电阻故障，致使保险装置未发生动作而引发火灾。法官经过审查并否决了排除起火点调查专家证人证言的提案，并反复引用 NFPA 921 的实用方法到此案件中。

1.7.2 调查规程

在 1999 年的一起联邦刑事案件中，被告人提议法庭不能采纳州消防官关于放火火灾的属性判断，认为根据多伯特标准此证人证言无法满足可被采信的标准（United States v. Lawrence R. Black Wolf, Jr., 1999）。被告人认为由于发生火灾后 10 天内调查人员都没有到达现场，没有提取样品进行实验室检验鉴定；关于火灾起火点和起火原因的认定理论未经过严谨可靠的同行审查；在得出结论时没有使用科学方法和程序。因此这种调查专家的证人证言是无法使用的。在 1998 版的 NFPA 921 中提到了此案件被告人的证物 A。

联邦法官通过审查此争议，认定调查人员提供的证人证言是可靠的，因为实际使用的调查方案与 NFPA 921 提出的基本方法和程序是一致的，并且他也通过了起火点和起火原因调查专家要求的审核（见图 1-3）。

图 1-3　如果调查人员提供的证词符合调查规程，如美国司法部发布的规定，此规定借鉴的是 NFPA 921 推荐的方法和程序，那么该证词可能被认为是可靠的
资料来源：US Department of Justice, www.usdoj.gov

关于相关实验，法官认为调查人员的证人证言有助于陪审团了解起火点周围的环境和起火原因。法官进一步发现，在起火点和起火原因的调查认定时，调查人员提供的证人证言依据是专家收集的事实和数据，符合 703 条款要求。法官总结道，被告人在交叉询问期间，具有充足的机会，可通过呈现反面证据和向陪审团说明的方式，提出专家意见。

1.7.3　使用指南和同行审查引文的案例介绍

在 1994 年 11 月 16 日发生的一起涉及居民火灾的案件中，多名独立的火灾调查人员试着去认定火灾的准确起火点和起火原因。一个是电气工程师的火灾调查人员认为，是位于地下的家庭娱乐室内的电视机引发的火灾。原告控告电视机生产厂家，指控产品责任、过失和违反保修约定（Andronic Pappas et al. v. Sony Electronics, Inc. et al., 2000）。

裁定这个案件的联邦法官举行了两天的多伯特听证，并得出一个调查人员的因果证词无法得到认可。法官引证说，证词的主要关注点来自 702 条款的第二要素，即专家的观点看法应基于可靠的方法。法官注意到，调查人员在认定起火原因时，不要混合使用多个指南。调查人员显然认同了，即使是他知道 NFPA 921 和《柯克火灾调查》已经建立了指南方法，他仍然依靠的是自己的经验和知识。在听证过程中，原告除了提供了一个调查人员的证人证言外，并没有提供关于合理认定起火原因技术的任何书籍、文章和证人证言。对于调查人员根据电视机内部烧毁痕迹的认定事实，法官给予了具体评价，即没有引用同行审查资料支撑此观点。

1998 年 7 月 16 日发生的一起火灾，烧毁了一商铺，产生了产品责任纠纷案件，原告聘请的唯一专家认为起火点位于被告生产的产品处（Chester Valley Coach Works et al. v. Fisher-Price Inc., 2001）。根据 2001 年 6 月 14 日举办的多伯特听证会获得的证人证言和讨论内容，法庭否决了关于起火点和起火原因的专家证人证言和观点看法。在听证会上，这个专家说，他得出的结论主要依据的是他的经验和所学知识，而不是检验、测试和通常所用文献资料。在他的调查过程中，采用的方法步骤违背 NFPA 921 指南要求。

在 2003 年 4 月 16 日的联邦法院判决中，原告提出的依据多伯特标准，拒绝接受被告专家证人的证人证言的提议被否决（James B. McCoy et al. v. Whirlpool Corp. et al., 2003）。原告认为 2000 年 2 月 16 日他家住宅的火灾是洗碗机引起的，争论说专家关于火灾起火点和起火原因的报告并没有使用 NFPA 921 中提到的方法。在此判决中，法庭认为专家不需要引用 NFPA 921，因为他已经完整地提供了所有观点看法的说明，所有这些观点看法都有实质性的理由基础。

1.7.4　理论的同行审查

1996 年 12 月 22 日左右发生的一起住宅火灾，保险公司聘请一名调查人员认定该起火灾的起火原因，所有当事人都认为壁炉燃烧室最先起火。被告否认起火原因，并提议否决原告专家的证人证言（Allstate Insurance Company v. Hugh Cole et al., 2001）。

2000 年 12 月 1 日是 702 条款修订的有效日期，虽然原告在 1998 年 12 月 21 日提交了控告，但是法官仍然用修订的 702 条款审查证人证言的可采性（FRCP, 2010）。原告坚称在调查人员的庭审证言中，调查人员依据来自 NFPA 921 的数据以支撑调查结论。

原告调查人员的结论是，来自金属管的热量引燃了周围可燃物。法官认为基于 NFPA 921 方法和原则的理论已经经过了同行审查，在科学领域是普遍接受的，满足可靠性指南要求，符合 702 条款可采性要求。同行审查也可以咨询其他有资格的火灾专家，既可以是研究领域的，也可以是调查领域的。

1.7.5 所需方法

1996 年 9 月 13 日，一住宅厨房角落发生火灾，此处有洗碗机、烤箱和微波炉。市消防局局长认为此火灾是微波炉引起的，然而在联邦民事案件审判中，原告专家则认为是存在缺陷的烤箱引起的火灾（Jacob J. Booth and Kathleen Booth v. Black and Decker, Inc., 2001）。

高级联邦法官举办多伯特听证会，审查证据和证词记录。法官认为根据 702 条款，原告调查人员的结论无法得到认可，因为原告调查人员无法提供充足可靠的证据，支撑调查起火原因的方法。法官提出，具有全面指导意义的 NFPA 921，包含调查方法的内容，可以支持此观点看法，且可作为检验该火灾起火原因假设的基础。

1999 年 12 月 8 日，密歇根州的一个巡回法院法官准予原告动议，否决被告专家的证人证言（Ronald Taepke v. Lake States Insurance Company, 1999）。在证人证言和书面报告中，被告专家承认 NFPA 921 的权威性，也承认他没有遵照 NFPA 921 认可的方法。然而认定火灾为放火火灾所用的方法，在火灾调查领域并没有得到可靠文献资源的支撑。在其他领域，专家承认他所怀疑的高温助燃物引发火灾的结论并没有可靠的证据支撑此观点。

2002 年 4 月 28 日，联邦民事法庭提出的观点与汽车点火开关火灾有关，联邦法官审查了诉讼中提议使用的车辆火灾损失统计数据。法官同时从细节上审查了在根据科学方法提出假设时，依据 NFPA 921 开展火灾调查的重要性（Snodgrass et al. v. Ford Motor Company and United Technologies Automotive, Inc., 2002）。由于此法庭在第三巡回法院，要根据多伯特标准和唐宁要素判定专家方法是否可靠。

在"United States v. John W. Downing 案"中（1985），法院认为专家证人证言的可采性与目击证人的所见所闻相关。法院坚持认为，在有些案件中，专家目击证人实际可以验证事实，根据《联邦证据规则》，此类专家证人证言是可以采信的。对于陪审团来说，专家的观点证言是非常有帮助的，因为有时候专家作证的许多事实，超越了普通知识范围，还可能与普遍认知相矛盾，也可以反驳陪审人员关于目击证人可靠性的错误假设。

在 2005 年 6 月 16 日州上诉法院的判决意见中，根据多伯特标准，关于被告人的独立火灾调查人员做出的关于起火点和起火原因的认定，是正确的（Abon Ltd. et al. v. Transcontinental Insurance Company, 2005）。法庭注意到独立调查人员遵循 NFPA 921 的方法和原则，得出了起火点和起火原因存在放火嫌疑的观点看法。

2000 年 10 月 13 日发生了一起亡人房屋火灾，死者的代表和亲属对电热毯生产厂家提起诉讼，声称电热毯存在安全线路缺陷，导致此亡人火灾的发生（David Bryte v. American Household Inc., 2005）。认定调查该起火灾起火点和起火原因的消防官员并没有取得火灾调查人员资格，但是他参加过火灾和爆炸调查方面的培训。他根据火势蔓延路线，将起火点溯源至死者左侧，并进行了拍照记录，绘制了现场图，听取了证人的口头陈述。他并没有检查电气线路，也没有提取证据，他记录了电气线路搭在死者尸体上，认为起火原因是电热毯使用不当造成的。在 2003 年 12 月 8 日庭审过程中，经过多伯特标准分析，法庭对此消防官员和另一个提供证人证言的专家予以否定，因为他们无法为其证人证言提供充分可靠的基础。

在与火灾人员死亡相关的产品责任案件的上诉法庭上，治安法官和地区法院都认为，遵照多伯特标准和《联邦证据规则》，原告专家证人采用的方法极不可靠，无法作为可采信证词的基础（Bethie Pride v. BIC Corporation, Société BIC, S.A., 2000）。原告专家关于此案件的判断是，死者为 60 岁的男性，全身 95% 烧伤，是在其检查所在房屋后侧管道时，随身携带的一次性点火器爆炸造成的。法官认为原告专家无法进行及时且可再现的实验证明爆炸与点火器生产质量缺陷有关。其中一个原告专家作证说道，在其开始准备用实验验证所提出的假设时，由于害怕而选择了放弃实验。

在联邦法院的案例中，保险公司试图将债权责任转嫁给建筑公司，作为被告的建筑公司提起诉讼，否认原告专家提出的关于起火点和起火原因的证人证言（Royal Insurance Company of America, as Subrogee of Patrick and Linda Magee v. Joseph Daniel Construction, Inc., 2002）。1998 年 12 月 4 日，原告的受保人聘用了一家建筑公司建造一间库房。此工程包括使用乙炔焊炬，在二层以上安装新的横梁。在施工过程中，曾发生两次火灾，并被扑灭。建筑公司离开约 14 小时后，发现库房内发生火灾，造成了破坏。

此火灾发生约 1 年后，原告聘请一名专家调查此火灾的起火点和起火原因。根据此专家的调查，火灾是由于建筑公司员工使用焊切设备时操作不当引起的。法庭认为此专家开展的调查，符合 NFPA 921 提出的方法。为了验证此仓库火灾是由于疏忽大意的建筑公司员工掉落的焊渣引起的假设，调查人员先后复制照片中收集的信息、调查保险公司和工程报告、审查沉积物以及亲自询问证人。他也排除了其他常见的起火原因。引用多伯特标准，法庭认为此专家的证人证言有利于建立被告疏忽造成焊渣掉落与起火原因之间的直接关系。

美国第三巡回上诉法院的一个未公开的案例中，认定地区法院在认可和排除原告专家证人的证人证言是没有错误的（State Farm and Casualty Company, as Subrogee of Rocky Mountain and Suzanne Mountain v. Holmes Products; J.C. Penney Company, Inc., 2006）。1999 年 4 月 5 日，火灾烧毁了一处住宅。保险公司的调查人员将起火点认定在卤素灯处，卤素灯缺少安全措施，以防止灯的高温部件与附加的窗帘、衣物和其他易燃物接触。排除所有其他可能的起火原因后，调查人员认为此火灾是由于附近布料接触到有缺陷的灯后引起的。调查人员更进一步假设，住宅主人养的狗不小心使布艺窗帘接触到带电灯具，或是撞击灯具使其与布艺窗帘接触。法官认为，火灾调查人员的证人证言无法满足多伯特标准，因为起火原因的认定基于假设，并没有得到任何方法的支撑。

在一起债权纠纷的诉讼案件中，保险公司起诉衣物烘干机厂家，认为同一设计缺陷引发了 23 起火灾（Travelers Property and Casualty Corporation v. General Electric Company, 2001）。被告厂家提议需要开展多伯特听证，否定原告专家证人的证言，原告专家撰写了一份 3 页的报告，说明在设备看不见的部位囤积的线头易被烘干机发热器件引燃。法官否决了这个动议，认为专家观点证词满足 702 条款和多伯特标准的要求，此观点符合 NFPA 921 和科学方法的要求，并且专家资质也符合要求。但是法官发现，原告提供的 3 页报告存在虚假信息，并且法官要求原告报销被告三分之一的花销，以及专家作证前 12 天和可能增加的 2 天的费用。

1.7.6 燃烧痕迹解释方法

在 1997 年 4 月 23 日发生的一起建筑火灾案例中，联邦治安法官在庭审时否决了原告关于反对提供起火点和起火原因观点证词的动议（Eid Abu-Hashish and Sheam Abu-Hashish v. Scottsdale Insurance Company, 2000）。在此案件中，经现场勘验，市级消防部门和保险公司的火灾调查人员均认定此火灾是放火造成的。但没有任何物证经过实验室检测。

原告认为调查人员是不可靠的，根据 702 条款他们的证词是无法采信的，因为他们没有使用 NFPA 921 中所述的科学方法开展调查，仅仅依据现场发现的物证就得出了结论。此案件也存在类似于 Benfield 案件的情况（Michigan Miller's Mutual Insurance Company v. Benfield, 1998）。在此案件中第十一巡回上诉法院支持初审法庭的决议，否定专家证人关于起火原因的证词，专家认为 Benfield 家中发生的火灾是放火造成的。在驳回原告动议时，联邦治安法官认为调查人员在分析燃烧痕迹时，要提供充分的方法解释他们做出的放火火灾起火部位的认定（图 4-1）。

图 1-4　调查人员得出关于起火点的认定结论，可对他们用到的痕迹分析方法做出合理充分的解释

资料来源：David J. Icove, University of Tennessee

在 2000 年 10 月 16 日发生的火灾引起的产品责任案件中，造成音箱出租商店烧毁，两个原告火灾调查专家认定起火点位于刻录机处，是由于刻录机发生故障而引发的火灾（Fireman's Fund Insurance Company v. Canon USA, Inc., 2005）。两个专家的依据是刻录机内部痕迹，以及对同种刻录机内部加热组件的测试。联邦上诉法院支持地区法院的决议，原告专家的实验记录并不满足 NFPA 921 的要求，是不可靠的，可能干扰陪审团。法庭认为实验测试必须认真设计，以便还原实际情况，并正确地实施和详细地记录。

2006 年 2 月 1 日，一项州民事法院的意见排除了先前一名被告专家的证词，专家计划就他调查的一起放火火灾作证（Marilyn McCarver v. Farm Bureau General Insurance Company, 2006）。2003 年 8 月 16 日，火灾烧毁了原告住宅。2003 年 8 月 23 日，被告保险公司专家制作了一份报告，结合现场残留物勘验、拍摄现场照片、提取样品检验鉴定及其他调查技术，报告认为该起火灾为放火火灾。州法院认为，虽然被告专家声称他的调查符合 NFPA 921 的规定，但实际上他很多方面未按程序执行。该专家没有进行炭化深度的测量记录；没有以蔓延痕迹为基础，进行矢量分析记录；没有提取造成破坏的样品进行化学检验。多伯特听证后，法庭认为专家在收集和记录炭化深度方面的缺陷，影响了他认定起火点和起火原因方法的可靠性。

1.7.7 方法和资质

在 1998 年 7 月 1 日发生的一起火灾案件中，该火灾引发了产品责任的联邦法律诉讼，根据多伯特标准、702 条款和 704 条款（American Family Insurance Group v. JVC America Corp., 2001），法官认同被告人的诉讼请求，拒绝接受电气工程师的证人证言。在此案件中，保险公司的调查人员要求该电气工程师对浴室排风机、钟表、灯具、计时器、激光磁盘播放机、连接打印机的电脑、吊扇、电源插座和插线板的炭化残留物进行勘验和检查。电气工程师最后得出认定结果，是激光磁盘播放机故障导致火灾的发生。他的调查发现是根据房间内的燃烧痕迹、设备残骸，并结合他的经验以及学习、培训经历得出的。在法官的判决中注明，根据该电气工程师的培训经历和调查经验，其并没有资格对燃烧痕迹进行分析，不能对起火点进行认定。并且，法官还注明该工程师没有使用 NFPA 921 所提供的科学方法，在分析数据基础上通过建立假设的方法开展调查，无法满足多伯特标准对专家证人证言的要求。

在 2001 年 3 月 1 日发生的火灾中，建筑保洁员房间最先起火，原告认为是被污染的母线槽内发生短路引发火灾（103 Investors I, L.P. v. Square D Company, 2005）。原告聘请了一名持证的机械工程师开展起火点和起火原因的调查，此人同时也是得到资格认证的火灾调查人员。此工程师作证说，他是按照 NFPA 921 规定的科学方法，对此起火灾开展的调查。在 2005 年 5 月 10 日的认定中，联邦法官认为该工程师的证言可能包括了污染物的存在导致短路发生的情况。但是，由于工程师无法根据所用的调查方法对污染发生的假设做出解释，造成无法就火灾源自母线槽内的短路故障进行作证。

在联邦治安法官面对的一个案件中，治安法官否决了第三方当事人关于否决原告专家起火点和起火原因证人证言的提议（TNT Road Company et al. v. Sterling Truck Corporation, Sterling Truck Corporation, Third-Party Plaintiff v. Lear Corporation, Third-Party Defendant, 2004）。这个第三方被告声称，此证人没有资格提出专家意见，缺少大学学位，没有经过火灾调查人员资格认证，不是持证的私人调查人员，没有对所有可信赖的证人进行询问，只有一次专家证人作证经历，根据 702 条款，他的调查错误百出，根本无法采信。

治安法官注意到，此证人已经证明其有充足的知识、培训和学历背景，有资格作为专家出庭作证，所用方法明显也是可靠的。法官认为，证人的调查也是完全符合 NFPA 921 要求的，因为其与车主一起对整个现场和所有可能成为起火原因的部件进行了系统的勘验和照相记录。他也收集和查看了维护保养记录，系统地翻动和拍照记录了燃烧残留物，没有马上得出起火原因的认定结论，而是经过数小时后将怀疑的焦点锁定在点火开关处。他怀疑开关可能是火灾的起火点时，马上停止调查，保存了证据，直到所有其他当事人也能够检查完此车辆。

2001 年 2 月 15 日，在一居民住宅厨房内咖啡机附近突然起火，造成严重的过火、烟熏和水渍破坏。保险公司对咖啡机生产厂家提起了诉讼和债权转移（Vigilant Insurance v.

Sunbeam Corporation, 2005）。根据 2004 年 3 月 1 日的多伯特听证会，多个证人证言被认为是存在局限性的。根据 702 条款，火灾调查人员的证人证言是无法得到采信的，因为他意见的得出没有依据咖啡机和面包机电气线路、安全防护装置和日光灯的实验测试中所提取的数据。根据 701 条款，他可以作为普通证人，就所看到的 V 形痕迹底部的咖啡机进行作证。在听证会上，法庭发现另一个证人的燃烧实验可以简单地还原此厨房火灾场景，咖啡机处热源、咖啡壶中的水量和工作台面的厚度不同，将出现显著的差别。2005 年 3 月 2 日至 2005 年 3 月 17 日举行了法庭初审，得出了支持原告保险公司的判决。在联邦民事诉讼过程中，原告寻找冰箱生产厂家作为被告承担责任，认为其应承担源自其冰箱发生火灾造成破坏的损失（Mark and Dian Workman v. AB Electrolux Corporation et al., 2005）。虽然按照 NFPA 921 开展了调查，但是原告保险公司的调查人员没有最终认定起火原因。调查人员随后安排机械工程师开展了破坏性勘验，认定此火灾是由于蒸发室内线路短路引发的。根据 702 条款和多伯特标准提出的要求，对该工程师的证人证言进行了审查，发现其证人证言是可靠的。但是，工程师并没有提及或描述冰箱的缺陷。

2001 年 6 月 1 日发生的一起火灾引起了联邦民事诉讼，此火灾烧毁了原告住房、仓库和一些其他财产（Theresa M. Zeigler, individually; and Theresa M. Zeigler, as mother and next friend of Madisen Zeigler v. Fisher-Price, Inc., 2003）。火灾被认为源自停在车库正在充电的玩具汽车。两名专家对此火灾原因进行了调查。法庭认为保险公司的调查人员是按照 NFPA 921 开展调查的，采用了普遍认可的调查方法，他的认定结果是可靠的。另一名调查人员是工程师，他没有对起火点和起火原因进行分析，但是仍然得出引火源位于玩具汽车插头处的认定结论。法庭判决认为，关于生产厂家相关情况以及起火部位、起火原因的认定，该工程师是无法给出正确观点的。

1.7.8　权威科学测试

按照多伯特标准，在分析和证明科学理论和技术可靠性时，可测试性是主要分析要素之一。在火灾调查中，科学理论非常依赖于已有的并得到证实的自然理论，如：已得到证实的火灾动力学理论。当普遍接受的科学原理与方法得到火灾现场试验证实后，可以为火灾现场重建提供有力的支撑。对于每个调查人员来说，无论他们掌握多少技巧，多么勤奋地进行分析，也无法凭借个人的力量获取所有火灾现场重建的知识。

不少案例证明，在事件发生之前开展实验，其可靠性不太可能存在偏见。有些专家为了支撑其所陈述的证人证言，仅仅根据实验结果，就得出了认定结果。由于事前使用科学方法开展研究得出的专家证人证言更加可靠，因此第二多伯特标准（Daubert v. Merrell Dow Pharmaceuticals, Inc., 1995）法院更加注重此类专家证人证言（Clifford, 2008）。

科学实验通常是可以重现的，也就是具有一定的重现性，同时还要对其错误率进行评估和测算。有些结果被认为是客观的，既没有偏见，也没有倾向性。由 ASTM 国际防火标准委员会（E05）和法庭科学委员会（E30），提出和建立的普遍认可的火灾实验测试方法，就是一个经同行审议后发布的准则实例。

重要的是理解 ASTM 标准和准则内在关联性的层级，特别是图 1-5 中所示的与 NFPA 921 相关的标准和准则。表 1-8 中列出了适用于火灾调查，特别是涉及民事或刑事诉讼时的主要 ASTM 测试方法和司法鉴定标准。ASTM E1188-11（ASTM International，2011b）是位于最顶层的标准，左侧是实体标准，右侧是信息标准。每个标准右侧的数字代表着发布的年份。例如，ASTM E620-11 是 2011 年最新发布的。

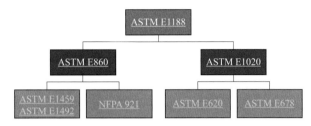

图 1-5　在民事或刑事诉讼时可能引用的 ASTM 标准

资料来源：Icove, D. J., and B. P. Henry. 2010. "Expert Report Writing: Best Practices for Producing Quality Reports." ISFI 2010, International Symposium on Fire InvestigationScience and Technology, University of Maryland, College Park, Maryland, September 27–29

表1-8　适用于火灾调查的测试标准

项目	介绍	标准
报告	科学技术专家呈现观点的实践标准	ASTM E620
	科学技术数据分析的实践标准	ASTM E678
	刑事与民事诉讼中物证的检验与准备实践标准	ASTM E860
	刑事与民事诉讼中报告事故的实践标准	ASTM E1020
	产品责任诉讼中技术方面的术语	ASTM E1138
	技术调查员收集、保存信息和物证的实践标准	ASTM E1188
	物证标注与相关记录方法的标准指南	ASTM E1459
	司法鉴定实验室物证接收、记录、储存和检索的实践标准	ASTM E1492
实验室测试	蒸气蒸馏微量样品	ASTM E1385
	溶剂萃取微量样品	ASTM E1389
	气相色谱分析微量样品	ASTM E1387
	顶空蒸气分析微量样品	ASTM E1388
	被动式顶空分析微量样品	ASTM E1412
	GC-MS 分析微量样品	ASTM E1618
闪点和燃点	泰格密闭闪点测试仪	ASTM D56
	克利夫兰开口杯	ASTM D92
	宾斯基闭口闪点测试仪	ASTM D93
	泰格开口杯测试装置	ASTM D1310
	塞塔佛拉希密闭闪点测试仪	ASTM D3278
	塑料引燃温度测试	ASTM D1929
自燃温度	液体化学物质	ASTM E659
燃烧热	氧弹量热仪测试碳氢可燃物	ASTM D2382

项目	介绍	标准
燃烧性能	服装纺织品	ASTM D1230
	服装面料的半约束法	ASTM D3659
	装饰纺织品地板覆盖物	ASTM D2859
	气溶胶产品	ASTM D3065
	化学浓度限值	ASTM E681
	纺织品和薄膜的火焰传播标准试验方法	NFPA 701
	纺织品和薄膜现场火焰试验操作规程	NFPA 705
香烟引燃	模型化软垫家具组件	ASTM E1352
	软垫家具	ASTM E1353
表面燃烧	建筑材料	ASTM E84
燃烧测试与实验	屋顶覆盖物	ASTM E108
	地板/天花板，地板/屋顶；墙，墙柱	ASTM E119
	室内燃烧实验	ASTM E603
	存在或产生的气体测量	ASTM E800
	窗户	ASTM 2010
	门	ASTM 2074
临界辐射热通量	地板覆盖系统	ASTM E648
热释放速率	热量和可见烟雾	ASTM E906
	用耗氧量热计测量热量和可见烟雾	ASTM E1354
压力上升速率	可燃粉尘	ASTM E1226
电	绝缘耐受电压	ASTM D495
	绝缘电阻	MILSTD202F
	电气事故调查	ASTM E2345
自动加热	液体和固体的自发热量（差示麦基试验）	ASTM D3523 UN N.1, N.4

《技术调查人员收集、保存信息与实物证据的实践标准》（ASTM E1188-11）明确了在刑事现场实践中证据记录和保存的总体方法，为证据提取建立经得起质疑的证据保管链。

表中的 ASTM E860-02（ASTM International, 2013b）是第一级物证标准。它约束着第二级标准 ASTM E1459-13（ASTM International, 2013d）、ASTM E1492-11（ASTM International, 2011c）和《火灾和爆炸调查指南》（NFPA 921, 2017）。

《刑事与民事诉讼中物证的检验与准备实践标准》[ASTM E860-07（2013）e1] 是关于诉讼中物证检验鉴定实践的引领性标准。此标准明确了如果测试实验可能造成物证破坏或变动时需要采取的措施。破坏性实验可能限制其他测试实验的进行。此标准要求在测试实验前后进行证据情况记录，建立证据保管链。如果推荐方法可能改变证据，按照程序要通知委托人或其他当事人，为他们提供做出回应或参加实验的机会。

《物证标注与相关记录方法的标准指南》（ASTM E1459-13）（ASTM International，2013d）建立了可追踪溯源的标记，以便对物证的起源、过往、处理与分析进行记录。此指南也明确了司法鉴定实验室收集物证或从其他物证中提取送往实验室检验时对物证的标注方法。此指南指出有些物证存在危险性，因此，处理此类物证的人员要经过专门培训，配备相关装备完成此任务。

《司法鉴定实验室中物证接收、记录、储存和检索的实践标准》（ASTM E1492-11）（ASTM International，2011c）明确了在司法鉴定实验室中对物证完整性进行保护和记录的正确程序。

标准 ASTM E1020-13e1（ASTM International，2013c）中的内容约束着 ASTM E620-11（ASTM International，2011a）和 ASTM E678-07（ASTM International，2013a）。通过对整个测试实验过程进行完整记录，将有助于法庭分析实验结果的可靠性和可采纳性。

《刑事与民事诉讼中事故报告的实践标准》（ASTM E1020-13e1）是一部指南，规定了事故或事实报告中的信息内容，此将作为调查或诉讼的主要内容。此规定非常类似于火灾事故报告的形式，如《柯克火灾调查》附录 H 所呈现的内容（DeHaan 和 Icove，2012）。

《科学技术专家呈现观点的实践标准》（ASTM E620-11）（ASTM International，2011a）明确了在技术专家报告中应包含的内容：作者的姓名和地址、检验证据的描述、检验日期和地点、开展活动的范围、相关事实和信息资源、得出的所有观点看法和结论、专家得到每个结论用到的逻辑因果关系、所属专家签名。这些内容都符合 FRCP 规则 26（a）。

《科学技术数据分析的实践标准》（ASTM E678-07）（ASTM International，2013a）是对科学方法的重要表述。此标准要求包括以下内容：所需解决问题的准确定义、假设的认定和解释（包括替代假设）、收集和分析数据的描述（包括数据来源）、所用数据的可靠性分析以及达成的意见。所得结论必须与已知事实和得到认可的科学原理保持一致。

1.7.9 同行审查及出版物

对于一个可信又可靠的理论，要考虑其研究本身，此研究已经得到了此领域专家的汇总、证实和发表。对可靠性的需要，要强调科学方法的先进性。最近，对于法庭来说，出现这样一个趋势，坚持让专家用科学家使用的标准，对其他工作逐个进行分析，有时还涉及同行审查（Ayala 和 Black，1993）。

NFPA 921 为调查人员提供了专业指南，涉及起火点和起火原因调查时用到的方法、原则和数据信息。此文件也从定义上对以下三个等级同行审查工作进行了指导原则介绍：

同行审查：同行审查通常是科学技术文件表前，赞助单位筛选拨款申请前的一种正常审核程序。同行审查要对独立性和客观性的情况进行检查。同行审查人员不应对审查结果有兴趣。报告作者不应选择审查人员，审查往往是匿名开展的。同行审查的概念并不涉及同事、监督人员和调查事故同一单位的调查人员对调查工作的审查。按照下文技术审查的表述（NFPA，2017，4.6.3），此类审查更适合称为技术审查。

行政审查：行政审查是单位内部为了确保调查人员工作符合单位质量控制的要求，开展的一种常规审查工作。行政审查人员将根据单位程序手册及相关政策，审查文件档案中是否步骤齐全，是否存在印刷或语法错误（NFPA，2017，4.6.1）。

技术审查：技术审查可能涉及多个方面。如果要求技术审查人员对调查人员所有工作内容进行审查，技术审查人员必须具备相关资质，熟悉正确开展调查的各项内容，最起码有权查阅所有调查人员提供的档案资料。如果要求技术审查人员只对某个方面进行审查，技术审查人员在这个方面必须具备相关资质，熟悉相关内容，最起码有权查阅与此方面相关的档案资料。技术审查可以看作是对调查人员多项工作的额外实验测试（NFPA，2017，4.6.2）。

在发表理论、测试和方法的知名期刊中，同行审查很常见。在技术期刊中，同行审查的常见方法是，让熟悉已发表科学数据和方法的审稿人，确定作者的观点是否达到出版的质量要求，提供的数据是否支持作者的结论。在关于火灾调查的法庭科学领域中，较为有用的同行审查期刊包括：*Fire Technolog*、*Journal of Fire Protection Engineering*、*Fire and Materials*、*Fire Safety Journal*、*Combustion and Flame* 和 *Journal of Forensic Sciences*。*Fire&Arson Investigator* 是国际放火火灾调查人员协会创办的期刊，也是有价值的资源。

SFPE 的"消防设计过程中同行审查指南"（2002 年）涵盖了同行审查相关的注意事项和标准、同行审查结果的保密性以及报告结果的方式。虽然这些指南针对的是消防系统设计，但也包含与火灾调查领域相类似的概念。

当调查人员的案件提交至主管人员审查时，调查人员可以参与技术同行审查（NFPA 921，2014，4.6.2）。NFPA 921 提示，技术审查可能涉及多个方面，审查人员应具备资格并熟悉正确开展火灾调查的各个方面，并能够查看所有调查人员工作的所有文件（NFPA，2017，4.6.2）。

在案件中，要求技术审查人员只评判调查人员工作结果的某一具体方面，技术审查人员应该具备资格并熟悉相关内容。例如，安排一名工程师对另一名工程师的调查报告进行技术同行审查。在有些州，此种类型的技术同行审查被视为工程实践，可能要求注册为持证专业工程师。

NFPA 921 提示，虽然技术审查对于调查是有用的，但审查人员可能对案件结果存有偏见或与其有利害关系。有意或无意中，利害关系可能产生确认偏见（NFPA，2017，4.3.9）或预期偏见（NFPA，2017，4.3.8）。在分析各种假设时，任何一种偏见都可能导致调查和审查人员出现错误，影响审查案件认定的准确性。在执法过程中，监督审查的主要作用是所有问题得到解决，调查逻辑合理，实验测试得当，理论依据可靠。在民事案件中，私营调查公司通常有自己的监督员进行报告的同行审查。当公司规模太小或没有既定的同行审查程序时，有些公司会聘请具有资格的专家对火灾调查报告进行同行审查。在同一机构或公司内，通常由具有同等资格的专家开展同行审查。

在这些情况下，必须强调的是，最初调查人员仍然负有主要责任，应按照科学方法，收集和报告相关信息。在所有诉讼中，调查人员是主要证人，而同行审查人员不是。

同行审查也适用于确定发布信息的可信度（Icove 和 Haynes，2007）。表 1-9 中，推荐了在开展或评审复杂火灾调查时经同行审查的书籍和文献资料。由资深火灾科学与工程技术专家撰写的这些文献，被学术刊物广泛引用，在火灾调查领域中被广泛使用，列入相关出版物的名单目录，在司法案件中被引用，并经常被法庭科学领域期刊综述。

表1-9　火灾调查领域的专家同行评审论文

• Babrauskas, V. 2003. Ignition Handbook: Principles and Applications to Fire Safety Engineering, Fire Investigation, Risk Management, and Forensic Science. Issaquah, WA: Fire Science Publishers, Society of Fire Protection Engineers.

• Babrauskas, V., and S. J. Grayson. 1992. Heat Release in Fires. Basingstoke, UK: Taylor and Francis.

• Beveridge, A. D. 2012. Forensic Investigation of Explosions. 2nd ed. Boca Raton, FL: CRC Press/ Taylor and Francis.

• Brannigan, F. L., and G. P. Corbett. 2007. Brannigan's Building Construction for the Fire Service. 4th ed. Sudbury, MA: National Fire Protection Association; Jones and Bartlett.

• Cole, L. S. 2001. The Investigation of Motor Vehicle Fires. 4th ed. San Anselmo, CA: Lee Books.

• Cooke, R. A., and R. H. Ide. 1985. Principles of Fire Investigation. Leicester, UK: Institution of Fire Engineers.

• DeHaan, J. D., D. J. Icove, and G. A. Haynes. 2017. Kirk's Fire Investigation. 8th ed. Upper Saddle River, NJ: Pearson-Prentice Hall.

• Drysdale, D. 2011. An Introduction to Fire Dynamics. 3rd ed. Chichester, West Sussex, UK: Wiley.

• Icove, D. J., J. D. DeHaan, and G. A. Haynes. 2013. Forensic Fire Scene Reconstruction. 3rd ed. Upper Saddle River, NJ: Pearson/Prentice Hall.

• Icove, D. J., V. B. Wherry, and J. D. Schroeder. 1998. Combating Arson-for-Profit: Advanced Techniques for Investigators. 2nd ed. Columbus, OH: Battelle Press.

• Iqbal, N., and M. H. Salley. 2004. Fire Dynamics Tools (FDTs): Quantitative Fire Hazard Analysis Methods for the US Nuclear Regulatory Commission Fire Protection Inspection Program. Washington, DC: US Nuclear Regulatory Commission.

• Janssens, M. L., and D. M. Birk. 2000. An Introduction to Mathematical Fire Modeling. 2nd ed. Lancaster, PA: Technomic.

• Karlsson, B., and J. G. Quintiere. 2000. Enclosure Fire Dynamics. Boca Raton, FL: CRC Press.

• Lentini, J. J. 2013. Scientific Protocols for Fire Investigation. 2nd ed, Protocols in forensic science series. Boca Raton, FL: Taylor & Francis.

• Quintiere, J. G. 1998. Principles of Fire Behavior. Albany, NY: Delmar.

Quintiere, J. G. 2006. Fundamentals of Fire Phenomena. Chichester, West Sussex, UK: Wiley.

在火灾调查领域，这些文献已经成为或以后可能会成为专家的学习参考资料。学习资料是那些经过权威认可的文献资料，可以作为法庭证据，支撑或反驳专家证人提供的证人证言。并且，由于权威资料被认为较为可靠，常被调查人员作为参考资料或指南反复使用。当在法庭上调查人员被问到参考的权威文献是什么时，调查人员只会列出对他们工作有影响的合法合规文献。

1.7.10　排除认定

在认定故意放火方面，使用排除认定（negative corpus）或默认方法认定放火（没有充分的科学和事实依据认定起火原因时，通过排除所有其他意外火灾原因而进行认定的过程）是无法得到认可的。排除法这个术语始终没有明确的概念，但其得到了广泛的应用。它预示着事件的犯罪事实（corpus delicti）（不一定是犯罪）没有得到证实。

关于排除认定在 NFPA 921 中的最新表述如下：

19.6.5 恰当使用。排除的过程是科学方法的一部分。各种假设都应进行分析，并接受事实的挑战。通过用可靠的证据反驳假设，对可检验的假设进行排除，是科学方法的基础。然而，可能出现错误使用排除方法的情况。通过排除现场发现的、已知的或认为应在起火部位存在的引火源，发现存在一个引火源，没有证据将其排除，最终认定此为引火源，此过程被有些调查人员称为排除法。虽然排除法也会用在意外火灾认定方面，但是排除法多用于放火火灾的认定。由于此方法产生了无法检验的假设，可能造成引火源和起火物的错误认定，因此认为此过程是不符合科学方法的，是不合适的，不应该被使用。对于因果要素所建立的假设必须建立在事实分析的基础上（例如：起火物、引火源和起火顺序）。这些事实来源于证据、观察、计算、实验以及科学原理。在分析过程中不能包含模棱两可的数据信息。

2006 年，Smith 对排除法认定起火原因的逻辑进行了更加详细的研究。他还指出只有清楚划定了起火部位，或者准确认定了起火点，才能使用排除法（DeHaan 和 Icove，2012）。直到 2011 版 NFPA 921 发布，才允许在清楚划定起火部位的案件中使用此方法。然而，此术语已经被删除了（Lentini，2013）。

美国第十一巡回上诉法院使用多伯特标准，在 Benfield 案中否决调查人员的证人证言（Michigan Miller's Mutual Insurance Company v. Benfield，1998）。在此案中，调查人员无法清楚地表述排除可能引火源的方法，无法提供支撑其观点的科学依据。法庭认为火灾调查要有科学依据，要符合多伯特标准。

一般认为，火灾破坏严重是无法准确认定起火点的。当火灾后的痕迹都是支持起火部位的证据时，这种说法可能正确。但是，当可信赖的证人或多个证人都看到某一部位发生火灾，同时查看其他部位，并确认没有发生明显的火灾，这可以作为可靠的证据，证明此处被引燃。有时，烟气颜色和浓度或火焰高度也会为了解最初起火物的性质提供线索，缩小勘验的范围。在许多造成严重破坏的火灾中，监控摄像机拍摄到了起火区域，甚至是最初引燃的点。只要起火区域缩小到一定范围，就可以认定可能的热源。像其他的结论推导一样，起火部位的认定也是需要检验的。此种检验包括对这一区域的每种可燃物以及对附近火灾过程的勘验。

在特定区域中，盲目地寻找可能的引火源时，科学方法要求通过提出和检验可能的选择，实现对假设的检验。将用以下形式开展询问："此处看着像起火部位，但是我那个地方放了一个热源，我看到的破坏（或一个证人看到的情况）是不是物质（墙壁覆盖物、布料和柜子）被燃，掉落到此区域的结果？" 2006 年 Smith 指出，调查人员的知识储备越好，就可以看到更多的可能性选择。水平较差的调查人员可能会根据燃烧痕迹寻找起火部位，然后在此区域选择引火源，从来不会考虑他所认定的此区域为起火部位的假设是错误的。

对于认定起火部位和起火原因的各个方面，都要通过各种检验假设方法进行综合的反复分析，包括建立和检验各种可能的假设，它们可能是一致的，也可能是矛盾的。起火原因的认定就是对起火物（放火案件中不一定要被认定）、引火源和周围环境三者作用过程的认定。起火物的认定可能会依据实验测试（可燃液体或化学助燃剂残留物）、残留物分析和目击证人所见。在刑事案件中，证据标准非常高，关于起火物和热源的间接证据可能无法满足要求。在民事案件中，证据标准可能是"优势证据"或"更可能发生"（NFPA，

2017，12.5.5）。间接排除其他可能选项，仅留下一个可能的引火源或疑似起火物，可以满足民事案件的要求。作为火灾调查科学方法的一部分，对"可能的"和"疑似的"情况的检验是消防工程分析的一部分。

最近，关于排除法最新的文献是 NFPA 921（2014a，19.6.5）。如果进行了全力调查，并且很好地控制了实验局限性，所有相关的事故原因都经过了分析、检验和排除，故意放火满足所有数据，用科学方法可以证实故意放火是唯一引起火灾的可能。如果出现新的数据，必须对结论进行重新分析，此时可能出现不同的结论。如果想了解更详细的关于排除法的内容，见 Smith（2006）。

1.7.11 错误率、专业标准和可采信性

根据多伯特标准，法庭可能会分析专家所用技术方法的错误率，以及是否存在得到认可的专业标准。对于描述火灾爆炸动力学的诸多公式、关系及模型来说，其错误率来自反复的实验测试。在火灾测试实验中，要分析错误率，如表 1-5 所列的测试实验。在起火部位及起火原因的分析认定过程中，错误率是无法估算的。

《刑事和民事诉讼中物证的检验与准备实践标准》[ASTM E860-02（2013），ASTM International，2013b] 对火灾调查人员存在显著影响。此标准涉及的证据（实物证据或系统），将来可能出现在诉讼过程中，要进行检验或拆解，其实践要求包括：

- 变动、拆解、检验或改变证据前，对其进行记录；
- 通知所有的当事人；
- 检验后妥善保存证据。

此实践标准同样强调检验或拆解证据过程中的安全注意事项，特别是处理带电设备或含有危化品的证据时。ASTM E30 委员会负责管理这些标准，对其进行修改，以满足所有诉讼的需要，既包括民事诉讼，也包括刑事诉讼。

总结

此章介绍了火灾调查及重建过程中科学方法的应用，这些科学方法是根据经证实的理论研究得到的，如火灾测试、动力学、灭火、火灾模拟、痕迹分析和火灾历史数据等。综合防火工程理论、法庭科学理论和人的行为理论，得出的此方法。通过使用科学方法，调查人员可以更加准确地分析起火部位、火灾强度、发展过程、蔓延方向和持续时间，同时还可以对现场人员的行为进行正确的理解和解释。

火灾现场重建也会进行其他的火灾测试，联想到相似案例，支撑最后的调查结论。除 NFPA 921 外，火灾调查人员还要熟悉其他权威文献和数据资源信息，如：NFPA 1033 中规定的工作职责要求。必须记住的是，NFPA 921 是实践经验的总结，是从数以千计的研究中提炼和发展而来的，有的甚至历经了一个世纪的研究。除 NFPA 921 外，调查人员还有大量可靠信息可以借鉴。

科学方法的好处就是可以对诸多假设进行更高效的分析。火灾调查中一个具体方法得出结果的可靠性，是多种假设经检验和排除后综合分析的结果。防火工程分析也会提供许多帮助。特别是，在无法重复进行实体火灾试验的情况下，防火工程分析为调查人员提供了诸多场景进行分析。灵敏度的分析也会使调查分析扩展到不同的范畴。

□ 复习题　1. 在当地的消防办公室查找一个审判完的案件，其中案件涉及的放火嫌疑人已被定罪。分析火灾调查人员对起火点和起火原因的认定。说明它是否符合科学方法的指导方针。

2. 找一张火羽流作用到墙上的照片。在塑料覆盖层上勾画出炭化、灼烧和烟熏的轮廓线。可从这个练习中学到什么？

3. 搜索互联网或最新出版的火灾调查文献资料，列出三个经过火灾测试研究的同行审查的实例。

4. 搜索互联网或最新出版的火灾调查文献，列出三个涉及 NFPA 921 和多伯特标准的联邦和州法院案件。

5. 找到关于热解的科学文献。最早的日期是什么？

6. 查阅最近发表的火灾调查出版物，并找到关于科学方法的 5 篇参考文献。其可对火灾调查产生什么影响？

关键术语解释

起火点（fire origin）：最先发生火灾或爆炸的大致区域（NFPA，2017，3.3.133）。

火灾（fire）：一种快速氧化过程，此化学反应过程中，产生不同强度的光和热（NFPA，2017，3.3.66）。

爆炸（explosion）：潜在能量（化学和机械能）瞬间转化为动能，伴随着高压气体的产生和释放，或仅高压气体的释放。出现的高压气体随后产生机械做功，如：移动、改变或抛出周围物品（NFPA，2017，3.3.56）。

起火原因（fire cause）：在火灾或爆炸事故中，导致火灾或者爆炸发生、造成财产损失或人员伤亡的环境、条件和作用方式（NFPA，2017，3.3.26）。

放火罪（arson）：因恶意、故意或鲁莽引发火灾或爆炸的一种犯罪行为（NFPA，2017，3.3.14）。

意外火灾（accidental fire）：非人的故意行为引起的火灾。这也包括正常用火时，因火势失控而造成的灾害；另外，因行为上的粗心大意而造成的火灾，无论以何种形式出现，都属于意外火灾，但要通过分析已掌握的证据信息来判断行为是否是故意的（NFPA，2017，20.1.1）。

火灾调查人员 (fire investigator)：经过认证的，拥有开展、协调和完成火灾调查所需的技能和知识的个人（NFPA，2014，3.3.7）。

必备知识（requisite knowledge）：执行某项任务必须具备的基本知识（NFPA，2014，3.3.10）。

必备技能（requisite skills）：从事某项工作所必须具备的基本技能（NFPA，2014，3.3.11）。

职业要求（job performance requirement）：描述某项工作的任务、完成任务所需主要条款的清单，确定关于此项工作的可测量、可观察的产出及评估方法的说明（NFPA，2014，3.3.9）。

火灾现场调查和重建（fire scene investigation and reconstruction）：火灾调查分析过程中，重构实体现场的过程，或者通过现场残留物的清理，还原火灾前现场物品及建筑构件位置关系的过程（NFPA，2017，3.3.76）。

放火火灾（incendiary fire）：在某时某刻某地本不应该发生而由于人为故意引发的火灾（NFPA，2017，3.3.116）。

同行审查（peer review）：科学技术文件发表前，赞助单位筛选拨款申请前的一种正常审查程序。审查人员应该与报告结果无任何利害关系（NFPA，2017，4.6.3）。

疑似的 (suspicious)：火灾原因尚未确定，但有迹象表明，火灾是放火火灾，所有意外火灾原因均已排除。

原因不明的（undetermined）：火灾调查所获得的证据，仅能达到"可能""怀疑"这一结论，火灾原因应该列为"原因不明"（NFPA，2017，19.7.4）。

火灾动力学 (fire dynamic)：研究化学、火灾科学、工程流体力学和传热学怎样影响火灾行为的科学（NFPA，2017，3.3.70）。

通风（ventilation）：空间内通过自然风、对流或者风机使空气进入或废气排出建筑物的过程；通过打开门窗或房顶开洞的方式，将烟气和热量导出建筑的灭火方法（NFPA，2017，3.3.199）。

燃烧（combustion）：快速的氧化反应，产生热量，通常伴有亮光或火焰的一种化学过程（NFPA，2017，3.3.35）。

[译者注：国家标准《消防词汇》GB/T 5907.1—2014 中表述为：燃烧可燃物与氧化剂作用发生的放热反应，通常伴有火焰、发光和（或）烟气的现象。]

归纳推理（inductive logic or reasoning）：人们由特殊的具体事例推导出一般原理的过程。根据所见、所闻、所学、所知、所感、所悟的内容，建立各种假设推理的过程（NFPA，2017，3.3.117）。

技术专家（technical expert）：在机械操作、应用科学或相关工艺方面，受过教育、训练或具备经验的人（ASTM，1989）。

科学方法（scientific method）：用系统的方法获得相关知识，包括认识和定义问题，通过观察、实验、分析数据、建立假设，并对假设进行分析和检验。如果可能，最终确定唯一的假设（NFPA，2017，3.3.160）。（译者注：如 3.3.160，科学方法是 NFPA 921 中提出的调查火灾和爆炸的方法步骤，无特殊情况，必须按照科学方法开展调查工作。在庭审过程中，调查人员是否按照科学方法开展调查是法官和律师重点审查的内容之一，如果没有按照科学方法开展调查，必须要在法庭中给出合理的理由，否则认为整个火灾调查过程存在问题。详细内容，请查阅 NFPA 921 第 12 章 "Legal consideration" 相关法律问题，以及美国职业化火灾调查人员培训教材 *Fire Investigator*）

数据（data）：作为讨论或做出决定的基础事实或信息（ASTM，1989）。

假设（hypothesis）：为解释某些事实而提出的推测或猜想，并用作进一步调查的基础，用于证明或反驳（ASTM，1989）。

演绎推理（deductive reasoning）：根据已掌握的信息和资料，通过逻辑推理，得到最终结论的过程（NFPA，2017，3.3.42）。

专家意见（opinion）：根据事实和逻辑，做出的认定或判断，但没有完全证实其真实性（ASTM，1989）。

极可能的（probable）：这种确定程度相比于假更倾向于真。在这种确定性水平下，假设为真的可能性大于 50%（NFPA，2017，4.5.1）。

可能的（possible）：在这种确定性水平下，可以证明假设是可行的，但不能宣布为极可能（NFPA，2017，4.5.1）。

火灾痕迹(fire pattern)：由单个或多个火灾因素作用（fire effects）形成的可测量或可辨识的物质或形状变化（NFPA，2017，3.3.74）。

法庭科学（forensic science）：用于解释司法系统相关问题的应用科学（NFPA，2017，3.3.90）。

溯因推理（abductive reasoning）：对一种现象做出最为合理解释的过程。

排除认定（negative corpus）：是指逐个排除可能的原因，仅留下一个可能的原因而认定起火原因的过程。

犯罪事实（corpus delicti）：字面上讲是犯罪的本身。证明犯罪发生所需要的基本构成要素。

参考文献

ASTM International. 1989. *E1138-89, Terminology of Technical Aspects of Products Liability Litigation.* (Withdrawn 1995). West Conshohocken, PA: ASTM International.

——. 2005b. *ASTM Dictionary of Engineering Science and Technology.* 10th ed. West Conshohocken, PA: ASTM International.

——. 2011a. *E620-11, Standard Practice for Reporting Opinions of Scientific or Technical Experts.* West Conshohocken, PA: ASTM International.

——. 2011b. *E1188-11, Standard Practice for Collection and Preservation of Information and Physical Items by a Technical Investigator.* West Conshohocken, PA: ASTM International.

——. 2011c. *E1492-11, Standard Practice for Receiving, Documenting, Storing, and Retrieving Evidence in a Forensic Science Laboratory.* West Conshohocken, PA: ASTM International.

——. 2013a. *E678-07(2013), Standard Practice for Evaluation of Scientific or Technical Data.* West Conshohocken, PA: ASTM International.

——. 2013b. *E860-07(2013)e1, Standard Practice for Examining and Preparing Items That Are or May Become Involved in Criminal or Civil Litigation.* West Conshohocken, PA: ASTM International.

——. 2013c. *E1020-13e1(2013), Standard Practice for Reporting Incidents That May Involve Criminal or Civil Litigation.* West Conshohocken, PA: ASTM International.

——. 2013d. *E1459-13, Standard Guide for Physical Evidence Labeling and Related Documentation.* West Conshohocken, PA: ASTM International.

Ayala, F. J., and B. Black. 1993. "Science and the Courts." *American Scientist* 81: 230–39.

Babrauskas, V. 2003. *Ignition Handbook: Principles and Applications to Fire Safety Engineering, Fire Investigation, Risk Management, and Forensic Science.* Issaquah, WA: Fire Science Publishers, Society of Fire Protection Engineers.

——. October 2004. *"Truck Insurance v. MagneTek:* Lessons to Be Learned Concerning Presentation of Scientific Information." *Fire & Arson Investigator* 55: 2.

———. 2005. "Charring Rate of Wood as a Tool for Fire Investigations." *Fire Safety Journal* 40, no. 6: 528–54. doi: 10.1016/j.firesaf.2005.05.006.

Babrauskas, V., B. F. Gray, and M. L. Janssens. 2007. "Prudent Practices for the Design and Installation of Heat-producing Devices near Wood Materials." *Fire and Materials* 31: 125–35.

Babrauskas, V., and S. J. Grayson. 1992. *Heat Release in Fires*. Basingstoke, UK: Taylor & Francis.

Beering, P. S. 1996. "Verdict: Guilty of Burning—What Prosecutors Should Know about Arson." *Insurance Committee for Arson Control*. Indianapolis, IN.

Beller, D., and J. Sapochetti. 2000. "Searching for Answers to the Cocoanut Grove Fire of 1942." *Fire Journal* 94, no. 3: 84–86.

Beveridge, A. D. 2012. *Forensic Investigation of Explosions*. 2nd ed. Boca Raton, FL: CRC Press/Taylor & Francis.

Brannigan, F. L., and G. P. Corbett. 2007. *Brannigan's Building Construction for the Fire Service*. 4th ed. Sudbury, MA: National Fire Protection Association; Jones and Bartlett.

Brannigan, V. M., and E. C. Buc. 2010. "The Admissibility of Forensic Fire Investigation Testimony: Justifying a Methodology Based on Abductive Inference under *NFPA 921*." Paper presented at the ISFI 2010 International Symposium on Fire Investigation Science and Technology, College Park, Maryland, September 27–29.

Burnette, G. E. 2003. "Fire Scene Investigation: The *Daubert* Challenge." Personal communication.

Campagnolo, T. Fall 1999. "The Fourth Amendment at Fire Scenes." *Arizona Law Review* 41: 601–50.

Campbell, R. 2014. "Intentional Fires." In *Fire Analysis and Research Division*. Quincy, MA: National Fire Protection Association.

Clifford, R. C. 2008. *Qualifying and Attacking Expert Witnesses*. Costa Mesa, CA: James Publishing.

Cole, L. S. 2001. *The Investigation of Motor Vehicle Fires*. 4th ed. San Anselmo, CA: Lee Books.

Cooke, R. A., and R. H. Ide. 1985. *Principles of Fire Investigation*. Leicester, UK: Institution of Fire Engineers.

Crowhurst, E. 2015. "Fire Statistics: Great Britain April 2013 to March 2014." London, UK: Department for Communities and Local Government.

DeHaan, J. D. 1995. "The Reconstruction of Fires Involving Highly Flammable Hydrocarbon Liquids." PhD diss., University of Strathclyde.

DeHaan, J. D., and D. J. Icove. 2012. *Kirk's Fire Investigation*. 7th ed. Upper Saddle River, NJ: Pearson-Prentice Hall.

DOJ. September 2016. "Recommendations of the National Commission on Forensic Science." Memorandum for Heads of Department Components from the Attorney General. Washington, DC: US Department of Justice.

Doyle, A. C. 1891. "A Scandal in Bohemia." *The Strand*.

Drysdale, D. 2011. *An Introduction to Fire Dynamics*. 3rd ed. Chichester, West Sussex, UK: Wiley.

Esposito, J. C. 2005. *Fire in the Grove: The Cocoanut Grove Tragedy and Its Aftermath*. Cambridge, MA: Da Capo Press.

Evarts, B. 2010. *US Structure Fires in Eating and Drinking Establishments*. Quincy, MA: National Fire Protection Association.

Fahy, R. F., P. R. LeBlanc, and J. L. Molis. 2015. "Firefighter Fatalities in the United States, 2015." Edited by Fire Analysis and Research Division. Quincy, MA: National Fire Protection Association.

FBI. 2015. "Arson." In *Crime in the United States*. Washington, DC: Federal Bureau of Investigation.

FM Global. 2015. "FM Global Property Loss Prevention Data Sheets." Retrieved September 30. www.fmglobaldatasheets.com.

FPRF. 2002. "The Recommendations of the Research Advisory Council on Post-fire Analysis: A White Paper, IV." Quincy, MA: Fire Protection Research Foundation.

Frazier, P. 2005. "Total Cost of Fire." Fire Protection Engineering 26: 22–26.

FRCP. 2010. *Federal Rules of Civil Procedure*. www.law.cornell.edu/rules/frcp.

FRE. 2012. *Federal Rules of Evidence*. Arlington, VA: Federal Evidence Review. www.federalevidence.com.

Giannelli, P. C., and E. J. Imwinkelried. 2007. *Scientific Evidence*. 4th ed. Newark, NJ: LexisNexis.

Graham, M. H. 2009. *Cleary and Graham's Handbook of Illinois Evidence*. 9th ed. Austin, TX: Aspen Publishers.

Grant, C. C. 1991. "Last Dance at the Cocoanut Grove." *Fire Journal* 85, no. 3: 74–80.

Hall Jr., J. R. 2014. "The Total Cost of Fire in the United States." Quincy, MA: National Fire Protection Association.

Haynes, H. J. G. 2015. "Fire Loss in the United States during 2014." In *Research and Reports*. Quincy, MA: National Fire Protection Association.

Hopkins, R. L. 2008. "Fire Pattern Research in the US: Current Status and Impact." Richmond, KY: TRACE Fire Protection and Safety.

Hopkins, R. L., G. E. Gorbett, and P. M. Kennedy. 2009. "Fire Pattern Persistence and Predictability during Full-scale Comparison Fire Tests and the Use for Comparison of Post-fire Analysis." Paper presented at Fire and Materials 2009, 11th International Conference, San Francisco, California, January 26–28.

Icove, D. J., and J. D. DeHaan. 2006. "Hourglass Burn Patterns: A Scientific Explanation for Their Formation." Paper presented at the International Symposium on Fire Investigation Science and Technology, Cincinnati, Ohio, June 26–28.

Icove, D. J., J. D. DeHaan, and G. A. Haynes. 2013. *Forensic Fire Scene Reconstruction*. 3rd ed. Upper Saddle River, NJ: Pearson Education, Inc.

Icove, D. J., and T. K. Hargrove. 2014. "Project Arson: Uncovering the True Arson Rate in the United States." Paper presented at International Symposium on Fire Investigation Science and Technology, College Park, Maryland, September 22–24.

Icove, D. J., and G. A. Haynes. 2007. "Guidelines for Conducting Peer Reviews of Complex Fire Investigations." Paper presented at Fire and Materials 2007, 10th International Conference, San Francisco, California, January 29–31.

Icove, D. J., V. B. Wherry, and J. D. Schroeder. 1998. *Combating Arson-for-Profit: Advanced Techniques for Investigators*. 2nd ed. Columbus, OH: Battelle Press.

Iqbal, N., and M. H. Salley, 2004. *Fire Dynamics Tools (FDTs): Quantitative Fire Hazard Analysis Methods for the US Nuclear Regulatory Commission Fire Protection Inspection Program*. Washington, DC: Nuclear Regulatory Commission.

Janssens, M. L., and D. M. Birk. 2000. *An Introduction to Mathematical Fire Modeling*. 2nd ed. Lancaster, PA: Technomic.

Karlsson, B., and J. G. Quintiere. 2000. *Enclosure Fire Dynamics*. Boca Raton, FL: CRC Press.

Karter Jr., M. J. August 2009. "Fire Loss in the United States, 2008." Quincy, MA: National Fire Protection Association Report, Fire Analysis and Research Division.

Karter Jr., M. J., and J. L. Molis. 2014. "US Firefighter Injuries, 2013." Edited by Fire Analysis and Research Division. Quincy, MA: National Fire Protection Association.

Kolar, R. D. Spring 2007. "Scientific and Other Expert Testimony: Understand It; Keep It Out; Get It In." *FDCC Quarterly*: 207–35. Tampa, FL: The Federation of Defense & Corporate Counsel, Inc.

Kolczynski, P. J. 2008. *Preparing for Trial in Federal Court*. Costa Mesa, CA: James Publishing.

Lentini, J. J. 1992. "Behavior of Glass at Elevated Temperatures." *Journal of Forensic Sciences* 37, no. 5: 1358–62.

———. 2013. *Scientific Protocols for Fire Investigation*. 2nd ed. Protocols in forensic science series. Boca Raton, FL: Taylor & Francis.

Madrzykowski, D., and S. Kerber. 2009. "Fire Fighting Tactics under Wind-driven Conditions: Laboratory Experiments." Gaithersburg, MD: National Institute of Standards and Technology.

Moore, D. T. 2007. "Critical Thinking and Intelligence Analysis." Occasional paper no. 14, 2nd printing with rev. Washington, DC: Center for Strategic Intelligence Research, National Defense Intelligence College.

NAP. 2009. *Strengthening Forensic Science in the United States: A Path Forward*. Washington, DC: National Academy of Sciences, National Academies Press.

———. 2011. *Reference Manual on Scientific Evidence*. 3rd ed. Washington, DC: National Academy of Sciences, National Academies Press.

Nelson, H. E., and R. E. Tontarski. 1998. "Proceedings of the International Conference on Fire Research for Fire Investigation." HAI Report 98-5157-001. Washington, DC: Department of Treasury, Bureau of Alcohol, Tobacco & Firearms.

NFPA. 1943. "The Cocoanut Grove Night Club Fire, Boston, November 28, 1942." Quincy, MA: National Fire Protection Association.

———. 2008. *Fire Protection Handbook*. 20th ed. Quincy, MA: National Fire Protection Association.

———. 2014. *NFPA 1033: Standard for Professional Qualifications for Fire Investigator*. Quincy, MA: National Fire Protection Association.

———. 2017. *NFPA 921: Guide for Fire and Explosion Investigations*. Quincy, MA: National Fire Protection Association.

NIJ. 2000. "Fire and Arson Scene Evidence: A Guide for Public Safety Personnel." Washington, DC: Technical Working Group on Fire/Arson Scene Investigation (TWGFASI), Office of Justice Programs, National Institute of Justice.

NSC. 2008. *Report on Injuries in America*. Itasca, IL: National Safety Council.

ODPM. 2005. "Economic Cost of Fires in England and Wales—2003." London, UK: Office of the Deputy Prime Minister.

Ogle, R. A. 2000. "The Need for Scientific Fire Investigations." *Fire Protection Engineering* 8: 4–8.

Orville, R. E., and G. R. Huffines. 1999. "Annual Summary: Lightning Ground Flash Measurements over the Contiguous United States: 1995–97." *Monthly Weather Review* 127: 2693–2703.

Putorti Jr., A. D., J. A. McElroy, and D. Madrzykowski. 2001. "Flammable and Combustible Liquid Spill/Burn Patterns." Rockville, MD: National Institute of Standards and Technology.

Quintiere, J. G. 1998. *Principles of Fire Behavior*. Albany, NY: Delmar.

———. 2006. *Fundamentals of Fire Phenomena*. Chichester, West Sussex, UK: Wiley.

Reinhardt, W. 1982. "Looking Back at the Cocoanut Grove." *Fire Journal* 76, no. 11: 60–63.

Rite-in-the-Rain. 2016. Accessed April 14. www.riteintherain.com/contact.

Rohr, K. D. 2001. "An Update to What's Burning in Home Fires." *Fire and Materials* 25, no. 2: 43–48. doi: 10.1002/fam.757.

———. 2005. "Products First Ignited in US Home Fires." Quincy, MA: National Fire Protection Association.

Schorow, S. 2005. *The Cocoanut Grove Fire*. Beverly, MA: Commonwealth Editions.

SFPE. 2002. "Guidelines for Peer Review in the Fire Protection Design Process." Bethesda, MD: Society of Fire Protection Engineers.

———. 2003. *Engineering Guide: Human Behavior in Fire*. Bethesda, MD: Society of Fire Protection Engineers.

———. 2008. *SFPE Handbook of Fire Protection Engineering*. 4th ed. Quincy, MA: National Fire Protection Association, Society of Fire Protection Engineers.

Shanley, J. H. 1997. "Report of the United States Fire Administration Program for the Study of Fire Patterns." Washington, DC: Federal Emergency Management Agency, USFA Fire Pattern Research Committee.

Smith, D. W. 2006. "The Pitfalls, Perils, and Reasoning Fallacies of Determining the Fire Cause in the Absence of Proof: The Negative Corpus Methodology." Paper presented at the International Symposium on Fire Investigation Science and Technology, Cincinnati, Ohio, June 26–28.

Tobin, W. A., and K. L. Monson. 1989. "Collapsed Spring Observations in Arson Investigations: A Critical Metallurgical Evaluation." *Fire Technology* 25, no. 4: 317–35.

Von Drehle, D. 2003. *Triangle: The Fire That Changed America*. New York: Atlantic Monthly Press.

Zicherman, J., and P. A. Lynch. 2006. "Is Pyrolysis Dead?—Scientific Processes vs. Court Testimony: The Recent 10th Circuit Court and Associated Appeals Court Decisions." *Fire & Arson Investigator* 56, no. 3: 46–52.

参考案例

103 Investors I, L.P. v. Square D Company. Case No. 01-2504-KHV, 372 F.3d 1213 (US App. 2004). LEXIS 12439, US Dist. LEXIS 8796, 10th Cir. Kan., 2004. Decided May 10, 2005.

Abon Ltd. et al. v. Transcontinental Insurance Company. Docket No. 2004-CA-0029, 2005 Ohio 302 (Ohio App. 2005). LEXIS 2847. Decided June 16, 2005.

Allstate Insurance Company, as Subrogee of Russell Davis

v. Hugh Cole Builder Inc. Hugh Cole individually and dba Hugh Cole Builder Inc. Civil Action No. 98-A-1432-N, 137 F. Supp. 2d 1283 (US Dist. 2001). LEXIS 5016. Decided April 12, 2001.

American Family Insurance Group v. JVC American Corp. Civil Action No. 00-27 (DSD-JMM) (US Dist. 2001). LEXIS 8001. Decided April 30, 2001.

Andronic Pappas et al. v. Sony Electronics, Inc. et al. Civil Action No. 96-339J, 136 F. Supp. 2d 413 (US Dist. 2000). LEXIS 19531, CCH Prod. Liab. Rep. P15,993. Decided December 27, 2000.

Bethie Pride v. BIC Corporation, Société BIC, S.A. Civil Case No. 98-6422; 218 F.3d 566 (US App. 2000). LEXIS 15652; 2000 FED App. 0222P (6th Cir.); 54 Fed. R. Serv. 3d (Callaghan) 1428; CCH Prod. Liab. Rep. P15,844. Decided July 7, 2000.

Chester Valley Coach Works et al. v. Fisher-Price Inc. Civil Action No. 99-CV-4197 (US Dist. 2001). LEXIS 15902, CCH Prod. Liab. Rep. P16,18. Decided August 29, 2001.

Cunningham v. Gans. 501 F.2d 496, 500 (2nd Cir. 1974).

Daubert v. Merrell Dow Pharmaceuticals Inc. 509 US 579 (1993); 113 S. Ct. 2756, 215 L. Ed. 2d 469.

Daubert v. Merrell Dow Pharmaceuticals Inc. (Daubert II). 43 F.3d 1311, 1317 (9th Cir. 1995).

David Bryte v. American Household Inc. Case No. 04-1051, CA-00-93-2, 429 F.3d 469 (4th Cir. 2005; 2005 US App.). LEXIS 25052. Decided November 21, 2005.

Eid Abu-Hashish and Sheam Abu-Hashish v. Scottsdale Insurance Company. Case No. 98 C4019, 88 F. Supp. 2d 906 (US Dist. 2000). LEXIS 3663. Decided March 16, 2000.

Farner v. Paccar Inc. 562 F.2d 518, 528–29 (8th Cir. 1977).

Fireman's Fund Insurance Company v. Canon USA, Inc. Case No. 03-3836, 394 F.3d 1054 (US App. 2005). LEXIS 471; 66 Fed. R. Evid. Serv. (Callaghan) 258; CCH Prod Liab. Rep. P17,274. Filed January 12, 2005.

Frye v. United States. 293 F.1013 (DC Cir. 1923).

General Electric Company v. Joiner. 66 USLW 4036 (1997).

In re Paoli Railroad Yard PCB Litigation. 35 F.3d 717 (US App. 1994). LEXIS 23722; 30 Fed. R. Serv.3d (Callaghan) 644; 25 ELR 20989; 35 F.3d at 743. Filed August 31, 1994.

Jacob J. Booth and Kathleen Booth v. Black and Decker Inc. Civil Action No. 98-6352, 166 F. Supp. 2d 215 (US Dist. 2001). LEXIS 4495, CCH Prod. Liab. Rep. P16, 184. Decided April 12, 2001.

James B. McCoy et al. v. Whirlpool Corp. et al. Civil Action No. 02-2064-KHV; 214 F.R.D. 646 (US Dist. 2003). LEXIS 6901; 55 Fed. R. Serv. 3d (Callaghan) 740.

John Witten Tunnell v. Ford Motor Company. Civil Action No. 4:03CV74; 330 F. Supp. 2d 731 (US Dist. 2004). LEXIS 24598 (W.D. Va., July 3, 2004). Decided July 2, 2004.

Kumho Tire Co. Ltd. v. Carmichael. 119 S. Ct. 1167 (1999). US LEXIS 2199 (March 23, 1999).

LaSalle National Bank et al. v. Massachusetts Bay Insurance Company et al. Case No. 90 C 2005. (US Dist. 1997). LEXIS 5253. Decided April 11, 1997. Docketed April 18, 1997.

Marilyn McCarver v. Farm Bureau General Insurance Company. Case Number 2004-3315-CKM, State of Michigan, County of Berrien. Decided February 1, 2006.

Mark and Dian Workman v. AB Electrolux Corporation et al. Case No. 03-4195-JAR (US Dist. 2005). LEXIS 16306. Decided August 8, 2005.

Michigan Miller's Mutual Insurance Company v. Benfield. 140 F.3d 915 (11th Cir. 1998).

Mitchell v. Gencorp Inc. 165 F.3d 778, 780 (10th Cir. 1999).

Polizzi Meats, Inc. v. Aetna Life and Casualty. 931 F. Supp. 328 (D.N.J. 1996).

Ronald Taepke v. Lake States Insurance Company. Fire No. 98-1946-18-CK, Circuit Court for the County of Charlevoix, State of Michigan. Entered December 8, 1999.

Royal Insurance Company of America, as Subrogee of Patrick and Linda Magee v. Joseph Daniel Construction, Inc. Civil Action No. 00-Civ.-8706 (CM); 208 F. Supp. 2d 423 (US Dist. 2002). LEXIS 12397. Decided July 10, 2002.

State Farm and Casualty Company, as Subrogee of Rocky Mountain and Suzanne Mountain, v. Holmes Products; J.C. Penney Company. Case No. 04-4532 (3rd Cir. 2006). LEXIS 2370. Argued January 17, 2006. Filed January 31, 2006. (Unpublished).

Teri Snodgrass, Robert L. Baker, Kendall Ellis, Jill P. Fletcher, Judith Shemnitz, Frank Sherron, and Tamaz Tal v. Ford Motor Company and United Technologies Automotive Inc. Civil Action No. 96-1814 (JBS) (US Dist. 2002). LEXIS 13421. Decided March 28, 2002.

Theresa M. Zeigler, individually; and Theresa M. Zeigler, as mother and next friend of Madisen Zeigler v. Fisher-Price Inc. No. C01-3089-PAZ (US Dist. 2003). LEXIS 11184; Northern District of Iowa. Decided July 1, 2003. (Unpublished).

TNT Road Company et al. v. Sterling Truck Corporation, Sterling Truck Corporation, Third-Party Plaintiff v. Lear Corporation; Third-Party Defendant. Civil No. 03-37-B-K (US Dist. 2004). LEXIS 13463; CCH Prod. Liab. Rep. P17,063 (US Dist. 2004). LEXIS 13462 (D. Me., July 19, 2004). Decided July 19, 2004.

Travelers Property and Casualty Corporation v. General Electric Company. Civil Action No. 3; 98-CV-50(SRU); 150 F. Supp. 2d 360 (US Dist. 2001). LEXIS 14395; 57 Fed. R. Evid. Serv. (Callaghan) 695; CCH Prod. Liab. Rep. P16,181. Decided July 26, 2001.

Truck Insurance Exchange v. MagneTek, Inc. (US App. 2004). LEXIS 3557 (February 25, 2004).

United States v. John W. Downing. Crim. No. 82-00223-01 (US Dist. 1985). LEXIS 18723; 753 F.2d 1224, 1237 (3d Cir. 1985). Decided June 20, 1985.

United States v. Lawrence R. Black Wolf Jr. CR 99-30095 (US Dist. 1999). LEXIS 20736. Decided December 6, 1999.

United States v. Markum. 4 F.3d 891 (10th Cir. 1993).

United States v. Ortiz. 804 F.2d 1161 (10th Cir. 1986).

United States v. Ruby Gardner. No. 99-2193, 211 F.3d 1049 (US App. 2000). LEXIS 8649, 54 Fed. R. Evid. Serv. (Callaghan) 788.

Vigilant Insurance v. Sunbeam Corporation. No. CIV-02-0452-PHX-MHM; 231 F.R.D. 582 (US Dist. 2005). LEXIS 29198. Decided November 17, 2005.

Wal-Mart Stores, Petitioner, v. Charles T. Merrell, Sr. et al. Supreme Court of Texas, No. 09-0224, June 2010.

第二章

火灾动力学基础

关键术语

- 热力学温度（absolute temperature）；
- 火焰（flame）；
- 烯烃（olefinic）；
- 助燃剂（accelerant）；
- 阻燃剂（flame retardant）；
- 有机的（organic）；
- 绝热的（adiabatic）；
- 火焰前沿（前锋）（flame front）；
- 氧化反应（oxidation）；
- 脂肪族化合物（aliphatic）；
- 阻燃性能（flame resistant）；
- 石蜡族化合物（paraffinic）；
- 环境温度（ambient temperature）；
- 滚燃（flameover）；
- 引燃点火（piloted ignition）；
- 芳香族化合物（aromatics）；
- 有焰（明火）燃烧（flaming combustion）；
- 热解（pyrolysis）；
- 原子（atom）；
- 易燃的（flammable）；
- 自燃物（pyrophoric material）；
- 自燃温度（自燃点）（autoignition temperature）；
- 辐射热（radiant heat）；
- 沸腾液体扩展蒸气爆炸（BLEVE）；
- 易燃液体（flammable liquid）；
- 热辐射（radiation）；

- 沸点（boiling point）；
- 燃烧极限范围（flammable range）；
- 饱和的（saturated）；
- 英制热量单位（British Thermal Unit，Btu）；
- 闪点（flash point）；
- 自热（self-heating）；
- 纤维素的（cellulosic）；
- 全室火灾（full room involvement）；
- 阴燃（smoldering）；
- 炭化（char）；
- 灼热燃烧（glowing combustion）；
- 烟炱（soot）；
- 可燃的（combustible）；
- 热量（heat）；
- 相对密度（specific gravity）；
- 可燃液体（combustible liquid）；
- 热通量（heat flux）；
- 燃烧效率（combustion efficiency）；
- 燃烧热（heat of combustion）；
- 自燃（spontaneous ignition）；
- 热传导（conduction）；
- 热释放速率（heat release rate）；
- 叠加作用（superposition）；
- 热对流（convection）；
- 碳氢化合物（hydrocarbon）；
- 合成材料（synthetic）；

- 爆轰（detonation）；
- 燃烧性液体（ignitable liquids）；
- 热惯性（thermal inertia）；
- 双原子的（diatomic）；
- 点火能量（ignition energy）；
- 热失控（thermal runaway）；
- 吸热的（endothermic）；
- 点火温度（ignition temperature）；
- 热塑性塑料（thermoplastic）；
- 放热的（exothermic）；
- 无机的（inorganic）；
- 热固性树脂（thermosetting resin）；
- 膨胀型防火涂料（intumescent coating）；
- 蒸气（vapor）；
- 燃点（fire point）；
- 焦耳（joule）；
- 蒸气密度（vapor density）；
- 火灾发展曲线（fire signature）；
- 易挥发的（volatile）；
- 有气味的（odorant）；
- 环烷烃（naphthenics）；
- 燃烧四面体（fire tetrahedron）；
- 瓦特（watt，W）。

目标

阅读本章，应该学会：

了解原子通过化学反应与其他原子结合形成分子的基本原理。

解释涉及碳、一氧化碳、硫与氧反应的简单氧化反应。

了解木材热分解过程中产生的四类物质。

列举并了解可燃物的三种物理状态。

了解固体可燃物产生可燃气体的不同方式。

清楚地理解木材、纸、塑料、漆、金属和煤的燃烧特性。

理解粉尘粒径与浓度在粉尘爆炸过程中的重要性。

理解初始温度对可燃气体与空气混合气体爆炸极限的影响规律。

了解可燃物的燃烧热对火灾调查人员的重要性。

了解多孔和无孔表面上液池的燃烧行为。

了解可燃液体池火的热辐射分布及其作用方式。

　　燃烧是一种通过化学反应产生物理作用的过程。因此，火灾调查人员应该熟悉其中所涉及的简单物理化学变化及发展过程。因为燃烧过程中包含多种同时发生的化学反应，所以首先了解化学反应是什么，如何影响火灾的发生发展，是重要的。

　　火灾现场重建和分析过程中所应用的火灾动力学知识主体，来源于物理、化学、热动力学、传热学和流体力学的综合理论，其中许多是 NFPA 1033 中要求学习的内容。准确地认定起火部位、火灾强度、发生发展、蔓延方向、持续时间以及熄灭过程，需要调查人员正确地参考和使用各种火灾动力学原理。火灾调查人员必须认识到，火灾发生发展过程受多种因素的影响，将发生多种变化，其中包括：火灾荷载、通风情况、房屋结构。

第一部分　火灾科学基础

2.1
元素、原子和化合物

　　所有的物质都是由元素或元素组合构成的，元素组合就是所谓的化合物。元素［元素不是物质，是指具有相同核电荷数（质子数）的同一类原子的总称］的原子，是指无法通过物理或化学手段将其分解为更简单物质的物质。自然界中存在 92 种元素，还有一些实验室外无法遇到的不稳定合成元素。在描述化学反应时，每种元素都用一个字母表示，通常是元素英文或拉丁文名称的首字母。例如，氢表示为 H，氧为 O，碳为 C，铅为 Pb，铁为 Fe。

　　元素是由原子（atom）组成的。组成元素的所有原子都具有相同的大小、质量和化学性质，每种元素的原子与其他元素的原子各不相同。尽管原子已不是人们曾经认为的不可分割物质，但在燃烧的化学反应中，它不会分解成更小的粒子。原子是元素参与化学反应的最小单位。

　　几乎所有元素的原子都可以通过化学反应与其他原子结合形成分子。分子是元素或化合物的最小单位，它保留了原始物质的化学特性。例如，和其他大部分元素一样，氢作为最轻、最简单的元素原子，无法以单个或自由原子的形式存在很长时间。氢原子倾向于与其他原子结合。如果单纯是氢，两个氢原子会结合在一起，形成一个相对稳定的双原子（diatomic）（有两个原子）氢气分子，化学式为 H_2，字母 H 代表氢原子，下标 2 表示分子中有两个氢原子。

　　每个原子都有一个由不同数量亚原子粒子，即质子（带正电荷）和中子（中性或不带正电荷）组成的中心核，其周围环绕着一团带负电荷的电子，就像行星围绕着太阳一样。电子本身性质以及与其他原子共享电子的难易程度决定了元素的化学反应活性。化学反应活性表明原子脱离化学键的束缚并与其他元素形成化学键的难易程度。原子核周围的电子决定了该原子将如何以特定的比例与其他原子结合。

　　例如，在常温下，氧占空气的 21%，它是一种双原子气体，用分子式 O_2 表示。偶尔，氧会结合成三原子分子 O_3，称为臭氧，其通常是在氧气环境中由于高压电弧作用而产生的。臭氧分子不是很稳定，易失原子而形成稳定的氧分子 O_2。产生的游离氧原子很快与附近的其他原子发生反应形成氧化物，或与另一个游离氧原子形成 O_2 分子。氧气是普通燃烧所必需的，因此氧气是普通火灾中最重要的组成部分。消除氧气几乎可以扑灭所有的火灾。

2.2
氧化反应

　　燃烧不仅是一系列化学反应同时发生的过程，而且还是一系列的氧化反应。可燃物中的原子被氧化，即与空气中的氧结合。化学反应有很多种，与火焰（flame）最相关的是氧化反应（Gardiner，1982）。

　　了解大多数火灾中常见的氧化反应（oxidation）是非常有用的。作为一种优良可燃物氢气，发生氧化时，两个双原子氢气分子与一个双原子氧气分子结合，形成两个水分子。化学反应方程式可写为：

$$2H_2 + O_2 \longrightarrow 2H_2O$$

　　因为水相对于生成它的气体更加稳定，所以生成水的反应活性强，并产生大量的热量（heat），此反应称为放热（exothermic）反应。如果气体在点燃之前已混合，点燃时将导致剧烈爆炸。当它们参与到燃烧过程中，将产生高温火焰。

　　几乎所有的可燃物中都含有氢，甚至是在由复杂分子构成的木材、塑料或石油中，因此几乎所有的常见可燃物发生燃烧时，都会产生大量的水蒸气。蒸气（vapor）有时会凝结在着火建筑物冰凉的窗户玻璃上。尽管比纯氢燃烧时产生的热量要少，火灾中被可燃物束缚的氢通过化学反应转化为水蒸气的过程也总是会释放大量的热。复杂可燃物燃烧产生的净能量低于纯氢或纯碳，这是因为化学键断裂时将消耗部分能量，这些化学键限制着分子结构中可氧化原子。

　　化合物可以用数值或经验公式来表示，如 H_2O、CO_2，也可以用结构式或分子式来表示，在这些结构式中，用线表示分子中原子间的电子共享情况。水（H_2O）表示为：

$$H \diagdown \overset{O}{} \diagup H$$

　　二氧化碳（CO_2）表示为：

$$O = C = O$$

　　这些线表示组成分子的原子之间的力或键。一条线表示一对共用电子，两条线表示两对共用电子，三条线表示三对共用电子，依此类推。通过这种方法，化学家不仅可以展示一个分子中有多少个原子，还可以显示原子排列的顺序和它们之间化学键的性质，从而在一个小空间显示大量的信息。

2.3
含碳化合物

　　碳的化学符号是 C，和氢一样，是可燃物中的另一种常见元素。实际上，多数易燃的（flammable）化合物都是围绕它构成的。

钻石和石墨之类的材料是晶体形式的纯碳，很难发生燃烧。当钻石燃烧时，其产物（二氧化碳和一氧化碳）和产生的能量与其他形式的碳相同。由于石墨燃烧时消耗的速度非常慢，因此高温坩埚通常由石墨制成。木炭和焦炭是主要由碳组成的工业产品，但都是相当不纯的碳。这些材料都不易点燃，但当燃烧时，它们产生相当多的热量，且消耗的速度很慢。碳氧化涉及的化学方程式是：

$$C(s) + O_2(g) \longrightarrow CO_2(g)$$

涉及含碳可燃物的燃烧都会产生二氧化碳。二氧化碳几乎是所有燃烧的最终产物，包括发生在动物体内的氧化反应。呼出的气体中也富含食物在人体组织中氧化所产生的二氧化碳，这其实也是一种类似燃烧的氧化反应，尽管食物中不单纯是碳，而是碳与其他元素的化合物。在所有火灾中，可能还会发生另外一种反应，这种反应会产生具有窒息作用的一氧化碳（CO）。这一反应可能处于次要地位，也可能处于主要地位，这取决于氧气的供给情况。虽然所有含碳可燃物的燃烧都会有 CO 生成，但在调试好的燃气装置中不会达到危险的比例。CO 产量取决于燃烧条件：通常在自由燃烧的火灾中产量较低，在阴燃（smoldering）和高温低氧燃烧中产量较高。

产生 CO 的化学反应方程式为：

$$2C(s) + O_2 \longrightarrow 2CO$$

产生 H_2O、CO_2 和 CO 的三种反应表明了燃烧最终产物生成的基础，尽管没有明确产物实际生成过程的复杂机制，但仍构成了燃烧的三个最基础反应。水和二氧化碳几乎是所有燃烧反应的主要产物，产物中一氧化碳浓度较低。有些可燃物，特别是煤和石油，几乎完全由碳和氢组成，只含有少量其他元素。除此之外还可能存在硫，硫是许多可燃物当中的一种杂质。由简单反应可知，硫会氧化产生二氧化硫。

$$S(s) + O_2 \longrightarrow SO_2$$

二氧化硫（SO_2）是一种具有强烈刺激性气味的气体，经常出现在金属冶炼厂和其他工业场所。

在火灾调查人员经常遇到的可燃物中，还发现了许多其他元素，例如氮，在放热反应中并不会参与燃烧。氮在燃烧中作用非常复杂，但是它并不会成为可燃物。空气中的氮（体积占比 78%）会吸收热量，并发生相应的膨胀。氮也可能存在于某些物质分子中，如能够为化学反应提供氧气的硝酸盐。

木材中的其他元素——钠、硅、铝、钙和镁（以各自氧化物的形式存在）是构成木材燃烧后残留白色或灰色灰烬的成分，它们对燃烧本身并没有显著的贡献。

2.4
有机物

前面讨论的大多数化合物都属于无机（inorganic）物。无机物是指由硫、铅、氯、铁元素，实际上除碳之外所有其他元素组成的化合物。以碳为基础的化合物数量众多，对生命过程至关重要，被认为是化学的一个分支。含碳化合物的化学称为有机（organic）化学。建筑和森林火灾中多数可燃物都是有机化合物。对于火灾调查人员来说，碳氢化合物和碳水化合物是最重要的有机化合物。

2.5
碳氢化合物

许多种类的化合物都可以作为可燃物。碳氢化合物（hydrocarbons）仅由碳和氢两种元素构成，是最常见的可燃物。甲烷（CH_4）是天然气的主要成分，是最简单的碳氢化合物。其分子结构为

$$H - C - H$$

该结构式表明，碳原子是四价的，具有四个价键。氢只有一个价键，四个氢原子可以与一个碳原子结合。甲烷完全燃烧产生 CO_2 和 H_2O，但即便这是个简单的反应，也要经过无数的中间反应。通常认为，甲烷在氧气中的燃烧涉及大约 100 个基元反应（Gardiner，1982，110-25）。这些反应包括失去氢原子，而后进行各种重组，在火焰中形成乙烯和乙炔，以及不稳定的结构，如—OH、—CH_2O 和—CHO。

这些不稳定分子物质叫作自由基。分子越复杂，中间反应所经历的途径就越多，产生的自由基种类也就越多。碳氢化合物燃烧时，—CHO 和—OH（包括 CO 在内）与 O 和 H 结合形成 H_2O 和 CO_2。自由基只能在相对较高的温度下存在，当它们冷却后，发生凝结并形成热解产物，如：火灾后附着在表面的棕色油腻涂层或油性残留物。

此外，碳元素的独特之处在于它的原子具有很强的结合成链、环和其他复杂结构的能力。这种成链的能力可以用丁烷化合物来说明，它是液化石油气的主要成分，分子式为 C_4H_{10}，结构为：

$$H - C - C - C - C - H$$

这些仅包含碳元素和氢元素的直链化合物，称为正构烷烃，它们几乎可以无限延伸，形成更加复杂的结构。由于产生分支的位置有许多可能性，因此可以有多种化合物，它们具有相同的分子式，但结构不同。例如，异丁烷化合物与丁烷的化学式相同，但结构不同。

$$H - C - C - C - H$$
$$H - C - H$$

前缀 *iso-* 表示分支结构。链长和分支点几乎可以无限变化，因此可以有许多种化合物。这些化合物都被称为脂肪族化合物（aliphatic）或石蜡族化合物（paraffinic）（即它们没有双键，与碳原子相连的氢原子数最多），并根据分子中最长碳链上的碳原子数来命名。

含有一个由碳原子组成的六元环结构的物质是另一类重要的碳氢化合物，最简单的化合物是苯（C_6H_6）：

需要注意的是，苯环上的碳之间有一个交替的双键和单键序列。许多这类环状化合物具有一种特征气味，被称为芳香族化合物（aromatics）。环状化合物中的一个或多个氢原子可以被任意数量的化学结构所取代，其中有些结构可能非常大且复杂。最简单的取代苯环或芳烃是甲苯（C_7H_8），其结构式为：

到目前为止，书中列出的脂肪族化合物都是饱和的（saturated），或不含双键，但不是所有的脂肪族化合物都属于这一类。例如，乙烯（不是饱和的乙烷）分子式是 C_2H_4，结构式为：

丙烯（C_3H_6）结构式为：

相邻碳之间具有三键结构的是另一类不饱和烃。这种化合物通常以 -yne 为后缀进行命名，如 pentyne（或 1-pentyne，表示碳原子以三键相连）：

火灾调查中最常见的三键碳氢化合物是乙炔（C_2H_2），或者它另一个耳熟能详的名字"电石气"：

$$H-C \equiv C-H$$

由 5 个、6 个或 7 个碳组成的环是可燃物中另一类常见的碳氢化合物，但没有芳香化合物所特有的交替出现的单双键。这些化合物称为环烷烃，如环己烷（C_6H_{12}）。

2.6
石油产品

通常情况下，碳氢化合物是优质燃料，但单一纯化合物很少商用。从石油或煤焦油混合物中分离出的任何一种单一纯化合物都是非常昂贵的。分离后，纯化合物可能达不到预期的物理或化学性质，还需要与另一种化合物混合。实际上，所有的商用燃料都是由数量众多结构相似的单一化合物组成的混合物，混合之后实现所需的燃烧特性。

2.6.1 石油馏出物

石油产品的分离首先是通过对原油进行加热，收集不同温度下蒸馏出来的蒸气而实现。这些产物称为石油蒸馏物。每一个馏分都是在设定的两个温度之间蒸发出来的所有化合物的混合物。例如，石油醚是一种在 35 ～ 60℃温度下沸腾的馏分油，而煤油包含在150 ～ 300℃温度下沸腾的馏分油中（ASTM International，2013a）。在这两个馏分中发现的化合物大多数是脂肪族直链烷烃或支链烷烃，而且多数是饱和的，即没有双键，此外还有一些芳烃。

环烷烃、链烷烃和芳烃作为汽车燃料具有较好的特性，通过对原油进行化学处理，如裂解、重整等，提高其比例，然后将它们与各种馏分物混合，制成具有所需燃烧性能的燃料，如汽油。汽油不是真正的石油馏分，而是一种混合型产品，其沸点通常在 40 ～ 190℃之间。

常见的石油产品都是碳氢化合物的复杂混合物，并不是所有组分都以相同的速率进行蒸发或燃烧。随着温度的不断升高，蒸发将从最轻和最易挥发的（volatile）化合物开始，逐渐到较重的化合物。逐步蒸发出来的石油产品，也被称为风化石油。2008 年，Stauffer、Dolan 和 Newman 介绍了火灾现场风化石油馏分物对司法鉴定的影响。

燃烧中，油品蒸发具有相同的过程，但是由于火焰辐射致使液体燃料池的温度升高，蒸发速度要快得多。因此，火场残留物中发现的部分燃烧的石油产品残留物与原始燃料的理化性质［蒸气压、闪点、相对密度（specific gravity）、黏度等］并不相同。同样，新鲜或未燃烧燃料的燃烧特性很大程度上取决于混合物中的轻质、更易蒸发的组分。例如，冬季汽油含有质量分数为 6% ～ 10% 的甲基丁烷和 5% ～ 6% 的戊烷，而夏季汽油可能包含

4% ～ 8% 的甲基丁烷和 4% ～ 5% 的戊烷，以便在不同的气温下保持相同的蒸气压和闪点（DeHaan，1995）。

在室温下，蜡是主链碳数大于 24 的碳氢化合物。一般来说，链越长，化合物的熔点和沸点就越高。常见的各种高沸点的碳氢化合物混合物，常以凡士林或石蜡的形式出现。最重的（链最长的）碳氢化合物存在于沥青当中。

2.6.2　非馏出物

许多石油产品用作各种各样的消费品和工业品，并不是真正的石油馏出物，其常在火场残留物中遇到。一类化合物由异链烷烃（支链烃）化合物组成，用于杀虫剂溶剂、手部清洁剂、灯油和一些轻质燃料。异链烷烃化合物具有良好的溶剂性能，但很少有与石油溶剂相类似的气味。另一类石油产品是环烷烃（naphthenics）。在溶剂和火炬燃料中可发现环烷烃，主要由提炼（通过催化反应或吸附洗脱方法）后的芳香族和石蜡族成分组成。这些产物主要由环己烷和环庚烷及其取代物组成。其他还包括由于其特定的溶剂性能而用于杀虫剂和黏合剂，具有不同挥发性的芳烃混合物。也有用于制作液体燃料蜡烛，完全由正构烷烃（一种或两种，如正十二烷和正十三烷）组成的产品。所有类型的产品都可能构成挥发性的燃料，但属于合成产物，而不是真正的石油蒸馏物。

2.7
碳水化合物

参与燃烧过程最重要的另一类有机化合物是碳水化合物。碳水化合物是木材的主要成分，是建筑火灾最常见的可燃物。不同于碳氢化合物，碳水化合物分子非常大且复杂。更重要的是，它们的含氧量相对较高，即已经被部分氧化。木材的燃烧仅仅是一个开始于燃料自身的氧化过程。

碳水化合物之所以如此命名，是因为其化学式中包含了碳、氢和氧元素，并以下面的简单化学式组合成碳和水（水合物）的结合（其是多种糖的经验公式）

$$-CH_2O-$$

最简单碳水化合物的化学式为：

$$C_6H_{12}O_6$$

最常见的是葡萄糖（存在于血液中）以及果糖，可以从葡萄和其他水果中获取。纤维素是木材的主要成分，是由许多单元的葡萄糖链组成的。因为纤维素仅是葡萄糖单位的无限复制（一种天然聚合物），纤维素燃烧的主要反应与葡萄糖燃烧相同。

葡萄糖：$C_6H_{12}O_6 + 6O_2 \longrightarrow 6CO_2 + 6H_2O$

纤维素：$C_6H_{10}O_5 + 6O_2 \longrightarrow 6CO_2 + 5H_2O$

正常来说，碳水化合物与其他可燃物一样，并不是所有的碳都被氧化成二氧化碳。在多数火灾中，可用的氧气较少，产生的是 CO 而不是 CO_2。碳水化合物在形成分子时，分子中的氢已经被部分氧化，因此不会像碳氢化合物那样成为高效的可燃物。在一定程度上，这种部分氧化造成木材燃烧释放的热量比其他很多可燃物低。

脂肪是碳水化合物的一种形式，是火灾中的重要可燃物。无论是植物脂肪（如棉花、玉米或亚麻籽），还是动物脂肪，都是碳水化合物（称为脂肪酸），具有特殊的分子结构，一端是直链或支链烃类，另一端是—COOH 基团，它们依次被取代到甘油主链上，如下图所示。

丙三醇(甘油)　　　　　　　　亚油酸($C_{18}H_{32}O_2$)

由于脂肪主要由碳氢结构构成，因此容易发生燃烧并产生大量的热。

所有可燃物燃烧时产生的热量，称为燃烧热（heat of combustion），表征为每千克（或磅）可燃物燃烧释放的热量 [J（焦耳，joule）或 Btu（英制热量单位）]。燃烧热可用来估算一定数量可燃物燃烧产生的总热量，而不是测量热释放速率，也不代表可燃物产生的火焰温度。燃烧热是用量热法测定的，燃烧热用 ΔH_c 表示，Δ（delta）代表变化，H 代表热（焓），下标 c 表示燃烧。木材的其他成分如树脂，不仅比纤维素具有更高的燃烧热，而且能产生更高的火焰温度。因此，松木或杉木等树脂类木材比桦木或巴尔沙等非树脂类木材燃烧的温度更高。

2.8
可燃物状态

对于火灾调查人员来说，需要了解物质的三种物理状态，分别是固体、液体和气体。可燃物的燃烧特性与其存在状态有关。

固体物质是通过分子力将固体分子固定在一起，保持一种稳定的三维关系。因此，固体具有固定的体积和形状。有些固体可燃物，如蜡烛，可熔化成液体，然后蒸发为气体蒸气。有些固体，如萘，直接蒸发为蒸气状态（这一过程称为升华）。许多固体不熔化，而是发生热解。

液体没有固定的三维形状，但它的形状与其所盛放容器的形状相同，并具有一定的体积。和其他液体可燃物一样，汽油处于液态是不会燃烧的。但是液态可燃物很容易蒸发，其产生蒸气的燃烧，与气体和氧的燃烧一样，以火焰的形式发生。通常情况下，由于液体分子键力没有固体的分子键力强，相较于固体，液体热解时所需热量更低。

通常情况下，气体中分子距离较远，分子间作用力非常微弱（取决于温度和压力）。

气体可以填充任何体积的空间，并在空气中自由扩散（或多或少）。虽然在常温条件下气态可燃物种类相对较少，但许多物质在火场高温作用下将变成气态，实际上几乎所有物质在足够高的温度下都会转化为气体。另一类碳氢化合物，即固体石蜡，需要更高的温度熔融并蒸发，其蒸气燃烧形式与蜡烛火焰类似。

液体、固体和气体的分类不是绝对的，在一定程度上它们是可以相互转化的。一种物质状态向另一种物质状态的转化，是特殊火灾环境条件下温度与压力作用的结果。物理状态的改变（如：当液压油在高压下泄漏时，从散装液体分散成细小颗粒的气溶胶）可显著地改变可燃物的引燃特性以及火灾规模大小。一般来说，可燃物的物理状态从许多方面控制着可燃物的引燃特性、引燃后燃烧速率以及燃烧产物的数量和性质。

碳氢化合物中许多物质很难划分为气体或液体。例如，以丙烷和丁烷为主要成分的液化石油气，在常温常压下可短暂地以两种状态存在。当暴露在空气中，它们很容易蒸发，并且不会留下液体残留物。沸点为 -42℃的丙烷蒸发速度比丁烷快得多，丁烷更重（碳链更长），沸点更高（-0.6℃）（Perry 和 Green，1997）。这样的蒸气在压力作用下，将凝结成液体。

根据定义，通过施加压力，可将蒸气凝结成液体，而处于临界温度和压力之上的气体，无法仅通过压力变化凝结成液体。商品级丁烷和丙烷混合物，即液化石油气（LPG），主要以液态形式在储罐中储存和运输。当压力释放时，储罐内上层的气体进入燃烧器，从而会有更多的液体蒸发，以保持相同的压力（临界压力），直到所有的可燃物完全蒸发。

气体和理想气体定律

氢、甲烷、乙烷、丙烷和乙炔是最常见的气体可燃物。和其他气体一样，通常遵循理想气体定律，即将气体的量与压力、体积和温度联系起来。

理想气体状态方程为：

$$pV=nRT$$

式中，p 为压力；V 为体积；n 为气体物质的量；T 为温度［热力学温度（absolute temperature），单位为开尔文（0℃ =273K）］；R 为普适气体常数。

如果保持压强不变，温度升高，则体积增大；如果保持体积不变，温度升高，则压强增大。气体（或液体）的热膨胀产生浮力，同样数量的分子占据更大的体积，密度更低。

气体的量是以摩尔来衡量的，1mol 物质的质量等于它的分子量，并且总是包含相同数量的分子（阿伏伽德罗常数，6.023×10^{23}）。1mol 氧气（O_2）重 32g，1mol 丁烷（C_4H_{10}）重 58g。在标准温度和压力（0℃，1atm❶）下，1mol 气体体积为 22.4L（升）。

2.9
固体可燃物

通常来说，固体可燃物不是以固体形式发生燃烧的。当固体燃烧时，部分表面可能发

---

❶　1atm = 101325Pa。

生阴燃，甚至发生无焰燃烧。当火焰包裹非发光固体可燃物时，常被认为发生燃烧。但该说法并不完全准确，火焰是气体燃烧的结果。气态热解产物与空气混合产生火焰，而非固体可燃物。当固体热解减慢至氧气可以到达热固体表面的程度时，通常会发生阴燃。多孔固体可燃物也会允许气体在可燃物内部扩散。如果表面温度足够高，发生气-固相互作用，就可以观察到无焰燃烧现象。在木材燃烧过程中，火焰的湍流或强烈气流可以使有焰燃烧与无焰燃烧同时发生。

随着挥发性物质熔化和蒸发，或复杂可燃物热解产生可燃气体和蒸气，残留下不燃固体物质，固体将通过氧气与表面结合的方式发生燃烧。活性金属，如镁、钠、钾，以及含碳可燃物，如木炭，只在其表面发生燃烧，即无焰燃烧。如果将常见固体可燃物热解气体忽略，之前提到的多数特性都将不适用于固体可燃物。严格意义上，非热解固体在限定场景下没有闪点，没有蒸气密度，也没有单一的着火温度。对于可燃粉尘悬浮物，当其以颗粒物分布，并扩散到空气中时，将具备一定的燃烧极限范围。影响其燃烧性能的物理参数包括密度、导热性和热容等因素。在一定条件下，孔隙率和熔点也会影响其燃烧性能。固体可燃物的化学性质将决定挥发性热解产物的性质及其生成速率。

由于分散的单个微小固体可燃物颗粒可迅速升温热解，形成可燃气体，较大的表面积可以与周围空气快速混合，因此分散的固体可燃颗粒（如：木屑或谷物粉尘）也可以发生快速燃烧，甚至达到爆炸的程度。

相对于液体和气体可燃物，固体可燃物着火和燃烧更复杂，因为固体可燃物着火依赖于将足够多的物质热解成可燃气体，并且产生的可燃气体与适当比例的空气进行混合。所有固体可燃物的引燃都是一种表面现象，因此表面温度是关键因素，而不取决于整体温度。常见固体可燃物的引燃取决于可燃物的密度、热导率、热容以及吸热速率。着火定义为开始发生自身持续燃烧的现象（Babrauskas，2003）。因为燃烧可能是有焰燃烧，也可能是阴燃，在研究引燃过程时，必须注意两种过程之间的区别。如 Babrauskas 所述，部分着火温度值是指可燃物起火出现明火时可燃物的表面温度，或是指将物体置于加热箱内，物体起火时，加热箱的温度（Babrauskas，2003）。

在自然界中纯纤维素是非常罕见的，通常存在于棉花或亚麻纤维等物质中。一件未染色的棉裙或亚麻衬衫是相对较纯的纤维素。木质梁主要由纤维素组成，但由于其结构不同，含有许多其他复杂的有机物。

在高温作用下，多数固体发生热解，产生具有确定性质、结构更简单分子物质。由于有些条件下固体物质的热解规律研究尚不充分，且单一固体物质会热解产生多种简单产物，难以获取精确的热解过程数值解。随着温度和环境条件的变化，最终的混合物也将发生变化，具有不同于纯化合物的物理和化学性质。

2.9.1　热解

最简单的碳氢化合物，只需蒸发就能产生简单分子，可在火焰中直接与氧气结合，而其余所有可燃物都必须让分子分解为足够小的"碎片"才能燃烧。热量对木材或其他固体可燃物的主要作用是使其分解或热解。热解一词源于希腊语 pyro（意思是火）和 lysis（意思是分解或腐烂）。因此，热解（pyrolysis）可以定义为某种物质在热作用下分解为更简单的化合物。

就化学过程而言，热解可定义为没有氧气参与反应的情况下，由热引起的物质分解。在火灾中，可燃物的热解包括有氧条件下发生的热分解。因此，实际燃烧产物中常含有氧化产物。为了更深入地理解可燃物热解反应，需要明确：实际上所有燃料本质上都是有机的，都是基于碳的复杂化合物。

例如，木材热解可以产生：

- 可燃气体，如甲烷；
- 挥发性液体，如甲醇（以蒸气形式存在）；
- 可燃的（combustible）油和树脂，可能最初状态是气体，或由复杂分子结构热解产生；
- 大量的水蒸气，留下炭化残留物，主要是炭或木炭。

木材热解产生的气体和蒸气扩散到周围的空气中，进行有焰燃烧（flaming combustion）。由于木炭中未参与反应的氧气，多数以水的形式被排出，木炭燃烧产生的热量远大于相同重量未受热的木材。碳与空气中的氧直接结合，从而维持反应热的释放。同时着火温度、单位燃料耗氧量、氧化速率以及物理状态相关性质也存在着差异。

有焰燃烧最重要的是火焰本身，其内部只发生气相燃烧。即使供给火焰的是如木头、布、塑料、纸张甚至煤等固体可燃物，火焰仍是气相燃烧。那么固体可燃物是如何维持其周围的气相燃烧呢？此种现象的产生，存在以下几种途径。

有些固体可燃物通过升华的方式，直接升华成气体。萘用于制作樟脑丸，属于易燃固体，用于引燃实验时，室温下即可升华。其他固体可燃物是熔化后蒸发，如蜡烛，熔融并蒸发。热塑性塑料熔融，分解成小分子物质，然后蒸发。另一类物质，如聚氨酯受热分解成挥发性液体并蒸发。最后一类包括木材、纸张、其他纤维素制品以及多数热固性树脂（thermosetting resin），在加热时分解，产生挥发性产物和炭化基体。这些机制的关键是热解，即固体在剧烈加热条件下内部所发生的分解。

对于火灾调查人员来说，几乎所有重要的可燃物都来自植物，或来自动植物的分解、细菌作用或地质活动，石油、煤炭以及天然气都是如此。在普通火灾中，木材是最常见的可燃物，是生命过程（活细胞内自然过程合成了复杂的有机结构）直接作用的结果。众所周知，木材是主要成分为纤维素的超大分子，由许多长度不确定的长链葡萄糖（糖）分子连接而成，但迄今为止，没有任何一个人可以写出完整的木材分子结构式。除了纤维素，木材中还有许多其他化合物，半纤维素和木质素是最为普遍的（各占四分之一左右），还有各种树脂、植物沥青、油脂和其他物质。某些软木，如松树，含有大量的挥发性油脂，称为松烯和含油树脂（商业松香的来源），而多数硬木中树脂含量很少甚至没有，只含有少量松烯。

有机化合物（包括木材的成分）在加热后发生分解，形成更易挥发和更易燃的简单化合物，正是这些化合物在火焰中发生氧化。如果样品在惰性气体中采用电加热方式实现热解，其分解产物可以用气相色谱法分离，用质谱法鉴定，并通过各种试验进行研究。近年来，在研究热解机理方面，此类研究非常重要。

木材的热解产物包括水蒸气、甲烷、甲醇和丙烯醛。对于火灾调查人员来说，了解确切的热解机理和所有的中间产物并不重要。然而，理解热分解的基本概念是非常重要的，因为它是理解固体可燃物燃烧本质的关键。

固体表面下方是发生热解的区域，在其下方（或后方）是尚未发生热解的区域。Stauffer 最近研究表明，聚乙烯热解产生一系列同源烷烃、烯烃和二烯烃；聚苯乙烯燃烧时生成芳香族产物；聚氯乙烯首先释放不燃的氯化氢（HCl）气体，然后产生可燃的有机碎片单元（Stauffer，2004）。动物脂肪裂解成相应系列的烯烃、醛和烷烃（De Haan、Brien 和 Large，2004）。

并非所有的固体可燃物在其燃烧前都要热解。活泼金属，如钠、钾和镁，氧气直接与裸露的表面金属结合，在空气中发生燃烧。燃烧产生的热量使可燃物气化，并产生高温气体和炽热的氧化物（灰烬），但可燃物不会热解成更简单的化合物。有些固体可燃物，如沥青和蜡，加热时发生熔化并蒸发，产生的气体发生燃烧。碳（如木炭）可以在没有火焰（阴燃）的情况下进行燃烧，氧气扩散到碳的表面发生固相 - 气相相互作用。

2.9.2 木材的燃烧性能

作为建筑和室外火灾的可燃物，相较于其他固体材料，木材更为常见。因此，对于火灾调查人员来说，对木材燃烧性能的了解，即其在燃烧时的行为，比其他固体可燃物更为重要。

（1）木材的成分

木材是一个通用概念，包括各类天然的和人造的木质材料，其主要成分来源于植物。木材的主要成分包括纤维素（约 50%），还有许多其他成分：半纤维素（约 25%）和木质素（约 25%），各种比例的树脂、盐和水（Drysdale，1999）。木材源自各种树木，有些含有树脂，有些不含；有些密度大，有些密度小。木材的含水量、挥发分和化学性质差异很大。

通过加工和表面处理等制造过程，使木质材料发生改变。木制品包括制成的木板和面板，如家具等成型产品，以及用木浆制成的纸和纸板制品。

（2）木材的着火和燃烧

木材是一种化学和物理性质都很复杂的纤维素可燃物。在其发生热解时，各种主要成分热解温度不同：半纤维素在 200 ～ 260℃热解，纤维素在 240 ～ 350℃热解，木质素在 280 ～ 500℃热解（Drysdale，1999）。与木材的空气渗透性相同，木材的导热性能随着方向的改变而变化，平行纹理方向高于垂直纹理方向。这将影响木块或木质表面的着火特性，所以有些木材较其他木材更容易点燃。如图 2-1 所示，热量需要透过木材，使其发生热解和炭化。平行纹理方向上油和树脂的挥发也比垂直纹理方向上的速度更快，进一步增加了变化。

如图 2-2 所示，木材在 200 ～ 250℃温度作用下，将发生快速变色和炭化，但长时间处于 107℃以上温度条件下，也会产生同样的效果（Drysdale，1999）。[虽然关于更低温度的长期（几天或几周）作用数据有限，但在 85℃以下时，破坏性热解非常缓慢。] 当木材炭化（char）时，由于炭化物质表面较暗，且热惯性（$k\rho c$）较低，其对入射热通量的吸收率更高，因此一旦开始炭化，其温度上升速度加快。这表明木材没有固定的着火温度，其着火温度随加热速率和加热方式而变化。当加热时，木材表面在某一温度下会产生足够的挥发分，通过引燃点火（piloted ignition）可以将其点燃。在没有外部火焰（非点燃）的情况下，产生的可燃气体会在更高的温度条件下自发燃烧。加热方式（辐射或对流）将影响点燃温度和自燃温度。其他变量，如含水率、样品大小和厚度、方向（垂直或水平）、氧浓度和加热时间也会影响着火温度。

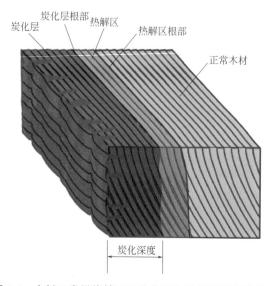

图 2-1　木材正常燃烧情况下炭化区和热解区的渐进分布
资料来源：the USDA Forest Service, Forest Products Laboratory, Madison, WI

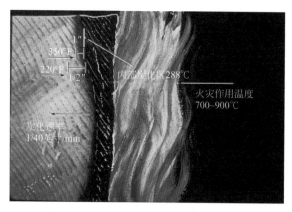

图 2-2　道格拉斯冷杉及类似软木暴露在 700 ～ 900℃温度的火场环境下，热解和伴随的炭化在 177 ～ 288℃温度下发生。热解深度取决于含水率、木材密度和火焰作用强度。需注意的是炭化速率是在实验室理想条件下测试的近似值
资料来源：the USDA Forest Service, Forest Products Laboratory, Madison, WI

　　着火温度数据的分散性已经证明，由于木材燃烧的复杂性，对于所有木材在各种不同加热条件下，是无法用单个明确的数值来表征木材着火温度的。一般认为，即使是新鲜的（未分解的）木材，引燃温度也会随着木材的种类，样品本身的大小和形状，通风，加热的强度、方式和时间而变化，自燃温度也是如此。有人可能认为木材的着火温度取决于木材热解产物的着火温度，但其中主要成分甲烷、甲醇和一氧化碳，它们的自燃温度都在 $450 \sim 600℃$ 范围内，要远高于实验中测得的木材的自燃温度。

显然，还会涉及其他尚未明确的因素，比如可能是表面炭化物质的灼热燃烧。木材的着火温度与一个温度密切相关，在此温度下，木材的氧化反应可以提供足够的热量，能够加热周围可燃物到自维持反应的程度。许多研究表明木材自燃温度在 $230 \sim 260℃$ 之间。Browning 的报告称，对于有些木材，其着火温度可能低至 $228℃$，在本书其他部分，此温度范围为 $192 \sim 393℃$，但无法明确实验测得的是有焰燃烧还是稳定的阴燃（Brown，1934；Browning，1951；Fleischer，1960；NFPA，2008）。

研究结果的变化可能是由于测试方法、氧浓度、质量和样品几何形状的不同造成的。Browning 试验是用加热箱加热嵌入热电偶的小木片。着火的判定标准是木片温度超过其环境温度时的烤箱设定的加热温度。许多早期的研究并没有区分阴燃和有焰燃烧，因此结果产生很大差异。

Babrauskas 总结了大量研究结果，得出的结论是在短时间内整块新鲜木材被点燃或发生自燃的表面温度的保守值在 $250 \sim 260℃$ 之间（Babrauskas，2003）。敞开的空气环境中，采用辐射热（radiant heat）源对松散的木材试样进行加热，测得的引燃温度一般为 $300 \sim 400℃$。对于阴燃，表面温度通常在 $300℃$ 以下。较高的温度有利于汽化和有焰燃烧（Babrauskas，2003）。

（3）着火的影响因素

干燥的木材比含水量高的木材更容易着火。持续或反复受到高温作用，将使木材干燥，导致其着火温度降低。然而，在达到油漆和木材完全炭化的温度范围，即 $275 \sim 280℃$ 之前，木材的火灾危险性都不会显著增加（Forest Products Laboratory，1945；Mc Naughton，1944）。

最近一项研究表明，通过辐射引燃马尾松（水平式样尺寸 10cm×10cm）时，其表面着火温度为 $301 \sim 405℃$（Xiang 和 Cheng，2003）。样品的含水率越高（$0 \sim 30\%$ MC），着火温度越高（例如，0% MC 时着火温度为 $301℃$、30% MC 时为 $368℃$）。Janssens 报道称，每增加 1% 的湿度，着火温度就增加 $2℃$（Babrauskas，2003）。半纤维素的着火温度最低，木质素的着火温度最高。软质木材中半纤维素含量较少，木质素含量较多，在相同试验条件下，软质木材其自燃温度（$349 \sim 364℃$）比硬质木材（$300 \sim 311℃$）略高（Xiang 和 Cheng，2003）。

像有些类似松树的木材，由于含有树脂，受热时容易产生挥发性易燃气体，更容易着火，并发生猛烈燃烧。木材的易燃性与所含沥青和易分解生成可燃气体的组分相关。如北美脂松和湿地松等树木，含有大量的可燃成分，非常容易被适宜的火焰点燃，并发生猛烈燃烧，就像浸泡在煤油中一样。

除了在许多树种中存在的挥发性树脂外，木材的主要可燃成分是纤维素。纤维素是葡萄糖的衍生物，已经部分氧化，因此燃烧过程中（单位质量）可用于氧化反应的比例较低（ΔH_c 约为 16kJ/g）。纤维素的热释放总量比相同质量的氢元素占比较高的煤或石油等（$\Delta H_c = 46$kJ/g）要低。因此，相较于以碳氢化合物为可燃物的火灾，单纯以木材为可燃物的火灾强度要小。

（4）木材的分解

对火灾调查人员来说，实验测试的新鲜未分解木材的着火温度可能并不那么重要，因为建筑火灾往往不涉及新鲜木材。对于调查人员更重要的是，有机分解（腐烂）和热分解（热解）对木材可燃性的影响。Angell 称，在树木完好时，南方松树完好时的着火温度为 205℃，腐烂后则下降到 150℃（Angell，1949）。相对于自燃温度，这些值似乎太低了，可能是点燃或持续阴燃的温度，这一结果可能是由自身发热造成的。

点燃木材所需的最小辐射热通量为 12kW/m²，而导致其发生自燃最小辐射热通量则为 20 ~ 40kW/m²（取决于作用时间和试验方案）。如果对所采用的小实验试样（0.5in×2in❶）进行短时间的对流加热，完好木材的着火时间为 427s，腐烂木材为 105s（Babrauskas，2003）。Janssens 研究了外加热通量与引燃的关系。热通量越高，热惯性越小，着火时间越短。这是因为不同的木材具有不同的密度和热导率，着火时间取决于木材的种类。

关于木材的着火时间，Babrauskas 得出以下经验公式：

$$t_{ig} = \frac{130\rho^{0.73}}{(\dot{q}_e'' - 11.0)^{1.82}} \tag{2.1}$$

式中，ρ 是木材密度，kg/m³；$\dot{q}_e''$ 是对木材施加的辐射热通量（范围 20 ~ 40kW/m²）（Babrauskas，2003）。

木材密度越低或施加的辐射热通量越大，着火时间就越短。木材所处的环境温度与着火时间有一定的关系。NFPA 公布的数据显示，长叶松在 157℃热作用下，40min 内不会被点燃，但在 180℃热作用下，14.3min 就可以被点燃，200℃时为 11.8min，250℃时为 6min，300℃时为 2.3min，400℃时为 0.5min（NFPA，2008）。

（5）木材低温着火

火灾调查人员通常关注的是木材缓慢、长期受热条件下发生的变化，这种加热方式将使木材脱水，然后通过热解的方式分解木材。通常木材燃烧是一个渐进的过程，在热的作用下炭化区和热解区从表面向内蔓延，如图 2-2 所示。在 100 ~ 280℃之间，随着水分和挥发性油脂的逐渐释放，木材的重量缓慢下降，相当大的一部分木材（40%）变成了木炭（Drysdale，1999）。当温度高于 180℃时，三种主要的固体组分（纤维素、半纤维素和木质素）达到其最大挥发速率，剩下的一小部分（重量的 10% ~ 20%）为炭化物质。如果炭化过程所积累的热量能保留下来，并有充足的氧气供给，则木材的温度就会上升到燃点（着火温度约为 300℃）。

热量的维持取决于隔热条件以及对流和导热过程中损失的热量。虽然氧气浓度较低时阴燃仍能够持续进行，但如果隔热条件较好、氧气供给不足依然无法维持燃烧。出于这个原因，缓慢加热木材产生的木炭是导致木材发生阴燃起火的关键（Babrauskas，2003），如图 2-3 所示。

金属烟囱或壁炉周围的隔热材料失效将导致木质建筑构件受到热作用，而金属或砖石烟道失去完整性后，可能造成火焰或火花引燃木材。烟道或烟囱开口处的直接火焰作用，将导致受热后的木材快速起火蔓延。意外产生的热通量、点火温度与着火时间之间也存在

---

❶ 1in = 0.0254m。

一定的关系。Yudong 和 Drysdale 的研究表明，热通量越高（15 ～ 32kW/m²），着火温度越低，着火时间越短（Yudong 和 Drysdale，1992）。

虽然木材本身可能不会在低温下着火，但长时间受到 120℃以下的热作用，将导致木材脱水和热解，进而降解产生木炭（Drysdale，1999）。Shaffer 计算得出，长时间受到低至 150℃的热作用，可以使纤维素缓慢地分解为木炭，并可能着火（Shaffer，1980）。这种木炭称为自燃碳或自燃木炭，指的是即使在（实验室）较低的温升条件下，也具有与室内空气发生氧化的特性。有人认为，由于美国交通部将自燃物（pyrophoric material）定义为与空气接触 5min 内就能自燃的材料，此处自燃的表述存在问题［化学制造商协会将自燃定义为在 54.4℃以下的干燥或潮湿空气中发生自燃的物质（Babrauskas，2001）］。

图 2-3　天花板与顶棚辐射加热板长时间接触发生的炭化

Bowes 对自热机理的综合研究表明，活性炭是在还原条件下（无氧条件下）加热含碳可燃物（通常是实验用的椰壳）制成的。尽管这种材料在空气中，特别是在温度较高的环境下能够自身发热，但是长时间置于空气中，仅会发生碳的氧化（Bowes，1984）。当空气流通时，木材表面受到辐射热源作用，导致热解产物析出，但不会大量产生活性炭。此时产生的炭化物质不容易发生自身发热，而且无法形成持续的火焰，因为有焰燃烧所需的挥发分已经消散。Bowes 针对此问题的研究表明，如果一个热的圆筒，如烟道或管道，紧贴着穿过一个大型木质构件，在这种条件下如果温度足够高，能够形成木炭，并且自热导致阴燃出现。

Bowes 认为，普通蒸汽管道的温度不足以导致上述现象发生，但过热的管道或烟道有这种可能。他解释说，如果存在合适的热源（如：具有较高的辐射热）靠近木材表面，但木材表面覆盖着不燃的金属薄片、瓷砖层或类似隔绝氧气的障碍物，可能形成缺氧环境，如图 2-4 所示。障碍物消失或发生其他变化，致使高温木炭与新鲜空气接触，便可能发生有焰燃烧。根据此种情况，Bowes 提出了一个热力学理论，即在正常气压条件下，热源的温度必须远高于蒸汽管道的温度，才能使木材自身发热。

图 2-4　安装不当的壁炉下方木地板着火

资料来源：Greg Lampkin,Knox County Sheriff's Office, Tennessee, Fire Investigation Unit

（6）热解炭化

Cuzzillo 和 Pagni 研究了远低于木材着火温度条件下，取暖或烹饪时的一些相关参数（Cuzzillo 和 Pagni，1999、2000）。他们的研究结果表明，木材经过长时间的热解炭化，将导致其热导率降低，孔隙率显著增大。开裂炭化物质将更容易接触环境中的氧气。甚至在空气条件下，木材在低温中也会形成木炭。如果产生木炭的量超过了使其自身发热的临界质量，且呈现足够好的多孔性，会使得氧气能够扩散到木炭内部，受热的木炭就可能发生持续性阴燃。如果条件合适，致使热释放速率（HRR）增大到一定程度，则可能由阴燃转变为有焰燃烧，致使相邻的未完全热解木材起火燃烧。

Cuzzillo 的研究表明，在条件合适的情况下，低温加热将会形成自身发热的炭化物质，可能是自身发热失控的内在原因之一。必须认识到，由于加热导致挥发分从炭化物质中逸出，此种炭化物质的自身发热失控无法导致明火燃烧。但通风条件的改变（例如：木材收缩、金属或陶瓷覆盖物的失效，甚至周围风向和风强度的改变）可能成为有焰燃烧的诱发因素。促使阴燃向有焰燃烧转变的过程尚不清楚。有焰燃烧可能是通风条件的改善导致热释放速率升高（高于临界值），或炭化物质中产生高温区域导致引燃。

在灯具和壁炉周围区域，可能导致缺氧加热过程的发生。由于烟道、通风口和烟囱为常见热源，所以建造时都会在其周边留有足够的空隙，但是处理不当的纤维素隔热材料（木屑、锯末或纸浆）可能会无意中与这些热源接触。带压输送蒸汽的管道温度可以达到150℃以上，通过木质构件时，应保持良好通风，并留有足够的空隙。通常情况下，所有能够导致木材表面温度超过 77℃ 的热源都必须采取适当的隔热措施（按照前些年 UL 建议）。事实上，这也是纽约城市建筑规范的要求（Babrauskas、Gray 和 Janssens，2007）。

Babrauskas 列举了多个低温引燃导致火灾发生的案例（如：含有木屑的纤维材料、木板和原木等），引起燃烧的火源温度在 90～200℃ 之间（Babrauskas，2001）。众所周知，木材发生炭化的温度可以低至 105～107℃。在此低温条件下，炭化的木材可以发生与高温（＞375℃）时相同的放热氧化反应。在促使炭化了的木材容易自热的过程中，湿度和循环加热冷却都能发挥作用。

如图 2-5 所示，许多火灾案例中，住宅内大块木材因长期接触蒸汽管道而起火，而管道的表面温度并未超过 120℃。与其他自身发热材料一样，如果有足够的反应物质、氧气、蓄热条件和时间，此种自身发热将失去控制，产生阴燃现象，在许多案例中还转变为了有焰燃烧。

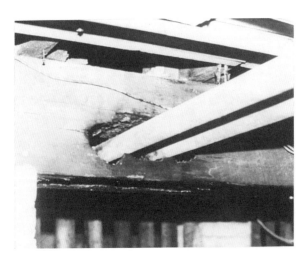

图 2-5　已使用 80 年的大块木质构件被热水管道引燃。发现阴燃前两周，居民闻到了烟味
资料来源：Thomas Goodrow,Fire/Explosives Technical Specialist, ATF（retired）

在 2004 年 MagneTek 案件中，公开的判决结果证实了几个错误科学理论（Truck Insurance Exchange v. MagneTek，Inc.，2004）。其中包括热解只是一个没有科学数据支持的理论。200 年来热解一直被认为是燃烧过程的一部分，大量的论文支持并验证其机理。不知什么原因，法庭开始认定木材具有固定的着火温度，即 195℃，所有能达到此温度的热源才可能将木材引燃。

法庭没有注意到，木材是一种非常复杂的可燃物，在加热过程中将发生多种物理化学变化。这些过程将产生许多具有不同理化性质的物质，其中有些物质的自身发热特性尤其显著。尽管"自燃"这一术语误用于木材和木炭（法庭则认定此术语不足信），但其自身发热的机理是众所周知的。

对于木材低温着火这一复杂的多变量问题，目前并没有实验和化学式能准确地描述木材所接受热量（或温度）和着火时间之间的关系，但是，这并不意味着在火灾调查中不能提供和验证这一科学假设。太阳能热水器获取太阳辐射能，其集热元件和加压传热介质的温度可达 150℃。据报道，当热水器的循环泵失灵时，将导致底层木质构件炭化，甚至造成屋顶起火。

火灾调查人员往往把发现火灾的时间与最初的起火时间联系在一起。对于分析火灾来说，这种假设可能造成严重错误。由于热量与烟气的释放缓慢，在发现起火前，阴燃可能已经持续了很长一段时间。当其转变为有焰燃烧时，很快就会被发现。

（7）火焰温度

由于含氧量、强迫通风、树脂含量和炭化程度等因素的影响，木材燃烧时的实际火焰温度变化很大。使用典型木材净燃烧热 18MJ/kg（7755 Btu/lb❶），计算出的绝热火焰温度为 1590℃。绝热的（adiabatic）定义为温度和压力平衡的理想状态。实际测量的木材火焰温度要低约 500℃（估算值为 1040℃）（Lightsey 和 Henderson，1985）。木材的燃烧过程非常复杂，绝热火焰温度的计算几乎没有意义。它只是用来对比计算值和实验测量的火焰温度之间的差距。需要知道的是，测量得到的湍流火焰温度是快速波动的湍流火焰温度的时间平均值。

（8）炭化速率

木材一旦着火，炭化速率取决于受到的热通量、木质材料及其物理状态（图 2-6）。墙壁和地板材料的标准测试实验采用 E119 炉，炉内温度和热通量在 60～90min 后升至最大值。在这些测试条件下，胶合板的炭化速率范围在 1.17～2.53mm/min（0.05～0.1in/min）。对于 12.7mm（½in）胶合板，烧穿时间为 10～12min。对于 18～19mm（¾in）胶合板，烧穿时间为 7.5～17.6min。对于榫槽边缘或无间隙的板，19.8mm 松木板的烧穿时间为 10.5min，20.6mm 橡木板为 14.17min，38mm 橡木板为 24.3min（Babrauskas，2004）。缝隙的存在将极大地降低烧穿时间，相比同样厚度紧密贴合的木板，其烧穿时间减少一半。在 E119 标准中，木板受到较低辐射热通量（20kW/m²）作用时，炭化速率为 0.6～1.1mm/min（0.02～0.04in/min），与之相比，软质木材受到喷射火和更高温度作用，其炭化速率与存在缝隙时的结果一致（White 和 Nordheim，1992）。

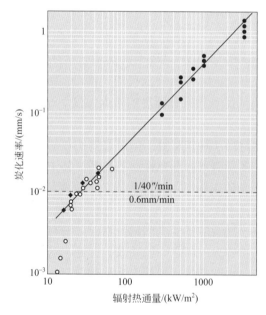

图 2-6　炭化速率随辐射热通量的变化，需注意此图数据为对数值，且热通量小于 20kW/m²炭化速率明显下降

资料来源：Butler,C. P. 1971. "Notes on Charring Rates in Wood." Fire Research Note No. 896. Drysdale, D. 1985.

An Introduction to Fire Dynamics. New York: John Wiley & Sons: 182

---

❶　1lb = 0.454kg。

（9）木炭和焦炭

虽然木材的分子结构中含有氧，可将其看作部分氧化，但作为其主要燃烧产物之一的木炭，并不含氧，因此它是一种完全由碳构成的可燃物。木炭是一种优质可燃物，具有 34MJ/kg 燃烧热值。如图 2-1 和图 2-2 所示，木炭是木材热解和内部挥发性物质析出后，留下的非挥发性成分，主要由碳元素构成。相应的，木炭由于缺乏挥发性物质，很难被点燃，火焰很小。微小的蓝色火焰是由木炭产生的一氧化碳（CO）燃烧形成的，一氧化碳气体在贴近木炭表面处迅速燃烧，产生二氧化碳（CO_2）。木炭燃烧形式主要是阴燃，换言之就是没有火焰出现，但产生大量的热。此种情况下，固体木炭与气态氧反应，在可燃物表面及紧贴表层之下燃烧。

焦炭同样源自煤或石油，由于相同原因，表现出与木炭相似的燃烧特性。

2.9.3 木质产品

在建筑中，使用了大量经过加工的木质产品。在建筑构件、屋顶、墙面、地面和内装饰等处，都可以看到木质产品。木质产品的着火和燃烧性能可能不同于原材料木材。

木质产品所含的黏合剂将影响其燃烧时的特性。通常情况下，黏合剂不如木板更易发生燃烧。定向刨花板（OSB）内使用的树脂与大块木料具有相似的着火和燃烧性能，因此有报道称其烧穿时间相差不大（Babrauskas，2003）。

（1）胶合板和饰面板

胶合板和饰面板是最常见的木质产品。二者都是将黏合剂涂抹至薄木板上，经层层压制而成。黏合剂的性质决定着该木质产品的适用性，适合用于室内（内部干燥），还是室外（受一定天气影响），或是船舶（长时间浸水）。标准胶合板都是由杉木制成，其内层材料为价格便宜且有瑕疵的薄板材。

饰面板通常是将硬木层板置于外层，将其压制在廉价的基层之上。当胶合板和饰面板燃烧时，都会发生剥离现象。当薄板材从主体上剥离开，将会形成火焰快速蔓延。

（2）刨花板和木屑板

刨花板是用木材和造纸厂的小木屑和锯末在适量黏合剂的作用下经高压压在一起制成的。相对于胶合板，刨花板更加便宜，密度更高，常用于地板、橱柜和家具等对表面要求不高的地方。刨花板在潮湿环境下强度有限，当受到水作用一定时间后，将出现膨胀或破碎的情况。胶合板和刨花板往往都会用一层可燃的乙烯基薄板进行装饰。

定向刨花板和木屑板广泛用于外墙建筑模板和制造建筑构件。OSB 是用取向一致的木材质碎块、碎片和薄片加工而成的，以至于它们的纹理方向大致相同。在高压和加热条件下，用甲醛树脂将上述物质胶黏在一起。OSB 相较于刨花板强度更高，由于是木材生产中的废料制成的，比胶合板更加便宜。

（3）外部装饰材料

有许多人造木材产品替代天然或经加工的木材用作外部饰面材料。这些木质产品由纤维材料（木粉、木质纤维或纸）和聚乙烯或聚丙烯黏合剂混合而成。其中含 41% ～ 65% 的木材纤维，31% ～ 50% 的塑料和矿物成分（Quarles、Cool 和 Beall，2003）。单个构件的横截面可能是实心的、中空的或者是有缝隙的。这些产品的可燃性已通过屋顶结构试验进行测试，并通过饰面材料燃烧实验系统或锥形量热仪测试其燃烧性能。相对于同类的实木材料，这些复合材料可能产生更高的热释放速率（Stark、White 和 Clemons，1997）。当它们燃烧时，还会滴落下熔融塑料，增加了火灾向下方可燃物蔓延的可能性，还会在毫无征兆的情况造成建筑结构迅速失效（增加消防员受伤的风险）（Quarles、Cool 和 Beall，2005）。

（4）其他纤维质建筑材料

其他纤维质建筑材料，不一定是由木材制成，但具有相似的燃烧特性，包括隔音板、纤维板以及类似的压缩和黏合而成的纤维板。低密度产品（如隔音板），之前用于覆盖天花板的隔音砖，现用于大型板材、隔热材料、地板衬垫或其他用途。

有些新型建筑材料被用作外部饰面、栅栏和栏杆，这些基本上都是挤塑材料（增强或非增强），通常是完全由可回收的聚乙烯制成，即 PVC 和 ABS（Quarles、Cool 和 Beall，2005）。已证明这些材料易被火柴或其他微小明火点燃，由于熔融的材料在燃烧时产生滴落或流淌，会造成火势迅速蔓延扩大。其结果可能是熔融物质形成大规模的池火燃烧，或位于下方的其他可燃物快速起火。如此快速的燃烧也将导致结构强度失效（Albers，1999）。

实验表明，此类材料表面能够形成快速的火焰蔓延，并且会沿其边缘或偶尔在其内部发生阴燃。在周围火势猛烈的情况下，它们燃烧更加充分，并提供大量的可燃物。因此，在室内火灾中经常看到，所有的隔音砖都会掉落，且在地板上燃烧。这是由于受热后，它们的黏结部位胶黏剂软化，导致发生脱落。

此种情况常见于老式建筑中（黏结砖块结构），在现代建筑中已不常出现。此外，吊顶板的材料也有了很大的改进，不像以前黏合的纤维质板材那样易燃。

高密度产品（美森耐纤维板）具有类似的性质，但阻燃性更好。

喷注式吊顶保温材料采用粉碎或浸渍的纸添加阻燃剂（flame retardant）制成。类似产品可以在潮湿的环境下喷注入墙体，干燥后的物质将具有更高的抗机械扰动和火烧穿的性能。喷注的保温材料也可能是不燃的矿物纤维。两种保温材料通常都是灰色的，需要经过仔细检查和实验分析，才能识别上述保温材料。

蓬松的喷注式保温纤维材料意外接触引火源后，产生危害的原因有：
- 即使嵌入其中的是微小热源，保温材料也会将其产生的热量进行良好的蓄积；
- 蓬松的质地意味着它可以被移动或掉落，并与热源接触；
- 阻燃剂性能在潮湿环境中或机械作用下会受到破坏，使保温材料变得易于发生自燃；
- 有些品牌的保温纤维中含有对金属有腐蚀性的阻燃剂。

正确的阻燃处理可抑制大块材料有焰燃烧和阴燃的发生。与着火和火灾蔓延有关的结构、装饰或保温材料的样品应留存供实验室进行分析。

2.9.4　纸张

所有纸张的基材都是纤维素，与棉花中的基本材质相同，是木材的主要成分。纤维容易燃烧，但并不是纸张的所有成分都是纤维。油光纸张含有较高的黏土成分，此成分是不燃的。许多手写纸张也含有较高的黏土成分。燃烧一张报纸，会留下少量轻质灰烬，燃烧一张厚的光面杂志用纸，则会留下厚重灰烬，这就说明了各种纸张具有不同的燃烧特性。虽然许多特种纸张也含有钛（二氧化钛）、硫酸钡和其他不可燃成分，但在多数情况下燃烧灰烬都是黏土。

因为纸张和木材一样是纤维物质，其着火特性不易测量。Graf发现，各种纸张的着火温度在218～246℃之间。在Graf的实验过程中，150℃时，多数纸张几乎没有变化，温度达到177℃，部分纸张变为褐色，204℃时由褐色变为棕色，如果没有被点燃，温度达到232℃时，将由棕色变为黑色。上述现象受到加热速率、引燃方式、热源性质和通风的影响，因此，无法找到准确着火温度（Graf，1949）。Smith的数据（如《引燃手册》所述）表明，多数无涂层的纸张在其表面温度达到260～290℃时就会被点燃（Babrauskas，2003）。据报道，缠裹在200℃管道外部的纸张，经过长时间作用也可以起火燃烧。

由于纸张的热惯性较低，表面温度升高较快。由于归类为热薄性材料，使得纸张整个厚度上都能快速受热，因此易被点燃。引燃各种纸制品的最小热通量在20～35kW/m² 之间（Mowrer，2003）。如果作用于单张纸而不是挤压成摞的纸张，其较大的表面积和较小的质量将导致快速燃烧，短时间出现高热释放速率。当纸挤压成摞，就不再是热薄性材料，成摞的纸张很难发生着火。

在成摞纸张内部，可以形成持续的阴燃。一旦以稳定的速率发生燃烧，测量得到硬纸板箱（扁平状）单位质量辐射通量最大值为14g/（m²·s），而木垛为11g/（m²·s）（Quintiere，1998）。

在解释火灾时，重要的不是纸张的存在，而是暴露在外的纸张的分布状态。有时，火灾现场成摞的纸张被认为是普通火灾的起火源。虽然经过长时间的作用，可以将成摞折叠的报纸完全烧掉，但由于与空气的接触面积有限，这一过程相当困难。相比之下，相同的纸张，松散地揉成一团不仅易被点燃，而且还会迅速使附近的可燃物达到着火温度，诱发发展迅速、极具破坏性的火灾。

2.9.5 塑料

调查人员发现，几乎在所有的火灾中，都会出现现代建筑和车辆普遍使用的塑料制品。因此，火灾调查人员需要了解塑料的种类、用途以及燃烧方式。

（1）一般特征

塑料种类很多，具有各种各样的理化性质。有些如特氟龙（四氟乙烯），不易燃烧，只有在极高的温度下才会出现热破坏。有些如硝化纤维，易被点燃，发生猛烈燃烧。多数常见的塑料都介于这两个极端之间。

由于塑料不是天然产品，通常是由石油原料制造的，因此又称为合成材料（synthetic），多数塑料是可燃的。目前有多种针对塑料着火和燃烧特性进行测试的试验，能够实现对其火灾危险性的分类和识别。几乎所有的塑料都是由长链碳氢化合物以各种方式连接而成。充足的热量输入将打破成链的化学键，塑料将会裂解为更简单、更易挥发的化合物。

含有苯乙烯单体和氰时，裂解产物可能具有很强的毒性；含有CO和短寿命的自由基$CH\cdot$和$CH_2\cdot$时，则极易燃烧，或易进一步发生热解。有些塑料和橡胶产生的热解产物可能在火灾环境中产生严重的后果。当塑料受热分解时，聚氯乙烯释放氯化氢（HCl），特氟龙则释放氟化氢（HF）和氟（F_2）。有些橡胶在燃烧过程中产生氰化氢（HCN）。

热塑性聚合物将会熔融和流淌，有时滴入火中，为其提供燃料，有时汇集成燃烧的塑料液池，发生剧烈燃烧。同其他固体可燃物的试验测试一样，塑料的燃烧性能很大程度上取决于它们的分子交联程度、物理形态（片材、棒材、纤维等）、试验条件以及添加的无机填料和阻燃剂。

塑料的化学性质类似于石油产品，当它们在空气中燃烧时，往往产生相似的带有浓烟的火焰。塑料燃烧产生的火焰温度接近于普通石油馏分的火焰温度。有些塑料产生的火焰温度非常高，聚氨酯就是一个例子，其可测得的火焰温度高达 1300℃（Damant，1988）。质量损失量可以用来预测水平塑料可燃物表面单位面积热释放速率。可燃物燃烧过程中的质量损失速率乘以燃烧热，可以得到单位面积的热释放速率。塑料燃烧的热释放速率与常见燃烧性液体（ignitable liquids）相似。

在许多火灾现场看到的油腻黏稠的浓密烟炱（soot），以及建筑火灾初期看到的浓烟，多数都是由于聚合物燃烧产成的。许多聚合物产生的浓烟中含有大量的可燃气体，含有这些可燃气体的浓烟被点燃后，将使整个房间发生燃烧。只有聚乙烯、聚丙烯和聚甲醛通常情况下，燃烧产生洁净的火焰和少量烟气。因为聚乙烯和聚丙烯受热后热解成与蜡烛相同的成分，产生类似的燃烧行为，因此聚乙烯和聚丙烯也会产生蜡烛燃烧的气味。

塑料的自燃温度一般为 330～600℃，它们用作包装、器皿、家具、墙面装饰、窗户、墙壁甚至外部建筑板材等时，有机会达到这一范围的温度（Babrauskas，2003）。

（2）塑料的变形

在未发生明显化学分解的情况下，发生可逆熔融的塑料称为热塑性塑料（thermo-plastic）。不发生熔融而热解，并残留下固体炭的塑料称为热固性塑料。有一小部分质地不坚硬，并能分解成挥发性物质的塑料材料，有时被称为弹性体，包括聚氨酯橡胶。表 2-1 中，列出了常见塑料的最低自燃温度。

表2-1　常见塑料的自燃温度

塑料	最低着火温度	
	摄氏度（℃）	华氏度（℉）
聚乙烯	365* 488	910
聚异氰酸酯	525	977
聚甲基丙烯酸甲酯	310* 467	872
聚丙烯	330* 498	928
聚苯乙烯	360* 573	1063
聚四氟乙烯	660	1220
聚氨酯泡沫（弹性）	456～579	850～1075
聚氨酯泡沫（刚性）	498～565	925～1050
聚氯乙烯	507	944

资料来源：NFPA. 2003. Fire Protection Handbook. 19th ed. Quincy, MA: National Fire Protection Association, Table A-6
*Babrauskas, V. 2003. Ignition Handbook. Issaquah, WA: Fire Science Publishers, 244.

（3）聚氯乙烯

某一种塑料在火灾中的行为是多种因素共同作用的结果，在分析其对火灾的影响时，应牢记所有这些因素。块状乙烯基产品（聚氯乙烯——PVC）在实验室中测试时燃烧缓慢，但以墙壁饰面薄膜材料存在时，发现其燃烧迅速，极大地促进了火势蔓延。PVC 导线绝缘层受热条件下会发生软化熔融，而在火焰直接作用下发生炭化。

（4）尼龙

尼龙是最早的合成纤维之一，广泛用于地毯。多数以尼龙为可燃物的火焰会发生自熄，但在强烈的热辐射作用下，尼龙纤维地毯也会发生一定程度的燃烧。

（5）聚氨酯和聚苯乙烯泡沫

如果没有进行适当的阻燃处理，聚氨酯泡沫易被明火引燃。聚氨酯泡沫燃烧产生高温带烟的火焰，逐渐分解越来越多的泡沫，熔化物混入熔融口底部的燃烧物质中。硬质（和软质）聚氨酯和聚苯乙烯泡沫用于设备和建筑的保温材料，多起严重的亡人火灾中，都是由于存在聚氨酯和聚苯乙烯泡沫，造成火灾迅速蔓延扩大。

2003 年，罗得岛州西沃里克的一家夜总会发生火灾，造成现场 400 名观众中的 100 人死亡。当时舞台烟花引燃了覆盖在舞台墙壁上未做保护处理的聚氨酯泡沫隔音材料。火势蔓延过程被摄像机记录下来，显示从鼓手所处凹室的局部轰燃到主房间（10m×15m）轰燃仅用时不到 3min，火势沿着墙壁极快地蔓延（Madrzykowski 等，2004）。在商业建筑中，钢结构夹芯板中采用塑料泡沫的方式越来越普遍（Cooke，1998a、1998b）。在连接和接缝处，聚苯乙烯泡沫夹芯板特别容易破坏。同时还发现了分层剥离现象，使得泡沫塑料暴露于火中（Shipp、Shaw 和 Morgan，1999）。最新的研究提高了夹芯板材的防火性能，使得有些夹芯板难以点燃和熔融（Fire，1985; Fire，2005）。在得出夹芯板造成火势蔓延扩大的结论前，调查人员应提取填充的聚合物样本进行分析。

（6）乳胶或天然橡胶

虽然乳胶或天然橡胶已经被聚氨酯泡沫大量替代，但在老式家具、地毯垫以及高端定制床垫上，仍可以看到乳胶或天然橡胶产品。虽然在物理性质上乳胶泡沫类似于高密度聚氨酯泡沫，但它们的燃烧性质存在很大差异。聚氨酯泡沫可以被明火（图 2-7）或外部强辐射热源引燃，但如果没有被易燃的纤维覆盖或接触到持续高温热源，多数聚氨酯泡沫是无法被燃烧着的烟头引燃的（Holleyhead，1999）。

与聚氨酯泡沫不同的是，乳胶泡沫可以被微弱高温火源点燃（如香烟），一旦被点燃，将持续阴燃，还可能在明火被扑灭数小时后复燃。如果预热到一定程度，乳胶泡沫还可以自身发热自燃（spontaneous ignition），但聚氨酯泡沫成品不会自身发热。然而，生产泡沫合成橡胶的化学反应是放热的，未固化的泡沫和废品可能出现自身发热起火的情况。像聚氨酯泡沫一样，乳胶泡沫可以被明火火源引燃，并且燃烧时产生浓密的有毒烟气。

（7）热塑性塑料

在可燃物表面燃烧产生的高温作用下，热塑性塑料会发生熔融，因此当热塑性塑料燃烧时会出现流淌和滴落，如图 2-8 所示。如果滴落物是燃烧着的，掉落到地板后，就会引燃沙发侧面竖直方向上的软垫。塑料天窗和灯罩可能被起火房间顶棚处的高温气体和火焰引燃。当这些物品燃烧时，它们会软化滴落，有时掉落在下方可燃物上，产生看似孤立起火点的痕迹特征。

在火灾后的勘验过程中，有些调查人员可能被这些孤立的起火特征所误导，怀疑发生了放火火灾。调查人员应该仔细地试着将所有不寻常的火灾痕迹与所涉及的可燃物联系起来。作为窗户玻璃的替代品，塑料被越来越多地使用，尤其是在学校这种经常发生公物破坏的场所。这些塑料能够被火柴或打火机点燃，继而引发大规模的建筑火灾。如果未做阻燃处理，大型聚丙烯垃圾桶很容易被点燃，形成持续的大规模池火燃烧，尤其是空桶时。图 2-9（a）和（b）展示了挤塑板材的铺设情况以及燃烧行为。

图 2-7　火柴明火引燃后聚氨酯泡沫　　　图 2-8　沙发合成软垫燃烧时发生熔融。燃烧着的滴落物
　　　　床垫快速燃烧　　　　　　　　　　　　引燃下方的地毯和沙发下部垂直方向上的软垫
　资料来源：John Jerome and Jim Albers　　　资料来源：Jamie Novak, Novak Investigations and st. Paul Fire Dept

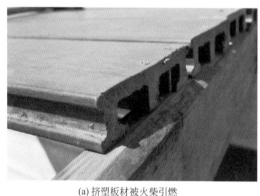

（a）挤塑板材被火柴引燃　　　　　　　　　（b）上部快速发展的火焰产生燃烧着的滴落塑料
资料来源：John Jerome and Jim Albers, Barona Fire Dept　　资料来源：Jim Albers and John Jerome, Barona Fire Dept

图 2-9　挤塑板材的铺设情况及燃烧行为

2.9.6　材料的变化

多年前，电视、收音机和其他设备采用的是木质或金属外壳，设备内部起火后通常只冒出小火焰。现在此类外壳都是由聚合物制成的，将成为初期火灾的可燃物，致使火灾蔓

延扩大。有些设备塑料外壳是经过阻燃处理的，可以一定程度上阻止内部燃烧，但并非所有设备都经过阻燃处理。

当火灾调查人员进行火灾重建时，分析火灾中可燃物是非常关键的。在过去 30 或 40 年间，多数建筑中的可燃物材料发生了显著的变化，影响着火灾的发展过程、燃烧产物、HRR、温度以及燃烧残留物。

（1）二战后的家具装饰

20 世纪 40 或 50 年代建造的典型房屋会将石膏厚厚地涂抹或粘贴在木质板条或金属丝网上，外面喷涂油漆或粘贴厚重的纸或壁纸布。地板是裸露的木板或油地毡，上面铺着羊毛地毯。窗帘材质为厚纺棉布（织锦）或呢绒（或金属 - 木质百叶窗）。家具通常是裸露的木材家具。对家具进行软包装饰时，通常用棉绒、羊毛马海毛或皮革，内部包裹着马鬃或纤维（植物的）织物（棉花、椰壳纤维、木棉、西班牙水草等）。有些床垫和枕头是乳胶泡沫橡胶的，褥子塞满了棉花或其他植物纤维，有的甚至是羽毛。玻璃窗是单层玻璃，房间往往保暖性能不好。

这类家具和装饰都是可燃的，可燃性如何？上述多数物质都能够被阴燃引火源轻易点燃，如掉落的烟头，只有几种例外情况，不易被短暂的明火作用引燃（持续的明火作用），如常见的火柴。除了乳胶泡沫和木棉外，所有的物质都需要火源持续作用几秒钟或几分钟才能起火，并且在引燃或出现明火前，产生大量的烟气。一旦被引燃，它们将缓慢燃烧，往往是勉强维持明火燃烧，逐渐转变为阴燃。热释放速率值非常低（通常木艺沙发为 300 ~ 400kW），所以燃烧蔓延至其他可燃物需要有明火直接的接触，以图 2-10 为例。虽然局部的火焰温度被认为是"正常的"（例如，800 ~ 900℃），但是由于 HRR 较低（房间保温差），整个热烟气层温度通常维持在 600℃（1200 °F）以下。

图 2-10　传统棉质床垫经过数小时的燃烧（未被发现）。
热释放速率不够高，除距离最近桌子上的台布外，无法引燃周围其他可燃物
资料来源：Kyle Binkowski, Fire Cause Analysis

因此，轰燃是难以发生的，即使发生也需要经历很长的时间。燃烧产物包括一氧化碳（CO）、烟炱、丙烯醛（来自木材）和氰化氢（HCN）（来自羊毛）。只有在接受大量辐射热的情况下，地毯和地板才能勉强维持燃烧。由于家具和装饰产生的热解产物受到干扰非常少，火灾后可以通过味道和随后简单的气相色谱分析识别液体助燃剂的残留物。

（2）当代家具和装饰的发展变化

到了 20 世纪 60 年代和 70 年代，墙壁装饰层倾向于采用在石膏墙板上喷漆或粘贴乙烯基墙纸（石膏板；干墙），使其具有更好的耐火性。地面铺满尼龙地毯或混有黄麻纤维的聚酯纤维地毯，下面衬一层丁基橡胶或混合纤维垫。家具通常采用棉质或棉质 / 合成装饰纤维（聚乙烯）装饰布包裹聚氨酯（PU）泡沫或棉垫。窗帘材质是棉或合成的，有时也用玻璃纤维织物。1972 年以后，床垫更常见的是由棉芯和聚氨酯泡沫层混合制成，以提高抵抗阴燃火源（香烟）引燃的能力。房间保温设计更加普遍，双层玻璃出现了。

因此，火灾行为开始发生变化。合成纤维织物和 PU 泡沫增强了家具的抗阴燃能力，但更容易在短时间明火源作用下引燃。随着合成材料大量应用，火灾温度更高，热释放速率（HRR）值增加。由于新式家具的出现，火势增长更快，房间更易发生轰燃，且轰燃来临时间更短。上述结论已经得到了众多研究人员证实（Krasny、Parker 和 Babrauskas，2001）。

然而，地毯和许多其他家具在辐射热作用下难以起火。当地毯起火后，表层纱线燃尽，但厚重的黄麻衬垫只会缓慢燃烧，仍留存在原处，保护下面的橡胶垫。乙烯基产品可以阻燃，减缓火势发展，但最终它们仍将参与燃烧，产生氯化氢（HCl）气体，混入火灾烟气之中。由于色谱法的改进，气相色谱可以辨识出所有热解痕迹中的易燃液体残留物，因为这些热解产物的峰型，很容易与常见易燃液体峰型区分开来（DeHaan 和 Bonarius，1988）。

到 20 世纪 80 年代末，地板装饰仍然由各种合成表面纱线组成，但由于聚丙烯成本较低，抗异味和防霉性能更好，衬底材料开始采用聚丙烯。聚氨酯泡沫地毯衬垫（新的或重新黏合的）完全取代了乳胶橡胶或纤维衬垫。在强的辐射加热下，表面纱线将会熔融甚至起火，同时衬垫也会起火燃烧，将下面的可燃 PU 泡沫暴露在外。这类地毯能够抵抗局部火焰或热源的作用，但一旦被点燃，燃烧会变得更加彻底，产生更多的热量，对地面造成更严重的破坏。目前所知的燃烧产物包括种类繁多的醛、酮和有毒自由基中间体。

几乎所有家具都是由聚氨酯泡沫填充物（几乎没有阻燃剂）和合成材料包裹物制成，这类材料很难用阴燃的香烟点燃，但即使是小火焰也易于将其引燃。一旦家具被引燃，火焰会迅速蔓延，在不到 5min 的时间内，吞噬所有的椅子或沙发（Albers，1999）。热塑性室内装饰材料熔融温度较低，燃烧过程中将发生熔融，产生燃烧着的熔融滴落物，落到底部的家具上，并在家具侧面形成迅速增长的垂直表面燃烧，同时滴落也造成了下方地板和地毯的破坏（见图 2-8）。图 2-11 和图 2-12 为现代床垫和棉被起火后的情况。

锥形量热实验显示，大号的现代床垫能够产生超过 3MW 的热释放速率（Nurbakhsh，2006）。自 2007 年以来，所有在美国销售的床垫和日式床垫（即使是家用床垫）需要通过严格的引燃测试（16 CFR 1633）。该测试包括用 18kW 的气体火焰作用于床垫侧面，获取撤除火源后的最大热释放速率和释放的总热量（CPSC，2006）。这一要求显著降低了由新床垫起火引发火灾的可能性，并能够减小火灾规模。遗憾的是，这一标准并不适用于泡沫床垫和其他床上用品，市场上已经出现伪造认证标签的进口床垫。

除了在"高端"床垫中再次使用乳胶泡沫（由于它们具有更好的透气性和防潮性），床垫和家具软垫普遍用的都是聚氨酯泡沫。PU 泡沫抗阴燃性能非常好，但易被火柴点燃。收集装饰织物、填充物和地板装饰物的对比样品，对火灾调查人员来说比以前更加重要。

图 2-11　小型燃气燃烧器明火引起普通聚氨酯床垫套迅速起火

资料来源：Bureau of Electronics & Appliance Repair, Home Furnishings

图 2-12　涤纶 / 棉被燃烧（用火柴点燃后不到一分钟就可以达到此状态）

资料来源：Bureau of Electronics & Appliance Repair, Home Furnishings

　　针对床垫的新规定，并不意味着能够改善软包家具的情况下，消费品安全委员会最近针对软包家具的可燃性提出了新的规定。规定除了将行业以往的自愿行为变为强制执行，改进家具抗香烟引燃性能外，并没有发挥更多的作用，明火引燃可能性并没有得到约束。在美国加州，30 年来，明火引燃问题一直由家具用品和服务局进行相应规定。然而规定既没有使得家具商品难以被明火点燃，也没有改善家具的热释放速率特性。但显而易见，简单地加入 PVC、镀铝织物、羊毛甚至是玻璃纤维的阻隔层，就可以在略微增加成本的基础上，优化各种防火性能（Holleyhead，1999）。

图 2-13　合成纤维地毯在沙发燃烧产生的热辐射作用下融化

资料来源：David J. Icove, University of Tennessee

　　聚丙烯地毯通过了乌洛托品片测试（最初是 DOC FF 1-70，现在被称为 16 CFR 1630）（意味着热释放速率为 50W 的火柴或类似火焰掉落，无法引燃地毯形成持续性燃烧），能够在住宅中合法使用。遗憾的是，在热通量稍大的火源作用时，能够诱发持续燃烧，高度只有 5 ~ 8cm（2 ~ 3in）的弱小火焰沿着边缘以 1m²/h 的速率蔓延扩大（DeHaan 和 Nurbakhsh，1999）。如果火灾发生在无人居住的建筑中，燃烧可以持续数小时，烧掉整个房间的地毯，而氧气不会被耗尽，这是由于燃烧速率非常低。此外，由于丙纶地毯着火的临界辐射热值低，即使距离大火（例如，椅子起火）较远，也容易在热辐射作用下被引燃。当表层纱线燃烧时，聚丙烯背衬熔融并收缩（如图 2-13 所示），将下层可燃的 PU 泡沫衬底暴露在外，随即开始燃烧，并维持火焰在整个地毯蔓延，甚至通过地毯蔓延到其他部位。蔓延速率取决于地毯和垫子之间的结合程度，比如地毯是被拉紧、牢靠地固定，还是松散地铺在垫层之上（两层之间有大量空气）。

聚氨酯泡沫地毯衬垫（特别是再次黏合情况）和全合成地毯会产生复杂"炖煮杂烩"在一起的热解产物，因此有时很难与一些非馏分型石油产品区分开来。未过火的地毯和衬垫作为对比样品是非常重要的证据。

针对多数常见失火火灾的引火源，例如，掉落的烟头和其他形式的炽热火源（电加热器、炽热的电气连接等），如今的家具阻燃性能都得到了改善，但显著的缺点仍是对于明火火源，阻燃能力很弱或没有。一旦引燃，家具将在 3 ~ 5min 内全部参与燃烧，并在 10min 内变成烧焦的框架，火羽流的温度将超过 1000℃，并产生极高的热释放速率（如今能产生 2 ~ 3MW 热释放速率的沙发或躺椅很常见）（Krasny、Parker 和 Babrauskas，2001）。根据上述表现可以判定：对于装饰过的中等大小房间，在门敞开的情况下，从火焰第一次出现到轰燃后的全室性燃烧只需要 3 ~ 10min 时间。这种强度的火灾会销毁火源的痕迹，造成火灾痕迹模糊（如果持续时间超过 5min），产生曾经认为只有助燃剂参与才能出现的蔓延速率和破坏类型，造成助燃剂痕迹难以复原和识别。目前，从热解产物中识别出助燃剂需要用到气相色谱 - 质谱法。作为未来的发展方向应提出针对床罩和家居装饰抵抗火焰作用能力的标准。

调查人员最好做到：了解家具在火灾发生和发展过程中的作用，尽可能记录现场家具的类型（新的还是旧的？是纤维，还是合成的织物和填充物？），尤其是尽量收集地毯、坐垫、家具软包和填充物的对比样品，以便后续司法鉴定实验室进行分析（即使是部分被烧毁的样品，也比没有样品好）。这可能是准确重建火灾发生过程的唯一方法。

（3）油漆

新型水基油漆在使用时，通常是将乳胶、聚醋酸乙烯酯或丙烯酸溶在水中形成乳液，干燥后形成类似塑料的聚合物涂层。它们的性质与其所依附的塑料相似。因为清漆、胶漆和亮漆通常来自天然生长的树脂或可燃塑料聚合物，因此它们更易燃。

在过去，油漆是由悬浮矿物颜料和干性油（如亚麻籽油或桐油）组成。使用时，采用松节油和石油产品对上述混合物进行稀释。稀释剂在喷涂后不久就会蒸发，因此只有在未干透的时候，才会影响油漆的燃烧性能。但是，在油漆变干后，留存的干性油和其他树脂仍是可燃的，成为许多油漆中主要的可燃物。

曾经普遍用作颜料的矿物粉末是不燃的，因此可延缓油漆自身燃烧。但现在情况已经发生了变化。由于大部分无机颜料成本较高和危害环境，致使被廉价的有机染料和填料取代，而这类物质是可以燃烧的。

在建筑中，多数油漆和涂料会造成可燃物量的略微增加，有助于火焰在房间内部的蔓延。在有些情况下，油漆在起火燃烧后，会发生软化现象并从墙壁和顶棚处脱落，助长火势蔓延，如图 2-14 所示。对于多层油漆，此种现象更为明显。甚至是喷涂油漆后的

图 2-14 试验中的汽油和柴油火导致墙上油漆着火，脱落成燃烧的薄片

资料来源：Jamie Novak, Novak Investigations and St. Paul Fire Dept

钢铁和石膏板等不燃性表面，也会助长火势蔓延。

但在同时，还有许多涂料用于保护基材免受火灾作用。这类被称为膨胀型防火涂料（intumescent coating）的涂料受热后会膨胀和起泡，提供一层不可燃的隔热层，减缓了热量侵入基材的速率（Jackson，1998）。膨胀型防火涂料广泛用于钢结构和可燃表面层的保护。

在没有对具体产品进行测试前，不能得出油漆和其他涂料是促进还是延缓初期小火发展的结论。职业火灾调查人员必须分析油漆层对普通建筑火灾荷载的影响。

McGraw 和 Mowrer 的试验表明，在 50kW/m² 热通量作用下，石膏墙板上的多层乳胶漆不支持火焰蔓延，但会使 HRR（仅从纸面上）增加一倍，达到 111kW/m²（墙面面积）。当热通量为 75kW/m² 时，火势蔓延速率略有加快，HRR 升至 134kW/m²（墙体面积）（McGraw 和 Mowrer，1999）。

2.9.7　金属

金属作为可燃物，并不那么重要，以至于可能被忽视。事实上，多数金属都可以燃烧，而且许多金属，被粉碎细化后，在空气中是易于燃烧的。其他以块状形式存在的金属，通常只有高温环境下才可以燃烧。有些金属具有自燃性，这意味着它们粉碎细化后，在空气中是可以自燃的。例如，像铀这样的金属，由于能够在空气中氧化，在被粉碎细化后极危险。缓慢自燃氧化产生的热量足以引燃大量储存的铀粉。铁粉在相当大的程度上具有自燃性，但不具有某些其他金属所具有的特殊危险性。

铁以丝棉或粉末状形式存在时，起火燃烧相对容易，只需要一个适中的点火源，如火柴、火花或电加热。引燃温度可低至 315℃（对于粉末）和 377℃（对于细钢丝棉）。极细的铁粉可以自燃（Babrauskas，2003）。金属燃烧具有危险性的重要限定条件是金属处于细粉末状态。金属粉末越细，越可能被点燃，但很少有不需要附加点火源的。

金属燃烧造成危险的情况，几乎只限于工业厂房，特别是金属以粉碎方式加工的工厂。化学品实验室或生产设备中可能存在能够产生特殊火灾危险的活泼金属，如钠、钾。

（1）镁

如果不被粉碎得很细，条状、片状、刨花状、锉屑状和粉尘状的镁是不易被引燃的。在大火中，大块的镁铸件，如车轮和飞机部件，将会猛烈燃烧。当水喷到高温镁块和其他一些金属上时，将会产生大量氢气，可能引起爆炸或增大火势。

如果在火灾中大块的镁发生了燃烧，很有可能是被周围强烈的火点燃的。据称，镁的着火温度范围在 520℃（粉末）到 623℃（固体）之间。含镁量超过 10% 的镁 / 铝合金，其着火温度在 500 ～ 600℃ 范围内（Babrauskas，2003）。

（2）铝

由于铝表面易形成致密的氧化膜，因此铝比镁更难引燃。在建筑火灾中，经常看到大量的铝熔化，而不是燃烧。在特殊测试条件下，铝的着火温度为 1500 ～ 1750℃（Babrauskas，2003）。居民住宅火灾的温度一般可以超过铝的熔点（660℃）。火灾发展过程中的高温烟气层，与火羽流的直接接触，都可以达到此温度，甚至是轰燃发生后的地板处也可以达到。铝制屋顶或屋面板可能发生氧化，形成白色铝氧化物，这在铝制屋面板普遍存在的商业建筑和预制板房中较为常见。

2.9.8 煤

煤是一种重要的燃料，广泛用于工业发电和常规加热。虽然较过去用于供暖的煤逐渐减少，但由于新的低污染燃烧技术的出现，煤作为一种燃料在工业上越来越重要。由于煤具有可燃性，煤的开采和储存都是非常危险的。例如，在一定的条件下，储存的和未开采的煤可能会自身发热，达到自燃点（Hodges，1963）。引起和维持煤的自身发热，通常需要大量的煤和较长的时间，以及氧气和水分（Babrauskas，2003）。煤堆的尺寸对自身发热至关重要，深煤堆更容易发生自燃（Babrauskas，2003）。

煤含碳量很高，是一种有机燃料，由 80%～90% 的碳、4%～5% 的氢、12% 的氧、氮、硫和其他（通常）微量元素组成。其他元素的存在说明，煤含有多种可以进行热解的化合物。与多数其他有机可燃物不同，煤中可热解化合物比例较小。可燃物中易热解的化合物越多，通常越容易点燃。由于煤中只有少量可热解化合物，煤需要引火源输入大量的热量，才能维持自身燃烧（在大块固体中）。焦炭是煤在无氧条件下加热，去除轻馏分和杂质后制得的，含热量较高。

煤尘爆炸可能发生在煤矿以及煤矿、发电厂和铁路设施等的煤处理设备（如输送机）中。此种爆炸要求浓度低、干燥条件。据报道，根据煤的等级（褐煤是最低级的），其自燃温度从 200～600℃不等（Babrauskas，2003）。

2.9.9 固体可燃物燃烧

（1）火焰的颜色

火焰颜色可能是非常重要的，特别是在火灾的早期阶段，但很少被记住或准确记录。在火灾的视频或照片中，可能会捕捉到火焰的颜色。在大多数火灾中，火焰颜色不具有重要的意义，因为大部分建筑火灾，包括室外火灾在内，参与燃烧的只有木材等纤维物质以及一些其他有机建筑材料，如沥青、油漆和类似填充材料。对于这些材料来说，火焰颜色或多或少呈现黄色或橙色，只是释放出来的烟气量及其颜色与可燃物性质和氧气供应情况有关。如果没有燃烧时能够产生独特颜色的特殊元素，火焰的颜色与温度有关，而火焰温度反过来又取决于可燃物与氧气的混合物。因此，火焰颜色除了能够表征火焰温度外，还能表征燃烧的条件。

然而，有时在火灾中会出现不寻常的火焰颜色，此时，需要进行分析。例如，结构简单的醇类燃烧时，将发出偏蓝色或紫色火焰。如果火灾发生后，能够立刻观察到这类火焰，证明现场存在此类助燃剂。同时也可以将碳氢化合物助燃剂排除，因为其燃烧时发出的是黄色火焰。与液态碳氢化合物类似，天然气（如果没有预混）燃烧时，通常呈现出淡黄色火焰，边缘偏蓝色。如果与充足的空气混合，像采暖炉那样，火焰是由无色到蓝色的。碳氢化合物气体或蒸气与空气恰当混合后，燃烧产生蓝色火焰。如果没有与空气充分混合，由于发生不完全燃烧，火焰将变为黄色，并产生烟气。

极易燃的一氧化碳与火焰颜色具有特殊关系。多数一氧化碳产生于缺氧燃烧的火焰中，此种燃烧为不充分燃烧，没有被进一步氧化消耗掉的一氧化碳从中逃逸出来。CO 燃烧也会产生蓝色火焰。在受限空间中，如果含碳可燃物的量大大超过了与之混合的空气的量，将产生大量CO。CO可能逃逸到富含氧气的区域，并可能被重新引燃，火焰主体被处于边缘的蓝色火焰环绕。这种情境有助于觉察出在最先起火的区域内，存在过量可燃物与有限空气燃烧的情况。

Kirk报告称，在一起大型酒店火灾中，火势最猛烈的部位是存放碳氢可燃物的地下二层。消防队员发现蓝色火焰从通往地下室的人行通道入口冒出，而其他地方则冒出黑烟。出现蓝色火焰的地方与地下二层有一段相当远的距离，中间也没有什么明火出现。蓝色火焰出现的原因并没有被确定，唯一符合现场情况的解释是，地下室内由于通风受限产生的CO，扩散出来后发生二次燃烧形成的（Kirk，1969）。

其他一些具有特殊颜色的火焰也是有价值的。长期以来，人们通过添加的某些金属盐在火焰高温下产生不同光谱颜色的方法，来实现不同颜色火焰所呈现的烟火效果。大多数可燃物中含有微量的钠，会产生黄色火焰，使得很难与炽热炭颗粒产生的黄色火焰区分开来。锶盐能够产生明亮的红色，因此广泛用于制造照明弹、装饰火焰和爆炸效果。铜卤化物使火焰呈现亮眼的绿色，钾盐使火焰呈现紫色，钡盐使火焰呈现黄绿色。明亮的白色火焰伴随着镁合金成分的燃烧（如图2-14所示）。许多其他火焰的颜色也是某些元素及其化合物特征的体现（Conkling，1985）。

在火灾调查中，特殊的火焰颜色有时具有重要的意义。例如，如果一辆汽车内部发生猛烈燃烧，导致火灾发生的可燃物和引火源可能有多种，其中一个是道路用燃烧照明棒。如果火灾最初阶段发现了明亮的红色，这一信息有助于将最初可燃物锁定为燃烧照明棒。黄色火焰的出现标示着类似合成家居装饰等更为传统可燃物的存在。火灾调查人员如果能够意识到火焰颜色在分析火情中的潜在价值，将对特殊及最明显假设断中难以解释为什么出现的颜色产生警觉，这一警觉会有助于更为准确地分析火灾原因及其发展过程。应该询问第一到场的消防队员，确定现场当时是否存在不正常的火焰。

（2）烟气生成

观察烟气有助于获取可燃物类型的指证。烟气颜色，特别是有别于常见的白色、灰色或黑色以外的颜色，说明可能有大量特殊类型可燃物参与燃烧。烟气具有不寻常的颜色，如红棕色或黄色，可能存在不常见材质的建筑材料和家具。

当发生完全燃烧时，多数材料只产生很少或不可见的烟。在这种理想条件下，所有碳都会燃烧，生成无色气体二氧化碳。碳的不完全燃烧将产生一氧化碳，也是无色无味的，但具有很强的毒性。含碳物质的不完全燃烧也会产生各种不透明的高含碳量化合物，如烟炱，主要成分也是碳。

所有有机物质中都含有的氢，燃烧形成的水蒸气，是所有燃烧气体的主要成分之一。虽然有时被认为是蒸汽，但对烟气特征的形成没有贡献。有机物质中还存在其他元素，如氮、硫和卤素，反应后转化为气体燃烧产物。然而，只有在非常特殊的条件下，这些元素才会改变烟的颜色。当含量高于正常值时，会产生强烈的气味。此种情况在工业火灾中可能遇到，但很少出现在住宅火灾中。

烟气的颜色几乎完全是由可燃物性质、类型以及氧气供给情况决定的。包括所有碳氢化合物在内的绝大多数物质，如果未与空气进行预混，即使在空气供给过量的情况下，也不会发生完全燃烧。当大量的天然气燃烧时，也会出现不完全燃烧的情况。

随着碳氢化合物分子变得更大，比如石油中的分子，就需要更多的空气，而且可燃物与空气完全混合难度变得更大。因此，普通火灾中，像石油馏分类的物质，往往产生大量的浓密黑烟。因此，存在大量黑烟的现象可能说明燃烧过程中存在含碳量较高的物质，如有时作为助燃剂使用的石油产品。然而，浓密的黑烟往往更能说明通风状况，以及正在发生的火灾所处的发展阶段。例如，相较于通风良好的火灾，受限空间通风不畅，燃烧将产生更多、更黑的烟气。

在建筑火灾发展初期阶段，主要是以可燃物的不完全燃烧和部分热解为主。不完全燃烧产物的特征往往是出现浓密的黑色烟气层，直至轰燃发生、窗口破坏和易燃蒸气开始自由燃烧。此时，烟气颜色开始变浅和逐渐透明，有时几乎透明。如果最初可燃物为纤维物质，由于水蒸气的释放和烟炱的缺失，烟气从一开始就是浅颜色的。

含氧有机材料，如纤维素，在空气中自由燃烧，通常产生淡淡的或无色的烟气。例如，酒精就属于这一类物质。如果酒精作为助燃剂，将无法通过观察烟气来发现其存在。木材和多数纤维建筑材料也是如此，燃烧时产生白色或浅灰色烟气，除非空气供应受到极大限制。即使在这种情况下，这类材料也不会产生像重质碳氢化合物燃烧时产生的浓的黑烟。在建筑施工中常见的沥青类材料，如油毡、油漆、全海绵橡胶装饰材料、黏合剂、密封剂和多数地板装饰等，燃烧时往往产生黑烟。这些可燃物往往在火灾后期发生燃烧，因此，依据火灾发展后期产生的浓的黑烟，并不能判断使用了助燃剂。许多塑料，特别是聚苯乙烯和聚氨酯，在空气中大量燃烧时也会产生浓浓的黑烟。

在基于氧消耗原理的量热测试中，烟气的光学密度是采用标准光路法测定排气管道中烟气获得的。所测值可用于预测影响火场内人员耐受能力和逃生路径的能见度因素。同样，如果找到可疑可燃物的比较样本，通过测试可以评估其对火灾发生发展过程的影响。

2.10
液体和气体可燃物

燃烧性能对于各种类型的可燃物具有不同的意义，有时可能意义不大。比如，闪点对于研究液体来说是非常重要的，固体很少使用这个概念，而对于气体没有实际意义。在后文中，将阐述可燃物类型与燃烧性能之间的关系。

2.10.1 可燃物的物理性质

液体蒸发出的蒸气，是直接维持可燃液体表面火焰的物质。对于气液混合物来说，蒸气压、闪点以及沸点都是要考虑的重要因素。着火温度、可燃气体在空气中的燃烧极限、气体的密度是可燃气体至关重要的特性。除了异常情况，液体不会发生自燃；然而，可燃液体蒸发的蒸气是可以被点燃而产生火焰的。

对于火灾调查人员来说，需要特别关注的可燃物物理特性包括：蒸气压、燃烧／爆炸极限、闪点、着火温度／燃点、点火能量、沸点、蒸气密度以及燃烧热。

（1）蒸气压

图 2-15　蒸气压是密闭容器中液体（或固体）蒸发至饱和状态时产生的压力

任何暴露在空气中的液体都会以分子的形式离开液体表面而产生蒸发。如果这个过程发生在密闭的系统中，蒸气达到饱和后，将达到平衡状态，不再发生蒸发现象。在此阶段蒸气所产生的大气分压，称为饱和蒸气压，常用毫米汞柱（mmHg）（标准大气压为 760mmHg）或千帕（kPa）（标准大气压为 101.32kPa）计量。蒸气压取决于液体的挥发性、分子量、化学结构以及温度，是直接衡量液体挥发性的一种特性（见图 2-15）。温度越高，液体蒸发越多，蒸气压越高。表 2-2 列举了几种常用压力当量。

表2-2　压力当量

千帕（kPa）	毫米汞柱（mmHg）	磅每平方英尺（psi）	标准大气压（atm）	巴（bar）	英寸水柱（in w.c.）
689.2	5170	100	6.80	7	—
101.32	760	14.7	1	1.013（1013mbar）	406.7
6.89	51.7	1	0.068	0.07（70mbar）	27.67
0.69	5.2	0.1	0.007	0.007（7mbar）	2.77

如图 2-16 所示，温度与蒸气压并不是线性关系，而是由多个参数控制的对数关系，且对于每种液体而言，控制参数各不相同。对于特定种类的化合物（如：烷烃、乙醇、带支链的烷烃），分子量越低，蒸气压越高。在同样分子量和温度的情况下，芳香烃或普通烷烃的蒸气压比带支链烷烃的蒸气压低，所以带支链烷烃的闪点（flash point）会比芳香烃或者普通烷烃要低。如：苯（分子量78），闪点 -11℃；己烷（分子量82），闪点 -22℃；异己烷（分子量82），闪点 -29℃。

蒸气压是影响液态可燃物燃烧性能的基本物理属性。当蒸气压等于 760mmHg 时，液体发生沸腾，此时的温度记为液体的沸点温度。当液体蒸气压达到一定百分比时，恰好达到可燃蒸气的燃烧下限，此时的温度为该可燃液体的闪点，相关内容将在本章后文中进行讨论介绍。

液体表面形状也会影响蒸气压，同等温度下，凸起液面比水平液面蒸气压高。这在一定程度上可以解释对于相同的液体，为什么小液滴状的气溶胶或分布在多孔纤维中的液体通常比液池中的更容易被点燃。总表面积更大、体积更小，使液滴可以更快地吸收周围的热量，这在点燃过程中发挥着重要作用。灯芯纤维上的一层液体薄膜可快速吸收来自热流、周围空气以及纤维中的热量。温度的升高将进一步加快蒸发。液体薄膜很薄，它没有大量的液体通过对流传热的方式对其进行降温散热。多孔灯芯的毛细作用快速补给挥发的蒸气，以便维持蒸发或稳定燃烧。

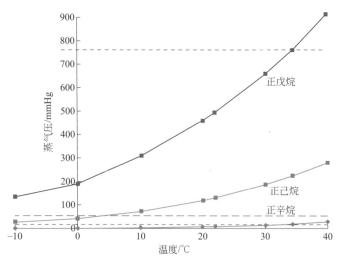

图 2-16 三种常见烃类——正戊烷、正己烷和正辛烷的饱和蒸气压随温度的变化

［上虚线为大气压力（760mmHg）。中间线（长虚线）相当于正构烷烃的爆炸上限（UEL）（空气中8%，61mmHg）。最低虚线对应于爆炸下限］

（注意，温度高于5℃时，饱和时正戊烷和正己烷蒸气压都高于它们的爆炸上限）

（2）燃烧/爆炸极限

可燃气体/蒸气与空气的混合物只有在特定浓度范围内才会发生燃烧。当气体浓度低于爆炸下限（LEL）或燃烧下限（LFL）时，混合物中可燃气体太少，无法被点燃。当气体浓度高于爆炸上限（UEL）或燃烧上限（UFL）时，混合物中可燃气体过多而空气不足，也无法被点燃。图 2-17 以及表 2-3，说明了位于两个极限间的爆炸浓度范围。像氢、一氧化碳、二硫化碳等部分物质爆炸极限范围非常广，在此范围内有焰燃烧可发展转化为爆炸。然而，像石油分馏的碳氢化合物等多数可燃物爆炸极限范围较小。在分析可燃物/空气混合物时，往往分为密闭系统和开放系统，相关内容将在下文中介绍。

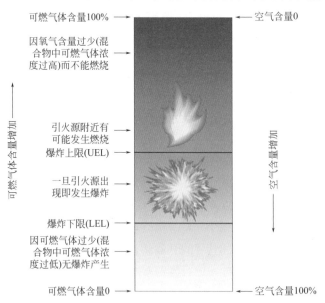

图 2-17 易燃气体/空气混合气体爆炸极限示意图

表2-3　常见可燃气体的燃烧/爆炸极限和自燃点

燃料	燃烧极限（空气中）		最低自燃点		最小点火能
	燃烧下限 /%	燃烧上限 /%	℃	℉	mJ
天然气	4.5	15	482～632	900～1170	0.25
商用丙烷	2.15	9.6	493～604	920～1120	0.25
商用丁烷	1.9	8.5	482～538	900～1000	0.25
乙炔	2.5	81[a]	305	581	0.02
氢气	4	75	500	932	0.01
氨气	16	25	651	1204	—
一氧化碳	12.5	74	609	1128	—
乙烯	2.7	36	490	914	0.07
环氧乙烯	3	100	429	8041	0.06

资料来源：NFPA.2003. Fire Protection Handbook.19th ed.Quincy,MA:National Fire Protection Association, Table8-9.2; and SFPE.2008.SFPE Handbook of Fire Protection Engineering.4th ed.Quincy, MA: Society of Fire Protection Engineers and the National Fire Protection Association, Table3-18.1

[a] 高浓度可燃气体（高至100%）也可以发生爆炸。

（3）密闭系统

在密闭系统中，如果气体混合物无法发生爆炸，也就不能被点燃。出于这个原因，可以认为可燃气体或蒸气的爆炸极限与燃烧极限范围是相同的。调查人员应对火灾现场中可燃物的燃烧极限和蒸气压进行详细分析，因为这在认定事故和放火火灾以及排除假设方面都发挥着重要的作用。如图 2-18 所示，燃烧极限受温度影响：初始温度越高，燃烧极限越广。从技术上讲，爆炸极限和燃烧极限是在不同的条件下确定的，即恒定压力和恒定容积，因此两者几乎是一样的。

（4）开放系统

在开放系统中，还存在其他变量控制着可燃气体与空气混合物的可燃性。如果在最初混

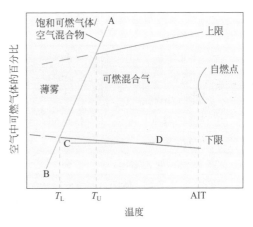

图 2-18　恒压条件下可燃气体 / 空气混合物燃烧极限随初始温度的变化函数，说明温度越高，爆炸极限范围越宽

合物中，可燃气体太稀薄而无法发生爆炸，要想将其点燃，就要升高环境温度，增加物质的挥发量，直至引发燃烧。因可燃气体浓度过高而无法被点燃的混合物应更受重视，这种情况下，短暂的电弧无法引燃可燃气体混合物，而在持续的火焰作用下，可能产生足够多的热量，影响燃烧极限，或导致湍流加剧，混入更多空气，进而导致火灾发生。当最初混合物中可燃气体浓度过高时，引起的火灾可能发展到所谓滚燃的程度。需要着重理解的是，这两种情况都是由于火源引入的热量改变了系统环境，进而导致了火灾的发生。

在密闭系统中情况则不同，其更容易发生爆炸。温度较高时，汽油油箱里汽油与空气混合物中汽油蒸气含量高于爆炸上限，即使车内有电弧也不会引燃蒸气。当温度较低时，产生的汽油蒸气处于爆炸极限内，就有可能导致爆炸发生。

表2-4　部分可燃液体的闪点和燃点

可燃物	闪点（闭杯）*		闪点（开杯）		燃点	
	℃	℉	℃	℉	℃	℉
汽油（汽车用，低辛烷值）	− 43	− 45	—	—	—	—
汽油（100 辛烷值）	− 38	− 38				
轻石油[a]	− 29	− 20				
JP-4（喷气式航空燃料）	− 23 ～ − 1	− 10 ～ − 30				
丙酮	− 20	− 4				
石油醚	< − 18	<0				
苯	− 11	− 12				
甲苯	4	40				
甲醇	11	52	1（13.5）[+]	34（56）	1（13.5）	34（56）
乙醇	12	54				
正辛烷	13	56				
松节油（松脂）	35	95				
燃油（煤油）	38	100				
矿物油	40	104				
正癸烷	46	115	52[++]	125	61.5[++]	143
2 号燃油（柴油）	52（最低）[b]	126				
燃油（不确定）	—	—	133[a]	271	164[a]	327
航空煤油	43 ～ 66	110 ～ 150				
对二甲苯	25[$]	77[$]	29[$]	84[$]	—	—
JP-5（喷气式航空燃料）	66	151				

*NFPA. 2001. Fire Protection Guide to Hazardous Materials. Quincy, MA: National Fire Protection Association, except as noted.

[+]采用火焰点火器的开杯实验测算出的最低值。括号中较高的值是电火花点火测得的数值。(资料来源：Glassman, I., and Dryer, F. L. 1980–1981. "Flame Spreading across Liquid Fuels." Fire Safety Journal 3: 123–38)

[++]SFPE. 2008. SFPE Handbook of Fire Protection Engineering. 4th ed. Quincy, MA: NFPA, Table 2-8.5.

[$]WWW.ScienceLab.com, MSDS p-xylene, 2008.

[a]用于打火机、野营炉和灯笼等消费产品燃料的各种轻质石油馏分的总称。

[b]在许多司法管辖区，煤油的燃点是法规中规定的，当地法规中规定的燃点可能更高。

调查分析可能由外部火焰引爆装满可燃液体容器的事故时，蒸气压是非常重要的分析参数。正如图 2-16 所示，常温下，戊烷（汽车汽油中主要的易挥发液体成分）饱和蒸气压要远高于它的 UEL（8%）（Drysdale, 1999），即容器中有足量的液体，经过一定时间，容器内蒸气浓度过高而无法引起燃烧。在容器口，如果有充足的气体挥发并与周围空气混合，可形成稳定的火焰而不会爆炸。如果加热装有液体的密闭容器，产生蒸气压力超过容器的机械强度，就会引起物理爆炸。

为了验证理论分析结果，Novak 和 DeHaan 与新西兰警察局合作，对装满汽油的塑料燃料容器进行了实证检验（DeHaan，2004）。所有试验中，从容器口挥发的汽油蒸气被点燃后，都没有爆炸，而是产生一个高约 12cm（5in）的小簇火焰，如图 2-19（a）所示。随着塑料容器的熔化，开口面积增大［图 2-19（a）、（b）］，热量被汽油吸收（有时甚至造成汽油沸腾）。最终，整个容器的顶部完全熔化或烧毁，暴露出了汽油平面，如图 2-19（d）和（e）所示。图 2-19（f）显示了熔化容器底面的痕迹信息。如图 2-19（g），将容器切开后，能看到在囊袋状空间处常残留有汽油。图 2-19 中为敞口的盛装 3.8L（1gal）汽油的塑料油桶。

(a) 在塑料桶口处
汽油蒸气被点燃

(b) 10min时燃烧的蒸气

(c) 蒸气燃烧20min时,汽油沸腾情况

(d) 塑料桶内汽油燃烧产生的
熔化残留物

(e) 燃烧后熔化的汽油容器(上部)

(f) 熔化容器底部的模具信息

(g) 切开的容器囊袋状空间常会
残余可燃液体

图 2-19　敞口的承装 3.8L（1gal❶）汽油的油桶燃烧试验
资料来源：Jamie Novak, Novak investigations and St. Paul Fire Dept

对于具有较低蒸气压的可燃液体，在其容器内可能发生燃烧或造成蔓延扩大。一项乙醇燃料发动机的研究说明，常温下燃料箱内部是可能被点燃的（Gardiner、Barden 和

---

❶　1gal = 3.78541dm³。

Pucher, 2008)。Guidry 报告了一起工业酒精在容器内爆炸的事故（工业酒精蒸气压力曲线比戊烷低得多，爆炸范围更广）(Guidry, 2005)。在环境温度（ambient temperature）及使用情况下，容器内部存在一定浓度的可燃气体。当火焰点燃从容器中涌出的液体蒸气时，火焰蔓延到容器内部。这将导致容器内部爆炸，致使容器破裂，造成燃烧的酒精喷溅到手持容器的试验人员身上，并导致严重烧伤。

在涉及家庭储存汽油的案例中，当容器倾倒或被打翻时，内部的汽油洒出，汽油蒸气扩散到较大范围，引燃的汽油会造成严重烧伤。在 Kennedy 和 Knapp 开展的一项针对 25 个 6 岁以下儿童烧伤案例的研究中，发现在所有案例中，翻倒或溢出的汽油产生的蒸气都是被热水器或烘干机的火花点燃的。此项研究指出，这个年龄段的孩子完全没有意识到他们身边汽油的危险性。此项研究还表明，更大些的孩子或成人常会误将汽油当作吸入剂、溶剂或引火剂，致使自己暴露在可燃蒸气之中，合适引火源出现时将发生危险（Kennedy 和 Knapp, 1997）。

1996 年 7 月，在纽约海岸附近发生了一起 TWA800 航班爆炸的悲剧。当时在夏季高温和空调运行的加热作用下，几乎空了的飞机燃料箱出现了一系列反常现象。随着飞机高度上升，燃料受到的气压作用降低（增加了燃料的部分蒸气压）。在高度 4000m（13000ft❶）时，燃料达到爆炸下限，燃料箱内出现的电气故障作为引火源将燃料蒸气点燃。由此产生的燃料箱爆炸对机身造成了巨大破坏，最终导致飞机坠毁（Dorsheim, 1997）。

电影中的汽车油箱爆炸是烈性炸药造成的。在现实生活中，汽车油箱很少会爆炸，但如果油箱发生爆炸，通常是由于碰撞导致油箱破裂，致使燃油全部泄漏，油箱内蒸气浓度降至 UFL 以下，遇到火源导致蒸气爆炸。

（5）闪点

物质的闪点是指其产生易燃蒸气时的最低温度。闪点可用来评估易燃或可燃液体的火灾危险性。当处于闪点温度时，可燃物的蒸气压达到燃烧下限。例如，正癸烷闪点为 46℃。它在这个温度下的蒸气压是 6mmHg，也就是 760mmHg 的 0.78%。这个值非常接近测定的 0.75% 的爆炸下限。

液体可燃物在燃烧前，必须能够在空气中产生足够数量的蒸气，以达到爆炸下限。这并不意味着蒸气在这个温度下会自发燃烧，而是说它可以被火焰、小电弧或其他热源点燃。例如，汽车用低辛烷值汽油的闪点为 -43℃ 左右。这个闪点值仅意味着汽油产生的蒸气在温度 -43℃ 以上时都能被点燃，但并不能说明汽油在如此低的温度下会自燃。

闪点的确定方法是将少量液态可燃物放在测试仪器的杯中，然后将其加热或冷却，用一个电弧或小火焰作用到液体表面，产生闪光现象时液体的最低温度即为闪点。此试验只会产生微弱的火焰，且火焰会立即熄灭。

如今有多种得到认可的闪点测试装置，包括：彭斯基 - 马滕斯测试装置，克利夫兰和塔利亚布（泰格）测试装置。每个装置都有其最适用的温度范围和可燃物类型。例如，泰格闭杯测试装置是测试非黏性液体（闪点低于 93℃）的公认方法（ASTM D56-05 中描述）(ASTM International, 2005)。按照 ASTM D93 (ASTM International, 2015a) 的相关

---

❶ 1ft = 0.3048m。

Kirk's
Fire
Investigation　柯克火灾调查

描述，彭斯基 - 马滕斯测试装置（封闭式杯型）最适合测试闪点高于 93℃的液体。开口杯测试用于分析空气条件下常见可燃液体的火灾危险性，例如：泄漏和运输过程中的可燃液体。ASTM D1310-14（ASTM International，2014）中描述了泰格开杯法，ASTM D92-12b（ASTM International，2012）中描述了克利夫兰开杯法。在消防安全领域，列出的多数物质的闪点数据都是物质的闭口杯闪点值。通常来说，对于相同物质，开口杯闪点比闭口杯闪点高（< 10%）。

《NFPA 消防手册》介绍了工业上使用的闪点测试方法，并以表格形式呈现了所有种类易燃液体的闪点数据。表 2-4 和表 2-5 分别介绍了几种常见可燃液体的闪点、最低自燃温度、燃烧极限和相对密度。

表2-5　部分常见可燃液体的最低自燃点、燃烧极限及相对密度

燃料	自燃点 /℃	自燃点 /℉	最小引燃能量 /MJ	燃烧极限（20℃空气中）	相对密度
丙酮	465	869	1.15	2.6 ~ 12.8	0.8
苯	498	928	0.2	1.4 ~ 7.1	0.9
乙醚	160	320	—	1.9 ~ 36.0	0.7
乙醇（100%）	363	685	—	—	0.8
乙二醇	398	748	—	—	1.1
1 号燃油（煤油）	210	410	—	—	
2 号燃油	257	495	—	—	
汽油（低辛烷值）	280	536	—	1.4 ~ 7.6	0.8
汽油（100 辛烷值）	456	853	—	1.5 ~ 7.6	0.8
喷气燃料（JP-6）	230	446	—	—	
亚麻籽油（沸腾）	206	403	—	—	
甲醇	464	867	0.14	6.7 ~ 36.0	0.8
正戊烷	260	500	0.22	1.5 ~ 7.8	0.6
正己烷	225	437	0.24	1.2 ~ 7.5	0.7
正庚烷	204	399	0.24	—	0.7
正辛烷	206	403	—	1.0 ~ 7.0	0.7
正癸烷	210	410	—	—	0.7
石油醚	288	550	—	1.1 ~ 5.9	0.6
蒎烯（α）	255	491	—	—	
松节油	253	488	—	—	< 1

资料来源：Data taken from NFPA. 2001. Fire Protection Guide to Hazardous Materials. Quincy, MA: National Fire Protection Association; Turner,C. F., and J. W. McCreery. 1981. The Chemistry of Fire and Hazardous Materials. Boston: Allyn and Bacon

根据可燃液体的闪点，NFPA（Friedman，1998）对其进行了分类。
- I类：38℃以下易燃液体（flammable liquid）。
- II类：38 ~ 60℃可燃液体（combustible liquid）。
- III类：闪点超过 60℃（可燃液体）。

（6）着火点/燃点

着火点/燃点（fire point）是液体产生的蒸气可以维持火焰稳定燃烧的最低温度（并不是闪点时的一闪即灭）。燃点通常只比闪点高几摄氏度。虽然不经常提及燃点，但是相较于闪点，在判断可燃液体对火灾的贡献时，燃点可能更加重要。表 2-4 中列出了几种常见可燃物的燃点。测试过程中可燃物的闪点和燃点受以下因素影响（Friedman，1998）。

- 引火源的大小。
- 火源的作用时间。
- 液体的加热速率。
- 可燃物上方的空气流动情况。

Glassman 和 Dryer 1980 ～ 1981 年的研究表明，酒精的最低燃点与最低闪点相等，另外，由于酒精的红外吸收特性，利用火焰测得的燃点和闪点值，与利用电弧点火装置测得的数据间存在明显差异。

（7）着火温度

着火温度（ignition temperature），有时也称为自燃温度（自燃点，autoignition temperature）（AIT）或自发火温度（SIT），是在没有外界引火源的情况下，可燃物自发燃烧的温度。可以通过将少量可燃物注入不同温度下的高温环境（通常是一个封闭的容器）中，测得着火温度，从而对不同液体和气体可燃物进行比较。在标准测试 ASTM E659 中，测试室是一个电加热的 1L 玻璃烧瓶（或称 Setchkin 装置）（ASTM International，2015b）。当容器达到或超过可燃物着火温度，喷射可燃物时会出现火焰。例如，低辛烷值汽油的闪点为 -43℃，起火所需要的最低温度为 280℃（辛烷汽油的自燃点为 456℃）。对于引起物质燃烧来说，火柴、电火花、打火机或其他引燃装置必须达到这个最低温度。

除一两种情况外（如催化作用），可燃物起火之前至少有一部分先升至其着火温度。除个别物质或极特殊情况外，常见材料的着火温度较高，可以排除其发生自燃的可能。用作工业清洗溶剂的二硫化碳（CS_2）是一个例外。根据不同的报道，二硫化碳的 AIT 在 90 ～ 120℃之间。通常来说，对于碳氢化合物，主碳链越长，其 AIT 越低。例如，正戊烷的 AIT 值 260℃，而正辛烷和更长链烷烃的 AIT 值为 208℃左右。

有些可燃物的催化氧化温度可能远低于其 AIT，但这些反应非常罕见，而且发生在特殊条件下。例如，细密分散状态下的铂，可以在较低的初始温度下，导致某些可燃气体发生燃烧。在燃料电池或暖手器中，可能要重点考虑这种情况，但普通火灾中是非常罕见的。对于固体，在其被引燃之前要先进行热解，所以还有另一个数值，称之为点火温度。

事实上，所有火灾都源自某个部位的局部高温，此处可燃物与空气进行适当的混合。对于存在电火花、机械火花和微小火焰的情况，这个局部区域可能非常小。需要知道，在这么小的空间内，有适合的可燃物与空气（氧气）混合物存在，并且温度超过其着火温度，能量可传递给足量的可燃物，上述情况并不罕见。但从调查的角度，必须认为，对于所有火灾来说，上述环境条件是最低要求。在燃烧极限范围（flammable range）内，初期微小火焰将在周围混合物中蔓延扩大。

很多时候，没有温度较高的火源出现，火灾的起火部位难以确定。实际上在此种情况下，在非常小的区域内，产生一种能量源并不难。比如，通过摩擦两根棒子，燧石与铁棒打火（敲击面积小，但产生高温火花），以及其他类似方法，就会引起燃烧的发生。在燃烧开始时，火源所携带的能量（部分情况下由温度反映）才是问题的关键，而不是其温度所能达到的范围。鞋后跟上的钉子撞击岩石会引发火灾，不是因为鞋子温度高，而是因为小火花达到了很高的温度。

除存在压力容器和输送管道的工业火灾外，很少见到火灾发生前大量可燃物受热的情况。然而即便是少量可燃物受热，其温度高于着火温度，也可能引起火灾。这就是为什么在看似没有危险的环境中，却发生了火灾的原因。只要在较小空间内，可燃气体或蒸气浓度位于燃烧极限范围内，存在能量足够高的热源，就可以引起燃烧。需要考虑的基本问题，并不是比较点火源的温度与可燃物的着火温度，而是热源传递到可燃物的能量。因此，点火源的温度可能高于所列可燃物的 AIT，但如果没有足够的能量转移到可燃物，仍无法引起火灾发生。

AIT 是由特定的实验技术（最常见的是 ASTM E659）测量的最低环境温度，取决于测试设备中使用的限制容器的尺寸、形状以及表面材料和质地。可燃物遇到的真实点火源通常具有不同的大小、形状，因此引起燃烧的真实火源温度要远高于所列出的 AIT 温度。

相较于具体认定，AIT 数据更多用于参考和比较。在表 2-3 和表 2-4 中，列出了常见可燃物的最低着火温度。由于最低着火温度取决于测定此值的方法，因此该值应该主要用于可燃物之间的比较。例如，测试表明，敞开条件下汽油表面温度至少高于所列自燃温度（500～700℃）200℃。通常认为，高温表面造成的快速蒸发，减少了接触时间（American Petroleum Institute，1991）。高温表面的材料和质地也会影响最低着火温度。汽油等级也很重要，等级或辛烷值越高，AIT 值就越高。

（8）点火能量

每种可燃气体或蒸气都有其最小点火能量（ignition energy），或部分能量必须转移到可燃物，以触发初次氧化。对于多数可燃物来说，这个能量值很小；对于碳氢可燃物来说，最小点火能量约为 0.25mJ（见表 2-3）。点火能量取决于气体浓度，当可燃物气体达到其化学计量或理想浓度时，点火能量通常是最小的（如图 2-20 所示）。点燃气体/空气混合物，需要四个条件。第一，点火源必须有足够的能量（高于可燃物的最低点火能量）；第二，可燃物浓度必须在其燃烧极限范围内；第三，在此极限范围内，点火源必须与可燃物接触；第四，必须有足够的接触时间，以便有足够的能量传递至可燃物。如果无法满足上述四个条件，将无法引起燃烧。

许多燃烧属性是相互关联的。例如，可燃物的最小点火能量取决于可燃物的浓度，如图 2-20 所示。这意味着能量较高的点火源可以引燃接近燃烧极限边缘的可燃混合物，而能量较小的点火源只能引燃接近化学计量比的可燃混合物。此外，燃烧极限取决于初始温度，

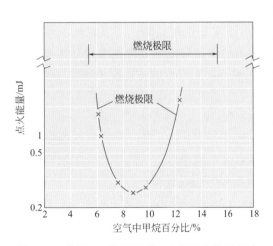

图 2-20 常压、20℃下甲烷/空气混合物的着火曲线以及燃烧极限

如图 2-18 所示，初始混合气体温度越高，燃烧极限范围越宽。

在可燃物 / 空气混合物的气相爆炸中，火焰前沿（flame front）的传播速度取决于其浓度。当混合物接近其化学计量比或理想状态时，火焰燃烧速率达到最大值。从而使气体迅速膨胀造成的超压达到或接近其最大值。接近其化学计量比的碳氢可燃物与空气的混合物，理论上可产生高达 120psi（8bar）的压力（Harris, 1983）。对于可燃物过少的混合物，由于反应中将消耗所有的可燃物，没有后续的燃烧或火焰产生，使得火焰传播速率较慢，产生的热量较少，因此压力也较低。而对于可燃物过量的混合物爆炸来说，由于压力较低、速率较慢，爆炸强度较低，造成的机械损伤也较小。过量的可燃物产生烟炱，将引起随后的有焰燃烧。因此，相较于可燃物过少的混合物，可燃物浓度较高的混合物产生的破坏轻，热破坏和烟熏程度较重。

（9）沸点

对于火灾调查来说，可燃液体的沸点有时是很重要的参数，但相较于本章介绍的其他性质而言，其重要性可能位于次要位置。许多可燃液体可以用沸程来进行表征。在火灾中，多数液体可能被加热到其沸点（boiling point）。然而，单组分液体是纯液体成分，具有相对较为明确的沸点，要将其与具有不同沸点组分的混合物进行区分。

单一组分的纯液体有明确的沸点，在达到此温度时，整个样品发生沸腾，而温度不发生变化。通常情况下，具有固定沸点的纯液体可燃物比较少，相比之下，具有一定沸程的混合物更加常见。这些混合物从含有 200 多种单独组分的汽油，到具有特殊用途的混合物，如：清洗剂或工业溶剂混合物。加热这些混合物时，最易挥发的组分先行蒸发，然后按照其挥发能力，逐渐开始蒸发（此过程称为风化作用）。通常情况下，当混合物涉及火灾危险性问题时，混合物中最易挥发的物质是最为重要的。如汽油等具有一定沸程的混合液体燃烧时，较易挥发的物质首先从表层蒸发。表层下方的液体将保留一段时间的较轻的组分，由于它们必须在蒸发之前穿过液体扩散（在对流流动的辅助下）迁移到表层（DeHaan, 1995）。分馏的结果是，石油馏出物的残留物自燃温度较之前液体温度低，可能造成延迟着火（Kennedy 和 Armstrong, 2007）。

在引发火灾方面，高沸点物质在室温下很少能超过其闪点，只有较易挥发物质（低沸点）才具有一定的危险性。原则上讲，沸点和闪点通常是正相关的，所以物质的沸点越低，通常物质的闪点就越低。一种混合物的存在并不会显著降低该混合物中最易挥发物质的火灾危险性。例如，对于汽油和柴油的混合物来说，如果汽油的占比高于 5%，该混合物的闪点与纯汽油的闪点很难区分。

（10）蒸气密度

蒸气密度（vapor density）是用来表征蒸气释放到空气中后，其行为的基本性质。蒸气密度，也就是蒸气相对于空气的密度，可通过蒸气分子量除以空气的平均分子量简单地计算得出，空气的平均分子量约为 29。这个关系可用以下公式计算：

$$蒸气密度（气体或蒸气）= 气体的分子量 / 空气的分子量 \tag{2.2}$$

例如，最轻的气体氢气，其分子量只有 2，因此，其蒸气密度（V.D.）为：

$$V.D. = 2/29 = 0.07 \tag{2.3}$$

沼气和天然气中的甲烷是最简单的碳氢可燃气体，其分子量为16。甲烷蒸气的密度约为16/29或0.55。乙烷，是天然气另一个主要成分，它的分子量是30，这使得它几乎和空气的密度相同，蒸气密度为1.03。表2-6列出了一些常见可燃物的蒸气密度。

蒸气密度大于1.0的气体或蒸气，要比空气重，当它们释放到空气中，一旦遇到地板等障碍物，就会在此处沉积，此后将在低位处进行类似于液体的向外扩散。相比之下，比空气轻的蒸气会在空气中上升，遇到天花板等障碍物时，它们会在高处扩散。与液体相比，气体流动扩散的趋势并不那么绝对，这是因为蒸气密度是与空气比较而得出的，因此与液体的相对密度而言，气体密度的差异性不大，并且气体流动也会产生混合。与空气的混合不可避免，蒸气密度越接近空气，可燃物与空气的混合越充分。这种混合作用是由于扩散过程造成的。只要有机会，无论分子量和蒸气密度多大，都会进行相互扩散。

蒸气密度决定着气体扩散速率的不同，密度很大的可燃气体（V.D.≫1.0）扩散速率要比接近空气密度的气体小得多。蒸气扩散是一个非常缓慢的过程。在一个密闭的容器中，蒸气经几小时扩散后，将最终趋于均匀一致。如果在房间这样的开放系统中，易挥发液体产生的蒸气扩散不会形成均匀分布扩散，而会形成一个由高到低的浓度梯度分布，如图2-20所示。

表2-6　常见可燃物气体和蒸气的相对密度

可燃物	相对密度（标准温度和气压下）
氢气	0.07
甲烷	0.55
乙炔	0.90
一氧化碳	0.97
乙烷	1.03
丙烷	1.51
丁烷	1.93
丙酮	2.00
戊烷[a]	2.50
己烷[b]	3.00

[a] 汽油中最轻的液体组分。
[b] 露营燃料中最轻的主要成分。

如前所述，甲烷比空气轻，因此只要甲烷温度与室内空气温度相同，甲烷就会上升。它的扩散速率比较重的分子要大，因此它易与空气混合，形成一个浓度梯度，如图2-21（a）所示。天然气也是如此，它是甲烷、乙烷和其他轻质气体的混合物，它的蒸气密度在0.55～1.0之间，具体值取决于各个组分的相对比例。乙烷本身很少碰到，但由于其蒸气密度接近1，它易在空气中扩散，既不上升也不下沉，没有重力分离作用。扩散的作用使蒸气在空气中扩散与混合，一旦与空气混合，蒸气就不会再次下沉，重新形成高浓度层。对于分子量为26的乙炔（C_2H_2），蒸气密度为0.9；对于乙烯（C_2H_4）和一氧化碳（CO），分子量均为 28，因此蒸气密度为 28/29，即 0.97。所有其他常见的可燃气体蒸气密度明显大于 1，释放到空气中将会下沉。例如，第二重的气体碳氢化合物丙烷（V.D.=1.51）很容易与空气混合，但在此过程中会下沉。

易燃丙烷 / 空气混合物（2% ～ 9.6%）的蒸气密度与空气非常接近。丁烷（V.D.=1.93）更易下沉，也不像丙烷扩散得那么迅速。所有的重质碳氢化合物，具有多数石油产品的特征，随着蒸气密度的增大，扩散速率（扩散率）更慢。例如，汽油蒸气中含有此液体混合物中所有最易挥发的成分。此混合物比空气重得多，将迅速下沉到地板或地面处。因此，汽油蒸气将流入地势较低的区域或下水道，并在地势最低处有起火风险，如图 2-21（b）和（c）所示。

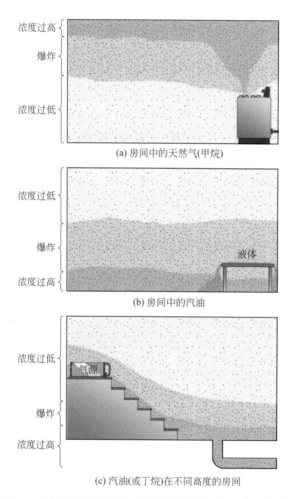

(a) 房间中的天然气(甲烷)

(b) 房间中的汽油

(c) 汽油(或丁烷)在不同高度的房间

图 2-21　封闭房间内天然气或易燃液体蒸气的经典分布模型

从火灾危险性的角度出发，混合物中最轻、最易挥发成分的蒸气密度和扩散率决定着蒸气的蔓延和可燃性，这并不是液体的性质。例如，汽油含有许多成分，其中有些成分，如正癸烷，在室温下蒸气压很低，具有相对较高的闪点。在常温下，汽车汽油中的异丁烷和正戊烷将产生大量的蒸气，并具有严重的火灾风险性。汽油中重质组分，如二甲苯，通常不会大量蒸发为气体，直至汽油的轻质组分燃烧后几分钟，重质组分才会产生大量的蒸气（DeHaan，1995）。通常说来，新鲜汽车汽油的蒸气与正戊烷在流动时行为完全相同。

显然，在最重层和最轻层之间，存在中间浓度的梯度过渡层。其中有些蒸气层将在爆炸极限范围内，而其他层的混合物相对于引燃来说，不是浓度过高，就是过低。此种分布针对的条件是，气体释放进入密闭的空间，且空间气体静止，即空间内部不发生物理运动，且气体具有相同的温度。

在分析气体分布时，温度和气流的影响是不可忽视的。风扇、电炉、机器操作甚至行走的人，都可能造成整个房间内的气体搅动混合。热水器燃烧器、炉腔燃烧器或打开的窗户都可能产生足够的气流，造成气体重新分布，同时可能将气体吸入明火引火源处。由于蒸气密度随着温度升高而快速降低，如果温度足够高，丁烷甚至会像甲烷一样升至房间顶部。通过蒸发冷却的易燃液体蒸气密度会更大，蒸气的对流将加剧其沉降（DeHaan，1995）。

不同温度的气体形成的气体混合物，最初仅温度就可以控制其流动，直到没有温差。警觉的调查人员必须了解所有的影响气体流动的因素（包括可能无人在场的情况下启动的定时器或温控设备），这些因素可能造成气体扩散和循环，也可能成为引火源。在美国，2005 年以后设计生产的燃气热水器，要求其燃烧器不易点燃汽油蒸气。一种设计是将整个加热器，置于一个 18in 深的桶中，防止蒸气进入燃烧室。另一种是在燃烧室上使用闪火抑制器，来防止其向外传播。

已经证明比空气重的气体（如：液化石油气）泄漏到静止空气中，将形成陡峭的浓度梯度分布（Valentine 和 Moore，1974）。这意味着，站在房间里的人可能无法通过气味识别到气体泄漏，并且在房间内膝盖高度以下的气体层位于爆炸极限范围内。实验证明，即使是在小空间内，如露营车或房车内，热流也会导致丙烷与空气几乎完全混合，无法检测到浓度梯度的变化（DeHaan，1995）。

密度大的蒸气（V.D. > 2.5）的一个有趣特性是，它们像黏性液体一样，倾向于水平流动。在室温条件下，液池释放出的戊烷蒸气只会向上扩散几厘米，随后大量蒸气将向侧面快速下降，并在静止空气中沿着表面以大约 0.05m/s 的速度向外扩散。相较于扩散，这种所谓的平流可更快地使蒸气沿表面扩散，但是仅一个轻微的气流就可以抑制其发生（DeHaan，1995）。

在分析某种火源引发火灾的可能性时，必须仔细分析可燃气体与蒸气的分布情况。如果在房间内存在一个像蜡烛火焰这样的引火源，液化石油气和汽油蒸气扩散到引火源附近，并达到爆炸极限浓度范围，则需要较长的时间，除非存在像风扇和强力排风等其他循环方式，或压力状态下释放气体（喷射）。相似的情况，泄漏到房间的天然气，在没有机械通风的情况下，直至其从顶部充满整个房间，位于地板上的煤油加热器才能将其引燃。仅是房间内存在引火源和可燃物，是不能保证一定起火的。在分析引燃可燃气体 / 空气混合物的火源时，应考虑所有的相关因素，包括设备燃烧器的高度和周围的防护罩。

可燃气体 / 空气爆燃产生的影响作用范围，曾认为与气体被点燃前的分布情况直接相关。然而，此书一个作者的实验证实，即使是点燃了局部（地板处）高度聚集的己烷气体层，在大小适度的房间内，压力将在 5ms 内达到平衡状态（DeHaan 等，2001）。这意味着，整个房间的墙壁将在同一时间受到相同的压力作用，因此将在其结构最薄弱处出现破坏。

时常看到，发生在木质结构中的爆炸，不管是天然气引起的，还是液化石油气引起的，往往造成墙的底部发生位移，而不是顶部。此种现象表明，木质结构中墙的底部不像顶部那样，与地基和板坯固定得不那么牢固。木质结构墙的底部也更易被白蚁或干腐病侵蚀破坏。

如果爆炸产生的湍流未使可燃气体层完全消散，爆炸后会引起火灾发生，燃烧易发生在可燃气体含量最高层与空气层的交界处（如前所述）。因此，己烷（或汽油）爆炸后引发的火灾，燃烧易出现在剩余的高浓度蒸气层的顶部或内部（富含可燃气体层燃烧时间最长）。气体燃烧后，出现的房间下部破坏表明一种较空气重的可燃气体参与燃烧。当地板或顶层结构下部限制了天然气流动或出现天然气聚集，在此种天然气层下部有时会出现与之前所述相反的情况，如图2-22所示。对于这两种情况，爆炸后火灾破坏的位置和分布都可以为疑似可燃气体蒸气密度的确定提供重要线索。

图2-22　积聚在木质地板下的天然气的燃烧导致格栅和地板明显烧焦

资料来源：Jamie Novak, Novak Investigation and St. Paul Fire Dept

在判断意外还是故意泼洒易燃液体引发火灾时，对已知用量的挥发性液体蒸发情况的计算可能是非常重要的。如果可以给定总的蒸发量，则可根据经验关系式，计算出3.8L（1 gal）液体（在标准温度和压力条件下）产生的蒸气体积：

$$蒸气（ft^3）= 111 \times 相对密度 \div 液体的蒸气密度$$

例如，1 gal的乙醚，其相对密度为0.7，蒸气密度为2.55，将产生111×0.7/2.55=30.47ft³的乙醚蒸气。

因为乙醚在空气中的燃烧或爆炸极限范围为2%～36%，在分布均匀的情况下，30.47ft³乙醚蒸气，将在84～1520ft³大小的房间产生爆炸性混合物。

用公制单位表示1L液体的等价关系式为（0.001m³）：

$$蒸气体积（m^3）=0.85 \times 相对密度 \div 蒸气密度$$

对于商用丙烷而言，其液态/气态膨胀率约为272，也就是说，在标准温度和压力下，1L液态丙烷将产生272L丙烷气。商用丁烷的膨胀系数约为234（NFPA 58）（NFPA，2017a）。由于液化石油气中每个成分的膨胀率各不相同，其膨胀率将随着液化石油气成分的变化而变化。

（11）燃烧热

燃烧热是可燃物的另一个属性，对于火灾调查人员来说非常重要。如果通过质量可以推断室内可燃物的存放量，那么就可以用观察到的燃烧强度与各种可燃物组合可能出现的燃烧强度进行对比。相对于总热量而言，热量释放的速率对于重建火灾发生过程更为关键。有时，燃烧热有助于解释现场可燃物产生的总热量与现场造成的燃烧破坏不符的情况。造成这种差异的原因将在后面进行探讨。

科学的火灾调查方法，需要提出以下问题：火灾现场正常火灾荷载下的燃烧热量，是否会造成如此大的破坏？火灾发生前是否有储存货物被移走，而造成现场可燃物减少？是否存在通风不畅的情况，或供给氧气充分而出现燃烧增强的情况？是否是由于可燃物燃烧不充分或不完全，造成的燃烧破坏？有些最为常见的可燃物，比如木材，具有多样性，只能在具体案例中给出实际燃烧热值的估算值。表 2-7 从火灾调查的角度，列出了有些重要可燃物的燃烧热。

燃烧热用于计算每种可燃物的理论绝热火焰温度。有时，这些计算值被错误地用于判断火焰可能对周围物质产生的影响。1984 年，Henderson 和 Lightsey 的研究指出，这些可燃物在空气中燃烧时，实际测量的火焰温度比先前认为的火焰温度低得多。表 2-7 中，列出了他们发表的测量温度。在火灾调查中，火焰温度和燃烧热的作用将在后面的章节中进行探讨。所有常见可燃物进行湍流扩散火焰燃烧时，最大真实明火温度约为 900℃，这个数值在多数计算中都会用到。有些可燃物，如苯乙烯、原油和聚氨酯泡沫，燃烧时将产生带烟气的火焰，由于热量不易散失（辐射率较低），出现非常高的火焰温度。像酒精这样的可燃物，进行无烟、无热解产物产生的清洁燃烧时，辐射率低，火焰温度也较高。

（12）液体的热解和分解

虽然有些不稳定的液体会在相对较低的温度下分解，但多数可燃液体在发生热解之前，就会达到其沸点而沸腾蒸发。就算是液体受到强烈大火的作用，高低温液体的混合靠的是液体内部的对流，而不是表面那层热的薄膜层。表面的液体蒸发进入火焰，通过蒸发冷却的方式消耗了来自火焰的热量。温度低于或略低于液体沸点，这个过程维持整个液池的温度；液池内部液体保护着液池的表面层液体。对于有些无法循环的黏稠液体，如沥青、塑料树脂或某些食物，部分液体与高温热源接触时，可能达到并超过其热解温度，并开始像固体一样发生炭化和分解。热解产物将以与固体燃烧产物相同的方式进入火焰。

在含有重质原油的罐体或液池火灾中，通过轻质组分的蒸发，燃烧表面形成的残留物，相较于周围液体密度更大。高温残留物随后沉入罐体内部，并与底部的水接触，产生蒸气爆炸，将燃烧着的可燃物向外推出，造成灾难性后果。这种情况也会发生于非石油液体，如烹饪油，其可发生热解并形成炭黑。

按照液体闪点，对液体进行分类（见表 2-4）。所有易燃液体的闪点都低于 37.8℃（NFPA 分类：I 类），闪点低于室温 22.8℃的液体为 I A 和 I B 类。可燃液体的闪点高于 37.8℃（NFPA 的 II 类，闪点在 37.8～60℃），第 III 类闪点高于 60℃（140 °F）。III 类可燃液体又细分为 III A 类（闪点 140～200 °F 之间）和 III B 类（闪点 93℃以上）（NFPA，2008）。在英国，高度易燃液体是指那些闪点低于 32℃（90 °F）的液体；易燃液体（flammable liquids）是指闪点在 32～60℃之间的液体；可燃液体（combustible liquids）是那些闪点在 60℃以上的液体（Drysdale，1999）。燃烧性液体（ignitable liquids）是一类液体可燃物，包括易燃液体和可燃液体。

表2-7　一些燃料的燃烧热和火焰温度

燃料	燃烧热 / （MJ/kg）		火焰温度（绝热）/℃	火焰温度（实际）/℃
乙炔	49.9ª（55.8MJ/m³）	48.2ᵇ	2325	
丁烷	49.5ᵇ（112.4 MJ/m³）ᶜ	45.7	1895	
一氧化碳	（11.7 MJ/m³）ᶜ	10.1		
木炭	33.7	34.3	2200ᵈ	1390ᵈ
Coleman fuel（科尔曼燃料）				770ᵉ
无烟煤	30.9～34.8			
棉花	16			
乙烷	47.5（60.5 MJ/m³）ᶜ	47.4	1895	
乙醇	29.7	26.8		840ᵉ
1 号燃油（煤油）	46.1			
己烷	48.3（164.4 MJ/m³）ᶜ	43.8	1948/2200ᵉ	
氢	130.8（12.1 MJ/m³）ᶜ			
汽油	43.7			810ᵉ
甲烷	55.5（34 MJ/m³）ᶜ	50	1875ᵉ	
丙烷	50.4（86.4 MJ/m³）ᶜ	46.4	1925ᵉ	970ᵉ
聚乙烯	43.2			
聚丙烯	43.2			
聚苯乙烯	40			
聚氨酯	23			
木材	20	16～20	1590ᶠ	600～1000ᶠ

ªNFPA. 2003. Fire Protection Handbook. 19th ed. Quincy, MA: National Fire Protection Association, Table A.1.

ᵇSFPE. 2008. SFPE Handbook of Fire Protection Engineering. 4th ed. Quincy, MA: Society of Fire Protection Engineers and the National Fire Protection Association, Tables 1-5.3 and 1-5.6.

ᶜHarris, R. J. 1983. The Investigation and Control of Gas Explosions in Buildings and Heating Plant, New York: E and FN Spon, 6–7.

ᵈHenderson, R. W., and G. R Lightsey. 1985. "Theoretical Combustion Temperature of Wood Charcoal." National Fire and Arson Report 3: 7.

ᵉHenderson, R. W., and G. R Lightsey. December 1984. "The Effective Flame Temperatures of Flammable Liquids." Fire & Arson Investigator 35: 8.

ᶠHenderson, R. W., and G. R Lightsey. December 1985. "Theoretical vs. Observed Flame Temperatures during Combustion of Wood Products." Fire & Arson Investigator 36.

2.10.2　碳氢可燃物

碳氢化合物的分类从轻质气体甲烷到重质化合物（包括石油和沥青）是火灾调查中最重要的需要加以考察的可燃物。

（1）天然气

天然气以甲烷为主，不同地质层开采的天然气成分差异较大，可能含有一些不可燃气体。天然气通常含有 70%～90% 的甲烷，10%～20% 的乙烷，1%～3% 的氮气，以及其他微量气体（NFPA，2008）。多数情况下，调查人员可以将其看成甲烷，对其性质进行分析，这样并不会造成严重错误。

（2）液化石油气

液化石油气（LPG）通常用于没有天然气的农村地区，是丙烷和正丁烷的混合物，还有少量乙烷、乙烯、丙烯、异丁烷和丁烯（NFPA，2008）。根据其来源和用途，它的组成也有很大变化，从几乎纯的丙烷到主要由丁烷组成的较重混合物不等。调查人员可认为美国销售的液化石油气的物理性质和燃烧特性与丙烷的相同，而不会造成严重错误。在其他一些国家，LPG 可能主要以丁烷为主。如果已知含有丁烷（打火机、火炬或喷雾容器），最好使用其参考值进行计算。

（3）石油

石油在未加工状态时，是一种黏稠油，颜色从浅棕色到黑色不等。它包含大量不同类型的化合物，这些是石油燃料生产过程中，在较大的范围内被分馏出来的。石油蒸馏产物包括天然气、石油醚、直馏汽油、煤油、中间蒸馏物（包括油漆稀释剂和溶剂）、柴油、重质润滑油、凡士林、石蜡、蜡、沥青和焦炭。直馏石油馏分的沸点范围如图 2-23 所示。

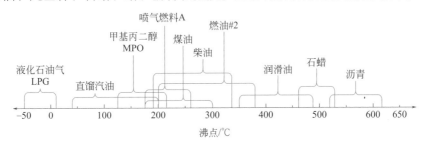

图 2-23　直馏石油馏分的沸点范围

（4）汽油

汽油被广泛用于车辆和设备中，可能是石油产物中最重要的一种燃料，是易挥发、低沸点和中程碳氢化合物的混合物。它所含有的碳氢化合物，沸点在 32 ～ 205℃之间。汽油的平均分子量有时取值接近于辛烷值，约 114。被称为直馏汽油的石油馏出物，含有在 40 ～ 200℃之间被提取出来的未经加工的碳氢化合物，可作为野营燃料，有时也被称为无铅汽油或石脑油。通常用其所含烷烃碳数或分子长度，来估量所含化合物的范围。在这种情况下，馏出物的范围是 C_4（丁烷）～ C_{12}（十二烷）。

现代车用汽油是含有 200 多种碳氢化合物的复杂混合物，而非石油馏出物的一段或部分，特别是含有芳烃时，混合物在反复提炼过程中相对浓度变化很小。这意味着，通常不可能借由比较汽油中碳氢化合物的基本组成情况，区分不同石油公司间的产品。最近，司法化学鉴定专家发现，汽油的组分比例正在发生变化，替代物质不断出现，因此在实验室中鉴定汽油助燃剂（accelerant）已不再像之前那样简单。汽油作为车用燃料出售之前，炼油厂将添加各种添加剂。这些添加剂往往含有改善燃料燃烧性能的化合物。曾经通过添加染料，以区分有铅和无铅发动机燃料。如今，几乎所有的车用汽油都是无铅的。除了用于识别低税农业用燃料外，染料已很少见到。

在车用汽油中，含氧物质很常见，特别是乙醇和甲醇。在许多领域，它们完全取代了 MTBE（甲基叔丁基醚），其曾是一种常用的含氧添加剂。厂家使用不同的添加剂包装，来区分和标识新生产、未燃烧和未污染的汽油。遗憾的是，由于原油加工的实践的差异，添加剂，甚至成品汽油，都可能根据市场和供应条件不同，存在较大差异，因此多数情况下，汽油供给到零售商，是无法通过油品样本成分，判断其具体的零售品牌的。然而，利用气相色谱和数据分析的最新技术，可通过大量的细节分析，实现未燃烧与可疑来源的燃料的同一认定。

（5）煤油和其他馏分油

根据 ASTM D3699，煤油的沸点范围为 175～300℃，最低闪点为 38℃（ASTM International，2013a）。在柴油发动机成为通用设备前，煤油和高沸点馏分燃料只用于照明。虽然柴油与煤油相似，但它含有更多低挥发性成分。

现代喷气发动机和其他涡轮驱动发动机提升了煤油类燃料的使用率和经济地位。用于可燃液体实验特性分类的方案（那些被认为是易燃或可燃的液体），包含所谓的中间石油馏分物质的中间区域（沸点范围在 125～215℃），含碳为 C_9～C_{17}。许多家用和商用产品都属于此类，如油漆稀释剂、松香水、某些木炭发酵剂，甚至于某些昆虫喷雾剂。

长期以来，煤油和类似的石油馏分物质一直是放火嫌疑案件中的疑似助燃剂。相较于汽油，它们的低挥发性对放火嫌疑人危害更小。这种液体蒸发得比较慢，点燃时火势不那么迅猛，爆炸危险性要小得多。煤油类化合物的自燃点非常低，大约为 210℃（见表 2-5）。有趣的是，虽然它们的 AIT 较低，但它们的高闪点使它们不太利于火势蔓延（见表 2-4）。它们的组分中包括多种高分子量烃类。煤油（1 号燃油，航空燃料 A）中往往包含石蜡和烯烃（olefinic），在 C_{10}～C_{16} 范围内。这个范围表示碳氢化合物是 10～16 个碳原子相连。它们的沸点在 175～260℃之间，因此在简单的原油蒸馏过程中，它们的沸点在汽油之后（有些重叠）。

（6）柴油燃料

柴油燃料主要以石蜡烃为主，含有少量硫和添加剂，以改善其燃烧性能。它涵盖的沸点范围为 190～340℃，为 C_{10}～C_{23}。燃料油或家用取暖油，是第二重石油产品，蒸馏范围在 200～350℃。根据当地使用情况，柴油和家用取暖油有时都被称为 2 号燃油。要仔细控制使用此种家用产品，降低硫和水的含量，以免硫和水腐蚀加热设备，减少使用寿命。

那些工业用燃料具有较高的硫和灰分含量，包括一系列产品和应用情况。柴油具有较高的自燃温度（250℃或更高）和较低的蒸气压。在火灾中，如果没有多孔灯芯物质或没有呈现气雾状，柴油只能勉强支持燃烧。用于农业生产的柴油燃料会添加染料，这类燃料的税率通常低于陆路运输使用的燃料。

（7）润滑油

润滑油含有系列碳氢化合物，具有一定的黏度、耐热性和摩擦特性，以满足各种润滑需要。虽然润滑油在常温下不易燃烧，但在高温下将会增加已燃火场的火灾荷载。相较于油品聚积物，在压力作用下释放的油品将产生细小液滴组成的溶胶，更易被引燃。使用过的车辆用油，通常储存方式较为随意，里面还含有相当比例的汽油残留物。受污染的油品闪点比纯净油品的闪点低得多，并可能引起失火。

（8）特种石油产品

特种石油产品并不是真正的石油蒸馏物，但它们在各种消费品中广泛使用，即使是无法直接参与起火过程，仍会出现在火灾残留物中。这些特种石油产品是为实现特定的物理化学性质特意生产或调配而成的。异链烷烃混合物的沸点范围不同，常出现在复印机的调色剂、打火机燃料、木炭起爆剂、灯油中，甚至出现在有些无水洗手液中（埃克森公司，1990 年）。异链烷烃混合物，有时又称为低烷烃（LPAs），用于黏合剂和有些杀虫剂中，是芳烃和环烷烃的混合物。它们常是室内家具的背景挥发物，在化学上类似于车用汽油中的芳香族馏分（Gialamas，1994）。还有单组分的物质，如柠檬烯（用作清洁剂）和正十三烷（液体蜡烛的燃料），它们都是可燃液体，正在迅速取代生产消费领域中的许多传统石油馏分产品，并被认为是放火助燃物。

2.10.3　液体燃料的燃烧

当可燃液体被倾倒或溢出到表面时，实际上只是其蒸气发生燃烧，而不是液体自身燃烧。液体及其蒸气的行为通常可以预测。在非多孔的表面，如油毡、乙烯基塑料以及刷漆的混凝土表面，独立液池的深度取决于液体黏度和表面张力。深度决定了一定数量液体可燃物所能覆盖的面积。像煤油或柴油这样的黏性液体会形成更深的液池（约 1mm），覆盖面积远小于甲醇、汽油等非黏性液体可燃物，后者的独立液池可能只有 0.1 ～ 0.5mm 深（DeHaan，1995）。

在其他表面上，液池深度由表面性质决定，如图 2-24 所示。像原木或混凝土等半多孔表面，会发生一定的渗透，通常渗透 2mm 或 3mm 左右，渗透将造成液面面积减小。地毯等多孔表面将造成较深的渗透，其产生的液池非常小。由于衬垫材料的毛细管驱动（灯芯效应）作用，同种液体的液池，如果直径尺寸相同，在同种温度下，在基底毛细管驱动作用下，多孔表面的火灾前蒸发速率比独立液池的蒸发速率要快得多（DeHaan，1999）。

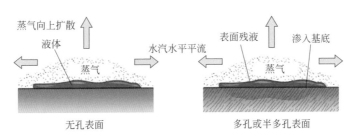

图 2-24　无孔和多孔表面上的液池（蒸气垂直、水平移动）

如前所述，在引燃之前，液池产生的蒸气将通过扩散的方式上升，并通过平流向周围扩散，如图 2-24 所示。一旦起火，火焰会蔓延至蒸气扩散到的所有部位，这些部位蒸气与空气已形成易燃混合气体。在靠近液池中心部位，部分火焰辐射热被液池中残留的液体吸收，边缘火焰辐射热量有一部分被没有液体保护的邻近地板吸收。这种辐射热足以损坏甚至点燃液池外部的地板，如图 2-25 所示。同时，液体通过对流换热的方式，将吸收的热量导入液体内部，整个液池温度开始上升。液体并不会真正冷却下方的表面，但由于温度显然无法超过液体沸点，可以对底部起到保护作用。

对于像甲醇这样的低沸点可燃物，池底温度不会超过 65℃，即甲醇的沸点。因此，甲醇蒸发完之前，液池下面的地板不会受到任何破坏。就汽油而言，它的组分是逐步由轻到重蒸发和消耗，直至扩散机制造成液体中只残留下最重的组分。整个液体的温度仅受限于最重成分的沸点，如正十二烷的沸点为216℃。当较轻组分蒸发后，液体会达到一定温度，以至于有些地板材料会被烧焦。

当柴油等重石油产品燃烧时，液体温度可高达340℃，高于有些木材等固体可燃物的点火温度。石油产品特性见表2-8。如前所述，因为轻质组分比重质组分蒸发得快，部分石油馏分的蒸发将改变组分的比例。这个过程解释了为什么有些可燃物会产生晕状燃烧，而有些可燃物会造成地面烧焦和炭化。由于它们很浅，多数易燃液体的独立液池很快会燃烧殆尽。燃烧速率取决于表面性质和液池大小，相对于直径较大的液池，直径较小的液池［＜0.1m（4in）］燃烧得更快。如图2-26（a）所示，当存在裂缝或缝隙时，局部燃烧会持续较长时间，导致地板接缝处局部炭化。如果可以通过这些裂缝增加额外的通风，将造成地板出现局部严重破坏。如图2-26（b），向下的辐射热，将使地板产生"斜边"痕迹。即使可以区分这些作用痕迹，但也是非常困难的。

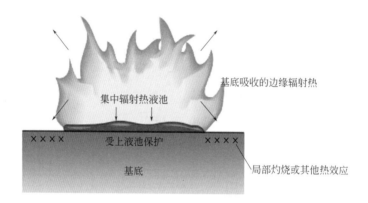

图 2-25　可燃液体燃烧池辐射热的分布及影响

表2-8　石油产品特性

石油馏出物	沸点	闪点	自燃点
乙醇	78.5℃	13℃	363℃
甲苯	110.6℃	4.4℃	
汽油（低辛烷值）	32～190℃	-43℃	257℃
甲醇	64.7℃		
中等二聚石油醚	125～215℃	13℃	220℃
矿物油	变化	40℃	245℃
石脑油（常规）		-2℃	232℃
煤油（C_{10}～C_{16}）	175～300℃	38℃	210℃
n-十二烷	216℃	74℃	203℃
重油#1	175～260℃	43～72℃	210℃
柴油（重油#2）	200～350℃	52℃	257℃
n-戊烷	36℃	-40℃	260℃

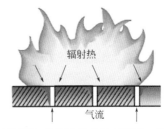

(a)地板裂缝或接缝中液体的燃烧可能会因裂缝内的所有上升气流和辐射热反馈而增强

(b)对地板辐射热可以引发暴露的边缘炭化，造成斜面外观。木板之间的燃烧可以通过下面的气流来加强。这可能是非常困难的，如果可能的话，这就是同(a)的区别

图 2-26　液池燃烧

2.10.4　非碳氢类液体可燃物

除碳氢化合物外，许多物质可被用作助燃剂，在火灾发生发展过程中发挥着重要作用。这些非碳氢类液体可燃物包括醇类、溶剂和类似物质，以及替代燃料或生物燃料，下文将对此进行讨论。

甲醇曾广泛应用于醇溶碳纸复印机（油印）中，可作为车辆燃料的替代品，也可作为清漆和油漆的稀释剂。虽然酒精燃烧的热量不高，但可用于点火，特别是酒精试剂（190标准酒精度）或高度酒精饮料（85以上标准酒精度）。包装好的零售浓度的异丙醇（外用）是易燃的。

在放火火灾和失火火灾中，所有小分子量的醇都能作为可燃物，由于其挥发性和水溶性极强，很难在火灾后的残留物中检测到。酮类，如丙酮和甲基乙基酮，广泛用作油漆和饰面溶剂，类似于乙酸乙酯和相关化合物。越来越多的油漆是水基油漆，不需要挥发性溶剂稀释，但许多木材装饰仍使用松节油作为稀释剂，或将亚麻籽油（或部分有机油）用于装修。

火灾现场常有大量的专有混合物，如拖把清洁剂、灰尘吸附剂、杀虫剂溶剂、复印机墨粉、胶水溶剂和塑料树脂溶剂等。需要提及它们是因为人们倾向于只从石油蒸馏物的角度来分析液体可燃物，但在许多火灾中，这种想法可能完全错误。某种用途的清洗剂和溶剂，经常助长和加剧工业和商业火灾，造成非常严重的破坏。上文已经介绍过了这些化合物的常见性质。

2.10.5　替代燃料或生物燃料

目前，在车用燃料中，非石油蒸馏物已被广泛使用。替代燃料或生物燃料基于植物原料——加工过的食用油及由玉米或其他植物发酵产生的乙醇。这些燃料可能是纯的生物燃料，更常见的则是生物燃料与石油产物的混合物（Kuk 和 Spagnola，2008）。

（1）生物柴油

生物柴油，有时称为 B100，是通过化学方式处理植物油（玉米油、花生油、红花油、菜籽油等）或极少数情况下处理动物脂肪后，生产而成的四种脂肪酸甲酯的混合物。这些成分的比例取决于最开始时油或者脂肪的比例。目前在美国有 770 多个 B100 生物柴油的商业销售点和无数的非正式生产商。

只需要对车辆稍加机械改造，生物柴油就可以作为柴油的直接替代品。如果生物柴油和石油柴油按 20∶80 混合，标号为 B20，可以广泛用于车辆中，因为这种燃料多数车辆不需要机械改造就可以使用。这种燃料在发动机或明火中性能表现取决于柴油燃料成分。生物柴油可能含有来自生产过程的甲醇和水的残留物。因为生物柴油成分的分子量与 C_{18} 和 C_{23} 烷烃相似，所以闪点也较为相似（100℃）。大量残留甲醇的存在将大大降低闪点。

（2）乙醇

纯乙醇不适合作为发动机燃料。最常见的乙醇燃料是 E85，一种 85% 乙醇和 15% 汽油的混合物。这种混合燃料正在美国各地销售，用于弹性燃料汽车。美国的车用汽油中含有高达 10% 的乙醇作为含氧添加剂以减少 CO 排放。E85 作为一种发动机燃料，该产品必须满足其闪点、蒸气压力和点火温度标准与汽油燃料相同。这样，对发动机的危害将减至最小。然而，对于火灾调查员来说，用水灭火后对乙醇燃料的存在进行检验鉴定将非常困难。

2.10.6 可燃气体来源

对于火灾调查员来说，应特别关注可燃气体的来源，包括：天然气管道、天然气、液化石油气、容器和器具。

（1）天然气管线

虽然天然气管线通常不是引火源，但它们却是可燃物的来源。由于天然气的特性，封闭在管道内的天然气通常没有任何危险。如果天然气与空气没有混合，未形成可燃或爆炸性混合气体，就不会存在危险。可能泄漏的情况包括：

① 接头密封不严或管道腐蚀造成泄漏；

② 管道由于外部原因造成的机械断裂；

③ 管道过热导致失效，这时管道、阀门、调节器、气表等处的密封物质会受热熔化。

（2）天然气

可燃气体以天然气或液化石油气的形式存在，通过一个由储罐、调节器、加压输送管道和柔性接头组成的系统，将其输送到燃气设备。在美国，天然气是通过地下管道输送的，输送管道的压力可能高达 1200psi（磅力每平方英寸）。配线管道和主要部件的工作压力通常可达 60 psi（但也可能高达 150 psi）。每个使用位置处安装的管道调节阀可将压力降至 0.14 ～ 0.36 psi，或升至 4 ～ 10in w.c. 压力，输送至燃气设备（1psi = 27.67in w.c.）（NFPA，2017d）。用工业燃气炉的商用建筑内部管道压力可达 5psi（但在特殊情况下可能更高）（NFPA，2015a）。输送管道可以是钢管、熟铁管、铜管（低硫气体时使用）、黄铜管、涂层铝合金管或不锈钢管，不得使用铸铁管。塑料管道或管材只能用于外部地下设施。天然气本身气味很小，所以将天然气泵入输送管道时，要加入一种有气味的（odorant）化合物（即臭味剂，通常是丁基硫醇、硫吩或另一种硫醇）。

2.10.7 液化石油气

虽然城市地区天然气或人造天然气很常见，但在许多农村和偏远地区，要使用液化石油（LP）气体。

（1）特点和用途

液化石油气通常是丙烷、丁烷或两者的混合物，含有少量的其他碳氢化合物。在大气压力下，丙烷的沸点为 -42℃，在压力下保持液态，即在常温蒸气压作用下处于液态。商用丙烷含有丙烯和微量的其他气体，以及作为臭味剂的乙基硫醇。在大气压下，丁烷（纯正丁烷）的沸点为 -0.5℃，因此它可以在低温下以自由液体的形式短暂存在。它也含有丁烯和其他微量气体以及臭味剂，如乙基硫醇（Lapina，2005）。液化石油气是用各种大小的固定或便携式容器供应的，通常在压力作用下，通过运输卡车或设施输送液体燃料进行补充。

多数装置的设计是将气体而不是液态可燃物输送至设备中。最常见的例外是用于叉车和类似设备的 LPG，该罐的设计是向发动机输送液态燃料。如图 2-27 所示，通过储罐或钢瓶的最大充液面以上的输送管，才能排出气体。当钢瓶被正常注满，即注至最大容量的80% 时，液体丙烷通过排气阀从泄漏管中溢出，操作者就知道储罐已经满了。如果储罐位置不正确，或者储液过满，连接到设备上后，液体就会淹没输送系统，并通过主输送阀溢出。

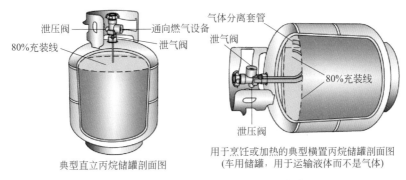

图 2-27　典型直立和横置丙烷储罐的横截面

罐内气体空间内的压力受罐内的温度及其内容物控制。对于丙烷气体来说，其压力范围从 -18℃时的 28psi 到 21℃时的 127psi，再到 54℃（130 °F）时的 286 psi。容器通常设置泄压阀，当压力超过 250psi 时，将排放气体（Ettling，1999）。对于典型非工业设备来说，一个一级或两级调节阀将使储罐压力降低到工作压力 11 ～ 14in w.c.（0.4 ～ 0.5psi）（NFPA，2017d）。根据《国家燃气规范》（NFPA 54），建筑物中未稀释的液化石油气系统的工作压力不应超过 20psi（NFPA，2015a）。

同样要关注，液化石油气输送系统的泄漏和故障，以及其他条件下，露营和烧烤用的便携式钢瓶的橡胶连接器（软管）的泄漏和故障。容器的便携性使得容器易受到天气和机械破坏，特别是容易过充。容器的标签反映了容器容量、生产日期及压力（流体静力学）测试日期。填充时反复断开和连接连接器，使得它们易受到损坏而导致泄漏。老化或错误使用可能造成柔性连接破裂。

由于丙烷和丁烷比空气重，泄漏到空气中后的流动方式与天然气的主要成分甲烷略有不同。因为质量较重，丙烷和丁烷气体的扩散行为更像汽油蒸气，它们将在室内较低位置聚集，泄漏气体不易被察觉，却更易遇到引火源。相对于其他更重的可燃气体，蒸气相对密度为 1.5 的丙烷存在时，由于它的密度与空气非常接近，更容易与空气混合。在可燃范围内，丙烷 / 空气混合物的密度几乎与空气相同，所以它可能根本不会沉积。房间里发生轻微的机械扰动，甚至是阳光加热空间的一侧引起的热扰动，都可以使丙烷在封闭空间内相当均匀地混合（Thatcher，1999）。而压力气体的释放则会引起湍流混合。

由于可燃物的性质不同，安装方法、设备使用和储存配送装置不同，液化石油气比天然气更容易引起火灾（和窒息）。根据当地建筑条例的规范，天然气常用固定安装的重型铁管输送，而液化石油气则更多使用业余安装人员以不可控的方式安装的半柔性铜管，以及可拆卸储罐完成输送。此外，气体的供给必须使用储罐车或便携储罐，而不是用固定的装置。因此，使得连接不良、管道破裂、阀门泄漏等问题发生的概率大大增加。此外，在有些小房间内，还安装了液化石油气热水器，以取代花费较高的电热水器，当门窗关闭时，将出现通风不畅的情况。

相较于天然气，液化石油气的输送压力要高得多，并且管道孔口尺寸不同。由于它的密度和燃烧热量更高，单位体积提供的能量是天然气的 2.5 ～ 3 倍。适用某种类型气体的设备如果使用了另一种气体，将发生严重故障。如果怀疑燃气设备发生故障，调查人员必须确认调节阀、燃烧器孔口和控制阀的类型是否与所用的气体类型匹配。

（2）压力罐

在许多应用场合，将手持储存液化石油气、丙烷或丁烷的压力容器，提供给各种器具作为燃料源，如用于露营和烧烤的丙烷储罐（见图 2-27）。这些容器大小不一，容量在 1 ～ 28 lb（用水的等量重量换算），通常不难被发现，即使是 BLEVE（沸腾液体扩展蒸气爆炸）发生后容器发生破碎。然而，另一种液化石油气来源很难被识别出来。各种气溶胶产品，从润滑剂、油漆、杀虫剂到空气清新剂、发胶和除臭剂，都是使用二甲醚或丁烷、异丁烷和丙烷的混合物，代替了使用多年的惰性氟碳化合物（DeHaan 和 Howard，1995）。这些气溶胶容器可容纳多达 120mL 的加压液态燃料，这些液态燃料释放后将立即蒸发。小剂量液态燃料均匀地稀释在标准尺寸的房间内，并没有什么火灾危险。但是，当它们在密封的柜子或设备内泄漏时，它们就可能形成爆炸性混合物。

在车辆内，单个气溶胶罐失效，将产生爆炸浓度气体，可能造成严重破坏。虽然厂家建议减少使用气溶胶罐，但气溶胶产品有时仍会过量使用。多个气溶胶罐泄漏或相继引燃可能破坏整个公寓和房屋。这些产品中使用的溶剂，例如，杀虫剂用的煤油、化妆品用的酒精，如果接触到附近的明火，则会增加火灾的危险。

天然气也会以低温液体的形式储存和运输，天然气的沸点为 -160℃。压缩天然气释放后，会形成比空气密度更大的蒸气云，在扩散过程中产生严重的火灾危险（Raj，2006）。

（3）泄漏

安装过程中接头密封不严、接头损坏、严重腐蚀造成管壁穿孔，都可能导致燃气管线泄漏。如果受到剧烈振动、负荷挤压或发生机械运动，坚硬的金属管线可能发生开裂，在磨损或存在缺陷的阀门、调节阀和连接件处就可能发生泄漏。这些情况发生时，专门添加到天然气中的臭味剂，会起到预警作用，因为直接开采和人工合成的天然气本身都是没有气味的。

雷击后也会出现燃气泄漏的情况，因为雷击产生的感应电流，可能导致不锈钢和铜管穿孔。Goodson 报告说，雷击产生的电流会击穿住宅天然气输送系统的覆盖塑料的波纹不锈钢管（CSST），穿孔面积可达 0.04 ～ 0.15in。穿孔后气体泄漏到阁楼和其他封闭的空间中，在这些空间中可燃气体将聚集在一起（Goodson 和 Hergenrether，2005）。Sanderson（2005）描述了聚乙烯气体管道中颗粒物（粉尘和铁锈）流动，造成管道内部静电积累放电产生的多处管道击穿的现象。这些直径非常小的穿孔，将以较低的速率释放气体，并可能在隐藏的空间内聚积（例如仪表附近的钢管立管处）。如图 2-28 所示，化学腐蚀也会导致金属管的多处泄漏。

 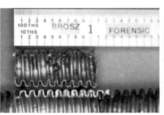 

（a）丙烷气体软管腐蚀造成大量气体泄漏，引起爆炸
资料来源：Peter Brosz, Brosz & Associates Forensic Services Inc.; Professor Helmut Brosz, Institute of Forensic Electro-Pathology

（b）内部化学腐蚀特写
资料来源：Peter Brosz, Brosz & Associates Forensic Services Inc.; Professor HelmutBrosz, Institute of Forensic Electro- Pathology

（c）CSST的电弧穿孔和气体点火
资料来源：Jamie Novak, Novak Investigations and St. Paul Fire Dept

图 2-28　化学腐蚀导致金属管的多处泄漏

假设存在泄漏没有及时发现，以下事件将依次发生：最初，气体浓度过低，任何引火源都无法点燃。当气体达到其最低燃烧极限时，将在气体浓度达到燃烧极限的区域内，形成爆炸性混合物。这种情况通常只会发生在受限或部分受限的空间内，但该空间将出现极大的爆炸危险，而不是火灾危险，至少最初发生的不是火灾。

如果存在明火等引火源或吸烟者点燃火柴，就会发生爆炸。爆炸破坏力很强，这是化学计量混合物的特征，且不会有持续燃烧。如果聚积成可燃物富集的混合物时，混合气一直没有被引燃，此时爆炸机械破坏力小，但爆炸后火焰会维持燃烧。如果在泄漏处直接点火，此处恰好有位于燃烧极限范围内的气体 / 空气混合物，可能会出现持续火焰。此种火焰将产生喷灯效应，可能作用到径直管线上的其他可燃物，并将它们引燃。火焰投射的距离取决于供给管道的燃气压力。在常见住宅中，小于等于 0.5psi 的传输压力产生的火焰，水平喷射长度仅为 0.3 ～ 0.6m（1 ～ 2ft）。工业或配送管线的压力更高，火焰喷射长度将成比例增加。由于配套供给的燃气中加入了臭味剂，在达到燃烧极限范围之前，多数燃气泄漏都可以被居民发现。

（4）机械断裂

机械断裂的管道释放气体较为罕见。然而，它可能比人们通常认为的更为常见，没有自然灾害（如地震、滑坡和类似严重破坏）发生时也是如此。例如，一条天然气管道铺设在街道下面，恰好街道上有重型卡车通过，由于没有正确地夯实管道周围土壤，管道在反复荷载的作用下发生弯曲，直到断裂，使土壤中充满气体，这些气体最终渗透到多孔土壤中，在建筑内部聚积，导致爆炸和火灾发生。

在另一个例子中，一个小燃气炉通过焊接的方式，用铜管与燃气管连接。炉子稍微移动，伴随着连接处的周期性弯曲。最后，连接处断开导致火灾和吸入燃烧产物窒息。

图 2-29　家庭燃炉用的便携式临时 LP 罐（注明空罐和扳手）

资料来源：Greg Lampkin, Knox County Sheriff's Office, Tennessee, Fire Investigation Unit

如图 2-29 所示，错误使用也会导致泄漏。在许多燃气设备上使用的波纹挠性连接管道易受到燃气中含氨气或含硫污染物的腐蚀，甚至没有移动也可能出现泄漏危险。现在许多管道都涂上了涂层，以减少这种腐蚀。

从埋地管道中释放出来的燃气，无论是天然气还是液化石油气，都会沿着管道周围的松散泥土或空隙以及多孔土壤传播扩散较长距离。这种传播迁移可能造成气体在距离实际泄漏点较远的建筑内聚积。如果上层土壤被路面、冰层甚至冻土层覆盖，极大地减少了向上扩散，将会加剧此传播迁移过程。通过土壤的渗透过滤作用，也会消除土壤中的臭味剂气体，这表明泄漏发生时，可能会没有目击者报告闻到燃气味道。造成天然气和液化石油气失去臭味剂的原因有，钢制或塑料管道以及新罐体壁面的化学吸附，以及老旧、废弃或新装钢制管道内层的红色氧化铁锈氧化（NFPA，2017d）。

通过橡胶管甚至花园软管错误地连接燃气设备，是造成泄漏燃气引发火灾或爆炸的原因。这些连接最常在接头或连接金属配件处发生泄漏。在多数住宅建筑中，输送压力较低，很少造成管道破裂，但是橡胶制品会因老化、光照或受到化学作用而降解变得脆弱时，可能破裂或开裂。

另一种机械故障是气体输送系统的压力调节器发生故障。在这些调节器中出现腐蚀、机械损坏或冻结的情况，都可能造成输送设备的气压急剧增大。过压将造成设备喷出火焰，这是因为燃烧器和通风口无法容纳额外的火焰和排气量。

与泄漏一样，当燃气从破裂的管道中释放出来时直接被点燃，此种情况下燃气释放会导致火灾发生。如果泄漏的气体在被点燃前与充足的空气混合，积聚的混合物则会发生爆炸。爆炸之后，将在可燃气体源头处发生持续燃烧。

（5）热破坏

通常，过热导致的燃气管道故障仅出现在火灾中，与燃气没有因果关系。管线经常用低熔点的合金进行焊接，如焊锡。如果外部火焰或高温烟气作用到管线连接处，连接处就可能熔化。在高温建筑火灾中，黄铜或青铜配件发生部分熔化是很常见的（见图 2-30）。由于黄铜或青铜配件经常用于燃气管道连接处，火灾后经常发现其熔化破坏。严重的火灾加热将导致黄铜连接处和钢／铁管配件膨胀不均，有时冷却后连接处出现松动。

(a) 新款LP储罐管件

资料来源：Greg Lampkin, Knox County Sheriff's
Office, Tennessee, Fire Investigation Unit

(b) 受到火灾作用部分熔化的阀门和管件，可通
过X射线透射仪检查其处于打开还是闭合状态

资料来源：Greg Lampkin, Knox County Sheriff's
Office, Tennessee, Fire Investigation Unit

图 2-30　黄铜或青铜配件发生部分熔化

由于发生火灾后才会导致连接装置熔化，显然逸出气体只会给局部燃烧提供额外的可燃物，并在开口前产生典型的喷灯式燃烧。熔化的连接件并不是引起火灾的原因，而只是

图 2-31　在液池加热器上出现的羽流和热传递破坏
资料来源：David J. Icove, University of Tennessee

火灾作用的结果，和增大火灾破坏强度的因素。在此种情况下，气体无法蔓延扩散，除了在管道开口前，其他部位不会增大火势。泄漏的可燃气体不会越过其附近正在燃烧的火焰，而扩散到与泄漏点有一定距离的地方燃烧。如图 2-31 所示，较大规模的喷灯火焰将导致开口正前部烧损缺失，相邻表面烧焦炭化。在实际火灾场景中，往往会忽略火灾残留物中出现的此种痕迹。在极端情况下，由于喷灯式火焰导致的局部强度变化，将改变流向火灾高温区的气流，从而改变火灾痕迹特征。

尽管事实如此，在索赔诉讼中仍经常提出，泄漏的气体严重增加了整个建筑火灾的强度。这就需要查明未燃烧的气体是如何通过、绕过或越过燃烧区域，到达远处燃烧部位的。泄漏也可能导致混合物过于富集而不能点燃，或者气体流动过快而不能被泄漏处附近的火焰点燃（直到它们被充分稀释或减缓）。正常认为，此种运动可通过湍流运动，使气体与充足的空气混合，火焰流向气流，从而很容易立即着火燃烧。

易燃液体存放在密闭容器中，如溶剂在金属罐或玻璃瓶内，还可能发生另一种危险情况。当这些容器受到火灾作用，膨胀的液体产生的压力阻止了液体蒸发。由于蒸发使液体的温度维持在沸点或低于沸点温度，因此容器内的温度超过了液体沸点，并可能导致液体热解。然后，容器中充满了压力液体、蒸气和气态热解产物（有时）的混合物，当容器爆裂后，会大大增加火焰的燃烧负荷。突然发生的容器爆裂往往具有爆破力，显著影响正常火灾的发展过程和强度。由于过度加热导致内部压力升高，致使充满液体的容器爆炸，这就是常说的 BLEVE 爆炸，即使是内部液体和气体是不燃的，也可以发生 BLEVE 爆炸。

第二部分　火灾动力学基础

2.11
火灾动力学基础

　　火灾现场重建和分析中应用的火灾动力学是构建于物理学、热力学、化学、传热学和流体力学基础之上的一门综合学科。调查人员需要依据并正确应用火灾动力学各方面原理，以准确认定火灾的起火部位、燃烧强度、发展过程、蔓延方向、持续时间和熄灭时间。调查人员必须认识到，火灾的发生发展过程受到许多因素的影响，如：现场火灾荷载、通风条件和房屋建筑结构。

　　火灾调查人员可以利用已发表的有关火灾动力学应用方面的研究成果。其中包括近期出版的教科书、专业论文、经典的消防工程参考资料以及由主要美国国家标准与技术研究院（NIST）、美国核管理委员会（NRC）等完成的相关研究，还包括火灾研究的期刊。

　　许多火灾调查人员无法通过常规途径获得上述资源。本章的主要目的就是弥补这一知识缺口。NFPA 921（NFPA 2017 版，第 5 章）中介绍了许多的火灾动力学基础概念，本书将在后续部分继续对这些基础概念和更高阶的概念进行讨论。已发生的真实案例和演习训练证明了这些知识的应用价值，以及如何运用火灾动力学基本原理解释火灾中常见可燃物的各种现象。本章在运用已知消防工程计算公式进行分析时，会穿插一些案例，帮助调查人员解释火灾行为，以便进行司法火灾重构。

2.11.1　基本计量单位

　　在火灾现场重建过程中，常用的计量单位和量纲有两个体系：美制单位和国际单位。美国正在渐渐向国际单位标准靠拢，即国际通用单位制（SI，法国最早将其作为计量单位，国际标准）。在计量和计算时使用国际通用单位是一种惯例。表 2-9 列出了许多火灾动力学中常用的基本量纲及其典型符号、单位和换算关系。

　　热量是火灾动力学中最基本的属性。所有物质在热力学零度（-273℃，0K）以上时，由于分子运动而具有热量。通过热传导、热对流和热辐射，将热量传递给物体，物体温度升高，可能造成起火燃烧，燃烧可能向周围物体蔓延。

表2-9 火灾动力学中常用的基本量纲

量纲	符号	SI 单位	换算
长度	L	m	1m=3.2808ft
面积	A	m^2	$1m^2$=10.7639ft^2
体积	V	m^3	$1m^3$=35.314ft^3
质量	M	kg	1kg=2.2046lb
质量密度	ρ	kg/m^3	$1kg/m^3$=0.06243lb/ft^3
质量流量	$\dot{m}$	kg/s	1kg/s=2.2lb/s
单位面积质量流量	$\dot{m}''$	kg/（s•m^2）	1kg/（s•m^2）=0.205lb/（s•ft^2）
温度	T	℃	$T(℃)=[T(℉)-32]/1.8$ $T(℃)=T(K)-273.15$ $T(℉)=[T(℃)×1.8]+32$
温度	T	K	$T(K)=T(℃)+273.15$ $T(K)=[T(℉)+459.7]0.56$
能量，热量	Q, q	J	1kJ=0.94738Btu
热释放速率	$\dot{Q}, \dot{q}$	W	1W=3.4121Btu/h=0.95Btu/s 1kW=1kJ/s
热通量	$\dot{q}''$	W/m^2	$1W/cm^2$=1kW/m^2=0.317Btu/（h•ft^2）

资料来源：Drysdale，2011；Karlsson 和 Quintiere，2000；Quintiere，1998；SFPE，2008

2.11.2 火灾科学

简单来说，火灾是一种能够释放能量的快速氧化反应或燃烧过程。Friedman（1998）将燃烧定义为某些物质与氧气之间发生的放热的（exothermic）（产生热量）化学反应。虽然火灾能量释放可以通过火焰和无焰燃烧得以表现，但实际上仍属于一种不可见的过程。看不到的能量传递方式包括热辐射和热传导等形式的热量传递（Quintiere，1998）。像铁生锈、报纸变黄等氧化过程都会产生热量，但这一过程过于缓慢，以至于难以察觉到物体温度升高。

（1）燃烧四面体

发生燃烧必须具备四个条件，就是通常所说的燃烧四面体（fire tetrahedron），如图 2-32 所示。燃烧四面体的基本组成包括：

① 存在可燃物；

② 存在充足的热量，使物质达到其着火温度并释放出可燃气体；

③ 存在足以支持燃烧的氧化剂；

④ 具备发生不受抑制放热化学链式反应的条件。

防火和灭火的科学基础就是阻隔或消除燃烧四面体中的一种或多种条件。

对于易燃液体来说，热量起到简单的蒸发作用（如液体转化为蒸气）。对于固体可燃物来说，热量

图 2-32　燃烧四面体

可造成固体分子结构断裂，即热分解，转化成蒸气、气体和固体残留（炭）。热分解也会吸收部分反应热，即热分解是一个吸热的（endothermic）过程。

源自固体和液体的气体所发生的有焰燃烧，通常发生在可燃物表面上方一定区域内。通过热量和质量的传递过程，可燃物上方形成一个适当条件下能够被引燃并持续燃烧的蒸气区域（见图 2-33）。

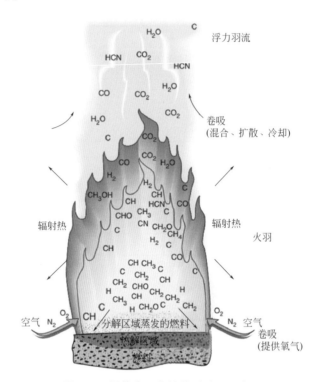

图 2-33 燃烧表面传热传质过程示意图

（2）燃烧类型

公认的燃烧或火灾类型有四种：

① 扩散燃烧；

② 预混燃烧；

③ 阴燃；

④ 自燃（Quintiere，1998）。

大部分燃料控制型燃烧都属于扩散燃烧，如蜡烛、篝火和壁炉火。上述燃烧发生在可燃气体或蒸气从可燃物表面扩散到周围空气的过程中。在此扩散区域内，可燃物与氧气的浓度适当，就会发生有焰燃烧。燃烧过程中消耗掉空气中的氧气，同时氧气也会向燃烧反应区扩散。

如果点燃前可燃物与氧气预先混合，所发生的燃烧过程就叫作预混燃烧。此种情况下，参与燃烧的可燃物通常是可燃液体蒸气或可燃气体。气体或蒸气混合物的引燃，发生在可燃气体 / 氧气浓度的爆炸极限范围内。

在喷气式发动机中，以一定的压力将燃料蒸气释放到空气中，并借助机械装置混合成为可燃混合气体，就会产生一种特殊的预混燃烧火焰。

阴燃（smoldering）是一种典型的缓慢发展的持续放热反应，燃烧过程中氧气与可燃物直接在其表面发生反应，如果可燃物是多孔结构的，还会在其内部发生反应。如果产生足够的热量，可燃物表面的炽热反应区就会发光。阴燃火灾的特点是可以看到炭化的发生，但无火焰出现。将一个烟头丢弃或扔在沙发、床垫或其他软包家具上，就可能引起阴燃火灾。虽然阴燃不会产生可见的亮光，但产生的热量可以通过触摸感受到。

灼热燃烧（glowing combustion）和阴燃通常可以互换使用，但二者之间还是有区别的。这两个名词指的都是氧气直接与固体可燃物表面发生无火焰氧化放热反应。在炭化物质表面，如果直接的表面反应占据主导地位，发生的就是灼热燃烧（Babrauskas，2003）。如果有气流或额外氧气的加入而使通风条件得到改善，就可以持续看到发光（如木材阴燃火灾中使用风箱时所观察到的现象）。这类燃烧依赖于外部加热，不能自发维持反应。

喷灯火焰作用于木材表面，火焰作用到的区域就会炭化并发光，但当火焰被移开后，发光就会停止，燃烧逐渐减弱直至完全熄灭。对阴燃的最好描述是没有火焰的自维持性燃烧，反应生成的热量加热周围的可燃物，使燃烧前沿不断扩展并持续发光。外行人所说的阴燃通常指的是"火焰不大的燃烧"，但这并不是正确的科学定义。

通过热辐射或热对流的方式加热材料表面，观察到材料表面变暗，产生白色烟气，此时也会产生类似的误解。此过程有时也被错误地认为是阴燃。但事实上，这只是可燃物表面受热发生了热分解，生成水蒸气或其他气体，有时叫作脱气。这是一个吸热过程（吸收热量），一旦停止加热，表面温度迅速下降，蒸气或烟气的释放就会停止。

和阴燃一样，自燃也是一种缓慢化学反应。大量堆积的可燃物通过自热（self-heating）过程产生足够的热量，达到热失控（thermal runaway）临界值后就会导致燃烧或持续性阴燃发生。自燃通常涉及植物类的可燃物，比如花生、亚麻籽油（Babrauskas，2003）。

阴燃火灾的特点是没有火焰，但在表面有非常热的物质在燃烧。如果表面温度足够高（500℃及以上），就会发出亮光。后续在本书还可以看到，亮光的颜色与温度相关，这同样适用于火焰中悬浮的颗粒。表2-10列出了部分可见光颜色及其对应的温度，这并不是抛光金属经过加热和冷却后表面产生的回火颜色。灼热和阴燃通常可以互换使用，但是，Babrauskas（2003）把灼热燃烧定义为不可自维持的燃烧状态，需要强制通风才能持续发生，而阴燃是可以自维持的固体气相燃烧。

表2-10　炽热高温物体颜色对应温度

颜色	大致温度 / ℃	大致温度 / ℉
深红色（初见发光）	500～600	930～1100
暗红色	600～800	1110～1470
亮樱桃红	800～1000	1470～1830
橙色	1000～1200	1830～2200
亮黄色	1200～1400	2200～2550
白色	1400～1600	2550～2910

资料来源：C.F.Turner and J.W.McCreery, 1981, The Chemistry of Fire and Hazardous Materials, Boston: Allyn and Bacon, 90; Drysdale, D.D, 1999, An Introduction to Fire Dynamics. 2nd ed, Chichester, UK: Wiley, 53

2.11.3　热传递

在火灾中，火羽流通过以下三种方式将热量传递到周围物体、房间表面及现场人员，包括：

① 热传导；

② 热对流；

③ 热辐射。

这三种方式对火灾支配的相对重要程度，不仅取决于火灾的强度和规模，更取决于火灾的实际环境。外界传递的热量使目标物体表面温度升高，产生可见的和可测量的作用痕迹。

（1）热传导

通过热传导（conduction），热量从固体物质的高温区域传递到低温区域。热量穿过墙体、天花板和其他临近物体，残留下火灾破坏痕迹，其特征取决于温度梯度（见图 2-34）。

图 2-34　车辆内部火灾通过热传导造成后门破坏的实例

资料来源：Capt. Sandra K. Wesson, Donan Fire Investigations

当某固体材料的两个界面之间温度不同时，T_1（低温）和 T_2（高温），通常可用下式描述其热传导过程：

$$\dot{q} = \frac{kA(T_2 - T_1)}{l} = \frac{kA(\Delta T)}{l} \quad\quad (2.4)$$

$$\dot{q}'' = \frac{\dot{q}}{A} \times \frac{kA(\Delta T)}{Al} = \frac{k(\Delta T)}{l} \qu\quad (2.5)$$

式中　$\dot{q}$——导热速率，J/s或W；

　　　$\dot{q}''$——导热通量，W/m^2；

　　　k——材料的热导率，W/（m·K）；

　　　A——热传导的有效横截面积；

　　　ΔT——T_2-T_1，墙体表面较高温度和较低温度的差值，K 或℃；

　　　l——热量在物体内部传递的距离，m。

热传导需要目标物和热源直接接触，才能将热量传递至目标物。例如，发生在客厅的火灾，热量通过隔热不良的普通墙体热传导至相邻房间，在表面形成分界线痕迹。调查过程中，应勘验和记录墙体的内外两侧和表面材料的破坏情况。同时，需要移除内侧墙体装修材料（比如木装饰板），以分析热传递形成的痕迹特征。表 2-11 列出了火场中几种常见物质的热力学性质。

表2-11 火场中几种常见物质的热力学性质

材料	热导率 k / [W/(m·K)]	密度 ρ / (kg/m³)	热容量 c_p / [J/(kg·K)]	热惯性 $k\rho c_p$ / [W²·s/(m⁴·K²)]
铜	387	8940	380	1.30×10^9
钢铁	45.8	7850	460	1.65×10^8
砖	0.69	1600	840	9.27×10^5
混凝土	$0.8 \sim 1.4$	$1900 \sim 2300$	880	2×10^6
玻璃	0.76	2700	840	1.72×10^6
石膏灰泥	0.48	1440	840	5.81×10^5
有机玻璃	0.19	1190	1420	3.21×10^5
橡木	0.17	800	2380	3.24×10^5
黄松	0.14	640	2850	2.55×10^5
石棉	0.15	577	1050	9.09×10^4
纤维板	0.041	229	2090	1.96×10^4
聚氨酯泡沫	0.034	20	1400	9.52×10^2
空气	0.026	1.1	1040	2.97×10

数据来源：Drysdale，2011，37

图 2-35 展示了在短时间导热、中等时间导热和稳态导热情况下，固体材料内部的温度分布。经过短时间的热传导，热通量使表面温度升高，但内部温度依然较低。增加传热的时间，将导致固体内部温度升高，最终从固体前端（高温表面）到后端（低温表面）形成近似线性关系的温度梯度分布。

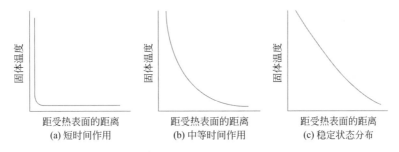

图 2-35 三种情况下热传导形成的温度分布

（2）热对流

热对流（convection）是第二种热量传递方式，通过液体或气体由高温区域向低温区域的流动来实现热量传递，也被称为牛顿冷却定律。火羽流与正上方天花板直接接触的区域，可以发现热对流破坏产生的痕迹。

热对流通常用下式进行计算：

$$\dot{q} = hA(T_\infty - T_s) = hA(\Delta T) \tag{2.6}$$

$$\dot{q}'' = \frac{\dot{q}}{A} = \frac{hA(\Delta T)}{A} = h\Delta T \qquad (2.7)$$

式中： $\dot{q}$ ——对流传热速率，J/s或W；

$\dot{q}''$ ——对流热通量，W/m²；

h ——对流传热系数，W/（m²·K）；

A ——对流传热通过的有效面积；

ΔT —— $T_\infty - T_s$ ，是流体温度（ T_∞ ）与表面温度（ T_s ）的差值，K或℃。

h 是对流传热系数（W/m²），由表面性质和气流速度决定。空气自由对流时的对流传热系数通常为 5～25W/（m²·K），强迫对流时为 10～500W/（m²·K）（Drysdale，2011）。

通过对物体表面特征的详细勘验，可以了解火羽流和顶棚射流的方向和强度，其中包含高温的燃烧产物，有高温气体、烟气、灰烬、热解产物和燃烧残留物等。在火灾发展初期，最严重的破坏往往出现在火源正上方火羽流直接作用的区域。通常情况下，距离火羽流越远的材料受到破坏的程度越轻。但在火灾发展的后期，反而在远离起火部位的地方，出现更为严重的热对流破坏痕迹。这种破坏可能与高温燃烧产物有关，其穿过通风口和相邻房间，而且如果热解产物（可燃物）与氧气充分混合，还可能发生剧烈燃烧。

（3）热辐射

热辐射（radiation）是第三种热传递方式，只要物体表面温度高于热力学零度（0K），表面热量都会以电磁波的形式向外散发。热辐射产生的热量通常会使接触火羽流的表面遭到破坏，如家具等固定物体的表面。在火灾中，人员烧伤主要是由热对流和热辐射导致。热辐射沿直线传播，可以被某些物体反射，也可以穿透某些物体传播。对物体表面总的热作用是热传导、热对流、热辐射三者的叠加。

目标表面接收到的辐射热通量一般用下式表示：

$$\dot{q}'' = \varepsilon \sigma T_2^4 F_{12} \qquad (2.8)$$

式中 $\dot{q}''$ ——辐射热通量，kW/m²；

ε ——热表面辐射系数，无量纲；

σ ——斯蒂芬 - 玻尔兹曼常数，5.67×10⁻¹¹kW/（m²·K⁴）；

T_2 ——发生热辐射物体的温度，K；

F_{12} ——角系数（由表面特性、方向和距离决定）。

高温固体或液体表面上的辐射系数一般是 0.8±0.2。气体火焰的辐射系数取决于可燃物种类和火焰厚度，火焰越薄，辐射系数越低。大部分系数在 0.5～0.7 之间（Quintiere，1998）。

解释由热辐射造成的破坏现象并不复杂，调查人员往往先从距离火羽流最远的、表面破坏最轻的区域开始，按部就班地向燃烧最强烈、破坏最明显的区域推进。表面受损越严重的区域往往更靠近最猛烈的辐射热源。通过比较受损表面，调查人员可以判断火灾发展蔓延的方向及其强度的变化。通过这一分析，调查人员得知火灾的发展和蔓延过程，并进一步判定起火部位和起火区域。

（4）叠加作用

两种及两种以上燃烧或传热方式的共同作用叫作叠加作用（superposition），这种现象会产生具有迷惑性的燃烧破坏痕迹。火焰直接接触作用（例如，火焰直接接触）过程中，最主要的传热方式是热辐射和热对流，燃烧着的气体将热量传递至受热物体表面，同时热量从表面向内部传递。火焰直接作用是叠加作用的一个实例，在此过程中，火焰的高热辐射通量和对流传热，快速作用于暴露的可燃物。这种综合作用将快速引燃可燃物，并加热其他物体表面到很高温度。

由于放火嫌疑人的目标是快速造成建筑物破坏，往往设置多个起火点。所形成的独立火灾最初形成多个独立火羽流，对经验丰富的火灾调查人员也会造成迷惑干扰，特别是起火顺序未知的情况下，各个独立火灾的作用会相互叠加。另外，燃烧物质发生倒塌或掉落后也有可能形成多个单独的火点，如：悬挂的帐幔和窗帘起火的情况。如果怀疑存在多个起火部位，调查人员就应该分析羽流的综合传热效应和叠加作用。

【例2-1】 传热计算

问题： 一个汽车修理厂的储藏室发生火灾，经过一段时间后，储藏室的砖墙内表面和顶棚温度上升到500℃（773K）。砖墙外部空气温度是20℃（293K）。砖墙厚度为200mm（0.2m），对流传热系数为12W/（m²·K）。计算砖墙外表面可达到的温度。

建议解法： 此为热传导 - 热对流问题。在解题过程中，认为这堵砖墙是同类材料构成的均质平面墙体，整面墙的热导率相同。已知内表面温度 T_s=500℃（773K），储藏室外部室温 T_a=20℃（293K）。墙外表面温度 T_E 未知。如果可燃物直接接触墙体表面，此温度是非常重要的。

因为通过砖墙热传导的稳态传热速率与通过热对流流向储藏室外周围空气的对流传热速率相等。

$$\dot{q}'' = \frac{\dot{q}}{A} = \frac{T_s - T_E}{L/k} = \frac{T_E - T_a}{1/h} \tag{2.9}$$

式中　$\dot{q}$——导热速率，J/s 或 W；

　　　$\dot{q}''$——导热通量，W/m²；

　　　h——对流传热系数（砖墙向空气），W/（m²·K）；

　　　k——材料的热导率（砖墙），W/（m·K）；

　　　L——热量传导通过的长度，m；

　　　A——热量传导的面积，m²。

$$\frac{773K - T_E}{0.2m/[0.69W/(m \cdot K)]} = \frac{T_E - 293K}{1/[12W/(m^2 \cdot K)]}$$

$$2665 - 2.448T_E = 12.05T_E - 3530$$

$$T_E = \frac{6195}{15.49}K = 399K = 126℃$$

另一种建议解法： 电气模拟方法。假设砖墙在火灾中保持完整，应确定修理厂墙体表面的稳态温度［案例来自 Drysdale（2011）的修订］。如图 2-36(a) 所示，在此解决方法中，用一维电气回路模拟解决此问题，这是因为可将热量在物体内部传递的过程看作与电流流经电阻的过程相同。

电气模拟方法经常被用来解决此类问题。稳态传热结果最好用直流电气回路模拟加以说明，温度相当于电压（$V=T$），热对流和热传导的热阻相当于电阻（分别是 $R_1=L_h/k_n$、$R_2=1/h_h$）。热通量 $\dot{q}''$，单位为 W/m^2，等同于电流，$I=\dot{q}''$。

如图 2-36（b）所示，问题转化为稳态电气回路模拟，R_1 和 R_2 分别为砖墙和修理厂内空气的热阻。

储藏室温度	$T_s=500℃ (773K)$
修理厂温度	$T_G=20℃ (293K)$
热导率	$k=0.69W/(m·K)$
砖墙厚度	$L=200mm(0.2m)$
导热热阻	$R_1=\Delta L/k=0.2m/[0.69W/(m·K)]=0.290m^2·K/W$
对流传热系数	$h=12W/(m^2·K)$
对流热阻	$R_2=1/h=1/[12W/(m^2·K)]=0.083m^2·K/W$
总热通量	$\dot{q}''=(T_s-T_G)/(R_1+R_2)=1287W/m^2$
外墙温度	$T_E=773K-\dot{q}''R_1$
	$T_E=773K-374K=399K=126℃$

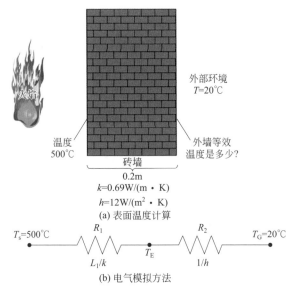

图 2-36 通过热传导的热量传递

2.11.4 热释放速率及其他

火灾的热释放速率（heat release rate，HRR）是热源在单位时间内释放的热量。热释放速率的单位通常为 W（watts，瓦特）、kW（千瓦）、MW（兆瓦）、kJ/s（千焦每秒）或 Btu/s，在公式中用字母 $\dot{Q}$ 表示（Q 上的点表示单位时间），各单位之间的换算关系为：$3412Btu/h=0.95Btu/s=1kJ/s=1000W=1kW$。

（1）热释放速率

热释放速率实际上代表的是火灾规模和大小。在对火灾进行描述，以及评价火灾对房屋和现场人员危害程度时，热释放速率是最为重要的变量，主要是因为 HRR 具有以下三个方面的重要作用（Babrauskas 和 Peacock，1992；Bukowski，1995b）：

- 扩大火灾发展规模；
- 与其他参数（烟气产生，温度变化）相关联；
- 与现场人员的耐受性相关联。

第一，也是最重要的一点，火灾释放的热量是促进蒸发或热解过程而产生更多可燃物的驱动力。可燃物产量的增多，导致热释放速率进一步增加（不断发展的火灾）。只要有充足的可燃物和氧气，可燃物燃烧产生的热量将引起热分解或形成放热环境，从而使初始可燃物和周围可燃物释放更多热量。但不能保证所有可燃物都会燃烧。与可燃物其他燃烧特性一样，理论和实际 HRR 具有一定极限值。

第二，在法庭中进行火灾现场重建，热释放速率还有一个重要作用，就是它与其他变量的直接关联性，包括：燃烧中烟气和有毒产物的生成、室内温度、热通量、质量损失速率和火焰高度。

第三，高热释放速率与高火灾致死率之间存在直接关联。热释放速率越高，燃烧物质质量损失速率越快，并且有些燃烧物质的毒性很强。高热通量、大量高温烟气和有毒气体导致现场人员失去行为能力，使其难以从火灾中安全逃生（Babrauskas 和 Peacock，1992）。

在 1985 年，Drysdale（1985）在介绍火焰高度和轰燃发生时间的估算公式时，为火灾调查人员引入了热释放速率的概念。

常使用这些公式回答下列重要问题：

- 火灾强度如何，能否引燃周围可燃物或使人受到高温伤害？
- 在火灾中是否有足够量的可燃液体参与，火焰高度可达多高？
- 能否满足轰燃发生的条件？
- 感烟探测器和（或）喷淋装置是什么时候动作的？

对于火灾调查人员来说，基本核心问题是热释放速率峰值，热释放速率峰值一般从几瓦到几千兆瓦不等。为了方便火灾调查人员，表 2-12 列出了一些常见燃烧物质的热释放速率峰值。

表2-12　火灾中常见物质的热释放速率峰值

材料	总质量 /kg	热释放速率峰值 /kW	时间 /s	总释放热量 /MJ
香烟	—	0.005（5W）	—	—
木质厨房火柴或香烟打火机	—	0.050（50W）	—	—
蜡烛	—	0.05～0.08（50～80W）	—	—
废纸篓	0.94	50	350	5.8
办公室装纸的废纸篓	—	50～150	—	—

材料	总质量 /kg	热释放速率峰值 /kW	时间 /s	总释放热量 /MJ
枕头、乳胶泡沫	1.24	117	350	27.5
小椅子（几层衬垫）	—	150～250	—	—
电视柜（T1）	39.8	290	670	150
扶手椅（现代）	—	350～750MW（典型）～1.2MW	—	—
躺椅（合成材料衬垫和罩子）	—	500～1000（1MW）	—	—
圣诞树（T17）	7.0	650	350	41
汽油液池（2qt，混凝土地面上）	—	1MW	—	—
圣诞树（干燥，6～7ft）	—	1～2MW（典型）～5MW	—	—
沙发（合成材料衬垫和罩子）	—	1～3MW	—	—
起居室或卧室（全部卷入火灾）	—	3～10MW	—	—

资料来源：Gorbett、Pharr and Rockwell 2016,133；Karlsson and Quintiere 2000,26；SFPE 2008，Chapter3-1

热释放速率峰值由燃料质量、表面积和物理结构决定。许多典型物质的热释放速率可以在 NIST 网站上查到，www.fire.nist.gov。其他与热释放速率相关的火灾动力学参数包括质量损失速率、质量通量、热通量和燃烧效率。

（2）燃烧热

物质的燃烧热是指在燃烧过程中，单位质量物质燃烧释放的热量，单位是 MJ/kg 或 kJ/g。Δh_c 表示燃烧产生的全部热量，并且只适用于物质完全燃烧，没有任何残余时。现实案例中不完全燃烧的情况更为常见，用有效燃烧热（Δh_{eff}）来表示，同时加热可燃物时损失的热量也考虑在内。

（3）质量损失

质量损失速率或可燃物的燃烧速率，取决于以下三个因素，即：可燃物种类、可燃物分布和燃烧面积。例如，用细小干树枝搭建起的帐篷形状篝火堆，相比随意摆放的大块湿木材，前者短时间内就会达到很高的热释放速率。燃烧速率单位为千克每秒（kg/s）或克每秒（g/s）。

利用物体的质量损失速率和燃烧热可以计算出热释放速率。一般用式（2.6）计算热释放速率。在实验过程中，可以直接测量可燃物堆垛的质量变化，从而确定其质量损失速率。

热释放速率 $\dot{Q}$，可以用下式计算：

$$\dot{Q} = \dot{m}\Delta h_c \tag{2.10}$$

式中　$\dot{Q}$——热释放速率，kJ/s 或 kW；

$\dot{m}$——燃烧速率或质量损失速率，g/s；

Δh_c——燃烧热，kJ/g。

（4）质量通量

另一个与热释放速率相关的概念是物质的质量通量，或者说是单位面积的质量燃烧速率，用 kg/（m²·s）表示，在公式中用 $\dot{m}''$ 表示。因为可燃物表面积或液池直径和方向等变量显著影响着质量通量，在实验室测试过程中可以控制上述变量，从而计算质量通量。如果已知可燃物水平燃烧区域面积和单位面积燃烧速率，热释放速率公式就可以写成下式：

$$\dot{Q} = \dot{m}'' \Delta h_c A \tag{2.11}$$

式中　$\dot{Q}$——总热释放速率，kW；

$\dot{m}''$——单位面积的燃烧速率，g/（$m^2 \cdot s$）；

Δh_c——燃烧热，kJ/g；

A——燃烧面积，m^2。

蒸发潜热是指固态或液态可燃物转化为气态或蒸气时所吸收的热量，它表示最初引起燃烧并维持燃烧所必需的热量。单位质量的可燃物蒸发所需的能量，单位是 kJ/kg，在公式中用 H_L 表示。与液体不同，固体的 H_L 值会随时间发生显著变化。因此，很难确定固体的准确 H_L。表 2-13 中列出了各种可燃物的 Δh_c、$\dot{m}''$ 和 H_L 的值，以及查阅这些参数的相关文献资料。

表2-13　常见物质的质量通量、蒸发潜热、有效燃烧热

常见物质	质量通量 $\dot{m}''$/［g/（$m^2 \cdot s$）］	蒸发潜热 H_L/（kJ/g）	有效燃烧热/（kJ/g）
汽油	44～53	0.33	43.7
煤油	49	0.67	43.2
纸	6.7	2.21～3.55	16.3～19.7
木头	70～80	0.95～1.82	13～15

资料来源：SFPE 2008；Quintiere 1998

（5）热通量

热通量（heat flux）是另一个用于解释引燃、火焰传播、燃烧损害的火灾动力学重要概念。热通量是热量作用于表面或通过某一截面的速率，单位是 kW/m^2（千瓦每平方米），用符号 $\dot{q}''$ 表示。

温度为 T 的表面释放的辐射热（放射能量）为：

$$\dot{q}'' = \varepsilon \sigma T^4 \tag{2.12}$$

式中　ε——火源的放射系数；

σ——斯蒂芬-玻尔兹曼常数；

T——表面的热力学温度。

因此火源的温度越高，热通量越大。热通量大小和温度 T（K）的四次方成正比。

如果可以预估燃烧的热通量和持续时间，调查人员就能获得两条重要信息：

① 第二个表面或目标表面能否被引燃；

② 火灾现场人员能否受到热伤害。

表 2-14 列出了造成人员热伤害和引燃常见可燃物所需的最小热通量。

表2-14　不同辐射热通量的影响

辐射热通量 / （kW/m²）	人体或木材表面看到的结果
170	轰燃后火灾中测得的最大热通量
80	热防护性能（TPP）测试
52	经历 5s 后纤维板能够起火
20	住宅房屋轰燃时地板接收的热通量
16	5s 内使人疼痛、产生水泡、皮肤二级烧伤
7.5	木材长时间暴露在火源下被点燃（有点火源或没有）
6.4	18s 内使人疼痛、产生水泡、皮肤二级烧伤
4.5	30s 内使人产生水泡、皮肤二级烧伤
2.5	灭火时人员长时间受到火源作用，造成疼痛和损伤
< 1.0	阳光暴晒

资料来源：NFPA 921（NFPA，2017d，Table 5.5.4.2）and Gratkowski, Dembsey, and Beyler，2006

在 *Ignition Handbook* 中，详细列举了各种火焰和火灾的热通量（Babrauskas，2003）。由于在大多数情况下难以测量，甚至难以估算，调查人员应当查阅这些公开发表的实验数据。

在最简单的案例中，火羽流的辐射热通量可以近似考虑为一个虚拟的火源点。图 2-37 显示了将火焰作为点热源，对目标物进行辐射传热的理想模型（NFPA，2008）。

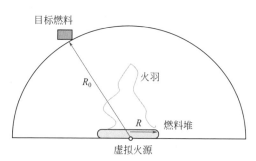

图 2-37　火焰以点源（虚拟火源）方式向目标可燃物辐射传热的示意图

运用图 2-37 中的点源模型计算物体或受害人所接收的辐射热通量的公式如下：

$$\dot{q}_0'' = \frac{P}{4\pi R_0^2} = \frac{X_r \dot{Q}}{4\pi R_0^2} \qquad (2.13)$$

式中　$\dot{q}_0''$——目标物受到的辐射热通量，kW/m²；

　　　P——火焰总辐射能量，kW；

　　　R_0——与目标物体表面之间的距离，m；

　　　X_r——辐射分数（典型值 0.2 ～ 0.6），代表辐射热与火源向外释放总热量之间的比例分数；

　　　$\dot{Q}$——火源的总热释放速率，kW。

变形为：

$$R_0 = \left(\frac{X_r \dot{Q}}{4\pi \dot{q}_0''}\right)^{1/2} \qquad (2.14)$$

式（2.14）成立的条件是，目标物体到火源的距离与燃烧着的可燃物堆垛半径（R）之间的比值满足：

$$\frac{R_0}{R} > 4 \qquad\qquad (2.15)$$

如果火灾所形成的燃烧体半径为 R，与目标物到火源的距离 R_0 的比例较小，如图 2-37 所示，对于此种情况：

$$\frac{R_0}{R} \leqslant 4 \qquad\qquad (2.16)$$

则火源不能被简化成一个点，因为目标物表面与火源几何结构之间的相对关系对热辐射效果产生重要影响。对于每种几何关系，都要计算形状因子。在常用的热辐射方程中加入角系数（F_{12}）后，如下式：

$$\dot{q}'' = \varepsilon\sigma F_{12}T^4 \text{ 或 } \dot{Q}F_{12} \qquad\qquad (2.17)$$

由于此计算过程十分复杂，对于图 2-38 中几何体的 F_{12} 数值，通常可以在如图 2-39 所示的列线图中查找。SFPE Handbook of Fire Protection Engineering 中可以查到各种几何体的列线图（SFPE，2008，附录 D，A44-47）。

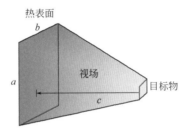

图 2-38 较小的目标物面对较大的辐射热源（大小为 $a \times b$，距离是 c），加热角度较大

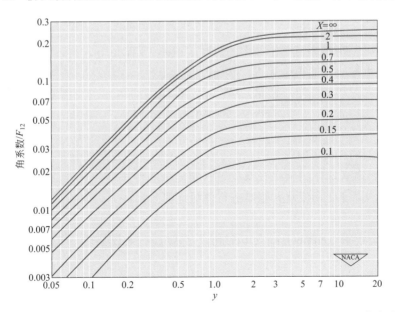

图 2-39 如图 2-38 所示的几何体，其角系数 F_{12} 的数值可以在此列线图中查找
（$x=a/c$，$y=b/c$。选择最接近数值 x 的曲线。垂直方向上是 y 的计算值，垂直线与曲线的交点即为 F_{12}）

【例2-2】 热通量计算

问题： 图 2-37 中有一个 500kW 的火源，简化为点源模型，表面半径为 0.2m。假设辐射分数为 0.60。距离 $R_0 = 1m$、2m、4m 时，火源作用到目标物的热通量是多少？

建议解法： 用式（2.13）进行计算。

热释放速率 $\dot{Q} = 500kW$

辐射分数 $X_r = 0.60$

燃烧着的可燃物表面半径 $R = 0.20m$

公式比例条件 $\dfrac{R_0}{R} > 4$

目标物受到的入射辐射热通量 $\dot{q}_0'' = \dfrac{X_r \dot{Q}}{4\pi R_0^2}$

R_0 等于 1m、2m、4m 时，$\dot{q}_0''$ 分别等于 $23.87kW/m^2$、$5.96kW/m^2$ 和 $1.49kW/m^2$。

需注意的是，距离翻倍，辐射热通量将减小为原来的 1/4。这就是所谓的平方反比定律。

（6）稳定燃烧

一旦可燃物受到充足热量作用，且氧气供给充足，火焰就会均匀蔓延到整个房间，并且达到稳定燃烧状态，也就是全室火灾（full room involvement）。稳定燃烧状态下单位面积燃烧速率和单位面积热释放速率的计算公式是：

$$\dot{m}'' = \dot{q}'' / H_L \tag{2.18}$$

和

$$\dot{Q}'' = \frac{\dot{q}''}{L_V} \Delta h_c \tag{2.19}$$

式中 $\dot{Q}''$——可燃物燃烧时单位面积的热释放速率，kW/m^2；

$\dot{m}''$——单位面积的燃烧速率，$g/(m^2 \cdot s)$；

$\dot{q}''$——火源产生的净热通量，kW/m^2；

L_V——汽化潜热，产生燃料蒸气所需的能量，kJ/g；

Δh_c——燃烧热，kJ/g。

由于式（2.18）、式（2.19）可以帮助调查人员估算稳定燃烧速率，因此非常实用。对于许多固体可燃物来说，由于存在炭化过程和复杂的传热传质过程，汽化潜热（L_V）并不是常数。L_V 随时间变化而变化，很难进行测量计算。

（7）燃烧效率

物质的燃烧效率（combustion efficiency）是物质有效燃烧热与完全燃烧热的比值，用字母 X 表示：

$$X = \Delta h_{eff} / \Delta h_c \tag{2.20}$$

因此，对于可燃物来说，燃烧越完全，X 值越接近于 1。燃烧效率较低的可燃物，特征是火焰中含有不完全燃烧产物，有黑烟及更明亮的火焰，其 X 值在 0.6～0.8 之间

（Karlsson 和 Quintiere，2000）。例如汽油的 Δh_c 一般是 46kJ/g，但由于汽油的燃烧不充分（$X=0.95$），其 Δh_{eff} 往往只有 43.8kJ/g。燃烧时产生的黑烟物质包括许多易燃液体和热塑性塑料。

为了解释塑料、可燃液体等物质的不完全燃烧，将燃烧效率引入对流热释放速率 $\dot{Q}_c''$ 公式中，X_r 是辐射分数（通常在 0.20 ～ 0.40 之间）：

$$\dot{Q}_c'' = X\dot{m}''\Delta h_c A(1 - X_r)\qquad(2.21)$$

在平均火焰高度和虚拟火源的计算中，使用 $\dot{Q}$ 计算羽流半径、中心线温度、运动速率等火羽流其他性质时，使用对流热释放速率 $\dot{Q}_c$（Karlsson 和 Quintiere，2000）。

【例2-3】 可燃液体火灾

问题： 放火嫌疑人在混凝土地面泼了一些汽油，形成直径为 0.46m（1.5ft）的液池。放火嫌疑人点燃汽油，形成的火灾类似于典型的池火燃烧。运用之前已知火灾实验结果，估算燃烧的热释放速率。

建议解法： 假定为一个不受限制的池火燃烧，其热释放速率可由式（2.11）算出。

热释放速率　　　　　　　　$\dot{Q} = \dot{m}''\Delta h_{eff}A$

汽油的质量流量　　　　　　$\dot{m}'' = 0.036kg/(m^2 \cdot s)$（不完全燃烧使该值减小）

汽油燃烧热　　　　　　　　$\Delta h_{eff} = 43.7MJ/kg$

燃烧池面积　　　　　　　　$A=(\pi/4)D^2=(3.1415/4)\times 0.46^2 = 0.166(m^2)$

热释放速率　　　　　　　　$\dot{Q}=0.036\times 43700\times 0.166 = 261(kW)$

在上述条件下，通常认为实际火灾的热释放速率在 200 ～ 300kW 之间。但实际上，薄层汽油的热释放速率仅为上述公式计算结果的 25%，公式是按照液池具有相当的厚度得出的。更多详细介绍，见 NTST 的 Putorti、McElroy 和 Madrzykowski（2001）的研究成果。

2.11.5　火灾发展

对于火灾，特别是封闭结构中的火灾，可以预测一定时间内的燃烧行为。为了进行火灾现场重建，将火灾发展分为四个独立阶段，每个阶段都有独特特征和各自的时间范围。这种划分方式也适用于单个可燃物堆垛火灾和通风条件良好的室内火灾。火灾发展曲线（fire signature）用于描述火灾的发展过程。每个阶段及其对应的物理特征如下。

- **阶段 1**：初始引燃阶段——热量低，烟气量少，观测不到火焰。
- **阶段 2**：发展阶段——热量增加，烟气量大，火焰蔓延。
- **阶段 3**：充分发展阶段——产生大量的热和烟气，火焰大面积扩展。
- **阶段 4**：衰减阶段——火焰和热量减少，烟气量大，发生阴燃。

如图 2-40 所示，上述阶段构成了火灾发展曲线，在确定典型建筑火灾中的最初起火物时，常常要用到这一曲线。划分火灾发展阶段对于理解火灾发展，了解火灾对建筑及内部物品的影响，计算烟气流动、热量释放和自动喷淋系统动作时间，估算疏散时间、判定现场人员受到热伤害等方面十分重要。

阶段 2 向阶段 3 过渡过程中，可能发生轰燃。轰燃是否发生，取决于热释放总量、通风条件、可燃物数量、房间大小和构造。如果没有发生轰燃，火灾可能无法达到充分发展阶段，而是在有限的可燃物量和有限火焰蔓延程度，或受限通风条件下，达到最大规模的燃烧。

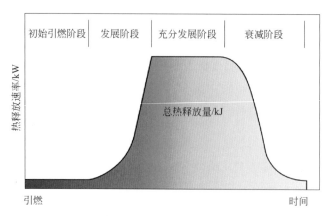

图2-40 火灾发展曲线通常包含的四个阶段

（1）阶段1：初始引燃阶段

影响物质引燃特性的最基本性质是密度 ρ、比热容 c_p 和热导率 k。三个参数的乘积（$k\rho c_p$）称为物质的热惯性（thermal inertia），$k/\rho c_p$ 被称为热扩散系数。就机械运动惯性而言，物体的惯性越大，越难开始运动，同理，热惯性（物质的 $k\rho c_p$）越大，越难被引燃，物质被引燃，则需要吸收更多热量，作用更长的时间。

表2-15列出了一些常见可燃物的引燃特性参数。T_{ig} 是材料引燃时观测到的近似表面温度，$\dot{q}''_{critical}$ 是材料能够被引燃所需的最小热通量（Drysdale，2011）。表中数据只适用于整块未燃材料受到短时间加热作用的情况（10～30min）。如果延长加热时间（以小时计），$\dot{q}''_{critical}$ 数值就会降低。例如，在适当条件下，木材在热通量约为 7.5kW/m² 时可被点燃。但考虑到木材及类似材料具有自身发热的性质，表中数据不适用于长时间加热（以月、年计）的情况。

物体的温度可以体现物体内部所含热能（能量）的相对大小。所含热量与物体的质量、热容或比热容相关。物体的比热容 c_p 决定了物体温度升高所需吸收热量的大小。

如果物体最初未与火焰接触（自燃），当已知物体受到的辐射或对流传热通量 $\dot{q}''$ 时，可以计算出物体是否能被引燃。计算假定起初燃烧的物体（引火源）提供了充分的辐射热通量，引燃周围未燃其他物体。Babrauskas通过火灾实验测试，将材料的可燃特性分为3个等级：易燃、可燃、难燃（SFPE，2002）。为了建立关联性，火灾实验测试了纸张、木材、聚氨酯、聚乙烯等可燃物。

当辐射热通量达到临界值10kW/m² 及以上时，较薄的材料（纸、窗帘等）很容易被引燃。较厚或较重且热惯性值较低的物品，如软垫家具，暴露于 20kW/m² 或更高的辐射热通量时才会被引燃。厚度大于13mm（0.5in）的固体材料（塑料、厚木块等热惯性较大的材料），在辐射热通量达到 40kW/m² 及以上时才能被引燃（SFPE，2008），但是也存在例外情况。

表2-15 引燃特性参数

材料	热惯性 $k\rho c_p$ /[kW/(m²·K)s²❶]	引燃温度 T_{ig}/℃	临界热通量 $\dot{q}''_{critical}$/(kW/m²)
平整胶合板（0.635cm）	0.46	390	16
平整胶合板（1.27cm）	0.54	390	16
破损胶合板（1.27cm）	0.76	620	44
硬纸板（6.35mm）	1.87	298	10
硬纸板（3.175mm）	0.88	365	14
硬纸板、光面涂料（3.4mm）	1.22	400	17
硬纸板、硝化纤维漆	0.79	400	17
刨花板（1.27cm，库存）	0.93	412	18
花旗松刨花板（1.27cm）	0.94	382	16
纤维绝缘板	0.46	355	14
聚异氰脲酸酯	0.020	445	21
硬泡沫（2.54cm）	0.030	435	20
软泡沫（2.54cm）	0.32	390	16
聚苯乙烯（5.08cm）	0.38	630	46
聚碳酸酯（1.52mm）	1.16	528	30
聚甲基丙烯酸甲酯（G 型，1.27cm）	1.02	378	15
聚甲基丙烯酸甲酯（polycast，1.59mm）	0.73	278	9
地毯 #1（羊毛，库存）	0.11	465	23
地毯 #2（羊毛，未处理）	0.25	435	20
地毯 #3（羊毛，处理过）	0.24	455	22
地毯（尼龙/羊毛，混合）	0.68	412	18
地毯（腈纶）	0.42	300	10
石膏板（普通，1.27mm）	0.45	565	35
石膏板（破损，1.27cm）	0.40	510	28
石膏板、墙纸	0.57	412	18
沥青屋面板	0.70	378	15
玻璃纤维屋面板	0.50	445	21
聚酯强化玻璃（2.24mm）	0.32	390	16
聚酯强化玻璃（1.14mm）	0.72	400	17
飞机壁板、环氧纤维	0.24	505	28

资料来源：Quintiere and Harkleroad，1984

❶ 原文此处有误，正确的应为 kW²·s/(m⁴·K²)。

下列式（2.22）、式（2.23）和式（2.24）由 Babauskas《SFPE 辐射照射下固体材料点燃工程指南》（*SFPE Engineering Guide to Piloted Ignition of Solid Materials under Radiant Exposure*）（SFPE, 2002）中发表的数据图推导得来。公式描述了最初燃烧的家具引燃第二件物品的过程。但不适用于计算非受限燃烧的火源热释放速率，比如燃气射流。

引燃距离火源 D 处的另一可燃物堆垛，所需的热释放速率为 $\dot{Q}$，可以通过下述公式计算得到，针对易燃材料（$\dot{q}''_{crit} \geq 10kW/m^2$）、可燃材料（$\dot{q}''_{crit} \geq 20kW/m^2$）、难燃材料（$\dot{q}''_{crit} \geq 40kW/m^2$）的计算公式分别为：

$$\dot{q}'' \geq 10kW/m^2 \qquad \dot{Q} = 30 \times 10^{\left(\frac{D+0.8}{0.89}\right)} \tag{2.22}$$

$$\dot{q}'' \geq 20kW/m^2 \qquad \dot{Q} = 30\left(\frac{D+0.05}{0.019}\right) \tag{2.23}$$

$$\dot{q}'' \geq 40kW/m^2 \qquad \dot{Q} = 30\left(\frac{D+0.02}{0.0092}\right) \tag{2.24}$$

式中　$\dot{Q}$——火源热释放速率，kW；

D——辐射热源与第二个物品之间的距离，m。

根据美国消防工程师协会（2002，2008）工程实践指南中的公式，可以估算热薄型和热厚型材料的引燃时间。式（2.25）和式（2.26）分别是针对热薄型和热厚型两种材料，得到普遍认可的引燃时间计算公式。对于热薄型材料，$l_p \leq 1mm$（l 是材料的厚度）：

$$t_{ig} = \rho c_p l_p \left(\frac{T_{ig} - T_{\infty}}{\dot{q}''}\right) \tag{2.25}$$

对于热厚型材料，$l_p \geq 1mm$，公式中去除了厚度这个参数：

$$t_{ig} = \frac{\pi}{4} k \rho c_p \left(\frac{T_{ig} - T_{\infty}}{\dot{q}''}\right)^2 \tag{2.26}$$

式中　t_{ig}——引燃时间，s；

k——导热系数，W/（m·K）；

ρ——密度，kg/m³；

c_p——比热容，kJ/（kg·K）；

l_p——材料的厚度，m；

T_{ig}——材料的引燃温度，K；

T_{∞}——初始温度，K；

$\dot{q}''$——辐射热通量，kW/m²。

液体的引燃行为与之不同，不适用上述公式。

（2）阶段 2：发展阶段

火灾增长速率有时可以用数学关系进行建模，即通过热释放速率估计火焰蔓延和火势发展情况。火焰前沿在固体可燃物水平表面上的发展蔓延属于横向火焰传播，可以用式（2.27）、式（2.28）表述（Quintiere 和 Harkelroad，1984）。

$$V = \frac{\dot{q}''}{\rho c_p A (T_{ig} - T_S)^2} \tag{2.27}$$

或

$$V = \frac{\phi}{k \rho c_p (T_{ig} - T_S)^2} \tag{2.28}$$

式中　V——横向火焰传播速率，m/s；

　　　$\dot{q}''$——辐射热通量，kW/m^2；

　　　ρ——密度，kg/m^3；

　　　c_p——比热容，$kJ/(kg \cdot K)$；

　　　A——受 $\dot{q}''$ 热作用的截面面积；

　　　ϕ——由火焰传播数据得到的引燃系数，kW^2/m^3（由实验推导）；

　　　k——热导率，$W/(m \cdot K)$；

　　　T_{ig}——燃料的引燃温度，℃；

　　　T_S——未引燃的周围材料表面温度，℃。

《测定材料引燃时间和火焰传播性质的标准试验方法》（ASTM E1321-13）中规定了 ϕ 的数值，以及其他计算横向火焰传播所需的变量值（ASTM，2013b）。表2-16列出了几种常见材料的水平火焰传播数据。在外部气流推动下，火焰会向下风方向倾斜，增加其对前方可燃物的热辐射作用；在风力气流的作用下，火焰前沿蔓延速度更快。

表2-16　水平火焰传播数据示例

材料		引燃温度 T_{ig} /℃	周围表面温度 T_S /℃	引燃系数 ϕ/（kW^2/m^3）
羊毛地毯	处理过	435	335	7.3
	未处理	455	365	0.89
胶合板		390	120	13.0
泡沫塑料		390	120	11.7
聚甲基丙烯酸甲酯		378	< 90	14.4
沥青屋面板		356	140	5.4
丙烯酸地毯		300	165	9.9

资料来源：ASTM E1321（ASTM，2009）

　　像木块等厚型固体物质表面的横向和向下的火焰传播速率较慢，通常为 1×10^{-3} m/s（1mm/s）。与之相反，固体物质向上的火焰传播速率通常在 $1 \times 10^{-2} \sim 1$ m/s（$10 \sim 1000$ mm/s）之间。液池表面的横向火焰传播速率通常在 $0.01 \sim 1$ m/s 之间，这取决于周围环境温度和液体闪点（图2-41）。对于层流火焰来说，预混的可燃气/空气混合物的火焰传播速率在 $0.1 \sim 0.5$ m/s 之间。湍流火焰使得火焰传播速率更高（汽油液池上的火焰传播速率通常在 $1 \sim 2$ m/s 之间）。有些可燃物/空气混合物将产生压力驱动火焰，进而加速到爆轰（detonation）（超过1000 m/s）的速度（Drysdale，2011）。

　　另一种固体可燃物表面上的横向火焰传播例子是草丛、野外火灾。影响此类火灾横向火焰传播速率的关键因素包括：可燃物种类和状态、风速和风向、湿度以及地形。在火灾的最初阶段，森林地面上的灌木丛、半腐层通常也参与燃烧。地形、辐射传热、风力作用引发的对流传热等因素对森林地面上的火焰传播有着重要影响。火焰在乔木和灌木树冠的传播是一种特殊过程，是正在持续进行的荒野 - 城市界面火灾相关研究中较为复杂的一部分。

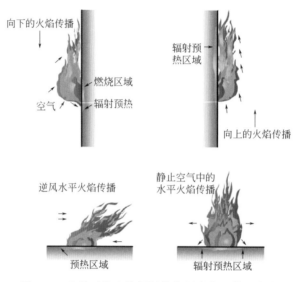

图2-41　火焰对前方的辐射热作用决定了蔓延速度

Thomas 公式（1971）可用于估算平坦草原上顺风蔓延的水平火焰传播速率：

$$V = \frac{k(1+V_\infty)}{\rho_b} \tag{2.29}$$

式中　V——火焰传播速度，m/s；

　　　k——野外火灾取 0.07，木垛火灾取 0.05，kg/m³；

　　V_∞——实时风速，m/s；

　　ρ_b——可燃物堆垛密度，kg/m³。

【例2-4】　估算水平火焰传播速率

问题：调查人员点燃了未经处理羊毛地毯的边缘。假设在高热辐射的影响下，初始表面温度达到 365℃，请计算横向火焰传播速率。

建议解法：使用 Quintiere 和 Harkelroad 公式［式（2.28）］，以及表2-16 中给出的数据。

引燃系数　　　　　　　　$\phi = 0.89 \text{kW}^2/\text{m}^3$

可燃物的热惯性　　　　　$k\rho c_p = 0.25 \text{kW}^2 \cdot \text{s}/(\text{m}^4 \cdot \text{K}^2)$

可燃物的点燃温度　　　　$T_{ig} = 455℃$

周围表面温度　　　　　　$T_S = 365℃$

火焰传播速率　　$V = \dfrac{\phi}{k\rho c_p (T_{ig} - T_S)^2} = \dfrac{0.89}{0.25 \times (455-365)^2}$

$$= 0.33 \times 10^{-3} (\text{m/s}) = 26 (\text{mm/min}) \text{❶}$$

---

❶　原文此处有误，正确的为 = 0.44×10⁻³(m/s) = 26.4(mm/min)。

请注意，初始温度越低（T_S），公式中的分母越大［式（2.28）］，水平火焰传播速率越小。如果可燃物表面没有预热，周围表面温度 $T_S = T_a = 25℃$，T_a 是环境温度，火焰传播速率计算公式如下：

$$V = \frac{\phi}{k\rho c_p(T_{ig} - T_S)^2} = \frac{0.89}{0.25 \times (455 - 25)^2}$$
$$= 0.019 \times 10^{-3}(m/s) = 1.14(mm/min)$$

【例2-5】 林野火灾中的火焰传播速率

问题： 在一年中的干燥季节，平坦的林野中，有一群小孩玩火柴引发了火灾。当时风速为 2m/s，森林地表的矮灌木丛体积密度为 0.04g/cm³。在考虑风速影响和不考虑风速影响这两种情况下，计算火焰传播速率。

建议解法： 使用 Thomas 公式［式（2.29）］

火焰传播速率	$V = k(1 + V_\infty)/\rho_b$
风速	$V_\infty = 2m/s$
体积密度	$\rho_b = 0.04g/cm^3 = 40kg/m^3$
公式常数	$k = 0.07kg/m^3$
火焰传播速率（$V_\infty = 0m/s$ 时）	$= [0.07 \times (1+0)]/40$
	$= 0.00175(m/s) = 1.75(mm/s) = 0.1(m/min)$
火焰传播速率（$V_\infty = 2m/s$ 时）	$= [0.07 \times (1+2)]/40$
	$= 0.00525(m/s) = 5.25(mm/s) = 0.315(m/min)$

在火灾发展初始阶段，火灾发展速率有时可以通过数学关系进行建模。常用的数学关系是假定火灾初始发展速率大致与燃烧时间的平方成正比（也叫作 t^2 火灾），如图 2-42 所示。如果火灾处于不受燃料和通风条件限制的理想状态，火灾发展速率呈指数增长。这种数学关系只适用于火灾发展阶段。

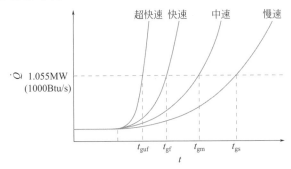

图 2-42 火灾增长因子 α 来自 $\dot{Q} - t$ 图［$\alpha = (1055/t_g^2)$，t_g 是热释放速率从基线值（火灾初期）发展到 1.055MW（1000Btu/s）所需的时间］

公认的火灾发展速率公式为：

$$\dot{Q} = (1055/t_g^2)t^2 = \alpha t^2 \qquad (2.30)$$

式中 t——时间，s；

t_g——火灾从点燃到热释放速率为 1.055MW（1000Btu/s）时的时间；

$\dot{Q}$——t 时刻的热释放速率，MW；

α——燃烧物质的火灾增长因子，kW/s^2。

根据 NFPA 72（探测器）（NFPA，2016a）和 NFPA 92（烟气控制系统）（NFPA，2015b）所引用的原则，表 2-17 和图 2-43 根据达到 1.055MW（1000Btu/s）所需时间定义了 4 种类型的发展时间。时间 t_g 是具体可燃物堆垛进行重复量热试验得到的。

表2-17 t^2火的四种火灾发展速率

火灾类型	典型物质	时间 /s	火灾增长因子 α/（kW/s^2）
慢速	厚实的木质物体（桌子、橱柜、梳妆台）	600	0.003
中速	低密度物体（家具）	300	0.012
快速	可燃物体（纸张、硬纸板、窗帘）	150	0.047
超快速	挥发性可燃物（易燃液体、合成材料床垫）	75	0.190

资料来源：NFPA 92（NFPA，2015b）and NFPA 72（NFPA，2016a）

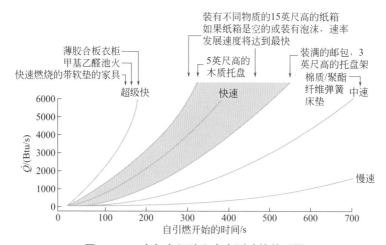

图 2-43 t^2 火与多组独立火灾测试的关系图

[热释放速率是1000Btu/s（1.055MW）]

数据来源：NIST, from Nelson and Tu, 1991

表 2-18 列出了常见仓储材料发生火灾时，单位面积的热释放速率典型值的范围，以及火灾热释放速率达到 1.055MW 所需的特征时间。上述数据都是通过常见仓储材料的实际火灾测试得到的。

表2-18   仓库材料的典型火灾特性值的范围

材料		典型单位面积热释放速率值 /（MW/m^2）	t^2 火达到 1MW 的特征时间 /s
木托架	堆积0.46m（1.5ft）高	1.3	155～310
	堆积1.5m（5ft）高	3.7	92～187
	堆积3.1m（10ft）高	6.6	77～115
	堆积4.6m（15ft）高	9.9	72～115
装有聚乙烯瓶的纸箱，堆积4.6m（15ft）高		1.9	72
聚乙烯信件托盘，堆积1.5m（5ft）高		8.2	189

材料	典型单位面积热释放速率值 / （MW/m²）	t^2 火达到 1MW 的特征时间 /s
装满的邮包，堆积 4.6m（15ft）高	0.39	187
装有聚乙烯广口瓶的纸箱，堆积 4.6m（15ft）高	14	53

资料来源：Heskestad, G.1991

慢速发展曲线（t_g=600s）通常适用于厚实型固体物质，比如实木桌子、橱柜、梳妆台。中速发展曲线（t_g=300s）适用于低密度固体可燃物，比如软垫家具和轻质家具。快速发展曲线（t_g=150s）适用于薄型可燃物质，比如纸张、硬纸板、窗帘。超快速的发展曲线（t_g=75s）适用于某些易燃液体、某些老式软垫家具和床垫以及含有挥发性可燃物的材料（NFPA，2008）。物体的几何形状也会对发展速度产生影响。

初始阶段的火灾增长速率接近于 0，因此在这个阶段之后，火灾才会以 t^2 方式增长。在某些情况下，聚氨酯软垫家具的燃烧不存在稳定发展阶段，热释放速率曲线接近三角形。用三角形拟合的方法模拟家具的热释放速率发展过程，模拟结果接近达到总热释放量的 91%（Babrauskas 和 Walton，1986）。

【例2-6】 装货码头火灾

问题：配送中心的退装货物码头发生火灾，该火灾被自动喷水系统扑灭。附近的安防摄像头捕捉到了自喷系统动作前，年轻男子从码头跑出来时的身影。

在进行火灾现场勘验时，调查人员认定此火灾为人为放火造成的，起火点位于装货码头上两个高 1.56m（5ft）堆垛上的一辆聚乙烯信件托盘车。请为调查人员计算放火嫌疑人实施放火后，30s 和 120s 时的热释放速率。

建议解法：使用 t^2 火增长公式［式（2.30）］和表 2-18 中聚乙烯信件托盘火灾行为的特征参数。

热释放速率达到 1MW 的时间　　　t_g =189s

火灾发展时间　　　　　　　　　t =30s

热释放速率　　　　　　　　　　$\dot{Q} = (1055/t_g^2)t^2 = (1055/189^2) \times 30^2 \approx 25kW$

当 t =120s 时　　　　　　　　　$\dot{Q} = (1055/189^2) \times 120^2 = 425kW$

（3）阶段 3：充分发展阶段

火灾充分发展阶段也称作稳定阶段，即火灾在现有可用燃料数量基础上达到最大燃烧速率的阶段，或是达到了氧气不足以支持火灾继续增长的阶段（Karlsson 和 Quintiere，2000）。燃料控制型火灾与稳定状态火灾有关，特别是氧气供应充足的情况下。"充分发展"这个叫法，并没有将轰燃后火灾和缺氧熄灭火灾区分开。

当氧气不足时，火灾就变成了通风控制型。此种情况往往发生在封闭房间内，温度也会比燃料控制型火灾更高。房间内充分发展火灾通常就是轰燃后火灾，此时全部可燃物都参与燃烧，火灾规模由通风控制。

（4）阶段 4：衰减阶段

阶段 4 为火灾衰减阶段，通常发生在初始可燃物剩余约 20% 的时候（Bukowski，

1995a）。虽然大多数火灾研究和消防专家更关注火灾的前三个阶段，但衰减阶段也涉及很多重要的问题。

例如，在高层建筑中，火灾熄灭后，可能仍需解救被困现场人员。此外，由于火灾衰减阶段以阴燃为主，将产生高浓度的 CO 和其他有毒气体，进入现场的调查人员也可能受到有毒燃烧产物的伤害。

【例2-7】 可靠的测试数据

问题：一名火灾调查人员正在试图得到火灾燃烧时长的可靠测试数据以及热释放速率的估计值。据报道，小男孩坐在床垫中间玩打火机引发火灾。床垫是起火房间内唯一发生燃烧的家具，起火后走廊的感烟探测器迅速动作。

建议解法：调查人员所需信息可以在 NIST（www.fire.nist.gov）的"Fire on the Web"网页找到。居民楼、商用场所常见物品的实际测试数据，可以在"FireTests/Data"栏目中找到。数据文件包括静态图片、视频、图表和其他数据，以及 NIST 火灾模拟软件的安装程序。

如图 2-44 所示，给出了该案例与实验条件下类似火灾进行对比所需要的信息。火灾实验数据表明，热释放速率峰值在起火后约 150s（2.5min）时出现，达到 750kW。在建立此起火灾假设时，调查人员就能够分析火灾的时间轴是否与证人叙述、破坏痕迹、热释放速率等数据保持一致。调查人员要记住，实验用的床垫和实际火灾中的床垫结构可能不同，即使是相同的床垫，床角点火和床下点火也会出现不同火灾行为。实验是在较大的封闭空间内进行的，以至于热辐射（提高燃烧速率）和通风的影响（限制最大燃烧速率）降到了最低。调查人员在验证相关假设时，需要考虑到这些变量的相互影响。同时，做好火灾现场记录也是调查成功的关键。

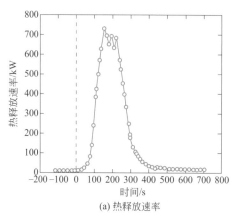

(a) 热释放速率

(b) 120s后的火焰

图 2-44 热释放速率随时间的变化和 120s 后的火焰

（其中的可靠火灾实验数据可以用于床垫火灾的调查）

数据来源：NIST, Fire on the Web, www.fire.nist.gov

2.11.6 封闭空间火灾

局限在单室内的火灾，其发展通常受到有限空气流动、烟气和进出房间热气流的影响。限制变量包括：顶棚高度、门窗构成的通风开口、房间体积、房间或隔间内的起火位置。如果火灾烟气被限制在房间内，就有可能因为室内可燃物燃烧的热释放速率达到某个值而产生轰燃。

（1）发生轰燃的最小热释放速率

室内火灾发展过程中，NFPA 921（2017d）将轰燃定义为在室内火灾发展中，房间内表面受到热辐射作用，几乎所有可燃物同时达到着火温度，火势快速蔓延至整个房间，造成整个房间发生燃烧或处于全面燃烧的过渡阶段。这种过渡在体积小、可燃物多的房间里可能只需几秒，对于较大房间，则需经过几分钟，或者因为火灾的热释放速率过低，根本就不会发生。关于这个问题，NFPA 555《室内轰燃评估方法指南》（NFPA，2017b）提供了有用参考。

火灾研究人员还记录了在该过渡阶段观察到的其他现象。典型的现象包含下列一条或以上表征轰燃影响效果的标准：地面可燃物被引燃、地面接受到高的热通量（> 20kW/m²），火焰从通风开口处窜出。

调查人员在轰燃过程中会观察到以下现象：

- 火焰从房间开口窜出；
- 上层气体温度达到600℃及以上；
- 地面接受的热通量达到20kW/m²及以上；
- 房间上部的氧气含量下降到0 ~ 5%；
- 存在短暂小幅度的压力升高，约25Pa（0.0036psi）。

轰燃的发生有两种基本定义。第一种将轰燃视为热平衡，当房间内部产生的热量超过其散热能力时，达到轰燃的临界条件。第二种定义认为房间处于流体充填的机械过程中。在这一定义中，室内冷空气被火灾热烟气取代的点就是轰燃。

由于轰燃是一个过渡阶段，准确确定轰燃的发生时间是比较困难的。轰燃前，上部烟气层或高温烟气的平均温度最高。如果热烟气层的平均温度超过600℃，无论其高温烟气层是否发生有焰燃烧，也就是所谓的滚燃（flameover），此时热烟气层的辐射热将使房间内所有受到辐射热作用的可燃物，达到并超过最小引燃的辐射热通量，进而将其引燃。如果发生轰燃，整个房间的温度将达到最大值（可能达到1000℃），此时房间内上下双层（区域）结构将被破坏，从地板到顶棚，整个房间呈现湍流混合燃烧状态（译者注：双层结构指的是轰燃前热烟气层与下方气流层温度及烟气浓度差别较大，可近似为各自内部性质均一的双层结构）。

有效混合将促进高效燃烧，使氧浓度降到3%以下，产生非常高的温度。这种环境能够产生120kW/m²或更高的辐射热通量，足以使所有辐射热作用到的表面快速起火燃烧，包括墙体、地毯、地面和低位可燃物，比如踢脚板。同时，也会加剧通风开口处附近的燃烧。

地毯开始燃烧，将产生地板层面上的火焰，从椅子、桌子和其他物品地下穿过，上述物品最初只受到热烟气层向下的热辐射作用。在可燃物消耗殆尽或采取有效的灭火措施之前，房间将持续整体性燃烧。

发生轰燃所需的最小热释放速率的大小受许多变量的影响。首先，房间大小会影响火灾对墙体、地面、顶棚表面的辐射作用。对于较小的房间，火灾的热辐射会使暴露表面的温度快速上升。同样，小房间并不适用于双区域模型。

其次，通风口也会对轰燃产生影响，因为通风口较大，发生轰燃就需要较大火灾规模，并可能导致对通风气流的计算不够准确。墙体表面材料也会影响轰燃发生的最小能量需求，并且某些计算还考虑了表面材料的传热特性因素（Peacock 等，1999）。

近期有关轰燃的计算结果与实验数据的对比表明，墙体表面对热传递具有一定的影响。研究人员指出一个趋势，即作用时间越短，轰燃所需的最小热释放速率越高（Babrauskas、Peacock 和 Reneke，2003）。

式（2.31）是 Thomas 近似公式，用于房间内发生轰燃所需最小热释放速率的计算（1981）：

$$\dot{Q}_{fo} = 378A_o\sqrt{h_o} + 7.8A_w \tag{2.31}$$

式中　$\dot{Q}_{fo}$——发生轰燃所需的热释放速率，kW；

　　　A_o——房间开口面积，m^2；

　　　h_o——房间开口高度，m；

　　　A_w——墙体、顶板、地板面积与开口面积的差值，m^2。

【例2-8】　轰燃的计算

问题：如图 2-45 所示，一个长 × 宽为 10m×10m 的房间，高 3m，开口面积为 2.5m×1m（见图 2-45），请计算该房间发生轰燃所需的最小热释放速率。

图 2-45　发生轰燃所需最小热释放速率房间的示意图（其中一扇门打开）

建议解法：使用式（2.31）。

房间开口面积　　A_o=2.5m×1m=2.5m^2

房间开口高度　　h_o=2.5m

计算面积　　A_w= 地面面积 + 墙体面积 + 顶棚面积 − 房间开口面积

　　　　　　　地板 =10m×10m=100m^2

　　　　　　　四面墙 =4×10m×3m=120m^2

　　　　　　　顶棚 =10m×10m=100m^2

　　　　　　　A_w =320m^2−2.5m^2=317.5m^2

轰燃所需热释放速率　　　$\dot{Q}_{fo} = 378A_o\sqrt{h_o} + 7.8A_w$

　　　　　　　　　　= 378×2.5×$\sqrt{2.5}$ +7.8×317.5

　　　　　　　　　　=1494+2477=3971(kW)=3.97(MW)

实际所需热释放速率约为 4MW。

（2）计算轰燃的其他方法

当使用科学方法开展调查时，调查人员应当考虑用多种方法计算轰燃所需的最小热释放速率，分析火灾模拟的结果，将结果与证人关于火灾的描述进行比较。

第一种替代解法假设：温度升高到某一特定值是判断轰燃发生的判定条件，即 ΔT=575℃（Barauskas，1980）

$$\Delta T = T_{fo} - T_{环境} = 600 - 25 = 575（℃） \tag{2.32}$$

$$\dot{Q}_{fo} = 0.6 A_v \sqrt{H_v} \tag{2.33}$$

式中　$\dot{Q}_{fo}$——发生轰燃所需热释放速率，MW；

　　　A_v——门的面积，m^2；

　　　H_v——门的高度，m。

$A_v \sqrt{H_v}$ 通常指通风因子，在类似公式中时常出现。在实际实验中，2/3 的情况结果相互吻合，且其取值介于式（2.34）和式（2.35）结果之间（Babrauskas，1984）：

$$\dot{Q}_{fo} = 0.45 A_v \sqrt{H_v} \tag{2.34}$$

$$\dot{Q}_{fo} = 1.05 A_v \sqrt{H_v} \tag{2.35}$$

【例2-9】　计算轰燃的替代解法1

问题：用替代解法再次计算例 2-8 中的问题，计算发生轰燃所需的最小热释放速率。

建议解法：使用式（2.33）～式（2.35），也就是 Babrauskas 关系式。

房门开口面积　　　　　　　$A_o = 2.5m \times 1m = 2.5m^2$

房门高度　　　　　　　　　$h_o = 2.5m$

轰燃所需热释放速率　　　　$\dot{Q}_{fo} = 0.6 A_v \sqrt{H_v}$

　　　　　　　　　　　　　　　　$= 0.6 \times 2.5 \times \sqrt{2.5} = 2.37(MW)$

最小热释放速率　　　　　　$\dot{Q}_{fo} = 0.45 A_v \sqrt{H_v} = 1.78MW$

最大热释放速率　　　　　　$\dot{Q}_{fo} = 1.05 A_v \sqrt{H_v} = 4.15MW$

第二种替代解法基于实验数据以及轰燃发生的条件为温升 $\Delta T = 500℃$（Lawson 和 Quintiere，1985；McCaffrey、Quintiere 和 Harkelroad，1981）：

$$\dot{Q}_{fo} = 610 \sqrt{h_k A_s A_v \sqrt{H_v}} \tag{2.36}$$

式中　h_k——顶棚、墙体材料的有效热导率，$kW/(m^2 \cdot K)$；

　　　A_s——减去通风口或门的面积后房间内表面积，m^2；

　　　A_v——通风口或门的总面积，m^2；

　　　H_v——通风口或门的高度，m^2。

McCaffrey、Quintiere 和 Harkelroad（MQH）公式需要估算房间墙体材料的有效热导率 h_k。假设墙体均匀受热，且热量渗透充分，则有效热导率可利用式（2.37）估算：

$$h_k = \frac{k}{\delta} \tag{2.37}$$

式中　h_k——顶棚、墙体材料的有效热导率，$kW/(m^2 \cdot K)$；

　　　k——墙体材料的热导率，$kW/(m \cdot K)$；

　　　δ——墙体材料的厚度，m。

【例2-10】 计算轰燃的替代解法2

问题：一个用 16mm 厚的石膏板围成封闭空间模型，请计算该空间发生轰燃所需的最小热释放速率，同时计算有效热导率的近似值。

建议解法：假定墙体均匀受热，且充分热渗透的情况下，计算得到：

热释放速率 $\qquad \dot{Q}_{fo} = 610\sqrt{h_k A_s A_v \sqrt{H_v}}$

热导率 $\qquad k = 0.00017 \text{kW/(m·K)}$

墙体材料厚度 $\qquad \delta = $ 围护材料厚度

有效热导率 $\qquad h_k = k/\delta$

$\qquad\qquad\qquad = 0.00017/0.016 = 1.062 \times 10^{-2} \ [\text{(kW/(m}^2\text{·K))}]$

总表面积 $\qquad A_s = 317.5 \text{m}^2$

通风口总面积 $\qquad A_v = 2.5 \text{m}^2$

通风口高度 $\qquad H_v = 2.5 \text{m}$

轰燃热释放速率 $\qquad \dot{Q}_{fo} = 610 \times \sqrt{0.01062 \times 317.5 \times 2.5 \times \sqrt{2.5}}$

$\qquad\qquad\qquad\qquad = 2226.9 (\text{kW}) = 2.23 (\text{MW})$

实际热释放速率约为 2.2MW。

计算结果 4.0MW（例 2-8）和 2.23MW（例 2-10）落在由式（2.34）和式（2.35）计算的最小值 1.78MW 和最大值 4.15MW 的区间内。取 3 个计算结果的算术平均值来作为轰燃所需热释放速率 $\dot{Q}_{fo}$ 并不恰当。

（3）判断室内火灾中轰燃是否发生的重要性

对于在火灾熄灭或可燃物烧尽后进入现场勘验的人员来说，应该认识到：判断火灾是否发生轰燃非常重要，轰燃会对房间内物品的燃烧造成影响。

房间内轰燃后燃烧产生的许多痕迹，曾经被人们认为是用汽油之类易燃液体作为助燃剂实施放火时才会出现的。汽油蒸气燃烧形成的火球有时会造成从地板到顶棚的整体性破坏。这种火灾持续时间较短，形成浅层烧灼。无论火灾是如何引发的，轰燃后的燃烧和汽油蒸气燃烧的火球一样，都会使地板到棚板之间的墙体烧焦炭化。

以前在失火火灾调查中，很少会发现地毯及下面衬垫参与燃烧的现象，但当房间里到处可见的都是聚氨酯泡沫、热塑性合成纤维装饰物、窗帘、地毯等热释放量高的现代材料，这种现象会经常遇到。廉价地毯和贴紧墙面的挂毯衬底都是由像聚丙烯这类极易燃的纤维制成的。在一定的热辐射作用下，这种地毯在火灾中会熔化、收缩、起火，露出可燃烧的聚氨酯泡沫衬垫，使其也受到热辐射和火焰的作用。这种燃烧将会使地面形成猛烈的火势，在地毯下面的地板处形成很深的不规则燃烧痕迹。因为在走廊火灾中，普通地毯也发生燃烧，所以研究人员设计出地面辐射板试验。由于剧烈的湍流影响，轰燃后火灾的热辐射作用并不均匀，因此地面上的残留痕迹也不尽相同（DeHaan，2001）。

另一个公开发表的实验指出，对于瓷砖和地毯等不同的地板材料，引燃倾洒在上面的汽油，不一定都会发生烧穿现象（Sanderson，1995）。实验表明，地毯没有填充物时，不会发生烧穿现象。存在地毯填充物有时会出现烧穿现象，但不是发生在倾倒汽油的位置。2005 年，Babrauskas 同意本书作者的意见，认为地板烧穿最可能的原因是正上方的辐射热，而不是地板上可燃液体的燃烧。倒塌的家具、床上用品持续缓慢燃烧，也会在局部出现地板烧穿的现象。

过去曾认为桌椅下方的破坏是由地面可燃液体的燃烧造成的，但事实上轰燃时被引燃的地毯和垫子的有焰燃烧也会造成这类破坏。高温和全室性燃烧曾经一度被认为与易燃液体助燃剂的出现有关，但事实上轰燃过程中即使没有助燃剂参与也会产生两种现象。轰燃后所产生的极高热通量，会造成10倍于低热通量条件下的木材炭化速率和其他物质燃烧速率（Babrauskas，2005; Butler，1971）。

轰燃后的燃烧时间越长，火灾重建工作的难度就越大，因为轰燃后或全面发展阶段的一个特征就是房间内从地板到顶棚所有暴露的可燃物表面都被引燃着火。因此烟气和火灾破坏形成的局部痕迹会被销毁，而这些痕迹的存在能够帮助调查人员认定可燃物位置、确定火焰高度以及判断火势蔓延方向。在某些较大房间里，有时会出现逐步发展的轰燃——房间一端从地板到顶棚全部发生燃烧，而另一端的地板却保持完好。短时间（15min以下）暴露于轰燃后的火灾，墙壁上的火灾痕迹并不一定会被破坏（Hopkins，Gorbett和Kennedy，2007）。

在轰燃前的火灾中，热破坏最严重的位置位于燃烧可燃物周围或正上方。热烟气层温度越高，对房间上部二分之一或三分之一部分造成的热破坏就越为严重。轰燃发生后，所有可燃物参与燃烧，火灾变为通风控制型，效率最高的燃烧（温度最高）发生在通风口附近的湍流混合区，此处氧气供应最为充足。许多轰燃后的室内火灾，可燃物超过空气的供应量，进而发生缺氧燃烧。Carmen 2008年的研究成果加深了对轰燃后火灾行为的理解。对于通风控制型火灾，Garmen针对通风效应对清洁燃烧痕迹形成的影响做了大量实验（Garment，2010）。

通过询问第一个进入现场的消防员，可以了解进入房间时，是否发生了从地板到顶棚的全室性燃烧。调查人员必须熟知轰燃发生的条件，并且能够辨认是否发生过轰燃。全面理解现代家具火灾蔓延、热释放速率以及轰燃动力学的特征，对于火灾调查工作大有帮助（Babrauskas和Peacock，1992）。

（4）轰燃发生后的相关特征

如前所述，房间发生轰燃时的热烟气层平均温度高于（或等于）600℃。轰燃发生后，整个房间可以被看作一个均匀的、呈湍流状态的、充分混合的立方体，内部温度处处相等，可燃物/氧气和其他燃烧产物的浓度也处处相等。

对于轰燃后的通风控制型火灾，房间内可燃物的热释放速率受通风条件控制。特别是新鲜空气流入和室内气体流出的速率，由通风口两侧温度差和通风因子（$A_v\sqrt{H_v}$）共同决定。

理解了这些，就可以用开口处质量流量的关系式，估算房间内可燃物燃烧的最大热释放速率。通过开口的空气质量流率约为（Karlsson和Quintiere，2000）：

$$\dot{m}_{空气} = 0.5 A_v \sqrt{H_v} \tag{2.38}$$

因为热释放速率和空气质量流率相关，因此可以用下式估算热释放速率：

$$\dot{Q} = \dot{m}_{空气} \frac{\Delta h_c}{r} \tag{2.39}$$

$$\dot{Q} = 0.5A_v\sqrt{H_v}\frac{\Delta h_c}{r} \tag{2.40}$$

式中　Δh_c——可燃物的燃烧热，kJ/kg；

$\dot{m}_{空气}$——单位质量可燃物燃烧所需的空气质量，kg/kg；

$\dot{Q}$——热释放速率，kJ/s 或 kW；

r——空气与可燃物质量比，为 5.7kg/kg。

对于大多数可燃物来说，以下参数是定值，如木材：

$$\Delta h_c = 15000\text{kJ/kg}$$

$$r = 5.7\text{kg/kg}$$

$$\frac{\Delta h_c}{r} = 2630\text{kJ/kg} \; ❶$$

对于以木材为可燃物的室内火灾，假定燃烧效率为 100%，就能估算出最大火灾规模。将此数值代入式（2.40），得到：

$$\dot{Q} = 1370A_v\sqrt{H_v}(\text{kJ/s} = \text{kW}) \; ❷ \tag{2.41}$$

轰燃发生后，可以估算出房间内温度可达 1100℃（2012 ℉）。Thomas（1974）和 Law（1978）共同研究得到下列关系方程，用于预测自然通风条件下轰燃后室内最高温度：

$$T_{fo(max)} = 6000\frac{(1-e^{-0.1\Omega})}{\sqrt{\Omega}} \tag{2.42}$$

$$\Omega = \frac{A_T - A_v}{A_v\sqrt{H_v}} \tag{2.43}$$

式中　$T_{fo(max)}$——轰燃时房间最高温度；

Ω——通风系数；

A_T——封闭房间总内表面积（不包括通风开口面积），m²；

A_v——通风开口总面积，m²；

H_v——通风开口高度，m。

【例2-11】　计算室内火灾通风控制条件下最大热释放速率和最高温度

问题： 在一个 10m×10m、高 3m、开口 2.5m×1m 的房间（见图 2-45）内，房间内木质家具起火燃烧，形成了通风控制型火灾，假设处于自然通风条件，计算最小热释放速率和最高温度。

建议解法： 在已知开口面积的条件下，室内火灾发展的最小热释放速率可以用式（2.41）算出：

最小热释放速率　　　　　$\dot{Q} = 1370A_v\sqrt{H_v}$ ❸

---

❶ 原文此处有误，式中 1370 应为 1315。

❷ 原文此处有误，式中 1370 应为 1315。

❸ 原文此处有误，式中 1370 应为 1315。

开口高度	H_v=2.5m
开口面积	A_v=1×2.5=2.5(m²)

最小热释放速率
$$\dot{Q} = 1370 A_v \sqrt{H_v}$$
$$=1370×2.5×\sqrt{2.5} = 5415(kW) = 5.415(MW)\textbf{❶}$$

轰燃时室内最高温度
$$T_{fo(max)} = 6000\frac{(1-e^{-0.1\Omega})}{\sqrt{\Omega}}$$

通风系数
$$\Omega = \frac{A_T - A_v}{A_v\sqrt{H_v}}$$

通风总面积
$$A_v = 1×2.5 = 2.5m²$$

房间总内表面积（不包括通风开口面积）

$$地板面积 = 10m×10m = 100m²$$
$$四面墙的面积 = 4×10m×3m = 120m²$$
$$顶棚面积 = 10m×10m = 100m²$$
$$A_T = 320m² - 2.5m² = 317.5m²$$

通风开口高度
$$H_v = 2.5m$$

通风系数
$$\Omega = \frac{A_T - A_v}{A_v\sqrt{H_v}} = \frac{317.5 - 2.5}{2.5×\sqrt{2.5}} = \frac{315}{3.95} = 79.75$$

房间轰燃时最高温度
$$T_{fo(max)} = 6000\frac{(1-e^{-0.1\Omega})}{\sqrt{\Omega}}$$
$$= 6000\frac{(1-e^{-7.975})}{\sqrt{79.75}}$$
$$= 6000×\frac{0.999}{8.93} = 671.6 \textbf{❷}(℃)$$

讨论：前面预测较大房间内发生轰燃的临界条件为火灾热释放速率达到 3～4MW，如果具备通风口，火灾会发展到 5MW 甚至更大。另外，上述计算得到的约 671℃ 的最高温度值，也与轰燃发生的临界温度（600℃）相一致。

2.11.7 有关封闭房间火灾的其他相关问题

（1）持续时间

作为火灾现场重建和分析的一部分，封闭空间内火灾行为的其他特征对调查人员也很重要。通常会考虑以下几个方面：

① 感烟探测器的动作情况；

② 感温探测器和喷淋系统的动作情况；

---

❶ 原文此处有误，正确的应为：

$$\dot{Q} = 1315 A_v\sqrt{H_v}$$
$$= 1315×2.5×\sqrt{2.5} = 5198(kW) = 5.198(MW)$$

❷ 原文此处有误，671.6 应为 671.2。

③ 通风受限火灾。

封闭空间的火灾特征有助于解答调查中发现的许多问题。例如，火灾有效燃烧时间是多长？在这段时间内，感烟探测器或喷头是否动作？问题的答案可以填补时间轴上需要的空白信息，特别是对于亡人火灾。

在紧闭的房间内，火灾消耗氧气的过程中，将贫氧的空气卷吸入热烟气层中。烟气层逐渐下降，直到与燃烧层接触。此时火灾规模减小，仅在烟气层中仍有氧气的地方持续燃烧，同时热释放速率也会逐渐降低。如果房间高处有缝隙或通风口，烟气层就会上升，回到正常空气条件下，火灾发生时烟气层所在位置，热释放速率也恢复，直到烟气层再次下降。此过程产生周期性火灾行为过程，即：明火燃烧—阴燃—明火燃烧—阴燃，循环出现，直到可燃物耗尽。

NFPA 555 详细说明了两种紧闭房间内燃烧持续时间的计算方法：

① 保持稳定热释放速率的火灾；

② 以 t^2 指数关系增长的火灾（NFPA，2017b）。

稳态燃烧：
$$t = \frac{V_{O_2}}{\dot{Q}(\Delta h_c \rho_{O_2})} \qquad (2.44)$$

增长火灾：
$$t = \left[\frac{3V_{O_2}}{\alpha(\Delta h_c \rho_{O_2})}\right]^{1/3} \qquad (2.45)$$

式中　t——时间，s；

V_{O_2}——燃烧过程可供消耗的氧气体积，m^3；

$\dot{Q}$——稳定燃烧的热释放速率，kW；

$\Delta h_c \rho_{O_2}$——消耗单位体积氧气的热释放量，kJ/m^3。

α——控制火灾发展速度的常数，kJ/s^3（慢速 2.93×10^{-3}，中速 11.72×10^{-3}，快速 46.88×10^{-3}）。

根据 NFPA 555（NFPA，2017b）的数据，一旦氧气水平降到 8% ～ 12% 之间，有焰燃烧将无法维持，所以通常认为房间内 V_{O_2} 是房间内可供消耗氧气总量的一半［所以 $V_{O_2} = 0.5 \times 0.21 V_{房间}$］。此外，这种关系成立的前提是房间只在地面水平上发生燃烧。如果火焰升高，但又不至于大到引发大量局部湍流混合，V_{O_2} 则由燃烧区域以上空间的大小决定。

（2）感烟报警系统的动作情况

火灾调查人员往往需要解决一个问题，就是在时间轴上确定感温、感烟探测器和喷淋系统的动作时间。历史上消防工程师们已在这一领域做了许多研究工作，特别是 DETACT-QS 项目（Evans 和 Stroup，1986）。这些重要事件通常由目击者观察到，或由报警系统自动记录，常作为火灾调查的关键信息。

图 2-46 说明了计算上述装置动作时间所需测量的参数。H 是可燃物表面到正上方顶棚的距离，r 是羽流中心线到感温探测器或喷头画圆的半径。中心线是人为设想出来的可燃物堆垛中心到顶棚的垂直线。R 是起火可燃物堆垛的等效半径。

估算感烟探测器响应时间有 3 种常用方法，即 Alpert（1972）法、Milke（1990）法和 Mowrer（1990）法。Alpert 法和 Milke 法计算中的热释放速率采用对流部分 $\dot{Q}_c$，引入的对流热释放速率分数为 X_c（通常为 0.70），其中 $\dot{Q}_c = X_c\dot{Q}$。

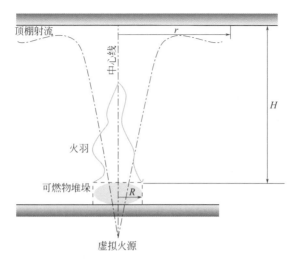

图 2-46 计算感温、感烟探测器和喷头动作时间所需测量的参数

在 Mowrer 法中，需要进行两次计算，来确定稳定火灾时感烟探测器的动作时间。首先算出火灾烟气沿羽流中心线到达顶棚的时间，即羽流延迟时间。接着算出烟气从羽流中心线运动到达探测器的时间，即顶棚射流延迟时间。

对于稳态火灾的热释放速率 $\dot{Q}_c$，可以通过下列公式计算：

$$t_{pl} = C_{pl}\frac{H^{4/3}}{\dot{Q}^{1/3}} \tag{2.46}$$

$$t_{cj} = \frac{1}{C_{cj}} \times \frac{r^{11/6}}{\dot{Q}^{1/3}H^{1/2}} \tag{2.47}$$

式中 t_{pl}——羽流运动延迟时间，s;

       t_{cj}——顶棚射流运动延迟时间，s;

       C_{pl}——羽流延迟时间常数，0.67（实验测定值）；

       C_{cj}——顶板射流延迟时间常数，1.2（实验测定值）；

       r——羽流中心线到探测器的径向距离，m;

       H——燃料上表面到正上方顶棚的高度，m;

       $\dot{Q}$——火灾热释放速率，kW。

【例2-12】 废纸篓火灾中感烟探测器动作时间计算

问题：商店老板关门后不久，商店发生了火灾，老板声称可能是自己在离开前，无意往废纸篓扔了根点着的火柴引发了这场火灾。火焰点燃了小纸篓，纸篓直径为 0.3m（0.98ft），里面装满了普通纸张。火灾很快发展达到了热释放速率为 100kW 的稳定燃烧。

房间初始温度为 20℃（293K）。废纸篓顶部距离顶棚为 4m（13.12ft）。顶板安装的感烟探测器位于距火羽流中心距离为 2m（6.56ft）的位置。假设顶棚水平光滑，辐射损失忽略，试确定热烟气顶棚射流导致感烟探测器动作的时间。

建议解法： 假设火灾处于稳定状态，且感烟探测器立即响应。

可燃物正上方顶棚高度 $\qquad\qquad$ $H = 4\text{m}$

羽流中心线到探测器径向距离 $\qquad$ $r = 2\text{m}$

羽流延迟时间常数 $\qquad\qquad$ $C_{pl} = 0.67$

顶棚射流延迟时间常数 $\qquad$ $C_{cj} = 1.2$

热释放速率 $\qquad\qquad\qquad$ $\dot{Q} = 100\text{kW}$

羽流运动延迟时间 $\qquad\qquad$ $t_{pl} = C_{pl}\dfrac{H^{4/3}}{\dot{Q}^{1/3}} = 0.92(\text{s})$

顶棚射流运动延迟时间 $\qquad$ $t_{cj} = \dfrac{1}{C_{cj}} \times \dfrac{r^{11/6}}{\dot{Q}^{1/3}H^{1/2}} = 0.32(\text{s})$

探测器动作时间 $\qquad\qquad$ $t = t_{pl} + t_{cj} = 0.92 + 0.32 = 1.24(\text{s})$

讨论： 由于存在多种变量，如火灾规模、房间结构、探测器类型（光电型或离子型）和环境的相互作用，感烟探测器动作时间可能发生变化，尤其与探测器安装部位密切相关。因此前述计算方法并不准确，因为没有考虑烟气进入探测器感应室的延迟时间。另外，此方法假定火灾瞬间就能达到100kW，但事实上火灾需要30s或以上的时间才能发展到这种规模。建议顶棚安装感烟探测器动作时间的计算应考虑烟气层的温度因素（Heskestad 和 Delichatsios，1977）。

Collier（1996）开展的实验表明，探测器部位的温度升高约4℃，就足以引起探测器动作。在诸多预测感烟探测器、感温探测器和喷淋系统动作时间的方法中，工程计算方法通常只考虑热烟气对感应元件的对流加热作用，而不考虑火焰的直接辐射加热作用。在被加热的房间中，释放能量较低的燃烧所产生的烟气，由于浮力不够，无法穿过已形成的静态热气层到达探测器并使其动作。

为了对比，需要应用 Alpert 和 Milke 两种方法对上例进行计算，分别得到5.89s和12.48s两种结果。通过对火灾场景的实验再现，可以确定某些关键变量（例如：墙上布置/位置情况，顶棚通风口位置，火灾发展至稳定状态的时间）。

（3）喷头和感温探测器的动作情况

估算喷头和感温探测器的动作时间过程中，必须依据 r/H 的值来计算顶棚射流的温度和流速。基于670kW～100MW的一系列火灾实验数据，总结得到了下列计算公式（Alpert，1972; NFPA，2008）。

首先需要计算可燃物燃烧产生的羽流正上方中心线处的温度：

当 $r/H \leqslant 0.18$ 时 $\qquad\qquad$ $T_m = 16.9\dfrac{\dot{Q}^{2/3}}{H^{5/3}} + T_\infty$ $\qquad\qquad$ （2.48）

如果 r/H 比值大于0.18，探测器或喷头处于顶棚射流内，就有：

当 $r/H > 0.18$ 时 $\qquad\qquad$ $T_{m_{jet}} = 5.38\dfrac{(\dot{Q}/r)}{H} + T_\infty$ $\qquad\qquad$ （2.49）

式中 $\quad T_m$ ——火焰上方羽流气体温度，K；

$\qquad T_{m_{jet}}$ ——顶棚射流温度，K；

T_∞——房间环境温度，K；

$\dot{Q}$——火灾热释放速率，kW；

r——羽流中心线到探测装置的径向距离，m；

H——燃料表面到上方顶棚的距离，m。

通常在工程上计算喷头动作时间时，只考虑火灾热烟气对感应元件的对流传热作用（Iqbal 和 Salley，2004）。这种解法不考虑热辐射的直接加热作用，同时假设从喷头向管道的热传导可以忽略不计。因此，通常在计算时用对流热释放速率的数值来替代总的热释放速率 $\dot{Q}$。

为了更深入地研究探测器和喷淋装置的动作问题，需要计算顶棚射流的最大速率 U_m。下面公式的选取取决于 r/H 的比值。

靠近羽流中心线的最大射流速率为：

当 $r/H > 0.15$ 时
$$U_m = 0.96(\frac{\dot{Q}}{H})^{1/3} \qquad (2.50)$$

远离羽流中心线的射流速率为：

当 $r/H > 0.15$ 时
$$U_m = 0.195(\frac{\dot{Q}^{1/3}H^{1/2}}{r^{5/6}})^{1/3} \qquad (2.51)$$

式中　U_m——烟气流速，m/s；

$\dot{Q}$——热释放速率，kW；

H——可燃物表面到上方顶棚的距离，m；

r——羽流中心线到探测装置的距离，m。

在处于稳定状态火灾中，感温探测器或喷淋装置的动作时间取决于响应时间指数（RTI）。这个指数能够评价感温探测器从室温为环境温度的初始条件下，到发生动作的能力。由于喷淋的探测器具有限定的质量，RTI 考虑了探测器温度升高之前的延迟时间：

$$t_{动作} = \frac{\text{RTI}}{\sqrt{U_m}}\ln(\frac{T_m - T_\infty}{T_m - T_{动作}}) \qquad (2.52)$$

式中　RTI——响应时间指数，$m^{1/2} \cdot s^{1/2}$；

U_m——烟气流速，m/s；

T_m——火焰上方羽流气体温度，K；

T_∞——室内环境温度，K；

$T_{动作}$——动作温度，K。

每种类型或型号的洒水喷头 RTI 值都是由厂家确定的。

【例2-13】　废纸篓火灾引起喷头动作

问题：调查人员对例 2-12 火灾中的残留物进行了详细勘验，结果表明废纸篓实际含有纸张和塑料，火灾达到稳定状态时的热释放速率为 500kW。纸篓正上方有一个标准响应玻璃泡喷头，其响应温度为 74℃（347K），RTI 为 $235m^{1/2}s^{1/2}$。室内环境温度为 20℃（347K）。估算喷头动作时间。计算顶棚射流温度，对流热释放速率 $\dot{Q}_c$。

建议解法：由于喷头位于火羽流正上方，中心线到喷头的半径为 0，r/H 值小于 0.18。同样，假设火灾对流热释放速率分数（X_c）保守值为 0.70。使用适合的公式计算温度和速率。

热释放速率	$\dot{Q} = 500\text{kW}$
对流热释放速率	$\dot{Q}_c = 350\text{kW}$
可燃物表面到顶棚的距离	$H = 4\text{m}$
室内环境温度	$T_\infty = 20 + 273 = 293(\text{K})$
响应时间指数	$\text{RTI} = 235\text{m}^{1/2}\text{s}^{1/2}$
动作温度	$T_{\text{动作}} = 74 + 273 = 347(\text{K})$

顶棚射流温度
$$T_m = 16.9(\dot{Q}_c^{2/3}/H^{5/3}) + T_\infty$$
$$= 16.9 \times (350^{2/3}/4^{5/3}) + 293$$
$$= 83 + 293 = 376(\text{K}) = 103(℃)$$

顶棚射流速率
$$U_m = 0.96\left(\frac{\dot{Q}}{H}\right)^{1/3}$$
$$= 0.96 \times (500/4)^{1/3} = 4.8(\text{m/s})$$

动作时间
$$t_{\text{动作}} = (\text{RTI}/\sqrt{U_m})\ln[(T_m - T_\infty)/(T_m - T_{\text{动作}})] ❶$$
$$= (235/\sqrt{4.45})\ln[(376 - 293)/(376 - 347)]$$
$$= 61.8(\text{s}) ❷$$

顶棚射流行为的计算仅适用于光滑、水平的顶棚。开敞的格栅、顶棚通风道和倾斜表面都会对气体运动产生显著影响。

章节回顾

总结　　火灾是一种能够产生各种物理效应的化学反应。因此，火灾调查人员要熟悉火灾中涉及的简单理化性质和变化过程。因为火灾是由多个同时发生的化学反应综合作用的结果，重要的是要首先了解发生的化学反应是什么，及其在火灾中发挥怎样的作用。

在火灾现场重建和分析中应用的火灾动力学，其知识框架源自物理学、热力学、化学、传热学和流体力学等综合理论。调查人员准确认定起火部位、燃烧强度、火势发展、蔓延过程、持续时间和灭火过程，需要依据并正确地使用各种火灾动力学原理。调查人员必须认识到，火灾发生发展过程的各种变化受诸多因素的影响，如：火灾荷载、通风条件和房间结构等。

燃烧是一种通过化学反应产生物理作用的过程。因此，火灾调查人员应该熟悉其中所涉及的简单物理化学变化及发展过程。因为燃烧过程中包含多种化学反应，因此首先了解化学反应是什么，如何影响火灾的发生发展，是重要的。

---

❶ 原文此处有误，4.45 应为 4.8。

❷ 原文此处有误，61.8 应为 112.8。

火灾现场重建和分析过程中所应用的火灾动力学知识主体，来源于物理、化学、热动力学、传热学和流体力学的综合理论。准确地认定起火部位、火灾强度、发生发展、蔓延方向、持续时间以及熄灭过程，需要调查人员正确地参考和使用各种火灾动力学原理。火灾调查人员必须认识到，火灾发生发展过程受多种因素的影响，将发生多种变化，其中包括：火灾荷载、通风情况、房屋结构。

复习题

　　1. 参与化学反应的最小单元是什么？

　　2. 普通燃烧所需的自然元素是什么？

　　3. 碳氢化合物燃烧产物的三种成分是什么？

　　4. 碳氢化合物和碳水化合物之间的区别是什么？

　　5. 葡萄糖和纤维素的区别是什么？

　　6. 燃料的燃烧热是什么？

　　7. 列举石油产品的四个种类。

　　8. 什么化学结构被称为烷烃？

　　9. 什么化学结构被称为芳香烃？

　　10. 定义有机化合物。

　　11. 根据理想气体准则，如果混合气体温度从 300K（27℃）上升到 600K（327℃），体积上会有什么变化？

　　12. 描述热解现象。

　　13. 描述固体转化为蒸气的四种途径。

　　14. 描述木材燃烧的过程。

　　15. 木材低温起火通常需要什么条件？

　　16. 描述热塑性塑料和热固性塑料的区别。

　　17. 为什么乳胶泡沫和合成泡沫的燃烧性质不同？

　　18. 什么行为影响了热塑性塑料（聚丙烯、尼龙、聚苯乙烯）的燃烧？

　　19. 什么金属可直接在空气中燃烧？

　　20. 粉尘爆炸的控制因素是什么？

　　21. 描述纤维材料和合成材料的区别。哪一个更容易被点着的香烟引燃？

　　22. 什么是饱和蒸气压，如何测量？

　　23. 爆炸下限是什么意思？

　　24. 液体燃料温度到达闪点时发生什么现象？

　　25. 闪点和自燃点的区别是什么？

　　26. 用于确定气体或蒸气密度的公式是什么？

　　27. 哪种化合物的燃烧极限范围最大？

　　28. 写出五种常见的石油类燃料，并依次描述性质。

　　29. 天然气和液化石油气的三个区别是什么？

　　30. 天然气在输气管、住宅管路调压器、燃烧器内的压力分别是多少？

　　31. 易燃液体、可燃液体和难燃液体之间的区别是什么？

原子（atom）：构成物质的最小粒子，既可以单独存在，也可以与氢原子结合。

双原子的（diatomic）：由两个原子组成的分子（NFPA，2013）。

火焰（flame）：燃烧过程中所含气态物质的主体或气流，以辐射的方式传递热量，可燃物的燃烧反应决定着辐射波长。在多数情况下，部分能量辐射是人眼可见的。

氧化反应（oxidation）：以单质或化合物的形式与氧发生的反应。

热量（heat）：以分子振动方式表现的一种能量形式，可以引发化学变化，改变物质状态。

放热的（exothermic）：伴有热量释放的反应或过程。

蒸气（vapor）：物质的气相状态，特别是常温下通常为固体或液体的物质的气相状态。

易燃的（flammable）：能够出现明火的燃烧（NFPA，2017d，3.3.83）。

无机物（inorganic）：来源或组成成分不是动植物材料的物质。

有机的（organic）：本身是生物体或与生物体有关或源于生物体的。

碳氢化合物（hydrocarbon）：完全由氢和碳组成的有机化合物。

脂肪族化合物（aliphatic）：包含开链结构的（如链烷）。

石蜡族化合物（paraffinic）：具有石蜡或石蜡烃特征的。

芳香族化合物（aromatics）：一种环状结构有机化合物，特征是电子在通常含有多个共轭双键的环状结构（如苯）中处于离域状态，从而使化学稳定性增强（来源：韦氏词典，https://www.merriamwebster.com/dictionary/aromatic. 检索于 2017 年 4 月 26 日）。

饱和的（saturated）：碳氢化合物没有双键或三键，含有最大数目氢原子的。

易挥发的（volatile）：容易蒸发成蒸气状态的。

相对密度（specific gravity）：气体或蒸气平均分子量与空气平均分子量之比（NFPA，2017d，3.3.176）。

环烷烃（naphthenics）：环烷烃衍生物或与环烷烃相关的物质。

燃烧热（heat of combustion）：在标准状况下，某种物质与氧发生完全燃烧时释放的总热量。

焦耳（joule）：热量、能量和做功的国际单位。1J 为 1A 电流通过 1Ω 电阻时，每秒钟产生的热量；或者是在 1N 力作用下产生 1m 位移所做的功。1cal 等于 4.184J，1Btu 等于 1055J。1W 等于 1J/s [NFPA，2017d，3.3.122；British Thermal Unit（Btu），3.3.22，Calorie，3.3.25]。

英制热量单位（British Thermal Unit，Btu）：在 1atm、60°F 条件下，1lb 的水升高 1°F 需要的热量。1Btu 等于 1055J、1.55kJ 和 252.15cal（NFPA，2017d，3.3.22）。

热力学温度（absolute temperature）：用开尔文（K）或兰金刻度（R）表征的温度（NFPA，2017d，3.3.1）。

热解（pyrolysis）：在热量单独作用下，物质发生分解，或断裂为简单分子组分的过程；热分解往往发生在燃烧之前（NFPA，2017d，3.3.150）。

可燃的（combustible）：可以发生燃烧的（NFPA，2017d，3.3.31）。

有焰燃烧（flaming combustion）：热解产生的可燃气体所发生的燃烧。

纤维素的（cellulosic）：以天然糖聚合物为基体的。

热固性树脂（thermosetting resin）：在加热时发生分解或降解而不是熔融的聚合物。

炭化（char）：经过燃烧或热分解后，表面呈黑色的含碳材料。

引燃点火（piloted ignition）：气体物质通过与外部高能量源（如火焰、电火花、电弧或灼热的电线）接触的方式引起燃烧的过程。

辐射热（radiant heat）：通过电磁波方式传递的热量，该电磁波波长较可见光长，较无线电波短；辐射热（电磁辐射）将使所有吸收辐射的物体温度升高，特别是不透明的固态物体（NFPA，2017d，3.3.152）。

自燃物（pyrophoric material）：接触氧气后能够自发着火的物质（NFPA，2017d，3.3.151）。

绝热的（adiabatic）：达到温度和压力平衡的理想状况（Lightsey 和 Henderson，1985）。

阻燃剂（flame retardant）：经过化学处理后在明火中缓慢燃烧或可自熄的材料。

合成材料（synthetic）：非天然的材料或化学品，尤指纺织纤维。

燃烧性液体（ignitable liquids）：能够在火灾中充当可燃物的液体或液态物质，包括易燃液体、可燃液体和所有其他可以液化并燃烧的物质。[译者注：flammable liquid（易燃液体）和 combustible liquid（可燃液体）主要是区别液体燃烧的难易程度，而燃烧性液体属于更宽泛的概念，与不燃液体相对应，主要用于区别液体是否能发生燃烧。]

烟灰（soot）：火焰产生的黑色炭颗粒 [国家标准《消防词汇》GB/T 5907.4—2015 中表述为：烟灰（soot），有机物质不完全燃烧时所产生并沉积的微粒，主要是炭的微粒]。

热塑性塑料（thermoplastic）：在不发生化学降解的情况下，能够熔融和并且在冷却后再凝固的有机材料。

自燃（spontaneous ignition）：通过物质自身的化学或生物反应，产生足够热量而引起自身燃烧的现象 [国家标准《消防词汇》GB/T5907.1—2014 中表述为：自燃（spontaneous ignition），可燃物在没有外部火源的作用时，因受热或自身发热并蓄热产生的燃烧]。

阻燃性能（flame resistant）：本质上不可燃的材料，其化学结构具有阻燃性。

膨胀型防火涂料（intumescent coating）：用于增加钢结构或其他材料耐火极限的涂料。正常条件下为油漆状，加热时膨胀，在钢结构周围形成隔热层（NFPA，2017d，7.5.1.4）。

环境温度（ambient temperature）：周围介质的温度，通常指建筑物所处的空气温度或设备运行所处的空气温度（NFPA，2017c）。

闪点（flash point）：在规定实验条件下，液体能够产生足量蒸气，以支持在表面发生瞬间燃烧的最低温度 [译者注：国家标准《消防词汇》GB/T 5907.1—2014 中这样表述：闪点（flash point），在规定的试验条件下，可燃性液体或固体表面产生的蒸气在试验火焰作用下发生闪燃的最低温度]。

易燃液体（flammable liquid）：闭杯试验的闪点值不低于 37.8℃（100 ℉）的液体（NFPA，2017d，3.3.85；可燃液体）。（译者注：准确理解 combustible liquid，需与 flammable liquid 作对比，combustible liquid 是可燃液体，flammable liquid 则指易燃液体，二者以闭杯闪点

温度 37.8℃为界,大于等于此温度,为可燃液体,小于此温度为易燃液体。需注意在使用中二者容易混淆,详见 NFPA 30。我国区分液体火灾危险性采用不同的分类方法,《建筑设计防火规范》GB 50016—2014 中将生产、储存物品的火灾危险性分为甲、乙、丙、丁、戊五类,其中液体的火灾危险性涉及三类,闪点小于 28℃为甲类,不小于 28℃但小于 60℃为乙类,不小于 60℃为丙类。这是我国消防领域常用的液体火灾危险性分类方式)。

可燃液体(combustible liquid):Ⅱ类为闪点在 100℉(37.8℃)或以上、140℉(60℃)以下的任何液体。ⅢA 类为闪点在 140℉(60℃)或以上,但低于 200℉(93℃)的任何液体。ⅢB 类为闪点在 200℉(93℃)或以上的任何液体(NFPA,2016c)。

燃点(fire point):当液体暴露于试验火焰中,液体被引燃并实现持续燃烧的最低温度。

点火温度(ignition temperature):在特定实验条件下,物质着火需要达到的最低温度。

自燃温度(autoignition temperature):在没有火花或火焰的条件下,可燃材料在空气中起火的最低温度。

燃烧极限范围(flammable range):燃烧极限最高和最低值之间的浓度范围。

点火能量(ignition energy):物质起火燃烧,需要吸收的热量值。

火焰前锋(flame front):促使燃烧区域扩展的火焰前端边界。[译者注:国家标准《消防词汇》GB/T 5907.2—2015 中这样表述:火焰前锋(flame front)即材料表面上气象燃烧区的外缘界面。]

沸点(boiling point):液体的蒸汽压等于周围大气压时的温度。为了确定沸点,大气压应视为 14.7psia(760mmHg 或 101.4kPa)。对于沸点不恒定的混合物,根据 ASTM D86《常压下石油产品蒸馏的标准试验方法》得到的 20% 蒸馏点视为沸点。(NFPA,2016b)

蒸气密度(vapor density):气体或蒸气相对于空气的相对重量,其参考值为 1。如果气体的蒸汽密度小于 1,它在空气中通常会上升;如果蒸汽密度大于 1,气体通常会在空气中下沉。

助燃剂(accelerant):为点火或加速火势蔓延扩大,有意使用的燃料或氧化剂,通常是易燃液体。(译者注:NFPA 921 与我国国家标准《消防词汇》GB/T 5907.4—2015 中的表述有差异,国标为:助燃剂 accelerant 能够加速物质燃烧的燃料或氧化剂)

烯烃(olefinic):具有烯烃特点或含有烯烃的化合物。

有气味的(odorant):具有气味的。

BLEVE:"Boiling liquid expanding vapor explosion" 首字母简写,指沸腾液体扩展蒸气爆炸。

放热的(exothermic):释放热量的。

燃烧四面体(fire tetrahedron):对燃烧的四要素(燃料、氧化剂、热量、不受抑制的连锁反应)的几何方法表示。

吸热的(endothermic):吸收热量的。

阴燃(smoldering):一种没有火焰的燃烧,通常伴有发光和发烟现象(NFPA,2017d,3.3.164)。

灼热燃烧(glowing combustion):固体物质产生的发光而没有可见火焰的燃烧现象

（NFPA，2017d，3.3.97）。

自热（self-heating）：某些物质自发放热反应的结果，其热量释放速率足以使其温度升高（NFPA，2017d,3.3.153）。

热失控（thermal runaway）：当材料反应产生的热量超过向环境散失的热量时，所形成的一种不稳定状态。此时温度上升很快，体系不能处于稳定的状态（NFPA，2017d，5.7.4.1.3）。

热传导（conduction）：物体内部或直接接触物体之间的热量传递过程。这种通过直接接触传递热能的方式，是由温差驱动分子和/或粒子产生运动而实现的（NFPA，2017d，3.3.38）。

热对流（convection）：在气体或液体内，通过流动方式产生的热量传递方式（NFPA，2017d，3.3.39）。

热辐射（radiation）：通过电磁能来传递热量的方式（NFPA，2017d，3.3.153）。

叠加作用（superposition）：两种及以上的燃烧或传热效应的叠加，这种现象会产生迷惑性的燃烧破坏痕迹。

热释放速率（heat release rate，HRR）：燃烧产生热量的速率（NFPA，2017d，3.3.105）。

瓦（watt，W）：功率单位，做功的速率，等于1J/s，或1A电流在1V电压下做的功。

热通量（heat flux）：热量向物体表面传递速率的量度，一般用 kW/m^2 或 W/cm^2 来表示（NFPA，2017d，3.3.103）。

全室火灾（full room involvement）：在室内火灾中，整个房间都参与到不同强度的燃烧中（NFPA，2017d，3.3.95）。

燃烧效率（combustion efficiency）：物质的有效燃烧热与完全燃烧热的比值。

火灾发展曲线（fire signature）：火灾发生时间与热放热速率的关系曲线，通常有四个阶段：初始引燃阶段、发展阶段、充分发展阶段和衰减阶段（前后对应）。

热惯性（thermal inertia）：表征材料受热时表面温升速率的特性参数，热惯性与材料的热导率、密度和热容有关（NFPA，2017d，3.3.186）。

爆轰（detonation）：燃烧区以大于声速的速度在未燃区进行传播的现象。（NFPA，2013）

滚燃（flameover）：在房间火的发展阶段，热烟气层被明火引燃的现象。此时，上部聚集的已燃区所释放的分解产物浓度已经达到或超过其着火下限。远离起火源的可燃物在没有被引燃或引燃之前有可能发生此种现象（NFPA，2017d，3.3.82）。

参考文献

Albers, J. 1999. "It's Time to Reduce Upholstered Furniture-Driven Flashover." *American Fire Journal* July: 6–8.

Alpert, R. L. 1972. "Calculation of Response Time of Ceiling-Mounted Fire Detectors." *Fire Technology* 9: 181–95.

———. July 2008. "Cover Story." *California Fire/Arson Investigator*: 25.

American Petroleum Institute. January 1991. "Ignition Risk of Hydrocarbon Vapors by Hot Surfaces in the Open Air." API Publication 2216.

Angell, H. W. 1949. *Ignition Temperature of Fireproofed Wood, Untreated Sound Wood, and Untreated Decayed Wood.* Forest Products Research Society.

ASTM International. 2005. *D56-05, Standard Test Method for Flash Point by Tag Closed Tester.* West Conshohocken, PA: ASTM International.

———. 2012. *D92-12b, Standard Test Method for Flash and Fire Points by Cleveland Open-Cup Tester*. West Conshohocken, PA: ASTM International.

———. 2013a. *D3699-13be1, Specification for Kerosene*. West Conshohocken, PA: ASTM International.

———. 2013b. *E1321-13, Standard Test Method for Determining Material Ignition and Flame Spread Properties*. West Conshohocken, PA: ASTM International.

———. 2014. *D1310-14, Standard Test Method for Flash Point and Fire Point of Liquids by Tag Open-Cup Apparatus*. West Conshohocken, PA: ASTM International.

———. 2015a. *D93-15b, Standard Test Methods for Flash Point by Pensky-Martens Closed-Cup Tester*. West Conshohocken, PA: ASTM International.

———. 2015b. *E659-15, Standard Test Method for Auto-ignition Temperature of Liquid Chemicals*. West Conshohocken, PA: ASTM International.

Babrauskas, V. 1980. "Estimating Room Flashover Potential." *Fire Technology* 16: 94–103, 112.

———. 1982. *Development of The Cone Calorimeter, A Bench Scale Heat Release Rate Apparatus Based on Oxygen Consumption*. NASA STI/Recon Technical Report N, 83.

———. 1984. "Upholstered Furniture Room Fires—Measurements, Comparison with Furniture Calorimeter Data, and Flashover Predictions." *Journal of Fire Sciences* 2(1): 5–19.

———. 2001. "Ignition of Wood: A Review of the State of the Art." In *Interflam 2001*, 71–88. London: Interscience Communications.

———. 2003. *Ignition Handbook*. Issaquah, WA: Fire Science Publishers.

———. 2004. "Charring Rate of Wood as a Tool for Fire Investigations." In *Interflam 2004*, 1155–76. London: Interscience Communications.

———. 2005. "Charring Rate of Wood as a Tool for Fire Investigators." *Fire Safety Journal* 40: 528–54

Babrauskas, V., B. F. Gray, and M. L. Janssens. 2007. "Prudent Practices for the Design and Installation of Heat-Producing Devices near Wood Materials." *Fire and Materials* 31: 125–35.

Babrauskas, V. and R. D. Peacock. 1992. "Heat Release Rate: The Single Most Important Variable in Fire Hazard." *Fire Safety Journal* 18(3), pp. 255–272.

Babrauskas, V., R. D. Peacock, and P. A. Reneke. 2003. "Defining Flashover for Fire Hazard Calculations. Part II." *Fire Safety Journal* 38: 613–22.

Babrauskas, V. and W. D. Walton. 1986. "A Simplified Characterization of Upholstered Furniture Heat Release Rates." *Fire Safety Journal* 11: 181–92.

Bowes, P. C. 1984. *Self-Heating: Evaluating and Controlling the Hazards*. Amsterdam: Elsevier.

Brown, C. R. October 1934. "The Ignition Temperatures of Solid Materials." *NFPA Quarterly* 28, no. 2: 134–35.

Browning, B. L., ed. 1951. *The Chemistry of Wood*. New York: Wiley-Interscience.

Bukowski, R. W. 1995a. "How to Evaluate Alternative Designs Based on Fire Modeling." *Fire Journal* 89 (2):68-70, 72-74.

———. 1995b. "Predicting the Fire Performance of Buildings: Establishing Appropriate Calculation Methods for Regulatory Applications." ASIAFLAM '95. International Conference on Fire Science and Engineering,

Kowloon, Hong Kong, March 15-16, 1995.

Butler, C. P. 1971. "Notes on Charring Rates in Wood." *Fire Research Note No FR 896*. Borehamwood, UK: Fire Research Station.

Carman, S. W. 2008. "Improving the Understanding of Post-flashover Fire Behavior." Proceedings of the International Symposium on Fire Investigation Science and Technology, Sarasota, FL.

———. 2010. "Clean Burn Fire Patterns—A New Perspective for Interpretation." Interflam, Nottingham, UK, July 2010.

Collier, P. C. R. 1996. "Fire in a Residential Building: Comparisons Between Experimental Data and a Fire Zone Model." *Fire Technology* 32(3): 195–217.

Conkling, J. A. 1985. *The Chemistry of Pyrotechnics and Explosives*. New York: Marcel Dekker.

Cooke, G. 1998a. "When Are Sandwich Panels Safe in a Fire? Part 1." *Fire Engineers Journal* 58, no. 195.

———. 1998b. "When Are Sandwich Panels Safe in a Fire? Part 2." *Fire Engineers Journal* 58, no. 196.

CPSC. March 2006. *16 CFR 1633: Standard for the Flammability (Open Flame) of Mattress Sets*. Federal Register 70, no. 50.

Cuzzillo, B. R., and P. J. Pagni. Spring 1999. "Low Temperature Wood Ignition." *Fire Findings* 7, no. 2.

———. 2000. "The Myth of Pyrophoric Carbon." In *Fire Safety Science—Proceedings of the Sixth International Symposium*, 301–12. Bethesda, MD: IAFSS.

Damant, G. 1988. California Department of Consumer Affairs, Bureau of Home Furnishings. Personal communication.

DeHaan, J. D. 1995. "The Reconstruction of Fires Involving Highly Flammable Hydrocarbon Liquids." PhD dissertation, Department of Pure and Applied Chemistry, University of Strathclyde.

———. 1999. "The Influence of Temperature, Pool Size, and Substrate on the Evaporation Rates of Flammable Liquids." Paper presented at Interflam, Edinburgh, Scotland.

———. 2001. "Compartment Fires 1996–98." *CAC News*, Spring.

———. 2004. "Exploding Gas Cans and Other Fire Myths." *CAC News*: 20–26.

DeHaan, J. D., and K. Bonarius. 1988. "Pyrolysis Products of Structure Fires." *Journal of Forensic Sciences* 28: 299–309.

DeHaan, J. D., D. Brien, and R. Large. October–December 2004. "Volatile Organic Compounds from the Combustion of Human and Animal Tissue." *Science and Justice* 11, no. 4: 223–36.

DeHaan, J. D., D. Crowhurst, D. Hoare, M. Bensilum, and M. P. Shipp. 2001. "Deflagrations Involving Heavier-than-Air Vapor/Air Mixtures." *Fire Safety Journal* 36, no. 7: 693–710.

DeHaan, J. D., and W. Howard. 1995. "Combustion Explosions Involving Household Aerosol Products." In *Proceedings of the Fourth International Symposium of the Detection and Identification of Explosives*, Chantilly, Virginia.

DeHaan, J. D., and S. Nurbakhsh. 1999. "The Combustion of Animal Carcasses and Its Implications for the Consumption of Human Bodies in Fires." *Science and Justice*, January.

Dorsheim, M. A. 1997. "Fuel Ignites Differently in Aircraft, Lab Environments." *Aviation Week and Space Tech-*

nology July, 61–63.

Drysdale, D. 1985. *An Introduction to Fire Dynamics.* New York: John Wiley & Sons.

———. 1999. *An Introduction to Fire Dynamics.* 2nd ed. Chichester, UK: Wiley.

———. 2011. *An Introduction to Fire Dynamics.* 3rd ed. John Wiley & Sons.

Ettling, B. V. 1999. "Venting of Propane from Overfilled Portable Containers." *Fire & Arson Investigator* April: 54–56.

Evans, D. D., and D. W. Stroup. 1986. "Methods to Calculate the Response Time of Heat and Smoke Detectors Installed Below Large Unobstructed Ceilings." *Fire Technology* 22(1): 54–65.

Exxon Corp. 1990. *Isopars.* Houston, TX.

Fire, F. L. 1985. "Plastics and Fire Investigations." *Fire & Arson Investigator* December: 36.

———. 2005. "Panel Perspectives." *Fire Engineering Journal and Fire Prevention* September: 44–46.

Fleischer, H. O. 1960. *The Performance of Wood in Fire.* Report No. 2202. Madison, WI: Forest Products Laboratory.

Forest Products Laboratory. 1945. "Report No. 1464." *Wood Products* 50, no. 2: 21–22.

Friedman, R. 1998. *Principles of Fire Protection Chemistry and Physics.* 3rd ed. Quincy, MA: National Fire Protection Association.

Gardiner, D., M. Barden, and G. Pucher. 2008. "An Experimental and Modeling Study of the Flammability of Fuel Tank Vapors from High Ethanol Fuels." Washington, DC: National Renewable Energy Laboratory, Subcontract Report NREL/SR-540-44040. Golden, CO: US Department of Energy.

Gardiner, W. C. 1982. "The Chemistry of Flames." *Scientific American* 246, no. 2: 110–25.

Gialamas, D. M. Spring 1994. "Is It Gasoline or Insecticide?" *CAC News.*

Glassman, I., and F. L. Dryer. 1980–1981. "Flame Spreading across Liquid Fuels." *Fire Safety Journal* 3: 123–38.

Goodson, M., and M. Hergenrether. 2005. "Investigating the Causal Link between Lightning Strikes, CSST, and Fire." *Fire & Arson Investigator* October: 28–31.

Gorbett, G. E., J. L. Pharr, and S. Rockwell. 2016. *Fire Dynamics.* Upper Saddle River, NJ: Pearson.

Graf, S. H. 1949. "Ignition Temperatures of Various Papers, Woods, and Fabrics." *Oregon State College Bulletin* March, 26.

Guidry, D. May 2005. Personal communication.

Harris, R. J. 1983. *The Investigation and Control of Gas Explosions.* New York: E & FN Spon.

Henderson, R. W., and G. R. Lightsey. 1984. "The Effective Flame Temperatures of Flammable Liquids." *Fire & Arson Investigator* December, 35.

Heskestad, G. H., and M. A. Delichatsios. 1977. *Environments of Fire Detectors—Phase 1: Effects of Fire Size, Ceiling Height, and Material.* NBS-GCR-77-86 and NBS-GCR-77-95. Gaithersburg, MD: National Bureau of Standards.

Hodges, D. J. 1963. *Colliery Guardian* 207, no. 678.

Holleyhead, R. H. 1999. "Ignition of Solid Materials and Furniture by Lighted Cigarettes." *Science and Justice* 39, no. 2: 75–102.

Hopkins, R. L., G. Gorbett, and P. M. Kennedy. 2007. *Fire Pattern Persistence and Predictability on Interior Finish and Construction Materials During Pre- And Post-*

Flashover Compartment Fires. Fire and Materials 2007, San Francisco, January 29–31.

Iqbal, N., and M. H. Salley. 2004. *Fire Dynamics Tools (FDTs).* Quantitative fire hazard analysis methods for the U.S. Nuclear Regulatory Commission Fire Protection Inspection Program. Washington, DC.

Jackson, P. E. 1998. "Intumescent Materials." *Fire Engineers Journal* 58: 194.

Karlsson, B. and J. G. Quintiere. 2000. *Enclosure Fire Dynamics,* Boca Raton, FL: CRC Press.

Kennedy, C. S., and J. F. Knapp. 1997. "Childhood Burn Injuries Related to Gasoline Can Home Storage." *Pediatrics* 99: e3.

Kennedy, P., and A. Armstrong. 2007. "Fraction Vaporization of Ignitable Liquids: Flash Point and Ignitability Issues." Paper presented at Fire and Materials 2007, 10th International Conference and Exhibition, Interscience Communications, San Francisco, January 29–31.

Kirk, P. L. 1969. *Fire Investigation.* New York: Wiley.

Krasny, J. F., W. J. Parker, and V. Babrauskas. 2001. *Fire Behavior of Upholstered Furniture and Mattresses.* Norwich, NY: Noyes/William Andrew.

Kuk, R. J., and M. V. Spagnola. September 2008. "Extraction of Alternative Fuels from Fire Debris Samples." *Journal of Forensic Sciences* 53, no. 5: 1123–29.

Lapina, R. 2005. "Propane Fire & Explosion Investigation." *Fire & Arson Investigator* April: 46–49.

Law, M. 1978. *Fire Safety of External Building Elements—The Design Approach.* AISC Engineering Journal (Second Quarter)

Lawson, J. R., and J. G. Quintiere. 1985. *Slide-Rule Estimates of Fire Growth.* NBSIR 85-3196. Gaithersburg, MD: National Bureau of Standards

Lightsey, G. R., and R. W. Henderson. 1985. "Theoretical vs. Observed Flame Temperatures during Combustion of Wood Products." *Fire & Arson Investigator* December: 36.

Madrzykowski, D., N. Bryner, W. Grosshandler, and D. Stroup. 2004. "Fire Spread through a Room with Polyurethane Foam Covered Walls." In *Interflam 2004,* 1127–38. London: Interscience Communications.

McCaffrey, B. J., J. G. Quintiere, and M. F. Harkleroad. 1981. "Estimating Room Fire Temperatures and the Likelihood of Flashover Using Fire Test Data Correlations." *Fire Technology* 17(2): 98–119

McGraw, J. M., and F. W. Mowrer. 1999. "Flammability of Painted Gypsum Wallboard Subjected to Fire Heat Fluxes." In *Interflam 1999,* 1320–30. London: Interscience Communications.

McNaughton, G. C. 1944. *Ignition and Charring Temperatures of Wood.* US Department of Agriculture, Forest Service.

Milke, J. A. 1990. "Smoke Management for Covered Malls and Atria." *Fire Technology* 26(3): 223–43

Milke, J. A., and F. W. Mowrer. 2001. *Application of Fire Behavior and Compartment Fire Models Seminar.* Tennessee Valley Society of Fire Protection Engineers (TVSFPE), Oak Ridge, September 27–28.

Mowrer, F. W. 1990. "Lag Time Associated with Fire Detection and Suppression." *Fire Technology* 26, no. 3 (August): 244–65.

———. 2003. "Ignition Characteristics of Various Fire Indicators Subjected to Radiant Heat Fluxes." In *Fire and Materials 2003,* 81–92. London: Interscience Communications.

NFPA. 2008. *Fire Protection Handbook*. 20th ed. Quincy, MA: National Fire Protection Association.

———. 2013. *NFPA 705: Recommended Practice for a Field Flame Test for Textiles and Films*. Quincy, MA: National Fire Protection Association.

———. 2014. *NFPA 1033: Standard for Professional Qualifications for Fire Investigator*. Quincy, MA: National Fire Protection Association.

———. 2015a. *NFPA 54: National Fuel Gas Code*. Quincy, MA: National Fire Protection Association.

———. 2015b. *NFPA 92: Standard for Smoke Control Systems*. Quincy, MA: National Fire Protection Association.

———. 2015c. *NFPA 99: Health Care Facilities Code*. Quincy, MA: National Fire Protection Association.

———. 2016a. *NFPA 72: National Fire Alarm and Signaling Code*. Quincy, MA: National Fire Protection Association.

———. 2016b. *NFPA 35: Standard for the Manufacture of Organic Coatings*. Quincy, MA: National Fire Protection Association.

———. 2016c. *NFPA 115: Standard for Laser Fire Protection*. Quincy, MA: National Fire Protection Association.

———. 2016d. *NFPA 53: Recommended Practice on Materials, Equipment, and Systems Used in Oxygen-Enriched Atmospheres*. Quincy, MA: National Fire Protection Association.

———. 2017a. *NFPA 58: Standard for Storage and Handling of LP Gases*. Quincy, MA: National Fire Protection Association.

———. 2017b. *NFPA 555: Guide on Methods for Evaluating Potential for Room Flashover*. Quincy, MA: National Fire Protection Association.

———. 2017c. *NFPA 414: Standard for Aircraft Rescue and Fire-Fighting Vehicles*. Quincy, MA: National Fire Protection Association.

———. 2017d. *NFPA 921: Guide for Fire and Explosion Investigations*. Quincy, MA: National Fire Protection Association.

Nurbakhsh, S. 2006. California Bureau of Home Furnishings. Personal communication.

Peacock, R. D., P. A. Reneke, R. W. Bukowski, and V. Babrauskas. 1999. "Defining Flashover for Fire Hazard Calculations." *Fire Safety Journal* 32(4): 331–45.

Perry, R. H., and D. Green. 1997. *Perry's Chemical Engineers' Handbook*. 7th ed. New York: McGraw-Hill.

Putorti, A. D., McElroy, J. A., and Madrzykowski, D. 2001. *Flammable and Combustible Liquid Spill/Burn Patterns*. US Department of Justice, Office of Justice Programs, National Institute of Justice.

Quarles, L., L. G. Cool, and F. C. Beall. 2005. "Performance of Deck Board Materials under Simulated Wildfire Exposures." Paper presented at Seventh International Conference on Woodfiber-Plastic Composites, Madison, Wisconsin, May 19–20, Retrieved April 10, 2005. www.cnr.berkeley.edu.

Quintiere, J. G. 1998. *Principles of Fire Behavior*. Albany, NY: Delmar.

Quintiere, J. G., and M. Harkleroad. 1984. New Concepts for Measuring for Flame Spread Properties, NBSIR 84-2943. Gaithersburg, MD: National Bureau of Standards, November 1984.

Raj, P. K. 2006. "Where in a LNG Vapor Cloud Is the Flammable Concentration Relative to the Visible Cloud Boundary?" *NFPA Journal* March–June: 68–70.

Sanderson, J. L. 1995. "Tests Add Further Doubt to Concrete Spalling Theories." *Fire Findings* 3(4): 1–3.

Sanderson, J. 2005. "Electrostatic Pinholing." *Fire Findings* 13, no. 4: 1–3.

SFPE. 2002. *SFPE Engineering Guide to Piloted Ignition of Solid Materials under Radiant Exposure*. Edited by SFPE Task Group on Engineering Practices. Bethesda, MD: Society of Fire Protection Engineers.

———. 2008. *SFPE Handbook of Fire Protection Engineering*. 4th ed. Quincy, MA: Society of Fire Protection Engineers and the National Fire Protection Association.

Shaffer, E. L. 1980. "Smoldering Initiation in Cellulosics under Prolonged Low-Level Heating." *Fire Technology* 23 (February).

Shipp, M., K. Shaw, and P. Morgan. 1999. "Fire Behavior of Sandwich Panels Constructions." In *Interflam 1999*, 98. London: Interscience Communications.

Stark, N. M., R. H. White, and C. M. Clemons. 1997. "Heat Release Rate of Wood-Plastic Composites." *SAMPE Journal* 33, no. 5: 26–31.

Stauffer, E. 2004. "Sources of Interference in Fire Debris Analysis." In *Fire Investigation*, edited by N. Nic Daeid. Boca Raton, FL: CRC Press.

Stauffer, E., J. A. Dolan, and R. Newman. 2008. *Fire Debris Analysis*. Boston, MA: Academic Press.

Thatcher, L. March 1999. RVFOG Results. Personal communication.

Thomas, P. H. 1971. "Rates of Spread of Some Wind-Driven Fires." *Forestry* 44: 155–75

———. 1974. *Fire in Model Rooms*. Conseil Internationale du Batiment (CIB) Research Program, Building Research Establishment, Borehamwood, Hertfordshire, England.

———. 1981. "Testing Products and Materials for Their Contribution to Flashover in Rooms." *Fire and Materials* 5 (3):103-111. doi: 10.1002/fam.810050305.

Valentine, R. H., and R. D. Moore. 1974. "The Transient Mixing of Propane in a Column of Stable Air to Produce a Flammable but Undetected Mixture." New York: American Society of Mechanical Engineers.

White, R. H., and E. V. Nordheim. 1992. "Charring Rate of Wood for ASTM E 119 Exposure." *Fire Technology* 28: 5–30.

Xiang, X. Z., and J. J. Cheng. 2003. "A Model for the Prediction of the Thermal Degradation and Ignition of Wood under Constant Variable Heat Flux." In *Fire and Materials 2003*, 71–79. London: Interscience Communications.

Yudong, L., and D. D. Drysdale. 1992. "Measurement of the Ignition Temperature of Wood." Paper presented at First Asian Fire Safety Science Symposium, Hefei, Anhui Province, People's Republic of China.

参考案例

Truck Insurance Exchange v. MagneTek, Inc., 360 F.3d 1206 (10th Cir. 2004).

第三章

化学火灾和爆炸

关键术语

- 回燃（backdraft）；
- BLEVE；
- 破碎效能（brisance）；
- 消费类烟花（consumer fireworks）；
- 爆燃（deflagration）；
- 爆轰（detonation）；
- 爆炸（explosion）；
- 爆炸品（explosive）；
- 破碎（fragmentation）；
- 高烈度炸药（high explosive）；
- 高烈度破坏（high-order damage）；
- 低烈度炸药（low explosive）；

- 低烈度破坏（low-order damage）；
- 物理爆炸（mechanical explosion）；
- 不燃的（nonflammable）；
- 物理危害性物质（physical hazard material）；
- 爆炸中心点（seat of explosion）；
- 化学计量比（stoichiometric）；
- 无约束蒸气云爆炸（UVCE，unconfined vapor cloud explosion）；
- 蒸气（vapor）；
- 蒸气密度（vapor density）。

目标

阅读本章后，应该能够：

了解用于鉴定和调查化学火灾和爆炸的科学方法。

描述在现场勘查、证据勘验和实验室分析中使用的相关技术。

解释形成化学火灾和爆炸的多种潜在原因和促成因素。

了解可能造成化学危害的主要参考物质。

能够列举化学火灾和爆炸中常见的易燃气体、固体燃料和危险液体。

找出由气体、蒸气和悬浮可燃粉尘引发分散相爆炸的常见原因。

能够确认常见的凝聚相炸药类型、用途以及高烈度/低烈度属性。

描述识别制造简易爆炸物的相关化学物质。

识别、解释并了解DOT危险警告系统在危险物质运输方面的限制要求。

识别、解释并了解NFPA危险分类标准在存储、使用和处理危险材料方面的局限性。根据安全标签和安全技术说明书解释潜在的火灾隐患。

火灾本质上是一种化学反应。燃料在空气中分解（燃烧）产生热量和燃烧产物（CO、CO_2、H_2O 和未燃尽的碳氢化合物）。尽管大多数建筑和客运车辆火灾涉及的是典型可燃燃料，例如木材、纸张、纺织品和石油产品，但许多火灾和爆炸也可能涉及化学反应或本身就是化学反应的结果。例如活泼的金属与氧化物（例如钛和氧化铁）之间的金属热反应、固体氧化剂与污染物（高浓度的次氯酸钙和制动液）之间的反应、放热分解反应放出大量热量以及化学过程（例如，钢的酸洗过程中）释放出可燃气体。

涉及危险品的火灾可能会更激烈，或具有更高的热释放速率和燃烧温度，可能呈现出更低的着火点、更快的火灾增长速率。由于产生有毒气体、易燃气体和爆炸性物质，给灭火行动带来了更多挑战与危险。例如，在涉及三氯异氰脲酸酯（水池化学品）的火上喷水可能产生三氯化氮（一种已知的爆炸性化合物）。喷洒到燃烧金属上的水可以分解成造成火势加剧的氧气，所产生的氢气如果限制在密闭空间，会带来潜在的爆炸危险。

NFPA 921 将爆炸（explosion）定义为"在压力下气体的产生并释放或压力下气体的释放，潜在的能量（化学能或机械能）突然转换为动能。然后，这些高压气体会做机械功，例如移动、转换或粉碎附近的材料"（NFPA，2017，3.3.56）。按照 NFPA 1033 要求，消防人员应能够判别爆炸的影响（NFPA，2014，4.2.9）。

火灾和爆炸经常相互伴随着发生。爆炸强度范围可以从弥散在空气中的过剩气体和蒸气发生的滚动且不断增长的火灾，到凝聚相爆炸品、爆炸混合物的瞬间爆轰。高烈度炸药发生爆轰（detonation）的破坏程度变化很大，从窗户的破损、砖块脱落到建筑物或容器的完全破坏。NFPA 921 将爆轰定义为"燃烧反应区的增长速度大于声音在未反应物中的传播速度"（NFPA，2017，3.3.46；另请参见 NFPA，2013a 和 2013b）。

火灾调查人员可能会遇到的四种基本爆炸类型如下：

① 化学爆炸，包括粉尘性爆炸；

② 物理爆炸；

③ 电气爆炸；

④ 核爆炸。

• 依据标准：2014 版 NFPA 1033 4.2.9

任务

利用标准设备和工具，区分爆炸与其他类型的破坏，以便确认爆炸并保存证据。

预期结果

研究人员能够识别爆炸在玻璃、墙壁、地基和其他建筑材料上的破坏作用，区分低烈度和高烈度爆炸，并分析损坏情况，确定爆炸区域和起因。

条件

标准设备和工具，爆炸的模拟场景。

任务步骤

① 确定爆炸的类型；

② 确定爆炸的可能原因；

③ 识别爆炸对玻璃、墙壁、地基和其他建筑材料的破坏作用；

④ 区分低烈度和高烈度爆炸损伤；

⑤ 分析损坏情况，确定爆炸区域和起爆点。

资料来源：http：//www.wsp.wa.gov/fire/docs/cert/fire_invest.pdf

爆炸可能是蓄意的或无意的。引发爆炸的物品可能是细小颗粒状固体粉尘，或块状固体物质，也可能是不相容的液体，以及在受限空间内的易燃可燃气体。化学爆炸和物理爆炸比电气爆炸和核爆炸更为普遍。例如，化学性质相抵触的物质接触会释放出热量和气态成分，从而导致容器发生机械失效。单纯的物理爆炸通常发生在储罐、容器和管道等受限空间中，当其内部压力超过其额定压力时，后续会发生容器失效以及气体、液体的突然释放。

火灾调查人员的任务是确定导致物理爆炸形成的条件，区分故障与外部环境的因果关系。例如，用铝罐盛装液化石油气在环境温度下是安全可行的，而暴露于外部火源的铝罐升压速率超过泄压阀的泄压能力时会导致储罐膨胀变形，最终超过储罐额定强度而发生爆炸。铝罐破裂口是干净的，在事故点周边会发现脱离瓶箍的罐体碎片，铝罐成为了外部火灾的受害者。与之类似，容器内部的天然气一旦泄漏并被点燃，火焰作用下内部超压会造成罐体膨胀。颗粒状硝酸铵在正常环境温度和压力下稳定，但暴露于火灾、密闭受压、震动和/或受到污染的条件下，会发生爆轰而形成更高的超压和更大范围的破坏。

一种或多种化学物质之间发生失控反应所造成的超压也会超出泄压能力，从而导致容器破裂。此外，某些物理爆炸会引发二次化学爆炸。

压力容器、压缩空气罐或管线失效会扰动可燃粉尘使其悬浮在空气中，如果粉尘浓度超过爆炸下限，在有火源的情况下，就会被引燃导致二次粉尘爆炸。当大电流突然流过空气、变压器或开关中的油、截面尺寸过小的导体时，会发生电爆炸。极速的加热会导致周围气体膨胀、油品沸腾膨胀或导线蒸发。这种膨胀发生得非常快，就像雷击过程一样，可以产生爆炸性效果，尤其是在物质处于受限空间情况下。核爆炸通过极速加热周围气体并促使固体燃料蒸发而产生巨大的爆炸效应。所有爆炸都涉及气体的突然释放或产生，从而对附近物体施加压力并造成破坏。

像其他火灾调查方案一样，对化学火灾和爆炸的调查有特定的方法。第一步是确认最初起火材料的引燃形式和火灾的化学机理。

3.1
化学爆炸

化学能向动能的转化存在多种形式，能量的释放可以呈现多种效果，涉及的反应路径、过程以及反应速率，不仅取决于初始反应物的化学性质，还取决于其物理状态和所处环境（即是否受到污染，是否暴露于热和火中）。爆炸材料可分为两大类：分散相爆炸混合物、凝聚相爆炸品（或浓缩爆炸品）。

分散相爆炸混合物通常是可燃气体与空气的混合物,但凝聚相爆炸并不依赖于空气中的氧气,而是由爆炸品的自身燃烧氧化过程所致。爆炸品(explosive)是指以爆炸作用为主要用途的所有化学化合物、混合物或装置(NFPA, 2017, 3.3.58)。爆炸品既可以是包含可燃物和内部自身氧化剂的混合物,也可以是不稳定的物质,在受到外界刺激时,其化学结构进行重新排列,并且放出大量热量。黑火药是第一种混合物类型的典型代表,而炸药、TNT、硝化甘油、PETN(季戊四醇硝酸酯)和叠氮化铅是第二种混合物(单组分)的代表。它们自身包含所有基本成分,几乎可以瞬间转化为具有巨大动能(热)的气体。

3.1.1 分散相爆炸

分散相爆炸是指可燃物质(气体、蒸气、雾气或粉尘)与空气或氧气预先混合后,经点燃发生的快速燃烧现象。随着火焰前沿从点火源扩展到预混的燃料和空气混合物中,该反应持续进行,燃烧的体积和表面积不断增大。其效果取决于其燃料类型、浓度、点火机制和受约束程度。

3.1.2 气体

在建筑环境中,分散相爆炸意外事故最常见的例子是:天然气或液化石油气(LP)泄漏,与空气混合后被点燃。反应混合物是否能够达到爆炸范围,取决于气体泄漏量、空间空气含量、泄漏速率和混合程度。当1体积天然气与大约10体积的空气均匀混合时,就会形成接近化学计量比(9%)的混合物。如果这种混合物充满房间并被点燃,此时的燃烧就会成为爆燃,即燃烧以小于声音在未反应介质中传播的速率(NFPA, 2017, 3.3.43)传播。该速率取决于压力和温度,并且随着引燃的持续进行和火焰前沿的不断扩展而增加,因此它可能变得相当高。

燃烧会在很短的时间内产生大量热量,因而燃烧的气体及大气中剩余的氮气等会被迅速加热并剧烈膨胀。这种膨胀因受到房间的墙壁、地板和天花板的约束,产生的超压通常为几磅/平方英寸(psi)、几千帕(kPa)或者零点几巴(bar)(1atm= 14.7psi = 1013bar = 101.32 kPa,因此 1 psi = 6.89 kPa = 0.07bar = 70mbar = 27.67ft H_2O),会将墙壁、地板和顶棚或诸如窗户和门之类的易碎部分向外推。如果有足够的气体与室内空气预混合,则破坏范围会很大,如图 3-1(a) ~ (e)所示。

通常,在调查的早期,需要确定城镇燃气是否参与了爆炸。勘验天然气或液化石油气爆炸的火灾现场时,需要注意燃气管道及相关的电气设备。应该收集近期有关维修或家用电器安装的数据,以确定泄漏气体的来源。

根据传播速率和中等大小超压等特点,确定爆炸类型属于爆燃定义范畴,此种情况下,由于热量在非常短的时间内释放,那些最容易被引燃、烧焦或损坏的物品将会受到影响。眉毛和头发可能会被烧焦,但肌肉组织深层不会被灼伤,因为与头发相比,热量需要更长的时间才能穿透和损坏皮肤。与内饰和木材相比,衣服和窗帘可能会被烧焦或引燃,但家具几乎不会受到影响,因为更纤细、更轻质的织物更容易燃烧。

产生的压力可能使墙壁向外移动,破坏门窗,甚至抬起屋顶或地板。但是,房间中的人,尤其是靠近起爆点的人,可能不会受到冲击波的严重伤害。由于压缩空气形成的冲击波力量在起爆点比较轻微，以至于不会造成永久性伤害，并且冲击波的发展方向是远离起爆点的。闪燃非常短暂，以至于不会对人造成严重烧伤，可燃物也不会被点燃。压力不足以对周边物体造成局部破碎或粉碎。

燃烧速率会随着火焰前沿表面积的扩展而增大。因此，可以通过湍流混合扩大燃烧面积来增大燃烧速率。这种湍流混合可能是由家具引起的，也可能是由火焰锋面穿过走道或越过障碍物过程引起的。刚开始房间中气体的膨胀也可能会对相邻房间中的混合物加压和加热。因为较高的压力和温度会增大燃烧强度及其传播速率，所以反应会加速。气体/空气爆炸最初是在点火源处发生，但破坏最严重的地方将发生在距点火源一定的距离处，这一点仍处在可燃物和空气的预混范围内。

（1）理想混合

每种可燃物与氧化剂都会存在一个特定的混合比例，在该比例下，其热量产生和反应速率均达到最大，燃烧最为充分。这一混合比例被称为理想混合配比或化学计量（stoichiometric）比，通常接近爆炸下限（LEL）和爆炸上限（UEL）之间的中点。此时的气体或蒸气/空气混合物造成的总体破坏达到最大值，因为产生的气体产物量和热量，以及反应速率，都将分别达到各自的最大值（NFPA，2017，5.1.5.2.2）。

NFPA 921（NFPA，2017，23.8.2.1）指出，相较于最佳浓度比（略高于化学计量浓度比），在 LEL 或 UEL 附近的混合物发生爆炸猛烈程度要更低。通常，研究人员会发现并记录这些爆炸，尤其会产生低损伤的爆炸。该效果与以下事实有关：燃料和空气的比例小于最佳比例会导致较低的火焰速度、较低的升压速率和较低的最大压力。

（2）富燃料混合物

现在考虑"富燃"混合气体，其中逸出的天然气与室内空气混合，在空气中形成体积分数 15% 的混合气，同时也要考虑天然气与室内空气的混合可能不均匀，并且有一些局部空间的浓度高于其他部分。点燃混合物时，会有爆炸声响，但没有足够的空气（氧气）用于维持瞬间燃烧和完全燃烧，因此，大量天然气没有燃烧，反应的速度和强度降低了。该区域也因此会存留被加热的剩余燃料。燃烧产物和剩余的燃料在加热时膨胀，但随后立即冷却，这会导致空气被吸入局部真空空间。这种混合提供了更多的氧气，与剩余的可燃气体结合，并且由于初始燃烧引起的湍流会促进两者的充分混合，从而产生滚燃。

由于该反应相比理想混合情况下所持续的时间更长，所以可能不会产生明显的压力波，更准确地讲，该反应应该归类为燃烧而不是爆燃。当事人通常会将事件描述为"我听到'呼'的一声，就着火了"。有趣的是，与在室内相比，在房间外会更明显地听到震动冲击声响。富燃料火灾所造成的破坏可能远远超过理论上理想气体混合物爆炸，因为富燃料混合物爆炸之后会着火，而火灾可能会毁掉一整栋建筑物，而爆炸只会让建筑物遭受突然的膨胀，推倒墙壁，但不会损毁内部所有物品。在某些情况下，分层的过剩燃料混合物会形成易燃混合物，并可能引起强烈爆炸，爆炸破坏形成的通风孔会促进内部与外界空气的混合。

前面的讨论适用于天然气（甲烷/乙烷）或液化石油气。其他气体会有所不同。例如，氢气和乙炔的燃烧速度和产生的超压都比甲烷高得多。乙炔在某些条件下会发生爆轰。在勘查爆炸现场时，必须仔细考虑所有潜在可燃气体的化学性质。

（3）贫燃料混合物

贫燃料混合物在爆炸中的燃烧方式与其他混合物不同。由于可燃气体与空气混合物在接近理想化学计量比时，其燃烧爆炸传播速率最大，因此，可以直观听到贫燃料混合气体爆炸比富燃混合物的爆炸声响尖锐清脆。贫燃料混合物爆燃的作用力可能很大，并且其噪声非常惊人。然而，在爆炸发生阶段、衰减阶段或爆炸之后的滚动燃烧阶段，由于燃料不足以产生最大的速率、热量和压力，与其他混合物相比，贫燃料混合物爆燃的损害可能较小。除了像透明窗纱类轻薄材料，贫燃料混合物爆燃不会引起后续的火灾，或继续引燃其他燃料。通常情况下，这类爆炸产生的是纯粹的物理作用而不是明火燃烧。

3.1.3 蒸气和蒸气密度

并非所有爆炸都涉及可燃气体。许多爆炸是由易燃液体蒸发产生的蒸气（vapor）燃烧造成的。

（1）蒸气密度

液体燃料蒸气着火引发的爆炸比可燃气体爆炸更易产生火灾。爆炸本身会产生热量，使残留的液体燃料蒸发，同时为新产生的蒸气提供引火源。气态燃料大部分会消耗掉或被物理作用驱散，只会残留一小部分参与后续燃烧，除非有像破损管道之类的持续气体供给源。

在考虑有机液体蒸气密度（vapor density）的影响时，应结合具体环境因素。例如，有时用烃类溶剂去除机器油污，不仅该区域可能存在高浓度的可燃气体，而且排水沟和维修坑还提供了蒸气下沉的低洼区域，如果蒸气在坑洼处积聚，则表明已经形成危险环境，甚至距离工作区域一定距离的电弧和火焰也可能引发爆炸。排水下水道、加热管道、电梯井道、隧道和公用设施井道都可能是被远程点火的区域。易燃液体蒸气所形成的处于爆炸极限的预混燃料/空气混合气体层内，会出现火焰的快速传播。

由于天然气比空气轻，并可以与空气自由混合，所以天然气爆燃是各种浓度的燃料/空气混合物所发生爆炸事故中一个很好的例子。但是，天然气是为数不多几种比空气轻的气体（氢气、甲烷、一氧化碳）之一。在常温下，可燃液体蒸发产生的蒸气比相同温度下的空气重，例如戊烷蒸气的密度约为空气的2.5倍。大多数石油馏出物的挥发性低于戊烷，且其蒸气更重。新鲜汽车汽油中的正丁烷及其同系物戊烷的占比高达8%，因此其初始的蒸发和引燃特性主要由丁烷和戊烷决定（DeHaan，1995）。

（2）溶剂

大多数溶剂（如油漆稀释剂、石脑油和丙酮）的蒸气，像汽油一样比空气重。火灾调查人员必须了解他们在空气中的混合特性。像这样的稠密蒸气可被想象为具有和枫糖浆一样的流体特性。泄漏后，蒸气形成厚达几厘米的聚集层，然后可从门底下流出，顺着楼梯向下流动，聚集在房间或建筑物低处。这些蒸气足够重，可以在低处的地面位置聚集，并形成富燃料混合物。然后，蒸气通过分子扩散缓慢地与上方的静止空气混合，形成从浓到稀的浓度梯度。

具有浓度梯度的混合物燃烧通常很快，由于上层的湍流燃烧使过剩的燃料与空气混合，可能会形成持续滚燃。如图3-1（a）～（e）所示，房屋中的汽油蒸气引燃后产生巨大的破坏力，可将建筑物的窗户组件破坏，但由于燃油蒸气过多且通风不足，随后的火灾仅限于这个房间内。

(a) 汽油蒸气爆炸严重破坏了这栋废弃房屋

(b) 只有窗户被炸开的房间遭受到了火灾损坏

(c) 房屋里到处都是汽油，但氧气不足，无法支撑全程燃烧

(d) 炉管内部因超压严重损坏

(e) 在地下室中，混合物大量聚集，能检测到粗汽油。汽油聚集在炉子和热水器周围(具有被炉子点燃的可能性)

图 3-1　汽油蒸气引燃后产生的破坏力
资料来源：Jamie Novak，Novak Investigations and St.Paul Fire Dept

（3）机械混合

如果在点火前将可燃气体或蒸气与空气进行充分混合，则可能会发生猛烈的爆燃。像夹心蛋糕 / 饼一样的分层情况仅存在于蒸气 / 气体与空气层之间没有机械混合的空间中。这种机械混合可能是由窗户、门、烟囱、机器，甚至是人行走过该区域所造成的。机械混合将使解释由此产生的火灾变得更加复杂。丙烷释放对热混合非常敏感。辐射热会促使室内形成足够的循环，从而使丙烷 / 空气混合物完全混合在一起。尽管纯丙烷蒸气的密度较

高，这种机械混合可能会使少量混合气体被稀释到 LEL 浓度以下，或在整个房间内形成可燃混合物。

（4）通风条件和常燃小火

在易燃蒸气与点火源距离较远时，应考虑通风条件。蒸气层沿容器水平表面的传播或易燃液体的溢出是可以预测的，约在 20℃的静止空气中戊烷以 2～5cm/s（0.8～2 in/s）的特定速率蔓延传播，其具体的蔓延速率取决于液体的特性、环境温度（Ellern, 1961），甚至是由风扇、机械设备、炉子或加热器产生的小火焰引起的小气流，也可能导致蒸气以比预期快得多的速率朝着引火源正向流动。

常燃的小火焰会产生少量的热气，热气会由于密度减小而上升，与此同时，冷空气会进入火焰底部，产生缓慢流向火焰的稳定气流。如果是较重的可燃蒸气泄漏，即使距离火源有一定距离，也会随着气流飘向引火源，并可能导致引燃。较重的蒸气层贴附在地板附近，如果燃烧室升高，蒸气将不会积聚到可燃浓度范围。另外，常燃的小火焰不仅为放火犯提供了明火引火源，还向其提供了引爆爆炸性蒸气的能源。主燃烧器着火或风扇启动会导致气流移动得更快。

NFPA 921（NFPA, 2017, 10.9.4.2）提醒火调人员，现代的小火引燃系统通过使用热电偶检测引燃火焰的存在来阻止气体流向设备。即使截流系统无法切断流向指示灯的气体，逸出的气体量也不足以引发重大火灾或爆炸。这一假设的例外情况是在通风很少或根本没有通风的空间中（NFPA, 2017, 10.9.4.3）。

3.1.4 爆燃

尽管易燃液体蒸气通常只会发生火灾，但在可燃物、混合程度和外界约束变化的影响下，容易发展成为更猛烈的氧化过程，即爆燃（deflagration）。要想产生这样的压力效应，必须将爆燃的气体或蒸气 / 空气混合物限制在一定的空间范围内。这种限制通常是刚性容器甚至是房间或一种构造。

如果存在大量的气态物质，所形成的蒸气云依靠自身惯性就可能提供足够的约束。尽管少量蒸气 / 空气混合物存在于刚性容器中就可能发生爆燃，但在露天环境条件下必须存在大量的混合物才能形成足够的自我约束，才会发生我们称之为无约束蒸气云爆炸（unconfined vapor cloud explosion, UVCE）的现象（NFPA, 2017, 23.11.4）。这种敞开空间内存在约束作用的情况，只有在大量挥发性液体泄漏后，在空中形成大量弥散的蒸气云时才会出现，并值得引起火灾调查人员特别关注。

敞开空间的蒸气云爆炸在炼油厂或工业场所更为常见，在高温高压条件下，此类场所会发生液体大量泄漏并挥发，然后能够被与之接触的任何合适的点火源引燃。例如，1974年英国弗里克斯伯勒（Flixborough）发生的巨大 UVCE 就是这一机理，当时失效的管道接头中释放出大量的环己烷，引发的爆炸摧毁了这家大型工厂，并炸死了 28 名员工（USFA, 1988）。

爆燃发生的持续时间是区分爆燃与其他猛烈燃烧形式的关键。爆燃可能只持续几毫秒到 1s 的时间（Zalosh, 2008a、2008b），而爆轰的时间要短得多。同理，爆燃的峰值压力比爆轰的峰值压力低很多。爆燃产生的较低压力和较慢的压力上升速率对其周围环境的影响也与爆轰不同。

气态燃料更容易从燃烧过渡到爆燃再到爆轰，尤其是在加热加压并有足够的氧气支持燃烧的条件下。加热加压扩大了爆炸极限范围，原本在室温下不具爆炸性的混合物在实际的加压加热条件下可能会发生爆炸。随着气体在燃烧过程中膨胀，通常会产生压力重叠现象，从而使得实际反应前沿的压力和温度升高。

密闭容器的几何形状对于爆燃与爆轰过渡也是至关重要的。如果混合物被限制在长度（l）明显大于其宽度或直径（D）（通常是 $l/D>100$；对于某些气体，低至 $l/D>10$）的管道（甚至是长走道），火焰前沿由于受到侧面的摩擦阻力而拉长，火焰前沿的表面积变大，燃烧速率也随之提高。当该加速度达到某一值时，爆燃反应转变为爆轰（Lewis 和 Von Elbe，1961）。

有趣的是，这种混合物发生爆轰的极限范围与之前讨论的爆炸极限不同，其最大速率不一定在上下限的中点或理想浓度条件下达到。Breton 测量得到的空气中乙炔的爆炸速率为 1500 ～ 2000m/s（4.2% ～ 50%）（4920 ～ 6560ft/s），具体取决于浓度（Lewis 和 Von Elbe，1961）。纯乙炔（98%）在压力（5kgf/cm²[●]）下的爆炸速率为 1050m/s（3445ft/s）。据报道，空气中氢气的爆轰极限：18.3% ～ 59%；空气中的一氧化碳和氢气：19% ～ 59%；乙炔 / 空气：4.2% ～ 50%（Lewis 和 Von Elbe，1961）。

引火源的强度还可能成为确定反应属于爆燃还是爆轰的因素。引火源越强，敏感性炸药或混合物发生爆轰的可能性就越大。

（1）回燃

在考虑爆燃时，许多研究人员经常忽略一种特殊情况，即回燃（backdraft）或烟气爆炸。夹杂着烟气的火焰所产生的气体、蒸气和固体构成气态可燃混合物，如果氧气充足且存在点火源，聚集的烟气会发生爆燃，产生能够破坏窗户、推倒轻质墙体、对消防员造成伤害的能量，过程中的超压为 0.03 ～ 0.1bar（0.5 ～ 1.5 psi）（Harris，1983，126）。参见图 3-2 和图 3-3，可以了解回燃潜在的爆炸破坏作用。根据积聚烟气的燃烧速率判断，可能不会形成足够超压而造成物理损坏。但是，烟气层燃烧产生的膨胀作用，会使烟气充满建筑物内片刻之前还清晰的空间，并迫使烟气从门窗开口涌出。

图 3-2　到达现场的消防队员

图 3-3　车库的前窗和侧墙被烟雾爆炸吹倒（火在前门外的木板上点燃）

资料来源：Jamie Novak，Novak Investigations and St. Paul Fire Dept

[●]　1kgf/cm²=98.0665Pa。

（2）悬浮粉尘

矿山煤尘、粮仓的面粉尘、机械车间的金属粉尘、木材厂的锯末或任何可燃物粉尘，都可以散布在空中形成爆炸性混合物。尽管通常不认为固体燃料会在分散相发生爆燃，但它的确有可能发生。与气体或蒸气混合物一样，每种能支持燃烧的燃料都是在一定浓度范围内才能燃烧（通常以每立方米空气中的燃料质量为单位）。

点燃的固体／空气混合物与气体和蒸气一样，具有燃料过剩、氧气过剩和理想配比的情况。但不同的是，其燃烧会受到颗粒粒径的影响。通常，粉尘越细，它越有可能在空中悬浮并保持适当浓度，越容易通过燃烧促进自维持反应。在理想条件下（细颗粒、合适的浓度、强点火源），例如玉米淀粉、大豆粉、糖和小麦淀粉等有机粉尘，能够产生 8.5～9.9bar（850～990kPa 或 123～144psi）的峰值压力（Zalosh，2008a；Zalosh，2008b）。最初的爆燃会搅动表面上的灰尘，而这些额外的燃料会使爆燃持续的时间更长，经常在后一阶段中产生巨大的能量（Spencer，2008，57-61）。气体／空气爆燃与粉尘爆炸之间的主要区别在于，相对于气体／空气混合物，粉尘悬浮物通常需要更高的点火能量。

燃烧的火焰引起的湍流会使粉尘与空气产生混合，从而几乎可在瞬间燃烧掉所有可燃物（因为火焰随后将与整个粉尘云团中的燃料／氧化剂颗粒接触）。不稳定的物质，例如乙炔和环氧乙烷，即使不是空气中的粉尘，也能够转变为爆炸。即使没有空气中的粉尘，乙炔和环氧乙烷等不稳定物质也能转变为爆轰。

3.1.5 点燃

除明火外，其他热源也可点火。无论该区域中是否存在任何其他浓度的蒸气，燃料混合物必须在热源区域中以可燃浓度存在。着火时，继续加热可热解燃料，会为燃烧创造条件，但不会为爆炸创造条件。如果满足以下条件，任何热点源或部位，无论其大小如何，都可能引发蒸气爆炸：

① 引火源和燃料之间必须接触。
② 在某一点，火源的温度要远高于易燃材料的自燃点。
③ 在燃点时，燃油／空气混合物比例在其爆炸极限范围内。
④ 接触必须持续足够时间，以使足够的热量传递到燃料以维持自身燃烧。

这些判据适用于所有火焰、电弧，包括由静电放电产生的电弧和炽热体（例如，加热的金属和炽热火星）。有趣的是，发生阴燃的香烟烟头，通常不能引起蒸气／空气混合物的爆炸。

与能够产生持续性高温热源的明火不同，电弧的持续时间可能很短。与电弧接触的蒸气浓度在爆炸范围内时，可能会发生爆炸，也可能不爆炸，此时电弧不会导致任何后果。当使用少量高烈度炸药将汽油从塑料或玻璃容器中分散时，也会产生类似的效果。高烈度炸药会在非常高的温度（几千摄氏度）下产生气体，但持续时间很短，而且爆炸会驱使汽油（燃料）和氧气混合物远离点火源，因此通常不会发生引燃。但是，如果用金属容器来装汽油，则金属碎片（弹片）会因初始的爆炸和摩擦撕裂而过热，通常会成为引火源，因为它们比参与反应的气体保存热量的时间更长。

3.2

凝聚相爆炸

凝聚相爆炸是由固体炸药，或有时是液体或凝胶爆炸品造成，其中燃料和氧化剂经过机械混合，或者本身是能够快速反应的单分子材料。凝聚相或密相爆炸品造成的爆炸所释放的能量高于前面章节描述的爆燃所释放的能量，因为分散相系统的爆轰非常罕见，这类爆炸需要高压或高温条件，或包含例如乙炔或环氧乙烷等敏感化合物。

如图 3-4 所示，属于爆轰类别的氧化反应与爆炸和爆燃有很多不同。最主要的区别是反应时间和反应体积。

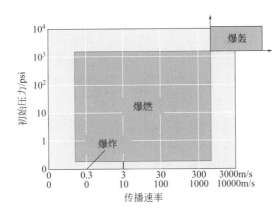

图3-4 爆炸、爆燃和爆轰的一般状态下压力和传播速率的范围

与爆燃过程的毫秒或秒相比，整个爆轰过程都在微秒内发生。爆炸对周围环境产生的作用力和损坏与爆燃不同，主要是由其快速反应的时间引起的，而不是总的作用力大小。

一根炸药棒爆炸前的体积只占据房间的很小一部分，几乎可以认为是一个点源，所有爆炸作用力都产生自这一点源，爆炸作用力的形成则是由于爆炸过程中产生气体，膨胀为最初的 1500 倍。如果同一房间内充满蒸气和空气的爆炸性混合物，则爆炸物的体积就是整个房间的体积，燃烧后，爆炸物的体积将达到原始体积的 8 倍。从物理意义上讲，这是分散相和凝聚相爆炸之间的主要区别。当然在化学方面，也有很多差异。

即使产生的爆炸力（即总的做功）可能相似，但爆燃和爆轰的具体效果也会非常不同。虽然可以将一定量汽油完全爆燃释放的能量与一定量的高烈度炸药爆轰所释放的能量进行比较，但是由于所涉及的时间和动力学原因，这两种事件的潜在破坏作用却大不相同。TNT 爆炸产生的能量约为 4.56MJ/kg，甲烷的燃烧热为 55MJ/kg，汽油的燃烧热为 46MJ/kg（Kirk-Othmer, 1998）。

大部分凝聚相高烈度炸药都需要机械冲击来引发，从而触发整个反应范围的连锁反应。能够发生爆轰的材料含有对压力敏感的化学键，这类化学键会在炸药包任意部位受到压力和震动作用下断裂。

爆轰的特征是冲击波在炸药中传导反应的速率大于声波在炸药中的传播速率。与爆炸性气体的高速氧化不同，凝聚相炸药发生爆轰不需要外界约束条件，除非炸药量很少的情况下。许多敏感材料在无外界约束条件下仍会发生爆轰，但不强烈。此类情况产生的压力低，并且相当数量的材料只会发生所谓的低当量或非理想爆炸，而不会发生爆轰。某些材料在被加热到临界温度时才会发生爆轰，临界温度通常与压力有关。所有炸药均具有临界直径。如果大量存在的炸药块太薄或横截面太小，爆炸不会蔓延传播。在设计商业制品（如爆破筒、手榴弹或高烈度炸药传爆管）时，会考虑到临界直径的因素，但在许多简易犯罪装置的制造中则会忽略。

爆炸品与需要外部氧气才能维持反应的材料化学性质不同。在适当刺激下，能够发生爆轰的物质分子具有断裂破碎成碎片的能力。当这些分子片段重组时，会释放大量的热量，这一过程的时间与燃烧发生的时间相比很短。由于许多含氮化合物从组成（势）的角度来看基本上是不稳定的，因此含氮化合物可能是爆炸品配制中最常用的化学成分。氮拒绝与其他元素进行化学结合，这意味着氮的化合物倾向于突然重组以产生单质氮。这样它们会以热和光的形式爆炸式地突然释放其潜在化学能。普通炸药包含的各种含碳有机化合物中的氧经常与氮结合。在爆炸中，氮从其化学结构中脱离出来并伴随大量能量的释放，氧在反应过程中与碳结合，产生更多的能量。

会发生爆炸分解的材料几乎总是包含一个或多个特征化学结构，这类化学结构是突然释放大量能量的原因所在。这类结构包括以下几类：

- 有机和无机硝酸盐中的—NO_2 和—NO_3；
- 无机和有机叠氮化物中的的—N_3；
- —NX_2，其中 X 是卤素；
- 烈性炸药中的—$ON\!=\!C$；
- 无机和有机氯酸盐和高氯酸盐中的—$OClO_2$ 和—$OClO_3$；
- 无机和有机过氧化物和臭氧化物中的—$O\!-\!O$—和—$O\!-\!O\!-\!O$—；
- 乙炔和金属乙炔化物中的—$C\!\equiv\!C$—；
- [M—C]，即在某些有机金属化合物中与碳结合的金属原子（Urbanski，1964）。

许多含有燃料和氧化剂的混合物有发生爆燃的倾向。它们通常是产生能量较低的爆燃型爆炸，但用于简易爆炸装置时可能会造成严重破坏。例如，黑火药是碳、硫和硝酸钾的混合物（作为氧化剂），闪光粉通常是铝粉末、硫（作为燃料）和高氯酸盐（作为氧化剂）的混合物。

除了具有相似的化学性质外，能发生爆炸或爆轰的材料还有一些共同的特性：它们都能产生大量热量，并且在一定初始条件下会几乎完全转化为气态产物（极少见的是产生金属乙炔化物，该物质会产生碳和金属且没有气态产物）。产生的热量会让周围的气体和空气迅速膨胀。大多数爆炸性材料在一定程度上对热很敏感。升高温度会引起爆炸或爆轰，但与可燃气体不同，爆炸性材料由于其化学性质而没有精确的燃点（Henkin 和 McHill，1952、1391）。测得的燃点取决于温升速率。温升越快，自燃点就越低。

3.3
炸药的种类和特性

除了对热敏感之外，大多数炸药在某种程度上对机械冲击也敏感。因此，爆炸物对这两种效应的敏感性引起火灾和安全调查人员的兴趣。根据这些材料的敏感性和氧化过程，炸药通常被分类为助推剂或低烈度炸药和高烈度炸药。爆炸也可以表征为高烈度或低烈度损害。

常见炸药及其成分汇总于表 3-1。

表3-1　常见炸药及其成分

类型	组成	特征
高烈度炸药 纯硝甘炸药	硝化甘油（NG）、二硝基乙二醇（EGDN）、硝酸钠、木浆	耐水、高强度
明胶炸药	NG / EGDN、硝酸纤维素（胶凝剂）、木浆、硫（某些情况下）	耐水、高强度
氨炸药	NG/EGDN、硝酸铵（NH_4NO_3）、硝酸钠（$NaNO_3$）、木浆、硫	更便宜、耐水性降低
硝基淀粉炸药类	硝基淀粉、铝片	类似于硝化纤维素、没有 NG、不分离或分解
军事炸药	RDX、三硝基甲苯（TNT）、玉米淀粉、油	对震动、摩擦不敏感，储存稳定
TNT	三硝基甲苯	军事用途，高破碎效能
引发剂 PETN	季戊四醇四硝酸盐	高破碎效能，也用于导爆索和塞姆汀塑料炸药
RDX	环三亚甲基三硝胺	高破碎效能，还用于导爆索和塞姆汀塑料炸药
爆破剂 浆状炸药	硝酸铵或硝酸钠，通常与碳或铝等燃料一起使用	散装或预包装形式，只需要助推器就可以引爆
水凝胶	硝酸铵、硝酸钠、有机硝酸盐（例如硝酸一甲胺）敏化剂、乳液形式	需要助推器、可以引爆
低爆炸药	常用于简易爆炸装置，也用于爆炸硬件和工具应用	爆燃，在限制足够的情况下，则可能产生类似爆轰的效果
黑火药	硝酸钾、硫、木炭	易燃、安全保险丝中的填充物火器、推进剂
单基无烟火药	硝酸纤维素	火器推进剂
双基无烟火药	硝酸纤维素、硝化甘油	火器推进剂

3.3.1　助推剂或低烈度炸药

助推剂或低烈度炸药（low explosive）属于可燃材料，既含有可燃成分，也含有燃烧所需的氧。低烈度炸药旨在通过快速产生的热反应气体来实现推动或抛射效果从而发挥作用。NFPA 921 将低烈度炸药的特征定为在引爆后会发生爆燃（亚音速爆炸压力波）或反应速率较慢以及产生压力较低的炸药（NFPA，2017，23.1.1）。硝酸纤维素助推剂在大约 190℃（374 ℉）时能够被引燃，在正常大气压下很少量就可以发生燃烧（Davis，1943），其氧化速率取决于压力，适度的约束压力会促使发生爆燃，爆燃在弹壳内部产生的压力会促使反应更快进行。例如，Bullseye 无烟火药在正常大气压下的燃烧速率为 0.23mm/s（0.009in/s）；在 34.5bar［3.45MPa（500psi）］时，其燃烧速率为 6mm/s（0.24in/s）；而在 2410bar［241MPa（35000psi）］（武器内部的膛内压力）下，其燃烧速率为 300mm/s（11.8in/s）（Cooper 和 Kurowski，1996，43）。如果在双基无烟火药中除硝化纤维素之外还添加硝化甘油，就会对交感（压力）十分敏感，而且硝化甘油浓度足够高，还会引发爆轰。但在大多数情况下不会发生爆轰。

另外，在正常大气压下，少量燃烧的黑火药也会爆燃。黑火药受到中等压力（例如周围装药自身的惯性）限制时，就可产生高强度爆炸效果。黑火药在大气压下的燃烧速率为 17mm/s（0.67in/s），在 34.5bar［3.45MPa（500psi）］时的燃烧速率为 30mm/s（1.2in/s），在 2410bar［241MPa（35000psi）］时仅为 62mm/s（2.44in/s）（Cooper 和 Kurowski，1996，43）。它不受交感（压力）的影响，在任何时候都不会发生爆轰。

无烟火药和黑火药作为小型武器推进剂使用时，是以小薄片或小颗粒状态引燃，如图 3-5 所示。尺寸越小，它们燃烧的速率越快。其爆燃可产生高达 2760bar［276MPa（40000psi）］的压力（固体炸药），反应速率高达 1000m/s（3280ft/s）（取决于化学性质、约束条件和引发方式）。根据它们的引燃方式、几何形状和约束条件，某些材料［如双基无烟火药和高氯酸钾／铝（KClO$_4$/Al）闪光粉］可能会爆轰。在某些情况下，它们可以被认为是高烈度炸药。

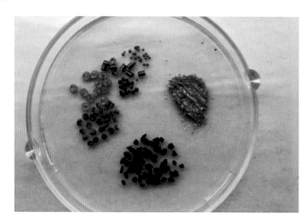

图 3-5　普通管道炸弹填充物
（左上方：各种无烟粉末；右上方：闪光粉；底部：黑色粉末）
资料来源：Wayne Moorehead

3.3.2　高烈度炸药（烈性炸药）

高烈度炸药（high explosive）特点是倾向于发生爆轰，如果受到适当的热或冲击引发，将会发生爆轰。机械冲击产生的局部加热足以破坏某些化学键并引发连锁反应，其中一个键断裂产生的热量迅速以级联方式传递给周围的键，从而导致整个物品在几微秒内爆炸。高烈度炸药爆轰的速率为 1000～9000m/s（3280～29500ft/s），最大压力（炸药表面）超过 68.9bar［6890MPa（1000000psi）］。这样的局部高压会导致爆炸中心区域遭受最严重的破坏，造成附近物体表面破碎或粉碎。

（1）纯硝甘炸药的性能

曾经一度，最常见的高烈度炸药可能是普通的硝化甘油或纯硝甘炸药。纯硝甘炸药与硝化甘油（NG）和二硝基乙二醇（EGDN）混合，然后浸入固体吸收剂或填料（例如锯末）中。这种炸药对冲击、摩擦、降解、离析（渗出）和热点源非常敏感。除利用其防水和共振特性（交感引发特性）开凿沟渠之外，这种炸药很少使用。纯硝甘炸药的强度取决于硝化甘油的实际质量分数。

（2）明胶炸药的性质

明胶炸药是将硝化甘油溶解在硝化纤维中制成，是一种防水、高能的配方，但制造成本高，易于离析出液态硝化甘油，被称为"哭泣"的液态硝化甘油。昂贵的成分（硝化甘油和硝酸纤维素）有时（全部或部分）可以用硝酸铵或硝酸钠代替。这类组合仍然是有效的高烈度炸药，但对水敏感而影响其使用。使用硝酸铵时，该产品称为硝铵炸药或半明胶炸药。这类炸药的强度相当于一定比例的硝化甘油（即 40% 的硝铵炸药虽不含 40% 的硝化甘油，但能量等于 40% 的纯硝铵炸药）。

（3）高烈度炸药的替代品

由于制备和储存硝化甘油炸药的成本高、危险性大，它们已被水凝胶炸药所替代，后者使用有机硝酸盐作为敏化剂，硝酸铵作为主要爆炸成分。如今，硝化甘油炸药仅进行少量生产用于特殊用途。有一些炸药是用硝烯三酯作为爆炸成分制成的，这种炸药不含硝化甘油，风险较低。水凝胶炸药的配方是将硝酸铵和有机硝酸盐（如硝酸一甲胺或单乙醇胺）混入水凝胶或瓜尔豆胶等类似介质中。还有一些浆体型炸药，其中含有的硝酸铵或硝酸钠以及铝或煤焦油粉末作为燃料。这种材料比硝化甘油更稳定，但敏感性较低，需要足够能量的爆轰才能触发。这些炸药会降解为惰性化合物，而不是更危险的形式（例如，纯硝甘炸药"渗出"硝化甘油）。由于它们的物理形态为乳化液、悬浮液或含水浆体，因此在低温下较不敏感，如遇冷冻而无法使用，因此不能在潮湿的环境中使用。

3.3.3 高烈度炸药类别

高烈度炸药可进一步分为初级炸药（或称为起爆炸药）和主爆药。起爆炸药，如雷汞、叠氮化铅、苦味酸盐等，对机械冲击、摩擦、热和电高度敏感，通常用于制造能够引发更大爆炸的雷管和引信。主爆药包括硝甘炸药、TNT（三硝基甲苯）、PETN（季戊四醇四硝酸酯）、RDX（黑索金，环三甲基三硝胺）等。分散状态下，主爆药往往只能发生燃烧，但当呈块状时（只需几克）就会发生爆轰。实际效能可能取决于主爆药的大小、形状以及引发方式。

高烈度炸药根据预期用途等相关因素进行分级。通常，商业炸药用于推动或抛射功能，而军事炸药通常利用其破碎效能。商业高爆炸药采用稀释和混合配方，目的是不仅控制释放出的能量，而且控制爆炸威力，因为不同的应用需要不同性能的炸药。

（1）爆破剂

爆破剂是指通常需要烈性助推剂来引发爆轰的爆炸品。铵油（ANFO）炸药及其变体是最常见的爆破剂。它们通常是批量出售，而不会零售。

（2）二元混合炸药

有一类为数不多的高烈度炸药被称为二元混合炸药，它由本身不是炸药的两种成分组成。当这些成分混合在一起时，就会成为雷管用高烈度炸药。硝基甲烷和硝酸铵、硝基甲烷和有机胺的混合物已作为二元混合炸药上市销售（Cooper 和 Kurowski，1996，43）。鞣粉，一种用于靶场制造目标爆炸效果的填充药剂，如今也作为二元混合炸药销售。它由硝酸铵和高氯酸铵的混合物作为第一种组分，细铝粉作为第二种组分。它们混合在一起，形成了威力巨大、对撞击敏感的高烈度炸药。

（3）简易爆炸物

许多高烈度炸药可以通过相当简单的化学方法合成，用于制作简易爆炸装置（IED），包括三碘化氮（NI_3）、三聚过氧乙酮（TATP）、六亚甲基三过氧化二胺（HMTD）、硝酸羟铵（HAN）、二硝基酰胺化铵（ADN）、金属叠氮化物，雷酸盐和乙炔化物。上述提到的都是一些爆炸力大而又敏感的初级爆炸物（由热、摩擦、冲击甚至是静电引发），如果制造和使用方法正确，在爆炸后，碎片上只能残留极少可用于检验的残留物（Muller 等，2004）。

还有一些诸如硝酸铵 / 糖和硝酸尿素一类易于合成并用于犯罪的高烈度炸药，硝酸脲的爆炸速率为 3730m/s，硝酸铵 / 糖为 3560m/s（Phillips 等，2000）。乙炔银（Ag—C≡C—Ag）是爆炸品中的一个罕见类别，其爆轰过程中仅产生固体残留物（碳和金属银）而不产生气体。但是，所产生的巨大热量可将周围的空气加热到数千摄氏度，气体膨胀从而产生爆炸。尽管 TATP 具有不稳定和敏感的性质，但它仍是使用最广泛的简易爆炸物，可以使用丙酮、过氧化氢和酸等容易获得的消费产品（例如洗甲水、头发漂白剂和电池）来配制。该过程很简单，可以借助几个广口瓶、滤网和冰块加工。

3.3.4 组件

高烈度炸药通常需要使用引爆器、定时引信和传爆管 / 导爆管。

（1）雷管

高烈度主爆药通常需要爆轰级别的爆炸才能将其引爆。如图 3-6 所示，一个小的爆轰源可以装在一个雷管中。雷管由点火剂、延时器、起爆药和典型的高烈度炸药组成。电雷管中有两条脚线和一根桥丝嵌入点火器引爆装置中。施加电流会导致桥丝快速加热，从而引燃爆燃性材料。通常会内置一个延迟器，以增加电流施加与炸药引爆之间的时间间隔（通常为 10～200ms）。起爆药爆炸会触发高烈度装填药，后者又提供了使主爆药爆轰所需的冲击力。所有这些都包装在直径约 5mm（3/16in），长 40～65mm（1.5～3in）的金属（通常为铝）套筒或管中。

非电雷管的空心端压接在传统安全引信的开口端上。爆震雷管只能通过引爆小直径塑料管内部的高烈度炸药薄涂层来触发。这类雷管比传统雷管使用更安全，因为它们不会被杂散电流或火焰触发，涂层爆轰的传播仅限于塑料管的内部。

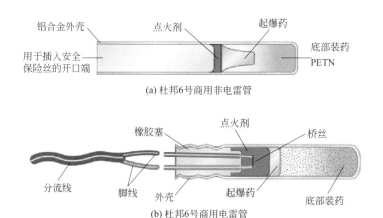

图 3-6　典型的雷管

（上部：不带电。下部：带电）

（2）传爆管

传爆管是由 TNT、PETN 或 RDX 特制的小型高烈度炸药，其形状可能像冰块、手指大小的套筒或圆柱体。它们用作雷管和主爆药之间的媒介。高烈度导爆索有时会穿过传爆管，甚至同时通过缠绕或穿过主爆药的方式来替代传爆管。导爆索中充装 PETN 或 RDX 高烈度炸药，同时需要一个雷管才能起爆。

（3）定时引信

火灾调查人员将看到不同类型的引信。一种常见的类型是烟火药引信，其中烟火药芯被细线缠绕包裹并涂有硝基漆。点燃后，会产生外露可见火焰。尽管设计的燃烧速率是 12～25mm/s（1/2～1in/s），但是被卷曲或挤压时燃烧速率会更快。安全引信是由被线绳、焦油和塑料包裹的细磨黑火药芯组成。当此引信的一端点燃时，另一端会喷射小束火焰，沿其长度的任何地方都没有外露的火焰。它以 80～100cm/min（30～40in/min）的速率燃烧，由于其防水，可以在水下燃烧。导火索由细镍铬铁丝的多层螺旋缠绕的高氯酸盐基可燃物组成。它燃烧非常快，在简易装置中很少见到。简易的引信包括浸有黑火药或烟火药的细绳或纸，还有从商业烟花中拆解下来的引信材料，比如快速引信（多层纸包裹黑火药芯）。

（4）引爆系统

初始点火源、引信、雷管、传爆管和主爆药的组合通常称为点火系统或引爆系统。高烈度炸药通常需要小的爆轰才能起爆，不会被简单的火焰或电弧引爆。根据炸药和其用途，也可能不存在延时器、雷管和传爆管。

1917 年 12 月，在哈利法克斯（新斯科舍省）港口发生的一艘军火船意外爆炸，就是一个完整的引爆系统发生事故的很好例子。当时，这艘船与另一艘船的碰撞导致苯桶（作为甲板货物）泄漏并被引燃。火灾引发了苦味酸炸药的爆炸，继而引起了主要货物 TNT 的爆轰。总共 2925t 高烈度炸药使船解体，哈利法克斯港中心区域被夷为平地，造成约 2000 人死亡，9000 人受伤（Flemming，2004）。

3.3.5　高烈度爆炸

炸药通常分为高烈度和低烈度。只有高烈度炸药才能实现爆轰（这一名词是指反应波以超音速在炸药内传播）。该冲击波实际上会导致炸药的化学键断裂。整个爆炸物以超音速转变为气体和热，导致极高的温度、压力以及震动，所有这些都会造成与此类爆炸物相关的破碎作用。因为以亚音速传播，剩余其他爆炸形式都是爆燃（根据读者的定义）。

起爆药中产生的能量和热量以较低的速度在装料内部传递（通常是通过颗粒间的热量传递），然后各部分燃料的燃烧在每个颗粒表面进行。热量和气体的产生速率较慢，压力较低。与爆轰相比，高烈度爆炸对外部的破碎影响程度较小，但产生的总动能可以很大。

高烈度炸药是一种能够维持反应前沿以等于或大于该介质中声音传播的速度［通常为1000m/s（3000ft/s）］穿过未反应区的材料，也就是能够维持爆轰的材料（NFPA, 2017, 3.3.107）。高烈度炸药不需要每次都完美地引爆和传播，特别是简易爆炸装置。而商业炸药和军火要经过精心设计，是为了尽可能完全转换为动能，从而可预测其爆炸效果。这些完全转换被称为理想、高效或高烈度爆轰。简易爆炸装置包含的各种形状和大小的炸药，即使是高烈度炸药，也无法完全以爆轰的形式完成爆炸过程。

NFPA 921中对高烈度破坏（high-order damage）的描述是：快速压力上升或强力爆炸对密闭结构或容器造成破碎作用，以及远距离抛射物造成的破坏（NFPA, 2017, 3.3.108）。炸药具有一个最小特征直径，在该直径以下，不能保证全部发生爆轰。如果起爆药或起爆装置的尺寸（能量）不足或在主爆药中安装的位置不佳，则可能根本不会发生爆轰。因此，即使使用传统的高烈度炸药（TNT、硝化甘油、PETN、黄色炸药、RDX），它们也可能不会全部发生爆轰或根本不发生爆轰。这被称为低效、非理想或低烈度爆轰。预混气体或燃料蒸气/空气混合物处于理想或化学计量比会发展为高烈度爆炸，因在没有初始材料剩余的情况下以最大效率发挥作用。

3.3.6　低烈度爆炸

低烈度炸药，例如黑火药和硝化纤维，即使在理想的外界约束条件下被引发也不会发生爆轰，并且由于所涉及的热过程效率和效应低，也不会发生高量级爆炸。双碱无烟火药，由于它既包含低烈度炸药（硝化纤维）又包含高烈度炸药（硝化甘油），其所发生低烈度爆炸或高烈度爆炸主要由起爆条件和约束条件所决定。

NFPA 921定义低烈度损伤（low-order damage）破坏的特征是：缓慢的压力上升或低能量爆炸，表现为对封闭结构或容器的推动、移动作用，以及导弹的短距离发射动力（NFPA, 2017, 3.3.127）。

针对硝化甘油含量高的火药（例如Alliant Red Dot或Bullseye），如果采用适合的雷管引爆会发生爆轰，尤其是使用了简易的高爆破强度容器（例如气瓶）的时候，但很少能够达到或具备理想高烈度爆炸条件。在大多数简易装置中，外壳强度不够或起爆不充分，所产生的爆炸虽具有破坏性，但效果并不理想（高烈度），而且周围会散落整块的未反应炸药。因此，当被问及"某某材料是否发生高烈度爆炸？"正确答案通常是"看情况而定"。确定的依据是对宏观和微观尺度上热和机械效应（指标）的评估。

3.4
物理爆炸

在物理爆炸（mechanical explosion）中，容器内部气体或液体压力超过其抗拉强度时，容器、管道就会破裂，由此产生的高压气体泄放，会产生爆炸效果（压力、冲击和破碎），损坏或毁坏车辆及建筑物。因为不涉及放热化学反应，所以除了金属的撕裂或破碎过程外，不会释放热量。如果液体泄放时的自身温度或压力远高于环境条件，则几乎会在瞬间蒸发，迅速膨胀的蒸气对附近物体表面施加破坏作用力。

物理爆炸可能会单独发生，可能在火灾之前、之中或之后发生。涉及与火灾的关联性，机械爆炸可能是火灾的起因，或者只是加剧了火灾。一旦推断出爆炸的大体特征，就可以更有效地勘验爆炸装置或探寻事故的致灾机理，或勘验所牵涉的化学残留物（如果存在的情况下）。

由于物理爆炸也会产生爆炸效果，可能难以与化学爆炸区分开。在任何一种情况下，处于非常高压力下的流体或气体会撞击机械表面，使其变形，有时会使其破碎，产生高能的次级碎片。由于压缩机、安全阀或调节阀的机械故障，空压机气罐、气溶胶罐、储罐、液压管路、输送/传送管道等类似系统可能会超压，这类容器也可能暴露于热环境之中，使内部压力随之增加。当管线或容器内超压不断增长，至破裂强度时，就会发生失效，其中的加压流体发生泄漏，可能会导致灾难性的后果。泄放出的气体会对附近的物体表面造成震动或压迫作用，并可能驱动碎片高速飞出。

物理爆炸有时会产生类似凝聚相爆炸的局部损坏。这一过程通常是和气体作用相关的现象，不包含化学或物理状态的变化，且不产生热量（金属容器的快速撕裂所产生的热量除外）。没有火灾或其他热损坏，通常是发生物理爆炸的一个可靠标志。当出现外部加热源时，可以看到相比于常温状态下，受热金属的抗拉强度要低，此种情况下，容器最有可能在受热的部位失效。

图 3-7 中是一个爆炸后的灭火器。丙烷气瓶失效时，破坏的地方通常会出现不规则的"鱼嘴"洞，暴露在火中几乎不会产生爆炸效果。破口的位置和方向会引导泄放气流的方向，有时会使容器自身形成一个被抛射的炮弹。

图 3-7 灭火器外壳由于暴露于持续的火中而引发物理爆炸

资料来源：Vic Massenkoff, Contra Costa County Fire Protection District

3.4.1 酸弹、气弹或瓶弹

各种各样简易爆炸装置发挥作用的过程都是通过化学反应产生某种气体，由于该气体通常不燃，因此会导致密闭容器发生物理爆炸，最常见的是塑料软饮料瓶。这些反应可能在释放二氧化碳的同时产生很少的热量，也可能在强放热反应的同时产生蒸汽和气体。这类装置通常采用易于获取的普通家居产品。它们能产生高压、有毒或腐蚀性气体，能够造成严重的伤害和机械破坏（McDonald 和 Shaw，2009）。表 3-2 列出了一些常见的成分组合。

表3-2　酸弹、气弹和瓶弹中的常见成分

混合物	反应产物
干冰和水	二氧化碳
泡腾片和醋	二氧化碳
碳化钙和水	乙炔
糖、干漂白剂和水	蒸汽、漂白剂
铝箔和厨卫管道疏通剂	氢气
金属箔和盐酸	氢气
厕所、水池、水疗设施清洁剂和酒精，氨水或过氧化氢（最新产品含有氯化乙内酰脲、溴化乙内酰脲或氯化异氰尿酸）	氯气或溴气[a]

[a] 三氯化氮或三溴甲烷爆炸物。

　　产生可燃气体（氢气或乙炔）的混合物能产生双重爆炸效应——封闭容器的机械失效以及随后湍流混合后燃料／空气混合物的爆燃。如果附近存在明火点火源（如点燃的蜡烛），爆燃可能几乎是在瞬间发生，或者混合物不断扩散后遇到点火源，发生延迟爆燃。

　　软饮料瓶失效产生的压力可达 200psi。残留的酸、碱或漂白剂中的有害化学物质会对附近人员产生危害。由于爆炸品、燃烧弹和化学品损坏带来的危害，各州现在认为这些装置就是诉讼中所谓的爆炸装置。现在美国各州在诉讼过程中将这类装置认定为爆炸品。

　　由于遇水降解的原因，爆炸后固体残留物的量可能非常有限。如图 3-8 所示，经常会发现铝（或使用的其他金属）和未反应的酸或碱。在产生的热量和内部压力作用下，所使用的瓶子会发生变形。干冰设备会在极冷的条件下破裂，不会留下可见的残留物。由于混合和爆炸之间的时间间隔是不可预测的，装置的制造者有时也会受伤。

图 3-8　熔化和热变形的 2L 苏打瓶是酸性金属瓶炸弹的残留物
（存在未反应的盐酸和金属残留物）
资料来源：Wayne Moorehead

3.4.2　沸腾液体扩展蒸气爆炸（BLEVE）

　　如果盛装物起初是液体而不是气体，加热会使液体达到远高于其正常沸点的温度，因此，通常情况下液体会通过蒸发排出多余的热量以保持沸点温度。容器的失效导致发生BLEVE（沸腾液体扩展蒸气爆炸）。过热液体达到正常大气压会立即转化为气态，成为这一过程中最初出现的气体。由于液体中包含汽化能量，即使液体及其蒸气是不可燃的，也会产生具有极大破坏性的爆炸。装有40gal（151.4L）水的热水器引发的BLEVE能够摧毁房屋。值得注意的是，过热水或蒸气发生的爆炸没有火灾/热效应。

如果盛装物易燃，随后发生的火灾可能会非常严重。在物理爆炸中，气罐、锅炉、容器或管道的残片会为判定事故原因和源头提供线索。当液体储罐暴露于外部火灾时，罐内与内壁接触的液体会通过热传导吸收热量，但是与气体或蒸气接触的容器壁却得不到冷却。这可能会在容器的外壁产生一个水渍线，调查人员可以由此推断火灾时容器内的液位线或容器在火灾中的受火姿态方位。这也意味着被火焰吞没的容器，通常会在不与内部液体物质接触的地方率先失效，因为该部分会比与液体接触的部分更早达到其拉伸破坏温度（Raj, 2005, 37-49）。

3.5
电气爆炸

高压电流通过空气、变压器油或截面尺寸不足的导体时，产生极速放热现象，进而导致周围气体或液体的急速膨胀。电弧加热空气爆炸的极端例子是球雷，其内部电流可以超过100000A。如果周围介质是油，比如在充油变压器或充油开关中，油品会沸腾并在容器失效后蒸发为气体，蒸气可能会被持续放电的电弧点燃，产生一个大火球。导体会汽化，并产生高速运动的气体。如图3-9（a）、（b）和图3-10所示，此类事故会造成烧伤以及爆炸和压力损伤。

(a) 操作人员断开10kV开关时引起的电气爆炸　　(b) 火灾损坏的工具；墙角处地面上散落的柜门

图3-9　电气爆炸

图 3-10　绝缘端子上的烧损痕迹（一名操作人员在电弧爆炸中受重伤）

资料来源：Paul Spencer，London Fire Brigade（Retired）

3.6
爆炸调查

　　爆炸可能是由于材料在工业制造或反应过程中的意外事故、家庭不幸事故或故意引爆炸弹的犯罪行为所造成。在极少数情况下，爆炸装置可能是被误用的军火，更常见的是由简易爆炸装置（IED）造成。ATF 报告说，2004～2007 年，美国平均每年发生 576 起爆炸和爆炸未遂事件（美国炸弹数据中心，2009），其中至少 59% 是管道、管或气瓶容器（管道炸弹）爆炸。

　　无烟炸药、黑火药和闪光粉是主要的炸药填充物（美国司法部，2016）。2014 年，642 起爆炸事件中约 37% 涉及爆炸物，24% 涉及简易爆炸装置（IED）。

　　调查员的责任不是假定每个事件都是由意外或炸弹引起，而是从现场安全、保存和记录的角度出发，将每个现场视为潜在的犯罪现场。证明爆炸是由特定意外原因引起的证据与证明爆炸是犯罪行为的证据一样重要，需要同样谨慎的标准。

　　爆炸现场的勘验通常采用与火灾调查相同的科学方法，实际上通常是作为火灾调查的一部分。然而，与火灾现场不同的是，在仔细勘验之前，对于爆炸调查最重要的是不能移动证据或结构构件，因为各个碎片之间的关系可能对重构爆炸原因至关重要，其重要性远大于在火灾中的重要性。

　　在爆炸调查中，证人访谈尤其重要，以了解现场当事人在做什么，或事件发生时他们在哪里，以及看到了什么。监控摄像头也越来越普遍，它们可以捕捉到爆炸前和爆炸期间发生地的重要事件。

3.6.1　现场勘验

对现场的初步勘验将揭示建筑物、车辆、装置设备碎片或受害者残骸（爆炸模式）的扩散范围和方向，以及明显的爆炸中心（seat of explosion）。现场鸟瞰图和摄影记录最好能在消防部门的举高车工作平台上完成。与地面平视图相比，从发生爆炸建筑物的鸟瞰图中可以获得更多的信息，如图 3-11（a）～（d）所示。从明显的爆炸点到所发现的最远碎片之间的距离至少应该再乘以 1.5（150%）之后，确立初步的周界。随着勘验工作的进行，这一范围必定会继续扩大，并明确标示出扩散方向（如管状炸弹，其密封盖可能抛射到数百米以外），这足以保护大部分证据。

(a) 从地面高度观察到的建筑内丙烷爆炸初始阶段的图像

(b) 建筑外猛烈的爆炸(火球)

(c) 大型房屋的严重损毁说明了在理想浓度下发生爆燃的威力

(d) 同一场景的空中鸟瞰图，记录了碎片的分布情况
(注意垂直于四面墙的十字形分布)

图 3-11　爆炸建筑物的鸟瞰图
资料来源：Jamie Novak，Novak Investigations and St.Paul Fire Dept

为保护爆炸现场，在初期阶段只允许调查人员进入现场。与火灾现场或普通犯罪现场的证据不同，爆炸证据可能是容易被忽视的纸张、电线、金属或木头微小碎片，这类物质可能会粘在任何进入现场人员的鞋子上被带走而不被注意，由此造成证据的永远丢失。

现场边界应该用警戒带、绳子或路障明确标示，并密切监控，以确保只有对勘验工作必要且经过授权的调查人员才能进入。如果调查和评估表明碎片的分布具有一定的方向性，则可以扩展边界。尤其是分散相混合物的爆燃，倾向于产生全方位的分布，但是像管状炸弹类的装置可以产生方向效应，因为管帽常常沿着装置的轴线喷出很远的距离。归档文件包括对现场的全景照片、显示碎片位置和距离的图（平面图）。这项工作在过去用卷尺和量角器，最近开始用全站仪测量系统。激光扫描系统的出现可以实现在白天或夜间精确记录高达 500m（1600in）范围内的位置，从而为精确度和便捷性提出了新的标准（Gersbeck, 2008; Haag 和 Grissim, 2008）。展示此类扫描技术实用性的例子见图 3-12 (a)和 (b)。

(a) 平视　　　　　　　　　　　　　　　　　　　(b) 航拍

图 3-12　使用 Faro（tm）激光扫描仪记录的火灾场景

资料来源：Robert K.Toth，IAAI-CFI（R）-IRIS Fire Investigations Inc

勘验区域的大小由现场尺寸和调查人员数量决定。开始在爆炸点附近较小 [小于0.4m²（4ft²）] 的区域，然后向勘验边界方向逐渐扩大 [可达 10m²（100ft²）]，因为边界处的抛出物较少。勘验区域可以用粉笔、系在木桩上的绳子或用粘在地上的胶带标示，同时必须进行编号供以后参照。

现场保护和边界标示完成后，就可以开始外围搜索和拍照记录，就像在火灾现场一样。现场的大小、形状和环境以及有资格的调查人员数量将决定搜索的组织。不管使用网格、扇区还是螺旋勘验模式，搜索都应该从外围逐渐向内。这样可以更好地保护关键爆炸点，并提高对物证勘验者的保护。现场搜索和记录的主要目标是识别离开原位的残骸碎片，并测量其位移（与起始位置的距离）。

（1）"四个 R"

现场勘验可以看作是调查过程中的第一步，它可以被记为"四个 R"（四个步骤）：识别（recognition）、复原（recovery）、重组（reassembly）和重构（reconstruction）。

现场识别包括评估爆炸损伤（位置、强度、方向）以及识别能够为后续阶段服务的物证碎片。意外状况和机械设备失效导致爆炸的物证与蓄意爆炸行为的证据同等重要。调查人员接受的培训及其经验对调查至关重要，因为重要的证据可能很小，且看起来无关紧要。未经训练的调查人员很容易忽略这类证据。

复原不仅包括证据的发现与提取过程，还包括记录和保存。这个过程必须考虑到爆炸会产生冲击波、压力和热效应这一事实。

设备装置或机械的重新组装可以在实验室或现场进行，但是必须测试环境因素的影响确定是否考虑了整个环境链。

场景的重建包括：现场有什么？是什么引发的爆炸？怎么爆炸的？在场人员有谁？

（2）"四个 C"

仅仅确定某种物质（气体、液体或固体）发生了爆炸通常是不够的。一种能够有助于记住所有必要元素的方法是"四个 C"：容器（container）、隐匿处（concealment）、盛装物（content）和联系（connections）。尽管这种方法最适用于刑事爆炸案件，但在评估意外事故时也很有用。

容器：有什么证据可以证明气体、蒸气或低烈度炸药的盛装方式足以产生我们所看到的爆炸效果呢？可能是管道、炉子、墙壁或车辆的碎片。装置的碎片称为一次碎片；其他在爆炸中破坏的物品碎片称为二次碎片。高烈度炸药不需要容器来实现其最大的爆炸效能。因此，如果没有任何容器，则意味着高烈度爆炸物的存在。爆炸效果必须有力印证这一假设才可以。

隐匿处：爆炸物经常会以某种方式进行隐匿，以防止提早被发觉。现场是否有包装物、容器或其他遮蔽物的碎片？爆炸点的位置是否能为爆炸装置提供隐匿条件，是否存在需要对其进行掩饰的预定目的？隐匿用的容器一般不是炸药的实际容器，可以是纸袋、手提箱或汽车。问题是：这个东西是不是本来就应该在这里，还是被带到这里来的？

盛装物：实际的爆炸物质是什么？不管是简易爆炸装置蓄意还是意外爆炸，爆炸物不会被完全消耗。残留物可能肉眼可见，很容易找到，或者需要复杂的实验室分析，如果调查人员想要找到紧靠初始炸药处物品的碎片，就自然会发现残留物。在意外爆炸的案例中，气体、蒸气或固体可能在生产过程中积聚；或质量低劣的清洁物品，管理不善或安全措施不充分，导致正常储存设施的破坏。了解和回顾前期防火检查情况或者此处发生事故情况，可以揭示潜在爆炸性物品。

联系：最后，要调查爆炸中的联系。不仅仅是电线，任何可能会导致爆炸的物理布置或事件发生顺序都要调查。爆炸是如何开始的？在爆炸中，要考虑的因素包括装置的放置位置（车辆、住所、公司）、如何触发的（振动、定时、指令等），以及从电源到主要爆炸装置（有时称为引爆系统）的顺序。

回答这些问题有助于重新构建整个事件，包括不法分子安置炸弹的意图，是为了破坏、恐吓还是谋杀？如果是意外事故，这些问题有助于确定因果关系，以便追责，更重要的是，今后可以避免类似事故的发生。在意外的电气爆炸中，必须找到一个合适的超大电流的电源，以及电流的通路。必须记住的是，通路的某些部分可能会因为移动、火灾伤害或电流本身的流动所破坏。

3.6.2　反应速率和作用力

在解释火灾现场的爆炸损坏时，记住爆燃和引爆之间的区别是很重要的。反应速率、产生的作用力和温度的差异会影响对建筑或车辆的作用特征。在确定发生的是燃烧、爆燃还是爆轰时，牢记于心的准则是碎片越小，爆炸的能量就越高，顺序为燃烧、爆燃、爆轰。爆燃所需的时间约为百分之一秒，而爆轰所需的时间约为千分之一秒或百万分之一秒。

爆燃的速率相对较慢，这对区分其对近距离目标的作用很重要，因为它们对目标的作用呈现出或多或少的亚音速渐进式压力脉冲特征。这使得目标有机会分散压力，从而减少小碎片的形成，代之更多的是大块碎片的抛出。爆轰突然释放的压力或冲击波在近距离内是超音速的，燃料没有时间反应，只能是被破碎而不是被推出去。这种强烈的破碎作用会加剧局部的破坏，从而形成爆炸中心。随着爆炸能量逐渐消散，破坏程度随之减轻。爆轰产生的冲击波将空气压缩成一个非常薄的层面，造成很大的粉碎损坏。紧随其后的是高压锋面，并造成剧烈的物理性移动。爆炸的影响可分为冲击波、超压、抛出物和热效应。

例如，汽油蒸气的爆燃和木箱中军用炸药的爆轰在效果上是不同的。爆燃产生的压力在火源附近非常低，但随着火焰前沿在预混燃料/空气混合物的扩展而增大。爆燃产生的压力较低且更加均匀，通常不会产生严重的局部损坏。DeHaan 发布的测试结果（DeHaan 等，2001，693-710）已经表明，房间地板上形成的正己烷蒸气薄层 [0.1～0.2m 深（4～8in）]，爆燃产生的压力 [3.6m×2.4m×2.4m 大小（10ft×8ft×8ft）] 几毫秒内就会在整个房间的表面上达到平衡。在达到通风盖板的失效压力 [5～6kPa（0.75psi）] 之前，压力的持续增长时间大约可维持 100ms。均一的压力会导致房间最薄弱的部分（在这种情况下，通常是通风板）首先被破坏。在真实环境中，建筑物最薄弱的部分可能是屋顶、窗户、因腐蚀而不牢靠的墙壁底部或其他构件。结构强度越大，约束面越多，爆燃产生的压力越高，从小于 7kPa（1psi）到 700kPa（100psi）或更高，这取决于燃料气体/空气混合物的化学性质和量（Harris，1983）。

在爆轰中，结构的封闭性对压力的发展没有显著影响。任何压力脉冲都可以从大面积的平面反射回来，在拐角处或障碍物上方或下方引起损伤。爆炸能量越大，这种效应就越明显。反射回来的压力脉冲可以与初始脉冲相互叠加，在爆炸点房间内造成更大的破坏。

当压力或冲击波在空气中传播时，一般情况下速率会快速下降。最终，爆燃产生的温度预计不会超过 1500℃，但爆轰可达到几千摄氏度。正如人们所预料，速率、压力和温度的差异对目标材料会产生不同的作用。从图 3-11 可以看出，接近化学计量比的丙烷混合物在地面以下被点燃，并向上喷发，完全摧毁了上面的建筑。熟悉这些差异的分析人员可以通过勘查目标碎片及其分布情况，准确判断爆炸类型，确定引爆位置。Beveridge 等人发表了精彩的描述典型特征的论文，做了很多的解释（Beveridge，1998、2004;Yallop，1980）。

（1）爆炸损伤

爆燃产生的压力通常相当低，一般不会造成破碎或粉碎，但会严重损坏建筑结构。但也有例外，如图 3-13 所示，如果液化石油气与空气在爆炸原点进行理想状态的混合，压力波以亚音速向外传播过程中，破坏力持续的时间会很长。由于发生爆燃的燃料/空气混合物的反应速率会随着不断膨胀的火焰前沿扩展而增大，所施加的力也会随着距爆炸原点距离的增加而增大。因此，燃料/空气爆燃破坏最严重的区域通常不在爆炸原点附近，而在距离爆炸原点一定距离的地方。

这种痕迹使得确认实际的点火源非常困难。一旦达到预混体积的极限，能量随距离的增大减小。火焰前沿在家具周围和通过门道时产生的搅拌和湍流会显著增加火焰前沿的表面积。与起火房间相比，相邻房间的燃料/空气混合物由于引燃前的预热和加压会导致能量更大的爆燃（Pape、Mniszewski 和 Longinow，2009）。这样造成当爆炸传播到远离引爆点的区域时造成更为严重的破坏。建筑物的门窗结构不完整时，爆燃压力波可以通过门窗来释放，从而将对墙体的破坏降到最低。正常情况下，这种爆炸发生后的场景是，大碎片或者抛射物会造成大范围的严重破坏。

图 3-13　液化石油气和空气的近理想混合物的大规模爆燃导致了广泛的碎裂和高速传播
资料来源：Denise DeMars，Streich DeMars Inc.and Jamie Novak，Novak Investigations and St. Paul Fire Dept

与此相反，爆轰峰值压力会达到每平方英寸数万磅的量级，会造成附近物品的粉碎，同时形成一个巨大的冲击波正压锋面，其正后方会出现负压波或负压区。负压波产生局部真空，被冲回爆炸区域的空气充满。负压形成的反向冲击强大到足以使轻质碎片飞出，甚至使破损的墙体向着初始爆炸相反的方向移动。窗户可以被与之平行运动的冲击波吸出墙体。紧跟着受限爆燃正压力波的负压脉冲能量很低。前面所述的正己烷蒸气试验显示，负压脉冲约为正压峰值的三分之一（DeHaan 等，2001）。这足以将窗帘从破碎的窗户移出，从墙上撕下图片，将无支撑的门拉回房间，或者导致被正压力损坏的结构构件进一步倒塌。

爆轰压力波最初以超音速传播，但很快消散，因此其破坏区域高度集中。由于超音速传播，压力波得不到泄放，因此可以摧毁附近的墙壁，无论其有没有门窗。正常情况下，爆炸现场的外观呈现破坏区域高度集中，并伴随着物品粉碎和分散，以及存在大量非常小的碎片迹象，其中一些将被投射到很远的地方。记住，所有爆轰在离爆炸源很远的地方产生的压力波都是低能量的。

窗户玻璃碎片的抛射距离与爆炸时其所受的压力成正比。平板玻璃在 27.6～34.5kPa（4～5psi）的压力下抛射 50～60m（180～200in），在 13.8kPa（2psi）的压力下抛射 30～35m（100～120in），在 4.83～6.89kPa（0.7～1psi）的压力下抛射 12～15m（40～50in）（Harris，1983）。在同等压力下，具有较高耐压能力的嵌丝玻璃或贴膜玻璃，抛射距离较近一些。

杀伤性武器的组合装置，高烈度炸药用来蒸发易燃液体。这些现场都有两种爆炸发生后过火的证据。在爆炸装置附近，高烈度炸药的粉碎作用占主导地位，如图 3-13 所示。在建筑内的其他位置，汽油蒸气爆燃作用更明显。爆轰产生的压力经常会造成附近表面的破碎，形成一个爆炸坑，其深度和尺寸反映了炸药的多少，有时也反映了炸药的形状。分散相爆炸不会形成这样的爆炸坑（Kinney 和 Grahm, 1985）。

（2）火灾前和火灾中的爆炸
由于爆炸可能发生在火灾前（作为点火方式）或火灾期间，从建筑物中抛的碎片上是否存在热解产物，可以推断火灾是否发生在爆炸之前。如果可燃液体的蒸气爆炸或沸腾液体扩展蒸气爆炸，抛出的碎片会留有热效应作用痕迹或燃烧残留物，而引发火灾的爆燃或爆轰产生的碎片通常很少或没有这种残留物。如果能量足以毁坏封闭结构的顶棚或屋顶，天然气爆炸将会导致积聚气体的燃烧和释放。这种情况下，除了气源点附近，爆炸后会有小范围的燃烧。

　　结构内部爆燃的压力以声速传播，因此通常不会产生局部爆炸效应，爆炸前已经分散的燃气或蒸气可能会产生局部热效应，因为过浓的燃气层或云团会发生燃烧。木质结构中的燃料／空气爆燃可能导致灼烧或"火焰冲刷"效应。熔化或烧焦痕迹的分布（特别轻薄的材料，如纸或塑料）可能判断出爆炸前积聚的气体或蒸气层比空气轻还是重。当记录和收集碎片时，应注意其外观。

　　当密闭房间的易燃液体蒸气被点燃时，火焰只在地面附近的蒸气层内传播。Ide 描述了相邻房间中的汽油蒸气被点燃后，火焰从门洞的下部延伸出来。延伸出的火焰烧焦了放在门口穿了裤子的塑料模特的小腿（Ide, 1999）。观察和记录热效应的分布对评估蒸气或气体在爆炸前的分布至关重要。如图 3-14 和图 3-15 所示为泄漏到房间的液化石油气爆炸后热损伤的情况。

| 图 3-14　墙壁炭化 | 图 3-15　地板水平炭化 |

（注意明显的不规则烧焦区域、踢脚线和一些墙壁的有限延伸）

资料来源：Senior Special Agent Steven Bauer，ATF（Retired）

3.6.3　现场分析和提出假设

　　一旦完成了对爆炸碎片和热作用痕迹的初步评估，调查人员对证据类型有了清晰的了解，从而能够直接指导特定区域的搜索。对爆炸现场的搜索可以采取向内螺旋搜索、扇形搜索、条形搜索或网格搜索方式。大场景的搜索将利用线或绳子铺设网格线，并按顺序处理各个网格的方式来辅助进行。这在调查人员数量有限的情况下尤其有用。

　　在这个阶段，绘制详细的现场草图是有用的。草图上可以标记证据的位置，连同它们与参照点的距离，还可以重现它们的飞行轨迹，同时草图还能厘清各物品间的关系。如果草图绘制得当，就可以看出飞行轨迹在某区域内的交织关系。这表明起爆点（或爆燃燃料／空气混合物的引燃点）可能在该区域，研究人员就可以着重在该房间或区域内勘验装置（或点火源）碎片。窗户玻璃碎片的分布、距离和轨迹尤其重要，因为窗户通常在爆炸中会破碎（见图 3-16）。应保存玻璃样品，或至少记录其厚度和类型（安全玻璃、平板玻璃、白玻璃、嵌丝玻璃等）。如果距离、厚度和类型已知，则可以估算结构内部产生的压力。

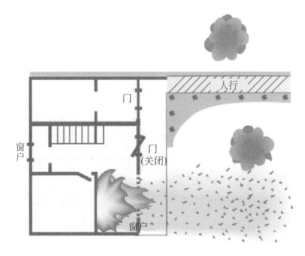

图 3-16　玻璃碎片的分布表明汽油蒸气爆燃是在建筑物右下角的房间内引发的

3.6.4　取证

尽管在高烈度爆炸中产生了超高温和超高压，该装置的一些部件，无论多么小，仍将保持可识别的形式。安全引信特别能抵抗爆炸的影响，有时甚至同剩下的雷管一同保存下来。由于管状炸弹的频繁使用，现场勘验应包括检查碎片中发现的任何破碎的瓶子、压力缸、管道或管帽碎片。当用作管状炸弹时，管状物碎片是非常可靠的痕迹，碎片越小，爆炸填充物的能量越高（Oxley 等，2001；Whitaker 等，2009）。这些信息有助于迅速确定装置和爆炸物填充物的性质，并提醒调查员注意可能在现场的其他类型的物证。

金属、塑料管、电线、硬纸板的小碎片容易被缺乏经验的搜索人员忽视，或者被踩踏损坏。爆炸现场应按网格的顺序勘验（最好由两个不同的勘验人员搜索）。任何看起来不该出现在现场的物品或碎片都需要拍照并提取，以便日后分析。一些调查人员喜欢在静态勘验后对每个网格进行彻底打扫，并在受控条件下将所有材料提取以备日后检查。

细分筛可用于筛选碎片，但与火灾现场的证据不同，碎片必须采用干筛法，因为爆炸后许多低烈度炸药的残留物是水溶性的，如果采用湿筛法，它们将会丢失。必须仔细检查任何受害者（幸存者或遇难者）的衣服和身体是否留存碎片（一次或二次）。衣服和皮肤的热损伤或冲击损伤的痕迹也可能是重构事件的关键（爆炸是意外还是人为），同时必须用照片和图表记录（DeHaan 和 Dietz, 1987）。医疗救治会迅速改变受伤部位的损伤痕迹，因此必须尽快记录和收取受害者身上的证据。X 射线在辅助勘验碎片过程中的作用不可替代，但应该记住，由于 PVC 和其他塑料具有与身体软骨或骨骼相同的物理纹理和 X 射线面密度，在用 X 射线或肉眼检查伤口时很容易被忽视。Whitaker 等人（2009）报道了PVC 管接头碎片的速度高达 290km/h（465mi/h；80m/s），尽管它们很轻，但仍能造成伤害。

联合国裁军事务办公室《国际弹药技术准则》（IATG，2015）公布了几种预测爆炸物影响的工程方程（详见：https：//www.un.org/Disarmament）。这些方程可以根据碎片的数量和离炸药的距离来估计炸药的尺寸。这些准则被称为数量 - 距离（Q-D）准则，准则基于 Hopkinson-Cranz 比例定律（Hopkinson, 1915; Cranz, 1916）。联合国准则中使用 Rankine-Hugoniot 方程（Rankine, 1979）来估算冲击波和碎片速度。Gurney 方程（Gurney, 1943）是一组方程，用于预测爆轰加速周围片状金属或其他材料所达到的速度。这有助于确定引爆时释放的碎片速度。

简易爆炸装置黑火药或无烟炸药等低烈度炸药，在爆炸中不会完全被消耗掉（除非爆炸后发生了严重火灾），而且痕迹通常会附着在较大的容器碎片（如管状炸弹的接头）或爆炸装置附近的面积较大且冷却的表面或嵌入附近的木材表面。有机爆炸物可以被塑料表面，如导线绝缘皮、乙烯内饰、行李箱或塑料瓶等吸收。任何疑似含有爆炸性残留物的物品都应当回收提取以进行实验室检测，这样提取要比试图在沾染残留物的表面擦拭并提交棉签要好很多。因此，爆炸中心或炸点附近的碎片都应提取，保存在洁净的金属罐或广口瓶中。

聚乙烯塑料袋和纸袋不能有效密封挥发性有机炸药，散发出来的物质可能产生交叉污染，如有可能，应避免用其存放爆炸点碎片或散装有机炸药。聚乙烯（Ziploc）密封袋适用于小部件和小物件，因为它们不会携带高浓度有机爆炸残留物。像尼龙或 Kapak 这类特殊材质的塑料袋适合存放爆炸证据，但形状不规则 / 锯齿状物品会刺穿袋子，所以需要小心处理。

在大型固定物如建筑物上取样，需要采用干净的棉纱或经过甲醇、异丙醇、蒸馏水或丙酮湿润的棉签擦拭（Phillips 等，2000），然后将棉签密封在干净的玻璃或塑料小瓶中。可以用棉签提取涉嫌接触过爆炸物人的手和指甲上的残留物，指甲屑用干净的扁平小木板回收。就像处理火场残留物证据一样，在把物证提交给实验室之前，要将收集到的证据保存在阴凉黑暗的环境中，这样可以最大限度地减少降解或蒸发。当然，任何比对材料或参考样本（散装炸药）应与现场碎片隔离放置。

3.6.5　实验室分析

虽然硝化甘油或 TNT 等高烈度炸药爆轰的发生概率可以接近 100%，但未爆炸物质的微量痕迹仍可以在装置的某些部分、容器或附近的表面上检测到，特别是在目前实验室测试的高灵敏性条件下。测试需要对选定的碎片进行溶剂萃取，并利用非常灵敏的实验方法分析溶液，包括薄层色谱、毛细管电泳、气相色谱、高压液相色谱（HPLC）、离子色谱和质谱分析法。有丰富爆炸案件调查经验的司法鉴定专家 [如美国司法部美国烟酒、枪械和爆炸物管理局、英国爆炸物防护研究局（DERA）的专家] 已经制定了有效的分析方案，用于检测和识别高烈度炸药和常用的低烈度爆炸物的痕迹。

原装军用高烈度炸药、浆体凝胶、水凝胶炸药，如果正确引爆，几乎不会留下可检测到的化学残留物。高灵敏度的分析方法，如离子迁移率谱和液相色谱 / 质谱法已被证明能够用于此类痕迹的鉴定（Cochran, 2009）。甚至过氧化物类爆炸物爆炸后的残留物也能鉴定出（Bottegal McCord 和 Adams, 2007;Sigman 和 Clark, 2007）。包装的残片，如塑料包装纸、在子弹末端卷边包裹子弹的金属弹壳帽，甚至 TNT 装药的金属端板，都能留存下来。即使未能识别炸药本身（Chumbley 和 Lacks, 2005, 104-110），对碎片进行金相测试可能会揭示容器内部所发生反应的速率。当检查航空事故中的碎片时，这些测试尤其有价值，机械冲击可以使金属部件破碎，但冲击速度不及高烈度炸药爆炸时所产生的冲击速度快。

简易爆炸装置的定时或触发机构如果没有与炸药直接接触，其部分部件会保留下来。在许多情况下，发条式时钟或电子计时器以及计时器和电子雷管的电池碎片，可能被富有经验的实验分析人员辨认出来。实验室对炸弹部件的重组和鉴定大多是可视化的，因此，现场的照相记录越完整（复原前证据的特写镜头），勘验和复原过程越彻底，成功的概率就越高。

最近，人们开发了更多的技术来检测熔化的部件，如电气或管道胶带，以及鉴别未燃烧的无烟炸药（Briley 和 Goodpaster, 2007）。DNA 鉴定方法已用于爆炸后炸弹残片的鉴定。目前正在引入的分析方法，能够根据离子比确定炸药的批次和来源（Ehleringer 和 Lott, 2007）。

并非所有司法实验室都配备了鉴定爆炸残留物和重组爆炸装置的人员和专用设备（Corbin 和 McCord, 2009）。建议调查人员联系附近实验室，询问是否提供所需服务，然后再向该实验室提交检材。

气相色谱 / 质谱联用已成功地应用于鉴别从受害者衣服中、死者肺组织和皮肤中收集的气体燃料（丙烷、丁烷、戊烷）（Kimura 等 , 1988;Schuberth, 1994）。应尽快收集爆炸受害者（幸存者或遇难者）的衣物，包括鞋子，并分别存放在密封的金属罐或玻璃罐中以备分析。室内装饰用多孔材料如果暴露在高浓度的气体或蒸气中，并且之后没有经历大范围的火灾，可能会含有可鉴别的残留物。

3.6.6　事故分析

爆炸事故分析遵循科学方法，即收集数据、提出和检验假设，最终得出经得起检验和质疑的结论。最近的研究集中于路标、电线杆和临近车辆的损坏和变形，以此作为重现大型汽车炸弹中爆炸物数量的手段（Phillips 等 , 2000）。在火灾重构中使用的分析工具（计算机模拟）不适用于分散相爆炸事故，原因是气体运动、压力和产热机制差别较大。

图 3-14 显示的是一起破坏性很强的液化石油气爆燃事故。凝聚相爆炸的分析相对容易，因为它是一种更具可预测性的单一压力事件。因为存在多种传播方式，燃烧爆炸可能非常复杂，会受到建筑物几何形状、燃料分布、失效机制和引燃位置多个因素的影响。在试验中，当混合均匀的天然气 / 空气混合物被房间中心的点火源引燃时，从通风口 / 窗口喷出的火焰长度最短，产生的压力适中。当从后墙位置引燃类似的混合物时，大量未燃烧的燃料被推出窗户，在室外形成一个巨大的、充满能量的火球。这种外部爆燃产生的压力会使测试房间墙壁上的石膏板内饰面剥落（DeHaan, 1995）。Mniszewski 和 Campbell（1998）提供了一些可利用的分析工具的应用示例，包括爆炸 CFD 计算机模型。燃料浓度和分布模型是检测燃料来源和点火机理假设的两种不同方法。最近，CFD 软件 FLACS 已被证明是一个强大的分析工具，用于模拟气体或蒸气扩散和爆燃动力学（Davis 等 , 2010）。

3.6.7　爆炸放火案件追踪系统（BATS）

2003 年，美国爆炸数据中心（US Bomb Data Center, USBDC）和 ATF 开发了一个基于网络的数据系统，用于追踪发生在美国的火灾、爆炸和爆炸相关事件。爆炸放火案件追踪系统（Bomb Arson Tracking System，BATS）提供免费服务，允许警察和消防机构输入事件信息，包括地点，过程，事故范围，现场详情，受害者、目击者或嫌疑人的姓名。该数据库为所有执法机构和火灾调查机构提供检索服务。每个机构负责管理自己的 BATS 账户。

BATS 担负着 USBDC 为美国联邦政府、州、地方政府机构和部落及时收集、分析、发布相关信息的一部分职责。BATS 被美国司法部长指定为爆炸和放火相关案件信息的唯一存储库。它集合了简易爆炸装置和疑似爆炸事件、爆炸物盗窃和追缴以及火灾调查（建筑、车辆和荒地）的数据，以便能够确定趋势动态和可能的联系。该系统自动将所有位置编码成 GIS 坐标，并提供地图选项。

BATS 能够生成和打印标准化报告，以便在整个火灾和爆炸调查业界中保持一致。报告会采用每个参与机构的抬头和印章进行定制格式的印刷。它也可以作为一个案例管理工具。系统提供信息输入时用于描述火灾和场景现场细节的下拉菜单，以及提供描述和粘贴照片、图表，记录表和补充报告的功能选项。同时为用户提供只读或读 / 写访问权限，以便在联合调查时方便与其他机构协作。它也可以作为一起爆炸 / 放火案件单元的管理系统，因为在案件、法庭、训练、旅行和维护上花费的时间可以作为一个单元进行单独追踪。

信息访问可以设置为受限或不受限。如果案件被设定为限制性案件，调查人员登录后，则只提供该案件的联系信息。USBDC 为公共安全机构提供了登录 BATS 的两种方式：执法机构和非执法机构。拥有 NCIC 颁发的 ORI 号码机构的用户可以从任何接入互联网的计算机上进行完全权限的访问（消防部门的调查人员通过与当地警察机构的合作协议或在收到所在州 CJIS 协调员的 ORI 后获得完全访问权限）。从 2009 年夏天开始，他们也可以选择"非执法机构"的角色，这限制了他们获取访问自己和其他非执法机构的信息。数据只发布给用户特别授权的机构。

由于美国国会和司法部长将 BATS 指定为唯一的报告系统，里面的定期报告为调查人员获取重大事件信息提供了强大工具。放火案调查人员可以实时将当地的案件细节和司法数据库内的案例作比较，而不会像参考 NFIRS 报告时受到其内容局限性的影响。（NFIRS 旨在记录消防部门在火灾事故中的响应，而不是记录调查。所有消防部门人员可不受限制地访问其信息。根据美国消防局的说法，NFIRS 不作为案例管理系统。）

2009 年 9 月，众议院通过了一个全国放火犯和爆炸犯登记制度的法案（H.R.1727：通过犯罪史管理放火行为；MATCH 法令）。这项立法授权司法部长在 ATF 范围内建立和维护一个数据库，并将数据库与 BATS 融合。登记制度要求被定罪的放火犯和爆炸制造者报告他们生活、工作和上学的地点，还包括他们所拥有车辆的描述、最新照片和复印的身份证。除此之外，数据库还将包括指纹和掌纹。这项立法将为执法部门提供一个重要工具，使调查人员能够追踪放火犯和爆炸制造者，不论他们居住在何处，即使跨越行政管辖区。通过查询邮政编码来定位在火灾现场附近已定罪的放火犯，或通过组件数据库查询之前放火装置或爆炸装置组件，并与尚未完结的放火和爆炸调查中的证物比对，可以加快缩小嫌疑人范围的进程。议会于 2009 年 9 月 30 日通过了 H.R.1727 法案。2009 年 10 月该法案在参议院宣读并提交给司法委员会。规定法案在没有实际效力的情况下就会被废除。

美国各地的警察和消防机构都在使用 BATS，它有望大大提高火灾和爆炸调查业界信息共享和对比的质量。相关更多信息，建议公共调查人员联系美国炸弹数据中心（usbdc@

atf.gov）或登录炸弹放火追踪系统（www.BATS.gov）查询。

3.7

危险化学品火灾

3.7.1 简介

危险化学品火灾是指由于一种或多种危险化学品之间发生化学反应，生成可燃气体或（同时）产生能够引燃反应产物或周围可燃物的能量而造成的火实。大多数火灾调查人员可能都熟悉以下火灾案例：被制动液污染的泳池消毒剂引起的火灾、适当条件下动植物油自燃引起的火灾，以及铝热类反应。火灾调查人员在其职业生涯中通常会遇到或即将遇到或简单、或复杂的化学火灾。火灾调查人员会以不同角色不同程度地参与危险化学品火灾的调查。本节将通过对危险化学品火灾的介绍，为火灾调查人员提供补充其调查方法的一些基本技能和知识。

在 NFPA 1033 列举的 16 个科目中，火灾调查人员应始终掌握的最新基础知识，并将其应用于所有火灾事故调查过程中的三个主题是：火灾化学、热力学和危险化学品（NFPA, 2014）。火灾调查人员应具备哪些必要的知识和技能，以确定火灾是否是由化学反应引起的？火灾发生后，火灾调查人员如何知道灯具上看来是烟灰的物质，是导电涂层颗粒还是锂离子聚合物电池排出或次氯酸钙释放的产物？火灾调查人员是否应该像熟悉火灾现场的电气系统、电气故障、电气设备装置损坏一样熟悉基础化学，包括化学反应？为了掌握基本的危险化学品化学相关危害，火灾调查人员应该向他们的图书库中添加哪些参考资料？NFPA 921《火灾和爆炸调查指南》（NFPA, 2017）有关于电力、火灾和建筑燃气系统、电气设备、机动车辆和远洋轮船的专题章节。

在危险化学品的生产、使用、销售、储存和处置环节，可能存在化学反应危险。关于危险化学品的生产、使用、搬运、储存和处置安全，现有许多规范、标准、文献和指南。公认影响危险化学品事故损失严重性的因素有：数量、包装、温度、是否设置过程控制、污染性、浓度以及整个过程中是否控制得当。一些化学品会具有多重内在危险性，有些是由于外部因素（如震动冲击、污染或暴露于火灾）而引发危险。火灾调查人员很容易理解暴露在火灾中会导致超压；然而，超压也可能是由危险化学品反应引起的。由危险化学品反应产生的超压气体（Carson 和 Mumford, 1996）可能来自：

① 与水的反应；

② 污染物引起的反应；

③ 腐蚀；

④ 与建筑材料的反应；

⑤ 分解；

⑥ 自反应。

本节介绍危险化学品火灾，危险化学品火灾现场调查要求，取样方案及装备，分析方案，危险化学品火灾危害以及相关规范、标准和文献，描述了常见与火灾和爆炸相关的气体、液体（包括溶剂）和固体的基本物理危害特性。

3.7.2　法规、规范和标准

NFPA 400《危险物质规范》（NFPA, 2016a）和《国际防火规范》（IFC）将危险物质定义为"在使用或废弃物处理过程中具有物理和健康危险性的化学品或物质"。健康和物理危害材料在 NFPA 400 中进一步定义如下："健康危害材料，一种化学品或物质，根据本规范中规定的定义被归类为有毒、剧毒或腐蚀性的化学品或物质。"

物理危害性物质（physical hazard material）：一种化学品或物理物质，分为可燃液体、爆炸品、易燃制冷剂、易燃气体、易燃液体、易燃固体、有机过氧化物、氧化性物质、氧化性制冷剂、自燃物、不稳定（反应性）或与水发生反应的物质。

由于其身体和健康的危害性，包括废弃物在内的危险物质都是众多监管机构（EPA、OSHA、DOT）以及 IFC 和 NFPA 标准规范针对的主题。IFC 第 50 章关于危险品的内容也适用于使用、储存和废弃物处置的相关设施（TSDF），同时第 51 ~ 67 章也同样适用，这取决于每个 TSDF 包含的危险品范围。IFC 第 1 章描述了如何为这些设施颁发运营许可证，其中包括 AHJ 为确保持续合规性的年度检查。IFC 还将废弃物纳入危险品范畴。下面将对涉及危险废弃物一词的 NFPA 和 IFC 标准进行归纳回顾。

NFPA 1《防火规范》（NFPA, 2015a）和 NFPA 400《危险物质规范》（NFPA, 2016a）是原则基础性标准，作为其他 NFPA 标准的指南文件。例如，一些废弃物本身是或包含可燃金属、爆炸物、易燃可燃液体，因此，对此类物品，NFPA 484《可燃金属规范》（NFPA, 2015c）、NFPA 495《爆炸物规范》（NFPA, 2013b）和 NFPA 30《易燃和可燃液体规范》（NFPA, 2015b）都分别适用，并且还可能有其他标准适用。

规则并非完全统一，比如，并非所有的 EPA 危害特性都被 NFPA 文件包含。例如，美国环保署的"自燃"危害特性并不属于 NFPA 400 的物理危害。NFPA 400 中不包括可燃粉尘，它们属于 NFPA 652《可燃粉尘基础规范》（NFPA, 2016b）的内容。环保署的易燃危害特性有一些测试方法：闪点、固体和氧化剂燃烧的引燃和传播特性以及自热倾向。美国环保署对含氧化剂废弃物的测试方法不同于美国运输部的测试方法（测试 O.1 和 O.3）和 NFPA 400 附录 G。DOT 的包装分组和 NFPA 氧化剂的分类相反。EPA 没有反应活性的测试方法。

大多数（但不是所有）与危险化学品相关的火灾调查都需要补充 40h 的危险废弃物处置操作和应急响应培训以及呼吸器使用测试。现场人员和首席调查员需确认进入现场开展调查所需的个人防护设备、呼吸滤芯、洗消程序和其他安全要求的情况。黄色化学防护服、防护靴、防护手套和安全眼镜是典型个人防护设备最低要求。尤其是大量潜在的危害身体和健康的未知混合物，需要采取同等措施。

在化学火灾和爆炸调查期间，应按照 NFPA 921 的相关章节收集所有火灾现场的基本数据、信息和文件（如在场人员询问记录、时间轴、照片、录像、图纸）。其他所需具体数据包括任何化学和工艺信息，如安全数据表、原材料、废液、批号、分析证书、库存、工艺信息、管道和仪表图、标准操作程序、清洁程序等。相关工艺条件包括最低温度、压力和其他环境影响。所有能够确定的物理、化学或工艺偏差都特别重要。

在危险化学品火灾现场取样的两个基本原则是更早和更多。危险或不明化学物质事故发生之后，会很快采取措施，因此，采样必须在事前进行充分的考虑，并要十分谨慎。经确认和提取的样品可能得不到优先分析或根本不进行分析。

化学火灾发生后，需要危险品的以下信息：现场物质的类别及其组成、浓度、形态、质量（或数量）。化学火灾调查的一部分工作是鉴别和提取相关的固体、液体和可能的气体样品以及用于实验室鉴定和测试的参照样品。应与现场人员一起制定采样目标和计划。如果容器内发生了反应，则应从容器内部（顶部、底部、盖子、内壁和中心），以及与储罐有关的任何设备（例如，桶、二次密封器、托盘、料斗、传送带、管道、拖车）鉴别和提取样品。如果反应涉及用超级麻袋装的固体物料，则应从一定数量的其他袋中采样，以便对比变化前后材料横截面的不同。取样必须遵照标准执行，目前有很多 ASTM 和 DEQ 标准与专著可以供调查人员应用或进行修改后应用。通常需要对样品进行分割，样品应是从同一地点同时采集的同一样品分割制成，它们具有相同的外观，但被分割装进两个或多个容器，供两位或多位人员使用。

除了典型的火灾调查工具和基本取样工具外，化学火灾现场取样装备包还应包含：预先清洁好的宽口玻璃罐和带特氟龙盖子的小瓶（见 www.scispec.com）；用于包装样品罐和小瓶盛装不下的固体样品的各种尺寸拉链袋；无菌样品勺；消毒湿巾；滤纸；防静电塑料勺；适用于 55gal 油桶或储罐的 Coliwasa 废液取样器；pH 或石蕊试纸；黏合剂、接地带、夹钳。样品的采集需要按照采样方案中规定的详细程度记录在采样日志中。采样日志中记录的典型信息包括：状态（固体、液体、气体、混合物）、样品位置的详细描述（包括 GPS 坐标）及其潜在危害（例如酸性）。一种很好的做法是绘制标示样品位置的略图，同时，附以所收集样品位置的照片。通常认为，化学火灾现场的样品在现场时应存放在冷却器中，同样，在实验室也应存放在冰箱中。

应根据现场情况和工艺具体数据以及采集的样品制定分析方案。与其他类型火灾调查一样，分析方案的目标是确定引火源以及导致超压、失控反应、闪燃、火灾或爆炸等能量释放的最初起火物。事故发生后，收集的样品可能代表一种或多种反应的产物，或可用于成分的鉴定。例如，化学分析可以区分次氯酸钙和二氯异氰尿酸酯为基础的池化学物质或铝热剂的反应物。

针对固体和半固体物质的基本化学分析包括傅里叶变换红外光谱（FTIR），X 射线能谱（EDS），含水率、颗粒形态和粒径分布分析。对于液体而言，FTIR、pH 值和导电性是重要参数。其他分析可包括简单蒸馏和 X 射线衍射。热分析包括锥形量热法、差热分析或热重分析。可进行附加的实验室试验，以进一步了解或确认反应路径。测试可以包括专门的、标准的或修改后的标准测试方法。例如，使用 UN 试验 N.1 确定金属细颗粒、薄片、粉末等的燃烧性能。可能需要进行测试以确定导致火灾发生的反应。促进化学危害增加的因素包括形态的变化（即可燃性粉尘）和包括水分在内的污染。

根据事故现场的信息、事发点样品的分析结果和相关文献，能够建立起可能导致能量释放的反应过程。一种或多种化学物质在一定条件下会发生反应，产生其他化学物质，在某些情况下还会放热。式（3.1）是简单反应的标准形式，其中 A 和 B 是反应物，箭头表示伴随着放热的反应进行方向，C 和 D 是反应产物。火灾调查人员应具备一定化学反应的意识和知识。他们要知道，典型的碳氢化合物燃料在加热时会变成气体，燃烧后释放气态一氧化碳（CO）、二氧化碳（CO_2）、水（H_2O），在某些情况下，还会产生氰化氢（HCN）、氯化氢（HCl）和固体颗粒。

$$A + B \xrightarrow{\triangle} C + D \tag{3.1}$$

化学反应有简单的，也有复杂的。铝热反应是一类涉及金属与金属（M）或非金属氧化物（AO）反应，形成更稳定的氧化物（MO）和相应的金属或非金属（A）的过程，是一类众所周知的有害放热化学反应，会产生大量热量（ΔH）（Mei、Halldearn 和 Xiao，1999）：

$$M + AO \longrightarrow MO + A + \Delta H \tag{3.2}$$

反应热可以从上面的方程中估算出来，也可以结合具体的化学物质测量。例如氧化铁（Fe_2O_3）和铝（Al）：

$$Al + \frac{1}{2} Fe_2O_3 \longrightarrow \frac{1}{2} Al_2O_3 + Fe \ (T > 3100K) \tag{3.3}$$

计算出的氧化铁的铝热反应焓（在 298K）为 -426.2kJ/mol。其他常见的铝热反应组合，如氧化铁和钛或镁，同样具有高反应焓，其反应焓分别为 2395.8kJ/mol 和 2326.7kJ/mol（Weiser 等，2010）

3.7.3 化学反应危害的原因

表 3-3 ～表 3-6 列出了各种紧急事故的原因、所涉及的化学品或材料。表 3-3 和表 3-4 分别列出了火灾 / 爆炸及泄漏的原因。表 3-5 和表 3-6 分别列出已确认与火灾和爆炸有关的化学品或材料。这些化学品包括固体氧化剂、易燃固体、易燃溶剂、易爆品前体和反应性化学品。17 起事件是由于对化学品的错误认识和缺乏危险意识造成的。

表3-3　TSDF火灾和爆炸的原因及事故次数

事故原因	次数 / 次
设备故障	13
化学品组合不正确	7
操作员错误	5
工艺失效	5
化学品标识错误	4
混合不相容反应性和 / 或可燃性废物	3
化学性质识别错误	3
焊接火花点燃蒸气	3
电气故障	1
压力瞬变	1
停用罐焊接	1
设备缺陷	1

表3-4　TSDF紧急事件中导致释放的原因及事件数量

原因	数量
设备故障	15
蒸气排放缺乏控制	2
散装容器溢出	2
冷却水系统破裂	1
未能连接螺旋钻	1
存储不正确	1
油罐车保养不善	1
铝废料未在舱单上注明	1
工艺过程中的无组织排放	1
轨道车换乘	1
不满的雇员	1
排放污染水不当	1
化学品标识错误	1
化学性质识别错误	1
化学组合的不正确识别	1
制度不健全	1

表3-5　TSDF中导致火灾的化学品（1977~1998年）

未燃烧丙烷	非RCRA气溶胶容器
酸残渣	元素磷、可燃包装
掺木粉的钼糊	天然气
锂锰电池	热气体
碱性电池	校正磺化酸污泥、硫酸混合物
带有铝屑的油、油脂、腐蚀剂	木材碎片、发热废物流
干性油、环氧氯丙烷	农场废油
填埋地垃圾	可燃气体、空气
试剂硫、废物	污垢、碎片和氧化剂混合物
D004/D018危险废物-硅酸盐水泥混合物	溴、氯、空气
硝化纤维	

表3-6　TSDF中导致爆炸事故的化学品（1977~1998年）

化学制品	工艺过程产生的危险物质
10%硝化甘油与90%乳糖	熔渣、灰
硝化纤维素	热渣、灰渣急冷水
丙酮	熔化金属，灰烬淬火
硝基苯	天然气（3起事故）

化学制品	工艺过程产生的危险物质
四唑	
酸性污泥、水基涂料、纸张	弹药
乏氧呼吸器	弹药中的硝酸铵
多氯联苯污染的油漆废料	雷管组件
溶剂（未指定）	实弹
叠氮化钠	

Cozzani、Smeder 和 Zanelli 认为，发生有害意外反应事故的操作过程主要是流体／固体处理／输送环节，然后是储存、不明原因、化学反应、运输和混合（Cozzani、Smeder 和 Zanelli, 1998）。某些处理和工艺过程可能并且已经形成点火源且一些工艺设备尺寸不足。Cozzani 和他的同事发现，有害意外反应事故通常涉及结构非常简单的低分子量物质，列举了 300 种有害意外反应中涉及的物质，主要是腐蚀性物质和有毒物质，其中包括了 7 种氧化剂、7 种易燃物和 2 种金属（铝和锌）。3 种氧化剂（硝酸、次氯酸钠和次氯酸钙）与盐酸和硫酸构成前 5 种易导致有害意外反应的物质。在参考了大量危险材料数据库后，Cozzani 及其同事确定了 50 种经常参与有害意外反应的化学品，并将其进一步简化为特定的 GHS 危害和识别编号。78 起事故中有 60 起是酸与 R31 类物质（与酸接触释放有毒气体）或 R32 类物质（与酸接触释放剧毒气体）接触，或易燃／氧化剂、酸／碱物质或 R14 类物质（与水剧烈反应）或 R15 类物质（与水接触释放极易燃气体）接触的结果（Cozzani、Smeder 和 Zanelli, 1998 年）。与水发生剧烈放热反应的化合物，特别是与少量水反应的化合物，有酸酐、酰基卤、碱金属、烷基铝衍生物、烷基非金属卤化物、复合氢化物、金属卤化物、金属氢化物、金属氧化物、非金属卤化物及其氧化物和非金属氧化物（Bretherick 和 Urben, 1999）。关于活性化学品的其他文献包括美国化学学会的《活性物质安全储存和处理指南》。本章末尾提供了其他参考资料。

其他文献提醒人们注意在处理有害废物时，由意外加热而引发的事故（Cox、Carpenter 和 Ogle, 2014）。在其他情况下，某些操作会形成点火源（例如，动火作业、设备故障和工艺故障）。很明显，危险性废弃物易被错误认识，易被忽视其他未意料到的危害，比如不相容性和反应性。

3.7.4　气体

压缩有害气体在汽车制造厂、医院、实验室和各种化工厂等包含加工工序（如，切割、焊接）的场所很常见。钢瓶可能释放有毒气体并导致火灾，或者暴露于外部火灾中造成超压。

压缩气体通常装在压力高达 20000kPa（3000psi）的金属瓶中，用于装运和储存。容器通常按照推荐工作压力的数倍标准进行制造和定期检查。根据定容系统的理想气体定律，温度升高导致压力升高。加热时，内容物压力会超过容器的额定压力导致容器失效。由此造成的物理爆炸会对附近建筑造成类似于低烈度爆炸的损坏。破坏作用通常是单向的，因为容器的失效通常只会在一个方向发生，例如，沿纵向接缝或焊接帽或阀门。

即使是惰性气体，快速增加的压力也会造成严重的机械损伤。如果是易燃气体，气体将有利于火灾，会对火灾范围和蔓延速度产生巨大的影响。当气体在受压情况下加热，发生爆炸或分解爆炸时，情况会有所不同。这些情况下，会发生相当于大量高烈度炸药的爆轰。当这种爆轰发生时，爆炸罐周围建筑被严重破坏，并通常伴随着炸坑的产生。

（1）烃类气体

典型的烃类气体包括甲烷、乙烷、丙烷、丁烷、乙烯和乙炔。丙烷和丁烷广泛用作燃料。这些气体具有相似的爆炸极限范围。火灾调查人员正在参与更多油田的火灾调查，包括液压罐破裂的火灾。

① 甲烷（CH_4）。甲烷是一种无色无味的气体，也被称为沼气、瓦斯或下水道气，因为它是由湿地、沼泽、下水道和垃圾填埋场中的有机物分解产生。甲烷是用于供热和动力燃烧的天然气的主要成分。容易在空气中燃烧，如果受热加压就会爆炸。它比空气轻得多，其蒸气相对密度为 0.55。甲烷的爆炸极限范围相当窄，空气中的体积分数为 5%～14%。甲烷，曾经是通过加热煤或焦炭而获得，同时伴随产生了高浓度的 CO，用于城镇中照明和烹饪。如今，甲烷主要是在石油钻探过程中回收获取，但也可以通过控制农业废料在沼气转化装置中的发酵而制得，并作为商业燃料。甲烷中会添加有气味的硫或硫醇成分，以便发生泄漏时能被发现。然而，在一些情况下，这些增嗅剂会从甲烷中净化分离出来，导致天然气泄漏而不被察觉。来自下水道或沼泽的甲烷有一种强烈的气味，因为它含有硫化物（主要是硫化氢）。

通过对由气体和液体组成的井下气体进行分析，并将数据进行组合可得出井下气体的成分。该井下气体主要由甲烷（摩尔分数 77%）、13% 乙烷、5% 丙烷、2% 二氧化碳、1% 正丁烷，以及小于 1% 的异丁烷和高级烷烃组成。液体馏分中含有 63% 的庚烷或更重的烷烃。在放置柴油机、汽车或发电机的区域释放的富含丙烷和丁烷的气体会导致柴油机运转过速。一篇文章报道了浓度为 3.5%～15% 的甲烷可导致柴油机失控（Mejia 和 Waytulonis，1984）。另有报道已经确认：由于天然气和井流气体发生井喷造成的释放和泄漏，可导致柴油机超速运转（Bhalla，2010）。有一篇论文报道了关于发动机内部超速的物理参数（Ferrone Sinkovits，2005）。

② 乙烷（C_2H_6）。乙烷是一种无色无味的气体，也是天然气燃料的另一主要组分，蒸气相对密度为 1.03，因此很容易与蒸气相对密度为 1 的空气混合，形成体积分数为 3%～12.5% 的爆炸性混合物。

③ 丙烷（C_3H_8）。丙烷是最常见的烃类燃料之一。液化石油气或液化丙烷气的使用、销售和存储是以储存在各种容器中的形式进行的，一般用在火炬燃料、旅游车、叉车燃料、供暖、烹饪和工业等领域。丙烷的沸点为 -42℃，比空气重，蒸气相对密度为 1.52。空气中燃烧极限范围是体积分数 2.2%～9.6% 之间。适当浓度的丙烷气体与火焰接触，被认为具有严重爆炸危险性。丙烷和天然气的性质不同，因此所用的燃气设备具有独特的喷嘴。

④ 丁烷（C_4H_{10}）。丁烷是一种无色气体，常作为液化石油气中的一种组分，用作火炬、供暖、烹饪和工业用途。它非常易燃，在空气中浓度为 1.9%～8.5% 时就能点燃。气

体本身的气味很微弱，但通常（并非总是）用甲硫醇或硫的化合物进行增味，以检测是否发生泄漏。气体的蒸气相对密度约为2.0，易以云团形式沿地面扩散。在某些情况下，由于其沸点为 -0.5℃，会以液体的形式出现。丁烷火炬火焰的温度为1100℃。来自手电筒或打火机填充容器中的丁烷在非法毒品实验室或生产大麻"油"或"哈希油"时通常用作提取溶剂。

⑤ 乙炔（C_2H_2）。乙炔是焊接作业中广泛使用的易燃气体。因为爆炸极限范围很广，蒸气密度为0.9，因此很容易与空气混合，周围被火包围的情况下极其危险。乙炔与空气混合物浓度范围为2.5%～81%（体积分数）时具有爆炸性，且纯的乙炔在一定的受热和受压条件下能够发生爆轰。由于燃烧时会产生极高的温度，即使仅仅在空气中的简单燃烧，也会造成相当大的损害。在大多数商业应用中，是将乙炔溶解在丙酮中，充入装有多孔水泥状填料的气瓶中。如果其气瓶侧倒情况下释放乙炔，液态丙酮会随之一起出来。加热乙炔钢瓶会引发分解，甚至在钢瓶冷却后一段时间会发生分解爆炸。

⑥ 乙烯（C_2H_4）。乙烯是一种无色、有芳香气味的气体，极易燃、易爆。蒸气相对密度为0.96，因此很容易与空气混合。乙烯在空气中的爆炸极限范围为3%～30%。乙烯易与氧化性物质发生反应，其压缩气瓶受热和机械冲击时会发生爆炸。加工工业经常用到乙烯。

（2）其他气体

火灾调查人员还需特别关注的非烃类气体是氢气、氧气、氨气和环氧乙烷。

① 氢气（H_2）。氢气是一种无色无味的气体，应用于化学、医药和工业过程。氨吸收式制冷机的冷却装置采用氢气加压。氢气也作为许多工业过程的副产物，包括铅酸电池充电、钢铁酸洗、电镀和一些化学反应。氢气相对是最轻的气体，蒸气相对密度为0.07，在露天环境中扩散非常快。它的爆炸极限范围很广，空气中体积分数为4%～74%。由于氢的易燃易爆性，所以被认为是压缩气体中最危险的气体。

氢气可以通过化学反应产生。详细信息请查阅安全信息表。例如，硅酸盐水泥与铝反应生成氢。在酸洗槽中对钢进行酸洗时，酸中的氢会与金属表面发生反应。一次操作中，将两个钢棒同时浸入酸洗槽新鲜的酸液中，氢气的释放量超过了局部通风量，并被点燃。氢气一旦点燃，火势就会通过通风系统蔓延。水与燃烧的金属（镁、钛）接触时，也会分解释放出氢气。水在1500℃的高温下才能分解成氢气和氧气。因此，消防人员在考虑用水扑灭金属火灾时应格外小心。

NFPA 2《氢气技术规范》（NFPA，2016c），对氢气生产过程的危害管理进行了规定。

② 氧气（O_2）。氧气在空气中以纯净物（氧化性气体）的形式存在，占比为21%，是化学反应（例如固体氧化剂分解）的产物。氧气能够促进或加速典型可燃物的燃烧。尽管氧气不是易燃或有毒气体，但固态和液态氧化剂以及加压罐和工艺管道中的氧气会对火势的加剧产生很大作用。在工业应用中，氧气一般以压缩气体或低温液化气体的形式出现沸点 -183℃。在五金商店很容易买到与丙烷氧气割炬套件一起使用的小型氧气瓶。液态氧和化学氧气发生器一般用于辅助呼吸的场合。

氧气的存在，会显著提高普通可燃物的可燃性，增加材料燃烧的温度，增大燃烧速率和峰值热释放速率。固体氧化剂是氧气的一个来源（另请参阅本章后续的"固体氧化剂"

部分）。压缩氧气环境中的有机润滑油脂很容易被引燃（通过摩擦或放电），因此禁止使用该油脂。许多普通的可燃物在液氧环境中极易被氧化，有爆炸的可能。甚至不被认为是易燃的材料，例如合成纤维和聚合物，当暴露于液态氧或被气态氧浸透时也会变得危险。很多年来，浸满液态氧的袋装炭黑被用作雷管炸药成分。

NFPA 400 第 15 章和附录 G（NFPA, 2016a）涵盖了固体和液体氧化剂的内容。

③ 氨气（NH₃）。氨气是一种无色、具有强烈刺激气味的气体，大量用于农业肥料，在工业厂房和食品冷藏配送中心充当制冷剂。无水氨是氨气的液化形式。虽然通常不认为是爆炸性气体，但氨气与空气混合时会发生爆炸。蒸气相对密度为 0.6，因此扩散过程类似于天然气（甲烷），通常会形成密集的白色云团。其爆炸极限是 16% ～ 25%。氨气会腐蚀金属阀门，特别是黄铜阀门。毒性很强，易溶于水，形成腐蚀性氨水，侵蚀眼睛、口腔和呼吸道的黏膜。

④ 环氧乙烷（CH₂OCH₂）。严格意义上讲，环氧乙烷属于易燃液体，但沸点为 11℃（51 ℉），通常以气态形式存在。它是水溶性的，即使用水稀释为 5% 的溶液也是易燃的。像乙炔一样，环氧乙烷的燃烧极限范围（3.6% ～ 100%）很宽，并且以纯品状态存在会发生爆炸。它的蒸气相对密度（1.52）与丙烷相近。环氧乙烷与铁或铝的氧化物、碱金属（钠、钾）氢氧化物接触时会发生自燃。

3.8
危险液体

危险液体包括易燃、可燃液体，氧化性液体，腐蚀性物质和不相容或相互反应的混合物。液体可以是接近 100% 纯净，也可以是与水或其他危险液体的混合物。安全数据表（SDS）、安全标签和技术数据表中包含产品（包括溶剂、脱漆剂、密封剂和有机涂料）物理危害的重要信息。易燃液体和混合物的蒸气会导致闪燃和池火；蒸气可以扩散到远处的引火源处。

沥青虽然在室温下不是可燃液体，但加热后就会成为可燃液体，如果被点燃，将持续燃烧，其燃烧和蔓延类似于池火。有关危害信息可查阅安全数据表。对于混合物，最高浓度的化学品通常是需要关注的化学品。安全数据表可用于查阅确定不相容的物料。危险液体涉及各种 NFPA 规范和标准，包括 NFPA 30《易燃和可燃液体规范》（NFPA, 2015b）和 NFPA 400《危险物质规范》（NFPA, 2016a）。

在室温和火场温度条件下，许多烃类的可燃、易燃液体会挥发而形成可燃性或爆炸性的蒸气。由于其易燃性，大多数石油馏分被认为是危险液体。闪点低于 100 ℉ 的液体是易燃液体，闪点高于 100 ℉ 的液体是可燃液体。闪点是液体产生能够被引燃的蒸气所需要的最低温度。而燃点是可燃物保持持续燃烧的最低温度。液体的形态进一步加剧了其内在危险，分散雾状的可燃液体的引燃危险性会增加，类似于易燃蒸气，能被高温表面引燃。闪点处于室温或低于室温的物质会释放出易燃蒸气。碳氢化合物溶剂及其混合物的可燃下限很低：空气中的体积分数为 0.8% ～ 7%。通常，明火引火源（包括燃烧器和常明小火）就能引发火灾。其他已知的引火源包括火花和炽热表面，例如 500W 卤素灯泡。

Stauffer、Dolan 和 Newman（2007 年）在《火灾现场残留物分析》一书中提供了更详细的有关危险液体化学背景知识、分子结构和特性信息。计算蒸发或溶剂泄漏的理论方法可参见《化学过程安全》（Crowl 和 Louvar，第二版）（2001 年）。

3.8.1 溶剂

火灾调查人员特别关注家用、商业和工业用易燃和可燃液体，主要用于胶泥剥离剂 / 脱漆剂、砂胶、涂料、密封剂等。这些产品用于喷涂或着色时，一般需要用挥发性载体溶剂配制，因此上述材料用在地板和其他表面时，会出现挥发现象。500W 卤素灯泡、明火和断路电弧可点燃溶剂蒸气。下面提供了一些示例。

（1）醇类

① 甲醇（CH_3OH）。甲醇是一种无色透明的液体，可用于许多化工过程，包括药物、塑料、油漆、清漆和胶水的生产。五金商店可提供用于溶剂的甲醇。高纯度甲醇是典型的实验室溶剂，也被用作高性能汽车和船用发动机的燃料。甲醇是一种低闪点（11℃）的易燃液体。

由于甲醇燃烧完全，不留残渣，因此其火焰几乎是透明的蓝色火焰。甲醇可以猛烈燃烧但不可见，除非火焰接触到其他可燃物产生正常的发光火焰。甲醇火焰的平均温度很高。燃烧生成二氧化碳和水蒸气，但如果燃烧不完全，则会生成高毒性的甲醛。

② 乙醇（CH_3CH_2OH）。乙醇是一种易燃液体，最近被用作生物燃料混合组分（乙醇汽油）或充当实验室溶剂。乙醇也作为酒精饮料（谷物酒精饮料）中的酒精成分。除了作为实验室试剂，乙醇不会以纯净物的形式存在。乙醇可以与水以任何浓度进行混合。它的燃烧性能取决于浓度，其浓度用 "标准酒精度"（50 标准 =25% 酒精，100 标准 =50% 酒精，依此类推）表示（尤其是用于饮料）。工业用粮谷酒精浓度通常为 95%（190 标准），通过添加少量有毒物质使其改性而无法饮用。加入的改性剂可以是甲醇、硫酸、苯、汽油或其他有毒物质。

尽管较高浓度的乙醇会燃烧，但每单位质量的乙醇产生的热量却不及类似的挥发性石油产品。它像甲醇一样，燃烧时呈现明显的蓝色火焰，几乎没有烟。由于燃烧的乙醇热辐射相对较低，因此它不是很好的辐射热源，乙醇的火势比石油馏分发展得慢。

（2）丙酮

在塑料、织物染料、食品容器涂料、颜料、油、蜡以及其他产品的制造过程中，丙酮是一种非常常见的溶剂，同时在非法毒品和爆炸品实验中也会存在。丙酮是一种无色带有薄荷味的水状液体，燃烧火焰呈黄色。

（3）乙醚

乙醚也称为二乙醚，制药配方中充当溶剂，在生产非法毒品的实验室中也非常常见。乙醚多年来一直被用作吸入式麻醉剂，但也广泛用作脂肪、油脂和树脂的溶剂。由于挥发性极高、易燃浓度范围广、引燃温度低，新产的乙醚极为危险。老化后，它会形成不稳定的过氧化物，特别是暴露于空气中时。这些过氧化物受到热或震动激发时，会引起爆轰。由于火焰几乎是透明的，因此很难检测到燃烧着的乙醚蒸气。

（4）甲乙酮（MEK）

甲乙酮也称为丁酮，用于油漆、清漆、食品容器涂料、胶水，用作常用溶剂。秘密毒品实验室用来作中间体溶剂。其物理特性和燃烧特性与丙酮相似。

（5）环己酮

环己酮是另一种类似于丙酮和丁酮的酮类，与二者具有相似的物理和化学性质。环己酮具有中度火灾危险性，与其他易燃溶剂一起用于秘密毒品实验室。

（6）异丙醇

异丙醇是一种易燃液体，通常以水溶液（70%）的方式销售，消费者很容易买到。燃烧产生黄色无烟的火焰。

（7）二硫化碳

二硫化碳是工业过程中一种非常常见的溶剂，在受到热、火焰、火花作用时甚至摩擦作用情况下非常危险。常温下是一种有毒物质，会像致幻毒品和麻醉剂一样影响中枢神经系统。二硫化碳受热分解时会释放出剧毒的硫氧化物。由于挥发性和很低的自燃温度（100℃），二硫化碳被认为是已知最危险的物质之一。蒸气的可燃范围为 1.3% ～ 50%，浓度在 5% 左右很容易爆炸。

（8）芳香族化合物

芳香族化合物（苯、甲苯和二甲苯）由于化学性质相似，经常混合使用。它们都产生有毒的蒸气，长期接触其蒸气的动物患癌症与其有一定关系。苯具有最低的闪点和最大的挥发性，芳香族混合物的特性很大程度上取决于苯的浓度。苯在塑料、树脂、蜡和橡胶工业中很常见。甲苯和二甲苯也可以用作油漆、清漆、染料和石油产品的溶剂，同时也被用于制造炸药和高性能航空燃料。所有芳香烃燃烧都会出现伴有浓烟的黄色火焰。

（9）溴苯

溴苯的沸点（156.2℃）相对较高，蒸气压相对较低，因此其火灾和爆炸危险性较小。它在秘密毒品实验室中很常见，加热分解时会产生有毒的溴化合物烟气。

（10）硝基乙烷和硝基甲烷

像其他硝化材料一样，此类无色、略带油性的液体具有潜在火灾危险，尤其有爆炸危险。两者的闪点和引燃温度都相对较低，加热时会产生有毒的氮氧化物。当受到几乎任何有机化合物（特别是有机胺）污染时，它们会变成对震动和热敏感的烈性炸药。

硝基乙烷和硝基甲烷具有潜在火灾危险性，尤其是有发生爆炸的危险。尽管硝基甲烷被大量用作油漆和清漆的溶剂，但当（感光）敏化后，会变成爆炸威力相当于95%TNT的爆炸物。少量的硝基甲烷用作模型汽车和飞机的燃料，以及汽油发动机的燃料添加剂。1991年5月1日，路易斯安那州斯特灵顿市硝基石蜡厂发生了爆炸，当时一台压缩机发生故障并在装有硝基甲烷的工艺管道的管架下起火，对硝基甲烷的受限加热形成绝热压缩过程，导致这一液体炸药在两个方向上发生爆炸，造成8人丧生，120人受伤，整个小镇人员被疏散。

3.8.2 石油产品

实际上在意外或放火火灾中起重要作用的所有石油产品，都是由许多单独的化合物组成的，这些化合物的沸点在一定范围或区间内分布。值得注意的是，混合物中最轻、最易挥发成分的特性决定了简单化学品混合物的火灾危险性。

例如，尽管汽车汽油包含100多种组分，其中许多组分的闪点高于50℃，但汽油的闪点（FP）接近其挥发性最大的主要成分，也就是正戊烷的闪点（闪点 – 49℃）。石油醚是在70～90℃下从石油中分馏出的一种沸程比较窄的烃类混合物。

石油醚包含正戊烷、正己烷和正庚烷以及类似性质的烃，根据组分和用途的不同，也可以被称作轻质汽油，甚至是石脑油。可以认为它的危险特性和汽油相似。由于极好的溶剂性能、高挥发性和微量的残留，石油醚被广泛用于制药业，也会在暗中非法的毒品制造中发现。

3.8.3 其他液体

有机胺类、松节油和甘油也是值得火灾调查人员特别关注的液体。

（1）有机胺类

像大多数有机胺一样，二乙胺和二甲胺也具有鱼腥味。虽然二甲胺室温下为气态（沸点：7℃），但最常见的是制成水溶液，因此被认为是易燃液体。二甲胺的引燃温度为400℃。二乙胺室温（沸点57℃）下为液体，但闪点很低（–23℃），着火温度仅为312℃。二乙胺和二甲胺都具有极高的毒性，是非法制造麦角二乙酰胺（LSD）和美沙酮的重要原料，在暗中非法实验室的火灾中可能会出现。

（2）松节油

不同于矿物油，松节油是通过对各种松木和杉木木材的树脂进行蒸汽蒸馏而获取的油。它主要由这类木材中的萜烯和其他油性树脂组成（Trimpe, 1993, 53-55）。由于是天然产品，松节油的性质取决于来源木材以及为实现特殊性能而添加的树胶或油。松节油被认为是易燃液体，尽管其闪点（35℃）很高，但在没有灯芯点火源的情况下难以在室温下被点燃。各种类型的松节油广泛用于油漆、橡胶和塑料工业。

（3）甘油

甘油是一种具有较高闪点的可燃液体，可完全溶于水。由于甘油对食品安全无危害作用，所以作为增塑剂被广泛用于食品包装和化妆品中。它也用于绘画颜料、香烟和硝化甘油炸药的制造。它已被广泛用作家庭自动喷水灭火系统中的防冻添加剂。与乙二醇不同，甘油与塑料喷头、管道和黏合剂相容。

3.9
固体

建筑火灾的主要可燃物是固体，如木材、衣物、地毯、纸张等，它们在火焰的作用下热解为可燃气体。有些固体由于其化学性质，例如燃烧性能和燃烧速度，会形成特殊的危害。这些固体经常会成为商业或制造业建筑中的火灾荷载。因此，它们可以显著地增加火灾的速度和强度。

如果火灾调查人员不了解这些物质可能造成的潜在损害，就会误解其燃烧留下的现象。另外，正是由于它们的易燃性或燃烧反应的剧烈性，某些材料可被用作任何放火目标的易燃物。

3.9.1 燃烧混合物

最常见的用于放火的固体材料是将各种成分进行简单混合形成，通常是可燃物与氧化剂，有时还会添加引发剂、催化剂以提高反应效率。这些混合物包含有黑火药、闪光粉、火柴、安全火炬或引信、铝热剂、放热焊接剂和铝粉/灰泥。

（1）黑火药

黑火药用于爆破，早期火器和烟火，它是硝酸钾、木炭和硫黄的混合物，通常比例约为 75：15：10（可以调整配比来改变燃烧速率）。干燥状态下，黑火药可被小火花、火焰或摩擦引燃。它的 AIT（auto ignition temperature, 自燃温度）约为 350℃。黑火药通过吸收大气中的水而惰性化。燃烧过程中产生的温度约为 2000℃。在无限制敞开空间，黑火药会发生爆燃，会像一辆拖车将火焰从一个点拉到另一个点。它可用作安全引信中间的可燃芯。现在在美国只有一家宾夕法尼亚州的工厂生产黑火药，用于军事、古董枪支或烟花制造（Conkling, 1981）。

（2）闪光粉

闪光粉是易氧化金属（如铝或镁粉）与强氧化剂（如高氯酸钾或硝酸钡）的混合物，在瞬间爆燃时会产生强烈的灼热火焰。硫的添加一般用于促进均匀燃烧。这类混合物仅需要很小能量的火花、热量或摩擦就能引燃，且产生超过 3000℃的高温。它们常用在小型爆炸装置（包括樱桃炸弹或 M-80 烟花）或更大、更具破坏性的变体——军事火炮模拟装置。由于敏感性和潜在破坏性，内含闪光粉装置的打开、拆卸，甚至包括证据的分析，需要由有资质的 EOD 人员操作。

生产含有这类填充物装置的工厂，存在严重的爆炸危险，因为工厂中存在飘浮的粉尘、工作台表面沉积的粉尘薄层，以及大量存储的产品。硫黄和氯酸钾混合粉末的自燃倾向性自 1890 年以来就被人们所周知，在大部分西方国家已禁止将其用于商业烟火，偶尔还能在中国或墨西哥类似产品中找到。

（3）火柴

尽管单次使用火柴不存在什么危险，但将普通火柴的可燃火柴头集中在一起可以制成具有足够能量的放火物。普通火柴通常需要与黏合了红磷和玻璃粉末的擦火皮进行摩擦才能引燃。这类火柴包含硫（燃料）、氯酸钾（氧化剂）、各种胶、黏合剂和无机填料。当被火焰或火花点燃时，该混合物会产生相当多的热量和气体，从而使火柴头可用作简易军火的推进剂。

相反，可在任何地方擦火的火柴通常由两层具有不同燃烧性能的材料组成。两者都包含氯酸钾、三硫化四磷（P_4S_3）、松香和玻璃粉，但上层材料包含较高比例的 P_4S_3 和玻璃粉，下层包含石蜡和硫（Ellern, 1961）。这种组合使火柴头在碰到任何坚硬的表面时都能被引燃，下层具有良好的火焰特性，但摩擦敏感性较差。用挥发性溶剂从大量擦火皮中可萃取出用于制造甲基苯丙胺的磷。

（4）安全火炬（照明弹/信号弹）或引信

安全火炬或引信由可燃成分硫、蜡、锯末和氧化剂硝酸锶（为了使火焰呈红色）和高氯酸钾组成。这类装置燃烧火焰温度非常高（超过 2000℃的温度），并留下白色或灰色多块状残留物，残留物几乎都是锶的氧化物。这类混合物需要一个高温热源来点火，在每个设备的末端都装有一个点火器按钮。

（5）铝热剂

铝热剂是铝粉和氧化铁（Fe_2O_3）的混合物，燃烧剧烈，会产生熔融金属飞溅的现象，燃烧温度超过 2500℃，足够熔化铁、钢、铝甚至混凝土。幸运的是，该反应需要大量的热量才能引发。通常，用燃烧着的镁带作为引发剂。一经点燃，因为反应自身能够提供氧，所以铝热剂火灾很难扑灭。

（6）放热焊接剂

放热焊接剂是铝 - 铜合金粉和铁粉的混合物，功能与铝热剂相同，放热焊接（请参见 www.erico.com）会产生一摊残留的熔融铜，用于焊接重型电气设备的大型铜质母线。反应产生的温度约为 2000℃。该混合物需要高温点火源，但商业包装容器内含少量的镁粉，因此用火柴就可以将整个样品点燃。

（7）铝粉/灰泥

一种细铝粉与熟石灰混合，制成冰块大小的块状物品，并用镁条作引火源，这种物品最近被怀疑是一起放火案的引火物。它的燃烧类似于铝热剂，会产生高温，火焰强烈。该混合物在第二次世界大战中被用作简易燃烧弹。

3.9.2 氧化剂

客机上的固体次氯酸钠（NaClO）制氧机中的次氯酸钠分解时，释放出热量和氧气。

这一分解反应伴随着高温。如果环境中存在可燃材料，则会发生火灾。其他固体氧化剂和过氧化物同样会释放氧气，加剧可燃燃料火灾。

从定义上看氧化剂本身不具有可燃性，而是促进可燃燃料的燃烧。氧化剂促进燃烧的程度与其释放的氧化性气体分子数量有关。相关信息可查阅安全数据表和其他化学危险信息资料。安全数据表中关于典型的强氧化剂警告词："火灾危险：不可燃，但是强氧化剂，与还原剂或可燃物反应释放的热量可能引发火灾。爆炸危险：与可燃粉尘或蒸气接触会引发爆炸，撞击或摩擦偶尔爆炸。对机械撞击敏感。"

所有含有氯酸盐或高氯酸盐的化合物因为具有氧化剂的效力，所以被视为潜在危险材料。当这些盐类物质与任何可氧化的物质结合使用时，这些盐类、无机硝酸盐或有机硝酸酯与几乎所有氧化物结合会产生爆燃现象，甚至会严重破坏建筑结构。实际上，几乎所有含氮化合物在某种程度上都是不稳定的，而硝酸盐通常更加不稳定，因为它们属于高活性氧化剂。某些无机硝酸盐（如硝酸钠）被用作炸药中昂贵爆炸组分的替代物。纯的硝酸铵在加热时会发生爆炸，被任何有机材料（烧焦的纸或油）污染后，发生爆炸所需的引发能量变小，爆炸威力会更大（USFA，1988）。

这种现象就是铵油（ANFO）经常用作合法和犯罪目的炸药的原因。多年来，人们一直认为硝酸铵肥料非常稳定，以至于在潮湿的仓库中用炸药将其破碎。但是，当同样的化肥堆垛被油污染时，用小剂量炸药就能引发爆轰。暴露在火的作用下也会发生爆轰。这是1947年得克萨斯州得克萨斯市发生爆炸的原因（Stephens，1997）。从家庭用焊枪或除草剂中回收的氯酸钠曾被用作简易爆炸物和放火装置中的氧化剂。

3.9.3 活泼金属

活泼金属包括金属钠、钾、磷和镁。

（1）金属钠

金属钠用于药物合成和相关的有机化学反应中，是一种质地较软的金属，看起来像银白色的腻子。通常存储在煤油等油浴中，因为它会与任何形式的水发生剧烈反应，甚至包括空气中或人体皮肤上的水。钠暴露于干热环境下，会释放出剧毒的氧化物，一般会在空气中发生自燃。着火温度约为115℃。将钠置放在水中，会发生剧烈的放热反应，产生大量爆炸性的氢气和氢氧化钠（碱液），并伴随着火焰喷出，和高温碱液和熔融钠的飞溅。

（2）钾

与金属钠相比，钾在化学合成中的使用频率较低，但它却与钠具有同样严重的危险性。纯的钾是银色的金属晶体。钾与水接触会生成氢气和氢氧化钾，并放出大量热。此外，钾可与空气中的氧气反应，在钾金属表面形成黄色且具有爆炸性的过氧化物和超氧化物层。这些氧化物在摩擦作用下可引发爆轰。在潮湿的空气中，钾会产生足够的热量而引发自燃。

（3）磷

磷一般以两种蜡状形式的金属出现：一种白色（或黄色），另一种红色。两种形式具有非常不同的属性。白磷是已知为数不多暴露于空气中会爆炸起火的物质，当暴露于空气中时会爆炸起火，因此磷需存储在水或石油制品中。它的着火温度为30℃，可与大多数氧化剂反应，产生剧毒的磷氧化物。尽管具有易燃性，白磷并不经常出现在失火或放火案件中（Meyer, 2009），但白磷曾经以"Fenian"（火）的形式使用，即把磷粉末撒在挥发性溶剂中，当把这种物质抛在目标物体上，溶剂快速挥发后，磷粉就会爆燃起火。

如果暴露在日光下，白磷会结晶成更稳定的红磷，当暴露于空气中时就不会发生自燃，着火温度为360℃。但是，当与强氧化剂接触时，会发生燃烧，而且反应剧烈，甚至发生爆炸。它在摩擦点火装置中充当点火器，包括火柴和安全引信上的点火器。在非法甲基苯丙胺生产中，发现了越来越多红磷的存在，因为红磷和其他能制毒化学品的使用不受监管限制（译者注：原文将磷列在此处）。

（4）镁

当人们想到最炽热的火焰时，常常会想到金属镁的燃烧。尽管大块的镁因为比表面积小不易引燃，但镁薄片、镁粉末或镁条可以很容易用普通火柴点燃。镁燃烧产生的火焰温度可达到3000℃，并产生有毒的氧化物，其通常是致密的白色蓬松粉末。加热时，镁会与水或水蒸气发生反应，放出热量并产生易燃的氢气。

3.10
秘密实验室

这里的秘密实验室指的是秘密毒品实验室、大麻种植地和秘密爆炸品实验室。

3.10.1 秘密毒品实验室

每年，有相当数量的建筑火灾是由于非法制毒过程中，极易燃的溶剂或蒸气失火所引起。根据美国禁毒署（DEA）的数据，2014年总共发生了9338起甲基苯丙胺实验室事件，包括查获实验室、废弃物堆场以及化学品和玻璃器皿。

DEA报告，查获秘密毒品实验室和废弃物堆场的起数，从2005年的12619起，下降到2007年的5910起，2008年的683起。最高的数字记录不再出现在加利福尼亚州（同期为286～470）；现在，密苏里州、印第安纳州、伊利诺伊州和田纳西州（DOJ）的数量更多。据报道，查获的实验室中有97%是生产甲基苯丙胺，但同时也发现苯丙胺、苯环己哌啶（PCP）、美沙酮、甲喹酮（非常罕见），以及如麦角酰二乙胺（LSD）和甲烯二氧苯丙胺（MDA）或亚甲基二氧甲基苯丙胺（MDMA）类的致幻剂。

大规模（10lb或更多）的实验室制造甲基苯丙胺最常用的方法是使用氢碘酸（HI）和红磷。氢碘酸具有极强的腐蚀性，通过加热，红磷可以转化为更活泼的白磷（或黄磷）。装有这些反应物的大玻璃烧瓶很容易过热并沸腾，引发各种各样建筑的火灾。小批量的甲基苯丙胺可以在浴室的水槽中用几个玻璃罐制成，这个反应需要使用无水氨、金属（元素）锂（或钠）和碘。锂可以购买或从锂电池中提取；碘可以固体形式购买，也可以从医用碘酒溶液（酊剂）中提取，磷从火柴盒的擦火皮中提取。反应中起始原材料通常从大量非处方感冒药中提取。广泛用作农业化肥的无水氨大量失窃，数量从几加仑到几拖车。无水氨有时用丙烷储罐进行运输，会腐蚀储罐配件并引发严重泄漏，如图 3-17 所示。

图 3-17　带有交叉螺纹"适配器"的液化气瓶的作用是输送无水氨，黄铜阀的腐蚀最终会导致阀泄漏
（注意瓶子后面玻璃罐中的红磷反应）
资料来源：the US Department of Justice，Drug Enforcement Administration

　　直到最近，氟利昂仍被用作萃取溶剂，但是随着碳氟化合物越来越少，易燃溶剂开始被使用。如果缺少大量的无水氨，可使用家用碱液将硝酸铵化肥转化获取。空的碱液容器或化肥袋将是存在这一转化过程的证据。所有这些萃取和制造过程都会涉及使用大量易燃液体——甲醇、丁烷、丙酮、稀释剂、乙醚、甲苯、石油醚、野营燃料甚至是汽油作为溶剂（这些溶剂在电炉或炊具上加热而蒸发）。许多中间反应都发生在这类溶液里，并且最终的产物几乎都是用氯化氢（HCl）气体甚至食盐从溶液中"盐析"出来的。由于所得的混合物需要干燥，在房间或建筑物中充满溶液挥发出来的蒸气，浓度常常处于蒸气的爆炸极限范围。

　　爆炸是开关或电机的电弧、过热的反应物、灶具的火焰或焦躁的在场人员手里的火柴引发的。实验室到处都是大量可燃液体，助长了火势的发展。由于潜在利润作用，大型实验室可能出乎意料的复杂，装备齐全，能够生产出大量高纯度的危险药物（见图 3-18）。图 3-19 显示了典型的"后院"冰毒实验室。

图 3-18　秘密毒品实验室将易反应和有毒性物质存放在精致且昂贵的玻璃器皿和其他制备设备中
（调查人员应谨慎行事，以免破坏正在进行的反应）
资料来源：the US Department of Justice，Drug Enforcement Administration

图 3-19　典型的"后院"冰毒实验室
［配有加热板、混合器、萃取溶剂和萃取/反应容器（苏打瓶）］
资料来源：the US Department of Justice，Drug Enforcement Administration

　　非法制造甲基苯丙胺工艺上最新的转变叫作"一罐"法。这里，将感冒药中的伪麻黄碱与硝酸铵、金属锂（来自锂电池）、碱液（氢氧化钠）、水和易燃溶剂（如乙醚）或白汽油混合在一个容器中，比如 2L 的软饮料瓶子、类似的玻璃广口瓶或金属罐。由于该反应释放出大量的热和氢气，如果不对容器进行反复排气，超压会导致容器发生物理爆炸。爆炸会泄放出氢气、热的易燃液体、热的金属锂和苛性碱。大约在 20min 内，在该溶液中反应生成甲基苯丙胺基料（油），然后必须用 HCl 气体进行"盐"析。HCl 气体通常是将食盐和电池酸混装在一个单独的广口瓶内反应制得，或将金属条放进盐酸中制得。最终结果是经过过滤和洗涤后，得到的是一种相对纯净的甲基苯丙胺，没有散装化学品那种明显的气味（Hunt、Kuck 和 Truitt，2006）。

　　为了逃避侦查，这类实验室通常位于偏僻的房屋、车库、棚户区、谷仓甚至是拖车，即能够提供电源的地方。越来越多的秘密实验室出现在房车和露营拖车中，它们是独立且设备齐全的工厂，带有自己的发电机或电池以及封闭的水冷却系统。在城区的汽车旅馆、出租房屋或公寓中也发现了秘密毒品实验室，有时甚至临近警察和消防设施。

　　在火灾现场中若发现以下任何一项或多项，应该是对存在秘密毒品实验室的提示。

- 大量空的包装：
    含伪麻黄碱的感冒/抗过敏药或减肥药（见图 3-20）；
    锂电池（例如，照相机、手表或计算器上的锂电池）；
    丁烷（打火机燃料）；
    碱液（下水道清洁剂）；
    野营燃料或汽车燃料添加剂；
    盐酸；
    碘溶液；
    二甲基砜（MSM）（用作稀释剂或切削液）。
- 存储下列物品的圆筒或储罐：
    无水氨；
    HCl（氯化氢）；

H$_2$（氢气）；

液化石油气（改装过或腐蚀过）。

- 撕掉擦火皮的火柴盒（大量）。
- 多个电炉、电煮锅或野营炉。
- 大量的醇（甲醇、乙醇或异丙醇）、丙酮或甲基乙基酮。
- 水槽、平底锅中的冰水浴，或者啤酒冷却器里混杂着的广口瓶和管子。
- 倾倒在外面的看起来类似燕麦片的残留物。

图 3-20   使用汽车燃料添加剂来提取减肥药粉中的伪麻黄碱，锂将从电池中提取

资料来源：the US Department of Justice，Drug Enforcement Administration

这类场所对于火灾调查人员来说非常危险，因为可能会存在气态、液态和固态的易燃、有腐蚀性和剧毒的化学品。正确的个人防护装备（PPE）是必不可少的，这是由于所涉及的化学过程非常复杂、存在较多危险物质（易燃溶剂），比如，易燃溶剂有机胺类、强酸[硫酸（H$_2$SO$_4$）、盐酸（HCl），尤其是氢碘酸（HI）]、苛性碱，H$_2$、HI 和 HCl 等危险气体，以及反应性极强的材料，例如酸酐、磷以及金属锂、钠和钾（更不用说有毒中间产物，包括碘蒸气和磷化氢气体）。

一旦发现存储的化学品、玻璃器皿、实验室设备、泵、烤箱和相关设备时，就需要有资质的司法毒品化学家的协助。相关部门应封锁现场，并通知相应的麻醉品执法机构或DEA。在此期间，在场人员不得打开已关闭的设备，不应关闭已打开的设备，也不应从冰水浴锅中取出瓶子。许多合成反应释放大量热，通过浸入或循环式冷却，以防止造成失控的热量积聚，从而导致反应物爆炸。由于存在固体、液体甚至气态危险物质，接近这些场所时应格外小心。

3.10.2   大麻种植地

在北美几乎每个地区的每类建筑物内都发现过用于隐蔽种植大麻的"种植田"，包括私人住宅、商业场所、公寓、出租仓库、地下矿井，甚至是房车和拖车。除了用于提取"大麻"油的易燃溶剂外，主要的火灾危险在于通过照射促进大麻快速生长的高亮度灯具所需的大功率电力供应。电源连接（通常是非法旁路）可能是随意的，也可能是非常复杂的（见图 3-21）。由这类电气连接引发的火灾是发现这些"种植者"最常见的方式。风扇、泵（用于抽水或水培溶液）、计时器和灯都可能成为引火源（Reed 和 Reed，2005）。所用的高强度灯（通常是金属卤素灯）还可以通过直接接触的方式引燃建筑材料或生长中的植物，或者通过热辐射或热传导点燃附近的木材。

图 3-21　当非法连接电源（仪表旁路）出现故障时通常会发现大麻的"种植作业"
资料来源：Vic Massenkoff, Contra Costa County Fire Dept

3.10.3　秘密爆炸品实验室

简易爆炸性混合物，通常涉及过氧化氢溶液和丙酮（来自消费品）。中间产品和最终产品具有极其高的敏感性和爆炸威力，十分危险。挥发性溶剂具有常见的火灾危险。应由 EOD 部门处理所有可疑的爆炸物证据，并进行污染处理。在这种情况下，即使看上去无害的固体和液体也可能是高度敏感的爆炸物。如有疑问，请寻求 EOD 援助。

3.11
警示系统

在美国，通常使用两种不同的警示系统：NFPA 704 系统和运输部危险材料运输系统。作用是：在处理和运输过程中，提示危险物质的类型，及其在受热受火条件下的危险程度。

3.11.1　NFPA 704 系统

NFPA 704《应急响应中物质危险性标准》，应用于储罐、建筑物的外部、入口、管道等部位（NFPA, 2012）。该系统使用数字大小来提示健康危害、火灾危险和与化学反应活性有关的危害程度，0 表示没有任何值得注意的危害，而编号 4 表示危害的最高程度。NFPA 标签为菱形标志，如图 3-22 所示。最上面的 1/4 区块（通常用红色标记）代表火灾危险（易燃性）。左面 1/4 区块代表健康危害（通常用蓝色标记），右面 1/4 区块是化学反应性危险（释放能量的难易度），通常用黄色标记。当有特殊危险的时候，由底部 1/4 区块发出警示：三叶螺旋桨代表辐射危险；带有水平线的字母 W 表示和水能发生反应的材料（因此，在出现火灾的紧急情况下，不能用水扑救）。下面 1/4 区块的字母 OXY 表示该材料是氧化剂，字母 P 表示可以进行聚合反应（放热反应）的材料。数字所代表的危险等级如下。

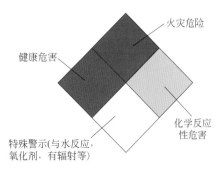

图 3-22　NFPA 704 系统用于危险材料的标记
（基于NFPA 704标准体系的应急物资危险识别, 2012年）

A. 健康危害

4：非常短时间的暴露即使进行医疗救护也能造成死亡或重伤。

3：短时间的暴露可能导致严重的暂时性或持续性伤害。

2：除非进行即时的医疗救护，否则人员在高浓度环境或反复接触条件下，会暂时失去行为能力。

1：只有在不进行及时医疗救助的情况下，才会对人体产生刺激作用的材料。

0：除了可燃性外，没有其他危险性。

B. 易燃性

4：常温常压条件下，在空气中会完全挥发或蒸发的材料，与空气混合能够稳定燃烧。

3：几乎在各种环境条件下均可点燃的液体和固体。

2：在适度加热或暴露于高温环境下能够被引燃。

1：必须预热才能被引燃的材料。

0：不燃材料。

C. 反应性

4：在常温下能发生爆轰或分解爆炸。

3：发生爆轰或爆炸需要大能量引火源，或在受限空间内应加热，或与水反应。

2：在高温高压下不稳定，或与水剧烈反应，或与水形成潜在爆炸性混合物。

1：在高温或高压下可能变得不稳定，或与水反应的材料。

0：即使在受火条件下也稳定，并且不与水反应的材料。

3.11.2　联邦危险品的运输系统

根据《联邦危险物品运输法》(49C.F.R. 171–179)，美国运输部也有对危险材料的命名。在这个系统内，每种材料根据其危险性都编制了一个 3 位或 4 位的编号。数字前面是联合国（国际航运）代号 UN 或北美（美国、加拿大、墨西哥）代号 NA。

运输部（DOT）标签是菱形的，并按照特定的危险等级进行了颜色编码，通常包括警告图形文字，粘贴在运输包装（盒子、桶等）的外部，在某些情况下，还粘贴在运输车辆的标语牌上。分类如下。

第 1 类：爆炸性物质，再根据反应敏感性的分类：引爆药为 1.1，事故引发爆炸的可能性基本可以忽略的为 1.6。

第 2 类：气体 [易燃、非易燃（nonflammable）、有毒]。

第 3 类：易燃液体（闪点低于 60.5℃的物质）。

第 4 类：易燃固体、易于自燃的物质和遇水放出易燃气体的物质。

第 5 类：氧化性物质和有机过氧化物。

第 6 类：有毒物质和感染性物质。

第 7 类：放射性物质。

第 8 类：腐蚀性材料。

第 9 类：其他杂项危险物质。

希望读者能够阅读紧急事件响应文献以获取更多具体信息。请注意，在此分类系统中，闪点低于 60℃的液体被归类为易燃液体 [对照 NFPA 为 38℃（100 ℉)]。

本章的许多贡献和更新由密歇根州利沃尼亚市消防和材料研究实验室有限责任公司 Elizabeth C.Buc 博士提供。

 总结

在普通火灾发展蔓延的过程中可能引起爆炸，爆炸也可能引发火灾。危险物质可能是发生化学火灾或爆炸（作为引火物或热源）的诱因，也可能是火灾中附加的燃料。由于危险物质的反应活性强或反应强度大，所以它们的存在会大大改变火灾的行为。尽管爆炸释放破坏能量的时间相比火灾要短得多，但爆炸与火灾之间仍存在许多相似之处。与所有火灾的调查一样，调查人员应查明：

（1）起火或爆炸的原因和起始点；

（2）爆炸或起火的有效引火源；

（3）导致火灾或爆炸发生的事件顺序。

 复习题

1. 给出"爆炸"的四个分类，并描述每个类别的特征。

2. 什么是物理爆炸？

3. 列举凝聚相或固相爆炸与弥散（气相/蒸气）爆炸之间的三个主要区别。

4. 什么是爆炸传播图，它在爆炸调查中有什么作用？

5. 列举五个高爆性物质的例子。

6. 主要的高爆性物质是什么？

7. 低炸性物质有什么作用？

8. 爆炸现场调查的"四个 R"是什么？

9. 在爆炸现场绘制碎片的距离和行进方向为什么很重要？

10. 爆炸装置重建的"四个C"指的是什么？

11. 列出三种最危险的易燃碳氢化合物气体。

12. 列出三种易燃的非碳氢化合物气体。

13. 从可燃性的角度来看，为什么乙醚和二硫化碳如此危险？

14. 什么是铝热剂，它燃烧后留下什么残留物？

15. 列举三种可以充当引火物质的金属–氧化剂混合物。

16. 说出非法制造甲基苯丙胺所使用的四种化学品。

17. 在秘密毒品实验室中发现了哪些溶剂？

18. 列出表明该场所是（或曾经是）秘密甲基苯丙胺实验室的五种废弃材料或废弃物。

19. 为什么活性金属如此危险？

20. 为什么硝基甲烷和硝基乙烷具有特殊的安全风险？

关键术语解释

回燃（backdraft）：受限空间内存在缺氧条件下不完全燃烧的产物，由于空气突然进入而发生的爆燃现象。

BLEVE：沸腾液体扩展蒸气爆炸。

破碎效能（brisance）：爆炸或爆炸品所具有的破碎效果或能量。

爆燃（daflagration）：在未燃介质中，以小于音速速率传播的燃烧。

爆轰（detonation）：在未燃介质中，以大于音速速率传播的燃烧。

爆炸（explosion）：潜在能量（化学和机械能）向动能的突然转化，伴随着高压气体的产生及释放，或仅是高压气体的释放。高压气体随后产生机械做功，如：移动或抛出周围物品。

爆炸品（explosive）：任何具有爆炸功能的化合物、混合物或装置。

破碎（fragmentation）：炮弹、炸弹或手榴弹的外壳被炸药填充物爆炸击碎的过程。

高烈度炸药（high explosive）：在未反应介质中，反应的传播速率等于或大于声波在该介质中传播速率［通常为1000m/s（3000ft/s）］的材料；或者能够维持爆轰发生的材料。

高烈度破坏（high-order damage）：一种压力快速上升或产生高强度效应的爆炸，其特征是会对封闭结构或容器产生破碎作用，并具有长距离的抛射作用。

低烈度炸药（low explosive）：以爆燃或相对缓慢反应发展速度和较低压力为特征的炸药。常见的低烈度炸药包括无烟火药、闪光粉、固体火箭推进剂和黑火药。低烈度炸药是通过快速产生热反应气体的推动和抛出作用来实现其功能。

低烈度破坏（low-order damage）：一种压力上升缓慢或产生低强度效应的爆炸，其特征是会对封闭结构或容器产生移动或推动作用，并具有短距离的抛射作用。

物理爆炸（mechanical explosion）：当容器或管道内部气体或液体压力超过其抗拉强

度时破裂所产生的爆炸。

不燃的（nonflammable）：不易发生有焰燃烧或暴露于火焰中不易被引燃和发生燃烧。反义词是易燃的。

物理危害性物质（physical hazard material）：是指一类化学品或物质，分为可燃液体、爆炸品、易燃制冷剂、易燃气体、易燃液体、易燃固体、有机过氧化物、氧化性特质、氧化性制冷剂、自燃物质、不稳定（反应性）或与水发生反应的物质。

爆炸中心（点）（seat of explosion）：在某些爆炸的起点处形成的火山口状凹痕。

化学计量（stoichiometric）比：每种燃料-空气混合物燃烧效率最高的最佳比例。这个比例处于或接近于化学家所称的化学计量比。当空气量与燃料量平衡时（即燃烧后既没有多余的燃料也没有多余的空气），燃烧称为化学计量比燃烧。这种情况很少发生在火灾中，但某些类型的气体火灾除外。

无约束蒸气云爆炸（unconfined vapor cloud explosion, UVCE）：易燃蒸气泄漏后与空气混合后形成的易燃蒸气云团。引燃后能够产生高速传播的火焰和明显的爆炸超压。

蒸气（vapor）：尤指在常温下通常为液体或固体的物质的气体状态。

蒸气密度（vapor density）：气体或蒸气平均分子量与空气平均分子量之比。

参考文献

American Institute of Chemical Engineers. 2017. "Glossary of Terms." New York, NY.

Beveridge, A., ed. 1998. *Forensic Investigation of Explosions*. London: Taylor & Francis.

———. 2004. *Forensic Investigation of Explosions*. The Working Group on Fires and Explosions, Guidelines for Explosives Analysis. University of Central Florida, Orlando, FL: TWGFEX, November.

Bhalla, J. 2010. *Diesel Engine Runaway Safety Risk in Hazardous Environments*. Manama, Bahrain: Society of Petroleum Engineers.

Bottegal, M. N., B. R. McCord, and L. Adams. 2007. "Analysis of Trace Hydrogen Peroxides by HPLC-ED and HPLC-FD." Paper presented at AAFS, San Antonio, TX, February.

Bretherick, L., and P. Urben. 1999. *Bretherick's Handbook of Reactive Chemical Hazards*. San Diego: Butterworth-Heinemann.

Briley, E. M., and J. V. Goodpaster. 2007. "Practical Applications of Pattern Recognition to the Post-Blast Analysis of Black Electrical Tape." Paper presented at AAFS San Antonio, TX, February.

Carson, P.A., and C. J. Mumford. 1996. *The Safe Handling of Chemicals in Industry, Vol 3*. John Wiley & Sons.

Chumbley, L. S., and F. C. Lacks. 2005. "Analysis of Explosive Damage in Metals Using Orientation Imaging Microscopy." *Journal of Forensic Sciences* 50, no. 1 (January): 104–10.

Cochran, J. 2009. "Optimization of Explosives Analysis by Gas Chromatography and Liquid Chromatography." Paper presented at AAFS, Denver, CO, February.

Conkling, J. A. 1981. "Chemistry of Fireworks." *Chemical and Engineering News*, June 29, 24–32.

Cooper, P. W., and S. R. Kurowski. 1996. *Introduction to the Technology of Explosives*. New York: Wiley-VCH.

Corbin, M. B., and B. R. McCord. 2009. "Analysis of Smokeless Powder Components by Capillary Chromatography–TOF Mass Spectrometry." Paper presented at AAFS, Denver, CO, February.

Cox, B. L., A. R. Carpenter, and R. A. Ogle. 2014. *Process Safety Progress*, March.

Cozzani, V., M. Smeder, and S. Zanelli. 1998. *Journal of Hazardous Materials* A: 63, 131–42.

Cranz, C. 1916. *Lehrbuch der Ballistik*. Berlin: Springer-Verlag.

Crowl, D. A., and J. F. Louvar. 2001. *Chemical Process Safety: Fundamentals with Applications*. 2nd ed. Upper Saddle River, NJ: Pearson Education.

Davis, S. G., D. Engel, F. Gavelli, P. Hinze, and O. R. Hansen. 2010. "Advanced Methods for Determining the Origin of Vapor Cloud Explosions. Case Study: 2006 Danvers Explosion Investigation." Pp. 197–207 in *Proceedings ISFI 2010*. Sarasota, FL: International Symposium on Fire Investigation Science and Technology.

Davis, T. L. 1943. *The Chemistry of Powder and Explosives*. Hollywood, CA: Angriff Press.

DeHaan, J. D. 1995. "The Reconstruction of Fires Involving Highly Flammable Hydrocarbon Fuels." Ph.D. dissertation, Strathclyde University. (Also, University Microfilms, Ann Arbor, Michigan, 1996.)

DeHaan, J. D., D. Crowhurst, D. Hoare, M. Bensilum, and M. P. Shipp. 2001. "Deflagrations Involving Stratified Heavier-than-Air Vapor/Air Mixtures." *Fire Safety Journal*, 36: 693–710.

DeHaan, J. D., and W. R. Dietz. 1987. "Bomb and Explosion Investigations." *National Association of Medical Examiners*, September.

Ehleringer, J., and M. Lott. 2007. "Stable Isotopes of Explosives Provide Useful Forensic Information." Paper presented at AAFS, San Antonio, TX, February.

Ellern, H. 1961. *Modern Pyrotechnics*. New York: Chemical Publishing.

Ferrone, C. W., and C. Sinkovits. 2005. "The Runaway Diesel—A Side by Side Mechanical Analysis." *Proceedings of ASME International Mechanical Engineering Congress and Exposition*. Orlando, FL.

Flemming, D. B. 2004. "Explosion in Halifax Harbor." Halifax, NS: Formac.

Gersbeck, T. G. 2008. "Advancing the Process of Post-Blast Investigation." Paper presented at AAFS, Washington DC, February.

Gurney, R. W. 1943. *The Initial Velocities of Fragments from Bombs, Shells, and Grenades, BRL-405.* Aberdeen, MD: Ballistic Research Laboratory.

Haag, M. G., and T. Grissim. 2008. "Technical Overview and Application of 3-D Laser Scanning for Shooting Reconstruction and Crime Scene Reconstruction." Paper presented at AAFS, Washington DC, February.

Harris, R. J. 1983. *The Investigation and Control of Gas Explosions in Buildings and Heating Plant*. New York: E & FN Spon.

Henkin, H., and R. McHill. 1952. "Rates of Explosive Decomposition of Explosives." *Industrial Engineering Chemistry*, 44: 1391.

Hopkinson, B. 1915. UK Ordnance Board Minutes 13565.

Hunt, D., S. Kuck, and L. Truitt. 2006. *Methamphetamine Use: Lessons Learned*. Final report to the National Institute of Justice (NCJ 209730). Cambridge, MA: Abt Associates. Retrieved January 31, 2006 from www.ncjrs.gov/pdffiles1/nij/grants/209730.pdf.

IATG. 2015. International Ammunition Technical Guidelines, IATG 01.80:2015[E]. United Nations Office for Disarmament Affairs. Retrieved January 7, 2017, from https://www.un.org/disarmament.

Ide, R. H. 1999. "Petrol Vapour Explosion: A Reconstruction." Pp. 757–63 in *Proceedings Interflam 1999*. London: Interscience Communications.

Kimura, K., T. Nagata, K. Hara, and M. Kageura. 1988. "Gasoline and Kerosene Components in Blood: A Forensic Analysis." *Human Toxicology* 7.

Kinney, G., and K. Grahm. 1985. *Explosive Shocks in Air*. New York: Springer-Verlag.

Kirk-Othmer, ed. 1998. *Encyclopedia of Chemical Technology*. 4th ed. Vols. 1–27. New York: Wiley.

Lewis, B., and G. Von Elbe. 1961. *Combustion, Flames and Explosions of Gases*. 2nd ed. New York: Academic Press.

McDonald, K., and M. Shaw. 2009. "Identification of Household Chemicals Used in Small Bombs via Analysis of Residual Materials." Paper presented at American Academy of Forensic Sciences, February.

Mei, J., R. D. Halldearn, and P. Xiao. 1999. *Scripta Materialia* 41 (5), 541–548.

Mejia, L. C., and R. W. Waytulonis. 1984. *Overspeed Protection for Mine Diesels—A Literature Review*. US Department of Interior, Bureau of Mines, Information Circular 9000.

Meyer, E. 2009. *Chemistry of Hazardous Materials*. 5th ed. Upper Saddle River, NJ: Pearson/Brady.

Mniszewski, K. R., and J. A. Campbell. 1998. "Analytical Tools for Gas Explosion Investigation." In *Proceedings Interflam 1998*. London: Interscience Communications.

Muller, D., A. Levy, R. Shelef, S. Abramovich-Bar, D. Sonenfeld, and T. Tamiri. 2004. "Improved Method for the Detection of TATP after Explosion." *Journal of Forensic Sciences* 49, no. 5 (September): 935–40.

NFPA. 2001. *Fire Protection Guide to Hazardous Materials*. Quincy, MA: National Fire Protection Association.

———. 2012. *NFPA 704: Standard System for the Identification of the Hazards of Materials for Emergency Response*. Quincy, MA: National Fire Protection Association (next edition 2017).

———. 2013a. *NFPA 68: Standard on Explosion Protection by Deflagration Venting*. Quincy, MA: National Fire Protection Association.

———. 2013b. *NFPA 495: Explosives Code*. Quincy, MA: National Fire Protection Association.

———. 2014. *NFPA 1033: Standard for Professional Qualifications for Fire Investigator*. Quincy, MA: National Fire Protection Association.

———. 2015a. *NFPA 1: Fire Code*. Quincy, MA: National Fire Protection Association.

———. 2015b. *NFPA 30: Flammable and Combustible Liquid Code*. Quincy, MA: National Fire Protection Association.

———. 2015c. *NFPA 484: Standard for Combustible Metals*. Quincy, MA: National Fire Protection Association.

———. 2016a. *NFPA 400: Hazardous Materials Code*. Quincy, MA: National Fire Protection Association.

———. 2016b. *NFPA 652: Standard on the Fundamentals of Combustible Dust*. Quincy, MA: National Fire Protection Association.

———. 2016c. *NFPA 2: Hydrogen Technologies Code*. Quincy, MA: National Fire Protection Association.

———. 2017. *NFPA 921: Guide for Fire and Explosion Investigations*. Quincy, MA: National Fire Protection Association.

Oxley, J. C., J. Smith, E. Resende, E. Rogers, R. Strobel, and E. Bender. 2001. "Improvised Explosive Devices: Pipe Bombs." *Journal of Forensic Sciences*, 46, no. 3: 510–34.

Pape, R., K. R. Mniszewski, and A. Longinow. 2009. "Explosion Phenomena and Effects of Explosions on Structures." *Practice Periodical on Structural Design and Construction*. American Society of Civil Engineers.

Phillips, S. A., A. Lowe, M. Marshall, P. Hubbard, S. Burmeister, and D. Williams. 2000. "Physical and Chemical Evidence Remaining after the Explosion of Large Improvised Bombs." *Journal of Forensic Science* 45, no. 2: 324–32.

Raj, P. K. 2005. "Exposure of a Liquefied Gas Container to an External Fire." *Journal of Hazardous Materials* A122: 37–49.

Rankine, W. J. H. 1979. *The Dynamics of Explosion and Its Use*. Amsterdam: Elsevier.

Reed, C., and A. Reed. 2005. "Fire Investigation of Clandestine Marijuana Grow Operations." Pp. 365–78 in *Proceedings Fire and Materials 2005*. London: Interscience Communications.

Schuberth, J. 1994. "Post-Mortem Test for Low Boiling Arson Residues of Gasoline by GC/MS." *Journal of Chromatography* 662.

Sigman, M. E., and D. Clark. 2007. "Optimized Analysis of

Triperoxide by GC-MS." Paper presented at AAFS, San Antonio, TX, February.

Spencer, A. B. 2008. "Dust: When a Nuisance Becomes Deadly." *NFPA Journal* November–December: 57–61.

Stauffer, E., J. A. Dolan, and R. Newman. 2007. *Fire Debris Analysis*. Academic Press.

Stephens, H. W. 1997. *The Texas City Disaster—1947*. Austin, TX: University of Texas Press.

Tanner, H. G. 1959. "Instability of Sulfur–Potassium Chlorate Mixtures." *Journal of Chemical Education* 36, no. 2: 58.

Trimpe, M. A. 1993. "What the Arson Investigator Should Know about Turpentine." *Fire and Arson Investigator* 44, no. 1: 53–55.

Urbanski, T. 1964. *Chemistry and Technology of Explosives*. Vol. 1. New York: Pergamon.

US Bomb Data Center. 2009. Washington, DC: Bureau of Alcohol, Tobacco, Firearms and Explosives.

US Department of Justice. 2016. *2014 Annual Explosives Incident Report*. Washington, DC: US Bomb Data Center, Bureau of Alcohol, Tobacco, Firearms and Explosives, April 6, 2016.

USFA. 1988. "Six Firefighter Fatalities in Construction Site Explosion, Kansas City, Missouri (November 29, 1988)." FEMA, USFA National Fire Data Center.

Weiser, V., E. Roth, A. Raab, M. Juez-Lorenzo, S. Kelzenberg, and N. Eisenreich. 2010. *Propellants, Explosives, Pyrotechnics* 35, 240–47.

Whitaker, K. M., et al. 2009. "Coming Apart at the Seams: The Anatomy of a Pipe Bomb Explosion." Paper presented at AAFS, Denver, CO, February.

Yallop, H. J. 1980. *Explosion Investigation*. Harrogate, UK: Forensic Science Society Press.

Zalosh, R. G. 2008a. "Explosion Protection." Chaps. 3–15 in *SFPE Handbook of Fire Protection Engineering*. 4th ed. Quincy, MA: National Fire Protection Association.

———. 2008b. "Explosions." Chap. 8, sec. 2 in *Fire Protection Handbook*. 20th ed. Quincy, MA: National Fire Protection Association.

第四章

引火源

- 电弧（arc）；
- 自燃点（autoignition temperature）；
- 碘值（iodine number）；
- 引燃温度（piloted ignition temperature）；
- 自燃物（pyrophoric material）；
- 喷射溢流火（rollout）；
- 自热（self-heating）；

- 配电系统（utility services）；
- 短路（short circuit）；
- 火花（喷溅颗粒）（spark）；
- 自燃（spontaneous combustion）；
- 自燃（自热型）（spontaneous ignition）；
- 高温切断装置（thermal cutoff）

目标

阅读完本章后，应该学会：

熟悉常见引火源类型及其典型热辐射速率。

辨识二次引火源类型。

确认电气设备在引发火灾方面的作用。

解释香烟的引燃作用。

4.1
引火源概述

　　引燃可定义为燃料发生自维持燃烧的引发过程。影响物质引燃特性的基本特征参数包括密度、热容和热导率。耦合之后，以上特征参数构成了材料的热惯性。引燃的发生需要大量能量的快速传递以克服热惯性，从而使其充分燃烧并形成自维持燃烧。如果发生这种情况，就认为引火源的能量是充足的（对于该条件下的燃料而言）。引燃过程中，热量通过传导、对流或辐射方式使燃料（至少是燃料局部）升温至特征温度，直至自维持燃烧的产生。

气体燃料的引燃过程只需要小体积范围内的升温即可实现。而对于固体燃料，引燃通常发生在物体表面（自热型物体的引燃过程除外，因为热量是在材料内部产生的）。无论何种燃料，没有引火源，没有能量来源，就不会发生火灾。无一例外，引火源是某种类型的炽热体、物理（或化学）反应、明火或电流。

除自热情况外，热源温度必须超过燃料的燃点，并且在引燃之前必须能够有足够的热量传递至适当量的燃料中。而在自热情况下，引燃会引发自维持的阴燃，在这个过程中，周围空气中的氧气会扩散到炭化燃料的表面，并产生足够的热量来促进反应的进行，但阴燃同样可以在外部热源作用下发生。尽管有时火灾调查人员对阴燃引燃比较感兴趣，但大多数情况下，有焰燃烧才应是最需关注的。固体材料若发生有焰燃烧，则需要燃料通过热解产生足够的气体或蒸气来维持燃烧。

一般来说，引火源的能量越低，引火源和最初起火物的距离就应越近，引燃才会发生。与随后发生的破坏性火灾相比，引火源可能比较小且不显眼。火灾的发展需先经历从起火物被引燃，到起火物全部起火这样一个中间过程，而后随着室内其他可燃物的起火开始蔓延。这种"物-物相传"的蔓延也必然遵循相同的物理规律。有意通过电、摩擦、化学反应或受控火焰来加热的材料可能会掉落或吹入燃料中，然后发生引燃。在确定引火源时，通常应考虑这些中间事件。火灾调查员所面临的挑战是识别最初的起火物，确定引火源的引燃方式（即如何将足够的热量传递至最初起火物而引发燃烧）。

在本章中，我们将探讨各类引火源及其热性能。在各种场景下，都将应用到传热、热释放速率和火焰传播基本过程等知识。在运用科学方法分析引燃过程时，火灾调查人员必须对可能的引火源进行评估。

4.2
基本引火源

几乎每一场火灾的主要引火源都是热量。热量可能来自高温表面、热粒子、化学反应或远处的辐射热源。然而，普通火柴或打火机产生的明火是基本引火源中最有效的。由上述引火源造成的失火火灾和放火火灾占比很大。其他火源包括机械火花（炽热或燃烧的颗粒）或电弧（从非常小到闪电规模）。尽管并非所有燃料都能被引燃，这些引火源产生的局部热量也足以引燃许多燃料。电线中的电流（特别是在过载情况下）在通过高电阻或故障导电路径时也能产生热量。此外，许多放热型的化学反应也会产生热量，只不过有些反应很慢，有些则很快。

4.2.1 火柴

火柴是专门为点火而设计的，是最基本的引火源。火柴是否直接引发了破坏性的火灾，还是仅仅引起了一场可控的火灾，然后又导致了更大的火灾，这对火源的调查是无关紧要的，但对调查更大的火灾可能非常重要。火柴是一根经过处理的易于燃烧的小棒，头部含有燃料和氧化剂，可通过摩擦产生的局部热量点燃。现有的火柴可分为两大类：不安全火柴和安全火柴。不安全火柴或叫作厨房火柴，含有氧化剂（如氯酸钾）、易燃材料（如硫或石蜡）、黏合剂（如胶水或松香）和惰性填料（如二氧化硅）等。

火柴头含有高比例的三硫化四磷（P_4S_3）和毛玻璃，更易摩擦起火。安全火柴的火柴头含有助燃剂和燃料，如硫。只有与含有红磷、胶水和毛玻璃之类的粗糙研磨剂的火柴盒侧条摩擦时，火柴才会起火。火柴棒通常用化学物质处理来抑制其余辉现象。纸梗火柴通常用石蜡浸渍，以提高耐水性和火柴头的燃烧特性。

大号厨房火柴的热功率为 50～80W，火焰平均温度（火柴头火焰消失瞬间）为 700～900℃。由于火柴火焰是层流火焰且涉及木材（或纸板）和蜡的燃烧，火焰外焰附近薄燃烧区内的温度与蜡烛层流火焰的温度相似，最高可达 1200～1400℃。常见引火源的热释放速率和燃烧时间见表 4-1。

只要能量可以传递给可燃物，这种级别的能量和温度足以引燃许多可燃物。通过热辐射传递的热通量较低，不足以引燃大多数燃料，因此在引燃前通常需要火焰与燃料直接接触。对于普通可燃固体确实如此，但可燃气体或蒸气可被卷吸到火焰中，因此在没有直接接触的情况下也可能发生着火。

表4-1　常见引火源的热释放速率和燃烧时间

项目		典型热释放速率 /kW	典型燃烧时间 /s[a]	最大火焰高度 /mm	最大热通量 /（kW/m²）
完全干燥的 1.1g 香烟（置于固体表面，未抽吸）		0.005	1200	—	42
相对湿度 50% 的 1.1g 香烟（置于固体表面，未抽吸）		0.005	1200	—	35
0.15g 乌洛托品片（六亚甲基四胺）		0.045	90		4
蜡烛（21mm，石蜡）*		0.075	—	42	70[b]
木垛，参照标准 BS 5852 第 2 部分	4 号木垛，8.5g	1	190		15[c]
	5 号木垛，17g	1.9	200		17[c]
	6 号木垛，60g	2.6	190		20[c]
	7 号木垛，126g	6.4	350		25[c]
揉皱的棕色午餐袋，6g		1.2	80		
揉皱的蜡纸，4.5g（攥紧实）		1.8	25		
双页折叠的报纸，22g，从底部引燃		4	100		
揉皱的蜡纸，4.5g（松弛状）		5.3	20		
揉皱的双页报纸，22g，从上部引燃		7.4	40		
展开的双页报纸，22g，从底部引燃		17	20		
聚乙烯废纸篓 285g，装有 12 个牛奶盒（390g）		50	200[d]	550	35[e]
塑料垃圾袋（装着纤维垃圾，1.2～14kg）[f]		120～350	200[d]		
小软垫椅子		150～250	—	—	—
现代泡沫制软垫舒适椅		350～750	—	—	—

项目	典型热释放速率 /kW	典型燃烧时间 /s[a]	最大火焰高度 /mm	最大热通量 /（kW/m²）
躺椅（PU 泡沫塑料，合成家具）	500～1000	—	—	—
混凝土上的汽油 2L，1m² 大小	1000	30～60	—	—
沙发	1000～3000	—	—	—

资料来源：V. Babrauskas and J. Krasny, Fire Behavior of Upholstered Furniture, NBS Monograph 173（Gaithersburg, MD：US Department of Commerce, National Bureau of Standards, 1985）

[*] 取自 S. E. Dillon and A. Hamins, "Ignition Propensity and Heat Flux Profiles of Candle Flames for Fire Investigation" in Proceedings：Fire and Materials 2003（London：Interscience Communications），363–76

[a] 明火的持续时间。

[b] 蜡烛中心处火焰上部外围的瞬时热通量＜ 4 kW/m²。

[c] 距离木垛 25mm 处测量。

[d] 总燃烧时间超过 1800s。

[e] 通过模拟燃烧器测得。

[f] 结果受填料密度影响变化很大。

（1）美国和其他国家制造的火柴

在美国，虽然出于促销目的，对有些火柴头和火柴棒进行了特殊设计，但火柴的配方和制造细节上只存在微小的变化。外观上（有时是性能上的）巨大差异只会出现在除美国外其他国家生产的火柴上，例如，有些国家制造的火柴据说通过火柴头的摩擦就能引燃。

（2）火灾调查人员注意事项

将现场的火柴根据其长度、宽度、颜色和纸板茎（火柴杆）的纸张含量，与可疑火柴来源（如部分纸火柴）进行比较是很常见的。某些情况下，可以用拼图的方式将撕裂的纸火柴的底座和残根进行物理比较。然而今天，美国大多数纸火柴都是经冲孔处理的，这使得火柴撕裂更均匀，从而减小了准确比较的可能性。有时可以通过对未燃烧的火柴头进行元素分析来确定火灾现场残存火柴的来源（Andrasko, 1978）。

4.2.2　打火机

常用的打火机有两种类型：常见于车内的电点烟器和液体燃料打火机。大多数火灾中，可能不会将电点烟器作为引火源予以考虑，这是因为它依靠汽车的电池来加热金属线加热元件，只有与电池存在电气连接的时候，电点烟器才工作，因此其使用有限。

液体燃料打火机通过金属构件撞击火石表面产生火花，引燃从浸油灯芯或贮液罐中逸出的易燃蒸气。香烟打火机火石是由类似于铈、镧或钕等稀土元素构成的合金材料，这类材料易形成点火所需的高电位（Babrauskas, 2003, 509）。因此，火花或热粒子在受控条件下点燃燃料蒸气，会产生可预测的小火焰。这类打火机由于其便捷性而成为火柴的替代品，毫无疑问也成为许多放火火灾的罪魁祸首。由于很少被遗留在现场，因此也很可能无据可寻。

找回的打火机上可能会有隐藏的指纹（特别是打火机可拆卸的燃料盒上）和痕迹物证。有些打火机通过催化氧化作用或对晶体压电材料的压电效应来点燃蒸气，但是因为产生的火焰与常规火石打火机相同，所以作为引火源使用时功能上是相同的。灯芯式打火机热释放量与大号厨房火柴相近（50 ～ 80W），最高温度与报道的碳氢燃料池火相近，约1000℃（Drysdale, 2011）。

充装丁烷的一次性打火机已经取代了传统打火机，因为传统打火机需要用户反复充装轻质液体石油产品燃料。在传统打火机中，丁烷燃料盒内存在一定压力，燃料通过一个限流阀送出后被引燃，产生一个小的、层流喷射火焰（如前所述）。据报道这些火焰的绝热温度为1895℃，所以现实中预期火焰最高温度近似为1400℃。马里兰大学的研究表明，装有气门型和本生灯型燃烧装置（可调节产生75W的火焰）的打火机，其火焰温度可达到2022K、峰值热通量可高达169kW/m²（距火焰中心顶端25mm处测得）（Williamson和Marshall, 2005）。

一次性丁烷打火机的测试表明，其燃料释放率为0.001 ～ 0.002g/s，火焰高度不高于20mm（0.8in）。依据焓量的变化 ΔH_c = 46kJ/g，燃料的消耗会产生40 ～ 90W的热量。这类打火机如果暴露在高温下会发生爆炸，在坠落或低压情况下（如飞机舱中）会发生泄漏。通过调节限流阀，有时可释放相当大的可燃气流，产生的火焰可高达几英寸（热释放速率也相应增加）。这些不可反复充装的打火机是一次性的，很可能会留在起火点处。

4.2.3 焊割炬

工业和家庭使用的焊割炬有传统吹管和滴液焊割炬两种不同的类型。传统吹管通过手动加压的方式输送无铅汽油，而滴油式点火器使用煤油或柴油作燃料，用于在野外产生蔓延方向与风向相反的受控燃烧。屋顶作业用的手持式或长把式火炬采用丙烷、丁烷或甲基乙炔/丙二烯（MAPP）作为燃料。乙炔/氧气点火器和乙炔/空气焊割炬是比较常见的焊割炬。某些脱漆装置（热风枪）以丙烷或电力为燃料，会产生非常高的气体温度和热通量。

Fire Findings 称，手持丙烷焊割炬的火焰温度范围从火焰顶端的332℃（629 ℉）到火焰中心的1333℃（火焰中心外顶部），再到内焰锥顶端的1200 ～ 1350℃（Sanderson, 2005b）。如果作用于合适的可燃物，任意丙烷焊割炬均可引发失火火灾或放火火灾。纤维材料最容易被焊割炬点燃，尤其是被分割的比较细碎的情况下，因为焊割炬火焰在实体木材表面的短时间作用只会使表面烧焦和（可能）短时有焰燃烧，一旦焊割炬火焰撤开，燃烧就会停止。

细碎的材料（如干燥的叶子、针叶、锯末）很容易被引燃，这个过程通常分为两个阶段：阴燃及随后的有焰燃烧。当焊割炬火焰作用于存在狭窄缝隙或空间物体上时，大块的材料更容易被引燃，因为此时从表面上引起的辐射能量损失最小。在这种情况下，由于引燃发生在空腔内，因此不容易被察觉或从外部扑灭。缝隙内可能会存有白蚁侵蚀留下的锯末和木屑，从而使火灾更易发生。在屋顶从事热喷枪作业时，焊割炬用于将沥青黏附在屋顶结构上或在铺设柔性膜时融化沥青黏合剂。这两种情况下，在裂缝或碎屑中引发的阴燃会隐藏于热的沥青或薄膜下。几小时后，隐蔽的阴燃就能转变为屋顶火灾。

微型焊割炬的广告宣传是用于焊接和钎焊操作，却主要在香烟店出售。微型焊割炬使用丁烷作为燃料，并通过特殊的火炬喷嘴进行预混，可以产生非常炽热的火焰。这些微型焊割炬小到可以藏在手里，引燃后可持续燃烧。由于作为焊接设备使用，这些微型焊割炬通常不具有防止儿童开启的功能。据测量，微型焊割炬燃烧区域的最高温度与标准规格的相同，为1200～1350℃。这类焊割炬还经常被用于吸食可卡因之类的毒品。

4.2.4 蜡烛

曾经只在停电的情况下考虑将蜡烛作为引火源。现在随着使用量的增加，蜡烛已成为许多住宅火灾中需要考虑的引火源之一。美国国家蜡烛协会估算，10个美国家庭中有7个使用蜡烛，蜡烛销量每年增长15%。据美国消防局（USFA，U.S. Fire Administration）估计，每年有9400多起住宅火灾是由蜡烛引起的。美国消费品安全委员会（CPSC，Consumer Product Safety Commission）的估算得到更高的数字——蜡烛每年引发12800起火灾，造成170人死亡和1200人受伤（Dillon和Hamins，2003；Ahrens，2002）。美国消防协会估测：2002年仅在美国蜡烛引发家庭火灾18000起，造成130人死亡和1350人受伤，财产损失为3.33亿美元（Nicholson，2005）。

传统石蜡或蜂蜡蜡烛产生的层流火焰释放50～80W的热量，火焰平均温度为800～900℃，但与火柴火焰一样，蜡烛火焰存在一个外层燃烧区，其温度可高达1200～1400℃。由于蜡烛火焰稳定、持续时间长，且存在高温区域，如果将薄铜片甚至铁丝置于蜡烛火焰高温燃烧区域，蜡烛就有可能将其熔化。然而，金属丝的导热性能会使得热量快速导出，以至于直径大的金属丝无法熔化。

Dillon和Hamins报告称，直径为21mm（0.8in）的蜡烛燃烧的质量损失速率为0.09～0.11g/min。当理想ΔH_c为43kJ/g时，产生的火焰高度为40mm（1.6in），热释放速率为65～75kW。他们测量了沿垂直中心线的总热通量，火焰顶端的最大热通量约为70kW/m²，在火焰顶端上方50mm（2in）处下降到40kW/m²，在火焰顶端上方170mm（6.7in）处下降到20kW/m²（Dillon和Hamins，2003）。在距离中心线13mm（0.6in）、与火焰顶部平齐处的总热通量约为27kW/m²，这表明相当数量的热量来自浮力羽流部分。结果也证实了直接观察到蜡烛引燃的倾向性，即蜡烛火焰能立刻引燃其上方可燃物，而不是火焰侧边一定距离的可燃物。

一支巧妙设计的蜡烛能以适当的速度熔融，以保持通过烛芯为火焰提供稳定的蜡油供应：蜡油供应太少，蜡烛就会因缺少燃料而熄灭；蜡油供应太多，蜡芯会倒伏并被淹没（Faraday，1993）。理想情况下，蜡油完全燃烧生成二氧化碳（CO_2）和水。碳烟在经过外层高温区时基本燃烧殆尽；几乎没有炭黑颗粒能从层流火焰中逸出。如果灯芯太长且火焰变为湍流状态，炭黑颗粒就会逸出。如果蜡烛被油或其他有机物质污染，则它们可能不会完全燃烧，并释放出大量的炭黑颗粒。如果烛芯没有对称地放置，蜡烛会熄灭并塌落倾倒，露出大段灯芯。

蜡烛的热释放速率（抑或火焰长度）由烛芯的暴露长度决定。如果把炭化的火柴棒扔进蜡烛中，可以充当附加灯芯，显著增加火焰的尺寸。增大的火焰可能接触临近的可燃物或加热盛装蜡烛的容器，从而增大意外失火的风险（Townsend，2000，10）。

蜡烛引发火灾的情况包括：可燃物与蜡烛火焰接触（如松散物质接触到火焰），蜡烛燃烧状态下翻倒（相比于支柱式或香薰杯蜡，锥形或柱状蜡烛的此类风险更为突出），或者蜡烛因烛芯松脱或暴露段变长而倾倒。最后一种情况会形成更大的火焰。当蜡烛自身含有可燃装饰品时，也可能会引发着火。

含有芳香油的蜡烛用于香薰时，使用者入睡后仍在燃烧。具有多个灯芯的大型装饰蜡烛，如果持续燃烧多天，其引燃窗帘、家具和衣服的风险会增大（Sanderson, 1998a; Singh, 1998）。

4.3
次要引火源

就本章而言，次要引火源包括火花/电弧、高温物体/高温表面、摩擦、辐射热和化学反应。

4.3.1　火花/电弧

根据 NFPA 921（NFPA, 2017b, 3.3.175; NFPA 654, 2017c）将火花（spark）定义为"由于自身温度或在其表面上发生的燃烧过程，能够向外辐射能量的运动固体颗粒物。"其实，火花的真正定义并不明确，因为该名词可指两种情况之一：

- 电流通过空气或其他绝缘物体放电时产生的短暂电弧；
- 在空气中运动燃烧的或炽热的微小固体碎片。

除了持续时间不同之外，电火花与电弧（arc）不易区分。Babrauskas（2003, 70）提出，电弧代表的是一种稳定的电流，而电火花则为通过导体之间间隙的初始电流。电弧是发生在间隙或通过类似炭化绝缘体介质过程中的高温发光放电现象（NFPA, 2017b, 3.3.7）。放电过程会持续一定时间，而电火花几乎是在瞬时发生。因此，可以简单地把所有这类放电现象看作是不同持续时间的电弧，而火花则只用作代表在某些过程中被加热到炽热状态的固体粒子或熔融液滴。电弧持续的时间越长，加热周围环境并将热量传递给周围可燃物的时间就越长。电弧释放能量的量级可以从毫焦到数百万焦不等。因为电弧持续时间可以从几微秒到数百秒，所以其释放的总热量值范围非常大——从家庭门把手上的微小瞬时静电电弧到巨大的雷击。

因此，电弧的引燃能力很大程度上取决于其持续时间、电流值以及附近可燃物的易燃性（物理和化学性质）。火花的后一种概念，即由于自身温度或在其表面上发生的燃烧过程，能够向外辐射能量的运动固体颗粒物，将成为标准用法在本书采用。因此，火花可以由两种不同材料（如钢和燧石）之间的猛烈撞击、两个运动物体之间的剧烈摩擦、电气故障中导体的极速加热和熔化，或固体火灾中产生悬浮于空中的碎片产生。这些炽热粒子能够引燃蒸气和某些固体可燃物，这将在本章后面讨论。

机械火花包括燃烧的木头或炽热余烬、火灾现场的碎片及燃烧或电弧作用产生的金属液滴，冲击或机械摩擦产生的炽热或燃烧金属，和来自多种类型发动机的碳烟/微粒。在下面章节内容中，这些情况被当作热物体的特例。

4.3.2　高温物体 / 高温表面

大多数高温物体是通过接触（或靠近火焰）、摩擦生热或电流通过形成的。在电器设备中，陶瓷或金属丝加热元件因传输电流而产生热量。如果可燃物与这些加热元件接触，就会被引燃而引发火灾，并蔓延至附近其他可燃物。这些设备不是主要的引火源，但会导致热源失控。当电流流过非预期通路或超过导体的设计工作电流值时，会形成电气故障而导致高温表面的形成。高温物体在将各类化学和物理过程产生的热量传递给可燃物过程中，发挥着重要作用，因此会促进火灾蔓延。如表 4-1 所示高温物体表面发出的可见光可指示其温度。高温物体的引燃能力不仅取决于其初始温度，还取决于其质量和热容，它们共同决定了物体所容纳的热量。

评价可燃物被高温物体 / 高温表面引燃的难易程度并不是简单地记录物体表面温度或质量，或者对照可燃物的自燃点（autoignition temperature，AIT）列表。除非有足够的热量传递到足量的可燃物以形成持续性火焰，否则任何可燃物都不会着火。通过热表面传递的热量取决于表面的性质和轮廓（甚至其粗糙度和清洁度）、接触方式以及能否与可燃物保持足够长的接触时间。液体或气体可燃物的自燃点随试验方法、容器体积、形状和材质的不同而变化（Holleyhead，1996）。

例如，清洁、抛光过的金属高温表面，较含有氧化膜的同种金属高温表面而言，能在更低的温度引燃可燃物。非常短的接触或停留时间内，不容许足够的热量进行传递。若挥发性液体可燃物滴落在平坦的高温表面，很有可能通过蒸发来冷却两者直接接触的区域，产生的蒸气借助对流作用上升而远离高温表面，从而缩短停留时间。因此，表面温度必须高于可燃物自燃温度几百摄氏度才能发生引燃，但即使这样也不一定能保证引燃的发生。

液体可燃物的闪点越低，引燃所需的高温表面温度就越高（Babrauskas，2003）。如果被限制在一定空间内（管道或其他空间内），液体或气体可燃物的高温表面引燃可在更低的温度下实现。其他影响因素还包括表面类型、液滴大小和表面附近的气流等。如果高温颗粒能够渗进或钻入固体可燃物时，停留时间不再是影响因素，颗粒所能携带的热量成为关键。如果颗粒含有的热能太低（质量或密度不够，热容不足），即使颗粒没入可燃物中并传递所有的能量，也不可能发生引燃。高温物体落在具有坚硬表面固体可燃物情况下，由于对周围空气额外的对流和辐射热损失，着火的可能性会更小。

当高温表面暴露于敞开空气环境中，人们会不自禁地测量其温度，并与潜在可燃物的引燃温度进行比较（正如 *Fire Finding* 所报道的那样），但温度只是判断是否发生着火过程的参考。如果测得暴露于敞开空间的玻璃电灯泡表面的温度为 200℃，仅代表玻璃灯泡表面通过灯泡内表面接受来自热灯丝的热量输入与灯泡外表面通过对流、辐射甚至传导等的热量散失之间达到稳定状态时的温度。如果通过将电灯泡与绝热材料表面接触或埋入其中的方式来改变热量散失的速率，电灯泡表面的温度会上升，而且通常会急剧上升。这一温度会为潜在可燃物获取热量提供一个不同寻常的热源。总而言之，即便是将低功率的热源深埋在纤维素绝缘材料中，也具有着火危险，虽然这种热源在敞开空间条件下的温度是安全的。

然而，作为参照标准，了解高温表面在敞开空气环境中的温度是有意义的。据报道，卤素作业灯（灯泡）的表面温度为 593～685℃（即足以引燃易燃蒸气 / 空气混合物和固体），而 300W 的卤素作业灯的玻璃面温度为 180 ～ 215℃（Corwin, 2001）。电炉灶具顶部加热元件在敞开空气环境的表面温度，从小型灶具的 370℃，到老款设备中大型灶具的 590℃，再到新款设备中等效灶具的 500 ～ 730℃（Sanderson, 2000，5）。大多数现代电炉灶具每个烹饪元件的功率都很大，温度也很高。Goodson 和 Hardin 的报告称，各类电炉灶具中加热元件的额定功率范围为 1200 ～ 2500W（Goodson 和 Hardin, 2003）。

正如所看到的，对于纤维素制品等复杂可燃物，温度的升高可能会导致发生物理和化学变化，使其相对于初始状态更容易着火。作为衡量可燃性的指标，可燃物表面的传热速率可能比温度更有价值。可燃物的理化性质必须予以考虑，同时作为科学方法中的假设检验阶段，还需对辐射热的影响进行测试。通常作用于可燃物的热辐射通量越高，所观测到的引燃温度就越低，引燃时间也会大大缩短。

如果是热塑性材料，可燃物可能会熔化，在引火源作用处发生凹陷或形成无孔块状结构，变得难以引燃。材料在初始热源作用下炭化，如果产生支持阴燃的多孔结构，就会变得更易引燃。炭化过程也可能会产生需要更多能量才能被引燃的热解可燃物。

4.3.3 摩擦

两个运动物体表面之间的摩擦会产生热量（如汽车的刹车盘会变得非常热）。尽管传统上，钻木取火被当作一种生存技巧进行教授，但摩擦在其他情况下（尤其是在机械设备中）的引火效应更为突出。木头是热的不良导体。

没有充分润滑的轴承会因摩擦而变热，如果易燃材料与发热部分接触就可能导致火灾。机械运转过程中，缺乏润滑而产生的摩擦热是比较常见的引火源之一。传送带或动力传送带在卡住或在滚轴停转后仍强行运转，就可导致剧烈的摩擦生热。一旦被引燃，火灾会通过运动的传送带快速蔓延。

如果摩擦生热非常剧烈，相互摩擦的表面（一个或两个）上可能会发生碎裂，喷溅出炽热粒子。这种碎裂可能是大面积过热或局部加热的最终结果，对后者来说物体本身的温度可能不会明显上升。这一过程产生的热粒子温度不会高于物体的熔融温度。例如，铜镍合金表面产生的机械火花最高温度为 300℃（完全达不到炽热），而工具钢碎片的最高温度约为 1400℃，并且发出明亮的白光（NFPA, 2017b, 5.7.1.1）。任何运转的机械装置都可能发生这种情况。例如，传送系统中的轴承可能会因磨屑而阻塞，或因缺乏润滑而卡住，并在长时间内产生大量的炽热火花。如果润滑液供给中断，汽车涡轮增压器中的轴承由于本身转速极高（高达 25000r/min），会在几秒钟内出现故障。

不仅轴承会由于过度摩擦而产生高温危险，飞机发动机中的高速转子如果与机壳接触，产生的热量足以熔化机壳并引燃相关硬件。火车或卡车刹车系统发生故障时，过热的刹车盘碎片能从运动的车辆上抛射出数英里 ❶ 才被发现。消声器、排气管、后挡板、链条和其他部件拖在路面上行进，会产生大量的炽热金属颗粒，其热量足以引燃路边的可燃物（干草、树叶或垃圾）。机械加工过程（铣床、车床）会产生大量的热颗粒，会引燃设备内部或下方的废弃物。

---

❶　1 英里 =1mile=1.61km。

4.3.4 辐射热

虽然火灾的辐射热可在一定距离内引发其他火灾，但对于已发生的大火，辐射热是次要引火源，而不是主要引火源。辐射热对大多数火灾的蔓延起很大作用。辐射热单独作为主要引火源的情况并不常见。壁炉、厨灶和取暖器发出的辐射热已被证实可以将附近的纤维素材料加热至引燃温度，从而引发火灾。当设备是永久固定装置时，其残骸通常在火灾后仍能被发现。

其他辐射热源可能就不太容易被识别。火灾调查人员须牢记：当有足够的辐射热作用于可燃物表面时，辐射热源和最初起火物之间并不总是需要直接的物理接触。但在这里，燃料的反射和吸收特性，如同其密度和热导率一样至关重要。对于可燃物，引燃全部可燃物需要使可燃物吸收的热量超过其散发的热量，从而获取使局部（表面）温度升高到自燃温度以上的热量。

阳光直射光线（典型的热通量值为 $1kW/m^2$）的强度不足以引燃一般的可燃物，但如果借助一个横截面为圆形（球形或圆柱形）的透明物体，或一个凹形反射面（如剃须镜或一些气溶胶罐的抛光金属罐底面）进行汇集或聚焦，光线焦点处的热通量可达到 $10 \sim 20kW/m^2$。如果纤维素可燃物放置于焦点或其附近，可燃物可被加热至引燃温度并引发火灾。图 4-1 和图 4-2 为被剃须镜聚焦后的阳光引燃物体的两个实例。野火的引发常归咎于这一机理，但火灾发生的条件必须得恰到好处（但需要恰当的条件）：在发生火灾之前，必须存在具备一个强烈聚焦阳光区域的物体，且干燥的燃料必须精确地处于透镜或镜子的焦点上。空玻璃瓶、碎玻璃或平的反射面没有可测量的焦距，因此不会通过这种方式引燃物质。

图 4-1 通过剃须镜汇集在织物上的光线，可产生足够将其引燃的热通量
资料来源：Jamie Novak, Novak Investigations and St.Paul Fire Dept

某些工具和电气设备，即使按设计规程操作，也可能成为无焰引火源。探照灯（特别是石英卤素灯）、投影仪灯、加热灯和无焰焊割炬的辐射热足以在近距离范围内引燃纤维素燃料（Sanderson, 2000; Lowe 和 Lowe, 2001）。热量可以通过不燃覆盖物（如金属板、瓷砖、石棉或石膏板）传递至下面可燃物表面，覆盖物的存在会减少对流热损失，使得可燃物（即使处于隐蔽状态）更易起火。车辆上的高温表面，如刹车片、排气管和催化转化器，有可能借助热辐射和热传导引燃可燃物。

即使辐射热通量不足以使木材直接达到引燃温度，但也会与木材的引燃有关。在装有加热器、火炉、锅炉甚至烟囱和通风管道的场所，较低的辐射热也可能导致木材降解为木炭。当温度长时间维持在 105℃或以上，木材就可能发生炭化。

(a) 剃须镜(前面)将阳光汇集于车上一个箱子的角上(位于剃须镜上方)
资料来源：Scott R. Schuett, Lebanon, CT

(b) 剃须镜(左边)将透过窗户的阳光汇集于架子上的毛巾，并将其引燃
资料来源：Kyle Binkowski, Fire Cause Analysis

图 4-2　剃须镜聚焦后的阳光引燃物体

4.3.5　化学反应

许多化学混合物能够产生巨大的热量，甚至形成火焰，这在一般火灾调查中只是偶尔发生的情况。一些仓储式家居用品商店的意外火灾，可能的原因是：泄漏或溢出的腐蚀性物质（酸或碱）与金属接触后发生放热反应，或者泄漏或溢出的强氧化剂（如游泳池用含氯消毒剂）与汽车制动液接触后发生放热反应。由于部分放火犯缺乏相关知识，只有少数的放火案件与之相关。与其他地方相比，这类反应更容易出现在工业或非法秘密制毒实验室火灾中，这需要化学专家予以注意。

油脂的干燥、纤维素和有机物的分解等生化反应也会产生热量，从而促进火灾的发生。打捞和回收作业可能引起化学物质的混合，一旦接触会发生自发燃烧，形成危险的大火（Hall、Wanko 和 Nikityn，2008，68-73）。许多化学火灾是由危险化学品的引燃或分解引起，其中一些可能与自燃反应有关。在此类情况下，两物质间强烈的放热氧化还原反应能在环境温度下自发进行。在密封容器中，这类自燃反应可导致燃烧、爆燃或爆炸（Buccola, 2011）。

4.4
配电系统和用电设备类引火源

由于许多火灾是由配电系统（utility services）或用电设备引起的，因此将这类设施考虑为可能的引火源很重要。当无法确定起火原因时，容易将用电设备或电气线路短路推断为起火源。短路（short circuit）是指"在正常回路中出现的小电阻的非正常连接（远远小于回路电阻）；此种情况属于过电流，而不是过负荷"（NFPA, 2017b, 3.3.167）。这一结论使得认定工作变得非常便捷，因为在许多火灾中，电线损坏或装备熔化的情况非常多见。

在现代建筑中，电气线路作为几乎所有结构必不可少的一部分，广泛分布于建筑中，同时，燃气管道和设备也非常普遍。在建筑中，火灾几乎都会波及这些设施并造成一定程度的损坏，因此在火灾调查中应予以关注。

火灾调查人员必须记住：仅仅是电线或燃气管道的存在并不能构成引发火灾的有力证据。如果线路没有通电（也就是说没有施加电压），就不具备引燃可燃物的能量。即使通电，也必须有一个机制或一个原因，使其以一种非正常的方式产生热量。火灾调查人员的责任是构建起这一机制，并证明它是如何通过发热来引燃最初起火物的。即使燃气管道充有常压或加压的气体，它也只是可燃物的来源，而不能成为引火源（除非燃气管道意外导电等极特殊的情况）。

4.4.1 燃气装置

非工业用燃气装置包括炉灶、老式灶具、室内加热炉、火炉、烘干机和热水器。所有这些装置都有能产生热量的明火燃烧部件。因此，无论加热装置是哪种类型，对火灾进行调查的过程及装置使用时可能伴随出现的危险是相似的。火灾调查人员需要考虑的是：设备的额定产热功率，火焰是否正确调校，火焰如何才能与可燃物接触以及自动控制功能是否正常。

正常运行情况下，火炉或烘干机为数不多的可能引发火灾的方式是，自动调温器和高温（或高温限制）控制器同时发生故障。高温控制器是位于炉内空气循环管道内的自动恒温调温器或高温切断装置（thermal cutoff，TCO）。它通常与常规自动调温器串联使用，经过设定可使火炉达到安全运行最大温度时切断电路（关闭供气管线上的阀门）。这一温度并不固定，但通常都高于90℃。如果两个自动调温器同时发生故障，火炉持续无限制运行并伴随热量的产生，可能导致火灾的发生。

压力调节器的故障会导致此类装置成为引火源。尽管这些调节器可能是或不是设备的部件，但其故障会导致大量火焰从相应的炉灶、火炉或热水器的燃烧室溢出。火焰通过热辐射或直接接触会引燃附近的可燃物。即使在正常操作下，燃烧装置也会产生相当多的热量。有些设备与周边的间隔不足或安装不当，会使可燃性的墙壁或地板暴露于热辐射或热传导作用下，如图4-3和图4-4所示。空气供给不足会使燃烧室内产生过量的烟炱，从而引起附近可燃物表面发生阴燃起火。

长燃式引燃火焰曾经是燃气热水器、火炉、老式灶具和烤箱的标准引火装置，能够提供一个小型、连续且具有潜在引燃能力的引火源，但现在已经基本被电点火器所取代。这类装置的点火形式包括：高压电弧、电容放电或压电效应产生的电火花以及炽热棒（电加热形成的高温表面）。火灾调查人员应仔细检查所有燃气器具，然后才能确定其是否为引火源（Sanderson, 2005a, 6）。

尽管燃气器具确实会引起火灾，但却不像人们想象中那样会经常引起火灾。在许多地方，天然气被当作主要燃料，其固有的危险性往往会促使人们对其作为引火源产生不必要的恐惧。缺乏经验的火灾调查人员无法找到其他可证实的火灾原因时，会将燃气作为可能的引火源予以考虑。有时，由于电气系统故障，气体会发生泄漏，并在泄漏过程中被引燃（Goodson、Sneed 和 Keller, 1999）。任何涉及燃气的火灾调查都应包括对燃料供应、火焰燃烧的通风条件、电气控制系统和燃烧产物排放系统（通风口、烟道和烟囱）等情况的检查和记录。

(a) 热水器隔间发生的火灾(设施使用不到一年)　　　　(b) 清理后发现地板都已烧尽

图 4-3　间隔不足引发火灾
资料来源：Battalion Chief Kurt Hubele, Richland(WA)FD

图 4-4　隔壁公寓的热水器（对比样品）显示：热水器直接安装在了胶合板上，并没有设立支架
资料来源：Battalion Chief Kurt Hubele, Richland （WA）FD

　　如图 4-5 所示，普通家用燃气热水器可产生功率为 7 ～ 10.5kW（24000 ～ 36000 Btu/h，6.66 ～ 10Btu/s）的炉火火焰。中央烟道中插有一个钢制挡板，以减缓排放气体的流动，从而使它们有更多的时间将热量传递到水中。加热器顶部通常设有一个通风罩，将室内空气吸入废气中并使之冷却。通风管通常为单层金属结构，但穿过墙壁或天花板时，至少应为双层。功率为 30000Btu/h 的家用热水器在适当位置安装挡板稳态运行时，水箱顶部的烟气温度为 300 ～ 315℃。如果未安装挡板，气体温度将上升至 565℃。通风罩引入室内空气，可将烟道（带挡板）中的气体温度降低至 200 ～ 250℃（Dwyer, 2000）。

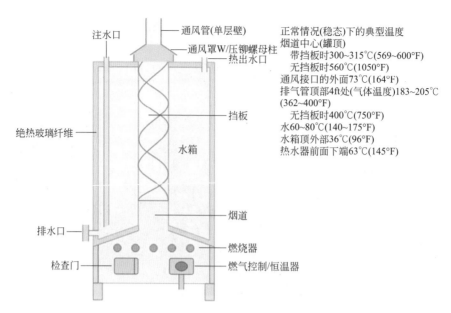

图4-5　典型家用燃气热水器的横截面示意图和一些典型温度
资料来源：Fire Findings

（1）即热型热水器

节能的需求推进了即热型或无水箱型热水器的安装，以取代传统30～50gal的蓄水装置的使用。这类装置可以是燃气式或电力式，通常为壁挂式金属箱，高约0.9m（36in）、宽约0.5m（20in）、深约0.3m（12in），隐蔽安装在橱柜或厨房区域。只有在检测到水流时，它们才会提供热水。燃气式热水器功率可达31～57kW（120000～200000Btu/h），每分钟能加热4～8gal水。由于产热量非常大，即热型热水器必须要正确安装并设置通风设备。大多数燃气式热水器都有用于点火和控制装置的外部电气线路（Sanderson和Schudel，1998）。

（2）有关火灾原因的几点考虑

火灾痕迹通常可以揭示是否是由燃气设备引起的火灾。火灾痕迹也会揭示引火源的位置，是在燃气设备后面、周边还是上方。若证明燃气设备为引火源，需综合考虑设备故障、安装不当或其他可测性故障（或缺陷）等因素。放火犯经常在燃气设备下面或附近放火，以使其看起来像是燃气用具引起的火灾。液体燃料会被泼洒在设备周围，以使火灾发生看起来与设备有关。如果现场勘验不够仔细，可能会做出错误的判定。可燃液体可能会渗透到设备下面，也可能会渗透到地板下面，从而在燃气火灾无法到达的区域产生特征性炭化和破坏。因为比周围的空气轻得多，天然气不太可能在低于释放点很多的地方燃烧。燃油和易燃液体蒸气会向下沉降。在压力作用下泄漏的丙烷（即从输送管线或喷嘴泄漏的丙烷）与空气充分混合后，既不会上升也不会下沉。

人们经常把易燃液体储存在炉子或热水器的隔间里。存储容器泄漏或溢出的液体会产生蒸气，蒸气通过引燃火焰或主燃烧器的对流被迅速吸入设备的燃烧室。如果有足够的蒸气与空气混合，就会发生爆炸，随后通常伴随液体的持续燃烧。

最近热水器设计的改变旨在降低易燃液体蒸气的着火概率〔预防可燃蒸气着火设计，

简称 FVIR（flammable vapor ignition resistant）设计]。多年来，建筑规范要求：在车库等有可能发生易燃液体泄漏的场所，热水器的安装至少应高出地平面 45.7cm（18in）。试验表明，除非将易燃液体泼洒在热水器附近，且房间密封（以阻止门下气体平流造成的燃料损失），否则这一高度的预防措施足以防止引燃发生。有一种设计是将标准热水器放置在一个侧壁高 18in 的钢桶（或"溢流堰"）中，以防止溢出的易燃液体着火。试验表明，这种设计对于防止着火非常有效（Hoffman 等，2003）。另一新设计是在燃烧室和密封器件、电器元件及管道的入口处设置阻火网。这种设计可以防止燃烧室内蒸气和泄漏气体的燃烧传播到房间（Sanderson, 2004, 1–4）。

（3）隔热

所有经过认证的正规燃气设备周围都设有某种绝热材料。循环加热器中，仅通过一个与燃烧室外壁相隔的隔板进行隔热，通过这一隔板对冷空气进行循环加热。如果换热器内部和设备外部都保持空气循环，则隔板不会比在其后面要循环加热的环境空气温度高很多。紧贴设备外壁的可燃垃圾通常不会着火。但燃烧室的壁面可能依旧很热，足以引燃与之直接接触的材料。

空气夹心绝热层的脱落甚至局部塌陷，填充型绝热层的沉降，可能会在设施外壁产生热点。这些热点的形成增大了着火的风险。通风管（排烟道）和木框架之间设置的间隙不恰当也能导致着火。如果燃气热水器中未设有通风罩或中央挡板，会导致排烟口外部温度高于设计（正常）温度，可能引发附近木材的分解和着火。

（4）回火或喷射火

相对于加热器引燃紧邻可燃物的可能性而言，火炉或其他加热设备能够产生回火现象的说法更可信。虽然如此，回火是一种极为罕见的情况，只在设备使用不当或发生故障时发生。要想发生回火，燃烧室内在点火前需要有一定量的气体积聚。燃气积聚的原因包括输送系统超压、使用型号不符的喷油嘴、热交换器或排气孔发生堵塞等（Bertoni, 1996）。一旦引燃会发生一次小的爆炸，火焰可能会从设备前部的开口喷出。如果在这一小火焰喷射路径上有适合的可燃物，就可能引起火灾。然而，各种因素同时存在的可能性不大，因此在判断是否发生回火前应非常仔细地进行检查。

如果存在引燃火焰，就不太可能积聚足够的能造成严重回火的燃气。如果现场没有火焰，燃气在向外扩散蔓延遇到某一其他引火源之前不会被引燃，同时，要产生爆炸的话很大可能还需要足够量的燃气。此外，泄漏的天然气通常会通过排气管进入烟囱，从而不会形成危害。

燃气火炉、灶具和热水器上电子点火系统正在逐渐取代持续引火装置（即引燃火焰），这种系统为用户需要时才点火的间歇式引火源。间歇式点火系统允许形成一定体积的具有爆炸危险性的燃气/空气混合物，而不是像连续点火方式那样，在少量混合气体达到爆炸下限时便将其引燃烧掉。

对于燃油火炉而言，如果排气或热交换器发生堵塞，电动泵可导致炉壳外部形成持续性火焰。燃气压力调节器（无论是在设备中还是在外部输送系统）的故障会造成持续形成大量的过剩燃气，从而导致燃烧器的火焰通过设备检修口或排气口向外涌出[喷射溢流火（rollout）]。

（5）直接接触

燃气设备引发火灾的另一种方式是正常的气体火焰与易燃或可燃材料直接接触。尽管易燃材料有时会卷入有防护的火焰中，但通常只有存在开敞明火（例如燃气灶顶部或烤焙用具）时才会发生这种情况。炉灶或烤焙用具的电气元件也可以点燃直接接触它们的固体燃料，或煮锅、平底锅内的物品。

（6）排气口堵塞

Dwyer（2006）在报告中称，如果燃气热水器或火炉的排气口被堵塞，烟囱的缺失会导致回压增大，足以迫使火焰溢出燃烧室，并可能接触到附近的可燃物。对这些装置的检查应包括检查排气管内是否有鸟巢、枯叶、建筑垃圾等残留物。如果通风罩安装正确，仅是通风管堵塞会导致热烟气从通风罩中排出。火灾调查人员还应检查燃烧器下方的较低的火焰罩是否已拆除，以及检修口是否处于正确位置。粗心的使用者在点燃引燃火焰后经常会忘记关上维修口，因此应通过询问以确定设备最近一次维修或点火的时间。

（7）明火

明火最常见于厨房炉灶、实验室和工业燃烧器以及特殊类型的加热设备，具有成为引火源的危险。常见的例子是厨房食用油、毛巾、衣服、窗帘或纸被附近的明火引燃。由火炉和烤箱引发的失火是导致住宅火灾的主要原因（Nicholson, 2006）。猪油或植物油的自燃温度相当高（超过350℃），但如果有足量沸腾的油飞溅到下方的燃烧物上，会在较低温度［引燃温度（piloted ignition temperature）］下发生引燃。

平底煎锅形成的火可能会很大。油脂着火是餐馆火灾的一个常见原因，人们忙于烹饪工作，没有足够的时间来清洁炉灶排烟罩。火灾会沿着沾满油垢的排烟管道向上蔓延，同时风扇和通风会进一步加剧火势。大多数建筑规范都要求应对烹饪区和下部排烟罩具采取自动防火措施。如果火焰是在排烟罩上方的排烟管道中形成的，这些防火设备几乎没有作用。表4-2中列举了食用油的着火温度和闪点。由此可见，燃点要远高于食用油正常烹调时的最高温度205℃（Babraskas, 2003）。请注意，实际情况下食用油的燃点、自燃点（AIT）和高温表面引燃温度要比表4-2中所列的值要低。

表4-2　英国火灾研究所测定的烹调用油的火灾性质

油脂类型	闪点 /℃		燃点 /℃		自燃温度（AIT）/℃		高温表面引燃温度 /℃	
	新鲜油品	经过 8 次加热循环	新鲜油品	经过 8 次加热循环	新鲜油品	经过 8 次加热循环	新鲜油品	经过 8 次加热循环
玉米油	254	227	尚无数据可参考	321	309	283	526	542
肥油（培根）	254	241	尚无数据可参考	331	348	276	553	537
氢化烹调油	260	210	尚无数据可参考	331	355	273	568	554
猪油	249	218	尚无数据可参考	326	355	282	541	568
橄榄油	234	218	尚无数据可参考	316	340	280	562	543
花生油	260	243	347	335	342	280	552	535

资料来源：Ignition Handbook by V. Babrauskas, © 2003, p. 886, Fire Science Publishers. Used by permission

小型燃气设备不属于固定安装的部件，可能会被挪动或翻倒，偶尔也会造成严重的后果。实验室的燃烧器特别容易被打翻。火焰引燃与之接触的木质桌面或其他易燃材料而引发火灾。家庭和类似场所中使用的小型便携式燃气加热器也可能发生相似的情况。这类加热器可能以固定安装或临时方式使用，也可能会不符合任何安全标准或建筑规范。

火灾调查人员可参考 NFPA 54《国家燃气规范》（NFPA，2015）或 NFPA 58《液化石油气规范》（NFPA，2017a），规范中对所有类型燃气设备的正确安装和操作进行了详细规定。*Fire Findings* 报告称，17kW（60000 Btu/h）煤油燃料便携式加热器排出的气体温度为 639℃。由于湍流的混合作用，最大热空气流在距加热器 0.3m（1ft）和 0.6m（2ft）处的温度，分别下降到 238℃和 148℃（Sanderson，2005b）。

（8）改造的燃气喷嘴

由燃气设备引发火灾的一种可能原因是对文丘里管中的燃气喷嘴进行了改动，但这种情况发生的概率并不大，对喷嘴的改动可能是将其拧松或拧下，也可能是安装了不适合的燃气喷嘴。如果发生这种情况，火焰处的燃气供给就会超量，从而导致火焰在设备顶部或前部拉长或向外溢出。这类火灾在器具扩大喷口后首次使用时就能发生，这就使得检测和证明火灾原因更加简单。设备的使用和检修记录会显示近期设备出现的问题及检修情况。文丘里管的使用必须与燃气和压力调节器相匹配。通常，X 射线会揭示内部的故障、堵塞情况和火灾后阀门和调节器的启闭状态。

4.4.2 便携式电气设备

电作为引火源的形式包括电弧、电热丝、加热元件甚至闪电。产热电气设备即使在正常工作时也会引起易燃材料着火。采用裸露镍铬（电阻）电热丝的电加热器、烤面包机或烤箱，能够提供表面温度约为 600℃或更高的引火源。这类高温表面虽不能引燃大多数易燃气体或蒸气，但大多数纤维素材料（包括食品）与之接触或接近时，则可以被引燃（见图 4-6）。

图 4-6　面包机的反复烘烤引燃面包而起火，火焰高约 30cm（12in），足以引燃附近的可燃物

资料来源：Jamie Novak，Novak Investigations and St.Paul Fire Dept

衣物烘干机中的加热部件尤其容易形成这样的接触。衣物烘干机内累积的棉絮通常是细纤维、合成纤维和天然纤维（羊毛和头发）的混合物，是最易引燃的固体物质之一。在加热器格栅、烘干机内部和外部与通风口相邻表面上积聚的棉絮，是烘干机火灾中一种最为常见的最初起火物。

大多数便携式电加热装置在导线护套处产生的辐射热大约为 $10kW/m^2$ 或更小。如果接触时间持续很长，这一能量可能足以引燃纤维质材料或热固性炭化弹性材料。与加热元件本体接触的纤维质材料可能很快被引燃。如今，除了设有恒温器和高温切断器（TCO）外，大多数消费型便携式电加热器都设有倾斜开关，在设备发生倾倒时能够关闭电源。火灾调查人员必须仔细检查加热器，以确定是何种安全装置（如果有的话），以及它们是否发生故障或被改动过。

4.4.3 煤油取暖炉

煤油取暖炉的煤油会沿着半插入燃料罐的灯芯，竖向输送至火焰处，以维持持续燃烧，这种方式与煤油灯一样。一种更为有效的燃料输送方式是通过气压输送系统，燃料由竖直安装的可拆卸式储油罐输送至浅的卧式储油池。煤油流量由储油罐中的气压阀控制。油罐内存在于煤油上部的真空部分可防止储油箱内的液位低于阀门预设值之前煤油流入储油池。

现代取暖炉都有关停功能，能够在加热器翻倒或受到过度振动时熄灭灯芯。煤油取暖炉的主要安全问题是储油罐的容量超过储油池的容量，一旦真空部分减小，过量的煤油填满储油池后溢出，引燃后造成灾难性后果（Lentini, 1990）。真空部分减小的原因包括：油罐及其相连部件发生泄漏，或使用比煤油蒸气压更高的汽油或露营燃料等作为加热器的燃料。在上述情况下，蒸气取代了能压制燃料流动的部分真空，导致大量燃料淹没储油池。

尽管现在采用了新式的防爆燃装置，但大多数旧式采暖炉仍然会因此类故障而具有严重的火灾风险（Henderson 和 Lightsey, 1994）。注油过程中的意外泄漏可引发严重的火灾，尤其是在采暖炉未熄灭的情况下。采暖炉内残余的任何燃料都应被收集并保存，以测试确认其实际含量。

4.4.4 炉灶和加热器

实际生活中有各种各样供露营和游船使用的便携式液体燃料加热器，从含加压燃料输送系统的普里默斯炉，到使用改性酒精燃料在不燃芯元件表面燃烧的加热器具。如果这类加热器倾斜或翻倒，可能会导致燃烧的燃料溢出。尽管这类加热器不是设计在室内使用，但通常会在帐篷和露营车中找到它们。由于加热器可能会由一个小的圆形燃烧盘和一个网状金属罩组成，火灾调查人员可能不会将其视为引火源。

4.4.5 储油装置

外设加热（燃料）储油罐在住宅和商业场所都很常见。习惯采用焊接钢罐并用硬质金属管连接。除此之外，再配合使用低蒸气压（高闪点）的典型燃料，意味着不会具有高火灾风险（不管意外或蓄意）。然而，当燃料被多孔材料吸收时，就会产生灯芯效应，降低引燃温度（约 205℃）并带来火灾风险。

如果管道连接件暴露于外部火灾，会很快失效。有些行政区域允许使用高密度聚乙烯储油罐（因为其具有耐腐蚀性和较低的成本）。测试表明，容量为 300～400gal 的储油罐能在外部火灾的作用下失效。如果将 5L（1.5gal）的汽油倒在储油罐上或者在储油罐下面点燃一场轻微的纸板 / 报纸火，则可能导致储油罐发生严重破坏和燃料泄漏。

将织物灯芯放入储油罐口也会导致事故发生，因为它会在储油罐内持续燃烧（由于蒸气压力较低）直至储油罐熔化。罐体塑料的熔化会形成熔融聚乙烯的池火火灾，因此即使是空罐也会构成火灾风险（McAuley, 2003）。如果燃烧器调节不当，会导致燃油炉产生大量烟炱，从而引发火灾。或者更为常见的是，连接处的燃油泄漏会导致在燃烧室外部形成燃烧，继而引燃附近的可燃物。

4.5
高温 / 燃烧碎片的引燃作用

高温 / 燃烧的微粒或火花被认为是一类特殊的引火源。正如本章前面所述，火花这个称呼并不明确，既可以指通过机械或电力方式产生的炽热金属，也可以指火灾产生的炽热碎片。火灾产生的大部分碎片都是炽热的，有时甚至是燃烧着的。一片片的木头、纸张和其他轻质有机燃料容易形成炽热碎片，而较大的纸张还可能会随着燃烧而飘荡。点燃香烟或烟斗中烟草时，可能会有部分纸片或烟草脱落。这些碎片与其他可燃物接触时，如果仍保持有足够热量，就可能发生引燃。燃烧过程产生的大部分碎片会在热气流作用下向上飘动，并随着空气流飘到很远的地方而引燃其他可燃物。

4.5.1 随风飘动的火花

那么问题随之而来：随风飘动的火花会传播多远？又如何引发二次火灾？尽管没有确切的答案，但可以考虑几个影响因素。环境风是很重要的影响因素，因为除非有风的作用，否则火花只会随着火焰产生的热浮力上升，飘移一小段距离后就会在附近落下。

另一个因素是燃烧着的材料的类型和重量。通常，很小的碎片和纸状薄片在到达可燃物表面前就已经消耗殆尽。而木屑、细刨花或瓦楞纸板则可以燃烧得更久、飘散得更远，从而引燃其他可燃物。DeHaan 通过实验证实，在速度为 32km/h（20mile/h）的风力作用下，燃烧的木屑和稻草可以飘到 15m（50ft）远的地方，引燃那里的布料、稻草和木刨花（DeHaan 等, 2001）。除非有较大风力的作用，轻质材料很少能飘到 6m（20ft）以外。

还有一个因素是碎片在下落前所能达到的高度。高度越高，碎片用于全部燃烧或冷却的时间就越长，暴露于空气流的时间也就越长。因此，记录火灾发生时的风力强度和风向对于该作用机制的评估是至关重要的。只有在非常谨慎的情况下，才能得出碎片传播超过 9～12m（30～40ft）距离的结论。

纵观前文关于火花传播的讨论，反复提出风的作用会改变火的传播。如果没有通过气象记录或至少从目击者那里确定当时的风况，任何火花传播距离和引燃能力的火灾调查都是不完整的。很显然，强风与弱风产生的效果截然不同。

较弱风而言，强风会将火花吹得更远，但也会加速其燃烧。在给定燃烧碎片尺寸的情况下，风速造成的影响相差不大。强风最显著的影响是它能吹动较大的碎片，且这些碎片会比小碎片的燃烧时间更长。

一沓在地上燃烧的报纸，通常不会在微风的作用下沿着地面移动太远。然而，在强风中，它可能会在耗尽之前滚动相当长的距离。重要的是，燃烧所需时间（燃烧速率）与随风横向移动速度之间的比较关系。

较烟囱排出物而言，应更加注意地面上的材料，因为大体量的燃烧物很少会上升到像烟囱那样的高度。然而，在大型火灾中，上升的气流却可以将燃烧的碎片、木板、树枝、纸板和碎布片提升至足够高的高度，并顺风吹到数百码❶外，从而引发远处着火。这就是大型火灾中火灾传播至城市和野外设施而起火的主要作用机制，如图4-7所示。

(a) 大火正在吞噬一幢六层住宅/商业综合楼(木框架)
资料来源：Kyle Binkowski, Fire Cause Analysis

(b) 地图显示了燃烧碎片的运动轨迹，引燃了距离火源0.7km (0.4mile)外的一幢综合公寓楼的屋顶
资料来源：© 2009 Google——Map data——© Tele Atlas

图4-7　火灾传播而引起的火灾

在最近的一次大火灾中，燃烧的木材碎片（有2ft×4ft）飞散至一幢在建的多层综合公寓楼上空约60m（200ft）的地方，而后被吹到680m（0.4mile）以外，引燃了两个综合公寓楼的木瓦屋顶［见图4-7(a)］。当时，风速为每小时2❷～27km/h(13～17mile/h)（USFA 2004）。图4-7（b）为航拍示意图。

高温碎片的产生有几个共同的来源，由于它们是导致火灾发生的主要原因，因此应给予单独考虑。

4.5.2　壁炉和烟囱

人们往往将许多火灾的产生归咎于壁炉。然而，仅仅靠起火点在壁炉附近这样一个事实，不能确切地证明火灾是由壁炉引起的。此外，也应对烟囱阻火器的状况进行记录。

---

❶　1码=0.9144m。

❷　原书此处有误，2应为20。

（1）从壁炉前面或开口部分散射出的火花或燃烧物

火花或燃烧物可以引燃附近可燃的地板或家具，但这种情况却并不常见，因为木地板的顶部很难被引燃并进行持续燃烧。木地板上的燃烧痕迹很常见，也很容易误导火灾调查人员，因为木地板通常并不是最初起火物。像纸这样的轻质可燃物很容易被引燃，因此火灾前的行动和条件对于火灾的发生是至关重要的。在这种环境下，一些地毯或毛毯是非常易燃的，而家具有时也可能会被引燃。大多数建筑规范都要求从炉底直到壁炉开口的正面和侧面部分都应是不燃的。如图 4-8 和图 4-9 所示的火灾，很显然，是燃烧的圣诞包装碎片引燃了壁炉前大堆褶皱的包装。因此，这类引火源存在着很大的危险，但如果遇到这种情况也很容易解释（当已知火灾前活动的情况下）。

图 4-8　从壁炉内溢出的燃烧的圣诞包装碎片引燃
了堆在地面上的包装，进而引起客厅的家具着火
资料来源：Derrick Fire Investigations

图 4-9　覆盖在圣诞树顶部的热烟气只是将其烧
焦了（烟气层氧含量不足）
资料来源：Derrick Fire Investigations

（2）壁炉因燃料使用不当或超量使用而产生的强烈辐射热

壁炉燃烧室内的大火可产生足量的辐射热——通过前开口的热通量为 $10 \sim 20\mathrm{kW/m^2}$。这种情况足以引燃距开口 1m（3ft）范围内受辐射热作用的常见可燃物。不适合作壁炉燃料的可燃物包括褶皱的纸、圣诞树枝、塑料、泡沫塑料、纸箱以及类似的商品。有些燃料可用作壁炉燃料（如压缩木屑制的人造原木），但如果超量使用，也可能会导致过热。人造原木制造商通常会在包装说明上注明，每次向壁炉添加的原木不要超过一根。壁炉燃烧室过热也会引起壁炉后或墙壁内的木质材料着火。

（3）从烟囱冒出的火花或燃烧物

烟囱起火是因为堆积在烟囱内部的烟垢、啮齿动物巢穴、煤焦油、灰尘、蜘蛛网和各种可燃物会被下面的火产生的火花或火焰引燃。当这种情况发生时，大量燃烧的碎片会通过烟囱顶部冒出，进而增加了引燃屋顶或其他相邻可燃结构的风险。屋顶火灾产生的炽热残留物（火种）或大的炽热火花（余烬）可能会传播开来并在其他地方引发更大的火灾。

风也会影响烟囱的燃烧行为。风吹过烟囱口会产生所谓的伯努利效应，即在烟囱口产生负压。其结果是增强烟囱内的向上空气流动，更大的碎片会被拖拽上来，并汇入较强的风流中。这也是调查可能由运动的火花引起的火灾时，火灾调查人员需要考虑风速的另一个原因。

（4）从烟囱缺口或洞口冒出的火花或燃烧物

尽管这种情况很少见，但火花可通过引燃烟囱附近的木料或其他建筑材料而引发严重的火灾。烟囱很少会因为使用或使用不当而产生壁面缺口，也就不会有"破墙而出"的火花或者燃烧物构成真正的危险。但地面沉降或滑动、地震或年代久远、破旧等情况下，烟囱会随着房屋的严重损坏而产生缺陷。有些搭接的烟囱会因为腐蚀或机械原因，在其连接处断开。烟囱火可能会损坏烟囱衬里并形成裂口，从而导致高温气体从烟道中逸出，木质结构也会因此而发生炭化。如果此时又发生了烟囱火，那么火焰或者火花就会通过裂口直接与可燃框架接触。由于屋顶火灾的特殊模式和行为，其火灾原因并不难确定。应询问使用者，并确定烟囱最近的使用情况。

（5）壁炉或烟囱附近（或接触）的过热可燃物

高温壁炉或烟囱可通过热辐射或直接接触引起周围的可燃物发生过热，且金属壁炉比砖石壁炉更可能发生过热。在烟囱附近发生火灾并不罕见，许多人会下意识地将其归因于木质构件发生了过热。

由于整块的石头或砖具有较强的绝热性，这使得烟囱传递的热量不足以损坏建筑构件。金属烟囱和燃烧室在今天更为常见。金属双层炉壁之间的松散绝缘层可能会发生沉降，导致局部绝热性能降低。而后，外壁的温度可能会超过其正常温度，从而引燃附近的可燃物。

当今的烟囱围墙通常为木质结构。按照要求，烟囱应安装石膏板内衬，但现实总是与之相悖。金属壁炉的制造商提供了详细的安装说明，如果安装人员违规操作，则可能会引发火灾。违规操作包括无视与易燃物的安全间距（图 4-10）、选用不匹配的烟道、堵塞必要的空气循环开口或改变制造单元等。

通常专用三壁烟道管的选用取决于环形部分的冷空气流。安装不当会阻碍冷空气的流动。有时，安装人员为了简化壁炉的安装，会将突出的有强制安全隔离作用的压铆螺母柱去掉。"零间隙"指的是壁炉随意安装而不用考虑与可燃物的位置关系——这正是安装人员所希望的，但这个术语是不正确的营销口号，不应予以采纳。很显然，不在保险商实验室（UL）（或同等效力）产品名录的壁炉可以认定为是有缺陷和不安全的。

了解烟囱最近的使用情况可能有助于确定与其有关的火灾的实际原因。干燥的圣诞树燃烧或壁炉的持续燃烧可产生高温大火，进而引发火灾，而之前的正常使用却能避免火灾的发生。

类似的考虑也适用于火炉和热水器的烟道管穿过木质结构开口的情况。在这种情况下，通常会在烟囱和通风管周围设有同烟囱一样的绝热结构。穿孔附近任何原因导致的火灾都会被记录下来，其通常位于可能引发火灾的烟囱或通风口的周围区域。加热器、

图 4-10 一个失火火灾案例：由于安全间距不足，泳池加热器将附近的可燃物引燃

资料来源：David J. Icove, University of Tennessee

炉子和应急发电机的排气管及散热器周围可能需要安装绝热材料或套管。出于这个原因和其他原因，应先对疑似引火源进行仔细检查，然后才能加以确定。此外，还应对疑似最初起火物的性质予以考虑。

设备的变化如安装高效加热器或燃烧室（壁炉插件），可以改变原有烟囱内的气流或使燃烧室和烟囱的表面温度显著增加，从而产生了新的问题。这些改变可能会超出绝缘工作范畴或导致砖（石头）传导过多的热量，从而使与之接触的木材结构退化。

燃烧室前顶端和饰面砖（或石头）之间可能会出现间隙。因为烟囱和壁炉不太可能被大火烧毁，因此结构上留存的间隙及现场火灾痕迹，应该能够表明壁炉在火灾中的引燃作用。有些地方要求燃烧室侧边应使用不燃材料进行严格的密封。而间隙的存在，使得热空气从这些地方逸出，并进入壁炉后面的管槽中，导致那里木质材料发生过热。这就构成了另一个可能的引火源。

（6）从壁炉和烧烤炉中取出的余烬和"热灰"

来自壁炉、营火和烧烤炉的余烬会导致在较远的地方延迟起火。由于热释放速率低、燃烧缓慢、灰烬和烧焦木材的绝缘性能，在移除灰烬时其引燃危险并不易被发现。房主会经常清理壁炉灰烬，在认为它们已经熄灭的情况下，将其装进易燃的盒子、袋子或垃圾桶内。被灰烬包裹的木炭余烬，在适宜条件下，可以阴燃 3 ～ 4d，因此在其被移除后依然可能导致引燃的发生（Bohn，2003）。

4.5.3 长时间加热（低温引燃）

木材特别是成堆存在的木材，需要相当多的热量才能使其引燃。若发生有焰燃烧，必须有足够的热通量使木材分解产生挥发分并被引燃。若烟道状态良好且烟囱保养得当，其附近的温度应该不会超过 250℃，即新鲜木材的最小引燃温度。然而，据报道，暴露在较低的温度（低于 105℃）下会导致木材降解为木炭（Schwartz，1996；Cuzzillo 和 Pagni，1999b）。然而，这种木炭，也被误称为自燃碳，有时能在壁炉和烟囱等热源周围的木头中发现。在这里，自燃物（pyrophoric material）这个术语在技术上是被误用了，因为自燃物指的是在 54℃ 或更低的环境温度下自发燃烧的材料，但是，在火灾调查中却可以延伸其用意，用以讨论木材在远低于其正常自燃点的温度下趋向引燃的情况。

对于经验丰富的火灾调查员来讲，会很容易发现：木质构件内的受限空间发生火灾，是因为木质构件长期受某热源作用，并且产生了比预期多得多的木炭，而在报道的（或观察的）火灾持续时间内是不可能会生成如此多的木炭的。

通过回顾那些关于自热木炭形成机理最具争议的案例可以发现，通常会像鲍斯所预测的那样：被金属、瓷砖保护的木头受热源作用，或管道、烟道等极小空间穿木梁而过且紧贴木梁，长时间作用下，就会造成木结构坍塌或发生其他改变而形成空隙，一旦新鲜空气涌入，就会导致火灾发生（Bowes，1984）。显然，这种木炭的产生是一个长期过程，通常需要数月更可能是数年，才能达到引燃条件（可燃结构和临界质量）。Martin 和 Margot 的报告称，在 105℃ 的低温条件下，木材就能够降解，但温度越低，炭化所需的时间就越长（Martin 和 Margot，1994）。

这一过程机制是复杂的，一直是争论的焦点，特别是涉及称为"F-K 理论"的预测热力学技术的适用性时，争议更大（Drysdale，2011，12–14）。以下是关于这个过程必须认识的重要特点。

- 新鲜木材向低温焦化状态转化（远低于 250℃），可能在低至 77℃的长时间作用下发生。
- 受热作用的新鲜木材会产生气体或者挥发分，并可支持有焰燃烧，但需要大量的热以使其热解并被引燃；然而，木炭所含挥发分很少，只能维持短暂的有焰燃烧，而后就会进入无焰燃烧状态。
- 新鲜的整木（如锯材）不会自热（除非非常热），但木炭却不同。
- 新鲜木材在其生长轴上的透气性要远远大于其横截面方向。
- 自热失控会导致阴燃。
- 如果通风的作用（风力作用、燃料周围或内部的浮力流动）能导致足够大的热释放速率，一定质量的燃料也能从阴燃转变为明火燃烧。

如果在前文所描述的场景中综合考虑所有这些因素，就形成了关于这些火灾的有力假说。首先，要有热作用于木头，且木头与空气接触面较小（因其自身质量或覆盖层的限制）（Cuzzillo 和 Pagni，1999a）。然后，木头不断释放可燃挥发分（不足以支持燃烧），并降解成"煮熟状"（形成特征表面，即有锐利鳞片状的收缩表面）。炭化的木材由于受热形成多重裂缝而具有极强的透气性和较低的热惯性，并能够发生自热，这与新鲜木材大不相同。此时，继续加热能引发自热失控，尤其是因木材收缩或与密封材料分离而吸入空气时。这种自热失控是火灾发生过程中的关键步骤。

此时，引火源已经形成（自维持阴燃），但是从其形成的空腔或隐蔽空间外部还可能无法识别。如果通风条件加强，有足够的空气涌入且热释放速率足够大的话，阴燃就能向明火燃烧转化（能迅速将周围邻近的木结构卷入火灾中）。这个明火阶段就是通常能探测到的"火"。

那么这种情况发生的条件就是：温度适宜——通常介于 100 ～ 200℃；通风受限——热量不会散失且氧含量通常极低，木材质量充足。已有大量的数据用于表示燃料质量、环境温度和自热失控发生时间的关系。在所调查的失火火灾案件中，有时就会出现这种情况，火灾调查员需谨慎对待在烟道或热水管附近着火的情况，不能仅因为不能确定其他火灾原因，就认定自燃碳为始作俑者。如 Bowes 所示，自热失控发生的条件为：

- 受热表面的温度足够高 [尽管任何地方都没有计算值（200℃）那么高]；
- 木材量必须充足（较着火而言，胶合板地板更容易发生炭化）；
- 热源表面的温度必须足够高，以克服因传导和对流造成的热损失，并维持对木材的热通量作用；
- 时间必须足够长（数周、数月或数年，这取决于对其作用的热强度）；
- 直至探测到火灾之前，木材附近空气稀薄（或气流受限）（Bowes，1984）。

有一个火灾案例同时具备了以上五个要素，即一个安装在用钢板和石棉保护的木制平台上的热水器引发了火灾。在热水器安装几周后，平台起火燃烧并被探测到。图 4-3 展示的就是这样一个类似的情况。

应记住，阴燃（在木炭中）要求的氧气浓度非常低，而新鲜空气的氧含量充足，是明火燃烧所必需的。由于木炭生产所需的时间较长，因此对于非常新的建筑发生的火灾，通常可以排除木材低温引燃的可能性。有趣的是，Babrauskas、Gray 和 Janssens 的报告称，与温度超过 77℃ 的表面接触的木头（即使是周期性接触），也应被视为潜在的火灾场景（Babrauskas、Gray 和 Janssens, 2007）。保险商实验室（UL）和纽约市建筑规范（C26-1400.6）将 170 °F 作为木材的安全温度上限。

与大多数其他失火火灾的引火源一样，在认定低温燃烧或者过热烟囱为火灾原因前，应进行仔细的调查和评估。除了会产生比预期严重的炭化外，如果木材是沿横截面成料的，那么木材的炭化程度也会有所不同，向着远离热源的方向，由完全炭化过渡到部分分解，再到未受损坏。不幸的是，所涉及的过程及其相互作用是复杂的，目前并没有数据可以精确表示暴露温度和引燃时间之间的关系。

4.5.4 垃圾焚烧炉和焚化炉

垃圾焚烧设备引发的火灾很少需要进行大量的调查，这是因为起火点特征明显且在大多数情况下火灾痕迹能直接指向焚烧设备。垃圾焚烧设备焚烧的可燃物大多数可产生飞起的燃烧碎片，而且垃圾焚化炉用以燃烧通风的开口也会有燃烧碎片逸出。

垃圾焚烧场附近发生的失火火灾，特别是干草或灌木丛火灾，通常与垃圾焚烧炉和焚化炉有关。在这类火灾中，需要重点考虑风力强度和风向、疑似最初起火物的含水量和可燃性以及燃烧垃圾材料的性质等因素。

4.5.5 篝火

尽管篝火也是室外火，但其与垃圾焚烧炉的问题不同。为了使篝火效果令人满意，习惯上会使用大量的木材，而不是纸、包装、纸板和类似的垃圾物品。木材不太可能像垃圾那样产生大量飞起的燃烧碎片。然而，不同于垃圾焚烧设备，篝火没有防风保护措施。大风中，篝火会变得非常危险，并可能引发更大的、无法控制的火灾。

如果靠近干草或树叶，篝火的危险会一直存在。这方面的火灾调查也可能相当简单。有时很难将小篝火的残留物与某些一般火灾的残留物区分开来，如一般火灾某一点的燃料较多，可能会残留过多的灰烬和木炭，使其看起来与篝火的残留物很像。如果仔细观察，也能将二者予以区分。很多情况下，篝火的残留物除了有木灰外，还包括食物容器或其他表征人类活动的物品。

顺风的方向和地形轮廓对正确确定引火源来讲至关重要。篝火火种若作为引火源，需考虑其燃料的类型、可能逸出的碎片尺寸以及篝火大小（产生向上浮力流动）。逸出碎片的尺寸和质量越大，其燃烧时间越长。片状火种如纸板或木盖顶板燃烧产生的碎片，具有比针状或球形更好的空气动力学特性，在空气中可停留的时间更长、飘得更远。

4.5.6 高温金属

金属有时可以是直接的引火源，但更多时候引火源是燃烧的金属火花（通过研磨或切割操作产生）或熔融金属液滴。熔融金属具有引燃能力，因为其可能携带着足够的热量，会将与之接触的易燃材料引燃，如同燃烧碎片一样。由于熔化金属需要大量的热量，因此危险通常发生在金属加工的特殊操作过程中。然而，危险往往会被夸大，因为许多合金包括各类焊料，并不会携带足够的热量以引燃其落点处的材料。

像钢这样的熔融铁合金比焊料更危险，因为其具有更高的熔化温度和热容。因此，在存在易燃有机物料的情况下，使用电弧或焊割炬对钢进行焊接和切割作业是非常危险的。因此，在进行这些作业时，应参考 NFPA 51B《焊接、切割和其他动火作业标准》（NFPA，2014a）以确保操作安全。

固体燃料的细加工程度是决定其可燃性的关键。比如，对于一块大木料而言，只是偶然地有焊割炬火焰短时间内的直接接触，或有被焊割炬熔化的金属的作用，是不可能将其引燃的。相反，充分细加工后的可燃物（如破碎的包装材料、锯末、刨花或松散的纸张）在同样的状态下就能被引燃。然而，将火焰对准木材的狭缝或劈口，就可能引起两个表面起火。这是因为相对封闭的空间减少了热损失、增加了热反馈，起火才得以发生。

熔化金属的产生也可能是电气设备短路或部件故障的热作用导致的。尽管设备产生的熔化金属喷溅是危险的，但最大的危险可能来自短路本身产生的直接点火，但前提是电路保护设备并没有中断电流。因此，高温金属可被视为可能性较小的二次引火源。

如果怀疑高温或熔化金属颗粒为引火源，火灾调查人员必须注意：大部分的金属密度都很大，其飞溅的高温颗粒会很快落下，相反，纸片或木头碎片却能在火焰产生的羽流中上升。但是，铝的密度却相对较小。平板状铝如用作屋顶部件的铝板就可能在火羽流中上升而不是下降，但是对于焊料、熔化的黄铜、铁或铜来说就不是这样。铝因其密度低、易被氧化和熔点低，不可能像飞起的碎片那样传播火灾，也不太可能成为引火源。但是，在高压电线为铝制的情况下，熔化的铝珠可能会落在干燥的植被上，进而引发野火。当两条电线非正常接触而引发了线路短路时，就会形成熔珠，这种非正常接触可能是因为强风作用、绝缘失效、电线支架失效或电线过度牵拉而导致的。

尽管铜的熔化温度较高，但其引燃效率低于铝熔珠。虽然金属可以燃烧，但是大多数金属却极难发生燃烧，除非在极细的状态下。然而，镁却是个例外。不管是纯镁还是铝镁合金，都极易起火燃烧。

有时，用焊割炬进行切割或焊接作业而形成的大量高温金属颗粒，可以引燃与之接触的普通可燃物。如果接触物体为炭化材料而不是热塑性材料，这种情况更易发生。然而，如果从动火作业至观察到起火经历了几分钟以上的时间（由于金属的高导热性），那么这种作用机制就极有可能没有形成。需要通过火灾调查和询问来验证这种假设。通常对动火作业后的消防观察仅持续 30min，但是众所周知，有些动火作业造成的阴燃会持续数小时才发展为明显的明火燃烧，而不是几分钟。

4.5.7　机械火花

铁、钢及其他一些金属发生摩擦性接触时会产生火花，即摩擦性接触会撕裂出铁合金碎片，并将其加热至引燃温度（700～800℃）以上。这些颗粒会在空气中起火并燃烧（温度大于 1600℃），有时会留下碳和铁氧化物的白炽薄片状灰烬（Babrauskas，2003）。这些火花很小，仅能引燃一些易燃蒸气。如果灰薄片足够热且足够大，能向四周传递足够热量的话，也能引燃其下落处细碎的可燃固体材料。铁路沿线会发生这样的火灾，过热的刹车片产生的机械火花可以落到数百码外。

火车内燃机排放的废气或排气管迸射出的高温颗粒，可以引燃铁路沿线的草地和灌木丛。这些颗粒，裹挟着碳、氧化钙以及燃料和润滑剂的油类残留物，同废气一起排放出来。在火车发动机某些作业条件下，迸射的颗粒还在燃烧，可能会引燃铁道沿线甚至几英尺外的干草（Maxwell 和 Mohler，1973）。许多州要求，所有在高火灾危险区域工作的发动机都应安装阻火器，但在维修过程中有时也会将其忽略或故意移除。

用金刚砂磨床切割或磨削钢铁可以产生火花。用手动磨床切割钢筋时，能在磨床上方5m（15ft）的地方观察到白炽粒子。据报道，这种火花的起始温度为 1600～2130℃，能量为 1kJ。当钢制工具与混凝土（特别是石英）、镀铝或受污染生锈的钢发生撞击时，也会产生能够引燃易燃气体的机械火花（Babrauskas，2003）。

铁路上使用的铁轨打磨设备会产生大量的热火花，可以迸射到离轨道一定距离的地方。如图 4-11 所示，由于这个设备为移动设备，其操作不受控制，可能会出现监控不到的情况。

图 4-11　铁轨磨床产生的火花被认为是引燃木材厂中一木屑箱的罪魁祸首。可优选典型的喷洒水进行铁路火灾的扑救，但对于火花迸射入铁轨附近的木屑中这种情况却不一定有效
资料来源：Joe and Chris Bloom, Bloom Fire Investigation, Grants Pass, OR

越野摩托车和卡车的排气系统有时也容易迸射出高温碳颗粒。某些汽车可能需要安装阻火器，才允许在林区行驶。我们都知道，汽车上的催化转化器会使车上的陶瓷基材料分解，并将高温陶瓷基材料碎块喷射到草和灌木丛中。

4.5.8　枪弹残留物

燃烧的枪支弹药残留物有时也会引起森林和草地火灾以及建筑火灾。尽管在现代步枪和散弹枪的发射过程中无烟火药几乎完全被消耗掉，但短管手枪发射过程中仍会有一些燃烧的碎片从枪口逸出。虽然它们的质量和热量都很低，但这些碎片可以在小于 0.3m（1ft）的近距离范围内引燃细碎棉花之类的可燃物。

相反，不管是在短管手枪还是长管手枪的发射过程中，黑火药都会产生大量燃烧的火药颗粒和白炽灰。黑火药通常仅限于在老式手枪、步枪和大炮中使用，但是在体育运动中使用黑火药的做法再次流行起来（Babrauskas，2005）。由于这些武器产生的残留物可以引燃如纸、布、刨花和树叶一样的干燥可燃物，甚至在 1.3m 的高度处也可能被引燃，所有火灾调查人员必须考虑意外点火的可能性，以确定外部甚至内部起火的原因。

4.5.9　爆炸性弹药

爆炸性弹药（其发射器包括一个雷管和一个小火药头）已经可以市售，同时也带来了引发失火火灾的危险。在有些靶场后面发生的野火中，将火灾原因认定为是外国一种配有钢针的穿甲弹引起的，这是因为钢针弹射到光秃秃的岩石表面会撞击出火花。

使用冲击敏感炸药如 Tannerite［一项专利发明的商标名（Tanner, 2005）］进行纸靶爆炸，也被认为与野外失火火灾有关。Tannerite 是一种爆炸武器的练习目标，含有由硝酸铵和 / 或高氯酸铵（氧化剂）以及铝粉制成的二元炸药，在使用前将两者混合在一起。

4.5.10　军事弹药

示踪剂和燃烧弹通常只用于军事武器，是更危险的弹药类火源。示踪剂弹药是含有硝酸锶、镁粉和过氧化钙类的活性氧化剂的混合物。燃烧弹通常含有白磷或类似的低引燃温度材料。这两种弹药都很危险，因为在其发射过程中会产生高温火焰。二者都会在干树叶、灌木丛和针叶层（半腐层）内产生毁灭性火灾。极少数情况下，放火犯会使用这类弹药进行远程放火，以产生使消防人员无法靠近的火灾。

几乎所有的军用弹药都会用特征色带对每一颗炮弹进行标识，但是一些运到美国的外国军用剩余弹药已被清洗和重新包装，使其标识无法识别（Few, 1978）。如果猎人购买了回收弹药，并在打猎或打靶练习时无意中发射了这些炮弹，那么有时会造成严重的后果。若想识别去掉特征色带的燃烧弹，需要通过 X 射线或实验室的目测检测。即使是用于小口径手枪的信号弹或救援信号弹也存在同样的危险，因为它们也是火药和燃烧物的混合物，能持续燃烧 40s。有些人会给弹药安装降落伞以减缓其下降速度，因此其燃烧时间会延长且易受风的影响，而其他的只是如流星一样按照弹道轨迹运动（Powerboat Reports, 1994）。

4.6
吸烟的引燃作用

毫无疑问，吸烟者的粗心大意是导致室内外火灾发生率居高不下的主要原因。然而，关于吸烟是如何引发火灾的理论可能完全是谬谈，而所谓的点火在那样的情况下也不可能实现。

吸烟涉及燃烧的烟草和用来点烟的火柴和打火机。无论火焰是火柴还是打火机发出的，只要它接触到合适的燃料，就难免会引发火灾。因此，在干草中丢弃的未熄灭的火柴，是许多室外火灾发生的原因。火柴火焰和打火机都会引起附近可燃挥发物发生起火和爆炸。许多人试图用煤气自杀，但是打开煤气后他们就想再吸最后一次烟。有时是点烟后的爆炸杀死了他们，但更多时候是将他们重度烧伤。

4.6.1　香烟

香烟品牌不同，其燃烧性能也不同。现代的香烟含有一种复合化学添加剂，以控制烟草和纸张的含水量和燃烧速率。过去，美国的香烟有时会添加一种化学添加剂，使得香烟在不吸的情况下也能保持燃烧。而现在，自熄式香烟设计已经很普遍了。

燃烧的烟草及其烟灰中的温度分布是复杂的且难以测量。Baker 报告称，使用 X 射线测量技术测得，吸烟过程中炽热部分边缘的表面（固体）温度能达到 850 ~ 900℃（Holleyhead, 1996）。当停止吸烟后，最热的部分会向中心转移，其温度为 775℃，而边缘烟灰的温度会降到 300℃左右，如图 4-12（a）所示。这些温度与 Béland（1994）和 NFPA 921（NFPA, 2017b）报告的试验结果基本一致。

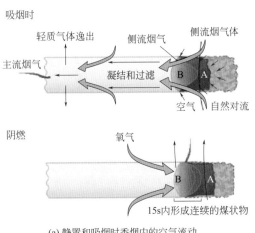

(a) 静置和吸烟时香烟内的空气流动
资料来源：Mitler and Walton 1993

(b) 刚开始吸烟时燃烧的香烟内的温度分布
资料来源：Gann, Harris, Krasny, Levine, Mitler and Ohlemiller 1998

图 4-12　吸烟时香烟内的空气流动和温度分布

所用烟草的种类及其切割的差异会影响其温度和燃烧速率（Gann, 2007）。这尤其适用于手工卷制的香烟，无论是使用烟草还是其他植物原料，其特性还没有详细研究过。Baker 等人的研究（2016）证明，静置阴燃的香烟释放的热量约为等量烟草完全燃烧热量的一半。

加州家装局测量了许多普通品牌香烟的温度特性。香烟产生的最高温度差异较大，从400℃到780℃都有。当香烟燃尽时，每根香烟的温度都上升了 100℃。有些品牌的香烟在不吸的情况下总是会自行熄灭，而有的则总是会燃烧直至耗尽（Damant, 1979）。尽管香烟的燃烧速率取决于其朝向及任何气流的方向和强度，但还是发现不同品牌香烟的燃烧速率也不同。加州林业部测量的燃烧速率为每分钟 6 ~ 8mm（1/4 到 1/3in），水平独立燃烧的总耗时为 13 ~ 15min（Eichman, 1980）。

据报道，香烟的平均热释放速率约为 5W。如此低的热量表明，为确保可燃物能被引燃，就必须使其直接接触进行阴燃的烟头部分。如果将点燃的香烟静置于干燥可燃物（如室内装潢材料或干草）的表面，有时就能使其起火燃烧。这种情况会产生线形的炭化痕迹，但着火的可能性就很小。如果可燃物足够松散，使得香烟燃烧过程中会陷入其中，那么引燃的可能性就很大。当有单层轻布覆盖在同样的香烟上时，布的绝热作用阻止了热的辐射，使得香烟的温度能升高 100℃以上。这样的温差就足以引燃可燃物了。

如果香烟陷入松散的纤维素燃料中或部分嵌入软垫之间，并且蓄热和通风条件满足，则热量就可能蓄积以致发生引燃。将燃烧的香烟置于聚氨酯泡沫（一种非常易燃的材料）上，香烟的热量会使泡沫熔化，因此，随着香烟的燃烧，就会在泡沫上形成一个槽。然而，如果有织物覆盖其上的话，聚氨酯泡沫就能支持阴燃（Sanderson，2007）。现代大多数家居泡沫橡胶都以阻燃工艺制作，但是香烟能引燃乳胶泡沫。

Sanderson（1998b）的研究表明，只有 1% 的测试中，丢弃在褶皱的纸垃圾中的香烟引发了明火燃烧。一个不太常见的情况是放置在卫生纸卷内（有时发生在公共厕所）的香烟将其引燃。这种情况下，通常 20min 内就能转化成明火燃烧。如 Holleyhead 关于香烟点火的综述中所述，许多纤维制品如卫生纸、硬纸板、纸巾和办公室复写纸，与香烟接触时是非常易燃的，且其形状尺寸非常利于燃烧（Holleyhead，1999）。

并非所有的香烟都有引燃纤维素燃料的潜力。ASTM E2187—2016（ASTM，2016）是研究香烟引燃能力的标准测试方法。一般的测试方案包括：点燃香烟，将其置于滤纸上，然后观察烟草柱是否燃烧完全。每种牌子的香烟都要重复 40 次测试，并记录下完全烧尽的香烟所占的比例。如果有不超过 25% 的香烟完全烧尽，那么这个牌子的香烟就是"防火"的（Gann 等，2001）。

为减少香烟引起的失火火灾的发生，最近，人们致力于重新设计香烟，使其在不被吸的情况（烟草和纸不发生变化）下能够实现自熄（如雪茄一样）。生产防火香烟（FSC）或低引燃性（RIP）香烟的常用方法是，在香烟包装纸上添加一些带状材料。这个实现的过程就是用水或溶剂混合物将带状材料印在包装纸的一面上。其防火原理是带状材料堵住了包装纸表面上的小气孔，从而抑制香烟燃烧时的气体扩散（Eitzinger、Gleinser 和 Bachmann，2015）。

美国的 50 个州和哥伦比亚特区都通过了授权使用 FSC 的法律法规。这些新式香烟能在不吸时自行熄灭（Shannon，2009；Gann 等人，2001；Yau 和 Marshall，2014）。另外，加拿大、澳大利亚和欧盟（EU）也颁布了类似的法案。他们希望通过立法来有效控制香烟火灾的发生频率。

Yau 和 Marshall（2014）最近的研究发现，FSC 的推广使用与美国住宅火灾死亡率的降低有关。他们从国家卫生统计中心（NCHS）获取了 2000 ～ 2010 年的相关数据，并通过统计分析研究了 FSC 立法实施后 32 个州的立法推行情况与住宅火灾死亡率的关系。其中，12 个州的住宅火灾死亡率出现了变化（有些超过 5%，有些则低于 5%），而 7 个州的变化不明显，不能用于评估立法推行情况对其造成的影响。

Yau 和 Marshall 的研究使用了泊松回归，并将"下降"定义为"居民火灾死亡率至少下降 5%"。他们的研究旨在说明，如果死亡原因之一为《国际疾病和相关健康问题统计分类 -10（ICD-10）》规范 X00-X09 中定义的烟气、火灾和火焰的话，那么就认为死亡是意外的且与火灾有关。

4.6.2　香烟和床上用品 / 家具

尽管现代家具因其材料的改变而不易被香烟引燃，但仍然会发生火灾。香烟和雪茄，能持续进行阴燃，更可能会引燃如棉垫一样的细碎纤维材料，但不能引燃热塑性塑料和泡沫，因为在热作用下，这些材料更易熔化而不是炭化。多年前，床垫和软垫家具是由棉絮、木棉或剑麻（或乳胶泡沫橡胶，也会阴燃）材质的垫子构成的，外罩为亚麻布或棉花等天然纤维织物。因此，掉落的香烟就能够陷入其中，并能长时间进行阴燃。

现在的家具是由聚氨酯泡沫垫子和热塑性织物外罩制成的。这类材料都不太可能被香烟之类的阴燃火源所引燃。但是这些垫子有时会用棉质毯子替代聚酯纤维毯进行包裹，这样一来香烟引燃的风险就不是完全没有了。合成纤维材料在明火作用下更易引燃，一旦起火，就会形成比家具燃烧更大、更难以扑灭的火灾。

棉布床单和毯子同样也可能被香烟引燃，但仅发生在其堆成一团的情况下。由于对流热损失，单层织物只会被香烟烧穿，而不会被引燃。木棉（有时用作枕头填充物）对炽热引火源非常敏感，但羽毛却不会（尽管两种材料都支持阴燃）。装饰枕的填充物可能是任何东西，因此不应忽视其作为火灾传播介质的可能性，在被香烟引燃后，其有可能会发展成明火燃烧，并引起聚氨酯床垫起火。火灾调查人员必须了解这种复杂的相互作用，搜寻残留物和询问业主或承租人，如有可能，还应获取所有疑似最初起火物的样品。

尽管在提高家具的耐火性方面取得了重大进展，但在床上吸烟仍然对生命安全存在威胁。原因很简单，床上用品通常都含有棉花，而棉花易受阴燃火源作用，并且能够长时间维持阴燃。如果吸烟者睡着了，燃烧的香烟就会掉落到床单、枕套、棉花床垫或褥子上，继而引发火灾。统计显示，这种火灾很常见（DeHaan、Nurbakhsh 和 Campbell, 1999）。软垫家具或床上用品火灾中有一种特殊的危险状况，即吸烟者昏昏欲睡时，被火热醒，并在不明原因的前提下采取了错误的措施来控制局面。吸烟者试图把燃烧的床上用品扔出窗外或拖到室外，而在这个过程中，就会扩大建筑内的火势蔓延。

对于不同的软垫家具来说，从香烟阴燃至其明火燃烧的时间也是不同的。图 4-13 所示的一个测试显示，从将香烟放在沙发上到明火燃烧的时间为 42min。该时间取决于纤维和合成材料的组成及其与香烟接触的程度和位置。

国家标准局［现为国家标准与技术研究所（NIST）］报告称，在一次试验中共设置了 6 把软垫椅，其中 3 把在 22 ～ 65min 后发生了明火燃烧，剩余 3 把则仅发生了阴燃（Braun 等，1982）。而加州家装局的测试显示，15 把软垫椅中有 9 把在 60 ～ 306min 后转变成明火燃烧，5 把自熄，而剩余的 1 把在 330min 后扑灭时仍在阴燃（McCormack 等，1986）。Krasny、Parker 和 Babrauskas（2001）发表了其有关 "香烟与家具明火引燃的可变性" 的深入研究成果，读者可以参考此文以获取更多信息。

由 DeHaan 记录的实验中，在旧式的填充了棉絮的软垫家具和床上用品上观察到了明火燃烧，发生于燃烧香烟放置后的 22min ～ 2h 以上的时间范围内（如果将织物外罩撕破，并将香烟放置在棉絮填料上，至明火燃烧的时间可以缩短到 18min）。如果织物外罩与填料组合恰当，就能降低家具起火的可能性。即使是棉絮填料家具，只要采用热塑性（合成）纤维制成的厚织物外罩，也能抑制香烟将其引燃（Damant, 1994; Holleyhead, 1999）。如果家具看起来是被香烟引燃的，需对其外罩和填料样品进行收集，以备后续检查使用。

即使没有发生明火燃烧，床上用品和家具火灾中因烧伤或烟气吸入而导致的人员死亡危险也比较大。同时在床上吸烟和过量饮酒，危害更大。

(a)

(b)

(c)

(d)

图 4-13　香烟引燃了传统扶手椅，从放置香烟到明火燃烧只用了 42min
（注意起火位置和未能起火表面的情况）
资料来源：Jamie Novak，Novak Investigations and St. Paul Fire Dept

4.6.3　香烟和易燃液体 / 气体

关于香烟的另一个谬论是，香烟容易引燃易燃液体或气体。有人反复尝试将燃烧的香烟插入汽油蒸气 - 空气形成的爆炸性混合物中，以试图产生爆炸，但结果都以失败告终，即使除掉烟灰并猛吸香烟，结果也是如此。在另一些测试中，将燃烧的香烟扔向（或丢入）路面泄漏汽油产生的汽油蒸气里，引燃也不会发生，直至将点烟的火柴扔进同样的蒸气里，引燃才得以发生。然而这些并不能证明爆炸就不能发生，不过任何声称爆炸已经发生的言论却都应以最大的怀疑予以审视。

Holleyhead（1999）在其有关香烟和易燃蒸气的动力学的大量综述中，描述了 Baker（2016）等人的测试所揭示的几个因素，这些因素使得汽油蒸气不太可能被燃烧的香烟引燃。测试显示，香烟燃烧区附近的氧气浓度很低、二氧化碳浓度很高，这两个因素就大大降低了引燃汽油蒸气的可能性，如图 4-14 所示。此外，被吸入的蒸气在香烟中停留的时间太短，以至于没有足够的时间点火，但极易反应的物品除外。

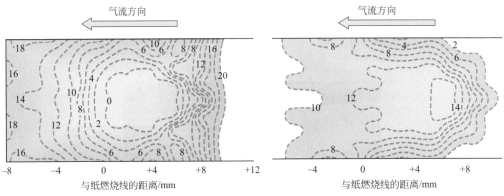

(a) 香烟中的氧气浓度——刚开始吸烟时的初始浓度。
会发现，高温区极低的氧浓度阻止了气体/蒸气混合物的起火。

(b) 不管香烟是否被抽吸，二氧化碳的浓度都很高。
这就抑制了汽油蒸气被引燃，极易反应的除外

图4-14　香烟燃烧区示意

在商用香烟中，会采用增大烟草丝间距的设计，这样一来，大部分反应气体的熄火距离都未被超过，香烟的抑火性能也就被大大降低（在商用香烟中，如果烟丝的间距没有超过反应气体的熄火距离，那么香烟抑制持续引燃的能力就会大大降低）。Kirk指出：燃烧烟草周围的烟灰，就如同矿工安全灯外围的屏罩一样，可以通过熄灭相邻燃料产生的火焰来抑制火焰传播。最后，当烟头内燃烧烟草的表面温度非常高时，不燃烟灰的存在会降低向燃料蒸气的传热效率（Damant，1994；Holleyhead，1999）。已公布的测试数据也验证了这些有关传热的考虑，这些数据显示，只有氢气、硫化氢、二硫化碳、乙炔、环氧乙烷、磷化氢和乙醚易被香烟点燃，汽油蒸气和甲烷则不易被香烟点燃（Babrauskas，2003）。

ATF火灾研究实验室进行的测试，研究了室温下不同品牌的香烟与油池中汽油蒸气接触后的情况。研究过程中，使用阴燃香烟（被动的）和主动抽（吸）烟两类引火源，共进行了137次测试，都没有观测到引燃发生。又进一步进行了157次测试，将燃烧的香烟接触或靠近浸满汽油的棉质衬衫，也没有观测到引燃现象（Malooly和Steckler，2005；Tontarski等，2007）。填料或纸张中的污染物或不规则物，有时也能产生短暂的微小火焰，如果遇到合适的燃料/空气混合物，也能将其引燃。

Marcus和Geiman（2014）发表（经同行评议）的研究，分析了燃烧的香烟引燃汽油蒸气的可能性。研究过程中，共进行了4500多次的测试，将燃烧的香烟暴露在处于爆炸极限下的汽油蒸气/空气混合物中，无一例发生汽油蒸气起火。而后，又进行了70组不同的测试，即采用5个主要商用香烟品牌的723个香烟进行了试验。试验研究了汽油池/盘、浸有汽油的织物基材（衣物）和汽油喷雾等不同场景下，香烟（包括静置状态和抽吸状态）暴露于汽油蒸气后的反应情况。

如果衣物或室内装饰只是被香烟烧焦或烧损，那么这种情况很少会引起房屋着火。任何情况下，只要有人怀疑吸烟是引火源，就必须仔细地确认，这个疑似引火源是燃烧的香烟还是丢弃的燃烧的火柴，而后者实际上更有可能成为引火源。此外，还必须考虑时间因素。由于热释放速率较低，香烟需要足够的接触时间以将热量传递给另一种可燃物并将其引燃。这通常意味着至少要接触15min。然而，一小股气流就能使这个时间缩短2~3min（Sanderson，2007）。

DeHaan 的测试证实了这些点火时间，而且只有火药材料（如炮棉、火药或闪光粉）与炽热香烟接触才可立即起火。若吸烟者还使用医用氧气，就会使所有材料在富氧条件下更易被引燃。这些材料包括衣服、床上用品、面部毛发以及塑料面罩和套管，如图 4-15 所示。

图 4-15　剧烈燃烧的氧气罩（被火柴的火焰引燃）
资料来源：Jamie Novak, Novak Investigations and St. Paul Fire Dept

4.6.4　烟斗和雪茄

烟斗和雪茄的引燃能力与香烟并无本质区别。雪茄在不吸时会自行熄灭，但这并不意味着雪茄不会引发某些火灾，如果雪茄掉落在适当的可燃物上，也有可能会引发火灾。废弃的烟斗余烬，比如燃着的烟灰，可以在废纸篓里褶皱的纸上燃烧并陷入其中，若所及之处燃料充足且通风良好，就能在那里引发明火燃烧。烟斗灰也能烧焦室内装饰物或衣物，实际上很多时候会在布料上形成烧洞。除了木屑、棉花包装或类似易点燃的材料外，它们很少引起明火燃烧。热的烟斗灰和雪茄灰通常会比香烟的烟灰大，并且有更多的热量传递到与之接触的燃料上，但不会自行维持很长时间的燃烧。

4.6.5　绿植

在花园和装饰性植物（真的或人造的植物）中可以找到细碎的纤维材料。干的盆栽土壤、泥炭藓和西班牙苔藓已被证实，与阴燃的香烟接触时容易被引燃。吸烟者经常会误以为这些植物只是种植在普通（矿物或花园）土壤中，因此是不可燃的（Schuh 和 Sanderson, 2009, 1-3）。

4.7
自燃（自热）

自燃（spontaneous ignition）指"通过物质自身的化学或生物反应，产生足够热量而引起自身燃烧的现象"（NFPA, 2017b, 3.3.180）。自燃（自热型自燃，spontaneous combustion）指"因自热而形成的一种特殊形式的阴燃，不涉及外部加热过程。材料内部的放热反应是导致起火燃烧的能量来源"（NFPA, 2017b, 5.7.4.1.1.5）。

人们常说火灾是从自燃开始的（DeHaan, 1996b）。起初，这一说法看起来与燃烧的基本条件（火灾的发生必须有可燃物、氧气和热量的存在）相悖，也暗指火灾有时会以一种神秘的方式自发形成。"自发化学反应原因"一词会更准确，因为在这种情况下，可燃物的自燃不是一个点或一个面起火，而是整个可燃物几乎同时起火，并且不是热量来自外部，而是其内部化学反应产生的热量蓄积。当这种燃烧发生时，其内部都存在着物理或化学过程的平衡，而从某一时间段内来看，这个平衡能帮助我们理解两种过程各自发生的作用。然而，如果将这两种过程视为一个整体，火灾调查员就很难理解它们的作用。

不管是什么反应，自燃发生的单一驱动力就是放热反应产生的热量。如果正常反应产生热量时没有被消耗，就会在可燃物内部蓄积并使其温度升高。由于温度每升高10℃，反应速率通常就会增加一倍，因此放热反应就会在其自身产生的热量作用下，随着其生热速率的不断增加而进行得越来越快。如果散热不足，反应可燃物的整体温度就可能会升至其引燃温度。在火灾调查文献中，这个过程的描述会更加详细（DeHaan, 1996a）。不是所有的化学反应都能放出足够的热量（自热）来引燃物质，也并不是所有的放热反应对温升很敏感并使其着火。NFPA《消防手册》（NFPA, 2008）根据对自热的敏感性大小，列出了常见的自热材料。

4.7.1　自热的特点

自热（self-heating）指"在特定条件下，在有些物质内部自发地发生放热反应，当放热速率足够大时，将导致物质温度升高"（NFPA, 2017b, 3.3.164）。自燃的一般作用规律是，可燃物发生引燃所需的质量与其反应活性成反比，与所需时间成正比（如反应活性越低，所需质量越大，所需时间越长）。催化反应（如玻璃纤维树脂的凝结）只需要非常小的质量，这是因为该反应是高度放热的，并且反应的发生只需要几秒钟。

实验室研究表明，烧烤用木炭煤球一般不可能发生自热，除非量特别大［超过50lb（20kg）］或处于高于100℃的环境中（Wolters 等, 1987）。然而，这些数据仅适用于纯的未污染的木炭煤球。有可靠的报告称，存在由小袋木炭煤球引发的火灾，而在木炭煤球中发现了香烟等外部引火源。这些火灾看起来是由于污染煤球的化学物质促成了燃烧的发生。而有些装木炭煤球的袋子起火，则是因为一些粗心的人将没有烧完的木炭煤球又放回了袋子里。

干草和草发生自燃所需的质量很大（100kg/220lb 或更多）且需要几天至几周的时间，即使是在适宜温度情况下。煤和散装材料一般不会自热至燃烧，不过当其大量存在并持续数周甚至数月时间的话，自燃就可能会发生。起始温度越高，这一过程就进展得越快。众所周知，棉质衣物烘干后，若没有经过适当的冷却处理，几小时后就会着火。衣服洗涤后若残留有烹调油和漂白剂（氧化剂），也可能使衣物发生自热。而干衣机内棉絮上若存在烹调油残留物且发生了自热，则有可能会导致干衣机发生火灾（Reese、Kloock 和 Brien, 1998; Sanderson 和 Schudel, 1998）。测试表明，如玉米、棉花或亚麻籽油一样的甘油三酸酯油不溶于水，经洗涤后依旧会残留在衣物上［如果干衣机内的衣服发生起火燃烧，那么在洗衣机的残留水中可能会探测到这些油脂（Mann 和 Fitz, 1999）］。

某些可能的自热物质可以利用麦基试验（Mackey Test）进行测试（这个试验方法本来是评估用以提高棉和亚麻纤维织造品质的油品的危险性的），或者最好测出油品在不同尺寸和形状下的临界温度值（Mackey, 1895; Frank-Kamenetski, 1969）。有些过程可以用差示扫描量热法（DSC）来测定在什么样的速率下会放热。然后就可以评估该过程成为引火源的可能性了。由于自热的发生受环境因素（孔隙率、供氧量、热导率、换热系数等）影响很大，所以简单的化学或热测试可能并不会完全揭示材料的自热倾向。

　　虽然耗时，但最准确的分析方法是将不同质量的可疑物质置于烤箱中，并使其环境温度缓慢升高。对其内部温度的监测就可以显示何时会发生自热失控。Brian Gray（2001）严重质疑用小尺寸试验预测工业环境下的自热的可信性，因为产品以单个小包装进行测试时，其临界温度会相对较高，而当大量储存时，其临界温度就会低很多。他举了两个有关散装产品热储存条件改变临界热力学性能的案例。一个案例中，桶装的次氯酸钙（其产生氧气的过程为放热反应）被放置在室外储存容器中，并发生了自热反应失控。另一个案例中，在81℃的温度下对小包装方便面进行包装作业，而这个温度低于运输包装（托盘上的那种纸箱）的测试临界温度106℃。如果改变生产条件，使产品在113～120℃进行包装，那么就会带来巨大的火灾损失（Babrauskas, 2003）。

　　在纽约一起大型仓库的火灾案例中，起火部位被锁定到一个储存区域，那里存放着好几箱已经储藏了几年的乳胶手术手套。因为案例中的手套都被包装在单独的盒子里［如图4-16（a）所示］，火灾调查员都不相信乳胶会自热，直至在这起火灾中，他们在起火部位附近发现了自热破坏痕迹的全貌［手套从轻微发黄到严重炭化，如图4-16（b）和（c）所示］。手套储存环境没有通风，并且夏季的高温打破了平衡，使其发展到了自热失控（Hevesi, 1995）。

　　粉末（灰尘）或干气溶胶（来自催化固化涂料）会积聚在通风过滤器或像灯一样的高温表面，并可发展成为自热体，引起火灾。气流和附着表面的温升会促使这种情况的发生（Kong, 2003）。

(a) 仓库中储存多年的乳胶手术手套发生了自热

(b) 纸箱的损坏程度

(c) 注意有些箱子损坏不严重

图 4-16　大型仓库火灾

资料来源：US Department of Justice, Bureau of Alcohol, Tobacco and Firearms and Explosives

4.7.2　自热油品

最常见的可以通过自热而自燃的消费品是干性油，如亚麻籽油（从亚麻籽中提取）、油桐籽油、鱼油或大豆油。顾名思义，干性油是通过油中的脂肪酸双键被氧化而变硬的，特别是亚麻酸成分（Howitt、Zhang 和 Sanders, 1995）。氧化过程中，他们会聚合形成一种坚韧的天然塑料涂层。干性油之所以几个世纪内都用于涂料和装饰面漆，就是这种成膜性能的原因。这个氧化过程依靠于空气中的氧气，而且能产生热量。反应速率取决于干性油与空气接触量的大小。

灌装油不会自热至可被探测的程度，但涂敷在多孔基材（如棉布）上的薄层油，就会有足够大的表面积来促进快速氧化和产热。如果热量被绝热材料隔绝且氧气依然能够扩散到油中，那么反应速率就会增大。

生亚麻籽油会表现出这种效果，但通常不会自燃，因为散装的生亚麻籽油含有油酸和亚油酸，它们的反应活性不及亚麻酸。生亚麻籽油不像熟亚麻籽油那样干得又快又硬。熟亚麻籽油是将产品煮沸制成的，以此来浓缩饱和程度较低、活性较强的脂肪酸，或者更常见的方法是加入一种干燥剂（通常为金属氧化物）。干燥剂能引发快速凝结，产热速率也会因此增加。涂有熟亚麻籽油的棉质抹布在室温下保存几小时，就可以自动加热至自燃点，如图 4-17（a）和（b）所示。这个过程的发生不需要包裹或者绝热，因为空气中的氧气可推进反应的进行，而且上层抹布的绝热作用就足够了。

如果其他因素都是最佳的，只要 25～50mL（1～2fl.oz）熟亚麻籽油就足够发生以上情况。从一系列测试中监测到的反应情况来看，抹布内部的温度会超过 400℃（Howitt、Zhang 和 Sanders, 1995）。一旦这些抹布燃起明火，就会有足够的热量引燃附近的其他普通燃料。子午线广场高层办公大楼的火灾就被认定为是这种作用机制引起的。此外，经鉴定，家具商店和家庭作坊发生的很多火灾也归因于此，因为这些场所都使用含有熟亚麻籽油的木材加工产品，并且存在用棉质抹布擦拭熟亚麻籽油残留物的情况（Dixon, 1992; Ziegler, 1993）。

自燃发生的必要关键因素就是干性油（最常见的是从植物和动物上提取的）的存在形

式，即一种多孔的支撑介质，可使氧气自由扩散到物质上，而且在温度升高时不会熔化，也就是能够提供足够的氧气供应和反应发生时间。环境温度或起始温度越高，反应进行得越快。如果环境温度低于 10℃，亚麻籽油不太可能自热起火。

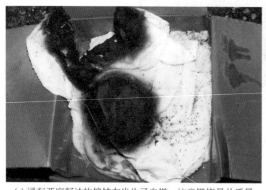 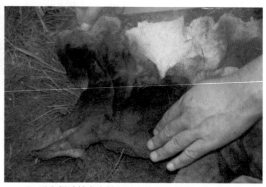

(a) 浸有亚麻籽油的棉抹布发生了自燃，注意燃烧是从质量中心开始的
资料来源：Jamie Novak, Novak Investigations and St.Paul Fire Dept

(b) 亚麻籽油抹布在摊开过程中还在阴燃，注意变色
资料来源：John Galvin, London Fire Brigade (Retired)

(c) 过了一会儿，暴露在空气中的抹布燃起了火焰
资料来源：John Galvin, London Fire Brigade (Retired)

图 4-17　亚麻籽油抹布燃烧过程

许多木材色漆和清漆都同时含有石油溶剂和亚麻籽油基体。在自热过程中，石油溶剂除了通过蒸发冷却使其降温外，没有其他作用。如果涂料是先喷后擦的话，那么溶剂会大量蒸发，不会起到延时的作用。碳氢化合物油（润滑油）或动物油不会发生自热（除非环境温度异常高），并且在较低的环境温度下家庭厨房中常见的食用油（如花生油、玉米油、橄榄油、红花油、菜籽油）通常也不会发生自热。有一个例外是，这些油被面粉等多孔食物或棉质毛巾吸收，并置于高温环境中。当用这些油来炸鱼时就可能会形成这种机制。然后，炸鱼剩下的油就会含有鱼油（能自热）、面包渣或面糊屑，且所有这些物质的温度都很高（Dixon, 1995）。抹布将油从热烹饪锅内擦掉后，未等晾凉就扔到垃圾箱或洗衣篓里，这种情况下也能发生自热起火。当不断升温的矿物油泄漏到多孔隔热涂层管道中时，就会发生自热火灾，但这种火灾只会发生在工业环境中（Babrauskas, 2003）。

Gaw（2005）的报告称，先将成堆的棉质毛巾涂上亚麻籽油，然后进行洗涤，再放置在 93℃的温度下，棉质毛巾会发生自热而升温至 575℃，继而发生明火燃烧。他指出，毛巾洗涤后仍会残留大量油污，这表明漂白剂并不能完全除去油污；即使洗衣机在洗过油渍抹布后，又洗了大量未浸油的抹布，还是能在洗衣机泵中回收到残留的油。

油的反应性是由它的碘值来衡量的，碘值（iodine number）是"用 100g 物质吸收的碘的值或当量卤素值来表示的物质（油或脂肪）的不饱和度"（Merriam-Webster, 2017）。尽管也有例外，不过一般来说，碘值越高，油越容易自热。例如，亚麻籽油的碘值为 173 ～ 201，桐油的为 150 ～ 176，大豆油的为 137 ～ 143，棉籽油的为 108 ～ 110，玉米油的为 111 ～ 130，花生油的为 85 ～ 105（Vlachos 和 Vlachos, 1921）。美国消防协会（NFPA）对许多常见产品（包括天然的和合成的）的自热敏感性进行了评级（NFPA, 2008）。Stauffer 在这些产品的化学和司法鉴定方面做了大量的工作，读者可以参考他的文献以了解更多细节（Stauffer, 2005）。

4.7.3　植物自热

除了化学品储存过程中偶发的严重火灾外，最常见的被称为"自发火灾"的是在那些干草、牧草、甘蔗渣或其他植被残余物中发生的火灾。这种现象自古就为人所知，为了解释它的机理，人们做了大量的实验工作（Hoffman, 1941；Firth 和 Stuckey, 1945）。

1873 年，丹麦科学家 Ranke Viljer 观察并记录了一种干草堆发生自燃起火的情况。他实施了进一步的实验，以支持他有关"自燃碳对氧有强的吸附性"的理论。显然，这是该领域最早的、详细的且记录完整的描述，也成为了该领域后来几乎所有工作的开端（Ranke, 1873）。

有几种热源可以使干草和禾本科植物发生自热。首先是微生物种群和活体材料（如新割的草）的呼吸热。呼吸热可以使物质的温度提高到 70℃以上，而在这个温度下细胞和微生物都会死亡。大多数植物材料若发生自燃，含水量必须适宜，以使发酵过程得以进行。

与上文描述过的会发生化学变化的燃料不同，植物材料的自热通常是一个依赖于氧气和活微生物的生物过程，至少一开始是这样。如果干草风干（脱水）充分，就不会发生破坏性的发酵；如果它太湿，就不会有足够的氧气可以扩散到材料内且大量的热会被传导出去，也就不会发生火灾。含水量在 12% ～ 21% 的部分风干（脱水）的干草最适合自热的发生。

微生物的活动会把干草加热到微生物的热死亡点，即产生了一个极限温度。这个温度也在 70℃左右，而对于许多生物来说，这个温度会更低，且不管存在于大量植物材料内的绝热，这个温度远远低于干草的燃点（大约 280℃及以上）。

生物的温度极限表明，微生物只能把温度升高到某个点，而在这个温度下，某些放热化学过程就可以启动，从而把温度升得更高。这一阶段的过程受到了许多关注，并形成了各种各样的理论，包括自燃碳、自燃铁、酶作用产热，甚至种子中所含油脂的自氧化。Firth 和 Stuckey（1945）报告称，在这一过程的早期阶段会产生大量的酸，并且干草的颜色会明显地变为褐色。这种高酸性已被用作一种手段，以确定是发生了自燃还是有外部点火。

也许最广泛被接受的理论是 Browne 的理论，他假定微生物作用下会形成不饱和化合物（Browne, 1935）。它们可以与空气中的氧形成过氧化物，然后在热的作用下形成羟基化合物。其他人却不同意会形成酸性降解产物（Bowes, 1984）。Rathbaum 的研究探索了温度、通风和含水量对干草和其他草类的复杂作用（Rathbaum，1963）。有几种化学途径可能不依赖于生物机制。Gray 已经证明，甘蔗渣（从甘蔗中提取的废料）即使在没有任何微生物的情况下，也能在澳大利亚内陆炎热干燥的气候中自加热（Gray，1990）。显然，在 70 ～ 170℃，以水分支持的化学分解反应为主，而在 170℃以上，则以氧气支持的氧化反应为主。

不管实际机理是什么，但肯定的是这个过程是由许多步骤构成的，而从本质上来讲，其中最重要的是化学步骤。干草（或草）的包装密度、垛（或包）的大小以及剩余水分是其关键因素。对于火灾调查人员来讲，需要关注的其他重要因素还包括引燃前的环境 - 降雨情况和存储环境的温度。

干草堆形成后，10 ～ 14 天内一般不会发生自燃，自燃发生通常需要 5 ～ 10 周的时间。在适宜含水率和极高环境温度（35 ～ 40℃）条件下，可在 6 ～ 7d 内观察到自燃起火（Lowenseent，1981）。自燃起火发生于堆垛中心，然后蔓延至外面，会形成类似于从烟囱或烟道向外燃烧的效应。而如果是外部引火源（意外或故意）引燃，火会向内部燃烧（Firth 和 Stuckey，1945）。自燃干草堆中未燃烧部分的颜色通常会非常深，会呈现出从金棕色、巧克力色、黑色再到焦化色的颜色渐变，并且可能比普通干草的酸性更强。

自燃干草堆闻起来有类似于焦糖或烟草的气味。如果是自燃引起的火灾，只要将燃着的干草堆摊开并接触新鲜空气，未燃的干草就可能会迅速起火燃烧，这是因为自热对干草的预热作用。根据堆垛的几何形状，有些外部火源也可能会预热堆垛内部。当从外部点燃干草时，不期望会发生堆垛内部被预热的情况，但在有意点火测试中却能发现堆垛内部有小火苗出现。

干草自燃一个有趣的特征变化是干草渣块的形成。这些玻璃状、不规则的团块，颜色从灰色到绿色，可以在堆垛中温度最高、持续时间最长的地方找到，但可能集中在堆垛中心附近。渣块是由植物茎部中硅、钠、钙的无机残余物和干草（土壤、灰尘）中混有的杂质组成的，这些物质在火灾产生的热量作用下形成了玻璃状物质。Hicks 对干草渣块进行了深入研究，研究表明这种玻璃状物质的形成可能与各类草的无机成分有关。最近，Tinsley、Whaley 和 Icove 进行了一系列的实体火实验，研究了外部火源作用下干草渣块的形成过程。该研究结果表明，干草渣块的形成取决于多种因素，但这些因素都不能用于准确认定起火点和起火原因（Tinsley、Whaley 和 Icove，2010）。

在带有金属屋顶的杆仓中，干草火灾可能会形成大量的渣块，而不是一些较小的渣块。不是所有的自热导致的干草火灾中都会出现渣块，所以不存在渣块不能作为放火原因的证据，存在渣块也不能作为自燃的证据。干草渣块可能会被误认为是放火装置的残留物。因此，元素分析是必不可少的。自燃的发生很容易确定，但火灾的原因往往不为人知。许多被认为是自燃引起的火灾实际上是故意放火所致。

其他植物材料（如纤维板）若发生自燃，需有一些外部火源的作用以促进其充分氧化。纤维板、纸板和胶合板是由木材和树脂在高温高压下制作而成。当这些产品被制成后，如果产品的堆积没能使过量的热量散掉，那么留存在堆垛内的热量就会引发自热。

锯末堆和其他木质材料在被干性油或其他类似物质污染的情况下，也认为能发生自燃。从刚上过漆的木材上打磨废料，由于打磨过程产生的余热作用，也可能会发生自热。

如果木材最近涂上了一种具有催化作用的聚合物面漆，那么就会增加这种自热趋势，因为这种面漆还涉及放热反应，而不仅仅是溶剂的蒸发那么简单。

4.7.4 其他自热材料

除了油布和干草这两个最为熟知的自燃系统外，许多其他的燃料系统也可能会自燃。其中一个比较麻烦且常见的是煤，埋在地下未开采的煤、地面上的煤堆或储仓中煤堆，由于比较潮湿，会产生热量（Hodges, 1973）。与干草一样，与水接触和含水量的增加对自热的产生至关重要（Smirnova 和 Shubnikov, 1951）。毫无疑问，这个过程本身是一个缓慢的放热化学过程，但如果环境绝热良好的话，放热的速率会加快。其他重要影响因素还包括煤的类型（某些等级的煤更易着火）和煤的尺寸（细煤粉更易着火）。需要有大量的煤且经过几天或数周的时间，明火燃烧才可能发生。

4.7.5 对火灾调查人员的提示

由于没有可识别的引火源或明显的人为干预，许多失火火灾很容易被贴上"自燃"的标签。如果在当前条件下，材料和工艺的特点不能明确显示是受自热作用，那么火灾原因必须认定为是未知的。自燃（鲜有例外）不是瞬间发生的，且自燃发生所需的时间与反应物的化学性质和质量有关。明火燃烧发生前，总是会有烟雾和气味出现，因此在明火发生前的一段时间内，应该能在附近探测到烟雾和气味。

4.8
其他引火源

虽然失火火灾可以是由小火焰、电弧、燃烧的碎片或其他高温物体引起的，但有些火源不属于这些类别。闪电、自燃、电灯、废弃电池和动物作用也属于引火源。

4.8.1 闪电

在人类学会生火之前，他们对火的认知很可能就来自于闪电起火。闪电是一种自然条件下产生的放电现象，除强度不同外，与电弧没有本质区别。它是通过积聚在云团内的水滴或灰尘中的静电电荷而产生的大规模放电现象。云团和地面就像电容器的两个极板，二者之间的电势可以达到 1 亿伏特。这种放电通常会持续几个来回，每一次持续百万分之一秒，间隔 40 ~ 80 千分之一秒。产生的电流通常为 20000A 左右，有时会更高（Fuchs, 1977）。

雷击所经之处，通常会伴随着任何不良导体的物理破坏。窗户可能会被击破，木头可能会碎裂，电器可能会爆炸（如图 4-18 和图 4-19 所示）。雷击主路径上的空气可被加热到 30000℃，并因此以超音速扩张。由此产生的压力冲击波的爆炸力会破坏附近的建筑物。在闪电中，电流因冲击物体而产生的热量会将其引燃。当物体干燥时尤其如此。尽管现有的保护装置已明显减少了闪点带来的损失，但其引发的火灾仍在继续损坏着建筑物。

(a) 闪电击中屋顶，击中的部分被火烧损　　　　　　　　(b) 火灾损害不严重，管道脱落

图 4-18　屋顶被闪电击中后造成的火灾

资料来源：Greg Lampkin, Knox County Sheriff's Office, Tennessee, Fire Investigation Unit

图 4-19　电缆线被闪电击中后造成内墙损坏

资料来源：Greg Lampkin, Knox County Sheriff's Office, Tennessee, Fire Investigation Unit

4.8.2　闪电和树木

闪电只是偶尔会击中树木，这取决于树木是否易燃。一个又老又干的枯树比活树更易着火，因为活树的导电性更好且不那么易燃。一般来说，每一次闪电都会造成火灾。在雷暴频发的地区，危险很大。地面可燃物起火的概率取决于可燃物的含水量和地面堆积层的深度（Fuchs, 1977, 62-63）。

在大多数情况下，闪电引发的火灾很容易确认。当不明原因的火灾发生在偏远的山区或森林地区时，调查它是否由闪电引起可能是困难的。气象记录会显示在那个时间事故区域是否有暴风雨发生。有些林业部门设置了一个特殊的闪电监视系统来监视和记录野外地区的闪电情况，而且还有气象卫星会记录闪电活动。

闪电探测系统可以帮助确认或消除闪电作为引火源的可能性。维萨拉公司（Vaisala Inc.）提供一种名为 StrikeNet（thunderstorm.vaisala.com）的雷击探测系统，该系统使用电子探测器网络进行雷击探测。该公司的报告称，其定位精度为 500m，并且用户可以在线申请查询特定时间段和街道（或 GPS 定位点）周围任一位置的雷击情况。一个典型的 StrikeNet 报告可能会说明，撕裂或损坏的树木（或物体）是火灾以外的其他方式造成的。

如果这一发现与痕迹研究所表明的火源相一致，那么很可能闪电就是引火源。

火灾调查人员需要熟悉闪电击中目标所造成的影响。最常见的影响是木材的断裂和建筑结构的机械破坏。这些影响大多是由于树或结构内部的水在电流的热量作用下突然挥发而产生的，所以这种效应就是内部爆炸。这种影响是非常多变的，这是由放电强度和被击中物体的局部条件所造成的。雷击会引起附近的电线或电话线发生电涌（造成与之相连的电器发生故障或着火）。检查建筑物内甚至邻近建筑物内的电器（包括电脑和电话），对于证实闪电（或单次电涌）的引火作用是很重要的，因为在当时所有插电的电器都可能被损坏。

4.8.3 电灯引燃

空气环境中，白炽灯泡在玻璃泡或外壳表面产生的温度范围为 $74 \sim 267℃$（$165 \sim 513 \, ℉$），这取决于白炽灯泡的功率和位置，如图 4-20 所示（General Electric，1984）。这样的温度可以烧焦纤维素或熔化合成材料，但可能不会导致明火燃烧。然而，如果灯泡处于封闭空间中，或被包裹在（或埋在）绝缘材料中，就会产生更高的温度。低功率灯泡的表面温度通常不足以引燃一般的可燃物。当功率增加时，特别是在通风受限的封闭空间中使用灯泡时，温度会升高。因此，一个大功率的白炽灯泡（> 50W），如果与合适的可燃物长时间接触，就能引起火灾。

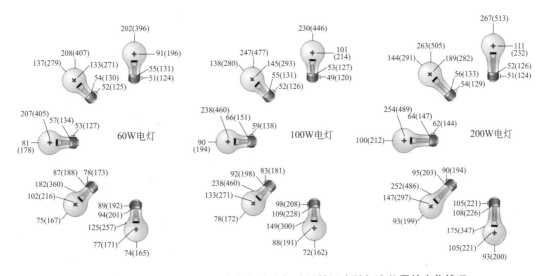

图 4-20　开放环境中，常见电灯灯泡和灯头处的温度随灯泡位置的变化情况
（括号内的数字为华氏温度值）

正如本章前文指出的，是否发生火灾是由热源与可燃物之间的接触情况决定的。如果热源与可燃物长时间接触，且表面能够提供绝热条件以降低通过表面的热损失，那么温度就会上升，着火的可能性也会随之增加。如图 4-21 所示，记录了木地板与一个 75W 的灯泡长时间接触后发生的阴燃起火过程（Gruehn，1988）。即使是低功率灯泡（< 15W），如果埋在或裹在绝热材料中，也能产生足够高的温度而引燃纸张、布、锯末和谷物。这种情

图 4-21 一个 75W 的灯泡引燃了纤维素绝热材料

资料来源：Jamie Novak，Novak Investigations and st. Paul Fire Dept

况并不常见，不是因为缺少足够高的温度，而是因为其要求必须有极易燃烧（如纤维素材料）的材料与之接触，而这很少发生。最可能发生这种火灾的场所有地下室、储藏室和商店，因为这些场所存放的东西能与通电的灯泡接触。

在 DeHaan 和 Albers 进行的测试中，将一个 60W 的白炽灯泡埋在褶皱的报纸里，在 605s 时就把它们引燃了。一个埋在锯末中（燃料水分不进行控制）的 75W 的灯泡在 373s 时产生了烟，在 28min 停止实验前都没有观测到火焰。埋有一个 100W 灯泡的聚酯纤维发生了熔化且产生了烟气，但 32min 内都没有起火。在一盏 150W 的装饰灯上面放置聚氨酯泡沫，由于表面积大且接触面积有限，30min 内都没产生变化，但是埋有 1 个 100W 灯泡的聚氨酯泡沫在 2h 后就发生了燃烧［如图 4-22（a）、（b）和图 4-23］（DeHaan 和 Albers，2007）。

任何白炽灯的破裂（即使是低电压和低功率的），都能引入另外两个可能的引火源：灯丝和电弧。钨丝的工作温度约为 1500℃。灯丝与空气一接触就会开始燃烧。一旦电路因灯丝故障而中断，灯丝就会开始冷却，但它仍保留足够的热量，以至于在其断电后较短时间内还能将与之接触的可燃蒸气或固体引燃。此外，灯丝失效时产生的瞬时电弧，同其他电弧一样，也能对其附近的可燃气体或可燃蒸气产生同样的引燃风险。

(a) 埋在聚氨酯泡沫内的 100W 的灯泡使聚氨酯发生分解和炭化

(b) 有时会导致起火

图 4-22 一个 100W 灯泡引燃聚氨酯

资料来源：John Galvin, London Fire Brigade (Retired)

荧光灯的工作温度比白炽灯低得多，灯管外部温度很少会超过 60 ～ 80℃（Cooke 和 Ide, 1985）。石英卤素灯含有一定量的碘或溴蒸气，且钨丝在非常高的温度下工作。熔融石英外壳的表面温度可高达 600 ～ 900℃（1100 ～ 1650 ℉），附近反射器的温度也成比例升高（Lowe 和 Lowe，2001）。即使燃料和灯（甚至反射器）之间发生短暂接触，也能导致明火燃烧（图 4-24）。

图 4-23　明火燃烧后，在热源附近形成了刚性多孔但易碎的炭

资料来源：John Galvin, London Fire Brigade（Retired）

图 4-24　接触不到 1min，卤素灯就引燃了窗帘帷幔

资料来源：Jamie Novak, Novak Investigations and St. Paul Fire Dept

　　卤素灯还可以通过辐射热和熔化的扩散器、灯罩、固定装置引燃可燃物。一旦起火，卤素灯还会发生炸裂，破碎炽热的玻璃和金属碎片也会迸溅到可燃物上（Lowe 和 Lowe，2001）。如图 4-25 所示的例子中，高功率的金属卤化物灯发生了炸裂，产生的碎片同时向内和向外迸溅。炽热的金属和玻璃碎片能够直接引燃其下面的纤维素材料。尽管可以添加使用抗炸性玻璃外罩，但由于其显著增加额外成本，也很少这样做。

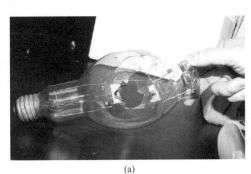
(a)

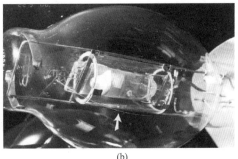
(b)

图 4-25　金属卤化物灯故障引起点火

资料来源：Peter Brosz, Brosz & Associates Forensic Services Inc.; Professor Helmut Brosz, Institute of Forensic Electro-Pathology

4.8.4 废弃电池引燃

大多数消费设备（1.5 ～ 9 V）的新电池最大工作电流为 1A。如果用金属在电池端子间形成了导电通路，那么通过电流释放的热量就足以引燃与之直接接触的纤维素材料。9V 的电池两个端子设置在一头，因此硬币或铝箔与之（两个端子）接触，就会形成类似加热元件的效应。锂离子电池故障也会引起火灾。

4.8.5 动物的引燃作用

有时，动物也会引起火灾。啮齿动物和鸟类都可以携带燃着的香烟或其他燃烧的物体，然后引燃可燃物，甚至可能是屋顶。许多啮齿动物和鸟类为了筑巢或因其他原因会储存各种材料。鸟儿可能携带着小棍儿、筑巢材料和其他物品，并将它们掉落在供暖设备的屋顶通风处。如果是燃着的香烟且掉落在可燃物上，那么就可能导致火灾发生。如前文所述，烟囱和烟道内的鸟巢或啮齿动物巢穴是有火灾危险的。鸟类也会在泛光灯或其他间歇性热源的上部或附近筑巢。如果打开泛光灯或设备，那么之后就可能发生着火。

老鼠可能会在任何地方啃咬火柴头，从而点燃火柴。一些证据显示，老鼠嘴里叼着火柴四处乱窜，火柴头会偶然碰撞到砖或混凝土这样的粗糙表面，从而将其引燃。其最终的效果与任何其他火柴引燃的火灾一样，但是条件的巧合性使这种情况不太可能发生。

老鼠也会啃咬电线的绝缘层，要么造成其直接短路，要么会使线芯外露而后与其他物品接触。暴露导体间的短路不太可能会引发火灾，可能只是造成断路保护。如果有其他物质（盐水及动物身体的各个部分）与断口接触形成了电流通路，那么其产生的热量就可以使绝缘层降解，并导致绝缘层和附近的其他燃料着火。这种作用机制可能是在引燃火灾中，动物所起的唯一且最重要的作用。烧焦的绝缘皮上的咬痕可能看不出来了，但是未燃的绝缘皮上的咬痕还会存在，如图 4-26 和图 4-27 所示。

图 4-26 房车冰箱的电线被啮齿动物啃咬，造成了起火，幸运的是，只是接地线和中心线裸露
资料来源：Joe Bloom, Bloom Fire Investigation

图 4-27 电线杆底部的草引起火灾，变压器左边的东西是"凶手"的残留物，看起来像是它的"尾巴和脚"，旁边的电线杆只是被火燎了一下
资料来源：David J. Icove, University of Tennessee

众所周知，蜗牛、蛞蝓、鸟类和其他动物会使电气设备短路，从而引发建筑物内部和外部的火灾。狗和猫会打翻装有易燃液体的容器，而后被远处的引火源引燃。他们也会撞翻蜡烛、圣诞树和灯（如用于给宠物、家禽和牲畜取暖的加热灯），并使其与可燃物接触。

蛾类被蜡烛火焰点着后，还会飞行一段时间，从而引燃远处的可燃物。Cooke 和 Ide（1985）打破了这一神话："起火的飞蛾为空气动力学上的不稳定体，不能飞太远，即使翅膀上的几丁质可以进行持续燃烧。"

目前，似乎很少或根本没有关于动物物种习性与火灾危险关联性的研究。即便如此，动物引发的火灾是明显存在的，因此，在开展彻底的调查时需要考虑动物的作用。

4.9
火灾现场引火源的评估：Bilancia 引燃矩阵法

几乎所有的场所（或汽车）都存在可能的引火源，可能是固定线路、固定装置、插座、加热器（燃气式或电动式）或其他电器等固有引火源，也可能是人类各种活动引入的其他引火源，如吸烟材料、使用或滥用电动工具（或电气装置）、电源和电线延长线、蜡烛及其他很多东西。

火灾调查人员在确定引火源时面临着挑战，即如何识别起火区域的潜在引火源，并逐一排除直至减少到一个（基于合理的数据或方法）。科学的调查方法要求，火灾调查人员认定的结论必须十分可靠，不仅能证明这个引火源能引发火灾，也能阐明排除其他可能引火源的理由。如果在调查结束时，认为存在两个或多个可能的引火源，那么火灾原因必须认定为不确定。证明这些结论是困难的，尤其是以一种简洁而全面的方式进行。

电气工程师 Lou Bilancia 开发了 Bilancia 引燃矩阵法，即一种网格式的引火源评估方法，同时能记录各引火源引燃某特定最初起火物的能力。基于火灾现场勘验、人员询问或者着火前的影像资料，火灾调查人员对房间内可能的最初起火物进行识别，并记录在表格的列标题栏里，如图 4-28 所示。然后火灾调查人员列出所有可能的引火源，并记录在表格的行标题栏里。那么每个方块就代表引火源与最初起火物的相互作用（Bilancia, 2007）。然后，依据以下四个问题对表格中的每个组合（值）进行评估：

① 这个引火源能点燃该可燃物吗？是或否。

② 这个引火源与该可燃物的距离足够将其引燃吗？是或否。

③ 有引燃的证据吗？是或否。

④ 最初起火物燃起的火能蔓延至主要可燃物吗？是或否。

关于每项的评估，通常都有以下注释或说明：

• 该电源未通电（设备或电源线）或未被使用（蜡烛）。

• "太远"或"取决于持续时间是否足够"或"未知——必须测试样本。"

• 存在起火（或引燃）证据——目击者或录像。

• 大量的最初起火物发展成了火羽流或引燃后发生了轰燃。

然后可以对矩阵进行颜色编码，以显示哪些组合是可行的，哪些可被排除，哪些需要进一步的数据分析。

热源 —— 可燃物	钟表收音机	手机充电器	香烟	蜡烛	紧凑型荧光灯	插入式室内净水器
花边床罩	1. 是(a) 2. 是近的 3. 否(d) 4. 是，有路径	1. 是(a, c) 2. 不近 3. 4. 是	1. 2. 是，近的 3. 没证据 4.	1. 有能力 2. 是 3. 是 4. 是	1. 是(a, c) 2. 是 3. 否(d) 4. 是，重力	1. 是(a) 2. 不近的 3. 否(d) 4.
床单或床罩	1. 否(c) 2. 不近 3. 否(d) 4. 是，重力	1. 是(a, c) 2. 不近 3. 否(d) 4. 是	1. 2. 不近 3. 没证据 4.	1. 有能力 2. 不近 3. 4.	1. 是(a, c) 2. 否 3. 否(d) 4.	1. 是(a) 2. 是近的 3. 4.
窗帘	1. 否(c) 2. 不近 3. 否(d) 4. 是，有路径	1. 是(a, c) 2. 不近 3. 否(d) 4.	1. 2. 不近 3. 没证据 4.	1. 有能力 2. 不近 3. 4.	1. 是(a, c) 2. 否 3. 4. 是，遮盖	1. 是(a) 2. 是近的 3. 否(d) 4.
塑料装饰花	1. 否(c) 2. 不近 3. 否(d) 4.	1. 是(a, c) 2. 不近 3. 否(d) 4.	1. 不有能力 2. 3. 没证据 4.	1. 有能力 2. 是近的 3. 是 4. 是	1. 否(a, c) 2. 否 3. 否 4. 是，遮盖	1. 是(a, c) 2. 不近 3. 否(d) 4. 否
灯罩	1. 有能力 2. 不近 3. 否(d) 4. 是，有路径	1. 是(a, c) 2. 不近 3. 否(d) 4.	1. 2. 不近 3. 没证据 4.	1. 有能力 2. 不近 3. 间接的 4. 是，有路径	1. 是(a, c) 2. 是近的 3. 否(d) 4. 是	1. 否(c) 2. 不近 3. 否(d) 4. 是

1. 有能力的引火源，是/否？
2. 燃烧接近或紧邻可燃物，是/否？
3. 有引燃证据，是/否？
4. 最初起火物蔓延至可燃物，是/否？

颜色含义
红色=有能力和紧邻的
蓝色=没有能力
黄色=有能力但被排除了
白色=未进行调查研究的

编码含义
P=火羽流或轰燃
W=被目击的
F=明火
N=未供电的

注意
a. 设备是否失效
b. 可燃物是否为微风作用下的纤维素
c. 只限明火
d. 设备是完好的

图 4-28 Bilancia 引燃矩阵法——纵坐标为识别出的可燃物，横坐标为引火源

资料来源：Lou Bilancia, Synnovation Engineering Inc. Copyright 2008–17. All rights reserved. Used with permission

一个典型的卧室可能有 15 个或更多可能的最初起火物：床（床垫、弹簧床垫、框架）、床上用品（毯子、枕头、床单、被子）、地毯和垫子、梳妆台、电视柜、衣服、海报、椅子、窗帘、书籍、书架等。如果墙壁和天花板覆盖物是可燃的，也必须包括在内。通过火灾现场勘验、火前影像资料分析和对最近使用人员的询问，火灾调查人员可以进一步识别可能的引火源，如固定线路、插座，开关和固定装置；台灯、时钟、收音机、电视机、电热毯、电源线及其延长线、香烟、蜡烛和火柴。尽管存在很多着火可能性较大的引火源——可燃物组合，但很多通过物理间距的分析就能排除。比如，梳妆台上的蜡烛不可能直接引燃一两英寸以外的可燃物。但是必须始终都要考虑，这些引火源可能发生了移动。如果认定的起火部位很小，那么表中所列的最初起火物和引火源的相互作用值，会比考虑整个房间的情况下要小。然而，火灾调查人员要谨慎，不能仅仅因为燃料或引火源距起火部位就几英寸，将其从表中排除。

这种方法使得火灾调查人员需要进行一系列的假设，并考虑每种情况下的影响因素，如热释放速率、热通量、分隔间距、热惯性和火灾蔓延路径等。一个完整的点火矩阵能简洁地展示所有予以考虑的引火源和所有被排除的引火源（可能只剩一个）。Bilancia 引燃矩阵法也比传统的逐项列表更易核查，改进了火灾调查人员自己的审查过程。

□ 总结

　　引火源必须有足够的能量、与适当的可燃物接触（或至少能将热量传递给可燃物）且接触时间足够长，以使可燃物升温至引燃温度，从而使可燃物在当前环境条件下发生燃烧。燃烧可能是自发的阴燃，也可能是明火燃烧，不管形式如何，每种燃烧的发生都必须满足一定的条件。火焰、电弧、火花、自热和受热物体都能在适当的条件下引发火灾，因此，在进行火场勘验时，以上所有可能都需要予以考虑。引火源不是简单地通过一个给定的温度就能认定的。火灾的发生是引火源、最初起火物和环境条件同时作用导致的。

　　引燃环境、引燃前可燃物与引火源的接触情况，都会改变引火源的温度、可燃物的化学性质或可燃物的物理状态，这个过程是十分复杂的。所有材料和反应都必须遵循一定的物理化学定律，可燃物和助燃剂也不例外。火灾调查分析人员必须确保其假定的事件发生顺序，不仅要与观察到的情况相符，也要遵守这些规律。如果公布的测试与火灾条件相匹配，那么根据测试的数据去验证某些引燃假设就足够了。如果不匹配，就需要合理设计和实施有效的测试，以证明或推翻某特定的假设。

□ 复习题

　　1. 列出五种不同的明火（引火源）及它们的热释放速率。

　　2. 为什么蜡烛是当今一种更常见的意外引火源？

　　3. "绝热"对灯泡这样的引火源的温度有什么影响？

　　4. 列举燃气设备引发失火火灾的三种方式。

　　5. 室内煤油加热器是如何引发火灾的？

　　6. 新鲜整木被引燃需多高的表面温度？木材长期置于什么样的温度环境下会存在潜在的引燃风险？

　　7. 说出哪三种情况下会产生机械摩擦火花。

　　8. 为什么香烟不会引燃汽油蒸气，却会引燃乙炔或氢气？

　　9. 列举动物引发火灾的三种方式。

　　10. 列出自燃发生的五个必要条件。

关键术语解释

　　火花（spark）：由于自身温度或在其表面上发生的燃烧过程，能够向外辐射能量的运动固体颗粒物（NFPA, 2017b, 3.3.175）。

电弧（arc）：发生在间隙或通过类似炭化绝缘体介质过程中的高温发光放电现象。（NFPA，2017b，3.3.7）。

自燃点（autoignition temperature）：在没有火花或火焰的条件下，可燃材料在空气中起火的最低温度。（NFPA，2017b，3.3.15）。

配电系统（utility services）：将电力从供电系统输送至用户端设备的输电装置和设备。

短路（short circuit）：在正常回路中出现的小电阻的非正常连接（远远小于回路电阻）；此种情况属于过电流，而不是过负荷（NFPA，2017b,3.3.167）。

高温切断装置（thermal cutoff）：一种电气安全装置，当暴露于热环境温度达到特定值时切断电路电流。

喷射溢流火（rollout）：因燃气设备内燃料的外溢而导致的燃烧器火焰的外溢。

引燃温度（piloted ignition temperature）：在特定实验条件下，物质着火需要达到的最低温度（NFPA，2017b, 3.3.139, 另见 3.3.114, 着火温度）。

自燃物（pyrophoric material）：与空气中的氧气接触，自行开始燃烧的物质。（NFPA, 2017b,3.3.151）

自热（self-heating）：在特定条件下，在有些物质内部自发地发生放热反应，当放热速率足够大时，将导致物质温度升高（NFPA，2017b, 3.3.164）。

自燃（self-ignition）：指"由热作用引起的燃烧，而没有火花或火焰"（NFPA 2017b, 3.3.165）。干性油只需 25 ～ 50mL（1 ～ 2oz）就可以在几小时内发生自燃。而几磅的活性炭若发生自燃，需要几个小时到几天的时间。

自燃（spontaneous ignition）：指"通过物质自身的化学或生物反应，产生足够热量而引起自身开始燃烧的现象"（NFPA，2017b, 3.3.180）。

自燃（spontaneous combustion）：指"因自热而形成的一种特殊形式的阴燃，不涉及外部加热过程。材料内部的放热反应是导致起火燃烧的能量来源。"

碘值（iodine number）：用 100g 物质吸收的碘的值或当量卤素值来表示的物质（油或脂肪）的不饱和度（Merriam-Webster, 2017）。

参考文献

Ahrens, M. 2002. *Home Candle Fires.* Quincy, MA: National Fire Protection Association.

Andrasko, J. 1978. "Identification of Burnt Matches by Scanning Electron Microscopy." *Journal of Forensic Sciences* 24: 627–42.

ASTM. 2016. *E2187-2016: Standard Test Method for Measuring the Ignition Strength of Cigarettes.* West Conshohocken, PA: ASTM International.

Babrauskas, V. 2003. *Ignition Handbook.* Issaquah, WA: Fire Science Publishers.

———. 2005. "Risk of Ignition of Forest Fires from Black Powder or Muzzle-Loading Firearms." Report for US Forest Service. San Dimas: T & D Center.

Babrauskas, V., B. F. Gray, and M. L. Janssens. 2007. "Prudent Practices for the Design and Installation of Heat-Producing Devices near Wood Materials." *Fire and Materials* 31: 125–35.

Baker, R. R., et al. 2016. "The Science Behind The Development and Performance of Reduced Ignition Propensity Cigarettes." *Fire Science Reviews* 5(1): 2.

Béland, B. 1994. "On the Measurement of Temperature." *Fire and Arson Investigator* September.

Bertoni, J. 1996. "The Essentials of Gas and Oil Fired Forced Warm Air Furnaces." *Fire and Arson Investigator* (December): 15–18.

Bilancia, L. 2007. "The Ignition Matrix." November. CCAI.

Bohn, J. A. 2003. "Woodstove Ashes Staying Hot for 110 Hours." Personal communication, Longmont Fire Department, February.

Bowes, P. C. 1984. *Self-Heating: Evaluating and Controlling the Hazards.* Amsterdam: Elsevier.

Braun, E., et al. 1982. "Cigarette Ignition of Upholstered Chairs." *Journal of Consumer Product Flammability* 9.

Browne, C. A. 1935. "The Ignition Temperature of Solid Materials." *NFPA Quarterly* 28, no. 2.

Buccola, K. 2011. *A Survey of the Use of Homemade Overpressure Chemical Devices in Several Cities in the United States: Determining the Impact on the United States.* Doctoral dissertation, Arizona State University.

Building Code of the City of New York, Sec. [C26-1400.6] 27-792 and Sec. [C26-1409.1] 27-809. See also *UL127: Factory Built Fireplaces* (Northbrook, IL: Underwriters Laboratories).

Cooke, R. A., and R. H. Ide. 1985. *Principles of Fire Investigation.* Leicester, UK: Institution of Fire Engineers.

Corwin, S. 2001. "Halogen Work Light Testing." *Fire Findings* 9, no. 2: 12–13.

Cuzzillo, B. R., and P. J. Pagni. 1999a. "Low Temperature Wood Ignition." *Fire Findings* 7, no. 2: 7–10.

———. 1999b. "The Myth of Pyrophoric Carbon." Pp. 301–12 in *Proceedings Sixth International Symposium on Fire Safety Science.* Poitiers, France.

Damant, G. H. 1979. Lecture, California Conference of Arson Investigators. Sacramento, CA: California Department of Consumer Affairs, Bureau of Home Furnishings, June.

———. 1994. "Cigarette Ignition of Upholstered Furniture." Sacramento, CA: Inter-City Testing and Consulting.

DeHaan, J. D. 1996a. "Spontaneous Combustion: What Really Happens." *Fire and Arson Investigator* 46 (January and April).

———. 1996b. "Spontaneous Ignition: What Really Happens, Part I." *Fire and Arson Investigator* 46 (March); "Part II." *Fire and Arson Investigator,* 46 (June).

DeHaan, J. D., and J. C. Albers. 2007. *Low-Energy Ignition Tests.* CCAI, November 7, 2007 (unpublished data).

DeHaan, J. D., D. Crowhurst, D. Hoare, M. Bensilum, and M. P. Shipp. 2001. "Deflagrations Involving Stratified Heavier-Than-Air Vapor/Air Mixtures." *Fire Safety Journal* 36(7): 693–710.

DeHaan, J. D., S. Nurbakhsh, and S. J. Campbell. 1999. "The Combustion of Animal Remains and Its Implications for the Consumption of Human Bodies in Fire." *Science and Justice* 39, no. 1 (January): 27–38.

Dillon, S. E., and A. Hamins. 2003. "Ignition Propensity and Heat Flux Profiles of Candle Flames for Fire Investigation." Pp. 363–76 in *Proceedings Fire and Materials 2003.* London: Interscience Communications.

Dixon, B. 1992. "Spontaneous Combustion." *Journal of the Canadian Association of Fire Investigators* March.

———. 1995. "The Potential for Self-Heating of Deep-Fried Food Products." In *Proceedings FBI International Symposium on the Forensic Aspects of Arson Investigators.* Fairfax, VA.

Drysdale, D. D. 2011. *An Introduction to Fire Dynamics.* 2nd ed. Chichester, UK: Wiley.

Dwyer, N. 2000. "How Hot Does It Get?" *Fire Findings* 8, no. 2 (Spring): 5.

———. 2006. "Flame Rollout." *Fire Findings* 14, no. 1 (Winter): 12–13.

Eichman, D. A. 1980. "Cigarette Burning Rates." *Fire and Arson Investigator* June.

Eitzinger, B., M. Gleinser, and S. Bachmann. 2015. "The Pore Size Distribution of Naturally Porous Cigarette Paper and Its Relation to Permeability and Diffusion Capacity." *Beiträge zur Tabakforschung/Contributions to Tobacco Research* 26 (7): 312–19.

Faraday, M. 1993. *The Chemical History of a Candle.* Atlanta: Cherokee.

Few, E. W. 1978. "Ammunition Identification Guide." *Arson Investigator.* California Conference of Arson Investigators, Spring, 24–29.

Firth, J. B., and R. E. Stuckey. 1945. *Society of the Chemical Industry* 64, no. 13; and 65, no. 275. Proceedings International Symposium: Self-Heating of Organic Materials. Delft, Netherlands, February 1971.

Frank-Kamenetski, D. A. 1969. *Diffusion and Heat Transfer in Chemical Kinetics.* New York: Plenum.

Fuchs, V. 1977. *Forces of Nature.* London: Thames and Hudson.

Gann, R. G. 2007. *Measuring the Ignition Propensity of Cigarettes.* Gaithersburg, MD: NIST, January 2001. http://fire.nist.gov/ bfrlpubs/fire07/PDF/f07068.pdf.

Gann, R.G., R.H. Harris, J.F. Krasny, R.S. Levine, H. Mitler and T.J. Ohlemiller, 1998. "The Effect of Cigarette Characteristics on the Ignition of Soft Furnishings." Gaithersburg, MD: NIST, January 1988.

Gann, R. G., K. D. Steckler, S. Ruitberg, W. F. Guthrie, and M. S. Levenson. 2001. *Relative Ignition Propensity of Test Market Cigarettes.* NIST Technical Note 1436. Gaithersburg, MD: NIST.

Gaw, K. 2005. "Autoignition Behavior of Oiled and Washed Cotton Towels." In *Proceedings Fire and Materials,* San Francisco, CA.

General Electric Co. 1984. *Incandescent Lamps.* General Electric Publication TP-110R2.

Goodson, M., and G. Hardin. 2003. "Electric Cooktop Fires." *Fire and Arson Investigator* October: 31–34.

Goodson, M., D. Sneed, and M. Keller. 1999. "Electrically Induced Fuel Gas Fires." *Fire and Arson Investigator* July: 10–12.

Gray, B. F. 1990. "Spontaneous Combustion and Its Relevance to Arson Investigation." Paper presented at IAAI-NSW Annual Conference, Sydney, Australia, September.

———. 2001. "Interpretation of Small Scale Test Data for Industrial Spontaneous Ignition Hazards." Pp. 719–29 in *Proceedings Interflam 2001.* London: Interscience Communications.

Gruehn, R. L. 1988. "To Be Prepared Is Everything." *Fire and Arson Investigator* 39, no. 1 (September): 54.

Hall, R. J., J. J. Wanko, and M. E. Nikityn. 2008. "Special Hazards Fire Investigation." *NFPA Journal* November–December: 68–73.

Henderson, R. W., and G. R. Lightsey. 1994. "An Anti-Flareup Device for Barometric Kerosene Heaters." *Fire and Arson Investigator* 45, no. 2 (December): 8.

Hevesi, D. 1995. "Warehouse Caught Fire When Gloves Combusted." *New York Times,* August 10, 1995.

Hicks, A. J. 1998. "Hay Clinkers as Evidence of Spontaneous Combustion." *Fire and Arson Investigator* July, 10–13.

Hodges, D. J. 1973. "Spontaneous Combustion: The Influence of Moisture in the Spontaneous Ignition of Coal." *Colliery Guardian* 207, no. 678.

Hoffman, E. J. 1941. "Thermal Decomposition of Under-cured Alfalfa Hay in Its Relation to Spontaneous Ignition." *Journal of Agricultural Research* 61: 241.

Hoffman, J. M., et al. 2003. "Effectiveness of Gas-Fired Water Heater Elevation in the Reduction of Ignition of Vapors from Flammable Liquid Spills." *Fire Technology* 39: 119–32.

Holleyhead, R. 1996. "Ignition of Flammable Gases and Liquids by Cigarettes: A Review." *Science & Justice* 36, no. 4: 262–66.

———. 1999. "Ignition of Solid Materials and Furniture by Lighted Cigarettes: A Review." *Science and Justice* 39, no. 2: 75–102.

Howitt, D. G., E. Zhang, and B. R. Sanders. 1995. "The Spontaneous Combustion of Linseed Oil." In *Proceedings International Conference of Fire Safety*. San Francisco, CA, January.

Karlsson, B., and J. G. Quintiere. 2000. *Enclosure Fire Dynamics*. Boca Raton, FL: CRC Press.

Kong, D. 2003. "How to Prevent Self-Heating (Self-Ignition) in Drying Operations." *Fire and Arson Investigator* October: 45–48.

Krasny, J. F., W. J. Parker, and V. Babrauskas. 2001. *Fire Behavior of Upholstered Furniture and Mattresses*. Norwich, NY: William Andrew.

Lentini, J. J. 1990. "Vapor Pressures, Flash Points, and the Case against Kerosene Heaters." *Fire and Arson Investigator* 40, no. 3 (March).

Lowe, R. E., and J. A. Lowe. 2001. "Halogen Lamps II." *Fire and Arson Investigator,* April: 39–42.

Lowenweent, L. 1981. "Fire Investigation." *International Criminal Police Review* no. 344 (January): 2–3.

Mackey, W. M. 1895. *Journal of the Society of Chemical Industries* 14, no. 940.

Malooly, J. E., and K. Steckler. 2005. "Ignition of Gasoline by Cigarette." ATF (May 2005).

Mann, D. C., and M. Fitz. 1999. "Washing Machine Effluent May Provide Clues in Dryer Fire Investigations." *Fire Findings* 7, no. 4 (Fall): 4.

Marcus, H. A., and J. A. Geiman. 2014. "The Propensity of Lit Cigarettes to Ignite Gasoline Vapors." *Fire Technology* 50 (6): 1391–1412.

Martin, J. C., and P. Margot. 1994. "Approche Thermodynamique de la Recherche des Causes des Incendies. Inflammation du Bois I." *Kriminalistik und Forensische Wissenschaften* 82 (1994): 33–50.

Maxwell, F. D., and C. L. Mohler. 1973. *Exhaust Particle Ignition Characteristics*. Riverside, CA: Department of Statistics, University of California Riverside.

McAuley, D. 2003. "The Combustion Hazard of Plastic Domestic Heating Oil Tanks and Their Contents." *Science and Justice* 43, no. 3 (July–September): 145–58.

McCormack, J. A., et al. 1986. "Flaming Combustion of Upholstered Furniture Ignited by Smoldering Cigarettes." North Highlands, CA: California Department of Consumer Affairs, Bureau of Home Furnishings.

Merriam-Webster. 2017. "Iodine Number." Merriam-Webster.com. Accessed January 10, 2017 from https://www.merriam-webster.com/dictionary/iodine number.

Mitler, H.E. and G.N. Walton. 1993. "Modeling the Ignition of Soft Furnishings by a Cigarette." Gaithersburg, MD: National Institute of Standards and Technology.

NFPA. 2008. *Fire Protection Handbook,* 20th ed. National Fire Protection Association, Quincy, MA.

———. 2014a. *NFPA 51B: Standard for Fire Prevention during Welding, Cutting, and Other Hot Work.* Quincy, MA: National Fire Protection Association.

———. 2014b. *NFPA 1033: Standard for Professional Qualifications for Fire Investigator.* Quincy, MA: National Fire Protection Association.

———. 2015. *NFPA 54: National Fuel Gas Code.* Quincy, MA: National Fire Protection Association.

———. 2017a. *NFPA 58: Liquefied Petroleum Gas Code.* Quincy, MA: National Fire Protection Association.

———. 2017b. *NFPA 921: Guide for Fire and Explosion Investigations.* Quincy, MA: National Fire Protection Association.

———. 2017c. NFPA 654: Standard for the Prevention of Fire and Dust Explosions from the Manufacturing, Processing and Handling of Combustible Particle Solids. Quincy, MA: National Fire Protection Association.

Nicholson, J. 2005. "When You Go Out—Blow Out." *NFPA Journal* September–October: 68–73.

———. 2006. "Watch What You Heat." *NFPA Journal* September–October, 67–73.

Powerboat Reports. 1994. "Skyblazer Best in Low-Cost Aerial Pyrotechnics." September.

Ranke, H. 1873. *Liebig's Annals of Chemistry* 167: 361–68.

Rathbaum, H. P. 1963. "Spontaneous Combustion of Hay." *Journal of Applied Chemistry* 13 (July): 291–302.

Reese, N. D., G. J. Kloock, and D. J. Brien. 1998. "Clothes Dryer Fires." *Fire and Arson Investigator* July: 17–19

Sanderson, J. L. 1998a. "Candle Fires," *Fire Findings* 5, no. 4 (Fall).

———. 1998b. "Cigarette Fires in Paper Trash." *Fire Findings* 6, no. 1 (Winter).

———. 2000. "Heat-Bulb Testing: Wood, Straw and Towels Respond Differently at Close Distances to Lamps." *Fire Findings* 8, no. 4 (Fall).

———. 2004. "Manufacturers Vary Methods to Incorporate FVIR Technology." *Fire Findings* (Fall): 1–4.

———. 2005a. "Hot Surface Ignition." *Fire Findings* 13, no. 2 (Spring): 6.

———. 2005b. "Propane Torch Flame Exceeds 2400°F." *Fire Findings* 13, no. 2 (Spring): 5.

———. 2007. "Cigarette Fires in Fabrics." *Fire Findings* 15, no. 3 (Summer): 1–3.

Sanderson, J. L., and D. Schudel. 1998. "Clothes Dryer Lint: Spontaneous Heating Doesn't Occur in Any of 16 Tests." *Fire Findings* 6, no. 4 (Fall): 1–3.

Schuh, D. A., and J. L. Sanderson. 2009. "Cigarette Testing Reveals Dry Potting Soil, Peat Moss Can Be Viable Fuel Sources." *Fire Findings* 17, no. 2 (Spring): 1–3.

Schwartz, B. A. 1996. "Pyrophoric Carbon Fires." *Fire and Arson Investigator* December: 7–9.

Shannon, J. M. 2009. "Fire-Safe Cigarettes; Keep Fighting." *NFPA Journal* March–April: 6.

Singh, H. 1998. *Hazard Report on Candle-Related Incidents*. Washington, DC: US CPSC.

Smirnova, A. V., and A. K. Shubnikov. 1951. "Effect of Moisture on the Oxidative Processes of Coals." *Chemical Abstracts* 51, no. 18548 (November 25, 1951).

Stauffer, E. 2005. "A Review of the Analysis of Vegetable Oil Residues from Fire Debris Samples." *Journal of Forensic Science* 50, no. 5 (September): 1091–1100.

Tanner, D. J. 2005. US Patent 6848366, "Binary Exploding

Target, Package Process and Product." Issued February 1, 2005.

Tinsley, A. T., M. Whaley, and D. J. Icove. 2010. "Analysis of Hay Clinker as an Indicator of Fire Cause." Paper presented at *ISFI 2010,* Adelphi, MD, September 27–29.

Tontarski, R. E., et al. 2007. "Who Knew? Cigarettes and Gasoline Do Mix." Presentation B84 at American Academy of Forensic Sciences 59th Annual Meeting, San Antonio, TX, February 19–24.

Townsend, D. 2000. "Fires and Tea Light Candles." *Fire Engineers Journal* January: 10.

USFA. 2004. *Santana Row Development Fire.* USFA-TR-153. Emmitsburg, MD: FEMA.

Vlachos, W., and C. A. Vlachos. 1921. *The Fire and Explo-sion Hazards of Commercial Oils.* Philadelphia, PA: Vlachos & Co.

Williamson, J. W., and A. W. Marshall. 2005. "Character-izing the Ignition Hazard from Cigarette Lighter Flames." *Fire Safety Journal* 40, no. 5 (July 2005): 491–92.

Wolters, F. C., P. J. Pagni, T. R. Frost, and D. W. Vander-hoot. 1987. *Size Constraints on Self-Ignition of Char-coal Briquets.* Pleasanton, CA: Clorox Technical Center.

Yau, R. K., and S. W. Marshall. 2014. "Association between Fire-safe Cigarette Legislation and Residential Fire Deaths in the United States." *Injury Epidemiology* 1.

Ziegler, D. L. 1993. "The One Meridian Plaza Fire: A Team Response." *Fire and Arson Investigator* September.

第五章

火灾现场勘验

关键术语

- 退火（annealing）
- 回燃（back draft）
- 石膏煅烧（calcination of gypsum）
- 顶棚射流（ceiling jet）
- 炭化（char）
- 清洁燃烧（clean burn）
- 热传导（conduction）
- 热对流（convection）
- 龟裂（crazing）
- 扩散火焰（diffusion flame）
- 卷吸作用（entrainment）
- 共晶熔化（eutectic melting）
- 火灾作用（fire effects）
- 火灾痕迹（fire patterns）
- 火灾蔓延（fire spread）
- 易燃的（flammable）
- 重影痕迹（ghost marks）
- 传热学（heat transfer）
- 炭化等深线（isochar）
- 清除余火（overhaul）
- 氧化反应（oxidation）
- 火羽流（fire plume）
- 辐射热（radiant heat）
- 热辐射（radiation）
- 复燃（rekindle）
- 烟炱（soot）
- 剥落（spalling）
- 证据损毁（spoliation）
- 热惯性（thermal inertia）
- 沟槽效应（trench effect）
- 通风口（vent）
- 通风（ventilation）
- 排烟（venting）

目标

阅读本章，应该学会：

在火灾现场勘验时，掌握并能够正确运用专业的手段保护现场；

在火灾现场勘验时，能够运用火灾动力学知识分析起火点和起火原因；

分析认定火势发展蔓延的动力学过程；

辨别火灾痕迹及其形成原因；

分析火灾痕迹和火灾动力学之间的关系；

运用火羽流计算方法解释火灾痕迹的形成原因；

到达现场后，了解和降低现场证据损毁（spoliation）的可能性；

计算火焰高度、热释放速率和火焰作用半径；

解释影响火灾的环境状态；

在美国单栋居民建筑火灾中，能够区分Ⅲ型（普通）建筑和Ⅴ型（木框架）建筑。

为了正确勘验现场，准确认定起火点和起火原因，火灾调查人员需要掌握和火灾破坏作用直接相关的火灾动力原理，特别是形成火灾痕迹（fire patterns）的破坏作用。要确定火灾的初起、发展、蔓延过程，从三维视角开展现场勘验是最有效的方法。对现场物品破坏程度的二维解释，例如墙上的 V 形痕迹、地板或地毯上的燃烧痕迹，可能会使火灾调查人员对起火点和起火原因做出错误的假设。

火灾现场重建中运用的火灾动力学，是物理学、热力学、化学、传热学（heat transfer）和流体力学等知识结合的交叉科学。准确认定火灾的起火点、强度、发展、蔓延方向、持续时间和扑救过程，要求火灾调查人员能够准确运用火灾动力学原理，同时要求了解与火势发展、蔓延过程相关的因素，如火灾荷载、通风（ventilation）、房间结构等。

火灾调查人员可以受益于公开发表的研究成果，这些研究涉及火灾动力学领域的专家意见。这些成果包括最新的教科书和著作（DeHaan 和 Icove, 2012; Drysdale, 2011; Karlsson 和 Quintiere, 2000; Quintiere, 1998、2006），传统的消防工程参考书（SFPE, 2008），美国国家标准和技术研究所（NIST）和美国核管理委员会（NRC）的研究成果（Iqbal 和 Salley, 2004），以及火灾研究期刊。这些期刊包括同行公认与火灾相关的 *Fire Technology*、*Journal of Fire Protection Engineering* 和 *Fire Safety Journal*。法庭科学期刊中也有与火灾相关的研究内容，如 *Journal of Forensic Science* 和 *Science & Justice*。在 NFPA 921 2014 版第 6 页中也有许多火灾动力学原理的相关阐述（NFPA, 2017）。

许多火灾调查人员无法获得上述全部资源，本章的主要目的是补充这方面的知识。用真实的案例和练习题，来说明如何将火灾动力学基本原理应用于火灾现场常见可燃物的燃烧行为。本章运用案例讨论了消防工程模拟计算，帮助火灾调查人员解释火灾行为和现场重建。

根据 Daubert、Daubert Ⅱ、Kumho Tire 和 Benfield 的理论，以及其他有资质的专家证人及其观点，法庭期望的是遵循调查规则。在调查一起火灾之前，火灾调查人员应该了解可燃物的性质、燃烧特性、燃烧行为。他必须清楚调查的目的，并制定合理的调查计划来实现这一目标。

尽可能严格按照计划一步步实施，重构火灾前现场，对准确分析火灾痕迹是至关重要的。要进行现场重建，不仅要认定可燃物的原始位置、状态，还要识别墙、地板和天花板覆盖物，认定门窗的开闭状态，并在火灾蔓延重建过程中进行消防工程分析。没有两个火灾现场是相同的，也没有适用于每个火灾现场的规律。

表 5-1 遵照 NFPA 1033（NFPA, 2014）总结了每一步的调查计划。

表5-1　2014版NFPA 1033所列出的火灾调查人员专业技术能力

类别	技能要求
4.1 火灾调查员的一般要求	4.1.1 应该达到4.2至4.7所规定的技能要求
	4.1.2 在调查火灾和得出结论的过程中能够运用各种科学方法
	4.1.3 在遵守联邦政府和所在地区标准的前提下，开展各类现场的安全评估并将其纳入组织原则和程序
	4.1.4 与相关的专业人员和机构保持必要的联系
	4.1.5 遵守所有适用的法律法规要求
	4.1.6 了解调查组的组织和运作及事故调查管理体系
4.2 现场勘验	4.2.1 火灾现场保护
	4.2.2 开展火场外围勘验
	4.2.3 开展火场内部勘验
	4.2.4 解释火灾痕迹
	4.2.5 解释并分析火灾痕迹
	4.2.6 检查清理火灾残骸
	4.2.7 重构起火区域
	4.2.8 检查建筑系统运行状况
	4.2.9 区分爆炸和其他类型破坏
4.3 现场记录	4.3.1 绘制现场图
	4.3.2 拍摄现场照片
	4.3.3 制作现场勘验记录
4.4 证据收集和保存	4.4.1 采用正确程序处理伤亡人员
	4.4.2 定位、收集和包装证据
	4.4.3 挑选用于分析的证据
	4.4.4 保存好证据链
	4.4.5 处理证据
4.5 询问	4.5.1 制定询问计划
	4.5.2 开展调查询问
	4.5.3 分析询问信息

资料来源：NFPA 1033：Standard for Professional Qualifications for Fire Investigator，Published by National Fire Protection Association（NFPA），2014。

5.1
火灾扑救过程中的火灾调查信息

火灾调查人员面临的一个主要困难是，火灾现场可能被意外、自然因素、未知原因或者是有意行为破坏。不能做到理想的犯罪现场那样，除了调查人员及其助手外，没有其他人员进入。火灾现场几乎都有许多消防员及指挥员、目击者和记者进入。一般发现火灾的人位于火场外面，他可能会考虑到处于现场外面更有利于保护现场。现场大量的破坏是由于火灾及灭火行动造成的。

对于其他犯罪现场，尸体、被打破的窗户或者一声枪响可以表明有犯罪活动发生。而火灾案件则不同，经常是经过努力扑救后才开始进行涉嫌犯罪的火灾调查。放火案件是非常独特的，因为在犯罪过程中是毁灭证据，而不是创造证据。消防员的主要职责是保护人员和财产安全。在有些国家，通过侦查犯罪行为来保卫公共安全是次要的，根本不属于消防部门的职责范围。

5.1.1 消防员的职责

最有价值的目击者是最先到达现场的人，他们看到了未被破坏的现场及其周边的原始状态。消防员往往是现场的第一个独立目击者。火灾调查人员可以让消防员熟悉火灾调查和物证的某些方面的知识。在一些先进的地区，要求消防员在任何火灾扑救中，都应该谨慎扑救、清除余火、抢救财物，如果不认真执行这一点，现场很容易遭到破坏。

通过适当的预防措施，可以避免不必要的破坏。例如，过量使用高压水枪，可能将重要证据冲走，或者造成石膏板垮塌使调查更加复杂，迫使火灾调查人员花费很多时间去清理大量水渍石膏板和玻璃纤维隔热板。在小型建筑中，应该避免使用直流水枪，因为喷雾水枪不仅灭火效果较好，而且对现场的破坏较小。

应该避免对建筑物不必要的破坏，例如，破拆门窗和墙体。使用直流水枪打破窗户、剥离框架结构上的墙板，可能是灭火必需的，但是强烈建议不要过多采用这种方法。在小型建筑内使用高压直流水，能够剥离内墙和天花板上的石膏板或其他覆盖物，破坏附着在上面的火灾痕迹。同时可能扰乱可燃物残留物和放火装置残骸。

喷雾水枪或者可调喷雾水枪在建筑物内部火灾扑救中更有效，且破坏小。为了减少火灾后的清理工作，消防员会将建筑物的墙推倒压在火堆上，这对火灾现场造成很大破坏。在很多情况下，要快速进入火灾现场，只能强行进入，而随后的火场排烟（venting）可能要求打破窗户。消防员应该注意门窗在其到达现场时的开闭状态，是否被锁着。强行进入痕迹，如破坏的门框、撕裂的纱窗，对于火灾调查是非常有价值的信息，一旦发现这些痕迹应该通知火灾调查人员。

在火灾扑救的开始阶段，消防员处于能够发现多个可能起火点的最佳位置。在建筑物内发现几个相互独立的、同时存在的起火点，是判断多点放火嫌疑的关键一步，这是放火者的惯用手段。火灾调查人员不仅对火场位置及其外围情况感兴趣，同时也关注消防员的灭火方向和灭火进攻点，以及建筑物的通风方式等，因为这些因素都能影响建筑物内的火灾痕迹。消防员应该注意异常的火焰和烟气颜色、气味，天气状况（风力、风向、气温等），以及建筑内火灾探测和自动灭火系统的状态（动作情况）。

Smith1997年发表了一篇深度分析报告，分析了消防员保护现场的职责和对于成功开展火灾调查的重要性。在火灾调查人员完成调查之前保护好现场，是消防部门的最终职责，必要时甚至需要雇用私人保安。

5.1.2 减少火灾扑救后的破坏

火灾后现场破坏的主要原因包括灭火战斗、清除余火和抢救财物。

（1）清除余火

清除余火（overhaul）是指移动或清除隐藏在墙面、地板及软包家具内的残火，这些清除活动必须控制在必需的范围，只要防止复燃即可。Wallace 和 DeHaan（2000）指出火灾调查人员应该注意以下几点：

- 墙面或地板是否被拆毁？如果是，它们的原始状态是怎样的？
- 小块地毯是否在原始位置？
- 是否小块地毯卷起放在角落？
- 家具是否在原始位置？
- 墙或地板是否未被破坏，或者它们表面的覆盖物是否已经被移走？

有时候，放火者会故意打开天花板，取走阁楼入口盖板，或者打开耐火灰泥板或石膏板上的孔洞，暴露龙骨，加快从一个房间向另一个房间火势蔓延（fire spread）的速度。火灾中烧损的大件家具，如沙发和床，可能在清除余火时被移到室外。将家具和建筑物内其他物品倾倒在一起，可能使接下来的调查工作无法进行。移动家具时，应该有人记录每一个残片的原始位置。如果条件允许，不要将房间内的所有物品堆放在一起，应该分开堆放，并标记好物品来自哪个房间。在起火点确定之前，只有安全必需的少量清理才被允许。

在清除余火过程中，汽油动力的风扇、泵、锯常被用到。这些可能的污染源应该控制在外部，并详细记录。所有工具加油时应该远离火场。如果可能的话，电动或液压工具更适用。

（2）抢救财物和保护现场的关系

在现场清理过程的财物抢救环节，有时允许物主、房客和员工进入现场取走有价值的物品。在火灾调查人员对这些物品进行评估分析之前，负责现场的消防官员不应允许任何未经许可的人员进入现场。

曾经有案例报告，有受灾群众返回现场取走财物，破坏了一个或多个证明他们责任的放火证据。因此，消防员有最好的机会发现可疑情况，因为他们进入现场后，能够发现不正常的现场状态、物品或者火灾行为。

5.2
现场勘验

火灾调查可以在火灾未扑灭时展开，也可能因为火场环境或者围绕火灾产生的刑事、民事诉讼原因，在火灾扑救很长时间后才开始。每一起火灾都应该调查，查清是否是放火案件，或者发现危险物品和危险因素，以保障公共安全。如果可行，火灾现场勘验，最好是"非进入"式的勘验，直接对火场周围环境进行检查。

不论关于火灾的调查工作次序如何，最有效的调查在于火灾现场，记住这一点对于成功调查非常重要。尽管有用的询问可能提供线索或者验证线索，但是证明起火点和起火原因的确凿物证，只能靠细致的现场勘验获得。

5.2.1　火灾尚未扑灭前

只要有可能，在火灾尚未被扑灭前到达现场，对于火灾调查人员是有益的。有时可能明显发现建筑物内起火部位，也可能因为烟火的阻挡无法靠近观察，但是火灾调查人员可以通过观察消防队员的灭火行为获益，因为这些行为可以改变火势和蔓延路线，从而产生异常的火灾痕迹。火灾调查人员可以利用拍照、录像的方式记录火灾过程，开始寻找目击者。询问目击者，主要了解他们在什么时间、什么位置看到或听到了什么，这是绝大多数火灾调查工作的重要组成部分。

消防员的职责不单单是灭火，也包括火灾调查。他们常常是火灾现场的第一目击者，并且具有掌握现场所有证据（如燃烧图痕、人员活动痕迹、火源残留物）的能力。消防员的证言，常常是发现起火点起火原因的关键，特别是怀疑放火时。美国消防协会手册中的《消防员在放火案件调查中的职责》(NFPA，1949)，总结了消防员的职责，见表5-2。

表5-2　关于《消防员在放火案件调查中的职责》中的简要指南（NFPA）

近距离观察火灾状态	靠近火场观察
	●观察燃烧物质
	●观察人员和机动车
	●观察火焰和烟的颜色，追踪气味
	●观察火灾规模和蔓延速率
	到达火场内部
	●观察独立的火点数量、火势猛烈程度、蔓延速率
	●分析现场气味
	●观察燃烧产物
观察火灾中建筑物开口状态	●观察门窗是否上锁
	●寻找盗窃的证据
	●记录事件发生次序
观察房主、房客、旁观者	●观察房主的行为
	●寻找熟悉的面孔
锁定证据	●寻找故意放火的证据
	●寻找放火物质或者放火装置
保护、保存证据	●警戒、保护证据
	●识别、保存、提取并保护证据
观察建筑物内物品的状态	●寻找个人财物遗失的证据
	●寻找贵重物品遗失的证据
保护现场和财物	●控制入口
	●被允许进入现场的人员，要有人陪同
记录并报告观察情况	●提供一份恰当的笔录
	●列出简要条目

	●熟悉自己所处的环境和状态
	●表现出使人信任的状态
	●宣誓取得资格
法庭作证	●表现出令人尊重、镇定和专业的态度
	●讲出你所知道的事情
	●可以参考笔记
	●识别证据和展示物

资料来源：NFPA. 1949. The Firemen's Responsibility in Arson Detection. Quincy，MA：National Fire Protection Association

5.2.2 火灾刚刚扑灭之后

在这一阶段，现场还在保护之下，此时立即进入现场对于火灾调查来说非常重要。虽然此时火场高温不适合进行全面勘验，但可以先进行外围勘验，识别危险区域，如现场是否有建筑倒塌的可能性、化学或者带电危险等。不论是建筑火灾、汽车火灾、森林火灾还是草地火灾，火灾调查人员应该按照 NFPA 1033（NFPA，2014）中的 4.2.1 开展现场保护，按照 4.2.2 开展外围勘验。

一般情况下，在瓦砾等残留物被清理之前，火灾造成的后果比较明显。由于在一些现场中存在大量垮塌的瓦砾，在完成清理前实际上无法进行勘验。然而对于小型火场，这一阶段可以完成调查，因为火灾和破坏发生在局部，可以接近这一位置开展勘验。对于大型火场，可能需要数天甚至数月的时间，才能完成调查。

●现场勘验标准：NFPA 1033，2014 版中的第 4.2.1 条

任务：

保护火灾现场——采用明显标志、派出足够的人员和使用专用工具和装备，使未经许可的人能够识别现场保护的边界，避免无关人员进入，避免所有潜在的证据被破坏。

工作内容：

火灾调查人员保护起火区域，保护现场证据，限制人员进入现场。

条件：

火灾现场保护所需的警戒带或警戒绳、信息板，胶带、订书机和一个助手。

实施步骤：

1.到达现场后，记录火灾调查所需信息：到达现场的情况、现场有哪些机构的人员、当时天气情况及预报；

2.取得进入现场勘验的法律许可；

3.对现场的危险因素进行安全评估；

4.获得公用事业文件（供电、燃气、安防系统）；

5.确定保护火场范围和可能存在证据的部位；

6.在火场周围或者可能存在证据的地方设置警戒带或警戒绳；

7.在保护区域外张贴保护告示；

8. 禁止未经允许的人进入现场。

资料来源：更新和引自 Washington State Patrol, Form No. 3000-420-081（Sept. 2014）Fire Protection Bureau, Standards and Accreditation, Olympia, Washington，http：//www.wsp.wa.gov/fire/docs/cert/fire_invest.pdf

• 现场勘验标准：NFPA 1033, 2014 版中的第 4.2.2 条

任务：

实施外围勘验。使用标准的工具和设备，使证据得到保护，解释火灾破坏情况，发现危险因素避免伤害调查人员，确定可以接近的部位，观察所有的进出口。

工作内容：

保持对危险因素的警惕，火灾调查人员可以对火场外部进行 360° 的观察，找出进出火场的地点，列出可能的证据，以及点火装置的残骸。火灾调查人员要在照片上备注火场外部照相时拍照的位置及方向，尽可能采用下面所列步骤进行勘验。

条件：

火灾现场、平板电脑、照片日志。

实施步骤：

1. 确定火场范围；

2. 围绕火场巡视一圈；

3. 在拍照的部位提供照明；

4. 标出可能存在证据的部位；

5. 标出进出火场的路线；

6. 记录观察到的情况。

资料来源：更新和引自 Washington State Patrol, Form No. 3000-420-081（Sept. 2014）Fire Protection Bureau, Standards and Accreditation, Olympia, Washington, http：//www.wsp.wa.gov/fire/docs/cert/fire_invest.pdf

• 现场勘验标准：NFPA 1033, 2014 版中的第 4.2.3 条

任务：

实施火场内部勘验。使用标准的工具和设备，对可能存在物证的区域进行进一步勘验，提取并保护物证。确定具有证据价值的物品，排除现场危险因素。

工作内容：

保持对危险因素的警惕，火灾调查人员可以对火场内部进行 360° 的观察，找出进出火场的地点、列出可能的证据，以及点火装置的残骸。火灾调查人员要在照片上备注火场内部照相时拍照的位置及方向，尽可能采用下面所列步骤进行勘验。

条件：

火灾现场、平板电脑、照片日志。

实施步骤：

1. 进入火灾现场；

2. 对现场进行360°巡视，观察并记录火灾破坏情况；

3. 在拍照的部位提供照明；

4. 标出可能存在证据的部位；

5. 标出进出火场的路线；

6. 记录观察到的情况，包括现场存在或者缺失的物品。

资料来源：更新和引自 Washington State Patrol, Form No. 3000-420-081（Sept. 2014）Fire Protection Bureau, Standards and Accreditation, Olympia, Washington，http：//www.wsp.wa.gov/fire/docs/cert/fire_invest.pdf

5.2.3 清除余火期间的调查

在火灾调查人员到达现场勘验之前，将清理范围控制到最小，为了防止复燃而移走存在阴燃的物品，必须严格控制。如果现场有人死亡，尸体周围的清理更应该严格控制，用手持水管泼水扑灭家具上的残火即可。

对于火灾调查人员来讲，最重要的是在现场的清理或者清除余火过程中，能够在现场，按照 NFPA 1033（NFPA, 2014）中 4.2.3 的规定开始现场内部的勘验。在这个阶段，如果不加管理，重要的证据可能被破坏或者扰乱，降低其证据价值。如果火灾调查人员到达现场，采取必要的措施保护现场，则可以避免这一问题。

许多消防员已经接受过证据识别方面的培训，在发现有关证据时，能够及时通知火灾调查人员。当火灾调查人员无法对一个大型现场的所有清理工作进行监督，必须依靠经过训练的、能够胜任的助手帮助时，这种相互依赖就显得尤为重要。在清理过程中，确需移动家具时，主要可燃物的位置应该详细记录。人们曾经认为，有价值的火灾痕迹仅存在于地板上，认为所有残留物可以被铲除或者冲走，给火灾调查人员留下干净的现场。Wallace 和 DeHaan（2000）强调，火灾调查人员到达现场之前，消防员不能移动现场任何物品，这是非常必要的。

5.2.4 火场清理后的调查

火场清理之后，如果火灾痕迹没有在拆除建筑物中不安全部分时遭到破坏，火灾调查人员可以勘验燃烧痕迹。在现场勘验结束前，应该禁止在清理火场时拆除和移走建筑物及其中的物品，如果因安全需要拆除或移走时，应该控制在最小范围。在移走建筑物的大部分之前，必须经过火灾调查人员彻底勘验。清理瓦砾或其他物品也不能忽视，在这些杂物下面可能掩盖着重要的证据。当然，记录这些物品的原始位置会变得更加困难。

经过严重的破坏或清理后，火灾调查会变得更加困难。虽然，现场照片和录像有助于分析火灾现场有限的残留物，但是不能替代对原始现场的勘验。如果有足够的照片、现场图以及详细的说明材料，在火灾发生一段时间之后，现场还可以准确重建。但是在一些案例中，因为现场被严重破坏，不可能准确查清火灾原因。

如果火灾的破坏作用非常彻底，能够对图 5-1 所描绘的，火灾痕迹进行分析的可能性很小。除非现场没有发生猛烈的轰燃，而同时存在明显的燃烧痕迹，并且确定使用了易燃液体，否则火灾调查人员很难通过火灾痕迹证明液体燃烧。许多火灾调查人员希望通过询问目击证人来缩小勘验范围，这有可能将存在证据的区域排除。表 5-1 是典型建筑火灾现场系统勘验的简要指导。

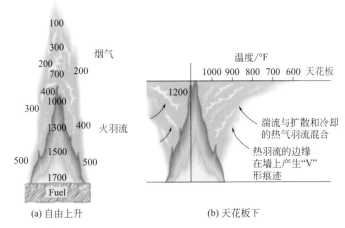

图 5-1 火羽流包括火焰和上升的烟气，羽流中温度分布示意图（℉）

5.3
火羽流

作为火灾现场重建所需考虑的最重要的一个因素是火羽流（fire plume），火羽流呈柱状，由可燃物燃烧产生的火焰、热空气和烟气组成，其中包括燃烧产物、烟，沿垂直方向上升（Cox 和 Chitty，1982；McCaffrey，1979；Beyler，1986；Drysdale，2011）。火羽流也可称为对流柱、热气流或热柱（NFPA，2017，3.3.141），大部分的热传递是羽流中的热对流（convection）完成的。

所有可燃物燃烧时，只要所释放热量足以使火焰和烟气上升，均会产生火羽流。不论是地板高度的燃烧，还是可燃液体池火，均会产生火羽流。许多固态可燃物，包括床垫用泡沫和塑料，燃烧时会首先熔化塌陷，燃烧行为与可燃液体相似。固态可燃物的种类、几何形状、垂直和水平表面的数量、内部结构等，均对火羽流产生影响。在研究火羽流的影响时，我们将简单的平面可燃物燃烧行为看作类似于池火。

液池燃烧火羽流的形状由以下几个因素控制：容器的几何形状、承载液池的物质种类，以及在一些情况下外部风的影响。由于火羽流是三维的，可以通过分析在地板附近、墙及天花板上的热传递痕迹、火势蔓延和烟气造成的破坏痕迹，认定它们的位置。在了解火羽流的本质、物理性质、热传递特性以及辐射热（radiant heat）作用等因素的基础上，火灾调查人员可以对火羽流进行进一步分析。热烟气在垂直方向的上升和遇到障碍后水平方向的流动，其驱动力是热气流。

在受限空间内模拟池火，进行了 55 次全尺寸稳定条件下的实验，实验中只保留最小开口，使流入空气模拟侧风作用于火羽流，研究发现火羽流垂直方向上的空气流动起主导作用（Steckler、Quintiere 和 Rinkinen，1982）。

5.3.1 火羽流与破坏作用的相互关系

FM Global（原来的工业联合研究公司）的实验，可以帮助对 V 形痕迹的形成原因进行深入分析。实验中，仔细观察火羽流在墙上的破坏区域，其具有的明显边界，也被称为火灾蔓延边界。在墙表面热分解终止的部位，这种边界清晰可见。

FM Global 的火灾实验，记录了临界热通量与火灾蔓延边界之间的关系，临界热通量是指固体可燃物产生易燃的（flammable）蒸气/空气混合物所需要的最小热通量（Tewarson, 2008）。也可通过采用不断减少热通量，直至不能引燃试样的方法，测出临界热通量（Spearpoint 和 Quintiere, 2001）。

图 5-2 所示为 FM Global 利用 8m（25ft）墙角火试验，研究火灾热释放速率峰值为 3MW 时，得出的火羽流与破坏作用之间的关系（Newman, 1993）。为了评价材料在火灾中的行为，实验设计墙面和天花板覆盖物采用了低密度、高炭化率隔热材料。利用辐射计在表面测量，确定临界热通量边界，评估可见破坏边界，如图中虚线所示。注意这些观察结果有多么密切相关。在分析不同类型的火灾痕迹时，墙面、天花板以及接触面上火羽流所在部位和影响对解释这种相关性非常重要。

火灾初期，火灾产生的烟炱（soot）和热分解产物首先在低温表面上沉积附着，没有化学或热作用。当火羽流中热烟气接触这些表面时，通过对流和辐射将热量传递，使这些部位温度上升。这些热量也可能传导到其内部。在一些部位，当温度上升达到某一值时，表面覆盖的物品被烧焦、熔化或者热分解，也可能被引燃。当达到临界热通量且持续足够时间时，可以达到上述温度。这些结论使我们能够分别分析表面烟熏痕迹、炭化和燃烧痕迹、渗透痕迹和燃尽痕迹。

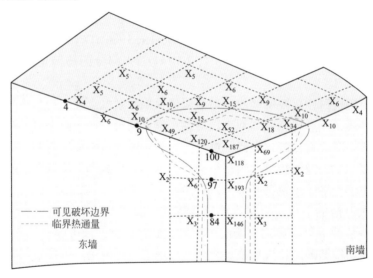

图 5-2　FM Global 25ft 墙角火实验得出的临界热通量（虚线）和可见边界线（点划线）之间的关系，解释了墙上 V 形痕迹形成机理

资料来源：SFPE Handbook of Fire Protection Engineering, 3rd ed., 2002, by permission of Society of Fire Protection Engineers

勘验火灾现场时，燃烧痕迹往往是证明热作用的唯一证据。在火灾迅速被扑灭或者自熄的火灾案例中，在墙面、地板、天花板和建筑物外墙上能够清晰保留燃烧痕迹。这些痕迹中，许多是火羽流和建筑物或其他障碍表面相遇作用而成。

火灾调查和现场重建中感兴趣的火羽流主要有四种类型（Milke 和 Mowrer, 2001）：

- 轴对称羽流；
- 窗口羽流；
- 阳台羽流；
- 线性羽流。

了解这些火羽流类型，可以对复杂火灾的动力学研究提供帮助。火灾调查人员勘验这些火羽流的破坏效应时，必须掌握它们的起火点、可燃物种类和通风条件。此外，通过实验建立的经验公式，可以描述火羽流的行为、形状以及火羽流的影响因素。

前期 Morgan 和 Marshall（1975）基于热溢出羽流理论的实验研究，用于解释多层购物中心火灾中烟气产物造成的危害。新西兰克赖斯特彻奇坎特伯雷大学的 Harrison（2004）、Harrison 和 Spearpoint（2007）总结了物理尺度火灾实验和计算机模型关于热溢出羽流的研究，这些报告拓展了以前的研究成果。

5.3.2 轴对称羽流

轴对称羽流一般围绕一个垂直的中心轴分布扩散。一般来说，它们通常发生在附近没有墙壁的开放区域或房间中心位置。关于火羽流的高度、温度、烟气上升速度以及卷吸作用（entrainment），已经有大量研究。图 5-3 所示为典型轴对称火羽流示意图，通过测量火羽流中心轴，火焰平均高度、虚拟点源来描述和计量火焰和羽流特性（Heskestad, 2008），这些测量可以用来计算火羽流的热释放速率、火焰高度、温度以及发烟量之间的关系。

图 5-4 所示为研究可燃液体燃烧流淌痕迹实验中，NIST 家具量热罩下的轴对称火羽流（Putorti、McElroy 和 Madrzykowski, 2001, 15）。这些实验既得到了在不同地板表面燃烧的热释放速率数据，又得到了燃烧痕迹数据。

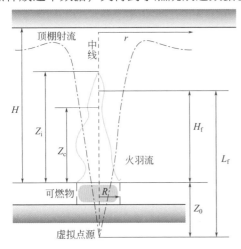

图 5-3　典型的轴对称火羽流，包括火羽流与天花板相交的示意图

（图中 Z_0 为可燃物表面至虚拟点源的距离，H_f 为可燃物上火焰平均高度，Z_c 是可燃物上火焰持续高度，Z_i 为可燃物上火焰间歇高度，H 为可燃物至天花板距离，R 为可燃物半径，r 为羽流天花板射流远点至射流中点距离。火焰的统计高度指在实验中 50% 的时间可见的火焰高度）

图 5-4　研究可燃液体燃烧流淌痕迹实验中，NIST 家具量热罩下的轴对称火羽流

资料来源：Putorti, McElroy, and
Madrzykowski（2001, 15）

靠近墙和墙角时，火羽流行为不同于轴对称羽流，它们的行为将在后面讨论。

5.3.3 窗口羽流

当火羽流从门或者窗出现，到开放空间时，成为窗口羽流。更详细的描述见 NFPA 92（NFPA，2015，5.5.3），在火灾中这种羽流一般是通风控制。图 5-5 为羽流从开口出现示意图，Z_w 从侧面上方计量。

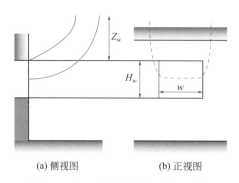

(a) 侧视图   (b) 正视图

图 5-5　窗口羽流侧方和正面示意图

当室内物品热分解产生可燃蒸气和气体速度较快，流入室内的空气不足，且可燃气体不能流到室外燃烧时，会产生窗口羽流。窗口羽流常常与轰燃后的燃烧相关联，当然也不排除其他情况。因此，这可以作为火灾发展的可见标志。

在垂直蔓延的多层建筑火灾中，窗口羽流是一个主要因素，因为卷吸作用可以使羽流紧靠可燃壁板、拱肩镶板、上一层的窗户。在这种情况下，窗户上面的建筑正面会承受很高的热流，导致快速破坏（DeHaan 和 Icove，2012）。

如果房间内燃烧通风受开口控制，可以用开口处窗口羽流的体积和高度，估算房间内火灾的最高热释放速率。当窗口羽流中发现烟羽流时，如果房间只有一个通风口（Vent），基于木材和聚氨酯燃烧实验数据的数学公式，可以用来预测最大热释放速率（Orloff、Modale 和 Alpert，1977；Tewarson，2008）。

同样，对于窗口羽流，质量损失速率同样可以确定。NFPA 921（NFPA，2015，5.5.3）中采用下式计算：

$$\dot{m} = 0.68\,(A_w\sqrt{H_w})^{\frac{1}{3}}\,(Z_w + a)^{\frac{5}{3}} + 1.59 A_w\sqrt{H_w} \qquad (5.1)$$

式中　$\dot{m}$——Z_w 高度上的火羽流质量流率，kg/s；

　　A_w —— 开口面积，m²；

　　H_w —— 开口高度，m；

　　Z_w —— 超出窗户顶部的高度，m；

　　a —— $(2.40 A_w^{\frac{2}{5}} H_w^{\frac{1}{5}}) - 2.1 H_w$，m。

当温度超过环境温度少于 2.2℃（4 ℉）时，这个公式失效。但是考虑到现场目击者和消防员的所见现象，这种估算质量损失速率的方法可能是有意义的。例如，基于观察到的开口面积和高度，采用窗口羽流描述火灾的猛烈程度就足够了。

5.3.4 阳台羽流

在 NFPA 921（NFPA, 2015, 5.5.3）中，出现在伸出构件下方和门口处的火羽流被称为阳台羽流。阳台羽流（图 5-6）是火发生在封闭房间，通过露台门窗蔓延，蔓延至门廊、露台或者阳台时，所表现出的火灾特性。燃烧热产生的浮力，使得火羽流沿着水平平面流动，直至能够垂直上升。

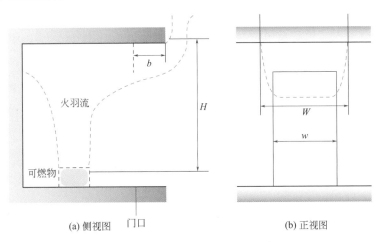

(a) 侧视图　　门口　　　　　　　　(b) 正视图

图 5-6　阳台火羽流侧面和正面示意图

热或者烟在下沿平面上造成的破坏痕迹，可以用来评估羽流的尺寸。羽流流动时向横向扩散，羽流的宽度可以通过羽流在水平和垂直方向上接触的面积估算：

$$W = w + b \tag{5.2}$$

式中　W——羽流的最大宽度，m；

w—— 从起火点到阳台的开口宽度，m；

b—— 从开口到阳台边缘的距离，m。

这个公式可用来估算火羽流的高度和宽度，从而确定产烟量。存在阳台羽流的位置有通往花园的外门、中庭式建筑旅馆内房间、多层商场以及多层监狱中面向过道的房间等。

阳台羽流的特点是，由于存在外挂物、敞开式走廊、房间或公寓的平屋顶，火焰由向上一层蔓延会转变方向。在建筑被动防火设计中，这种外挂构件是用来阻止火灾沿着建筑物向上，降低火势向上一层蔓延的一种方法。

图 5-7 所示为一个案例，窗口羽流遇到外挂的门廊，产生与阳台羽流一样的效应。当这种羽流离开窗口时，将沿着门廊的天花板流动，火焰沿着外挂构件的边沿向外发展。这种现象在居民火灾中常见，特别是住所有门廊或伸出的平屋顶时。

图 5-7　窗羽流遇到外挂的门廊，产生与阳台羽流一样的效应

资料来源：David J.Icove, University of Tennessee

5.3.5 线性羽流

线性羽流（图 5-8）形状细长，产生的是狭窄、单薄、浅淡的羽流。后面部分将介绍火焰高度与热释放速率之间的关系。线性羽流可以用来描述那些在大多数时间内火焰高度远大于宽度的羽流。

可能出现线性羽流的火灾，包括户外沟渠内可燃液体燃烧、联栋式住房火灾、长沙发燃烧、森林火灾蔓延的火线、在可燃长墙上蔓延的火焰，甚至有时候阳台羽流也会出现线性羽流（Quintiere 和 Grove，1998）。线性羽流可以用来概略描述中庭式建筑或仓库开放空间内拉长的火灾。

图 5-8 所示为线性羽流示意图，图中 $B > 3A$，如果图中火焰高度大于 5 倍的 B，线性羽流更接近于轴对称羽流。火焰高度和热释放速率之间的关系可用下式表示（Hasemi 和 Nishihata，1989）。

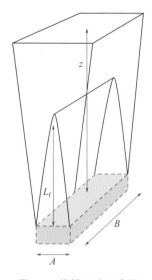

图 5-8　线性羽流示意图

$$B > 3A \qquad L_\mathrm{f} = 0.035 \left(\frac{\dot{Q}}{B} \right)^{2/3} \tag{5.3}$$

$$B < 3A \text{ 且 } L^{\textbf{❶}} < z < 5B \qquad \dot{m} = 0.21 z \left(\frac{\dot{Q}}{B} \right)^{2/3} \tag{5.4}$$

式中　L_f——火焰高度，m；

　　　　$\dot{Q}$——热释放速率，kW；

　　　　A——线性羽流的短边，m；

　　　　B——线性羽流的长边，m；

　　　　$\dot{m}$——火羽流质量流率，kg/s；

　　　　z——可燃物至上天花板高度，m。

长线性羽流周围空气的卷吸作用，可以想象为空气从轴对称羽流相对两侧进入。Quintiere 和 Grove（1998）对此做过理论模型研究。对于火焰倚靠不燃墙壁的燃烧，空气只能从一侧进入。公式中 $\dot{Q}$（单位长度上热释放速率）可以通过 $\dot{Q}/B$ 计算。

消防手册（SFPE，2008）给出了以下关系：

线性羽流　$L_\mathrm{f} = 0.017 \dot{Q}^{\frac{2}{3}}$

墙壁火羽流　$L_\mathrm{f} = 0.034 \dot{Q}^{\frac{3}{4}}$

5.3.6 轴对称羽流的计算

作为燃烧过程的物理现象，火羽流展示的信息对于火灾调查人员来说是有用的。基于实际火灾实验数据和理论而形成的，完善的科学和工程规则，能够描述火羽流的行为。

---

❶ 原文此处有误，L 应为 L_f。

在火灾风险分析中，常用的火羽流行为计算方法有 5 种（SFPE, 2008）。这些方法将以下火羽流特性模型化：

- 等效火焰直径；
- 虚拟点源；
- 火焰高度；
- 空气卷吸作用；
- 火羽流中心温度及升温速率。

这些基本特性构成火灾现场重建所需的最基本信息。在消防工程实践中，分析火羽流所使用的一些公式，依靠能量或者热释放速率回答以下问题：火焰有多高？虚拟点源位置与地板的关系是怎样的？易燃液体池的深度是多少？

火灾调查人员必须能够使用这些基于基本火灾科学与工程规则的计算方法，在评估一些假设时，如可燃物数量、燃烧时间、初始通风条件的影响等，这些计算方法是必需的。

许多计算方法可以在不同的火灾模型软件中找到，例如 FPETool 和 CFAST。这里简要说明这些计算方法，展示其概念和作用。

（1）等效火焰直径

在计算火羽流中火焰高度时，假设火焰的底部为圆形。一般情况下实际并非如此，无论是可燃液体洒在地板上还是可燃物包装成长方形时，必须计算等效直径。对于圆形面积（$A = \pi r^2$，其中 $r = D/2$），基本关系式为：

$$D = \sqrt{\frac{4A}{\pi}} \qquad (5.5)$$

式中　D —— 等效直径，m；

　　　A —— 可燃物的总面积，m²；

　　　π —— 3.1416。

不规则形状池的面积，可以利用火灾现场照片重现其形状和大小，通过现场记录得到其尺寸，在剪纸上复制其形状，然后进行计算。利用邮包秤称重的方法，称取剪纸重量，参考已知面积的纸样重量，得到面积值。也可通过照相测量法，利用现场照片获得面积值。

火灾调查人员必须明白，烟羽流的热释放速率，远低于有相当深度可燃液体池火的热释放速率。这将影响热释放速率和火焰高度。对于液体火灾强度方面的详细讨论，可以参见 Putorti、McElroy、Madrzykowski（2001）以及 Mealy、Benfer 和 Gottuk（2011）的相关研究。

长方形容器泄漏，包括装满油的电力变压器、储油罐失效，使其存储的油品流入长方形有堤防的区域并被引燃，此时有必要确定圆形容器的直径，等同于长方形容器泄漏所形成面积，采用长宽比方法，如图 5-9 所示。

长宽比是泄漏区域宽度和高度的比例。当长宽比 ≤ 2.5 时，等效直径值是可靠的。如果长宽

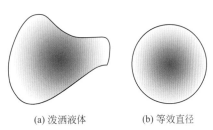

(a) 泼洒液体　　　(b) 等效直径

图 5-9　采用等效直径估算非圆形面积示意图

比＞2.5，可以看作沟槽火或线型火，使用其他模型（Beyler, 2008）。

持续时间短的燃烧，可以直接在地板或者其覆盖物上测量可燃液体泼洒区域。长时间燃烧或者发生了轰燃后燃烧，地板上的覆盖物稳定燃烧，破坏区域可能已经延伸到远超可燃液体泼洒范围，不能作为可燃液体泼洒范围的证据。

Putorti、McElroy 和 Madrzykowski（2001）认为，表面积、容量和泼洒在何种表面上，决定可燃液体油池的有效深度。Mealy、Benfer 和 Gottuk（2011）通过实验，从法庭科学的角度分析了油池火和泼洒火（即液池的深度是深还是浅）在火灾动力学上的区别。他们提供了一套方法，在分析存在可燃液体燃烧的火灾时可以协助识别犯罪证据。

Mealy、Benfer 和 Gottuk（2011）认为，汽油泼洒在无孔隙表面如混凝土地面上时，自由流淌产生的油池深度大约 1mm（1×10^{-3}m）。液面面积（m^2）可以由泼洒液体体积（m^3）除以油池深度（m）得出，即：

$$液面面积（m^2）= \frac{液体体积（m^3）}{油池深度（m）} \tag{5.6}$$

单位换算，1L（升）=$10^{-3}m^3$

在半多孔物质如木材表面，等效深度为 2 ~ 3mm [（2 ~ 3）×10^{-3}m]。在多孔物质如地毯表面，假设地毯完全浸透，最大深度为地毯的厚度。

【例5-1】 等效火焰直径

问题：一个容器装满 3.8L（1gal 或者 3800cm³）汽油，意外倾倒到混凝土铺地的封闭平台上。泼洒油池深度为 1mm，计算（1）液面覆盖面积；（2）相同面积的等效直径。

解：

$$泼洒面积 = \frac{液体体积}{油池深度} = \frac{3800cm^3}{0.1cm} = 38000cm^2 = 3.8m^2$$

等效直径：$D = \sqrt{4A/\pi}$

总表面积：$A = 3.8m^2$

常数：$\pi = 3.1416$

等效直径：$D = \sqrt{4 \times 3.8 / 3.1416} = 2.2$（m）

（2）虚拟点源

如图 5-3 所示，假设真正的火灾都以某一点为起点，这个起点称为虚拟点源。虚拟点源是位于火羽流的中心线上的一个点，即假设火焰出现的部位，从可燃物燃烧表面开始测量。确定虚拟点源可以帮助分析房间内其他可燃物所受火灾作用情况。火灾调查人员依据可燃物的距离和尺寸，可能需要做几种假设。

虚拟点源可以计算出来，它的位置对于现场重建和认定火源、起火点、起火部位以及火势蔓延方向均有帮助。在一些计算中，也可用于推算火焰高度。

虚拟点源 Z_0 可由 Heskestad 公式（1982, 1983）计算：

$$Z_0 = 0.083\dot{Q}^{2/5} - 1.02D \tag{5.7}$$

式中 Z_0——虚拟点源，m；

$\dot{Q}$——总热释放速率，kW；

D——等效直径，m；

条件为：

$T_{amb}=293K$（20℃，68 ℉）；

$p_{atm}=101.325kPa$（标准温度和压力下）；

$D\leq100m$（328ft）。

虚拟点源主要与热释放速率和等效直径有关，依靠等效直径和总热释放速率得出，可能低于或高于可燃物的表面，计算结果可以用于其他火羽流的公式和模型中。

小尺度的可燃液体泼洒火，其虚拟点源往往在可燃物表面上方。从式（5.7）可以看出，火焰的等效直径 D 越小，或者总热释放功率 $\dot{Q}$ 越大，计算出点源高于可燃物表面的机会就越大。由于不是所有的火灾都是在地板高度上燃烧，Z_0 的概念可以用于分析火羽流对于可燃物表面和房间起作用的点源。

【例5-2】 虚拟点源

问题：某火灾为放满废纸的纸篓起火，迅速达到稳定燃烧阶段，热释放速率100kW。纸篓的直径为0.305m（1ft），采用Heskestad公式计算虚拟点源。

解：

虚拟点源计算公式

$Z_0=0.083\dot{Q}^{2/5}-1.02D$

等效直径 $D=0.305m$

总热释放速率 $\dot{Q}=100kW$

代入得：$Z_0=0.083\times100^{2/5}-1.02\times0.305=0.524-0.311=0.213$（m）（0.698ft 或 8.9in）

在这个例子中，虚拟点源为正值，说明它位于可燃物表面上方。如果同样的可燃物散落在地板上，等效直径为1.0m，总热释放速率 $\dot{Q}$ 仍为100kW，火焰的虚拟点源将为 $Z_0=-0.5m$（1.64ft），显示火焰燃烧距天花板距离更大。

讨论：如果这个纸篓里装满汽油，$\dot{Q}=500kW$，重新计算虚拟点源，随着热释放速率的增加，计算结果会怎样？

（3）火焰高度

火羽流中可见的火焰部分，代表了可燃物燃烧过程。由于热分解产物和烟炱受热发光，使得它们可见。这些热气流产生的浮力，使得火羽流垂直上升。有几种方式描述火焰高度，包括持续高度、闪烁高度、平均高度。

了解火焰高度及其大概的持续时间，火灾调查人员才能分析和判断火羽流的热传递对天花板、墙面、地板及附近物体的破坏作用。基于对燃烧试验进行回归拟合的几个公式，可以用来估算火焰高度。在使用这些公式时，必须谨慎了解其试验局限性和边界条件。

可燃物燃烧火焰，特别是可燃液体燃烧，其高度是波动的。研究者在观察燃烧火焰时，至少在要观察时间的50%内观察到火焰达到最高点，才能确定为火焰高度。为了确定火焰高度的定义，Zukoski、Cetegen 和 Kubota（1985）研究了闪烁的火焰，在闪烁的时候，火焰高度可以超出正常高度0.5倍。Audouin 等（1995）的研究结论与 Zukoski 相同，闪烁火焰和持续火焰的高度差可以分别高出0.95倍和低于0.05倍。Stratton（2005）给出了一个测定这些高度的方法，利用录像拍摄的三维阴影，作为火焰的脉动频率。

在火焰区内，沿着火焰中心线有两个 McCaffrey 量值来描述火焰高度（McCaffrey, 1979），持续高度 Z_c 和闪烁高度 Z_i：

$$Z_c = 0.08\dot{Q}^{2/5} \tag{5.8}$$

$$Z_i = 0.20\dot{Q}^{2/5} \tag{5.9}$$

式中　Z_c——持续火焰高度，m；

　　　Z_i——闪烁火焰高度，m；

　　　$\dot{Q}$——热释放速率，kW。

通过目击者和消防员估测的火焰高度来粗略估计热释放速率，可以修正 McCaffrey 闪烁火焰高度公式：

$$\dot{Q} = 56.0\, Z_i^{5/2} \tag{5.10}$$

【例 5-3】　火焰高度：McCaffrey 法

问题：在例 5-2 100kW 废纸篓火灾中，采用 McCaffrey 法确定持续和闪烁火焰高度。

解：

热释放速率 $\dot{Q} = 100$kW

持续火焰高度 $Z_c = 0.08\dot{Q}^{2/5} = 0.08 \times 100^{2/5} = 0.505$（m）（1.66ft）

闪烁火焰高度 $Z_i = 0.20\dot{Q}^{2/5} = 0.20 \times 100^{2/5} = 1.26$（m）（4.1ft）（位于可燃物上方）。

【例 5-4】　利用火焰高度得出热释放速率：McCaffrey 法

问题：一名当事人将割草机弄翻，目睹汽油被引燃，产生了轴对称羽流。他观察闪烁的火苗达到 3m（9.84ft），估算汽油的热释放速率。

解：

公式 $Z_i = 0.20\dot{Q}^{2/5}$

闪烁火焰高度 $Z_i = 3.0$m

热释放速率 $\dot{Q} = 56.0\, Z_i^{2/5} = 56.0 \times 3.0^{2/5} = 873$（kW）❶

依据经验估计为 800～900kW。

【例 5-5】　计算池火面积

问题：计算例 5-4 中热释放速率为 873kW 的池火面积。

解：

使用热释放速率公式 $\dot{Q} = \dot{m}'' \Delta h_c A$

热释放速率 $\dot{Q} = 873$kW

单位面积质量燃烧速率 $\dot{m}'' = 53$g/（m²·s）

燃烧热 Δh_{eff}❷ $= 43.7$kJ/g

池火面积 $A = \dot{Q}/(\dot{m}'' \Delta h_c) = 873/(53 \times 43.7) = 0.38$（m²）（4.1ft²）

---

❶　原文此处有误，两处 2/5 均应为 5/2。

❷　原文此处有误，Δh_{eff} 应为 Δh_c。

一种评价火焰高度的方法是采用其统计意义上的高度，指在火焰出现的 50% 的时间内可见的火焰高度。当人眼看到脉动的火焰时，往往会粗略估计火焰高度。

能够很好评价平均火焰高度的一个方法是 Heskestad 公式：

$$L_{\mathrm{f}} = 0.235 \dot{Q}^{2/5} - 1.02D \tag{5.11}$$

式中　　D —— 有效直径，m；

$\quad\quad\dot{Q}$ —— 总热释放速率，kW；

$\quad\quad L_{\mathrm{f}}$ —— $Z + Z_0 =$ 虚拟点源上方平均火焰高度，m。

这个公式中的直径，考虑了大尺寸可燃物燃烧时，可燃物对可见火焰的影响。可燃物燃烧区域面积越大，在同等热释放速率的情况下火焰越低。

【例 5-6】　火焰高度：Heskestad 法

问题：例 5-2 中热释放速率 100kW 的废纸篓火灾，计算虚拟点源 Z_0 以上平均火焰高度。

解：使用式（5.11）计算

平均火焰高度 $L_{\mathrm{f}} = 0.235\dot{Q}^{2/5} - 1.02D$

纸篓直径 $D = 0.305\mathrm{m}$

总热释放速率 $\dot{Q} = 100\mathrm{kW}$

平均火焰高度 $L_{\mathrm{f}} = 0.235\dot{Q}^{2/5} - 1.02D = 0.235 \times 100^{2/5} - (1.02 \times 0.305) = 1.17(\mathrm{m})(3.84\mathrm{ft})$

高于虚拟点源 3～4ft。

例 5-2 中虚拟点源位于可燃物上方约 1.2m。

（4）空气卷吸作用

当火在房间中心燃烧时，热气流向上浮，使房间内的新鲜空气卷入，因为周围的冷空气混入或者卷入向上的羽流，改变了可燃物上羽流的温度、速度和直径，这一过程称为卷吸效应。卷吸效应降低了羽流温度，增加了羽流直径。

如果存在天花板，火羽流到达天花板后，将沿着水平方向流动，称为顶棚射流（ceiling jet）。这种情况下，同时发生天花板卷吸作用（Babrauskas, 1980）。

当一些热量因为对流作用而随着被加热的空气流走时，常常会出现湍流混入，冲淡并冷却上升的热气流。俯视火羽流，如图 5-10（a），可以看到，整个羽流周边向内流动的空气大致相同，所以整个羽流保持对称向上。

如果火焰靠墙，不能从每个方向吸收房间内的空气，空气只能从自由的那一侧被卷吸，迫使火羽流倾斜倚墙，如图 5-10（b）和（c）。卷吸效应减少了 50%，意味着进入的冷空气变少，延缓了冷却过程。因此，热空气可以离开火焰，有更多的时间上升。即使墙不是垂直的，这一过程在火靠近墙的时候也能够发生。这一机理是现代高层建筑外部火焰在楼层间蔓延的原因。

当房间内的窗户首先被破坏时，房间内的火羽流溢出，同时卷吸使之倚墙流动，如图 5-10（d）所示。上层的窗户和地板上的拱肩镶板暴露在羽流的热辐射和对流热中（$> 50\mathrm{kW/m^2}$），迅速破坏，使得火焰进入地板并将之引燃。如果没有足够的防火措施来扑灭新引燃的火，火焰将跳跃着向建筑物上方蔓延。如果建筑物的每一层都存在窗台或者阳台，火羽流将离开建筑外墙，没有机会接触墙的表面。比起幕墙建筑，设置防火窗台后，上面楼层窗户破坏而导致火灾蔓延的可能性大大降低。

如果火灾发生在角落，卷吸冷空气的表面仅为其原始尺寸的四分之一（此时有足够的空气进入燃烧区），火能够按相同的速度燃烧，如图 5-10（e）所示。在墙角火中，气流冷却速度更慢，冷却至低于引燃温度（500℃）前上升的时间更长，可见火焰更高。这一效应因为辐射热被临近的墙或角落表面反射到可燃物时会加强，从而增加热释放速率。

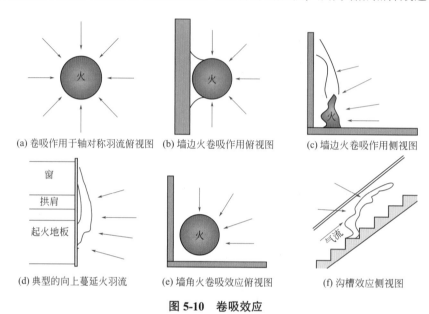

(a) 卷吸作用于轴对称羽流俯视图　(b) 墙边火卷吸作用俯视图　(c) 墙边火卷吸作用侧视图

(d) 典型的向上蔓延火羽流　(e) 墙角火卷吸效应俯视图　(f) 沟槽效应侧视图

图 5-10　卷吸效应

由于墙或墙角降低冷空气的卷吸作用，同时增加反作用于燃烧物的热辐射作用，对火焰高度产生了影响。2004 版 NFPA 921（NFPA, 2004）列出了对火灾调查人员非常有用的关系式，这是为了分析墙边火的平均火焰高度，开展了许多研究和实验而得出的（Alpert 和 Ward, 1984）。这些因素之间的关系可以用下式表示：

$$H_f = 0.174 \, (k\dot{Q})^{2/5} \tag{5.12}$$

$$\dot{Q} = \frac{79.18 H_f^{5/2}}{k} \tag{5.13}$$

式中　H_f——火焰高度，m；

　　　$\dot{Q}$——热释放速率，kW；

　　　k——墙壁影响因子，其中 $k = 1$，附近没有墙；$k = 2$，可燃物在墙边；$k = 4$，可燃物在墙角。

【例 5-7】　火焰高度：NFPA 921 方法

问题： 使用例 5-2 热释放速率为 100kW 的废纸篓火，计算三种情况下火焰高度——在房间中央、靠近墙、靠近墙角。假设火发生在一个大房间内，为不受通风控制的自由燃烧。

解： 根据式（5.12），从可燃物表面起始测量的火焰高度 H_f：

总热释放速率 $Q = 100$kW

火焰高度 $H_f = 0.174(k\dot{Q})^{2/5}$

不靠近墙时, $k = 1$, $H_f = 0.174 \times 1 \times 100^{2/5} = 0.174 \times 100^{0.4} = 1.10$（m）

靠近墙时, $k = 2$, $H_f = 0.174 \times (2 \times 100)^{2/5} = 1.45$（m）

在墙角时, $k = 4$, $H_f = 0.174 \times (4 \times 100)^{2/5} = 1.91$（m）

卷吸作用有一种特殊情况, 气流倾向于顺着靠近的物体表面快速流动, 称为沟槽效应(trench effect), 也叫康达效应。当火起始于地板, 两侧存在倾斜的表面, 如楼梯或自动扶梯时, 会发生这种效应［图 5.10（f）］。在这种情况下, 进入羽流的空气限制在下方流动。当火势达到临界规模（即临界气流量）时, 火羽流将倾斜沿着沟槽向着卷吸效应确定的方向流动。如果地板或沟槽是可燃的, 将被引燃, 火势会迅速蔓延到整个楼梯。

1987 年伦敦十字君王地铁站火灾中, 小火迅速沿着扶梯向上蔓延, 形成一个巨大的火球吞没了扶梯上方的售票厅, 其机理是产生了沟槽效应（Moodie 和 Jagger, 1992）。爱丁堡大学的进一步研究发现, 产生沟槽效应的原因有 4 个因素:

① 沟槽的坡度;

② 几何形状;

③ 物质的燃烧性能;

④ 火源（Wu 和 Drysdale, 1996）。

研究者确定了临界坡度, 大沟槽为 21°, 小沟槽为 26°。

（5）火羽流中心温度及升温速率

图 5-11(a)所示为典型火羽流中心线的温度分布, 图 5-11（b）所示为水平方向羽流的温度分布。计算羽流中心线, 有益于分析建筑火灾中火羽流的影响效应。这个效应包括羽流到达天花板及与其他可燃物作用产生的后果。这些值可以用几个公式来计算。

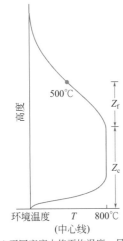

(a) 不同高度火焰平均温度, 显示连续火焰区中心温度最高温度的均一性, 在闪烁区内温度降低

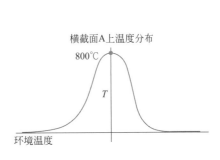

(b) 火羽流水平方向不同位置温度分布示意图, 显示最高温度位于轴线上

图 5-11　火羽流中心线的温度分布

Heskestad 法（Heskestad, 1982、1983）可以计算火羽流中心线的最大温升、速度和质量流率:

$$T_0 - T_\infty = 25\left[\frac{\dot{Q}_c^{2/5}}{Z - Z_0}\right]^{5/3} \qquad (5.14)$$

$$U_0 = 1.0\left[\frac{\dot{Q}_c}{Z - Z_0}\right]^{1/3} \qquad (5.15)$$

$$\dot{m} = 0.0056\dot{Q}_c\frac{Z}{L_f} \qquad Z < L_f\,(\text{即：数据点位于火羽流内}) \qquad (5.16)$$

$$\dot{Q}_c = 0.6\dot{Q} \sim 0.8\dot{Q} \qquad (5.17)$$

McCaffrey 法（McCaffrey, 1979）也可以计算火羽流中心线的最大温升、速度和质量流率：

$$T_0 - T_\infty = 21.6\,\dot{Q}^{2/3}Z^{-5/2} \qquad (5.18)$$

$$U_0 = 1.17\,\dot{Q}Z^{-1/3}\text{❶} \qquad (5.19)$$

$$\dot{m}_p = 0.076\,\dot{Q}^{0.24}Z^{1.895} \qquad (5.20)$$

另一个计算火羽流最大温升和速度的方法是 Alpert 法（Alpert, 1972）：

$$T_0 - T_\infty = \frac{16.9\dot{Q}^{2/3}}{H^{5/3}} \qquad \left(\frac{r}{H} \leqslant 0.18\right) \qquad (5.21)$$

$$T_0 - T_\infty = \frac{5.38(\dot{Q}/r)^{2/3}}{H^{5/3}} \qquad \left(\frac{r}{H} > 0.18\right) \qquad (5.22)$$

$$U = 0.96\frac{\dot{Q}^{1/3}}{H}, \qquad \left(\frac{r}{H} \leqslant 0.15\right) \qquad (5.23)$$

$$U = \frac{0.195\dot{Q}^{1/3}H^{1/2}}{r^{5/6}} \qquad \left(\frac{r}{H} > 0.15\right) \qquad (5.24)$$

式中　T_0——最大天花板温度，℃；

　　　T_∞——环境温度，℃；

　　　$\dot{Q}$——总热释放速率，kW；

　　　$\dot{Q}_c$——对流传热率，kW；

　　　Z——中心线火焰高度，m；

　　　Z_0——到虚拟点源距离，m；

　　　L_f——$Z + Z_0$；

　　　$\dot{m}_p$——火羽流质量流率，kg/s；

　　　r——从中心线起始的火羽流半径，m；

　　　H——天花板高度，m；

　　　U——天花板射流最大速度，m/s；

　　　U_0——中心线羽流上升速度，m/s。

【例5-8】　火羽流中心线的最大温升、速度和质量流率计算——McCaffrey 法

问题：一起废纸篓火灾发生在房间内，房间天花板高度为 2.44m，热释放速率约为

---

❶　原文此处有误，$\dot{Q}$ 应为 $\dot{Q}^{1/3}$。

100kW。假设环境温度为20℃，计算天花板处火羽流温度、速度和质量流率（采用适当方法测量可燃物顶端至最低点的距离，最低点即空气卷吸进入的部位。应该考虑从天花板高度中减去纸篓的高度）。

解：

运用 McCaffrey 公式：

天花板处羽流最大温度：$T_0 = 21.6\dot{Q}^{2/3}Z^{-5/2} + T_\infty = 21.6 \times 100^{2/3} \times 2.44^{-5/2} + 20 = 68.5$（℃）

天花板处羽流速度：$U_0 = 1.17\dot{Q}Z^{-1/3}$[❶] $= 1.17 \times 100^{1/3} \times 2.44^{-1/3} = 4.033$（m/s）

羽流质量流率：$\dot{m}_p = 0.076\dot{Q}^{0.24}Z^{1.895} = 0.076 \times 100^{0.24} \times 2.44^{1.895} = 1.244$（kg/s）

讨论：在例 5-2 中，计算出的虚拟点源 Z_0 是可燃物上方 0.213m（0.698ft），使用 Heskestad 法和 Alpert 法解同一问题。

（6）发烟速率

火灾过程中，烟气使建筑物内的人和财产暴露在烟尘、有毒气体和火焰中。烟气和火的蔓延同样会造成重大财产损失，包括烟尘沉积在线路上造成电子设备破坏（Tanaka、Nowlen 和 Anderson，1996）。发烟速率大约是火焰产生气体的质量流率的 2 倍。这一估计的理论基础是卷吸进入火焰的空气量与热烟气量一样（NFPA，2008,sec.11，第 10 章）。

计算发烟速率的方法 Zukoski 法中（Zukoski，1978），在环境温度为 20℃（68 ℉）的条件下计算羽流质量流率的公式为：

$$\dot{m}_s = 0.065\dot{Q}^{1/3}Y^{5/3} \qquad (5.25)$$

式中　$\dot{m}_s$——羽流质量流率，kg/s；

　　　$\dot{Q}$——总热释放速率，kW；

　　　Y——虚拟点源至烟气层最低层的距离，m。

在封闭的环境下，简单的等效圆形池火，通风口位置较低的情况下，这个公式符合度最好。

（7）封闭空间充烟

火灾产生的烟气在房间或封闭空间集聚，先升至天花板处。这种集聚或充烟速度，依赖于火焰的发烟量以及通风造成的烟气流失情况。当烟气集聚时，烟气层产生并向地板下降。

封闭空间充烟率对于计算天花板下集聚烟气数量非常重要。烟气层形成和向地板下降的速度，主要受发烟量、排烟口的大小和位置影响。如果火灾调查人员发现烟气层在一个房间内均匀分布，对于认定火灾持续时间、遇难者暴露在烟气中的特定时间点等是重要证据。研究发现，在火灾发生时，烟气层下降和烟气分层沉积相符合。烟气充满房间是常见的，但是烟气分层沉积可能局限于天花板下 1.22m（4ft）。

封闭空间内烟气层下降可以用下式表示：

$$U_t = \frac{\dot{m}_s}{\rho_t A_r} \qquad (5.26)$$

式中　U_t——烟气层下降速率，m/s；

---

❶ 原文此处有误，$\dot{Q}$ 应为 $\dot{Q}^{1/3}$。

m_s——总质量流率，kg/s；

ρ_l——上层空气密度，kg/m³；

A_r——封闭地板面积，m²。

烟气的密度与温度成反比，在标准温度和压力下（STP，1.22kg/m³）基本一致。

【例5-9】 充烟

问题： 在前面例子中，封闭空间内 100kW 的废纸篓火灾，天花板高度为 2.44m（8ft）。房间为边长 2.44m（8ft）的正方形。计算这起火灾的充烟速度。

解： 使用前面利用 McCaffrey 法计算的数据，采用环境空气密度为 1.22 kg/m³，温度为 17℃来假定最低下降速率。

烟气层下降速率：$U_t = \dfrac{\dot{m}_s}{\rho_l A_r}$

总发烟率：$\dot{m}_s = 1.224$kg/s

上层空气密度：$\rho_l = 1.22$kg/m³

地板面积：$A = 2.44 \times 2.44 = 5.95$（m²）

烟气层下降速率：$U_t = 1.244/(1.22 \times 5.95) = 0.171$（m/s）

5.4
火灾痕迹及分析

准确记录和解释火灾痕迹，是火灾调查人员重建火灾现场所必需的能力 [NFPA 1033（NFPA, 2014, 4.2.4）]。火灾痕迹常常是火灾扑救后唯一存在于火灾现场的可见证据。烟尘沉积、热传递以及火焰传播是火灾中造成物体表面和外观发生变化的主要原因，火羽流热效应作用于暴露固体如地板、天花板、墙等的表面，是火灾痕迹产生的原因。这些痕迹受很多因素影响，如可燃物荷载、通风条件以及建筑结构等。许多常见的可燃固体和可燃液体燃烧能够产生火羽流，造成火灾痕迹出现。

5.4.1 概论

重建火灾现场时，有经验的火灾调查人员会使用许多线索来判断起火点的位置和区域、分布、火灾行为如火势蔓延方向等。表 5-3 所示为这些线索，即火灾痕迹，按照特性划分为 5 种：

① 分界痕迹；

② 表面效应；

③ 烧穿痕迹；

④ 烧损痕迹；

⑤ 死伤痕迹。

图 5-12 所示为一些典型的火灾痕迹。

前四种痕迹与前面论述的火灾作用（fire effect）相关。死伤痕迹可以理解为火灾作用到人体的皮肤和组织而产生的特殊痕迹。NFPA 1033（NFPA, 2014, 4.2.5）指出，火灾调查人员应该接受培训，了解这些痕迹产生的原因，并能够解释和分析火灾痕迹。

● 现场勘验标准（4.2.4 NFPA 1033, 2014 版）

任务：

解释火灾痕迹，提供标准的工具和设备，建筑物及其内部物品有残留，这样能分别评价每个痕迹所反映的火灾中各种可燃物的燃烧特征，以及这个痕迹和其他痕迹之间的关系、痕迹产生的热传递机理等。

工作内容：

火灾调查人员将观察火灾现场，记录火灾痕迹和两种不同材料的特征。

条件：

一个火灾现场，必要的手持照明灯，测量设备，平板电脑，灭火行动的简要说明。

实施步骤：

1. 确定火灾现场；

2. 确定所需设备；

3. 获得灭火行动简报；

4. 观察和记录火灾痕迹；

5. 观察和记录两种材料的燃烧特征。

资料来源：Derived and Updated from Washington State Patrol, Form No. 3000-420-081（Sept. 2014）Fire Protection Bureau, Standards and Accreditation, Olympia, Washington http://www.wsp.wa.gov/fire/docs/cert/fire_invest.pdf

图 5-12　现场发现的火灾痕迹

1—分界痕迹；2—煅烧痕迹；3—木质壁板和踢脚板烧损痕迹；4—破碎的窗玻璃；5—家具上的可燃液体燃烧痕迹；6—天花板烧穿痕迹；7—墙上的清洁燃烧痕迹，墙上的墙纸和塑料制品已彻底燃尽

资料来源：David J. Icove, University of Tennessee

表5-3　常见火灾痕迹一览表

痕迹种类	描述	引起变化的因素	例子
分界痕迹	火羽流与物体相遇，作用区和未作用区的界线	材料种类 火灾温度、持续时间、热释放速率 火灾扑救 通风条件 到达表面的热流量	墙上的 V 形痕迹 变色痕迹 烟熏痕迹

痕迹种类	描述	引起变化的因素	例子
表面效应	由边界形状、分界线内面积、热作用到不同物质表面时原始状态等决定	表面质地（粗糙的表面更容易被破坏） 比表面积 表面覆盖物 表面可燃性能和不燃性能 热传导性 表面温度	地板表面开裂痕迹 热分解和氧化导致可燃表面烧焦或炭化痕迹 脱水痕迹 不燃物表面变色、氧化、熔化或清洁燃烧痕迹 烟熏痕迹 热阴影痕迹
烧穿痕迹	水平或垂直表面被烧穿	地板、天花板和墙上原有的开口 火焰直接灼烧 热流量 火灾持续时间 灭火	家具下面向下烧穿痕迹 地板连接处的马鞍形烧穿痕迹 墙、天花板和地板的烧穿痕迹 墙和天花板内部破坏痕迹 煅烧痕迹
烧损痕迹	可燃物的表面和质量损失	物质种类 施工方法 房间内物品和可燃物荷载 火灾持续时间	木质墙板顶端的墙钉痕迹 倒塌痕迹 烧毁地毯的残留痕迹 墙角或边缘处的斜面痕迹
死伤痕迹	受害人衣服和身体烧伤面积、深度及烧伤程度	受害者位置，和其他物体或受害者之间的关系 火灾前、火灾中和火灾后的行为	面部和手的烧伤痕迹 受衣服或家具保护而未被烧伤部位 人体低处烧伤痕迹 热阴影

资料来源：Icove, 1995

• 现场勘验标准（NFPA 1033, 2014 版中 4.2.5 条）

任务：

分析和解释火灾痕迹，确定现场勘验标准设备、工具，以及建筑物及其内物品残骸，从而确定火灾发展过程、评估灭火行为的影响，准确确定起火部位，辨认起火部位的痕迹。

工作内容：

火灾调查人员要观察火灾现场，大致确定起火部位和火灾发展过程。

条件：

火灾现场，必要的手持照明工具，画图平板电脑。

实施步骤：

1. 确定火灾现场范围；

2. 利用燃烧痕迹和火灾蔓延痕迹，绘制火灾现场图；

3. 在图上标明起火部位；

4. 在图中标注火灾发展痕迹；

5. 观察和记录灭火行为的影响。

资料来源：Washington State Patrol, Form No. 3000-420-081（Sept. 2014）Fire Protection Bureau, Standards and Accreditation, Olympia, Washington，http：//www.wsp.wa.gov/fire/docs/

5.4.2　V 形痕迹

火羽流在流动过程中，其冲击作用、烟气流动强度和方向，在墙面、天花板、地板及其他物体表面产生线形或一定面积的边界痕迹。在火灾产生的热烟气向上流动的过程中，与周围的空气混合，随着高度增加，混合区的面积增大。卷吸作用使得上升的圆柱形火羽流不断与空气混合和向外扩散，如果在静止的空气中无限制上升，且没有湍流影响，那么羽流在宽度上形成大约 30°的"V"形（You, 1984）。因此，静止空气中无限制羽流的宽度，大约高出燃料表面高度的一半。

由于空气混合，羽流得到稀释和冷却。结果，随着高度增加，羽流中心线处高温部分的直径越来越小。热烟气的快速冷却，降低了在不燃表面上的热破坏作用，所以临近墙面上的热作用痕迹将不会反映出前面所说的 30°角度。

分析火羽流形成火灾痕迹的形状能够得到有用信息。例如，假设可燃物处于痕迹的正下方，天花板上最明显的破坏痕迹将是羽流和天花板接触的区域（如图 5-3 所示），从这一位置按照烟气流动方向的反向，可以直接找到起火点。烟气的温度决定了他们在所遇到的表面上热作用的程度，如果温度太低，热传递不足，将不会产生热作用。但是可燃物燃烧产物将在低温表面上沉积。

线性边界破坏痕迹的形成，常常表现为简单的二维（代表性）视图，表示火羽流与破坏的墙表面接触的部位。由于这些线是向上的，常常被称为 V 形痕迹。

NFPA 921（NFPA, 2017）和《柯克火灾调查》（DeHaan 和 Icove, 2012）删除了以往关于 V 形痕迹几何形状与火势发展速度相关的错误概念。实际上，V 形痕迹形状与热释放速率、可燃物的几何形状、通风条件、受影响物质表面的引燃性能和燃烧性能、垂直或水平平面的相交等因素有关。

如果 V 形火灾痕迹分界线的倾斜角度是向下的，可以确定临近区域为起火点。有些数学模型，分析了火羽流高度、温度、速度、旋涡分离频率和虚拟点源之间的关系。（Heskestad, 2008; Quintiere, 1998）。

5.4.3　沙漏痕迹

一般情况下，当可燃物在房间内临近墙或者墙角燃烧，产生的破坏痕迹为沙漏形痕迹，而不是 V 形痕迹，如图 5-12 所示（Icove 和 DeHaan, 2006）。通过研究火灾实验和数学分析结果，学者发现沙漏痕迹的形成，直接与火羽流虚拟点源有关，是热释放速率、可燃物表面积的函数。关于沙漏痕迹的形成，在本章的后面内容将做说明。

5.4.4　分界线痕迹

当烟气、热、火焰与物体表面相遇，受作用区域和未受作用区域之间，形成了分界线痕迹。例如，烟气层在墙上形成的烟熏痕迹、火羽流在墙上形成的痕迹等，如图 5-12 中①所示。分界线痕迹会因为受作用物质种类、热烟气温度、热释放速率、通风条件等因素

图 5-13 灭火过程中对着墙射水，破坏了前期烟和热造成的分界线痕迹，形成了向上的分界线痕迹

资料来源：David J. Icove, University of Tennessee

的变化而变化。分界线痕迹可以识别温度不够高、热作用不能导致物体表面发生变化的位置。物质烧损区域有时可以帮助确定分界线痕迹。

热烟气层高度，也称为水平方向界线，或者烟和热在墙和窗户上留下标记的高度。采用火灾模型程序，对建筑结构、相关的火灾持续时间、火灾规模等进行建模，能够预测这些高度。热烟气层高度对于评估建筑物内受害者在房间内是否能够看得见，或者他们在建筑物内移动时，是否受到烟或者热的影响，也是非常重要的。当火灾中出现人员受伤或者死亡时，要确定受害者是否站在充满烟气的房间内，承受燃烧产生的有毒气体和烟尘而受到伤害，热烟气层高度将非常重要。

当顶棚射流充满整个房间，热烟气层破坏作用将形成分界线痕迹。在图 5-12 中，顶棚射流沿着墙向右侧流动，形成了烟气层起始线。注意墙表面上受作用和未受作用区域之间明显的界线，同时注意分界线和天花板之间的锐角。这个角度是火羽流沿着天花板热驱动流动的结果，是分析烟气流动方向的可信线索。

灭火行为会影响分界线痕迹，如使用水枪向着墙、天花板和地板喷射等。灭火过程中的排烟（venting），如打开屋顶、门、窗排烟，同样会影响整个建筑物内的分界线痕迹。图 5-13 所示为水枪向墙上射水，冲洗剥离墙上被破坏的墙纸，形成了向上的分界线痕迹。物体表面温度越低，烟尘和热分解产物流动越快，烟熏痕迹越浓密。气流同样控制烟气沉积，图 5-14（a）和（b）所示为气流对烟熏痕迹的影响，可以指示热烟气流动方向。

(a) 灯泡上的烟熏痕迹

(b) 感温探头周围的烟熏痕迹指明了烟气流动方向

图 5-14 气流对烟熏痕迹的影响

资料来源：Ross Brogan, NSW Fire Brigades, Greenacre, NSW, Australia

5.4.5 表面效应

当热传递能够导致砖石表面褪色，可燃物表面烧焦或炭化，不燃物表面熔化、变色或

者氧化时，产生表面效应。未被火和热破坏的区域称为被保护区域。在现场勘验中，被保护区域对于分析物体或者尸体的原始位置，以及是否在勘查前被移动非常重要。表面效应也包括在低温表面上烟尘、热分解产物非热沉积形成的烟熏痕迹，表面温度越低，沉积速度越快。表面效应的影响因素包括物体表面的种类和光滑度、表面覆盖物的厚度和类型、物体的比表面积。

房间内发生轰燃后燃烧，物体表面暴露在高温和热流中，这将"清除"表面效应和分界线痕迹（DeHaan 和 Icove，2012）。在东肯塔基大学做的火灾痕迹实验发现，在轰燃后燃烧时间较短的条件下（2～9min），火灾调查所需要的火灾痕迹不会完全被清除（Hopkins、Gorbett 和 Kennedy，2007）。

表面效应的一个例子是汽车火灾中外部金属表面漆层的褪色痕迹。通过热传导（conduction）作用，汽车火灾常常在其内部和外部的金属表面上产生可辨别的痕迹。金属表面的褪色也可能是氧化反应（oxidation）造成的，这一反应与火灾有关。特别是金属表面，高温和低温部位的界线非常明显，能够通过照片或绘图记录下来。

石膏板是商业和民用建筑内墙装修常用材料，在一些工艺中可以作为干作业墙体。这种干作业墙体是石膏（硫酸钙二水合物）黏合在两层纸中组成的。耐火或者 X 型石膏板加入玻璃纤维增强。美国标准协会 ASTM C1396/C1396M-11 标准，是石膏板生产的国际通用标准（ASTM，2014）。

石膏是一种岩石矿物质，与水混合后，干燥成型，其成品中含有 21% 的水。石膏煅烧（calcination of gypsum）是指热作用使硫酸钙二水合物脱水。脱水过程分为 2 个独立的阶段，其脱水温度分别为 100℃和 180℃。

石膏脱水后，将失去结晶水并收缩，机械强度降低。当石膏脱水、收缩或者表面纸的燃烧使强度降低到不能承受其重量时，石膏板将破坏，暴露出可燃的墙体结构。最终，完全脱水的石膏板将变成粉末，丧失所有机械强度，使墙坍塌。这一煅烧过程同样可以在墙表面上产生分界线痕迹（DeHaan 和 Icove，2012）。图 5-12 中的②与⑦项痕迹所示为石膏板墙上的煅烧痕迹。

石膏受热过程中，其颜色将从白色变为灰色，最后再变为白色。单独的脱水过程可能不会导致颜色从灰到白的变化，因为脱水是无色转变。在火灾中，其他含碳分解产物在石膏板上沉积并进入石膏板，使石膏变为灰色。接下来的高温使这些沉积物燃烧或者蒸发，使石膏板整体变为白色。

在受火过程中，石膏板的表面涂层和纸将燃尽，降低了整个石膏板的机械强度。因为受热而导致石膏板垮塌或剥落的过程称为石膏板的烧蚀，一般天花板从 600℃开始，墙体从 800℃开始（Knig 和 Walleij，2000）。烧蚀会减小石膏板的厚度（Buchanan，2001，341）。有几种技术，可以测算火灾后石膏板表面损失，从而计算热辐射率和受热时间（Kennedy，2004; Schroeder 和 Williamson，2003）。石膏煅烧深度测量常常作为室内勘验记录的一个内容。

Schroeder 和 Williamson（2001）的研究发现，石膏墙板是分析火势猛烈程度、蔓延过程和方向的有用证据。在使用 ASTM E1354 锥形量热仪做的系列实验中，他们用 X 射线衍射分析和记录晶体结构变化，得出了热量引起石膏墙板变化过程，提出了评估时间、温度和热流量关系有用的方法。关于石膏板热性能的补充文献，包括 Lawson（1977）、Thomas（2002），以及 McGraw 和 Mowrer（1999）。也可以查看石膏板火灾中煅烧的相关文献如 Mowrer（2001）、Chu Nguong（2004），以及 Mann 和 Putaansuu（2006）。

炭化过程是有机物在热的作用下发生分解反应，产生挥发性物质，留下碳质残留物，称为炭化（char），常见于纸张和木材。对于木材而言，这种炭层可能在火灾持续过程中被烧掉或剥落。热分解物质炭化层和烧失层，统称为炭化深度。

木材的炭化速率是非线性的。木材起始炭化速率较快，由于新产生的炭化层会产生隔热作用、降低空气与可燃物接触、阻碍空气流动和热交换，并改变木材的物理状态，炭化速率降低。据报道，大块木材炭化行为的模型已经建立。有一篇论文中，采用 55 个 2in×4in 的木材试样进行试验，试样所受高温为 500℃，得出一个试样炭化的线性模型，这一模型显示，炭化速率为 1.628mm²/s 和 0.45mm/min（Lau、White 和 Van Zeeland，1999）。这一试验条件与真实火灾有差别，真实火灾环境下，不会产生恒定温度和热流量的情况。

对于炭化区/非炭化区（原始状态）分界线移动情况，研究发现用数值模拟热分解模型的结果与实验中得到的质量损失情况相吻合（Jia、Galea 和 Patel，1999）。Babrauskas 对炭化速率进行了综合分析，给火灾调查人员提供了一个有用的工具（DeHaan 和 Icove，2012，第 7 章）。Babrauskas（2005）和 Butler（1971）列举的数据证明了不同种类木材的炭化速率不一样，火灾状况不同炭化速率也不同。热流量对于炭化速率影响很大。在火灾过程中，在小火时表面热流量可能为 0 ～ 50kW/m² 不等，在轰燃后燃烧状态下能达到 120 ～ 150kW/m²，这使得炭化速率从 0 至每秒几毫米不等。

为了分析墙的热量传导作用，火灾调查人员常常勘验墙上被木质墙板或者石膏板保护着的木立柱。图 5-15 所示在实验火灾中，墙上的石膏板和石膏板下木立柱破坏的不同程度。实验结果与 WALL2D 模型所预测的炭化破坏程度相吻合（图 5-16），这个模型预测了木立柱在直接受火作用和在石膏板保护两种情况下炭化破坏情况和热传递情况。WALL2D 的开发者报告，它们的热传递模型能够和小规模火灾实验和全尺寸火灾实验结果相吻合（Takeda 和 Mehaffey，1998）。对 WALL2D 工程研究显示，监管工作单位和火灾调查委员会都可以使用这个模型（Richardson 等，2000）。

图 5-15 火灾实验中，镶板墙和被石膏板保护的木质立柱破坏程度的区别

资料来源：David J.Icove, University of Tennessee

图 5-16 火灾实验中木质天花板接头处木材炭化发展

资料来源：David J. Icove, University of Tennessee

炭化深度常常用穿刺工具测量，并制作网格图（NFPA, 2017, 18.4.3）。在这些图中，测量所得深度相同数据连成线，称为炭化等深线（isochar）。每根线表示同样的炭化程度。火灾调查人员应该考虑精确测量记录高度（相对于地板的高度）（Sanderson, 2002）。由于炭化速率受到很多因素如木材种类、表面涂层、阻燃处理等的影响，火灾调查人员在比较炭化深度时应该注意必须是同样的木材（背板、门框等）。

由于炭化速率的非线性，炭化深度测量不能准确证明受火时间，但是炭化深度越深，说明木材所受火势越猛烈或者火灾时间越长。同时，炭化表面的形态常常与木材特性和通风条件有关（DeHaan和Icove, 2012）。但是，在恒定的热流量50kW/m² 条件下的炭化深度，是建议消防工程师使用的（Silcock和Shields, 2001）。

混凝土的剥落（Spalling）发生在温度快速上升过程中，通常速率为20～30℃/min（Khoury, 2000）。影响剥落的因素有几种，但是混凝土的含水量和骨料（石灰石还是花岗石）是主要影响因素。高温混凝土在水流作用下快速冷却，也会产生剥落。由于高强度混凝土密度大，比普通混凝土剥落更严重，因为高密度混凝土中的孔隙会更快地充满高压水蒸气（Buchanan, 2001, 228）。如果砂浆中混入细塑料纤维，可以降低混凝土的剥落程度，这些纤维的熔化温度较低，受热熔化后将为内部水蒸气提供通气孔。

混凝土中的钢筋在受热时，热膨胀比混凝土速度快。因此，如果钢筋未被混凝土很好保护，将会受热膨胀，导致混凝土失效。由于轻质混凝土采用蛭石作骨料，火灾中剥落更快。

瑞典国家测试研究所SP的测试证明了混凝土剥落的两个解释。最主要原因是热应力，迫使水蒸气从混凝土受热的一侧逸出。Jansson（2006）的实验证明，在火灾实验中，水蒸气也被迫从混凝土非受热面逸出。在这些火灾实验中，受热15min后，混凝土内应力开始严重波动。为了确定混凝土在特定湿度条件下是否发生爆裂剥落，采用了新的材料测试手段。实验所用圆柱形试样，是低廉且可以替换为全尺寸实验的（Hertz和Sorensen, 2005）。

英国建筑研究机构（BRE）关于火灾对建筑物中天然石材的破坏作用的研究，表明自然石材在火灾中会严重破坏，破坏严重部位集中在敞开的窗口周围和门口（Chakrabarti、Yates和Lewry, 1996）。在温度为200～300℃时，颜色发生变化，600～800℃时局部破坏。颜色变化包括含铁的石材变红，这对于历史建筑来讲是不可逆的破坏。BRE记录的其他破坏包括烟熏污染以及消防射水产生的盐霜造成的重大损失。

BRE还报道了含有水合氧化铁的褐色或浅色石灰石，在200～300℃时变为红褐色，400℃时偏红色，800～1000℃时变为灰白色。石灰石的煅烧在600℃开始，深度很少低于20mm，降低了石头的强度。镁质石灰石为白色或米色，受热至250℃时变为浅桃红色，300℃时变为桃红色。

砂岩受热时，由于铁化合物在250～300℃时开始脱水，变为褐色，超过400℃时变为红褐色。在温度达到573℃时内部的石英砂开裂，砂岩的结构开始弱化。当这种石梁用于窗户、门和大门口上方时，其强度丧失更加危险，因为大块结构将在没有预兆的情况下垮塌。

BRE的进一步研究发现，花岗岩受热不会发生颜色变化，但是温度超过573℃时开裂或者破碎，这是由于石英膨胀，花岗石内部的方解石晶体因为热滞后，导致抗折强度下降。已经知道，大理石暴露在高温（600℃）下会破碎成粉末，这使得火灾中大理石楼梯会特别危险。

英国建筑研究机构（BRE）发表了一个关于混凝土或砂浆在高温下可见变化的历史回顾（Bessey, 1950），这项研究检验了集料、混凝土、砂浆，以及实验的可重现性和对温度带来变化的解释。来自英国阿斯顿大学土木工程系的Short、Guise、Purkiss（1996）所做的研究，采用光学显微镜，记录了他们利用颜色分析的方法评估混凝土受火损坏情况。

在裸露的混凝土表面，易燃液体很少能产生明显的剥落痕迹，这是由于混凝土上易燃液体燃烧只能持续1～2min，有时甚至更少（DeHaan, 1995）。由于时间太短，热量来不及进入传热性能不好的混凝土。另外，在燃烧过程中，火焰的辐射热部分被易燃液体吸收，混凝土表面的温度不会明显高于液体的沸点。汽油的沸点范围是40～150℃，一般情况下，混凝土的受热温度无法达到此温度（DeHaan和Icove, 2012，第7章）。Novak做的进一步研究（未公布数据）证明，混凝土在易燃液体燃烧下不会剥落，但是在木材燃烧下很快发生剥落，见图5-17。

(a) 汽油油池火

(b) 汽油在混凝土上燃烧，有变色痕迹但是未产生剥落

(c) 同一种混凝土上的木板燃烧

(d) 木材火灾下方严重的剥落痕迹

图 5-17　混凝土剥落实验

资料来源：Jamie Novak, Novak Investigations and St. Paul Fire Dept

如果混凝土上覆盖有小方毯或者地毯，汽油燃烧的火焰能够引起局部炭化、熔化，以及地板覆盖物的燃烧。相对于汽油自身燃烧，覆盖物参与的整个燃烧时间延长，熔化物的沸点很高，且没有其他液体保护混凝土，热量更有可能影响混凝土，甚至会造成剥落。图5-18所示为易燃液体在地板毛毯上燃烧形成的流淌痕迹。熔化并燃烧的塑料或者屋顶沥青掉落到混凝土上，会产生明显且长时间的热传递，从而导致剥落。木质构件燃烧掉落到混

凝土地板上，更容易产生剥落痕迹。关于混凝土剥落的补充文献包括 Canfield（1984）、Smith（1991）、Sanderson（1995）、Bostrom（2005）。

易燃液体在有乙烯砖或沥青砖的地板上燃烧，会在混凝土上产生破坏痕迹，称为重影痕迹（ghost marks）。重影痕迹是混凝土表层下的污染痕迹，出现在砖的接缝下方，是由于易燃液体导致胶合剂/封泥溶化。轰燃后燃烧产生的热辐射和掉落可燃物燃烧造成的长时间受热，会产生剥落痕迹，但是不会产生重影痕迹（DeHaan 和 Icove，2012，第7章）。接缝处木地板的炭化痕迹也不一样。

图5-18 易燃液体泼洒在地板砖上炭化形成的流淌痕迹（照片中央）。发现现场有两个平行的流淌痕迹，证明放火者从建筑物由内到外前后两次泼洒易燃液体

资料来源：David J. Icove, University of Tennessee

玻璃炸裂痕迹是另一种表面痕迹，常常是玻璃受到不均匀热作用引起的。影响玻璃炸裂的因素包括玻璃的厚度、玻璃本身存在的缺陷、玻璃受热或冷却的速度、玻璃固定在窗框上的方式等（Shields、Silcock 和 Flood，2001）。

玻璃炸裂和掉落可能性是几个倡导研究的题目之一。炸裂可能性的预测符合高斯统计曲线，如图5-19所示（Babrauskas，2004）。这个曲线显示，3mm（0.12in）厚的窗玻璃炸裂平均温度为340℃，标准偏差为50℃。

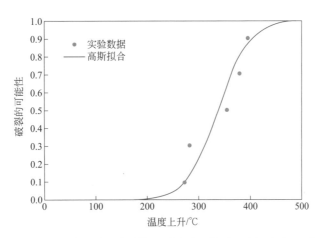

图5-19 3mm（0.12in）厚的窗玻璃炸裂可能性的预测统计，炸裂平均温度为340℃（644 ℉），标准偏差为50℃（122 ℉）

资料来源：Babrauskas, 2004; www.doctorfire .com

火灾模型 BREAK1（建筑火灾中窗玻璃炸裂的伯克利算法），能够根据几个火灾参数和玻璃的物理成分，推算窗玻璃的温度变化（NIST，1991）。这个模型也可以测算玻璃上的温度梯度，预测玻璃炸裂时间。当房间内发生轰燃，温度和热流量急剧上升，会发生大规模的玻璃炸裂。这个模型只能计算玻璃的炸裂，而火灾调查人员常常关心的是玻璃炸裂掉落的时间，而不是起始时间。因为窗玻璃掉落会影响房间内火灾发展，有时甚至影响很大。

芬兰 VTT 建筑与运输公司的 Hietaniemi（2005）研究出一个概率仿真模型，用于预测火灾中窗玻璃的炸裂和掉落。这个模型的预测分两个阶段：首先运用 BREAK1 预测窗玻璃开裂时间，接下来用玻璃的热响应模型预测玻璃掉落。

双层玻璃的热失效是相当难预测的。常常内层玻璃炸裂时，它的碎片还能保护外层玻璃。曾经发现发生了轰燃的房间，其双层玻璃仍然完好，因为灭火射水才被破坏。涂有吸热膜的双层玻璃，抗热炸裂能力更强。

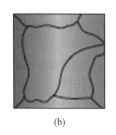

热辐射

窗框腻子

(a)　　　　　(b)

图 5-20　由于窗框遮挡热辐射，窗玻璃发生热炸裂。图中右侧裂纹出现在原来边缘处存在划痕或者装配玻璃时存在应力的点，然后向外扩展。裂纹从右侧一个点开始扩展，常常是由于玻璃边缘处原来存在划痕，或者是玻璃安装时固定点或者窗框钉在此处产生残余应力

普通窗玻璃热炸裂是由于窗框或装饰产生的热阴影导致玻璃不均匀受热，产生热应力而造成的。当窗户暴露在热辐射或热对流中时，受热部分温度上升，发生热膨胀，而窗框或腻子遮挡部分未受热。由于玻璃是热的不良导体，遮挡部分保持低温而不发生热膨胀，如图 5-20（a）所示。这种热膨胀程度的不同使玻璃内产生应力，造成玻璃炸裂，裂纹常常平行于边缘，如图 5-20（b）所示。

观察到的窗户在火灾中爆裂很少与超压有关，而是热引起的大规模破裂。轰燃过程中产生的压力很少能够导致窗户机械破坏（Fang 和 Breese, 1980; Mitler 和 Rockett, 1987; Mowrer, 1998）。但是，回燃的发展过程中，火灾严重通风不足，这时补充空气，能够产生足够大的超压从而导致窗户破坏。

普通玻璃机械破坏的断口上存在曲线，这种贝壳状纹线是裂纹扩展过程中形成的，如图 5-21（a）所示。机械打击或者压力下产生的玻璃破坏，其裂纹痕迹为典型的蛛网状痕迹，裂纹沿直线扩展，如图 5-21（b）所示。这种痕迹常常包括一个中心点或者裂纹的起始点，一定数量的放射状裂纹从这里向四周扩展。

如果机械力作用时间很短，可以产生细小的放射状裂纹，因为玻璃没有足够的时间弯曲变形，可能在非受力面产生半球形凹痕。热应力常常导致随机的波浪形裂纹产生，这些裂纹的边缘平滑，很少出现贝壳状纹线，因为这些裂纹扩展速度低于机械破坏裂纹。

如果有足够的玻璃碎片，至少有部分开裂痕迹能够拼接，且能够通过泥土、烟熏、贴花或刻字分清内表面和外表面，可以利用 3R 规则证明受力方向：放射状裂纹断口上的贝壳状纹线按照一定角度开始于反面（非受力面）。圆形裂纹贝壳状纹线的方向相反。钢化安全玻璃常用作汽车的侧面和后面窗玻璃，以及建筑物的玻璃门、浴室门，这种玻璃破碎时，形成不规则的小碎片。一般情况下，钢化玻璃的破坏原因和受力方向不能确定，但是在特殊情况下，固定在窗框上的碎片可能证明大致的受力点。

机械破坏的次序可以通过裂纹交叉和终止情况判断。通过断口上是否存在烟炱，可以判断是否在火灾中被破坏。火焰直接作用到玻璃上，可以使玻璃温度上升，其上面的烟熏痕迹将被烧掉，称为清洁燃烧（clean burn）。在爆炸现场，玻璃破坏痕迹也可以提供有用信息（DeHaan 和 Icove, 2012, 第 12 章）。玻璃被抛出的距离与其厚度、窗户大小及压力增加情况有关（Harris、Marshall 和 Moppett, 1977; Harris, 1983）。作为一般规律，玻璃越薄

或者面积越大，破碎所需压力越小。

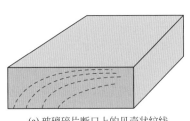

(a) 玻璃碎片断口上的贝壳状纹线　　(b) 中心附近机械力作用于玻璃产生的破坏痕迹，存在破坏中心和放射状裂纹

图 5-21　玻璃断口曲线

玻璃破坏的一种特殊情况称为龟裂（crazing），常常是由于灭火时水遇到高温玻璃形成的。龟裂的特征是有复杂的未穿透裂纹（像地图一样）和凹斑（Lentini, 1992）。火灾现场试验证明，当水打到高温玻璃的一侧时，会发生龟裂。一般玻璃的软化温度为 700 ~ 760℃。

另一种表面燃烧痕迹被称为清洁燃烧痕迹（Kennedy 和 Kennedy, 1985, 451；NFPA, 2017, 6.2.11；DeHaan, 2007, 275）。在不燃物表面上的可燃物（包括可燃覆盖层、烟尘、涂料和纸等）燃尽后，留下清晰可见的清洁燃烧痕迹。当一个固体表面暴露在火灾环境中，燃烧产物——水蒸气、烟尘和热分解产物将沉积在上面，物体表面温度越低，燃烧产物沉积速度越快，形成浓重的烟熏痕迹，墙体结构中的装饰钉、钉帽以及其他隐蔽部分由于温度差异，留下明显的阴影轮廓。

当烟熏表面直接被火焰灼烧，能够达到足够高的温度，使得烟熏痕迹中的可燃物燃尽，留下干净的表面。这种痕迹可以用来证明表面直接与火羽流中的火焰接触。与火焰不接触的表面很少能达到足够高的温度，使得冷凝的烟灰或热解物完全燃烧。

Ingolf Kotthoff 所做的一个未发表的研究表明，产生清洁燃烧痕迹，其表面温度需要达到约 700℃。当炭化有机材料燃尽，留下裸露的不燃底层时，也会产生清洁燃烧痕迹。NFPA 921 提醒火灾调查人员，注意不要将清洁燃烧痕迹和剥落痕迹混淆（NFPA, 2017, 6.2.11.2）。

2008 年，ATF 火灾研究实验室（ATF Fire Research Laboratory）在一个单独房间内进行通风控制火灾实验，每次实验在相同地点、采用相同方式点燃（Carman, 2010），每次实验的不同点是燃烧时间。实验结果显示了燃烧痕迹特别是清洁燃烧痕迹的相同点和不同点。假设清洁燃烧痕迹的发展机理因前期沉积的烟尘不同而不同，物体表面温度梯度影响烟尘沉积，也可能影响清洁燃烧痕迹。因此，接下来对这一机理进一步研究，可能会更好地解释这种痕迹的形成及产生时间。

材料熔化痕迹可以揭示物质表面在火灾中的温度。英国建筑研究院（UK Building Research Station）的研究成果，给出了建筑火灾中通过勘验残骸估算材料所承受最大温度的方法。研究者分析了管道铅锌固定件、小型机器中的铝及其合金、模铸玻璃窗或杯罐、平板窗玻璃、银质首饰和餐具、黄铜门把手和锁具、青铜窗框和钟、铜导线，以及铸铁管道和机械的熔化痕迹（Parker 和 Nurse, 1950）。此项研究表明，分析材料熔化痕迹，可以确定火灾中不同部位的温度。

塑料、玻璃、铜、铝和锡是火灾现场常见的可以熔化的物质，能够记录火灾的温度，且温度跨度很大（DeHaan 和 Icove, 2012）。热塑性材料的熔点因为内部分子结构不同而不同，玻璃熔化、软化或者熔融是在一个温度范围内完成的。表 5-4 列出了常见材料的近似熔点。必须记住，熔化材料之间的相互作用能产生不寻常的影响，锌或者铝熔入钢，能产生共晶熔化（eutectic melting）形成合金，使钢能够在正常火灾温度下熔化。锌可以作为金属锅具的配件或者镀锌层。众所周知，铝可以和铜形成低熔点的共晶合金。硫酸钙（石膏或石膏板）能引起黑钢板在火灾环境下发生局部熔化。

表5-4　常见材料的近似熔点

材料	熔点 / ℃	熔点 / ℉
铝合金 [a]	570 ～ 660	1060 ～ 1220
纯铝 [c]	660	1220
铜 [c]	1083	1981
铸铁（灰口）[a]	1150 ～ 1200	2100 ～ 2200
50/50 焊锡 [a]	183 ～ 216	360 ～ 420
碳钢 [a]	1520	2770
锡 [c]	232	450
锌 [c]	420	787
镁合金	589 ～ 651	1092 ～ 1204
不锈钢	1400 ～ 1530	2550 ～ 2790
纯铁 [c]	1535	2795
纯铅 [c]	327	621
纯金 [c]	1065	1950
石蜡（蜡）[d]	50 ～ 57	122 ～ 135
人体脂肪 [e]	30 ～ 50	86 ～ 122
聚苯乙烯 [b]	240	465
聚丙烯 [d]	165	330
聚酯（Dacron）[d]	dec 250	480
聚乙烯 [b, c]	130* （85 ～ 110）	185 ～ 230
有机玻璃（丙烯酸塑料）[b]	160*	320
聚氯乙烯 [b]	dec 250*	480
尼龙 66 [b]	250 ～ 260	480 ～ 500
聚氨酯泡沫 [c]	dec200	390

[a] Perry and Green, 1984, Table 23-6, 23–40。

[b] Drysdale, 2011。

[c] DeHaan, 2007, 274–86。

[d] The Merck Index（Merck Co. 1989）。

[e] DeHaan、Campbell 和 Nurbakhsh, 1999。

备注：dec = 分解。

* 因为交联不同会有不同。

众所周知，火焰温度一般可以达到1200℃，真实温度数据在很大程度上依赖于所采用的测量技术。在一起建筑火灾的发展过程中，房间内不同部位的温度可以从正常环境室温到超过800℃，轰燃后燃烧可以在整个房间内产生超过1000℃的高温。塑料燃烧可以使局部火焰温度达到1100~1200℃。大多数其他材料，不管是可燃液体还是一般可燃物，在空气中燃烧最大火焰温度为800℃。高温证据（800℃，或者更高），对于是否使用助燃剂没有证明作用。塑料的软化和变形，可以证明火势猛烈程度和热的分布情况。

当温度超过退火温度（538℃）时，家具弹簧会发生退火（annealing），盘绕的金属弹簧将失去弹性（Tobin和Monson，1989）。失效的弹簧能证明这一现象，火灾调查人员应该比较弹簧的失效程度，查明火势猛烈程度和蔓延方向（DeHaan和Icove，2012）。这种痕迹不能证明助燃剂的存在，因为失火造成的阴燃也能产生同样效应。火灾调查人员应该同时勘验建筑框架结构（常常是金属或者木结构），寻找其他热破坏痕迹（NFPA，2017,6.2.14）。现代聚氨酯泡沫家具在火灾中会迅速燃烧，虽然产生高温但来不及使金属弹簧达到退火温度。金属弹簧也能在火灾中因为腐蚀而产生应力腐蚀断裂，在高温下承受应力的一般韧性金属会发生这种情况（NPL，2000）。

5.4.6　烧穿痕迹

当火焰或者强烈的热辐射作用在墙、天花板或者地板上足够长时间，影响到材料的深层时，会在水平或垂直表面上出现烧穿痕迹，这是另一种常见的火灾痕迹。火焰正上方的天花板可能被烧穿或者垮塌，使火焰能够进入天花板上的受限空间。在一些案例中，正在燃烧的可燃物残骸掉落，造成的阴燃能够使局部木地板、窗台板和木结构踢脚板被烧穿。

烧穿痕迹的影响因素有多种，包括火灾前存在于地板、天花板和墙上的开口。同时，火焰直接灼烧并伴随着高热流量辐射作用也非常重要，是这种痕迹出现的必要条件之一。火羽流上方与天花板相交的区域被烧穿，是高温热流和高温共同作用导致天花板材料破坏的例证。

烧穿痕迹不一定都位于火羽流上方。在轰燃状态下，有时也会出现向下烧穿的现象。前面讨论过，木地板被烧穿的主要原因是来自上方的热辐射，而不是可燃液体燃烧（DeHaan，1987；Babrauskas，2005）。掉落的家具、床或者衣物持续燃烧，也能导致局部烧穿。在装修好的房间进行的火灾实验表明，在没有可燃液体的情况下，轰燃能够导致地毯、垫子和胶合板地板被烧穿。

将可燃液体泼洒在铺有地毯的地板上，火焰能够烧穿地板并使其支撑托梁炭化，这是轰燃后燃烧造成的，而不是可燃液体燃烧造成的。在美国消防局（US Fire Administration）的火灾实验中，将1.75L（0.46gal）的汽油泼洒在铺有地毯的地板上（FEMA，1997）并引燃，40s后发生轰燃，10.3min后火被扑灭。对现场勘验发现，火烧穿了地毯、地毯衬板以及下方9.5mm（0.37in）的胶合板地板。如图5-22所示，托梁上炭化区域大小为2in×8in。这个实验有近10min的轰燃后燃烧，很多破坏都是汽油燃尽后发生的。

泡沫床垫燃烧时，热分解熔融的泡沫滴落到床下会引起燃烧，将地板烧穿。热塑性塑料如聚乙烯垃圾箱或者热塑性电器衬里也会产生这种现象。传统的棉垫家具如沙发、椅子和床垫在垮塌后，能够燃烧足够长时间，将其下面的木地板烧穿。

墙、地板和天花板在火焰中被破坏，可以使火焰在建筑物内蔓延。这些烧穿破坏作用

图 5-22　在泼洒 1.75L（0.5gal）汽油的火灾实验中，经过近 10min 轰燃后燃烧，火烧穿了地毯、地毯衬板以及下方 12mm（0.5in）的胶合板地板
资料来源：the US Fire Administration

可以使热量、火焰和烟气向建筑物的其他部分蔓延，使没有经验的火灾调查人员以为建筑物内存在两个甚至多个起火点。当石膏墙板破坏、木板炭化、塑料塌落以及金属或其他不燃天花板被剥去时，会发生这种烧穿现象。楼梯井的通风作用，能导致火焰猛烈向上，迅速破坏门和天花板。

5.4.7　材料烧损痕迹

当可燃物处于火灾发展和蔓延通道上，会产生烧损痕迹。这种痕迹能够证明火势猛烈程度和火焰蔓延方向。热阴影是通过遮挡热辐射影响烧损情况而产生的，与其他痕迹之间具有明显界线（Kennedy 和 Kennedy, 1985, 450; NFPA, 2017, 6.2.3）。烧损痕迹可以由火焰直接作用或热辐射单独作用形成。门窗破坏而产生的通风，能增强轰燃后的热辐射效应，造成快速炭化，烧穿门窗附近、房间中间或者通风口附近的地板，因为这些部位轰燃后混合燃烧最高效（DeHaan 和 Icove, 2012）。当房间内发生长时间的轰燃后燃烧时，由于通风口处有氧气不断提供给可燃物燃烧，会造成通风口附近的严重破坏。全尺寸实验结果由 Carman 提供（2008、2009 和 2010），火灾后计算机模型辅助证明了敞开的门对火灾痕迹的影响。

在图 5-12 中痕迹③（木质壁板和踢脚板烧损痕迹）和痕迹⑦（墙上的清洁燃烧痕迹，墙上的墙纸和塑料制品已彻底燃尽）是两个由火焰直接作用产生的烧损痕迹的例子。木质壁板的相关烧损痕迹更加重要，距离火焰中心线越近，炭化深度越大。木质踢脚线局部破坏痕迹是由其上方的热辐射造成的。

烧损痕迹可能产生在木质墙钉的顶端、家具和模型的角落或边缘处以及地板和地毯表面，在可燃物上留下的从此处向上的斜面痕迹或者扩大的 V 形痕迹，可以指明火灾蔓延方向。其他烧损痕迹可能来自上方掉落的残骸，典型的例子包括燃烧的布料或者窗帘，它们能引燃房间内其他物品，有时候会误导火灾调查人员怀疑现场有多个起火点。

NFPA 921 提醒，虽然物体严重烧损能证明经历了长时间高强度火烧，但不是所有现场都是这样的（NFPA, 2017, 6.2.3.3）。这是因为烧损速度受材料特性和火灾状态的复杂影响。

利用烧损痕迹可以分清阴燃和明火作用下，带软垫家具的原始状态和烧损程度。Ogle 和 Schumacher（1998）所做的实验表明，阴燃火灾痕迹残留的炭化层厚度往往等于可燃物厚度（即整个厚度均炭化）。阴燃火灾，例如烟头引起的火灾，只要烟头持续阴燃就会存在阴燃痕迹。当火灾从阴燃转为明火燃烧时，有些阴燃痕迹被破坏。在烟头引起的火灾案例中，烟头本身会被烧毁。

明火燃烧痕迹的炭化层，厚度小于可燃物本身。Ogle 和 Schumacher（1998）研究了明火燃烧的覆盖织物及其下部垫板，当研究聚氨酯泡沫坐垫火焰蔓延速度时，发现水平燃烧速度大于垂直向下燃烧速度。同样，由于坐垫为热厚性材料，深入泡沫内部的炭化深度，相对于整个垫子的厚度较浅。

　　图 5-23 ~ 图 5-25 为 Ogle 和 Schumacher 所做的聚氨酯泡沫 PUF 坐垫燃烧痕迹示意图，这些图分别展示了阴燃、明火燃烧及阴燃向明火转变的横截面示意图。虽然聚氨酯泡沫本身不容易被阴燃的香烟引燃，但是这种垫子常常因为与纤维织物和衬料结合被引燃（Holleyhead, 1999；Babrauskas 和 Krasny, 1985）。

　　热表面或者持续的热源如通电的白炽灯泡与聚氨酯泡沫接触，能够产生类似蛋糕样的硬炭化物，而同样的泡沫在火焰作用下会产生黄色的黏性多羟基化合物。火灾后的现场勘验可以揭示这种残留物的不同，如图 5-26 所示。

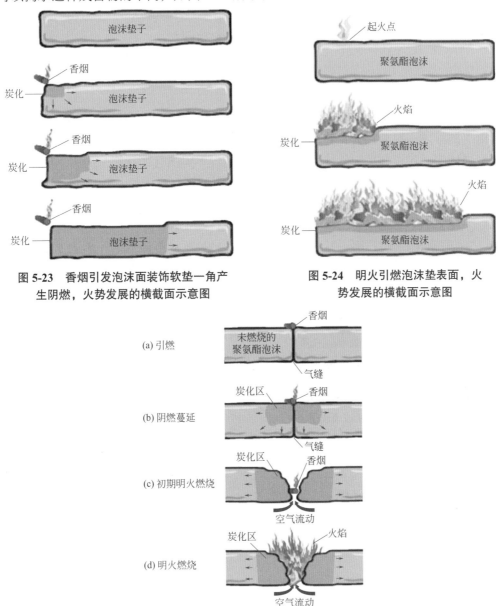

图 5-23　香烟引发泡沫面装饰软垫一角产生阴燃，火势发展的横截面示意图

图 5-24　明火引燃泡沫垫表面，火势发展的横截面示意图

图 5-25　香烟导致泡沫垫接头部位发生阴燃并烧穿，由阴燃转变为明火燃烧的横截面示意图

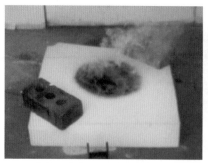 

(a) 聚氨酯泡沫垫放置在高功率灯泡上　　(b) 灯泡周围的泡沫形成干燥、坚硬的炭化壳。如果垫子被明火引燃，残留物将是典型的液体和半熔化产物

图 5-26　聚氨酯泡沫被灯泡引燃
资料来源：Jack Malooly. Photos（a）and（b）courtesy of John Galvin，London Fire Brigade (Retired)

5.4.8　人体痕迹

人体痕迹可能发生在围观者、与火接触或者逃离火灾现场者身上，能够证明他们在关键时刻下的行为。在存在火灾死亡时尤其如此，因为火灾模式的唯一标志是受害者身体和衣服烧损的面积和程度。人体组织在火灾中呈现不同的行为特征，同树干层一样。在长时间暴露在火灾中时，人体的脂肪对燃烧进程也有促进作用（DeHaan、Campbell 和 Nurbakhsh, 1999；DeHaan 和 Pope, 2007；DeHaan, 2012）。

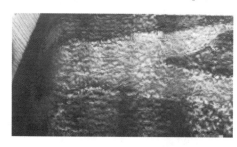

图 5-27　火灾中丧失活动能力的受害者身体，可能阻挡热辐射到达他们躺着的物体表面，形成燃烧或者火烧阴影痕迹。在一些案例中，受害者的身体轮廓留在窗、地毯或者椅子上
资料来源：David J. Icove，University of Tennessee

热辐射（红外辐射）沿直线传播，在一定程度上能被大多数材料吸收。一些合成纤维很薄，红外线能够穿过纤维造成一度和二度烧伤。许多材料能够在一定程度上吸收或者反射热辐射，金属表面能够反射热辐射，其反射能量足以造成其他物体表面热破坏。火灾中丧失活动能力的受害者身体，可能阻挡热辐射到达他们躺着的物体表面，形成受热或者烟熏的阴影痕迹。在一些案例中，受害者的身体轮廓留在窗、地毯或者椅子上，如图 5-27 所示。

5.5
火羽流行为分析

5.5.1　火灾矢量图

矢量是方向和量级的数学体现。火灾矢量图技术可以用作火灾调查人员的工具，用来理解和解释形成火灾痕迹的火羽流的运动与强度。在最早的火灾调查中，火灾调查人员就使用了不同种类的火灾痕迹。

Kennedy 和 Kennedy（1985）提出了热量和火焰矢量分析的概念。但是很少有火灾调查人员能够理解这个概念，更不会系统使用。仅仅在最近十年，火灾调查研究者才对这一专题展开了研究。

热量和火焰矢量，常常简化为火灾矢量图，已经成为火灾调查人员分析火灾痕迹的标准技术，来认定过火区域和起火点（Kennedy, 2004; NFPA, 2017, 18.4.2）。本书中有几个例子运用了这个简单但又实用的原理，来分析火灾发展过程，能充分解释和用来记录1997 USFA 燃烧痕迹研究（FEMA, 1997）。

虽然火灾矢量图的基本概念包括运动方向和相对强度两个要素，火灾调查人员成功使用的仅仅是运动方向。在轰燃后燃烧中，燃料/空气混合湍流产生的热流量很大，足以使房间内大多数物体严重烧损，烧损程度与是否为真正的起火部位或起火点无关。

火势蔓延痕迹是由火焰、热、火势从起火点蔓延引起的其他物质燃烧等造成的。评估物体的相对破坏程度，从破坏最轻到破坏最严重，能够证明火势的发展蔓延，这是逆向跟踪过火的房间、区域和起火点的方法。可燃物残留的斜面痕迹、相连通房间的烟熏程度或者一个物体某一侧的被保护区域等，都是火势蔓延痕迹的例子。只要考虑材料的热性能，一名训练有素的火灾调查人员就能近似估算火灾持续时间。

火势猛烈强度痕迹是火焰持续灼烧物体表面形成的，如在墙、天花板、家具、墙体覆盖物以及地板上形成的痕迹。热传递的强度不同，在这些表面会出现热梯度，有时会形成分界线痕迹区分过火和未过火区域。

火灾矢量的位置和长度定量表示了特定燃烧模式的强度，同时可以指明从最高温处至最低温处的方向。利用矢量图进行记录和审查，其累加效应可以协助确定火灾起源。在报告中，每一个矢量都被标注一个序号。图 5-28 所示为 USFA 实验 5 所使用的火灾矢量图（FEMA, 1997, 47）。这种技术在评估轰燃前火灾时更容易被接受，也更准确。

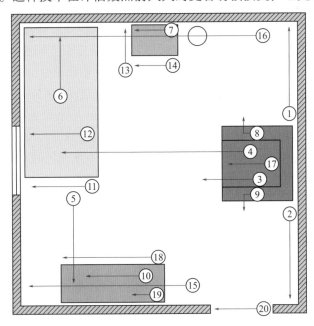

图 5-28　采用火灾矢量的长度来量化火灾痕迹，定量标明燃烧痕迹的方向和强度

资料来源：FEMA（1997, 47）

5.5.2 虚拟点源

当多数矢量指向火羽流的起点，常常可以近似认为这一点为起火物的位置。火灾矢量可以帮助分析虚拟点源或者火灾中热源的位置。前面已经讨论过，虚拟点源是火羽流中心线上的一点，同实际火灾一样向外辐射热量。这个点的位置有时低于地板。如果在现场勘验中能够确定可燃物的物理和热性能，虚拟点源可以量化计算，这一位置可以帮助现场重建，确定火灾的虚拟源、起火点、部位，以及火势蔓延方向。然而，如果火灾痕迹足够清晰，利用 V 形痕迹的几何延长线即可确定虚拟点源的位置。

如前文所举例子，当起火物相对于能量释放而言所占区域很大时，虚拟点源的位置会低于地板。反之，可燃物很小但是能量释放高时，虚拟点源会高于地板（Karlsson 和 Quintiere, 2000）。起火物小而热释放大的典型例子是小型汽油油池火。

5.5.3 火势追踪

如果火灾调查人员在火灾持续过程中到达现场，调查火灾将会容易得多。不幸的是，常常是在火灾已经扑灭、为防止复燃（rekindle）而做的现场清理已经结束、现场已经冷却且混乱的情况下，火灾调查人员才到达。火灾调查人员的职责之一是确定火势发展的次序，逆向分析起火部位或起火点。了解火灾行为是开展火灾现场勘验的必要条件。

追踪火灾行为和发展过程是火灾调查人员的重要能力。就像一名有经验的跟踪者一样，火灾调查人员将火灾痕迹作为火灾发展的踪迹。基于经验，以下火灾行为原理或者特性有助于火灾调查人员理解和解释火灾痕迹（DeHaan 和 Icove, 2012, 第 7 章）：

- 火灾趋势是向上蔓延：火羽流的热气流，包括火焰，比周围空气轻，因此会上升，如果没有一定强度的风或者物理障碍以及不燃的天花板使羽流方向改变，火势将向上蔓延。羽流的热辐射（radiation）作用可以引起下方和向外的蔓延。
- 可燃物的引燃：在火羽流蔓延路径上的可燃物将被引燃，因而增大热释放速率，进而增强火势和扩大火灾范围。火势越猛烈，向上蔓延和扩展的速度越快。
- 轰燃的可能性：火羽流到达房间的天花板时，才能引起整个房间卷入火灾，增加轰燃发生的可能。如果起火点附近没有足够的可燃物被热对流和热辐射作用引燃，或者初起火太小不能在这些可燃物上产生足够的热流量，火灾将局限在起火点直至燃尽。
- 可燃物荷载的位置和分布：在分析房间内火势发展过程时，火灾调查人员必须了解现场可燃物种类和位置。这里所说的可燃物荷载不仅包括建筑物本身及其家具、内部物品，还包括墙、地板和天花板上的覆盖物，以及屋顶上的可燃材料，这些可燃物均可以为火灾提供燃料，为火势蔓延提供了路径及方向。
- 火焰横向蔓延：当空气流作用到火焰上，或者有水平表面阻碍火焰垂直蔓延，或者火焰的热辐射作用引燃周围可燃物时，向上蔓延的火焰将发生变化。如果这些区域存在可燃物，将被引燃并产生火焰横向蔓延。
- 火焰垂直蔓延：伴随着向上发展（浮力驱动），当存在烟囱状结构时，火羽流向上蔓延的趋势将被加强。楼梯、电梯、公用通风井、通风管道、墙内结构等，都能为火焰向其他部位蔓延提供通道，由于烟囱效应燃烧可能更猛烈。

- 火焰向下蔓延：如果存在适合的可燃物，火焰可能向下蔓延。墙上的可燃覆盖物，特别是镶板，促使火焰向下而不是向外蔓延。火羽流可以引燃天花板、屋顶覆盖物、幕布、灯具固定物等，这些物品被引燃后掉落，会引燃其下方的可燃物，迅速形成新的燃烧加入整个火灾进程中，这一过程称为"掉落"或者"塌落"。热辐射和热气流的动态流动，也能在适当条件下引起向下蔓延。高能量的火能够产生足够大的热辐射，引燃附近的地板表面。这种火的顶棚射流也能使火焰在附近墙上向下蔓延。
- 热辐射冲击：足够大的火羽流与天花板相遇，常常形成顶棚射流，热辐射沿着天花板表面扩展。来自顶棚射流和热烟气层的热辐射，虽然存在一定距离，也能够引燃地板上的覆盖物、家具以及墙，形成新的火点。火灾调查人员必须查清，现场存在哪些可燃物、其位置及燃烧性能和热释放速率等。
- 灭火的影响：灭火行动对于火势发展具有重大影响，火灾调查人员必须记住，向全体参加灭火的人员了解他们灭火行动的效果。正压送风（PPV）或者在一个方向直接进攻，可能导致火焰向其他区域蔓延，这些区域可能已经过火，也可能没有。这些行动也可能将火焰压低，甚至低至门或者橱柜等障碍物下方。火灾调查人员应该询问消防员，详细了解他们是如何用水的，因为这些重要信息是很少出现在消防队的报告中的。
- 热和烟羽流的行为：由于浮力作用，热和烟羽流倾向于像水流一样在房间和建筑物内流动——绕过障碍物继续向前、向上沿着相对直线路径流动。
- 火灾矢量的影响：火灾后，观察到的物体火灾破坏程度，是其承受热量的猛烈程度和时间共同作用的结果，在火灾发生过程中，这两个因素应予以不同分析。
- 火羽流辐射热通量的影响：火羽流最高温度区将产生最高的辐射热通量，对于其他物体表面的破坏更快、更深。这种痕迹能够告诉火灾调查人员哪些物质表面接触了火羽流，从而分析火羽流运动方向。（因为羽流通过物体表面时将损失热量降低温度。）
- 火羽流位置的影响：火羽流位置对房间内火灾发展过程的影响，不仅包括羽流的大小（热释放速率）和流动方向，也包括火羽流在房间内的位置（在房间中央、靠近墙、靠近墙角、远离通风口还是靠近敞开的通风口）。

开展火灾调查和现场重建，从火灾发展痕迹分析起火点，靠的是分析火羽流造成破坏而留下的痕迹，这些破坏在很大程度上是可以预测的。基于对火羽流行为、可燃物的性质以及一般火灾行为的认识，火灾调查人员可以勘验现场寻找这些痕迹。使用科学的方法，对每一个痕迹进行独立勘验，分析火灾蔓延方向、强度、燃烧时间或者起火点位置。没有一个单一的痕迹能够证明起火点或者起火原因，必须把所有痕迹放在一起分析，虽然它们不一定都一致。最后，使用火灾矢量图能够帮助提出关于起火点位置的意见。

5.6
火灾痕迹实验

火灾实验能够产生破坏现象，留下各种火灾痕迹，包括分界线痕迹、表面破坏痕迹、烧穿痕迹以及烧损痕迹。火灾实验是扩展对火灾痕迹的识别和解释知识的方法之一。

在 NIST 的帮助下，美国联邦应急管理局 / 消防局（FEMA/USFA）和美国田纳西河谷管理局（TVA）、阿拉巴马州佛罗伦萨警察局做了不同的实验，研究火灾痕迹的产生。实验采用两种结构：空置的独户住房和多用途装配建筑（FEMA，1997；Icove，1995）。在美国田纳西河谷管理局警察的研究集中在大空间建筑火灾实验中的火灾痕迹研究的同时，NIST 和 FEMA 的工作主要研究单户住宅情况下的痕迹。另一个由 Carman（2008、2009 和 2010）报告的全尺寸实验，辅之以火灾后的计算机模型。

实验设计的主要目的包括：证明火灾痕迹的形成过程、发现火灾现场证据和检验技术，以及验证基本火灾模型——所有这些概念构成了法庭上火灾现场重建的基础。

5.6.1 火灾实验目的

在多用途设施开展火灾实验，实验设计包括模拟利用盛装易燃液体的塑料桶（燃烧弹）实施放火，因为放火者实施放火时常常用这种容器（Icove 等，1992）。当现场发现一个燃尽、自熄的盛装易燃液体的容器时，火灾调查人员常常问这些问题：这个装置燃烧了多长时间？会造成什么破坏，哪里是收集证据的最佳位置？

为了模拟放火，所采用的典型燃烧弹是装满无铅汽油的 3.8L（1gal）塑料桶，放置在多用途建筑中主会议室的角落，如图 5-29 所示，这个房间铺有合成地毯。

用电点火远程点燃燃烧弹。热电偶所得数据显示，火灾大约持续了 300s，然后自熄，留下了一个直径 0.46m（1.5ft）的圆形燃烧区。三个热电偶树记录了房间侧面温度，如图 5-30 所示。

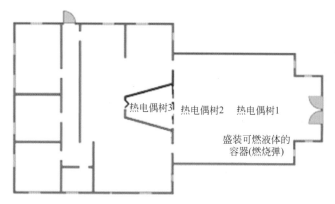

图 5-29　实验用建筑平面图，将盛装易燃液体的容器放在图示房间的角落里模拟放火

资料来源：David J. Icove，University of Tennessee

图 5-31（a）所示为火灾痕迹示意图，图 5-31（b）为火灾后破坏痕迹照片。图中标注了盛装易燃液体容器的准确位置和接下来的燃烧液池尺寸。因为塑料桶迅速熔化，液体流出，在地板上以液池形式燃烧。图 5-31（b）展示了火灾痕迹，包括分界线痕迹、表面效应、烧穿痕迹和烧损痕迹。将附近物体上炭化深度相同的部位用示意图连接，画出炭化等深线，来表示相对破坏程度。这种炭化等深线可以帮助制作和解释火灾矢量图，也可以记录易燃液体在家具和地板表面的燃烧痕迹。

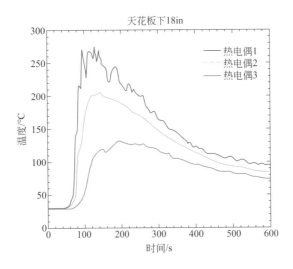

天花板下18in

图 5-30　易燃液体被电打火器引燃后，3 个热电偶树所记录的房间温度

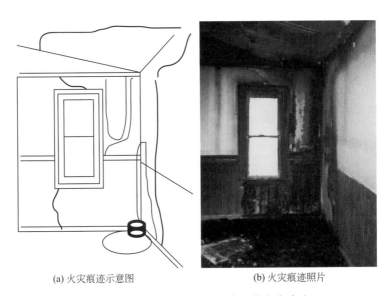

(a) 火灾痕迹示意图　　　　　　　　(b) 火灾痕迹照片

图 5-31　易燃液体燃烧实验产生的火灾痕迹

[（a）中粗线指明燃烧区和未燃烧区的主要分界线，细线指明炭化等深线。（b）中壁板上方干净墙面对于火势蔓延
没有作用，有色部分可以明显区分表面烟熏区域、烧穿和烧损区域。]

资料来源：David J. Icove，University of Tennessee

热释放速率估算如下。

汽油池火的热释放速率峰值 $\dot{Q}$，可以使用标准热释放速率公式计算。

热释放速率：$\dot{Q} = \dot{m}'' \Delta h_c A$

燃烧液池面积：$A = (3.1415/4) \times (0.457^2) = 0.164(\mathrm{m}^2)$

汽油的质量流量：$\dot{m}'' = 0.036 \mathrm{kg/(m^2 \cdot s)}$

汽油的燃烧热：$\Delta h_c = 43.7 \mathrm{MJ/kg}$

热释放速率：$\dot{Q} = 0.036 \times 43700 \times 0.164 = 258(\mathrm{kW})$

实际热释放速率应该为 200 ～ 300kW。

5.6.2　虚拟点源

火灾调查人员可以使用火灾矢量图分析这个易燃液体火灾实验，更好地理解和解释火灾痕迹与火羽流运动和强度之间的关系，如图 5-32 所示。矢量线的起点位于盛装易燃液体容器放置部位地板的上方区域，对应着火羽流的理论虚拟点源。

对火羽流理论虚拟点源位置的计算验证了这一点。同前文中例 5-3，直径为 0.457m 的汽油火的热释放速率约为 258kW。使用 Heskestad 公式计算虚拟点源，如下所示。

虚拟点源: $Z_0 = 0.083\dot{Q}^{2/5} - 1.02D$

等效直径: $D = 0.457\text{m}$

热释放速率: $\dot{Q} = 258\text{kW}$

虚拟点源: $Z_0 = 0.083 \times 258^{2/5} - 1.02 \times 0.457 = 0.766 - 0.466 = 0.3\,(\text{m})$ （1ft）

此例中，Z_0 确定为 0.3m（1ft），位于地板上方，如图 5-32 所标注。如前文所述，研究发现如果可燃物面积小而释放能量大，例如这个例子，虚拟点源将位于地板上方（Karlsson 和 Quintiere, 2000）。

虚拟点源随着热释放速率、可燃物等效直径变化而变化的详细分析如图 5-33 所示。在分析火羽流的虚拟点源高于还是低于可燃物表面时，采用 Heskestad 公式得出的曲线可以帮助测算。

图 5-32　可燃液体燃烧实验的火灾矢量图分析，帮助理解和解释火羽流及其地板上方的区域与火羽流理论虚拟点源之间的对应关系
资料来源：David J. Icove，University of Tennessee

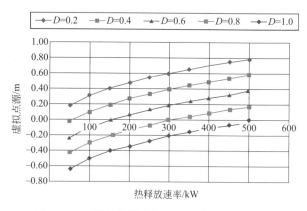

图 5-33　可燃物等效直径、热释放速率与火羽流虚拟点源之间的关系
资料来源：Icove和DeHaan（2006）

例如，如果燃烧的热释放速率高而可燃物尺寸小，虚拟点源将是典型的正值，表明虚拟点源位于燃烧表面的上方，在火羽流的中心线上。虚拟点源与热释放速率和可燃物等效直径之间的这种关系，可以画成曲线图。

5.6.3　火焰高度

在 2004 版 NFPA 921 中指出，火焰高度计算（NFPA, 2004）要考虑火焰在房间的位置，特别是要考虑是否在角落里。在火羽流的虚拟点源高于地板时，观察火羽流造成的破坏情况，我们可以假设火焰高度至少达到天花板，即现场测得高度为 3.18m（10.43ft）。

总热释放速率：$\dot{Q}=258\text{kW}$

火焰高度：$H_f=0.174(k\dot{Q})^{2/5}$

位于角落时 $k=4$，$H_f=0.174\times(4\times258)^{2/5}=2.79$（m）（9.15ft）

加上虚拟点源高度：$H_{总}=Z_0+H_f=0.299+2.79=3.09$（m）（10.14ft），约为 3m 或者 10ft

如果这一数值高于天花板高度，将产生顶棚射流。因此，如果火羽流能够达到天花板高度，将迅速形成顶棚射流并扩展出火焰的中心线，其行为在实验中均已观察到。

5.6.4　火灾持续时间

确定火灾初起阶段，对于火灾现场重建是很有意义的。在验证火灾持续时间的估算值时，常常用到历史实验、真实历史损失数据以及真实火灾模型。

将真实火灾发展与模型进行比较，火灾调查人员可以依靠观察、记录、分析火灾实验历史数据和与火灾相同案例的相关研究。消防工程领域的工具书，可以提供更多有价值信息（SFPE, 2008,sec.3-1）。

在易燃液体燃烧实验中，火灾持续时间是关键数据之一。易燃液体被引燃后，塑料瓶熔化，汽油流出并形成一个圆形的燃烧液池。液池中的汽油能够燃烧多长时间，液池下表面是光滑的混凝土还是地毯，将在下文分析。

假设火势快速发展且有充足燃料供给的条件下，液池火燃烧持续时间，常常用稳定燃烧阶段的质量燃烧速率来估算。汽油的密度为 740kg/m³（0.74kg/L）。汽油在稳定燃烧阶段质量燃烧速率（质量通量）为 0.036kg/（m²·s）（SFPE, 2008, fig. 5-1.2 [a]）。

假设在没有其他燃料供给的情况下汽油将自行熄灭，汽油的燃烧时间可用下面的计算得出。

汽油质量：$m=1\text{ gal}\times3.785\text{ L/gal}\times740\text{g/L}=2.7\text{kg}$

汽油的质量燃烧速率：$\dot{m}''=0.036\text{kg/}（\text{m}^2\cdot\text{s}）$

燃烧面积：$A=\pi r^2=3.1416\times(0.23\text{m})^2=0.166\text{m}^2$

整体燃烧速率：$\dot{m}=A\dot{m}''=0.166\text{m}^2\times[0.036\text{kg/}（\text{m}^2\cdot\text{s}）]=0.00598\text{kg/s}$

大约燃烧时间 $=m/\dot{m}=2.7\text{ kg/}(0.00598\text{ kg/s})=451\text{s}$

实际燃烧时间平均为 7～8min。这一结果与时间 - 温度曲线（图 5-30）相比，说明这种计算结果与实测结果相一致。

5.6.5　衰减速率

易燃液体池火从猛烈燃烧阶段按照相对可预测的速度衰减，称为衰减速率，当其他条件（即池的直径和深度）为常数时，衰减速率主要与液体的物理特性和化学成分有关。薄薄的一层液体很快燃尽，由于燃烧速度太快，仅仅能够观察到最短暂的热作用。物体表面液池的深度由液体的总量、物理特性（黏性），以及物体表面状态决定。

在一个水平、光滑不可渗透的表面，如果没有其他限制，低黏性液体例如汽油，将形成深度大约 1mm 甚至更浅的液池；在一个可渗透的表面，液体将在重力作用和毛细管作用下渗透到一定深度并沿水平方向扩散。液体的数量、可渗透材料的深度、底层材料的孔隙，以及液体泼洒的速度将决定液池的大小。在铺有地毯的地板上，粗略估算，地毯厚度可以看作液池最大深度，因为饱和渗透的地毯就代表一个液池，其深度等于地毯和地毯下可渗透底垫的厚度（DeHaan, 1995）。

液池的表面积是一个重要的变量。大量汽油从油罐中泄漏，缓慢滴落，在土地或者沙地上形成液池，其直径可能比单独一滴掉落形成的直径大不了多少，但是深度大得多。同样数量的汽油，快速倒到同样的地面上，可形成更大直径但是相对很浅的液池。同样体积的液体能够形成一个大面积的弧形油膜。液体的黏性和表面张力、倒出的速度将决定油膜的厚度。需要进行实验研究，建立油膜最大和最小面积的边界条件。

液体一旦被引燃，单位面积的燃烧速率（质量流量），受能够到达液体表面的热量、能够进入的空气周长控制。质量流量取决于可燃物及液池的尺寸。对于直径为 0.05 ~ 0.2m 的汽油液池，最小衰减速率是 1 ~ 2mm/min（Blinov, 2011）。对于非常小的液池，由于层流火焰结构，速率将更高。对于液池下方表面的热破坏作用很小，因为没有足够的时间和热通量。由于火焰尺寸受到单位面积蒸发速率（质量流量）控制，液池表面积越大，火焰越大（热释放速率 $\dot{Q}$ 越大）。直径超过 1m 的汽油液池最大衰减速率为 3 ~ 4mm/min，因为受到湍流混合羽流的限制（Blinov, 2011）。

由于几何形状和原始状态不同，火焰在周围物体表面形成不同的作用效果。液池下方的物体，因为接触的液体蒸发而冷却，其温度不能高于液体的沸点，在表面不会形成明显的烧焦痕迹。低熔点材料如合成纤维在受热时会熔化。液池周围区域的地毯或者地板，在火灾中直接暴露在火羽流的热辐射之中，没有液体蒸发的冷却作用保护，材料将会熔化和烧焦，特别是小而薄的材料（地毯纤维）。直接和火焰前锋接触的材料，将会被灼烧并引燃，或者至少炭化。

火焰前锋附近的物体受到热作用，会在液池外围形成晕或环效应，同 Putorti、McElroy 和 Madrzykowski（2001）所做的实验中展示的一样。如果底层材料是可燃的，晕轮破坏痕迹会从液池向周围蔓延一定距离。最后，易燃液体蒸发后，液池保护区域可能燃尽。对于传统的地毯（羊毛或者尼龙地毯），这一区域将非常明显，而且在燃烧中心部位，能够提取足够多的易燃液体残留物，并可以鉴定。如果火灾自熄，或者是迅速被喷淋系统扑灭，抑或因为缺氧而迅速熄灭，液池面积可以利用燃烧边缘痕迹粗略估算。如果火灾因为地毯燃烧而持续，或者火势（外部）达到轰燃状态，地毯上的燃烧会远超过最初液池区域。对于新生产的背面为聚丙烯衬底，表面为聚丙烯纱线绒毛的合成纤维地毯，这一点特别明显（DeHaan 和 Icove, 2012）。

黄麻背衬的羊毛或者尼龙地毯倾向于自熄，但是聚丙烯背衬的地毯不会自熄。燃烧试验显示，这些种类地毯上的火焰，能够以 0.5 ~ 1m²/h（5 ~ 11ft²/h）的速率蔓延，在燃烧区边缘处产生小火苗。这种地毯能够通过甲胺片测试（ASTM, D2859-16）（ASTM, 2016），因为它燃烧火焰约为 50W 且持续时间短（与一个掉落的火柴相同）；但是，一旦有较大火源（如一捆纸）传来大热通量，或者有一个持续的火源如一个燃烧着的家具，只要有足够的时间，火焰能够蔓延很大区域（DeHaan 和 Icove, 2012）。

5.6.6 NIJ 资助的研究

美国国家司法研究所（NIJ）资助的，在火灾动力学和液体可燃物火灾法庭分析方面的研究（Mealy、Benfer 和 Gottuk, 2011），研究了液体深度、载体、燃烧速率以及引燃延迟时间的影响。研究者记录了可燃液体和易燃液体如汽油、煤油、工业酒精泼洒数量和深度的统计范围，同时研究了泼洒液体深度受载体种类的影响，如乙烯树脂、地毯、胶合板、混凝土（光滑的、刷洗过的以及覆盖物品的）、定向刨花板等对深度的影响。

关于泼洒液池深度，研究者得出了除原油外常见液体在光滑表面上的统计值，平均深度为 0.72mm（0.028in），标准偏差为 0.34mm（0.013in）。特殊的液体及在特殊的表面条件下，深度范围为 0.22 ~ 2.4mm（0.0087 ~ 0.094in）。

研究证明，两个因素决定易燃液体液池深度：液体的表面张力和承载液体物体的表面特性。由于大多数易燃液体的表面张力大致相同，承载物表面形态决定了液池的差别，影响液体整体流动范围和平衡深度。

研究者确认，液体泼洒到热性能不同的表面，其质量燃烧速率会不同。火灾中在乙烯地板上燃烧速率最高，在混凝土上燃烧速率最低。没有发现液体燃烧速率与承载物体单个热性能 [即热的传导性能，热惯性（thermal inertia）、热流率和热扩散系数] 之间的关系。

最后，这些研究者发现引燃延迟时间——液体洒出与引燃之间的时间，影响燃烧速率峰值。一般情况下，300s 的引燃延迟时间实验，会在较大区域内产生单位面积质量燃烧速率峰值。引燃延迟时间为 30 ~ 300s，液面面积平均增加 8% ~ 76%，平均值为 36%，而引燃延迟时间 30 ~ 300s 热释放速率均值下降的范围分别为 25% ~ 74%，均值为 52%。这些数据不能完全解释延迟时间的影响作用，但是承载材料的冷却作用和易燃液体的蒸发损失，是质量燃烧速率变化应该考虑的因素。

5.6.7 火灾持续时间的修正

在前文的火灾实验中（Icove, 1995），计算所得燃烧持续时间为 451s，与图 5-30 所示的实际燃烧时间相比，燃烧时间低于计算值。这一假设必须加以修正，以考虑地毯的存在，而不是在最初的计算中假设的混凝土地板。

戊烷是汽油的组分之一，用浸透戊烷的地毯做实验，结果显示，在相同温度下，其蒸发速率（没有燃烧）为自由流淌表面的 1.5 倍（DeHaan, 1995）。汽油在自由流淌表面的蒸发质量损失速率为 0.036 kg/（m²·s）或 0.054kg/（m²·s），在相同温度下，假设地毯上的温度降低不影响蒸发速率，浸透到地毯上的汽油，其蒸发的稳定质量损失速率大约为自由流淌表面的 1.5 倍。因为燃烧过程也是汽油先从地毯上蒸发后再燃烧，对地毯表面燃烧持续时间的重新计算修正为约 316s，热释放速率为 387kW。

关于可燃和易燃液体在不同表面上的燃烧，包括这些实验中的池火，其燃烧性能相关知识在火灾实验和分析中非常重要。合成纤维地毯在火灾中可能熔融，降低质量通量。同时，熔融塑料容器和地毯对热释放速率的贡献也未包括进去。这些因素会增加热释放速率，并可能降低火灾持续时间。

NIST 研究了可燃液体和易燃液体泼洒和燃烧痕迹，发现在无孔表面上的薄层液体，热释放速率仅仅为等量深液池的 12.5% ～ 25%。在地毯表面上的峰值热释放速率与等量池火大致相同（Putorti、McElroy 和 Madrzykowski, 2001）。由于这些实验中没有报告地毯的性质，地毯的作用没法估计。

研究者报道，在小型液池火灾中，可燃液体被引燃后，质量燃烧速率将上升直到达到一个稳定阶段（Hayasaka, 1997）。Ma 等（2004）做了不同可燃液体在地毯上的燃烧速率实验和研究，指出燃烧现象可能很复杂，特别是地毯作为可燃物给火灾提供燃料时。Ma 等认为以下几个因素影响地毯火：由其纤维影响的毛细管效应或者灯芯效应、蒸发、燃烧、热传递、燃烧引起的质量传送等。他推断出地毯对于质量燃烧速率有两个互相矛盾的角色：

① 作为隔热材料阻止热量向液池深处传导而形成的损失，使液体温度升高，从而提高质量燃烧速率。

② 作为多孔物质，因为毛细作用不足而降低质量燃烧速率。在硬质表面如混凝土或者木材上的薄层液池，由于硬质表面的热传导性能大于液体可燃物，会造成热量损失。

Ma 等指出，地毯上的液体火灾破坏作用大于光滑地板或地面的现象是可以解释的。地毯在火灾初期增加了质量燃烧速率，因为地毯阻止了热损失，使火灾行为表现与稳定的有一定深度液池相同。

5.6.8　不同位置火焰高度的修正

火焰高度是房间内着火位置的一个参数。如前文所述，火焰高度与着火位置相关，在房间中间（$k=1$），靠墙（$k=2$），或者在墙角（$k=4$）。

按最初方法，图 5-31 的墙角火实验中，假设对火焰高度有充分影响，预测火焰高度为 3.1m（10.1ft）。按照新的热释放速率 387kW 和墙角布局，新的火焰高度计算结果为 3.28m，加上虚拟点源高度 0.43m，为 3.71m（12.2ft）。对火焰上方天花板一角的破坏作用，显示了足够大的火羽流作用到此处，导致天花板被烧穿。墙上的可燃覆盖物（如壁板）对火灾增强的作用，增加了一个影响火羽流的未知因素。

5.6.9　池火对其载体的破坏

当易燃液体燃烧时，是通过液体蒸发产生蒸气，由于蒸气的密度大于空气形成一个蒸气层，蒸气发生燃烧。高温下的布朗运动使蒸气层厚度有限，扩散到上覆空气中，随着距离液体表面距离增加，形成一个陡峭的浓度梯度（DeHaan, 1995）。如果这个浓度梯度位于可燃蒸气范围内，就会发生持续燃烧。当液体蒸气从液体表面向四周空气 / 氧气扩散后，将产生扩散火焰（diffusion flame）。

易燃液体表面和火焰前沿之间的距离，随着温度和可燃物蒸气压的变化而变化。火焰向各个方向产生热辐射，一些向下的热辐射被液体吸收，液面保持在一定温度持续产生蒸气维持燃烧。一些热量穿过液体到达液体下面的载体表面，使其温度上升。由于液体和载体直接接触，如果液池达到一定深度，热传递能够通过液体对流传播。

液池下方表面温度不会比液体的沸点高。液体的沸点温度足够低（< 200℃，390 °F），

如果表面无孔光滑、没有接头和缝隙，且分解温度较高时，液体燃尽后将不会留下可见的破坏痕迹。液体的沸点越高，地板受到热破坏的机会就越大，如地板受热发生热分解（烤焦）、熔化，或者两种都有。在可燃液体燃烧过程中，液池边缘处的载体表面受到热辐射作用，可能会发生局部烧焦或者其他热破坏。如果易燃液体为包含多种不同沸点组分的混合物，低沸点组分将首先燃尽，留下高沸点组分继续燃烧。

例如汽油组分的沸点为 40 ~ 150℃。随着混合物燃烧，残留物的沸点增大，因此极限温度系数增大。在 250℃温度下，木材表面将只出现烧焦痕迹，但是一些合成纤维地板覆盖物能够被严重破坏。合成纤维地毯中的纤维在熔融的同时，也能在火势发展过程中降低液体的质量燃烧速率。地面上汽油液池火灾实验中，证明未出现木地板明显热作用痕迹的相关论文已经发表（DeHaan, 2007）。

正如这个例子反映的那样，这种实验的最终前提是使用汽油的时间 - 温度曲线，在引燃 400s 作用下达到平衡温度，与估计值一致。这个结果证明，在放火和其他涉火案件中，使用易燃液体会使局部温度快速上升，同时会快速自熄。

专家对这些假设的结论或意见部分依赖于使用公认的、历史上已证实的火灾实验，这些实验验证了这种方法，并且很容易重现。另外，这种方法和相同研究已经有同行检验并发表（DeHaan, 1995; Ma 等, 2004; Icove 和 DeHaan, 2006）。将这种方法运用于房间尺寸和火势发展时间等不同的场景时，会有一定的误差率。见 Mealy、Benfer 和 Gottuk（2011）以及 Wolfe、Mealy 和 Gottuk（2009）发表的关于使用火灾动力学对通风受限可燃液体火灾现场的法庭科学研究。已有独立和公正的机构制定了运用和解释这些关系的标准方法。

总结

为了认定起火点和起火原因，必须准确勘验火灾现场。为了完成这一任务，火灾调查人员需要掌握基本的火灾动力学中与火灾破坏相关的基本准则，特别是火灾痕迹的形成。火灾现场勘验时，最佳途径是从三维的视角进行勘验，因为二维视角可能会导致火灾调查人员对起火点和起火原因的假设错误。

相关学科如物理学、热动力学、化学、传热学和流体力学，可以帮助火灾调查人员准确认定起火点，火势强度，火势的发展过程、蔓延方向、持续时间和已经扑救情况。火灾调查人员可以得益于一些发表的研究成果，包括火灾动力学领域已经得到应用的专家意见，但是很多火灾调查人员得不到这些资源。

接下来的火灾调查报告，应该是 Daubert、Kumho Tire 和 Benfield 所定义的，法庭所期待的报告。通过严格按照程序一步步准确勘验火灾痕迹，将火灾前现场尽可能地完整重建。这不仅包括标明可燃物在起火点的位置关系，也包括注明墙、地板和天花板覆盖物，确定门窗的开启闭合状态，对于火灾蔓延开展消防工程分析。

□ 复习题

1. 什么是清除余火，为什么要将这种行动控制在最小范围？
2. 什么是火灾后现场痕迹指明的火灾基本行为？
3. 指出灭火行为对火势蔓延和火灾后现场痕迹的三种影响。
4. 什么是建筑火灾现场最常见的痕迹？它的四个优点是什么？
5. 为什么记录和重现火灾荷载如此重要？
6. 什么是热水平线？它如何帮助确定建筑火灾中火势蔓延方向？
7. 说出三种通风口开启影响建筑火灾中火灾痕迹的方式。
8. 窗户玻璃如何为火灾调查人员提供有用的资料？
9. 为什么在火灾调查中，一份内容清单非常重要？

关键术语解释

证据损毁（spoliation）：作为证据或潜在证据的物件或文件，在法律程序中由负有保存责任者遗失、毁坏或重大变更（NFPA, 2017, 3.3.178）。

火灾痕迹（fire patterns）：由一个或一组火作用形成的，可见或可测量的物理变化或可识别的形态（NFPA, 2017, 3.3.74）。

传热学（heat transfer）：材料之间通过传导、对流和／或辐射火焰进行热能交换（NFPA, 2017, 3.3.106）。

通风（ventilalion）：利用自然风、对流或风扇向建筑物内吹入空气或排出空气而使空气在任何空间内流通；通过打开门窗或在屋顶上打洞来清除建筑物内烟雾和热量的消防行动（NFPA, 2017, 3.3.199）。

通风口（vent）：气体、烟气、烟雾等气体通过或消散的通道（NFPA, 2017, 3.3.198）。

清除余火（overhaul）：一种消防术语，在火灾主体被扑灭后的最终灭火过程。此时必须把所有的火迹都清除（NFPA, 2017, 3.3.135）。

火灾蔓延（fire spread）：火从一个地方蔓延到另一个地方（NFPA, 2017, 3.3.78）。

火羽流（fire plume）：热气、火焰和烟雾组成的柱状物在火上上升；也叫对流柱，热上升气流或热柱（NFPA, 2017, 3.3.141）。

热对流（convection）：在介质（如气体或液体）内循环的热传递（NFPA, 2017, 3.3.39）。

辐射热（radiant heat）：由波长比可见光长、比无线电波短的电磁波所携带的热能；辐射热（电磁辐射）增加感温适用于任何能吸收辐射的物质，特别是固体和不透明的物体（NFPA, 2017, 3.3.152）。

易燃的（flammable）：能带火焰燃烧的（NFPA, 2017, 3.3.83）。

烟炱（soot）：火焰中产生的黑色炭粒子（NFPA, 2017, 3.3.173）。

卷吸作用（entrainment）：空气或气体被吸入火羽流或射流的过程（NFPA, 2017, 3.3.55）。

顶棚射流（ceiling jet）：由于羽流撞击和流动的气体被迫水平移动，在水平表面（如天花板）下形成的相对较薄的流动热气层（NFPA, 2017, 3.3.26）。

沟槽效应（trench effect）：一种现象，也被称为康达效应，在这种现象中，快速移动的气流倾向于朝着或沿着附近的表面移动。

火灾作用（fire effects）：火灾引起的物质上可观察到的或可测量的变化（NFPA, 2017, 3.3.71）。

排烟（venting）：烟雾和热量通过建筑物的开口逸出（NFPA, 2017, 3.3.201）。

热传导（conduction）：通过直接接触把热量传递给另一个物体或在一个物体内传递（NFPA, 2017, 3.3.38）。

氧化反应（oxidetion）：以元素或其化合物的形式与氧反应（NFPA, 2016）。

石膏煅烧（calcination of gypsum）：在石膏制品（包括墙板）中发生的火灾效应，是由于暴露在热量中，失去游离水和化学结合水（NFPA, 2017, 3.3.24）。

炭化（char）：烧焦或热解后变成的黑炭质物质（NFPA, 2017, 3.3.29）。

炭化等深线（isochar）：等深线图上连接等深炭点的线（NFPA, 2017, 3.3.121）。

剥落（spalling）：混凝土或砖石表面的剥落或坑蚀（NFPA, 2017, 3.3.174）。

重影痕迹（ghost marks）：不燃地板上由于地砖胶黏剂的溶解和燃烧而产生的地砖染色轮廓。

回燃（back draft）：由于空气突然进入含有不完全燃烧的缺氧产物的密闭空间而引起的爆燃（NFPA, 2017, 3.3.17）。

清洁燃烧（clean burn）：在可燃层（如烟尘、油漆和纸张）烧掉后，在不可燃表面通常会出现明显可见的火灾作用。该现象也可能出现在由于表面温度过高而未能沉积烟尘的地方（NFPA, 2017, 3.3.31）。

龟裂（crazing）：在钢盔外壳表面或整体元件的其他光滑表面上出现的细裂纹。

共晶熔化（eutectic melting）：共晶熔化（合金化）是指涉及当不同成分的金属接触主体金属时发生的损伤。最初的熔化可能与电有关，也可能与电无关，但第二种金属沉积对主体金属造成的损伤不涉及电流，也不是电损伤（NFPA, 2017, 9.11.3）。

退火（annealing）：因加热而引起的金属回火。

复燃（rekindle）：主体熄灭但不完全熄灭后又重新燃烧（NFPA, 2017,3.3.155）。

热辐射（radiation）：以电磁能的方式传热（NFPA, 2017, 3.3.153）。

热惯性（thermal inertia）：一种材料在受热时表征其表面温度上升速率的特性；与材料的热导率 k、密度 r、热容 c 的乘积有关（NFPA, 2017, 3.3.186）。

扩散火焰（diffusion flame）：在燃烧区域燃料和空气混合或扩散的火焰（NFPA, 2017, 3.3.48）。

参考文献

Alpert, R. 1972. "Calculation of Response Time of Ceiling-mounted Fire Detectors." *Fire Technology* 8 (3): 181–95, doi: 10.1007/bf02590543.

Alpert, R. J., and E. J. Ward. 1984. "Evaluation of Unsprinklered Fire Hazards." *Fire Safety Journal* 2, No. 2 (1984): 127–43.

ASTM 2014. *ASTM C1396/C1396M-14a: Standard Specification for Gypsum Board.* West Conshohocken, PA: ASTM International.

———. 2016. *ASTM D2859-16. 2016. Standard Test Method for Ignition Characteristics of Finished Textile Floor Covering Materials.* West Conshohocken, PA: ASTM International.

Audouin, L., G. Kolb, J. L. Torero, and J. M. Most. 1995. "Average Centreline Temperatures of a Buoyant Pool Fire Obtained by Image Processing of Video Recordings." *Fire Safety Journal* 24 (2): 167–87, doi: 10.1016/0379-7112(95)00021-k.

Babrauskas, V. 1980. "Flame Lengths under Ceilings." *Fire and Materials* 4 (3): 119–26, doi: 10.1002/fam.810040304.

———. 2004. *Glass Breakage in Fires*. Issaquah, WA: Fire Science and Technology Inc.

———. 2005. "Charring Rate of Wood as a Tool for Fire Investigations." *Fire Safety Journal* 40 (6): 528–54, doi: 10.1016/j.firesaf.2005.05.006.

Babrauskas, V. and J. Krasny. 1985. *Fire Behavior of Upholstered Furniture*. NBS Monograph 173. Gaithersburg, MD: US Department of Commerce, National Bureau of Standards.

Bessey, G. E. 1950. "Investigations on Building Fires. Part II: The Visible Changes in Concrete or Mortar Exposed to High Temperatures." *Technical Paper No. 4*. Garston, England: Department of Scientific and Industrial Research, Building Research Station.

Beyler, C. L. 1986. "Fire Plumes and Ceiling Jets." *Fire Safety Journal* 11 (1–2): 53–75, doi: 10.1016/0379-7112(86)90052-4.

———. 2008. "Fire Hazard Calculations for Large, Open Hydrocarbon Fires." In *SFPE Handbook of Fire Protection Engineering*, 4th ed., ed. P. J. DiNenno. Quincy, MA: National Fire Protection Association.

Bostrom, L. 2005. "Methodology for Measurement of Spalling of Concrete." Paper presented at Fire and Materials 2005, 9th International Conference, January 31–February 1, San Francisco, CA.

Buchanan, A. H. 2001. *Structural Design for Fire Safety*. Chichester, England: Wiley.

Butler, C. P. 1971. "Notes on Charring Rates in Wood." *Fire Research Notes 896*. London: Joint Fire Research Organization. Borehamwood, England: Fire Research Station.

Canfield, D. 1984. "Causes of Spalling of Concrete at Elevated Temperatures." *Fire and Arson Investigator* 34 (4): 22–23.

Carman, S. W. 2008. "Improving the Understanding of Post-flashover Fire Behavior." Paper presented at the International Symposium on Fire Investigation Science and Technology, May 19–21, Cincinnati, OH.

———. 2009. "Progressive Burn Pattern Developments in Post-flashover Fires." Paper presented at Fire and Materials 2009, 11th International Conference, January 26–28, San Francisco, CA.

———. 2010. "Clean Burn Fire Patterns: A New Perspective for Interpretation." Paper presented at Interflam, July 5–7, Nottingham, UK.

Chakrabarti, B., T. Yates, and A. Lewry. 1996. "Effects of Fire Damage on Natural Stonework in Buildings." *Construction and Building Materials* 10 (7): 539–44.

Chu Nguong, N. 2004. "Calcination of Gypsum Plasterboard under Fire Exposure." Master's thesis, University of Canterbury, Christchurch, New Zealand (*Fire Engineering Research Report 04/6*).

Cox, G., and R. Chitty. 1982. "Some Stochastic Properties of Fire Plumes." *Fire and Materials* 6 (3–4): 127–34, doi: 10.1002/fam.810060306.

DeHaan, J. D. 1987. "Are Localized Burns Proof of Flammable Liquid Accelerants?" *Fire and Arson Investigator* 38 (1): 45–49.

———. 1995. "The Reconstruction of Fires Involving Highly Flammable Hydrocarbon Liquids." PhD diss., University of Strathclyde, Glasgow, Scotland, UK.

———. 2007. *Kirk's Fire Investigation*. 6th ed. Upper Saddle River, NJ: Pearson-Prentice Hall.

———. 2012. "Sustained Combustion of Bodies: Some Observations." *Journal of Forensic Science*, May 4, doi: 10.1111/j.1556-4029.2012.02190.x.

DeHaan, J. D., S. J. Campbell, and S. Nurbakhsh. 1999. "Combustion of Animal Fat and Its Implications for the Consumption of Human Bodies in Fires." *Science & Justice* 39 (1): 27–38, doi: 10.1016/s1355-0306(99)72011-3.

DeHaan, J. D., and D. J. Icove 2012. *Kirk's Fire Investigation*. 7th ed. Upper Saddle River, NJ: Pearson-Prentice Hall.

DeHaan, J. D., and E. J. Pope. 2007. "Combustion Properties of Human and Large Animal Remains." Paper presented at 11th International Fire Science and Engineering Conference, Interflam 2007, September 3–5, London, UK.

Drysdale, D. 2011. *An Introduction to Fire Dynamics*, 3rd ed. Chichester, West Sussex, UK: Wiley.

Fang, J. B., and J. N. Breese. 1980. *Fire Development in Residential Basement Rooms*. Gaithersburg, MD: National Bureau of Standards.

FEMA. 1997. "USFA Fire Burn Pattern Tests." *Report FA 178*. Emmitsburg, MD: Federal Emergency Management Agency, US Fire Administration.

Harris, R. J. 1983. *The Investigation and Control of Gas Explosions in Buildings and Heating Plants*. London: British Gas Corp.

Harris, R. J., M. R. Marshall, and D. J. Moppett. 1977. "The Response of Glass Windows to Explosion Pressures." Published as IChemE Symposium Series No. 49, April 5–7.

Harrison, R. 2004. "Smoke Control in Atrium Buildings: A Study of the Thermal Spill Plume." In *Fire Engineering Research Report 04/1*, ed. M. Spearpoint. Christchurch, New Zealand: University of Canterbury.

Harrison, R., and M. Spearpoint. 2007. "The Balcony Spill Plume: Entrainment of Air into a Flow from a Compartment Opening to a Higher Projecting Balcony." *Fire Technology* 43 (4): 301–17, doi: 10.1007/s10694-007-0019-3.

Hasemi, Y., and M. Nishihata. 1989. "Fuel Shape Effects on the Deterministic Properties of Turbulent Diffusion Flames." Paper presented at Fire Safety Science, Second International Symposium, Washington, DC.

Hayasaka, H. 1997. "Unsteady Burning Rates of Small Pool Fires." In *Proceedings of 5th Symposium on Fire Safety Science*, ed. Y. Hasemi. Tsukuba, Japan.

Hertz, K. D., and L. S. Sorensen. 2005. "Test Method for Spalling of Fire-Exposed Concrete." *Fire Safety Journal* 40: 466–76.

Heskestad, G. H. 1982. *Engineering Relations for Fire Plumes*. SFPE Technology Report 82-8. Boston: Society of Fire Protection Engineers.

———. 1983. "Virtual Origins of Fire Plumes." *Fire Safety Journal* 5 (2): 109–14, doi: 10.1016/0379-7112(83)90003-6.

———. 2008. "Fire Plumes, Flame Height, and Air Entrainment." Chapter 2-1 in *SFPE Handbook of Fire Protection Engineering*, ed. P. J. DiNenno. Quincy, MA: National Fire Protection Association, Society of Fire Protection Engineers.

Hietaniemi, J. 2005. "Probabilistic Simulation of Glass Fracture and Fallout in Fire." *VTT Working Papers 41*, ESPOO 2005. Finland: VTT Building and Transport.

Holleyhead, R. 1999. "Ignition of Solid Materials and Furniture by Lighted Cigarettes. A Review." *Science & Justice* 39 (2): 75–102.

Hopkins, R. L., G. E. Gorbett, and P. M. Kennedy. 2007. "Fire Pattern Persistence and Predictability on Interior Finish and Construction Materials During Pre- and Post-Flashover Compartment Fires." Paper presented at Fire and Materials 2007, 10th International Conference, January 29–31, San Francisco, CA.

Icove, D. J. 1995. "Fire Scene Reconstruction." Paper presented at the First International Symposium on the Forensic Aspects of Arson Investigations, July 31, Fairfax, VA.

Icove, D. J., and J. D. DeHaan. 2006. "Hourglass Burn Patterns: A Scientific Explanation for Their Formation." Paper presented at the International Symposium on Fire Investigation Science and Technology, June 26–28, Cincinnati, OH.

Icove, D. J., J. E. Douglas, G. Gary, T. G. Huff, and P. A. Smerick. 1992. "Arson." In *Crime Classification Manual*, ed. J. E. Douglas, A. W. Burgess, A. G. Burgess, and R. K. Ressler. New York: Macmillan.

Iqbal, N., and M. H. Salley. 2004. *Fire Dynamics Tools (Fdts): Quantitative Fire Hazard Analysis Methods for the U.S. Nuclear Regulatory Commission Fire Protection Inspection Program*. Washington, DC: Nuclear Regulatory Commission.

Jansson, R. 2006. Thermal Stresses Cause Spalling. *Brand Posten SP, Swedish National Testing and Research Institute* 33: 24–25.

Jia, F., E. R. Galea, and M. K. Patel. 1999. "Numerical Simulation of the Mass Loss Process in Pyrolyzing Char Materials." *Fire and Materials* 23: 71–78.

Karlsson, B., and J. G. Quintiere. 2000. *Enclosure Fire Dynamics*. Boca Raton, FL: CRC Press.

Kennedy, J., and P. Kennedy. 1985. *Fires and Explosions: Determining the Cause and Origin*. Chicago, IL: Investigations Institute.

Kennedy, P. M. 2004. "Fire Pattern Analysis in Origin Determination." Paper presented at the International Symposium on Fire Investigation Science and Technology, Cincinnati, OH.

Khoury, G. A. 2000. "Effect of Fire on Concrete and Concrete Structures." *Progress in Structural Engineering Materials* 2: 429–42.

König, J., and L. Walleij. 2000. "Timber Frame Assemblies Exposed to Standard and Parametric Fires. Part 2: A Design Model for Standard Fire Exposure." *Report No. 100010001*. Stockholm, Sweden: Swedish Institute for Wood Technology Research.

Lau, P. W., C. R. White, and I. Van Zeeland. 1999. "Modelling the Charring Behavior of Structural Lumber." *Fire and Materials* 23: 209–16.

Lawson, J. R. 1977. *An Evaluation of Fire Properties of Generic Gypsum Board Products*. Gaithersburg, MD: National Bureau of Standards.

Lentini, J. J. 1992. "Behavior of Glass at Elevated Temperatures." *Journal of Forensic Sciences* 37 (5): 1358–62.

Ma, T. S., M. Olenick, M. S. Klassen, R. J. Roby, and L. J. Torero. 2004. "Burning Rate of Liquid Fuel on Carpet (Porous Media)." *Fire Technology* 40 (3): 227–46.

Mann, D. C., and N. D. Putaansuu. 2006. "Alternative Sampling Methods to Collect Ignitable Liquid Resides from Non-Porous Areas Such As Concrete." *Fire and Arson Investigator* 57 (1): 43–46.

McCaffrey, B. J. 1979. *Purely Buoyant Diffusion Flames: Some Experimental Results (Final Report)*. Washing-

ton, DC: National Bureau of Standards.

McGraw, J. R., and F. W. Mowrer. 1999. "Flammability of Painted Gypsum Wallboard Subjected to Fire Heat Fluxes." Paper presented at Interflam 1999, June 29–July 1, Edinburgh, Scotland, UK.

Mealy, C. L., M. E. Benfer, and D. T. Gottuk. 2011. *Fire Dynamics and Forensic Analysis of Liquid Fuel Fires*. Baltimore, MD: Hughes Associates, Inc.

Merck Co. 1989. *Merck Index*. 11th ed. 1989. Rahway, NJ: Merck Co.

Milke, J. A., and F. W. Mowrer. 2001. "Application of Fire Behavior and Compartment Fire Models Seminar." Paper presented at the Tennessee Valley Society of Fire Protection Engineers (TVSFPE), September 27–28, Oak Ridge, TN.

Mitler, H. E., and J. A. Rockett. 1987. *Users' Guide to FIRST, a Comprehensive Single-Room Fire Model*. Gaithersburg, MD: National Bureau of Standards.

Moodie, K., and S. F. Jagger. 1992. "The King's Cross Fire: Results and Analysis from the Scale Model Tests." *Fire Safety Journal* 18 (1): 83–103, doi: 10.1016/0379-7112(92)90049-i.

Morgan, H. P., and N. R. Marshall. 1975. "Smoke Hazards in Covered Multi-Level Shopping Malls: An Experimentally Based Theory for Smoke Production." *BRE Current Paper* 48/75: 23. Garston, England, UK: Building Research Establishment.

Mowrer, F. W. 1998. *Window Breakage Induced by Exterior Fires*. Washington, DC: US Department of Commerce.

———. 2001. "Calcination of Gypsum Wallboard in Fire." Paper presented at the NFPA World Fire Safety Congress, May 13–17, Anaheim, CA.

Newman, J. S. 1993. "Integrated Approach to Flammability Evaluation of Polyurethane Wall/Ceiling Materials." *Journal of Cellular Plastics* 29 (5), doi: 10.1177/0021955X9302900535.

NFPA. 1949. *The Firemen's Responsibility in Arson Detection*. Quincy, MA: National Fire Protection Association.

———. 2004. *NFPA 921: Guide for Fire and Explosion Investigations*. Quincy, MA: National Fire Protection Association.

———. 2008. *NFPA Fire Protection Handbook*. 20th ed. Quincy, MA: National Fire Protection Association.

———. 2014. *NFPA 1033: Standard for Professional Qualifications for Fire Investigator*. Quincy, MA: National Fire Protection Association.

———. 2015. *NFPA 92: Standard for Smoke Control Systems*. Quincy, MA: National Fire Protection Association.

———. 2016. *NFPA 53: Recommended Practice on Materials, Equipment, and Systems Used on Oxygen-Enriched Atmospheres*. Quincy, MA: National Fire Protection Association.

———. 2017. *NFPA 921: Guide for Fire and Explosion Investigations*. Quincy, MA: National Fire Protection Association.

NIST. 1991. *Users' Guide to BREAK1, the Berkeley Algorithm for Breaking Window Glass in a Compartment Fire*. Gaithersburg, MD: National Institute of Standards and Technology.

NPL. 2000. *Guides to Good Practices in Corrosion Control*. National Physical Laboratory, Queens Road, Teddington, Middlesex TW11 0LW.

Ogle, R. A., and J. L. Schumacher. 1998. "Fire Patterns on Upholstered Furniture: Smoldering Versus Flaming Combustion." *Fire Technology* 34 (3): 247–65.

Orloff, L., A. T. Modak, and R. L. Alpert. 1977. "Burning of Large-Scale Vertical Surfaces." *Symposium (International) on Combustion* 16 (1): 1345–54, doi: 10.1016/s0082-0784(77)80420-7.

Parker, T. W., and R. W. Nurse. 1950. "Investigations on Building Fires. Part I: The Estimation of the Maximum Temperature Attained in Building Fires from Examination of the Debris." *National Building Studies*, Technical Paper no. 4: 1–5. Building Research Station, Garston, England: Department of Scientific and Industrial Research.

Perry, R. H., and D. W. Green, eds. 1984. *Perry's Chemical Engineers' Handbook*. 6th ed. New York: McGraw-Hill.

Putorti Jr., A. D., J. A. McElroy, and D. Madrzykowski. 2001. *Flammable and Combustible Liquid Spill/Burn Patterns*. Rockville, MD: National Institute of Standards and Technology.

Quintiere, J. G. 1998. *Principles of Fire Behavior*. Albany, N.Y.: Delmar.

———. 2006. *Fundamentals of Fire Phenomena*. West Sussex, England, UK: Wiley.

Quintiere, J. G., and B. S. Grove. 1998. *Correlations for Fire Plumes*. (NIST-GCR-98-744). Gaithersburg, MD: National Institute of Standards and Technology.

Richardson, J. K., L. R. Richardson, J. R. Mehaffey, and C. A. Richardson. 2000. What Users Want Fire Model Developers to Address. *Fire Protection Engineering* Spring: 22–25.

Sanderson, J. L. 1995. "Tests Results Add Further Doubt to the Reliability of Concrete Spalling as an Indicator." *Fire Findings* 3 (4): 1–3.

———. 2002. "Depth of Char: Consider Elevation Measurements for Greater Precision." *Fire Findings* 10, no. 2 (Spring): 6.

Schroeder, R. A., and R. B. Williamson. 2001. "Application of Materials Science to Fire Investigation." Paper presented at Fire and Materials 2001, 7th International Conference, January 22–24, San Francisco, CA.

———. 2003. "Post-fire Analysis of Construction Materials: Gypsum Wallboard." Paper presented at Fire and Materials 2001, 8th International Conference, January 28–29, San Francisco, CA.

SFPE. 2008. *SFPE Handbook of Fire Protection Engineering*. 4th ed. Quincy, MA: National Fire Protection Association, Society of Fire Protection Engineers.

Shields, T. J., G. W. H. Silcock, and M. F. Flood. 2001. "Performance of a Single Glazing Assembly Exposed to Enclosure Corner Fires of Increasing Severity." *Fire and Materials* 22: 123–52.

Short, N. R., S. E. Guise, and J. A. Purkiss. 1996. "Assessment of Fire-Damaged Concrete Using Color Analysis." *InterFlam '96 Proceedings*. London: Interscience.

Silcock, G. W. H., and T. J. Shields. 2001. "Relating Char Depth to Fire Severity Conditions." *Fire and Materials* 25: 9–11.

Smith, D.W. 1997. "The Firefighter's Role in Preserving the Fire Scene." *Fire Engineering* 150 (1): 103–109.

Smith, F. P. 1991. "Concrete Spalling: Controlled Fire Test and Review." *Journal of Forensic Science* 31 (1): 67–75.

Spearpoint, M. J., and J. G. Quintiere. 2001. "Predicting the Piloted Ignition of Wood in the Cone Calorimeter Using an Integral Model: Effect of Species, Grain Orientation and Heat Flux." *Fire Safety Journal* 36 (4): 391–415, doi: 10.1016/s0379-7112(00)00055-2.

Steckler, K. D., J. G. Quintiere, and W. J. Rinkinen. 1982. "Flow Induced by Fire in a Compartment." *Symposium (International) on Combustion* 19 (1): 913–20, doi: 10.1016/s0082-0784(82)80267-1.

Stratton, B. J. 2005. "Determining Flame Height and Flame Pulsation Frequency and Estimating Heat Release Rate from 3D Flame Reconstruction." Master's thesis, University of Canterbury, Christchurch, New Zealand (*Fire Engineering Research Report 05/2*).

Takeda, H., and J. R. Mehaffey. 1998. "WALL2D: A Model for Predicting Heat Transfer Through Wood-Stud Walls Exposed to Fire." *Fire and Materials* 22: 133–40.

Tanaka, T. J., S. P. Nowlen, and D. J. Anderson. 1996. *Circuit Bridging of Components by Smoke. S. N. Laboratory*. Albuquerque, New Mexico: US Nuclear Regulatory Commission.

Tewarson, A. 2008. "Generation of Heat and Gaseous, Liquid, and Solid Products in Fires." Chapter 3-4 in *SFPE Handbook of Fire Protection Engineering*, ed. P. J. DiNenno. Quincy, MA: National Fire Protection Association, Society of Fire Protection Engineers.

Thomas, G. 2002. "Thermal Properties of Gypsum Plasterboard at High Temperatures." *Fire and Materials* 26 (1): 37–45, doi: 10.1002/fam.786.

Tobin, W. A., and K. L. Monson. 1989. "Collapsed Spring Observations in Arson Investigations: A Critical Metallurgical Evaluation." *Fire Technology* 25 (4): 317–35.

Wallace, M., and J. D. DeHaan. 2000. "Overhauling for Successful Fire Investigation." *Fire Engineering* (December): 73–75.

Wolfe, A. J., C. L. Mealy, and D. Gottuk. 2009. *Fire Dynamics and Forensic Analysis of Limited Ventilation Compartment Fires*. National Institute of Justice: 194.

Wu, Y., and D. D. Drysdale. 1996. *Study of Upward Flame Spread on Inclined Surfaces*. Edinburgh, UK: Health & Safety Executive.

You, H-Z. 1984. "An Investigation of Fire Plume Impingement on a Horizontal Ceiling. 1: Plume Region." *Fire and Materials* 8 (1): 28–39.

Zukoski, E. E. 1978. "Development of a Stratified Ceiling Layer in the Early Stages of a Closed-Room Fire." *Fire and Materials* 2 (2): 54–62, doi: 10.1002/fam.810020203.

Zukoski, E. E., B. M. Cetegen, and T. Kubota. 1985. "Visible Structure of Buoyant Diffusion Flames." *Symposium (International) on Combustion* 20 (1): 361–66, doi: 10.1016/s0082-0784(85)80522-1.

参考案例

Daubert v. Merrell Dow Pharmaceuticals Inc., 509 U.S. 579 (1993); 113 S. Ct. 2756, 215 L. Ed. 2d 469.

Daubert v. Merrell Dow Pharmaceuticals Inc. (Daubert II), 43 F.3d 1311, 1317 (9th Cir. 1995).

Kumho Tire Co. v. Carmichael, 526 U.S. 137 (1999).

Michigan Millers Mutual Insurance Corporation v. Benfield, 902 F. Supp 1509 (M.D. Fla. 1995).

第六章

火灾现场记录

关键术语

- 环境（ambient）
- 退火（annealing）
- 电弧故障路径图（arc-fault mapping）
- 炭化路径电弧（arc through char）
- 煅烧（calcination）
- 证据链（监管链）[chain of evidence（chain of custody）]
- 炭化（char）
- 火灾痕迹（fire patterns）
- 火灾荷载（fuel load）
- 热释放速率（heat release rate，HRR）
- 炭化等深线（isochar）
- 清除余火（overhaul）
- 羽流（plume）
- 烟怠（soot）
- 证据损毁（spoliation）
- 热惯性（thermal inertia）
- 通风（ventilation）

目标

阅读本章后，应当学会：

明确火灾现场记录定义，掌握现场记录方法；

说明火灾现场及其重建过程；

选择合适的工具记录现场；

强化现场保护观念，翻动现场时减少对火灾现场的破坏。

火灾现场包含着复杂的信息，须对其进行全面的记录。一张简单的照片和场景图难以对火灾发生发展、建筑结构、现场痕迹特征、证据收集过程和现场人员逃生途径等重要信息进行充分记录。

全面记录的方法包括：现场照相、现场测绘、草图、制式图纸和勘验分析，方法要符合规范指南的系统要求。火灾现场记录的目的为记录初入现场时的情况，确定现场中发现的物证，确保现场勘验过程环节的完整性。

6.1
美国国家规程

在调查的最初阶段，需要对火灾现场进行系统的记录，记录在场当事人，保存证据，了解火灾发生发展过程。这些记录对于应对刑事、民事或行政处理的庭审专家或其他专家的质证来说都至关重要，系统的记录可以保证有资质的、未参与调查的人员，与现场记录的调查人员达成相同的认定意见。此外，Daubert（1993 年和 1995 年）及类似案件中，由于未能对现场进行系统的记录，导致法庭对证据链完整性提出了质疑，严重影响了诉讼结果。

• 事后调查标准：NFPA 1033, 2014 版中的第 4.6.1 条

工作任务：

报告和记录的收集，无需具体工具、设备和材料，确保所收集证据的完整性、真实性，适用于调查全过程，保证证据链条经得起法庭质证。

工作内容：

调查人员在没有具体工具、设备或材料的情况下，记录固定证据，保证所有收集的证据的真实性、完整性，内容覆盖调查全过程，保证证据链条经得起法庭质证。

工作条件：

当收集与在册证据冲突的证据时，调查人员需对证据进行审查。

实施步骤：

1. 审查已提供的材料；

2. 书面申请调取证据；

3. 选择相应记录方法固定证据；

4. 记录证据保管方法。

资料来源：Washington State Patrol, Form No. 3000-420-081（Sept. 2014）Fire Protection Bureau, Standards and Accreditation, Olympia, Washington, http：//www.wsp.wa.gov/fire/docs/cert /fire_invest.pdf

• 事后调查标准：NFPA 1033, 2014 版中的第 4.6.2 条

工作任务：

分析评估调查文件，通过掌握的所有文件信息，确定可进一步调查的方向，解释收集到的文件和信息之间的关联，发现确凿证据与现有信息的不符之处。

工作内容：

调查人员分析评估所有调查文件。

工作条件：

提供所有与火灾相关的文件。

实施步骤：

1. 评估调查文件并确定有待进一步调查的方面；

2. 对收集的文件和证据证实的信息间的关系进行辩证解释；

3. 确定合适的佐证证据；

4. 记录调查资料中发现的矛盾点。

资料来源：Washington State Patrol, Form No. 3000-420-081（Sept. 2014）Fire Protection Bureau, Standards and Accreditation, Olympia, Washington，http：//www.wsp.wa.gov/fire/docs/ cert /fire_invest.pdf

● 演示标准：NFPA 1033，2014 版中的第 4.7.1 条

工作任务：

撰写书面报告，给出现有调查发现、相关文件和见证人，确保报告准确反映调查发现，简要表述调查人员的观点以及提出观点的依据，得出观点的推理过程，并满足庭审程序规定。

工作内容：

调查人员最初的手写调查报告，包括关于起火原因的认定意见。

工作条件：

给出调查发现、记录内容、见证人、相关表格和调查笔录以及检方授权，将调查人员的认定意见纳入报告之中。

实施步骤：

1. 审查提供的调查信息和事故报告；

2. 如有必要，向协助调查的人员询问相关问题；

3. 使用提供的材料初步撰写调查报告；

4. 包含起火原因的认定意见，并对认定意见进行正确标记；

5. 检查报告中的语法和错误；

6. 提交报告。

资料来源：Washington State Patrol, Form No. 3000-420-081（Sept. 2014）Fire Protection Bureau, Standards and Accreditation, Olympia, Washington，http：//www.wsp.wa.gov/fire/docs/ cert /fire_invest.pdf

● 演示标准：NFPA 1033，2014 版中的第 4.7.2 条

工作任务：

口述调查发现，给出当前的调查结果、笔录、陈述时间和见证人等，确保信息准确，在规定时间内陈述完整，且陈述内容仅包括目标听众关注的内容。

工作内容：

调查员在 30min 内，面向陪审员，准确无误地口头陈述调查报告，并接受审查。

工作条件：

给定调查报告中的发现、笔录、主要听众（如：检察官）和 30min 时限。

实施步骤：

1. 获取并审查调查报告和其他被提供的信息；

2. 确定听众人员；

3. 口头陈述报告信息和 / 或调查发现；

4. 正确回答听众的后续提问。

资料来源：Washington State Patrol, Form No. 3000-420-081（Sept. 2014）Fire Protection Bureau, Standards and Accreditation, Olympia, Washington，http：//www.wsp.wa.gov/fire/docs/cert /fire_invest.pdf

　　许多国家规程指出需要对火灾现场进行系统的记录，包括美国司法部和美国消防协会（NFPA）的两项规程。对这些规程、指南和标准的摘要用一页篇幅进行了概述，见表6-1（Icove 和 Haynes, 2007;Icove 和 Dalton, 2008）。

表6-1　综合火灾调查指南、规程和标准的摘要

（使用说明：核查对应的方块，说明是否存在以下信息）

yes	no	现场保护（NFPA 1033，4.2.1）
☐	☐	火灾现场安全评估（OSHA, 29 CFR Section 1910）
☐	☐	火场外部调查（NFPA 1033, 4.2.2；NFPA 906-2）
☐	☐	火场内部调查（NFPA 1033, 4.2.3;NFPA 906-2）
☐	☐	已解释的燃烧痕迹（NFPA 1033, 4.2.4;NFPA 906-2）
☐	☐	相关联的燃烧痕迹（NFPA 1033, 4.2.5;NFPA 906-2）
☐	☐	勘验并清除火场残留物（NFPA 1033, 4.2.6;ASTM E1188;ASTM E1459）
☐	☐	起火区域重建（NFPA 1033，4.2.7）
☐	☐	查验建筑性能（NFPA 1033，4.2.8）
☐	☐	区别于其他破坏的爆炸痕迹（NFPA 1033, 4.2.9）
☐	☐	绘制现场示意图（NFPA 1033，4.3.1; NFPA 906-9）
☐	☐	拍摄现场照片（NFPA 1033, 4.3.2;NFPA 906 - 8;ASTM E 1188）
☐	☐	制作和保存调查笔录（NFPA 1033，4.3.3; NFPA 906）
☐	☐	目击证人证言的识别、保存、收集和装订（NIJE 目击证人证言指南）
☐	☐	证据（实物、电子、数字）的识别、保存、收集、包装（NFPA 1033, 4.4.1, 4.4.2;NFPA 906-7;ASTM E 620;ASTM E 860;ASTM E1188;ASTM E1459;NIJ 电子犯罪现场调查指南；美国联邦调查局影像技术指引）
☐	☐	结合证据分析案情（NFPA 1033, 4.4.3;NFPA 906-7;ASTM E620;ASTM E1492）
☐	☐	证据保存记录（NFPA 1033, 4.4.4;NFPA 906-7）
☐	☐	妥善处理证据（NFPA 1033, 4.4.5）
☐	☐	制定询问计划（NFPA 1033，4.5.1）
☐	☐	正确开展询问 / 讯问（NFPA 1033, 4.5.2;NFPA 906-6）
☐	☐	梳理调查信息（NFPA 906-0）
☐	☐	分析 / 串联调查信息（NFPA 1033, 4.5.3;ASTM E620）

yes	no	现场保护（NFPA 1033，4.2.1）
☐	☐	获取/记录调查信息（NFPA 1033, 4.6.1;NFPA 906-1、906-10、906-11）
☐	☐	解释/证实档案中的调查信息（NFPA 1033, 4.6.2）
☐	☐	记录关于受伤或死亡人员的调查信息（NFPA 906-5，NIJ死亡调查指南）
☐	☐	记录火灾模拟需要的调查信息（NFPA 921，ASTM E1355，ASTM E1472，ASTM E1591，ASTM E 1895）
☐	☐	记录用于确定房间发生轰燃的调查信息（NFPA 555）
☐	☐	满足需求和有因果关系的专家资源（NFPA 1033，4.6.3）
☐	☐	明确动机/时机的证据（NFPA 1033，4.6.4）
☐	☐	确定相关责任人员/物品（NFPA 1033，4.6.5）
☐	☐	制作书面报告（NFPA 1033, 4.7.1; ASTM E620; ASTM E678; ASTM E1020; ASTM E1188; ASTM E1492; ASTM E1459; ASTM E1546）
☐	☐	口头陈述调查结果（NFPA 1033, 4.7.2）
☐	☐	参与诉讼陈述证词（NFPA 1033, 4.7.3）
☐	☐	准确呈现公共信息（NFPA 1033，4.7.4）

资料来源：Icove and Haynes, 2007; Icove and Dalton, 2008

（1）美国司法部

美国国家司法研究所（NIJ）是美国司法部的应用研究与技术服务机构，该机构为火灾调查制定了同行审查的国家规程。《火灾和放火现场证据：公共安全人员指南》（NIJ 2000）是由其火灾/放火调查技术工作组制定，该工作组由来自执法、诉讼、辩护和火灾调查协会的31名国家级专家组成。本书的两位作者（DeHaan和Icove）参与了美国国家司法研究所指南撰写和编辑工作。

制作美国国家司法研究所指南的目的在于对尽可能多的公共部门人员开展教育，主要涉及消防、警察和紧急医疗人员，主要内容包括火灾现场中关键证据的识别、记录、收集和保存的过程。自1980年国家标准局（NBS; 国家标准与技术研究院前身）出版《火灾调查手册》（NBS, 1980）以来，该文件已成为发行量最大的关于火灾现场调查与处理的公共指南。

（2）美国消防协会

美国消防协会的《火灾事故现场记录指南》（NFPA，906），1988年首次出版，1998年再版，是关于制作火灾现场笔录的标准化规范（NFPA，1998）。NIJ（2000）指南引用了NFPA 906，并在附录中包含了收集数据表格。这些表格已被编入NFPA 921中（NFPA，2017）。

这些数据收集构成了具有可操作性的调查规程，供消防公司人员、事故指挥人员、消防管理人员和非政府机关调查人员使用。在制作正式事故报告或详细调查报告，以及构建室内火灾模型时，这些表格作为公务程序，用于收集和记录初步调查信息。

这些报告涉及建筑、车辆和野外火灾，涵盖伤亡情况、证人、证据、照片和草图等信息，以及有关保险和公共记录的文件资料。案件管理表用于跟踪调查的进展情况。NFPA技术委员会负责 NFPA 906 表格的更新和扩充工作，同时也负责审查 NFPA 921 的修订与更新。

对记录技术的概述，见表 6-2。

表6-2 在制作书面报告过程中为确保收集信息的统一完整编制的表格

表格	名称	描述
921-1	火灾事故现场笔录	收集人员身份信息和联系方式
921-2	建筑火灾	用于记录建筑火灾勘验过程
921-3	车辆火灾	用于记录车辆火灾过程勘验过程
921-4	野外火灾	用于记录草地、灌木或野外火灾勘验过程
921-5	人员伤亡	记录火灾中受伤或死亡人员的信息
921-6	证据	记录证据的恢复、提取和公示信息过程
921-7	照片	记录调查人员拍摄所有照片的信息
921-8	配电盘	关于配电盘上断路器的位置和标识的相关信息
FFSR / 柯克	火灾模型	室内火灾模拟的数据

资料来源：NFPA, 1998; NFPA, 2011; Kirk's Fire Investigation, 7th ed.（DeHaan and Icove, 2012）

6.2
系统记录

火灾调查人员在开展现场记录工作时，应采用系统的程序或规程，主要通过绘制现场草图、拍摄现场照片、记录证人陈述和火灾现场勘验等方式完成，并对所有移出现场证据的保管过程进行记录。

随着《火灾调查手册》[NBS（1980）]的出版，首次提出包括四个阶段的系统程序（Icove 和 Gohar, 1980）。这个程序建议分为以下四个阶段对火灾现场进行详细的记录。

- 第一阶段：外部勘验。
- 第二阶段：内部勘验。
- 第三阶段：细项调查。
- 第四阶段：概貌照相或细节照相。

表 6-3 说明了这种系统记录方法的指导思想和目的。这种方法适用于尚未定论的火灾调查，无论其原因是事故、意外还是人为放火。

表6-3 火灾调查中的系统记录技术

步骤	技术	指导思想	目的
1	外部勘验	拍摄火灾现场的外围及周边情况；绘制方位图；使用 GPS 定位现场位置	确定火灾现场的位置和与周围明显地标的关系；记录周围财产遭受破坏的情况；记录建筑的基本情况、损毁情况、违规建造和系统缺陷情况；确定火灾现场外围的破坏情况；确定门窗的开闭状态和出口情况；记录和保存远离火灾现场的物证

步骤	技术	指导思想	目的
2	内部勘验	记录和绘制火灾破坏程度、可能的引火源，以及火灾重建和模拟所需的数据	从火场外部向疑似起火点追踪火势的发展蔓延过程； 记录传热造成的破坏，热和烟气水平流动情况，建筑构件的破坏； 记录电气系统及配电情况、加热炉、热水器和发热设备的状况； 记录窗、门、楼梯间和供电供水入口的位置和破坏情况； 记录消防设备的位置和动作情况（水喷淋器、感温和感烟探测器、灭火器）； 记录时钟和公用设备上的读数； 记录报警和电弧故障信息
3	细项调查	记录残骸、物证提取前的信息，以及火烧、炭化痕迹和堆积物情况	记录火灾痕迹、火羽流破坏和等炭化深度线； 确定物证、设施、配电和保护设备（断路器、安全阀）的情况； 记录证据保管链的完整性
4	细节全景图	制作多维现场草图；利用刑事犯罪现场光源或特种复原技术获取证据	提供清晰的火场外部与内部的周边视图； 证人的视角拍摄照片； 记录并保存关键证据

资料来源：Icove and Gohar, 1980

使用 NFPA 921 中的现场记录表或类似样式记录表的机构，往往直接从标准中复制空白表格，将其放在档案袋内，归入案件档案。在对多人（次）进行询问时，证人证言通常有多种格式。许多机构为调查笔录设计首页，使其成为适合调查和监督人员使用的工作文件。首页通常为一些复选框，用以确认案件档案中是否包含该表单，表单的完成日期及其状态。在报告的后期完善部分中，可以注明证据的处理情况、法院规定的最后期限和其他重要信息。

另一个高级案例文档是表格 921-1"火灾事故现场记录"（图 6-1）。该表格记录了接警方式、到达时的情况、财产的所有者/在场人员、涉及的其他机构、预估财产损失，也会记录到达时间，调查人员进入现场的法律依据，以及现场解除保护的时间。

表格 921-2"建筑火灾现场记录"（图 6-2）为调查人员提供了一个工具，用于记录建筑类型、地理区域、地址、施工技术、安全特性、报警保护和公用设施的情况。在放火案件中，记录火灾发生时的安全状况是一个重要的考虑因素，放火火灾的可能性与门、窗和保护系统的状况密切相关。门、窗的状况作为外围记录的内容同样重要，记录门或窗（或没有）处的火灾痕迹（fire patterns），这些痕迹可为日后分析火灾发展、通风（ventilation）和时间轴提供关键信息。在外部勘验时，注意记录窗户玻璃从建筑或车辆上脱落的位置和距离。

通过"车辆勘验现场记录"（表格 921-3；图 6-3）、"森林火灾现场记录"（表格 921-4；图 6-4）、"伤亡人员现场记录"（表格 921-5；图 6-5）、"证据表"（表 921-6；图 6-6）、"现场照相记录"（表格 921-7；图 6-7）和"配电盘记录"（表格 921-8；图 6-8），可进一步记录火灾现场的各个方面。

火灾发生前的天气条件和历史记录（NFPA，2017，28.3.1），有时非常重要，尤其是在大风、温度波动或雷电天气情况下。国家气象局、气候办公室、水文气象服务中心设有专门保障司法调查的服务项目。从位于马里兰州银泉（Silver Spring）的美国国家气象局总部，可以获得经认证的气候记录，包括：雷达图像、卫星照片和地表分析。在美国，也可以使用其他免费且低成本的天气通知和历史天气记录系统，提供雷达和恶劣天气通知。地下气象组织（Weather Underground）（wunderground.com）可提供美国许多地点的历史天气数据，是最常用的气象查询网站之一。

当怀疑雷击可能引发某起火灾时，雷击位置是非常重要的信息（NFPA, 2017, 9.12.8）。美国国家雷电探测网可以定位全美各地的雷击位置。如果缴纳服务费，私人公司维萨拉（Vaisala.com）将提供一份特定时间段特定区域内所有关于雷击的报告，并提供数据支持和相关软件。

火灾事故现场记录

机构：_____ 档案号：_____

居住类型

地点/住址						
建筑物描述	构筑物	住宅	商业	车辆	荒野	其他
其他相关信息						

天气情况

相关天气信息描述					
	能见度	相对湿度	GPS	海拔	雷电
	温度	风向	风速	降水	

所有人

姓名		出生日期	
d/b/a(如果可能)			
地址			
电话	家庭	办公	手机

现场人员

姓名		出生日期	
d/b/a(如果可能)			
常住地址			
临时住址			
电话	家庭	办公	手机

发现人

事故发现者	姓名		出生日期	
	地址			
	电话	家庭	办公	手机

火灾事故现场记录（续）

文件号：_____

报告人

报告人	姓名		出生日期	
地址				
电话	家庭		办公	手机

启动调查

请求时间和日期	请求日期		请求时间		
调查请求人	机构名称		联系人／电话号码		
请求接受人	机构名称		联系人／电话号码		

现场信息

到达信息	日期		时间		评论		
现场安全	是	否	安全代理人		安全管理人		
授权进入	同期紧急状态		承诺		保证		
			书面的	口头的	管理部门	犯罪监管部门	其他
离开信息	日期		时间		评论		

其他相关机构

项目	部门或机构名称	事故编号	联系人／电话
主管消防部门			
二级消防部门			
执法部门			
非政府机构调查人员			

附加说明

图 6-1 NFPA 921-1 "火灾事故现场记录"表格方便调查人员记录以下信息：居住类型、天气状况、所有人和现场人员、发现火灾人员、调查的发起方式以及现场信息

资料来源：Reproduced with permission from NFPA 921-2017, Guide for Fire and Explosion Investigations, Copyright © 2016, National Fire Protection Association. This reprinted material is not the complete and official position of the NFPA on the referenced subject, which is represented only by the standard in its entirety which may be obtained through the NFPA web site www.nfpa.org

建筑火灾现场记录

机构：_____ 案件号：_____

建筑类型

住宅	单户住宅	多户住宅		商业	政府机构
教会	学校	其他			
建造年份	高度（层数）	长度		宽度	

建筑状况

火灾时有人吗？ □是 □否	火灾时无人在？ □是 □否	火灾时空置？ □是 □否
火灾前最后进入 建筑物的人员姓名	在建筑内的时间和日期	通过门/出口出来的

备注

建筑施工

基本类型	地下室		半地下室		厚板		其他	
材料	砖石建筑		混凝土		石头		其他	
外表面	木头	砖石	乙烯	沥青	金属	混凝土	其他	
屋顶	沥青		木头		瓦片	金属	其他	
建筑类型	木框架	气球	重型木	普通	防火	不可燃	其他	

报警/保护/安全

喷淋 □是 □否	竖管 □是 □否	安防摄像头 □是 □否
烟感 □是 □否	硬接线 □是 □否	电池 □是 □否
电池准备好了吗？□是 □否	位置	
密钥 □是 □否 地点：	安全栏：窗 □是 □否 门 □是 □否	

备注：

建筑火灾现场记录(续)				

门窗状态

门	锁闭	未锁但关闭	正常开放	
	强行进入? □是 □否		谁强行进入的?	
窗	安全	未锁但关闭	开放	破碎
	被第一反应人紧急破碎? □是 □否		备注	

消防部门观察

第一到场人员姓名	部门

普通观察

是否妨碍灭火?	附加第一报警人报告? □是 □否

公共事业单位

电力	□开 □关 □未知	□架空 □地下	
	公司	联系人	电话
气体/燃料	□开 □关 □未知	□天然气 □LP □Oil	
	公司	联系人	电话
水	公司	联系人	电话
电话	公司	联系人	电话
其他	公司	联系人	电话

备 注:

图 6-2　NFPA 921-2"建筑火灾现场记录"表格收集了建筑类型、建筑状况、建筑施工、警报保护和安全、门窗状况、消防部门观察和公用设施等信息

车辆勘验现场记录

工作 _____ 文件 _____ 发生日期 _____

保险 _____ 签订日期 _____

地址(市、州) _____ 接收日期 _____

损失地点 _____ 勘验日期 _____

勘验位置 _____

偷盗? □是 □否 发现人 _____ 检查时间 _____

警方报告 _____ 消防报告 _____

#钥匙 _____ 报警系统? □是 □否 报警类型 _____

隐藏密钥? □是 □否 位置 _____

车辆

制造商 _____ 款式 _____ 年代 _____

车辆识别码(VIN) _____ 里程表 _____

外部

轮胎	轮胎类型	车轮类型	轮胎	胎纹深度	凸耳缺失
左前	_____	_____	_____	_____	_____
左后	_____	_____	_____	_____	_____
右后	_____	_____	_____	_____	_____
右前	_____	_____	_____	_____	_____
备胎	_____	_____	_____	_____	_____

门	玻璃是/否	窗户向上/向下	是否锁定	打开/关闭	先前损伤
左前	_____	_____	_____	_____	_____
左后	_____	_____	_____	_____	_____
右后	_____	_____	_____	_____	_____
右前	_____	_____	_____	_____	_____

车身面板	结构	状况	先前破坏
前保险杠	_____	_____	_____
烤架	_____	_____	_____
左前翼子板	_____	_____	_____
左后角板	_____	_____	_____
后保险杠	_____	_____	_____
右后角板	_____	_____	_____
右前翼子板	_____	_____	_____
车罩	_____	_____	_____
车顶	_____	_____	_____
后备箱	_____	_____	_____

发动机罩	完整	丢失	部分丢失	状态
发动机	_____	_____	_____	_____
电池	_____	_____	_____	_____
皮带和软管	_____	_____	_____	_____
电线	_____	_____	_____	_____
附件	_____	_____	_____	_____

流体	水平	状态	取样
石油	_____	_____	_____
传输装置（油）	_____	_____	_____
散热器（油）	_____	_____	_____
液压转向（油）	_____	_____	_____
制动器（油）	_____	_____	_____
离合器（油）	_____	_____	_____

车辆勘验现场记录(续)

工作 #

内部	完整	丢失	部分	丢失	状况
气囊	____		____		____
储物箱	____		____		____
斯特格柱	____		____		____
点火器	____		____		____
前排座椅	____		____		____
后座椅	____		____		____
后甲板	____		____		____

品牌/型号

立体声	____		____		
扬声器	____		____		
配件	____		____		
地板		取样			
左前	____		____		
左后	____		____		
右前	____		____		
右后	____		____		

内部人的作用

行李箱或货物区

之前未提及的零配件

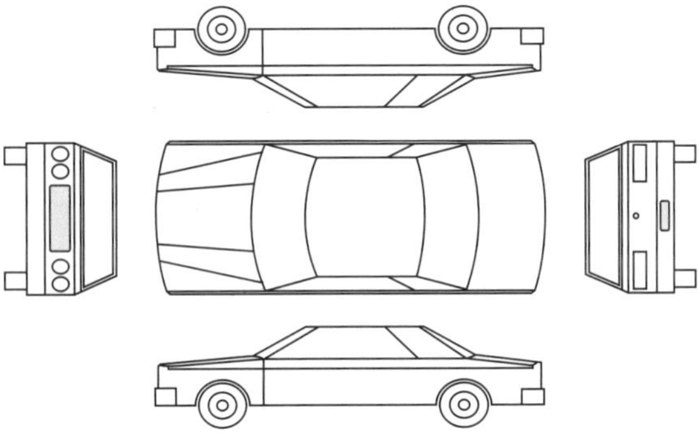

图 6-3　NFPA 921-3 "车辆勘验现场记录"表格收集车辆概况、车主 / 驾驶员、外部 / 内部、安全性和起火部位信息

资料来源：Reprinted with permission from NFPA 921: Guide for Fire and Explosion Investigations, 2011 Edition. Copyright © 2016, National Fire Protection Association. This reprinted material is not the complete and official position of the NFPA on the referenced subject, which is represented only by the standard in its entirety which may be obtained through the NFPA web site www.nfpa.org

森林火灾现场记录

机构：_____ 火灾编号：_____

财产情况：_____
_____
_____

火灾损害：	涉及的其他财产：
□ 小于英亩　　　　　英亩	
安全性：	备注：
□打开　□围栏　□大门上锁	

火灾蔓延影响因素：

火灾类型：	影响因素：	备注：
□地面　□树冠	□风　□地形	

起火部位：_____
_____
_____

区域内人员：

火灾发生时：	备注：
□是　□否　□未定	

引燃顺序：_____

引燃的热量：_____

引燃材料：_____

引燃因子：_____

涉及设备：_____　制造商：_____　型号：_____　序列号：_____

备注：_____
_____
_____
_____
_____
_____
_____

图 6-4　NFPA 921-4 "森林火灾现场记录"表格收集财产情况、火势蔓延影响因素、起火部位、该区域人员以及引燃顺序信息

资料来源：Reproduced with permission from NFPA 921-2017, Guide for Fire and Explosion Investigations, Copyright © 2016, National Fire Protection Association. This reprinted material is not the complete and official position of the NFPA on the referenced subject, which is represented only by the standard in its entirety which may be obtained through the NFPA web site www.nfpa.org

伤亡人员现场记录

机构 _____ 事故日期 _____ 案卷编号 _____

描述

姓名 _____ 出生日期 _____ 性别/民族 _____

地址 _____ 电话 _____

其他识别物 _____

衣着和首饰的描述 _____

居住地 _____ 工作地 _____

婚姻状况 _____

死伤者的医生 _____ 死伤者的牙医 _____

吸烟：□是□否□不确定

死伤人员的治疗

现场治疗： □是□否 治疗人员 _____

转运至 _____ 标注 _____

受伤程度：□轻度□中度□严重□致命

伤情描述 _____

直系亲属

姓名 _____ 地址 _____ 电话 _____

关系 _____ 通知日期 _____ 通知人 _____

死亡人员信息

死亡人员最初发现位置 _____

发现死亡人员的人员 _____

死亡人员最初发现时的体位 _____

死亡人员的外表特征 _____

转移死亡人员的人员 _____ 转移到 _____

在现场是否拍照:□是□否 死亡人员身下/附近有明显血迹：□是□否

医学检查 / 验尸人员

机构 _____

检验日期 _____ 地点 _____

是否要求尸检:□是□否 尸检完成:□是□否 粘贴附件:□是□否

全身X射线扫描 _____ 其他X射线扫描 _____

确认身份依据:□身份特征□医疗记录□指纹□以前伤痕比照

□其他 _____

气管状态 _____

火灾前受伤证据:□是□否 类型/位置 _____

采集血样:□是□否 其他生物样本采集 _____

CO含量 _____ 血液酒精含量 _____ 其他 _____

图 6-5

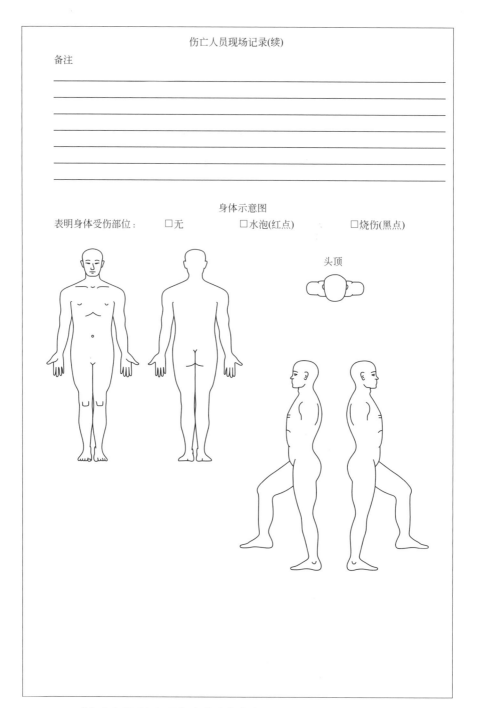

资料来源: Reproduced with permission from 921-2017, Guide for Fire and Explosion Investigations, Copyright © 2016, National Fire Protection Association, Quincy, MA 02269. This reprinted material is not the complete and official position of the National Fire Protection Association on the referenced subject, which is represented only by the standard in its entirety

证据表

事故日期：_____ 　　　　存储位置：_____

证据编号	特征描述	位置		
_____	_____	_____	损毁	发布
_____	_____	_____	损毁	发布
_____	_____	_____	损毁	发布
_____	_____	_____	损毁	发布
_____	_____	_____	损毁	发布
_____	_____	_____	损毁	发布
_____	_____	_____	损毁	发布
_____	_____	_____	损毁	发布
_____	_____	_____	损毁	发布
_____	_____	_____	损毁	发布

证据收集方式：_____ 收集日期：_____ 存储日期：_____

□ 调查人员现场带走

□ 调查人员收集的位置：_____

收到方式：□ UPS 　□ FedEx 　□ Airborne 　□ US Mail 　□ 人员提供 　□ 货运

□ 其他：_____

描述

_____

接收人员：_____ 事故调查人员：_____

证据位置转移

_____ 　_____

所有者： 　国家： 　　邮政编码： 　　电话：

_____ 　_____

单位： 　　地址2：

_____ 　_____

地址1： 　　城市：

_____ 　_____

城市： 　　州： 　　邮编： 　　电话 ：

图 6-6

证据表(续)

内部检查			
调查人员	取出日期	检查日期	返还日期

证据销毁

授权人   日期

被授权调查人   日期

销毁人员   日期

证据发布

接收人签名

接受证据人(打印)   日期

公司名称

地址

州   邮编   电话

授权人   日期

被授权调查人   日期

通过什么发布

备注

其他人检查

姓名   检查日期

单位

地址

城市   州   邮编   电话

授权人

被授权调查人   日期

姓名   检查日期

单位

地址

城市   州   邮编   电话

授权人

被授权调查人   日期

姓名   检查日期

单位

地址

城市   州   邮编   电话

授权人

被授权调查人   日期

姓名   检查日期

单位

地址

城市   州   邮编   电话

授权人

被授权调查人   日期

图 6-6 NFPA 921-6"证据表"收集从火灾现场中提取、释放和损毁物品的处置信息

资料来源：Reproduced with permission from NFPA 921-2017, Guide for Fire and Explosion Investigations, Copyright © 2016, National Fire Protection Association, Quincy, MA 02269. This reprinted material is not the complete and official position of the National Fire Protection Association on the referenced subject, which is represented only by the standard in its entirety

现场照相记录

案卷#: _____ 曝光: _____

_____

案件#: _____ 日期: _____

相机厂商/型号: _____ 胶片类型: _____ 感光度: _____ 胶片额定感光度(ASA): _____

序号	描述	位置
1		
2		
3		
4		
5		
6		
7		
8		
9		
10		
11		
12		
13		
14		
15		
16		
17		
18		
19		
20		
21		
22		
23		
24		
25		
26		
27		
28		

照片拍摄者: _____ 签名: _____

图 6-7 **NFPA 921-7 "现场照相记录" 收集火灾现场中每张照片的描述和拍摄地点以及拍摄人员信息。表格应加以修改，包括数码照片的相关数据，如：存储介质和影像编号**

资料来源：Reprinted with permission from NFPA 921-2017, Guide for Fire and Explosion Investigations, Copyright © 2016, National Fire Protection Association, Quincy, MA 02269. This reprinted material is not the complete and official position of the National Fire Protection Association on the referenced subject, which is represented only by the standard in its entirety

<table>
<tr><td colspan="9" align="center">配电盘记录</td></tr>
</table>

| 火灾位置： | | | 日期： | | 案件号： |

| 配电盘位置 | 主要规格 | 保险丝 □ |
| 熔断器 □ |

左边				右边			
#	额定电流	标识电流	状态	#	额定电流	标识电流	状态
1				2			
3				4			
5				6			
7				8			
9				10			
11				12			
13				14			
15				16			
17				18			
19				20			
21				22			
23				24			
25				26			
27				28			
29				30			

备注：　　　　　　　　　　　　　　备注：

记录人：

图 6-8　NFPA 921-8"配电盘记录"表收集配电盘的位置、断路器的状态及其额定电流和状态信息

资料来源：Reprinted with permission from NFPA 921-2017, Guide for Fire and Explosion Investigations, Copyright ©2016, National Fire Protection Association, Quincy, MA 02269. This reprinted material is not the complete and official position of the National Fire Protection Association on the referenced subject, which is represented only by the standard in its entirety

6.2.1　外观

确保火场安全后，记录过程的第一步（NFPA, 2014, 4.2.1）是检查并记录建筑、车辆、森林、荒地或船只的外观细节（NFPA, 2014, 4.2.2）。

在对建筑物或车辆的外部进行巡查时，调查人员可以粗略地寻找额外证据，应注意门窗处形成的火灾痕迹，可能提供有关火灾发展、通风时间等关键信息。外部检查还要注意有无火灾破坏、倒塌、建筑状况、故障、违规、缺陷或潜在安全隐患。在这一步，要确定火灾现场的位置，以及周围明显的地标性建筑，记录火灾对邻近建筑财产的破坏情况。在大规模火灾的调查中，可以使用吊车、云梯车或飞机来获得现场的全景照片。

如果发生了爆炸，调查人员就需要通过绘图和拍照的方式，测量和记录抛出的玻璃或建筑物碎片的位置。这些内容将在后面部分中讨论。

在分析引火源时，火灾发生时配套设施的状况可用来证明业主/现场人员是否居住在建筑中。如果在火灾发生前就有指示切断电源，那么确定并记录下谁给出的指示以及为什么给出。在灭火过程中，确定何时切断燃气和电力供应（以及由谁切断）也很重要。如果怀疑存在电力中断或波动的情况，应该向共用同一供电服务的邻居核查相关情况。

• 现场检查标准：4.2.2 NFPA 1033，2014 版中的第 4.2.2 条

工作任务：

使用标准设备和工具，开展外部勘验，固定保存证据，解释火灾破坏情况，识别危险避免调查人员受伤，核查进入现场人员身份，明确进出现场所有通道。

工作内容：

时刻保持警惕、注意安全，调查人员将对现场进行全方位外部勘验。调查人员确定进出通道，搜寻固定可疑物证以及火灾后残留的痕迹特征。调查人员应在照片记录中注明外围拍照的具体位置，如果需要，按照以下步骤开展。

工作条件：

火灾现场，记事本，照片记录表。

实施步骤：

1. 确定火灾现场的位置；

2. 围绕现场进行全方位勘验；

3. 照片记录中注明拍摄照片的位置；

4. 标记可疑物证；

5. 标记或注明进入/撤出的位置；

6. 记录观察到的内容。

资料来源：Washington State Patrol, Form No. 3000-420-081（Sept. 2014）Fire Protection Bureau, Standards and Accreditation, Olympia, Washington, http：//www.wsp.wa.gov/fire/docs/cert /fire_invest.pdf

6.2.2 内部

第二阶段记录内容包括记录现场内部的破坏情况，主要是呈现整个房间、区域或疑似起火部位的火势发展蔓延情况（NFPA, 2014, 4.2.3）。在挖掘火灾残骸之前，应首先拍摄照片、绘制现场图，记录调查人员到达现场时的情况。首次进入现场时，应对建筑所有未受损区域进行检查和记录，以便进行比较和提出假设。

（1）记录破坏情况

在进行室内勘验时，调查人员要记录所有房间的破坏与未破坏情况，包括室内余热分布与烟气分层、烟气沉积、传热作用和建筑构件（墙壁、地板、天花板和门）的破坏情

况。调查人员可以在拍照后，根据表 6-3 中所述的痕迹类型，使用彩色粉笔或胶带，在相关痕迹的表面绘制和标注破坏的区域。表面沉积物的边界区域，有时称为热烟气层、热作用区、渗透区和物质烧损区，也可以在现场图或照片上用彩色标记勾画出来。系统的方法是用黄线标出表面沉积物的区域，用绿线标出热作用区，用蓝线标出渗透区，用红线标出物质完全被烧毁的区域。

• 现场勘验标准：NFPA 1033，2014 版中的第 4.2.3 条

工作任务：

使用标准设备和工具，开展内部勘验，以识别和保护需要进一步详细勘验可能存在证据的区域，确定内部物品的证据价值，及时识别危险以免受伤。

工作内容：

时刻保持安全警惕，调查人员将对现场进行 360° 的内部勘验。调查人员将确定进出口位置、可疑物证和火灾后残留的痕迹特征。调查人员应在照片记录中注明内部照片拍摄的位置，如果需要，按照以下步骤开展。

工作条件：

火灾现场，记事本，照片记录表。

实施步骤：

1. 确定火灾现场的位置；

2. 对火灾现场进行 360° 观察，并记录火灾痕迹；

3. 照片记录中注明拍摄位置；

4. 标记疑似物证；

5. 标记进入 / 撤出现场的位置；

6. 记录观察结果，包括建筑内正常物品的存在与缺失情况。

资料来源：Washington State Patrol, Form No. 3000-420-081（Sept. 2014）Fire Protection Bureau, Standards and Accreditation, Olympia, Washington, http：//www.wsp.wa.gov/fire/docs/cert /fire_invest.pdf

这一阶段记录内容包括检查和记录供电和配电系统、加热炉、热水器和发热设备的状况，以及房间及内部物品的情况。调查人员应记录空调通风系统（HVAC）的位置以及所有部件、管道系统和过滤器的状况。应该记录窗户玻璃厚度、窗户大小，是单层还是双层玻璃。必须记录房间中每扇门、窗的高度和拱腹深度，以及开口尺寸，火灾发生时开闭状态，是否为后期破坏。

（2）建筑特点

天花板的设计与结构对烟气、火势的蔓延和探测有重要的影响。光滑、倾斜的天花板可能直接使烟气远离探测器，而带有暴露梁或装修沟槽的天花板可以成为烟气通道，将其导向既定位置或阻止烟气蔓延（见图 6-9）。在火灾或清除余火（overhaul）过程中，天花板经常遭到严重损坏，在实际操作过程中，重要的是记录建筑物中疑似未过火的房间。否则，应该询问现场人员或维修人员建筑特征情况。也可以从火灾前的照片、视频或建筑平面图中，了解这些特征。

HVAC 部件的类型、位置和运行情况也是很重要的。在一个案例中，椅子引发一起失火火灾，起火点位于该场所的吸烟室，该起火灾造成房间内唯一在场人员死亡。在被楼上的一名工作人员发现前火势已经相当猛烈了，他看到浓烟从房间窗户升起，就过去查看。这起火灾的疑点是"为什么火势发展得如此之大，而大厅天花板上的感烟探测器没有动作？"。工作人员冲进房间时，走廊里看不到浓烟，探测器连接到了报警系统。人们发现，房间窗户上的排气扇是开着的，其额定功率（立方英尺每分钟）（CFM）足以从门口处排出房间的有限燃烧产生的含烟空气，使其无法在室外被发现。

即使是空调通风系统的被动元件也能发挥作用。吊顶上方的空隙空间充当开放式回风集气室，造成烟气和高温气体迅速蔓延。示例见图 6-10。应检查空调系统的过滤器和冷凝器，查看烟炱及热解产物的附着情况。

图 6-9　复杂的天花板结构，如酒店会议室的天花板，将对火势和烟气的蔓延造成影响。这张照片反映了结构特征，以及通风口、水喷头和报警传感器的位置

资料来源：John Houde

图 6-10　厨房内回风集气室通风孔使火势快速延伸至天花板空间，且比预期的吊顶坍塌速度更快

资料来源：Jamie Novak, Novak Investigations and St. Paul Fire Dept

（3）消防系统

消防设施（如：火灾报警器、烟雾探测器、自动灭火系统、防火门、热驱动安全操作装置以及防火分区）主要用于限制火灾发展，向在场人员发出火警提示，火灾后分析的记录也是非常重要的（NFPA, 2014, 4.2.8）。记录的内容包括消防系统的功能及位置。电子或机械时钟的时间读数可能是其被高温破坏或停止的时间，也可能是供电中断的大致时间。

调查人员将在火灾后对现场进行检查，并在平面图上标注出探测和警报系统、空调通风系统、公共设施和灭火系统的位置（NFPA, 2014, 4.2.8）。

● 现场检验标准：NFPA 1033, 2014 年版中的第 4.2.8 条

工作任务：

检查建筑系统（包括探测系统、灭火系统、空调通风系统、公共设施、防火分区）运行状况。给出相关标准，配备专用设备和工具，做出是否邀请专家帮助的决定，在认定起火点时，分析建筑系统运行对火灾发展蔓延的影响，找到存在缺陷或故障的系统，查清系统故障是否是可能的起火原因。

工作内容：

调查人员将在火灾后对现场进行检查，在平面图上标注出以下建筑系统组件的位置和状态：探测系统、空调通风系统、公共设施和灭火系统。如果需要，调查人员将确定需要哪些专家资源，确认出现问题或失效的系统。

工作条件：

火灾现场，便携式照明光源、工具、记录本和灭火简报。

实施步骤：

1. 明确火灾现场的位置，识别和检查外部设施；

2. 定位并检查探测系统；

3. 定位和检查空调通风系统；

4. 定位和检查灭火系统；

5. 如果需要，报告需要哪些专家资源；

6. 如果需要，报告所检查系统存在的问题和 / 或失效的情况；

7. 分析评估并报告灭火工作对建筑系统的影响。

资料来源：Derived and updated from Washington State Patrol, Form No. 3000-420-081（Sept. 2014）Fire Protection Bureau, Standards and Accreditation, Olympia, Washington，http：//www.wsp.wa.gov/fire/docs/cert /fire_invest.pdf

需要记录感温、感烟和一氧化碳（CO）探测器和喷淋系统的位置、类型和可操作性。NFPA 的研究表明，几乎所有的美国家庭都至少有一个烟雾报警器，但在 2000 ～ 2004 年期间，几乎一半（46%）的家庭火灾中，烟雾报警器没有发出报警，或烟雾报警器没有动作（Ahrens, 2007）。同样在这段时间里，43% 的家庭火灾死亡发生在没有发出烟雾报警的家庭火灾中，并且这些亡人火灾中 22% 发生在有烟雾警报器，但没有动作的家庭。

通过对有些亡人火灾的调查，常会发现为了防止烹饪或浴室蒸汽导致的误报警，报警器或遥控器的电池常被拆除的情况。硬接线探测器可能与未受监控的系统断开，或用胶带或塑料薄膜覆盖防止其报警。喷淋开口的状况、熔融时间和孔口大小也应该记录下来，并且将喷头作为证据保存，包括未熔融的喷头比对样品。

现代火灾报警系统中的数据系统可以进行电子检查，获取报警或喷淋装置的动作时间、顺序和区域。对于报警感应器，应明确其动作区域和方式。为寻求帮助，应询问熟悉报警系统的人员。对于没有远程监控的系统，可以下载火灾报警系统最近的耗电历史记录。

（4）电弧故障路径图

电弧故障路径图（arc-fault mapping）（NFPA, 2017, 9.11.7）是通过详细检查连接电源的所有线路（如：断路器和保险盒），在电气线路图上标注所有的故障点位置（因为不带电的线路受到火灾作用后是不会发生故障的），提供了一种确定火灾大致起火区域的方法。故障点的特征往往较为明显，可能是电弧作用形成的（带电）痕迹，也可能是火烧造成的熔化（非带电）痕迹。从电源引出的线路下游，距离最远的电弧发生位置，最先受到火灾作用，如图 6-11 所示。在认定可能的起火部位时，这些故障可能是非常有用的。

Robert J. Svare 博士（1988）首先提出了这种方法，在多次建筑实体火灾实验中得到了验证。

当火焰或高温作用到绝缘电缆时，绝缘材料开始热解。当橡胶、布料和有些塑料炭化（char）后，炭化残留物导电，炭化残留物之间将产生电流，并构成导电回路［有时也称为炭化路径电弧（arc through char）］。对于 PVC 来说，120℃（248 ℉）的温度足以产生炭化路径导电（Babrauskas, 2006）。随着绝缘材料热解加剧，电阻不断减小。无论哪种情况，在带电火线和零线或接地线之间都会有电流通过（或流向接地管线、设备或接线盒）。电流的增大会导致热量增加，造成绝缘层进一步炭化，更利于电流通过。

由于炭化的绝缘层具有一定的电阻，炭化路径短路与电阻接近于零的直接短路或接地故障不同。这可能在导体上产生各种电弧破坏痕迹，可能是较小的熔坑，也可能是金属熔珠。由于导体没有捆绑在一起，所以它们可以自由移动，因此这些电流的持续时间通常很短，在许多情况下，时间越短而越无法引起过流保护装置（OCPD）动作。这意味着在OCPD 动作之前或带电线路熔化导致断路之前（有时称为熔断），电弧破坏可能在一条带电线路上发生多次并在多个位置出现。一旦导线断开，熔断点下游线路将无电流通过。

NFPA 921（2017，9.11，7.5.1）提示，在单个房间火灾测试中发现，起火部位所在的区域频繁出现电弧。但是，目前有关电弧频率与起火部位关系的研究正在进行。由于必须确定电源来向并准确评估分析故障性质，因此该技术需要对导线和电路进行认真仔细的查看追踪。NFPA 921 建议使用类似于之前所述图 6-8 中的表格（NFPA，2017，9.6）对配电盘进行记录。

在受区域报警系统保护的建筑中，电弧故障痕迹可以与报警系统中的数据（报警、探测和喷淋动作情况）一起使用，来分析判断可能的起火部位所在区域。在大面积倒塌或火灾破坏严重的建筑物中，无法准确确定线路的走向和相互关联，可能无法使用此种方法。

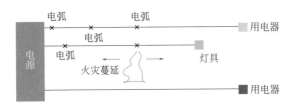

图 6-11　沿着连接电源的线路绘制下游电弧故障的位置路径图，可以说明火灾最先作用位置

6.2.3　调查阶段

系统调查阶段主要记录清除火场残留物的过程、火灾荷载（fuel load）、炭化情况、燃烧痕迹、可能的引火源、证据移出火场前的位置以及专家提供的服务（NFPA，2014，4.2.6 和 4.2.7、4.6.3）。所有与火灾有关的犯罪证据，如入室盗窃、偷盗和杀人，也应被记录。

● 现场检查标准：NFPA 1033，2014 年版中第 4.2.6 条

工作任务：

检查和清除火灾残骸。配备标准设备和工具，能够通过对所有残骸进行检查，获取起

火原因证据，找到可能的引火源，提取保存证据，防止调查人员对证据的破坏和污染。

工作内容：

调查人员穿着防护服，对包含引火源和证据实物的起火区域进行挖掘。

工作条件：

提供火灾现场、工具和证据收集容器，调查人员须能够完成以下任务。

实施步骤：

1. 明确火灾现场位置；

2. 明确起火部位所在区域；

3. 查找、识别和保护证据实物；

4. 清除火灾残骸并找到引火源；

5. 收集和保存证据，且证据未被调查人员损坏或污染。

资料来源：Washington State Patrol, Form No. 3000-420-081（Sept. 2014）Fire Protection Bureau, Standards and Accreditation, Olympia, Washington, http：//www.wsp.wa.gov/fire/docs/cert /fire_invest.pdf

- 现场检查标准：NFPA 1033，2014 年版中第 4.2.7 条

工作任务：

重建起火部位。根据给出的相关标准，配备专用设备、工具和充足人员，明确所有需要保护的区域和火灾痕迹，建立其与内部物品和建筑残留物之间的关联，将起火原因认定和照相记录的关键物证，还原至起火前的位置，从而找到起火部位和起火点。

工作内容：

调查人员确认保护区域，将灭火过程中移动的物品归位到火灾前的位置，并在照片记录表上记录重建过程拍摄的照片。

工作条件：

火灾现场、工具、燃烧物、灭火简报、调查助手、照片记录、防护服。

实施步骤：

1. 确定火灾现场位置；

2. 获取灭火简报；

3. 选择工具和 / 或设备；

4. 充当临时助理；

5. 确定保护区域；

6. 找到变动位置的燃烧残留物；

7. 复原燃烧后实物；

8. 照片记录表中记录重建过程。

资料来源：Washington State Patrol, Form No. 3000-420-081（Sept. 2014）Fire Protection Bureau, Standards and Accreditation, Olympia, Washington, http：//www.wsp.wa.gov/fire/docs/cert /fire_invest.pdf

• 事后调查标准: NFPA 1033, 2014 年版中第 4.6.3 条

工作任务:

协调专家资源, 根据调查文件、报告和记录, 使专家的能力与具体调查需求相匹配; 合理调整财务支出; 使调查朝着确定原因或责任的目标发展。

工作内容:

调查人员通过分析评估调查档案、报告和记录、专家证人背景和能力以及费用列表, 来协调专家资源, 以便使专家能力与具体的调查需求相匹配。

工作条件:

给定调查文件、专家证人背景以及当地/地区资源、资质能力和费用列表, 调查人员将完成下列任务。

实施步骤:

1. 审查提供的材料;

2. 记录特种专家的需求;

3. 核算每名选定专家证人的费用;

4. 记录在认定因果关系或附加责任时选定专家证人的协助方式。

资料来源: Washington State Patrol, Form No. 3000-420-081（Sept. 2014）Fire Protection Bureau, Standards and Accreditation, Olympia, Washington, http://www.wsp.wa.gov/fire/docs/cert/fire_invest.pdf

在拍照记录和火灾现场笔录完成之前, 所有物品都不得移动, 包括受害人的尸体。调查照片确保了调查和证据保管链的完整性。

（1）制作和留存笔录的要求

调查人员要就火灾事故重建制作和留存调查笔录（NFPA, 2014, 4.3.3）。

（2）伤亡情况

关于人员伤亡的信息（NFPA, 2014, 4.4.1）记录在 "伤亡人员现场记录" 表格中（图6-5）。该文件包括受害人的描述、伤害类型、周围环境、接受治疗的情况、身体处置的情况及其检查情况、近亲属以及其他相关说明。不仅要收集死亡人员信息, 还要收集受伤人员信息。

• 现场记录标准: NFPA 1033, 2014 年版中第 4.3.3 条

工作任务:

撰写调查笔录。给定一个火灾现场, 根据已经掌握的文件（如: 火灾前平面图和检查报告）和询问情况完成笔录, 进一步记录火灾现场, 呈现现场发现。

工作内容:

调查人员审查调查记录, 如有需要, 确定相矛盾的信息点, 并确定需要记录现场发现的其他信息。

工作条件:

调查文件, 包括: 询问笔录、现场照片、灭火报告以及所有火灾前可用的信息。

实施步骤：

1. 制作调查笔录；

2. 审查文件记录的完整性、相关数据和调查结果的准确性；

3. 确定相矛盾的信息；

4. 确定和/或建议所需的后续信息，证实或质疑调查发现。

资料来源：Washington State Patrol, Form No. 3000-420-081（Sept. 2014）Fire Protection Bureau, Standards and Accreditation, Olympia, Washington, http：//www.wsp.wa.gov/fire/docs/cert /fire_invest.pdf

该表格目前不包括尸检信息，例如烧伤、血液酒精度、氰化氢含量、羧基血红蛋白含量，以及在火灾死亡调查中记录的其他情况。需要注意的是《健康保险携带和责任法案》（HIPAA）法规（45 CFR 160 和 164，A 和 E 子部分）规定了这些信息的查询权限。

（3）证人

在调查人员制作的现场笔录中，要记录证人的相关信息（NFPA, 2014, 4.5.1、4.5.2、4.5.3），包括：身份证明、家庭和工作地址、联系方式以及早期证人证言。

• 询问/讯问标准：NFPA 1033, 2014 年版中第 4.5.1 条

工作任务：

无需专用工具和设备，能够制定出体现询问策略的询问计划，从而通过询问进一步确定起火原因和认定责任。针对每个被询问人都要制定提问策略，这样才能保证调查人员的工作效率。

工作内容：

调查人员根据不同询问对象制定询问计划，以便认定起火原因和肇事嫌疑人。

工作条件：

事故信息、证人证言和记录本，以便调查人员能够完成列出的任务。

实施步骤：

1. 审查提供的信息；

2. 根据需要获取其他信息；

3. 根据不同询问对象分别制定询问计划；

4. 通过列出相关问题，制定询问策略。

资料来源：Washington State Patrol, Form No. 3000-420-081（Sept. 2014）Fire Protection Bureau, Standards and Accreditation, Olympia, Washington, http：//www.wsp.wa.gov/fire/docs/cert /fire_invest.pdf

• 询问/讯问标准：NFPA 1033，2014 年版中第 4.5.2 条

工作任务：

开展询问，给定事故信息，能够获取相关信息，追踪询问问题，回应问题的回答情况，并对问题回答情况进行准确记录。

工作内容：

调查人员进行证人询问。在询问过程中，证人将变为嫌疑人，调查人员将改变提问技巧并进行询问。

工作条件：

询问室、事故信息、证人证言、表格和记录本。

实施步骤：

1. 获取事故简介并制作记录；

2. 确定证人；

3. 开展询问；

4. 记录询问内容，包括口述证言和非口述交流内容；

5. 确认嫌疑人；

6. 根据需要告知嫌疑人权利；

7. 记录权利和弃权情况；

8. 开展询问或讯问；

9. 记录询问或讯问情况。

资料来源：Washington State Patrol, Form No. 3000-420-081（Sept. 2014）Fire Protection Bureau, Standards and Accreditation, Olympia, Washington, http：//www.wsp.wa.gov/fire/docs/cert /fire_invest.pdf

在认定起火原因和起火点时，NFPA 921 将证人提供的信息确定为需要分析的主要信息来源（NFPA, 2017，第 18 和 19 页）。非常重要的一点是，在证据信息出现之初，且未受到干扰的情况下，应尽快询问尽可能多的火灾知情人，包括消防人员和警察。NFPA 921 提到，仅凭目击证人陈述就确定火势发展速度，可能具有一定的主观性。其认为，发现火灾的时间往往比实际起火的时间晚得多，目击证人所述的是其发现火灾时观察到的火势增长，而不是最初起火时的情况（NFPA, 2017，5.10.1.4）。

• 询问 / 讯问标准：NFPA 1033, 2014 年版中第 4.5.3 条

工作任务：

审查询问信息。给定询问记录或笔录以及事故的相关数据，能够对所有询问信息进行独立的分析，理清单个询问信息与其他询问内容的关联性，记录确凿证据和相互冲突的信息，并找到新的调查线索。

工作内容：

调查人员通过对询问信息的评估、分析和关联，论证询问信息真实性，寻找记录新的调查线索。

工作条件：

给定事故信息、询问记录和笔录纸，以便调查人员能够完成以下任务。

实施步骤：

1. 审查提供的信息；

2. 将信息划分为确证的和矛盾的两大类；

3. 记录新的调查线索；

4.列出下一步询问人员姓名和联系电话。

资料来源：Washington State Patrol, Form No. 3000-420-081（Sept. 2014）Fire Protection Bureau, Standards and Accreditation, Olympia, Washington, http：//www.wsp.wa.gov/fire/docs/cert/fire_invest.pdf

有目击证人的火灾中，深入彻底地询问可能会发现火灾初期的其他情况，以及当时的环境条件（如：下雨、刮风、极寒等）。在多数火灾中，幸存者可以提供火灾前的相关情况，火势和烟气蔓延、可燃物位置和朝向、火灾前后受害人和嫌疑人的活动情况，有效的逃生行为，以及火灾的关键事件，如轰燃、结构失效、窗户破裂、警报声音、最先看到的烟气、最先看到的火焰、消防部门到达，以及建筑内与其他人员的联系（NFPA, 2017, 11.8.5）。

此外，在记录目击证人观察到的情况时，重要的是记录其在现场中的位置细节，特别是要站在目击证人的位置，拍摄目击证人视角下的照片（NFPA, 2017, 16.2.8.10）。在确保安全的情况下，可以让目击证人步行穿过现场，或返回到观察到起火的位置，做进一步确认。这有助于回顾并确认其观察的视线，并获取更完整的陈述信息。

【例6-1】 证人证言的系统分析

2007 年 1 月 16 日，科罗拉多州科罗拉多斯普林斯的西科罗拉多城堡（Castle West Apartments）一幢 129 户的木结构三层公寓发生一起火灾，造成两人死亡，十三名居民受伤，六名消防员受伤，预估损失达到 600 万美元。该建筑物没有自动水喷淋装置和监控/定位火灾报警系统，仅在走廊和楼梯上装有应急照明装置，在走廊和部分单元中设有电池供电的感烟探测器。

多机构组成的调查小组询问了 129 户（其中 24 户无人居住）中的 96 名现场人员。此次询问涵盖了全部有人住户的 90% 以上。

为最大程度地减少确认偏见，ATF 消防研究实验室（Geiman 和 Lord, 2011）开展了一项研究，将询问证人得到的信息还原拼接到三个楼层平面图上。根据结果制定问题清单询问证人，提高了每个证人询问的可靠性，并对诸多可能导致确认偏见的因素进行了纠正，这些因素可能是被询问人有意识或无意识地引入的。

分析的结果说明了受害者的生存能力。图 6-12 显示，几乎 A 层（一楼）所有居民都成功逃出公寓楼。在此项研究中，通过分析逃生现场人员对烟气和火势的观察结果，确定起火点的大致区域位于建筑的 B 和 C 层北翼，如图 6-13 所示。

研究得出的结论是，这种方法为火灾调查人员提供了进行系统分析的工具，用于验证起火点的假设。在大规模询问中，使用一致性的开放式问题方案，可降低调查人员和证人出现确认偏差的可能性。将询问编码为文本检索系统，以便后续对证人信息进行内容分析。最后，在建筑平面图上覆盖简单调查图形，有助于解释分析结果，并为呈现调查报告内容和可能的司法程序，提供具有证明力的证据。

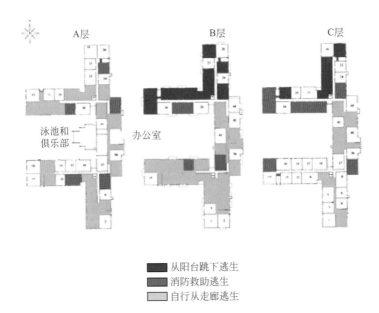

■ 从阳台跳下逃生
■ 消防救助逃生
□ 自行从走廊逃生

图 6-12　公寓楼的三层平面图，说明了现场人员三种逃生模式：从阳台跳下逃生、消防救助逃生以及自行从走廊逃生

资料来源：the Fire Research Laboratory, US Department of Justice, Bureau of Alcohol, Tobacco, Firearms and Explosives

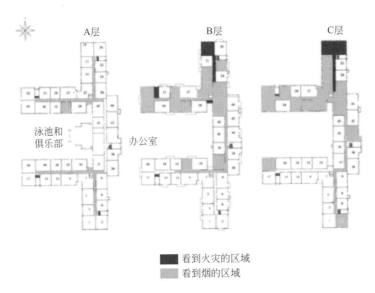

■ 看到火灾的区域
□ 看到烟的区域

图 6-13　公寓楼的三层平面图，说明了逃生成功的现场人员看到的烟气和火势情况

资料来源：the Fire Research Laboratory, US Department of Justice, Bureau of Alcohol, Tobacco, Firearms and Explosives

（4）证据收集与保存

制作证据保管链的目的是从证据的发现、提取、保存，直至最后法庭呈现和最终处置，对其进行溯源追踪（NFPA, 2014，4.3.1、4.4.2、4.4.3、4.4.4、4.4.5；NFPA, 2017，17）。

• 证据收集 / 保存标准：NFPA 1033, 2014 年版中第 4.4.1 与 4.4.2 条

工作任务：

使用恰当的程序处置死伤人员，确定一套处置方案和选择合适询问人员，确保所有的证据及时被发现和保存，预案处置程序得到有效落实。定位、记录、收集、标识、包装和保管证据。给定标准和专用工具设备以及收集证据的相关物品，对证据进行恰当地识别、保存、收集、包装和保管，用于测试、法庭诉讼或其他程序以及检验鉴定，避免证据的交叉污染和调查人员造成的破坏，建立证据保管链。

工作内容：

调查人员提取和包装两种不同类型的已识别证据，确保证据保管链的完整，并避免被污染。调查人员将确保按照正确的处置程序，发现并保存与受害人有关的证据。

工作条件：

鉴于几种类型的证据，需要提供证据收集物和适当的表格。

实施步骤：

1. 确定证据种类；

2. 选定并提取证据；

3. 对选定 / 提取的物品进行包装；

4. 在勘验笔录中记录过程；

5. 确定需要开展证据检验鉴定的方法类型（如果有）；

6. 按照正确的处置程序发现并保存与受害人有关的证据；

7. 以正确的形式记录和报告与火灾有关的死亡人员。

资料来源：Washington State Patrol, Form No. 3000-420-081（Sept. 2014）Fire Protection Bureau, Standards and Accreditation, Olympia, Washington, http：//www.wsp.wa.gov/fire/docs/cert /fire_invest.pdf

• 证据收集 / 保存标准：NFPA 1033，2014 年版中第 4.4.3 条

工作任务：

选择要分析的证据。给定调查中获得的所有信息，确定用于分析的证据，支撑具体的调查需要。

工作内容：

调查人员审查调查报告，选择一项证据并填写标准的物证鉴定实验室委托申请表，并注明具体的实验要求。

工作条件：

给定调查报告，几种不同类型的证据，以及标准的物证鉴定实验室委托申请表。

实施步骤：

1. 审查调查报告；

2. 选定合适的证据；

3. 完整地填写物证鉴定实验室委托申请表。

资料来源：Washington State Patrol, Form No. 3000-420-081（Sept. 2014）Fire Protection Bureau, Standards and Accreditation, Olympia, Washington, http：//www.wsp.wa.gov/fire/docs/cert /fire_invest.pdf

• 证据收集 / 保存标准：NFPA 1033，2014 年版中第 4.4.4 条

工作任务：

维护证据保管链，配备标准调查工具、标识工具，以及证据的标签或记录，对每份证据进行书面记载，并确保证据安全。

工作内容：

标记、包装和记录六类证据。

工作条件：

给定设备、表格、标签和六类证据。

实施步骤：

1. 获取事故简介并做记录；

2. 找到并选定证据；

3. 标记和粘贴标签，并包装六类证据；

4. 在证据移交过程中，全面记录，保证证据保管链完整。

资料来源：Washington State Patrol, Form No. 3000-420-081（Sept. 2014）Fire Protection Bureau, Standards and Accreditation, Olympia, Washington, http：//www.wsp.wa.gov/fire/docs/cert /fire_invest.pdf

• 证据收集 / 保存标准：NFPA 1033，2014 年版中第 4.4.5 条

工作任务：

提供司法管辖区或机构的规定以及文件信息，确保证据处置及时、安全，且符合司法管辖区或机构的要求。

工作内容：

调查人员将使用及时安全的方式处置证据，并记录证据处置情况。

工作条件：

给定事故信息、示范证据策略、证据和证据处置表格，调查人员将完成列出的任务。

实施步骤：

1. 审查提供的信息；

2. 确定有待处置的证据；

3. 根据示范证据策略处置证据；

4. 使用提供的表格记录处置情况。

资料来源：Washington State Patrol, Form No. 3000-420-081（Sept. 2014）Fire Protection Bureau, Standards and Accreditation, Olympia, Washington, http：//www.wsp.wa.gov/fire/docs/cert /fire_invest.pdf

其目的是对发现的证据进行检验鉴定，并防止其丢失或破坏。该记录包括在发现证据时对其进行的拍照记录，并制作一份书面清单，逐一记录证据离开现场后的移交情况，如证据表（见图6-6）。此类记录用于证明符合准则要求，如ASTM E1188《技术研究人员收集和保存信息和实物的标准规范》（ASTM, 2011b）。

（5）现场照相

现场照片（NFPA, 2014, 4.3.2; NFPA, 2017, 16.2）不仅要包括全景照片，还应包括关键证据的特写，必要时还要拍摄中间视角的镜头。

现场照片应记录发现时的现场、残骸清理时的现场、清理后的现场，以及起火前家具的位置。准确的现场照片记录[NFPA, 2017, 16.3（4）]与照片本身几乎一样重要，以确保调查人员开展调查后几天、几周或几个月后，仍可以正确地重建现场。

- 现场记录标准: NFPA 1033, 2014年版中第4.3.2条

工作任务:

拍照记录现场。配备标准的工具和设备，以便准确地反映现场情况，支撑现场调查的结果。

工作内容:

调查人员拍摄室内现场，并提供现场照片记录和现场照片拍摄时大致位置草图（使用35mm相机或高分辨率数码相机。可以使用摄像机补充视觉记录）。

工作条件:

火灾现场，35mm相机和闪光灯、胶卷、记录板和测量设备（注意：已完成室外照片拍摄）。

实施步骤:

1. 确认火灾现场及其大小；

2. 从房间的外部向内部拍摄现场照片；

3. 拍摄没有大小参考的证据图片；

4. 拍摄带有大小参考的证据照片；

5. 在照片位置草图和照片记录上记录拍摄的现场照片。

资料来源: Washington State Patrol, Form No. 3000-420-081（Sept. 2014）Fire Protection Bureau, Standards and Accreditation, Olympia, Washington, http：//www.wsp.wa.gov/fire/docs/cert /fire_invest.pdf

现场照相记录表（见图6-7）用于记录火灾现场中每张拍摄照片的基本情况、画面、胶卷或图像存储卡，以及数字图像编号。对于使用摄像机拍摄火灾现场影像资料，调查人员应使用类似的系统记录表。设计的表格要在拍摄照片时填写。随后，要在火灾现场草图中，使用画面和卷（或照片）图像编号，说明拍摄位置和方向。使用存档媒介复制胶卷、数字图像和录像带，应以单独格式进行记录。"备注"字段用于记录胶卷、存档媒介和录像带的处置情况。证据的特写照片应附有整体、不同方向和全景照片。在本章后续内容中，将对现场照相进行详细介绍。

（6）现场绘图

无论是否按比例绘制，火灾现场草图、示意图和素描图（NFPA，2014，4.3.1；NFPA，2017，16.4）都是对现场照片的重要补充。它们以图形方式描绘调查人员记录的火灾现场、证据实物、相关物品、关键火灾痕迹以及起火部位或起火点（NFPA，2014，4.3.1）。

典型现场图是简单的火灾现场二维图，包括房间、分区、建筑、车辆和庭院的主要尺寸布局。使用的方格纸可以在文具用品商店找到。草图内容包括：粗略的建筑外部轮廓、房间内物品、详细的平面图。绘制窗户玻璃碎片的分布图，对于以后重建爆炸事故现场至关重要（NFPA，2017，6.2.13.1.6）。它们必须包括距离和角度方向数据。

● 现场记录标准：NFPA 1033，2014 年版中第 4.3.1 条

工作任务：

绘制现场图。配备标准的工具和设备，能够准确地呈现现场，对现场证据、相关物品、重要痕迹和起火部位（点）进行标识确认。

工作内容：

调查人员将绘制（粗略的）火灾现场图。该图应至少包括一件证据实物、一件室内相关物品、一处重要的燃烧痕迹以及起火部位（点）。

工作条件：

安全可靠的火灾现场，记录板，测量设备和一名助手（如果需要）。

实施步骤：

1. 确认火灾现场及其大小。

2. 绘制火灾现场图，包括以下各项：

a. 相对位置、尺寸、房间、楼梯、门和窗户；

b. 至少一种证据实物，注明位置和尺寸；

c. 至少一种相关物品，注明位置和尺寸；

d. 至少一种燃烧痕迹，确定其位置；

e. 至少一个起火部位（点），标明尺寸大小；

f. 调查人员的姓名、日期和现场编号或位置。

资料来源：Washington State Patrol, Form No. 3000-420-081（Sept. 2014）Fire Protection Bureau, Standards and Accreditation, Olympia, Washington, http：//www.wsp.wa.gov/fire/docs/cert/fire_invest.pdf

（7）记录

为确保调查彻底，特别是涉及多个投保人时，要求收集保险信息和文件记录（NFPA，2014，4.6.1），例如商业建筑发生火灾的情况。在分析评估时应需谨慎，准确分类，并确保事故、财产、业务和个人文件记录的安全（NFPA，2014，4.6.2）。

（8）室内火灾建模数据

相较于调查人员日常收集的数据，室内火灾建模所需的记录数据要多得多。在房间火灾数据表中，详细列出了需要收集的其他信息。模型所需的室内信息包括：房间尺寸、结构、壁面材料、内部装饰、门窗开口、HVAC、事故发展的时间轴和可燃物堆放情况（NFPA，2017，16.4.5.6.1）。即使不进行计算机模拟，对于所有火灾现场重建过程中的假设

建立和验证测试来说，上述信息也是至关重要的。除平面图外，应准确而又完整地记录高度信息。例如，必须明确所有位置天花板的高度变化，因为其坡度、房梁深度和建筑特征可能影响烟气流动和烟气层的形成。

（9）物证

因为物证可以为其他调查技术无法解决的问题提供答案，补充细节信息，证实其他信息，因此物证有时被称为无声证人（NFPA，2014，4.4.2；NFPA，2017，17）。系统调查的各个阶段结合了从火灾现场收集的各种证据的所有基本要素。

制定普遍认可的司法调查指南文件，用于防止证据的污染、丢失和破坏，并为该证据提供可靠的证据保管链。例如，当物体上有干涸血迹时，应尽可能提取物体本身，封装前要保证其处于风干状态。待带血迹的物体风干后，此时将其放入单独的密封纸袋、盒子或信封中，保证其处于干燥状态，有条件的话，可以冷藏。不应使用普通塑料袋，因为它们会使样品无法通风。调查人员应注意血源性病原体的安全性问题（NFPA，2017，A.13.4.2.1）。

所有枪支都应放在单独的马尼拉信封中，并做好标记。枪支应随身携带并送至实验室。具体的处理说明包括：提取技术、左轮手枪中的圆筒的卸载和位置记录，以及记录武器的序列号、制造商和型号。含有挥发性液体的燃烧残留物或者容器，必须使用合适包装将其密封，防止其被污染，为减少挥发，应置于低温环境中。

（10）手持式激光测量设备

调查人员需要记录建筑中多个房间的测量结果。这是一项烦琐且费时的工作任务，可能出现记录不准确的情况。当两个人测量时，卷尺的测量效率最高。当仅有一个人负责测量时，手持设备会更便捷。

随着价格便宜的精确手持激光设备的推出，调查人员现在不仅可以测量房间的距离，还可以测量房间的面积和体积。售价 100 美元以下的设备，其技术参数为精度 ±6.35mm（1/4in），测量距离 30.48m（100ft）。这些设备的测量范围为 0.6 ～ 30m（2 ～ 100ft），可以在英制或公制单位间切换，并且可以使用价格便宜的 9V 电池供电（Stanley，2012）。

（11）引燃矩阵

相较于以往，如今火灾调查人员面临更多的挑战，要在认定的起火部位，找到所有可能的引火源，然后逐一进行排除，直到仅剩一个起火原因（基于合理的数据和方法）。火灾调查中使用的科学方法要求调查人员，不仅要证明引火源是如何引起火灾的，而且还要证明其他引火源如何被合理地排除，最终得出合理的结论。如果在调查结束时仍存在两个或更多的可能的引火源，此时则认定为原因不明。简洁全面地证明这些结论可能很困难。

引燃矩阵方法促使调查人员综合考虑各种假设，并且要基于多种要素，如：热释放速率（heat release rate，HRR）、热通量、间隔距离、热惯性（thermal inertia）和火势蔓延路径等，来分析每个假设。一个完整的矩阵可以提供一个简洁明了的证明过程，会考虑所有可能的引火源，并且除了确定一个引火源外，其他可能都会被排除。比起传统的逐项罗列引火源的方式，矩阵更易于验证，从而改善了调查人员自我审查过程。这种综合方法并不是 NFPA 921 提出的原因排除的过程（NFPA，2017，19.6.5）。可以反映科学方法的真实意图，是一种较为详尽的方法。

该方法从详细分析疑似起火部位和绘制现场图开始。记录所有已明确的最初起火物和可能的引火源。Bilancia 引燃矩阵法需要进行详尽的配对比较，以便系统地对多个引火源进行分析，并记录每个引火源是否有能力引燃具体的最初起火物。提出的引燃矩阵只是纸面上的网格，在该网格布局中，每个方格都是一种引火源与一种最初起火物之间相互作用的配对分析。

随后，每个配对组合都要分析以下四个主要内容：

① 该引火源是否能够引燃该种可燃物？

② 该引火源是否距离该可燃物足够近，并将其引燃？

③ 是否有引燃的证据？

④ 该起火物被引燃后，是否存在蔓延的可能？

在每个分析中，都应包括评论或注释。注释可能包括以下一项或多项：

- 引火源未通电（电气设备或电源线）或未使用（蜡烛）。
- "距离太远"、"取决于持续时间是否足够"或"未知，必须实验验证"。
- 燃烧发生的物证或视觉证据；有人看到或视频拍到起火。
- 最初足够多起火物形成的火羽流（plume），或是轰燃产生的火焰。

最后，对矩阵进行颜色编码，说明哪些组合可以引发火灾，哪些将被排除，以及哪些需要进一步收集数据。颜色图例可能是红色（具备能力且距离较近），蓝色（不具备能力）和黄色（具备能力但已排除）。

- 事后调查标准：NFPA 1033，2014 年版中第 4.6.5 条

工作任务：

根据所有的调查发现，形成关于起火部位、起火原因和相关责任的观点，以便观点能够得到数据、事实、记录、报告、文件、证据的充分支撑。

工作内容：

调查人员形成关于火灾中人员和 / 或物品责任的认定意见。

工作条件：

给定的完整火灾调查档案，包括：相关记录、文件材料和证据。

实施步骤：

1. 审查所提供的材料；

2. 制定并记录关于人员和 / 或物品责任的认定意见。

资料来源：Washington State Patrol, Form No. 3000-420-081（Sept. 2014）Fire Protection Bureau, Standards and Accreditation, Olympia, Washington, http：//www.wsp.wa.gov/fire/docs/cert /fire_invest.pdf

6.2.4 全景照相

（1）照片拼接

在火灾现场，拍摄的多数照片都是关于火灾痕迹和其他证据的。但是，一张简单的照片可能无法获取房间周边信息。在建筑火灾中，建筑物的俯视图、透视图和全景图，以及三者的结合，可以反映火灾对建筑物的总体影响，包括建筑物本身是如何被火灾以及扑灭火灾的活动破坏的。图6-14显示的是通过将几张照片拼接在一起，生成的火灾现场全景照片。

图6-14　使用多张单独照片和拼接软件，构建的全景视图

资料来源：David J. Icove, University of Tennessee

● 事后调查标准：NFPA 1033，2014年版中第4.6.4条

工作任务：

作案动机和作案时机证据的确定。给定存在放火嫌疑的火灾，能够确保证据得到相关记录的支持，满足司法审判的证据要求。

工作内容：

调查人员将使用审慎而完整的调查档案，确定放火火灾的动机和作案时机，以确定提供的证据是否符合法律要求。

工作条件：

给定的完整放火火灾调查档案和证据记录表。

实施步骤：

1.审查提供的材料；

2.确定并记录放火火灾的动机和作案时机；

3.列出支撑放火动机的相关记录；

4.记录所提供证据的法律价值。

资料来源：Washington State Patrol, Form No. 3000-420-081（Sept. 2014）Fire Protection

Bureau, Standards and Accreditation, Olympia, Washington, http：//www.wsp.wa.gov/fire/docs/cert /fire_invest.pdf

为提高审查现场的质量，更好地向法庭说明调查情况，开展全景照相已不是新的方法。全景（扫描拼接）相机已经存在了100多年，但由于专用设备既笨重又易损坏，因此很少使用。在19世纪广泛使用的全景相机，有时用于拍摄火灾现场整体破坏痕迹。当今的许多相机只是裁切顶部和底部的部分图像，造成全景照片的假象。

超广角和360°旋转相机已经出现，但价格较为昂贵（Curtin, 2011）。人的视觉通常可以捕捉到房间170°的视野，但是常用的50mm照相机镜头只能拍摄该视野的大约五分之一。调查人员拍摄一个房间内的火灾痕迹，需要使用全景拍照技术。

按照最简单的方法，使用稳定的三脚架，拍摄一组部分重叠的照片，然后覆盖照片重叠部分，制成火灾现场的拼接全景视图。以拼接形式叠加几张照片的方式，可以弥补真实全景照相的不足。为了获得最佳效果，使用35～55mm焦距的镜头，因为广角（35mm）和长焦镜头会产生不必要的失真。一旦熟悉了相机的拍摄效果和局限性，调查人员应该努力掌握全景照相的相关专业技术（见图6-15）。

部分重叠照片进行简单的粘贴是可以的，但是在视觉上总是存在透视偏差，使查看照片的人员产生错觉。随着计算机照片编辑程序中全景照片拼接技术的出现，无需专门的相机，例如数码扫描相机，就可以将一系列简单的静态照片无缝拼接，并且经过透视校正的全景图像，本章稍后将对此进行详细介绍。

图6-15　使用 Apple IPad 全景拍摄软件将一起教堂火灾的连续的单独照片拼接在一起
资料来源：Det. Aaron Allen, Knox County Sheriff's Office, Tennessee, Fire Investigation Unit

【案例6-2】　学校火灾

在一所有多个教室的大型学校发生了火灾，主体结构破坏严重，难以重建。几年前，发生在东南地区的一起大型学校火灾，对其现场进行了火场重建。在对现场进行勘验之前，建筑内大部分物品和墙壁已被移至现场外围。

通过综合目击证人的描述、原始新闻视频、现场实景分析和羽流几何知识，对火灾现场进行了重建。调查显示，校办公室内，存放学生档案资料的文件柜附近地板处最先起火。通过对现场破坏痕迹进行详细分析，发现最先起火的办公室地板处有一个类似椭圆形的烧穿痕迹。椭圆形烧穿痕迹进行中央部位，就是起火点所在位置。

用黄色粉笔在地板上描绘书桌、柜子和墙壁的所在位置。站在二楼对这些粉笔线进行拍摄，呈现出拼接叠加层，形成火场的全景视图。将全景照片拼接在一起后，在塑料重叠部分，用绘图胶带标记墙壁。在法庭呈现过程中，塑料重叠部分是非常重要的，因为物品根据用途被抬高，重叠部分可能就会被消除。在图6-16中，在现场平面示意图左侧中显示了这种带有重叠部分的显示效果。今天，可以使用之前所述的图形，插入假墙。在开展辨认活动时，此种显示效果也有一定的帮助。

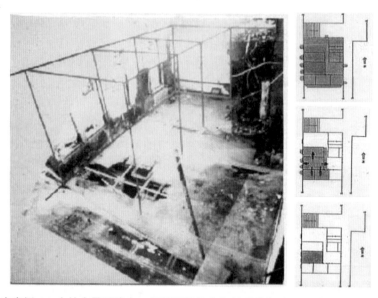

图6-16　在案例6-2中的全景照片中，用绘图胶带在塑料重叠部分显示缺少的墙壁和起火部位
右图为平面图（从下到上），从外部窗户可以看到连续的火势蔓延
资料来源：David J. Icove, University of Tennessee

在法庭中呈现现场透视效果时，比例模型是最具说服力的视觉呈现手段之一。对于需要重建的建筑，其所有尺寸都要进行仔细的测量和详细的描绘。在建筑公司中，都会配备制作此类模型的技术人员。在模型上应含有可移动的屋顶，以方便观察建筑的内部情况。

专门的照相技术可能涉及犯罪现场（备用）光源和适用滤镜的使用、紫外或红外照相胶片（或成像系统）、特写（宏观）照相或其他技术、保存类似指纹等物证。本章后续部分，将对其中一些技术进行介绍。

（2）全站式测绘系统

现在，用于绘制大型室内外现场图的新一代计算机测绘技术已经开始使用。使用全球定位系统（GPS），结合地理信息系统（GIS），选择并定位单个坐标位置。然后，使用激光扫描系统对物品特征进行记录，如：房间拐角、路边线路和证据的位置。计算机记录每个特征物品的方向、仰角和距离。然后，该程序使用极为准确的尺寸，绘制现场的平面图 [150m（492ft）以内，误差为 ±1 cm（±0.39英寸）]，且没有反射阴影。在警察管辖的许多交通事故调查过程中，Leica、Sokkia 和 Topcon 系统已经使用了多年，现在有些主要放火犯罪案件调查机构也已开始使用。

（3）激光扫描系统

激光扫描仪综合了全站式测绘系统的准确性与全景数码照相的完整性。三维（3D）激光扫描仪使用 LIDAR（light detection and ranging）技术，能够快速捕获现场数百万个测量数据（NFPA, 2017, 16.4.5.6）。多数扫描仪都与高分辨率数码相机集成在一起，或配备外部数码相机以拍摄表面颜色和纹理。然后通过激光测量记录这些信息，产生涵盖所有内外部现场数据的可完整导航的 3D 虚拟现实影像（VR）（称为点云）。可以从多个位置扫描现场，并将图像匹配或拼接在一起，以产生全面且视觉上令人惊叹的 3D 数据。使用系统提供的软件，可以从数据中提取所有的三维测量值。

激光扫描仪使用越来越广泛，且使用成本越来越低。现在，有些厂家提供了 PC 驱动的扫描仪，这些扫描仪放置在室内或室外现场，可以垂直扫描并水平旋转（使用反射镜），以每秒几千到几万的速率获取距离和角度偏转测量数据。可以通过激光飞行时间（TOF）来测量距离，在飞行时间测距法中，可以通过脉冲输出与其返回反射之间的延迟时间来确定距离或相移；其中光束是连续的，出射光波和返回光波之间的干涉用于确定距离。相移扫描仪发出连续的激光束，输出正弦波和返回正弦波之间的相位差决定了到物体的距离。两种系统都使用反射镜在现场周围垂直引导光束，而电机则驱动扫描仪水平旋转。通常以每秒数万次测量速度收集数据。

现在，有些厂家提供高速激光扫描仪，其使用更广泛，且成本较低。3rd Tech Inc. 技术公司开发了一种激光扫描设备，该设备使用飞行时间为 5 MW 激光测距仪，其安装在照相人员或测量人员的三脚架上时，将以每秒测量 25000 次的速度扫描整个房间（3rd Tech, 2012）。

Leica Geosystems（Leica, 2012）提供了 ScanStation 激光扫描仪，该扫描仪无论光照条件如何，都能用脉冲绿色 3R 级激光来获取室内外的高精度测量值。他们的 Cyclone 软件输出的数据与大多数第三方计算机辅助制图（CAD）产品兼容，并且还可以快速生成完全身临其境且可测量的 3D 环境，称为 Leica TruView，该环境可用免费看图软件打开。Faro（2017）是使用激光和成像技术的 3D 成像系统。该公司销售的便携式 CMM（coordinate measuring machines）与 3D 影像设备，广泛用于涉火案件、犯罪和事故现场。

扫描获取的数据可以通过多种方式进行分析和显示。在计算机实验室中，完成注册后，可以从任意角度，从所有扫描仪设置的机位，旋转和查看 3D VR 图像。可以创建现场的轮廓、线框和图表。可以添加特写照片、实验报告、注释或保管信息的热点链接。可以随时对其他距离和角度进行测量和记录。司法部（DOJ）、刑事技术实验室、警察、安全和消防部门都在使用扫描仪技术。许多厂家提供具有不同功能的激光扫描仪，其功能各有所长（Leica, 2012; 3rd Tech, 2012; Riegel, 2012; Faro, 2017）。

选用激光扫描仪的注意事项如下。

精度（分辨率）：激光每测量一个距离时，都会记录一个点（扫描点）。所有测量值合并后，扫描仪将形成"点云"，以便进一步查看和分析。扫描仪技术人员可对点距（相当于数字图像的 dpi 等级）进行调整，根据给定项目需求、目标区域距离，提供必要的细节。Leica Geosystems 宣布推出一款新工具，该工具用来验证 Leica Geosystems Scan Station C10 生成的刑事 3D 激光扫描的准确性。新的验证工具专门用于帮助刑事技术实验室和犯罪现场勘验部门获得 ISO / IEC 17020 和 17025 认证。在现场的各个位置，放置双靶杆，以便精确地校准和测量，两个靶之间的设计距离为 1.700m。

为了实现美国国家标准技术研究院（NIST）溯源要求，Leica Geosystems 与 NIST 的 Large-Scale CoordinateMetrology Group 签约，使用波长补偿的氦氖线性干涉仪，通过多次测量双靶杆（工件）的目标中心距离，对特定的 Leica Geosystems 双靶杆进行单独的校准。然后，NIST 将序列号应用于每个目标系统，并生成一份校准报告，该报告将提供给 Leica Geosystems 客户。"3D 激光扫描相当于在犯罪现场照片中加入比例尺，对其进行控制"，Leica Geosystems 公共安全和法务客户经理 Tony Grissim 说道，"在法庭上，3D 激光扫描仪测量精度达到公认的标准，对于证据采信是至关重要的，我们的新型 NIST 溯源双靶杆技术，对于满足 ISO/IEC 质量体系和质量控制要求，具有一定优势"（Leica, 2011）。

法庭的可采信性：法庭上技术的可采信性，对于刑事案件中扫描数据的使用人员来说，是至关重要的。与其他刑事技术工具一样，使用人员必须能够解释设备的科学依据，并证实测量的准确性。除 NIST 和 ISO 外，应对 Daubert 质疑时 ASTM E2544-11a《三维（3D）成像系统标准术语》可为用户提供验证帮助（ASTM, 2011c）。为使激光扫描仪测量的数据和绘制的动画得到认可，将其作为数据收集、分析和可视画面的基础，法院反复进行了裁定。

测距范围：有些扫描仪最小测量距离为 2m（6.6ft），因此在狭小空间中使用时需要考虑其实用性；有的扫描仪最大测距范围为 16m（52ft），因此只能用于大型室内现场或室外现场。测距的上限取决于目标的反射率［例如，在 90% 反射率下为 300 m（980 ft），而 18% 反射率下为 134m（440ft）］，因此现场条件和目标性质至关重要。据悉，测量距离可达 280m（900ft），但是分辨率和精度都会下降。

波长：有些波长对深色（炭化）表面呈现得更好，这是火灾调查人员关心的问题。有些波长受到环境（ambient）光的干扰，并出现称为"日盲"的情况，因此需要将扫描区域变暗。其他系统（例如，Lecia）可以在白天或完全黑暗的环境中工作。

精度（测距）：距离测量的精度取决于设备类型（TOF 或相移）和范围。在测量距离为 50m（160ft）时，精度通常为 4～7mm（0.16～0.28in）。

视场：有些扫描仪从垂直方向（向上 90° 到向下 90°）扫描；有些扫描仪只能从向上 45° 到向下 45° 扫描，需要从顶部直接重新扫描以获取顶部信息。

扫描速率：多数系统将在 12～30min 内完成对房间的 360° 高分辨率扫描，TOF 法每秒进行 4000～50000 次测量，基于相位的系统每秒进行 500000 个点的测量。

安全：所有系统使用的都是 Class Ⅰ激光，因此需要关注眼部安全。设计了一些系统（根据扫描速率），使作用到眼部的时间不会超过联邦安全限制。其他系统则需要对使用人员和室内其他人员做好保护。

易于"注册"或拼接：多数现场至少需要从两个位置进行扫描。在集成数据难易程度方面，系统（软件）有所不同。有些系统生成的数据格式可以直接从 AutoCAD 和类似的绘图程序中导入。

上述这样的扫描仪价格较高，但是它们可以快速并且非常准确地测量火灾现场的所有关键特征，例如，房间尺寸、通风口和结构特征（梁、斜屋顶和管道）。对于没有自己扫描系统的调查人员，偶尔使用一次时，可以请政府部门和非政府部门的技术人员帮忙。记录测量数据的图像可能在今后的某个时期被再次审阅。有些软件系统中的数据导入 CAD 程序系统，描述为固定图像或创建物理模型。建议读者联系供应商，访问厂家网站（在 Resource Central 列出），以获取详细信息。根据激光波长，激光扫描仪可以捕捉到标准彩色照片中可能不明显的表面情况变化（反射率）。在以下这个实验研究中，以烧毁的测试房间为实景，对比了彩色照片和问题彩色激光扫描照片。

【案例6-3】 野外火灾现场重建

现实问题：野外火灾被扑灭两年后，对其进行现场重建。涉及并需要考虑的因素包括：风的情况、受损树木和火灾发生后引起的电气线路拉弧放电现象。怀疑最先起火的树木被分成几块，并作为证据进行了储存。

解决方案：到达较高的地点，用激光扫描仪扫描了现场地形［图 6-17（a）］。一位专业的树木学家通过 3D 计算机地形模型，协助重建了八个树木区［图 6-17（b）］。随后用 Leica Geosystems 扫描仪分别扫描了火灾现场和重建的树木区，生成了数百万个测量数据。

研究结论：在视觉和空间上，生成了精确的 3D 模型，对大风破坏、电线电击、火灾前的树木情况进行测绘［图 6-17（c）］。案例研究由 Precision Simulations Inc. 和 Kirk McKinzie CFI 免费开展。

现场扫描的一个好处是可以对 NIST Fire Dynamics Simulator（FDS）火灾模型进行补充。如果要扫描特定的现场，并构建后续的 3D 模型，则有助于快速而又精确的数据输入，加快对火灾蔓延、一氧化碳、氧气、放热和温度等研究模型的开发。

有待研究的领域是与煅烧（calcination）有关的火灾痕迹。值得考虑和研究的一种理论是，受到高温破坏的石膏板表面，其得到的反射率数据可能提供可量化的热通量数据。必须确定各种反射水平下，激光反射率之间的相关性。油漆、纸张、烟气、裸露的石膏板以及其他穿透性煅烧的各种影响因素，都有其各自的反射率，并且可能存在着相关的热通量因子/指数关系。

研究结论：快捷性、准确性和便携性使 3D 地面和机载扫描仪成为记录重要现场的不二之选。NFPA 921 和 NFPA 1033 要求使用最先进的技术开展最完整的记录，因此在火灾现场越来越多地使用 3D 激光扫描仪，将不可避免。

(a) 火灾发生两年后，扫描仪和靠近起火部位附近的陡峭地形

图 6-17

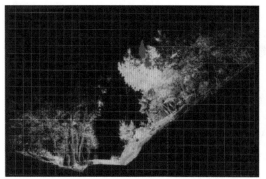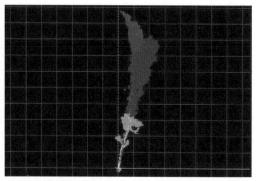

(b) 在高程模型中，重新构建了树干、树枝和树杈结构　　(c) 将树林准确地重新构建后，在3D刑事计算机模型/场景中，对其进行旋转，在高度、平面和方向上置于正确位置

图 6-17　荒野火灾现场重建

资料来源：registration, and images courtesy of Craig Fries, Precision Simulations Inc

6.3
刑事科学技术在火灾现场的应用

刑事科学技术是刑事案件中收集和分析物证时应用的科学技术。刑事科学技术主要是检验物证，分析人的行为，对受力、冲击和传递的动力过程进行分析，从物理和动力学两个方面对火场进行重建，将它们与常见的犯罪原因建立关联，在重建犯罪过程中识别和使用它们。当现场情况非常复杂或严重时（涉及死亡或受伤），这一点就显得尤为重要，必须找到发现各种信息的途径。证据可能包括燃烧残留物或放火工具、证人证言、伤亡或尸检报告以及火灾现场照片和现场图。

在火灾现场调查过程中，关于火灾相关证据的发现、提取和保存，有一套普遍认可的司法技术指南（DeHaan 和 Icove, 2012）。

举一个简单的例子，一名调查人员到达了犯罪现场，发现了破损的窗户、未上锁的门以及血迹，即所有证据都是可见的，且易于记录。通过对这些证据的重建，确定门最初是否是锁着的，窗户是否是机械破坏造成的（可以通过玻璃破裂痕迹确定是由外部打碎的），并且确认玻璃是不是划伤了入室嫌疑人，其是否触摸过门锁或插销，在门上是否留下了血迹。

通过对血迹或留在门、玻璃或插销上指纹的实验室分析，可以鉴别出入室嫌疑人。可以将衣服上发现的玻璃碎屑与门上的窗户玻璃进行比较，以确认发生了双向转移（嫌疑人的血液进入现场、现场玻璃粘在嫌疑人身上），并且从割伤或擦伤（以及玻璃／油漆碎片）的分布位置，确认嫌疑人进入过室内。

6.3.1　网格化

在处理现场时，系统化的勘验技术已被考古学家广泛使用，其有助于司法证据的收集和记录。火灾调查人员可以采用类似的搜寻和照相技术（Bailey, 2012）。有几种得到普遍认可的现场网格化和记录现场的方法（DeHaan 和 Icove, 2012，第 7 章）。对于距离和位置关系的重建来说，发现物证位置的测量必须可靠准确。图 6-18 介绍了几种方便的记录测量数据的方法。

垂直对齐主要结构墙以建立坐标系，可以帮助放置网格线，特别是坐标系零点位于墙角，往往是左下角或左上角。三角测量是依托室内两个固定点，测量其与有价值物体的距离。角位移测量使用一个固定点和一个罗盘方向，最适合于大型室外现场（Wilkinson, 2001）。手持 GPS 设备可用于建立固定参考点的位置和指南针方向，以及测绘大型现场。

网格系统非常适合于像爆炸这种大型现场，在这些现场中，碎片和其他证据从中心位置被抛散开。网格系统也可以在较小现场使用，例如，车辆内的四象限。基线和距离系统也可以用于大型室外现场，特别是爆炸现场，此类现场没有自然直线作为基线。

尽管多数现场可以逐层和逐个部位进行勘验，但是有些现场需要更加仔细有控制地进行勘验。特别是亡人火灾现场，现场中细小物品的位置非常重要，尤其是尸体附近的物品。调查人员使用考古学中发展起来的技术，以墙壁为参考基线，将火灾现场划分为正方形网格。绳索甚至粉笔都可以用来标记网格。网格内的正方形通常使用字母标记一个轴，用数字标记另一个轴。使用字母和数字坐标标识可简化并减少无意间切换坐标的可能性。在重要区域，这些网格是 0.5 ～ 0.8m（2 ～ 3ft）见方的正方形，而残骸相对较少的周围区域，网格可以增大至 3m×3m（10ft ×10ft）。

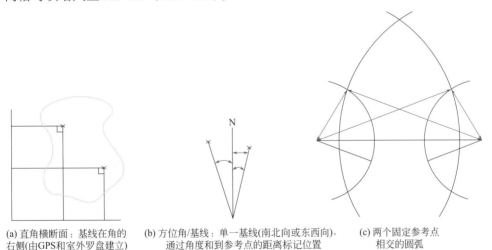

(a) 直角横断面：基线在角的
右侧(由GPS和室外罗盘建立)

(b) 方位角/基线：单一基线(南北向或东西向)，
通过角度和到参考点的距离标记位置

(c) 两个固定参考点
相交的圆弧

图 6-18　多种测量方法对于室内（墙壁可作为基准）或室外现场来说都是有用的

从每个网格的正方形中逐层清除残骸，进行手动 / 视觉检查和筛分。从每个网格中发现的物品（包括证据在内）都保存在对应编号 / 字母标识的袋子、密封罐或信封中。这样可以确保在后续阶段将证据放回距离其原始位置 0.30m（1ft）以内的范围。尽管这种方法耗时、费力且成本较高，但它是查找和记录证据的最佳方法，可以保证对现场进行完全搜查后，对其进行现场重建。

等损线被考古学家用来记录大火对历史古迹的影响，其也已用于记录现代火灾中的热破坏。例如，一项研究分析了公元前 267 年凯尔特人放火烧毁帕特农神庙造成的破坏

（Tassios，2002），根据观察到的燃烧痕迹，研究认为建筑内部热破坏要比外部热破坏严重。Tassios 研究使用了无损脉冲速度测量方法，并与热破坏相对应的三个定量标准关联了起来。

6.3.2　墙和天花板的记录

尽管多数调查人员努力确定地板覆盖物，并分析其对火灾蔓延造成的影响，但对墙壁和天花板的材质及覆盖物的记录并没有给予同样的重视。对于准确重建事故来说，墙壁、天花板及其覆盖物的性质和厚度是非常重要的。

有些情况下，混凝土、砖石或抹灰等不可燃墙壁不会助长火势蔓延，但其低热导率和大热容量则会对火势发展的某些阶段造成影响。无论是用金属还是木板作龙骨，石膏都会脱水破裂，使火势蔓延到天花板或墙壁的空腔中。如果正确安装，现代石膏板可以在一定的时间内阻止火势蔓延（通常情况下，火焰直接作用 15 ～ 20min）。X 型或耐火型石膏板为 16mm（5/8in）厚或更厚，并含有玻璃纤维以增强石膏板强度。因此，它可以承受 30min 或更长时间的火焰直接接触（White 和 Dietenberger，2010）。

墙壁和天花板可以由实木、胶合板、纤维板（高密度板如 Masonite，或低密度板如 Celotex）、刨花板、欧松板（oriented-strand board，OSB，定向结构刨花板），甚至金属制成，它们对火势蔓延造成的影响不同。可燃材料覆盖不燃墙壁。薄胶合板或低密度纤维板可以加快火势蔓延。Karlsson 和 Quintiere（2000）研究认为，用低密度纤维板衬砌一个房间或覆盖天花板，与同样一个不燃墙壁和天花板的房间相比，火灾发展到轰燃的时间缩短了一半。如果充分通风，这些材料基本可以保证轰燃发生，并且几乎被完全烧毁，以至于难以判断火势的蔓延方向。

耐火等级（1h、2h 或者其他时间）是按照 ASTM E119 的要求，根据标准升温曲线，设定加热炉火，经过反复实验室测试得出的（ASTM，2016；图 6-19）。这些测试不一定能够重现真实室内火灾，也不是为了预测火灾中建筑构件失效时间。这样的火灾测试结果通常只用于预测可信水平。

调查人员必须熟悉这些材料和它们的安装方式。在水泥或石膏板墙壁上，出现的不规则波浪形或锯齿状黏合剂炭化分界线表明，嵌板是一次性粘上的。通常在踢脚线或踢脚线后面、管道或电气固定装置后面，残留有嵌板残留物。用于固定嵌板或纤维砖的小钉子与用于固定石膏板的钉子大不相同。

木质或金属装饰条可用于在墙壁或天花板上安装瓷砖。它们的存在可以作为线索，以寻找并识别可燃墙壁或天花板残片。墙壁砖或天花板砖有时仅在其背面刷水泥，因此应仔细检查残留物表面上的大黑点图痕。应该对未燃烧的墙壁覆盖物样品进行测量、识别、留存，以备后用。

以作者的经历为例，火灾后的现场照片仅显示了裸露的螺柱，而仅在普通墙（外部）上残留有石膏板。仔细搜索后发现，面向起火部位房间的墙壁仅覆盖着薄薄的胶合板，该嵌板几乎被完全烧毁，导致了极其猛烈和快速蔓延的大火（Commonwealth of Pennsylvania v. Paul S. Camiolo，1999）。

虽然可燃天花板在现代结构中已不常见，但不应忽略它的存在。在 1960 年之前，低密度纤维天花板砖被广泛使用了多年。它们可能是 0.3m×0.3m（12in×12in）的砖，也可能是 0.61m×1.22m（2ft×4ft）的板。在 19 世纪末至 20 世纪初，边缘带装饰的舌型和槽型松木板或冷杉木板（有时称为护墙板）被广泛应用于墙壁和天花板。在老旧建筑改造过程中，大量安装了聚苯乙烯天花板。这些内装修材料将大大增加火灾负荷，并加快室内火灾的蔓延速度（根据 Karlsson 和 Quintiere 2000 年的研究，可能使轰燃发生时间缩短一半）。

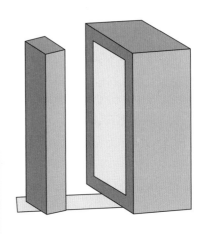

图 6-19　根据 ASTM E119，使用大型立式或卧式燃气炉，对墙体或地板构件进行测试。测试构件面向炉子的敞开面建造，炉子根据设定的时间 - 温度曲线运行

资料来源：NIST

调查人员必须记录天花板材料的性质和厚度。强烈建议保存样品，以便以后进行测试。由于吊顶可以降低天花板高度，并可以隐藏电气、水暖和 HVAC 设施，因此在商业建筑中非常常见。虽然吊顶通常是不燃的，但可以使火灾产生的高温烟气穿透它们所形成的大空间，在整个隐蔽空间蔓延扩散。当钢丝或轻质钢龙骨构件达到其退火（annealing）温度，并失去其拉伸强度时，吊顶通常会失效。一旦火焰到达天花板，在短短的 10min 内，这种情况可能就会发生。有关其他示例和介绍，请参阅 NIST 对库克县行政大楼火灾的研究结果（Madrzykowski 和 Walton，2004）。

调查人员必须记录所有过火房间（火焰或烟气进入的房间）的内部尺寸 [最好精确到 ±50 mm（±2in）]，这包括各个房间的高度（并不能认为建筑中所有房间的高度一致）。作为测量数据，房间高度常被忽略，但在分析轰燃发生所需火灾规模大小，给定初始火灾规模的影响，确定烟气填充速度、能见度、逃生能力等因素时，房间高度至关重要。像天窗这种特殊的结构特征，也应该进行测量并记录下来。

天花板自身的设计、形状和倾斜等性状，将对烟气和火势的扩散蔓延造成影响。光滑平整（水平）的天花板将使高温烟气和可燃气体通过顶棚射流均匀地向各个方向流动；而倾斜的天花板将使大部分热烟气向上蔓延。门、裸露的结构梁，甚至是装饰性附加梁，以及天花板安装的管道系统都将极大地限制热烟气的扩散，在有些情况下，导致最初起火的房间一侧积聚足够的热气层，并达到轰燃的临界状态。敞开的顶棚托梁（在未装修的地下室中较为常见）将沿其长度方向积聚大量的热烟气，同时显著减少（如果不能防止）向相邻托梁空间的横向扩散。调查人员必须对这些特征进行测量和记录。

由于火灾作用和后续的灭火行动可能破坏墙壁和天花板覆盖物特征，因此调查人员应当努力寻找火灾前显示天花板和墙壁特征的照片或录像。如果没有，则应询问业主、居住人员、顾客、访客、维护人员等，向他们询问天花板和墙壁的装饰情况（以及家具的类型和位置）。勘验和记录建筑中未受到破坏的区域，可能会发现其原始结构特征。

6.3.3 逐层记录

在火灾现场，残留大量的家具、墙壁或天花板破坏和倒塌残骸，建议调查人员至少要对最关键的部位进行分层勘验（NFPA, 2017, 18.3.2, 25.5.5, 25.5.7.1）。火灾初期阶段的多数证据都可能埋在坍塌的天花板和屋顶残骸之下。

在现场调查过程中，分析收集和解释经验数据时，NFPA 921 推荐了很多严谨而专业的挖掘发现技术。除了 NFPA 921，许多火灾调查领域的专家也在他们的论文著作中提出了"基于网格"的搜寻方法，特别是受害人员和证据的挖掘恢复过程中（NFPA, 2017, 25.5.7）。

例如，《柯克火灾调查》建议在车辆火灾调查中使用象限方法，对被检查车辆的各个部分进行连续的划分和细分。这些基于网格的搜寻方法已经扩展为一种系统方法，使用矩阵来确定建筑火灾中的起火部位。

然而，基于网格和矩阵的火灾现场勘验技术是以考古领域中常用的科学方法为基础（Lally, 2006; Icove、Welborn、Vonarx、Adams、Lally 和 Huff, 2006），通过对实物及炭化残留物（Pichler 等, 2013）、人类遗骸（Olson, 2009）以及遗留建筑（Ide, 1997; Harrison, 2013; Braadbaart 等, 2012）的发掘和分析来研究古代人类的活动。如图 6-20 所示，众所周知，火灾中产生的物证在其被发现之前，可以保留一定的时间，可能是几小时、几天，也可能是几个世纪。

图 6-20　梅萨波特莱斯（LA145165）考古发掘内墙中典型燃烧残骸

资料来源：Joe Lally

调查人员可能要调查建筑中未过火区域，以明确可能涉及的材料类型。要对屋顶结构进行拍照，记录屋顶倒塌的方向，随后可以将其移除。随后，除去屋顶或天花板的隔热层时，要注意其是疏松的（吹入的）玻璃纤维、岩棉、纤维素、棉絮，还是滚制的绝缘材料等。为了便于日后鉴定是否引燃隔热层或是否火势沿隔热层蔓延，应提取一定的样品。

随后，就可以确定天花板材料是石膏板、板条和抹灰层（金属板条或木板条在塌落的方式和时间上有所不同）、天花板砖、胶合板，还是木板。调查人员永远不要认为很小的住宅内，所有的隔热材料、天花板或衬里材料都是一致的，因为在某个时间进行维修、翻新或增建，往往使用当时可用到的材料。

在天花板材料下面，往往可以找到灯具、家具和受害人员遗体。在天花板和地板之间，可能找到许多关键证据，但是即使在这里，位置顺序也是非常重要的。在火灾发生发展的过程中，当温度或热通量变得足够高时，窗户玻璃易发生破裂和掉落。热烟气积聚在玻璃上后，这种情况通常就会发生，破裂模式应该是热炸裂而不是机械破坏（除非玻璃是安全钢化玻璃）。向内掉落的玻璃可能会掉落在已经被火烧坏的家具或地板上。大火发生之前，窗户破裂，其痕迹呈现机械破坏痕迹特征，窗口残留物较少，几乎没有烟气附着，可能会掉落，并对下方可燃物起保护作用，使其不发生燃烧。随后发生的轰燃，产生的辐射热可能使其熔化，甚至造成玻璃下方被保护的可燃物炭化。火灾作用看似不严重的部位，玻璃却发生了破裂，应寻找其他的破坏原因。

在此阶段，可通过仔细勘验残留物，分析天花板或墙壁覆盖物最先掉落的位置，并在进一步挖掘之前对其进行拍照。随着对装饰材料的记录和移除，可以确定地板和地板覆盖物的性质，应注意地毯、瓷砖、裸露的木材、复合地板覆盖物以及乙烯基材料和石棉的分布情况，并提取可疑区域的地毯、地板覆盖物和衬垫的比对样品。

实验表明，仅凭观察是无法准确估算地毯纤维含量的。按照 NFPA 705（NFPA, 2009）和其他测试方法，使用火柴或打火机的火焰，仅能说明表面纱线是合成纤维还是天然纤维。耐火测试进一步表明，地毯可能无法单独支撑火焰蔓延，但如果装在特定类型的垫子上，则很容易燃烧。最好提取并保存少量［至少 0.15m×0.15m（6in×6in）］的未燃地毯和垫板样品，以便以后进行识别认定。在多数火灾现场，可以从大型家具、家用电器下方或房间被保护的角落处提取样品。这些样品可以用于司法检验鉴定，通过比较来确定地毯是否含有挥发性气体或燃烧时产生挥发性气体。

关于逐层勘验方法，考古学家使用系统的坐标系方法，既兼顾了发现目标的位置，也考虑了发现目标的深度。他们的挖掘工作是逐层进行的，因此每个物体的深度都是已知的。当掉落在起火部位区域燃烧残骸是具有层次的时，这种方法将非常有用。像涉及多层建筑的火灾中，倒塌地板埋藏了重要证据。在有些情况下，掉落残骸通常会在较低楼层保留下证据。

如前所述，在记录过程中，重要的是空间上记录层间的位置关系。如果将法庭证据的收集和记录视为一项科学工作的话，那么应用考古技术肯定会强化此项工作。在火灾现场勘验和考古发掘中，重要的是对挖掘过程中可能需要进行保护、变动和破坏的关键证据的物理结构、分层残片的三维分布以及位置的记录。这些表面称为分层单位。

在考古界的现场挖掘过程中，Harris 矩阵的应用就是谨慎勘验的标准。该矩阵以英国考古学家 Edward Cecil Harris 博士的名字命名，他于 1973 年发明了该矩阵（Harris, 2014）。这种矩阵记录技术在逻辑呈现和概述形式上，体现了现场挖掘中层与层之间的时间关系（时间序列）（Icove 等，2014）。下载哈里斯博士撰写的 Principle of Archaeological Stratigraph 的英语和翻译版本，请访问：http：//www.harrismatrix.com/harrisbook.html。

NFPA 921 和 ASTM International 的 ASTM E860（ASTM, 2013b）倡导的标准指出了明确证据的位置、不改变证据的情况下妥善提取及保存有价值证据的重要性。在火灾调查逐层勘验过程中，该方法通过对证据的全面记录和处理，来保持整个过程的完整性。

NFPA 921 将关键证据的丢失定义为"证据损毁（spoliation）"（NFPA, 2017, 3.3.167），即"在诉讼过程中，负责保管证据方造成证据或可能成为证据的物体或记录丢失、破坏或物质改变的情况"。显然，在记录证据时使用 Harris 矩阵，可以确保证据损毁程度降到最低，从而保证调查的完整性。

在火灾现场正确记录逐层勘验过程，对于理解火灾发生发展过程至关重要，尤其是在调查亡人火灾时，尸体和其他相关证据通常埋在废墟之下。作者建议火灾调查人员采用 Harris 矩阵方法，因为它已经是一种全球标准化的考古方法，广泛应用于在当今和古代火灾现场以及一般考古遗址上，逐层挖掘和间歇性发现证据。在记录证据方面，使用该方法可以确保证据损毁程度降至最低，从而保证调查的完整性。

Harris 矩阵在考古界得到了广泛的认可。例如在比利时，在每个考古遗址发掘的处理过程中，Harris 矩阵已被作为通用要求之一，必须按照方法要求开展，并且法律很快将作出要求（Harris, 2014）。

图 6-21 是 Harris 矩阵在火灾现场勘验中建立假设时的应用。在正式应用过程中，层和表面定义了示意图和结果矩阵的主要元素。就火灾现场而言，层指尺寸上较厚，而表面则代表较薄物体，例如地板材料。

在假设案例中，通过仔细挖掘发现，在建筑内部第 8 层，燃烧残骸中发现了死者，在死者的尸体上方和下方发现了证据。死者位于含有屋顶（第 5 层）燃烧残骸（第 4 层）下方的内墙（第 2 层和第 3 层）内。死者下方为泥土地面（第 9 层）。外部残骸由外墙（第 1 层）、建筑材料（第 6、7 层）和泥土地面（第 9 层）组成。石头墙（第 2 层）和回填墙（第 3 层）都靠在墙角（第 10 层）上。

Harris 矩阵也可以在挖掘过程中定位发现的表面。在此案例中，第 2、3 层和 10 层之间的界面表面编号定义了第 1 层和第 4 层的关系。一个表面出现在第 10 层之下，第 1 层和第 4 层之上。为了防止混淆，图 6-22 说明了这些层，但它们并未反映在矩阵图中。

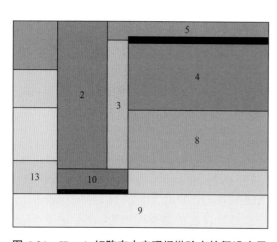

图 6-21　Harris 矩阵在火灾现场勘验中的假设应用

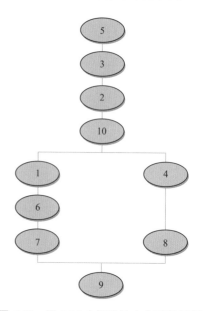

图 6-22　图 6-21 中假设的火灾现场示意图

这只是简化后常见案例，并没有关联到实际事件。没有这种形式的记录，调查的完整性可能会受到质疑。但是，在对火灾现场进行司法调查处理过程中，使用 Harris 矩阵方法有诸多优点。在考古类似领域，其方法的重要性，主要体现在以下几点。

- 保存发掘的时间顺序——该方法记录了这些事件发生的顺序和挖掘它们的相反顺序。
- 三维记录——以前的火灾现场挖掘技术对残骸区域进行网格划分，从表面到底部开展勘验。这种逐层勘验方法保留了具有逐层关系证据的三维表示。
- 经过时间验证的方法——该方法已被科学界接受并证明是可靠的。
- 保持过程的完整性——该方法通过记录逐层勘验过程，有助于保持火灾现场调查的完整性。该过程的拍照记录也可以防止出现问题。
- 可视记录——该方法可以提供图形化的记录，便于保存和比较。在火灾现场，多个调查人员运用此方法，可以保证在结构性材料、土壤、残骸和证据方面达成一致意见。
- 通用培训——无论火灾调查人员生活、工作在哪里，都有具有资质的考古学校和培训课程，使他们掌握 Harris 矩阵方法的使用和实施方法。

针对 Windows 和 Mac OSX 操作系统，研发了计算机软件帮助记录和构建 Harris 矩阵（图 6-23）。该程序被称为 Harris 矩阵创作者［Harris Matrix Composer（HMC，版本 2.0b）］，以 Harris Matrix 的形式构建和管理考古分层的表示形式（Harris，2016）。

研究人员正在不断探索 Harris 矩阵的复杂关系。图层理论科学也在不断探索这种方法的应用。

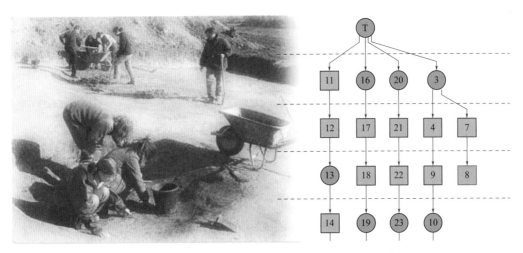

图 6-23 Harris 矩阵创作者［（Harris Matrix Composer（HMC，版本 2.0b）］，该程序以 Harris Matrix 的形式构建和管理考古分层的表示形式

资料来源：Vienna Institute for Archaeological Science, University of Vienna

6.3.4 筛选

灰烬中所有的痕迹似乎都是同样深浅的白色、灰色或黑色，并且很难与火灾残骸区分开。人工动手和目测勘验可能会忽略对完整重建至关重要的证据。湿法筛分残骸可以更好地检测细小的物品，例如玻璃碎片、弹丸、钥匙或珠宝，这些物品在干灰中可能不会被发现。骨头碎片暴露于火焰中，高温煅烧会使其分解。因此，调查人员应动手勘验被烧尸体手和脚周围的区域，并进行干法筛分。

如果同时使用 25mm、12.7mm 和 6.35mm（1in、0.5in 和 0.25in）三种网眼的筛子，那么筛分燃烧残骸（NFPA，2017，25.5.7.2）效率最高。如果要搜索微小的牙齿或骨头碎片，调查人员将使用带有纱窗的第四种规格的筛子。将碎屑放置在相应的筛子中搅动，或者使用花园浇水用软管或软管卷盘管线通过筛子冲洗碎屑。切勿用手拨动碎屑，这会粉碎牙齿和其他的骨头。

湿筛对于大部分的证据具有更好的筛选作用，因为水会洗掉灰烬，并使小的物体通过颜色或反射区分出来。如果调查人员肉眼观察到有证明作用的物体，则可以直接放入物证袋。无法轻易区分的物品应单独保存，并标明回收网筛，直到可以对其进行区分。

6.3.5　保存

火灾会导致材料变脆和易碎，因此妥善保存它们（NFPA，2014，4.2.1、4.2.2、4.2.3 和 4.4.1；NFPA，2017，17.3；ASTM，2011b）是物证留存的关键。对于铜线、电气绝缘层和组件尤其如此。在尝试移动火灾现场中的物体之前，先进行详尽的照相记录以便后面进行现场重建。

电线可以放置在 4 ～ 8in 长的 1in×4 in 的木材上，并用扎带或包裹纸固定，在其末端编号，距离参考点的距离标注在木材上。易碎的电线或组件可用保鲜膜保护。较小长度的电线或设备的电线可以绑扎到一块瓦楞纸板上。彩色或者带编号的胶带可用于电线末端，以显示它们所连接的电路。

将现场划分为网格以进行勘验时，可以使用带编号的防水布（塑料）收集从每个网格中回收的材料。如果没有将火灾现场按网格划分，则可以为现场中的每个空间或每个扇区使用单独的防水布。大型塑料防水布可以用防水胶带标出，以对房间进行全面复制。该技术已被用于固定家具和其他证据的位置，甚至用于法庭展示（Rich，2007）。

6.3.6　印痕证据

印痕证据是从一个表面转移到另一个表面的图案或轮廓信息的总称。指纹和鞋印是印痕证据的常见形式（NFPA，2017，17.5.3 和 27.7.4）。

摄影是记录大多数印痕的主要手段，但必须注意避免图像畸变。应尽可能提取印痕的载体并将其交给实验室。印痕载体始终比照片或铸模更有参考价值。但如果印痕载体不可移动，则必须使用带刻度的照片或通过黏合剂或静电提升器对其进行铸模或提取。

还应收集带有工具作用痕迹的物品，并将其单独包装在纸包装中以保护其表面。类似的收集准则也适用于可疑工具，应分别包装每个工具，以防止在移交给实验室的过程中发生移位或损坏。提取工具单独包装，并在工具的端部衬垫折叠好的纸，以减少损坏和附着在表面上的印痕证据，并防止生锈。

转印是指较硬的材料在接触较软的材料时留下印记。例如，鞋子可能在窗外的软黏土上留下印记。当转移介质保留与其接触的轮廓表面的二维形状时，印痕也会发生转移。脏鞋能在干净的表面上留下可识别的印记，而洁净的鞋子同样可以因带走脏污表面上的灰尘而留下相同的信息。

由美国法医牙医学委员会（ABFO）设计的 ABFO L 型 2 号刻度尺，尺寸为 10cm×10cm，已成为通过摄影记录指纹、伤口、血溅和类似小证据的标准刻度尺。三个圆圈可用于补偿由倾斜相机角度拍摄照片而导致的失真。

图 6-24　刑事照相比例尺的示例：将鞋子的印痕一侧放置，把痕迹或轮廓信息从一个表面转移到另一个表面
资料来源：Safariland, Courtesy of Forensics Source™ by Permission

如图 6-24 所示，较大的比例尺非常适合用于鞋印的拍摄，因为它有助于防止图像变形（LeMay, 2002）。"Bureau Scale" 最初是按照 FBI 的规格制成的，15cm×3cm 的 L 形刻度尺。黑白带交替显示，为方便观看，带圆圈的十字准线有助于检查和校正照片中的透视失真。

（1）指纹

手指接触干净的玻璃或金属之类的清洁表面后，皮肤表面上几乎看不见的油脂和汗液发生转移，可在清洁表面上留下摩擦凸出轮廓的复制品。这种图案通常被称为潜在图案，因为它们不容易被肉眼看到，并且需要某种形式的物理、化学或光学处理才能使其可见和可记录（可与"油墨"记录打印机相媲美）。

皮肤也可能被血液、食物、油脂或油漆污染，留下可见或有特征的印痕。即使皮肤柔韧，与大多数材料接触时会变形，但它仍会使柔软的材料，例如奶酪、巧克力、溶剂、热软化的塑料、涂料以及窗户腻子变形，并留下体现凸出轮廓的三维或模制的"塑料"印痕。这一特点也适用于其他可变形材料，例如橡胶鞋底、手套、轮胎或布料。以上每种材料都可能会通过转移某些中间介质甚至自身材料而使较软的材料变形或在较硬的材料上留下痕迹。

手指、手掌和脚部的凸出轮廓印痕特征可以在火灾中保留下来。如今，可以使用多种化学、物理和光学技术来增强指纹（潜在的和显现的），从而可以从有纹理或受污染的表面上恢复印痕。加热会导致皮肤油脂中的成分变暗甚至与下面的表面发生反应，从而使油脂向显现性转变（DeHaan 和 Icove, 2012; Lennard, 2007; Deans, 2006）。

如果暴露在火灾中的基材没有发生熔化或严重烧焦，那么提取和转移指纹的机会很大，但是必须小心处理，确保最小程度的破坏。必须将材料用专用容器或设备盛装，小心地（最好是用手）运送到实验室，尽量减少与潜在指纹载体表面接触。

冷凝作用、消防水流或因暴露在环境中造成的水污染意味着不可能在纸或纸板上提取到指纹（因为茚三酮检测的氨基酸是水溶性的）。物理显影剂（与不溶于水的脂肪成分反应）的出现，使提取湿纸或纸板上的指纹成为可能。即使在潮湿的情况下，小颗粒试剂（SPR）也可以在金属、玻璃和玻璃纤维等无孔表面上进行指纹提取。刑事光源（多波段、高强度）以及各种化学药品和粉末使从有纹理或受污染的表面上恢复指纹成为可能。杰克·迪恩斯（Jack Deans）等指纹专家证明暴露于火灾中的各种物体表面上形成的潜影可以用现代光学、化学和物理方法显现（Deans, 2006; Bleay、Bradshaw 和 Moore, 2006;

DeHaan 和 Icove, 2012，第 14 章）。

通常可以用流水将光滑的金属或玻璃表面上的烟灰洗掉，然后留下由烟灰碳化物形成的印痕，然后拍照或提取。马来西亚最近的一项研究评估了火场中玻璃烟灰去除技术的有效性，同时不影响证据（玻璃）上的指纹（Ahmad 等，2011）。

氨基黑或三（对二甲氨基苯基）甲烷（LCV）喷剂可与血液发生化学反应，形成深蓝紫色物质，强化潜血指纹的显现。LCV 溶液可用于冲洗掉物体表面上的烟灰。在一个火灾案例中，一座房子被两次放火，LCV 溶液将烟灰冲洗掉后，显示出了墙上留下的飞溅血迹，揭示了一居民在两年前被重器击打致死的事实（随后将此次火灾定性为疑似贩毒团伙的活动）。

烧焦或烧毁的纸质文件对火灾现场勘验十分重要，尤其是在涉及商业记录和重要文件时。易碎的文件烧蚀残骸应放在坚固容器里柔软的棉布上，送到实验室进行检验。如果要对纸张进行识别或比较，则不应对其进行任何上漆或涂层处理。

尽管急救人员的脚印、车辆的轮胎、水或结构的变化通常会破坏现场的可疑鞋印，但如果是留在被火或热破坏的表面上的鞋印，则鞋印可保留下来。火灾实际上可以增强那些强行踢门而留在门后的鞋印。在图 6-25 所示的案例中，尘土鞋印由于受热作用而变亮，并且其周围的木头已被烧焦，从而增加了对比度和可识别性。

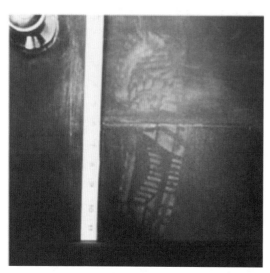

图 6-25 被强行踢踹进入的门上留下的鞋印可能会由于火灾的作用而愈加明显。在这种情况下，尘土鞋印会因受热而变亮，周围的木头会被烧焦，从而增加痕迹的对比度和可识别性

资料来源：Joe Konefal, Shingle Springs, California

（2）鞋印

鞋印和指纹一样，可以将一个或多个人与火场关联起来。鞋印可以提供有关某人进入、离开房间、建筑物的位置，他 / 她去哪儿以及先后顺序。鞋子可能会在纸或纸板上留下潜在的印痕（即使暴露于水后也可通过物理显影、化学处理后进行检测和保存），或者在土壤、灰尘或血液中留下明显的印痕。

6.3.7 在衣服和鞋子上发现的痕量证据

诸如土壤、玻璃、油漆碎片、金属碎片、化学药品以及头发和纤维之类的痕量证据（NFPA, 2017, 17.5.3 和 25.5.7.3）可能黏附在犯罪嫌疑人的鞋子或衣服上。液体也可能会渗入衣服或留在鞋子的底部。玻璃、石膏板、锯末和金属屑会嵌入鞋中，可以提供（人）与火灾现场有联系的信息（一旦发现了比对样品）。鞋和衣服还可以附着放火时使用的易燃液体或化学助燃剂的残留物。

新西兰一项研究表明，必须迅速分析放火犯罪嫌疑人的衣服和鞋子上是否存在可燃液体。研究发现将汽油泼洒到房间的过程中，泼洒人的衣服、鞋上可以检测出汽油。这项研究还研究了泼洒高度和地板表面的影响。研究结果表明，汽油总是会转移到鞋子上，并且经常转移到上衣和下装上，但必须迅速提取样品并妥善包装（Coulson 和 Morgan-Smith，2000；Coulson 等，2008）。使用活性炭条提取方法进行测试后发现，10mL 汽油在持续穿着的衣服上比在 20 ～ 25℃（68 ～ 77 ℉）条件下放置在实验室长凳上的同样的衣服上挥发得快，衣服穿在身上仅仅 4h 后就几乎检测不到汽油了（Coulson 等，2008）。暴露在放火现场的衣服必须尽快回收并妥善包装。

黏合鞋（特别是运动鞋）用的胶水中的溶剂会干扰可燃液体残留物的鉴别，因为它们会产生假阳性（已知某些制造商使用汽油作为胶水的替代溶剂）。为防止鞋子之间以及鞋子和其他物证之间相互交叉污染，把鞋子单独保存在气密性的容器中至关重要（Lentini、Dolan 和 Cherry，2000）。由于鞋子中与汽油相类似的成分和其他易燃液体的存在无法预测，因此许多法医实验室一般不会把它们选作检材。

一项澳大利亚研究对在车辆内驾驶员或乘客的鞋子上发现自燃残留的汽油残留物的可能性进行了跟踪测试。结果表明，在 24h 后仍然可以检测到少量汽油（500μL），但是在鞋子放置一周后，汽油的挥发使得对其残留物的鉴定成为了难题。研究人员得出的结论是，如果能在地毯上发现刚刚倾倒或有少量蒸发的汽油，对于汽油的鉴定而言将是至关重要的（Cavanagh-Steer 等，2005）。

同一位澳大利亚研究人员进行的另一项研究发现，由于汽车地毯可能是由石油原料制成的，因此在加热后可能会分解，并产生挥发性有机化合物，这些化合物在检验鉴定是否存在汽油时会产生背景干扰。但是，研究人员发现，这些成分产生的色谱图谱与汽油产生的色谱图谱有区别。两项研究都强调需要获得参考样品以消除背景干扰（Cavanagh、Pasquier 和 Lennard，2002）。

在现场实验中，Armstrong 等（2004 年）在指定地点倒入一定量的汽油，然后，受试者进入泼洒位置，并走过一定长度的测试区域。研究发现距离地毯上汽油倾倒点的位置不超过两步的地方，就可以在被污染鞋子上检测出汽油。

处理衣物的通用司法鉴定指南规定，应直接在衣物的腰带、口袋和衣领上标记调查人员的姓名缩写和调查日期。如果要保留血液或痕量证据，则必须将每个物品用干净的纸包裹，再将这些物品分别包装在干净的纸袋中。如果它们是潮湿的（存在水或血液），则在包装它们之前必须让其风干。而且只能由戴着透明亚硝酸盐涂层或乳胶手套的人员来处理衣物，以防止 DNA 转移交叉污染。

如果怀疑存在可燃的液体残留物，则必须将衣服分别密封在不透气的罐或密封的尼龙袋、AMPAC 火场残留物袋中。用于包装火灾残留物的 AMPAC 袋可用于多种收集证据的场景，于 2010 年 7 月重回美国市场，目前正在评估中。初步测试表明，热封的 AMPAC 火场残留物袋甚至可用以保存轻质碳氢化合物，并且不易引入外来的微量挥发物（AAFS，2011）。经过适当的热密封后，这些气密且防刺穿的聚酯袋是包装和存储化学品、受控物质和相关用具的理想选择，同时还能防止交叉污染并保护个人免受危险物质的侵害（请参阅 www.ampaconline.com）。

在对玻璃进行勘验时，研究人员应收集尽可能多的玻璃碎片，并将其放在纸袋、收纳盒或信封中，以便之后进行物理重建或重新拼装。研究人员应当对碎片进行包装，以使碎片在容器中的移动最小。油漆碎片，尤其是那些至少 1.5cm² (0.5in²) 大的油漆碎片，应放在收纳盒、纸信封、玻璃纸袋或塑料袋中，并仔细密封。较小的玻璃或油漆碎片应放在折叠的纸包中，然后密封在纸信封中。必须将所有痕量证据与任何对照或比对样品分开保存，以避免交叉污染。

痕量证据包括毛发和纤维。从各个区域收集到的散发和纤维束应分别包装在收纳盒、纸信封、玻璃纸袋或塑料袋中。包装的外部应密封并贴标签。建筑物中的宠物毛发也可能转移附着在人身上，因此建议提取比对样品。来自受害者或嫌疑人的比对样品可能显示出直接或间接的关系。

6.3.8　含有可疑挥发物的其他物品

含有可燃液体的物品应密封在干净的金属罐、玻璃罐或专门存放燃烧残留物的聚合物（AMPAC FireDebris 或尼龙）塑料袋中。不应使用普通的聚乙烯塑料袋或纸袋，因为此类物品袋多孔，会使液体挥发或发生交叉污染，并且其本身可能包含挥发性化学物质，这些化学物质可能会污染证据，在进行实验室分析时会导致假阳性或假阴性结果。盛装时应不超过容器容积的四分之三，并使用干净工具，以防止污染。收集燃烧残留物时，应戴上干净的一次性塑料、异戊二烯或乳胶手套，然后每次取样使用后应丢弃。

调查人员应设法从现场收集并保存未污染的易燃和可燃液体的比对样品。疑似液体的样品（最高可达 1lb）应密封在聚四氟乙烯密封的玻璃瓶或装有电木塞或金属盖（最好带有聚四氟乙烯密封垫）的广口瓶或金属罐中。如果比对样品未使用原始容器送检，那么应详细标记其来源。比对样品必须与现场样品分开存放和运输，以免受到污染。

根据 ASTM E1459（ASTM, 2013d）标准，提取人员应在每个容器上贴上标签，需要简要说明样品种类和所提取样品的提取位置，同时告知提取人在提取过程中不要使用带有橡胶密封垫的广口瓶或橡胶塞，因为汽油、油漆稀释剂和其他挥发性液体会溶解密封垫而污染样品。在密封容器之前，应注意有无任何异味或在碳氢化合物检测器上出现的读数。塑料瓶不适合存放燃烧残留物、液体和比对样品。从混凝土地板上收集液体的方法包括使用吸收剂，如面粉、清洗剂、碳酸钙或"猫砂"（Tontarski, 1985; Mann 和 Putaansuu, 2006; Nowlan 等, 2007）。研究人员应将吸收剂及现场样品一起提取至实验室进行分析（Stauffer. Dolan 和 Newman, 2008, 170）。

含有花园土壤的样品应尽快冷冻，最大程度减少微生物作用下碳氢化合物的降解，并以冷冻状态直接送到实验室。所有其他样品应尽可能保持低温，并尽快送交实验室。详细内容参见《柯克火灾调查》（第 7 版）（DeHaan 和 Icove, 2012）。

6.3.9　紫外线检测石油助燃剂

自 1950 年以来，人们一直在使用紫外线（UV）荧光，用其发现火场上某些烃类液体的沉积物。然而，简单的荧光观察（观察某些材料暴露于紫外线时发出的可见光）并不可靠。许多材料会自然发出荧光，并且热解时会产生大量复杂的芳香烃，这些热解化合物会发出荧光，模糊并干扰"外来"助燃剂发出的任何荧光。还有一些易燃液体根本不产生荧光。

据报道，一项创新有望在紫外线使用方面取得成功，但它涉及两种电子操作。一种是如果紫外线光源被快速脉冲化，并且电子检测器被门控，在预设的延迟后仅观察目标，那么大多数热解产物的衰减时间可以与石油产品的衰减时间区分开。另一种方法是使用图像增强型电感耦合器件（CCD）检测器来观察肉眼看不到的波长和强度下的发射（荧光）。时间分辨荧光系统脉冲激光为可燃液体残留物的紫外线检测提供了一个很好的未来（Saitoh 和 Takeuchi, 2006）。

6.3.10 数码显微镜

许多调查人员将眼罩放大镜或亚麻测试仪放大镜带到火灾现场，以便勘验现场细小物证，但是拍摄这些图像，需要连接界面来采集相关数据（由于挥发、处置或存储的原因，物证可能随着时间发生变化，所以采集数据至关重要）。现在有一款手持式数码显微镜（MiScope），它有内置的LED光源、精密的光学元件和数码摄影机（Zarbeco, 2012），可以放大 40 ～ 140 倍（视场 6mm×8mm ～ 1.5mm×2mm），并且图像可以通过 USB 端口直接发送到笔记本电脑，对静止、运动和其他延迟图像进行检查、拍摄和标记。它的价格不到 300 美元。高分辨率型号价格也不到 700 美元（MiScope MP 可提供 12 ～ 140 倍的放大倍率，分辨率为 2.3μm）（见图 6-26）。

图 6-26　手持式数码显微镜（放大倍数 40 ～ 140）具有内置的 LED 光源。可以在笔记本电脑上查看图像，可以拍摄运动和静止图像
资料来源：Zarbeco LLC

6.3.11 便携式 X 射线透视系统

在刑事科学技术实验室和工程实验室，实验室用 X 射线透视系统已使用多年，如 2012 款的 Faxitron 系统，主要对提取后的所有证据进行分析。这些设备类似于医用 X 射线透视仪，通过调节电压和曝光时间，满足各种材料拍摄需求。

排爆队在多年前已开始使用便携式 X 射线透视系统，在原地对可疑设备进行分析，但随着对证据的保护越来越重视，现场 X 射线透视勘验系统对火灾调查人员越来越有用。此系统是由电池供电的，其重量不到 2.5kg（5lb）。Golden Engineering（Golden, 2012）的 XR150 系统使用持续时间很短（50ns）但电压很高（150kV）的 X 射线电脉冲（见图 6-27 和图 6-28）。根据材料类型和厚度，通过持续照射的方式采集图像［对于信封来说，需要 1 ～ 2 个脉冲，对于厚度达到 1cm（0.4in）的钢板来说，则需要 100 个脉冲］。图像出现在"绿屏"荧光屏上，或出现在"实时"数字图像系统，或记录在 20cm×25cm（8in×10in）的拍立得胶片上。在电气装置、仪器设备和机械系统破坏前或移出现场前，经过训练取得资质的调查人员可以借助此设备，对其内部情况进行勘验分析（从而降低证据破坏或丢失的风险）。目前此类系统的价格在 5000 美元以下。

图 6-27 使用 150 kV X 射线源，用于现场拍摄电气装置和仪器设备的便携式 X 射线透视仪
资料来源：Golden Engineering Inc

(a) 可以在胶片、荧光屏或数字设备上拍摄的图像

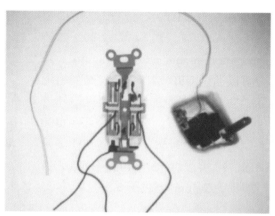

(b) 左图是家用插座，右图是电源插头

图 6-28 X 射线透视仪拍摄的图像
资料来源：Golden Engineering Inc

6.3.12 便携式 X 射线荧光分析仪

在实验室中长期使用的，具有一定实用价值的 X 射线荧光元素分析仪（NFPA, 2017, 17.10.2.5）现在已可以作为便携设备使用，大小类似于电钻。它使用低能量 X 射线（10 ～ 40kV）光束，将其聚焦于附近物体表面，数秒扫描后即可识别除最轻元素以外的所有元素。它有助于探测和识别放火燃烧弹、低爆炸物、溴基阻燃剂、化学药品、涂料以及所有类型的固体碎片（Innovxsys, 2012）。

Thermo Fisher Scientific（2012）还生产了用于元素分析的手持式 X 射线荧光仪。将被测试的物体或表面与其 Niton XL 设备的窗口接触。触发一个 2W 的 X 射线管，元素光谱就会显示在内置屏幕上，或（通过 USB 连接或集成的蓝牙通信）直接传输到电脑或其他存储设备上。标准系统可以识别从氯到铀所有元素。检测器的氦气清除装置可以将灵敏度扩展到镁元素，这对于表征放火燃烧弹和无机爆炸性物质残留是非常有用的。Niton 系统还可以进行全域分析和 3mm 小范围分析。同时，内置光学数码相机可以记录所分析的样品。

6.3.13 红外视频热成像仪

在 FLIR Systems 公司（FLIR, 2012）旗下 Inframetrics 公司引领下，十多年前，伪彩色红外视频记录技术已开始在工业和军事领域应用，用于远程快速检测高压线路绝缘子泄漏电流发热，检测变压器过热，检测化学品输送管道和储罐泄漏，测量飞机或车辆表面的工作温度。

红外视频热成像技术应用于火灾研究领域，可以远程、准确地测量可燃物表面、热烟气聚集情况以及火灾作用下墙、窗户或其他建筑构件外表面温度。

在 1991 年，Helmut Brosz 使用最早期的版本，监测室内火灾发展。尽管 DeHaan（1995,1999）使用 Inframetrics 设备测量了挥发性可燃物抛洒在地毯，其挥发时地毯的表面温度，但在火灾研究论文著作中，有关此方面的研究文献非常少。对于静态图像来说，表面区域温度相差仅 0.25℃，红外视频成像就可以识别区分。已经证明其可用于拍摄瞬态事件，例如发生轰燃后火灾中高温火焰的混沌运动（DeHaan, 2001）。

近年来，随着低成本计算机组件的功能大大增强，必需设备的高昂成本已大大降低。希望在未来，有更多的研究人员使用这项技术，研究测量无法用传统热电偶设备准确测得的物质表面温度。如今，FLIR Systems 公司（FLIR, 2012）已制造出多款设备型号。

6.3.14 磁共振成像（MRI）和计算机断层扫描（CT）成像

磁共振成像（MRI）和计算机断层扫描成像（CT 或多位 X 射线成像）的发展非常迅速。MRI 和多层 CT 已经可以查看是否发生骨折，重建撞击伤口，还可以检测严重烧焦尸体内是否存在外部植入物（Thali 等, 2003）。

这些技术被建议用于检测火灾现场熔化或烧焦的物品，特别是对袋装的液体或不透光内含物进行无损检测。尽管价格昂贵，但是这些技术可以提供 X 射线无法提供的信息。

6.3.15 DNA 复原

思克莱德大学法医科学中心的最新工作表明，现有的 STR（短串联重复序列）方法可用于分析脱氧核糖核酸（DNA），因此可以利用此方法在装满汽油的燃烧瓶（汽油弹）的瓶颈部位识别唾液 DNA。如果燃烧弹使用的灭菌瓶或是随机选择的饮用过的瓶子，其外部残留有 50μL 唾液，那么即使这个瓶子灌入了汽油并插入了油绳，研究人员也可以找到可识别的 DNA。燃烧弹抛出且爆炸燃烧之后，大约 50% 可在瓶颈处发现可识别的 DNA（4～7 个基因位点），另外 25% 可在瓶颈处识别出完整的 DNA 图谱（Mann、NicDaéid 和 Linacre, 2003）。

有时，犯罪嫌疑人会放火来掩盖或销毁可能存在的杀人证据，并清除溅在表面的血迹，以防后期提取用于 DNA 分析。ATF 火灾研究实验室研究结果表明，这类火灾现场也可以提取 DNA，即使血液飞溅或血污已经受高温作用的情况下，也同样可以提取 DNA（Tontarski 等, 2009）。

ATF 实验室在多房间火灾模拟试验中发现，建筑物和家具上的血迹图痕清晰可见，除非表面上的血液被完全烧失。在大多数情况下，温度在 800℃（1500 ℉）以下，DNA 复原工作都不会受到影响。在 800℃条件下，未能获得 DNA 图谱。

ATF 实验室提醒，如果在 DNA 检测之前对血液进行推测性化学检测，可能无法获得有用的结果。ATF 实验室建议使用擦拭或切割 / 刮擦的方法提取血液，这种情况下 DNA 复原效果最好。

6.4
照相

即使是看似最不重要的火灾现场细节，火灾调查人员也应该仔细拍照并绘图记录。NFPA 921 指出，火灾调查人员在勘验火灾现场时，无论是用照片还是视频，都能有效地记录看到的所有事物。照相能够用于证实证人证言、文件报告，制作法庭陈述的演示文件，并保证逐层勘验过程中残留物的完整性（NFPA，2014，4.3.2）。比起最初勘验，利用勘验照片或视频分析复杂火灾痕迹等关键性证据时，作用更显著（NFPA，2017，16.2.1）。

其他相关标准中提到了在记录火场时应如何进行照相。ASTM E1020 中 5.1.2 条（ASTM，2013c）规定，调查人员拍摄的照片必须能够"准确、公正地识别和描述事故所涉及的场景、物品或系统，以及事故发生后的状况"。ASTM E1020 还对照相提出了其他要求，即"应从多个方向拍摄照片，现场照片应该能够系统反映整体方位、现场概貌、局部特征和细节特写等情况"。

照相，尤其是数字照相，是一种成本很低的火灾现场记录方法。进行初步现场调查的实际平均直接成本，会随一些衡量基准评估不同而有所不同，但照相可能是成本最低的一项（Icove、Wherry 和 Schroeder，1998）。现在的数码相机（后面将详细讨论），10 GB 的照片影像可以存储为一张 4.5MB 的 JPEG 格式的图片。因此，一张 1 GB 的数字存储卡可容纳约 200 张图像。相机的数字存储卡零售价约为 1 美元 /GB，也就是说，每张照片的成本仅为 0.005 美元（0.5 美分）。

NFPA 1033（NFPA，2014，4.3.2）要求火灾调查员具备火灾现场照相记录方面的知识。火灾调查员通常不需要具备专业摄影师资格，但他们必须能够熟悉和最大限度地利用他们的照相设备（Berrin，1977）。因此，下列项目应是火灾刑事案件现场照相所必备的。

6.4.1　文档和储存

"现场照相记录"表格用于记录在火灾现场拍摄的每张照片或每个视频的具体描述、画面和单独的存储媒体编号（例如，数字存储卡、CD-ROM 或 DVD 的序列号），如图 6-7 所示。这个表格是在拍摄照片时填写。后期绘制火灾现场图时，可以使用图片和存储介质编号信息，或单独拍照记录，来标示拍摄位置和方向。文档应有一个简短的标题，便于单独的调查人员正确判断有关物体和照片的拍摄位置。每个存储介质编号都应该单独记录。

"备注"部分可以记录存储照片或视频的介质配置。

火灾现场图中应包含照片或视频编号信息，并将其用圆圈标出，以显示照片的拍摄位置和视角。NFPA 921 中，图 16.4.2（d）显示了这个方法，这个方法对调查后期评估分析目击证人和火灾调查员的观察结果非常有用（NFPA, 2017, 16.4.2）。

在调查阶段，应使用图 6-7 所示的照片日志或类似的照片日志，来完成描述性的照相索引。调查报告中应包括照片索引或日志，并附有说明。

6.4.2　胶卷相机及其格式

传统上，火灾调查员最常用的相机是 35mm 单镜头反光式取景照相机（单反相机），其带有焦面或镜间快门系统（Berrin, 1977）。单反相机价格昂贵，但可以进行特写拍照和专业场景拍照，并且失真度很小。取景器相机价格低廉，但是存在视差错误，并且缺少很多有用的照相功能。

随着电子快门系统的引入，35mm 胶卷相机和数码相机都成为了火灾调查照相的推荐标准装备（NFPA, 2017, 16.2.3; Peige 和 Williams, 1977）。产品之间竞争激烈，很多可选用的相机单价都低于 100 美元。

许多多功能胶卷相机经过升级，安装了数码相机背板，从而可以拍摄高分辨率的数码照片。这种数码相机背板的两个供应商分别是 Phase One（2012）和 Mamiya Leaf（2012）。

在确定选用胶卷相机还是便宜一些的数码相机时，经济因素起到了关键作用。如果选择使用胶卷相机拍摄火灾现场，尤其是作为备用相机，那么标准的 35mm 彩色胶卷相机几乎是唯一选择，而不是选择黑白胶卷相机。黑白照片无法记录火灾现场重要的火灾色彩和燃烧痕迹，所以这种黑白照片几乎不被选用（Kodak, 1968）。

照片胶卷需要冲印，且价格昂贵。有些调查人员可能会选择使用美国国家标准协会（ASA）评级在 100～500 的彩色照片，以保证分辨率。在一些加工处理实验室，客户可以在前期选择打印照片、底片或通过 CD-ROM 传送的扫描照片。

6.4.3　数码相机

每年都有更新款、分辨率更高的数码相机上市。照片质量分辨率通常以百万像素为单位。目前数码相机可接受的最低分辨率在 1000 万像素以上，比标准胶卷相机的分辨率要低。像素越高，照片质量越好。许多相机可在闪存卡或类似的可下载介质上捕获 600 万像素的照片。

通过计算机技术的发展，成本较低的数码相机性能也有了显著提高。现在的数码相机照片像素达到 15MB 或更大，一般闪存容量也会超过 5GB。数码相机也配有单反镜头和快门组件，所以传统的照相设备仍然可以使用。

数码相机最有用的一个改进，是将麦克风和录音芯片集成到相机中。拍摄照片时，摄影者可以讲述照片情况（最长 20s），然后将录音下载到芯片，旁白可以转换打印为照片日志。这样，拍照时不需要设置相机，就可以为每张照片创建日志记录（或是查看照片后，尝试重新创建照片日志）。

尼康 D100、索尼 727 和 828，以及奥林巴斯的一些数码相机都有这些功能。对于喜欢使用胶卷相机的人，可以从 Radio Shack 等零售商那里以低成本购买小型声控数字录音机。这个设备只有半包香烟大小，但是其芯片可以记录长达 1h 的录音，而且不需要使用易碎的磁带盒。

在调查过程中进行拍照记录，如果数码相机使用不当，出于证据方面的考虑，可能会降低案件侦破的成功率。建议调查人员应当遵守数码照片存储方面的相关标准协议。一些机构将照片存储在原始介质（CD 或闪存卡）上，还有一些机构将原始照片存储在磁盘驱动器中，所有存储介质或数码照片处理软件都可以进行复制。

与所有照片一样，火灾现场照片必须满足法庭鉴定的要求：所使用的所有照片都必须"真实、准确地表示"，并"与证词有关"，尤其是注意要根据《联邦证据规则》第 403 条（Lipson, 2000）进行拍照。要保证数码照片具有长期有效性，唯一方法就是对数码照片进行系统的处理和审核（NFPA, 2017, 16.2.3.4）。

计算机的错误操作，以及系统突然崩溃，都可能会导致数码照片永久丢失，因此必须采取一定的预防措施。将高分辨率的照片永久存储在某些介质或闪存卡上通常不切实际，且成本很高，必须把这些照片复制到其他介质上。应制作两份原始电子／磁性介质的照片副本并存档，这与音频或视频记录的存储方式是一样的，第三份副本一般是作为工作副本。数码照片不应进行压缩，否则会丢失细节或降低清晰度。副本也应存储在外部硬盘驱动器上，并存放在其他地方。更换操作系统、程序和文件格式，可能会使某些文件不可读。有些调查员在记录关键场景时会使用两个相机，并重复拍摄照片，以确保即使在火灾发生数年之后，这些照片也始终可用。

由于可以很容易地对照片进行处理使其变亮、变暗或增强特征，并且数码照片易于转存到印刷文档中，因此数码相机及数码照片在制作火灾现场初期照片卷或最终调查报告时非常有用。如前所述，数码照片还有助于制作火灾现场的全景影像。但是，压缩文件及其他操作可能会降低照片质量，从而使得人们对照片内容的真实性产生怀疑。

在存储数码照片时，可以对其进行编码或加水印，以表明它们是未经更改的原始照片。数码照片拍摄简便，成本低廉，这使得一些调查员在现场会拍摄大量照片，远远超出实际需要或合理的数量。调查员在拍摄照片之前，应考虑这些照片能够提供什么信息。

6.4.4　数码照片的处理

计算机图像处理软件操作简单，可以通过一系列静态照片创建全景照片，除此之外，现有的数码扫描相机也可以实现这些功能。借助这些技术合成的全景照片，对调查人员很有帮助，尤其是向当事人介绍案情，以及进行法庭陈述时。

有多个用于制作建筑结构内部和外部的拼接全景图的软件包可以购买和免费使用（免费软件）。这类软件还可以用于拍摄大型户外区域，特别是野外火灾。在此过程中，使用标准焦距镜头（35 ～ 55mm）从同一位置和视角拍摄一系列边缘重叠的照片，利用软件可轻松将照片拼接在一起。如果使用水平旋转三脚架，旋转拍摄 15 ～ 20 张照片，可以使拼接失真影响最小化。

Adobe Photoshop 是一个商业软件，有一个叫作 Photomerge 的功能，该功能可以快速轻松地将多个边缘重叠的照片拼接合成为一个全景照片（Adobe, 2011）。

Roxio Creator 软件中有 Roxio 全景助手程序，该软件根据一系列照片（扫描或数码照片）特征，生成单幅全景照片（Roxio, 2012）。在利用软件进行合成之前，必须对照片进行剪裁，使得所有照片尺寸完全相同，并且还需要对其进行手动重叠。该系统仅生成端到端全景照片。

PTGui 是更先进的全景合成软件，这是一款针对 Windows 和 Mac OSX 操作系统开发的全景拼接软件。PTGui（2012）基于 Bernhard Vogl 开发的全景工具（PT）程序，能够实现从任意数量的源图像中合成球面、圆柱面或平面的交互式全景图。图 6-15 举例说明了大型工业火灾现场的 PTGui 150°全景图。该软件支持 JPEG、TIFF、PNG 和 BMP 源图像。利用电脑鼠标可以校正角度，实时移动图像来改变偏航、滚动和倾斜。

举个典型的应用实例，调查员使用 35mm 手动相机对大型复杂火灾现场进行拍摄，共拍摄 16 张照片，并对其进行扫描，存储为单独文件，然后在 PTGui 软件中打开，选择 360°单行全景编辑器完成操作。PTGui 的最新版本是 10.0.15，可以下载完整的试用版。

惠普（HP）数码相机也可以拍摄全景照片，并能实时合成（Deng 和 Zhang, 2012）。HP 数码相机内置"全景照片预览"和"全景照片拼接"功能。利用"全景照片预览"功能，可以将照片下载到计算机并进行照片拼接，最多能够将五张照片合成为一张无缝全景照片。使用"全景照片拼接"功能，无需将单张照片下载到计算机，可以直接在相机内将最多五张照片合成在一起，生成一张无缝全景照片。

iPIX（2012）系统也是一种数码全景或三维影像技术。其 180°鱼眼镜头和三脚架固定架与很多胶卷相机或 35mm 数码相机是兼容的。使用时，将相机安装在三脚架上，拍摄照片，然后旋转相机从相反的方向拍摄第二张照片。当直接观看用鱼眼镜头拍摄的照片时，图像会产生严重畸变，但是将照片导入 iPIX 软件中，可以纠正畸变，并将两张照片无缝拼接在一起，生成真实的、便于浏览的数码照片。利用 iPIX 软件，可以对整个房间周围的火灾痕迹或爆炸损伤进行交互式勘验或图解说明。三维成像过程要求在现场配备专用设备。这项技术已成功应用于很多的美国警察部门。

加利福尼亚州凡奈斯市的 Panoscan 公司开发了一种扫描式数码相机，该相机可以在 8s 内以高分辨率和大动态范围完成对房间的 360°扫描。扫描得到的照片可以很便捷地以平面全景图或虚拟现实影像的形式，在 QuickTime VR、Flash Panoramas、Immervision JAVA 及其他成像软件上查看。Panoscan 针对 Windows 和 Mac OSX 操作系统，还开发了一种"拍摄测量"功能，使用专用软件（PanoMatrix）在不同高度进行两次扫描拍摄，就可以对室内或室外的任何场景进行精确测量，并且该系统携带方便。

QuickTime VR（也称 QuickTime 虚拟现实，或 QTVR）是一种用在苹果设备播放器 QuickTime Player 上的图像格式。QTVR 可以创建和查看全景照片。安装软件插件后，可以与独立的 QuickTime Player 和 Web 浏览器一起使用（QuickTime, 2012）。图像数据存储格式为 DXF，在 AutoCAD、Maya 和其他 CAD 程序中均可使用。该软件也具有测量功能（在 25ft 半径范围内可精确到几分之一英寸），或是可以随时将测量结果添加到文档中。有些先进的数码照相系统能够提供用户交互式浏览场景，甚至可以连接相邻房间的视图。全景 360°拟真图像可从任何方向查看地板、天花板和墙壁。可以将所有图像连接在一起，或连接到传统照片和效果图，也可与其他音频或文件类型进行连接。

全景照片可用于制作视点照片。这类照片可以记录证人从特定位置可能看到或没有看到的事物。普通相机镜头无法轻易地展示正常人眼的视角范围，因此全景照片有时是展示目击证人可能看到的事物的唯一方法。

Crime Scene Virtual Tour（CSVT, 2012）3.0 版使用 Java 虚拟机（Sun Java）软件，能够生成完整的虚拟扫描图像，其中包含楼层平面图、特写静态照片和调查记录。使用 CSVT 的用户仿佛置身于真实场景中，可以从任意角度获取重要事物的精确测量值，可以测量任意两点的距离并生成文档。

GigaPan 系统（2012）是 NASA 技术的衍生产品，利用该技术可以拍摄数千张数码照片，并将其合成为一张高分辨率图像。通过该系统，用户可以共享和检索 10 亿个像素点的全景图。10 亿个像素点全景图是由 10 亿个像素点（1000 兆个像素点）组成的数码照片，是 600 万个像素点数码相机拍摄的照片信息的 150 倍以上。GigaPan 技术是卡内基梅隆大学与 NASA 艾姆斯智能机器人小组合作开发的，并得到了谷歌的支持。GigaPan 还销售用于普通相机的自动步进式平移云台，利用该云台能够轻松拍摄数百万像素的全景图，并且可以与 GigaPan Stitch 软件结合使用。

6.4.5 高动态范围图像

高动态范围图像（HDR）摄影能够增强数码相机拍摄照片的最亮和最暗区域范围，在很暗或阴影的区域也能够显示照片细节。HDR 已被推荐应用于火灾现场照相中（Kimball, 2012; Howard, 2010）。

HDR 摄影是指用不同快门速度或光圈拍摄同一场景的照片三张或三张以上，然后通过处理算法将它们合成为一张照片。最终合成的照片能够显示阴影和高光区域的细节。包括 Adobe Photoshop 在内的很多程序都会用到图像处理算法。HDR 图像处理算法会使用存储在每张照片中的静态元数据，也称为可交换图像文件格式（EXIF）信息，可显示相机的品牌和型号、基本情况、快门速度、光圈值、焦距、测光模式和 ISO 设置等信息。

其他可视化程序也会用到 HDR 技术，例如 Spheron VR 的 SceneCenter 法庭可视内容管理软件（Spheron, 2012）。利用 SceneCenter 在法庭上进行演示，可以使人能够虚拟访问犯罪现场记录。SceneCenter 软件还能够进行 3D 测量。

6.4.6 数码影像指南

1999 年 10 月，《法庭科学通报》（*Forensic Science Communications*）刊发了"刑事司法系统中影像技术的定义和指南"初稿（FBI, 1999）。该指南由影像技术科学工作组（SWGIT, 2002; FBI, 2004）编写，是"刑事司法系统中从事影像拍摄、存储、处理、分析、传输或输出人员的相关政策和程序的文档，以确保影像技术及其应用受到文档记录政策和程序约束"。

表 6-4 列出了 SWGIT 发行的目前已被批准的指南，称为"刑事司法系统中影像技术使用指南"。指南涵盖了影像技术、推荐标准、最佳做法以及特殊影像取证技术。联邦调查局（fbi.gov）和国际身份认证协会（theiai.org）网站上可以找到这些文件资料。

表6-4　影像技术科学工作组推荐的法庭影像指南和最佳做法

章节	说明
第一节	刑事司法系统影像技术的使用
第二节	管理者注意事项
第三节	刑事司法系统影像技术现场应用指南
第四节	商业机构闭路电视保密系统使用建议和指南
第五节	刑事司法系统数码照片处理建议和指南
第六节	刑事司法系统影像技术培训建议和指南
第七节	刑事司法系统法庭视频处理过程使用建议和指南
第八节	使用数码相机拍摄隐藏痕迹指南
第九节	轮胎痕迹拍摄指南
第十节	脚印拍摄指南
第十一节	图像增强记录方法
第十二节	法庭影像分析方法

资料来源：Forensic Science Communications (FBI, 2004)

不管使用的影像技术是简单还是复杂，使用单位或个人都应制定标准的操作程序和部门政策。SWGIT 建议，原始照片应在未更改状态和原始未压缩文件格式时进行保存。工作时应使用照片副本进行操作。原始照片存储格式包括以下几种：银基（非即时）胶片、一次性写入的紧凑型可记录磁盘（CDR），数字多功能可记录磁盘（DVD-Rs）。

如果要利用图像处理技术处理原始照片，则应按照标准操作规程进行记录。包括裁剪、局部遮光、刻录、色彩平衡和对比度调整等操作，从视觉上就可以进行分辨。采用多图像平均、积分或傅立叶分析等先进技术进行处理，可以提高照片的可视性。此外，还有裁剪、覆盖，以及通过一系列照片合成全景照片等其他处理技术。应建立照片处理日志，这样在后期有需要时，可以重复这个处理过程。

对于记录原始照片的介质应建立保管链。保管链应记录数码照片从拍摄到归档过程中负责保管照片的工作人员的身份信息。

将照片保存为 JPEG 等格式时，调查人员应尽可能保证照片的高分辨率，以避免降低照片质量。图像采集设备应能够准确采集照片的基本信息。不同设备的准确性标准也有所不同。

在运用影像技术时，前期培训是非常必要的。应进行正式的统一培训，对培训情况进行记录，且保证培训持续进行。要进行熟练度测试，保证相机设备、软件和介质与软硬件同步更新。

6.4.7　闪光灯

无论使用哪种相机，闪光灯在火灾现场照相中都起着重要作用（NFPA, 2017, 16.2.3.7）。严重烧损区域容易吸收自然光或人工光源发出的光。高强度的电子闪光灯能够在黑暗场景中照亮炭化痕迹细节。胶卷和数码相机上的内置闪光灯功率一般较低，无法完全照亮大型火灾现场，因此应备有外接闪光灯。

有时，使用斜向闪光灯将重点区域照亮，可以拍摄出效果更好的痕迹照片。因此，火灾现场照相时应选用可连接外置闪光灯的照相机，对现场进行斜向或远距离照明（NFPA, 2017, 16.2.3.7.2）。

室内或夜间的室外火灾现场摄影的一个主要问题是如何提供合适的照明光源。石英-卤素灯应用广泛，但是其照明范围有限，并且会产生眩光和盲点。目前一个新的照明方法是将金属卤素灯置于半透明的气球中，然后将气球置于可伸缩的支杆上进行照明。该方法可以产生均匀的无眩光白光，用于大面积区域照明。气球照明光源功率从 200 ～ 4000 W 不等，支杆高度一般为 1.8 ～ 9m（6 ～ 36ft），照明区域面积为 200 ～ 10000m² （2100 ～ 108000ft²）。

6.4.8 配件

相机有很多可选用的配件。但为了简单方便，非专家级的调查人员最好不要使用过多配件。相机自带的单镜头（通常为 50 ～ 55mm 焦距），适用于普通的室内和室外场景拍照。微距镜头（18 ～ 35mm）和长焦镜头（100 ～ 400mm）适用于其他特殊场景，但是会引起一定的光学失真。此外，调查人员拍照时如果使用滤镜和其他非常规镜头，又无法有利证明其用途、优缺点或使用效果时，所拍摄的照片可能无法在法庭陈述及幻灯片演示中使用，失去其证明价值（Icove 和 Gohar, 1980）。火灾现场照相时唯一推荐使用的滤镜，是用于保护镜头的透明滤镜（NFPA, 2017, 16.2.3.6）。有些拍照者更喜欢使用偏光滤镜或紫外线滤镜（不会影响照片颜色），来代替透明滤镜。

火灾现场照相时推荐的配件是稳固的三脚架。照明条件不好时，快门曝光时间需要更长，在这种情况下使用三脚架可以保证拍摄的火灾现场细节更清晰。另外，使用三脚架可以根据照明条件变化来优化景深。例如，当相机聚焦在距镜头 1.8m（6ft）的一个点上时，如果将光圈值设置为 f/16，那么景深一般为 0.91 ～ 3.05m（3 ～ 10 ft）。如前所述，使用三脚架，可以方便地拍摄全景照片。如果光圈较小，那么就需要延长曝光时间，手持相机时，若曝光时间大于 1/30s，震动会影响照片质量。

6.4.9 测量和图像校准装置

在照片处理和展示时，测量和图像校准装置能够提供额外信息。在不同情况下这些装置的使用方法应一致。《火灾和爆炸调查指南》中建议使用 18% 的灰度校准卡，但是，使用彩色校准卡也具有很多优势。随着火灾现场彩色照相的普及，调查人员应考虑使用彩色和灰度组合的校准卡。

彩色和灰度校准卡记录了代理机构名称、案件编号、日期和时间，利用胶卷相机或数码相机拍照时，第一张和最后一张照片都应对校准卡进行拍摄。通过这种方法，可以在胶卷照片和数码照片中检测到色彩精度的变化。专业的胶片处理室利用这些校准卡设备，可以确保照片的颜色校正和灰度等级达到最佳。另外，还可以对彩色打印机，例如 Xerox (2012)，进行校准和校正，以确保照片和印刷过程中的颜色正常。图 6-29 为商用校准卡实例，该校准卡带有基本校准和文档信息。

Forensics Source（2012）生产了一款
15cm（6in）的刻度尺，印在 18% 灰度低
反射塑料校准卡上，这样即使是微距数
码照片中也可以使用。国际放火火灾调
查员协会（IAAI）也生产了一款类似的
6in 塑料标尺，并在 CFITrainer 计划中加
以推广。

校准卡的边缘还具有测量功能（标
尺），可用于记录所拍摄物体的距离和尺
寸。此外，还有长度更长的折尺和带有
编号的黄色标识卡等其他测量工具，这
些有助于确认各关键点或法庭证据所在
的位置。颜色鲜艳的指示牌能够标示重
要特征或记录火势蔓延方向。

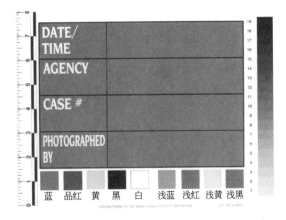

**图 6-29　商用灰度和彩色校准卡，可用于火灾刑事案
件现场记录**

资料来源：Safariland，Permissions of Forensics Source™

6.4.10　航空摄影

农村地区，在美国土地管理局职责范围内，该机构存有大部分农田的航拍照片（也称
为正射影像图）。但这些航拍照片的分辨率差别较大（NFPA, 2017, 27.7.4）。航拍照片并不
一定是从飞机上拍摄的照片。透视照片可以从相邻建筑物的较高楼层拍摄。从消防车高架
平台上拍摄的照片也非常有用，能够更近距离地观察破坏的整体情况。

卫星和商业航空照片价格适中，获取渠道较多。许多城市和县会使用航拍来搜寻违章
建筑。在使用商业数据库（例如 Google Earth、Bing）时必须要加以注意，因为数据库中
的街道地址信息并不一定是最新的。使用时必须确认图像是否为最近拍摄，这样才能准确
反映火灾前的情况。

目前还有一种低成本航空摄影技术正在不断发展，即利用可现场操作的遥控无人机和
直升机来低空调查火灾情况。图 6-30（a）～（c）展示了无人直升机所拍摄的航空照片，
由梅萨县警长办公室（MCSO）无人飞行计划组提供。

Draganflyer X8 无人直升机是一款商用产品（Draganfly, 2012），由电池驱动，有四种
摄像头可供选择配备，分别是：高分辨率的静态相机（具有远程变焦、快门控制和倾斜功
能）、高清摄像头、弱光黑白摄像头和红外摄像头。

该无人直升机高 25.4cm（10in），宽 99cm（39in，包括旋翼在内），这使它能够在很
小的范围内移动。由于是电池驱动，所以直升机的飞行时间约为 20min。电池更换方便，
可以重复飞行。实时视频反馈具有可选功能，操作员或地面上的其他人员可以同时监控视
频图像。

Infinite Jib 公司（2012 年）是 Droidworkx Airframe 多旋翼直升机的经销商，该直升机
可以低空拍摄，适用于火灾现场摄影。目前可供选择的机型有 EYE-Droid 4 型、6 型和 8
型，每款售价约 13000 美元。

(a) 装有摄像头的无人直升机

(b) 航空照片

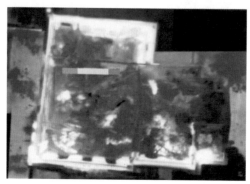

(c) 红外热像(FLIR)照片

图 6-30　无人直升机所拍摄的航空照片
资料来源：MCSD Unmanned Flight Program

6.4.11　摄影测量法

摄影测量学是一门从照片中提取测量数据的科学技术，对于普通的火灾调查人员来说难以掌握，但近年来由于价格低廉、对用户友好的计算机软件，使这项技术变得更加容易使用（NFPA，2017，16.4.5.6）。在摄影测量中，需要拍摄两张以上的照片，并从这些照片的关键特征中提取绝对坐标和距离的测量值，如图 6-31 所示。近景摄影测量程序弥补了几乎所有照片中都存在的由于透视而导致的目标线缩短问题，从而使用户可以获得准确的测量值，并创建仿真模型（Eos，2012）。

例如，从床上的死者到门口的步行距离，在调查中可能是至关重要的。通过摄影测量法可以在大型或复杂的现场得到测量数据，在这些现场，利用卷尺和记事本无法测量整个现场或太耗费时间。利用摄影测量法，调查人员还可以测量可能已被移动、清理或移出现场的证据。摄影测量法已在北美、欧洲和澳大利亚的事故现场和重大犯罪调查中应用多年，并已被进一步应用于火灾调查。在一个美国案例中，该技术首次被用于厨房区域模型重建，更好地呈现出三维的 V 形燃烧痕迹（King 和 Ebert，2002）。

通过摄影测量程序，用户可以将二维图像映射到已创建的三维表面上，以提供具有透视校正照片纹理的逼真模型。有很多软件程序可以计算这些测量值，并从二维照片中构建三维模型。利用二维照片构造建筑物外部三维图的摄影测量法实例，如图 6-32 所示。

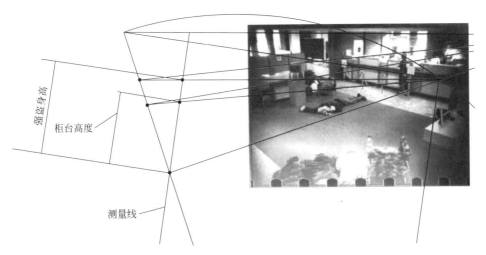

图 6-31 利用摄影测量法分析银行抢劫案监控照片中被摄对象的身高

资料来源：Federal Bureau of Investigation, Washington, DC

图 6-32 利用摄影测量法，通过多个二维图像构建三维图

资料来源：Robert Toth, IAAI-CFI® - IRIS Fire Investigations Inc

6.4.12　数码扫描相机

数码扫描相机结合了全景摄影和摄影测量功能，例如前面提到的 Panoscan （Panoscan,
2012）或 Spheron VR 模型。Panoscan 和其他系统可以提供摄影测量功能。在单张照片确
定拍摄区域后，将摄像机架在可垂直伸缩的支架上，以确保照片是从室内的同一位置拍
摄，再对该区域视线在约 0.5m 高的地方拍一张照片。将两张照片进行数码组合（Panoscan
系统使用了名为 PanoMetric 的专用软件），并进行立体虚拟仿真，在这个仿真图片中可以
进行以毫米为精度的测量。

系统的核心是一个专用的数码相机，其工作原理与 20 世纪的移动狭缝胶卷相机类似，
但是它使用了高分辨率图像转换器和专用的镜头和快门系统，在每个"垂直"切片上可垂
直捕捉大约 170° 范围内的图像。

相机自动旋转，使最终图像为球形的高分辨率图像（最大垂直分辨率为 5200 个像素
点，总的图像可高达 5000 万个像素点）。图像拍摄的动态范围高达 26f 级，因此从黑暗区域
到亮光区域的信息，可以在一次拍摄中完成。这是前面提到的高动态范围技术的扩展应用。

6.5
制图

无论是否是按比例绘制火灾现场图和火灾现场示意图，都是对照片记录的重要补
充，可以帮助调查人员记录证明火势发展蔓延的证据、现场情况和火灾现场的其他细节
（NFPA, 2017, 16.4; NFPA, 2014, 4.3.1）。

由调查人员制作的火灾现场图，以图形的方式对火灾现场和相关证据进行了描述。调
查人员在绘制简单的火灾现场二维平面图时，就是使用此种有价值的记录方法。火灾现场
图包括建筑外部粗略的轮廓图，一直到详细的平面图。调查人员通过现场图，可以说明物
体之间的关系，而这一关系有时是无法通过拍照的方式体现出来的，例如，各个独立房间
的关系、大型家具下方或后面的情况、只能从顶部或横截面体现的情况。

6.5.1　一般原则

一张好的现场制图不需要很高的艺术技巧。即使是非正式的手绘草图，也可以体现有
些照片中无法呈现的物品之间的位置和关系。火灾现场图有许多用途，应包括以下信息和
要素 [NFPA, 2014, 4.3.1; NFPA, 2017, 16.4.4 （A）～ （D）; NFPA, 2012]。

- 调查人员的姓名、职级、单位、案件编号、制图日期 / 时间，以及参与制图的其他
  人员姓名。
- 火灾现场的位置和地理区域（指北箭头）。使用 GPS 数据来确定纬度和经度，这对
  于确定乡村辖区边界（州，县，乡镇等），或准确地定位火灾现场是非常有帮助的。
- 建筑、房间、车辆或有关区域的轮廓和比例尺尺寸，以及罗盘方向。需要注意的是，

如果是近似比例绘制，则应在图上注明："未按比例绘图"。

- 对图中所有符号及其含义、比例尺和其他重要信息图例进行文字说明［请参阅 NFPA 170（2012 年版）：《消防安全和紧急符号标准》］。

在记录以下内容时，火灾现场图非常有用：

- 火灾痕迹和羽流破坏痕迹等重要特征和关键证据的所在位置。
- 火灾涉及的主要可燃物及引火源的所在位置和尺寸。
- 通过简单测量、激光辅助测量和 GPS 坐标数据，获取的受害人和犯罪嫌疑人出入现场的可能位置和行进距离。
- 窗户、门、地板、天花板和墙壁的表面情况、尺寸大小，以及安全情况（上锁或未上锁），包括门槛和拱腹高度，以供后期火灾现场重建和分析使用。
- 电弧路径图中电弧故障发生的详细位置（NFPA，2017，18.4.5.2）。
- 有些情况下，多张图有必要使用统一规格。通过这种方式，可以记录几种不同类型的证据，包括等炭化深度线、羽流破坏情况和取样（证据）位置。现场图通常可以揭示照片中有些不易被发现的特征。
- 在现场图或现场照片上，可以用彩色标记，标明表面分界、热破坏、烧穿和烧失等区域。例如，可以在一张图上，使用黄色线标注表面堆积物情况，使用绿色线标注热破坏情况，使用蓝色线标注烧穿情况，使用红色线标注烧失区域。在计算机图表中可使用背景图案（线条、交叉阴影线）。
- 现场图最开始一般是手工绘制，有时还会用计算机辅助绘制。有一种很实用的手动绘图工具，在塑料网格垫上带有凹槽，用铅笔画图时有轻微的凹痕辅助（Accu-line，2012）（见图 6-33）。

微软公司提供的一款名为 Visio 的程序，可以用于火灾现场制图，能够生成精确的结构示意图（Visio, 2012）。微软网站上为 Visio 提供了免费的、适用于犯罪现场的附加程序包。经验丰富的调查人员开发了用于火灾现场分析的模板。图 6-34 为使用 Visio 生成的典型火灾现场图的示例。

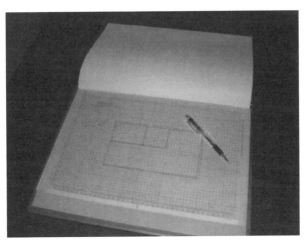

图 6-33 Accu-line 绘图辅助工具等新工具使手动绘图更简便
资料来源：David J. Icove, University of Tennessee

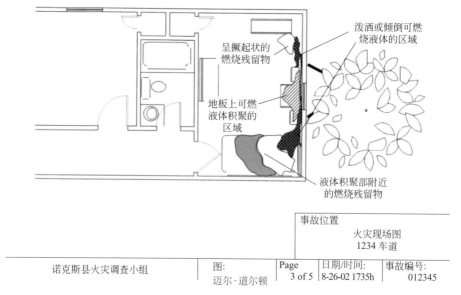

图中标注文字：

泼洒或倾倒可燃烧液体的区域

呈撅起状的燃烧残留物

地板上可燃液体积聚的区域

液体积聚部附近的燃烧残留物

事故位置				
火灾现场图 1234 车道				
诺克斯县火灾调查小组	图：迈尔·道尔顿	Page 3 of 5	日期/时间：8-26-02 1735h	事故编号：012345

图 6-34 利用画图软件准确地标识出燃烧图痕、证据所在位置及其他细节的典型的火灾现场图
资料来源：Det.Michael Dalton(vet.)，Knox County Sheriff's Office

6.5.2 GPS 绘图

麦哲伦（2012）通过手持 GPS 装置，对大型现场的制图方法进行了创新性改进。手持 GPS 设备（Mobile Mapper CE）的大小和手机差不多，带有各种 GPS 软件扩展功能，调查人员可以带着这种 GPS 设备进入现场的不同位置，输入代码（ArcPad），对一系列特征进行表示。然后下载数据，通过专用软件（Mobile Mapper Office）进行处理，生成的现场图，可精确到 0.5m（这取决于"视图"中的卫星数量和在每个位置的稳定时间）。

利用 GPS 设备，可以测量绘制大型复杂现场图，利用全站仪测量时，视线会被地形或地形特征（树木、设备等）所遮挡。该手持设备包含 GIS / GPS 定位系统的所有常规功能。

6.5.3 二维图和三维图

随着 CAD 工具的出现，现在二维图和三维图都可提交法庭。图 6-35 为一个应用实例。大型现场图上可以覆盖塑料膜，这样在法庭上就可以在塑料膜上进行标注，可以事先标注好，也可以现场标注。利用方便的坐标系，可以准确放置关键证据，例如受害人的尸体方位、火羽流和证据位置等。

Trimble Navigation Limited 的 SketchUp（Trimble, 2016）有免费版和付费版两种版本，用户使用简单的命令即可构建建筑物的二维平面图和三维立体图。 SketchUp 适用

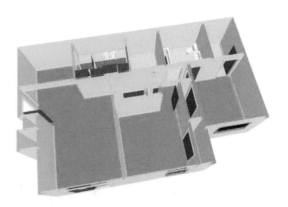

图 6-35 通过建筑渲染程序完成的建筑三维立体图
资料来源：David J.lcove, University of Tennessee

于 Windows 和 Mac OSX 操作系统。

　　还有一种特殊的应用，是将现场俯视图或平面图复制到几张透明图纸上。在每张图上都可以进行不同的标记，例如火灾蔓延矢量、炭化深度、燃烧情况和家具燃烧图痕。然后这些图纸可以相互比较，或与原始现场平面图进行比较，这样可能确定起火点的位置。这种将现场图复制到多张图上的方法，可以避免出现在单张图中包含过多细节的问题。

　　恶劣天气会影响现场记录的完整性。俄勒冈州 HTRI 的法医 Newberg（HTRI，2012）使用名为"Rite in the Rain"的特殊书写纸开发了两种产品。对于一份完整的调查报告，在现场调查记录中必须包含空白页，还要包括Bilancia引燃矩阵（Bilancia, 2012），如图6-36所示。比较小的"火灾事故报告口袋笔记本"是供最初响应人员收集火灾调查初始数据用的。

可燃物	热源					
	时钟收音机	手机充电器	香烟	蜡烛	小型荧光灯	插电式室内空气清新器
蕾丝床头柜罩	1.是(a) 2.是 3.否(d) 4.是	1.是(a, c) 2.否 3. 4.是	1. 2.是 3.否 4.	1.是 2.是 3.是 4.是	1.是(a, c) 2.是 3.否(d) 4.是	1.是(a) 2.否 3.否(d) 4.是
床单或床罩	1.否(c) 2.否 3.否(d) 4.是	1.是(a, c) 2.是 3.否(d) 4.是	1. 2.是 3.是 4.	1.是 2.否 3. 4.	1.是(a, c) 2.是 3.否 4.是	1.是(a) 2.是 3. 4.
窗帘	1.否(c) 2.否 3.否(d) 4.是	1.是(a, c) 2.是 3.否(d) 4.是	1. 2.否 3.否 4.	1.是 2.否 3. 4.	1.是(a, c) 2.是 3.否(d) 4.是	1.是(a) 2.是 3.否(d) 4.是
塑料装饰花	1.否(c) 2.否 3.否(d) 4.	1.是(a, c) 2.否 3.否(d) 4.否	1.否 2.否 3.否 4.	1.是 2.是 3.是 4.是	1.否(a, c) 2.否 3.否(d) 4.是	1.否(a, c) 2.否 3.否(d) 4.否
灯罩	1.是 2.否 3.否(d) 4.是	1.是(a, c) 2.否 3.否(d) 4.否	1. 2.否 3.否 4.	1.是 2.否 3.否 4.是	1.否(a, c) 2.是 3.否(d) 4.是	1.否(c) 2.否 3.否(d) 4.否

1. 是/否能够作为引火源　　　　　　颜色图例

2. 是/否接近可燃物才可引燃　　　　红色=足以引燃且距离较近

3. 引燃后是/否留下证据　　　　　　蓝色=无法引燃

4. 引燃后是/否会蔓延到其他可燃物　黄色=足以引燃但可排除

　　　　　　　　　　　　　　　　白色=未调查

字母标识　　　　　　　　　　　　注释

P=羽流或轰燃　　　　　　　　　　a. 如果设备发生故障

W=有目击证人　　　　　　　　　　b. 如果可燃物是纤维，且有微风

F=明火　　　　　　　　　　　　　c. 只有明火条件下

N=未通电　　　　　　　　　　　　d. 设备完好

图 6-36　引燃矩阵（纵向为可燃物种类，横向为引火源）

资料来源：Lou Bilancia,Synnovation Engineering Inc. Copyright 2008-17.All rights reserved. Used with permission

6.6
时间轴的建立

现场调查过程中面临的难题之一就是随着时间的推移，蒸发、升温、冷却、干燥和熔化等自然变化可以用来推断重要时间节点。

6.6.1 蒸发

火灾重建中最关键的一个问题是要确定火灾现场是否使用或存在助燃剂。对助燃剂的蒸发量进行评估，可以帮助调查人员分析火灾发生过程的关键时间节点和火灾动力学过程。液体的蒸发速率取决于其蒸气压（与温度有关）、液体沉积表面的温度和性质、液体表面积以及周围的通风情况。

蒸气压是所有液体和固体物质的基本物理性质。置于真空中的物质达到平衡状态时产生的压力即为蒸气压。蒸气压是衡量物质挥发性（即蒸发的容易程度）的物理量。蒸气压与温度有关，温度越高，蒸气压越高，其中温度为液体温度（或液体的表面温度），不一定是室温。即使在低温的房间里，热炉上的丙酮也会很快蒸发。

蒸气压的大小与分子量密切相关。物质的分子量越低，其蒸气压越高，蒸发的速率也越快。物质的物理形态也非常关键，比表面积大的挥发性液体薄膜比深水池水蒸发得更快。挥发性液体在布或地毯等多孔表面蒸发的速率比在同样大小的独立水池中要快。水池越大，其周围的空气流动越快，总蒸发速率就越快（DeHaan，1999）。

像汽油这种含有 200 多种化合物的复杂混合物，其中一些，例如戊烷，挥发性很强，蒸发也非常快。其他如三甲基苯等物质的挥发则非常缓慢，能够持续很长时间。当汽油被倒出时，其中最轻、最易挥发的化合物将全部变为蒸气。因此，甲苯、戊烷和其他挥发性组分的占比决定了所产生的混合蒸气的可燃性。辛烷或长链化合物之类的物质在室温下会慢慢蒸发。根据气相色谱图分析，蒸发出的蒸气与液体残留物有明显区别。

上述过程表明，部分蒸发的汽油与新鲜汽油的气相色谱图完全不同。汽油的蒸发和燃烧会导致较轻、较易挥发组分的大量流失。火焰作用的热通量会加速这一过程。此特性可用于估计液体的相对受热时间。气动灭火装备或火灾后故意添加的汽油，能够污染火灾现场残留物，这种情况下其挥发性远远高于正常蒸发或燃烧后的残留物。汽油部分蒸发会损失大部分挥发性成分，因此剩余汽油的有效蒸气压会减小。这会改变残留液体的闪点和可燃性（Stevick 等，2011）。

将液体倒在可吸收性芯材上将其雾化（在一定压力下释放变为雾状），来改变液体的物理形态，从而增加液体的蒸气压，甚至能够使较重的组分更快地蒸发或更易被点燃。如果要考虑蒸发的影响，那么不论是液体可燃物蒸发产生的风险，还是时间轴重建要素（材料的挥发时间），都必须记录以下几点：对材料本身种类的准确识别；开始挥发时的环境气氛、液体表面或本身的温度；液体蒸发表面的性质［液体在薄层材料（如在空气自由流通中的衣服）上的蒸发速率要比在厚重多孔材料（如鞋子）上快得多］。

空气条件也是至关重要的：高温、阳光直射、大风、风机机械运动、HVAC系统的机械运动以及设备、车辆或人员的移动都会加快蒸发速率。证据中易燃液体的蒸发对认定起火原因或判断嫌疑人是否与火灾有关具有重要作用，需要将证据密封在适当的密闭容器中，并尽可能保持低温以减少其蒸发。在容器上，调查人员应注明密封的时间。

6.6.2　干燥

干燥一般与蒸发密切相关（如衣物中水的干燥），但是当血液或其他复杂液体干燥时，可能会发生其他变化。例如，血液干燥时，其化学性质、颜色和黏度会发生改变，变得更黑、更黏（像水池在无孔材料表面上干燥一样）。记录血液干燥状态时，不仅需要照相，因为还需评估其他性质，所以一般会使用无菌棉签进行提取（在所有条件下，都可以用棉签进行最后的取证），且必须记录其采集时间。上述注意事项同样适用于油漆、黏合剂、塑料树脂等其他在干燥时会发生物理变化的物质。另外，如果干燥过程对调查结果有影响，则还需要注意环境温度。

6.6.3　冷却

根据冷却和融化情况，在犯罪现场调查中可以判断关键时间点（例如，柜台上仍留有部分冻结的冰淇淋），有时也可用于火灾重建。直接受火灾作用的物质的冷却情况，可以通过直接接触、热成像或使用温度探头等方法进行评估。价格较低的数字温度计在厨房和家庭用品商店有售，温度范围为 −45 ～ 200℃。同时，还需要记录风、雨、太阳、水流的运动情况等其他环境条件。

亡人火灾调查中，尸体冷却情况是一项常规评估内容，但在火灾调查中通常被忽视。这是不应该被忽视的，因为死亡和火灾不一定是同时发生的。如果一个成年人尸体的温度冷却到了室温，那么在火场内部温度升高之前，该尸体应该已经受火灾作用了一段时间。人体组织的热惯性与松木或聚乙烯塑料类似。在火灾现场，应该记录尸体的内部温度（直肠或肝脏温度），这不仅是为了估计死亡间隔时间，还可以分析火灾前很长时间内受害者的情况。DeHaan最近的研究就是关于人体持续燃烧的实验内容（DeHaan, 2012; Schmidt和Symes, 2008，第1章）。

6.7
销毁

法庭分析和现场重建工作中，尤其是当火灾可能会引起刑事和（或）民事诉讼时，火灾现场通常是获取证据最重要的地方。火灾调查人员的主要关注点在于证据的保存，防止在提交检查和分析之前，证据被破坏或改动。NFPA 921（NFPA, 2017, 12.3.4.2）引用了ASTM E860（ASTM, 2013b, 3.3）标准，即销毁是指通过一定的法律程序，由负责保存证据的人对文件或物品等证据或潜在证据进行丢弃、破坏或更改。NFPA 921（NFPA, 2017,

12.3.5.1）和 ASTM E860（ASTM, 2013b）中都强调，在最初阶段和随后的火灾现场处理过程中证据都可能会发生损坏，尤其是当移动或改变火灾现场残留物位置时，其他相关证据的获取可能就和之前的调查人员不一样，他们再没有同样的机会对证据进行分析以得到有价值的线索。

证据销毁本身存在的一个问题是，由于故意或过失所造成的证据损毁或变动，不仅可能在诉讼过程中出现问题，还有可能在以后的诉讼中加以考量。如果未能阻止证据的损毁，将不允许再提供证词、受到处罚或遭遇其他民事或刑事诉讼（Burnette, 2012）。已出版的标准（ASTM, E860）为证据的检验和测试提供了规范，其中包括涉及或不涉及产品责任的诉讼问题。证据可能包括提取后不再退回的设备、物品和组件等。如果进行实验室检测，会对证据造成变动或损毁，那么所有可能与案件有关的人员都应有机会发表意见，就预定的检测方案提出意见，且有权旁观测试过程。

ASTM E860 参考了其他 ASTM 标准，例如，与报告注意事项有关的 ASTM E620（ASTM, 2011a）、与技术数据评估有关的 ASTM E678（ASTM, 2013a）、提供事故报告的 ASTM E1020（ASTM, 2013c），以及指导证据的提取与保存的 ASTM E1188（ASTM, 2011b）。例如，ASTM E1188, 4.1 部分指出，调查人员应"尽早地从与事故及救援活动有关的人员那里获得证言证词"（ASTM, 2011b）。ASTM E1188 还指出调查人员应通过准确识别和证据标签的唯一性，来建立证据链（保管链）[chain of evidence (chain of custody)]。证据标签上应注明取证人姓名，取证位置、时间和日期。

如果证据在现场检验或后期的实验室检测中受到影响，那么应协调并通知相关当事方，且这些过程必须记录和照相。这些检验一般是指破拆或破坏性测试（ASTM E1188, 4.3）。清理证据时，应协调和通知所有当事人和委托人。

NFPA 921 和 ASTM E860 提出了一些建议，使火灾调查员能够尽可能地减少对证据的破坏（NFPA, 2017, 12.3.5.1; ASTM, 2013b, 5.2 及以下）：
- 立即通知相关代理人，有必要保护和保存重要证据；
- 建议相关代理人通知所有其他可能与民事诉讼有关的当事方；
- 停止所有破拆和破坏性检测，直到所有其他相关人员都有机会参加检验，记录检测结果和可能造成破坏的检测结果。

指南中指出，为了避免因证据损毁而受到处罚，应立即开展调查，及时通知相关当事方，对提取的证据长期保存（Sweeney 和 Perdew, 2005）。要认识到在整个诉讼过程中不可能一直对火灾现场进行保护，应督促有关各方采取措施发现和保存其他相关证据。NFPA 921 将当事方定义为"负有法定义务或其合法权益可能受某起事故调查影响的所有个人、实体或组织及其代表"（NFPA, 2017, 3.3.167）。

表 6-5 总结了几起基本案例及其相关意见。火灾调查员应及时了解有关证据损毁的相关法律问题，知道如何避免违反其原则和做法。如果出现问题，应咨询法律顾问或检察官，以进行澄清或咨询。要防止证据在储运过程中发生意外损坏，最佳保护方法就是建立带有照片和详细注释的完整记录。

表6-5 证据损毁方面相关的引用案件及处理意见

原则	引用的案例	讨论
定义	Solano v. Delancy 264 Cal. Rptr. 721, 724（Cal. Ct. App. 1989） Miller v. Montgomery County494 A.2d 761 （Md. Ct. Spec. App. 1985）	在未决及后期的诉讼中没有对财产进行保护； 诉讼当事方破坏、损毁或更改证据
驳回诉讼	Allstate Insurance Co. v. Sunbeam Corp. Transamerica Insurance Group v. Maytag inc.	因故意或恶意行为而被剥夺政治权利，驳回诉讼； 因诉讼前未能保存所有证据而驳回诉讼
保存证据 的责任	California v. Trombetta	有责任保存辩护证据，辩护证据可用于嫌疑人辩护
驳回专家 证言	Bright v. Ford Motor Co. Cincinnati Insurance Co. v.General Motors Corp. Travelers Insurance Co. v.Dayton Power and Light Co. Travelers Insurance Co. v.Knight Electric Co.	由于对不利于无过失方的证据保护不当，而驳回专家证言； 在产品责任诉讼中，由于证据损毁，专家证言可能会驳回； 由于疏忽大意造成证据损毁，驳回专家证言； 由于物证丢失，驳回原告专家的鉴定意见
证据推论	State of Ohio v. Strub U.S. v. Mendez-Ortiz	试图隐匿证据，这表明嫌疑人意识到自己有罪； 推断出由于证据不利于抢劫者，因此被故意破坏或毁弃
独立侵权 行为	Continental Insurance Co. v. Herman Smith v. Howard Johnson Co. Inc	故意或过失造成证据损毁的独立行为； 原告的起诉理由是，在侵权行为中存在干扰或破坏证据行为
刑事法规	Ohio Statute	通过破坏或隐匿犯罪物证，来"妨碍司法"

章节回顾

总结

　　火灾现场通常包含复杂信息，必须要完整地记录下来，因为通过单张照片和现场图，不足以获得火灾动力学、建筑物结构、证据收集和起火建筑中人员逃生路径等相关重要信息。

　　通过刑事摄影、现场图和证据收集等多种方式，对火灾现场进行全面记录。各种计算机辅助图像处理和绘图技术，可以确保现场图的准确性和直观性。全面的现场记录在初步调查，以及随后的所有调查或询问过程中都起到了重要作用，同时还可以最大限度地减少证据的损毁。现场记录能够为提出的观点提供支持，同时保证能够进行有效的同行审查或技术审查。最后，现场记录能够证明调查人员是否遵循必需的专业准则进行工作。

复习题

1. 简述火灾现场记录方法有哪些。

2. 简述火灾现场应对哪些人员进行询问及其原因。

3. 简述火场中能够观察到的各种燃烧的物品、烧损情况、燃烧痕迹和燃烧时间。

课上练习

1. 火灾调查人员对常见可燃物燃烧基本原理和火灾动力学原理进行应用。找一份火灾调查报告和现场照片的副本，尽可能多地指出报告中记录的火灾行为规律。

2. 在上一个练习中的火灾调查报告中，提炼出尽可能多的火灾行为线索。判断起火的可燃物是否形成了火羽炭化痕迹，并指出几处这类线索。

关键术语解释

火灾痕迹（fire patterns）：由单个或多个火灾作用（fire effects）形成的可测量或可辨识的物质或形状变化（NFPA，921，2017，3.3.70）。

[译者注：NFPA 921 Chapter 6 Fire Patterns 第 6.3 节中重点介绍了火灾痕迹（fire patterns），如概述（introduction）所述，火灾作用（fire effects）是火灾调查员识别火灾痕迹的基础。NFPA 921 中，根据火灾痕迹的产生原因（causes of fire patterns），对其进行了分类介绍：火羽产生的痕迹、通风产生的痕迹、部位对痕迹的影响、物体位置对痕迹影响、水平面烧穿产生的痕迹、易燃液体产生的炭化深度、产生痕迹的几何形状等 7 个方面。Fire effects 和 Fire patterns 的区别解释见上篇译文，具体痕迹表述与我国的习惯用法有一定的出入，建议大家具体问题具体分析。另注：国家标准《消防词汇》GB/T5907.4—2015 中表述为：火灾痕迹 fire pattern 物体燃烧、受热后形成的可观测的物理、化学变化的现象。]

通风（ventilation）：空间内通过自然对流或者风机供排风进行空气循环的过程；通过打开门窗或房顶破洞的方式，将烟气和热量导出建筑的灭火方法（NFPA 921，2017，3.3.199）。

清除余火（overhaul）：主体火灾被扑灭后，消防队最后开展的清扫余火的过程。此时，将扑灭火灾现场中所有余火（NFPA 921，2017，3.3.135）。

烟炱（soot）：燃烧过程中产生的黑色碳粒子（NFPA 921，2017，3.173）。

电弧故障路径图（arc-fault mapping）：为认定起火部位，分析火灾蔓延情况对电气线路布置、各组件的空间关系和电弧位置进行的综合分析（NFPA 921，2017，3.3.9）。

炭化（char）：经过燃烧或热分解后，形成表面呈黑色的含碳材料（NFPA 921，2017，3.3.29）（国家标准《消防词汇》GB/T 5907.4—2015 中表述为：材料热解或不完全燃烧）。

炭化路径电弧（或经炭电弧）（arc through char）：经由作为半导体介质的炭化材料（例如：炭化后的绝缘）产生的电弧（NFPA 921, 2017, 3.3.11）。

火灾荷载（fuel load）：在建筑、室内、过火区域中可燃物的总量，包括室内装饰装修材料，一般用热量单位或等效木材重量表示（NFPA 921, 2017, 3.3.93）。

[译者注：国家标准《消防词汇》GB/T 5907.1—2014 中这样表述：火灾荷载（fire load）是某一空间内所有物质（包括装修、装饰材料）的燃烧总热值。]

热释放速率[heat release rate,HRR]：燃烧过程中产生热量的速率（NFPA 921, 2017, 3.3.105）。

热惯性（thermal inertia）：物质受热时，表征物质表面温度增长速率的特征性质与物质的导热性（k）、密度（ρ）及其热容量（c）的积有关。

羽流（plume）：燃烧物体上方，由升起的热解气体、火焰和烟气形成的柱状体，也称为对流柱、热气流或者传热柱（NFPA 921, 2017, 3.3.141）。[译者注：火羽流是指燃烧产生的所有火焰和上方烟羽流的集合，此处的羽流范畴更广。国家标准《消防词汇》GB/T5907.2—2015 中表述为：火羽流（fire plume）是由燃烧所产生的浮力形成的向上湍流流动，通常包括下部的燃烧区域。]

环境（ambient）：某人或某物的周围状况，特指其所在位置的周边环境，例如，环境、气氛和环境温度（NFPA 921, 2017, 3.3.5）。

煅烧（calcination）：高温作用于石膏板墙面等石膏制品，使其失去自由水和结合水而呈现出的火灾作用结果（NFPA 921, 2014, 3.3.23）。

退火（annealing）：因加热而引起的金属回火。

证据损毁（spoliation）：在诉讼过程中，需要专人保管的，可作为证据的物品或文件出现损毁、丢失、变更的情况（NFPA 921, 2017, 3.3.178）。

炭化等深线（isochar）：在图中将炭化深度相同的点连接而成的线。

证据链（保管链）[chain of evidence（chain of custody）]：按时间顺序排列的文档或纸质记录，显示物证或电子证据的提取、保管、控制、转移、分析和处置过程。

参考文献

AAFS. 2011. *Fire Debris Workshop*. Chicago, IL: American Academy of Forensic Science.

Accu-Line. 2012. *Accu-Line Industries, USA*. Retrieved January 31, 2012, from https://www.acculine.com.

Adobe. 2011. *Adobe Photoshop*. Retrieved January 31, 2012, from www.adobe.com/PhotoshopFamily.

Ahmad, U. K., Y. S. Mei, M. S. Bahari, N. S. Huat, and V. K. Paramasivam. 2011. "The Effectiveness of Soot Removal Techniques for the Recovery of Fingerprints on Glass Fire Debris in Petrol Bomb Cases." *Malaysian Journal of Analytical Sciences* 15 (2): 191–201.

Ahrens, M. 2007. *U.S. Experience with Smoke Alarms and Other Fire Detection/Alarm Equipment*. Quincy, MA, National Fire Protection Association.

Airstar. 2012. *Airstar Space Lighting USA*. Retrieved January 31, 2012, from http://airstarlight.us.

Armstrong, A., V. Babrauskas, D. L. Holmes, C. Martin, R. Powell, S. Riggs, and L. D. Young. 2004. "The Evaluation of the Extent of Transporting or 'Tracking' an Identifiable Ignitable Liquid (Gasoline) Throughout Fire Scenes During the Investigative Process." *Journal of Forensic Sciences* 49 (4): 741–48.

ASTM. 2011a. *E620-11: Standard Practice for Reporting Opinions of Scientific or Technical Experts*. West Conshohocken, PA: ASTM International.

———. 2011b. *E1188-11: Standard Practice for Collection and Preservation of Information and Physical Items by a Technical Investigator*. West Conshohocken, PA: ASTM International.

———. 2011c. *E2544-11a: Standard Terminology for Three-Dimensional (3D) Imaging Systems*. West Conshohocken, PA: ASTM International.

———. 2013a. *E678-07: Standard Practice for Evaluation of Scientific or Technical Data.* West Conshohocken, PA: ASTM International.

———. 2013b. *E860-07(2013)e1: Standard Practice for Examining and Preparing Items That Are or May Become Involved in Criminal or Civil Litigation.* West Conshohocken, PA: ASTM International.

———. 2013c. *E1020-13e1: Standard Practice for Reporting Incidents That May Involve Criminal or Civil Litigation.* West Conshohocken, PA: ASTM International.

———. 2013d. *E1459-13: Standard Guide for Physical Evidence Labeling and Related Documentation.* West Conshohocken, PA: ASTM International.

———. 2016. *E119-16a: Standard Test Methods for Fire Tests of Building Construction and Materials.* West Conshohocken, PA: ASTM International.

Babrauskas, V. 2006. "Mechanisms and Modes for Ignition of Low-Voltage, PVC-Insulated Electrotechnical Products." *Fire and Materials* 30: 151–74.

Bailey, C. 2012. *One Stop Shop in Structural Fire Engineering.* Retrieved January 31, 2012, from http://www.mace.manchester.ac.uk/project/research/structures/strucfire.

Berrin, E. R. 1977. "Investigative Photography." *Technology Report 77-1.* Bethesda, MD: Society of Fire Protection Engineers.

Bilancia. 2012. *Bilancia Ignition Matrix™.* Retrieved January 31, 2012, from http://www.ignitionmatrix.com.

Bleay, S. M., G. Bradshaw, and J. E. Moore. 2006. *Fingerprint Development and Imaging Newsletter: Special Edition.* Publication No. 26/06. Home Office Scientific Development Branch, UK, April.

Braadbaart, F., I. Poole, H. D. J. Huisman, and van B. Os. (2012). "Fuel, Fire and Heat: An Experimental Approach to Highlight the Potential of Studying Ash and Char Remains from Archaeological Contexts." *Journal of Archaeological Science*, 39(4), 836–47. doi: http://dx.doi.org/10.1016/j.jas.2011.10.009.

Burnette, G. E. 2012. *Spoliation of Evidence.* Tallahassee, FL: Guy E. Burnette, Jr, P.A.

Cavanagh, K., E. Du Pasquier, and C. Lennard. 2002. "Background Interference from Car Carpets: The Evidential Value of Petrol Residues in Cases of Suspected Vehicle Arson." *Forensic Science International* 125 (1): 22–36, doi: 10.1016/s0379-0738(01)00610-7.

Cavanagh-Steer, K., E. Du Pasquier, C. Roux, and C. Lennard. 2005. "The Transfer and Persistence of Petrol on Car Carpets." *Forensic Science International* 147 (1): 71–79, doi: 10.1016/j.forsciint.2004.04.081.

Coulson, S., R. Morgan-Smith, S. Mitchell, and T. McBriar. 2008. "An Investigation into the Presence of Petrol on the Clothing and Shoes of Members of the Public." *Forensic Science International* 175 (1): 44–54, doi: 10.1016/j.forsciint.2007.05.005.

Coulson, S. A., and R. K. Morgan-Smith. 2000. "The Transfer of Petrol on to Clothing and Shoes While Pouring Petrol Around a Room." *Forensic Science International* 112 (2–3): 135–41, doi: 10.1016/s0379-0738(00)00179-1.

CSVT. 2012. *Crime Scene Virtual Tour.* Retrieved January 31, 2012, from http://crime-scenevr.com/index.html.

Curtin, D. P. 2011. *Curtin's On-Line Library of Digital Photography.* Retrieved January 30, 2012, from http://www.shortcourses.com/.

Deans, J. 2006. "Recovery of Fingerprints from Fire Scenes and Associated Evidence." *Science and Justice* 46 (3): 153–68.

DeHaan, J. D. 1995. "The Reconstruction of Fires Involving Highly Flammable Hydrocarbon Liquids." PhD diss., University of Strathclyde, Glasgow, Scotland, UK.

———. 1999. "The Influence of Temperature, Pool Size, and Substrate on the Evaporation Rates of Flammable Liquids." *Proceedings of InterFlam 99, June 29–July 1, Edinburgh, UK.* Greenwich, UK: Interscience.

———. 2001. "Full-Scale Compartment Fire Tests." *CAC News* (Second Quarter): 14–21.

———. 2012. "Sustained Combustion of Bodies: Some Observations." *Journal of Forensic Science*, May 4, doi: 10.1111/j.1556-4029.2012.02190.x.

DeHaan, J. D., and D. J. Icove. 2012. *Kirk's Fire Investigation.* 7th ed. Upper Saddle River, NJ: Pearson-Prentice Hall.

Deng, Y., and T. Zhang. 2012. *Generating Panorama Photos.* Palo Alto, CA: Hewlett-Packard Labs.

Draganfly. 2012. *DraganFlyerX8: Fire Investigation.* Retrieved January 31, 2012, from http://www.draganfly.com/uav-helicopter/draganflyer-x8/applications/government.php.

Eos. 2012. *Eos Systems: Imaging and Measurement Technology.* Retrieved January 31, 2012, from http://www.eossystems.com.

Faro. 2017. Retrieved May 6, 2017, from www.faro.com.

Faxitron. 2012. *Faxitron Bioptics: Forensic Analysis.* Retrieved January 31, 2012, from http://faxitron.com/scientific-industrial/forensics.html.

FBI. 1999. "Definitions and Guidelines for the Use of Imaging Technologies in the Criminal Justice System." *Forensic Science Communications* 1 (3).

———. 2004. "Scientific Working Group on Imaging Technology (SWGIT) References/Resources." *Forensic Science Communications* (March).

———. 2005. "Best Practices for Forensic Image Analysis." Forensic Science Communications. Vol 7, No. 4. Federal Bureau of Investigation, Washington, DC.

———. 2005. "Best Practices for Forensic Image Analysis." Forensic Science Communications. Vol 7, No. 4. Federal Bureau of Investigation, Washington, DC.

FLIR. 2012. *FLIR: The World Leader in Thermal Imaging.* Retrieved January 31, 2012, from http://www.flir.com/US/.

Forensics Source. 2012. *Crime Scene Documentation: Photo ID Cards.* Retrieved January 31, 2012, from http://www.forensicssource.com/ProductList.aspx?CategoryName=Crime-Scene-Documentation-Photo-ID-Cards.

Geiman, J. A., and J. M. Lord. 2011. "Systematic Analysis of Witness Statements for Fire Investigation." *Fire Technology*, 1–13, doi: 10.1007/s10694-010-0208-3.

GigaPan. 2012. *GigaPan Systems.* Retrieved January 31, 2012, from http://gigapan.org.

Golden. 2012. *Golden Engineering, Inc.: Manufacturer of Lightweight Portable X-Ray Machines.* Retrieved January 31, 2012, from http://www.goldenengineering.com.

Harris, E. C., ed. 2014. *Practices in Archaeological Stratigraphy.* Amsterdam: Elsevier.

Harris, E. C. 2016. *Harris Matrix.Com: Home of Archaeology's Premier Stratigraphy System.* Retrieved August 31, 2016, from http://www.harrismatrix.com.

Harrison, K. 2013. "The Application of Forensic Fire Investigation Techniques in the Archaeological Record." *Journal of Archaeological Science* 40 (2): 955–59. doi: http://dx.doi.org/10.1016/j.jas.2012.08.030.

Hewitt, Terry-Dawn. 1997. "A Primer on the Law of Spoliation of Evidence in Canada." *Fire & Arson Investigator* 48, no. 1 (September): 17–21.

Howard, J. 2010. *Practical HDRI: High Dynamic Range Imaging for Photographers.* 2nd ed. Santa Barbara, CA: Rocky Nook.

HTRI. 2012. *HTRI Forensics: The Cross-Technology Integration Specialists.* Retrieved January 31, 2012, from www.htriforensics.com.

Icove, D. J., and M. W. Dalton. 2008. "A Comprehensive Prosecution Report Format for Arson Cases." International Symposium on Fire Investigation Science and Technology, ISFI 2008, Cincinnati, OH, May 19–21, 2008.

Icove, D. J., and M. M. Gohar. 1980. "Fire Investigation Photography." In *Fire Investigation Handbook*, ed. F. L. Brannigan, R. G. Bright, and N. H. Jason. NBS Handbook 123. Washington, DC: National Bureau of Standards, US Department of Commerce.

Icove, D. J., and G. A. Haynes. 2007. "Guidelines for Conducting Peer Reviews of Complex Fire Investigations." Fire and Materials Conference, San Francisco, California, January 29–31, 2007. (Updated References, October 2, 2011)

Icove, D. J., J. R. Lally, L. K. Miller, and E. C. Harris. 2014. "The Use of the 'Harris Matrix' in Fire Scene Documentation." Paper presented at the International Symposium on Fire Investigation Science and Technology, College Park, MD, September 22–24, 2014.

Icove, D. J., H. E. Welborn, A. J. Vonarx, E. C. Adams, J. R. Lally, and T. G. Huff. 2006. "Scientific Investigation and Modeling of Prehistoric Structural Fires at Chevelon Pueblo." Paper presented at the International Symposium on Fire Investigation Science and Technology.

Icove, D. J., V. B. Wherry, and J. D. Schroeder. 1998. *Combating Arson-for-Profit: Advanced Techniques for Investigators.* 2nd ed. Columbus, OH: Battelle Press.

Ide, R. H. 1997. "Investigative Excavation at Fire Scenes." *Science & Justice* 37 (3): 210–2.

Infinite Jib. 2012. *Droidworkx Airframe Multi-rotor Helicopter.* Retrieved January 31, 2012, from http://www.infinitejib.com.

Innovxsys. 2012. *Olympus Inspection and Measurement Systems.* Retrieved January 31, 2012, from http://www.olympus-ims.com/en/innovx-xrf-xrd.

iPIX. 2012. *Minds-Eye-View, Inc.* Retrieved January 31, 2012, from http://www.ipix.com.

Karlsson, B., and J. G. Quintiere. 2000. *Enclosure Fire Dynamics.* Boca Raton, FL: CRC Press.

Kimball, C. 2012. *Fire Photographer Magazine.* Retrieved January 31, 2012, from http://firephotomagazine.com.

King, C. G., and J. I. Ebert. 2002. "Integrating Archaeology and Photogrammetry with Fire Investigation." *Fire Engineering* (February): 79.

Kodak. 1968. *Basic Police Photography.* Publication no. M77. Rochester, NY: Eastman Kodak Co.

Lally, J. R. 2006. "Prehistoric Arson Cases." *Fire and Arson Investigator*, pp. 22–24.

Leica. 2011. *Leica Geosystems Introduces NIST Traceable Targets for 3D Laser Scanning of Crime Scenes to Support ISO Accreditation.* Retrieved January 31, 2012, from www.leicageosystems.us/forensic.

———. 2012. *Leica Geosystems.* Retrieved January 31, 2012, from http://www.leicageosystems.us.

LeMay, J. 2002. "Using Scales in Photography." *Law Enforcement Technology* 29 (10): 142.

Lennard, C. 2007. "Fingerprint Detection: Current Capabilities." *Australian Journal of Forensic Sciences* 39 (2): 55–71, doi: 10.1080/00450610701650021.

Lentini, J. J., J. A. Dolan, and C. Cherry. 2000. "The Petroleum-Laced Background." *Journal of Forensic Science* 45 (5): 968–89.

Lipson, A. S. 2000. *Is It Admissible?* Costa Mesa, CA: James.

Madrzykowski, D., and W. D. Walton. 2004. "Cook County Administration Building Fire, October 17, 2003." *NIST SP 1021.* Gaithersburg, MD: National Institute of Standards and Technology.

Magellan. 2012. *Magellan Mobile Mapper CE.* Retrieved January 31, 2012, from http://www.magellangps.com.

Mamiya Leaf. 2012. *Mamiya Leaf Imaging, Ltd.* Retrieved January 31, 2012, from http://www.mamiyaleaf.com.

Mann, D. C., and N. D. Putaansuu. 2006. "Alternative Sampling Methods to Collect Ignitable Liquid Resides from Non-Porous Areas Such As Concrete." *Fire and Arson Investigator*, 57 (1): 43–46.

Mann, J., N. Nic Daéid, and A. Linacre. 2003. "An Investigation into the Persistence of DNA on Petrol Bombs." *Proceedings of the European Academy of Forensic Sciences*, Istanbul.

NBS. 1980. *Fire Investigation Handbook.* NBS Handbook 123, edited by F. L. Brannigan, R. G. Bright, and N. H. Jason. Washington, DC: National Bureau of Standards, US Department of Commerce.

NFPA. 1998. *NFPA 906: Guide for Fire Incident Field Notes.* Quincy, MA: National Fire Protection Association.

———. 2009. *NFPA 705: Recommended Practice for a Field Flame Test for Textiles and Films.* Quincy, MA: National Fire Protection Association.

———. 2012. *NFPA 170: Standard for Fire Safety and Emergency Symbols.* Quincy, MA: National Fire Protection Association.

———. 2014. *NFPA 1033: Standard for Professional Qualifications for Fire Investigator.* Quincy, MA: National Fire Protection Association.

———. 2017. *NFPA 921: Guide for Fire and Explosion Investigations.* Quincy, MA: National Fire Protection Association.

NIJ. 2000. "Fire and Arson Scene Evidence: A Guide for Public Safety Personnel." (O. o. J. Programs, Trans.) *Technical Working Group on Fire/Arson Scene Investigation (TWGFASI)* (pp. 48). Washington, DC: National Institute of Justice.

Nowlan, M., A. W. Stuart, G. J. Basara, and P. M. L. Sandercock. 2007. "Use of a Solid Absorbent and an Accelerant Detection Canine for the Detection of Ignitable Liquids Burned in a Structure Fire." *Journal of Forensic Sciences* 52 (3): 643–48, doi: 10.1111/j.1556-4029.2007.00408.x.

Olson, G. 2009. *Recovery of Human Remains in a Fatal Fire Setting Using Archaeological Methods.* Ottawa, Canada: Canadian Police Research Centre.

Panoscan. 2012. *Panoscan: A Breakthrough in Panoramic*

Capture. Retrieved January 31, 2012, from http://www.panoscan.com.

Peige, J. D., and C. E. Williams. 1977. *Photography for the Fire Service*. Oklahoma City, OK: Oklahoma State University.

Phase One. 2012. *Phase One IQ Photography*. Retrieved January 31, 2012, from http://www.phaseone.com.

Pichler, T., K. Nicolussi, G. Goldenberg, K. Hanke, K. Kovács, and A. Thurner. 2013. "Charcoal from a Prehistoric Copper Mine in the Austrian Alps: Dendrochronological and Dendrological Data, Demand for Wood and Forest Utilization." *Journal of Archaeological Science* 40(2): 992–1002. doi: http://dx.doi.org/10.1016/j.jas.2012.09.008.

PTGui. 2012. *PTGui: Create High Quality Panoramic Images*. Retrieved January 31, 2012, from http://www.ptgui.com.

QuickTime. 2012. *QuickTime 7*. Retrieved January 31, 2012, from http://www.apple.com/quicktime.

Rich, L. 2007. *Rooms to Go*. Personal communication.

Riegl. 2012. *Riegl Laser Measurement Systems*. Retrieved January 31, 2012, from http://www.riegl.com.

Roxio. 2012. *Roxio Creator 2011 Digital Media Suite*. Retrieved January 31, 2012, from http://www.roxio.com.

Saitoh, N., and S. Takeuchi. 2006. "Fluorescence Imaging of Petroleum Accelerants by Time-Resolved Spectroscopy with a Pulsed Nd-YAG Laser." *Forensic Science International* 163 (1–2): 38–50, doi: 10.1016/j.forsciint.2005.10.025.

Schmidt, C. W., and S. A. Symes, eds. 2008. *The Analysis of Burned Human Remains*. London: Academic Press.

Spheron. 2012. *Spheron VR Virtual Technologies*. Retrieved January 31, 2012, from http://www.spheron.com.

Stanley. 2012. *Stanley FatMax Electronic Distance Measuring Tool*. Retrieved January 31, 2012, from http://www.stanleytools.com.

Stauffer, E., J. A. Dolan, and R. Newman. 2008. *Fire Debris Analysis*. Boston, MA: Academic Press.

Stevick, G., J. Zicherman, D. Rondinone, and A. Sagle. 2011. "Failure Analysis and Prevention of Fires and Explosions with Plastic Gasoline Containers." *Journal of Failure Analysis and Prevention* 11(5): 455–65, doi: 10.1007/s11668-011-9462-z.

Svare, R. J. 1988. "Determining Fire Point-of-Origin and Progression by Examination of Damage in the Single Phase, Alternating Current Electrical System." Paper presented at the International Arson Investigation Delegation to the People's Republic of China and Hong Kong.

Sweeney, G. O., and P. R. Perdew. 2005. "Spoliation of Evidence: Responding to Fire Scene Destruction." *Illinois Bar Journal* 93 (July): 358–67.

SWGIT. 2002. *Guidelines for the Use of Imaging Technologies in the Criminal Justice System*. Version 2.3 2002.06.06. Hollywood, FL: International Association for Identification, Scientific Working Group on Imaging Technologies.

Tassios, T. P. 2002. "Monumental Fires." *Fire Technology* 38 (3): 11–17.

Thali, M. J., K. Yen, W. Schweitzer, P. Vock, C. Ozdoba, and R. Dirnhofer. 2003. "Into the Decomposed Body: Forensic Digital Autopsy Using Multislice-Computed Tomography." *Forensic Science International* 134 (2–3): 109–14, doi: 10.1016/s0379-0738(03)00137-3.

ThermoFisher. 2012. *ThermoFisher Scientific*. Retrieved January 31, 2012, from http://www.thermofisher.com.

3rd Tech. 2012. *3rdTech, Inc.: Advanced Imaging and 3D Products for Law Enforcement and Security Applications*. Retrieved January 30, 2012, from http://www.3rdtech.com.

Tontarski, K. L., K. A. Hoskins, T. G. Watkins, L. Brun-Conti, and A. L. Michaud. 2009. "Chemical Enhancement Techniques of Bloodstain Patterns and DNA Recovery After Fire Exposure." *Journal of Forensic Sciences* 54 (1): 37–48, doi: 10.1111/j.1556-4029.2008.00904.x.

Tontarski, R. E. 1985. "Using Absorbents to Collect Hydrocarbon Accelerants from Concrete." *Journal of Forensic Sciences* 30 (4): 1230–32.

Trimble. 2016. *Google SketchUp: 3D Modeling for Everyone*. Retrieved September 1, 2016, from http://www.sketchup.com.

Visio. 2012. *Microsoft Visio 2000 Crime Scenes Add-In Available for Download*. Retrieved January 31, 2012, from http://support.microsoft.com/kb/274454.

White, R. H., and M. A. Dietenberger. 2010. "Fire Safety of Wood Construction." Chap. 18 in *Wood Handbook*. Madison, WI: US Department of Agriculture, Forest Products Laboratory. Retrieved from http://www.fpl.fs.fed.us/documnts/fplgtr/fplgtr190.

Wilkinson, P. 2001. "Archaeological Survey Site Grids." *Practical Archaeology* 5 (Winter): 21–27.

Xerox. 2012. *PhaserMatch 4.0: Xerox Professional Color Matching*. Retrieved January 31, 2012, from http://www.office.xerox.com/latest/PMSDS-07.PDF.

Zarbeco. 2012. *Zarbeco: Portable and Powerful Digital Imaging Solutions*. Retrieved January 31, 2012, from http://www.zarbeco.com.

参考案例

Commonwealth of Pennsylvania v. Paul S. Camiolo, Montgomery County, No. 1233 of 1999.

Daubert v. Merrell Dow Pharmaceuticals Inc. 509 U.S. 579 (1993); 113 S. Ct. 2756, 215 L. Ed. 2d 469.

Daubert v. Merrell Dow Pharmaceuticals Inc. (Daubert II), 43 F.3d 1311, 1317 (9th Cir. 1995).

第七章

各种类型的火灾

关键术语

- 龟裂痕迹（alligatoring）
- 退火（annealing）
- 起火区域（area of origin）
- 转化区域（area of transition）
- 逆风蔓延（backing）
- 煅烧（calcination）
- 证据链 / 保管链（chain of evidence/ chain of custody）
- 炭化深度（char depth）
- 清洁燃烧（clean burn）
- 龟裂（crazing）
- 树冠蔓延（crowning）
- 滴落（drop-down）
- 火灾痕迹（fire patterns）

- 侧向蔓延（flanking）
- 重影痕迹（ghost marks）
- 热层高度（heat horizon）
- 高温板引燃 / 热表面引燃（hot-plate ignition /hot surface ignition）
- 热装置（hot set）
- 可燃液体（ignitable liquid）
- 受火特征（indicators）
- 爬梯可燃物（ladder fuels）
- 复燃（rekindle）
- 抢救财产（salvage）
- 烟气边界（smoke horizon）
- 斑点火灾（spot fires）
- 导火物（trailer）

目标

阅读本章后，应该学会：

掌握认定建筑、野外和车辆火灾的起火部位和起火原因的调查方法。

理解和熟悉用照相、绘图、证据收集与保存以及使用时间轴等系统记录火灾的现场的方法。

熟悉包括火灾蔓延和燃烧痕迹在内的一般火灾的行为规律。

明确调查建筑、野外和车辆火灾过程中的主要难点问题。

建筑、野外和车辆火灾的现场调查目的一样，即认定火灾的起火部位和起火原因。调查的关键内容包括以下几点：

火灾现场勘验。

物证的收集和保存。

通过照相、简图、绘图、证据收集等方式进行现场记录。

火灾现场重建。

对现有数据进行评估和分析，验证可能的假设。

认定起火部位和起火原因。

继Daubert案、Kumho Tire案、Benfield案等有关专家证人证言的可接受性和意见的判决后，法院希望使用科学方法开展调查。调查重点回答以下问题：

火灾从哪里开始？

火灾的起火原因是什么？（火是怎么着起来的？）

起火物和引燃方式是什么？什么物质被引燃？引火源是什么？起火物和引火源是怎么接触的？

火灾是意外发生的还是蓄意造成的？

如果火灾是蓄意造成的，动机是什么？

如果火灾是意外发生的，导致其起火或蔓延的因素是什么？

如果存在人员死亡，什么导致了死亡？是因为火灾快速蔓延，还是因为有毒烟气？其他人是怎么逃生的，为什么可以逃生？

消防设备或系统是如何减少损失的，如何失去保护财产的作用？

第一部分　总体原则

7.1
调查原则

在开展深入的调查之前，往往无法确定火灾的起火部位和起火原因，因此，对每个火灾现场开展调查时，都要首先将其视为刑事犯罪案件现场，对现场进行记录，对证据进行提取。放火嫌疑案件往往要到调查完成后，才能清晰地呈现出来，因此放火案件是最难办理的刑事案件之一。调查人员在证据收集、现场勘验和现场记录完成之前，不应对火灾的起火原因进行预判，应将火灾的起火原因视为原因不明。如果错误地做出无罪推定，就可能造成错误的诉讼发生。

调查人员掌握了常见可燃物燃烧及传热、火灾、火焰的动力学基本原理，就可以用这些原理分析涉及多种可燃物和各种建筑结构更加复杂的情况。

7.1.1　整体考虑

从责任的角度来看，事故火灾有可能产生深远的影响，而相关物证对于来自监管部门和保险行业的调查人员同样重要。[参见 ASTM E860（ASTM,2013a）、E1188

（ASTM,2011）和 E1459（ASTM,2013b）证据保存指南。］在民事案件中，同样要关注着举证妨碍的问题，其中证据对于认定起火原因来说至关重要，政府部门的调查人员不应对证据进行破坏或变动。

谨慎分析两个方面的问题：一是现场的保护问题；二是最初对在场人员和目击证人进行的现场处置问题，他们根据个人的观点陈述的事实应该被认真交叉检验和核实。从火灾发生开始，现场必须在消防部门或警察的监管之下，确保现场和证据的完好性。消防部门的责任是确保现场保护的连续性。如果现场监管已经解除，在正确提取证据之前，必须取得搜查证或所有者的许可。

在开始取证之前，调查人员乐意完成一项完整的调查工作是非常重要的。要知道，这可能需要多个小时的艰苦努力，有时也会达不到理想预期。直到调查完成，应始终对现场进行监管和控制。最高法院明确表示，在调查之前和调查期间，必须严格维护现场安全。调查人员必须系统而又彻底地勘验每起火灾，细致入微地观察各个细节。必须进行现场绘图和照相，保存记录现场形貌，以便后续在法庭核查。现场绘图和照片必须配有详细的笔录和详尽的报告，以便后期准确地进行现场重建。由于许多火灾涉嫌放火嫌疑，火灾调查人员必须对每个火灾现场进行详细勘验，寻找位置可疑的物品，即在不应出现的位置发现的物品或位置出现不正常的物品。由于许多建筑火灾都会造成严重破坏，因此对各个细节和"异常部位"细微之处的关注，可能就会在成功认定起火点和沮丧地认定为"原因不明"之间产生影响。

7.1.2 询问证人

虽然开展火灾调查是科学方法的应用，但获取证人证言也需要沟通交流的艺术。就像火灾一样，没有完全相同的两个目击证人。他们可能精神受到刺激或比较兴奋，可能乐于提供帮助，也可能故意刁难调查人员。调查人员必须掌握专业的技巧与方法，鼓励证人主动源源不断地提供信息，从而准确地绘制场景画面。明确火灾受害人真正的关注点，并对其做出合理反应，同时要关注和识别可疑行为。

调查人员应抱着审慎的态度，试着走访邻里，找到了解建筑、户主、在场人员和过往的人员，以及火灾的目击证人。调查人员应该确定谁最后离开建筑，什么时间离开的，最重要的是，楼里的家具和物品是什么，以及它们是如何摆放的。建筑内的可燃物品是对燃烧痕迹造成影响的最主要的单个因素，必须明确火灾前的火灾荷载情况。

火灾或爆炸初期阶段的群众证人，可以向调查人员提供通过其他渠道可能根本无法获得的有用信息，特别是火灾报警前已经出现大规模破坏的位置，或消防机构响应延迟的情况。他们的观察内容可能包括：发现火灾时，什么正在燃烧；在建筑的什么位置最先看到火焰或烟气；他们最初是如何察觉火灾发生的（爆炸、气味、玻璃破碎的声音、烟气或火灾报警等）；在火灾前他们察觉到的异常气味、声音、车辆或人员。进行询问时，如果现场没有被破坏，可以与目击证人一起，走到其所述的观察位置。有时，让目击证人还原位置和重走路线的过程，可能激发出其他记忆。通过询问证人，调查人员可以掌握最初情况，也就是起火时现场情况，这可能需要付出大量努力，但这是准确解释现场特征的关键一步。

7.1.3　询问消防员

由于灭火行动可能对建筑内部的火灾痕迹造成影响，因此调查人员应明确消防员进入建筑的部位，以及对火灾采取的灭火方式；到达现场时，门窗是处于开、关，还是锁闭的状态；进入通道是否被阻塞；门窗是否被阻挡而使其始终处于打开状态（为保持通风），如果是，如何进入的；在强行开门之前，是否有人试着锁门。必须记住，放火嫌疑人通常与盗窃或其他犯罪嫌疑人一样，选择相同路径进入建筑之中。火灾调查人员过度关注火灾及其造成的后果，有时会忽略像门锁、门框破坏，打破的窗户等强行进入痕迹。为辅助灭火行动，通过建筑的哪个部位进行了通风，是否使用了像正压通风这样的手段，这些操作都可能显著地影响火灾的发展过程、作用强度和持续时间，因此调查人员必须要注意到这些操作，以及对火灾的影响。

首先进入现场的消防员看到的情况，往往对于重建火灾现场非常重要：什么正在燃烧，什么没有着火；仅房间的一侧起火，只在地板处、在天花板上，还是所有物品都已起火（如：是否是轰燃后）；是不是烟气浓度过大而无法辨识。越来越多的部门使用了热成像摄像机，这些影像信息可以帮助确定火灾中温度最高的部位。随着防护服和自给式呼吸器（SCBA）的使用，消防员对温度和气味的察觉往往受到限制，因此这样视觉观察是最重要的。如果可以从无线电日志或其他单位的到达时间确定进入的时间，则可以建立可靠的时间轴，至少可以从此时间点跟踪火灾的发展。还应询问消防员他们是否使用汽油动力设备或工具，是否加过油，采取的预防措施，以及使用的位置及加油情况。

还可以从消防员那里得知天气状况（风、温度、湿度）和基础设施情况。是否配有燃气、电力、电话和有线电视，谁将它们断开的，是否有居民或目击人员与消防员交谈，他们就火灾、建筑、内部物品，以及建筑周边人的近期活动都说了些什么，消防员得知的全部信息加上他们自己看到的，往往可以为整个调查提供关键信息。获取信息的细节，与其他证人的叙述进行比较，并做出准确的评估和记录，这就是所谓的技巧，这样才能正确地得出结论。现如今许多消防部门要求每名消防员提交一份任务报告，对其所见所做进行记录。

7.1.4　火灾痕迹

烟尘、高温气体、热量和火焰作用于物质表面，形成火灾痕迹，调查人员利用火灾痕迹，通过过程的逆向推导，了解火灾的发生发展过程，认定火灾的起火区域（area of origin）。火灾痕迹反映了作用强度和持续时间。这些作用通常可以分为以下几类：

- 表面附着（对基材不会产生不可逆的影响）。
- 表面热作用——烧焦或熔化、变色。
- 炭化——表面炭化。
- 烧穿——表面下炭化。
- 缺失——物质完全炭化或发生实质性毁坏。

如果调查人员没有观察到表面受到热作用的情况，可知此表面未受到足够的热量作用，没有发生化学变化。通常来说，看到的变化反映了作用热流的强度，即热流强度越高，表面温度越高（当然，取决于表面的热惯性）。一般来说，发生变化的深度越深，作用时间越长，热流强度越大（受热作用的表面温度越高），热量至物质的传递速度越快。调查人员所观察到的火场整体破坏情况是作用强度和持续时间二者综合作用的结果，因此必须同时考虑到这两方面。

7.1.5 追溯火灾的发展过程

火灾现场往往被严重烧毁，因此，调查人员只能从当前现场还原火灾发展过程，找到起火点。除了例外情况，无论多大的火灾，都是从小火苗发展起来的，如：火柴、蜡烛、打火机或各种类型的火花。调查人员通常要确定引火源的位置和种类，从而认定起火原因，但是起火物为易燃气体或蒸气的火灾是例外情况。

以下是分析火灾行为的主要原理：

- 热烟气（包括火焰在内）比周围空气要轻得多，因此要上升。在没有强风或天花板等障碍物改变其流动路线的情况下，烟气和高温气体总是向上流动。

- 由于传热是通过上升的火羽流进行，火灾向上蔓延的速度比水平或向下蔓延的速度快。有时因为热辐射和掉落物的因素，火焰可能向下蔓延。

- 火灾能引燃其蔓延路径中的可燃物，从而增大火灾作用范围和强度。火灾强度越大（热释放速率越高），火势增长和蔓延速度越快。

- 如果初期火焰周围没有过多可燃物，无法通过对流或辐射方式引燃其他可燃物，或者是初期火焰太小，无法产生引燃周围可燃物的足够热量，那么火焰只能限于局部，往往自行熄灭。火羽流足够大时，到达房间的天花板，可能引发房间内的全面燃烧，因为这种情况下，火源处产生的烟气及其周围的火羽流将源源不断进入室内上方的烟气层，从而补充顶部热烟气层由于与空气混合或向外辐射造成的热量损失。顶部热烟气层温度会越来越高，并有可能达到临界温度（标准房间约为600℃或1150℉），从而引发室内轰燃或全面燃烧。

- 房间或建筑的火灾荷载对火灾发展有重要影响。火灾荷载不仅来自建筑本体，还来自建筑内部的家具和物品，以及墙壁、地板和天花板上的覆盖物等可燃物。并且，建筑自身的可燃物还将为火灾蔓延提供途径和方向。调查人员在分析室内火灾的蔓延过程时，必须查清室内存放的可燃物以及可燃物的位置。可燃物的化学性质及其物理状态能影响其可燃性能及热释放速率。在火场重建过程中，火灾荷载不仅包括可燃物燃烧所释放的总的焦耳热或 Btu 值，还包括其热释放速率。

- 空气气流使火焰发生偏转，遇水平面阻碍时（烟气）垂直向上传播以及火焰辐射热引燃附近物质的表面，都可能造成火灾或烟气向上蔓延趋势的变化。如果火势蔓延至新的区域，此区域恰好存在可燃物，随后将引燃可燃物并造成火势进一步蔓延。

- 当火势遇到类似烟囱的结构时，垂直向上蔓延将会增强。楼梯、电梯、公共竖井、通风管道、墙壁内部和空心支柱都能为火焰提供开口。因为通风效果得到了强化，火势发展将更加猛烈。

- 只要存在适合的可燃物，火势就会向下蔓延。火焰将沿着固体可燃物向下蔓延，但是速度要比向上蔓延慢得多。可燃墙面覆盖物，尤其是装饰面板，将会使火势向外蔓延的同时也向下蔓延。屋顶覆盖物、窗帘和灯具燃烧时部分可燃物可能滴落至下方，引起的新的火灾，称为坠落或滴落（drop-down）火灾。新的起火区域将快速地连接到上方主体燃烧区域。滚燃或高温烟气层产生的热辐射也可以引燃一定距离内的地面覆盖物、家具和墙壁，并产生新的火灾燃烧区域。由此产生的火灾痕迹可能很难解释，一旦遇到，调查人员必须记住，要明确存在的可燃物是什么，要从可能的热释放速率出发，分析可燃物燃烧对现场痕迹产生的影响。

- 灭火行动可能加速火灾蔓延。正压送风排烟（PPV）或对火头展开的主动射流进攻，可能使火头退回并发展至其他区域（可能是并未过火区域），并且造成火势向下的蔓延，甚至蔓延至门、柜等障碍物的下部。调查人员必须记录下这些反常的情况，并向当时灭火的消防员进行核实。

- 火灾非常类似于流体，倾向于穿过房间或建筑进行流动，可以沿着笔直的通道向上流动，也可以绕过障碍物向外流动。

- 就像可燃物的分布会对火灾发展蔓延造成影响一样，敞开的门、窗或通风开口的自然通风，以及热量、通风、空调系统（HVAC）或正压送风排烟（PPV）的强制通风，都可能对火灾发展和蔓延造成影响。应该对所有的通风情况进行记录。

- 如果室内火势足够大，热烟气产生量高于开口溢出量，热量高于热辐射和热对流损失量，热烟气层可以达到其临界强度（产生的辐射热流量＞20kW/m²）。正如1985年Bradford足球场火灾（英国），当火灾变得足够大时，即使是一个三面开口的房间都会发生轰燃。

- 在轰燃发生后的房间，通风口附近火灾强度往往是最大的。因此，在新鲜空气进入房间的门口、窗户或其他开口处，会更快地出现火灾破坏，甚至能够造成开口对面墙壁破坏。

- 火灾对物体的整体破坏，既是热量作用于物体的结果，也是持续时间作用的结果（在火灾中热作用强度存在着很大差别，所有的热作用不可能同时发生）。

7.1.6 对火灾调查人员的影响

火灾调查和认定起火点的火灾痕迹重建是基于火灾产生的破坏痕迹在很大程度上是可以预测的这样一个事实。通过对燃烧特性、传热方式和常见火灾行为的了解，调查人员可以自信地开展现场勘验，发现相关痕迹。通过对每个痕迹特征进行单独的蔓延方向、热作用强度和时间、与起火点相关的信息分析，调查人员可以逐渐了解火灾的发展情况。

在火灾中形成的每一个痕迹，都要受到房间或建筑结构、可燃物供给情况以及通风条件的影响。由于火焰向上蔓延，因此最常见的火灾破坏形状是圆锥形，引火源位于圆锥的尖底部位。这个部位可能就是起火点，火灾从这里开始，并由此向外蔓延。在此部位存在的障碍物或可燃物，将使该痕迹发生变化。因此，复杂的布局将使建筑内部火灾产生比其他类型火灾更复杂的痕迹。

调查人员的任务就是识别起火部位（火灾最先开始的部位或空间），对此处进行勘验确定引火源，识别起火部位处的起火物，有时需要用排除的方式进行确定，从而建立起火物和引火源之间的因果关系。如果调查人员无法确定最初被引燃的可燃物、具有引燃能力的引火源，以及使得可燃物与引火源发生作用的环境条件，则无法最终确定起火原因。这一认定并不受限于可燃物和引火源残留物的识别，而是取决于已知的火灾行为和破坏的假设检验结果。

7.1.7　分析与检验假设

调查人员应当注意，对任何火灾的起火部位和起火原因都不要进行预判。火灾现场调查就是为了认定起火点（火灾最先开始的部位）以及起火原因（起火点处什么起火，什么引燃了可燃物）。对现场特征进行仔细勘验，即使是无法准确认定起火点，至少可以准确认定起火区域，建立火灾蔓延方向、燃烧强度和持续时间的假设。如果连大体起火区域或起火部位都无法准确认定，那么就无法对引火源进行可靠的判定。

在起火点附近，起火物和可能的引火源都应该被确定存在。调查人员必须根据掌握的主要可燃物的位置和数量的情况，以及相关的火灾动力学理论，明确并了解从起火物与引火源发生作用到火灾蔓延等一系列事件的经过。现场可见的破坏量必须要与可燃物预计的热释放速率相符。

科学方法要求，要对所有合理的可能假设进行分析评估；用试验数据、现场证据或证人证言进行检验；对假设进行排除，并证明最后结论的可靠性。还需要确保所有用于检验的信息都得到收集和记录。

即使在没有发现放火用具的情况下，也可以从逻辑上排除起火点处所有意外火灾的可能，证明放火火灾的发生。这种方法有时称为排除认定，对于放火案件来说，完整认定依据包括：发生火灾的事实、放火行为的事实、没有意外火灾的发生。但排除认定这一术语没有公认的定义，它暗指犯罪（或事件）主体未被证明。这并不是说，可以允许因为破坏过于严重或发生事故的源头无法认定，而简单地认定放火犯罪案件。有些调查人员将排除认定作为笼统用词，用于证明疑难案件，然而只有在最特殊的情况下，才能使用此种方法。因为有些法庭认可排除认定的案件，有些法庭则不认可，所以调查人员在办理这种案件时，要提前与当地的检察官协商沟通。

严谨的调查人员排除其他火灾解释的时候，也要分析所有可能的火灾解释，无论是物证还是证人证言，都要对证据进行分析评估。使用 Bilancia 引燃矩阵对最初可能发生的火灾和引火源进行分析。这种分析和对其他解释的排除是火灾调查科学方法的主要内容之一。

包含火灾数值模拟在内的深入工程分析，可能有助于假设的检验和排除。如果无法排除其他火灾原因解释，将通过收集现场信息、研究和实验等其他信息的方式，对每个假设的能量、时间或情况进行分类。根据进一步收集的信息数据，有可能排除其他假设，更容易得出最终的结论。如果这种科学推理和分析被证明是合理的，在起火物和引火源无法被有效证明的情况下，可以使用此种推理的方法，用来替代排除认定，术语可表述为肯定排除。

每起火灾的起火原因不可能一一查明。根据建筑结构损坏的程度，可能没有足够的信息来准确地认定实际的起火原因。如果所有可能的解释都无法排除，那么专业调查人员必须认识到自身能力的局限性，以及掌握证据的局限性，并意识到此时可以将起火原因认定为原因不明。

7.2
共性问题

7.2.1 被保护区域

被保护区域（例如：未过火的区域）有时同烧毁炭化非常严重的部位一样重要。被设备、家具或垃圾桶遮挡保护的区域，可为火灾调查人员提供以下帮助：

① 确定物体的位置；

② 确定物体的大概类型。

例如，盛装液体助燃剂的桶（或者烟头引燃其内部物品的金属垃圾桶）可能位于火灾现场的地板上，并且受到其保护的区域就可以证明其所在的位置。被保护区域的轮廓线，通常与物体底座的大小和形状完全吻合，通过对比就可以简单地认定此处可能存在的物品。

火焰或辐射作用时间较长的部位，往往是破坏最严重的部位。因为火焰向上蔓延，地板不会像其他可燃物那样受到实际火焰的严重破坏。在多数情况下，地板的炭化是热辐射作用形成的，但是经常可以看到周围全是被破坏区域，地板处却完好无损（Sanderson,2001）。这些区域往往有明确的形状（例如圆形或长方形），都可以清晰地显示发生火灾时物体放置在地板上的位置，如图7-1所示。该物体可能是可燃的，显示的痕迹特征与不可燃物品一样。硬纸板箱常会对其下方的地板进行保护，因为硬纸板箱的底部通风不畅，即使是纸箱其余部分均已烧毁，其底部也不会很好地燃烧。

图7-1 地毯上的被保护区域显示火灾中家具所在的位置
资料来源：Jamie Novak, Novak Investigations and St. Paul Fire Dept

在发生轰燃的火灾中，地板上的被保护区域可以说明火灾后发生移动的家具或尸体的位置，甚至可以说明火灾后期发生燃烧的可燃物，如纸或纸板，如图7-2和图7-3所示。在灭火或清理火场时，这些物体常常被变动位置，偶尔会保留在原始位置。当发现未被破坏的区域时，调查人员应当明确保护地板的物品是什么，这个物品现在哪里。在灭火或清理火场过程中，物体时常发生位置的改变，但有时在火灾后，犯罪嫌疑人可能将容器残留物或延迟装置带离火灾现场。因此，在调查完成之前，保护现场防止人员进入是非常重要的。

图 7-2　将火灾设置在右后角的立方体房屋实验
资料来源：David J. Icove, University of Tennessee

图 7-3　图 7-2 中火灾实验灭火后。注意椅子和前面报纸下面的被保护区域
资料来源：David J. Icove, University of Tennessee

在火灾中，金属垃圾桶或垃圾筐可能形成被保护区域，如果桶内没有什么可燃物或火灾长时间作用，火焰可能烧毁桶的底部，并造成下部地板炭化变色。多数情况下，容器底部将保护其下方区域，保留其生产制造信息。如果周围地板出现变色或烧焦，就可以准确地确定它的位置。从塑料垃圾桶内部最先起火，将导致垃圾桶四周的均匀塌陷。如果火焰从外部烧垃圾桶，往往使其发生不对称熔化（面向火焰来向的一侧熔化更严重）。

通过勘验垃圾桶附近的物品摆放情况和该区域的火灾蔓延情况，调查人员可以确定火灾的引火源来自该垃圾桶，或将其排除。如果不知道垃圾桶的确切位置，很难或不可能做出上述判断。通常情况下，在引火源上方的墙面上将出现扇形的炭化痕迹，其位置靠下的边界位于垃圾桶的高度。这种情况往往是证明垃圾桶是火灾起火点的最好证据。当塑料汽油容器在火灾中被引燃时，是从上往下燃烧或熔化的。如果容器内部仍有液体可燃物，可燃物将存在于容器塌陷或褶皱的部位。倾覆容器烧毁残留物，将有残留的液体倒出，或可见或可被听见。

对墙壁被保护区域的仔细勘验，将为认定起火原因、起火部位和火势蔓延提供证据线索。现场缺失的一件家具，其位置通常可以通过墙面的被保护区域进行确定，如图7-4和图7-5所示。有时在家具燃烧和倒塌的位置，可以看到与被保护区域相反的痕迹：它不但没有保护后面的墙，反而加剧了火灾对墙面的破坏。这种保护区域痕迹并不一定有助于确定家具的位置，因为边缘的分界线已模糊不清，但此痕迹与普通火灾痕迹一起，有时可以为认定起火部位提供参考。地板的局部烧穿痕迹往往是由于可燃的家具长期燃烧造成的。

有时，也可以同时看到这两种痕迹一起出现。当一件家具着火时，它可能对其后面的墙壁进行保护，也可能加剧火势，造成家具两侧及上部的墙面被严重破坏。当怀疑家具最先起火时，这种破坏痕迹是非常重要的。特别重要的一点是，弄清楚怀疑起火的家具是何时起的火。即使是没有局部可燃物的情况，通风效应也可能造成低位燃烧发生。

图 7-4　在露台上发生的火灾（保证了充足的通风），并经过了轰燃，在抹灰墙上可以清楚地看到完全毁坏的沙发轮廓（可能是起火点）
资料来源：Derrick Fire Investigations

图 7-5　左墙上的被保护区域显示火灾发生时有一个床垫在那里。右侧墙体破坏区域和床垫靠前的破坏区域，说明床垫在灭火过程中被掀掉
资料来源：Jamie Novak, Novak Investigations and St. Paul Fire Dept

7.2.2　公共设施

火灾发生后，应始终进行检查和记录向建筑内提供服务的公共设施，当公共设施公司就火灾情况做出响应，切断燃气和电力供应（确保现场调查人员的安全）后，应要求他们对公共设施进行分析评估，查看是否有篡改、分流、损坏或故障的迹象特征。调查人员应确定现场中电源、煤气、电话、有线电视的切断时间和切断人员。有时，一起精心策划的火灾，由于建筑被烧毁前几天，业主关闭了高价基础设备而露出蛛丝马迹。

7.2.3　电气故障引火源

在烧毁的建筑中，检查电气系统的完好性，往往是整个勘验过程中最令人痛苦的部分。导线、线管和固定装置的残骸常常散落在整个瓦砾废墟中。这包括：公共设备、家用电器和电气线路，其中包括固定电线和电源线。电线通常是没有绝缘皮的，因为在火灾中绝缘皮已经被烧掉。最常见的是铜质导线，受热后易发生氧化形成氧化铜，在勘验导线时，变暗变脆的导线非常难处理。

在电气火灾调查过程中，最重要的不是寻找大堆的烧损电线，而是发现发生局部熔化的铜导线。这些熔痕最可能发生在开关、插座和类似的连接处，以及保险箱内。在这些部位，通常可以发现带有圆形熔化端头的电线，这表明曾有电弧发生，几乎可以肯定是短路造成的。如果此处存在大量熔断痕，那么此处不太可能是起火部位，而是在火灾中距离断路器或保险箱较远的电线绝缘层失效，诱发短路故障发生，并且是断路器发生故障未切断电流导致的。

当电气线路只有一处严重熔化，而其他部位较为完好时，可高度怀疑此单独的熔化部位是可能的引火源。正常来说，此种情况下，保险丝将会熔断或断路保护器将会断开，表明发生了短路，并触发了安全保护装置。在火灾发生之前，保护装置会对直接短路做出响应，并切断电力供应。另外，连接电阻过大无法产生足够大的电流，触发保护装置动作，从而长时间产生高热量。相较于瞬时短路电弧，此类长时间作用的热源引燃普通可燃物的可能性更大。对保险箱和配电盘进行勘验，确定电路是否跳闸，有助于排除造成其断开的区域和线路。

金属套管内的导线很少发生短路，除非外部火焰对套管进行充分加热，造成导线绝缘层炭化。不管什么原因导致套管内部发生短路，必然形成高温短路点，从内部将套管击穿，并且引起火灾，此类事故不是没有发生过 [未设置保护的电路，大功率电器（＞40A），过流保护器故障，或第三相连接]。引发火灾需要的是套管本身被加热。有种罕见的情况是，接触套管的可燃物，被加热到其燃点温度，而导致火灾发生。实际上金属套管的高导热性是一个很好的保护，可以防止套管内的导线引发火灾。

套管连接处的锌压铸件熔点较低，在套管周围火灾的作用下将会发生熔化。火灾的高温也可能造成绝缘层脱落，以致熔化的锌接触到铜芯。当此情况发生时，锌和铜就形成黄铜。在之前导线未发生连接的部位，熔化的锌或形成的黄铜可能导致短路的发生。这种情况不是火灾的起火原因，而是外部火灾作用的结果。套管内黄铜的存在以及黄铜从套管破裂处溢出，都是说明外部火灾作用导致其发生熔化的有力证据。

7.2.4　电弧路径图

在火灾现场的电气线路中，绘制电弧发生的位置关系图，有助于对可能的起火部位假设进行检验。电弧路径图可添加在其他标记图上。如果涉及的电路可以追溯到电源端，则离电源端最远的电弧故障点（导致过电流保护装置跳闸或导致导线断路）可能距离起火部位最近。理论前提是导线受到同样火灾作用。相较于火灾中的导线，隐藏在墙壁中的导线受影响要晚得多。电弧路径图并不是用来认定电气故障引发火灾的，而是作为认定起火部位的一个依据。有关电弧路径图的详细介绍，请参阅 NFPA 921 最新版本中 9.11.7（NFPA，2017）。

7.2.5　器具状态

引起火灾的器具外观与火灾中受到热破坏的器具不同，但是其中的区别很难被发现。所有的器具受到外部火烧作用，其表面瓷漆被引燃，钢板发生变色和氧化，或者发生扭曲变形。如果火灾发生在器具的外部，无论它受到何种程度的损坏，与周围墙面、家具和器具上的火灾痕迹具有一致性，至少在燃烧程度上是一致的。如果箱体或外壳不可燃，则器具从内部发生损坏的可能性要小得多。如果器具着火，其内部的损坏程度要比外部的大，往往呈现局部破坏或局部烧损痕迹，与普通破坏痕迹截然不同。由于火灾很容易被归咎于烤箱故障或炉子失控，因此有时在此类器具附近实施放火，可能让调查人员产生错误认知。

在多数此类案件中，放火嫌疑人将易燃液体泼洒到器具周围和下面，然后将其点燃。在这种情况下，液体通常要流淌到器具下面，形成器具自身燃烧不可能产生的低位燃烧。燃气设备和壁炉引起的火灾，通常发生在可燃物底线以上，而不是地面以下部位。低于可燃物支撑层的燃烧可能是由于供气或炉膛故障、缺陷或安装不当造成的。在有些情况下，因为高温物质通过炉膛缝隙掉落到可燃地板上，壁炉、火炉或加热器下方可能出现地板烧透的情况。如果没有器具自身的明显严重破坏，对于器具引发的火灾来说，地板层面的烧毁是不正常的。

调查人员需要确定器具是否有缺陷，加热类设备使用不当的情况，这些都可能引起火灾发生，器具附近发生的火灾都应怀疑可能是由该器具引起的，并进行细致入微的调查。可以使用便携式 X 射线透视系统（如防爆小队所用的），对现场的器具和连接进行勘验。这样的勘验可以揭示有用信息，而且不必对物证进行破坏性拆解。

通常与器具相关的失火火灾，其中一个原因是木材表面长时间受热，形成"自身发热的炭化物"。调查人员应该考虑此种可能性，只要木材受到中等高温的作用（超过 105℃左右），并且无通风或通风受限，就会发生上述情况。温度越低，形成足够量的此种炭化物所需的时间越长，其形成的可能性就越小。木材在 300℃长时间作用下，炭化层典型特征是表面平整、呈暗灰色、整体凹陷。应进一步勘验是否完全炭化，且比火灾环境作用更为严重的炭化物。大型木质构件可能需要数月或数年时间，才能完全形成此类炭化物并发生自身发热现象而引发火灾。灭火后长时间的阴燃也能产生严重破坏。

7.2.6　废弃物

在火灾现场发现的成堆废弃物，可以为调查提供信息，因为它们可能是引火源，特别是其泼洒上液体助燃剂后。然而，它们也可能被意外引燃。在认定是放火嫌疑人使用废弃物实施放火前，必须要考虑这两种可能性。如果液体助燃剂泼洒到废弃物上，有些液体是可以被发现并被识别出来的，这将是放火犯罪的有力证据。当废物堆看着像起火点或可能是火灾的起火点时，寻找放火现场的易燃液体同寻找失火火灾的引火源等线索同样重要。

7.2.7　监控系统分布图

在设有火灾报警或喷淋保护系统的大型空间或建筑中，调查人员应在建筑布局图中，记录火灾中触发的探测器或喷淋头的位置。这张图可以显示出火势最猛烈的阶段（可能不是最初阶段）。根据各个监测点反应的时间，可以重建火灾蔓延的路径。许多报警系统都有数据芯片，可以在火灾后读取，得知连接系统的动作时间和各种警报动作的顺序。当联系上消防警报公司后，警报公司可以提供关于警报设置、功能和历史的信息。

应对喷淋系统及其连接情况进行勘验和记录，并形成文件记录。火灾调查人员应熟悉各个系统组件，可识别出改动过或发生故障的情况。

7.2.8　外来火源

建筑内火灾并不一定总是源自建筑内部。建筑火灾可能由以下方式引发：
- 通过邻近建筑的辐射热或燃烧着的残骸引起火灾蔓延；
- 建筑外部的草地或灌木丛引发火灾；
- 失去控制的垃圾堆引发火灾；
- 在建筑旁边、门廊下方或门周边，通过引燃废弃物或助燃剂放火。

火灾最初发生在建筑外围，可能只作用到建筑外表面而没有蔓延至建筑内部。此种火灾的痕迹很明显，起火原因也很容易认定。然而，可能存在特殊情况。例如，一扇打开的门或窗，如果有风的作用和从周围火灾飞来的燃烧着的残骸，可能出现建筑外部没有着火，而内部起火的情况。按照传统的方法，可以在建筑内部找到此火灾的起火点。附近的大火放出辐射热，在引燃建筑外墙之前，可能通过门窗将建筑内部引燃。在这种情况下，认定原因就要证明附近火灾、风和开口的存在，并且排除其他可能的内部原因。这些种类的火灾不常见，但对调查人员来说具有相当大的难度，因为他们要在报告中提及证人和消防员所述的多个可能的起火部位，并要进行一一认定排除。

7.2.9　屋顶和阁楼火灾

空中掉落的燃烧物质，如树枝，落在可燃的屋顶之上，就会出现比较常见的一种外部火源造成火灾蔓延的情况。易受到此类火灾威胁的是被灌木或树木围绕的居民区，并对其造成严重破坏，常见于加利福尼亚州的圣迭戈、圣贝纳迪诺、奥兰治和洛杉矶。1991年，极具破坏性的奥克兰山火，就是通过此种火灾蔓延方式，在一天之内烧毁了2500所房屋和500套公寓。调查人员必须根据周围条件和环境，考虑火灾的点与点之间传播方式的变化。

在住宅中，屋顶被烧毁或阁楼与屋顶同时发生火灾，这并不多见。出于这个原因，阁楼和屋顶发生的火灾经常被混淆，并可能导致错误的解释。屋顶着火和阁楼着火在过程上是完全不同的。在这两种情况下，如果低位没有过火，可认为火灾不是屋顶起火，就是阁楼起火，但是很难准确认定是哪一个。

阁楼火灾是从屋顶下开始的，通常屋顶下的火灾蔓延将导致整个屋顶燃烧。因此，很可能造成整个屋顶烧毁，要么大面积过火破坏。大面积的过火破坏是这种阁楼火灾的典型特征。

相反，屋顶火灾一定是从外部引燃的，否则就会同阁楼火灾一样蔓延。烟囱的火星等类似飞火，都可能引燃屋顶上的树叶碎片、盖板，导致室外火灾发生。此类火灾通常在倾斜屋顶上形成倒锥形痕迹，最终穿透屋顶蔓延至下方阁楼。在这一点上，阁楼火灾和屋顶火灾之间的区别非常明显。最先烧穿屋顶形成的洞，成为火灾的通风开口，使空气通过洞向上流动，往往限制了火灾向外及向周围屋顶的蔓延。通过此处，将使空气从阁楼处向火焰流动，有时这足以阻止火灾的二次蔓延，使火灾发展成为阁楼火灾。虽然在陡峭的屋顶处，屋顶火灾可能沿着内部斜切面向上蔓延，但通常情况下，屋顶火灾的主要燃烧是在屋顶外部，不会在其下方。当然，如果屋顶过火面积达到一定程度，发生建筑垮塌将导致火灾向下蔓延至下方室内，最终造成整个房屋的烧毁。

在阁楼火灾中，在屋顶被破坏之前，几乎总会在整个屋顶下方发生较大规模的燃烧。由于向上通风受限，火灾的横向蔓延是不可避免的。在可燃屋顶组件（胶合板或木格）下表面的火灾，蔓延速度非常快，并且难以扑救。在屋顶上挖一个洞，对下方的火灾进行通风，因为火焰通过洞口的狭窄空间，使得火势可以得到更好的控制。如图 7-6 所示，为典型阁楼火灾发生后，天花板格栅从上至下的燃烧情况。

虽然屋顶和阁楼火灾的破坏可能差别不太明显，但调查结果明显不同，因为屋顶火灾是由外部着火引起的，而阁楼火灾是由建筑内部着火引起的。

图 7-6　在此起阁楼火灾中，天花板格栅呈现出典型的自上而下的燃烧特征，下方老旧物品并没有被烧毁
资料来源：Greg Lampkin, Knox County Sheriff's Office, Tennessee, Fire Investigation Unit

7.2.10　时间轴

每一场火灾都有一个生命周期，即从引火源最初接触到起火物的时间到灭火结束的时间。这个周期的时间轴由以下时间要素确定：

① 引燃时间；
② 初期火灾持续时间；
③ 发现火灾时间；
④ 灭火时间。

引火源的性质和起火物的性质决定着引燃时间和初始火灾情况。可燃物种类及其分布，加上通风情况，影响着火灾的发展。作为假设检验的一部分，可以从已有的研究或具体实验中得到这些要素的相关数据，也可以从过往的案例中得到。

就像本书中关于现场记录的建模数据那样，建立的时间轴包括：

① 硬时间，即直接或间接与准确可靠的时钟或定时设备相对应的时间；
② 软时间，即与人最后离开的时间、报警设置或动作时间、证人看到的时间、拨打 119 电话的时间、到达现场的时间、火势得到控制或熄灭的时间等相关的时间。

软时间是证人对时钟时间或持续时间的估计，或通过已知火灾行为的工程分析得到的。时间轴可以验证和排除某些场景，如：丢弃烟头的发烟自热过程或瞬间起火过程，并提出其他可能出现的场景。时间轴的成功使用取决于调查人员对所有火灾事件时间因素的认知。可以根据消防人员或警察的调度记录、911电话、安全视频监控、手机、警察、消防车或公共交通的行车记录仪等，对时间轴进行重建。

7.3
提取和保存证据

应建立一套完整的火灾现场证据箱，适用于所有火灾现场。简而言之，证据箱有若干个空格，用于存放各种物证和提取物证所需的工具。证据的识别、提取和保存都遵循简单的常识规则。保存证据意味着，保存它直到其到达实验室或法庭。保存前要进行恰当的收集和包装，证据不能因蒸发、破碎、损坏或污染而改变属性，同时应分析提取证据的局限性，并进行相应的合理包装。

如果调查人员怀疑它是挥发性液体，不希望其蒸发，应用密封瓶或罐对其进行包装，确保其处于低温和密封状态。如果是有机物，即血液、人体组织、土壤或毛发，调查人员应不让其因发霉而发生分解。调查人员可以让这些物质在室温下保持干燥通风，用洁净的纸质容器进行包装，保持低温干燥，使这些物质将处于完好状态。对于易碎物品，应将其装入合适的容器内，并亲手送至实验室，以免造成再次破损。易丢失或被污染的微量物证，最好将其放置于洁净的大小适中的瓶内，并做好密封。应该提取起火点处的地板覆盖物作为比对样品（最好是在未被火灾破坏的区域），不仅可以帮助实验室分析挥发性物质，同时可以为现场重建提供房间中地毯或衬垫的火灾荷载数据，以及地毯或衬垫对火灾蔓延产生的影响。

表7-1中，列出了常见证据的类型和提取保存方法。ASTM E1188 和 E1459 是关于证据提取的指南。

表7-1 证据的提取和保存

证据类型	所需样品量	保存方法	注意事项
票据、信件和其他文件	全部	置于马尼拉信封中；不要折叠；包好	请勿裸手处理
含有助燃剂的燃烧残留物	全部	密封在干净的油漆金属罐、Kapak 或尼龙袋、玻璃罐中；填装量不超容器容积的 3/4	贴上提取位置和提取人的信息标签；低温储存
易燃液体	全部（至少 500mL）	密封在玻璃瓶、酚醛树脂或金属盖并带有尼龙衬里的广口瓶，以及金属罐中	请勿使用橡胶塞或带橡胶密封垫的广口瓶；不要使用塑料瓶
炭化或烧毁的纸张或纸板	全部	松散地放在柔软的棉布上；亲手送至实验室	装入刚性容器中；标记为"易碎"；不要做喷漆或其他表面处理

证据类型	所需样品量	保存方法	注意事项
衣物	全部	直接在腰带、口袋或大衣领的布料上填写姓名首字母和日期；装入洁净的纸袋中；用纸分别将每件衣服包好；不要使用塑料袋包装；包装外部说明物品性质、提取日期和提取人姓名	如果衣物被水或血液浸湿，在包装前应在空气中晾干，以防腐败。应折叠整齐，并在夹层之间放置洁净纸张，如果条件允许，应冷藏。如果含有可燃液体残留物，应将其密封在金属罐或 Kapak 袋中，如果条件允许，应冷冻
毛发和纤维	所有松散的头发或纤维。对比样品：来自不同部位的 10～20 束浓密阴毛或头毛	药盒、纸信封或纸、玻璃纸或塑料袋包裹；仔细密封	在容器外面粘贴标签：标记物质的种类、发现的部位、提取时间、调查人员的姓名
油漆碎片	至少 100mm² （1/2in²）薄片；如果承载物面积小，整个提取	药盒、纸袋或信封；仔细密封	应在过渡转化区外提取对比样品
土壤	至少 25g （1oz）	塑料袋或广口瓶；如果怀疑含有挥发物，应密封在玻璃罐或金属罐中并冷冻储存	应在区域内多提取样品
工具	全部	每个工具分别包装，防止挪动，造成痕量证据丢失	应在工具端仔细地用信封或纸张包裹，以防造成附着漆痕等痕迹的破损或灭失
工痕	如果找到，提取并送检。送检所有残留有工具痕迹的物体	将工痕固定好后，用包装纸将其包好，置于信封或物证盒中	应用软纸覆盖工痕，并用胶带固定；应防止生锈
干血迹	越多越好；如果条件允许，应送检载体	使用纸袋、盒子、袋子或信封；密封从而防止刮屑丢失；保持干燥；不要使用塑料袋；尽量冷藏	在容器外部注明：样品类型、保存日期、调查人员姓名以及提取位置
玻璃碎片	越多越好	盒子、纸袋、袋子或信封；包装并密封，防止在容器内发生移动	在容器外部注明：样品类型、日期、调查人员的姓名以及样品编号。应将物证与对比样品分开
枪支	全部	将左轮手枪和自动枪装在纸板箱或马尼拉信封中；步枪贴上标签；亲手送到实验室	拆卸：注意气缸位置；如果是自动枪支，则不要处理弹匣的侧面，此处可能留有指纹；注意序列号和武器制造商
隐藏指纹	全部	固定在刚性容器中，以免造成与包装表面的摩擦；对于多孔物体使用洁净信封；保持干燥和阴凉	如果潮湿请风干。如果从水中提取，应浸在水中

7.3.1　疑似含有挥发物的残骸

疑似含有可燃液体（ignitable liquid）残留物的固体残骸是放火火灾中最常见的送检物质类型。关注的主要问题是防止挥发性液体的蒸发。在对所有物证进行提取时，必须充分认识到各种造成污染的情况。由于实验方法的灵敏性，来自调查人员的工具、手套甚至靴子上看不到的微量挥发物，可能对此种痕量证据的检测价值造成损害。

调查人员必须做到：

- 在勘验不同的现场或现场不同的部位前，应该用流动的水加除垢剂，仔细地清洗抹子、铲子、扫帚和刷子等。
- 在提取样品之前，用洁净的纸巾清洗和擦拭提取工具。
- 在提取残骸之前，佩戴一次性塑料或乳胶手套，并每次更换。
- 使用的容器大小，需要与残骸数量相当，要比认为的实验需求量大一些。

无论助燃剂的味道多么强烈，还是需要收集更多的残骸。残骸最好保存在干净的带有金属磨砂盖的油漆罐中，这种罐密封性相对较好，不易破碎。这些罐子有各种尺寸，很容易打开和重新密封，顶部很容易打孔，以便插入取样注射器。它们可以是有衬里的，也可以是没有衬里的，但是没有衬里的罐子很容易生锈，所以有衬里的罐子（盛装水性涂料）是更好的选择，其衬里是不含挥发性物质的。

另一个可用于储存含有挥发物残骸的容器是大家熟知的梅森瓶（译者注：带有金属螺盖的玻璃瓶），可密封且透明，可随时观察内部物质，金属盖易取样。第三选择是玻璃广口瓶或玻璃瓶，带有金属或胶木盖，或有聚四氟乙烯衬垫。当要送检的疑似样品是液体物质时，禁止使用塑料盖、橡胶密封件或塞子，因为汽油、油漆稀释剂和其他常见挥发性碳氢化合物，可能侵蚀和溶解这些密封物质。容器中装填残骸时，不要超过总容量的四分之三，留出取样的空间。

尼龙薄膜（Grand River 公司销售）和特殊聚酯薄膜（Ampac 公司销售的 Kapak™）制成的袋子，是两种适合包装最易挥发证据的聚合物袋，甚至可以使最轻的碳氢化合物留存一定的时间。然而，它们可能导致甲醇和乙醇的逸失，所以假如残骸含此类不常见的助燃剂，应用金属罐或玻璃罐存储。但是，对于多数残骸来说，这种袋子可以是一种方便、便宜且不易破碎的容器（DeHaan 和 Skalsky,1981）。聚合物袋是热密封的，相较于盖子密封，可以保证证据更加完整（Mann，2000）。聚合物袋可能被尖锐残骸穿透，所以必须谨慎使用（Demers-Kohl 等，1994）。由于有些罐或袋在制造过程中，有可能出现轻微的污染，因此在每批样品容器配发之前，都对其进行微量碳氢化合物的检测（Kinard 和 Midkiff,1991）。

普通家用塑料容器应该作为最后选择。聚丙烯类容器是允许的，但聚苯乙烯不可以，因为聚苯乙烯很容易溶解在汽油之中。聚乙烯塑料袋、咖啡罐盖和包装薄膜可以渗透某些碳氢化合物，因此在进行分析之前，可能造成泄漏丢失（或发生交叉污染），不能用于储存放火火灾残留物。纸和聚乙烯袋也会造成交叉污染的发生，如果外部挥发物在其周围，可能被内部物证吸收。对于体积大的物证，形状较为难处理，大型塑料袋可能就成为了唯一储存选择。在这种情况下，物证应进行双层包裹，尽快送至实验室，送检前尽量保持低温。

建议对所有的放火火灾残留物进行冷藏或冷冻处理，除了玻璃瓶存放的潮湿残骸，因为如果冷冻，潮湿残骸可能发生膨胀，造成容器破碎。提取的含有可燃液体的土壤，冷冻储藏尤其重要，因为如果在室温下储存，土壤中的细菌可能对石油产品具有分解作用

（Mann 和 Gresham, 1990）。

7.3.2 其他固体证据

地下毒物实验室的化学物质和多数放火用混合物都具有腐蚀性，必须多加小心，一定不要用金属罐储藏，因为化学物质发生的反应将造成金属罐破坏。当怀疑存在此类腐蚀性物质时，可以用玻璃瓶（保持直立状态，防止盖子与残骸接触）或用尼龙或聚合物袋盛装残留物，然后密封在罐子里。

玻璃等无孔物质是无法吸附保留挥发性的石油蒸馏物质的，但包装、标签和相似残骸可以提供吸附性表面，吸附的挥发性石油蒸馏物质足以满足实验室分析的用量。如果发现了莫洛托夫燃烧弹的玻璃碎片，应找到瓶子瓶颈、瓶底以及标签，并对其进行妥善包装，以防造成进一步的破坏。瓶颈处常留有用布料做成的灯芯；瓶底有厂家的数据，以便对瓶子进行识别；侧面标签可能残留下隐藏的指纹；颈部也可能留有唾液，可用于 DNA 比对。

激光、化学和物理显影剂等新技术的研发，使得从受到汽油、射水甚至火灾高温作用的物体上成功提取隐藏的指纹成为可能。如果物体没有受到火灾的严重破坏，那么隐藏的指纹和 DNA 就有可能被提取到（Tontarski 等，2009; Nic Daeid, 2014）。在调查人员排除存在指纹的可能性之前，应与刑侦实验室取得联系，征求相关意见，因为此时指纹可能已经从玻璃瓶、塑料瓶和金属罐上找到，甚至受到火灾作用时也可能被识别出来（Deans, 2006; Nic Daeid, 2003; Nic Daeid, 2014;Tontarski 等, 2009）。

7.3.3 液体

对于实验分析来说，现场中未被污染的易燃液体是最理想的物证。如果液体仍然在其原来的容器中，只要容器进行了适当的密封，液体就应留在原来的容器中。否则，应该用滴管或注射器将液体移至干净可密封容器中。对于任何液态碳氢化合物来说，不要使用带有橡胶塞子的瓶子或带有橡胶密封圈的罐进行保管，因为此种液体将会溶解橡胶而发生泄漏。残骸中的少量液体可以用滴管直接提取，也可以用干净的吸水布、纱布或脱脂棉吸取，然后密封在合适的密闭容器中。

当怀疑混凝土中留有易燃液体时，可以从裂缝或膨胀接缝处提取样品，但更好的方法是用潮湿的扫帚对疑似区域进行清扫，然后撒上吸收性物质。虽然可以使用硅藻泥，甚至面粉，但最佳吸附物质是黏土型猫砂。让吸附层放置 20 ～ 30min，然后使用干净的腻子刀和刷子，将吸附层提取到洁净的金属罐中，用于实验室分析（Tontarski, 1985; Mann 和 Putaanusuu, 2006）。将未使用的吸收物作为比对样品，单独密封在另一个罐中。吸附物（及所有的提取工具）的清洁度对保持证据的证明力来说至关重要。建议不要使用专用的危险品回收垫，因为其易受到环境中挥发性物质作用而被污染。活性炭等化学吸附剂，也不建议使用，因为易被外界污染。

7.3.4 手部检测

液态碳氢可燃物可能被皮肤吸附，即使是短时间作用，也可能被吸附。活体组织的温度将导致此类挥发物的迅速解吸。多年以来，已经提出了一些方法，用于在放火火灾调查中检测犯罪嫌疑人的手部。即使过了一段时间，检测犬往往也可以探测到手部沾染过汽油，但是如果只是微量存在，用于实验室分析的物质提取将变得非常困难。用干的或浸润了溶剂的纱布擦拭的方法，对于提取手部的微量物证也是没有用的。最佳方法是在犯罪嫌疑人的手部套上干净的一次性 PVC 或乳胶手套，或将火灾残留物的聚酯或尼龙提取袋套在其手部，在手腕处用橡皮筋扎紧，将活性炭提取设备［如：炭条或固相微萃取（SPME）头］密封至提取袋或手套中 15～20min。皮肤的温度将使已吸收的挥发物蒸发到手套或袋子中（可用加热灯加热），在手套或袋中蒸发物将被内部的活性炭提取。从犯罪嫌疑人手部提取完成后，将手套或袋子密封放置在样品保管容器内部，送至实验室进行分析。实验结果表明，用此种方法提取的样品可以进行检测，但必须是在接触汽油一两个小时之内（Almirall 等，2000；Darrer 等，2000）。

在涉嫌爆炸物的案件中，使用干棉签［如：射击残留物（GSR）用的套装工具］或用蒸馏水、甲醇或异丙醇浸湿的棉签，擦拭犯罪嫌疑人的手部，可以获取爆炸物质的痕量有机成分或无机成分。用干净扁平的木制牙签提取指甲碎屑，并将其密封在干净的玻璃或塑料小瓶中。此种技术对软质有机炸药非常有用，如：达纳炸药或 C-4 炸药。

7.3.5　衣物检测

将易燃液体快速倒在坚硬的表面，往往会溅到附近的鞋子和裤脚上。泼洒液体后，放火嫌疑人也可能踩到液体上。与单纯接触易燃液体蒸气相比，此种方式残留的液体产生的气相色谱数据是不同的。在穿着的状态下，几个小时以后（1～6h），衣服上的挥发物才会消失，所以衣服上的残留物可以帮助识别出犯罪嫌疑人。应尽快获得犯罪嫌疑人的衣物，用适合的密封容器进行单独的包装储存，然后进行实验室检验鉴定。

新西兰的一项研究表明，通过对放火犯罪嫌疑人的衣服和鞋子的分析，从而认定可燃液体存在是可行的。研究发现，在泼洒液体到地面的过程中，泼洒高度不同，地面类型不同，但沾染到人的衣服和鞋子上的汽油量都是可以检出的。研究结果表明，在鞋上会出现汽油，在上下衣服上也会出现汽油，但要及时快速地获取并妥善包装（Coulson 和 Morgan-Smith, 2000）。在使用炭条吸取的实验中，发现在穿着衣服上的 10mL（0.34oz 或 2tsp）汽油，要比 20～25℃温度下放在实验室板凳上衣服上的同量汽油的蒸发快得多，只需 4h 就检测不到了（Morgan-Smith, 2000）。被沾染的衣物，必须尽快提取并包装。

新西兰的另一项研究中进一步研究了通过衣物检测汽油可能出现的辩护问题，即犯罪嫌疑人衣物的汽油残留物来源于合法路径。这项研究表明，在汽车加注汽油过程中，如果没有明显的溢出汽油沾染到衣服和鞋子上，只是单纯的加注汽油的动作，残留在衣物上的汽油几乎是检测不到的。研究发现，使用汽油割草机修剪草坪后，可能在使用人的鞋子上检测到汽油。该研究进一步强调，在分析犯罪嫌疑人衣物上的挥发性残留物蒸发的可能性时，需要考虑实施犯罪行为与获取犯罪嫌疑人衣物的时间间隔（Coulson 等，2008）。

7.3.6　证据保管链

无论提取到什么种类物质或多么小心地进行保存，如果证据没有妥善地保管，没有完整地记录，证据都是没有价值的。证据链/保管链（chain of evidence）/（chain of custody）

是指物证从现场发现的时间开始，到送至法庭一刻结束，整个过程中关于其状态和位置的记录。关于物证的记录单应是手写形式，往往位于密封证据的包装外层，每个对该物证进行过保管或处理的人员都应签上姓名。该记录必须包括移交的次数和时间，在移交时相关的人员要签字（见 ASTM E1459）。记录的文件始于现场中原位置的物证现场照片，并记录所有经手处理过证据及其密封容器的人。因为每个人都是证据保管链的一个环节，应尽量减少处理证据的人数，从而减小证据破坏的可能性，由此减少出庭作证的人数。

证据记录是指一份关于所有提取证据，涉及现场或其他位置的准确、完整的清单。许多机构更喜欢使用预制的表格，这也是本章内容推荐使用的记录方法。预制表格为记录提供了核查列表，涉及提取什么、从哪提取、谁提取的，以及提取前所做的照相和绘图记录。如果有多人在现场提取证据，最好由专人填写现场证据记录，以避免重复或编号冲突。提取物证的人员有责任确保每个物证妥善包装，做好正确标注或贴签，并完成照相和绘图等简要记录。证据记录是对物证本身的证据保管清单的有益补充。

如果证据链被打破，就无法恢复，证据将对法庭毫无价值，案件很可能就会败诉。一个完整的、记录充分的保管链可以让法庭认识到证据是可接受的，可以让调查人员说："是的，这就是我从现场找到的东西，这是我标记的位置，这是我密封它的容器。"对于成功的火灾调查来说，证据保管链的重要性是怎么强调都不为过。

第二部分　建筑火灾调查

7.4
火灾现场勘验

每次火灾现场的调查都遵循一定的程序或逻辑顺序，视个别火灾情况和调查略有不同。如果火灾调查人员很幸运，在火灾扑救过程中到达火灾现场，首先应与在场的消防官员进行沟通联络。高级消防官员可以提供有关报警时间、到达时间、火灾控制所需时间以及业主、住户和目击者姓名等信息，应要求相关人员提供所有相关部门报告的副本材料。消防员将能够提供建筑过火区域、火灾行为、异常气味以及是否发生爆炸等非常有价值的信息。

7.4.1　勘验方式与做法

如本章前面所述，在真正开始寻找证据之前，火灾调查人员应从不同侧面对建筑物的外部进行勘查。这种环绕建筑物的观察可以帮助火灾调查人员了解火灾破坏的程度，破坏最严重的区域，有无外部引火源的可能（比如垃圾火灾）以及明显强行进入的痕迹。在此阶段可以建立视角线。路人或邻居能看见什么？哪个邻居能看到现场？该项勘验完成后，火灾调查人员应暂时从当前现场退回，并决定建筑周围哪些区域必须进行勘验，如进出现场的可能路线、窗下或门的周围区域。如果周围没有更高的建筑物，通常可借助举高装置或梯子到达火场的上空，以便对火场破坏情况进行观察、绘图和拍照。图 7-7 表明了通过云梯从火场上空进行拍照的价值——显示了火场损坏最严重的部位。

图 7-7　从云梯上拍的照片，显示了火场的破坏范围
资料来源：Greg Lampkin, Knox County Sheriff's Office, Tennessee, Fire Investigation Unit

　　明确了火场范围之后，应该建立火场边界，用绳索、横幅或路障等物理屏障在火场周边进行警戒。在火灾现场勘验期间，非必要人员都应退到警戒线以外。这种边界确定方法，不仅保护了火灾现场，也确定了下一步勘验的着手点，因为该方法确定了勘验的外围边界。在勘验开始前，还应用照相、笔录和草图的形式，从外围对现场情况进行记录。有些火灾调查人员发现，在这个阶段绘制粗略的平面图，有助于制定调查计划，并能将火灾现场的特点记录下来。

　　大多数建筑火灾都采用螺旋式勘验方式，即从边界开始向火场中心推进。当然，勘验方式还取决于勘验区域大小和形状、勘验时间和参与人员数量。必须对火灾现场外围区域进行勘验，并确认是否存在鞋印和车辙（消防员和警察的除外）、遗弃的工具（如强行进入的工具）、燃料容器、啤酒或软饮料容器、火柴盒以及窗玻璃碎片。如果火灾前或者火灾中发生了爆炸，火场外围勘验要重点寻找建筑物或爆炸装置的碎片。在现场图上仔细标出碎片的位置和分布，对于重建这些碎片的运动轨迹，确定炸点至关重要。应特别注意所有窗户玻璃碎片的分布和分散距离。这样可以减少被火灾或爆炸破坏的证据再次遭到的破坏，以进一步分析它们与火灾现场的关系。火灾调查人员在火灾现场的工作，就是逆着火灾发展的方向确定起火点和火灾原因，有时起火点位于烧损最为严重的区域（但并不总是，原因下文再议）。火灾发展方向的典型特征将在下一节中论述。根据上级部门的命令或调查任务的紧迫程度（期限），大型火场可能需要分成若干区域，并按一定顺序进行勘验，示例如图7-8所示。

图 7-8　用绳子拉成的网格将大型火场划分为若干勘验区域
资料来源：Kyle Binkowski, Fire Cause Analysis

　　作为一般原则，所有看上去不在原位的东西都应该进行勘查。这个物品属于这个地方吗？这个物品是干净新鲜的，就好像掉在这里不久？还是放在这里很久，已经脏了、陈旧了？物品下面的草还绿吗？任何看起来临时放置或不在原位的东西都应该画在现场图上，并拍照记录，然后再进行提取。宁可提取的物品在后期证明与火灾无关并将其弃之不用，也不能将可疑物品留在火场，日后再回来找就困难了。应考虑到所有提取的物品都可能有潜在指纹，因此必须由一人直接提取，并进行包装，以减少其他人搬运时造成的损坏和污染。乙烯基或乳胶手套可防止化学或生物危害，并可减少（但不是始终防止）沾染指纹或 DNA。

　　在对建筑本身进行勘验的时候，火灾调查人员要查找是否有强行进入的痕迹，如工具痕迹、门或窗框新的破坏痕迹、撬坏的锁或窗户；是否有早期灭火的痕迹，是否使用了花园水管或者用尽的灭火器，如果是这样的话，应该尝试找到实施灭火的人，因为他们目击了火灾的初期发展，可提供这方面非常有价值的信息。应通过拍照进行记录，并配有文字和图标说明，以显示所有可能区域是否有强行进入的痕迹，以及活动痕迹如车辙、足迹、灭火器等。建筑物外围所有区域在变动前都应该拍照。

　　不管建筑状况如何或过火面积有多大，几乎每一火灾的现场勘验都是从受损最轻的区域开始，并向最严重的区域推进，也就是从火灾或爆炸现场最不混乱和破坏最轻的地方推向最混乱和破坏最严重的地方。这一过程有助于火灾调查通过观察墙面、顶棚装饰以及家具状态，推断火灾破坏区域的火前状态。火灾调查人员在火灾现场工作，就是逆着火灾发展方向确定起火点和认定火灾原因的过程，也可以认为是寻找最初起火物和引火源的过程。

在这个过程之中，逻辑学和火灾动力学基本知识是最重要的工具。材料暴露在猛烈的火灾中，可能会产生不常见的行为，但是都不会违反物质、能量和传热的基本定律。火灾发生前，起火点必定存在适当形式和数量的可燃物、助燃物和能量。火灾调查中认定为导致火灾发生的引火源和可燃物之间，必须满足热量释放、可燃物和氧气供给的科学规律和火灾动力学要求。一旦发现了可燃物和可能的引火源，就应该将其记录在火灾现场详图中。正如前面讨论的那样，破坏最严重的地方不一定是起火区域，因为火灾的强度和持续时间与可燃物数量、引燃方式、通风和灭火行为有关。因此，火灾调查人员在为寻找起火点而分析破坏痕迹时，应将这些因素考虑进去。

7.4.2 火灾行为作用特征

受火特征（indicators）指火灾烟气、热量和火焰作用于火灾现场中的物体，使表面或材料本身产生的可见且通常可测的变化。由于它们产生的物理过程是可预测的，因此受火特征可用于重构火灾的蔓延路径，确定可燃物的位置、通风情况，有时甚至是火焰的高度、强度和持续时间。有许多受火特征可用于火灾调查人员重构火灾发展路径。但它们都不精确且都不完全可靠，因此不能用于相互排除证明。由于建筑物结构情况和火灾范围差异，有些受火特征可能无法应用。确定起火点最准确的方式是，利用许多相互独立的受火特征，并将它们结合起来形成一系列的"叠加"。火灾调查人员应有条理地勘查建筑物，每次检查和记录一个受火特征。每次检查都能显示一些关于火灾蔓延方向的有用信息（有时称为"箭头"），以及每个区域的火势相对强度。经过几次这样的检查后，将这些受火特征叠加起来，就会发现它们之间相似的或一致的指向。那么，下一步的检查就可以集中于受火特征共同指向的疑似起火部位。

有些受火特征的形成，是由于烟炱和其他燃烧产物在物体表面沉积且没有发生化学变化。而大多数受火特征是热作用引起的表面变化。变化的性质和程度取决于热强度及其作用时间。由于受火特征的破坏作用（或破坏相对较轻）会形成痕迹，且这种痕迹是烟气、热量和火焰综合作用而成的，所以有时也称为火灾痕迹（fire patterns）。常用来证明火灾强度和蔓延方向的痕迹特征将在下面部分进行介绍。

（1）燃烧痕迹

作用于物体的热通量超过其耐受临界阈值，导致物体表面发生烧焦、熔化、炭化或引燃，形成燃烧痕迹。哪里发生火灾破坏，哪里没有发生火灾破坏，这些都是燃烧痕迹的表现。作为所有火灾调查的基础，燃烧痕迹具有普遍适用性。来自火灾现场的信息包括所有热传递痕迹的分析。在严重破坏的建筑火灾现场，"破坏最彻底的地方在哪？"这样的问题可能会得到相同的答案。我们知道，在没有障碍物或异常可燃物状态情况下，火焰通常会向上、向外蔓延，并在其后面形成 V 形或圆锥形痕迹。在没有灭火行动干预的情况下，起火点的燃烧时间会比火焰蔓延的其他地方的燃烧时间长。所以，包括在整个火灾现场中火灾荷载和通风很少一致的情况下，起火点的破坏最严重，所有物品都是如此。图 7-9 (a) ～ (d) 展示了一个卧室内废纸篓着火而形成的燃烧痕迹。

(a) 小废纸篓火迅速蔓延至窗帘和
床上用品

(b) 墙和床头板背面的"V"形痕迹指向废纸篓。注意"V"形痕边缘处的热
痕迹(从炭化、烧焦到无破坏)

(c) 床上破坏痕迹(包括部分坍塌的弹簧)在朝向起火点
(右下角)变得更严重

(d) 电视机的情况显示：当床上的火不断发展并蔓延至墙角
附近时，电视机朝向蔓延火势的一面破坏更严重、玻璃破
裂也更严重

图 7-9 卧室内废纸篓着火而形成的燃烧痕迹

资料来源：Jamie Novak,Novak Investigations and St. Paul Fire Dept

　　有一个因素，每次情况都不一样，那就是灭火。灭火行动会从最严重的部位开始，如受火威胁的其他建筑、人员被困的区域、存在危险物品的部位等。有时，也会在起火点处进行集中灭火，即使建筑物其他部位已经遭到破坏，而起火区域还相对完整。这就表明了询问灭火人员并了解在何处如何灭火的重要性。

　　那些可用于指明火灾蔓延方向的燃烧痕迹，可以在建筑构件、墙面甚至是建筑内残存的家具上找到。为了防止这些具有潜在证据价值的燃烧痕迹被破坏，对火灾现场的全面清理应该限定在最小范围。热量作用于材料上，首先会使其表面发生变化，如果持续作用，还会引起体量变化。运用热传递定律和火羽流形成原理对痕迹进行分析，火灾调查人员可以理解这些痕迹是怎么形成的。

　　火焰和烟羽流的温度，随着烟羽流高度和距羽流中心线距离的增加而降低，如图 7-10 所示。因为热辐射强度是由热源温度控制的，这就是能看到中等规模火焰能在相邻不燃垂直表面形成倒 V 形破坏痕迹的原因，如图 7-11 所示。随着火焰和烟羽流的上升，室内空气会被不断卷吸，并不断向外扩散，同时会被稀释和冷却。如果相邻表面对这种热变化非常敏感，或者燃烧产物随着烟气的冷却而发生沉积，那么就可能形成沙漏状或V形轮廓的痕迹（Icove 和 DeHaan，2006）。通常，痕迹的形状从总体看上去类似于V形或U形，且其顶点指向热源。

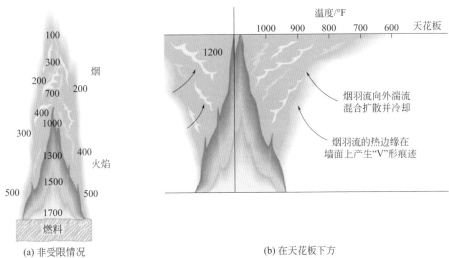

图 7-10　上升羽流内的气体温度分布（温度为华氏度）

图 7-11　墙角处的椅子起火，由于墙角的结构作用，在不燃墙面和顶棚上面形成了沙漏状痕迹；注意热破坏的程度变化

资料来源：Jamie Novak, Novak Investigations and St. Paul Fire Dept

当作用于墙壁的总热通量小于可引起其变化的临界强度时，就会在墙壁上形成热痕迹的分界线。分界线以外区域不会发生明显变化。这种变化是热烟气的浮力羽流作用形成的，因此只能在垂直表面形成V（或倒V）形痕迹，而在水平表面不会形成。由于烟气从羽流中心向外运动过程中温度不断降低，所以火焰上方的水平表面会趋向于形成圆形的破坏痕迹，而在火焰正上方的破坏最严重，称之为"靶心"痕迹。

局部火灾在墙面形成的典型V形痕迹，如图7-12所示。注意V形痕迹的自然展开情况，其顶点就位于起火点处。尽管有时认为V形痕迹的边缘越陡，说明初始火灾发展得越快（也因此越可疑），但应该意识到墙面或垂直表面的性质、可燃物尺寸、顶棚高度以及通风条件也会影响痕迹的形状。V形的展开角度和宽度不仅取决于最初起火物的燃烧速度，还取决于垂直表面的燃烧性能。

图 7-12　沙发的一端着火后，在后墙和沙发上形成了 V 形痕迹；注意墙面"清洁燃烧"的部位、边墙上热传递的痕迹以及顶棚的破坏痕迹，这都是墙角效应作用的结果

资料来源：Greg Lampkin, Knox County Sheriff's Office, Tennessee, Fire Investigation Unit

大多数火灾中的 V 形痕迹的形成是多种因素共同作用的结果，其中一种情况就是羽流的自然状态呈圆锥状。这种痕迹产生的主要因素就是羽流与墙面或顶棚的相互作用。圆锥的形状取决于火焰的尺寸。当遇到顶棚后，羽流会沿水平方向铺展；当羽流与垂直墙面交汇时，会在墙面上形成圆锥体的竖向剖面。如果火源距离墙面较远，痕迹圆锥体与火焰圆锥体的底部不会交汇，就会形成浅的 V 形或 U 形痕迹。未受到临近墙壁影响的情况下，大量可燃物正上方的顶棚上，会形成圆形的靶心状破坏痕迹，且中心点因烟气温度最高而痕迹最明显，而外围的环形部分破坏程度较轻。因为热烟气与物体表面接触时，会因热对流传递而降温，故其蔓延过程中，破坏作用逐渐降低。如果火源靠墙设置，这种痕迹就会被墙面切割成半圆形，如图 7-13 所示。

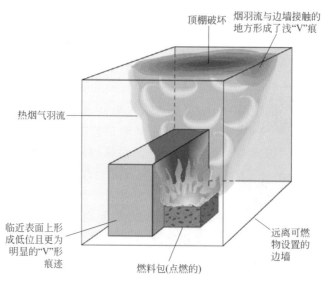

图 7-13　如果尺寸和放热量足够的话，室内可燃物燃烧产生的火焰会在顶棚处形成圆形痕迹；而垂直表面与之交汇的地方会因羽流作用而发生炭化

火源功率低且持续时间短的小火，在临近墙面上通常会形成三角形痕迹，即倒 V 形或 A 形痕迹。特别是墙面或其饰面材料为不燃材料时，这种痕迹更为明显。如果墙面材料为易燃材料，火焰几乎是沿墙面竖向蔓延。如果墙面材料被火烧掉，通常在残留的墙骨架上会发现 V 形痕迹，如图 7-14 所示。在火场中，物体迎火面可能会比背火面烧损更严重，并且热烟气水平蔓延过程中会因浮力作用而不断上升，这就使得物体残留物呈现斜边且面向火源，如图 7-15 所示。如果火势发展迅速，热烟气会流过其下风向的凹槽处，并在背火面留下未被破坏的区域。

　　不管是否是软装材料，家具通常在迎火面烧损比较严重，因此其燃烧痕迹也可以用于判定起火点位置和火灾蔓延方向。对于大型可燃家具，可以明显观测到 V 形痕迹或其一部分，如图 7-16 所示。如果通过观察或证人证言可以确定家具的原始位置的话，那么家具上的痕迹应纳入室内发现的所有痕迹之中。

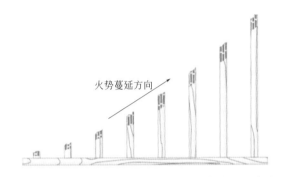

图 7-14　即使墙面被破坏，但 V 形痕迹通常会存在于墙体骨架上

图 7-15　物体外表面上的斜线表明火灾从右向左蔓延

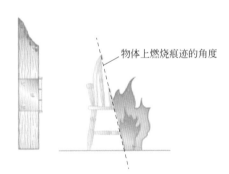

图 7-16　大型家具上可观测到 V 形痕迹

　　图 7-17（a）、（b）为火灾实验（未采取加速燃烧的措施）的照片，从中可发现墙角处的墙和两张沙发上都残留有 V 形痕迹。起火点处的墙面和天花板上的油漆和壁纸都被烧掉了。电视柜和沙发左侧的破坏程度表明其所受的热辐射来自左侧。火灾正处于轰燃发生边缘时被扑灭，墙角处（起火点）的地毯和下面的木地板受热辐射作用而烧损得很严重。靠近摄影师的地毯和家具，只是刚刚受到热烟气层辐射热的作用。结构梁的存在阻止了热烟气向餐厅扩散。右边（远处）墙上未被破坏的区域为小沙发背面紧贴墙面的地方。

(a) 全景照片显示：墙角处从地面到天花板之间的破坏痕迹、沙发中间地面的破坏情况以及较高处向外扩散的破坏情况
资料来源：Kellie Sullivan,Marin County Fire Department, Woodacre, CA

(b) 沙发移开之后，墙上被保护的区域显示了沙发背面所处位置；沙发燃烧的辐射热导致扶手椅的左前角受损；沙发燃烧在电视机和电视柜左侧形成V形痕迹；注意地板上所有的合成地毯和衬垫被辐射热引燃；实验中并未使用助燃液体燃料
资料来源：Kellie Sullivan,Marin County Fire Department, Woodacre, CA)

图 7-17　火灾实验图片

当有热量作用时，物体的边角会比相邻平面的温升更快（迎火面热容小、散热较慢），就会形成斜边痕迹。这就是物体边缘比平面更容易被引燃，且燃烧得更快的原因。根据这种规律，火灾调查人员可以利用斜边痕迹来判断火灾烟气的流动方向。流动的烟气可在裸露的木质物件上形成斜面痕迹，可以显示附近热烟气的流动方向，也可以用建筑平面图上的指针或箭头，表明火灾蔓延方向。

这种斜边效应在确定地板烧穿方向时非常有用。由于多数建筑火灾的复杂性，有些区域的地板被烧穿了但却没有记录下来。但必须确定地板着火是从下面还是从上面开始的。显然，从地板下面开始燃烧时，地板间的托梁会保护其上面的地板部分，但从地板上面开始燃烧时，烧洞附近所有的地板会首先被烧毁。

在发现建筑中所有指示火灾蔓延方向的痕迹（有时称矢量痕迹或箭头痕迹）后，火灾调查人员再结合在不同房间观测到的相对炭化深度、热烟气层高度等，判断火灾的大致蔓延路径（NFPA，2014）。有时将这个通过综合考虑火灾痕迹来分析火势方向和强度的过程称为矢量分析。将这些矢量绘制在平面图上，有助于判断起火部位的大致位置。必须在已知灭火行动对火场造成影响的情况下考虑使用这些信息。

众所周知，对起火建筑进行排烟或者从一侧实施灭火进攻，都会迫使火灾改变蔓延方向，可能是向其他区域蔓延也可能会返回已经燃烧的区域。如果一个房间起火后蔓延至另一个存有大量可燃物的房间，第二个房间的猛烈燃烧会抹去之前在两房间邻墙上形成的蔓延痕迹，这使得第二个房间看起来更像是最先起火房间。分析燃烧痕迹和火灾行为时需要考虑的一个关键因素是通过窗户的排烟，不管是风力驱动还是灭火过程中采用 PPV 排烟机进行排烟（Kerber 和 Madrzykowski，2009）。

（2）热平面（热边界）

热烟气被释放到室内后，在浮力作用下上升至顶棚，并在顶棚处蓄积，而后在动力驱使下沿顶棚水平向外扩散。当热烟气流经物体表面时，由于密度差的驱动作用，火焰前锋总是会与物体表面形成一个明显的锐角。热烟气的这种作用方式就像是大坝溃堤时，"水墙"的重力驱动作用形成了水流，并与地面成一定角度，如图7-18所示。如果火焰前锋与垂直表面接触，会产生一个特征"锋面"，表明火灾中某一时刻该点的火焰蔓延方向。

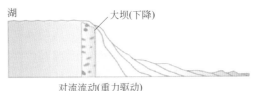

图 7-18　大坝破损产生的对流流动（重力驱动）与地面成锐角

如果热烟气继续蓄积，它们会从上到下充满整个房间，这样就形成了热烟气层。在大空间建筑中或大型（热释放速率高）火灾中，可能存在火焰正上方的热烟气蓄积（如在角落里）比其他地方深的情况，最终房间内各点的烟气层深度会趋于一致（通风口除外，此处热烟气向上流动），如图 7-19 所示。火灾规模越大或房间越小，热烟气层厚度的增加就越快，直至从窗口溢出或者从梁下流入其他房间。当热烟气流入相邻房间后，就从顶棚处开始在房间内扩散。这样就会在其他房间产生浅的热烟气层，而起火房间的热烟气层是最深的。这个过程会产生热烟气或热破坏的阶梯状痕迹，有助于判定火灾蔓延方向，如图 7-20 所示。

图 7-19　一均匀分布的热烟气层引燃了房间入口处的嵌板，烧焦了整个房间的嵌板

资料来源：Det. Michael Dalton（ret.），Knox County Sheriff's Office

图 7-20　火从走廊一端开始沿着走廊向前移动，产生了阶梯状或上升的热层痕迹；注意左边隔壁房间嵌板的损坏

资料来源：Greg Lampkin, Knox County Sheriff's Office, Tennessee, Fire Investigation Unit

房间内有效热边界的高度（前面所讲的热烟气层的深度）可通过墙面油漆或饰面材料的炭化、燃烧、起泡或变色来判断。热层高度（heat horizon）通常是水平的，也就是说，房间内空气相对静止的状态下，距地面的高度是一致的。水平高度发生变化说明该点存在通风口，如常开的门窗、墙上或地板上的裂缝。此时，火灾调查人员需要考虑以下几个典型的问题：

- 这些通风点是否与已知的火灾情况相一致，是否表明火灾前墙、顶棚或地板有意被破坏以使火灾扩散？
- 有没有故意通风的迹象？
- 如果门窗是开启的，火灾前就开启了吗？
- 门窗破坏是火灾前还是火灾中发生的？

起火点附近或墙体根部有可燃物燃烧时，热层高度下降明显。当室内可燃物都被引燃时，地板覆盖物也能产生低位燃烧。随着火灾发展，热烟气层深度不断增加，热层从顶棚处不断下沉。当发生轰燃后，室内地面覆盖物燃烧，热层也基本上下降到水平地面（墙根部）。当室内一定量预混的天然气、液化石油气或易燃液体蒸气发生燃烧时，会在墙面产生从上到下均匀的烧焦痕迹，但轰燃发生后，燃烧还会持续一段时间，产生更深的燃烧痕迹。未发生火灾的房间，热层高度可用室内分布着的熔化物体——熔化的蜡烛、塑料固定装置和电器等判断。

热源温度决定了其产生的热通量强度。因此，温度分布将产生相应的影响。热烟气通过固体表面时，会发生对流换热，因此，热烟气离开接触点后温度下降。这样就会产生一个渐变效应，对热烟气接触和运动假设的测试，如图7-21所示。

（3）烟气边界

即使烟气没有对表面产生热破坏，但表面的烟气沉积也能表明烟气边界（smoke horizon）的水平位置，即室内墙壁或窗户上发生烟气沉积的高度，从而可以反映火灾的性质、规模和火场通风情况。烟气痕迹甚

图7-21　这面墙上的渐变热破坏痕迹表明，羽流的热强度从中心线向外逐渐降低、纵向逐渐降低；上部部分痕迹为烟气沉积（非热作用）痕迹

资料来源：Jamie Novak, Novak Investigations and St. Paul Fire Dept

至可以产生于那些没有火焰破坏的房间里。不完全燃烧液体产物（热解产物）的冷凝和烟炱的沉积均会形成这样的烟痕。同热边界一样，烟层高度在通风点处也会发生变化，这样就可以判断火灾中哪些门窗是开着的。

烟层也可以用于判定火灾中人员死亡的原因。例如，可以判断火灾中某一正常身高的人在房间内处于直立状态时，是否能看到出口，又或者他（或她）是否能受到烟气中的有毒气体的危害。有时，火灾烟气中那些采用非直立行走的人安全逃生了，但站起来的人很快就被熏倒了。获得整个建筑热层和烟层的信息后，最便捷的处理方法是将其标记在一个单独的场景草图内，以便后续与其他数据进行比较。

如果热烟气羽流与墙面接触时的动量足够大，就会产生后挡板或蘑菇云效果。如同水波堆积在防波堤上，热烟气会堆积在墙上，从而导致烟层的向下运动（有时称为动量流）。当烟气流过门洞时，会在门框上沿的"下游"侧留下一个空白区域，如图7-22所示。

（4）低位燃烧与地板烧穿

建筑物或房间内的最低燃烧部位必须进行仔细勘验，因为其可能存在认定火灾原因和起火点的证据。常规可燃物荷载的房间起火后，会从起火点处迅速垂直向上燃烧，地板和墙根处遭受的热破坏比顶棚和墙顶部轻得多。任何部位只要存在地板或墙根燃烧，都应该进行勘验。低位燃烧并不意味着该点是放火所致，而可能是高温或高热通量对地面的作用。可燃的地面覆盖物，轰燃后的燃烧、坠落或倒塌都有可能导致其燃烧。每一种假设都需要进行测试，并排除不可能的情况。

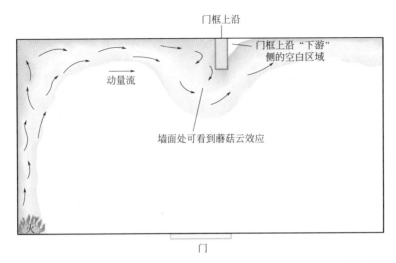

门框上沿

门框上沿"下游"
侧的空白区域

动量流

墙面处可看到蘑菇云效应

门

图 7-22　热烟气的动量流和门口流动，在门框上沿下游侧形成空白区域；起火房间烟气更浓

轰燃发生后，室内火灾处于自由燃烧阶段，辐射热强度极高（120 ～ 150kW/m^2），并且室内燃烧变得不稳定且特别激烈。高辐射热会引燃地板及其覆盖物，通常产生各处程度不一致的燃烧。合成地毯和衬垫材料在轰燃后的辐射热作用下，会发生熔化并迅速燃烧。

轰燃发生后，火灾规模由通风情况控制，通风口附近会成为燃烧最猛烈的地方，如图7-23 所示。只要地毯、垫子和地板材料的量足够多，其就能维持高温燃烧（比常见可燃液体燃烧的时间长很多），并能对地板下方造成热破坏。即使是轰燃发生前，室内的大部分区域已经处于高辐射热作用下，导致室内所有可燃物都发生不同程度的焦化和熔化。大面积未破坏区域存在局部低位燃烧痕迹是不正常的，需要引起格外注意。确认地板火灾前的状态是非常重要的，因为即使是可燃的垃圾或衣物也会保护地面覆盖物免受辐射热破坏，而其他暴露的区域会在轰燃后全部发生燃烧。

图 7-23 所示的两个房间家具设置一样，其中一个用汽油作助燃剂，一个明火引燃，当轰燃发生后立即将火扑灭（顶棚和地面的温度为 815℃）。请注意，两个房间内的合成地毯都发生了不规则的熔化，可能是因为其与地板接触的紧密程度不均匀所致（不同程度的卷曲）。汽油的泼洒痕迹依旧可见，但当轰燃发生后，这种痕迹就会因地毯和地板全部起火而被遮盖。铺有地毯的房间内汽油引燃的燃烧情况和火灾后的痕迹，如图7-24 所示。

低位燃烧的一种可能原因是引燃了地面上泼洒的可燃液体（液池或流淌）。当墙面上存在由上至地面的局部火烧破坏时，说明可能使用了可燃液体，因为其他可燃物的局部强度燃烧，如垃圾，通常不会燃烧至地面。一堆可燃垃圾的燃烧会产生向上的火焰，呈典型的对流圆锥状，顶点位于垃圾堆表面，且与墙接触的位置高于地面。一堆纤维布、床上用品或家具塌落到地板上并持续燃烧，可能会导致地板被烧穿。仅有可燃液体的燃烧，其持续的时间不足以将地板全部烧穿。然而，可燃液体可以渗入墙和地板的接缝处，并在墙的最根部燃烧。易燃液体形成的烧坑和长线型痕迹在放火现场最常见。

(a) 轰燃前的辐射热导致合成地毯大面积熔化；注意熔化痕迹是不规则的；右边的墙由于通风的作用而产生了"清洁燃烧"的痕迹(地面处有新鲜空气流入)

(b) 同样情况下，被汽油引燃的合成地毯也发生了不规则熔化；炭化和烧焦的部位为汽油泼洒的地方；椅子后面"清洁燃烧"的痕迹是通风作用所致，椅子旁边汽油燃烧使得房间前面的新鲜空气卷吸到此处

图 7-23　两个相同房间轰燃后的痕迹

资料来源：SA/CFI Michael A. Marquardt, ATF, Department of the Treasury, Grand Rapids MI

(a) 从门到沙发用汽油泼洒后引燃；注意扩散的汽油蒸气产生了闪火（蓝色火焰）

(b) 几秒钟后，火焰随着汽油的泼洒路径蔓延至躺椅旁边的墙根处

(c) 刚要发生轰燃前进行灭火；这是火灾后(拆除了一些吊顶之后)的照片；左边地毯上汽油导致的拖尾痕迹基本看不到了；从沙发到地板到墙壁，从左到右，损坏程度一致，但其他家具损害较轻

(d) 需要进一步对躺椅左侧至地面的损坏情况进行勘验；可能是窗帘的掉落所致，但是地毯上汽油的残留物可表明火灾原因是放火

图 7-24　烟气过门洞时留下的空白区域

资料来源：Jamie Novak, Novak Investigations and St. Paul Fire Dept

如果房间内没有发生轰燃，使用这种方式点火产生的痕迹极具特点。若在其他可燃物燃烧之前，墙角就已被烧毁，这是极其不正常的，因为在失火火灾中，墙角处空气不流动，一般直到最后才会被火灾吞噬。然而，轰燃后的燃烧非常激烈且产生的辐射热足够多，以至于角落甚至楼梯下部都会被火烧破坏，如图7-25所示。老旧房屋的地板可能不平整，泼洒在地板上的任何液体都会大量蓄积在低洼处。这样形成的可燃液体液池燃烧的时间会更久，且产生的局部破坏可能会更严重。

(a) 轰燃后的燃烧使得低至地板处的所有物体表面深度炭化

(b) 从楼梯间往上能看到最上部台阶着火　　(c) 从楼梯间往上能看到下部的台阶起火

图7-25　轰燃造成的破坏

资料来源：Jamie Novak, Novak Investigations and St. Paul Fire Dept

可燃液体的火灾行为遵循一定的物理规律。如果火灾调查人员想要探测到可燃液体，就必须了解这些物理规律。这些物理规律如下：

- 可燃液体及其蒸气向低处流淌，可以从门下甚至是木隔板的底座下流过。
- 可燃液体可渗透到地板的接缝或裂缝处，并在那里蓄积，导致该处燃烧时间更久、炭化更严重。

- 极易挥发的液体（野营燃料、丙酮、醇类、油漆稀释剂，甚至汽油）在不渗透表面会迅速闪燃［在燃烧试验中，1～4L（1～4qt）的液体，可产生的液池深度不大于5mm，燃烧时液面下降速率为 0.5～1mm/min（0.02～0.04 in/min），总燃烧时间约为 1min，与预测结果基本一致］（DeHaan，1995）。

- 低沸点液体燃烧，产生的表面炭化痕迹很轻，甚至还不如一个被打翻的装满皱巴巴报纸的纸箱燃烧产生的炭化痕迹重。

- 只有可燃液体蓄积的接缝和裂缝处才会形成深度炭化；焦化或烟熏可能发生于液池附近的地板表面，特别是在液池的通风较好处，这种痕迹更明显。

- 液池下面的地板可能会发生褪色，可能是因为可燃液体的溶剂作用，或是液体蒸发蒸气的燃烧使其与火焰发生短暂的接触；受热易损的地板如现代乙烯基地板，会在汽油液池的火焰作用下烧焦或发生扭曲。

- 具有较高沸程的不易挥发液体，如稀料或煤油，会产生不同的燃烧效果；回想一下：发生燃烧的是液体蒸气而不是液体本身；这些可燃液体燃烧产生的辐射热会更多，在液池周围的地板上产生的炭化更严重，通常会产生晕轮状或环状破坏痕迹。

- 沸点较高的可燃液体的燃烧，可以使液池的温度升高，以至于液池下面的地板表面可能被烧焦；相对较易挥发液体而言，这类液体在不渗透表面形成的液池会更深，燃烧得更慢，有更多的时间在地板上扩散及渗透到裂缝和多孔边缘处。

- 最终形成的痕迹是在轻度炭化区域的边缘存在一个深度炭化破坏的环，而在某种程度上，轻度炭化区域就是液池所在区域，如图 7-26 所示。然而，热塑性材料（包括室内装饰）的燃烧也会产生类似的痕迹，这是因为热塑性材料会先形成半熔化状态的液池，而后再燃烧，如果是后者这种情况，会发现附着在地板上的未燃尽聚合物残留物。

- 浸有任何可燃液体的地毯首先被点燃时，会在其周围的地毯上产生明显的环状或晕轮状破坏痕迹，而浸有可燃液体的地毯中心（如同灯芯一样），直至液体燃尽那一刻才被破坏（DeHaan，1995）。

图 7-26 放火火灾中地毯上泼洒的汽油附近产生晕轮状痕迹；注意汽油池中心未燃的地毯

资料来源：Jamie Novak, Novak Investigations and St. Paul Fire Dept

- 当液体燃尽时，液池中心就会被烧焦、炭化，并被引燃。在有些地毯上，这种作用顺序会形成被较深炭化晕轮包围的炭化区域。

- 在地毯上形成的破坏区域大小，并不能可靠证明可燃液体量的多少，甚至不能证明引燃前液池的大小，这是因为地毯的渗透性能（渗入到衬垫）和对火焰热辐射的反应差异很大（Putorti、McElroy 和 Madrzykowski，

2001）。

- 对相似的地毯和衬垫进行测试，测试数据和观测结果可以证明液池尺寸与液体的量和火灾行为的关系。
- 新型全合成地毯能够进行自行维持燃烧，且能产生较大范围的燃烧痕迹，这与将其引燃的液池的燃烧痕迹不同。

当今，氧气罩和透明塑料套管在家庭中的使用越来越普遍。如果输送氧气的管路被引燃，会因喷灯效应而被迅速烧掉，而形成一个狭窄的连续的烧损痕迹，如图 7-27 所示。

（5）地面燃烧与烧穿

火灾调查人员必须知道辐射热造成的影响，包括室内可燃物的燃烧、轰燃后的热烟气以及流经门窗等通风口的热烟气所产生的辐射热（DeHaan, 1987; Gudmann 和 Dillon, 1988; Albers, 2002）。当可燃热烟气从通风口逸出并与新鲜富氧的空气混合时，会产生温度极高的火焰，并使辐射热进一步增强，从而导致更为严重的热破坏。即使附近没有燃烧的可燃物，地板也能在 $20kW/m^2$ 或者更大的辐射热作用下发生炭化甚至被引燃。

图 7-27 氧气套管燃烧在地毯上形成的线形燃烧痕迹

资料来源：Det. Michael Dalton（ret.），Knox County Sheriff's Office

由于燃烧表面及掉落燃烧物产生的辐射热作用，不能仅仅依据火场清理出的燃烧残留物和地板上的燃烧痕迹来判定起火点。轰燃后的燃烧是激烈的，但不均匀也不稳定，能够引起地板各处都发生燃烧（与地板的位置无关）。在这种情况下，合成地毯和衬垫会发生不规则熔化和燃烧，这就使得地板暴露面也是不规则的（Powell, 1992; Lentini, 1992b; DeHaan, 1992）。实验表明，地板及其覆盖物的燃烧可熔化铝门槛条：在房间火灾辐射热的基础上，地面覆盖物的持续燃烧，能够克服铝的高热导率导致的热量耗散，但仅有可燃液体的燃烧却不能形成熔化痕迹。

通常，火灾调查人员会试图通过木地板的燃烧痕迹来判断其是否由易燃液体引燃。如前文所述，固体可燃物向下燃烧的速度是非常慢的。虽然可燃液体可以渗透到地板的裂缝和接缝处，并在裂缝或地板下面燃烧，但这通常并不是地板烧穿的原因。轰燃后室内火灾长时间燃烧，沙发、床或厚垫椅子之类的大体量燃料包的燃烧，或有长时间燃烧后直接掉落在地板上方的可燃物仍猛烈燃烧等情况下，地板会因为其辐射热的作用而更有可能发生烧穿。曾经发现过，窗帘或软垫家具等可燃物的持续阴燃，可引起地板上局部部位被烧穿。

也应考虑到地板下面可能有其他可燃物燃烧。不常见的地板构造、地板下面存在的可燃物或者不常见的通风条件都有可能使地板烧穿。轰燃发生后通风口附近的地板烧穿更为常见。斜面痕迹有助于确定地板烧穿时是自上而下还是自下而上的。

掉落的燃烧物也能独自燃烧，如图 7-28 所示。这就是说，火灾调查人员不能将由其形成的地板烧洞归咎于可燃液体的燃烧。再一次强调，火灾现场图中也应记录任何低位燃烧或地板烧穿的范围大小和分布情况，以便后续与其他痕迹进行对比分析。此外，还需要查看是否存在有可能发生掉落的物体，如橱柜、窗帘帷幔、灯具、墙板和天花板材料等。

图 7-28　水槽上方的橱柜及里面的东西掉落后在厨房地板上形成了独立的燃烧痕迹；注意由于掉落而在橱柜前方形成低位燃烧

资料来源：Jamie Novak, Novak Investigations and St. Paul Fire Dept

7.4.3　炭化深度

因火焰作用，有机物质（通常为木材）热解生成挥发组分和木炭，其变化部分的深度称为炭化深度（char depth）。木材表面受热作用后，其内部纤维素和其他有机成分逐渐发生破坏。这个炭化破坏过程会以某种可预测的速率进行，在木材表面形成一个破坏层。木质构件的炭化速率不是线性的［通常被认为是 2.5cm/45min（1in/45min）左右］，也就是说，木材炭化在前 1in 内速率很快，然后就变得很慢，可能是由于刚刚形成的炭化层的隔绝作用，减少了空气和可燃物的相互作用。这只是一个可以预测的平均速率，所以任何通过 1in 以内的炭化深度来判断可燃物受火时间的做法是严重错误的。

最重要的是，影响炭化速率的不是燃烧时间，而是热强度（在很大程度上会随着时间和位置而变化）。在给定时间内，作用的热强度越大，炭化速率越快，炭化深度越深（Drysdale，1999；Babrauskas，2004）。任何影响热强度的因素，如通风或可燃物的量，也会影响炭化深度。不同品种的树木炭化速率也有所不同。木材的密度是炭化深度的主要影响因素，因为其会影响火灾的蔓延速率。同种木材，纵切面和横切面的炭化速率也不一样，形成的炭化痕迹也不同，这是因为木材内的热导率和液体扩散速率不同。

对于有些木材，如红木，炭化层的黏附性也是一个非常重要的变量。有些地方炭化层已经脱落，有些地方还紧密贴合，这种不同使得炭化深度与火灾作用的关系进一步复杂化。木材的边角不能向材料内部和表面进行散热，所以比平面部分炭化更快。散热的差异使得木质物品表面产生了斜面痕迹，这一斜面痕迹可指明周围火灾热烟气流的方向。木材的尺寸对炭化也有影响，因为热容和热导率不同。实际情况会更为复杂：尽管火灾强度差不多，但一个部位会因灭火喷水作用而停止炭化，而附近的部位可能没有受到喷水影响，这样就出现了差异。

炭化深度虽然不能用于精确判定受火时间，但如果系统运用的话，却可以评估建筑内物体的相对受火时间。测量炭化深度时，应记住以下几点：

- 应从木材原始表面而不是从形成的炭化层表面开始测量炭化深度（这往往是不可能的）。
- 测试炭化深度最为方便的工具是细的钝头工具（应避免使用锋利的刀尖，因为它容易刺入未受损的木材中；有些火灾调查人员更喜欢使用轮胎胎面深度计或塑料卡尺，因为它有一个钝头探测针）。
- 在整个火场要使用相同的工具。
- 对同一高度（如腰部高度、头部高度和膝盖高度）相似木材表面的炭化深度进行测量，并将所有探测结果记录在火灾现场图上。

有些火灾调查人员倾向于将相似炭化深度的点进行连接以绘制等炭化线图。由此产生的等深线（类似于气象图中的等温线）凸出了整个现场中炭化最严重的部位。这些部位可能与可燃物堆积和通风口有关。记住，在其他条件相同的情况下，起火点及其附近（燃烧时间较长）或者其他有可燃物堆积或通风的区域（燃烧强度较大）的炭化深度可能最深。炭化深度的分布必须结合可燃物和通风来进行考虑。

炭化深度的变化可用于确定可燃物的位置和判断通风条件。轰燃发生后，门窗等通风口处木材会暴露于高强度热辐射作用下并发生快速燃烧，所以这种火灾条件下通风口处或地板上的烧穿痕迹，不能用于判定该处是助燃剂燃烧引起的。轰燃发生后，除通风口附近外，室内可燃物是在缺氧条件下燃烧的。通风口附近或新鲜空气流的流动路径上，会出现更深的炭化痕迹或清洁燃烧（clean burn）痕迹。Carman（2009）对房间轰燃后的分析表明，通风效应不仅能加速通风口处的燃烧，也会形成从通风口延伸到房间的清洁燃烧痕迹。这样就可能在没有可燃物的地方形成 V 形痕迹。

（1）炭化表面形貌

炭化表面形貌可能会反映火灾情况。很多火灾调查人员都信赖这样一条准则：大的、有光泽的波浪状炭化痕迹［龟裂痕迹（alligatoring）］表明火灾燃烧迅速、蔓延快，而小的、无光泽的方形炭化痕迹表明火灾燃烧速率小，但却没有考虑之前提到的很多因素会影响炭化表面形貌及炭化深度。虽然表面整平的较深炭化痕迹或呈"烘烤"状的炭化痕迹通常是长时间加热产生的，但在某些火灾（通风受限的高强度火灾）条件下，短时间的作用也能形成这样的炭化痕迹。

缺氧条件下（如木地板下面），木材表面的炭化可能更容易产生平整、暗淡、棱角分明的炭化层。这种炭化层的形成是热收缩引起的。由于氧气不足，木材边缘处的燃烧速率较低。Ettling 的一项研究阐述了炭化块（一块木头上的）大小与作用温度的关系，温度越高，炭化斑块越小。但是在恒温环境中，时间不同，炭化表面形貌也不一样（Ettling，1990）。在真实火灾中，温度和时间都不确定，也就无法准确评估二者所造成的影响。在 Ettling 的研究中，将木材置于温度低于 300℃ 的烤箱内，木材表面却产生了特有的凹陷外观，并伴有罕见的裂纹或裂缝。

木材横切面上的炭化形貌特征对于分析火灾行为更有价值。在特定温度的短时间作用下就能产生这种热变化。强烈的热作用下，导热性很差的木材在高温层（炭化层）和未受影响的部分之间的过渡区就非常窄。Spearpoint 和 Quintiere（2001）证实了木材中的这种过渡变化。突发的火灾或者火势发展很快，木材热传递的时间很短，因此产生的热解区就非常窄，通常会在木材的炭化层和非炭化层之间产生一条清晰的分界线。如果火灾发展缓慢且持续时间较长，那么将烧焦的横梁纵向切割后会发现，在木材的炭化层和非炭化层之间存在一个明显的过渡区。不管这样的过渡特征对火灾发展速度的证明作用有多可靠，火灾的快速发展取决于房间内可燃物的种类及引燃方式。用明火引燃聚氨酯床垫的失火火灾中，轰燃的发生同汽油引燃的速度一样快。

（2）表面效应

大约 $10kW/m^2$ 的辐射热通量（或与超过 150℃的热烟气长时间接触）就能使物体表面产生热效应，如木材或热固性聚合物被烧焦、热塑性涂层熔化。较高的热通量或者高温也会使物体表面炭化而不发生燃烧。需要记录这类痕迹特征的类型、位置和深度。此外，还需要与未损坏的材料样品进行对比，以分析和判定临界热通量或临界温度。

（3）墙和地板的移位

大范围地清理和拆除建筑结构，可能会导致无法确定墙壁、地板或天花板是否因火灾前或火灾中的爆炸破坏而发生了移位。需要重点观察移位材料的数量及残留碎片的破碎程度。墙的顶部或底部都有可能发生移位，这取决于爆炸冲击波及其反射波的作用方向，也可能仅仅是由于墙体嵌入建筑结构部分的牢固程度不均所致。

在外围勘验时比较容易检测到大部分的移位材料，但有时内部勘验容易发现物体的破坏情况。窗玻璃是最容易破碎的结构材料，可在爆炸作用下被抛到很远的地方。扩散蒸气/空气混合物发生的爆炸，可能不会打破窗玻璃，但可能会使它们冲破框架，并被完整地抛至远处。所有爆炸抛出物都应在图上进行仔细记录，并与它们的原始位置进行比较，以评估爆炸力的方向。如果建筑物坍塌或被夷为平地，应仔细检查墙根处的地板或地基，有时也可能发现墙体被炸坏的痕迹。火灾调查人员必须对所有建筑构件的移位情况进行测量和记录。

7.4.4　剥落痕迹

剥落指由于热作用、机械压力或二者同时作用，混凝土、石膏或砌体表面出现的开裂或破损。混凝土是由沙子和石子等骨料和结晶基材（水泥）混合而成的，含有大量的结晶水。热作用下，一部分水会从晶体基材和骨料（砾石）中释放出来，材料就会失去其完整性而发生破碎。混凝土的抗压性很强，但抗拉性却相对较弱。其结果是，某些类型的沙子或砂石骨料在热作用下会比其他类型的骨料膨胀得更大，从而导致水泥基材因张力作用而破坏，但是许多研究混凝土剥落的实验都没有考虑这一属性因素（Sanderson，1995；Smith，1993；Midkiff，1990）。

混凝土或砌体等多孔结构中的水分在热作用下也会蒸发。水蒸气体积膨胀产生的压力会使水泥破碎并剥落。在混凝土中加入聚丙烯纤维可以减轻这种压力作用，因为聚丙烯纤维受火熔化而减少了水泥的剥落。这种水蒸气的膨胀在新浇筑的（绿色）混凝土和砖石结构中更为常见。

混凝土地面、梁或柱内的钢筋构件受热膨胀也会导致混凝土的破坏。钢筋的热膨胀率比混凝土高，因此钢构件如果埋得不够深，受热作用下就会膨胀、变形，并使混凝土被破坏，从而降低了梁、柱或地板的机械强度。其他形式的机械应力也会导致混凝土或砌体的剥落，特别是高机械压力或冷水流对过热混凝土表面的快速冷却冲击。虽然这些原因可能导致混凝土剥落，但到目前为止，建筑火灾中混凝土结构发生剥落最常见的原因仍然是可燃物燃烧时对混凝土的局部加热作用。

破碎面的形成有多种不同情况，取决于多种因素，如骨料的性质、混凝土的龄期、预应力板或钢筋板的预应力大小、温升速率以及温度高低等（Canfield, 1984）。由于热膨胀可引发混凝土剥落，因此考虑受火作用下混凝土表面向内的热传递过程是很重要的。如图7-29所示，火焰的辐射热首先会升高液体的温度，并加速其蒸发，一部分热量会通过液体向下传递，并使液体之下的表面温度上升。表面过剩的热量又会迅速转移回液体中，这使得表面保持在最高温度——处于或者略高于液体的沸点。已知汽油（混合物）的沸点为40～150℃，因此表面有汽油燃烧的混凝土的温度永远不可能比150℃高太多，故这样的温度不足以引发混凝土热膨胀，也就不能使混凝土发生剥落。此外，易燃液体在混凝土上燃烧的持续时间也是很短的（通常为1～2min）。而混凝土的热导率又非常小，所以在这一时间内向混凝土内部传递的热量不会太多。

混凝土剥落痕迹作为受火特征，既可以证明大量常见可燃物的存在，也可以证明有高强度热源，如化学助燃剂的燃烧（Béland, 1993）。易燃液体仅在外表面和边缘燃烧，而液池下面的区域则不会受高温影响。因此，燃烧液池的外围会存在明显的剥落痕迹。单独存在的液池一般燃烧时间很短，不会在物体表面产生高强度的热辐射，热膨胀效应小。在液池燃尽后，火焰还可能会在裂缝、孔、缝和膨胀节点处继续燃烧。因此，在这些不规则部位附近的剥落痕迹往往更为明显。

如果是煤油等较重的石油馏分燃烧，由于其沸点高、沸程宽，液池下表面的温度会更高，且火焰燃烧的时间更久、辐射强度更大。这种燃烧对混凝土的作用会更明显，但这类燃料很少被用作助燃剂。这种情况下，剥落痕迹的边缘可能会被燃烧产生的焦油残留物染色或褪色，但这却不能证明就一定是易燃液体燃烧的结果，因为在只有常见可燃物燃烧的测试中也发现了这种染色痕迹。如果地板被地毯或瓷砖覆盖，产生局部剥落的可能性会更大。有些情况下，汽油引燃的火灾容易引起地板覆盖物的长时间燃烧。这种燃烧状态下，不会存在受液池保护的区域，并且比液池单独燃烧更容易

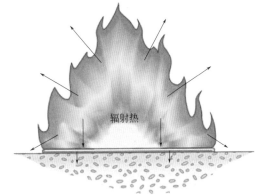

图7-29 混凝土表面可燃液体火灾产生的辐射热会导致液体燃料蒸发，并使下部的表面升温；当辐射热被混凝土吸收时，液池外围表面的温度会升高；液池底表面的温度不会超过与其接触的液体的沸点

引起剥落。需注意，剥落的深度与所涉及的可燃液体的量或种类无关。

在正常火灾发展过程中，辐射热更可能导致大面积不受保护的混凝土地面发生剥落，特别是在大面积坍塌或坠落的部位。通过对比实验对汽油火和木垛火对同一类混凝土的影响进行研究，实验结果如图 7-30 和图 7-31 所示，请注意木垛燃烧后，混凝土剥落区域周围存在染色痕迹。因此，应仔细勘验剥落区域的对称性和所在位置，即使局部剥落且伴有染色，也可能不是可燃液体燃烧造成的。

(a) 室内混凝土地面的剥落试验：白电油燃烧　　　(b) 自熄后，液池边缘有一些染色，但没有剥落

图 7-30　汽油火对混凝土的影响

资料来源：Jamie Novak, Novak Investigations and St. Paul Fire Dept

法医用紫外灯（或各种波长的可见光）照射在混凝土表面，可借助荧光反应来探测可燃液体残留物，一篇早期的文献介绍了这种技术（Thaman, 1978）。虽然未对该项技术进行深入的研究，但检测出的沥青、油脂和其他石油产品中的荧光化合物表明，它们同样存在于许多复杂化合物的热解产物中。那么这类化合物应该同石油馏分一样，会以同样的方式发出荧光，造成的假阳性会干扰易燃液体检测。初步现场试验表明，在真实火场中，能直接证明易燃液体存在的痕迹是很少的。一种新的激光脉冲荧光检测器有望将易燃液体残留物与干扰物的热解产物相区分，但却有待验证（Saitoh 和 Takeuchi, 2006）。

（1）重影痕迹

混凝土表面的局部剥落痕迹通常与重影痕迹（ghost marks）一起产生，重影痕迹即被乙烯基或沥青砖覆盖的地板上另一种可燃液体燃烧的痕迹。当将沥青方砖贴到混凝土表面时，或多或少会使用一层柏油状黏合剂进行粘贴。当油品可燃液体倒在这样的地板上并被引燃时，热作用和溶解作用下，这些砖会发生卷边。然后，表面上的液体会渗入砖块之间，有时还会溶解部分黏合剂。随着火灾向室内全部燃烧发展，可燃液体和黏合剂可同时作为燃料进行燃烧，使得接缝处的燃烧比周围更强烈。结果，更多的黏合剂被破坏，底层混凝土地面可能会局部变色，更有可能发生剥落。这些部位的黏合剂会被烧掉，并沿着砖块之间的缝隙在混凝土上留下网格式的"亚表面"染色痕迹。根据火灾条件和地砖的性质，在某些火灾实验中也能观测到大体相似的痕迹，这是因为虽然没有易燃液体，地砖也会收缩，使得接缝处的地板暴露在较高的热通量作用下。在这种情况下，黏合剂残留物往往可能会粘在混凝土表面。

(a) 室内混凝土地面的剥落试验：大木垛火燃烧，无可燃液体

(b) 长时间的燃烧导致火灾中发生了爆炸性剥落

(c) 火灾后外观。注意扩展性剥落(尤其是通风口附近—门至左边)；注意混凝土上的"池状"褪色痕迹

图 7-31　木垛火对混凝土的影响

资料来源：Jamie Novak, Novak Investigations and St. Paul Fire Dept

　　曾经发现贴有瓷砖但没有火灾破坏的混凝土地面上的"亚表面"非常浅的染色痕迹，如图 7-32 所示。这可能是由于房间内多年来一直使用的地板脱蜡溶剂溶解渗透到瓷砖之间的缝隙造成的。再一次强调，如果这些痕迹存在于大范围的地面上，而不是小范围独立地或分散存在，应该对假设通过测试来验证，这是房间的一些共性特点导致的，而不是大量易燃液体燃烧的结果。

　　因此，重影痕迹不能直接作为证明使用易燃液体的证据，但在适当情况下却可以证明。应对地板和相邻框架进行取样，并进行实验室检测分析。

　　（2）石膏板煅烧痕迹

　　如前文所述，石膏墙板由两层厚纸板夹着一层硫酸钙（石膏）组成。硫酸钙通常以二水合物形式存在（每个分子含有两个水分子）。受热作用下，结晶水可在两个可预测的温度下经两次煅烧（calcination）而脱去，这两个温度分别是 52 ～ 80℃和 130 ～ 190℃。每一次脱水都会使墙体机械强度（穿透阻力）降低，可通过在墙表面推入探针来探测脱水情况。此外，如果贴附在石膏表面的纸板或涂层被烧掉，燃烧产物就可能在石膏外表面凝结。如果继续加热，煅烧层就会沿着石膏板向内迁移，产生一个清晰可见的从灰色到白色的变化，如图 7-33 所示。随着石膏不断地受热和脱水，石膏板会逐步经历收缩、开裂和失去机械强度的过程，直至完全脱水成易碎的粉状物质。

图 7-32 用粉笔线在墙壁每隔一段距离进行标记以
测量石膏墙板煅烧深度的技术
资料来源：David J. Icove, University of Tennessee

图 7-33 石膏干墙从火灾暴露开始的煅烧（右侧为
受火面）
资料来源：Jamie Novak, Novak Investigations and St. Paul
Fire Dept

Mann 和 Putaansu 近期报告了其进行的一系列试验：用锥形量热仪对石膏板样品进行重复加热，随后用 FTIR 测定其脱水量，并用改进的轮胎胎面深度计对石膏墙板的穿透深度进行测定（Mann 和 Putannsuu, 2006）。试验结果表明，用穿透力为 0.87kg/mm^2 的探针在完全水化层和半水化层之间进行探测，探针的穿透深度随脱水深度的变化而变化，这是因为完全脱水层和半水化层的阻力小于完全水化层，然而石膏板的颜色变化却没有遵循类似的规律。这可能是因为有色燃烧产物的沉积和迁移受多种因素影响。

Mann 和 Putaansu（2006）报道了其围绕玻璃纤维增强（X 级）石膏板进行的类似试验，结果显示：暴露时间和脱水深度之间存在类似的线性关系。纤维或蛭石的存在减少了石膏收缩和裂缝（会使材料弱化）的形成。如果能始终保证每次施力都为 0.87 ～ 1.03 kg/mm^2 的话，那么该技术用于探测这类石膏产品在典型火灾中的受火时间所获得的数据将是非常可靠的。Mann 和 Putaansuu 报告称，由于脱水引起的孔隙度变化（但不是水合层的实际深度），可见"烟层"的位置与无水／半水界面的深度有很好的关联性。

石膏煅烧后的颜色呈双色或三色分布（白色到灰色再到白色），这可能是两步的脱水作用或浓缩热解产物的化学作用导致的。有意思的是，灰色和白色之间存在过渡颜色，如粉色、蓝色或绿色。这些颜色的出现与火灾无关，可能是石膏中的杂质造成的。关于这种颜色的实验数据仍然是相当有限的（Posey 和 Posey, 1983）。由于石膏是均一化制作的产品，其热导率是均匀且可预测的，所以热效应的深度应与暴露时间直接相关，但需要注意的是，极端辐射热通量将加速表面效应的累积。石膏中的气孔或空隙也可能导致判断错误。对房间进行彻底勘验，可以找出与最大热作用（来自燃料包、羽流或通风）相对应的最高"穿透"区域。Kennedy、Kennedy 和 Hopkins（2003）研究了纸面石膏板的热效应过程，并证明了观测煅烧的可靠性。

（3）家具弹簧的退火

当钢丝弹簧被加热至低于其熔点某一温度时，它会失去弹性或"脾气"，这个温度称为退火（annealing）温度。在 600 ～ 650℃的温度下，弹簧会因其上方的任何重量甚至其自身重量而发生垮塌。这个与温度相关的特征有助于火灾调查人员判断，火灾起源于软垫沙发或床内还是从外部引起的。沙发或床的软垫内缓慢发展的阴燃通常会产生局部高温，那么此处的弹簧通常会比周围的弹簧更容易垮塌或者拉长（如果处于悬拉状态）。如果家具是由外火引燃的，那么热量强度会比较低，弹簧退火的程度通常不会像处于长期燃烧的内部火灾中那样明显。然而，在轰燃后火灾的长时间作用下，无论引火源是什么，弹簧往往会全部垮塌。

　　弹簧垮塌特征的一个作用是判断火灾的蔓延方向，如果火灾未造成完全破坏且通风非常均匀，那么迎火一角或一面处的弹簧垮塌程度会比较明显。由于易燃液体和普通可燃物燃烧产生的温度足以致使弹簧因回火而发生垮塌，所以弹簧的垮塌不足以证明是否为放火点（Tobin 和 Monson，1989）。弹簧在火灾中常常会变细，看起来是被火熔化了。弹簧变细是由于湍流火焰的反复作用所致，而非助燃剂混合燃烧产生的高强度热作用引起。这种现象在被火烧毁的建筑中更为常见（Lentini、Smith 和 Henderson，1992）。此外，弹簧上放置的物品或者掉落在弹簧上的物体都会使弹簧垮塌得更严重，因此在解释弹簧垮塌现象时，需要注意以上这些限定条件。同其他指示火灾蔓延方向的痕迹特征一样，也应在勘验火灾现场时对弹簧垮塌的情况进行记录和拍照。

7.4.5　玻璃痕迹

　　几乎所有的建筑火灾中，玻璃痕迹特性为火灾调查人员提供了非常有力的判断依据。虽然玻璃的外观和功能更像是固体，但实际上它是一种过冷液体。因此，在压力作用下，玻璃是弹性的，且通常会弯曲到一定程度才会断裂。当有重物撞击在普通窗玻璃（即非强化的、非钢化的玻璃）上时，玻璃窗会向外弯曲，直到达到其弹性极限后才会破碎。玻璃的这种表现会产生两组裂纹，放射状裂纹和同心圆状裂纹，如图 7-34 所示。

　　玻璃受机械冲击后，在断面上常常会形成类似于贝壳一样的曲线（弓形纹），这是玻璃断裂时其内部压应力得以释放的缘故。这些弓形纹的一端大致垂直于玻璃的一面，并围着玻璃弯曲到另一端，几乎与玻璃的另一面平行，如图 7-35 所示。这些曲线可以明显地显示出玻璃受力的那一面。确认所处理的裂纹是放射状裂纹还是同心圆状裂纹也是非常重要的。因此，最好尽可能地多收集些玻璃碎片，并送到实验室进行还原检测。

　　玻璃也可能会因不均匀受热产生的热应力而破裂（译者注：称为热炸裂）。与机械作用产生的直线裂纹不同，受热应力作用玻璃往往会形成随意弯曲的裂纹，并且断面很少会出现弓形纹，通常会如镜面那样光滑，如图 7-36 所示。对流或辐射热会升高玻璃受热面的温度，并使其发生膨胀；而嵌入窗框或密封条里的玻璃，因为窗框或密封条的保护或遮挡而不能受热，并且其导热性较差，因此这部分玻璃还会保持其起始温度和尺寸。这样拉伸应力就会不断增加，直至超过玻璃的抗拉强度，而后窗玻璃产生开裂，裂纹通常与窗框边缘大致平行，如图 7-37 所示。

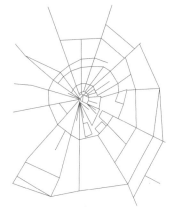

图 7-34　玻璃受典型机械冲击后形成的放射状裂纹和同心圆状裂纹

图 7-35　玻璃碎片边缘的弓形纹可表明玻璃受力的方向

资料来源：Jamie Novak, Novak Investigations and St. Paul Fire Dept

图 7-36　热炸裂玻璃的断面几乎没有弓形纹

资料来源：Jamie Novak, Novak Investigations and St. Paul Fire Dept

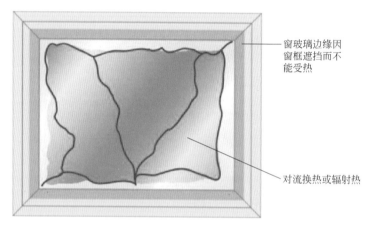

窗玻璃边缘因窗框遮挡而不能受热

对流换热或辐射热

图 7-37　玻璃中间部位因对流热和辐射热作用而发生热膨胀；嵌入密封条或窗框里的玻璃因为被遮挡而未受热膨胀；当拉伸力达到极限时，玻璃就会产生与窗框几乎平行的裂纹

　　这一过程可以通过建立在温度差上的数学模型进行预测（Skelly，1990）。有关研究表明，玻璃的热炸裂过程与玻璃的强度和类型有关，当温度差约为 70℃时，普通的窗玻璃就会断裂（Pagni 和 Joshi，1991）。任何玻璃物体只要受到不均匀加热，都有可能产生热炸裂，且可反映热量作用的方向。如果受热面和非受热面的温差足够大，厚玻璃能发生破碎。双层窗玻璃会依次出现破碎：受火的那层玻璃先破碎掉落，然后另一层玻璃会因失去保护而受火作用直至破碎并从窗框内脱落。如果受火侧的玻璃只是破裂而没有脱落，那么即使轰燃发生，外层玻璃也不会发生热炸裂（Nic Daéid，2003）。

　　利用玻璃痕迹不仅能判断玻璃是因机械应力或热应力而发生的破碎，还能通过其断面上是否存在烟怠、炭黑粒子或灰烬沉积物来确定破裂是发生在火灾之前还是之后，如图 7-38 所示。玻璃在火灾残骸中的位置对于解释其证据信息非常重要。例如，如果在室内地毯上发现的玻璃碎片，其上面堆满了火灾残骸，但断面的烟熏痕迹却较少，这就足以证明窗户是在火灾发生前或刚刚发生火灾时就破碎了。如果玻璃是在火场最上方发现的，那么玻璃极有可能是灭火或清理火场时破碎的。

图 7-38　玻璃碎片断面显示有炭黑和灰烬沉积，这说明是在火灾前发生的破碎
资料来源：the State of California, Department of Justice, Bureau of Forensic Services

　　窗玻璃内表面烟熏痕迹的证明力并没有想象中那样强。由于合成材料在室内装饰物、墙壁和地板覆盖物中普遍使用，厚厚的油烟不能证明使用了石化产品等助燃剂。此外，较可燃物的类型而言，火场通风情况对沉积烟气的颜色、密度和黏附性的影响更大。

　　玻璃破裂通常发生于房间接近轰燃的时候。如果玻璃严重炸裂，会从窗框上脱落，大量空气突然涌入，从而使轰燃与回燃同时发生。突然升温（如使用可燃液体助燃剂）可能会比缓慢燃烧造成的裂纹要多，但是也不会多到能在火灾后的玻璃碎片上检测出来。如果这种加热发生得很快，玻璃往往会直接破碎掉（Lentini, 1992a）。龟裂裂纹玻璃指存在着未完全断裂、类似于复杂路线图裂纹的玻璃，曾被认为是火灾中的某一时刻热量迅速积聚作用的结果，如图 7-39 所示。

(a) 玻璃窗因普通火灾中(轰燃后)的热作用而发生破裂和软化；灭火射水使其产生了碎裂

(b) 龟裂纹玻璃的特写

图 7-39　龟裂裂纹
资料来源：Jamie Novak, Novak Investigations and St. Paul Fire Dept

　　实验室测试表明，凹坑（表面上的小圆形凹陷）状龟裂（crazing）纹的形成是灭火射水喷到高温玻璃所导致的（Lentini，1992a）。狭长的玻璃碎片表明发生了某种类型的爆炸。玻璃碎片上若有浓重的烟炱或漆状物，说明爆炸是在火灾后期发生的，很可能是烟气爆炸或回燃引起的。如果被直流水柱射中，窗玻璃也可能破碎并被抛到很远的地方。如果没有烟熏或者非常浅的烟气沉积，说明爆炸是在火灾早期发生的，可能是由于爆炸装置或者燃料／蒸汽爆燃引起的。

玻璃上的痕迹可以揭示许多有关火灾或爆炸的信息；如果未被破坏，玻璃在火场残骸中的位置能传递更多的信息，所以应当及时仔细地对其进行记录和拍照。在外围勘验时，应对爆炸破坏的玻璃碎片进行绘图（标注好尺寸）和拍照记录，并将其与同窗框及其附近发现的玻璃残片进行比对分析。在汽车和建筑物门上使用的钢化玻璃，由于制造时经过化学和热处理，不易被机械破坏。如果破坏，会破碎成上千个小方块状的碎片。一般来说，这样的窗玻璃是不可能拼接的，也就不可能确定它是被机械作用还是被热冲击破坏的。但是，如果汽车或者金属框架门上存在刚性玻璃框的话，就算大部分玻璃破碎脱落，玻璃边缘可能还会残留在玻璃框内。这些玻璃残片上的破裂痕迹有时可以帮助区分机械破坏和热炸裂。

无论是窗户、家具还是电灯，熔化的玻璃，都可以用来证明火灾的蔓延方向。玻璃受热时，受热面会先发生膨胀，这常常会导致窗玻璃向热源弯曲或"膨胀"。当玻璃在约为750℃温度下熔化时，玻璃受热的一侧会先变软，在受热面下垂或者流淌。铝框架窗户中的铝边框比玻璃更易受热变形。尽管在测试中能观测到普通单面玻璃窗往往会朝着热量作用方向向内脱落，但也有部分碎片会掉落在外面。

电灯泡制作时首先会被抽成真空，然后充满惰性气体，通常是氮气（有些功率非常低的灯泡只是被抽成了真空）。当灯泡受热作用时，其内部膨胀的气体形成超压，使灯泡受热变软的部位先发生膨胀。由此形成的炸裂痕迹会指向火灾蔓延过来的方向，因为迎火面通常会先变软，如图 7-40 所示。建筑中的容器、镜子等其他物品上的玻璃痕迹，不仅能表明其受热的温度，也能指明火灾蔓延方向，但前提是记录和拍照前未变动。例如，玻璃瓶在面对热源的一侧可能会出现更复杂的断裂，即使它们看起来是完整的。但是，如果有人试图移动它们，它们就可能会变成粉末。

图 7-40　这个灯泡的爆炸点指向火焰来向，并表明火焰是从左向右蔓延的
资料来源：Det. Michael Dalton（ret.），Knox County Sheriff's Office

（1）材料的熔点

通常，塑料是火灾中最先受到影响的材料。许多塑料会在 100 ～ 200℃的温度下开始软化和熔融，其他塑料在此温度下分解。前面提到，通过玻璃的熔化痕迹可以判定建筑火灾的情况。玻璃的熔化温度取决于其成分组成。大多数窗户使用的是普通碱石灰玻璃，其熔融温度为700～800℃，这一温度在许多木质结构火灾中都能达到。

金属熔化痕迹也常用于辅助证明火灾强度。在勘验火场时，往往会发现铝熔化后的残留物。因为铝可以在相对较低的温度（660℃）下熔化，所以这种情况并不能证明发生了特殊的火灾。由于铝的导热性比较高，所以局部加热并不能使厚铝件熔化。在易燃液体火灾中尤其如此，因为易燃液体的燃烧时间很短，就算是低熔点金属也不会受到影响。

锌/铝压铸配件（有时也称制锅金属）的熔点极低（380℃），并且在火灾现场中非常常见（Gilchrist, 1937）。一个更有用的受火特征是熔化黄铜或铜。由于其成分不同，黄铜的熔点范围为875～980℃。建筑火灾中这种金属并不罕见，它可能有助于确定房间哪些部分的温度更高。铜常存在于水管和电线中，其熔点为1080℃（1981°F），有时会在燃烧猛烈的建筑火灾中熔化。Lentini、Smith和Henderson在其对城市大火中完全烧毁的建筑物的研究中发现，在许多建筑物废墟中都发现了熔化的黄铜和铜配件，其中就包括铜质水管（尽管火灾中该区域的供水中断了，但这些管道中仍然存有水）。这就说明，即使在个别烧成废墟的火灾现场（也称黑洞）发现了这样的金属熔化物，也不能证明这与使用助燃剂有关（Lentini、Smith和Henderson，1992）。

可燃液体液池在空气中燃烧的火焰温度不一定比普通可燃物燃烧的火焰温度高，所以金属熔化痕迹的存在不能作为使用液体助燃剂的证据。熔化的铝可以与铜相互作用，并溶解在铜中形成双金属合金。这种合金中铜和铝的百分含量是随机的，但如果以67%的铝和33%的铜进行合成，就会形成一种共熔金属合金，其熔点仅为548℃（1013°F），比铝和铜的熔点都低。因此，熔化的铝可以侵蚀和溶解电气系统和设备中的高温铜导体（Béland、Ray和Tremblay，1987）。

落在高温钢上的锌也会通过类似的过程将钢穿透。铸铁在1200～1450℃的温度范围内会发生熔化，有时会在重木结构强烈燃烧后的灰烬和碎石中发现其熔化痕迹。在通风良好的情况下，木材和木炭燃烧产生的温度约为1300℃，再加上严格的热作用过程，铸铁就会熔化（Henderson，1986）。有人认为一氧化碳的燃烧和铸铁实际产生的还原冶炼对铸铁的熔化也有一定作用。最近有人提出，黑铁可以与钙盐形成熔点相对较低的共晶合金。

只要在火灾现场发现任何熔化金属残留物，就可以确定火灾时该点的最低温度。尽管这些金属熔化痕迹不能也不应该作为人为放火的证据，但火灾调查人员却应注意它们的存在、范围和分布。这些信息有助于比较不同部位的温度差别和分析其形成原因，确定是一般火灾中可燃物分布和通风条件造成的增强的烟囱效应引起的，还是放火火灾中化学助燃剂造成异常火灾荷载造成的。

铜和一小部分铜合金，在空气中受热极易氧化，并在金属表面形成黑色的氧化铜。如果在空气中长时间受热，整个物体（如导线）可能都会变成氧化物。裸露铜导线的氧化程度可以证明裸露点的环境情况。管道中敷设的铜导线并不易氧化，这是因为管道中的空气流动受限，并且导线绝缘皮的热解形成了还原性（不是氧化性的）氛围。当聚氯乙烯绝缘皮热解释放的氯化氢气体（HCl）将铜变成氯化铜时，铜线和其他导体的表面可能会变成绿色。

（2）清洁燃烧痕迹

烟怠和热解产物遇到不燃表面时会在其上面凝结。如果表面受热充足，这些材料会燃烧，并留下清洁燃烧痕迹。若要产生清洁燃烧痕迹，不燃表面的温度必须要达到火焰的温度（>500℃）。因此，清洁燃烧痕迹表明该处有火焰作用了一段时间。火焰可能是物体表面可燃物的燃烧，也可能是通风受限的轰燃发生后新鲜空气的涌入造成的。

7.4.6 对痕迹物证的歪曲和误解

一些传统上认为与放火有关的痕迹物证已被证明是不可靠的。

（1）火灾蔓延或建筑物倒塌速度异常快的证据（书面记录或证人证言）

事实：很少会有人看到火灾起火的过程，那么火灾发展的真实速度也就鲜有人知。今天使用的家具起火后释放的热量和发展速度也超乎人们的想象。火灾前的火灾荷载及其位置是评估火灾蔓延的关键。如今商业和住宅建筑中常用的轻质构造技术比传统技术更容易导致地板、天花板和屋顶的快速穿透和坍塌（Earls, 2009）。

（2）异常高温的证据（金属熔化痕迹等）

事实：易燃液体燃烧的火焰温度与木材燃烧的温度大致相同。许多合成材料的燃烧可以产生更高的温度（超过1000℃），在没有易燃液体的现代装饰房间内，从地板到天花板，轰燃后燃烧也能达到这样的高温。

（3）混凝土剥落痕迹

事实：较易燃液体短时间燃烧而言，普通可燃物和倒塌结构持续燃烧产生的辐射热作用更可能导致混凝土发生剥落。易燃液体燃烧液面下面的温度及热通量太低，无法产生足够的热量以使混凝土大面积剥落。地板覆盖物上的易燃液体可引起地板覆盖物充分猛烈地燃烧，从而导致混凝土发生剥落。

（4）玻璃碎裂痕迹

事实：热应力可以导致玻璃破裂，但这种热应力（热冲击）的急剧作用会导致玻璃迅速失效，往往会导致玻璃破碎，而不是产生未完全断裂的龟裂痕迹。龟裂痕迹的产生是受火作用的玻璃突然被冷却（通常是灭火射水）所致。

（5）地板和地板覆盖物的不规则损坏

事实：轰燃后的燃烧，室内可燃气体与从门窗等通风口涌入的空气间发生了急剧的湍流运动，导致地板受到较高而稳定热通量作用。因此，火灾后这些通风口周围的损坏往往更为严重。在这种热辐射作用下，合成地毯和垫子会发生不规则熔化和燃烧。即使是未发生轰燃，上部结构的倒塌或掉落的材料也会导致地板的损坏是严重且不规则。

（6）窗户上的浓重含油的烟怠/黑浓烟

事实：有些室内可燃物不充分燃烧会产生黑色浓烟。现代合成材料几乎都是以石化产品为基料的，在典型火灾中燃烧时，会释放大量黑色烟怠和黑色热解产物。

（7）钢弹簧和钢结构材料的退火

事实：钢在500℃以上的温度下会失去抗拉强度。普通室内装潢材料的阴燃或燃烧就能产生这种温度，而不需要液体助燃剂。

（8）地板到天花板间的热破坏

事实：当室内热烟气层的温度超过 600℃时，所有外露的物体表面都会因辐射热超过其临界值而发生炭化和燃烧。由于热烟气层的覆盖面较大，被家具遮挡或保护的地毯也可能不能幸免。

（9）深度炭化

事实：木材的炭化速率取决于多种因素（木材种类及其处理方式等），其中最主要的影响因素是作用于木材表面的辐射热（热通量）强度。明火直接作用可使木材炭化速率加倍，而轰燃后的火灾作用可使木材的炭化速率增至 10 倍。

（10）轰燃的发生

事实：由于使用合成纤维和填充物，现代家具燃烧的热释放速率非常高（一个现代躺椅全部燃烧与地板上半仑汽油燃烧每秒产生的热量一样多）。现代家具不易被阴燃热源影响，但却更易被明火引燃。一旦引燃，即使未使用任何液体助燃剂，也可导致一个 3m×4m（10ft×14ft）的房间在 5 ～ 8min 内发生轰燃。

（11）皱裂（闪亮或白色）痕迹

事实：炭化木材的表观形貌与木材的性质和燃烧时的通风条件有关。木材炭化层表面产生了白色灰烬，这是因为良好通风条件下的持续燃烧使得炭化残留物发生了完全燃烧，并生成了浅色的无机氧化物。

7.4.7 放火证据

为确定起火点和起火原因，火灾现场勘验时还有许多其他需要观察的内容。有些明显的受火特征可用于判定是否为放火，如多个分散的起火点、强烈燃烧区域发现的易燃液体、纸张或碎布等导火物（trailer），定时或点火装置的残留物。

（1）导火物

那些看起来像导火物的物品可能是正常可燃物燃烧的产物，如图 7-41 所示。放火嫌疑人经常会设置多个"位置"点火或多个引火源，以确保破坏范围最大。通常情况下，第一个装置的点火通常会影响其他装置的后续点火，除非设定所有装置完全同步。这就使得点火装置可能没有完全烧毁且易于识别。应对那些看起来像多个起火点的情况进行仔细评估，以排除那些不可能的原因：窗帘或照明设备掉落、闪电或电涌（导致电器多个故障），甚至是穿过房间或房间之间的辐射热或火灾热烟气。

（2）容器

通常在火灾现场会发现容器。虽然其中大部分是房屋的正常物品，如油漆罐和家用用品，但它们可能含有与放火有关的可燃物，即使没有也仍然能提供有用的信息。如果罐子里装有液体（可能很少，也可能是满罐），并且被密封加热，那么热作用会使其膨胀并产生一个或多个裂缝。如果这种液体是易燃的，就有可能发生沸溢，并对整体可燃物的燃烧产生很大的助推作用。如果罐子没有膨胀或爆裂，说明它完全是空的或者不是密封的。在某些情况下，轻焊易拉罐受火焰热辐射作用，焊料可能会软化而使内容物溢出，而罐体却没有发生膨胀。如果怀疑是放火，应收集所有的容器并提交实验室检测，同时注意保存可能的潜在指纹。

图 7-41　地板上可燃液体燃烧引起的轰燃火灾，使得木地板上产生了不规则的炭化痕迹

资料来源：Jamie Novak, Novak Investigations and St. Paul Fire Dept

（3）目录清单

火灾调查人员应对建筑所有部位进行仔细清点和记录，不管物品是否被火灾损坏。这一过程有两个目的。首先，是为了保护火灾调查人员，因为他们可能会被法院传唤并在出庭时对火灾现场的形貌和物品进行证明描述，特别是当物品价值昂贵时，这一点尤为重要。其次，这有助于判定火灾发生时建筑内的情况。火灾后的清点记录应与房屋所有者或租户提供的清单仔细核对。火灾前从建筑内拿走东西，是证明火灾是有计划实施的有力证据。火灾调查人员要对物品的缺失保持警觉，如主要器具、工具、设备、存货、枪支、衣物、珠宝、纪念品、古董、运动器材和宠物。在骗保的火灾案例中，废物或廉价商品替代了贵重商品或存货（储存在别处或被出售）。

已经在许多案例中阐述了建筑中的火灾荷载是如何影响火灾痕迹的。对火灾现场进行彻底的清查，可以使火灾调查人员更加清晰且完整地了解火灾发生时建筑物内的火灾荷载情况。沙发、软垫椅、窗帘、地毯等对房间火灾荷载有较大贡献的物体都应标注在火灾现场草图上。如果这些物体在火场清理时被移走，火灾调查人员应询问业主或承租人，以确定火灾前存在哪些家具及其摆放位置。

（4）可燃液体

尽管在不使用可燃液体的情况下，也可以实施极具破坏性的放火，但迄今为止，最常见的放火手段是将可燃液体（通常是石化产品）倾倒或泼洒在地板和房内物品上，然后用火柴直接引燃。可燃液体被用作助燃剂，是因为其廉价、易得、易挥发且易被引燃。由于可燃液体的频繁使用，这类液体残留物的发现与识别是判断放火的有效证据。

只要将可燃液体置于高温下，可燃液体即使不燃烧，也会迅速蒸发。勘验火场残留物时，只有那些因为保护而未受到火焰和高温影响的液体才会保留下来。地毯、室内装潢材料、未经处理的木材、石膏或土壤等吸收性材料，以及地板或地板与底板之间的裂缝或缝隙，都可能会提供这样的保护。大多数火灾的灭火用水可以在一段时间内防止残留物蒸发。当在墙壁、地板或地板覆盖物上发现局部燃烧痕迹时，应检查附近的残留物是否有常见易燃液体的气味。用扫把和水对痕迹所在的地板进行清洁，往往会使痕迹更明显。然后根据需要对痕迹进行拍照和绘图记录，接着直接用鼻子闻或借助便携式碳氢化合物探测器探测接缝、裂缝和其他受保护区域是否有特殊气味，如图7-42所示。

图 7-42 电子碳氢化合物检测器采用固态传感器对吸入的蒸气进行检测；操作时必须缓慢移动
资料来源：Jamie Novak, Novak Investigations and St. Paul Fire Dept

　　许多火灾调查人员习惯用嗅觉检测挥发性可燃物，并且有些人有非常敏感和准确的嗅觉。这样做有一些弊端。首先，人的鼻子对气味的感知非常主观，可能被"愚弄"而做出错误的反应。其次，人的鼻子很容易疲劳，并且吸入一些蒸气后就导致无法辨别其他气味了。再次，火灾现场还含有有毒气体和蒸气，高浓度吸入后会中毒。

　　如果地板是多孔或渗漏的，有些助燃剂有可能已经渗入并渗透到下面的土壤中。落在土地上的水和碎片能吸收这些助燃剂的挥发物，可对其进行提取以备日后检测。已经证明，专门训练的犬类在识别可燃液体残留物位置方面非常有价值，而这些残留物在后期的实验室分析时确实能检测出可燃液体。虽然不能全面替代专业人员的调查，但训练有素的犬类可以推动在可疑区域识别目标物的进程。

　　空气中汽油燃烧产生的火焰温度并不明显高于普通可燃物燃烧产生的火焰温度（在某些情况下还会偏低）。可燃液体助燃剂燃烧的显著特点是其可能会快速燃烧、造成局部破坏且分布不规律。液体助燃剂可以在室内低位区域和受保护的部位燃烧，通常会产生与普通可燃物不同的燃烧痕迹，但如果后续发生了轰燃或倒塌等毁灭性破坏，就另当别论了。

　　有些可燃液体没有特征性气味，甚至连电子探测器或警犬都不能探测到。还有种可能是火灾的持续燃烧消耗掉了所有的可燃液体助燃剂。皱巴巴的报纸、蜡纸和塑料包装材料等也能快速引发火灾，且其残留物很少以至于通过化学手段检测不出，甚至都观测不到。如果迹象表明使用了可燃液体，不管存在什么气味，都应该提取地板样品和附近有关的碎片以进行实验室检验，这一点很重要。在灭火或清理火场时，甲醇、丙酮或乙醇等水溶性易燃液体会被水带射水稀释并可能被冲走。盛装这类液体的空容器应该注意可能用作使用助燃剂的证据，应避免对其造成破坏。

地板出现的不寻常的流淌或池状破坏痕迹，不是证明使用了可燃液体助燃剂的必要条件。需要通过实验室检测对假设进行验证。如果发生结构倒塌或轰燃燃烧，更应如此操作。

及时对火灾现场（失火火灾和放火火灾现场）进行保护和勘验，可减少外来可燃液体［如用于抢救财产（salvage）的设备］的污染，并能创造最佳的探测环境。当残留物变干时，几天时间内就会在阳光和高温作用下蒸发掉，甚至是被保护的残留物也能如此。而在火灾后的几周时间内，还能探测到土壤中的残留物。在房子下面发现了液体，这表明液体的使用量很大。虽然寒冷潮湿的天气可能有助于保护可燃液体残留物，但可能会对燃烧痕迹和与之相关的其他物证产生不利影响。

如果在地毯或毛毯上发现了燃烧痕迹，经仔细观察提取痕量证据（附着的玻璃碎片或放火装置上的塑料、纸张或织物）后，通常用干净的硬毛刷对其进行用力清扫，就能扫去松散的碎片并使燃烧痕迹更加明显。然后提取地毯和毛毯残留物并送实验室检验。清除松散的碎片后用清水冲洗，可以使燃烧痕迹更加明显。可能在剩余的瓷砖之间或踢脚线下面，也可能在地板衬板下面提取残留物。在多层地板覆盖物中，如果在上一层的地板覆盖物中没有发现可燃液体残留物，那么在最底层的地板覆盖物中也不会发现有证据意义的残留物。

无论从何处提取到用于实验室检验的残留物样品，都必须牢记两件事：第一，挥发性液体会被高温驱除，因此，炭化最深的部位不可能发现这种液体。相反，更可能在那些受保护而免于高温作用的地方发现它们。第二，如今，许多与火灾有关的建筑和室内装潢产品使用的都是合成材料，其合成组分与大多数助燃剂一样含有同样的石油馏出物。

为了确保实验室能够从合成材料的半挥发性分解产物中分辨出微量的助燃剂，提取比对样品是非常重要的。应在发现残留物附近可能没有被助燃剂污染的区域足量提取未损坏的同种材料。即使在严重损坏的建筑中，也可以在电器、书架或大型家具下找到地板覆盖物的比对样品。由于无法保证这些在火场提取的样品不含助燃剂，因此不能将其视为控制空白样品，而应视为并标记成比对样品。真正的控制空白样品应取自非污染源，如零售店、工厂或相同的未燃烧车辆。

（5）电子探测器和探测犬

嗅探器，或者更恰当地说是便携式碳氢化合物探测器，在许多火灾调查工作中都有应用。虽然探测器有很多种，但不能用于代替其他检验形貌和气味的测试。与人类嗅觉系统一样，持续暴露于高浓度的挥发性可燃物环境中，探测器会因过负荷而失灵。探测器对某些常见的助燃剂（无味的轻质碳氢可燃物可能最难检测到）一点也不敏感，因此当真有这类可燃液体存在时会产生假阴性判定。大多数探测器对一种易氧化的气体或蒸气敏感，包括一氧化碳（CO）、氨（NH_3）、甲烷（CH_4）和木材破坏性蒸馏产生的甲醇（CH_3OH）蒸气，并给出假阳性结果。许多现代的嗅探器采用的是电子检测元件，不如旧式设备那样对热解产物或水蒸气敏感。一种成功的经验做法是同时使用两个相匹配的探测器，其中一个在疑似有助燃剂的燃烧区域探测，另一个在以外的燃烧区域探测。如果两个探测信号之间存有较大差异，这表明不太可能仅仅存在挥发性热解产物。

　　助燃剂探测犬通常被训练用于检测微量部分蒸发的汽油或油漆稀释剂，在清洁环境中，其对样品的检测精度约为 0.1×10^{-6}（1L 罐中的 0.1μL）。燃烧残留物（特别是地毯和垫子）的存在可以显著降低这种敏感性，但在现场狗比人的鼻子更敏感，能成功地从燃烧残留物中辨别出微量的可燃液体，并且它们在现场的搜索速度比人快得多。与毒品探测犬一样，它们发出的确定性叫声可以作为对嫌疑人进行搜身和从火场提取样品的依据，但却不能作为存在助燃剂的证据。

　　探测犬不能区分作为助燃剂使用的汽油和地毯黏合剂的微量挥发物或杀虫剂喷雾。只有正确的实验室分析才能明确地识别助燃剂残留物种类，并且只有这样才能将其归到现场发现的痕迹物证里，因为助燃剂必须通过其用途来识别，而不仅仅靠探测（Gialamas，1994）。由于在家庭常用物品中可以检测到的微量石油产品种类繁多，所以火灾调查人员不要对探测到的低浓度可燃液体期望过高，除非能提取到合适的比对样品（Lentini、Cherry 和 Dolan，2000；DeHaan，2003）。

　　应将炭化部位周围未炭化的木材凿开或撬起，并用嗅探器或鼻子探测。然后可以将产生反应的部位切下，并密封在适当的容器里以备进行实验室检验。当完成对所有区域的勘验和取样后，可以将装有样品的容器留在样品原位，进行编号标记，然后对整个区域进行拍照，以照片的方式记录提取样品的位置。

第三部分　野外火灾

7.5
野外火灾

　　野外火灾一般是指在覆盖着草地、灌木或林木的开阔地上发生的火灾。尽管这类火灾的破坏力惊人，过火面积很大，但是像其他火灾一样，这类火灾在开始时也要有适合的可燃物和小的局部引火源。某些方面，野外火灾调查比建筑火灾调查更简单，因为可燃物一般是自然生长的植被类物质。引起野外火灾的热源种类比较有限：意外火源，如闪电；失火火源，如丢弃的火柴；放火火源，如：故意点火装置。像打火机引发火灾一样，如果火源没有被移出现场，那么引发火灾的引火源证据如打火机将被保留下来。

　　与建筑火灾相比，野外火灾的起火原因更为多样。美国加利福尼亚州森林与防火部（CDF）在其直接保护区内每年平均接警 5500 多起野外火灾，表 7-2 中列出了常见的 12 种起火原因。

表7-2 加利福尼亚州野外火灾起火原因（2006～2008）

起火原因	2006	2007	2008	百分比（3年）/%
放火	319	227	220	6.4
篝火	113	41	23	1.5
残留物燃烧	455	490	431	11.5
设备	1237	489	401	17.7
闪电	237	126	332	5.8
其他	627	1061	1115	23.3
玩火	40	12	8	0.5
电线	130	27	20	1.5
铁路	19	0	4	0.2
烟头	87	84	62	1.9
未确定原因	986	969	908	23.8
车辆	555	84	69	5.9
总计	4805	3610	3593	100.0

资料来源：2006–2008 Historical Wildfire Activity Statistics（Redbooks）（Sacramento, CA: California Department of Forestry and Fire Protection, 2008a and 2008b）

    然而，与建筑火灾不同的是，通过可燃物、风、天气和地形等多种环境条件，追溯野外火灾的发展过程更为复杂。野外火灾的规模较大，需要投入大量灭火救援力量，容易对易受损痕迹造成破坏。由于火灾持续发生，调查人员因火灾可能数天无法进入核心区域，在此期间证据受到各种因素干扰，其价值逐渐减小。所有火灾调查人员需要深入系统地对疑似起火部位进行勘验，对所发现的证据进行逻辑分析判断，野外火灾自然也不例外。了解可燃物特性、火灾行为和环境因素影响的调查人员，在野外火灾调查中能更好地认定火灾痕迹中的微小及易损物证，因此无论涉及什么类型的火灾，都能够更好地认定起火部位和起火原因。

7.5.1 火灾蔓延情况

    相较于建筑火灾，分析野外火灾蔓延（以及通过反向追溯蔓延过程，认定起火部位的方法），需要考虑更多因素。这些因素包括：

- 地形，例如斜坡（可能引起局部斜坡风）和坡的朝向（北半球朝南的斜坡上的可燃物比朝北的斜坡接收更多的阳光照射，因此更干燥，起火后燃烧面积更大，火灾蔓延速度更快）。
- 地势。峡谷（岩石或裸露土壤形成的天然不燃屏障，与烟囱结构类似），可以使火灾更快地向上蔓延。
- 天气情况，如风向、风速、多变性、温度和相对湿度。引燃和蔓延都会受到这些天气情况的影响，因此必须尽可能详细地记录火灾发生前和火灾中的天气情况。
- 可燃物可能会发生极大变化，必须进行记录（包括过火区域和毗邻区域）。可燃物名称各不相同，表 7-3 中列出了常见类别。

表7-3　野外火灾中的可燃物种类

类别	举例
半腐层	土壤上分解的有机层（腐殖质）
地面落叶层	落叶 掉落的树枝 针叶和细枝
爬梯可燃物	中等高度的草丛 灌木［高度小于 2m（6ft）］ 树苗 小树 比较低的树枝 松散的树皮
树冠	树叶、针叶和细枝组成的树冠（离地 2m 以上）
伐落物	伐木作业后留下的树枝和树叶，形成覆盖层

资料来源：R. C. Rothermel, How to Predict the Spread and Intensity of Forest and Range Fires, Gen. Tech. Rep. INT-143（Ogden, UT: US Dept. of Agriculture, National Wildfire Coordinating Group, June 1983），10–12

　　每类可燃物都会引起不同类型的燃烧。半腐层和地面落叶层最常以缓慢阴燃的方式燃烧，只有当大风吹起燃烧的余烬时，才会产生空中火星。杂草、灌木和伐落物都能引起火焰的快速蔓延，进而引燃爬梯可燃物（ladder fuels）（Rothermel, 1992）。

　　树冠是由细小树枝、树叶等组成的多孔可燃物，空气供给充足，可以引起极为迅速、猛烈的明火燃烧。树冠的分布可能是不均匀的。爬梯可燃物是火灾蔓延的桥梁，火灾可以从地面落叶层蔓延到树冠，也可以从一个树冠蔓延到其他相邻的可燃物。蔓延的火焰（通过热辐射或热对流的方式）首先使植被中的水分蒸发，然后蒸发挥发性物质，之后热解半纤维素、纤维素和木质素等成分，产生可燃气体（Johnson, 1992）。

　　不同季节的植物（绿叶或嫩叶、茂盛树叶、枯死树叶）可燃物的含水量不同，从而对可燃物的着火特性和火势蔓延速率造成显著影响。可燃物的体积和排列方式（连续的、间隔的或孤立的），也是调查人员必须考虑的重要变量。1992 年，Rothermel 对这些影响因素的复杂性发表了看法，并给出了列线图，用于预测多种此类变量对火灾行为的影响。1982 年，Anderson 出版了一本图片指南，用于指导识别不同部位的可燃物类型。

　　野外火灾调查人员在对大型火灾的蔓延情况进行调查，追溯起火部位及起火原因时，必须将这些因素都考虑在内。因此，实际的调查工作要尽可能多地确认和记录上述这些影响因素。

7.5.2　可燃物

　　根据定义，野外火灾燃烧的是杂草、灌木和林木，但是也会涉及建筑，甚至车辆和设备等附属可燃物。尽管自然界中的可燃物都是纤维素物质，但由于它们体积、密度、结构和含水量的不同，从而使火灾行为有很大的差异。例如，矮小的干草燃烧是一闪即过，对火灾的影响很小（除含有其他可燃物），而低矮的绿草在刚受到火灾作用时，几乎不会燃烧，但会逐渐脱水变干，成为此区域再次燃烧时的可燃物。当火灾快速蔓延过茂密草丛时，高大的干草可能只会被烧掉草尖。剩下的草秆则成为第二次或后续燃烧的可燃物。如果火灾缓慢蔓延至高草，那么更可能引起接近地面处的草秆燃烧，使得草尖部分掉落下来。此种火灾行为常发生在火灾逆风方向，也称逆风蔓延（backing）、向山下蔓延、侧向蔓延（flanking）（与主蔓延方向成大概直角的蔓延）的区域。

灌木和粗大的树木也可能以相同方式燃烧。火灾快速蔓延并向上蔓延过树叶和细小树枝［又称为树冠蔓延（crowning）］，而留下粗壮部分，随着火灾发展后期逐渐燃烧。这种情况在火灾快速蔓延时的下风向和上坡方向尤为显著，有时把这个部位称为"火灾头部"。附近火焰的热辐射或热对流作用，会使灌木和树木的整体温度升高或使其挥发性树脂达到其着火温度，从而使可燃物在火灾中发生爆炸。

（1）火灾蔓延

可燃物的性质对火灾的蔓延和强度有较大影响。树脂含量较高的杉木和松树会比许多其他硬木燃烧得更快、更猛烈。火灾发展到猛烈燃烧阶段后，很少有树木能够阻止火焰蔓延。有些树木，如杉木，如果形成层，也就是树皮底下的活细胞层被破坏，那么即使树的其他部分受损较小，树木也会死亡。形成层组织死亡的临界温度约为60℃，通常情况下，树皮越厚，其耐火能力就越强（Johnson，1992）。有些树木，例如大西洋沿岸的大型红木，由于其粗厚的树皮几乎不燃，因而能够抵挡得住猛烈火灾的破坏。有些树种，需要火灾来打开它们的球果，以便种子的传播。

一些细碎的纤维类可燃物，如具有较大比表面积的杂草，在其干燥时很容易被点燃，使火灾沿其顶部快速蔓延，或在贴近地面处以阴燃的方式缓慢蔓延。在半干旱的地区，灌木有时也被称为常绿橡树，木材中含量较高的油脂受热蒸发，对活细胞起到保护作用，使其避免死亡。高含量油脂将细胞包裹起来，使其与高温干燥环境隔离，以维持细胞的正常含水量。然而，灌木中的油脂也为火灾提供了优质的可燃物。纤维类可燃物起火后产生非常高的温度，使得附近植物的油脂快速蒸发，形成可燃性气体蒸气云。这类灌木火灾燃烧的猛烈程度是非常可怕的。

（2）含水量

当相对湿度发生变化时，根据野外可燃物达到含水量平衡时的时间，可对野外可燃物进行分类。直径较小的可燃物（草、树叶、树枝），为< 1h的可燃物；直径较大的树枝，是1～10h可燃物；树木则是10～100h可燃物。

野外火灾调查人员比建筑火灾调查专家更注重可燃物的含水量，因为在野外火灾中，可燃物含水量会随环境变化而发生很大变化。表面湿度很大的可燃物，在首次过火时，不容易被引燃。火灾产生的热会将水分蒸发，这一区域出现复燃时，这些可燃物就会很容易被引燃。当可燃物内部含水量较小时，也会出现这种情况。植物内部的水分（可燃物含水量），通过活细胞的生命活动，使其与周围环境湿度达到平衡。环境温度和湿度突然发生巨大变化时，对植物内部细胞和表面的含水量都会产生影响，只是细胞内含水量减少的速度要慢一些。

火焰或高温气体，会减少树叶、灌木和针叶的含水量，在短时间内大大增加它们的可燃性。由于风和日照会加速水分流失，这些因素对活体纤维植物的影响会更为复杂。在温度和湿度适宜的无风环境中，香烟等"微弱"火源很难点燃的可燃物，在环境温度升高、风速增大或湿度降低时，会变得更容易被引燃（National Wildfire Coordinating Group，2005）。因此，在火灾发生前，起火部位的天气和日照情况是非常重要的数据。

（3）野外火灾强度的测定

野外火灾强度通常以每千米防火带上的热量（kW/m）为单位。火灾强度范围从半腐层阴燃时的40kW/m，到地面或爬梯可燃物逆向火灾时的100～800kW/m不等，火灾头部的强度为200～15000kW/m，树木上的树冠火灾强度高达30000kW/m（Johnson，1992）。实验中，在距离10m高的短叶松黑云杉树林10m（33ft）远的地方，测得树冠火灾的峰值辐射热通量可达40～150kW/m^2（Stocks等，2004）。热通量峰值通常可持续30～90s。

7.5.3　火灾行为

事实上，所有的野外和草原火灾都是由一个小火苗或阴燃引起的，如火柴、烟头、电弧、炽热碎片或余烬、闪电等，都可以引燃周围可燃物。当小规模火灾作用到周围可燃物时，其增长速度和蔓延方向取决于可燃物性质、风向和风速，以及周围地形的坡度。如果可燃物位于水平地面，分布均匀，没有受到风的影响，那么火灾将向各个方向缓慢蔓延，如图7-43所示。火灾中心处产生的高温气体向上运动，周围空气沿着地面从各方向卷吸进火焰。由于火灾向四周可燃物蔓延的方向，恰好与自身卷吸空气的方向相反，因此火势增长速率受到限制。

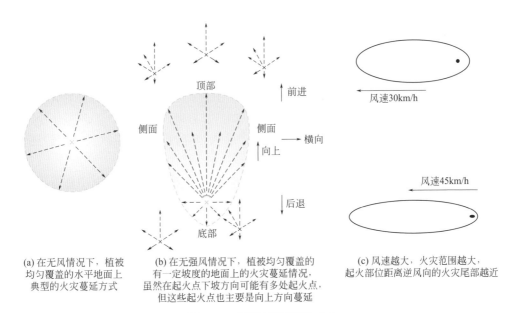

(a) 在无风情况下，植被
均匀覆盖的水平地面上
典型的火灾蔓延方式

(b) 在无强风情况下，植被均匀覆盖的
有一定坡度的地面上的火灾蔓延情况，
虽然在起火点下坡方向可能有多处起火点，
但这些起火点也主要是向上方向蔓延

(c) 风速越大，火灾范围越大，
起火部位距离逆风向的火灾尾部越近

图7-43　水面地面可燃物火灾

如果斜坡上有同样的小型火灾和可燃物，对流作用会将更多的空气从斜坡底部卷吸上来，这种气流和斜坡上部受到热烟气和火焰作用的可燃物，都会加速火灾蔓延。火灾在斜坡上的蔓延更快，且主要沿可燃物的方向蔓延。这种发展将主导火灾蔓延方向，随着越来越多的可燃物卷入，火焰头部的能量会越来越大。火灾引起的气流强度随着火势的增长而增强，从而使火灾在一系列反应中持续发展。火风是在火羽的浮力或对流的卷吸作用下形成的。在大型野外火灾中，这种气流和卷吸的影响很大，并且火灾本身就会产生很强劲的风。在全盛期火灾中，高温气体和火焰会形成火风暴，可引燃其路径上的所有可燃物。因为这些动力学的作用，火灾不仅以扇形痕迹沿斜坡向上蔓延，而且也会向下蔓延（通过热辐射或是火焰直接接触）。如果有充足的合适可燃物，火灾也会缓慢地沿斜坡向下蔓延，甚至是与火灾气流方向相反。燃烧的灰烬、掉落的木材、松散的燃烧碎片也会向坡下掉落，引起次生火灾，有时距离实际发生火灾的地点较远。

（1）风的影响

由大气的气压差引起的自然风称为气象风。任何气象风都会影响火灾的发展，特别是在不稳定的初始发展阶段。风使得火焰和高温气体沿一个方向移动，或是使火灾沿从侧面向上蔓延到斜坡上，使得扇形痕迹发生改变。风速越大，椭圆形的燃烧痕迹越窄，起火部位越靠近下风向末端，如图 7-43 所示（Johnson，1992）。强劲的大风会使火焰向下坡方向蔓延，或使火焰在已发生过轰燃但仍留有可燃物的区域重新燃烧。

外部风对森林的下风向末端和顶部影响最大，这是因为树冠间隙会将风力弱化。流经山脊温暖干燥的风，会在背风面（尤其是在山谷和山口）产生非常强的下坡风。这种风常被称为焚风（当地称其为奇努克风或圣安娜风）[译者注：焚风是由山地引发的一种局部范围内的空气运动形式过山气流，在背风坡下沉而变得干热的一种地方性风。焚风现象是由于湿空气越过山脉时，被迫抬升失去水分（一般形成地形雨），并在山脉背风坡一侧下沉时温度升高，形成高温且干燥的气流。因而气团所经之地湿度明显下降，气温迅速升高]，是发生重大火灾风暴的原因（Rothermel，1992）。日间风是由于白天的太阳加热和夜间的冷却造成的。这种风在晴天时沿山坡向上运动，在日落后则沿山坡向下运动。

（2）悬空可燃物的影响

与建筑火灾相比，悬空可燃物 [> 2m（7ft）] 的火灾发展更为复杂，因为火灾发展过程中，会经过一些间隙较多的小型可燃物，如：树叶、针叶、树枝等，而不是一个简单的表面。当浮力（向上）流动和风驱动的气流携带着火焰穿过树叶时，火灾强度迅速增大，这一过程称为树冠火灾蔓延。

这些缓慢蔓延（基本上是逆向蔓延）的火焰能量较低，通常会在地面和高于平均火焰高度的垂直方向上，留下大量未燃烧或轻微燃烧的物质。这些轻微燃烧的物质有时被称为变色痕迹。这种现象通常出现在起火部位，小火源最先从地面开始，然后火焰远离起火部位向四周蔓延过程中，逐渐引燃更高能量的可燃物。

- 环境气象风会影响火灾的蔓延，改变燃烧痕迹，使得火灾沿坡面蔓延时，原来的扇形痕迹会偏向一边或另一侧。当火灾在水平地面蔓延时，会呈现出火灾的主要蔓延方向。
- 在有强劲的下坡风的情况下，只有当环境风大于火灾向上坡方向蔓延的趋势时，火灾才会向下坡方向蔓延。
- 在向四周蔓延的火灾中，由于可燃物、地形地貌、火灾引起的气流变化和环境风等多方面的相互作用，燃烧方向会在不同方向上发生局部变化。
- 大风条件下，往往会形成长而窄的燃烧痕迹。

充分燃烧的木材树冠火的热释放速率可达 30MW/m（Johnson，1992）。这种强度的火通过热辐射和风驱动的方式，会引燃远距离的可燃物。

7.5.4 起火部位的认定

一旦确定了起火要素，调查重点就可以集中在是通过什么过程和一系列事件导致引火源和最先起火物引起火灾的，以及认定责任方。调查人员必须记录地形、天气状况和可燃物分布情况。通常是通过火灾现场勘验，寻找火灾蔓延指向性痕迹特征来认定起火部位。一旦确定了指向性痕迹，就可以反推出起火部位。这类起到说明作用的线索应该严格地用作痕迹特征，因为没有什么是完全正确，也没有什么是万无一失的。由于外部火灾会受到天气、可燃物分布、地形和灭火行动等因素的影响，因此其行为具有复杂性，必须找到主要的指向性痕迹，而不是依据一处的孤立痕迹进行判断。

（1）调查方法

目前对于野外火灾调查来说，最常用的调查方法是 NWCG 手册《野外火灾起火部位和起火原因认定手册》(National Wildfire Coordination Group, 2005)。它是 FI 210 课程"野外火灾起火部位与起火原因认定"的基础，该课程在美国、加拿大、澳大利亚和其他国家/地区的各种州和联邦机构等广泛开设。

在现场勘验开始之前，调查人员必须了解一些当地的相关信息，包括地形图，了解当地常识的人员，甚至是该地区以前发生过的火灾事故。在到达现场之前，调查人员可以记录观察到的情况（如天气状况、火灾和烟气状况、设备、车辆和区域内的人员情况），并对可协助调查的人员及其专业知识情况进行评估。到达现场后，调查人员必须对疑似的起火部位进行保护（不受车辆、行人、灭火剂或射水、排水的影响）。询问证人是缩短调查时间关键的第一步。

（2）初步分析

几乎所有的野外火灾在发展初期就会被人发现，包括野营者、游客、徒步旅行者、护林员、飞行员、消防员等。尽管找到这些人可能并不容易，但是这也比花几天的时间在火灾现场跋涉，寻找指明火灾蔓延方向的关键物证要容易得多。所有的后续调查，都将围绕目击证人指明的最初起火区域开展，不再管后来火灾蔓延得有多远。

调查都要按照合理的方案开展，以便在保存残留证据时，详细准确地做出认定（不必注明调查人员的时间）。应对最早到场的几名消防员进行询问，了解当时风向、天气情况，以及火灾的范围、位置和发展情况。最先到场的相关人员通常知道火灾最早是从什么地方开始。他们一般受过相关培训，会利用标志物、警戒带等对这些区域（这些区域可能已经被烧光）进行保护（National Wildfire Coordination Group, 2005）。询问当地居民或执法人员，有助于认定起火部位，了解此区域内出现过的异常车辆、行人和设备等情况。

（3）其他信息来源

飞机的红外照相或录像功能，已经被用于绘制野外火灾地图，探测火场中的高温区域。如果这些图像是按一定的时间间隔拍摄的，那么通过这些图片就可以追溯火灾的发展过程。利用地球资源卫星图像，可以显示烟气的运动情况，以及热分布图像。将这些图像与火灾现场的地形图和气象图相结合，可以从火灾发展过程倒推火灾的起火部位，并排除某些特殊火灾蔓延现象的干扰。

认定多个位置独立，但时间重合的起火部位，而且不会是由火灾蔓延过程中通过飞火灰烬造成的，这有助于证明是故意放火引起的多处火灾。在 1991 年奥克兰山火中，利用 C130 飞机获得了红外图像，利用全球定位卫星（GPS）和雷达收发器获取了地图图像，从而对火灾发展（通过雾、烟和阴影）和破坏情况进行快速分析（Public Works Journal，1992）。目前，美国"国防支持计划"（DSP）卫星可支持对目标区域 10s 的重新搜索速率，这样就可以实现以分钟为单位检测和监测野外火灾事故（Pack 等，2000）。据报道，DSP研究人员还对远程监控无人机的应用进行了评估。

（4）现场搜寻

现场搜寻包括先沿着边界搜寻，然后逐渐向起火部位所在区域靠近，进行更集中的搜寻。

（5）边界搜寻

首先，要对最先发现火灾的整个区域进行调查，以确定搜寻区域的边界范围。在草图上记录火灾的整体范围。此时，地形图有助于明确该区域的山陵、峡谷及类似特征地形。根据目击证人陈述、观察到的火灾行为以及火灾蔓延方向的痕迹特征，可以对大致的起火部位进行认定。利用最适用于地形条件的系统痕迹特征，对被保护区域的外围进行搜寻。

这些初期的搜寻工作主要是为了寻找常见的指向性痕迹特征，观察范围更大、更明显的各种痕迹（有时称为宏观痕迹特征，后面会对其进行介绍），如果可能的话，按照从燃烧痕迹的侧翼或一侧向另一侧的顺序进行勘验。当发现指向性痕迹特征时，应将发现痕迹的位置标注到现场图上。建议从相反方向，对起火部位的整体区域边界进行两次搜寻。

燃烧痕迹的形状通常能帮助调查人员找到可能的起火部位。根据地形特征和火灾范围，可能在距离比较近的位置，观察到火灾的扇形或 V 形痕迹。随后，可将痕迹的顶端作为勘验痕迹的重点，如图 7-44 所示。可以利用警戒带、线绳或是塑料路障等，控制人员出入，从而保护野外火灾物证免受相关人员、车辆、常见重型装备等的破坏。

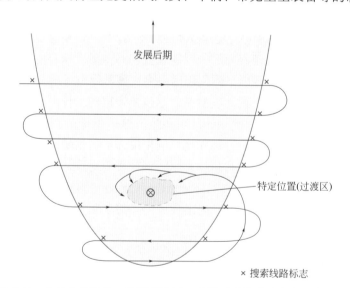

图 7-44 山坡上典型的 V 形燃烧痕迹，建议对这类痕迹进行重点勘验。
这类痕迹从外侧开始，并逐渐靠近最早的起火部位

在边界搜寻时应重点勘验宏观指向性痕迹和相邻未燃区域，以认定火灾前可燃物的类型和分布情况。除非现场范围非常大，否则搜寻工作应该徒步、缓慢、有条不紊地进行，边观察边记录。应对所有具有指向性的痕迹特征（宏观和微观）进行拍照记录。用明显的标志物和旗子进行标记（利用带号码的彩色旗子反映火灾向前、向两侧和向后的蔓延情况，以及关键物证），这对记录搜寻过程是有帮助的。颜色标记系统标准已建立，用于标记火灾蔓延情况和证据位置，如表7-4所示。

表7-4　颜色标记系统标准

标记颜色	指示作用
红色	火灾向前蔓延
黄色	火灾向两侧（侧面）蔓延
蓝色	火灾向后蔓延
绿色、白色及其他	物证

这些标记物有助于追踪火灾蔓延方向，并且可以给火灾现场整体情况提供可视化参考（National Wildfire Coordination Group, 2005）。保存一张与此种颜色标记系统方法一致的手绘火灾蔓延图，是一种很好的做法。应该记住的是，调查人员判断的火灾蔓延方向，依据的是在现场发现的指向性痕迹，而不是这些添加的标记。

（6）重点搜寻

接下来，可以对更靠近起火部位的区域进行重点搜寻。当调查人员在接近起火部位进行搜寻的时候，勘验的燃烧痕迹指向性会发生改变，从大尺寸痕迹向起火部位处的指向性痕迹特征转变（称为微观痕迹物证）。重点搜寻的区域不是一个点，而是面积为几平方英尺的一个小区域。无论火灾有多少个起火部位，每个起火部位周围都会留下不稳定火灾蔓延区域。在这些部位，可能留下细微的指向性痕迹特征以及物证。

在对这个区域进行细项勘验之前，最好尽可能地减少人员流动。在高大的灌木丛和树林中，指向性的燃烧痕迹一般作用不大，除非火灾是以一定强度沿一个方向蔓延。在起火部位区域周围，较小的指向性痕迹可能会呈现相当大的变化特征，因为火焰会寻找可燃物，会随着风和地形条件发生变化。因此，一旦确定了起火部位，就有必要对这个区域进行仔细勘验，逐个查看石头、树叶、小树枝等，从而确定火灾痕迹，并最终认定起火原因。

在查看转化区域（area of transition）（向一定方向蔓延）时，调查人员应该围绕该区域慢慢查看，但应从燃烧区域外围或起火区域之外进行。最常用的方法是，将警戒带系到树桩上，对该区域进行网格化或道路分割处理。由于转化区域由随机蔓延转变为定向蔓延的变化过程不明显，如果从火势逆向或火尾的部位开展勘验，则很容易越过起火部位。因此，建议从火灾前进方向开始详细勘验。使用手持式或头戴式放大镜、2X～3X放大镜和磁铁等，可以对每个拉线部位或每个网格范围进行详细勘验。在细项勘验过程中，通常会使用直尺（标尺）辅助进行重点部位的外观检查。

然后，使用手持磁铁对残留物进行勘验，将残留物中所含的铁屑收集到物证袋中。利用灵敏度高的金属探测器对可疑区域进行检测，可以找到金属车辆、工具组件或点火装置。如要吹去残留物表面碎屑和灰烬，可以借助小型厨房中烤肉用的淋油管、摄影师所用灯泡或直接用嘴吹。要去除残留物表面较重的覆盖物，可以使用柔软的油漆刷、钳子或长镊子。如果灰烬很厚，则需要在第一次勘验后将表面灰烬吹走，可能在其下方找到其他痕迹。

灭火和控制行动会使野外火灾重建工作变得更复杂。推土机推出的阻火墙，会改变火灾蔓延方向。空气打火器能使局部区域降温，使得附近区域发生燃烧。为了灭掉主要燃烧区域火灾，故意放火将可燃物烧尽，制造隔离带，这种情况对痕迹物证外观的破坏非常大。风雨等气象条件可能会很快破坏掉许多有用的痕迹特征，因此在保证安全的前提下，调查工作应尽快开展。

（7）燃烧痕迹

野外火灾由于可燃物性质和火灾条件的影响，相对而言更好预测，因此存在许多相对可靠的痕迹特征，可用于判断火灾通过某点时的蔓延方向。

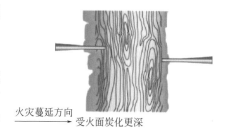

火灾蔓延方向 ——→ 受火面炭化更深

图 7-45　可燃物材质均匀的情况下，
迎火面的炭化层较深

树干、植物的茎或栅栏木柱，迎火面的炭化层较厚。炭化深度可以用刀片、铅笔尖、碎冰锥、螺丝刀等简单工具进行测量。严格地说，这是一种相对的痕迹特征，炭化层的绝对厚度意义不大，如图 7-45所示。

对于灌木丛和树木，迎火面会被破坏得更严重，如图 7-46 所示。火焰穿过树叶向前移动过程中，火焰将向上发展蔓延，在燃烧与未燃烧区域之间形成一个界面，这是因为火焰锋面向前运动过程中，高温气体的浮力作用使火焰锋面上升造成的。

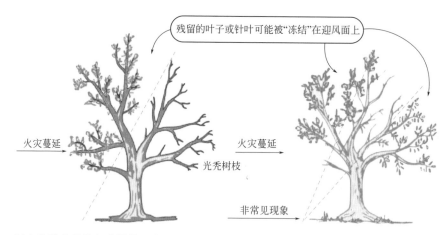

残留的叶子或针叶可能被"冻结"在迎风面上

火灾蔓延

火灾蔓延

光秃树枝

非常见现象

图 7-46　树木和灌木丛的部分燃烧现象，可以证明火灾蔓延方向。当火灾在树叶中向前蔓延时，会同时向上蔓延，在燃烧和未燃区域之间留下一个呈一定角度的分界面。
剩余的树叶或针叶，会在主风向上呈僵化痕迹

快速蔓延火灾的倾斜效应，可能导致树枝和树梢呈向上的状态。迎火面的树枝和树梢端头部位可能变平或变圆，而背火面（下风向）的树枝和树梢的端头，呈锥形或尖形，如

图 7-47 所示。

图 7-47　火灾的倾斜效应，使迎火面的树枝端头变钝，而使背火面的树枝端头变尖

快速蔓延的火灾在大型物体周围会产生气流，使得树干、树桩、植物茎秆等呈现出带有一定角度的燃烧痕迹，如图 7-48 所示。从侧面观察，树冠上可能也会非常明显地留有这种带有角度的燃烧痕迹。这种痕迹反映了火焰从低处向高处蔓延的火灾行为。

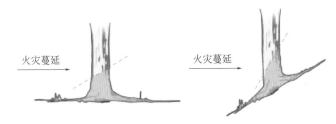

图 7-48　在快速蔓延的火灾中，树木表面的燃烧痕迹始于迎火面树干的较低部位，即使在斜坡上，也是如此。炭化区域可以完全环绕树干，并向上延伸到背面（见图 7-49）

图 7-49　这场火灾（从右向左蔓延），在中心树干的背风面产生了一个低压区，形成了层流火焰，并将火焰卷吸到地表植被上。这种火焰持续的时间比之前经过的火焰锋面要长，且在下风向一面，其燃烧破坏更严重

资料来源：Donna Deaton, Deaton Investigation, LLC

快速蔓延的火灾（不论是火灾驱动的，还是风力驱动的），通过直径较大的垂直树干或电线杆时，在下风向一侧会形成低压区。这个低压区使得蔓延过来的可燃物，从局部可燃物燃烧发展为垂直涡流，从而产生层流火焰。相较于蔓延的火焰锋面，层流火焰持续时间更长，能对下风向一侧造成严重的火灾破坏，火焰锋面高度可增大几倍（Gutsel 和 Johnson，1996）。蔓延速度较慢的火灾，特别是逆风或者沿斜坡向下蔓延的火灾，其形成的燃烧痕迹与地面大致保持平行，如图 7-50 (a) 所示。

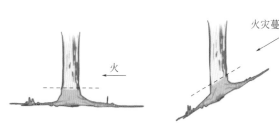

(a) 在蔓延速度较慢或逆向蔓延的火灾中，其燃烧痕迹与地面基本保持平行。在风的作用下，背风面一侧经常会出现向上的炭化痕迹。地面堆积的凋落物会在树干和电线杆的上坡一侧留下炭化痕迹

(b) 在微风(5m/h)条件下及可燃物较少的地面上，观察到低燃烧强度实验中的火由右向左蔓延。炭化痕迹出现在树干背风侧(下风向)较高的部位。
资料来源：Marion Matthews, US Forest Service

图 7-50 逆风或沿斜坡向下蔓延的火灾形成的燃烧痕迹

局部可燃物荷载会对燃烧痕迹产生影响，如针叶、树叶和树根周围的碎屑，在迎火面或上坡方向（也存在此类可燃物时）一侧形成的痕迹位置更高。这也有可能是火在垂直表面上形成的动力气流作用的结果。风力驱动（不论是来自火羽对流还是自然风），通常会在树干或电线杆的背风侧生成向上的炭化痕迹，如图 7-50 (b) 所示。

如果植物垂直茎秆被烧光了，那么剩余木桩在迎火面会呈倾斜状或杯状，如图 7-51 所示。即使是杂草的茎秆，这个规律也同样适用。当用手背轻轻地触摸这类斜坡痕迹时，顺着火灾蔓延方向，手背能够很光滑地通过斜坡面顶端，但是反方向的话手背在移动时就能感觉到毛刺。

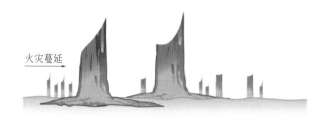

图 7-51 竖直的茎秆或树桩上的倾斜状和杯状痕迹能够证明火灾蔓延方向，指明起火部位

石头、指示牌和其他不燃物的迎火面会呈现出明显的变色痕迹，如图 7-52 所示。背火面的青苔、苔藓、贴地草皮可能会在火灾中存活下来。长时间的火灾作用可能会烧掉迎火面上的烟炱（留下浅色或发白的表面）。

(a) 大块岩石左上角留下的沉积物，是由于火灾从顶部向底部蔓延(通过杂草)造成的

资料来源：Marion Matthews US Forest Service

(b) 在被烧过的草丛中的小石块上留有的微小痕迹，证明火灾是从右向左蔓延的

资料来源：Donna Deaton, Deaton Investigations, LLC

图 7-52　石头、指示牌和其他可燃物的迎火面变色痕迹

大块石头、墙壁和大型物体可以阻止火焰的蔓延。这类障碍物的下风向区域可能不会受到火灾作用，或者在火灾改变蔓延方向后，才会受到火灾作用，如图 7-53 所示。猛烈火焰的直接作用，可能会导致迎风面或迎火面的石块或混凝土剥离脱落。

缓慢蔓延的火灾中（特别是当火灾沿侧面、逆风向下坡方向或是逆风蔓延时），沿着地面蔓延的火灾会从底部烧断比较高的野草。直立的植物茎秆会向迎火面倾倒，茎秆头部指向起火部位，如图 7-54 所示。这种情况很大程度上取决于火灾前和火灾中的风力大小。有些高大野草掉落的方向是背向火源方向，可能会产生与上述痕迹相反的特征。

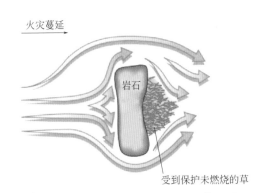 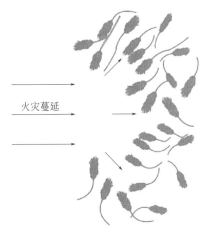

图 7-53　火灾在大型障碍物周围快速蔓延时，障碍物下风向或背风面的植物会受到保护而避免被火烧到

图 7-54　在没有强风的情况下，杂草的高大茎秆倾倒方向大多指向起火部位

残留的茎秆和野草高度与火灾蔓延速度大致成正比。这种影响取决于植物的含水量，在发生复燃的区域，不会出现这种情况。

在紧邻起火部位的区域，火灾蔓延没有明显的方向性，所以这个地方的痕迹具有多变性，或是自相矛盾。杂草等可燃物可能仍然是直立的，或是只有部分过火。当火灾从起火部位向外蔓延，火势会向上蔓延到高处枝干，因此可能只会造成高大可燃物的底部起火燃烧。

火焰越过障碍物继续蔓延时，例如穿过公路或河流，会形成一个新的起火部位。火灾中的灰烬或燃烧的碎片，会引起新的火灾，如上述情况［有时将这种新形成的火灾叫作斑点火灾（spot fires），如图 7-55 所示］。

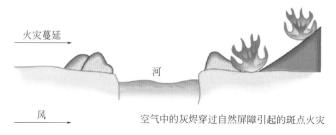

图 7-55　飞火越过天然障碍物引起的斑点火灾

灰烬的数量和分布，可以表明风向以及可燃物的数量与性质。如果火灾是近期发生的，那么在火灾作用下迎火面上会留下白色灰烬（燃烧更充分时），而在背火面上，由于火灾强度较小，灰烬颜色较暗。从起火部位处，对整个火灾现场进行观察，在暴露于火灾的表面上可能都会发现这种白色灰烬沉积物。风雨等天气会消除掉这些灰烬沉积物。

多数此类痕迹特征（特别是微观痕迹特征），需要对一个物体的一面和另一面进行仔细系统的比较分析，而不是对绝对条件进行分析。大风条件下的通风和文丘里效应［译者注：文丘里效应，也称文氏效应。这种现象以其发现者，意大利物理学家文丘里（Giovanni Battista Venturi）命名。该效应表现为受限流体在通过缩小的过流断面时，流体出现流速增大的现象，其流速与过流断面横截面积成反比。而由伯努利定律知流速的增大伴随流体压力的降低，即常见的文丘里现象。通俗地讲，这种效应是指在高速流动的流体附近会产生低压，从而产生吸附作用］，或是物体周围／下方与地面没有完全接触的情况下，可能会产生相互矛盾的痕迹特征。由于随着火灾的发展，或是坡度与地形的影响，风力条件会发生变化，所以调查人员在认定火灾蔓延方向之前，必须对发现的所有痕迹特征进行综合考量。单一痕迹特征可能造成误导，最好不要只依靠单一痕迹特征。

对某一区域进行彻底勘验，并在图中认真标记和备注指向性痕迹特征，这有助于调查人员重新分析所见情况。以下问题可能会对此有所帮助：

- 这些迹象可反映出什么火灾痕迹？
- 地形、天气或可燃物荷载的哪些特征会影响火灾痕迹的形成？
- 是否是多个起火部位形成的大火？
- 哪个起火部位与这些痕迹相符？
- 在该区域采取了哪些灭火措施，如：回火、阻燃剂或射水等，这些灭火行动本身会形成哪些痕迹?

在实际搜寻过程中，不明显的痕迹可能存在差异，需要加以解决。例如，在火灾蔓延方向受风、可燃物或地形的影响之前，火灾可能会随机地向几个不同方向蔓延，从而形成与指向性痕迹特征相矛盾的痕迹。这种特殊的起火部位可能就是起火点。一旦认定了起火点和最初的可燃物（也可能找到引火源），需要对起火部位进行全面的拍照记录。对于具体的痕迹特征，需要分类取样，并拍照记录，写好照片记录，通过之前选好的主要参照物，测量这些痕迹所在的位置。在随后绘制现场比例图时，可以用到这些信息，保持其与现场照片相对应，还原起火部位的认定过程。

（8）现场记录

在野外火灾调查中，记录内容主要包括：全面的叙述性报告、燃烧痕迹现场照片、地图、现场图、证人证言、天气信息和司法鉴定实验室分析报告（如需要的话）。

照片能够清楚地让人知道调查人员在现场看到了什么、做了什么、使用了什么，以及保存了哪些关键数据，以便供日后审查。照片日志中可以采用现场图的方式对拍摄的照片进行描述，图中的符号和箭头可说明方向和编号顺序［数字用于说明页面（图像）编号和底片编号］。

火灾现场图能够显示出痕迹物证、证人和取证所在的位置。现场图中必须注明制图日期、位置、方向、填表人签名，并记录现场大小和地形特征（White, 2004）。如图7-56所示，可以采用三种测量方式。可以利用GPS坐标，来标识证据所在的位置，以及可能的起火部位。在撰写报告和制作现场图，以及确认管辖权时，可以使用这种坐标信息。

在野外火灾调查中，可以使用计算机辅助绘图系统。这些系统中有标准化的符号和绘图方法。

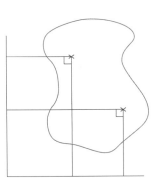

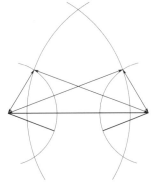

(a) 直角横切面：利用GPS和罗盘定位直角端点和基线。利用线绳、颜料或金属卷尺对基线进行标记

(b) 方位角/基线：单基线(南-北或东-西方向)(利用罗盘和/或GPS定位)。以基线或参考点为基准，用角度和距离标注位置

(c) 两个固定参考点相交的圆弧

图7-56　野外火灾现场参考基线标识方法

7.5.5　野外火灾引火源

如果可能的话，野外火灾调查的下一步就是认定起火原因。但在有些情况下，由于证据的毁坏，可能无法查明起火原因。但是无论如何，都应该对起火点处可能的引火源残骸

进行公正的搜寻，以便得到合理的起火原因。将起火原因归为不确定因素，应该作为最后的选择。室外火灾原因一般是比较清楚的。美国野外火灾协调小组（NWCG）保存着美国野外火灾的相关记录。在每年所有的野外火灾中，约 80% 的火灾是人为造成的（National Wildfire Coordination Group, 2005）。据加利福尼亚森林部门的报告，在过去三年里，平均每年发生 12000 多起野外火灾，主要的起火原因有（按发生概率的先后顺序）：使用设备（拖拉机、链锯、除草机等）、焚烧垃圾、放火、车辆（卡车和小汽车）、雷击、吸烟、篝火、电气线路、玩火、铁路系统（California Department of Forestry and Fire Protection, 2008a）。部分起火原因如下：

- 露营者、猎人和其他人留下的未熄灭的火种（包括丢弃的未熄灭煤块）。
- 无意中扔掉的吸烟物质，包括燃着的香烟和火柴等。
- 焚烧垃圾，在某些地方，人为焚烧杂草和灌木（包括空中飞火）。
- 车辆产生的火星（排气管排出的高温颗粒），特别是机车或其他机动设备。
- 雷击是林木起火的主要原因。
- 电气传输线和设备，包括鸟类和哺乳动物触碰电力线，致其短路打火，火花掉落到附近可燃物上。
- 放火嫌疑人可能使用各种放火装置放火，但通常会使用打火机或火柴。
- 枪支，在某些环境下燃烧的火药、弹壳和曳光弹可能掉进干燥植被中。
- 自燃，仅限于特定的环境条件。
- 机械过热，可能与可燃物接触引起火灾。
- 各种来源的火花，如金属与岩石的碰撞产生的火花。
- 静电放电。
- 前期用火留下阴燃余烬的复燃（rekindling），无论是烧烤、篝火、之前焚烧的伐木木屑或残留物堆垛，还是小型的（可能未报告的）灌木丛火灾。有时将这些物质称为余烬。据报道，这些物质的阴燃时间甚至可以达 12 个月以上（Steensland, 2008）。
- 枕木是内部含有大量腐烂木材的老树或树桩，这些腐烂的木材之前可能发生过阴燃。由于其独特的燃烧特性，火灾可能会在这些老树或树桩内部持续很长一段时间，据有些案例记载，这种燃烧可长达 9 个月。
- 垃圾废物中有时混杂着各种物质，如透明玻璃（横截面为圆柱形或透镜状）或凹面反射面，都能聚焦太阳光线。这些物质很少会引起野外火灾，但也应该考虑到这个因素。

查找起火原因，包括勘验可能含有引火源的地面，查找外来物品，注意观察周围环境，如：邻近公路、小道、铁路或近期设备使用痕迹（新割的杂草、道路或石头表面上新的凿刻痕迹）。在这之后，从不同方向查找或是二次勘验，能够找到更多其他的信息。

引火源的相关特性，必须要结合起火点处可燃物的性质进行综合分析。由于多数野外火灾涉及纤维类可燃物，因此，不管是明火还是高温热源（炽热体），都有可能引发火灾。

（1）电气线路

电气线路经常会引起火灾。电气线路引发火灾的方式主要有以下几种：

- 变压器短路或故障，是一种比较常见和危险的情况，能够引起机油过热或熔化金属液滴掉落到可燃材料表面；
- 天气潮湿时，脏污绝缘体与支撑物之间漏电，引起"电极柱顶"火灾；
- 导线掉落，与地面或地面上的物体接触产生电弧；
- 导体之间直接接触产生电弧（主要是大风天气下）；
- 外部物体引起的接地短路，如倒下的树木、掉落的树枝或鸟类；
- 未受保护的保险丝，产生高温金属滴落；
- 树枝与导线接触；
- 动物与设备接触，引起设备短路。

尽管电气线路有引起火灾的风险，但是在调查时通过仔细分析，可以确定火灾是通过其他方式引起的，例如变压器、保险丝、断路器和开关等电线杆上的相关设备故障。高压导线与土壤接触，将产生玻璃状石块，这是由于土壤中的矿物高温熔融产生的，如图 7-57 所示。通过细致地查找和筛选，可以在土壤表面层下找到这类物质。

图 7-57　土壤中高压导线接地短路形成的细小灰岩熔合成的玻璃状物质。雷击形成的这类物质会更大
资料来源：Marion Matthews, US Forest Service

（2）闪电——引起树木和杂草起火的另一种常见原因

雷击可以击碎树木和树枝，或使其爆裂，使得树皮从树干上剥离下来，劈裂石头，使雷击点处的土壤和沙子熔化成玻璃状石块，如图 7-57 所示。通过目击证人能获取闪电雷击的相关证据。

在一定环境条件下，闪电通过木材时所产生的巨大热量，能够引燃高大的树木。可以将一个地区的闪电雷击报告与国家海洋和大气管理局（NOAA）搜集的闪电雷击数据进行对比，国家海洋和大气管理局掌管国家闪电探测网络报告系统。还有一个名为 Vaisala 的私人公司，在美国的 48 个州设有 100 多个检测站，并有全球定位系统。该网络系统确定的雷击位置的精度可达 500m（1500ft）。

可以在网上付费获取相关报告，这种报告中记录了在申请查询的一定时间段、一定范围内所有雷击的时间、强度、输出电压极性和雷击点位置。图 7-58 中展示了一份实例。据报道，这项服务的准确率为 90%（对比多份报告，有时某份报告中有漏记的雷击情况）。闪电也会击中导线或金属围栏、埋地管道或电缆，以及地下储罐，导致直接起火，或是在远离实际雷击点处起火。图 7-59 展示了一个闪电击中树木的实例。

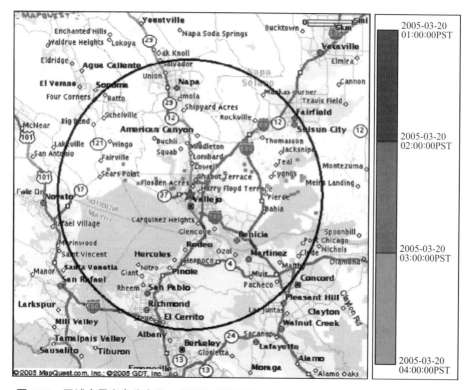

图 7-58　区域内雷击点分布图，用彩色编号区分 0200-0300 和 0300-0400 之间的雷击点

资料来源：Vaisala, Inc., Tucson, AZ

图 7-59　闪电击中这棵树，树皮被剥落，沿着树根其表面草皮炭化

资料来源：Greg Lampkin, Knox County Sheriff's Office, Tennessee, Fire Investigation Unit

（3）燃烧碎片或高温碎片

分解催化转化器中产生的碎片很小，可能检测不到，但这些碎片具有典型的蜂窝陶瓷状外观，其内部的结构单元可能是正方形、长方形或六角形。球形小颗粒也是很常见的。碎片中的铂、铱等稀有金属，在实验室中很容易被检测出来。从柴油发动机排气管喷出来的燃烧炭颗粒或火花，其外观没有规律性变化，但由于密度较大，可能会掉到落叶或草丛下部，进而将它们引燃。有些喷射出的碎片（特别是从汽油发动机喷出的碎片），含有铁的残留物，利用强磁铁可将他们分离出来（Bernardo，1979）。汽车或铁路设备碎片，以及焊渣，也可以利用磁铁进行回收。

（4）篝火

篝火可以引发野外火灾，其引燃方式主要有：直接火焰接触、飞火（余烬）、处置不当或覆盖不全的灰烬和煤炭、直接引燃隐蔽的可燃物或是埋在地下的树根。通常在篝火现场附近发生燃烧，证据表明，机械设备、对篝火看管不当或是灭火不当，都是引发事故的重要因素。通过鞋印或食品容器，能够证明其最近的使用状态。高温木炭、木炭火等可以在很长时间（1～2d）内保持其热量，这些高温木炭可能被掩埋或丢弃在主营地周围。

（5）香烟

在某些情况下，丢弃的香烟仍然处于阴燃状态，也可以引燃杂草等可燃物。要引燃的话可燃物的相对湿度必须要低（< 22%），环境温度要超过 26℃（Countryman，1983）。空气湿度越低，可燃物湿度也越小，引燃的可能性越大。可燃物应足够松散，这样燃烧的香烟才能快速落入可燃物内部，使其与适合的可燃物良好接触。周围的可燃物应具有足够大的密度，以维持火灾蔓延。如果烟头掉落时点燃端在下，或是处于迎风位置，那么引燃的可能性更大。

（6）放火火灾

放火也是引起野外火灾的一个常见起火原因，这一点不容忽视，特别是在靠近城乡交界处的野外区域。在对火灾现场进行全面调查的过程中，应注意近期人员活动的明显痕迹。即使是在最严重的大火中，罐头、瓶子、轮胎和鞋印、武器和机械延迟装置等也都可能保存下来。在现场搜寻的各个阶段，都要时刻留意这类痕迹物证。在野外放火火灾中，更有可能会用到点火装置，因为相较于在城市建筑内放火，在野外放火可能需要更多的时间才能逃离现场。

除了用打火机，其他点火装置的残余物通常都可以在起火点找到。当环境空气相对湿度超过 22% 时，香烟很难引燃杂草或灌木。当环境湿度低于 22% 时，可燃物湿度一般低于 14%～15%，在这种情况下，低热释放速率阴燃的香烟能够引燃杂草和针叶（半腐层）等细小的可燃物（Babrauskas，2003）。火灾发生前几天的天气数据，对于准确验证野外火灾引火源的假设至关重要。

多个起火点能证明可能是放火火灾，但是也有许多其他意外情况，能够在现场形成多个起火点。过热的催化转化器喷出的炽热残余物，或列车车厢刹车，或失效轴承上甩出的高温金属颗粒，都有可能形成多个起火点。柴油机车发动机产生的炽热炭颗粒，能够被甩出一定的距离，沿着道路引发多处火灾。火车经过后，可能会有目击证人看到沿路的小火。

由于野外存在大量易燃材料，因此，很少会使用易燃液体如柴油或汽油作为助燃剂。起火点之间的异常气味或着火痕迹，都要仔细勘验。

放火者可能会利用放火装置进行远程点火，这样能够晚些被发现和扑救，或者只是为了延迟引燃。最有效的远程放火装置，一般是在香烟上用导线或胶带固定一捆火柴。如果想将这个装置抛掷得远一点，会加上石头或铁垫片，来增加重量。一旦引燃，就可以从行驶的汽车中将这个装置远远地丢入灌木丛生的山谷中，或是其他难以靠近的地方。此种装置可以在短时间内设置多个。有些可能没有掉落到合适的可燃物上，却能够引发大火，但很少有证据能够证明是放火火灾。

可以在火灾现场附近沿路进行搜寻，有可能找到很多这类放火装置，这些装置没有成功引燃，因此没有被火灾烧毁。这些装置上会留下嫌疑人的手印和相关痕迹物证。利用从这些地方找到的鞋印和轮胎印，可以成功地找到放火嫌疑人。用纸张、面巾纸、衣物等包裹石头，引燃后将其投掷到灌木林，也能引起火灾，但几乎不会留下痕迹物证。

消防部门也会使用放火装置来制造回火。这些放火装置范围很广，可能是带有纸筒和保险丝的商业烟火设备，也可能是灌满汽油／柴油混合物的乒乓球。有些放火人会从消防机构窃取这类放火装置。消防机构也经常使用煤油喷灯制造回火，但是也有被滥用的情况。

在野外放火火灾中，很少会使用精准的延时装置。凹面镜曾被用于远程点火，有时需要一年多的时间才能使光线偶然聚焦到适合的可燃物上。就像建筑放火装置一样，野外火灾中也会使用其他的延时装置，来逃避检测和调查。如果使用一种放火方式成功引起了火灾，放火人通常会在之后的一段时间内继续使用这种方法，这样会使得几起放火案具有相互联系的共同特征，可排除火灾是盲目模仿的可能性。

如前所述，最常见的延时装置是在点燃的香烟上绑上火柴。当在现场发现这类装置时，最重要的是通过恰当的制图和照相的方式对其进行全面记录之前，一定不要破坏它。烟灰的外观和长度，能够反映出香烟是吸过之后再被丢弃的，还是被火灾烧掉的，或者是被点燃之后故意（恶意）留下来的。同时，香烟的品牌和燃烧条件对燃烧时间有很大的影响。

加利福尼亚森林部门的实验结果表明，在静止空气中，各种香烟水平燃烧的速率为 4～8mm/min（0.16～0.33in/min）。当香烟垂直向上或迎风燃烧时，燃烧速率更快，总燃烧时间为 10～15min（Eichmann，1980）。如果烟蒂（有或是没有过滤芯）没有完全烧完，则通常可以确定香烟的品牌。Bourhill 认定手册中有有价值的相关资料（Bourhill，1995）。难燃香烟使得故意或过失引发火灾的可能性减小，但也不能将其排除在外。

有时，将不能延时点火的装置称为热装置（hot set）。野外放火火灾中，有很大比例都是用火柴或打火机直接点燃可燃物，从而引发火灾。当放火者将火源拿走后，要认定起火原因，只能依靠一一排除其他所有可能的起火原因，对此要进行十分仔细的搜寻和记录，记录下有可能或是待排除的引火源（Ford，2002）。热装置可能会在现场留下能被辨别的残留物，包括掉落的火柴和香烟、救援照明弹、燃烧箭，或是被点燃的道路照明弹和耐风火柴引信等。火柴和香烟的残留物往往位于其他灰烬和残留物的顶部，但是很容易被天气条件或是搜寻现场的人员破坏掉。

道路照明弹会留下白色或彩色的块状残留物，具有典型的外观特征（和化学成分），通常是一个木质塞子和塑料撞针帽。如果保护得当，即使火灾很大，塞子和撞针帽通常也能够被保留下来，通过塞子的尺寸和后面残留物的数量，可以估算出照明弹的原始长度。图 7-60 为一个普通紧急道路照明弹引发草地火灾后遗留的典型亮白色和彩色残留物。生产厂家和生产时间不同，照明弹的组成也各不相同。

图 7-60 顶部：道路照明弹（耐风火柴引信）留下的完整残留物。右下方是空心的纸筒后盖；塑料盖已燃烧并熔化

资料来源：Greg Lampkin, Knox County Sheriff's Office, Tennessee, Fire Investigation Unit

（7）火灾模型

已经开发出的计算机模型，在已知可燃物、天气和地形信息的情况下，可以预测野外火灾的火势增长和火灾强度。最常用的程序是 Behave、Behave Plus 和 FARSITE，能够预测大型火灾的时间线和火灾行为（Andrews 和 Bevins，1999）。就像室内火灾的计算机火灾模型一样，这种模型已用于假设检验，但不应依靠它来得到火灾是如何发生的，或是起火点在哪里的"证据"。计算机模拟结果需要进行法庭检验证实。

鉴于野外火灾动力学的复杂性，精确建模一直是一个具有挑战性的难题。有些二维、风力驱动蔓延的草地火灾模拟程序已通过了火灾试验的验证（Mell 等，2006）。功能越来越强大计算机的出现，有助于建立林冠火灾的有限元模型（Meroney，2004）。NIST 也在评估火灾动力学模拟程序（FDS）的应用情况，将 FDS 应用于预测野外 - 城市交界区域火灾的蔓延，在这种情况下，乔木和灌木按最初的火灾蔓延方式发展，建筑物则被辐射热引燃（Evans 等，2004）。Sullivan 汇编了 1990 ~ 2007 年的野外火灾模型综合报告，读者可从中获取更详细的信息（Sullivan，2009）。

7.5.6　物证的提取和保存

和建筑火灾调查一样，通过制图和照相等方式，记录野外火灾现场的场景和相关证据是非常重要的。考虑到某些重要证据具有一定的脆弱性，且环境条件变化无常，有些部门并没有按照这种方式对火灾证据进行常规记录令人感到惊讶。因此，这里需要对野外火灾的某些特殊情况再次加以强调。

（1）香烟、纸板火柴和其他易碎证据

在提取香烟或纸板火柴时，应注意，如果向其表面进行喷漆或其他防腐剂操作，通常会使得可能存在的指纹无法进行实验室检测，无法获得唾液携带的 DNA 分型结果，或是无法进行品牌识别或物理比较实验。因此，最好就地对物证进行拍照记录，然后用松散的棉絮将其包裹，置于坚固的盒子中，直接将其送到实验室进行检测。

在提取香烟、纸板火柴这类易碎物证时，有一种推荐方法，利用这种方法可以复原埋在灰烬下面的部分物证。这个方法是用一把锋利扁平的园艺铲，松动物证下方一块矩形区域土壤，然后，用一块干净的长方形金属片仔细地插入土壤中，不要影响到上面的残留物。金属片完全插入土壤下方后，将土壤、灰烬和证据一起抬起。将提取到的整体移放到尺寸合适、装有衬垫的物证盒中。如果土壤非常坚硬，可以在物证周围挖一圈水沟，并将水引入其中，软化土壤。在石头表面，可以用金属片只将灰烬层移走。

（2）鞋印和轮胎印

对于鞋和轮胎的压痕，应在压痕附近（而不在压痕中）放置比例尺或直尺，采用低角度斜照明进行拍照记录（在压痕中或整个压痕上放置比例尺，会遮挡住关键细节）。如果有可能，应使用石膏、牙科树脂、石蜡或其他合适的材料制模提取。

（3）炭化的火柴

完全炭化的火柴一般不能用作证据（除了能够证明其存在于现场），但如果现场有未燃烧的硬纸板残留物，那么可以尝试将其与火柴盒进行对比。

（4）怀疑含有挥发物的残留物

怀疑含有挥发物的残留物，要用大小合适的金属罐、广口瓶、聚酯或尼龙袋进行密封，不得使用聚乙烯袋子或纸袋。

（5）容器

所有容器都要进行密封，防止丢失或污染，用墨水笔在容器上注明证据链信息。包装上还要注明提取日期、时间和位置，以及物证提取人的姓名。

（6）气象数据

作为一个关键证据，气象数据本身在现场是无法查找的，有时也会被忽视。调查人员应尽快获取气象数据，获取渠道可以是通过最早到场的灭火人员，或是通过诸如 Weather Underground（www.wunderground.com）或 NOAA 等网站，还可以在附近的远程自动气象站（RAWS）查询（http://RAWS.fam.nwcg.gov/），或是使用手持数字气象记录仪或气象检测工具包来采集第一手资料，如图 7-61 所示。

RAWS 系统使用遥感站，通过卫星每

图 7-61　气象检测工具包：皮托管式风速计（风速计）、指南针、水瓶、干湿计（湿球 / 干球湿度计）和小包

资料来源：US Forest Service

小时自动向国家气象局的气象信息管理系统发送气象数据。全美大约有 2200 个 RAWS 站点。

　　气象数据应该在燃烧区域外部采集，但应尽可能接近疑似起火点，并尽可能接近估计／已知的起火时间。手持设备可用于记录温度、相对（空气）湿度和风速。气象数据可以提供重要信息，利用这些数据，通过诺模图火灾计算或计算机模型，分析火灾行为、蔓延速率和火灾强度。这种分析可以解释燃烧痕迹，科学地证实或排除可能的引火源。

第四部分　车辆火灾

7.6
一般车辆火灾

　　所有类型的机动车辆，都含有大量的可燃液体；电气和机械系统将提供引火源；可燃塑料、金属部件以及货物可作为火灾荷载。车辆火灾可能是失火火灾，也可能是放火火灾，并且为逃避侦查，放火嫌疑人常伪造失火火灾现场。

　　按照 NFPA 统计数据，美国消防部门平均每年处理高速公路车辆火灾超过 287000 起，年均直接经济损失约 13 亿美元，造成 1525 人受伤，480 人死亡（Ahrens, 2010）。为正确地调查车辆火灾，调查人员应熟悉车辆火灾中可燃物、引火源和动力学规律。本节将先介绍车辆火灾中的可燃物、燃油系统和引火源，然后介绍调查情况。

7.6.1　功能元件

（1）油箱

　　多数汽车或轻型卡车的油箱含有易燃和易爆的汽油和汽油蒸气（当然，也可能会是柴油、生物柴油、液化石油气或天然气）。灭火实践和实验测试表明，车辆火灾与想象的不同，其很少出现油箱爆炸。因为汽油蒸气比空气重得多，通常会充满整个油箱上部，所以引燃油箱内的汽油几乎不可能。除了在极低环境温度下，受汽油蒸气压作用汽油蒸气将与油箱内残留空气混合，但此时形成的环境汽油浓度远高于爆炸上限根本无法引燃。因此，对于开口汽油油箱，火焰通常无法进入，仅限于在空气供给充足的开口处燃烧。明火可以点燃敞开的燃油加注口外的汽油蒸气，产生持续稳定的炬型火焰，长度超过 30cm（1ft）。如果不是油箱中油量太少，无法达到蒸气压力均衡，油口火焰是无法进入油箱引起爆炸的。在火灾作用下，封闭的蒸气回收系统在压力作用下释放蒸气，产生炬型火焰，有时火焰还会在远离油箱的位置出现。

　　在普通火灾作用下，金属油箱的焊缝和配件可能发生熔化或开裂，可能泄漏燃油（有时是较大的压力作用导致的）为火灾提供可燃物。由于燃油的蒸发，致使压力不断升高，无论是金属油箱还是高分子材料油箱，都可能导致油箱开裂，喷出油箱盖。交通事故经常通过机械作用导致油箱破裂，产生非常危险的泄漏。因为多数大型卡车使用柴油发动机，因此它们在常温下发生燃油泄漏的危险性较小，但在普通火灾中，柴油将会蒸发，形成爆炸性混合蒸气。此外，有些车辆装有液化石油气（LPG）或压缩天然气（CNG）燃料系统，许多火灾甚至是由于少量气体泄漏或操作不当，致使车辆内部或周围出现爆炸性混合气体而引起的。

现如今，为降低制造成本和车辆重量，车辆制造商越来越多使用高分子材料油箱。高分子材料油箱坚固且耐穿刺，但与金属油箱不同，在持续火灾作用下，它更易破裂，可能发生熔化或燃烧，更快地泄漏出内部燃油，呈现出添加助燃剂的火灾特征。在极少数情况下，由于发生沸腾液体扩展蒸气爆炸（BLEVE），高分子材料油箱可能出现爆炸性破坏。

（2）油箱连接部件

因为普通油箱的机械强度高且保护良好，油箱本身很少发生失火火灾（除严重碰撞外）。许多油箱的加注口都带有柔软的橡胶接头，该接头可能开裂或松动，并使燃油溅入行李箱和乘客舱。

CNG 车辆可能有个玻璃纤维包裹的高分子材料油箱，在普通车辆火灾中将发生爆炸。加油作业常导致加注过量，可能在车下方出现洒落物。在老旧车辆中，注油口泄漏可能使燃油进入行李箱，甚至乘客舱或发动机舱。加注过量可能导致过量燃油被虹吸进发动机舱中的油气回收罐。通常可用装满木炭的罐子收集燃油蒸气，然后将其吸入发动机进行燃烧。该罐中的液体燃料可能发生火灾。

随着使用时间的增长，金属燃油管线上的柔性连接器（软管）将出现开裂或破裂，或因滥用、维修不当而松动，从而出现燃油泄漏的危险。许多制造商已采用尼龙燃油管线和高分子材料连接器。机械破坏、高温作用或维护不当都可能导致其发生破裂、开裂或泄漏，从而出现火灾危险。据了解，一根高分子材料燃油管线意外与排气管线接触而起火，火焰会沿着管线蔓延至油箱，管线中的燃油为火灾燃烧提供了可燃物。

（3）燃油泵、燃油管路和化油器

许多老式汽车的燃油泵是机械式的，安装在发动机的侧面，只有在发动机转动时才起作用。美国多数进口车和新款美国国产车都装有大容量的电动燃油泵，只要打开点火开关，电动燃油泵就会启动。因为多数电动燃油泵的推动力比拉力强，所以它们通常安装在油箱上或油箱附近（许多电动燃油泵就装在油箱内）。如果机油压力或发动机转速传感器没有正确连接，或连接安全性失效，即使发动机可能都没有运转，电动燃油泵也会通过松动或破裂的燃油管线泵出大量燃油。有些新车有两个产生高压的燃油泵，即一个在油箱中，另一个在发动机附近。如果燃油管线因外部火灾或机械冲击（碰撞）而受损，即使燃油泵没有工作，汽油也可能因重力从油箱中虹吸出来。尽管化油器本身或燃油喷射管路（轨道）中的汽油量可能很小，但有些汽车的燃油管线位于电气部件或排气歧管上方，松动的连接件可能具有引发较大火灾的危险。如果火灾仅限于化油器或燃油轨中的燃油，那么火灾通常仅造成空气滤清器、发动机罩和发动机接线的中等程度破坏，并且很少蔓延至车辆的其他部位。

（4）燃油喷射系统

多数燃油喷射系统都是电子控制的，几乎在所有新款汽油车上都可以找到。因为这些系统的输油管线在150～700kPa（25～100 psi）压力下输送汽油，因此增加了额外的火灾风险。即使是管路上的针孔泄漏或接头上的小裂缝都会使汽油在高压下雾化并喷向发动机舱周围，从而迅速产生爆炸性蒸气混合物，仅需适当的电弧即可被点燃。燃油轨是一种金属管，可将燃油分配到每个气缸上的各个喷油器，或在老款车辆中直接分配到节气门。它通常有高压（输送）管和低压（回流）管。这种系统可能会在喷油器或连接器的垫圈或密封处泄漏。

（5）车辆燃料

如今，越来越多的车辆使用气态燃料而不是液态燃料。在约75psi压力下，丙烷（有时称为LPG）作为液体储存在车辆的压力金属罐内。燃料以液体形式输送到发动机，然后迅速蒸发成清洁燃烧的气体燃料。天然气（CNG）可作为压缩气体使用（特别是在大型商用或乘用车中），油箱压力为16500～24800kPa（2400～3600 psi）。这些储罐是由钢或玻璃纤维复合材料制成的。

汽油是汽车中最常见的燃料。在汽车中，由于汽油的闪点最低，通常被认为是最初起火物。但是，汽油的特性使其一定程度上不易被与其接触的热表面引燃，而那些液压油、润滑油等重质可燃油品更易被引燃，此种引燃方式叫作高温板引燃/热表面引燃（hot-plate ignition/hot surface ignition）。汽车制造商和火灾调查员的实验测试表明，热表面温度接近汽油的自燃点时（AIT），几乎无法引燃汽油，并且在加装引擎盖环境下，表面温度达到590～730℃时，才能将汽油引燃。在排气歧管上可以达到这么高的温度，但在发动机达到负荷极限并持续运行或出现严重机械故障（调速和混合）后，涡轮增压器或催化转化器的表面才能达到这一温度。

包括缝隙和裂缝在内的热表面纹理可能会降低引燃所需的温度。热铸排气歧管的粗糙底部引燃汽油的概率更大。在松动的火花塞或故障歧管密封垫圈周围泄漏的正在燃烧的可燃气体，将提供火焰引燃的可能。

（6）其他可燃液体

对于能否引燃来说，油品在热表面上停留或与其接触的时间至关重要，还有就是表面性质和油品数量。热表面引燃变速器油（460～600℃）以及转向液或制动液（540～570℃）比引燃汽油的可能性大。当然，在严重碰撞中，所有上述液体都可能泄漏。

通常认为防冻液是不可燃的，但是纯乙二醇的闪点为111℃，AIT（自燃点）为398℃，丙二醇的值甚至更低（NFPA, 2001）。对于乙二醇与水为1:1的混合物防冻剂来说，泼洒在发动机顶部，水将沸腾而散失，残留的纯乙二醇形成可燃蒸气，被高温表面（530～570℃）引燃，或被分配器、交流发电机、故障火花塞引线、风扇电机或其他电气设备内的电火花引燃（Higgins, 1993）。排气歧管、涡轮增压器和催化转化器的表面温度可超过乙二醇的自燃点398℃，并且乙二醇的高沸点将减缓它们的蒸发速度，从而提供更多传递能量和预混的时间。有报道称，1:1的乙二醇-水混合物直接喷洒到热排气歧管上，可以将其引燃，但此类引燃案例非常罕见。

制动液常是重乙二醇混合物，自动变速器油（ATF）以及动力转向液是轻质润滑油级石油馏分，它们也是有可能被热表面引燃的油品（Cope, 2009）。此类液体可能在存储装置中出现，如聚合纤维存储装置，其可能发生泄漏、破裂或熔化，也可能出现在加压管线中。如果这些管线出现小刺穿孔或泄漏，液体将以易被引燃的雾状形式喷出。这些液体的着火温度较低，如果喷洒到高温排气组件或盘式制动器转子上，或接触到电火花，则可能被引燃。

相比而言，汽油接触高温排气歧管的外部，则不易被引燃，部分原因是它的挥发性，自燃点相近的其他油品，黏性越大、挥发性越低，如柴油或机油，就会越容易被引燃。排气歧管的正常最高温度为550℃，是不足以通过热表面将汽油引燃的，但DOT3制动液或自动变速器油滴落到高于395℃的排气歧管外表面可能被引燃（1993年3月）。

车辆中许多液体处于高压状态。在压力条件下，泄漏的所有可燃液体都会呈喷雾状，与聚集在一起的液体相比，其更容易被引燃。运行状态的液体通常处于高温状态下，其释放后也更容易被点燃。

变速器或变矩器故障可能在内部产生足够多的热量，致使变速器液体蒸发。这种蒸发可能产生内部压力，致使液体从通风口、密封件或量油尺管中排出。当液体或其喷雾接触到高温排气部件时，就可能被引燃。此故障引起火灾后的显著特征是变速器液位低、油色变暗、有颗粒状污染物或强烈燃烧气味。变速器油火灾的传热痕迹往往出现在变速器通道附近的驾驶室底部，或散热器底部，此处油液可能是冷却器连接处泄漏的。对故障进行确认可能需要拆解变速箱和变矩器（Suefert, 1995）。

（7）发动机燃油系统起火

发动机燃油系统起火通常在发动机舱上部呈现出过热痕迹，特别是在发动机舱罩处，出现一系列油漆热解和金属氧化后残留下的不同程度的环或晕，可以表明此处的可燃物燃烧起火。此类火灾还容易导致防火墙、内挡泥板或支柱塔上出现白色氧化（高温）痕迹。每当燃油系统增压时，输油管线的其他部位泄漏都可能使燃油溢出到车辆下方，并在那里被引燃。由于腐蚀、老化、开裂、振动或机械损坏，如挤压或与活动部件接触，都会导致连接松动和管线故障而发生泄漏，如图7-62所示（Suefert, 1995）。

图 7-62 连接喷油器和燃油轨的橡胶燃油管，由于老化而破裂，将汽油喷洒至发动机顶部
资料来源：Bloom Fire Investigation, Grants Pass, OR

现如今，许多连接器都是由塑料制成的。有些当代车辆的燃油管线完全由塑料制成，可能被完全烧毁，因此火灾后可能无法找到。由金属、塑料或玻璃与金属制成的直列式燃油滤清器可能会发生破裂或分离，从而导致燃油泄漏。燃油喷射系统中的 O 形密封圈会因热量、压力或燃油添加剂（或安装不当）而老化，并在压力下造成燃油泄漏。发动机顶部火灾更大可能是漏油引发的火灾，而防火墙（隔板）或轮舱附近的火灾更可能是制动液或变速器油起火引起的。管线与皮带轮、皮带或驱动轴等运动部件接触，可能被切断，甚至被引燃。由于软管布线复杂，动力转向和冷却系统的原始位置一般是无法确定的。

一旦被引燃，车辆的软管、真空管和塑料绝缘电线将给燃烧提供大量可燃物。发动机舱中的高分子材料极少具有阻燃性。许多真空系统和油气回收软管使用塑料接头，这些接头可能发生破裂、熔化，并在一定程度上增加火灾荷载。现代车辆有许多由合成材料制成的新风、暖气和空调管线，原本位于发动机舱，火灾发生后可能穿过防火墙，如图 7-63 所示。它们转而连接到高分子材料的风扇外壳上。虽然它们无法被炽热体引火源引燃，但一旦被其他火源引燃后，所有这些管线部件都将支持火焰燃烧，并让火焰从发动机舱蔓延至乘客舱。

图 7-63　在当代车辆烧穿"防火墙"的情况
资料来源：Jamie Novak, Novak Investigations and St.Paul Fire Dept

外壳和管线内的火灾可能是由风扇电机故障或发动机舱内起火引起的（Suefert, 1995）。将要进入乘客舱内部的火焰，通过破坏高分子材料外壳而产生大开口，作用到塑料仪表板部件，通过此处易蔓延到乘客舱内部。如果火灾快速发展至玻璃窗，处于低温状态的侧窗，特别容易出现温度激增的情况。如果窗户玻璃破裂，将出现通风充足的情况，致使火灾最终发展为室内全面燃烧。可以通过挡风玻璃和仪表板顶部之间的除霜器通风孔的火灾破坏痕迹，判断火灾是怎样蔓延至乘客舱的。发动机舱、轮胎或制动液起火可能会引燃许多汽车上使用的高分子材料挡泥板衬垫。这些火焰可能会在前挡泥板下方蔓延，并作用到侧窗、车门密封件和挡风玻璃的前下角（Marley 和 DeHaan, 1994）。

（8）电气系统

建筑电气系统中引发电气火灾的基本原理，同样适用于车辆电气系统。虽然当今多数汽车和轻型卡车的工作电压仅为 12V，电流（在多数保护电路中）限制在几安培，但车辆火灾的电气原因也不能轻易忽视。车辆的多数电源为直流电，一旦出现电弧，就不会像多数交流电那样可以自动熄灭。卡车和商用车辆的启动和充电系统，通常使用 24V 电压。

如今多数车辆都使用单根带电导线连接电池正极，由车辆金属壳体和部件提供返回路径。因为电池负极连接车架，因此称此系统为负极接地系统。美国 1955 年以前生产的汽车，经常使用 6V 正极接地系统。这种框架接地系统意味着，带电导线接触到任何金属组件，都会导致电流产生。

与电池接头连接的大容量电缆，可以承受足够高的电流，足以引燃导线绝缘皮、启动器和相关电气配件。连接喇叭、冷却风扇、点烟器或照明设备的线路发生短路或产生较高电流，将导致温度升高，致使绝缘层和接头或端子冒烟，甚至起火。即使钥匙处于关闭位置，这些线路往往也处于通电状态，但除起动机外，所有电路通常都是由一个熔断丝进行保护的，熔断丝为一种特殊的导线接头，在启动电路中是不设置过流保护的。如果该电路发生短路，引燃附近周围可燃物（挡泥板衬里、防溅罩、管线、软管等），可能迅速引发大火。对于当代车辆来说，如果试图故意引发车辆电气火灾，那么不可避免地会导致车辆中过流保护动作在起火之前将电路切断（Marley 和 Dehaan，1994）。继电器控制着许多高电流的附件，如新款汽车的鼓风电动机，所以车辆发生大电流故障引发火灾的可能性较小。

连接线路和接地连接始终处于带电状态（无过流保护）的点火开关与引发火灾密切相关，当点火开关触点处形成炭化路径，电流将持续不断地流过，最终不断恶化，引燃塑料外壳，从而引发火灾（Bloom 和 Bloom，1997）。有些车辆火灾与位于主制动缸的启动开关的速度控制配件腐蚀有关（Morrill，2006）。当较粗的、带电的、未熔断的导线接触到接地金属部件时，可能产生较大电流，同时增大了引发火灾的可能性。

在高压液压和刹车管线外包覆的钢编织物是一种易被忽视的金属组件。这些管线与金属边缘（如启动线路端子）的摩擦将磨损导线的橡胶保护外套，造成两者发生接触，如图 7-64 所示。产生的高温电弧将迅速烧焦橡胶衬里，从而导致可燃液体泄漏，可能成为严重火灾的起火物，随后引燃橡胶管线。与其他火灾调查一样，必须要首先认定起火物，同时必须证明发生燃烧反应的顺序。仅仅只有热源，无论强度有多大，如果没有充足的可燃物，没有由引火源向可燃物热量传递的过程，也不可能引发火灾。

(a) 农用拖拉机振动使电池电缆磨损引发金属短接短路

(b) 车辆的主交流发电机接头出现故障导致发动机严重失火

图 7-64 磨损导线导致的火灾

资料来源：Tim Yandell, Public Agency Training Council

最新的防盗保护装置涉及无钥匙进入和启动（带有编码收发器）、远程锁定和解锁，以及特殊编码的点火钥匙。目前，关于它们是否能够引发火灾以及相关调查内容尚不清楚。

虽然当前汽车的电气系统标准是 12V 直流，为负极接地系统，但最近开发的技术显示，在不久的将来，多数汽车将采用更高效的高压系统。这些系统可能由安装在飞轮区域的 42V 交流发电机 / 起动电动机组合提供。许多卡车和其他柴油动力车辆使用 24V 系统。电动和混合动力电动燃气汽车已经投入使用。此类大容量、高功率电气系统（包括维持机械系统运行的电池）在碰撞后，可能产生火灾危险。由大电流电池供电的电动机电压为 600V 直流。该电源独立于车辆的照明和控制系统，由两根导线（绝缘皮为鲜艳颜色，即蓝色、橙色或绿色）供电（NFPA，2014）。

许多改装车辆使用大电流配件（如音响系统或液压泵），其线路未进行必要的保护，线路受到各种形式的挤压或摩擦后可能造成其绝缘层破坏。就像检查老旧房屋危险性改造一样，调查人员对此类车辆的勘验同样要耐心细致。显然，现在的车辆往往配备电动配件，如电动座椅、电动车窗、电话等，甚至还有便携式电脑和视频系统。即使电动配件进行了正确的安装，没有增加火灾危险性，但它们的存在仍会增加火灾现场调查的复杂性。

另一个电气火灾的危险源是电池。正常使用过程中，它不存在火灾危险，但在接受充电电流时，将产生大量爆炸性氢气。电弧（甚至产生于电池单元之间）或其他引火源导致其发生爆炸，如果继续充电，可能引起火灾。没有后续火灾发生的爆炸最常出现，应该说很少出现伴随火灾出现的爆炸。对操作人员而言，故障征兆往往是显而易见的。在改装车辆过程中，在车内可能隐藏着其他电池，为液压升降系统或大功率音响系统提供动力。有些车辆将其工作电池放在行李箱或货物地板下方。有些附件需要使用逆变器，将车辆的 12V 直流转换为 120V 交流。逆变器可能发生故障，从而引起火灾。

（9）其他

据 NFPA 的数据统计，约 50% 的高速公路车辆火灾是由机械故障或功能失效引起的，24% 是由电气故障或功能失效引起的。其他确定的原因包括：不当操作（11%）、故意放火（8%）、碰撞或翻车（3%）（NFPA，2010b）。

① 涡轮增压器。许多车辆（包括汽油和柴油的轿车和卡车）都装有涡轮增压器，将废气重新导入外壳，使叶轮旋转。然后，该叶轮将空气推入进气系统。这种涡轮增压器运行时，壳体的外部温度非常高，而且由于其非常高的转速，可能受到轴承故障的影响，当轴承、壳体和转子发生故障时产生的热碎片可能引燃其他可燃物。轴承故障也可能导致在压力下供应到中心轴承的润滑油着火。

② 催化转化器。自 1975 年开始，催化转化器安装在美国轿车上；自 1984 年开始，催化转化器安装在轻型卡车上。这些单元通过在多孔陶瓷泡沫或散珠中使用铂或钯等金属催化剂进行化学转化，将碳氢化合物、一氧化碳（CO）和氮氧化物（NO$_x$）转化成毒性较小的化合物。在正常工作条件下，这些转换器的内部温度在 600～650℃，外部表面温度约为 300℃。如果转换器使用不当或车辆维护不当，转换器内部温度可能超过陶瓷基体的熔点 1250℃，并且表面温度达到 500℃，可作为辐射热源引燃车辆下方和转化器上方汽车底板上的可燃物。

有些车辆不小心停放在干燥的灌木丛或树叶中，热转换器与可燃的杂物接触，造成车辆被完全烧毁。有些装有转换器的车辆长时间怠速，特别是车辆下方空气流通不畅，可能产生足够高的温度，车内地板覆盖物和装饰可能通过热辐射或热传导的方式被引燃。新一代的催化转化器使用小型反应器，通常设置多个反应器，其表面温度远低于 20 世纪 80 年代的反应器，同时它们也被更好地隔离，使得引燃车辆内部或下方的可燃物的可能性更小。

③ 启动预热器和其他加热器。在寒冷气候下，内置预热加热器或附属配件加热器（OEM 和售后市场）可能发生故障而引燃可燃物。临时加热器包括：吹风机、电热毯和故障指示灯（维修用）。考虑到可能存在的潮湿条件，各种情况都存在引燃风险，应予以分析考虑，如图 7-65 所示。

(a) 发动机舱起火有多种可能的原因。因为火灾发生时，车辆处于停止关闭状态，所以调查此火灾有一定难度　　(b) 发动机预热加热器(机油滤清器上方)故障并引发火灾

图 7-65　预热器和其他加热器引起的火灾

资料来源：Peter Brosz, Brosz & Associates Forensic Services, Inc.; Professor Helmut Brosz, Institute of Forensic Electro-Pathology

④ 抹布。各种粗心大意也是不可忽视的起火原因。在维修期间，遗留在发动机舱或排气管和消音器顶部的抹布在排气系统达到其工作温度（高达 550℃）时就会被引燃。随后，燃烧的抹布使火势蔓延至其他可燃物质。抹布是否沾有油污并不重要，因为只要抹布接触到热表面就会被引燃。液压管线安装不当，将与发动机运动零件接触，导致管线内可燃液体的渗透和流失，如图 7-66 所示。变速箱、动力转向或制动系统因泄漏、加注过满或过热，造成多余液体溢出，流至或洒至热表面，就会引起燃烧。

⑤ 轮胎。驾驶员一般都不会重视轮胎的状况，尤其是拖车轮胎。对于瘪气的轮胎，在路面上每走 1m，都会产生大量的摩擦热。这些热量积聚足以引燃轮胎、制动器液压系统，甚至车辆或其上货物，有时造成灾难性后果，这种情况是很严重的。车辆的运动通常有利于散发产生的热量，但当司机停车检查问题时，热量将引燃轮胎使其发生明火燃烧。虽然此种情况下，轮胎需要大量的热量才能引燃，但是一旦被引燃，就极难被熄灭。一旦开始燃烧，橡胶的有机炭化层将排斥水，并且橡胶的热绝缘性能将阻止通过热传导降温。即使是司机备有便携式灭火器，也无法阻止灾难性火灾的发生。经测量，工程（土方）设备上的单个大型轮胎，燃烧后的热值可达 3MW（柴油引燃后 90min）（Ingason 和 Hammarstrom, 1992）。

图 7-66 安装不当的动力转向管线与发动机风扇皮带摩擦，并喷出内部可燃液体，导致发动机舱起火

资料来源：Greg Lampkin, Knox County Sheriff's Office,Tennessee,Fire Investigation Unit

7.6.2 火灾调查相关问题

许多车辆火灾事故发生在停车后的最初几分钟里。当空气、油品和冷却液循环停止时，许多发动机部件（排气系统和歧管、涡轮增压器壳体等）的外部温度将会升高。另外，随着运动和风扇循环的停止，已被吹散或稀释到安全浓度的可燃气体浓度可能累积到其爆炸下限以上。较高温度和较高浓度的可燃蒸气混合，甚至有时还包括塑料阴燃产生的热解产物，可能导致火灾发生。此种情况发生之前，可能出现异常气味、噪声、雾气或电力波动，可能造成发动机管理计算机瘫痪并导致熄火，所以应着重询问司机，了解是否存在上述异常情况的发生。这些火灾通常从阴燃开始，然后发展为明火燃烧，最后燃烧吞噬整个汽车，所以火灾发展为整体燃烧的时间仅为几分钟。

在大量电线和组件中发生的电气短路故障温度一旦达到塑料或树脂开始热解或燃烧的温度，就会产生大量可供燃烧的燃料。初始阶段需要几秒钟或几分钟的时间。根据初始可燃物和通风条件，车辆的事故型火灾发生时车外人员可能在前几分钟内看不到火灾发生。使用易燃液体助燃剂的放火火灾，其被引燃后会立即呈现出明火燃烧的状态而被发现，特别是在门、窗、后备厢或天窗打开的情况下。然而，在封闭的汽车内用火焰直接点燃车辆的放火现场，可能在一定距离之外几分钟内也是发现不了。

调查人员应非常谨慎地认定，哪些破坏情况与助燃剂有关，哪些是火灾事故造成的。通常情况下，火灾发展的时间因素是事故发生的一个重要判断标志。如果有可靠的目击证人观察到火灾的发展，并且能够确定车辆在到达或最后使用后 5min 左右完全卷入火灾之中，那么这强有力地说明火灾中使用了助燃剂。与使用助燃剂起火相比，事故起火通常需要更长的时间，才能发展到明显火焰燃烧的状态。在没有可靠目击证人或视频监控的情况下，通过估计发展速度来判断是否使用助燃剂存在较高的错误认定风险。

如果车辆正在驾驶（或刚刚停车）时着火，应询问司机和所有乘客，从而获取可能的机械故障信息。询问的问题应该包括：火灾发生前车开了多长时间？上次加油是什么时候？上次维修保养是什么时候，在哪里？起动、转向或换挡有问题吗？是否有异味？汽车最近是否出现过度发热的情况？火灾前是否有噪声？是否有与电气相关的事件发生，如指示灯亮起、仪器读数激增、附件或控制装置不正常工作等？还应就改装、专用设备或最近维修情况，询问车主。

7.6.3 可燃物质

在汽车或轻型卡车上，座椅、地毯、顶篷和侧板的装饰将提供大量的火灾荷载。现在汽车广泛使用乙烯基塑料、聚氨酯泡沫橡胶、尼龙地毯、聚酯和棉质座椅面料。所有这些物品在一定程度上都是可燃的，因此可为明火引燃的事故火灾以及车辆其他部位引发的火灾提供可燃物。据估计，当代汽车中约有20%（按重量计）由易燃织物、塑料、聚合物和橡胶组成。这相当于228～273kg的火灾荷载，无论车辆是如何被引燃的，这些火灾荷载将对车辆造成损坏（Allen等，1984）。

尽管没有最新公布的数据，但很明显当今车辆使用的可燃塑料和合成部件比这些数据反映的要多得多。大部分内部空间，包括座椅靠背、仪表板、仪表盘和侧面板，都是很容易燃烧的。与早期的汽车不同，当今汽车高分子材料被广泛使用，包括车身面板、结构部件，甚至悬架和传动系统，已不仅仅在内饰上使用。在调查人员得出汽车的某个部件在被烧毁前已从汽车上拆除这一判定前，必须确认它并不是简单地在其他可燃物燃烧时被烧失的。

7.6.4 机动车安全标准第 302 号

认为汽车塑料内饰材料必须具有阻燃性或通过了引燃试验是错误的。实际上，唯一适用于机动车的防火性能测试是美国机动车安全标准第 302 号（MVSS-302），该标准适用于车辆内部的所有非金属部件（Krasny、Parker 和 Babrauskas, 2000）。由于此标准针对的是发生车辆火灾时顶棚被引燃后燃烧物滴落到乘客身上的情况，因此该标准是一个很容易通过的明火水平蔓延测试。自 1972 年此标准一直在沿用，没有任何修改，而且发现其对火灾发生率及火灾中乘客的伤害程度来说并没有可测的影响。MVSS-302 测试并不能准确反映在实际车辆火灾中织物的燃烧性能，其替换试验正在评估之中（Spearpoint 等，2005）。目前，座椅衬垫普遍使用聚氨酯泡沫，但还没有关于此方面的可燃性测试方法。实验表明，即使是用小火苗作用到车辆坐垫下面，也会使座椅迅速地参与到燃烧过程中，可能使车辆内部发生全面燃烧。有人认为，如今高级汽车的用料中含有更多的阻燃材料，但这并未得到实验证实（Barnett, 2007）。

7.6.5 其他引燃方式

烟头掉落到座椅缝隙上很少会引发火灾，这是因为现在热塑性织物和聚氨酯泡沫衬垫的广泛使用。（当然，对于纤维类垃圾来说，如：面巾纸、报纸、食品包装纸，像在家中一样，同样存在阴燃起火的危险。）虽然此类垃圾火灾往往仅限于阴燃方式，但它们偶尔也会发生（纤维可燃物存在且通风良好）明火燃烧，迅速蔓延至整个车辆。与在建筑火灾中发挥的作用相同，枕头、毯子和其他非常规物品也会给车辆带来同样的危害，因为明火或阴燃火源都可以将它们引燃（DeHaan, 1993）。与早期汽车中的乳胶泡沫和棉垫相比，新型汽车使用的泡沫橡胶更难以发生阴燃（相对于明火）。由于燃烧难易程度的差异，如果让人相信火灾是失火造成的，可能就有必要从废车场找一辆相同的车，并直接进行各种引燃方式的测试实验。

实际上，当代汽车内饰中使用的所有合成材料都是可以用明火点燃的（如火柴火焰）。多数是热塑性塑料，这意味着它们在燃烧时会熔化，物质的燃烧滴落物掉落在其他可燃表面，并造成火灾的迅速蔓延。这种塑料火灾的火焰温度和热通量要高于汽油火灾的相关数值，并且可能呈现出许多相同的痕迹特征。Hirschler、Hoffmann 和 Kroll 的研究表明，用锥形量热仪进行测试，乘客舱内几乎所有的车用塑料部件的点火时间都比较短且热释放速率较高（Hirschler、Hoffmann 和 Kroll，2002）。

7.6.6　车辆放火

据 NFPA 统计数据，2015 年，放火火灾占所有报告的高速公路车辆火灾的 9%。火灾占总报警数 33602500 次的 4%。其中，家庭火灾造成 2560 人死亡，占火灾总死亡人数的 78%，下降了 6.7%。此外，高速公路车辆火灾造成 445 人死亡，占总死亡人数的 13.6%。许多受伤人员并没有向消防部门报告，所以实际数字可能更高（NFPA，2015）。

美国的许多司法管辖区域，是不负责调查车辆火灾的，因此上述比例应该是比较保守的分析。直到最近，车辆放火还是相当罕见的，因为骗保作为主要动机的放火火灾，对于放火嫌疑人来说，带来的经济利益微乎其微。与车险不同，不动产可以在火灾前进行交易以抬高其保险价值，多数机动车辆都是根据其实际价值投保的，也就是说，其重置成本要减去大量折旧费用。如果车辆被烧毁，保单的赔付通常基于 "Kelley Blue Book" 中车辆的品牌车型情况，再加上配件的价值和减去高里程的折损。与车辆本身及其部件的零售价格相比，折算后的金额往往低得多，因此放火嫌疑人通常不烧毁自己的车辆。本书后续内容将介绍更多的动机细节。

7.6.7　火灾调查的注意问题

对于现代汽车实施放火并不需要使用可燃液体作为助燃剂。如果通风较好，只需要用适中的明火火源直接作用（如点燃一张褶皱的报纸）到座椅下部或仪表板下面，就可以造成火势的快速蔓延，形成毁灭性的火灾。无论是否使用助燃剂，通风都是至关重要的。对于新型车辆，如果门窗关闭，其密闭性是比较好的，如果车窗（或天窗）没有受到初期火灾的热作用而失效的话，车厢内的火通常会自动熄灭。

7.6.8　勘验车辆的方法

与建筑火灾一样，勘验车辆的方法遵循相同的逻辑步骤——对外围、内部和详细证据特征进行勘验和记录。表 7-5 为一般勘验程序核查表，方法步骤如表所示。

表7-5　一般勘验程序核查表

车辆火灾	代理	文件编号	
车辆描述			
年份	制造商	型号	生产许可证
颜色		车辆识别号	
所有者 / 驾驶员			

车辆火灾		代理	文件编号	
所有者姓名		地址	手机号码	
驾驶员姓名 / 驾照编号		地址	手机号码	
外观				
前期损坏			火灾损坏	
轮胎花纹深度	车轮类型		凸耳螺母和数量	
玻璃状况				
轮胎 / 车轮（缺失、匹配、状况）				
零件丢失情况				
燃油系统				
前期损坏			火灾损坏	
燃油类型	油箱情况		加油口盖情况	燃油管路情况
发动机舱				
前期损坏			火灾损坏	
油位	变速箱		散热器	其他
零件丢失情况				
内部结构				
前期损坏			火灾损坏	
有无安全气囊			音响系统和配件	
点火系统			钥匙是否插入点火开关	
是否缺少个人信息				
配件缺失情况				
里程表读数			服务标签信息	
车辆安全信息				
警报器	车门和后备厢锁提醒		窗户位置	
原点 / 点火顺序				
范围				
热源				
材料着火情况				
点火系数				
里程表读数			服务标签信息	
车内物品				
个人物品				
行李箱 / 货物区物品				

车辆火灾	代理	文件编号
售后服务项目		
安全气囊是否在位		
个人物品		
备注		
示意图		

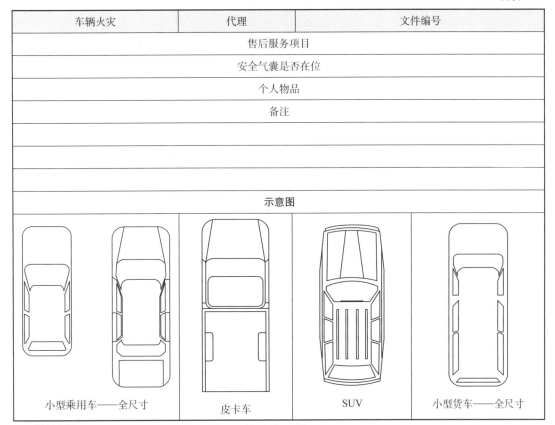

| 小型乘用车——全尺寸 | 皮卡车 | SUV | 小型货车——全尺寸 |

资料来源：Det. Mike Dalton (ret.), Knox County Sheriff's Office

（1）安全问题

与建筑火灾一样，在车辆勘验过程中，安全问题是需考虑的一个重要因素。在开始勘验之前，调查人员必须确保所有电池都已断开，安全气囊（方向盘、乘客仪表板、侧帘、侧面碰撞和座椅靠背）已禁用或释放（图7-67），压力燃料容器（LP或CNG）已密封，液压缸（减震器、保险杠、后挡板辅助装置）已冷却。燃油泄漏、玻璃破碎、金属撕裂以及阴燃释放的有毒气体都可能造成危险。许多部件是由碳纤维制成，燃烧过的碳纤维可能造成吸入性损伤（Bell，1980）。如果抬起车辆勘验其底部，在人员进入下方之前，必须确保合适的千斤顶（或检修架）已牢靠地固定。虽然可能需要使用叉车来固定车辆的位置进行勘验，但是通过叉车支撑车辆让人员进入下方的做法是违反OSHA标准的。

安全提示：与建筑火灾一样，在车辆勘

图7-67　部分安全气囊燃烧表明它在火灾中发生了动作

资料来源：Jamie Novak, Novak Investigations and St. Paul Fire Dept

验过程中安全问题同样重要。

（2）照相和绘图

在翻动车辆现场前，应对车辆内外进行全面彻底的拍照。应拍摄车辆的前面、后面和两个侧面，以及四分之一视图。如果可能，最好在火灾现场对车辆开展勘验。在此处，可以测量和记录车辆玻璃的分布情况。安全气囊爆破不可能将玻璃碎片抛出几英尺远，甚至到不了汽车的后方，但应该充分考虑和分析玻璃碎片的方向性。在距离汽车 2m（6ft）远的地方发现玻璃碎片，很可能是车内气体或蒸气爆炸抛出的。在车辆火灾中烟气爆炸是非常罕见的，因此如果抛出的玻璃是没有烟炱附着的，表明爆炸发生在火灾之前，所以应记录玻璃状况。可以在原地记录火灾破坏或灭火（救援）造成部件掉落情况。

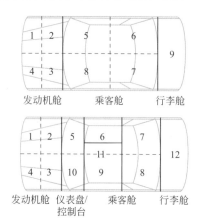

图 7-68 勘验和记录车辆的子区域系统：发动机舱 4 个，乘客舱 4 ～ 6 个，行李箱 1 个或 2 个（1 个在下面）。可为控制台和仪表盘添加子区域

多数车辆的矩形轮廓，有两个或三个独立的勘验区域，而后将各个区域按照合适的条件划分为四个子区域，如图 7-68 所示：发动机舱 4 个，乘客舱 4 ～ 6 个，后备厢 1 个（1 个在下面！）。根据车辆的不同，可以考虑为控制台和仪表盘 / 仪表板单独划分子区域。显示数字标签的照片或显示子区域名称的平面图将使勘验和记录更加方便。

应确保在现场勘验的所有阶段，通过照相和绘图的形式对车辆的外观进行全面记录。如果车辆尚未拆解，应记录哪些部位受损更严重。

（3）现场保护的重要性

在翻动或移动车辆之前，最好对烧毁车辆进行勘验。当车辆被拖到另一地点进行勘验时，有价值的证据往往会被破坏，如图 7-69（a）、（b）所示。由于多数车辆放火犯罪行为为实施方便，同时以防被人发现，多发生在偏僻的荒野区域，用树木或浓密灌木丛遮挡，因此，留在原地的车辆很少构成公共安全问题，甚至不会带来不便。

(a) 车辆被拖动前
资料来源：Greg Lampkin, Knox County Sheriff's Office, Tennessee, Fire Investigation Unit

(b) 车辆被拖动后
资料来源：Greg Lampkin, Knox County Sheriff's Office, Tennessee, Fire Investigation Unit

图 7-69

(c) 处于停放状态的功能拖车发生火灾，通过热辐射的方式引起旁边房
车发生破坏性火灾。注意两辆车上连续的"V"字形痕迹
资料来源：Chris J.Bloom,CJB Fire Consultant, White City, OR

图 7-69　即使车辆已经被移动，也应勘验并记录火灾现场，因为可能在此处发现放火犯罪案件的证据

图 7-69（c）是一个能很好说明现场保护价值的实例。假如功能拖车（在重点位置）被移走了，则破坏更严重、损失更大的房车起火部位和起火原因可能很难进行认定。在外部勘验完成之前，应严格限制车辆进出。如果周围存在软质土壤，可能会在周围发现犯罪嫌疑人的鞋印（有时还有车主的鞋印）。现场出现的另一辆车，可能用来带走放火嫌疑人，或是用来将车辆拖或推到最后的停车位置。在重建犯罪过程或识别第二辆车时，轮胎印痕非常有价值，如果可能的话，应该进行拍照记录并制作模具。

（4）外部勘验

在火灾中车辆的许多部件可能会发生脱落，如气帽、门把手、后视镜、格栅、前照灯等，如果不是火灾前已经拆除，火灾后这些部件应存在于车辆附近或下方的残骸中。重要的是要记住，现代车辆为了减轻重量，目前许多车辆的外部装饰和主要车身面板都是合成材料制成的，这些材料可能在火灾中被完全烧毁。

在汽车附近或下方，可能会找到用于盛装助燃剂的瓶或罐，或启动触发装置（如安全照明弹）的残留物。在提取这些证据之前，必须首先进行拍照记录。瓶或罐光滑表面上可能残留着潜在指纹，在进行勘验之前，此种证据应妥善处理。火灾早期熔化掉落的塑料边框后视镜和门把手，应考虑对其进行潜在指纹勘验。

（5）拆卸的证据

从车辆的外部，或许可以确定在烧毁之前，它是否被拆卸过。多数放火嫌疑人在焚烧汽车或卡车之前都忍不住把那些可出售的东西从车上拿下来，他们认为拿走物品的所有迹象都会被烧毁。许多被烧毁的车辆，销毁了与原始盗窃和拆卸有关的物证。应注意，是否所有机械部件都在并且正确安装，这辆车的车轮和轮胎是否适合，是否所有的凸型螺母都拧紧了。当把旧轮胎和车轮安装到车上时，多数人不会费时间去安装所有的车轮螺母。即使是轮胎被严重烧毁，与路面接触的胎面部分也不会被烧毁，如图 7-70 所示。胎面花纹和深度可以从这些未燃烧的"垫块"中确定。它们与车主所说的车轮胎情况相匹配么？

图 7-70　虽然车辆被严重烧毁，但仍可通过与地面接触的残片确定胎面花纹和磨损程度
资料来源：Greg Lampkin, Knox County Sheriff's Office, Tennessee, Fire Investigation Unit

（6）火灾调查的注意问题

虽然存在多个穿过防火墙的管道，或有大量的可燃物与防火墙接触，可能存在发动机舱起火蔓延至乘客舱的情况，但通常来说，相较于乘客舱自身起火，前置发动机舱发生火灾，通过蔓延致使乘客舱起火的可能性要低得多（Bell, 1980）。汽车设计的最新变化使得行李箱和乘客舱之间的间隔减小。因此，相较于早前的车辆，无论起火原因是什么，在一个区域内发生的火灾更可能蔓延到另一区域。

应确定窗户是向上卷还是向下卷（应注意电动车窗的位置可能无法确定）。（破碎车窗玻璃最多的部位是车门内部，还是车内或车外？）应该勘验车身外部炭化痕迹的特征。如果助燃剂泼洒到车上，则可能会在外部涂漆表面上发现类似建筑火灾中的泼洒和滴落痕迹，呈现出漆面的变色、烧焦、斑纹或起泡，如图 7-71 所示。通常情况下，挡风雨条和橡胶密封条也会被引燃。

车辆底部的勘验非常重要。如果使用易燃液体，在车辆的搁脚板处放火，在该区域下部的油漆或底漆将出现起泡或炭化的现象，如图 7-72 所示（Riggs, 2009）。

图 7-71　将倒在车辆后部的汽油点燃后，油漆和装饰呈现出的烤焦、变色痕迹
资料来源：Jamie Novak, Novak Investigations and St.Paul Fire Dept

图 7-72　在搁脚板处燃烧的汽油往往在车身底部产生局部炭化或起泡现象
资料来源：Tim Yandell, Public Agency Training Council

火灾实验表明，塑料和镀金可燃门闩在相对较低的温度下可能失效，让弹簧固定的油箱盖突然弹开。如今，加油盖通常是塑料制成的，它们可能会熔化并掉入加油口中，或被完全烧毁。内部压力可以将受热软化的盖子推离加注管。调查人员在认定盖子被故意拆除前，必须仔细查验加油管和油箱。

车身涂漆表面的金属变色和氧化痕迹以及挡风玻璃的开裂痕迹，将有助于判断火势的蔓延方向。如果发动机舱内起火，热量将通过车身面板传导，造成涂漆层破坏，破坏呈由热源中心向外逐渐减轻的放射状。从发动机舱蔓延至乘客舱的火灾，往往导致挡风玻璃的下边缘首先被破坏，此处破坏和剥离最为严重，如图 7-73 所示。乘客舱内起火，将在车顶处形成热烟气层，从顶部作用挡风玻璃，毗邻车身面板呈现向外的放射状痕迹，如图 7-74（a）、（b）所示。

图 7-73　发动机舱火灾痕迹
资料来源：Jamie Novak, Novak Investigations and St.Paul Fire Dept

(a) 乘客舱火灾在发动机盖上呈现的同心圆痕迹
资料来源：Jamie Novak, Novak Investigations and St. Paul Fire Dept

(b) 在发动机盖上呈现的同心圆痕迹
资料来源：Tim Yandell, Public Agency Training Council

图 7-74　乘客舱起火形成的放射状痕迹

在汽车火灾中，开关、继电器和绝缘层的炭化都可能造成电气联通发生。在安装好电池的情况下，可以看到头灯、雨刮器、喇叭、油门释放装置甚至起动机都在工作。如果处于挂挡状态，在没有拉手刹的情况下，起动机可能使燃烧着的车辆行驶一段距离（Marley和 DeHaan，1994）。加压液体发生的火灾，可能由于火羽流作用而产生局部破坏。软管或燃油轨的燃油泄漏可能导致发动机、防火墙或车架部件上出现高温圆点痕。变速器油起火通常集中在油尺 / 加油管或下面的壳体周围（此类火灾中，可能在金属表面附近残留油品残留物）。在紫外线（UV）或短波可见光下，许多石油产品将发出荧光，因此用司法鉴定光源进行勘验，可能有助于发现局部圆点状附着物。

由于在当代汽车中存在大量可燃物，因此根据火势的持续时间和强度，并不能反推出易燃液体助燃剂的存在。助燃剂主要用于确保大量的火灾荷载被引燃（Nicol 和 Overley，1963）。在当代车辆中，如果没有助燃剂参与，汽车可燃部件也能够发生猛烈燃烧，如铝制箱盖、塑料饰板、复合板和轻钢合金罩，如图 7-75 所示。把汽油泼洒到密闭汽车的外部，几乎不会造成太大破坏。

(a)　　　　　　　　　　　　　　　　　　(b)

图 7-75　无助燃剂车辆火灾中轻合金和塑料部件燃烧造成的严重破坏

资料来源：Greg Lampkin, Knox County Sheriff's Office, Tennessee, Fire Investigation Unit

油漆将会烧焦或起泡，塑料装饰将会熔化或烧焦，挡风雨条可能被引燃。然而，1992年的车辆测试表明，即使是用小火苗作用于座椅下方，无论车窗是否打开，2min 内车辆内部就会进入完全燃烧状态（Marley 和 DeHaan，1994）。车辆内部可被认为是一个单室，将与建筑房间经历相同的火灾发展过程。如果通风充分，可燃物丰富的车内火灾可能发展得非常猛烈，与布置齐全的室内一样，其轰燃后达到非常高的温度（超过 1000℃）（DeHaan 和 Fisher，2003）。因为车辆的空间更小，所以它将比典型房间更快地进入此过程。当代车辆进入全面发展阶段，其最大热释放速率将达到 1.5 ～ 8MW，并且新型汽车将提供更高的热释放速率（Mangs，2004a 和 2004b）。部分封闭空间，如罩棚、顶棚或停车场，将产生更大规模的火灾，最短 8min 火灾就可以蔓延至周围的车辆。

火灾直接作用不仅可以导致轮胎爆裂，还会导致减震器、充气悬架和掀背式支撑杆、驱动轴和保险杠（碰撞）减震器的爆炸，有时还会产生比较危险的作用力。火灾后被火破坏的组件冷却后，也可能发生爆炸。这种爆炸可能造成危害，而调查人员并没有认知到这种危害，没有将其作为灭火和调查人员的安全隐患。

（7）车辆识别号码

在进行内部勘验之前，应先找到车辆识别号（VIN）标牌，并确定车辆的身份和所有权。用一辆车代替另一辆车，来骗取保险公司的保险费，也是在意料之中的。国家保险犯罪局（NICB, www.nicb.org）和汽车制造商联盟（AAM, www.autoalliance.org）可以为查找和解读车辆识别号码牌提供帮助。如果车辆识别号标牌已被销毁，NICB 或加拿大汽车盗窃局（CATB）也可以协助有资质的调查人员查找隐藏在当代车辆上的"秘密"识别号。

（8）车辆内部勘验

如前面所述，最好在划分的子区域内开展勘验，即发动机舱的四个子区域、乘客舱的至少四个子区域内。而后，可引用引燃矩阵概念对每个子区域的火灾破坏、可燃物和引火源进行分析评估和记录（Morrill, 2006）。火灾破坏包括：全部或局部的破坏，以及显示方向和强度的特征。由于被盗车辆被烧毁前通常会被部分拆卸，因此在乘客车厢内应清点市场上畅销的部件和附件，包括：立体音响、CB、CD/DVD 播放器、座椅、导航系统、雷达探测器、安全气囊等。它们可能发生严重的熔化和破坏，但有些残留物将留在安装支架下面的地板上。座椅很值钱，经常成为偷车贼的目标。在火灾的高温作用下，将会触发安全气囊，但应该会保留一些展开的气囊及其底座的残余物，如图 7-76 所示。因为安全气囊比较贵，所以经常被偷来转售。在火灾中，安全气囊的作用是像爆炸装置一样对旁边物品造成冲击。安全气囊中产生的气体是不可燃的氮气。安全气囊展开后的残留物可能在车外找到。

如果车主认为损失了与车辆相关的贵重个人财产，包括：工具、衣物、钓具等，即使是在烧毁最猛烈的大火过后，这些物品的金属碎片仍可以保留下来，千斤顶和备用轮胎（至少金属胎圈钢丝、轮带和气门）仍可被识别。即使点火锁已熔化并从安装孔中脱落，也应将其位置复原。有时在点火开关中仍能找到钥匙，如图 7-77 所示，应对点火开关或转向锁的篡改、强行破坏或拆除等相关情况进行排除。

图 7-76　虽然被严重烧毁，但乘客安全气囊（仪表板）的底座很容易识别

资料来源：Jamie Novak, Novak Investigations and St. Paul Fire Dept

图 7-77　在锁中可以看到点火钥匙的残余部分

资料来源：Greg Lampkin, Knox County Sheriff's Office, Tennessee, Fire Investigation Unit

（9）内饰

如果座椅内饰没有完全烧毁，则其燃烧行为将与家用家具大致相同，并且可以用相同的方法对其相对烧失情况和蔓延方向进行勘验。多数车辆在金属弹簧网上使用泡沫橡胶垫。这种垫子依次用乙烯基塑料、皮革或聚酯织物覆盖。泡沫橡胶在其燃烧性能方面存在较大差异，如果没有未被烧毁的样品，则有必要从相同型号的车辆上提取对照样品进行实验室测试。无论火灾是如何发生的，在通风良好的情况下，在 10 ～ 30min 内内饰都会完全烧毁。

（10）助燃剂和其他液体

如果过量使用液体助燃剂，未燃的液体可能被装饰材料、地毯、地毯垫吸附，甚至成片聚集在车身底盘的低处，在这些部位都可能找到未燃烧的液体（Service 和 Lewis，2001）。如果门窗完全关闭，火可能会自行熄灭，留下未燃烧的助燃剂，如图 7-78 所示。

一项研究报告指出，用可燃液体点燃两辆车，可以确定在车窗玻璃内侧附着的浓厚烟炱中含有可识别的可燃液体残留物，但未提及燃烧持续时间和达到的最高温度（Sutherland 和 Byers，1998）。经常会遇到，火灾物证无法被检测的情况，车辆全部过火，车内所有可燃物被完全烧毁，包括助燃剂在内。在此种情况下，车辆下方的土壤可能检测出易燃液体，因为泄漏的易燃液体可能渗透到车辆下方的土壤中。

图 7-78　前排座椅汽油被点燃后，将门窗关闭。火自行熄灭后，在后座上残留的未燃烧的汽油

资料来源：Tim Yandell, Public Agency Training Council

车辆被移走后，应仔细勘验车下的残骸和土壤，如果有条件的话，应使用易燃液体探测器进行检测。如果存在易燃液体燃烧迹象，应用可以密封的金属罐或玻璃瓶对检测样品进行提取和收集。泄漏的油箱可以模拟此种情况的发生，并且在多数情况下，应提取和收集油箱燃油，作为比对样品。只要打开点火开关，电动燃油泵就可以继续泵油，如果电气系统保持完好，并且没有受到严重的机械破坏，触发有些车辆安装的断路器，电动燃油泵将排空车下的整个油箱。在许多车辆中都有互锁装置，所以失去油压或发动机停车发出电信号，都将导致燃油泵关闭。

（11）内部残留物

在车辆内部残骸中，可能会发现定时和点火装置。安全照明灯是很好的点火装置（并且在多数车辆中它们都是无害的），但通过仔细搜索查验，可以发现它们的木质末端插头以及凹凸不平的白色或灰色残留物。如果纸火柴放在不燃的表面上，即使在大火中也能残留下来，具有寻找的价值。褶皱的纸张可以很好地快速引起燃烧。

盛装薯片的塑料袋引发的火灾，可以提供充足的热量，引燃现代汽车中的装饰物，并且自身烧毁成无法识别的炭化灰烬。在缝隙中的油相当于分布在薄的、多孔的、可燃的类灯芯物质上，因此将长时间猛烈燃烧。这种残留物很容易被忽略，即使是被发现，也常被作为失火火灾而被忽视。在地毯上存在植物油可以使用气相色谱/质谱（GC/MS）仪，使用与检测燃烧后的燃油相同的方法，对其进行检测分析。座椅下面发生的火灾也可能是失火火灾，即近期高温作业、排气管上残留的抹布、过热的转化器以及车内留下的维修灯等造成的火灾。

有时，通过松开燃油管、排放管塞或完全断开它们来制造失火火灾假象。应该对所有的管塞和连接进行数量清算，并勘验是否存在松动或新的工具痕迹，以查明最近是否发生过变动。在一起涉及多个车辆的放火案件中，就发现一列柴油拖车卡车都被拆卸了油箱盖。放火嫌疑人用浸有燃油的抹布作为导火物，连接各个车辆的油箱，在每个油箱中装有一个塑料瓶，每个塑料瓶放置小鞭炮和黑火药，然后通过点燃鞭炮，引燃塑料瓶，而后致使油箱起火，以此种方式将所有油箱引燃。虽然多数抹布导火物没有发挥应有的作用，但由此引发的火灾烧毁了多部车辆。

（12）机械状况

如有可能，应明确火灾前车辆的机械状况。机械故障可能是将车辆"出售"给保险公司的动机，也可能是引起火灾的原因。查看的内容应包括：蓄电池是否安装到位并连接完好，以及发动机的电气连接是否完好无损，即使电线已经熔化或烧毁，金属接头往往也会保留下来；所有发动机部件和附件都齐全吗；水、机油和变速器油的液位是否表明火灾发生时车辆仍在运转。

（13）机械勘验

通过对发动机或变速箱的拆卸，可能发现其运行状态，然后将其与车主的陈述内容进行比较。应排空发动机油和变速器油。可以用肉眼简单观察液体和污垢情况，也可以通过实验室测试这些液体，说明机械故障发生在火灾前。车主声称车辆是完好的，且可以正常运行，但勘验发动机舱却可能发现有些部件遗失、断开或位置不对，致使车辆无法工作（Suefert, 1993）。涉及运行过程中的自动变速器或动力转向装置的火灾，常由于液体的排出造成装置单元内部的严重破坏，外部作用火灾不会造成类似的内部破坏。对油或液体的分析可以说明装置单元的机械状态。

（14）盗窃和其他非火灾造成的损坏

应记录车身上非火灾造成的损坏，并与车主对车辆状况的描述进行比较。从零件编号或库存清单中，可以检查出之前的损坏情况。车身损坏后维修费用高，但是这造成该车辆无法被卖掉，这可能成为用火烧毁车辆的原因。与建筑火灾的调查一样，重要的一点是调查人员应寻找看起来异常和位置不当的东西。无论车辆放火嫌疑人多么聪明，没有对车辆进行改动或添加其他物质的话，很难使破坏性的故意放火看似像失火火灾。

如果发现车辆被烧毁，而车主声称车辆被盗，则需要增加调查手段。应将发现车辆的现场（即使车辆已被移走）视为可能犯罪现场，对鞋印、轮胎印痕、工具痕、助燃剂容器和点火工具（火柴盒、打火机、火炬帽）等进行勘验。调查人员对该地区进行广泛的调查访问，以找到可能的目击证人，帮助确定火灾发生时该地区的时间要素或人员与车辆信息。应该对发现车辆（或报告火灾）的人员进行询问，了解他们是如何到达该地点的；应询问车主损失情况（谁最后一次驾驶车辆，何时驾驶？车锁上了吗？设置警报了吗？车里有什么东西？最后是什么时候在什么地点看到这辆车？什么时候发现的盗窃案？什么时候报告的？）。应明确车辆钥匙的状态以及他人使用钥匙的情况。盗窃现代车辆，GPS/ 导航系统可提供火灾前车辆移动的数据。有些车辆还配备了事故数据记录器（黑匣子），可捕获在碰撞前车辆运行的数据。需要用专门的设备和专业知识获取记录器的数据。ASTM 专题介绍了事故车辆的车辆数据记录器（黑匣子）的勘验方法（ASTM, 2009）。

（15）现场询问

Wendt 发布了一份询问车辆失窃和火灾受害人员的综合纲要（Wendt, 1998）。被询问人可能包括车主、司机、乘客和机修师，另外对事件作出应对的警察和消防员也是重要的信息来源。

（16）NHTSA 信息

关于涉及车型的召回或问题信息，应咨询美国国家公路交通安全管理局（NHTSA）。必须特别注意：不要认为召回就证明火灾是由报告的故障引起的！在完整的调查过程中，必须将此召回作为待验证的假设进行调查核实（www.nhtsa.gov）。

（17）车辆火灾实验

大量调查经验是来自实验室的实验测试，包括各种条件下的全车燃烧实验。这些实验表明，多数情况下，对车辆外部造成的结构性破坏与火灾是否是放火或失火没有联系。有些实验表明，无论是什么方式引燃的，在火灾的某个阶段，发生火灾的汽车车顶附近的温度将达到 1000℃（Hrynchuk，1998）。这足以使金属板扭曲，并使玻璃和铝装饰板熔化。事故火灾的慢速升温和助燃剂放火火灾的快速燃烧，都可以达到一定温度，造成车身和车顶板发生弯曲变形，车窗玻璃熔化和流淌，座椅弹簧失去弹性。同样，在残留窗户上附着的烟炱和热解产物的颜色、密度和外观，在很大程度上取决于起火车辆的内装饰材料和通风情况。当然，虽然结构损伤程度通常与火灾强度和持续时间有关，但这些特征并不能认定此火灾是放火火灾。有一系列实验表明，与快速发展蔓延的汽油放火相比，事实上缓慢发展的失火火灾有更多的时间，让车内更多的可燃物参与燃烧，从而达到更高温度，呈现出更严重的破坏情况（Nicol 和 Overley，1963）。

7.7
房车和其他休闲车辆火灾

休闲车是指包含娱乐、露营、旅行或季节性使用等功能，具有住宿空间的机动车辆。休闲车有不同的款式、形状、尺寸，并配有不同配件。它们涉及从简单帐篷拖车到巴士底盘房车的所有车型。基础车型有露营拖车、卡车露营车、旅行拖车、五轮车、公园拖车以及房车。

7.7.1 房车的特点

多数房车都是由四个不同的重要部件组装和构成的，这些部件通常由不同的厂商制造，包括发动机、变速器、底盘和其余部分，其余部分包括设备器具和家具的组配和安装。对于勘验现场残留物来说，经常遇到的是多名火灾调查人员，分别代表着各自厂家的相关利益。

房车分为三种不同级别：A 级、B 级和 C 级。A 级房车是最大的，原装房车的设计和制造。B 级房车是经过改装的厢式货车，可以容纳生活用的电器和家具。C 类房车是将部分货车驾驶室与一个附加的车身结合，通常带有一个在驾驶室上方的睡觉区域。

7.7.2 火灾危险

房车的火灾危险，是以车辆为起火部位的失火火灾加上在住宅中常见的取暖、烹饪和生活条件的特殊火灾。由于这些车辆的内部设施要用于日常生活，因此与在固定住宅中一样，烹饪和发烟物质的火灾危险同样存在。许多这样的车辆都有 12V 中等容量的电气系统，所以不是不可能发生电气火灾，只是很少发生。有些车辆配有大容量、复杂的24V电气系统，带来了更高的危险性。此外，房车中许多装有并联的120V交流系统，当它们连接到外部交流电源或安装在车内的便携式发电机时，可为灯、加热器、收音机等供电。有些在家中常见的器具设备，在房车中都可以找到。像电视、烤面包机和微波炉等大电流设备很常见，并且伴随着错误使用的危险。

7.7.3 丙烷罐

多数此类车辆还装有丙烷（或LPG）罐，为加热器、炉子、冰箱甚至发电机提供燃料，同时带来了因溢出和泄漏引起爆炸的危险。如果是工厂配备的，休闲车辆将配备DOT（美国运输部）或ASME（美国机械工程师协会）储罐、钢和/或铜管、配有黄铜配件的橡胶软管接头、阀门以及使用燃气的设备，包括冰箱、加热炉、火炉，甚至发电机。丙烷罐的大小可以从拖车上的5gal储罐到豪华房车和巴士改装车的80gal罐不等。在业余改装过程中，并不能保证丙烷系统正确安装。一起爆炸事故，造成12人死亡，涉及的就是一辆改装的房车。追溯其发生原因，是该车辆在高速公路行驶过程中，错误安装的丙烷罐泄漏，泄漏气体进入车辆内部，被电火花或明火引燃造成的（McGill, 1995）。

所有丙烷罐都装有某种类型的泄压阀，其设计目的是达到一定压力后排出罐内气体。当丙烷罐在火焰的加热作用下升温，罐内压力增大。当内部压力超过其减压阀的设定值时，阀门打开，并迅速将罐内物质从罐内排出，并排出房车。这个排出过程将一直持续到：

① 储罐的内部压力低于减压阀的设定值，此时阀门将再次关闭；

② 在火灾中，阀门排出了所有内部物质。

如今，许多房车和旅行拖车都装有丙烷探测器。由于车内的热气流可能带走可燃气体和空气的混合气体，使其无法到达探测器，因此探测器的安装位置必须进行仔细地分析评估。回想一下，可燃性丙烷和空气的混合气体密度非常接近空气密度，因此混合气不会像纯丙烷那样下沉。

厂家使用塑料、合成纤维、泡沫橡胶和刨花板，都是为了节省成本和减轻重量。结构元件多数是铝制管骨架，外层包覆铝制或玻璃纤维表皮，内部装有胶合板或合成板，夹层间的隔热和隔音材料由玻璃纤维、聚苯乙烯或聚氨酯泡沫制成。如果车辆中的主要织物被引燃，几乎就无法避免车辆被完全烧毁。当车辆燃烧时，车内装饰将释放出甲醛和各种氰化物，有时对现场人员造成致命伤害。虽然多数知名厂家都在努力使其车辆更加安全，但对于私自改装的设备并没有适用的规范。火灾调查人员必须充分认识到，在此类车辆中可能会显而易见地发现危险性的操作和产品的存在。

7.7.4 火灾调查的注意问题

由于轻质结构中使用了泡沫、树脂、塑料和其他可燃材料，致使休闲车一旦发生火灾就会迅速地发展。根据火焰蔓延速率的联邦标准，允许其速率在25～200m/min，最高为200m/min。由于采用了轻质建造方法和材料，休闲车结构允许的火焰蔓延速率为200m/min。由于这些物质材料的参与，当发生小规模火灾后，将迅速蔓延至汽油或柴油油箱以及丙烷系统。在 12min 内，由小规模火灾发展到整个休闲车起火，直到烧毁只剩下车辆骨架，这种情况并不少见（Bloom 和 Bloom，1997、2007）。

在调查此类车辆火灾时，调查人员应预料到其结构元件将遭到严重破坏，从而造成证据丢失，以至于无法按照着火顺序进行重建。针对车辆内部有限的结构材料，用于判断电气故障、发烟物质、加热系统和放火行为等引起火灾的典型痕迹，多数情况下都会保留下来，与本书其他部分描述一致。调查人员必须认识到车辆结构会造成严重的火灾破坏，如图 7-79 和图 7-80 所示。

图 7-79　准备对一辆 A 级房车残骸进行勘验

资料来源：Greg Lampkin, Knox County Sheriff's Office,
Tennessee,Fire Investigation Unit

图 7-80　用大平板车运输大型房车残骸。失火火灾
造成其完全烧毁

资料来源：Joe and Chris J.Bloom, Bloom Fire Investigation,
Grants Pass, OR

在调查前、调查中及调查后，应对每个步骤进行拍照（包括整体现场在内）。拍照将有助于进行现场的记录和重建。在勘验初期，有价值的信息可能无法显现出来，当拍照完成后，有些照片很可能变为有价值信息。

当勘验房车残骸时，对过火现场的勘验也很重要，因为在火灾或灭火过程中，关键证据可能从车上掉下来，脱离车辆。在查看各个设备单元时，最重要的是将其残骸留在原处，不要随意翻动，除非不得已。

为了方便开展勘验，如果需要变动物品或残骸，应采用专业认可的方法对残骸进行记录和变动。需要将设备从现场转移到存储设施，应尽量使用平板拖车和防水布包裹装运，最大限度地减少组件的丢失和造成的破坏（Bloom 和 Bloom，1997）。由于配件和室内装饰的样式多种多样，因此找到同一型号、房间布局和年代的对照车辆进行查看和定位物品将有助于调查。从车主或路人拍摄的照片或视频中，也可能获取重要数据信息，如图 7-81 所示。

图 7-81　路人记录了一起 C 级房车发生的火灾，
火灾造成整车烧毁。此记录说明了火势蔓延方向、
持续时间、灭火措施以及风向

资料来源：Joe and Chris J.Bloom, Bloom Fire Investigation,
Grants Pass, OR

第五部分　预制房屋与重型机械设备火灾

7.8
预制房屋火灾

7.8.1　结构和材料

移动房屋或预制房屋（有时称为模块化房屋）的结构和材料、内部火灾的起火原因以及调查此类火灾遇到的问题与之前介绍的休闲车辆火灾的有些问题类似。从结构上来说，预制房屋通常建在三轴支撑的重型钢框架之上，由胶合板或密度板制成的木质地板结构作为房屋基础，木质或金属框架作为竖立支撑结构，铝制或木质外壳固定在竖立的支撑结构上。内墙通常采用 2in×3in 木柱作为框架，胶合板、木板覆盖其上，最近也有用防弯曲和振动的石膏板覆盖的。绝缘材料通常是玻璃纤维，覆盖在屋顶和外墙之上。

许多预制房屋的内部装修类似于房车的嵌板，因此存在火灾迅速发展的高风险。相较于标准建筑火灾，在预制房屋中发生的火灾，更容易进入全面发展阶段（轰燃后），轰燃所需的时间更短。与标准建造的结构相比，小尺寸木构件燃烧速度快，结构倒塌速度更快。随着《预制房屋》（NFPA 501B）的颁布（1976 年美国住房和城市发展部针对预制家庭房屋制定），火灾的发展速度和破坏程度显著降低（Earls, 2001）。

因此，对于评估建筑的材料和结构（以及烟雾探测器等）来说，调查建筑的制造日期至关重要。随着石膏板墙装饰的近期发展，其更适合用于预制房屋，使得预制房屋中发生的火灾更接近于固定房屋结构的情况。

内部管道系统无法支持灭火系统，加之可燃墙面装饰和低矮的天花板（通常为 7ft）提供了极其迅速热量聚积和轰燃的条件，使得火势迅速蔓延到整个建筑。Davie 报告称，预制房屋地板上的温度等同于天花板的温度，即在 750～1000℃之间。这是由于房间大小和形状、墙壁和地板所用材料的可燃性本质，以及外墙和屋顶的反射性共同造成的（Davie, 1988）。

直到轰燃发生之后，这种结构的火灾发展产生的痕迹类似于固定房屋，只是火势发展得更快。相对于普通建筑，预制房屋结构构件的位置、厚度和间距，以及电气和供暖设备的安装，都发生了非常大的变化（例如，墙壁通常是在地毯铺过整个地板区域后，才加上框架并竖立起来的）。当房屋搬动，或风扇、通风、空调机组运行时，将产生一定的位移，造成导线绝缘磨损，电气连接松动，这种情况比固定房屋内更常出现。

7.8.2　火灾调查的注意问题

人们认为，预制房屋中的小房间和狭窄走廊，有助于轰燃发生，导致异常的燃烧痕迹出现，如图 7-82 所示，其中床右侧的地板和墙面是火灾破坏最严重的部位，但并不是起火点。屋顶覆盖物绝缘和导热性能较差（通常是铝制或钢制遮板），此种情况下造成的屋顶破坏，将记录下房间下方的火灾发展情况。

图 7-82　在预制房屋卧室中床的左侧地板最先起火。在轰燃后的燃烧过程中，空气从进门口进入后，
在床的右侧形成伪 V 字形痕迹

资料来源：Jamie Novak, Novak Investigations and St. Paul Fire Dept

调查人员应当注意，对于预制房屋中严重受损地板上存在的复杂燃烧痕迹，不要过于重视。可燃地板材料、墙面覆盖物和高火灾荷载结合在一起，将产生轰燃后的猛烈燃烧，有些情况下，可能造成家具下方地板的烧穿，与受到火灾作用的地板相似（火灾前由于浸水造成地板降解破坏，这将加速地板燃烧和损坏）。单层玻璃窗快速失效后，将成为通风源。轰燃后的燃烧（特别是有合成地毯和垫子的参与）将在地板上产生不规则的燃烧痕迹。虽然预制房屋的火灾行为符合基本的科学和工程原理，但调查人员必须注意，不能用分析评估标准结构建筑火灾的相同时间指标和可燃物影响，来分析评估预制房屋火灾。

在调查预制房屋火灾时，调查人员应预料到其结构元件将遭到严重破坏，从而造成常用于着火顺序重建的证据丢失。在所涉及的结构材料范围内，电气故障、发烟物质、加热系统和放火行为等引起火灾的典型痕迹多数情况下会保留下来，见本书相关部分。

7.9
重型机械设备火灾

拖拉机、装载机、推土机、叉车、收割机等机械设备都具有各自的火灾危险性。如果清理不当，农机设备将积聚厚厚的纤维粉尘，高温表面可将其引燃，如图 7-83 所示。在运动部件中积聚大量粉尘或纤维时，将导致皮带、轴承和齿轮组的摩擦生热。如果液压和油路系统保养不当，当其在高压状态下运行时，可能引起相应的问题。

图 7-83 可燃粉尘积聚引起的收割机火灾

资料来源：Greg Lampkin, Knox County Sheriff's Office, Tennessee,Fire Investigation Unit

在漏孔处产生的极细溶胶颗粒，易被热表面或电火花引燃。震动将导致配件松动和刚性管道开裂，都会在压力作用下发生液体泄漏。液压或其他液体泄漏引发的火灾，将迅速蔓延至整个设备。固体粉尘引起的火灾发展相对较慢，在设备关闭且无人看管的情况下，引燃可能也需要一定的时间。涉及昂贵的设备，每次引燃都会引发大火。可燃组件尺寸是决定火灾规模大小的一个因素。在推土机单个轮胎实验中，测得的热释放速率可高达3MW［由轮胎下方的柴油池引燃（Hammarstrom, 2008）］。较大的柴油或液压油箱（或丙烷气缸，用于寒冷天气下启动）也可能增加火灾的强度和持续时间。在认定火灾的起火点和起火原因之前，调查人员必须要非常熟悉要调查的设备。

第六部分　船舶火灾

7.10

船舶火灾

相对于住宅或大型船只来说，在火灾的危险性或易发性方面，游船更类似于汽车。游船和汽车通常都有汽油发动机、汽油箱和电动附件。游船火灾相较于汽车火灾破坏性更大，更难以调查，主要区别在于所有易燃物都被封闭在一个或大或小的桶形容器中，即船体中。船舶特有的术语将有助于火灾调查人员开展调查询问，主要术语如表 7-6 所示。

表7-6　对火灾调查员有帮助的船舶结构术语

结构术语	术语解释
船壳	船舶的主体可以是钢、铝、木质玻璃纤维、混凝土
甲板	水平分隔层
舱壁	分隔隔间的垂直隔板
船桥	船舶操纵和控制的位置
驾驶舱	在小船上，从甲板上操纵船舶的开口
梯子	甲板之间的垂直通道
通道	车厢之间的水平通道（走廊）
舷窗	从舱室到船体的透明窗户
船上厨房	烹饪区域
汽艇	小型水上交通工具（有时被定义为可被船运载）
船舶	大型远洋船

来源：F. Herrera, "Investigation of Boat Fires", California Fire/Arson Investigator（January 2005）：10–11

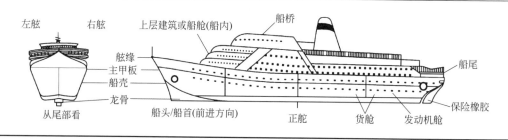

泄漏的汽油及其蒸气将聚积在船体底部，如果没有发动机风扇或舱底泵的气流循环，它们将一直留在此处。对比汽车的泄漏，其往往泄漏到开放空间或通风较好的地方。这是造成船上可能发生燃油蒸气爆炸，以及火灾破坏性更大的根本原因。此外，许多船是由木头或玻璃纤维制成的，而汽车通常不使用这类可燃壳体。

在木制或玻璃纤维船体外壳中发生的汽油火灾，要比钢制汽车壳体中的同类火灾严重得多。木质甲板和船舱可能被完全烧毁，船体可能被烧至吃水线。因此，火灾痕迹往往被掩盖或破坏，无法认定起火点。相对于由较大石膏板装饰的常见建筑房间，船舶内的狭小房间，加之全木质内饰，使火灾发展得更快，燃烧得更猛烈。对于大型木质船舶，含有大量的次级内部结构，发现的火灾痕迹，应该从各个方面与其他类似木结构的船舶进行比较。

除了汽油蒸气外，船上还有加热器和火炉，由煤油、酒精或液态丙烷（LP）气提供燃料。每种都可能造成失火火灾的发生，在调查火灾时必须加以考虑；液化石油气也会像汽油蒸气一样在船体底部聚积，煤油或酒精炉子也可能溢出或泄漏，形成可燃液体池。电气系统可能包括 120V 交流和 12V 或 28V 直流两个独立系统。

在新船舶上，电气系统必须满足 1971 年《美国联邦船舶安全法》的要求，但早期的电气系统不需要满足任何要求，并且可能已经进行了正确或不正确的改装。同一部法案要求配备阻火器、合适的燃料管线和其他安全设备。《娱乐和商业船只消防标准》（NFPA

302）（NFPA，2010a）的重点是减小此类船只火灾危险性和人员伤亡。与建筑标准一样，该标准只是介绍推荐（或要求）方法，并不涉及人员可以看到的火灾危险及内容。

对船舶火灾的调查，不仅要分析评估现场存在的特征，还要分析评估船舶设备的操作性和有效性（例如，可能存在阻火器，但由于粗心的维修员在阻火器上打了一个孔而受损）。一份小型船舶火灾的调查报告称，55%的火灾是由电气线路和设备（交流和直流）引起的，24%是由发动机或变速箱过热引起的，8%是由燃料泄漏引起的，1%是由炉灶引起的（Herrera，2005）。有些船只整个都是可燃结构（外露木材）和衬里，且安装着大窗户以及许多家用火源，并且还有被腐蚀和污染的电气配件，这些综合在一起容易导致猛烈的破坏性火灾发生。

7.10.1　大型普通货轮火灾

通常认为大型钢构架船舶不会发生火灾，多数火灾调查员也不被要求去勘验此类火灾现场，主要原因是此类船舶及其易燃货物可能会发生猛烈燃烧，并造成大规模破坏。这种破坏性主要取决于三个因素：火灾荷载、通过热传导的火势蔓延以及消防员的介入情况，这些都是大型钢船所特有的。

尽管钢结构本身不燃，但船舶的内部装修、家具、货物和燃料等具有相当大的火灾荷载。与同类的居家家具装饰相比，船舶的室内装饰和家具具有相同的燃烧危险性等级。另外，船上的大量货物自身也具有可燃性。在木屑、谷物、煤炭和天然纤维等散装物资运输过程中，阴燃火灾很常见，而且很难扑灭。

水往往只弄湿顶层而不会渗透，气体灭火成本太高。在多数情况下，发生燃烧的密封货仓，寄希望于火灾自行熄灭。然而，阴燃耗氧量低，可能出现大规模燃烧，产生的热量和可燃气体聚积在货仓内。当新鲜空气进入时，可能导致回燃或烟气爆炸发生，从而造成灾难性后果。散装货物的自身发热也是一个问题，特别是在炎热的天气条件下。产生的蒸汽、氮气或二氧化碳气体有时也可以用来抑制货舱火灾。货物本身（参见 A.D.Sapp 等人，"海军舰艇上的放火案件：犯罪和犯罪嫌疑人的特征"，NCAVC，1995）可能含有易燃或爆炸性气体，如图 7-84 所示。

图 7-84　储运回收废旧汽油的集装箱在中途运输过程中发生爆炸
资料来源：Kyle Binkowski, Fire Cause Analysis

在装卸面粉、硫黄和细粉类物质的过程中，可能产生爆炸性悬浮粉尘。像硝酸铵这种用于化学品和肥料生产的物质，人们已经对其危险性质有了充分的认知，需要采取相应的预防措施（Hadden、Jervis和Rein，2009）。

7.10.2　油轮火灾

油轮通常装有大量的石油燃料，常被认为具有非常大的危险性。油轮装载的主要货物，相较于汽车油箱，并不那么危险，引发火灾的原因较为类似。散装货物可以装在独立式集装箱内或露天货舱内。许多油箱配备惰性气体（如氮气）系统，将空气从油箱的剩余空间中排出。然而，燃油从甲板溢出，其危险性可能就在于燃油蒸气与空气混合，产生类似于其他环境下燃油外溢的危险。易燃液体货物需要采取特殊预防措施。更危险的情况可能是油轮船体开裂，导致燃油泄漏，以及卸载后的油箱，允许空气与燃油蒸气混合，形成爆炸性混合气体。

7.10.3　船舶结构与灭火技术

无论什么原因，火灾一旦发生，灭火都是非常困难和危险的。现代焊接钢船可以看作是由一个巨大的箱型梁，以及侧面、底部和主甲板四个侧面钢板构成的。钢梁构成龙骨或"骨干"，以及框架或"肋"，进而加固船箱。船箱被分隔成多个小型舱室，由下层甲板和横舱壁分隔（Swanson, 1941）。这些构件是加固下部结构的部分，也都是钢质的（有些船舶是铝的）。不像框架或砖石结构火灾，船舶舱室内发生火灾，无法与其他舱室进行热绝缘隔离。钢板将热量快速高效地传导至周围或上部舱室。舱室内的可燃物迅速达到燃点，导致火灾蔓延。与最先起火的舱室相比，其周围和上部舱室的火灾可能更严重。电气和液压系统的管道和垂直通道将发挥烟囱的作用，通过火焰直接作用或热传导的方式，致使火灾蔓延。

在住宅灭火标准实践中，往往要求到火灾的上方，进行火场通风，从而冷却火场温度。在钢制隔舱船舶中，火灾的上方通道往往受到限制，除了用乙炔切割外通道无法打开。在这种情况下，可能无法阻止船舶中火灾的向上蔓延，应将重点放在清除货物和减少人员伤亡两个方面。

大型现代游轮火灾兼具灭火困难与人员安全这两个问题，在游轮中可能有超过5000人，都可能处于危险之中（Nicholson, 2007）。引起此类船舶火灾的主要原因有：发烟物质、焊接维修、熨烫衣物和人为放火。NFPA 301和国际海事组织（IMO）《海上生命安全公约》（SOLAS, 1992）是此类船舶主要依据的规范（NFPA, 2008）。

闲置的船只通常并排停泊或停靠在废弃的码头旁，此处火灾通过热辐射、燃烧残骸以及直接火焰作用的方式，使火灾从码头蔓延至船只或在船只之间蔓延。调查人员必须了解这些船只的活动情况（火灾前后），火灾可能并不是孤立发生的。作为调查的一部分，必须要确定船只的原始位置。由于此类船只火灾具有特殊性，因此调查人员需要邀请此领域专家提供帮助（Stuart, 1979）。

7.10.4　车辆和船舶的放火动机

与其他类型火灾调查一样，明确放火动机可能成为车辆火灾调查的一个重要转折点。虽然认定放火嫌疑人，不一定需要明确动机，但它可以将所有的调查事实串联起来。

保险欺诈，可能是车主的直接行为，也可能是债务承担金融机构的行为，都必须加以考虑。19 世纪 70 年代和 2006～2009 年的燃油危机，致使许多车主处理掉了大型耗油车辆。政府对车辆排放的强制要求，也迫使车主处理这些车辆。

19 世纪 80 年代（以及当前）的经济萧条迫使人们认识到，他们将为车辆花费太高的费用，每月维护保养的费用也太高。租赁汽车数量的大幅增加，汽车、卡车和其他车辆减税基准的改变，以及最近豪华或低能耗车的市场变化，共同造成如今车辆放火案件较之前更为普遍。面对租赁车辆或卡车的高额赔付，或受困于较新车辆的零售价格暴跌，个人或公司将车辆"出售"给保险或租赁公司，视为一种妥善的处理渠道。

如今，大型柴油拖车的购置价格往往在 15 万美元以上，而重新安装主发动机则要花费 2 万美元以上。如果公司或私人卡车司机的经营利润微薄，那么简单的一个火灾造成的车辆损失，就可能解决财务问题。对车辆实施放火，还有许多其他动机，即：刁难与仇恨、恐吓、故意破坏、隐瞒罪行，甚至放火成癖。为了兜风、零件或实施其他犯罪而偷车，往往都会将偷的车烧毁，毁灭指纹以及其他相关证据。

调查车辆的购买价格、贷款和月还款额等，从而确定车主的财务状况。有没有迹象表明车主收入减少、失业、商业亏损或负债？如果车辆存在机械故障或运行不畅，其更可能成为放火烧毁的目标。如果车辆不再使用或无法使用，也会遭受相同的命运。有时在汽车、休闲车或游船被烧毁的背后，往往涉及家庭问题。配偶对于车辆有情感，另一半出于怨恨或愤怒的宣泄，可能毁坏此车辆。只要存在婚姻危机，都要对火灾的相关情况进行仔细勘验。与其他火灾一样，调查人员必须独立认真地分析犯罪动机和起火原因证据，并分别作出认定。

对于大型商业船舶火灾，造成陆上财产发生火灾的原因同样适用于该类火灾。与商业相关的动机可能包括：恐吓、消除竞争、劳工动乱或隐瞒其他犯罪行为，犯罪行为包括盗窃、偷窃货物和走私货物或毒品。国际贸易或货币逆差导致整只船队处于赋闲状态，金融危机爆发，都可能触发放火动机。当车辆和货物的价值达到数百万美元或数千万美元时，谨慎的调查人员必须考虑到所有的可能性，从而打击自作聪明又想逃脱侦查的犯罪嫌疑人。为了让军舰推迟部署时间，也会在军舰上实施放火（Sapp, 1995）。

同时，调查人员必须记住，单纯地依靠动机并不能将原因不明火灾认定为放火火灾。对于起火点和起火原因的认定来说，需要对现场进行详细的数据收集和合理的证据分析后，才能确定。在普通车辆或船只中，有许多引火源、丰富的可燃物，存在多种发生火灾的途径。就像建筑火灾中认定起火原因那样，调查人员必须付出艰辛的努力，分别认定最初起火物（类型和数量均满足）、有效引火源以及发生火灾时二者的作用机制。如果起火后无法立即扑灭，火灾可能导致车辆或船只被完全烧毁，同时认定起火点和起火原因的证据也可能被烧毁。

关于放火动机的详细介绍，参见第十一章放火犯罪现场分析。

□ 总结

在对建筑物、荒地和车辆的火灾现场调查中,调查人员有条不紊地在火灾现场搜索证据和数据,以确定火灾的起火原因和起火点。

调查的主要内容包括:

- 火灾现场勘查;
- 物证的收集和保存;
- 关于照片、图表、地图、证据收集的文件;
- 重建火灾现场;
- 评估和分析可用数据,检验可能的假设;
- 确定起火点和起火原因。

尽管针对建筑物、荒地和机动车辆的火灾调查过程相似,但调查人员的确有不同的因素要考虑。

- 在建筑火灾中,研究人员必须考虑可能促进火灾发展的多种建筑材料、通风口的类型和位置以及可燃物堆的类型和位置。

- 在野外火灾中,火势的蔓延取决于地形、地面覆盖物和天气条件。火灾现场搜索、燃烧痕迹和记录技术不同于建筑火灾和机动车辆火灾。

- 在机动车辆火灾中,可燃内饰、可燃液体热源、活动部件、复杂的电气和液压系统及配件给火灾调查人员带来了挑战。尽管沿路边的大火表明,可能是疏忽大意的吸烟者造成的,只要没有发现火柴或香烟的残留物,就有可能是车辆排气管、故意放置的热源或其他来源造成的。

用亚瑟·柯南·道尔爵士的话说,"我设计了七种不同的解释,每种解释都涵盖了我们所知道的事实。但其中哪一个是正确的,无疑只能由我们等待的新信息来决定。"[《铜山毛榉案》(The Adventure of the Copper Beeches)]

火灾现场调查就像一个洋葱,要剥去许多层皮。一个证据可能会产生另一个证据。最初的结论往往需要用新的发现加以调整。最终结论必须以火灾现场勘查、文件和重建为基础,采用科学方法实施,并得到实验室测试的支持。

□ 复习题

建筑火灾

1. 什么是现场清理?为什么必须将其保持在最低限度?
2. 火灾后方向性证据显示了哪些基本的火灾行为?
3. 列举三种可以影响火灾蔓延和火灾后痕迹的灭火方式。
4. 列举五种可以从消防员那里收集到的信息。
5. 建筑火灾最常见的发现痕迹的方法是什么?它的四个优点是什么?

6. 为什么火灾荷载的记录和重建如此重要？

7. 墙壁或家具上燃烧痕迹的角度如何揭示火灾的发展？

8. 什么是热层？它如何帮助确定建筑火灾的发展方向？

9. 列举通风影响室内火灾痕迹的三种方式。

10. 哪种类型的燃料会在地板上产生最深的燃烧痕迹？

11. 木材表面的辐射热通量如何影响木材的炭化速率？

12. 窗户玻璃如何为火灾调查员提供有用的信息？

13. 为什么物品清单在火灾调查中很重要？

14. 说出记录火灾现场的四种方法。

15. 证据链是什么？为什么它很重要？

野外火灾

1. 影响野外火灾蔓延的四个主要因素是什么？

2. 为什么野外火灾发生前和火灾期间的天气条件对调查人员非常重要？

3. 列出三个宏观指标和三个微观指标。

4. 引起野外火灾最常见的偶然原因和自然原因是什么？

5. 过渡区是什么？对调查员有什么帮助？

6. 为什么磁铁在检查可疑起火点区域时有用？

7. 在野外火灾中可以找到哪些物证？

8. 香烟点燃草和其他精细燃料的临界燃料含水量是多少？

9. 什么是野外火灾中的热点？

10. 列举四种电力线引发野外火灾的方式。

车辆火灾

1. 当代汽车中最容易点燃的液体是什么？

2. 液体燃料的沸点如何影响其热表面可燃性？

3. 在当代汽车火灾中，易燃液体放火或室内装饰直接起火，哪个会产生更高的内部温度，为什么？

4. 为什么在移走车辆前检查车辆起火现场很重要？

5. 变速箱油如何被点燃？

6. 车身面板以及结构和悬架组件的大量燃烧是否表明车辆发生了助燃剂火灾？为什么是或者为什么不是？

7. 列举失窃车辆着火前最常被盗的五件物品。

8. 为什么几乎不可能引起储气罐爆炸？

9. 为什么休闲车火灾发展迅速？

10. 是什么使扑灭船舶火灾如此困难？

起火区域（area of origin）：火灾构成的一部分，一般位于火灾现场的火灾或爆炸的起点（NFPA 921, 2017, 3.3.12; 3.3.142）。

滴落（drop-down）：通过燃烧材料的下落而使火灾蔓延。与倒塌同义（NFPA 921, 2017, 3.3.49）。

可燃液体（ignitable liquid）：任何能引起火灾的液体或任何材料的液相，包括易燃液体、可燃液体或任何其他可液化和燃烧的材料（NFPA 921, 2017, 3.3.111）。

证据链/保管链（chain of evidence/chain of custody）：从物证追回到提交法庭的书面文件。

受火特征（indicators）：火灾热量、火焰和烟气引起的可见的（通常也可测量的）表面变化。

火灾痕迹（fire patterns）：由单个或多个火灾效应形成的可测量或可辨识的物质或形状变化（NFPA 921, 2017, 3.3.74）。

热层高度（heat horizon）：通过墙漆或墙面材料炭化、燃烧或变色痕迹所显现的热破坏界限（通常是水平的）。

烟气边界（smoke horizon）：墙面和窗户上的烟气沉积情况，可显现为墙面和窗户上发生烟气和烟灰着色（没有热破坏）的高度。

炭化深度（char depth）：木质物体从表面开始发生热解或烧损的部分的测量厚度。

清洁燃烧（clean burn）：在不燃材料表面，由于可燃层（例如：烟尘、涂料和壁纸）被烧失后，往往在其表面形成的清晰可辨的火灾作用结果。这种痕迹也可能是由于物质表面温度过高，导致烟尘无法附着而形成的（NFPA 921, 2017, 3.3.31）。

龟裂痕迹（alligatoring）：木头燃烧后形成的矩形炭化痕迹。

重影痕迹（ghost marks）：由瓷砖黏合剂的溶解和燃烧产生的地砖染色痕迹。

煅烧（calcination）：高温作用于石膏板墙面等石膏制品，使其失去自由水和结合水而呈现出的火灾作用结果（NFPA 921, 2017, 3.3.24）。

退火（annealing）：因加热而引起的金属回火。

龟裂（crazing）：高温玻璃因快速冷却产生的应力而引起的裂纹。

导火物（trailer）：故意造成火势加速蔓延，使用的固体或液体可燃物（NFPA 921, 2017, 3.3.193）。

抢救财产（salvage）：通过移走或覆盖房间内物品而减少因烟气、水和天气所造成的财产损失的过程。

爬梯可燃物（ladder fuels）：地面凋落物和树冠之间的中等高度燃料。

逆风蔓延（backing）：火向下坡或向与主蔓延相反方向的缓慢蔓延。

侧向蔓延（flanking）：火势方向与主蔓延方向成直角的蔓延。

树冠蔓延（crowning）：火在 2m 以上的树叶、针叶和细小可燃物的多孔排列中迅速蔓延。

转化区域（area of transition）：野外火灾中火灾蔓延方向上的混合物。

斑点火灾（spot fires）：火灾是由离火的主体有一定距离的空中余烬引起的。

复燃（rekindle）：在明显但不完全熄灭后可燃物重新燃烧。

热装置（hot set）：用明火（火柴或打火机）直接点燃可用燃料。

高温板引燃／热表面引燃（hot-plate ignition／hot surface ignition）：液体燃料接触到金属试板时被点燃。

参考文献

Ahrens, M. 2010. *U.S. Vehicle Fire Trends and Patterns*. Quincy, MA: National Fire Protection Association.

Albers, J. 2002. "Pour Pattern or Product of Combustion?" *California Fire/Arson Investigator* July: 5–10.

Allen, K., et al. 1984. "A Study of Vehicle Fires of Known Ignition Source." *Fire and Arson Investigator* 34 (June): 33–43, 35; (September): 32–44.

Almirall, J. R., et al. 2000. "The Detection and Analysis of Ignitable Liquid Residues Extracted from Human Skin Using SPME/GC." *Journal of Forensic Sciences* 45, no. 2 (March): 453–61.

Anderson, H. E. 1982. "Aids to Determining Fuel Models for Estimating Fire Behavior." Boise, ID: National Wildfire Coordinating Group, April.

Andrews, P. L., and C. D. Bevins. 1999. "BEHAVE Fire Modeling System: Redesign and Expansion." *Fire Management Notes* 59: 16–19.

ASTM. 2009. *Black Box Data from Accident Vehicles: Methods of Retrieval, Translation, and Interpretation*. West. Conshohocken, PA: ASTM.

———. 2011. *E1188-11: Collection and Presentation of Information and Physical Items by a Technical Investigator*. West Conshohocken, PA: ASTM.

———. 2013a. *E860-07(2013)e1: Standard Practice for Examining and Testing Items That Are or May Become Involved in Litigation*. West Conshohocken PA: ASTM.

———. 2013b. *E1459-13: Standard Guide for Physical Evidence Labeling and Related Documentation*. West Conshohocken, PA: ASTM.

Babrauskas, V. 2003. *Ignition Handbook*. Issaquah, WA: Fire Science Publishers.

———. 2004. "Charring Rate of Wood as a Tool for Fire Investigators." Pp. 1155–70 in *Proceedings, Interflam 2004*. London: Interscience Communications.

Barnett, G. 2007. *Automotive Fire Analysis*. 2nd ed. Tucson, AZ: Lawyers & Judges Publishing.

Béland, B. 1993. "Spalling of Concrete." *Fire and Arson Investigator* 44 (September): 26.

Béland, B., C. Ray, and M. Tremblay. 1987. "Copper-Aluminum Interaction in Fire Environments." *Fire and Arson Investigator*, 37 (March). Reprinted from *Fire Technology* 19 (February 1983): 22–30.

Bell, V. L. 1980. *The Potential for Damage from the Accidental Release of Conductive Carbon Fibers from Aircraft Composites*. Hampton, VA: National Aeronautics and Space Administration, Langley Research Center.

Bernardo, L. U. 1979. *Fire Start Potential of Railroad Equipment*. San Dimas, CA: USDA Forest Services.

Bloom, J., and C. Bloom. 1997. "Ford Ignition Switch Overheating and Fires." *Fire and Arson Investigator* 47 (March): 10–11.

———. 2007. *Recreational Vehicle Fire Investigation*. 2nd ed. (DVD). Grants Pass, OR: Bloom Fire Investigation.

Bourhill, R. 1995. *Cigarette Butt Identification Aid*. 16th ed. Colorado Springs, CO: Forensic Science Foundation.

California Department of Forestry and Fire Protection. 2008a. *2006–2008 Fires by Cause Statewide*. Sacramento, CA: Author.

———. 2008b. *2006–2008 Historical Wildfire Activity Statistics (Redbooks)*. Sacramento, CA: California Dept. of Forestry and Protection.

Canfield, D. V. 1984. "Causes of Spalling of Concrete at Elevated Temperatures." *Fire and Arson Investigator* 34 (June).

Carman, S. 2009. "Progressive Burn Pattern Development in Post-Flashover Fires." Pp. 789–800 in *Proceedings Fire and Materials*. San Francisco, CA.

Cope, C. 2009. "Vehicle Engine Compartment Fires." Pp. 561–79 in *Proceedings Fire & Materials 2009*. London: Interscience Communications.

Coulson, S.A., et al. 2008. "An Investigation into the Presence of Petrol on the Clothing and Shoes of Members of the Public." *Forensic Science International* 175: 44–54.

Coulson, S. A., and R. K. Morgan-Smith. 2000. "The Transfer of Petrol onto Clothing and Shoes While Pouring Petrol around a Room." *Forensic Science International* 112, no. 2 (August 14): 135–41.

Countryman, C. 1983. "Ignition of Grass Fuels by Cigarette." *Fire Management Notes* 44: 3, 3–7.

Darrer, M., et al. 2000. "Collection and Persistence of Gasoline on Hands." Paper presented at EAFS, Cracow, Poland, September 2000.

Davie, B. 1988. "The Investigation of Mobile Home Fires." *Fire and Arson Investigator* 39 (September): 51.

Deans, J. 2006. "Recovery of Fingerprints from Fire Scenes and Associated Evidence." *Science and Justice* 40, no. 3: 153–68.

DeHaan, J. D. 1987. "Are Localized Burns Proof of Flammable Liquid Accelerants?" *Fire and Arson Investigator* 38, no. 1.

———. 1992. "Fire: Fatal Intensity." *Fire and Arson Investigator* (September): 55–59.

———. 1993. "A Close Call for a Hot Hudson." *Arizona Arson Investigator*.

———. 1995. "The Reconstruction of Fires Involving Highly Flammable Hydrocarbon Liquids." Ph.D. dissertation, Strathclyde University, Glasgow, Scotland.

———. 1999. "The Consumption of Animal Carcasses and Its Implication for the Combustion of Human Bodies in Fire." *Science and Justice* (January).

———. 2003. "Our Changing World: Part 3 Is More Sensitive Necessarily More Better?" *Fire and Arson Investigator* 53, no. 2 (January).

DeHaan, J. D., and F. L. Fisher. 2003. "The Reconstruction of a Fatal Fire in a Parked Motor Vehicle." *Fire and*

Arson Investigator January: 42–46.

DeHaan, J. D., and F. A. Skalsky. 1981. "Evaluation of Kapak Plastic Pouches." *Arson Analysis Newsletter* 5, no. 1.

Demers-Kohl, J., et al. 1994. "An Evaluation of Different Evidence Bags Used for Sampling and Storage of Fire Debris." *Canadian Society of Forensic Science Journal* 27, no. 3.

Drysdale, D. D. 1999. *An Introduction to Fire Dynamics*, 2nd ed. Chichester, UK: Wiley.

Earls, A. R. 2009. "It's Not Lightweight Construction. It's What Happens When Lightweight Construction Meets Fire." *NFPA Journal* July–August: 38–45.

———. 2001. "Manufactured Homes Revisited." *NFPA Journal* March–April: 49–51.

Eichmann, D. A. 1980. "Cigarette Burning Rates." *Fire and Arson Investigator* January–March.

Ettling, B. V. 1990. "The Significance of Alligatoring of Wood Char." *Fire and Arson Investigator* 41 (December).

Evans, D. D., et al. 2004. "Physics-Based Modeling of Community Fires." Pp. 1065–76 in *Proceedings, Interflam 2004*. London: Interscience Communications.

Ford, R. T. 2002. "Proving Hot Start Arson in Wildfires." *Fire and Arson Investigator* April: 42–43.

Gialamas, D. M. 1996. "Enhancement of Fire Scene Investigation Using Accelerant Detection Canines." *Science and Justice* 36 (1): 51–54.

Gilchrist, R. J. 1937. "Die Casting." *The Ohio Engineer* April.

Gudmann, J. C., and D. Dillon. 1988. "Multiple Seats of Fire: The Hot Gas Layer." *Fire and Arson Investigator* 38, no. 3: 61–62.

Gutsel, S. L., and E. A. Johnson. 1996. "How Fire Scars Are Formed: Coupling a Disturbance Process to Its Ecological Effect." *Canadian Journal of Forestry Research* 26, no. 2: 166–74.

Hadden, R., F. Jervis, and G. Rein. 2009. "Investigation of the Fertilizer Fire aboard the Ostedijk." *Fire Safety Science* 9: 1091–1101.

Hammarstrom, R. 2008. "Joint Development of Fire Fighting Systems for Construction Machines." Brand Posten, SP, Boras Sweden, #39, pp. 4–6.

Henderson, R. W. 1986. "Thermodynamics of Ferrous Metals." *National Fire and Arson Report* 4.

Herrera, F. 2005. "Investigation of Boat Fires." *California Fire/Arson Investigator* January: 10–11.

Higgins, M. 1993. "Vehicle Fires: A Practical Approach." *Fire and Arson Investigator* Spring.

Hirschler, M. M., D.J. Hoffmann, and E.C. Kroll. 2002. "Rate of Heat Release for Plastic Materials from Car Interiors." *BCC Flame Retardancy Conference Proceedings,* June.

Hrynchuk, R. J. 1998. "CAFI Vehicle Fire Investigation Techniques: A Report on Vehicle Fire Tests." Canadian Association of Fire Investigators Seminar, Toronto, Ontario, September 30, 1998.

Icove, D. J., and J. D. DeHaan. 2006. "Hourglass Patterns." In *Proceedings of IFSI Conference*, Cincinnati, OH, May.

Ingason, H. and R. Hammarstrom, "3MW from a Single Tyre." Brandposten, SP, Boras, Sweden, #39, P. 6.

Johnson, E. A. 1992. *Fire and Vegetation Dynamics.* Cambridge: Cambridge University Press.

Kennedy, P. M., K. C. Kennedy, and R. L. Hopkins. 2003.

"Depth of Calcination Measurement in Fire Origin Analysis." In *Proceedings Fire and Materials 2003*. London: Interscience Communications.

Kerber, S. I., and D. Madrzykowski. 2009. "Fire Fighting Tactics under Wind Driven Fire Conditions: 7-Story Building Experiments." *NIST, TN 1629: NIST Technical Note 1629*. April.

Kinard, W. D., and D. R. Midkiff. 1991. "Arson Evidence Container Evaluation II: Kapak Bags, a New Generation." *Journal of Forensic Sciences* November.

Krasny, F., W. J. Parker, and V. Babrauskas. 2000. *Fire Behavior of Upholstered Furniture and Mattresses.* Norwich, NY: William Andrew.

Lentini, J. J. 1992a. "Behavior of Glass at Elevated Temperatures." *Journal of Forensic Sciences* 37 (September).

———. 1992b. "The Lime Street Fire: Another Perspective." *Fire and Arson Investigator* September: 52–54.

Lentini, J. J., C. Cherry, and J. Dolan. 2000. "Petroleum Laced Background." *Journal of Forensic Sciences* 45, no. 5: 965–89.

Lentini, J. J., D. M. Smith, and R. W. Henderson. 1992. "Baseline Characteristics of Residential Structures Which Have Burned to Completion: The Oakland Experience." *Fire Technology* 28 (August).

Mangs, J. 2004a. *On the Fire Dynamics of Vehicles and Electrical Equipment*. VTT Publication, 521. Helsinki, Finland.

———. 2004b. *VTT Building & Transport* April: 33–35.

Mann, D. C. 2000. "In Search of the Perfect Container for Fire Debris Evidence." *Fire and Arson Investigator* April: 21–25.

Mann, D. C., and W. R. Gresham. 1990. "Microbial Degeneration of Gasoline in Soil." *Journal of Forensic Sciences* 35, no. 4.

Mann, D., and N. Putaansuu. 2006. "Alternative Sampling Methods to Collect Ignitable Liquid Residues from Non-porous Areas Such as Concrete." *Fire and Arson Investigator* 57, no. 1 (July): 43–46.

March, G. 1993. *An Investigation and Evaluation of Fire and Explosion Hazards Resulting from Modern Developments in Vehicle Manufacture*. Newcastle, UK: Tyne and Wear Fire Brigade.

Marley, R. K., and J. D. DeHaan. 1994. *CCAI Vehicle Fire Tests: A Photographic Report*. Sacramento, CA: California Criminalistics Institute.

McGill, L. 1995. *Fire/Explosion Investigator*. Gardnerville, NV.

Mell, W., et al. 2006. *A Physics-Based Approach to Modeling Grassland Fires*. Gaithersburg, MD: BFRL, NIST.

Meroney, R. N. 2004. "Fires in Porous Media: Natural and Urban Canopies." Prepared for NATO Advanced Study Institute: Flow and Transport Processes in Complex Obstructed Geometries, Kiev, Ukraine, May 5–15, 2004.

Midkiff, C. R. 1990. "Spalling of Concrete as an Indicator of Arson." *Fire and Arson Investigator* 41 (December): 42.

Morgan-Smith, R. 2000. "Persistence of Petrol on Clothing." Paper presented at ANZFSS Symposium of Forensic Sciences, Gold Coast, Queensland, Australia.

Morrill, J. 2006. "Analysis of a Ford Speed Control Deactivation Switch Fire." *Fire and Arson Investigator* July: 22–27.

National Wildfire Coordinating Group. 2005. *NWCG Course FI-110: Wildfire Observations and Origin*

Kirk's Fire Investigation

柯克火灾调查

Scene Protection for First Responders. Boise, ID: NWCG.

NFPA. 2001. *Fire Protection Guide to Hazardous Materials.* Quincy, MA: National Fire Protection Association.

———. 2008. *NFPA 301: Code for Safety to Life from Fire on Merchant Vessels.* Quincy, MA: National Fire Protection Association.

———. 2010a. *NFPA 302: Fire Protection Standard for Pleasure and Commercial Craft.* Quincy, MA: National Fire Protection Association.

———. 2010b. *U.S. Vehicle Fire Trends and Patterns.* Quincy, MA: National Fire Protection Association.

———. 2014. *NFPA 921: Guide for Fire and Explosion Investigations.* Quincy, MA: National Fire Protection Association.

———. 2015. *Fire Loss in United States.* Quincy, MA: National Fire Protection Association.

———. 2017. *NFPA 921: Guide for Fire and Explosion Investigations.* Quincy, MA: National Fire Protection Association.

Nic Daéid, N. 2003. "The ENFSI Fire and Explosion Investigation Working Group and the European Live Burn Tests at Cardington." *Science and Justice* 43, no. 1 (January–March).

———. 2014. *Fire Investigation.* London: Taylor and Francis and CRC Press.

Nicholson, J. 2007. "Cruise Ship Fires." *NFPA Journal* January–February: 37–42.

Nicol, J. D., and L. Overley. 1963. "Combustibility of Automobiles: Results of Total Burning." *Journal of Criminal Law, Criminology and Police Science* 54: 366–68.

Pack, D. W., et al. 2000. "Civilian Class of Surveillance Satellites." *Crosslink,* January: 2–8. El Segundo, CA: Aerospace Corp.

Pagni, P. J., and A. A. Joshi. 1991. "Glass Breaking in Fires." Pp. 791–802 in *Proceedings Third International Symposium on Fire Safety Science.* London: Elsevier Applied Science.

Posey, J. E., and E. P. Posey. 1983. "Using Calcination of Gypsum Wallboard to Reveal Burn Patterns." *Fire and Arson Investigator* 33 (March).

Powell, R. J. 1992. "Testimony Tested by Fire." *Fire and Arson Investigator* (September): 42–51.

Public Works Journal. 1992. "GPS Technology Aids Oakland Hills Fire Efforts." *Public Works Journal* (May 1992). Reprinted in *Arizona Arson Investigator* (August 1993).

Putorti, A., J. A. McElroy, and D. Madrzykowski. 2001. *Flammable and Combustible Liquid Spill/Burn Patterns, NIJ Report 604-00.* Washington, DC: NIJ.

Riggs, S. 2009. *Public Agency Training Council.* Indianapolis, IN.

Rothermel, R. C. 1983. *How to Predict the Spread and Intensity of Forest and Range Fires.* Gen. Tech. Rep. INT-143. Ogden, UT: US Dept. of Agriculture, National Wildfire Coordinating Group.

———. 1992. "How to Predict the Spread and Intensity of Forest and Range Fires." In National Wildfire Coordinating Group, *Fire Behavior Nomograms.* Boise, ID: US Dept. of Agriculture.

Saitoh, N., and S. Takeuchi. 2006. "Floor Scene Imaging of Petroleum Accelerants by Time-Resolved Spectroscopy with a Pulsed Nd-YAG Laser." *Forensic Science International* 163: 38–50.

Sanderson, J. L. 1995. "Tests Add Further Doubt to Concrete Spalling Theories." *Fire Findings* 3 (Fall).

———. 2001. "Science Reconstruction." *Fire Findings,* 9, no. 1 (Winter): 12.

Sapp, A. D., et al. 1995. "Arson Aboard Naval Ships Characteristics of Offenses and Offenders." NCAVC.

Service, A. F., and R. J. Lewis. 2001. "The Forensic Examination of a Fire Damaged Vehicle." *Journal of Forensic Sciences* 46 no. 4: 950–53.

Skelly, M. J. 1990. "An Experimental Investigation of Glass Breakage in Compartment Fires." NIST-GCR-90-578. US Department of Commerce.

Smith, F. P. 1993. "Concrete Spalling: Controlled Fire Tests and Review." *Fire and Arson Investigator* 44 (September): 43.

Spearpoint, M. J., et al. 2005. "Ignition Performance of New and Used Motor Vehicle Upholstery Fabrics." *Fire and Materials* 29, no. 5 (September–October): 265–82.

Spearpoint, M. J., and J. G. Quintiere. 2001. "Predicting the Ignition of Wood in the Cone Calorimeter." *Fire Safety Journal* 36, no. 4: 391–415.

Steensland, P. 2008. "Long-Term Thermal Residency in Woody Debris Piles." Paper presented at International Association of Arson Investigators Annual Training Conference, Denver, CO, May.

Stocks, B. J., et al. 2004. "Crown Fire Behaviour in a Northern Jack Pine–Black Spruce Forest." *Canadian J. Forestry Research* 34: 1548–60.

Stuart, D. V. 1979. "Shipboard Fire Investigation." *Fire and Arson Investigator* 29 (January–March): 55–58.

Suefert, F. J. 1993. "Steal and Burn." *Fire and Arson Investigator,* December: 18–23.

———. 1995. "Automobile Engine Fires." *Fire and Arson Investigator* 45, no. 1 (June): 23–26; "Automobile Engine Fires (Part 2)." *Fire and Arson Investigator* 46, no. 1 (September): 23–26.

Sullivan, A. L. 2009. "Wildland Surface Fire Spread Modelling, 1990–2007: Pt. 1, Physical and Quasi-physical Models," 349–68; Pt. 2, "Empirical and Quasi-empirical Models," 369–86; Pt. 3, "Simulation and Mathematical Analogue Models," 387–403. *International Journal of Wildland Fire* 18.

Sutherland, D., and K. Byers. 1998. "Vehicle Test Burns." *Fire and Arson Investigator* 48 (March): 23–25.

Swanson, W. E. 1941. *Modern Shipfitters Handbook.* New York: Cornell Maritime Press.

Thaman, R. N. 1978. "Laboratory Can Help Investigator Pluck Arson Evidence Out of Debris." *Fire Engineering* 131, no. 8 (August): 48–50, 52.

Tobin, W. A., and K. L. Monson. 1989. "Collapsed Springs in Arson Investigations: A Critical Metallurgical Evaluation." *Fire Technology* 25 (November).

Tontarski, K. L., K. A. Hoskins, T. G. Watkins, L. Brun-Conti, and A. L. Michaud 2009. "Chemical Enhancement Techniques of Bloodstain Patterns and DNA Recovery after Fire Exposure." *Journal of Forensic Sciences* 54 (1): 37–48.

Tontarski, R. E. 1985. "Using Absorbents to Collect Hydrocarbon Accelerants from Concrete." *Journal of Forensic Science,* 30 (4): 1230–1232.

Wendt, G. A. 1998. "Investigating the 'Black Hole' Motor Vehicle Fire." *Fire and Arson Investigator* 49 (October): 11–13.

White, G. L. 2004. "Fire Scene Diagramming for Wildland Fire Investigations." *Fire and Arson Investigator* (October): 31–33.

第八章

物证检验鉴定技术

关键术语

- 吸附（adsorption）
- 量热法（calorimetry）
- 色谱法（chromatography）
- 质谱法（mass spectrometry）
- 证据损毁（spoliation）

目标

阅读完本章后，应该学会：

了解实验室检测在火灾和爆炸调查中的作用。

了解物证鉴定实验室和消防检测实验室能够提供的服务和检测项目。

熟悉火灾现场的常见证据类型。

了解司法鉴定人员进行的失效分析对认定起火原因的作用。

掌握利用气相色谱法和质谱法鉴定挥发性助燃剂的基本概念。

了解用于分离和鉴定挥发性残留物的各种技术。

熟悉化学燃烧弹中的常见材料类型。

能够在互联网上检索公立和私立物证鉴定实验室使用的最新指南和标准。

认识火灾试验的价值。

熟悉火灾试验的基本类型并举例说明。

学习如何在真实场景中引入缩尺寸试验数据。

了解火灾试验数据在分析和评估假设时的作用。

8.1
可利用的实验室服务资源

8.1.1 物证鉴定实验室

刑事物证鉴定实验室在州司法局、公共安全局、检察院、警察局或执法机构的支持下运作，与市或县实验室相互协作，为火灾现场调查提供所需的分析服务。在国家层面上，美国联邦调查局（FBI）和美国烟酒、枪械和爆炸物管理局（ATF）的实验室也提供类似的服务。在加拿大，多伦多和圣玛丽法庭科学中心，蒙特利尔的司法科学和法医学实验室，以及加拿大皇家骑警法庭科学和调查服务部均可提供火灾残留物分析服务。

特殊情况除外，公立实验室向公立消防机构或警察局的人员，以及半私立机构（例如高速运输管理局、公共事业和铁路部门）的调查人员提供免费服务。由于实验室资源有限，其服务对象的范围是有所限制的。另外，按照物证鉴定计划，与火灾相关的证据一般处于较低的优先状态。优先等级通常是根据是否有人员伤亡，或者是否有已确定的开庭日期来确定的，因此在提交证据时，应向实验室提供此类信息，以保证能够优先获得服务。如果确定需要送检，火灾调查人员应联系最近的实验室，以免浪费时间来寻找实验室。

无论是在民事案件还是刑事案件，私人火灾调查人员，不管是受雇于公共机构（如公设辩护律师团）还是受雇于个人或合作客户，都面临重重困难和工作成本问题。虽然一些公立实验室会以签订合同的方式，为公设辩护律师团甚至私立机构服务，但在大多数情况下，私立机构的火灾调查人员必须去私立实验室进行检测。许多大型保险和技术公司除了向公司内部的调查人员提供实验室服务外，还向外部客户提供收费服务。还有一些小型的私人实验室，按案件数量、分析次数或分析时长收费和提供适当的检测服务，并提供专家意见作为结论，前提是实验分析结论符合科学或技术专家报告意见的标准做法（ASTM，2011b）。

最后，有资质的专家在与其他人合作完成实际的实验室工作的同时，会对证据进行评估，并提供解释和专家证词。与几年前相比，现在有更多符合资质的私人机构可供选择。当公立实验室不能及时提供服务时，私人实验室可以提供收费服务。

8.1.2 火灾试验实验室

司法鉴定实验室不能提供热释放速率、火焰蔓延性能和可燃性能的检测，也无法进行全尺寸单室（或多室）火灾试验。美国公共机构可以在马里兰州安纳代尔的 ATF 运营的火灾研究实验室进行上述试验。私人实验室，如 Omega Point（位于得克萨斯州的埃尔门多夫）、西南研究所（位于得克萨斯州的圣安东尼奥）、MDE（位于华盛顿州的西雅图）、美国保险商实验室（位于伊利诺伊州的北布鲁克）、奇尔沃斯太平洋火灾实验室（位于华盛顿州的凯尔索）和西部消防中心（位于华盛顿州的朗维尤），也可提供合格的此类检测和分析服务。

8.1.3 鉴定资质的重要性

选择实验室时，最重要的不是考虑实验室是否有必要的设备，而是实验室是否有经验丰富的分析人员，能够对检测数据进行解释。对数据分析和解释的质量，取决于分析人员对火灾、蒸发、热辐射甚至样品提取和存放方式对火灾物证的影响的理解。简单地看图表或数据，对火灾调查人员没有任何帮助。

国际放火火灾调查员协会（IAAI, www.firearson.com），成立了法庭科学委员会，制定了与火灾相关证据的分析和解释指南。美国材料测试协会（前身是美国材料试验学会，www.astm.org）制定的实验方法、指南和实操方法以 IAAI 等机构的指南作为基础，涵盖了火灾残留物分析所使用的许多技术手段，包括 ASTM E1618-14（2014）《利用气相色谱 - 质谱法鉴定火灾残留物中提取的可燃液体的标准实验方法》（ASTM，2014）和 ASTM E1492-11（2011）《法庭科学实验室证据提取、记录、储存及检索规则》（ASTM，2011c）。

美国刑侦专家委员会（ABC, www.criminalistics.com），是一个由法庭科学家代表组成的专业组织机构。每个组织都有一名 ABC 董事会成员和一名 ABC 考试委员会成员。ABC 委员会对参与火灾残留物分析和其他法庭科学检测科目的人员有一套资格认定程序。通过笔试且完成了质量认证测试程序的研究人员，才可以被认定为该专业的 ABC（F-ABC）研究员。

美国犯罪实验室主任协会（ASCLD, www.ascld.org），是一个非营利性的犯罪实验室组织，其董事和法庭科学管理人员来自美国、加拿大、波多黎各、维尔京群岛、中国、哥斯达黎加、芬兰、爱尔兰、意大利、英国、以色列、瑞典、瑞士、新西兰、新加坡、土耳其、澳大利亚。其成员专业范围很广，主要职责是管理犯罪实验室。该协会成员包括生物学家、化学家、文件检验专家、物理学家、毒理学家、教育家、教师和执法人员。ASCLD 已建立了法庭实验室的认证协议，要求使用标准化的分析、解释和记录保存方法。

国际标准化组织（ISO, www.iso.org），制定并发布国际标准。ISO/IEC 17025 是法庭检验实验室认证标准，是对检验及校准实验室能力的一般规定。实验室检验和校准都会用到 ISO/IEC 17025，该标准是衡量实验室技术能力的基础。ISO/IEC 17025 最初发布于 1999 年，在 2005 年进行了更新，与 ISO 9001 保持同步。

ANSI-ASQ 国家认证委员会（ANAB, www.anab.org），由美国国家标准协会（ANSI, www.ansi.org）和美国质量协会（ASQ, www.asq.org）共同运行。ANAB 是美国管理体系认证机构（例如 ISO 9001）的认可机构，还可以为 ISO/IEC 17025 法证检验机构和 ISO/IEC 17020 法证检验机构提供认证。ANAB 的认证过程基于实验室评估，该评估包括实验室程序、技术资格，以及在标准范围内进行特定检测活动的能力。认证周期为 2 至 5 年，认证成功会颁发认证证书。

美国实验室认证协会（A2LA, www.a2la.org），是一个非营利性、非政府、提供公共服务的会员制协会，提供全方位的综合性实验室及实验室相关认证服务和培训项目。ISO/IEC 认证计划包括 ISO/IEC 17025 检测 / 校准实验室、ISO/IEC 17020 检验机构、ISO/IEC 17043 能力验证机构和 ISO/IEC 17065 产品认证机构。

A2LA 对于起火点和火灾原因调查的认证采用的是 ISO/IEC 17020 认证程序。位于路易斯安那州科文顿的司法调查集团 LLC，是第一个获得 A2LA 认证的美国机构。

此外，ASTM、IAAI、NFPA 和 SFPE 等专业协会现役成员所出具的报告，同专家证言一样可信。

8.2
挥发性助燃剂的鉴定

实验室为火灾调查人员提供的主要服务，是对疑似含有挥发性助燃剂的火灾残留物进行分析。一项实验室研究结果表明，在过去三年里，一个大型刑事科学实验室接检的所有放火案件中，有 49% 的案件发现了易燃液体和可燃液体（DeHaan，1979）。最近一项调查的数据也证明了相同的检出比例（Babrauskas，2003b）。虽然火灾数据库中没有统计可燃液体在放火案件中的使用频次，但美国火灾调查人员和放火案件调查人员一致认为，超过50% 的放火案件会使用易燃液体。

在 20 世纪的放火火灾中，普遍会使用易燃液体（最常见的是石油产品）。 在加利福尼亚，大概 30% 的建筑火灾事故中，最先被点燃的就是易燃液体（加州消防局局长，1995）。许多易燃液体助燃剂被大量使用，可以通过仪器分析对其残留物进行检测。如果助燃剂用量较小，或是在纸、塑料等可燃性基材上使用助燃剂，火灾作用下助燃剂痕迹会随着助燃剂的消耗或蒸发而消散掉（译者注：与国内研究结果不符）。

在许多使用石油产品（例如汽油）作助燃剂的建筑火灾实验中，即使在火灾后直接提取残留物，采用正确的包装方法，利用最好的分析技术，也不一定能从这些残留物中检出任何助燃剂。因此，实验室未能检出助燃剂，并不表示现场一定没有使用过助燃剂，只是在火灾后无法确定其存在。另外，在多种日常用品和建筑材料中，均可检测到浓度极低的石油产品，所以在解释火灾残留物中存在"痕量"助燃剂时，应该考虑存在背景挥发物的可能。在火灾中或火灾后的燃烧或蒸发过程中，石油产品的物理和化学性能会发生变化，即使对于经验丰富的实验室分析人员而言，得出鉴定结论可能也是一个挑战。

8.2.1　气相色谱法

气相色谱法（chromatography，GC），作为一种公认的实验室方法，已应用了大约 50年。气相色谱法既可以用于样品的分离，以确定样品中是否含有足够的挥发性易燃液体以供鉴定，也可用于分离样品及其种类的鉴定。虽然气相色谱仪的复杂程度有很大差异，但其基本操作原理却很简单。所有类型的色谱法都是根据物质的物理或化学性质的细微差异来分离混合物的。

如图 8-1 所示，气相色谱法使用气流（氮气或氦气）作为载体，携带气态样品混合物沿着长柱或长管（填充柱，或涂有分离化合物的色谱柱）流动。混合物中的组分与分离组分相互作用，交替溶解在分离组分中，然后挥发，并和载气一起沿色谱柱移动更远的距离。为了确保未知混合物中的所有组分都保持气态，整个色谱柱会置于柱温箱中，其温度可以精确控制并保持。混合物从色谱柱一端注入，另一端连接检测器，常用的检测器是氢火焰离子检测器（FID）。当化合物经氢火焰离子检测器离开色谱柱时，其电性能会发生变化，电子线路可监测电信号变化情况。

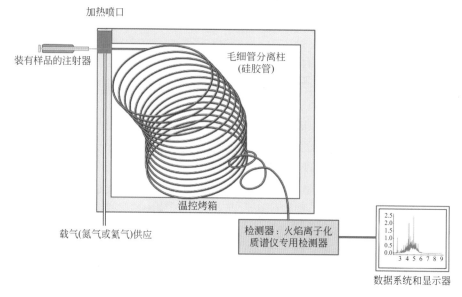

图 8-1　用于火灾残留物分析的气相色谱仪原理图

整个色谱分析过程，类似于一个车队穿过一片森林。摩托车保持适当的速度，蜿蜒曲折地绕着树木，会率先到达森林的另一端，完成雷达测速。小型汽车在寻找道路时会遇到更多麻烦，在不久之后也会到达雷达探测处，即到达终点。大型汽车则需要很长时间才能找到足够宽的道路通行，所以需要更长的时间才能驶出森林，而卡车是所有汽车中用时最长的。

在挥发性碳氢化合物的分析中，车队就是未知的碳氢混合物，"森林"是色谱柱。分析人员可以通过调整"树的间距"，为化合物分离选择正确的化学物质（译者注：固定相），并认真控制温度和流速，使每一种"车"以整齐、易分辨的方式通过。对于"森林 - 车辆"的比喻，进一步来说是针对火灾残留物中的碳氢化合物，要正确选择气相色谱柱和色谱条件，使实验室通过分析"车辆"组，来确定"交通"类型。早期保证色谱柱温度的是简单的隔热柱温箱，目前柱温箱已经能够程序控温，在预设的时间间隔内可保持恒温和升温，从而实现相似组分之间最大化分离。检测器技术也已经从简单的热量探测器，发展到只对含有特定元素的化合物敏感的氢火焰离子检测器或质谱仪。

尽管可以根据化合物的化学性质选择色谱柱来分离混合物，但大多数挥发性助燃剂的分析都是根据其不同组分沸点的差异进行的。几乎所有石油馏分在结构上都是脂肪族（直链结构）或芳香族（环状结构）化合物，两种组分具有非常相似的化学性质。

气相色谱中，用于分析疑似放火火灾残留物的色谱柱，通常主要是对具有挥发性的戊烷（C_5H_{12}）和三十烷（$C_{30}H_{62}$）之间的组分进行分离，因为所有常见的石油产品组分都在这个范围之内。以前的色谱柱大多是填充柱，平均直径为 3mm（1/8in），长度为 3m（10in），但现在已被新一代非常细的［0.1～0.25mm（0.004～0.01in）］毛细管柱所取代。

早期的毛细管柱要求长度很长［50m(167in)或更长］，这样才能实现更好的分离效果，但这些极长的色谱柱通常需要的分析时间很长。这类色谱柱主要用于研究或开发，为了保证灵敏度和选择性，其分析时间较长（Jennings，1980）。

最新的色谱柱采用高速程序升温技术，可在较短的色谱柱（10～25m，33～82ft）上实现高效分离。这样其分析时间比填充柱要短，并且降温也更快。毛细管柱所需的样品量比填充柱更少，这更有利于进行法庭科学分析，因为现场所提取的样品量往往是很少的。目前气相色谱分析灵敏度在纳升（10^{-9}L）范围内。

气相色谱法是一种分离技术，气相色谱－氢火焰离子检测器（GC-FID）分析，不能对每种化合物进行具体的鉴别，只是得到色谱图，由分析人员将其与标准谱图对比来鉴别组分。ASTM E1387-01（2001）《利用气相色谱仪检测火灾残留物样品提取物中易燃液体的标准方法》（ASTM，2001）中介绍了这种方法。由于GC-FID方法的局限性，2008年取消了ASTM E1387，由GC-MS方法ASTM E1618-14（2014）取代，在下一部分中将对该方法进行介绍。GC-FID目前仍用于特殊样品的检测，例如分子量极低的样品。

此外，计算机技术的进步，极大地改善了气相色谱仪的数据收集和处理过程。即使未设置好记录条件，运行数据（以及不可替代性样品数据）也不会丢失，因为数据采集系统将自动采集所有数据，然后将分析人员所需部分显示出来。数据可以被放大显示，或是部分截取，以便于识别。色谱图也会被存储到计算机中，可以与已知物质的色谱图谱库进行比对。不同设备甚至不同实验室间可以分享色谱图谱库，可随时进行比对分析。

8.2.2　气相色谱－质谱联用（GC-MS）

氢火焰离子检测器是一种灵敏、稳定的检测器，但对于通过其产生信号的化合物，却几乎无法提供相关化学信息。通过质谱法（mass spectrometry），将每种组分分解成更小的小分子，分析人员通过分析这些小分子，来确定原来分子的化学结构。质谱法一次只能分析一种组分，而气相色谱法是一种将物质分类的分离技术。由于火灾残留物中的挥发性残留物大多是复杂的混合物，两种仪器联合使用效果最好。虽然GC-MS技术已经有30多年的历史，但直到最近，才改进成体积小、价格便宜、使用方便的检测仪器，方便用于常见火灾残留物的分析。气相色谱－质谱联用技术，已成为火灾残留物分析的基础技术，能提供比GC-FID更多的信息（Nowicki，1990）。GC-MS除了显示每个峰的质谱图外，还可以扫描选定的离子，这些离子是特定化学物质的特征，例如，质荷比为91的离子是甲苯的特征，这意味着显示的色谱图是芳香族化合物的色谱图，而忽略掉不能产生该特定离子的其他峰。色谱质谱联用可以一次显示一种离子，也可以显示"加和"的3种或4种离子（Gilber，1998）。

汽油色谱图中主要峰的类别是可以进行识别的。色谱图中的峰形、大小和相对浓度（芳香族化合物的浓度高于其他组分），提供了非常有辨识力的信息。即使在高背景的复杂色谱图中，也能识别出特征组分。对分离离子计数，可以得到总离子流色谱图（TIC），TIC显示与分析的信息与GC-FID谱图相同，只是将GC-FID谱图信息合成到一张色谱图中展示。

一些特别难鉴定的试样，可能需要进行目标化合物分析（TCA），也就是通过检测一系列特殊化合物，在复杂的背景峰之间识别出石油产品（Sandercock 和 Pasquier，2003；Rankin 和 Fletcher，2007）。TCA 也已用于可疑来源汽油的比对。一些难鉴定的试样，可能需要 GC-MS-MS 法（二级质谱法）进行分析。该技术将 MS 电离过程中产生的不同类型的小分子电离成更小的碎片，从而得到更多的特征信息。有报道称，GC-MS-MS 法灵敏度更高，相较于在常见火灾残留物分析中的应用，该方法更多地应用于爆炸残留物分析中（Sutherland 和 Penderell，2000；de Vos 等，2002）。

GC-MS 法具有良好的灵敏度和分析能力（分辨率），已成为火灾残留物分析的标准鉴定方法（Stauffer、Dolan 和 Newman，2008）。

目前，利用气相色谱法对大多数疑似助燃剂进行司法鉴定时，会选用中等长度的毛细管柱（10 ～ 25 m；31 ～ 76 ft），固定相为二甲基聚硅氧烷、苯基硅氧烷或等效的非极性固定相，设定的温度范围为 50 ～ 250℃，利用质谱仪作为检测器。

萃取溶剂通过色谱柱和检测器时，质谱检测器需要关闭一段时间，因此不会检测到甲醇、乙醇、正己烷、丙酮或甲苯等物质。如果怀疑样品中存在此类物质，建议实验室进行 GC-FID 分析，或选用其他适当的分离方法（如顶空加热法），或是选用不需要使用溶剂的固相微萃取法（SPME）。

8.2.3 样品处理和挥发性残留物的分离

当怀疑含有挥发性易燃液体残留物时，最好将物证放入干净的金属油漆罐、可密封的玻璃瓶、尼龙袋或其他合适的聚合物树脂袋（如安派克生产的尼龙 / 丙烯腈 / 甲基丙烯酸酯卡帕克）中。检测这类残留物的第一步，是打开袋装或瓶装容器（这步通常是不必要的），并对其内容物进行检查。

根据内部样品的性质，确定应使用哪种分析技术，或预测可能遇到的干扰。应检查内容物，确保包装或标签上没有错误，不会损害证据价值。必须要尽快检查，以减少可能只是痕量水平的挥发物的损失。在检查过程中，检测到挥发性物质的强烈气味，可能表明应使用特殊的检验方法。火灾残留物分析的主要问题是少量可燃液体与大量的固体或液体物质混合，可能会造成污染。

（1）顶空加热

因为所有挥发物在密闭的容器中都会达到蒸气平衡，所以可以提取容器的顶部空间（顶空）中的蒸气进行检测。将样品容器加热到 50 ～ 60℃，至少可以确保一部分较重的碳氢化合物能够在取样前蒸发。一些分析人员倾向于将容器加热到 100℃以上，以迫使沸点更高的组分（如燃油）蒸发。但是，根据其他大多数分析人员的经验，在加热到适当温度（60℃）时，样品中都能检测到煤油中最重的组分，更重要的是，过高的温度（80℃）会促使残留物中的合成物（地毯、室内装潢材料等）降解。这些降解产物增加了色谱图的复杂性，可能遮掩含量低的真正助燃剂的组分，而不能显著地提高该方法的灵敏度。如果怀疑是重质石油产品，可采用溶剂萃取或动态顶空的方式进行分离，可实现更完整的提取和分析。

样品容器在适当的温度下达到平衡状态后，用气密注射器插入容器抽取顶空部位的蒸气（0.1 ～ 3mL）。然后将蒸气直接注入到气相色谱仪中进行分析。如 ASTM E1388-12（2012）《顶空取样法从火灾现场残留物中取样的标准操作规程》（ASTM, 2012b）中所述，这种进样方法的阳性结果，足以表明存在挥发物。阳性结果还表明，存在极具挥发性的残留物（这些残留物可能会由于不小心的处理而丢失），或者需要特殊方法提取的乙醇、酮。因为该技术不如其他技术那样灵敏，所以如果没有检出，仅表明不存在高浓度的挥发物，建议使用其他分离技术。顶空加热技术快速、方便，并且几乎不需要试样处理，并能够提供有用信息。

（2）被动顶空进样（活性炭取样）

另一种利用密闭容器中的蒸气平衡并使蒸气浓度增加的技术，是被动吸收进样技术。该技术是指一系列主要依赖于活性炭吸附（adsorption）能力的进样技术。这项技术最早是由英国的法庭科学家使用炭包线进行的，不需要对试样及其原有容器进行操作（Twibell 和 Home, 1977）。如前所述，该方法要求将涂有活性炭的金属丝插入试样容器的顶部空间中（如图 8-2 所示），放置至少 2h，以达到平衡状态，然后将金属丝从容器中拔出，插入 GC 的裂解器，立即升温使吸附的碳氢化合物释放出来，并进入色谱柱。

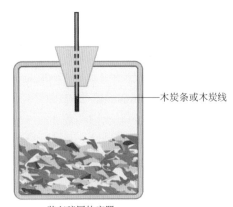

木炭条或木炭线

装有碎屑的容器

图 8-2　利用被动炭条对火灾残留物进行取样

该技术已应用于 ASTM E1412-12（2012）《采用被动顶空浓缩法从火灾残留物中分离和浓缩可燃液体残留物的标准方法》（ASTM, 2012c）所述的各种方法中。具体做法是，将涂有活性炭的塑料、玻璃珠，或装有活性炭的取样管（或取样袋），插入容器的顶部空间中（Juhal, 1980; Twibell、Home 和 Smalldon, 1982）。容器重新密封，在室温下放置 12 ～ 15h，或在 60 ～ 80℃（140 ～ 176 ℉）下放置 2h。移除取样装置，用少量溶剂（如戊烷、乙醚或二硫化碳）从活性炭中萃取吸附的挥发物，注入气相色谱仪。如今一般会利用炭条进行吸附。此方法对几乎所有种类的易挥发物灵敏性都很高，不需要加热或对试样进行处理，并且可以重复提取，因为它们每次只利用挥发物的一小部分。此方法适用于各种残留物，特别是对于那些还需要进一步检验痕迹或存在潜在指纹的残留物来说，这是非常有价值的。

基于该方法建立的另一个方法，已成为使用最广泛的火灾残留物取样和浓缩的方法。这个方法是，取一小条活性炭纤维垫，有时称为炭条，在室温或适当升温（60 ～ 80℃）条件下，将其挂在样品容器中，然后用二硫化碳或乙醚萃取（如图 8-2 所示）。该方法具有良好的敏感度（一定条件下灵敏度可达 0.1μL），且不易受干扰。在 ASTM E1412-12（2012）中对该方法有详细介绍。

（3）固相微萃取法

固相微萃取（SPME），是将固相吸附剂与一根纤维结合，然后通过中空的针插入火灾残留物的容器中，如图 8-3 所示。当纤维在加热容器中放置 5 ～ 15min 后，将其取出，然后直接插入气相色谱仪的进样器。高温的进样器能直接吸收挥发性物质，进行气相色谱分析。该技术极为简单（不需要对样品或任何提取物进行操作），且成本低廉，因为它不需要溶剂，也不需要改动现有的气相色谱仪器（Furton、Almirall和Bruna，1996）。SPME尤其适用于从水和皮肤组织中分离石油产品残留物（Almirall、Bruna和Furton, 1996; Almirall等，2000）。高浓度的石油馏出物，会使体积较小的吸附剂不堪重负，造成气相色谱分析中峰型的畸变。固相微萃取法的优点是不用萃取溶剂，所以所有的挥发物都可以在一次运行中被检测到。SPME样品容量有限，这意味着它很容易因长时间暴露或高浓度而超载，这可能导致气相色谱图失真（Yoshida、Kaneko和Suzuki, 2008; Lloyd和Edmiston, 2003）。

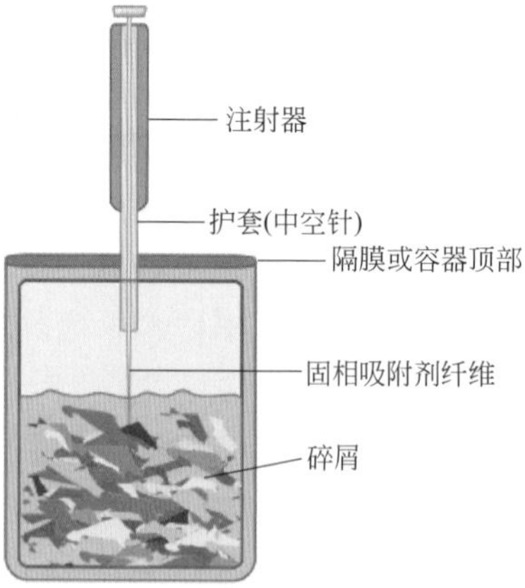

注射器
护套(中空针)
隔膜或容器顶部
固相吸附剂纤维
碎屑

图8-3　固相微萃取法，将吸附剂薄纤维暴露于装有残留物的容器顶空，然后将纤维直接放入气相色谱的进样口进行解吸

（4）动态顶空（吹扫捕集）

动态顶空，有时被称为活性炭捕集法，采用活性炭或聚合物基体，从盛装物证的容器中抽取空气。该方法是从环境监测中检测超低浓度碳氢化合物的方法发展而来的（Chrostowski 和 Holmes, 1979）。样品容器装有改进的盖子或隔膜，允许加热的载气（干净的空气或氮气）进入容器。当蒸气被低真空泵通过装有活性炭或 Tenax 等分子筛的筒式过滤器抽出时（见图 8-4），容器被加热。

提取完成（20～45min）后，用二硫化碳或类似的溶剂对活性炭进行清洗，得到的溶液即可进行气相色谱仪分析。Tenax 或活性炭可以加热解吸，以防止提取到有毒的溶剂、污染物或其他稀释物。该技术要求使用商用的或实验室自制的疏水阀，以及专用设备，如 ASTM E1413-13（2013）《动态顶空浓缩法从火灾残留物中分离和浓缩可燃液体的标准实施规程》（ASTM，2013b）所述。由于它的灵敏度小于 1μL，并且适用于包括乙醇和酮在内的所有可燃液体残留物（从汽油到燃料油），因此其用途广泛。用气相色谱分析热解吸的 Tenax 已实现自动化，使其更适合于承办大量案件检测分析的实验室。该技术的缺点是：如果时间和温度条件控制不好，且样品量太小，那么样品中的所有挥发物能够全部被吹扫出来（通过捕集阱）。过量萃取会导致较轻的组分丢失，通常只能对样品进行一次萃取。

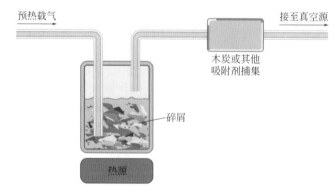

预热载气　　　　　　　　　　　　接至真空源

木炭或其他吸附剂捕集

碎屑

热源

图8-4　顶空清扫法是效率最高的提取碳氢化合物的方法，但需要载气源、热源和活性炭或其他吸附剂的过滤器。这种分离技术也有一定的破坏性

（5）蒸汽蒸馏法

蒸汽蒸馏法是最古老的分离技术，起源于经典化学，只需要简单而专业的蒸馏设备。将样品从容器中取出，放在玻璃烧罩中加水煮沸（如图 8-5 所示）。水蒸气携带挥发物进行捕集和浓缩。这种方法适用于提取与水能形成共沸点层的挥发性物质（非混合物），因此，此法不能用于提取乙醇或丙酮。此方法适用于油漆稀料之类的石油馏分物，而重质组分（如燃料油）需要使用乙二醇，其沸点更高（Brackett，1955）。轻质烃类物质在回收过程中可能会丢失。此法检测限为 50μL（对于汽油来说），所以其灵敏度不如活性炭吸附法，但它的优点是提供了纯净的无萃取溶剂的液态样品（Woycheshin 和 DeHaan，1978）。该方法在 ASTM E1385-00《蒸气蒸馏法从火灾残留物中分离和浓缩残存的可燃液体的标准方法》（ASTM，2009）中有详细描述。

（6）溶剂萃取法

溶剂萃取法是一种直接、简单的提取挥发物的方法。用少量的正戊烷、正己烷、二氯甲烷或二硫化碳萃取或清洗火场残留物，以确保其纯度。液体萃取物经过过滤，在热气流中蒸发浓缩，直至有少部分剩余时即可用于检验，如图 8-6 所示。

溶剂萃取法特别适用于处理玻璃、石头或金属等小型非吸收性样品，或装过可燃液体助燃剂的容器内表面，此法可提取大多数石油产物，特别是重组分的汽油和柴油。但由于蒸发作用，溶剂萃取不适合提取轻组分的石油馏分。它的整体灵敏度与蒸汽蒸馏法近似，其主要缺点是会提取到部分化纤或泡沫橡胶的残留物，这往往会对少量碳氢化合物的检验造成干扰（Woychesin 和 DeHaan，1978）。这项技术只需要简单的玻璃器皿和高纯度的溶剂。ASTM E1386-15（2015）《溶剂萃取法从火灾现场残留物中分离和浓缩可燃液体的标准方法》（ASTM，2015c）对其进行了详细描述。

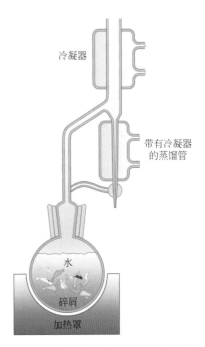

图 8-5　蒸气蒸馏法对放火火灾残留物提取时，只需要水、烧瓶、加热套、冷凝器和收集蒸馏物的容器

图 8-6　溶剂萃取法不是很灵敏，但可用于从金属、玻璃或石头等非吸收性材料中提取微量挥发物

8.2.4　挥发性残留物的鉴定

一旦完成对可疑的可燃液体残留物的分离之后，分析人员就可以把注意力集中在尽可能准确地鉴别其种类上。由于所提取的样品量通常在几微升左右，气相色谱 / 质谱法将是首选的鉴定方法，因为它消耗 1μL 或更少样品，所获得的信息量就很大。对挥发物（通常是石油馏出物及其制品）的鉴定，通常是将未知物质色谱图中的色谱峰，与在相同条件下制备的已知物质的色谱图谱库进行比较。ASTM E1618-14（2014）《气相色谱 / 质谱法测定火灾残留物样品提取物中可燃液体残留物的标准试验方法》（ASTM，2014）中介绍了挥发物分类和特性的标准方法。

根据碳氢化合物的特定范围或次序，可将挥发性物质分为轻质、中质及重质石油馏出物。根据收集到的质谱数据，这些产品按其化学性质进一步分为汽油、纯馏出物、脱芳烃馏出物、异链烷烃、芳烃、环烷烃、正构烷烃、含氧化合物和其他各种挥发物。这种鉴定方法能够使实验室分析人员更容易进行碳氢化合物的描述和比较；但由于分类方式不同，并且单个产品可能具有多个产品标识，因此火灾调查人员不太好理解该系统。因此，当分析人员按其特殊分类方法描述可燃液体残留物时，建议举例说明，如表 8-1 所示，该表摘选自 ASTM E1618-14（2014）。

表8-1　火灾残留物中易燃液体分类

种类	轻质组分（$C_4 \sim C_9$）	中质组分（$C_8 \sim C_{13}$）	重质组分（$C_8 \sim C_{20+}$）
汽油（车用）	$C_4 \sim C_{12}$ 范围内的新鲜汽油		
石油馏出物	石油醚；一些露营用燃料	某些木炭发火物；某些油漆稀释剂	煤油；柴油
脱芳烃馏出物	一些露营用燃料	某些木炭发火物；某些油漆稀释剂	某些木炭发火物；无味煤油
异链烷烃类	航空汽油；特殊溶剂	某些印刷用调色剂；某些油漆稀释剂	专业溶剂；某些印刷用调色剂
芳香族产品	二甲苯/甲苯；某些清洁剂	某些杀虫剂溶剂；清洁剂；燃料添加剂	清洁溶剂
环烷烃类/链烷烃类	溶剂	某些木炭发火物；灯油	某些灯油；某些杀虫剂溶剂；工业溶剂
正构烷烃产品	溶剂；戊烷/己烷	蜡烛油；复印机墨粉	复印机墨粉；NCR 纸（无碳复写纸）；蜡烛油
氧化溶剂	乙醇/酮类；表面活性剂；某些油漆稀料；燃油添加剂	某些油漆稀料；工业溶剂；松节油（胶）	
其他	单组分产品、混合产品		

资料来源：ASTM Standard E1618-14(2014):Standard Test Method for Ignitable Liquid Residues in Extracts from Fire Debris Samples by Gas Chromatography-Mass Spectrometry, copyright ASTM International, 100 Barr Harbor Drive, West Conshohocken, PA 19428. A copy of the complete active standard may be obtained from ASTM, WWW.astm.org

现在，越来越多的易燃液体不再只是石油馏出物，因此不能只基于色谱峰来简单地鉴别石油馏出物。这类新型易燃液体有：用于杀虫剂、瓷器漆还原剂和路面用密封胶的芳香族特种溶剂，用于商品（例如"无味"油漆释料）的异链烷烃混合物，以及用于灯油（作为便携式加热器的"煤油"出售）的环烷烃物质。利用 GC-FID 难以对这类物质进行识别，因此需要利用 GC-MS 进行分析。

表 8-1 列出了日用品中的非传统石油馏出物（如环烷烃）。其特征峰不易与某些热分解产物色谱峰分开。由于 GC-MS 可以检出某种具体化合物的种类，因此 GC-MS 的使用率越来越高。例如，异链烷烃类制品广泛应用于许多商品中，从复印机碳粉到杀虫剂，都有使用。尽管在某些情况下它们的沸点范围与轻质或中质石油馏出物一致，但是由于它们

不是真正的石油馏出物，因此不应按照上述分类方法分类。当鉴定出有这类物质时，报告中应列出一系列可能包含这种非传统石油馏分的物质，这样可以为火灾调查人员提供线索，以便于分析判断哪些物质用于放火或者在火灾中被引燃。由于许多产品的组成并不一定在标签上准确描述，因此，应收集起火点附近所有与火灾有关的物品（最好是在其原来的容器中）作为比对样品，进行分析。因为分析人员希望将未知物的 GC-MS 数据与已知（参考）材料的数据进行匹配，所以及时在现场找到比对样品是非常重要的。当检材是不常见物品或特殊溶剂时，这一点尤为重要。

这种分类鉴定方法，反映了商品及其用途的变化，以及石油精制工艺的变化，改进了实验室所用技术手段的灵敏度和鉴定能力。同时能够为调查人员提供最为准确和有意义的（有用的）信息。调查人员必须努力弄明白这些产品名称的含义，并利用这些信息来分析火灾现场残留物是意外出现的还是故意放置的。要获取更多与挥发物相关的信息需要使用专门的检测器。每个色谱仪都是在单独的色谱柱上进样的，并使用特殊的检测器代替氢火焰离子检测器（FID），但是某些色谱仪能够将一个进样口连接到两个单独的色谱柱，每个色谱柱都有自己的检测器。例如，光电离检测（PID）可以与氢火焰离子检测器同时使用，因为它对芳香烃、烯烃或脂肪族碳氢化合物尤为敏感。原来用于检测含氮和磷的化合物的另一种检测器经过改进，可以专门检测已广泛用作燃料添加剂的含氧挥发物（酮、醇和醚）的检测，以最大限度地减少空气污染（Patterson，1990）。当使用蒸馏法分离出纯净的挥发性物质时，利用红外光谱法（IR）可以得到有关其化学结构的大量信息。传统的液体比色皿红外光谱仪一般需要至少 20μL 的样品，但是现在有专门设计的 FTIR（译者注：傅里叶变换红外光谱仪）微型比色皿，可以用作现场可提取样品量较小时的色谱检测器。尽管该方法的灵敏度有限，但它有助于鉴定不常见的液体、复杂的热分解产物和某些天然产物（萜烯）（Hipes 等，1995）。

如果现场提取到的可疑易燃液体样品量足够大，则可以测量一些物理性能，如闪点。对放火嫌疑人的犯罪指控，可能取决于他所使用的助燃剂的可燃性能，可能就需要测定闪点。精确的测定需要大量的样品和专用的设备，但是也可以将几滴液体滴在观察玻璃片上，然后将其放进冰箱进行粗略的估计。从冰箱中取出时，玻璃逐渐升温，当样品温度超过闪点时，通过样品的小火源就会引起闪燃。如果液体的闪点高于室温（通常为 25℃），可以将玻璃放在加热盘上，以相同的步骤来测试样品。在极少数情况下，蒸汽蒸馏法能够提取足够量的挥发性助燃剂，这时可以使用 Setaflash 测定仪测定闪点，需要 2 mL 样品 [ASTM D3278-96（2011）《用小型闭杯装置测定液体闪点的标准测试方法》（ASTM，2011a）]。紫外线（UV）/可见荧光技术可以测试石油馏出物的其他特征，并且这些技术可与高效液相色谱（HPLC）联用，可以作为气相色谱的补充检测手段，特别是对于重质石油产品十分有用（Alexander 等，1987）。

（1）蒸发和降解

石油产品燃烧或直接暴露在空气中蒸发时，表现出相当复杂但可预测的行为模式。由于蒸气压较高时，易挥发组分蒸发较快，这会改变气相色谱的色谱峰。汽油在蒸发过程中，色谱图会发生显著变化，这使其鉴定更加复杂。

当汽油燃烧时，与上述变化过程类似，只是速度更快。因此仅靠气相色谱测试，无法确定汽油的挥发是在燃烧过程中，还是在室温下发生的（Mann，1987）。就汽油而言，在蒸发至仅剩不到原来体积的3%时，可发现残留物中有特征芳香族组分。因此，如果在残留物中识别出这些关键组分或目标组分，那么蒸发或"褪色"的汽油仍能被鉴定出来。不幸的是，对于诸如溶剂油（油漆稀料）之类的简单石油馏出物来说，情况又有所不同。这类物质的蒸发过程中，其残留物展现出的特征更像重质石油馏出物。因此，最终并不一定总是能够精确地鉴别出原始产品的种类。

此外，石油产品暴露在潮湿的花园土壤中，会发生微生物降解。这种降解涉及脂肪族和芳香族化合物的降解，因此，汽油等的色谱图会发生显著的变化（Mann 和 Gresham，1990；Kirkbride 等，1992；Turner 和 Goodpaster，2009）。如果样品在分析前保持冷冻状态，则这种降解作用可以最小化。

蒸发和降解效应，以及火灾中热解产物的污染，使得从火灾残留物中鉴定石化产品十分困难。而非馏出石化产品的增加，使得气相色谱图更加难以分类或鉴别。

在大多数情况下，实验室可以从残留物分析中得到石油产品的特性及一般种类，例如轻质（石油醚）、中质（油漆稀料）或重质（煤油/柴油）石油馏出物，稀释剂等，除非残留物几乎全部或全部烧完，否则残渣中都会有残留物存在。任何石油馏出物在用作助燃剂时，如果火灾温度足够高、持续时间足够长，并且助燃剂直接暴露于火灾中，则可以完全烧尽，不会留下任何易于检测到的痕迹。在大多数放火案中，都使用了过量助燃剂，并且所产生的火焰强度不至于使其燃烧殆尽。

经常从现场窗户玻璃上提取烟炱后送检，要求鉴定是否存在石油馏出物助燃剂。现场烟炱主要与室内燃烧状态和通风量直接相关。若火灾中可燃物数量多，则发烟量大；若可燃物少或通风良好，则烟炱少甚至没有烟炱。在现代建筑中，火灾荷载中有很大比例的合成纤维和橡胶等，其燃烧时会产生油性烟炱，与石油馏出物助燃剂所产生的烟炱非常相似。

有人认为汽油燃烧产生的烟炱中应含有其特征组分，与"普通"可燃物产生的组分不同。曾经有人认为，含铅汽油中溴和铅的结合，会产生独特的烟炱组分特征。不幸的是，一些地毯中也同时含有这两种元素，因此存在背景干扰的可能性（Andrasko 等，1979）。铅和相关添加剂，已经逐步从现代燃料中淘汰，很难被检测出来。汽油燃烧产物中有几种有机物分子，主要是多环芳香族化合物，而合成材料燃烧则不会产生这些物质（Andrasko，1979）。

在这一领域，Pinorini 等人做了广泛的研究工作，使用气相色谱仪联合元素分析、X射线衍射和扫描电子显微镜（SEM）进行分析，来表征各种易燃液体，以及合成纤维和燃烧烟炱（Pinorini 等，1994）。他们发现，在受控条件下，可以使用多种技术，将易燃液体烟炱与固体可燃物烟炱区分开。遗憾的是，灭火中使用的水会使烟炱产生不可再生的聚合作用，即使多种技术联用，其鉴别价值也很有限。

有分析人员曾经发表报告说，新鲜的碳粒子烟炱会吸附室内空气中的石油馏出物蒸气，就像在实验室萃取时用活性炭吸附它们一样。如果发生火灾时存在大量的燃料，则在初期阶段形成的烟炱可能会保留足够的助燃剂，通过萃取烟炱可以进行鉴定。对燃油车辆火灾中玻璃上的烟炱也进行了分析，但没有系统的研究报告。

尽管有部分蒸发，但大多数常见的石油馏出物具有独特的色谱图，可以与已知化合物的色谱图进行区分。经验丰富的分析人员知道火灾和蒸发对助燃剂的影响，并在比较色谱图时会将这些因素考虑在内。所有石油馏出物化合物的连续谱图会有重叠部分。因此，一个复杂的碳氢混合物有可能受到火灾的影响，以致其色谱图不易识别。例如，一张色谱图可能代表一种严重蒸发的产品（如煤油），或代表一种破坏相对较小的产品（如重质馏出物）。目前，生物燃料或合成燃料的引入，使得问题变得更加复杂。有些这类物质的气相色谱图不同寻常，难以进行分类鉴别（Kuk 和 Spagnola，2008）。

（2）来源鉴定

关于确定产品的特定来源，分析人员现在可以利用可用的技术来排除许多可能的来源，从而缩小"可能"的清单，GC-MS 和数据采集系统的先进性，使之成为可能。该方法可以鉴别之前被认为无法区分的产品之间色谱峰的细微差异（Armstrong 和 Wittkower，1978）。

证明这些差异的意义完全是另一回事，需要进行大量的现场采样，并证明所得的色谱图能够重现。不同厂家用不同原料进行大批量生产，有很多因素会导致它们发生变化。例如，在零售汽油时，它与已经存在于储罐和运输设施中的汽油会混合，其成分也会变得更加复杂。

某些情况下，例如液态汽油样品，如果未经历严重的燃烧或蒸发，并且存在少量潜在来源，那么就可以放心地彻底排除一些来源，而剩下的来源其任何特征都无法再进行区分（Rankin、Wintz 和 Everette，2005；Petraco，2008；Barnes 等，2004）。实验室通常会在报告中给出几种可供选择的鉴定意见，而不是用一个可能的鉴定结论来误导火灾调查人员。火灾调查人员可以评估这些鉴定意见，并确定哪一个与实际情况最相符。如果调查人员不能很好地理解鉴定意见或特征，那么在诉讼前应与实验室人员进行讨论。

8.2.5 气相色谱分析结果的解释

应该注意到，大多数新型分离技术，特别是与毛细管气相色谱技术结合使用时，其灵敏度比十年前提高了很多。在许多情况下，它们比人的鼻子更灵敏，是筛选现场残留物样品的最佳方法。这意味着样品的采集，不仅要靠对异常气味的检测，还要根据燃烧痕迹、火灾探测犬等其他方面协助完成。

由于合成材料、黏结剂的热解作用会干扰分析，所以现在比以往任何时候都更需要提取地毯及其他可燃物的对比样品（DeHaan 和 Bonarius，1988）。Stauffer 最近发表了一篇文章，探讨了聚合物热解的化学机理，以及每种类型材料的典型气相色谱图（Stauffer，2003）。这项工作大大提高了对裂解产物和石油产品的鉴别能力。

（1）当前检测方法的准确性

随着 GC-MS 检测灵敏度的提高，分析人员开始认识到我们生活的世界中有多么依赖石化产品。屋顶油毡、复印纸、无碳复写纸、杂志和报纸印刷中的挥发性物质、地毯和鞋类中的胶水胶黏剂、干洗溶剂、杀虫剂，甚至是"绿色"除脂剂中使用的柠檬精油等清洁剂，如今在各种商品的残留物中几乎都可以检测到石油产品（Lentini、Dolan 和 Cherry，2000）。如果没有针对产品的专门鉴定，并与干扰样品进行比较，那么在火灾残留物中发现石化产品组分，可能并没有多大意义。

训练有素的探测犬，可以判断出很少量的石油产品，且精度很高，有时甚至低于有资质的实验室正常情况下的检出浓度，因此，有时探测犬发现汽油痕迹后，将所提取的样品送检，实验室用公认的标准方法，也不能确定是否含有汽油（DeHaan，1994）。但是探测犬不能代替实验室。探测犬只能给出"是"或"否"的信号，无法识别具体产品，也无法区分用于修复地毯的地毯胶和用作助燃剂的异链烷烃溶剂，而实验室可以实现上述鉴别。

尽管 IAAI 刑事科学委员会和 NFPA 火灾调查技术委员会（NFPA，2017）提出了上述建议，但是有些法庭，在没有实验室的鉴定结果支撑的情况下，也接受探测犬的反应作为存在易燃液体助燃剂的证据（IAAI 法庭科学和工程委员会，1988）。研究表明，即使是训练有素的犬队，也无法区分所有可能的合成产品、背景污染和助燃剂，只能检测出不含易燃液体助燃剂的产品（Katz 和 Midkiff，1998）。如果没有具体的、可核实的、确切存在的证据证明，火灾调查人员就无法确定探测犬检测结果的重要性。

可以追踪汽油残留物进入火灾现场的痕迹。例如，如果有人踩到一摊从发电机泄漏的汽油，或从现场外的燃料罐溢出的汽油，然后穿过现场，理论上可能会在几个相邻位置发现相关痕迹。研究表明，在清洁的载体上，对可检测到的汽油残留物可以追踪一两步的距离，但不会更多（Armstrong 等，2004；Kravtsova 和 Bagby，2007）。在一个房间里，汽油蒸气被吸收转移到衣服上，也是极有可能的，但量会很少（Kuk 和 Diamond，2005）。在火灾现场，燃油风扇产生的废气，会污染外表面炭化的物体，但实验结果表明，尽管这种污染可能达到微量水平，却不太可能影响到浸水的残留物。

火灾调查人员必须要问的是：在该浓度条件下为什么发现了这种物质？又是如何发现的呢？火灾调查人员和法庭分析人员还需要问：在该浓度下，"阳性"实验结果的含义是什么？利用现代高灵敏度的技术手段，从繁忙的高速公路旁的泥土中，可以提取检出百万分之一以下含量的汽油残留物，而这些残留物却是来自过往车辆油品的泄漏和溢出。这个结果有意义吗？这是否意味着有人沿着公路泼洒汽油放火？

Lentini 已证明，室内木材在使用后的 2 年多时间里，还是能很容易检测到地板涂料中的溶剂，如染色剂、清漆和油（Lentini，2001）。Hetzel 和 Moss 发现，在 2 周以上的严重外部暴露后，仍能检测到防水溶剂（Hetzel 和 Moss，2005）。有案例表明，大约在火灾发生 15 年前，将汽油用作室内地板漆的溶剂，而火灾发生木材受热后，其特征挥发性物质仍可利用 GC-MS 进行捕集和分析。我们现在的技术手段拥有 25 年前的科学家和火灾调查人员梦想的挥发物提取分析的灵敏度，但是必须要动脑筋来准确地解释分析结果。仅仅检测出存在挥发性物质是不够的，要把这个问题解释清楚的话，浓度的变化也非常关键（DeHaan，2002）。

（2）比对样品

考虑到当今检测技术及探测犬的灵敏性，以及石油产品的广泛使用，火灾调查人员必须认识到比对样品的重要性。如果在现场提取残留物进行实验室分析，除非燃烧区域旁边有莫托洛夫燃烧弹或是汽油桶，否则都应该提取比对样品。这些对比样品包括地毯、所有的地垫，以及地板下面的样品，不仅在起火点附近，而且还应在同一房间的其他位置提取，最好是家具下未被火作用到的部位。如果怀疑有可燃液体，应提取在附近可能存在或使用过的所有溶剂、清洁剂或杀虫剂的比对样品。这可能需要询问业主、租户或维修工，以查明火灾前在工作过程中曾使用过什么。

所有用于吸收可疑液体残留物的材料，例如棉花、面粉、漂白土、硅藻土或猫砂，都必须将吸收剂的比对样品放在单独的干净密封容器中。用于吸收可疑易燃液体的所有物品，都必须进行检测，并能证明不会产生任何干扰 GC 或 GC-MS 鉴定的挥发物。2003 年推出了一种易燃液体吸收剂（ILA），但后来发现延长储存时间其会发生降解，产生挥发性分解产物，对气相色谱分析造成干扰（Byron, 2004; Mann 和 Putaansuu, 2006; Nowlan 等, 2007）。

活性炭或有害物质吸收垫，已被证明是一种主动性吸收介质，暴露在汽车尾气或其他大气碳氢化合物中，很容易被污染。如果在灭火过程中使用了泡沫、润湿剂或其他添加剂，它们会影响样品的色谱数据，但尚未报告会影响 GC-MS 检测和鉴定的准确性（McGee 和 Lang, 2002; Coulson、Morgan Smith 和 Noble, 2000; Geraci、Hine 和 Shaw, 2008）。火灾调查人员应注意在灭火或火灾后使用过的所有添加剂，并提取比对样品。

（3）手部的检测

专家们提供了从人体皮肤，特别是嫌疑人手部提取挥发性物质的方法（Darrer、Jacquernet Popiloud 和 Delemont, 2008; Muller、Levy 和 Shelef, 2011）。活体皮肤上的挥发物会很快蒸发出去，或浸入表皮和真皮组织，使得表面没有残留物。有报道称，可以用炭条或 SPME 收集装置，将手包在 PVC 塑料袋、乙烯基手套或聚合物袋中，并用辐射热灯进行温和加热（或简单地将手包在 PVC 手套中，并将手套用作吸收剂），能够成功地检测出易燃液体残留物（Almirall 等, 2000; Montani、Comment 和 Delemont, 2010）。要想成功提取，手上残留燃料的量必须足够大，并且必须在接触后 1～2h 内进行提取。由于有效检测时间较短，因此无法对接触后数小时才被拘留的犯罪嫌疑人进行有效测试。这项测试更适用于尸体以及切除下来的人体组织，用炭条在小瓶中进行测试。在嫌疑人的衣服和鞋子上，也能检测到汽油和类似的挥发物，有效检测时间最长可达 6h，如果将它们脱下后堆在一起，那么时间会更长（Loscalzo、DeForest 和 Chao, 1980; Kuk 和 Diamond, 2005）。

火灾、火灾残留物及其提取和分析，其本质决定了没有人能够真正对火灾残留物分析结果进行量化。但是通过经验、实验和鉴定结论，分析人员可以对检测的水平得出初步判断。接下来要回答的问题是：在此浓度下的这种材料，对火灾的发生是否重要？现在高灵敏度和分辨能力的火灾残留物鉴定技术，对调查人员来说是一个有力的工具，但如果要使调查准确公正，就必须小心审慎地使用这种方法。

8.3
化学易燃品的鉴定

挥发性助燃剂并不是实验室可以检验的唯一放火证据。在所有放火火灾中，使用化学易燃品作为引燃剂或主要助燃剂的比例虽小，但很值得注意（DeHaan，1979）。所幸的是，虽然化学易燃品放火残留物在外形上可能难以辨认且很容易被忽视，但是大多数残留物具有独特的化学特性。

安全闪光弹和导火索，是最常见的化学易燃品，其放火效果较好、可预测且容易获得。红色闪光弹中含有硝酸锶、高氯酸钾、硫、蜡和木屑（Ellern，1961）。其燃烧后的残留物为表面凹凸不平的惰性块状物，颜色为白色、灰色或绿白色。这种残留物不溶于水，但长时间放在水里会变成糊状物。

闪光弹残留物中，含有锶的氧化物、各种亚硫酸盐和硫酸盐。虽然在天然形成的钙质物质中都能发现锶，但只有闪光弹的残留物中才含有纯度很高的锶盐。使用发射光谱、原子吸收光谱或 X 射线分析，能够很容易在残留物中发现这些高浓度的锶。闪光弹顶部的点火激发按钮和其底部的木塞都是耐燃的，可以在火灾残留物中找到，根据它们的物理性质可以判断其生产厂家（Dean，1984）。

8.3.1　简单混合物

用于净化游泳池中水的固体氯片或氯粉，可以与有机液体（如汽车制动液，或护发素中的乙二醇）发生反应，产生持续数秒的高温火焰。含氯成分的浓度，以及液体和固体混合的程度不同，可能会延长反应时间。对该反应过程进行研究，发现并验证了次氯酸盐与乙二醇的作用，以及乙烯、乙醛和甲醛的反应机理（Kirkbride 和 Kobus，1991）。反应产生的易燃蒸气团，是出现黄橙色火球的原因。

发生反应的固体化合物通常不会被耗尽，也不会立即溶于水，在火灾后可能被检测到。通过红外光谱或化学点滴分析方法，可以鉴定是否存在氧化剂，进而判断是否存在次氯酸盐。含有此类含氯产品残留物的残骸，在浸湿时，可能会有家用漂白剂的气味。

多种化学放火混合物中都会用到高锰酸钾，其也可以与甘油混合形成自燃性物质。高锰酸钾溶于水，易被水冲洗掉。根据锰离子的氧化程度，即使高锰酸钾含量很少，溶液也将呈现明显的红色、绿色或棕色。利用化学分析或红外光谱法，即使固体化学物质的量很小，也可以很容易地鉴定出。

闪光粉中包含颗粒度小的金属粉末（通常为铝）和氧化剂（例如高氯酸钾或硝酸钡）。对燃烧后的粉状残留物进行元素分析，可以发现铝、氯、钾和钡元素。如果存在未完全反应的混合物，则可通过微量化学分析法，鉴定出高氯酸盐或硝酸盐残留物（Meyers，1978）。氧化剂（氯酸盐、硝酸盐、高氯酸盐或硫酸盐）混合物，以金属铝或镁粉为燃料，能燃起烈火。可通过使用合适的黏合剂来控制燃烧速率，并防止雾化，使得材料逐渐燃烧，这种混合物用作固体火箭燃料（助燃剂）已有数十年。在大多数火箭燃料中，黏合剂一般是橡胶，但是简单混合物中会使用柴油作为黏合剂，有时称这种混合物为高温助燃剂。试验证明，此类混合物会产生大量的高温气体，燃烧约 110kg（250lb）的铝、镁与硝酸钾的简单混合物，即使在很大的空间里，2 ～ 3min 内即可达到轰燃（Keltner、Hasegawa 和 White，1993）。硫酸盐（硫酸钙或硫酸钡）也能起到氧化剂的作用。

如果提取了未反应的氯酸钡混合物，利用化学分析方法或仪器分析方法，可以很容易地鉴定出来。然而，当它在放火混合物中发生化学反应时，其残留物几乎全部是无毒的氯化物，如果从残留物中发现此类物质，也不能确定它是否来源于放火装置。

糖与硫酸（H_2SO_4）反应，会生成一种棕色或黑色的松软炭灰，有淡淡的棉花糖燃烧的味道，但在大多数情况下，其反应看上去是无害的，且很容易被忽视。高浓度的硫酸可使木头、纸或布炭化。无机酸（如 H_2SO_4）易溶于水，但不会蒸发，在一段时间内可保持活性和腐蚀性。

与火场残留物接触时，如果皮肤有灼热感，应检测是否有酸的存在。可以通过测量pH 值来很容易地判断酸性，利用化学分析法可鉴定硫酸根或硝酸根离子。活泼金属如钾或钠，可以用作点火源，因为它们与水接触时，会产生大量的热和氢气。其残留物中包含氢氧化钠或氢氧化钾（碱液），这二者都具有很强的腐蚀性，会引起皮肤的疼痛感和灼伤感。含有这类残留物的水 pH 值将呈碱性，利用化学分析法或分光光度分析法，可检测这类金属的存在。这类物质的残留物对金属具有很强的腐蚀性。怀疑含有此类腐蚀性物质的残留物时，应将其放在有塑料盖或酚醛树脂盖的玻璃瓶中，或者放在尼龙袋或聚酯 / 聚烯烃袋中，不能放在金属罐、纸袋或聚乙烯袋中。

由于白磷与空气接触时会燃烧，因此过去也被用作放火点火源。芬尼亚之火［译者注：首先用白磷来制作武器的是 19 世纪的"芬尼亚兄弟会"成员，这是一个以促成爱尔兰独立为目标的民族主义组织。"芬尼亚兄弟会"在加拿大战斗的一种手段就是原始的白磷弹——将白磷溶解在装在玻璃瓶里的二硫化碳中，当瓶子破碎，二硫化碳挥发后，接触空气的磷就会燃烧起来，这就是"芬尼亚之火"（Fenian fire）］，是将白磷粉末溶解在有机溶剂中，打破容器后，溶剂蒸发，白磷暴露于空气中即引起火灾。虽然磷是一种难以检测和鉴定的元素，但对残留物进行元素分析时，可能会发现磷的含量增高。燃烧混合物中，磷的主要来源是家用火柴，可以通过元素分析或与 SEM 微观分析联用（Andrasko，1978），对火柴头中的成分进行鉴定。

日用品的偶然或故意混合，会发生多种放热或产气的化学反应。这类反应大多仅产生能够使水分蒸发的热量，发生蒸气爆炸，而不会着火或燃烧。其中典型的是：碱液（下水道清洁剂）、铝箔和水混合；干燥的漂白剂、糖和水混合；酸和金属接触。还有一些混合物会产生易燃气体，例如乙炔（碳化钙和水混合产生）或氢气（矿物酸和锌混合产生），如果刚好点燃，会引起火灾和爆炸。残留物中会有未反应的原料、金属氧化物、氯化物或硫酸盐。乙炔 / 空气燃烧的浓烟，可能在相邻的物体表面上观察到。许多所谓的燃烧瓶或酸炸弹，都包含这种材料。它们能够造成高温和高压的机械爆炸，会导致碎片伤、化学和热损伤，以及财产损失。目前，许多州和联邦当局在爆炸装置犯罪条目中都补充了这类化学混合物。标准的2L 塑料瓶上可能会留下指纹（图 8-7）。

图 8-7　残留的燃烧瓶上可能留有指纹和 DNA
资料来源：Wayne Moorehead

8.3.2　实验室方法

高效液相色谱（HPLC）和相关离子色谱技术的发展，使得从火灾或爆炸残留物的萃取物中鉴定大量的无机离子成为可能。与气相色谱法一样，目标离子的特征鉴定，是基于其流过独立的色谱柱时，在一定的保留时间内，会被检测器发现。现在，单柱色谱分析法能够分离和检测所有重要的阴离子：Cl^-、ClO_3^-、ClO_4^-、NO_2^-、NO_3^-、SO_4^{2-} 等。可以分离的阳离子主要有 Na^+、K^+、NH_4^+，甚至糖，这些都是火灾和爆炸材料中常见的（Doyle 等，2000）。

美国陆军手册《非常规战争设备与技术》（美国陆军，1966）中，介绍了许多简易的化学放火物质。当怀疑有这种燃烧物时，应提取现场附近材料作为比对样品。有时尽管没有发现特别的元素或离子，但是和周围背景样品相比，某一元素的浓度含量很高，也可以说明某种放火物质的存在。大多数化学物质（硫酸盐、硝酸盐、氯化物）的残留物分布广泛且无害，因此，选择"阴性"比对样品，并不像选择液体助燃剂比对样品那么容易。经化学分析检测没有明显残留物的区域，有必要进行随机取样。许多残留物都是水溶性的，因此置于雨水或消防射水条件下，其检测可能会受到影响。以铝为燃料的混合物，会产生铝和氧化铝的微观可视级别的球粒，它们在外观上与铝正常燃烧（氧化）的残留物不同。在这种情况下，可以利用扫描电镜辅助鉴定。

8.4
一般火灾物证分析

以下物证应考虑进行实验室分析鉴定：
- 炭化或烧损物品的识别；
- 烧损的文件；
- 司法鉴定工程师所做的故障分析；
- 电气设备和线路评估；
- 其他各种实验室检测；
- 证据损毁。

8.4.1　炭化或烧损物品的鉴别

火灾调查人员最常会问到的一个问题是：这个东西是什么（或者曾经是什么）——它是现场本来就有的吗？在火灾中，许多物品，无论是微不足道的还是重要的，都可能被严重损坏，简单的检测无法对其进行鉴别。塑料、橡胶或熔点相对较低的金属制品都会存在这个问题。可以基于残留部分的形状及其细节、标签部分，或借用 X 射线，或是材质类别鉴定等进行鉴别。

虽然塑料或金属可以用化学方法识别，但如果只有微量的没有燃烧的塑料或金属残留物，那么也无法对其进行鉴别。有些材料，如聚乙烯、聚苯乙烯或锌压铸品，几乎是普遍使用的。通过形状或制造标记，有些塑料瓶是可以识别的，但是仅知道一摊残留物是熔化的聚乙烯塑料，对于找出它可能代表的是数千个聚乙烯物品中的哪一个，是没有什么用处的。在没有过度熔化的情况下，不管是由于机械冲击还是热冲击作用而破裂的玻璃物品，都可以将其重新拼合在一起（如图8-8所示）。

实验室鉴定主要包括观察检验、重新组装、清洗，或是相当复杂的显微、化学或仪器检测，具体使用何种鉴定方法取决于材料的性质、提取数量和损坏的程度。通过实验室检测部分残留物的组成成分，对于判断是否有保险诈骗（也就是用价值较低的物品替换投保金额很高的珠宝、艺术品或衣服等物品）的情况是非常重要的，甚至可以判断在骗保或盗窃等案件中，这些物品是否被完全移走了。如果怀疑现场使用了放火装置或延时装置，实验室可以对这类装置进行复原。这类装置的性质或具体细节，可用于识别犯罪嫌疑人，并将其与现场联系起来，或是用于讯问嫌疑人。图8-9展示了一个常见的家用物品，经过仔细的实验室检测，发现该物品用作了延时设备。

图 8-8　怀疑是放火装置，可对其进行修复，这有助于确定容器的性质，寻找指纹和痕迹证据
资料来源：the State of California, Drpartment of Justice, Bureau of Forensic Services

图 8-9　塑料奶瓶：它是延时装置还是无辜的"受害者"呢？
资料来源：Jamie Novak, Novak Investigations and St. Paul Fire Dept

8.4.2　烧损的文件

火灾烧损的文件也可以进行修复和鉴定。信签纸的燃点约为250℃（480 ℉），空气中单页纸张暴露于火灾中很容易炭化，几乎能够完全燃烧。然而，成卷或成叠的文件或书籍，只会炭化，并不会完全燃烧，如果完整的话，就可以对其进行鉴定。实验室会使用紫外线或红外线、照相技术，或是利用甘油、矿物油或有机溶剂对纸张进行处理，以提高纸张和墨水之间的对比度。与新闻纸之类的较便宜的木浆纸相比，有些碎屑含量高的涂层纸和书写纸更加耐火，也更容易修复。

炭化的纸张是易碎的。即使是碎纸片残留物，有时也能进行鉴别，但是文件的完整性越好，准确鉴别的机会也就越大。应尽可能少地扰动文件，放置时要小心翼翼，可以用一张硬纸板将其放在松软的脱脂棉垫上。将这些脱脂棉放置在一个大小合适的硬纸盒里，并在文件上再放上一层蓬松的脱脂棉，以固定它们的位置。

调查人员不要尝试在现场进行任何测试。实际上，对文件所做的所有涂膜、喷涂或溶剂处理，都会干扰实验室测试。最好在可控的实验室条件下，由经验丰富的人员，进行烧损文件的修复工作，同时要做好照相记录，以防字符在短时间内消失。

8.4.3　司法鉴定工程师所做的故障分析

如果机械系统发生故障并引发火灾，那么就需要确定机械故障产生的原因。一名注册的机械或材料工程师一般可以判断传动轴或轴承是否因误操作、过载、维护不当或设计错误而发生故障。液压系统的故障，可能会导致可燃液压油的泄漏，从而导致火灾的发生或蔓延，这时就需要借助液压设计工程师的经验进行分析。

由于机械系统的制造商或使用者的民事赔偿责任可能以数百万美元计，所以准确评估机械系统的状况是非常重要的。这类评估分析，超出了大多数法庭科学实验室人员的能力范围，因为这涉及了产品制造过程中的相关材料、生产工艺等专业知识。美国许多州都有注册的具有专业资质的工程师，协助火灾调查人员开展工作。

8.4.4　电气设备和线路评估

电气设备和线路故障会引发火灾。其痕迹特征的鉴别方法有显微镜检测、金相实验、连续性试验和电导测试，这些测试需要在实验室进行，并由专家对结果进行解释。例如，要判断火灾发生时开关是打开还是关闭状态，就需要对其进行仔细拆解，检查触点、外壳和开关的机械装置。

由于火灾的破坏作用，在进行拆解时很可能导致部件的移动，破坏组件之间的精密关系。如果触点和外壳的布局允许进行横截面观察，则可使用 X 射线分析。Twibell 和 Lomas 介绍了一种新型树脂浇注技术，该技术保证在对开关进行横切时，其内部组件不会发生移动（Twibell 和 Lomas, 1995）。

软 X 射线（医用时其能量为 75 ~ 85kV）（译者注：波长大于 1Å 的 X 射线，即光子能量相对较低的 X 射线）对于检测热熔断路器（TCO）及盒式保险丝十分有效，热熔断路器一般用于防止咖啡机和其他类似电器过热。这种 X 射线可以用来判断电气元件的连续性，并常常用来判断其运行机制或故障原因。有时通过 X 射线检查，可以查明电气产品故障原因，如图 8-10（a）、（b）所示。就保险丝而言，在过电流倍数较小的情况下熔断的保险丝，与短路熔断的保险丝一般是有区别的（Twibell 和 Christie, 1995）。X 射线还有助于判断火灾烟雾探测器的有效性。

不论铜导线的熔化是由于大电流下过热造成的，还是火灾热量造成的，都可以根据导线内的结晶度来确定，因为在过电流情况下，导线的整个横截面都会受热，而热量如果来源于导线外部，那么导线表面受到的影响会比芯部更大。

几年前，有人提出，可以对火灾中烧损的铜导线进行表面元素分析，从中得到一些信息，进而判断是导线熔融引发的火灾，还是火灾热作用造成的导线熔化。然而，其他研究人员认为，金属熔化时会从周围大气中吸收气体，但铜导线表面元素成分并不一定能够反映出其邻近的火灾气体成分（Howitt, 1998）。还有人认为，火灾中的气体成分，无

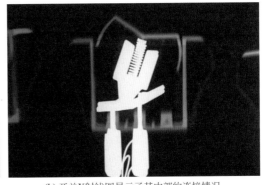

(a) 火灾中烧损的开关：是开，还是关，还是残次品？　　　　(b) 开关X射线图显示了其内部的连接情况

图 8-10　通过 X 射线查明电气故障原因

资料来源：Helmut Brosz and Peter Brosz, Brosz and Associates

论其是否被吸收，都不能用于区分是引发火灾的电弧，还是由于外部炭化而产生的电弧（Henderson、Manning和Barnhill, 1998）。由于大多数火灾后的痕迹物证，是受火灾各种作用综合影响的产物，因此需要针对各种各样的火灾情况进行检测分析。Béland（2004）进行了双盲试验［译者注：双盲试验，是指在试验过程中，测验者与被测验者都不知道被测者所属的组别（实验组或对照组），分析者在分析资料时，通常也不知道正在分析的资料属于哪一组。］，结果表明，认定起火原因时，俄歇发射光谱（AES）元素特征分析法得到的结果并不比随机结果准确。

除非导线上有很小的电热熔痕，否则没有100％可靠的方法可以确定铜导线熔化痕迹是火烧还是过电流引起的（Babrauskas, 2003a）。通常，金属熔融液滴越小，使铜熔融的能量（和温度）就越高。除非产生电弧，否则正常情况下燃烧的火焰并不能使导线熔融汽化出现熔珠。即使导线上有电热熔痕，也不能证明火灾是由电气故障引起的，只能表明火灾时导体处于通电状态。

冶金学家能够完成晶体检测，但可惜的是，只有在配有专业人员和设备的相当高端的表面材料科学实验室中才能进行这种元素分析。利用扫描电子显微镜／X 射线能谱法（SEM/EDS）进行元素分析，可用于研究不同金属导体之间的接触情况（例如，铜导线与镀锌钢制插座盒的接触）。这一研究结果有助于确定特殊的事故起火原因（McVicar, 1991）。

开关和继电器的绝缘子中金属污染物的存在与电弧跟踪和电气设备着火有关。SEM／EDS 可以帮助识别此类污染物的性质和来源。Carey 和 Howitt 最近对火灾环境中铜导体之间电弧故障进行的研究证明了微观和元素特征的潜在价值（Carey, 2009; Howitt 和 Pugh, 2007）。比如应力开裂、污染、微生物引起的腐蚀（MIC）或腐蚀之类的故障需要结合微观、冶金和化学技术进行分析。而这些需求在公共法证实验室中找不到专门的资源和知识。

尽管实验室专家可以进行超出研究人员能力范围的测试，但存在实际限制。火灾可能达到足够高的温度并持续很长时间，从而烧毁了足够多的诊断迹象（这些迹象可能曾经存在）以致无法做出任何确定性判断。

通常，着火时产生的局部高温可能表明使用了点火装置或异常高的燃料负荷（如果考虑了轰燃后的条件）。这些温度可以通过附近各种材料的熔化（或熔化状态）来表示。由于材料组成中的微小变化可能会导致熔点的显著差异，因此应在实验室中鉴定目标物，并尽可能测量其熔点。对于确定火灾期间铝和铜在形成共晶合金中相互作用的性质而言，SEM/EDS 被证明具有重要的价值（Buc、Hoffman 和 Finch，2004）。SEM 可以显示晶体结构的差异，当与元素分析（SEM/EDS）结合使用时，可以证明各种元素的混合。当发现熔化（开关或恒温器触点处）或合金化时，这一发现可能很重要。这种熔化或合金化可能是正常着火或导致火灾的故障造成的结果。

（1）闪点

1918 年，制定了第一个 ASTM 闪点标准（Wray, 1992），即 ASTM D56-05（2010）《用标记闭杯法测定闪点的试验方法》（ASTM, 2010）。几年后，又刊出了两种附加试验方法：ASTM D92-12b（2012）《用克利夫兰开口杯测定仪测定闪点的方法》（ASTM, 2012a）和 ASTM D93-15a（2015）《用彭斯基 - 马丁闭口杯测定仪测定闪点的方法》（ASTM, 2015a）。ASTM D93 是法规和规范中最常被引用的一个标准。

火灾现场中发现的材料，无论是现场中原有的物品，还是放火装置的组件，都应该在实验室中进行闪点检测。

基于实验室的闪点（FP）测定，需要使用以下几种仪器之一：

- 塔格闭口杯闪点测定仪（FP 低于 80℃）；
- 彭斯基 - 马丁闭口杯闪点测定仪（FP 高于 80℃）；
- 塔格开口杯闪点测定仪；
- 克利夫兰开口杯闪点测定仪。

美国材料与试验协会（ASTM）制定了闪点测定装置操作的标准方法（Slye, 2008）。如果低于环境（室内）温度，许多实验室都无法测定易燃液体的闪点。分析实验室中最常见的闪点仪至少需要 50mL［2fl oz（液盎司）］的样品量，这个量比从放火装置中提取的残留物要大得多，因此无法进行此类分析。Setaflash 闪点测试仪也是经过美国材料与试验协会（ASTM）认可的，可接受的样品量最小为 2mL（0.08fl oz），同时还允许在低于环境温度的条件下进行检测。

（2）熔点或软化点

热重分析法（TGA）或差示扫描量热法（DSC）等实验室方法，可用于确定塑料熔融或炭化的温度（见图 8-11）。DSC 相关内容见 ASTM D3418-15（ASTM, 2015b）。即使是非常小的样品的熔点，也可以利用梅特勒测温热台显微镜进行测定。

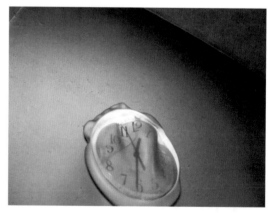

图 8-11　如果通过实验室分析确定这个挂钟塑料表面的软化温度，就可以了解其所处的烟气层温度或辐射热量情况

资料来源：Jamie Novak, Novak Investigations and St. Paul Fire Dept

（3）机械状况

在重建现场的过程中，通过目视观察，可以判断火灾发生时门锁的机械部件是处在锁闭还是未锁闭的状态（见图 8-12）。锁芯机械部件通常是黄铜或锌压铸件，两者的熔点都相对较低。因此，在正常的建筑火灾温度下，这些部件常常就会卡住。当在现场中发现这类部件时，应在原地进行拍照记录，然后将其放置在能够明确表征其方位的地方再次进行拍照记录。使用以液化石油气为燃料的微型焊割机，可以熔化门锁的内部组件，这样就能在保持门锁外壳完好无损的情况下，强行进入房间。作为关键证据的门锁，在认定其是正常失效之前，应考虑在物证鉴定实验室中对其内部情况进行检查。

图 8-12　门锁照片
资料来源：Det. Michael Dalton (ret), Knox County Sheriff's Office

如果一扇门在火灾中受火作用时间不太长，那么可以通过检查其合页来确定其在火灾发生时是打开还是关闭的。在关闭的门上，门框和门边对标准蝶形合页板能起到保护作用，使其免受火灾的破坏。如果合页轴暴露于火灾中，其烧损情况要比受保护更多的合页板更严重，如图 8-13 所示。相比之下，在敞开的门上，合页轴和合页板受热情况大致相同，所以二者的损坏程度也基本相同。如果火势不是很严重，合页上的金属变色和油漆残留物可能能够证明两块合页板的相对位置。

如果火灾造成的破坏很严重，那么有可能在现场无法找到那些有证明作用的痕迹。火灾中，一般是在建筑天花板附近烧损更为严重，因此掌握门的位置对于调查很重要，那么就要找到门的所有合页（通常为三个），并分别对顶部、底部和中间的合页进行标记。对合页、地板或地毯上所有受保护的区域进行拍照记录，这对调查工作可能也是有帮助的。

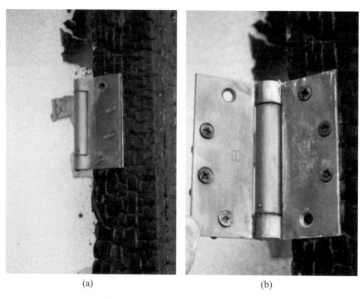

(a)   (b)

图 8-13 对门的合页进行勘验发现,其损坏的差别能够证明,火灾发生时它处于关闭状态

资料来源:Greg Lampkin, Knox County Sheriff's Office, Tennessee, Fire Investigation Unit

(4)火灾及烟气危害

在火灾事故中,火灾实验室可以评估各种材料对可燃物荷载的贡献。地毯,尤其是现代的聚丙烯混纺面料地毯,因其易燃性,所以具有火灾危险性。地毯可以被小火点燃,在一段时间后就能蔓延到整个房间。在美国的某些州,但并不是所有州,家具必须通过可燃性测试。房间中放置合成纤维或棉质材料饰面家具,以及纤维材料、乳胶或聚氨酯填充家具的地方,都可能成为火灾事故的起火点,能否起火取决于引火源的性质。如果火场中有带有合成纤维和填充物的家具,火灾蔓延速率会非常快(也就是说,在现场发现这类材料,就可以解释为什么火势如此之快,以至于难以逃生)。如果饰面层或填充物没有燃烧,就可以对其进行鉴别,找到和它们一样的家具材料作为空白样品,并检测其被引燃的难易程度。虽然大多数实验室在非正式的条件下都可以完成这类检测,但是如果要将检测结果用于民事诉讼,则需要大量经验。一些州有专门机构,如加利福尼亚消费者事务部、家居产品及耐燃性管理局,能够签订合同,并进行这类检测。除此之外,要进行检测,私人消费者就要自行联系材料检测实验室。利用热解气相色谱法(pyro GC)或傅里叶变换红外光谱法(FTIR),物证鉴定实验室可以对地毯、内饰或填充物中的橡胶(高弹体)等材料的纤维成分进行鉴别。这有助于评估其燃烧性能及火焰蔓延情况。

亡人火灾中,要认定起火原因及人员死亡原因,就有必要确定可能致人死亡的有毒气体的来源,或是小火灾中浓烟的来源,浓烟会使仍然清醒的受害者也难以逃生。在实际火灾中,有毒气体和浓烟的产生,在很大程度上取决于温度和通风,但利用一些实验室检测,也可以评估这种潜在的危险。对于飞机机舱这类封闭环境,也可以对其内部装饰材料进行检测,但是昂贵且耗时,大多数火灾调查人员不会碰到这种情况。NFPA 制定了评估室内装修火灾危险的标准检测方法,读者可参考其出版物,获得更具体的指导(DeHaan,1991、2008)。

（5）自热机理

植物油、鱼油及许多聚合物，在干燥时的自热会导致起火燃烧。对于实验室分析人员来说，从火灾残留物中鉴别植物油，是一个巨大的挑战，这是因为引火源附近经常会有热破坏作用。此外，植物油一般没有足够的蒸气压，不能通过加热隔离的方法采集。

Stauffer（2005）介绍了一种灵敏的新型残留物分析技术，可将怀疑有自热现象的油品，用溶剂提取、浓缩，并进行化学分析。采用前文描述的用于可燃液体残留物的相同方法，这一过程使得油品中的脂肪酸成分更容易利用 GC-MS 进行鉴别。许多物证鉴定实验室都会采用这项技术（Stauffer, 2006; Coulombe, 2002; Gambrel 和 Reardon, 2008; Schewenk 和 Reardon, 2009）。

在衣物烘干机火灾中，清洗得不干净的毛巾中残余厨房油品的自热，可能导致自燃火灾。在烘干循环温度下，玉米油、红花籽油和豆油自热后，甚至能够出现明火。如果怀疑烘干机内的物品发生自热，建议对与烘干机配套的洗衣机的漂洗水进行分析。虽然烘干机滚筒里可能除了一团炭化物之外什么也没有，但是洗衣机的漂洗水很可能在火灾中保留下来，从而留下原来洗涤过物品中的植物油痕迹。据报道，还可以对洗衣机水泵和下水道中的残留物进行鉴别（Mann, 1999）。

差示扫描量热法（calorimetry）或临界温度测试，可能会显示特定材料组合的自热倾向。但是，这些测试需要的样品量一般比残余量要多。

8.4.5 烟雾报警器的司法鉴定评估

建筑物内的人员要从火场逃生，主要依靠：

① 在火灾发展到难以逃生之前，就意识到火灾的存在；

② 进行安全的疏散。当安装和维护得当时，烟雾报警器能够为建筑内的人员提供早期警报（Kennedy 等，2004）。

很多火灾案件调查中，要判断烟雾报警器（离子、光电、复合、多传感器/多准则）是否起到了防止人员伤亡的作用。要进行全面调查，就必须评估报警器的来源、在建筑中的位置，并在火灾后对设备进行司法鉴定检测。通过这种检测，可以评估火灾时烟雾报警器是否响应，及其对人员警示和疏散的影响。

Worrell 介绍了评估烟雾报警器组件上烟炱沉积物的技术（Worrell 等，2001）。运行中报警器喇叭的机械振动，通过声波团聚过程（译者注：根据最小表面能原理，系统有减少表面能的倾向，多分散系统的气溶胶是一种表面能不稳定体系，有相互凝结成较大颗粒的趋势，声波能加速颗粒的运动，增大粒子的碰撞概率，从而使气体中的微粒聚集成较大的颗粒而沉降，可用于工业除尘），会产生名为"克拉尼图痕"的特征烟炱沉积图痕。有时可以利用这些图痕，来判断火灾时警报是否响应。烟炱图痕还能证明其内部电池是处于连接状态，还是已经缺失（Colwell 和 Reza, 2003）

合格的物证鉴定实验室会有合适的仪器设备，来确定烟雾报警器是否已启动。其他司法鉴定检测标准还包括烟箱灵敏度测试和室内火灾测试，与《UL 217（2015）单点式和多点式烟雾报警器》（UL, 2015）基本一致。这些 UL 标准要求，用于室内开放区域保护的电动单点式和多点式烟雾报警器，以及便携式烟雾报警器，需符合 NFPA 相关要求，即

NFPA 72（2016）《美国火灾报警和信号规范》（NFPA, 2016）、NFPA 1119（2015）《大型旅行车标准》（NFPA, 2015b）、NFPA 302（2015）《游乐和商用摩托艇防火标准》（NFPA, 2015a）。

8.4.6　证据损毁

在进行检测之前，调查员要考虑检测对证据会产生什么影响。术语"证据损毁（spoliation）"，是指由于检测或检验，改变了证据的状态，使其无法再进行其他的检测。在刑事案件中，已经确立了"无损检验"的概念，参见 ASTM E860-07e1（2013）《涉及或可能涉及刑事、民事诉讼的检验及准备项目实施标准》（ASTM, 2013a）。

如果检测项目具有破坏性，那么实验员有义务保留证据样品，在实验前完整地记录证据的状况，或要求反对方的代表到现场旁观实验过程。民事案件中的证据审查也同样适用这一原则。如果证据检测可能会使证据发生变化，使得对方或其他当事方无法再进行检测，那么应该推迟检测，直到通知所有当事方，分别派一名代表来旁观检测过程。如果没有通知相关当事方，那么调查人员和审查人员可能会面临民事处罚，或是检测结果无效。

8.5
非火灾作用形成的物证

火灾调查人员最常犯的一个错误是，只关注火灾本身及起火点，而忽视了其他类型的物证。构建完整的火灾场景，描述放火者在现场的活动情况，这些都是需要由火灾调查人员来完成的。这些活动不限于放火行为本身。由于放火能够烧毁和掩盖其他犯罪行为的证据，细心的调查人员必须时刻警惕放火现场是否存在其他犯罪行为的证据。

特别强调的是，火灾调查人员应对指纹、血液证据、压痕证据、物证匹配和痕迹证据等有基本的了解。需要注意的是，这类证据，特别是压痕证据和物证匹配，可在火灾现场重建、认定起火点和起火原因方面发挥作用。

8.5.1　指纹

没有比指纹更确凿的证据了，指纹是手掌和手指表面（或其印痕）上独特的摩擦纹路。许多调查人员和放火者一样，都认为火灾会破坏掉所有指纹。虽然火灾中确实会损失许多指纹，但即使是在起火点处，也会有许多指纹会保留下来。

即使直接暴露在火焰中，窗户腻子上的塑料三维印痕，或油漆、血液中的特征（可见）印痕，也可能仍然存在。事实上，它们可能因为受热而永久固定下来。在放火案件中，用来携带或存放汽油的塑料容器，可能会由于汽油过多而软化变形，从而使塑料上留下容器持有者的指纹印痕。如果容器没有直接暴露在火焰中，这些塑料印痕可能会保留下来。图 8-14 展示的是丁烷微型喷灯作用于塑料窗上，产生的软化塑料压痕和烟灰上的特征痕迹。

图 8-14 一所学校中，放火者为了进入，用丁烷微型喷灯破坏了塑料窗。在软化的塑料上发现了塑料指纹印迹，在烟灰中也发现了特征痕迹

资料来源：Joe Konefal, Shingle Springs, California

潜在指纹，是指需要通过某种物理或化学处理才能显现的指纹，基本上有五种组分：水、皮肤油脂、蛋白质、盐和污染物。水分蒸发得很快，或者渗透到可吸收表面上，通常没有什么价值。皮肤上的油脂残留物通常可以利用软刷刷粉和撒指纹粉的方法显现。皮肤油脂在坚硬的表面上能够保留一段时间，或渗入纸张等吸收性材料中。油脂在高温下会蒸发，这种干燥的指纹对撒粉没有反应。发烟火灾（如汽油池）产生的烟灰，可能会凝结在玻璃或金属表面上，能够保护潜在指纹，但是，需要用软刷轻刷或者用自来水对其轻轻地冲洗，痕迹就能显露出来。暴露在高温下时，烟灰可能会与指纹凸纹细节相融合，因此当冲走多余的烟灰时，指纹就会变得清晰可见。

已有成熟的潜在指纹检测技术，这有助于对与火灾有关的物品进行检验。利用激光和高强度可调谐光源（包括紫外和红外波长）进行检测，可以穿透污染物，使指纹在各种背景下均可显现（Margot 和 Lennard, 1991）。氰基丙烯酸酯熏蒸和各种荧光显色染色剂和粉末，大大提高了潜在指纹的提取能力（Lee 和 Gaensslen, 1985; Menzel 和 Duff, 1979）。通过这些方法，使原来许多无法检测到的指纹，包括皮革、木材、乙烯基塑料、光滑织物，甚至炭化的纸和金属等上面的指纹，都能够被显现并提取。

蛋白质会降解为氨基酸，可与化学药剂茚三酮反应进行检测，在干净、浅色、多孔的表面（例如纸或纸板）上最容易检测到潜在指纹。高温会使得蛋白质降解为氨基酸，可通过与茚三酮反应而检测到，最容易检测到的潜在指纹是在干净、浅色、多孔的表面（例如纸或纸板）上的情况。蛋白质高温变性，使其不再与茚三酮反应，但是如果纸张未被火烧炭化，也可以尝试使用这种检测方法。但是，由于暴露在消防射水、火灾中水蒸气凝结或是潮湿环境下，蛋白质和氨基酸会溶解，并使得指纹模糊，但潜伏性脂肪（皮肤油和化妆品）中的脂肪沉积则不会受到水的影响。可以通过物理显影剂方法对其进行检测。

可以使用小颗粒试剂（SPR）来检测潮湿的无孔表面。盐是潜在的指纹残留物中最耐火和耐高温的物质。然而，和氨基酸一样，盐也容易受到水的破坏。盐可以与纸上的墨水、涂料或罐子的金属表面发生反应，并在腐蚀过程中留下可识别的明显（可见）痕迹。火的热量会增强盐的腐蚀作用，留下不需要进行进一步处理就可见的痕迹。其他可能产生特征痕迹的物质包括化妆品、食品残渣、油脂、机油和血液。

指纹专家 Jack Deans 最近与加德纳协会（英国）合作，对可观察的室内火灾中的物体进行了一系列指纹试验，大部分涉及整个房间。迪恩斯通过喷粉和氰基丙烯酸酯熏蒸的方法，成功地恢复了塑料瓶上的潜在指纹；利用物理显影法恢复了用作火炬的报纸和火柴盒上的指纹；利用茚三酮恢复了莫洛托夫燃烧弹中用作灯芯的纸张上的指纹；利用真空金属沉积法和司法鉴定光谱法恢复了塑料表面上的指纹。他还利用 SPR，在塑料瓶和玻璃瓶上发现了潜在指纹。他的报告中还称，在各种表面上，通过氨基黑处理和司法鉴定光谱法，可成功地增强血迹和污垢上的指纹特征痕迹（Deans, 2006）。

在每次火灾实验中，地面高度处测得的空气温度都在 200 ～ 500℃。每起火灾均采用普通的水带进行扑灭。所有被保护的、不受火焰长时间直接作用的表面，都可能带有可识别的指纹（Bleay、Bradshaw 和 Moore, 2006）。图 8-15 和图 8-16 展示了相关实例。此外，迪恩斯研究发现，干粉灭火器中的粉末会将光滑表面的指纹显现出来。

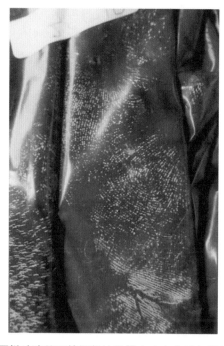

图 8-15　使用氰基丙烯酸酯处理的塑料垃圾袋上（火灾后）显现的掌纹放大细节图

资料来源：Jack Deans, FFS, MFSSoc, New Scotland Yard (Ret.), Fingerprint Consultant, Gardiner Associates, Ltd.

(a) 地板上燃烧残留物中的纸板火柴盒　　　　　(b) 在该火柴盒内部抽盒上，利用物理显影剂显现的指纹

图 8-16　火柴盒上的指纹

资料来源：Jack Deans, FFS, MFSSoc, New Scotland Yard(Ret.), Fingerprint Consultant, Gardiner Associates, Ltd

在人体皮肤上，甚至也可以提取到潜在指纹。要提取这类指纹，需要适当的皮肤条件（光滑、干燥、无毛发），并且接触时间必须足够长。即使受害者死亡，这些指纹也会在几个小时后才失去细节。如果火灾受害者的死亡时间在几个小时以内，并且皮肤未被火灾烧损，那么应考虑去寻找此类的潜在指纹痕迹（Graham，1969；Trapecar，2009）。

8.5.2　血迹

由于在体液、毛发和组织中的 DNA 分析方面取得了长足的进步，因此，犯罪现场留下血迹的证据价值比以往任何时候都更大。当温度超过 200℃时，血渍会发生降解，很有可能无法对其进行识别。如果血液、精液污渍，或组织碎片中的蛋白质没有降解，那么可进行 DNA 分析。DNA 分析已成为分析血液、唾液和其他体液、组织和头发的主要方法。痕量物证分析技术逐步发展，已建立了重罪犯、被捕犯罪嫌疑人和悬案的数据库。

根据线粒体 DNA，可以对头发、骨骼和远古组织进行检测。DNA 检测已成为解决犯罪问题的一个主要因素，因为通过检测，可以显著提高火灾受害者和碎片遗骸的可识别性（在世界空运组织 WACO 和世贸中心现场得到了证实），还可以将在现场或受害者处提取的证据与嫌疑人之间建立联系，即使没有流血也可以进行检测（Di Zinno 等，1995；Mundorff、Bartelink 和 Mar Casslh，2009）。

提取技术的进步，以及聚合酶链反应（PCR）和短串联重复序列（STR）DNA 分析技术的发展，使得 DNA 分析显著改善，甚至是烧过的骨头也可以进行 DNA 分析（Ye 等，2004）。相比于曾经使用过的酶和蛋白质因子，DNA 分型物更不易热解和生物降解。据报道，从莫托洛夫燃烧瓶的一个软饮料玻璃瓶布芯中，提取到了唾液中的 DNA 分型物质（Mann、Nic Daéid 和 Linacre，2003）。

DNA 并不一定都能进行同一认定，但确实提供了一种将污渍或组织碎片与嫌疑人相关联的方法。如果对可疑污渍有任何疑问，都应将其进行提取，尽可能保持低温和干燥，并尽快送实验室进行检测。

即使在缺少分析的情况下，血迹对于重建谋杀和袭击案件，以及与火灾有关的人员活动（例如试图逃生），也是非常重要的。当干燥了的血迹被火灾烟气和烟灰覆盖时，很容易被忽略，即使能检测到，也很难解释。在犯罪现场，有许多化学物质可以用来增强模糊或微量血迹的可见性。例如，鲁米诺［译者注：鲁米诺（Luminol），又名发光氨，使在犯罪现场检测肉眼无法观察到的血液，可以显现出极微量的血迹形态（潜血反应）］需要完全黑暗的环境，并进行持续喷涂，才能使血迹像发光的图像一样清晰可见（但是很难进行拍摄）。

最近引入的一种名为无色结晶紫（LCV）的化学物质，能与干燥的血液反应，形成深蓝紫色的斑点，这种斑点是永久性的，在普通的室内光线下就能很容易拍摄到。这种无色的试剂可用作清洗剂或喷雾剂（使用适当的安全装备）。这种反应几乎是瞬间的，溶解作用会洗去大部分附着烟灰，提高斑点图痕的可见性。利用这种增强方法，可以显现血液喷溅痕迹、鞋印，甚至是血渍中的指纹。在一起案例中，谋杀案发生一年多后，该建筑还接连经历了两起火灾，利用 LCV 仍然在建筑物的墙上显现了血液喷溅痕迹。

8.5.3　压痕

压痕，是指工具作用在门窗上留下的痕迹。压痕常常被忽视，但是压痕能够证明有人强行进入室内（见图 8-17），判断嫌疑人进入或试图进入的位置，如果能在现场找到工具，就能识别出作案工具。在现场的抽屉、文件柜、锁或链条上，也可能发现这类工具痕迹，进而证明在火灾发生前可能发生过入室盗窃。

图 8-17　还应仔细检查门上是否有强行进入的痕迹，这种痕迹与消防员进入现场留下的破拆痕迹不一样，例如这扇被撬起门的门框
资料来源：Greg Lampkin, Knox County Sheriff's Office, Tennessee, Fire Investigation Unit

最好的工具痕迹证据就是压痕本身。在绘图并拍照后，应提取留有压痕的物品或适当的部分物品。如果因为尺寸难以实现提取，则可以使用硅橡胶（Mikrosil）或牙科印模材料来制模复制。在实验室比较分析中，记录压痕的照片除了用来确定痕迹位置和方向外，没有任何用处。可以使用各种方式，对送检工具的各个面进行复制，尽可能使用接近带有

痕迹的物品，且不会对工具造成损坏风险的材料。在 40 ～ 400 放大倍数下，检查证据和压痕，尝试对条纹或轮廓进行匹配。典型的比较分析见图 8-18。工具压痕可以揭示用于制造或修理放火装置的工具种类，及其使用方式，这些可以用来证明其放火意图。

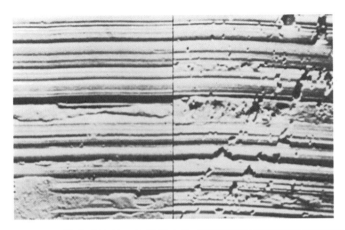

图 8-18　工具痕迹比较，将嫌疑人和工具直接与犯罪现场联系起来
资料来源：the State of California, Department of Justice. Bureau of Forensic Services

在火灾现场外围，可以找到鞋印和车辆轮胎印痕。鞋印可能也与强行进入现场有关，如图 8-19 所示。焦黑的墙壁、炭化的门，都能使灰尘或浅色土壤上留下的鞋印图痕更加清晰可见。虽然在土壤上留下的印痕一般无法进行提取，但应在原地进行拍照记录，也可以用石膏注模提取。拍照时必须采用低角度（斜射）照明，以从三维角度突出细节；照片中必须包括比例尺或标尺，比例尺应与痕迹靠近且平行；相机的胶片平面必须与地面平行，以防照片变形。图 8-20 是一个很好的例子。虽然有时有些特殊轮胎能够与其轮胎印相匹配，但更普遍的，只是利用轮胎印确定轮胎大小和胎面花纹的对应关系。鞋子由于具有独特的细节，且变化速度较慢，所以更容易识别，可以证明穿鞋人员曾在现场。

图 8-19　门上的鞋印，尽管木门有一定程度的烧损，但是仍然可以证明是强行进入
资料来源：Greg Lampkin, Knox County Sheriff's Office, Tennessee, Fire Investigation Unit

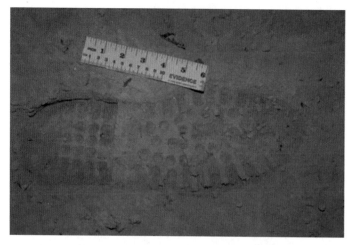

图 8-20　犯罪现场中鞋印的高质量特写照片，照片中有比例尺，采用了低角度斜射照明

资料来源：Greg Lampkin, Knox County Sheriff's Office, Tennessee, Fire Investigation Unit

8.5.4　物证匹配

典型证据的结论性鉴定意见是很少的，其中之一就是将撕裂、切割或破碎的边缘或表面相互进行物证匹配，以确定它们之间的"拼图"关系。将鞋子或衣服上残留的玻璃碎片，与窗户、车灯或瓶子相匹配，就能将受害人或嫌疑人与现场联系起来。放火装置或爆炸装置的包装材料，与犯罪嫌疑人拥有的原材料相匹配，胶带、金属线、木头和绳索等部件也可进行匹配。这种直接鉴定的证据价值非常高，调查人员在搜寻现场或搜寻嫌疑人的财物或车辆时，必须意识到这种可能性。通过实验室和调查人员之间的密切合作和沟通，能找到非常好的证据。

8.5.5　痕迹证据

痕迹、图痕，或是油漆、纤维、泥土或玻璃等证据，都能用于建立嫌疑人与犯罪现场，甚至是与放火现场的关联。当嫌疑人试图进入现场时，油漆可以蹭到衣服或工具上。$1mm^2$（$0.04in^2$）的小薄片，就足以进行颜色或分层序列比较，或是通过红外光谱、其他光谱或 X 射线进行全面分析。这些属性通常具有类别特征，也就是说，即使已知和现场提取的油漆的化学性质完全一致，也并不意味着这两个油漆样品一定是同一桶油漆，只能证明它们是同一类油漆。但是，如果多层油漆残留物的层数足够多，且其来源都完全一致，那么可能就可以与特定的来源建立联系。

几乎所有的建筑中都能找到玻璃，而玻璃有很强的证明作用。机械力或热应力作用下玻璃可能会破裂。玻璃碎片断面上的弓形线，表明玻璃是受机械力作用破裂的。这些弓形线的形状，有助于判断受力方向。如果断面表面没有这种线，那么玻璃一般是受热应力作用而破裂的。

通过破裂边缘上是否存在烟灰、炭化物或火场残留物，可以判断玻璃是在火灾之前还是火灾之后破裂的。当玻璃窗被打破时，微小的玻璃碎片会散落在 3m（10in）远的地方，特别是在受力方向的反方向散落更多。如果有人站在附近，那么他的头发、衣服、帽子、口袋或袖口中可能会发现小玻璃碎片。即使非常小的碎片［小于 1mm（0.04in）］，也可以与可疑的来源（如瓶子或窗户）进行比较。这一般是种类特征的比较。玻璃是大批量生产的，其物理或化学性质变化不大。这类证据并不需要与其来源直接或长时间接触，从而使其对于调查人员来说具有一定的价值。

纤维可以从火灾现场的家具转移到人员的身上，或者从人员的衣服转移到现场，特别是在入口处。将嫌疑人与现场建立联系时，这种双向作用非常有用，尽管纤维通常是另一种类别的特征证据。通过显微镜、化学方法、元素分析或分光光度测试等方法，可以对纤维进行比较检测。即使是最精密的分析也必须面临一个事实，即合成纤维产量巨大，所以纤维主要被用作佐证或间接证据。

同样地，鞋子或衣服上的泥土可以与火灾现场的泥土进行比较。对于森林草原火灾来说，如果在起火点附近或沿路发现有独特或不寻常的自然土壤，那么这种比较分析就尤为有用。在城市环境中，人为污染物，如炉渣、煤渣、金属碎屑或油漆碎屑，可能会使土壤具有独特性。车间或工业场地附近的土壤，可能会受到污染，具有特殊性，与附近的自然土壤有很大区别。土壤比较法的证明价值一般不大，但在某些情况下，例如私人土地的土壤，特别是人造土壤，确实是存在的，且不容忽视。

章节回顾

□ **总结**

　　负责检验火灾现场中证据的刑事科学技术或犯罪学专家，要进行科学的试验，并对结果进行解释，对整个事件发生过程进行重建，分析为什么会产生这些证据。刑事科学专家要对证据进行独立评估，这有可能会挑战火灾调查人员提供的证据解释。实验室人员的职责，是提出其他假设，并提供数据来支持或反驳其假设。刑事科学专家必须要与火灾调查人员密切联系，互相交流信息，检验想法和假设。

　　在火灾刑事案件现场重建中，使用火灾实验信息的标准是：实验的操作是否正确，收集和报告的数据是否准确，在一定的情况下检验方法是否适用。火灾试验的目的，就是以可重复和有效的方式收集某些数据。

　　调查人员必须要询问可燃物、现场条件和点火方式是否重现了在调查的火灾。试验设计是否与已公布的试验方案一致，例如是否是参照 ASTM 或 NFPA 设计的试验方案？如果是的话，实际实施时是否真的遵照执行？如果没有，在设计中考虑了哪些因素？考虑了哪些变量以及如何对其进行控制？可燃物的水分、质量、数量、物理状态、环境温度和湿度、热通量和氧含量，这些因素在点燃、火焰传播和放热方面起着重要作用。如果这是一个专门设计的实验，那么可以公平、准确地收集和分析哪些数据？是否设计了一系列实验来检查数据的灵敏度和可重复性？由于火灾实验数据在刑事和民事火灾调查中的重要性，因此必须以合适、公正和可重复的方式进行检测，并对数据进行解释，不得有虚假的陈述。

□ **复习题**

1. 列举四种可为火灾调查人员提供物证鉴定实验室援助的来源。

2. 元素分析可以为火灾调查人员提供什么信息？

3. 气相色谱仪有什么作用？

4. GC-FID 和 GC-MS 的区别有哪些？

5. 在物证鉴定实验室进行挥发物分析时，最广泛地用于制备火场残留物提取物的是哪种分离技术？

6. 当实验室进行火场残留物挥发性产物鉴别时，主要的难题有哪些？请列举其中三种。

7. 列举三种不同种类的化学燃烧弹。

8. 在什么情况下，火灾中物体上的潜在指纹能够显现出来？

9. DNA 分析对放火火灾调查有哪三个方面的帮助？

10. 列举三种压痕证据，并说明每种证据对放火火灾调查有什么帮助。

11. 如果检测的目的是还原真实情况，那么材料、尺寸和通风条件与原始条件需要匹配到什么程度？

12. 找一家你所在州的商业、学术或政府的消防检测机构。拜访或致电该机构，确定它能进行哪类检测。

13. 从已出版的研究资料中，收集至少 10 项用到量热计的试验。

关键术语解释

色谱法（chromatography）：基于两种物质在不同物理状态下（如气 / 液、液 / 固）的化学亲和性的不同，将化合物进行分离的化学过程。

质谱法（mass spectrometry）：通过裂解有机分子并按大小将其分离的分析方法。

吸附（adsorption）：气体物质在固体基底表面的捕集作用。

量热法（calorimetry）：一种用来测量燃料总燃烧热的分析方法。

证据损毁（spoliation）：作为法律诉讼中的证据或潜在证据的物体或文件，由负责保存该物体或文件的人造成的遗失、毁坏或重大变动。

参考文献

Alexander, J., G. Mashak, N. Kapitan, and J. A. Siegel. 1987. "Fluorescence of Petroleum Products II: Three-Dimensional Fluorescence Plots of Gasolines." *Journal of Forensic Sciences* 32: 72–86.

Almirall, J. R., J. Bruna, and K. G. Furton. 1996. "The Recovery of Accelerants in Aqueous Samples from Fire Debris Using Solid-Phase Microextraction (SPME)." *Science and Justice* 36, no. 4: 283–87.

Almirall, J. R., J. Wang, K. Lothridge, and K. G. Furton. 2000. "The Detection and Analysis of Ignitable Liquid Residues Extracted from Human Skin Using SPME/GC." *Journal of Forensic Sciences* 45, no. 2: 453–61.

Andrasko, J. 1978. "Identification of Burnt Matches by Scanning Electron Microscopy," *Journal of Forensic Sciences* 23, no. 4 (October): 637–42.

———. 1979. "Analysis of Polycyclic Aromatic Hydrocarbons in Soils and Its Application to Forensic Science." Linkoping University, NCJRS: Microfiche Program, Report No. 4, 1979.

Andrasko, J., S. Bendtz, A. C. Maehly, and Linkoping University. 1979. "Practical Experiences with Scanning Electron Microscopy in a Forensic Science Laboratory." Linkoping University, NCJRS—Microfiche Program, Report No. 2.

Armstrong, A., V. Babrauskas, D. L. Holmes, C. Martin, R. Powell, S. Riggs, and L. D. Young. 2004. "The Evaluation of the Extent of Transporting or 'Tracking' an Identifiable Ignitable Liquid (Gasoline) throughout Fire Scenes during the Investigative Process." *Journal of Forensic Sciences* 49, no. 4: 741–46.

Armstrong, A. T., and R. S. Wittkower. 1978. "Identification of Accelerants in Fire Residues by Capillary Column Gas Chromatography." *Journal of Forensic Sciences* 23.

ASTM. 2001. *E1387-01: Standard Test Method for Ignitable Liquid Residues in Extracts of Samples of Fire Debris by Gas Chromatography*. West Conshohocken, PA.

———. 2009. *E1385-00: Standard Practice for Separation and Concentration of Ignitable Liquid Residues from Fire Debris Samples by Steam Distillation*. West Conshohocken, PA: ASTM.

———. 2010. *D56-05: Test Method for Flash Point by Tag Closed Cup Tester*. West Conshohocken, PA: ASTM.

———. 2011a. *D3278-96: Standard Test Methods for Flash Point of Liquids by Small Scale Closed-Cup Apparatus*. West Conshohocken, PA: ASTM.

———. 2011b. *E620-11: Standard Practice for Reporting Opinions of Scientific or Technical Experts*. West Conshohocken, PA: ASTM.

———. 2011c. *E1492-11: Practice for Receiving, Documenting, Storing, and Retrieving Evidence in a Forensic Science Laboratory*. Conshohocken, PA: ASTM.

———. 2012a. *D92-12b: Test Method for Flash Point by Cleveland Open Cup Tester*. West Conshohocken, PA: ASTM.

———. 2012b. *E1388-12: Standard Practice for Sampling of Headspace Vapors from Fire Debris Samples*. West Conshohocken, PA: ASTM.

———. 2012c. *E1412-12: Standard Practice for Separation and Concentration of Ignitable Liquid Residues from Fire Debris Samples by Passive Headspace Concentration with Activated Charcoal*. West Conshohocken, PA: ASTM.

———. 2013a. *E860-07e1: Standard Practice for Examining And Preparing Items That Are Or May Become Involved In Criminal or Civil Litigation*. West Conshohocken, PA: ASTM.

———. 2013b. *E1413-13: Standard Practice for Separation and Concentration of Ignitable Liquid Residues from Fire Debris Samples by Dynamic Headspace Concentration*. West Conshohocken, PA: ASTM.

———. 2014. *E1618-14: Standard Test Method for Ignitable Liquid Residues in Extracts from Samples of Fire Debris by Gas Chromatography–Mass Spectrometry*. West Conshohocken, PA: ASTM.

———. 2015a. *D93-15a: Test Method for Flash Point by Pensky-Martens Closed Cup Tester*. West Conshohocken, PA: ASTM.

———. 2015b. *D3418-15: Standard Test Method for Transition Temperatures and Enthalpies of Fusion and Crystallization of Polymers by Differential Scanning Calorimetry*. West Conshohocken, PA: ASTM.

———. 2015c. *E1386-15: Standard Practice for Separation and Concentration of Ignitable Liquid Residues from Fire Debris Samples by Solvent Extraction*. West Conshohocken, PA: ASTM.

Babrauskas, V. 2003a. "Fires Due to Electric Arcing: Can 'Cause' Beads Be Distinguished from 'Victim' Beads by Physical or Chemical Testing?" In *Proceedings Fire and Materials 2003*. London: Interscience Communications, 2003.

———. 2003b. *Ignition Handbook*. Issaquah, WA: Fire Science Publishers.

Barnes, A. T., J. A. Dolan, R. J. Kuk, and J. A. Siegel. 2004. "Comparison of Gasolines Using Gas Chromatography/Mass Spectrometry on Target Ion Response." *Journal of Forensic Sciences* 49, no. 5: 1018–27.

Béland, B. 2004. "Examination of Arc Beads by Auger Spectroscopy." *Fire and Arson Investigator* 44, no. 4: 20–22.

Bleay, S. M., G. Bradshaw, and J. E. Moore. 2006. "Fingerprinting Development and Imaging Newsletter; Special Edition: Fire Scenes." Publ. 26/06, Home Office Scientific Development Branch, UK, April 2006.

Brackett, J. W. 1955. "Separation of Flammable Material of Petroleum Origin from Evidence Submitted in Cases Involving Fires and Suspected Arson." *Journal of Criminal Law, Criminology and Police Science* 46: 554–58.

Buc, E. C., D. J. Hoffman, and J. Finch. 2004. "Failure Analysis of Brass Connectors Exposed to Fire." Pp. 731–39 in *Proceedings Interflam 2004*. London: Interscience Communications.

Byron, D. E. 2004. "An Introduction to the New Ignitable Liquid Absorbent (ILA)." *Fire and Arson Investigator* January: 31–32.

California State Fire Marshal. 1995. *CFIRS Report*. Sacramento, CA, March 1995.

Carey, N. 2009. PhD dissertation, Strathclyde University, Glasgow, November 2009.

Chrostowski, J. E., and R. N. Holmes. 1979. "Collection and Determination of Accelerant Vapors from Arson Debris." *Arson Analysis Newsletter* 3, no. 5: 1–17.

Colwell, J., and A. Reza. 2003. "Use of Soot Patterns to Evaluate Smoke Detector Operability." *Fire and Arson Investigator* July: 42–45.

Coulombe, R. 2002. "Chemical Analysis of Vegetable Oils Following Spontaneous Ignition." *Journal of Forensic Sciences* 47, no. 1: 195–201.

Coulson, S. A., R. K. Morgan-Smith, and D. Noble. 2000. "The Effect of Compressed Air Foam on the Detection of Hydrocarbon Fuels in Fire Debris Samples." *Science and Justice* 40, no. 4: 257–60.

Darrer, M., J. Jacquemet-Popiloud, and O. Delemont. 2008. "Gasoline on Hands: Preliminary Study on Collection and Persistence." *Forensic Science International,* 175 (2008): 171–78.

Dean, W. L. 1984. "Examination of Fire Debris for Flare (Fusee) Residues by Energy Dispersive X-Ray Spectrometry." *Arson Analysis Newsletter* 7.

Deans, J. 2006. "Recovery of Fingerprints from Fire Scenes and Associated Evidence." *Science and Justice* 46, no. 3: 153–68.

DeHaan, J. D. 1979. "Laboratory Aspects of Arson: Accelerants, Devices, and Targets." *Fire and Arson Investigator* 29 (January–March 1979): 39–46.

DeHaan, J. D. 1994. "Canine Accelerant Detection Validation." *CAC News,* Spring 1994.

———. 2002. "Our Changing World: Part 3—Detection Limits: Is More Sensitive Necessarily More Better?" *Fire and Arson Investigator* 52, no. 4.

DeHaan, J. D., and K. Bonarius. 1988. "Pyrolysis Products of Structure Fires." *Journal of the Forensic Science Society* 28, no. 5: 299–309.

DeHaan, N. R. 1991. "Interior Finish." Chap. 4-1 in *Fire Protection Handbook,* 16th ed. Quincy, MA: NFPA.

de Vos, B. J., M. Froneman, E. Rohwer, and D. A. Sutherland. 2002. "Detection of Petrol (Gasoline) in Fire Debris by Gas Chromatography/Mass Spectrometry/Mass Spectrometry (GC/MS/MS)." *Journal of Forensic Sciences* 47, no. 4: 736–42.

Di Zinno, J., D. Fisher, S. Barritt, T. Clayton, P. Gill, M. Holland, D. Lee, C McGuire, J. Raskin, R. Roby, J. Ruderman, and V. Weedn. 1995. "The Waco, Texas, Incident: The Use of DNA to Identify Human Remains." *Fifth International Symposium on Human Identification,* London, England.

Doyle, J. M., M. L. Miller, B. R. McCord, D. A. McCollam, and G. W. Mushrush. 2000. "A Multicomponent Mobile Phase for Ion Chromatography Applied to Separation of Anions from the Residues of Low Explosives." *Analytical Chemistry* 72, no. 10: 2302–7.

Ellern, H. 1961. *Modern Pyrotechnics.* New York: Chemical Publishing.

Furton, K. G., J. R. Almirall, and J. C. Bruna. 1996. "A Novel Method for the Analysis of Gasoline from Fire Debris Using Headspace Solid-Phase Microextraction." *Journal of Forensic Sciences* 41, no. 1: 12–22.

Gambrel, A. K., and M. R. Reardon. 2008. "Extraction, Derivatization and Analysis of Vegetable Oils from Fire Debris." *Journal of Forensic Sciences* 5, no. 6: 1372–80.

Gann, R. G., and N. P. Bryner. 2008. "Combustion Products and Their Effects on Life Safety." Vol. 1, chap. 2 in *Fire Protection Handbook,* 20th ed. Quincy, MA: NFPA.

Geraci, B. S., G. Hine, and W. Shaw. 2008. "CAFS and Its Impact in Fire Scene Investigations." Retrieved from www.firehouse.com.

Gilbert, M. W. 1998. "The Use of Individual Extracted Ion Profiles versus Summed Extracted Ion Profiles in Fire Debris Analysis." *Journal of Forensic Sciences* 43: 871–76.

Graham, D. 1969. "Some Technical Aspects of the Demonstration and Visualization of Fingerprints on Human Skin." *Journal of Forensic Sciences* 14: 1–12.

Henderson, R., C. Manning, and S. Barnhill. 1998. "Questions Concerning the Use of Carbon Content to Identify 'Cause' vs. 'Result' Beads in Fire Investigations." *Fire and Arson Investigator* 48, no. 3: 26–27.

Hetzel, S. S., and R. D. Moss. 2005. "How Long After Waterproofing a Deck Can You Still Isolate an Ignitable Liquid?" *Journal of Forensic Sciences* 50, no. 2: 369–72.

Hipes, S. E., et al. 1995. "Evaluation of the GC-FTIR for the Analysis of Accelerants in the Presence of Background Matrix Materials." *MAFS Newsletter* 20, no. 1: 48–76.

Howitt, D. G. 1998. "The Chemical Composition of Copper Arc Beads: A Red Herring for the Fire Investigator." *Fire and Arson Investigator* 48, no. 3: 34–39.

Howitt, D. G., and S. Pugh. 2007. "Direct Observation of Arcing through Char in Copper Wires." Paper presented at AAFS, Washington DC, February 2007.

IAAI Forensic Science and Engineering Committee. 1988. "Guidelines for Laboratories Performing Chemical and Instrumental Analysis of Fire Debris Samples." *Fire and Arson Investigator* 38, no. 4.

Jennings, W. 1980. *Gas Chromatography with Glass Capillary Columns.* New York: Academic Press, 1980.

Juhala, J. 1980. "A Method of Absorption of Flammable Vapors by Direct Insertion of Activated Charcoal into Debris." *Arson Accelerant Detection Course Manual.* Rockville, MD: US Treasury Department.

Katz, S. R., and C. R. Midkiff. 1998. "Unconfirmed Canine Accelerant Detection: A Reliability Issue in Court." *Journal of Forensic Sciences* 43, no. 2: 329–33.

Keltner, N. R., H. K. Hasegawa, and J. A. White. 1993. *"Investigation of High Temperature Accelerant Fires."* Pp. 607–20 in *Proceedings, Interflam 1993.* London: Interscience Communications.

Kennedy, K. C., G. E. Gorbett, and P. M. Kennedy. 2004. "Fire Analysis Tool: Revisited Acoustic Soot Agglomeration in Residential Smoke Alarms." Pp. 719–24 in *Proceedings, Interflam 2004.* London: Interscience Communications.

Kirkbride, K. P., and H. J. Kobus. 1991. "The Explosive Reaction between Swimming Pool Chlorine and Brake Fluid." *Journal of Forensic Sciences* 36, no. 3: 902–7.

Kirkbride, K. P., S. M. Yap, S. Andrews, P. E. Pigou, G. Klass, A. C. Dinan, and F. L. Peddie. 1992. "Microbial Degradation of Petroleum Hydrocarbons: Implications for Arson Residue Analysis." *Journal of Forensic Sciences* 37, no. 6: 1585–99.

Kravtsova, Y., and D. Bagby. 2007. "Transfer of Gasoline from Footwear to Flooring Materials: Can This Occur at a Fire Scene?" Paper presented at AAFS, Washington DC, February 2007.

Kuk, R. J., and E. C. Diamond. 2005. "Transference and Adherence of Gasoline Vapors onto Clothing in an Enclosed Room." Paper presented at AAFS, New Orleans, LA, February 2005.

Kuk, R. J., and M. V. Spagnola. 2008. "Alternate Fuels and Their Impact on Fire Debris Analysis." *Journal of Forensic Sciences* 53, no. 5: 1123–29.

Lang, T. L., et al. 2002. *Detection of Exhaust Components from Ventilation Fans.* Toronto: Centre of Forensic Sciences.

Lee, H. C., and R. E. Gaensslen. 1985. "Cyanoacrylate 'Super Glue' Fuming for Latent Fingerprints." *The Identification Officer* Spring.

Lentini, J. J. 2001. "Persistence of Floor Coating Solvents." *Journal of Forensic Sciences* 46, 6: 1470–73.

Lentini, J. J., J. A. Dolan, and C. Cherry. 2000. "The Petroleum-Laced Background." *Journal of Forensic Sciences* 45, no. 5: 968–89.

Lloyd, J. A., and P. L. Edmiston. 2003. "Preferential Extraction of Hydrocarbons from Fire Debris Samples by Solid Phase Microextraction." *Journal of Forensic Sciences* 48, no. 1: 130–36.

Loscalzo, P. J., P. R. DeForest, and J. M. Chao. 1980. "A Study to Determine the Limit of Detectability of Gasoline Vapor from Simulated Arson Residues." *Journal of Forensic Sciences* 25, no. 1: 162–67.

Mann, D. 1999. "Washing Machine Effluent." *Fire Findings* 7, no. 4: 4.

Mann, D. C. 1987. "Comparison of Automotive Gasolines Using Capillary Gas Chromatography (I and II)." *Journal of Forensic Sciences* 32: 616–28.

Mann, D. C., and W. R. Gresham. 1990. "Microbial Degradation of Gasoline in Soil." *Journal of Forensic Sciences* 35, no. 4: 913–23.

Mann, D., and N. Putaansuu. 2006. "Alternative Sampling Methods to Collect Ignitable Liquid Residues from Non-porous Areas Such as Concrete." *Fire and Arson Investigator* 57, no. 1: 43–46.

Mann, J., N. Nic Daéid, and A. Linacre. 2003. "An Investigation into the Persistence of DNA on Petrol Bombs."

In *Proceedings European Academy of Forensic Sciences.* Istanbul.

Margot, P., and C. J. Lennard. 1991. *Techniques for Latent Print Development.* Lausanne, Switzerland: University of Lausanne.

McGee, E., and T. L. Lang. 2002. "A Study of the Effects of a Micelle Encapsulator Fire Suppression Agent on Dynamic Headspace Analysis of Fire Debris Samples." *Journal of Forensic Sciences* 47, no. 2: 267–74.

McVicar, M. J. 1991. "The Perforation of a Copper Pipe during a Fire." *The/Le Journal, Canadian Association of Fire Investigators* June: 14–16.

Menzel, E. R., and J. M. Duff. 1979. "Laser Detection of Latent Fingerprints: Treatment with Fluorescers." *Journal of Forensic Sciences* 24: 96–100.

Meyers, R. E. 1978. "A Systematic Approach to the Forensic Examination of Flash Powders." *Journal of Forensic Sciences* 23: 66–73.

Montani, I., S. Comment, and O. Delemont. 2010. "The Sampling of Ignitable Liquids on Suspects' Hands." *Forensic Science International* 194: 15–124.

Muller, D. A. Levy, and R. Shelef. 2011. "Detection of Gasoline on Arson Suspects' Hands." *Forensic Science International,* 206 (1): PP. 150–154.

Mundorff, A. Z., E. J. Bartelink, and E. Mar-Casslh. 2009. "DNA Preservation in Skeletal Elements from the World Trade Center Disaster." *Journal of Forensic Sciences* 54, no. 4: 739–45.

NFPA. 2015a. *NFPA 302: Fire Protection Standard for Pleasure and Commercial Motor Craft.* Quincy, MA: National Fire Protection Association.

———. 2015b. *NFPA 1119: Standard for Recreational Vehicles.* Quincy, MA: National Fire Protection Association.

———. 2016. *NFPA 72: National Fire Alarm and Signaling Code.* Quincy, MA: National Fire Protection Association.

———. 2017. *NFPA 921: Guide for Fire and Explosion Investigations.* Quincy, MA: National Fire Protection Association.

Nowicki, J. 1990. "An Accelerant Classification Scheme Based on Analysis by Gas Chromatography/Mass Spectrometry." *Journal of Forensic Sciences* 35, no. 5.

Nowlan, M., A. W. Stuart, G. J. Basara, and P. M. L. Sandercock. 2007. "Use of a Solid Absorbent and an Accelerant Detection Canine for the Detection of Ignitable Liquids Burned in a Structure Fire." *Journal of Forensic Sciences* 52, no. 3: 643–48.

Patterson, P. L. 1990. "Oxygenate Fingerprints of Gasolines." *DET Report No. 18* October, 8–12.

Petraco, N. D. K. 2008. "Statistical Discrimination of Liquid Gasoline Samples from Casework." Paper presented at AAFS, Washington DC, February 2008.

Pinorini, M. T., C. J. Lennard, P. Margot, I. Dustin, and P. Furrer. 1994. "Soot as an Indicator in Fire Investigations: Physical and Chemical Analysis." *Journal of Forensic Sciences* 39, no. 4: 33–73.

Rankin, J. G., and M. Fletcher. 2007. "Target Compound Analysis for the Individualization of Gasolines." Paper presented at AAFS, Washington DC, February 2007.

Rankin, J. G., J. Wintz, and R. Everette. 2005. "Progress in the Individualization of Gasoline Residues." Paper presented at AAFS, New Orleans, February 2005.

Sandercock, P., and E. D. Pasquier. 2003. "Chemical Fingerprinting of Unevaporated Gasoline Samples." *Forensic Science International* 134: 1–10.

Schewenk, L. M., and M. R. Reardon. 2009. "Practical Aspects of Analyzing Vegetable Oils in Fire Debris." *Journal of Forensic Sciences* 54, no. 4: 874–80.

Slye, O. M., Jr. 2008. "Flammable and Combustible Liquids." Chap. 5 in *Fire Protection Handbook,* 20th ed. Quincy, MA: NFPA.

Stauffer, E. 2003. "Concept of Pyrolysis for Fire Debris Analysts." *Science and Justice* 43: 29–40.

———. 2005. "A Review of the Analysis of Vegetable Oil Residues from Fire Debris Samples: Spontaneous Ignition, Vegetable Oils, and the Forensic Approach." *Journal of Forensic Sciences* 50, no. 5: 1091–1100.

———. 2006. "A Review of the Analysis of Vegetable Oil Residues from Fire Debris Samples: Analytical Scheme, Interpretation of Results and Future Needs." *Journal of Forensic Sciences* 51, no. 5: 1016–32.

Stauffer, E., J. Dolan, and R. Newman. 2008. *Fire Debris Analysis.* New York: Elsevier/Academic Press.

Sutherland, D. A., and K. C. Penderell. 2000. "GC/MS/MS: An Important Development in Fire Debris Analysis." *Fire and Arson Investigator* October: 21–26.

Trapecar, M. 2009. "Lifting Techniques for Finger Marks on Human Skin: Previous Enhancement by Swedish Black Powder." *Science and Justice* 49, no. 4: 292–95.

Turner, D. A., and J. V. Goodpaster. 2009. "A Comprehensive Study of Degradation of Ignitable Liquids." Paper presented at AAFS, Denver, CO, February 2009.

Twibell, J. D., and C. C. Christie. 1995. "The Forensic Examination of Fuses." *Science and Justice* 35, no. 2: 141–49.

Twibell, J. D., and J. M. Home. 1977. "A Novel Method for the Selective Adsorption of Hydrocarbons from the Headspace of Arson Residues." *Nature* 268.

Twibell, J. D., J. M. Home, and K. W. Smalldon. 1982. "A Comparison of Relative Sensitivities of the Adsorption Wire and Other Methods for the Detection of Accelerant Residues in Fire Debris." *Journal of the Forensic Science Society* 22, no. 2: 155–59.

Twibell, J. D., and S. C. Lomas. 1995. "The Examination of Fire-Damaged Electrical Switches." *Science and Justice* 35, no. 2: 113–16.

Underwriters Laboratories. 2015. *UL 217: Single and Multiple Station Smoke Alarms.* Northbrook, IL: Underwriters Laboratories.

U.S. Army. 1996. "Unconventional Warfare Devices and Techniques." TM 3-201, May 1996.

Worrell, C., R. J. Roby, L. Streit, and J. L. Torero. 2001. "Enhanced Deposition, Acoustic Agglomeration and Chladni Figures in Smoke Detectors." *Fire Technology* 37, no. 4: 343–62.

Woycheshin, S., and J. D. DeHaan. 1978. "An Evaluation of Some Arson Distillation Techniques." *Arson Analysis Newsletter* 2.

Wray, Harry A. 1992. *Manual on Flash Point Standards and Their Use.* West Conshohocken, PA: ASTM.

Ye, J., A. Ji, E. J. Parra, X. Zheng, C. Jiang, X. Zhao, L. Hu, and Z. Tu 2004. "A Simple and Efficient Method for Extracting DNA from Old and Burned Bone." *Journal of Forensic Sciences* 49, no. 4: 754–60.

Yoshida, H., T. Kaneko, and S. Suzuki. 2008. "A Solid-Phase Microextraction Method for the Detection of Ignitable Liquids in Fire Debris." *Journal of Forensic Sciences* 53, no. 3: 668–76.

第九章

火灾模拟

关键术语

- 场模型（field model）
- 火灾模型（fire model）
- 验证与确认（verification and validation, V&V）
- 区域模型（zone models）

目标

阅读本章后，你应该能够：

了解火灾模拟在火灾重构中的正确应用。

对火灾模型中需要用到的数据进行评价。

将火灾模拟应用于案例分析。

解释火灾模拟结果。

　　用于火灾调查的火灾模型通常有两种，即物理模型和数学模型。尽管 20 世纪 60 年代就已经出现火灾模拟，但在过去的 20 年里将火灾模拟的理念应用于火灾法庭调查仍是一种少见的做法。在此之前，火灾模拟重点用于解释火灾中的物理现象，特别是用于验证已有的实验数据。而现在，计算机模拟已经很普遍了（DeHaan, 2005a、2005b）。

　　经过几位火灾科学家和工程师的共同努力，火灾模拟逐渐被认可，其应用也拓展到实验室以外，并用于火灾现场重构。这些科学家和工程师或来自美国国家标准技术研究院（National Institute of Standards and Technology, NIST）、英国建筑研究院（Building Research Establishment, BRE）和英国火灾研究所（Fire Research Station，FRS），或是与上述机构有联系。火灾模拟早期应用于火灾案件诉讼和火场重构所取得的成功，进一步凸显了火灾模拟的有效性（Bukowski, 1991; Babrauskas, 1996）。本书将介绍对此做出重要贡献的一些关键研究。

　　本章的目的不是让读者成为火灾模拟方面的专家，而是让他或她能够更好地了解火灾模拟对火灾调查的附加价值。如果要获取更多的信息，则需要查阅更多的参考资料。本章将回答火灾调查人员面对特殊规模和影响的火灾时，经常会提出的以下问题：

① 火灾模型究竟是什么？

② 火灾模拟对调查工作有哪些方面的帮助？

③ 火灾模型真实且可靠的结果是什么？

④ 是否应该使用多种模型来提高结果的可信度？

⑤ 火灾模拟未来的发展趋势是什么？

9.1
火灾模拟的历史

美国国家标准技术研究院（NIST）Mitler 的研究（1991）很好地梳理了火灾场景模拟应用的历史脉络。1927 年，美国国家标准技术研究院（NIST）的前身国家标准局（National Bureau of Standards, NBS）首次尝试将室内气体温度与所消耗燃料质量联系起来，以科学术语来理解和解释轰燃后室内火灾的相关问题（Inberg, 1927）。

1958 年，日本通过研究开发了第一个火灾模型，建立起通风因子与稳态火灾发展之间的联系（Kawagoe, 1958）。第二个模型是在瑞典建立的（Magnusson 和 Thelandersson, 1970），随后，加利福尼亚大学伯克利分校的 Babrauskas 也进行了相关研究（1975）。

NIST（Mitler, 1991）清楚地阐述了火灾数值模拟开发和应用的历史原因。一个好的建筑物火灾数学模型能够提供以下帮助：

• 避免全尺寸重复试验；

• 辅助设计师和建筑师；

• 确定材料的易燃性；

• 提升消防规范标准的灵活性和可靠性；

• 确定所需开展的火灾研究；

• 辅助火灾调查和诉讼。

由于环保和经济因素对火灾实验的限制，火灾模拟成为大多数火灾实验项目的有力补充。可燃物品的布置和组合、通风条件的变化和材料的厚度等因素的影响，都可以通过火灾模型来评估，从而减少对全尺寸重复实验的需求。在筛选全尺寸火灾实验的场景时，火灾模拟能够对火灾实验进行补充。

设计师和建筑师发现，在使用新施工方法和新材料的情况下，可以通过火灾模拟来评估火灾对建筑物和居住者的影响。由于模型中引入了传统的规范中未涉及的替代方案或新设计（例如中庭结构），新的更加灵活的消防性能化设计规范已越来越为人们所接受。火灾模拟现在也用于紧急情况下建筑物中人员安全疏散优化设计。

随着火灾动力学的发展，数值模拟确定了需要进行的火灾研究新领域，包括火灾发展阶段、火焰传播和轰燃。火灾模拟可以帮助设计师、工程师、研究人员甚至火灾调查人员对之前某些领域的研究空白进行评估。

最后，火灾模拟对火灾司法调查和诉讼产生了重大影响（DeWitt 和 Goff，2000；DeHaan 和 Icove，2012）。NPFA 1033 规定，火灾调查员应至少掌握并保持高中水平的计算机火灾模拟最新的基础知识（NFPA 1033, 2014, 1.3.7）。本章将讨论这些领域的进展。

9.2
火灾模型

计算机中火灾模型（fire model）在火灾科学与消防工程领域有着广泛的应用。火灾模型的作用是对司法证据、证人询问、视频资料和初步火灾现场勘验中收集到的信息进行补充。从历史上来看，火灾模型可分为 8 种相互有交叉的类型（Hunt，2000），如表9-1所示。

表9-1　计算机火灾模型分类及常见软件实例

分类	介绍	实例
数据表格模型	通过数学求解来解释实际火场参数	FiREDSHEETS, NRC spreadsheets
区域模型（zone models）	将火场划分为两个均匀的区域，分别计算其环境参数	FPETool, CFAST, ASET-B, BRANZFIRE, FireMD, BRI2000
场模型	通过求解守恒方程获取火场参数，通常采用有限元数学方法	FDS, JASMINE, FLOW3D, SMARTFIRE, PHOENICS, SOFIE
轰燃后模型	计算时间 - 温度变化过程中能量、质量和物质种类的变化，能够用于评估暴露于火场中结构的完整性	COMPF2, OZone, SFIRE-4
消防安全性能评估模型	基于响应时间指数，可以用于计算火灾中自动喷水灭火系统和火灾自动报警系统的响应时间	DETACT-QS, DETECT-T2, LAVENT
热和结构响应模型	利用有限元分析方法，计算结构的耐火极限	FIRES-T3, HEATING7, TASEF
火灾烟气运动模型	计算火灾烟气的扩散及其气体成分组成	CONTAM96, Airnet, MFIRE
安全疏散模型	通过在安全疏散统计模型中引入火灾烟气、人员和疏散设计等参数，计算安全疏散时间	Allsafe, buildingEXODUS, EESCAPE, ELVAC, EVACNET, EXIT89, EXITT, EVACS, Simplex, SIMULEX, WAYOUT

资料来源：Bailey 2006; Friedman 1992; Hunt 2000

火灾模型通常模拟火灾的影响，而不是实体火本身。两种公认的模拟火灾的方法是概率模型和确定性模型。概率模型主要应用随机数学方法来估计或预测一个结果（在一定的概率范围内），比如人的行为（SFPE，2008，3-11 和 3-12）。在确定性模型中，调查人员依靠的是以数学关系为基础的火灾物理和火灾化学。确定性模型可以从简单的线性近似到将实验数据与复杂火灾模型相关联并求解数百个联立方程组。

数学模型通常是在对实际实验数据推演基础上建立起来的。这类模型通常采用公式和科学计算器、电子表格或简单计算机程序等人工方式计算求解。烟雾充填率、火焰高度、虚拟点源和其他近似值通常可以在几分钟内通过手工计算出来。当基于合理的数学表达并正确应用时，火灾模型通常可以确保满足科学方法的要求。

这里重点介绍区域模型和场模型。讨论仅限于对思路方法的概述，而不作为用户指导手册。事实上，大多数与火灾模型一起发布的指导手册都会提示：模型仅供在消防工程领域具有较强能力的人员使用，其结果应作为用户专业判断的补充。

9.2.1 数据表格模型

1992 年 5 月，马里兰大学消防工程系为美国电力研究院制定了"火灾危险定量分析方法"，这就是用于解决简单消防工程问题的一个较知名的数据表格。这项研究通过美国消防工程师协会（SFPE）进行公布（Mowrer, 1992）。

该研究介绍了美国核管理委员会（Nuclear Regulatory Commission, NRC）火灾损失评估（Fire-Induced Vulnerability Evaluation, FIVE）方法中的火灾风险评估模型。FIVE 方法采用真实的工业事故损失历史数据进行定量风险评估，包括由可燃液体泄漏、电缆桥架和配电柜火灾造成的损失。许多实例中预测了火羽流、顶棚射流温度、热烟气层、目标物体的热辐射以及临界热通量的影响。其中很多理念都适于解决火灾现场重构和分析中出现的问题（Mowrer, 1992）。NFPA 921 对数据表格模型进行了描述（NFPA, 2017, 22.4.8.3.1）。

在这项研究的基础上，马里兰大学消防工程系又开发出了名为"FiREDSHEETS"的数据表格（Milke and Mowrer, 2001）。这类数据表格关注于室内火灾分析的细节，并包含了典型起火材料的各种属性。

Mowrer 不断持续开发用于火灾动力学计算的数据表格模板，随大量使用说明书一起发布在火灾风险论坛网站 www.fireriskforum.com（Mowrer, 2003）上。模板中包含了FPETool（Nelson, 1990）和其他程序采用的室内火灾动力学计算方法。Mowrer 的电子表格还包括了马里兰大学消防工程系为美国烟酒、枪械和爆炸物管理局人员提供的火灾和纵火调查培训课程中使用的主要计算方法。

后来，针对美国核管理委员会（Nuclear Regulatory Commission, NRC）消防安全检查项目（Iqbal 和 Salley, 2004）开发了一套更加面向工业领域的数据表格，称为火灾动力学工具（FDTs）。数据表格输出的格式在方法上比财务电子表格更直观。表 9-2 是可用 FDTs 数据表格的概要。

表9-2　美国核管理委员会的火灾动力学数据表格

章	FDTs 数据表格说明
2	预测自然通风条件下室内火灾中热烟气层温度和烟气层高度； 预测强制通风条件下室内火灾中热烟气层温度； 预测房门关闭情况下室内火灾的热烟气层温度
3	估算液体池火的燃烧特性、热释放速率、燃烧时间和火焰高度
4	估算壁面火焰高度
5	无风条件下，运用点源辐射模型估算火焰对地面目标可燃物的热辐射通量 有风条件下，运用固体火焰辐射模型估算火焰（倾斜火焰）对地面辐射对象的热辐射通量 估算烃类物质火球的热辐射
6	估算在恒定辐射热通量作用下目标燃料的引燃时间
7	估算全尺寸电缆桥架火灾的热释放速率

章	FDTs 数据表格说明
8	估算固体可燃物的燃烧时间
9	估算浮力羽流的中心线上的温度
10	估算洒水喷头响应时间
13	计算火灾烈度
14	估算密闭空间内火灾引起的超压
15	估算与爆炸有关的超压和爆炸能量释放量
16	计算电池仓内氢气的生成速率
17	估算钢梁防火涂层厚度（substitution correlation） 估算防火隔热保护下的钢梁耐火极限（准稳态法） 估算无保护钢梁的耐火极限（准稳态法）
18	估算烟气能见度

资料来源：Iqbal and Salley 2004

9.2.2 区域模型

双区域模型基于的理念是：房间或室内火灾可以采用两个均匀的区域来描述，每个区域内的环境都能够预测。两个区域指两个单独的控制体，称为上下区或上下层。上层是热烟气层和燃烧产物，仅火羽流能穿透该层。这些热气体和烟气充满房间顶层后，会慢慢沉降。上层和下层区域的交界面称为边界层。上层和下层之间唯一的交换源于火羽流的作用。

区域模型（zone models）在每个区域中分别采用一组差分方程，用于求解压力、温度、一氧化碳、氧气和烟尘的产生。计算结果的准确性不仅取决于模型本身，还受到环境条件和房间规模等输入数据可靠性的影响，尤其是火灾中材料燃烧的热释放速率。多至 10 个房间的复杂双区域模型的求解，采用多核计算机工作站或笔记本电脑通常只需几分钟就能完成。

图 9-1 是双区域模型基本原理的示意图。美国消防工程师协会（The Society of Fire Protection Engineers，SFPE）1992 年发布的一项调查表明，ASET-B 和 DETACT-QS 是当时使用最为广泛的区域模型（Friedman, 1992）。

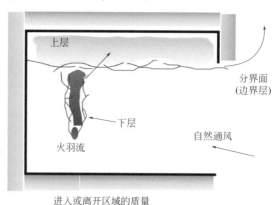

图 9-1　双区域火灾模型示意图，包括上层、下层、边界层、火羽流和房间通风口的位置

资料来源：NIST, from Forney and Moss 1991

目前，综合了火灾发展和烟气运动的 CFAST 模型已成为应用最广泛的区域模型。CFAST 将 FIREFORM 模型的工程计算功能和 FASTlite 的用户界面整合后，形成了一个综合的区域模拟和火灾分析工具（Peacock，2008）。

9.2.3 场模型

场模型（field model）是所有确定性模型中最新、最复杂的模型，它依赖于计算流体力学（computational fluid dynamics，CFD）技术。由于能够对各种因素的影响进行三维可视化展示，这类模型具有很强的吸引力，特别是作为诉讼支持和火灾场景重构的工具。

然而，场模型的缺点是输入数据通常非常耗时，且经常需要强大的计算机工作站来进行运算和结果显示。场模型的运行可能需要几天或几周，这取决于模型的复杂程度和所采用的计算机系统的计算能力。

CFD 模型不再将房间分为两个区域，而是将整个区域划分成均匀的小网格或控制体，从而对火灾现场环境进行分析评估。该程序同时求解每个网格表面上的燃烧、辐射和质量守恒方程。缺点是建立模型需要一定的知识背景和操作培训，尤其是对于复杂的场景。

与 CFAST 等区域模型相比，CFD 模型有很多优势。CFD 模型中的几何体计算区域划分得更为精细，使得求解更加精确。高速的笔记本电脑和工作站已经能够运行 CFD 模型，而在过去，必须要大型主机和小型计算机才能完成。现在可将多个工作站成功连接在一起形成并行处理矩阵，能够更快地执行复杂 CFD 运算。

由于 CFD 模型用于流体流动、燃烧和传热等相关领域，相比于简单和粗糙的模型，其底层技术通常更容易被接受。随着这类模型得到更广泛的验证，需要寻求基于科学论断的证据时，CFD 模型会得到进一步的采纳，例如在火灾现场重构中的应用等。

CFD 技术由于其便于购买且具有直观的图形界面而越发受到欢迎，在火灾现场重构中已有较长的应用历史［例如，PyroSim（Thunderhead，2012、2015）］。

CFD 程序的性能现在已经超过区域模型，大部分情况下，区域模型处于维护模式，不再进行更新与改进了。此外，CFD 程序，比如 FDS，由于其广泛的使用、测试和不断增长的认可度，使得该技术在商业上也具备可行性。

9.3
CFAST 概述

CFAST 双区模型是一种热量和质量平衡的模型，其建立基础不仅包括物理和化学原理，而且还有实验和实际火灾观测的结果。CFAST 能够计算：
- 物质燃烧产生的焓和产物质量；
- 在浮力和强迫流动作用下，通过水平和竖直方向上的开口进行的焓和质量交换量；
- 温度、烟气光密度和物质浓度。

CFAST 3.1.7 版本设有用户图形界面（graphical user interface，GUI），允许用户输入

和修改房间外形、火灾曲线和图形输出等参数。CFAST 5.0.1 版本和最近的 CFAST 7.1 版本的一项改进是建立与 Smokeview 的连接，Smokeview 是 NIST 的 Fire Dynamics Simulator（FDS）程序的图形显示界面。表 9-3 总结了 CFAST 7.1 版本目前的功能。

表9-3　CFAST模型7.1版本软件运行能力最大限制数汇总表

项目	最大量
最大模拟时间 /s	86400
最大房间数量	100
单次实验中房间水平开口（门 / 窗）的最大数量	2500
单次实验中连接相邻房间水平开口的最大数量	25
单次实验中房间竖直开口（顶棚 / 地板）的最大数量	200
单次实验中相邻房间之间竖直开口的最大数量	1
单次实验中房间和机械通风系统之间通风口的最大数量	200
单次实验中风机的最大数量	100
单次实验中火源的最大数量	200
单次火灾中的数据采集点最大数量	199
单个房间中可变截面上数据采集点的最大数量	21
单个数据库文件中材料热性质参数的最大数量	125
单次实验中包含的最大目标可燃物数量（在模拟过程中，CFAST 模型还将每个房间地板和每个物体分别作为一个目标可燃物）	1000
单次实验中火灾探测器和喷头的最大数量	1000

资料来源：Peacock, Reneke, and Foreny 2016

　　自 1990 年 6 月首次公开发布以来，CFAST 不断得到改进与完善。CFAST version 7.0 版本包括一个新设计的用户界面，并在传热和走道内烟气流动计算方面进行了改进，并采用了更为精确的燃烧化学模型。NIST 在其中增加了设定 t^2 火增长速率的功能，允许用户选择增长速率、峰值热释放速率、稳定燃烧时间和衰减时间，同时能够为慢速、中速、快速和超快速 t^2 火预先设定常数。CFAST 最新的用户指南和技术文件遵循了 ASTM E1355-12《确定性火灾模型预测能力评估标准指南的要求》（ASTM, 2012; Peacock、Reneke 和 Forney, 2016）。

　　由于 CFAST 缺少热解模型来预测火灾增长，需要输入或通过火灾特征（热释放速率）来描述燃料源。该程序将燃料信息转换成两个特性：焓（热量）和质量。在非受限火灾中，燃料的燃烧是在火羽流中进行的。在受限火灾中，热解后燃料的燃烧可能在含有充足氧气的火羽流中进行，但也可能在起火房间的上层或下层，或通往相邻房间走道的火羽流中进行，甚至是在相邻房间的上下层或火羽流中进行。

9.3.1　火羽流和分层

　　在以前的数学模型中，热通量的计算采用火羽流的虚拟点源法，CFAST 模型将火羽流假设为一个将焓和质量从下层输送到上层的泵。通过水平或竖直开口处流入和流出的气体进行焓与质量的混合，这一过程为羽流建模。

关于模型输入的某些假设在实际中并不总是成立。上层和下层的混合确实有的情况下发生在分界面处。在较冷的壁面附近，气体会因为失去热量和浮力而向下流动。此外，通风空调系统也会导致各层之间的混合。

当上层烟气下降到敞开通风开口下方时，火羽流会从一个房间水平流动到另一个房间。随着上层烟气下降，相邻房间之间的压差会导致空气沿相反方向流入和流出房间，从而形成两种流动情况。房间的屋顶或顶棚出现开口后，会形成竖直向上的流动。

9.3.2　传热

在 CFAST 模型中，可以为房间内表面（天花板、墙壁、地板）定义多达三层不同的材料属性。这种设计考虑是有价值的，因为在 CFAST 中，热量会通过热对流传递到固体表面，并通过热传导从表面向内部传递。

热辐射发生在火羽流、烟气层和房屋内表面之间。在热辐射中，辐射率主要由物质类型（烟、二氧化碳和水）决定。CFAST 采用了一种燃烧化学模型，该模型针对起火房间内下层火羽流、上部热烟气层以及下层卷吸的空气之间建立了碳、氢、氧的平衡关系。

9.3.3　局限性

区域模型有其自身局限性。6 个特殊物理化学过程未包含在区域模型中，或者说其应用非常有限，它们分别是：火焰传播、热释放速率、火灾化学、烟气化学、实际气体层混合和灭火（Babrauskas, 1996）。组分浓度的误差会导致各层之间热量分布的误差，这种现象会影响温度和流量计算的准确性。CFAST 预测的上层温度偏高，部分原因是模型中未包含窗口处热辐射造成的热损失。

尽管存在这些已知的局限性，区域模型在火灾现场重构和诉讼方面的应用仍然取得了巨大成功（Bukowski, 1991; DeWitt 和 Goff, 2000），并被 NFPA 921 所引用（NFPA, 921, 2014, 22.4.8.3.2）。CFAST 区域模型已成功引入州和联邦法院的诉讼环节（Ledbetter v. Blair Corporation, 2012; Santos v. State Farm Fire and Cas. Co. In Misc. 3d: NY: Supreme Court, 2010; Turner v. Liberty Mutual Fire Insurance Co. Dist. Court, ND Ohio, 2007）。上述成功得益于科学家和工程师对模型的正确应用、实体火灾实验中的不断校验、应用研究的努力，以及 NRC 在验证和确认方面的研究（Salley 和 Kassawar, 2007a、2007b、2007c、2007d、2007e、2007f、2007g）。

9.4
基于 CFD 技术的模型

9.4.1　火灾动力学模拟

由于免费使用以及研究的关注度和专业领域内的接受度等优势，应用 CFD 技术时推荐使用 FDS 软件。该模型由 NIST 的建筑和火灾研究实验室提供（McGrattan，2010a）。FDS 的第一个版本于 2000 年 2 月公开发布，现已成为火灾研究和司法火灾调查领域的重要支撑手段（NFPA，2017, 22.4.8.3.3）。

　　FDS 是一种火灾驱动的流体流动模型，采用数值方法求解热驱动的烟气运动和热量传递的纳维尔 - 斯托克斯方程（N-S 方程）。FDS 的配套程序 Smokeview 通过图形界面，生成 FDS 计算结果的各种可视化记录，包括组分浓度、温度和热通量的动态显示。FDS（McGrattan，2010b）和 Smokeview（Forney，2015）的用户指南可以在 NIST 的网站 fire.nist.gov 上获取。

　　迄今为止，FDS 传统的应用功能包括评估烟气控制系统、喷淋和火灾探测器的启动以及火场重构。同时也用于研究学术和工业领域的基础火灾动力学问题。FDS 采用组合模型来处理计算问题：流体动力学模型用于解决纳维尔 - 斯托克斯方程，Smagorinsky 大涡模拟（Large Eddy Simulation，LES）用于烟气运动和传热，亚格子模型用于湍流，混合分数燃烧模型和有限元法用于热辐射。

　　遗憾的是，FDS 使用直线网格来描述计算单元，这使得在不使用近似方法的时候，模拟倾斜的屋顶、拱形的隧道和弯曲的墙壁出现些许困难。材料表面的边界条件由包括材料燃烧行为在内的指定的热常数组成。与其他 CFD 模型一样，FDS 将房间（或着火区域）分解成多个单元，并计算进入和离开每个单元六个面的热量和组分量（通量）。图 9-2 为典型的 FDS 模拟输出网格。

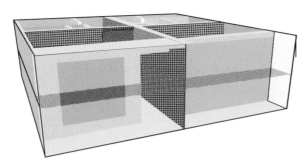

图 9-2　CFD（场）模型将房间（或火灾区域）划分为网格，计算出每个网格的六个面中进出的质量、热量和物质交换（通量）

资料来源：David J. Icove, University of Tennessee, Knoxcille, TN

　　当前所使用的 FDS 6.3.2 对以前版本的功能进行了显著的改进。带有附加增强功能的后续版本正处于开发和测试过程中。增强功能包括估算通过墙体的传热、水灭火和初始条件的影响，以及固体物体和表面添加图像纹理的功能。该版本还配套了 Smokeview 程序，其优势在于增加了能够翻转查看构建 FDS 模型直线网格的控件。场景剪辑实现了在具有大量墙壁的复杂模型中将受遮挡的边界表面可视化。一个更强大的功能是允许对 Smokeview 渲染后的场景进行更多的移动和方位控制。

　　其他功能包括多种可视化模式，例如示踪粒子流动、所计算变量的动态等高线切片（例如热通量矢量图）、表面的动态数据和多重等高线。新的可视化工具允许用户将火源燃烧模式与计算出的等高线平面进行比较。动态矢量流线和动态粒子显示选项能够实现将观测到的热量矢量流线与计算得到的矢量进行比较。

水平时间进度条能够显示运行的时间，竖直颜色条用不同颜色及其深浅度显示其他变量大小，例如温度和速度。图形选项能够实现对 Smokeview 程序所输出结果的逐屏截取。截取的图像可以导出并制作成视频，但需要其他（非 NIST 的）软件支持，并且制作起来会很烦琐。

9.4.2　FM Global 的 CFD 火灾模拟

在开发消防工程设计工具、火灾动力学函数、火灾发展和行为模型以及本书中引用的实验协议等方面，FM Global 一直处于领军地位。FM Global 在美国罗得岛州西格洛斯特研究园拥有一个自己的研究中心，开展财产损失防范策略、科学研究和产品性能测试等工作。

FM Global 目前正在开发一系列与流体力学、传热学和燃烧学相关的重要物理模型，并将其整合到一个名为 FireFOAM 的开源软件包中。该程序是一个应用于火灾和爆炸模拟的 CFD 工具箱。为了促进外部合作，FM Global 公布了其建模技术。

FireFOAM 将有限元法应用于任意非结构化网格，在大规模并行计算上具有高度可扩展性。FireFOAM 能够进行许多复杂的模拟，例如火灾发展和抑制等。有关 FireFOAM 的更多信息，请访问 FM Global 网站 www.fmglobal.com（FireFOAM, 2012）。

9.4.3　FLACS CFD 模型

由 CMR GexCon 维护的商业 CFD 模型 FLACS，过去曾在许多工业领域用于气体扩散模拟和爆炸计算（GexCon, 2012）。GexCon 强调需要对 FLACS 等 CFD 模型进行验证。该软件有许多应用功能，包括定量风险评估、调查相连的非标准容器的泄压设计、预测爆炸的影响以及模拟毒性气体的扩散。

FLACS 已成功地应用于大型工业爆炸调查过程中的假设检验。由美国马里兰州贝塞斯达市 GexCon US 记载的最令人印象深刻的 FLACS 应用案例之一是：2006 年 11 月 22 日马萨诸塞州丹佛市一家油墨和涂料制造厂爆炸和火灾事故的分析（Davis, 2010）。

FLACS 能够揭示导致爆炸事故发生的事件链，评估设施内潜在的引火源。调查人员能够利用 FLACS 计算出的爆炸性燃料/空气云团的超压与现场观察到的内部和外部爆炸破坏情况进行比较，这一过程表明了 CFD 工具在爆炸事故调查分析方面的应用价值。

9.5
指南和标准对火灾模型的影响

在过去的十年中，火灾模型的使用需要制定相关的指南和标准。ASTM（American Society for Testing and Materials，美国材料实验协会）下属委员会 E05.33 目前主持并持续改进四项指南，用于计算机火灾模型的评估和标准化应用。美国消防工程师协会（SFPE）

和 NFPA 921 的火灾和爆炸调查委员会也有专业的使用指南。以下是对目前标准指南情况的概述（Janssens 和 Birk，2000）。

9.5.1 ASTM 的指南和标准

ASTM E1355-12：通过设定场景、验证假设，验证模型数学基础以及评价准确性来评估火灾模型的预测能力（ASTM, 2012）。

ASTM E1472-07：火灾模型的帮助文件，用于解释火灾模型的运行过程，包括用户手册、程序员指南、数学程序以及软件的安装和操作（ASTM, 2007a）（注：2010 年已撤销）。

ASTM E1591-13：涵盖并记载了对建模人员有帮助的文件和数据（ASTM, 2013）。

ASTM E1895-07：对火灾模型的使用及其限制进行了审视，说明如何根据情况选择最合适的模型（ASTM, 2007b）（注：2011 年已撤销）。ASTM 认为 SFPE 最适合以发布用户指南的形式来指导火灾模型的应用。

9.5.2 SFPE 的指南和标准

SFPE（2011）发布了《特定应用下的火灾模型验证指南》，SFPE 工程指南 G.06 2011。该指南对 ASTM 标准进行了补充，能够帮助火灾模型的用户定义问题、选择备选模型、解释各种模型的验证和验证过程，以及理解用户所要实现的效果。附录中涵盖了应用指定模型时涉及的火灾现象的指导性文件，以及对可能存在的重要物理现象的解释。

9.5.3 NFPA 921 火灾模型使用指南

NPFA 921 第 22 章失效分析及分析工具，用一节内容专门介绍火灾模型的使用指南及其在司法火灾调查中的局限性（NFPA, 2017, 22.4.9）。该节对固有的局限性和假设进行了限定，提醒用户注意确保模型的正确使用，并要用有力的数据对其进行验证。NFPA 921 提示虽然可以使用火灾模型来检验假设，但不应作为证明起火点和起火原因的唯一依据。

9.6
验证和确认

所有的火灾模型都应该通过某种形式的验证和确认（verification and validation, V&V），将它们的预测结果与可靠的真实火灾实验进行比较。这种测试有时会暴露出模型的一些缺陷或盲点，即在某些类型的封闭空间或环境条件下会产生与所观察到的火灾行为不同的预测值。如果尚未证明某个模型能够针对特定类型的火灾得出可靠的结果，那么该模型针对某一不确定场景所得到的预测值不应没有质疑就接受。

柯克火灾调查

最近美国核管理委员会（NRC）部分参与了包括 CFAST 和 FDS 在内的火灾模型验证与确认的研究（Salley 和 Kassawar，2007a、2007b、2007c、2007d、2007e、2007f、2007g）。尽管 NRC 的研究主要集中在核电厂的火灾风险，但它解决了认为火灾模型不准确或不适于司法火灾现场重构的担忧，例如 9.6.2 小节将介绍的 Dalmarnock 试验。

这些担忧包括模型是否能准确预测火灾常见特性，如上层温度和热通量。该报告中一个专题将实际火灾实验结果与手工计算、区域模型和场模型的预测结果进行了比较。从图 9-3 和其他研究可知，如果模型应用正确，其预测值与真实火灾通常具有较好的一致性。

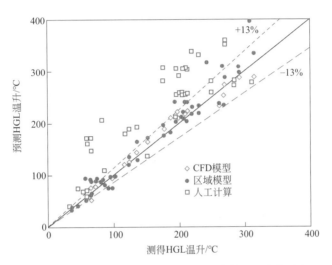

图 9-3　将全尺寸试验中测得的热烟气层（HGL）温度与人工计算、区域模型和 FDS 模型的预测进行比较，预测值可在 ±13% 范围内变化。需注意，人工计算倾向于过高预测层温度，而区域和现场模型预测通常都在可接受范围内

资料来源：US Nuclear Regulatory Commission

例如，FDS 已被证明在预测大空间火灾发展方面非常准确，但是关于小空间火灾 FDS 预测结果与实际火灾情况关联性的数据目前仍处于收集和发布阶段。

值得注意的是，FDS 源自早期对大规模稳定燃烧火灾（如油池火）烟羽流发展和输运的模拟工作。这项工作基于大涡模拟（LES），关注的是空气与烟羽流的相互作用，而不是火本身的运动。最近，FDS 用于研究野外 - 城市交界处（WUI）的火灾，以及植被火灾对附近建筑物的影响。这一新应用的可靠性验证依赖于与实际事故案例的对比，因为对此类火灾设计火灾实验会过于昂贵和危险。

遗憾的是，美国每年都有大量的 WUI 火灾，同时也能收集大量相关数据。由于 FDS 依据固体燃料表面的热学特性来预测火势的增长和蔓延，当可燃物体为多孔状（即火可以迅速在材料内部蔓延或者穿过材料），影响火势发展的热传递和引燃现象对于 FDS 过于复杂，以至于不能准确预测此类火灾。风的影响会使得火灾在多孔材料堆垛中的蔓延更加复杂。

茂密的灌木或林木中发生的野外火灾，破坏性最强的阶段几乎都是树冠火灾。也就是说，火势向上蔓延，并通过叶片或针叶等形成的多孔状的燃料阵列传播，此时的燃烧通常是由风［包括大气（外部）风或由火引起的气流］驱动的。尽管对风作用下平坦草地火灾（没有竖直方向发展因素）的 FDS 模拟进行了实验验证，但尚未显示可以对茂密的灌木或林木中树冠火进行准确的预测。

9.6.1 验证和确认研究的影响

V&V 报告分别发表在 7 份出版物中。第一卷（Salley 和 Kassawar, 2007g）是主报告，提供了总体背景信息、纲领性和技术性的概述、项目的见解和结论。第 2 卷到第 6 卷详细讨论了：火灾动力学工具 FDTs 的验证和确认（Salley 和 Kassawar, 2007d）；火灾损失评估方法，修订 1 版（FIVE-Rev1）（Salley 和 Kassawar, 2007e）；火灾发展与烟气输运综合模型（CFAST）（Salley 和 Kassawar, 2007a）；MAGIC（Salley 和 Kassawar, 2007f）；火灾动力学模拟 FDS（Salley 和 Kassawar, 2007c）。第 7 卷详细讨论了用于验证和确认这 5 种火灾模型的实验本身的不确定性（Salley 和 Kassawar, 2007b）。

9.6.2 Dalmarnock 试验

2006 年，在爱丁堡大学消防工程研究中心组织协调下，Dalmarnock 火灾试验在英国进行。该试验是由格拉斯哥达尔马诺克一座 23 层的高层建筑中开展的一系列大规模火灾试验组成。

在试验之前，七个团队共同获取了房间几何参数、燃料堆积状态、点火源和火场通风条件等信息。随后开始尝试建立能够预测火灾场景的模型。试验的主要目的是检验各团队预测的准确度。遗憾的是，各组的预测结果差异很大，再次表明了模拟复杂火灾场景的困难。

Rein 等人（2009）推断，针对 Dalmarnock 这样复杂的火灾场景进行火灾动力学模拟本身存在困难，并且建模者准确预测火灾发展的能力也较弱。几项研究和一本教材中详细介绍了试验结果（Rein, 2009; BRE Center, 2012; Abecassis-Empis, 2008; Rein、Abecassis-Empis 和 Carvel, 2007）。

然而，有趣的是，Rein 等人（2006）在以前的报告中说，当综合使用一阶模型、区域模型和场模型时，三种模拟方法得到的结果一致性较好，特别是在火灾早期阶段。研究还表明，这种建模方法可以作为确定较复杂模型结果数量级的第一步。

9.7
历史案例的火灾模拟研究

火灾模拟是建筑规范分析和火灾现场重构的重要工具，科学和诉讼是其发展的两个主要驱动因素。消防工程原理从以往实际案例相关的实验中发展而来，并且延伸了消防科学的知识。寻求火灾损失相关责任和义务的律师也有理由寻求类似火灾问题的答案。因此，科学和法律在法庭上相遇了。

此外，公众需要知道：事故为什么发生和怎样发生？防火规范在实际火灾中是否按预期的效果执行。人们不仅是好奇，而且对以下问题的答案也会产生合理的担忧：我的孩子住在没有安装自动喷水灭火系统装置的宿舍安全吗？

传统上，火灾模拟被用于两个独立但很重要的领域：

- 建筑消防安全和规范的分析；
- 司法火灾现场重构与分析。

特定的火灾模拟分析着眼于烟气控制系统的影响或性能、喷头和火灾探测器的启动，以及火灾/燃烧模式的重建。火灾模拟通过在实际火灾中的长期应用，才引入火灾现场重构领域。表 9-4 列出了由 NIST 完成并为火灾调查提供过有价值见解的部分火灾模拟案例。所列举案例和其他案例报告可以从 NIST 公布的火灾资源网站 fire.NIST.gov 上获取。

表9-4　NIST使用火灾模拟进行火灾调查的代表性历史案例

NIST 报告编号或引用	案例名称及作者
NBSIR 87-3560 1987 年 5 月	火灾发展初期阶段的工程分析：1986 年 12 月 31 日杜邦广场酒店和赌场的火灾 H. E. Nelson
NISTIR 90-4268 1990 年 8 月，第 1 卷	一起亡人火灾的全尺寸模拟与两个多室模型结果的比较 R. S. Levine 和 H. E. Nelson
NISTIR 4665 1991 年 9 月	1989 年 10 月 5 日，Hillhaven 养老院火灾发展的工程分析 H. E. Nelson 和 K. M. Tu
消防工程（期刊） 1992 年，4（4）:177-131	基于 HAZAED I 的 Happyland 社交俱乐部火灾分析 R. W. Bukowski 和 R. C. Spetzler
NISTIR 4489 1994 年 6 月	1990 年 3 月 20 日，华盛顿特区马萨诸塞大道 20 号，普拉斯基大厦火势发展分析 H. E. Nelson
消防工程师（期刊） 1996 年 11 月，56（185）：14-17	回燃事故模拟：瓦茨街（纽约）62 号火灾 R. W. Bukowski
NISTIR 6030 1997 年 6 月	火灾调查：1978 年 8 月 3 日，纽约布鲁克林的瓦尔德鲍姆火灾分析 J. G. Quintiere
NISTIR 6510 2000 年 4 月	1999 年 5 月 30 日，华盛顿特区东北樱桃路 3146 号，火灾动力学模拟 D. Madrzykowski 和 R. L. Vettori
NISTIR 7137 2004 年 5 月	2001 年 6 月 17 日，纽约五金店地下室火灾动力学模拟 N. P. Bryner 和 S. Kerber
NISTIR 6923 2002 年 10 月	2000 年 2 月 14 日，得克萨斯州，单层餐厅的火灾动力学模拟 R. L. Vettori、D. Madrzykowski 和 W. D. Walton
NISTIR 6854 2002 年 1 月	1999 年 12 月 22 日，艾奥瓦州一栋两层连排复式住宅的火灾动力学模拟 D. Madrzykowski、G. P. Forney 和 W. D. Walton

NIST 报告编号或引用	案例名称及作者
NIST SP 995 2003 年 3 月	1991 年科威特油田火灾火焰高度和热释放速率 D. Evans、D. Madrzykowski 和 G. A. Haynes
NIST Special Pub.1021 2004 年 7 月	2003 年 10 月 17 日，伊利诺伊州芝加哥市西华盛顿 69 号库克郡行政大楼火灾：热释放速率实验和 FDS 模拟 D. Madrzykowski 和 W. D. Walton
NISTIR 7137 2004	2001 年 6 月 17 日，纽约五金店地下室火灾动力学模拟 N. P. Bryner 和 S. Kerber
NIST NCSTAR 2005 年 9 月	世贸中心双子塔火灾的重构。联邦大厦和世界贸易中心事故消防安全调查 R. G. Gann、A. Hamins、K. B. McGrattan、G. W. Mulholland、H. E. Nelson、T. J. Ohlemiller、W. M. Pitts 和 K. R. Prasad
Fire Technology 42,no. 4 2006 年 10 月：273–181	霍华德街隧道火灾数值模拟 K. B. McGrattan 和 A. Hamins
Fire Protection Engineering 31 （2006 年夏季）：34–36	NIST 关于电台夜总会火灾的调查：火灾的物理模拟 D. Madrzykowski、N. P. Bryner 和 S. I. Kerber
NIST 特刊 1118 2011 年 3 月	2007 年 6 月 18 日，美国南卡罗来纳州，沙发超市火灾的技术研究 N. Bryner、S. P. Fuss、B. W. Klein 和 A. D. Putorti
NIST 技术说明 1729， 2012	得克萨斯州一座农场式建筑的风驱动下的火灾动力学模拟 A. Barowy 和 D. Madrzykowski
NUREG-1824, US NRC, Supplement 1 2013	美国核管理委员会（United States Nuclear Regulatory Commission）选定核电站的火灾模型验证和确认 D. Stroup 和 A. Lindeman, Washington, DC
NIST Technical Note 1838， 2014	伊利诺伊州芝加哥市木制框架住宅建筑阁楼火灾模拟 C. G. Weinschenk、K. J. Overholt 和 D. Madrzykowski

注：许多类似的报告可以在 NIST 网站 fire.nist.gov 上找到。

本节通过对重要历史案例的介绍来展示火灾模拟在火灾现场司法鉴定领域的发展，并结合文献和研究报告中的一些重要概念对这些具有历史意义的案例进行探讨。

9.7.1 英国火灾研究所

在 1997 年设施私有化并搬到加斯顿之前，位于英格兰伯勒汉姆伍德的著名火灾研究所（Fire Research Station，FRS）一直由英国政府运营。这家规模不大的工程咨询公司有 50 多年协助英国政府进行火灾调查的历史。FRS 参与的火灾调查和火场重构包括都柏林星尘迪斯科舞厅、温莎城堡、英法海底隧道和国王十字地铁站火灾事故。FRS 采用多重手段结合的方法来验证假设或调查不寻常的火灾现象，包括历史事故损失统计数据库、现场调查、火灾实验室和火灾模拟（FRS，2012）。

在 FRS 早期工作中，研究人员为了调查密歇根州利沃尼亚汽车厂和捷豹汽车厂火灾损失的相似性（Nelson，1991），开发了一个室内火灾模型来处理排烟和排热问题。这两场发生在独立零部件生产中心的火灾，对汽车生产造成了毁灭性的影响。基于实际火灾实验，寻找火灾初期通过顶棚排出燃烧产物的方法是该区域模型的基础部分。

9.7.2　杜邦广场酒店和俱乐部火灾

1986 年 12 月 31 日，波多黎各圣胡安的杜邦广场酒店和俱乐部发生火灾，造成 98 人丧生。由于火灾造成了巨大的无谓伤亡，该案例已成为火灾现场重构应用领域教科书般的案例，这一案例重构了从起火到发展为情况复杂大火的整个过程。NIST 已故火灾研究员 Harold E "Bud" Nelson 与美国烟酒、枪械和爆炸物管理局（Bureau of Alcohol, Tobacco, Firearms and Explosives，ATF）调查人员合作，在现场调查期间对证据进行了收集分析，这使得目的只是骚扰酒店管理层的纵火人员成功被起诉。

该分析结合技术数据和火灾发展模型解释了火灾中所表现出来的动力学过程（Nelson，1987）。分析考察了质量燃烧速率、热释放速率、烟气温度、烟气层、氧气浓度、能见度、火焰发展和蔓延、喷头响应、烟雾探测器响应以及火灾持续时间。该分析中使用的火灾模型包括 FIRST、ROOMFIR、ASETB 和 HOTVENT。

经分析确认，起火点为南侧舞厅，随后蔓延到门厅、大堂和娱乐区。图 9-4 显示的是火灾发生 60s 时的情况。

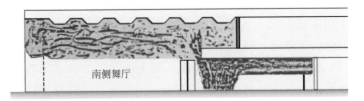

南侧舞厅

图 9-4　该分析结合了技术数据和 NIST 火灾增长模型，解释了杜邦广场火灾的动力学过程。分析着眼于质量燃烧速率、热释放速率、烟气温度、烟气层、氧气浓度、能见度、火焰发展和蔓延、喷头响应、烟雾探测器响应和火灾持续时间
资料来源：NIST，Nelson, 1987

9.7.3　国王十字地铁站火灾

1987 年 11 月 18 日国王十字地铁站火灾事故是最早使用 CFD 模型进行火灾调查的重要案例之一。CFD 模型 FLOW3D 追踪火灾沿 30°倾角从自动扶梯木质侧板和踏板向上蔓延到售票大厅的过程。CFD 模型验证了描述这一独特现象的沟槽效应理论。31 人在火灾中丧生，包括一名高级消防指挥官（Moodie 和 Jagger，1992, 83-103）。

在确定起火区域时，调查人员根据目击者的观察锁定了火灾最初发生的地方，即 4 号自动扶梯顶部以下 21m（68ft）处。这一区域是木质扶手、踏板和竖板受火所形成火灾痕迹的最低点。对油漆起泡和顶棚损坏的分析也用来定位起火点。在自动扶梯运行过程中目击者从下方看到火焰沿扶梯蔓延至中间，也证实了上述的物理现象。

调查得出的结论是，火灾是由运行中的自动扶梯木制踏板下面的烟头引起的。火焰引燃了自动扶梯上大量可燃材料。火灾的破坏范围也扩展到其他自动扶梯和上层售票大厅。虽然临时搭建了一个胶合板建筑隔断，并涂刷了防火涂料，但其仍然可以燃烧，所以这种情况的发生是必然的。

除了使用 CFD 模型外，政府卫生和安全部门人员从起火区域附近提取了样品并测试其着火性能。调查人员惊讶地发现，只需在纤维碎屑（纸、头发、绒布）的灯芯作用下，自动扶梯润滑油就能够被点燃。

为了评估和验证 CFD 模型的结果，开展了 3 种类型的实验。全尺寸火灾增长实验确定了自动扶梯初始火灾强度约为 1MW/m。小尺寸模型表明，当火灾规模达到一定程度时，扶梯通道内的火焰并未垂直上升，而是被卷吸的空气向下推入沟槽中，这使得火焰迅速蔓延。缩尺寸的敞开通道实验用于评估在覆盖各种不同装饰材料情况下，倾斜 30°胶合板火灾蔓延的速率。热烟气沿通道迅速上升，充满整个售票大厅。当烟气发生滚燃后，火焰吞噬了大厅（Moodie 和 Jagger，1992）。

从这次火灾中获取的经验教训主要是沟槽效应对火灾及其发展蔓延速率的影响。在场人员低估了火灾烟气的蔓延速率、持续增长的燃烧强度以及快速安全疏散的必要性。现在地铁已禁止吸烟，并禁止使用可燃的自动扶梯、围墙和指示牌。

9.7.4　第一洲际银行大厦火灾

NIST 所做的另一工程分析是 1988 年 5 月 4 日加州洛杉矶第一洲际银行大厦火灾，该建筑是一栋 62 层的钢结构高层建筑。

火灾发生在下班时间，起火点位于 12 楼的一个办公隔间，火灾蔓延至整个楼层。随着外窗破碎，猛烈的火羽流喷出窗口，沿着建筑外墙向上延展造成上层窗户破坏，火灾随之蔓延至 13 层、14 层、15 层和 16 层的局部。大火持续了 2 个多小时才被冲进大楼内部的消防员用水枪扑灭。火灾中一名维修人员在乘坐电梯到达火灾楼层后遇难。

NIST 的火灾分析使用了可用疏散时间（ASET）程序来预测轰燃（烟气温度 600°C）后烟气层温度、产烟量和氧气浓度，其中的轰燃时间通过计算获得。DETACT-QS 模型用来评估感烟探测器和自动喷水灭火系统对火灾发展的响应。这些研究揭示了起火点上方如果安装喷头能够避免多大程度的破坏。

该项分析是最早应用于火场重构领域的，主要评估了可燃家具燃烧模式及其表面火焰蔓延、玻璃破裂以及火焰通过破碎窗户喷出情况以及房间内的燃烧速率。该研究还发展了跨可燃物燃烧三角形理论，说明了质量燃烧（热解）速率、热释放速率和可用空气（氧气）之间重要的相互依赖关系（Nelson，1989）。

9.7.5　希尔海文疗养院失火

1989 年 10 月 5 日晚上 10 点刚过，弗吉尼亚州诺福克希尔海文康复中心发生火灾，造成 13 人死亡。死者均没有烧伤，但都吸入了过量一氧化碳（CO）导致体内产生了大量致命的高碳氧血红蛋白（COHb）。

已故 NIST 火灾研究员 Harold E. "Bud" Nelson 认识到在重建该事件时开展火灾动力学分析的重要性。他对疗养院起火房间的分析表明：当时的温度至少已上升到 1000°C，CO 浓度为 40000×10^{-6}（Nelson 和 Tu，1991）。

使用 FPETool 程序包中的火灾模型 FIRE SIMULATOR，可以预测烟气温度、烟气层厚度、毒性气体浓度和烟气前沿运动速度。从 NIST 的分析中学到的一个要点是火灾重构中"假设"问题的影响（图 9-5），主要是不同消防启动装置对灭火效果和轰燃预测时间的影响。

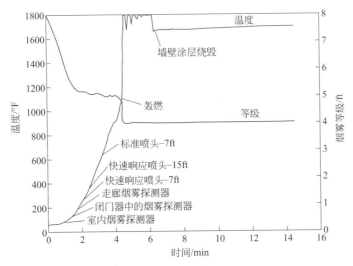

图 9-5 在希尔海文疗养院，火灾重建中提出的"假设"问题的影响，集中在不同消防启动装置对灭火效果以及轰燃预测时间的影响

资料来源：NIST，Nelson, 1991

9.7.6 普拉斯基建筑火灾

1990 年 3 月 23 日，位于华盛顿特区西北马萨诸塞大道 20 号的普拉斯基大厦 5127 号套房发生火灾，烧毁了美国战役纪念碑委员会（US Army Battlefield Monuments Commission, ABMC）的办公室。NIST 对火灾的工程评估能够应用完善的消防工程原理来估计火灾的发展速率（Nelson, 1994）。NIST 在对火灾的工程审查中运用了合理的消防工程原理来估算火灾的发展速率（Nelson, 1994）。

在事发当天上午 11:24，一名警觉的 ABMC 工作人员注意到，有烟雾从空闲的视听会议室敞开的门里冒出来。房间内约有 4530kg（10000lb）可燃材料，包括装在瓦楞纸箱中的出版物和照片，还有堆了 1.5m 高的纸板邮筒。该火灾被认为是电灯的破损电线与纸质邮筒搭在一起之后引发的，这根电线穿过讲台的一个小孔进入放映室。

FPETool 用于火灾分析，同时构建出基于证人证言和观察的火灾场景。FIRE SIMULATOR 用于评估环境条件、温度、烟气层高度、烟气层厚度以及房间排出的热量。还分析了吊顶损坏产生的影响。

分析表明，火灾持续大约 268s 后发生轰燃。该消防工程分析一个独特的方面是引入了事件时间轴的方法（图 9-6），时间轴将观察到的火灾状况、人员的行为、现有消防系统的影响以及假设采用其他消防系统的影响，按照时间顺序列在一起进行对比分析。

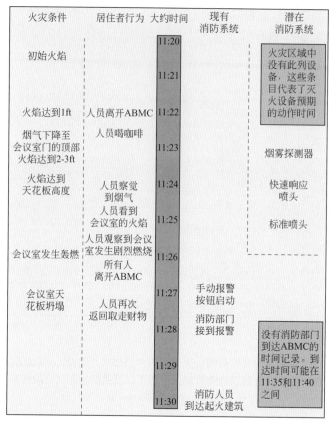

火灾条件	居住者行为	大约时间	现有消防系统	潜在消防系统
		11:20		火灾区域中没有此列设备,这些条目代表了灭火设备预期的动作时间
初始火焰		11:21		
火焰达到1ft	人员离开ABMC	11:22		
烟气下降至会议室门的顶部 火焰达到2-3ft	人员喝咖啡	11:23		烟雾探测器
火焰达到天花板高度	人员察觉到烟气	11:24		快速响应喷头
	人员看到会议室的火焰	11:25		标准喷头
会议室发生轰燃	人员观察到会议室发生剧烈燃烧 所有人离开ABMC	11:26		
会议室天花板坍塌	人员再次返回取走财物	11:27	手动报警按钮启动 消防部门接到报警	
		11:28		没有消防部门到达ABMC的时间记录。到达时间可能在11:35和11:40之间
		11:29		
		11:30	消防人员到达起火建筑	

图 9-6　普拉斯基火灾事件的时间表,将大致时间与观察到的火灾条件、居住者的行为、现有消防系统的影响以及潜在消防系统影响的"假设"场景进行比较

资料来源:NIST, Nelson, 1989

9.7.7　幸福乐园社交俱乐部火灾

1990 年 3 月 25 日上午,一名纵火犯用 2.8L(0.75gal)汽油在一家街区俱乐部的入口处放火。大火导致这个两层俱乐部的 87 名人员丧生。NIST 的一名消防工程师使用 HAZARD I 模型来分析火灾的发展以及可能影响火灾后果的潜在减灾策略(Bukowski 和 Spetzler, 1992)。

这些减灾策略包括使用自动喷水灭火系统、在楼梯底部入口设置实心木门、使用消防安全出口和封闭楼梯间,以及使用不燃内部装饰。该分析还权衡了采用这些措施的预期经济成本。研究得出的结论是,可燃墙面装饰以及使汽油火焰进入的敞开屋门,导致了火势和燃烧产物快速蔓延,楼上的所有人都在 1 ~ 2min 内受到了影响,致使其无法逃生。

基于 HAZARD I 火灾模型的输出(结合 CFAST 2.0 版本)结果,NIST 的分析还考虑了处于不同地点人员的耐受度。根据 NIST 和 Purser 毒害模型(Bukowski 和 Spetzler, 1992),耐受度研究考察了能够导致二度烧伤的热通量、温度和暴露剂量分数。这一分析表明,第二种疏散方式可以减少死亡人数,但需要额外的缓解策略才能防止人员伤亡。

9.7.8　瓦茨街 62 号火灾

NIST 的一名消防工程师模拟了 1994 年 3 月 28 日晚上 7 点 36 分发生的瓦茨街 62 号火灾（Bukowski，1995、1996）。火灾位于纽约曼哈顿的一栋三层公寓楼。接警赶来的消防队员组成了两个三人水枪小组，一个小组计划进入公寓一楼，另一小组则继续向上探查火势蔓延的情况。

后来的调查显示，公寓一楼的居民在下午 6 点 25 分离开，但不慎将塑料垃圾袋遗留在厨房煤气灶上并被引燃。随后，几瓶紧靠操作台的高度酒被引燃，形成了最初的燃烧。火灾持续了大约 1h 后，随着烟气层下沉到操作台面高度处，燃烧进入缺氧状态。虽然火灾本身并不大，但在这个封闭小公寓内形成了包含大量一氧化碳、烟气和其他未燃气体的热烟气层。

当楼梯间内的消防队员强行打开一楼公寓门时，发生了回燃，涌出的火灾热烟气被外部进入的冷空气所取代。随着这一置换过程的进行，可燃混合气体被引燃，在楼梯间产生了持续约 6min 的大火，导致楼梯上的消防员遇难。

NIST 的布可夫斯基使用 CFAST 模拟了这一事件，该分析已成为关于回燃和消防员安全的经典研究。加拿大多伦多塞内卡学院的 McGill（2003）使用 NIST 开发的 FDS 模拟了这一案例。图 9-7 显示了 McGill 利用 Smokeview 生成的模拟图像。定义和构建模型花费了大约 20h。

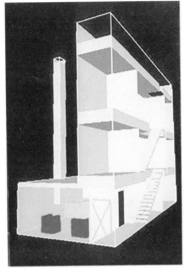

图 9-7　使用 NIST 的 FDS 模拟瓦茨街 62 号火灾。左下角为最初起火房间。从公寓门（中间）延伸到走廊的火羽流使楼梯上的三名消防员受困并死亡

资料来源：D. McGill（2003）

9.7.9　樱桃路火灾

在这个案例中，华盛顿特区要求 NIST 的工程师针对 1999 年 5 月 30 日发生在华盛顿东北樱桃路 3146 号一栋联排别墅的火灾，使用 NIST FDS 评估其热环境和生存条件，并展示计算结果。这起火灾造成两名消防员死亡，四名消防员烧伤（Madrzyko-wski 和 Vettori，2000）。火灾始于联排别墅底层顶棚上的电气装置。

闻讯到场的消防队员进入了建筑的一层和地下室。现场观察和后期模拟都表明，下层滑动玻璃门的开启增大了火灾热释放速率，使得 820℃ 的烟气顺着楼梯井向上蔓延。在出现明火之前，可能已经阴燃了几个小时，消防员在建筑的浓烟中搜寻火灾和受害者时，阴燃形成的富含燃料的气体燃烧了起来。

樱桃路火灾 FDS 模型可能成为 NIST FDS 最佳应用范例之一。此外，所观察到的火灾损伤痕迹与模型的预测结果相吻合。随着技术的发展，模型解决瞬态传热和通风、火灾迅速蔓延、分层或局部条件等难题的能力也在不断增强。

章节回顾

□ 总结

　　本章介绍了火灾模拟的概念及其在司法火灾调查中的应用。虽然模型自 20 世纪 60 年代就已出现，但火灾模拟的重点主要集中在解释火灾的物理现象，特别是用于验证现有的实验数据。

　　通过在 NIST 和 FRS 工作的火灾科学家和消防工程师的努力，火灾模拟的接受及应用范围走出了火灾实验室，进入了火灾现场重构领域。正如本章开头所提到的，本章的目的并不是要使读者成为火灾模拟的专家，而是要使读者更好地了解火灾模拟在火灾调查中的价值。

　　正如在其他章节中所看到的，采用火灾模拟可以更详细地探讨火灾生存环境的问题，因为它适用于火灾毒性的模拟。

□ 复习题

　　1. 选择本章中提到的一个案例，使用所选的程序对其进行模拟。获取一个类似的火灾模拟程序，并比较两种程序得到的结果。

　　2. 许多火灾模型包含材料及其燃烧特性的数据库。检查两种火灾模型的数据库，对比两种模型的模拟结果，分析其差异性。

　　3. 使用火灾动力学工具（FDTs）的数据表格，通过改变输入数据（如房间尺寸或通风开口），对多个计算进行敏感性分析。

关键术语解释

　　火灾模型（fire model）：一种使用数学或计算机计算来描述与火灾发展相关的系统或过程的方法，包括火灾动力学、火灾蔓延、人员暴露以及火灾影响。可以将火灾模拟产生的结果与物理证据和目击者证据进行比较，以检验工作假设。

　　区域模型（zone models）：一种计算机火灾模型，假设一个房间或维护结构中的火灾可以用两个独立的区域（即上下区域或层）来描述，并且可以预测每个区域内的情况。区域模型使用一组差分方程来求解每个区域的条件，例如，压力、温度、一氧化碳、氧气和烟尘的产生。

　　场模型（field model）：一种基于计算流体力学（computational fluid dynamics，CFD）技术，将房间划分成均匀的小网格或控制体，来对火灾现场环境进行分析评估的计算机火灾模型。计算机程序尝试预测每个网格内的工况参数，比如压力、温度、一氧化碳、氧气和烟尘产量。

　　验证和确认（verification and validation, V&V）：确定火灾模型的可接受用途、适用性和局限性的过程。验证过程用来确定模型准确代表开发人员的概念描述。确认过程能够确定模型符合实际，并且能够重现感兴趣的现象（Salley 和 Kassawar，2007g）。

参考文献

Abecassis-Empis, C., P. Reszka, T. Steinhaus, A. Cowlard, H. Biteau, S. Welch, G. Rein, and J. L. Torero. 2008. "Characterisation of Dalmarnock Fire Test One." *Experimental Thermal and Fluid Science* 32 (7): 1334–43, doi: 10.1016/j.expthermflusci.2007.11.006.

ASTM. 2007a. *ASTM E1472-07: Standard Guide for Documenting Computer Software for Fire Models* (withdrawn 2011). West Conshohocken, PA: ASTM International.

———. 2007b. *ASTM E1895-07: Standard Guide for Determining Uses and Limitations of Deterministic Fire Models* (withdrawn 2011). West Conshohocken, PA: ASTM International.

———. 2012. *ASTM E1355-12: Standard Guide for Evaluating the Predictive Capability of Deterministic Fire Models*. West Conshohocken, PA: ASTM International.

———. 2013. *ASTM E1591-13: Standard Guide for Obtaining Data for Fire Growth Models*. West Conshohocken, PA: ASTM International.

Babrauskas, V. 1975. *COMPF: A Program for Calculating Post-Flashover Fire Temperatures*. Berkeley, CA: Fire Research Group, University of California, Berkeley.

———. 1996. "Fire Modeling Tools For FSE: Are They Good Enough?" *Journal of Fire Protection Engineering* 8 (2): 87–96.

Bailey, C. 2006. *One Stop Shop in Structural Fire Engineering*. http://www.mace.manchester.ac.uk/project/research/structures/strucfire.

BRE Center. 2012. *The Dalmarnock Fire Tests, 2006, UK*. Retrieved February 5, 2012, from http://www.see.ed.ac.uk/fire/dalmarnock.html.

Bukowski, R. W. 1991. "Fire Models: The Future Is Now!" *Fire Journal* 85 (2): 60–69.

———. 1995. "Modelling a Backdraft Incident: The 62 Watts Street (New York) Fire." *NFPA Journal* November/December: 85–89.

———. 1996. "Modelling a Backdraft Incident: The 62 Watts Street (New York) Fire." *Fire Engineers Journal* 56 (185): 14–17.

Bukowski, R. W., and R. C. Spetzler. 1992. "Analysis of the Happyland Social Club Fire with HAZARD I." *Fire and Arson Investigator* 42 (3): 37–47.

Davis, S. G., D. Engel, F. Gavelli, P. Hinze, and O. R. Hansen. 2010. "Advanced Methods for Determining the Origin of Vapor Cloud Explosions Case Study: 2006 Danvers Explosion Investigation." Paper presented at the International Symposium on Fire Investigation Science and Technology, September 27–29, College Park, MD.

DeHaan, J. D. 2005a. "Reliability of Fire Tests and Computer Modeling in Fire Scene Reconstruction: Part 1." *Fire & Arson Investigator* January: 40–45.

———. 2005b. "Reliability of Fire Tests and Computer Modeling in Fire Scene Reconstruction: Part 2." *Fire & Arson Investigator* April: 35–45.

DeHaan, J. D., and D. J. Icove. 2012. *Kirk's Fire Investigation*. 7th ed. Upper Saddle River, NJ: Pearson-Prentice Hall.

DeWitt, W. E., and D. W. Goff. 2000. "Forensic Engineering Assessment of FAST and FASTLite Fire Modeling Software." *National Academy of Forensic Engineers*, 9–19.

FireFOAM. 2012. *FM Research: Open Source Fire Modeling*. Retrieved May 27, 2012, from http://www.fmglobal.com.

Forney, G. P. 2015. *Smokeview (Version 6): A Tool for Visualizing Fire Dynamics Simulation Data*. Vol. I: *User's Guide*. NIST Special Publication 1017-1, Sixth Edition. Gaithersburg, MD: National Institute of Standards and Technology.

Forney, G. P., and W. F. Moss. 1991. *Analyzing and Exploiting Numerical Characteristic of Zone Models*. NSITIR 4763. Gaithersburg, MD: National Institute of Standards and Technology.

Friedman, R. 1992. "An International Survey of Computer Models for Fire and Smoke." *SFPE Journal of Fire Protection Engineering* 4 (3): 81–92.

FRS. 2012. *Fire Research Station, the Research-Based Consultancy and Testing Company of BRE*. Retrieved January 2012 from www.bre.co.uk/frs.

GexCon. 2012. *GexCon US*. Retrieved February 5, 2012, from http://www.gexcon.com.

Hunt, S. 2000. "Computer Fire Models." *NFPA Section News* 1 (2): 7–9.

Inberg, S. H. 1927. "Fire Tests of Office Occupancies." *NFPA Quarterly* 20 (243).

Iqbal, N., and M. H. Salley. 2004. *Fire Dynamics Tools (FDTs): Quantitative Fire Hazard Analysis Methods for the U.S. Nuclear Regulatory Commission Fire Protection Inspection Program*. Washington, DC.

Janssens, M. L., and D. M. Birk. 2000. *An Introduction to Mathematical Fire Modeling*. 2nd ed. Lancaster, PA: Technomic.

Kawagoe, K. 1958. "Fire Behavior in Rooms. Report No. 27." Tokyo: Building Research Institute.

Madrzykowski, D., and R. L. Vettori. 2000. "Simulation of the Dynamics of the Fire at 3146 Cherry Road, NE, Washington, DC, May 30, 1999." *NISTIR 6510*. Gaithersburg, MD: National Institute of Standards and Technology, Center for Fire Research.

Magnusson, S. E., and S. Thelandersson. 1970. "Temperature–Time Curves of the Complete Process of Fire Development. Theoretical Study of Wood Fuel Fires in Enclosed Spaces." *Civil and Building Construction Series No. 65*. Stockholm: Acta Polytechnica Scandinavia.

McGill, D. 2003. "Fire Dynamics Simulator, FDS 683, Participants' Handbook." Toronto, Ontario, Canada: Seneca College, School of Fire Protection.

McGrattan, K., H. Baum, R. Rehm, W. Mell, R. McDermott, S. Hostikka, and J. Floyd. 2010a. *Fire Dynamics Simulator (Version 5) Technical Reference Guide*. NIST Special Publication 1018-5. Gaithersburg, MD: National Institute of Standards and Technology.

McGrattan, K., R. McDermott, S. Hostikka, and J. Floyd. 2010b. *Fire Dynamics Simulator (Version 5) User's Guide*. NIST Special Publication 1019-5. Gaithersburg, MD: National Institute of Standards and Technology.

Milke, J. A., and F. W. Mowrer. 2001. "Application of Fire Behavior and Compartment Fire Models Seminar." Paper presented at the Tennessee Valley Society of Fire Protection Engineers (TVSFPE), September 27–28, Oak Ridge, TN.

Mitler, H. E. 1991. *Mathematical Modeling of Enclosure*

Fires. Gaithersburg, MD: National Institute of Standards and Technology.

Moodie, K., and S. F. Jagger. 1992. "The King's Cross Fire: Results and Analysis from the Scale Model Tests." *Fire Safety Journal* 18 (1): 83–103, doi: 10.1016/0379-7112(92)90049-i.

Mowrer, F. W. 1992. "Methods of Quantitative Fire Hazard Analysis." Boston, MA: Society of Fire Protection Engineers, prepared for Electric Power Research Institute (EPRI).

———. 2003. "Spreadsheet Templates for Fire Dynamics Calculations." College Park, MD: University of Maryland.

Nelson, H. E. 1987. *An Engineering Analysis of the Early Stages of Fire Development: The Fire at the Dupont Plaza Hotel and Casino on December 31, 1986.* Gaithersburg, MD: National Institute of Standards and Technology.

———. 1989. "An Engineering View of the Fire of May 4, 1988, in the First Interstate Bank Building, Los Angeles, California." *NISTIR 89-4061.* Gaithersburg, MD: National Institute of Standards and Technology, Center for Fire Research.

———. 1990. *FPETool: Fire Protection Engineering Tools for Hazard Estimation.* Gaithersburg, MD: National Institute of Standards and Technology.

———. 1991. *History of Fire Technology.* Gaithersburg, MD: National Institute of Standards and Technology.

———. 1994. "Fire Growth Analysis of the Fire of March 20, 1990, Pulaski Building, 20 Massachusetts Avenue, NW, Washington, DC." *NISTIR 4489.* Gaithersburg, MD: National Institute of Standards and Technology, Center for Fire Research.

Nelson, H. E., and K. M. Tu. 1991. "Engineering Analysis of the Fire Development in the Hillhaven Nursing Home Fire, October 5, 1989." *NISTIR 4665.* Gaithersburg, MD: National Institute of Standards and Technology, Center for Fire Research.

NFPA. 2017. *NFPA 921: Guide for Fire and Explosion Investigations.* Quincy, MA: National Fire Protection Association.

Peacock, R. D., W. W. Jones, P. A. Reneke, and G. P. Forney. 2008. *CFAST: Consolidated Model of Fire Growth and Smoke Transport (Version 6) User's Guide.* NIST Special Publication 1041. Gaithersburg, Maryland: National Institute of Standards and Technology.

Peacock, R. D., P. A. Reneke, and G. P. Forney. 2016. *CFAST: Consolidated Model of Fire Growth and Smoke Transport (Version 7) User's Guide.* Volume 2: User's Guide, Special Publication 1041. Gaithersburg, Maryland: National Institute of Standards and Technology.

Technology.

Rein, G., C. Abecassis-Empis, and R. Carvel. 2007. *The Dalmarnock Fire Tests: Experiments and Modelling.* Edinburgh, Scotland, UK: University of Edinburgh.

Rein, G., A. Bar-Ilan, A. C. Fernandez-Pello, and N. Alvares. 2006. "A Comparison of Three Models for the Simulation of Accidental Fires." *Journal of Fire Protection Engineering* 16 (3): 183–209.

Rein, G., J. L. Torero, W. Jahn, J. Stern-Gottfried, N. L. Ryder, S. Desanghere, M. Lazaaro, F. Mowrer, A. Coles, D. Joyeux, and D. Alvear. 2009. "Round-Robin Study of a Priori Modelling Predictions of the Dalmarnock Fire Test One." *Fire Safety Journal* 44 (4): 590–602, doi: 10.1016/j.firesaf.2008.12.008.

Salley, M. H., and R. P. Kassawar. 2007a. *Verification and Validation of Selected Fire Models for Nuclear Power Plant Applications: Consolidated Fire Growth and Smoke Transport Model (CFAST).* Washington, DC: US Nuclear Regulatory Commission.

———. 2007b. *Verification and Validation of Selected Fire Models for Nuclear Power Plant Applications: Experimental Uncertainty.* Washington, DC: US Nuclear Regulatory Commission.

———. 2007c. *Verification and Validation of Selected Fire Models for Nuclear Power Plant Applications: Fire Dynamics Simulator (FDS).* Washington, DC: US Nuclear Regulatory Commission.

———. 2007d. *Verification and Validation of Selected Fire Models for Nuclear Power Plant Applications: Fire Dynamics Tools (FDTs).* Washington, DC: US Nuclear Regulatory Commission.

———. 2007e. *Verification and Validation of Selected Fire Models for Nuclear Power Plant Applications: Fire-Induced Vulnerability Evaluation (FIVE-Rev1).* Washington, DC: US Nuclear Regulatory Commission.

———. 2007f. *Verification and Validation of Selected Fire Models for Nuclear Power Plant Applications: MAGIC.* Washington, DC: US Nuclear Regulatory Commission.

———. 2007g. *Verification and Validation of Selected Fire Models for Nuclear Power Plant Applications: Main Report.* Washington, DC: US Nuclear Regulatory Commission.

SFPE. 2008. *SFPE Handbook of Fire Protection Engineering.* 4th ed. Quincy, MA: National Fire Protection Association, Society of Fire Protection Engineers.

———. 2011. *Guidelines for Substantiating a Fire Model for a Given Application.* Bethesda, MD: Society of Fire Protection Engineers.

Thunderhead. 2012. *PyroSim Example Guide.* Manhattan, KS: Thunderhead Engineering.

———. 2015. *PyroSim Users Manual.* Manhattan, KS: Thunderhead Engineering.

参考案例

Ledbetter v. Blair Corporation, No. 3: 09-CV-813-WKW [WO] (M.D. Ala. June 27, 2012).

Santos v. State Farm Fire and Cas. Co. In Misc. 3d: NY: Supreme Court. 2010.

Turner v. Liberty Mutual Fire Insurance Co. Dist. Court, ND Ohio. 2007.

第十章

火灾试验

目标

阅读本章后，应该学会：

认识火灾试验的价值。

描述火灾试验的基本类型并举例说明。

学会如何将缩尺寸实验数据运用到实际场景中。

对假设进行分析和评估时重视试验数据的运用。

识别织物、软垫家具和床垫起火的常见原因。

识别常见布料的类型。

解释燃烧性能的基本概念。

列举并解释用于测量香烟引燃、明火引燃、热释放速率、烟气和毒性的常用方法。

列举并分别描述多种燃烧性能的测试方法（例如，衣服、纺织品、塑胶薄膜、地毯、床垫及垫子、儿童睡衣、软垫家具）等。

在互联网上查询现行的和推荐的政策、法规。

火灾试验是一种物理形式的模拟，测试或实验过程中使用的是与案件或研究相关的材料。火灾试验是为支持火灾重建而进行的，可以涵盖从不需要任何设备的简单现场试验到台式小尺寸燃烧试验，再到在真实建筑物中进行的配有复杂仪器的全尺寸燃烧试验（图 10-1）。

图 10-1 用于火灾重建的试验，可以涵盖从不需要任何设备的简单现场试验到在真实建筑物中进行的配有复杂仪器的全尺寸燃烧试验

资料来源：Det. Michael Dalton（ret.），Knox County Sheriff's Office

NFPA 921（NFPA，2017，22.5.1）指出，"火灾试验（fire testing）是一种能够补充火灾现场采集数据的工具（4.3.3），也可用于对假设的验证（4.3.6）。这种火灾试验的规模可以从小尺寸试验到能全面再现整个事件的全尺寸试验"。

火灾试验可以帮助确认或推翻关于火灾引燃或蔓延的假设，测试和验证计算模型或经验丰富的调查人员的预测，或证明火灾中各种因素的作用及其对火场人员的影响。本章简要介绍了许多在火灾调查中有用的火灾试验。

能够用于火灾现场重建的火灾试验信息的标准是：试验方法是否正确，数据收集及报告是否准确，以及试验条件是否与调查的情景相符。火灾试验要用可重复的和有效的方法来收集数据。调查人员必须清楚以下几个问题。

- 燃料、实验环境和着火机制是否重现了所调查的火灾？
- 这些测试是否符合美国材料试验协会（ASTM）或美国消防协会（NFPA）的相关标准？如果没有，试验设计中考虑了哪些因素？
- 试验中考虑了哪些变量以及如何控制它们？燃料湿度、燃料数量质量、物理状态、环境温度和湿度、热通量和氧含量，在着火、火焰蔓延和放热过程中都起着重要的作用。
- 如果是专门设计的试验，有哪些数据能进行可靠、准确的收集和分析？
- 是否有计划进行系列试验，以检验数据的敏感性和重现性？鉴于火灾试验数据在刑事和民事火灾调查中的重要性，必须以适度、公正和可重现的方式开展试验和数据分析，避免失实。

针对织物和家用成品的燃烧试验仅反映产品的可燃性，即意外情况下被引燃的难易程度。这些试验无法确定在给定的室内火灾中，织物是否会燃烧并增加房间的火灾荷载。但是如果温度、通风和燃烧时间足够的话，所有织物都会燃烧，即使是阻燃的 Nomex（诺梅克斯，一种芳族聚酰胺纤维的商品名）或 PBI（聚苯并咪唑纤维）织物也会在适当的条件下燃烧。这些关于织物及其燃烧试验的结论有助于火调工作者评估小火焰或余烬引燃服装或软垫家具的难易程度（先后顺序）。

虽然住宅火灾的总数在美国持续降低，但在 2004 ～ 2006 年间，每年由软垫家具、床上用品、床垫、衣服、布料作为最初起火物的火灾大约有 26900 起（火灾总数 384100 起），占住宅火灾的 14.3%，并导致 1030 人死亡，而这大约占住宅火灾总死亡人数的 40%（Miller，2015）。

NFPA 估计 2002 ～ 2005 年，仅软垫家具作为最初起火物引起的住宅火灾平均每年就有 7630 起，造成 600 人死亡，920 人受伤，以及 3.09 亿美元的直接财产损失（Ahrens，2008）。虽然以软垫家具作为最初起火物的火灾仅占已报告的家庭火灾的 2%，但死亡人数却占住宅火灾死亡人数的 21%。在同一时期，床垫或床上用品作为最初起火物引起的住宅火灾年均 11520 起，占火灾总数的 3%，但死亡人数占住宅火灾死亡人数的 13%（378 人死亡，1286 人受伤，3.57 亿美元的直接财产损失）（Ahrens，2008）。

据美国消费品安全委员会（CPSC）统计，软垫家具作为起火物的住宅火灾中，约 29% 是由香烟或其他发烟材料引起的，约 16% 是由明火引起的。床垫和床上用品引发的住宅火灾中，约 22% 是由吸烟材料引起的，26% 是由明火引起的（Miller、Chowdhury 和 Green，2009）。NFPA 估计（2008 年）14% 的床垫 / 床上用品火灾和 12% 的软垫家具火灾是由发烟材料引起的（Hall，2008）。

尽管服装着火可能不会经常引起房屋结构的损坏，但是 NFPA 估计，在 1999 年至 2000 年期间，每年由于衣服着火就导致了 120 人死亡，150 人受伤（Rohr，2005）。Hoebel 等人最近开展了一项研究，其数据为来自国家伤害电子监测系统（NEISS）的烧伤数据和来自疾病控制和预防中心（CDC）的国家卫生统计中心（NCHS）的死亡数据。研究表明，许多服装火灾并没有向相关消防部门报告，因此，NFIRS 或 NFPA 数据中不包含此类事故。该分析显示，在 1997 ～ 2006 年，每年火灾中衣服着火会导致近 4300 人受伤，120 人死亡（Hoebel 等，2010）。

自 20 世纪 80 年代以来，随着阻燃材料在一些家具中的普遍使用，以及公众对其危害性认识的提高，由室内装饰家具、床垫和床上用品引发的火灾总数急剧下降（Hall，2001；Krasny、Parker 和 Babrauskas，2001）。但织物作为最初起火物的火灾仍然是比较常见的。火灾调查员应该熟悉常见织物和室内装饰材料的性质，以及其着火危险性和燃料荷载的大小。

10.1
ASTM 和 CFR 制定的相关燃烧性能试验方法

一些 ASTM 的试验可以用来评估材料的着火特性或火焰传播的性质和速率，本章对这些试验进行简要介绍。但需要注意，将这些试验结果用于实际案例有一定的局限性，这主要取决于试验样品的几何形状或尺寸。

火焰在同一种燃料中蔓延时，向上传播的速率要比向下或向外传播的速率快得多。对于相同的织物着火，沙发背面顶部起火比底部起火的火焰蔓延速率慢很多。当窗帘顶部最先着火时，可能导致挂钩和窗帘杆损坏并和窗帘一起掉落在地上，同时可能导致窗帘底部的可燃物被引燃；而当窗帘底部最先着火时，通常是窗帘布几乎烧尽后才导致支撑物损坏。

某些纺织产品采用织物层和衬底材料组合的方式来提高其阻燃性能。所以将各层分开进行单独测试，得到的燃烧性能结果可能是完全错误的。测试样品中残留的水分也会影响其着火特性，因此在试验前，通常要根据特定的标准对样品进行 24 ～ 48h 的养护。

大多数 ASTM 标准试验方法中包括了关于该方法使用的推荐意见，从而对受控条件下的材料或其性能进行对比，进而评估材料在特定火灾条件下的影响，而不是预测产品在不同火灾条件下的行为。

由美国国家消防协会（NFPA）、美国测试与材料协会（ASTM）和美国消费者产品安全委员会（CPSC）提出的试验方法包括。

- 《服装纺织品的易燃性测试》（16 CFR 1610-U.S.）：该试验要求织物样品尺寸为 50mm×150mm（2in×6in），置于倾角为 45°的支架上，用小火焰与其表面作用 1s 且不引燃试样，然后使火焰沿着试样长边移动，对光滑织物作用时间要少于 3.5s，对粗糙织物要少于 4.0s。试验前，试验样品必须进行烘干和冷却。

- ASTMD 1230-10《服装纺织品易燃性标准试验方法》（ASTM, 2010b ；与 16 CFR 1610-U.S. 不同）：CPSC 要求商用织物应满足 16CFR 1610 的要求。本试验适用于那些日用纺织品或服装，但不包括儿童睡衣和特殊防护服。面料试样尺寸为 50mm×150mm（2in×6in），置于角度为 45°的金属支架上，控制火焰在试样底部燃烧 1s。记录火焰沿织物上升 127mm（5in）所需的时间。

- 《聚乙烯塑料薄膜的易燃性试验》（16 CFR 1611-U.S.）：本试验要求聚乙烯塑料薄膜（用于服装）置于倾角为 45°的支架上，燃烧速率不超过 3.0cm/s（1.2in/s）。

- 《地毯易燃性试验》[16 CFR 1630-U.S.（大型地毯）和 16 CFR 1630-U.S.（小地毯）]：将地毯试样置于钢板下，钢板中心有一个直径为 20.32cm（8in）的圆孔。在孔的中心放置一片甲氧胺片并点燃，用甲氧胺片来模拟掉落的火柴的燃烧时间和热释放率。如果样品在任一方向的炭化超过 3in，都被认为是不合格的。由于样品是在室温下测试的，其环境辐射热通量是最小的。引火源为 50 ～ 80W 短时间弱火焰。试验结果表明，经此试验合格的部分地毯，如果在火源功率较大且持续时间较长的情况下，由于辐射热通量的增大，也容易被引燃并产生火焰蔓延。此试验中，地毯是在水平放置情况下测试的，所以相同的地毯垂直放置时其表现可能会不同。

- ASTM D2859-06《纺织品铺地材料引燃特性的标准试验方法》（ASTM, 2010c）：这种方法使用的钢板边长 22.9cm（9in）、厚 0.64cm（0.25in），中心有一个直径为 20.32cm（8in）的圆孔。将甲氧胺片置于孔的中心，在无风的封闭环境中将其引燃。试验前样品要彻底烘干并在干燥器中冷却。如果试样炭化部分距钢板边缘小于 25mm（1in），则产品不能通过该试验。要做八个试样的平行试验，根据可燃织物法案（FFA）规定八个试样中至少要有七个通过该测试。

- 《床垫和垫子的易燃性试验》（16 CFR 1632-U.S.）：将九支以上燃烧的普通香烟放在

裸露床垫的不同位置，如床垫绗缝和光滑部分、装饰带边缘、植绒布袋等。每支香烟在床垫表面任何方向的炭化范围不能超过50mm（2in）。将香烟放在覆盖床垫的两张床单之间，进行重复测试。

- 《整套床垫装置的易燃性（明火）试验标准》（16 CFR 1633-U.S.）：该试验是基于NIST研究结果的全尺寸试验方法。试验过程中，床垫或床垫和支撑部件与一对T形丙烷燃烧器进行短时间接触，并使试样自由燃烧30min。燃烧器模拟的是被褥的燃烧。通过测量来确定试件的热释放速率和总热释放量。该标准规定了两个合格判据，床垫必须满足这两个条件才算符合标准。

① 在30min的试验过程中，试件的最大热释放速率不得超过200kW。

② 在测试的前10min，释放的总热量不得超过15MJ［联邦公告（71号）2006年3月15日］。

- 《儿童睡衣的易燃性试验》（16 CFR 1615和1616-U.S.）：共测试5个试样，试样尺寸为88.9cm×25.4cm（35in×10in），试样垂直悬挂于试验箱支架上，将一个小的气体火焰作用于其底部边缘3s。这些试样的平均炭化长度不能超过18cm（7in），任一试样的炭化长度不能超过25.4cm（10in）（完全燃烧），并且火源移除后10s内任一试样不能出现燃烧的滴落物。这些要求适用于成品（如已生产或洗涤和干燥一次之后）以及洗涤和干燥50次之后的衣服。

- ASTM E1352-80a《软垫家具组件实物模型的香烟引燃特性的标准试验方法》（ASTM，2008a）：该试验使用的是缩尺寸的胶合板模型试样［47cm×56cm（18in×22in）］，并配有软装以模拟座椅、靠背和扶手等部位来测试家具在掉落的阴燃香烟作用下的可燃性。该测试用于公共和私人使用的家具，如疗养院和医院。试验中，将香烟置于座位、扶手和靠背的不同表面以及沿缝隙之间的位置。记录每根香烟引起的炭化距离或明火引起燃烧的距离，并进行对比。

- ASTM E1353-08ae1《软垫家具组件香烟引燃特性的标准试验方法》（ASTM，2008b）：该试验使用实物模型测试软垫家具的单个部件——覆盖织物、沿边带、内部织物、填充材料或棉絮材料等，并使其与实际使用中的形式、几何形状和组合状态一致。该试验只使用一根香烟，但每次试验时香烟都被一层棉布所覆盖，使其保持更多的热量，从而比香烟裸露条件下进行的试验更加严格。

- ASTM E648-15e1《辐射热源作用下的地板覆盖物临界辐射热通量标准试验方法》（ASTM，2015d）：该试验使用水平安装的地板覆盖试样［20cm×99cm（8in×39in）］，在其上方成30°角安装燃气辐射加热器（带有燃气调节的燃烧器），可产生$1 \sim 10kW/m^2$的辐射热流。火焰沿样品传播的距离表明了试样引燃和火焰传播的最小辐射热流量。

10.1.1 其他材料的 ASTM 试验方法

ASTM国际消防标准委员会E05确定了其他材料的试验方法。

- ASTM D1929-14《塑料引燃温度测定的标准试验方法》（ASTM，2014b; ISO 871）：本试验中采用圆柱形热风炉对放置在试样盘内的试样进行加热。试验时由热电偶监测样品的温度，通过调节样品温度，使通过顶部排出的热解气体在燃烧室附近小引火源的作用下被引燃，此时的温度即为闪点（FIT）。这套设备还可以用来确定样品的自燃点（spontaneous ignition temperature,SIT），试验时移除引火源，并使试样产生可见的火焰或者无焰燃烧现象（或者试样温度出现了快速升高的现象）。由该方法测得的普通塑料的自燃温度要比测得的闪点高 20 ～ 50℃。当材料形态为小球、粉末、固体颗粒或薄膜时，每次测试需要 3g 的材料。

- ASTM E119-15《建筑结构和材料的标准火灾试验方法》（ASTM，2015c）：试样（墙壁组件、地板、门等）置于标准火灾环境中，测试其耐火或保持其完整性的时间。试验时采用大型燃烧炉（水平或垂直）来建立标准的时间 - 温度变化环境。组件置于规定的条件下，通过测量其表面温度，检测其结构完整性，来确定火焰穿透试件的时间。此试验的标准时间 - 温度环境并不能准确反映所有真实的火灾情况，由此确定的建筑构件的性能等级仅用于不同试件间的比较。

- ASTM E659-15《液体化学品自燃温度的标准试验方法》（ASTM，2015e）：将少量液体试样（100μL）注入加热到预定温度的玻璃烧瓶，并观察瓶内的闪燃火焰和内部温度的突然上升（由一个内部热电偶测量）。如果没有观察到燃烧现象，则升高温度，重复试验，直到材料稳定燃烧。该方法可以测得空气中燃烧的热焰自燃点（autoignition temperature，AIT），还可以记录起火延迟时间。如果仅内部温度发生了小的急剧上升，则此温度为冷焰自燃点。该方法也可用于测试那些在试验温度下熔化、蒸发或完全升华没有固体残留的固体燃料。试验条件受玻璃烧瓶与燃料之间的传热和球形烧瓶的几何形状控制。在实际着火过程中，容器表面的性质和接触方式决定对流换热系数，并可能改变着火的时间或温度。如果试验容器的几何形状（管状或封闭）能够使燃料与热表面充分接触，那么其所测得的数据将低于使用开放、平坦表面测得的自燃点，因为后一种情况下，热蒸气产生的浮力会将燃料从热表面带走。

- ASTM D3675-14《使用辐射热源测定柔性多孔材料表面燃烧性能的标准试验方法》（ASTM，2014c）：该方法用燃气辐射热板 [30cm×46cm（12in×18in）] 引燃倾斜的材料试样 [15cm×46cm（6in×18in）]，使样品的上边缘先被引燃，而后火焰前沿向下移动。观察火焰向下移动的速度，并计算火焰传播指数。这种试验方法适用于任何可能暴露于火灾中的材料。试验要求至少要测试四个样品。

- ASTM D3659-80e1《半约束法测定服装织物易燃性的标准试验方法》（ASTM，1993）：该试验模拟衣服挂在肩上时的燃烧特性。试样尺寸为 15cm×38cm（6in×15in）（需测试 5 个试样），在试验前需烘干和称重。试验时，试样垂直挂在横杆上，将小型气体燃烧器产生的火焰作用于织物底部，并保持 3s，然后移开火焰。比较的标准是试样被火焰破坏部分的重量（百分比面积）和破坏所需的时间（参照 FF 3-71：儿童睡衣的易燃性，尺码为 0-6X 号）。

- ASTM E84-15a《建筑材料表面燃烧性能标准试验方法》（ASTM，2015）：该试验方法采用的是"斯坦纳隧道"，隧道为绝热环境，长 7.6m（25ft），高 30cm（12in），宽 45cm（17.75in），测试时试样安装在隧道顶部下方。使用气体燃烧器将试样一端引燃，观察和记录火焰沿试样长度的传播速度。试验样品的最小尺寸为 51cm×7.32m（20in×24ft）。仪器的排气管内安装有光密度测量系统（光源和光电管）。燃烧产物可以在流经光度计后进行采集。该测试装置除了采用可燃天花板覆盖物外，其倒置结构在现实生活中并不常见。

- ASTM E1321-13《材料引燃和火焰蔓延特性的标准试验方法》（ASTM，2013d）：该方法用于测试竖向可燃表面暴露于外部辐射热流时的引燃和火焰蔓延特性。试验结果可用于计算材料引燃和火焰传播所需的最小辐射热通量和温度。试验装置由一个垂直安装的大样品和一个与之呈一定角度设置的燃气辐射板加热器所构成。试验中，用气体燃烧器火焰引燃试样，并记录火焰沿试样长度传播的速度和距离（见图 10-2）。

图 10-2　火焰表面蔓延速率测试（ASTM E1321）中使用的与试样表面成一定角度的辐射板
资料来源：NIST

- ASTM E800-14《测量火灾产生气体的标准指南》（ASTM，2014d）：本指南描述了对燃烧试验时产生的气体进行正确收集和保存的方法，以及使用气相色谱、红外或湿化学方法对 O_2、CO、CO_2、N_2、HCl、HCN、NO_x 和 SO_x 进行分析。正如我们所知，各类火灾中均有可能产生较高浓度的毒性或刺激性气体。对那些亡人火灾中的材料进行检测，会为分析这些材料的燃烧气体的致死作用提供线索。

- 《床垫、弹簧箱和日式床垫（蒲团）加州 TB 603 标准》（加州消费者事务部 2002 年）：2005 年 1 月 1 日以后，加利福尼亚州要求民用及商用的床上用品必须符合新的试验规程。试验模拟实际的火源，并测量床上用品燃烧后的能量释放情况。用 T 形气体燃烧器作用于床垫顶部和侧边，并保持一定时间（图 10-3）。出现任一情况则认为产品未通过测试：

图 10-3　使用 TB 603 试验方法对床垫进行测试
资料来源：Bureau of Electronics & Appliance Repair, Home Furnishings

① 引燃后 30min 内热释放速率达到或超过 200kW；

② 引燃后 10min 内总热释放量达到或超过 25MJ。

从 2007 年 7 月 1 日起，在美国所有民用的床垫（包括含支撑件的床垫）、日式床垫（蒲团），都必须通过 16 CFR 1633 的试验，该试验与 TB603 类似，但要求在最初 10min 内释放的总热量不得超过 15MJ。

10.1.2 液体的闪点和燃点

可以用简单的方法对可燃液体的闪点和燃点进行测试，即室温下在培养皿或透明玻璃中滴几滴燃料，然后在液体表面附近挥动点燃的火柴。如果能够引燃，则可以确认该材料为 I A 或 B 类易燃液体，其闪点低于室温 [23℃（73 ℉）]。更可靠的试验要求液体蒸发过程可控，且使用可重复的火源。

液体闪点（flash point of a liquid）试验通常是取一定量的液体燃料，将其放入水浴杯中，水浴的温度逐渐升高。杯子可以是向环境敞开的，也可以用一个小遮板封闭。在杯口周期性引入一个非常小的火焰，并观察杯内液面上方是否出现瞬时闪燃火焰。许多液体的燃点可以通过开杯法来确定，方法是升高温度，直到形成一种持续燃烧的火焰，而不是一闪即灭的火焰。

闭口杯测试装置中蒸发的液体蒸气蓄积在杯内，更容易被引燃。所以对于同样的可燃液体，使用闭口杯测试的闪点比开口杯的测试值低几摄氏度。

测试液体闪点和燃点的试验方法包括以下几种。

- ASTM D56-05《塔格闭口杯闪点测定仪测试闪点的标准试验方法》（ASTM，2010a）：适用于闪点在 93℃以下的低黏度液体闪点的测试。每次试验需要 50mL 液体（有时缩写为 TCC）。

- ASTM D92-12b2《克利夫兰开口杯测定仪测试闪点和燃点的标准试验方法》（ASTM，2012a）：适用于闪点高于 79℃且低于 400℃的石油产品（燃油除外）。每次试验至少需要 70mL（有时缩写为 COC）。

- ASTM D93-15b《彭斯基 - 马滕斯闭口杯测定仪测试闪点的标准试验方法》（ASTM，2015b）：适用于闪点在 40 ～ 360℃范围内的石油产品，包括燃油、润滑油、悬浮液和高黏度液体。每次试验至少需要 75mL 液体。

- ASTM D1310-14《塔格开口杯测定仪测试液体闪点和燃点的标准试验方法》（ASTM，2014a）：适用于低温操作环境条件下测试闪点在 218 ～ 165℃之间、燃点在 165℃以下的液体。燃点判定标准：燃料引燃并燃烧至少 5s 时的液体温度。每次试验需要 75mL 液体。

- ASTM D3278-96《小型闭杯闪点测定仪测试液体闪点的标准试验方法》（ASTM 2011）：适用于闪点在 0 ～ 110℃之间的少量（每次试验需要 2mL）燃料闪点的测定。该小型的试验装置称为塞塔佛拉希测定仪。类似 ISO 3679 和 3680 的测试方法，用于低于环境温度情况下闪点的测定。

- ASTM D3828-12a《小型闭口杯闪点测定仪测试液体闪点的标准试验方法》（ASTM，2012b）：该方法类似于 ASTM D3278。用于确定给定温度下液体产品是否会发生闪燃，每次试验使用 2 ～ 4mL 样品。

由于闪点试验方法的多样性，ASTM E502-07 提供了一种标准试验方法（ASTM，2013b），来确定如何选择和使用闭口杯闪点测定仪确定液体闪点。

10.1.3　量热法

传统的氧弹量热法（calorimetry）用于测量燃料燃烧的总热量［如 ASTM D4809-13（ASTM，2013a）］。术语"弹"指的是能够承受内部压力的密封容器。测试过程中将一定质量的样品置于该密闭容器内，样品燃烧时通入过量的氧气，直到样品完全燃烧。燃烧产生的热量是通过测量密闭容器的温升，并利用其比热容和质量计算得到的。这项试验不适用于含有多种物质的复合燃料，因为它测试的是燃烧的总热量，而不是有效燃烧热，后者会由于不完全燃烧而造成热量损失。

由于大部分普通燃料燃烧时每消耗单位质量的氧气所产生的热量几乎是相同的（13kJ/g），所以可以很容易地通过测量燃烧过程中消耗的氧气量来计算产生的热量，这个过程叫作耗氧量热法。如果样品在空气中燃烧，其产生的所有产物都被吸入一个管道系统内，就可以测量 O_2、CO 和 CO_2 的浓度。通过测量进入测试室和通过排气管道的风量，就可以确定耗氧量。管道中的光学传感器还可以监测烟气的光密度和遮光性。需要注意的是，该方法中的耗氧量和热释放速率都是通过仪器测试过程中收集的数据计算出来的。

根据测试尺度和应用场所，该方法所用仪器又被细化为四大类：锥形量热仪、家具量热仪、房间量热仪和工业量热仪。锥形量热仪由 NIST 的 Babrauskas 开发，在 ASTM E1354-15a（ASTM 2015f）中有描述，样品尺寸为 10cm×10cm（4in×4in），放置在金属托盘中，试验时，样品上方安装的锥形电加热器发出均匀入射的辐射热流（如图 10-4 所示）。通过调节加热元件的温度，可以控制作用于试样上的辐射通量。利用小型电打火器来引燃加热样品产生的烟气，然后将点火源移去。火焰和烟气向上通过圆锥形加热器的中心，并在排烟管道上测量其流速、O_2、CO 和 CO_2 浓度以及烟的遮光性等参数。试样盘整体安装在一个灵敏的天平上，因此可以连续测量试样的质量损失。分析元件可以计算热释放速率（以单位燃料表面积来表述）、质量损失速率和有效燃烧热。尽管测试的样品是缩尺寸的，但试验结果与实际火灾有高度的相关性（Babrauskas，1997）。液体或固体燃料（低熔点热塑性材料）在测试时需水平放置，而木材和其他硬质燃料也可以在垂直情况下进行测试。

家具量热仪（furniture calorimeter）采用同样的方法来测定实际使用中的单个家具物品燃烧时的热释放速率。试验时家具放置于天平上，在敞开空间进行燃烧，所有的燃烧产物都被吸入集烟罩，并在管道系统中测量温度、压力以及 O_2、CO 和 CO_2 的浓度。计算出的热释放速率可以与天平测得的质量损失数据相结合来计算有效燃烧热。

当把多件家具、地毯、墙壁衬里和其他燃料作为一个整体的燃料包进行评估时，要使用房间量热仪。在这种情况下，房间的标准尺寸是 2.4m×3.6m×2.4m（8ft×12ft×8ft），整个房间产生的燃烧产物通过门口排出，并向上吸入集烟罩进行测量。这样就可以实现当火焰从一个物体蔓延到另一个物体时，甚至在接近发生轰燃时，持续地计算燃烧热释放速率。

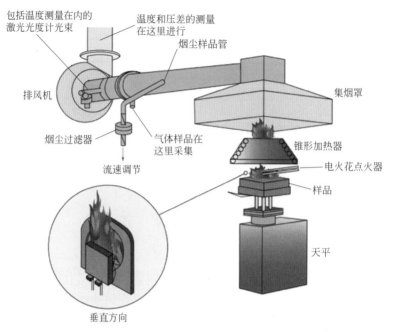

图 10-4 ASTM E1354-11b 中记录的由 NIST 的 Babrauskas 开发的锥形量热仪试验，样品放置在金属托盘中，其上方安装的锥形电加热器发出均匀入射的辐射热流

资料来源：Dr. Vytenis Babrauskas, Fire Science & Technology, San Diego, California

尺度最大的量热仪通常被称为工业量热仪。该测量系统由一个大的集烟罩与配套的风扇、管道、仪器等组成，通常安装于屋顶较高的建筑内。常见量热仪的测量能力有 12kW（锥形量热仪）、1.5 ～ 5MW（家具量热仪）、3 ～ 6MW（房间量热仪）和 10 ～ 50MW（工业量热仪）。测量能力越大，对火灾现场的重建工作越有参考价值，但这些设备大多归属于不提供火灾重建方面商业测试服务的组织（例如 UL、ATF）。西南研究所（San Antonio, Texas）有 4 ～ 10MW 的量热仪，并可用于火灾重建的商业项目。

软垫家具的燃烧性能测试方法之间的差异很大，引火源包括香烟、小火焰以及已知热释放速率的大型燃气燃烧器（通常为 17 ～ 40kW）。它们分别适用于标准化的小型家具模型以及从生产线上取下的实际物品的燃烧性能测试。测试结果合格 / 不合格可以通过观察到的火焰蔓延、火焰穿透、质量损失百分比、热释放速率峰值、产烟量或烟气毒性等方面进行判断。

10.1.4 试验方法

目前可用的试验方法有很多，包括美国联邦法规（CFR）、英国标准（BS）、国际标准化组织（ISO）、美国材料试验协会（ASTM）和美国加州家具技术局（TB）所描述的方法。Krasny、Parker 和 Babrauskas（2001）对当前技术进行了全面的描述和讨论。

与之前介绍的实验室测试方法一样，这些试验结果在实际火灾重建中的应用也有其局限性和值得注意的地方。例如，某一材料仅仅通过了特定测试，这并不意味着它在真实火灾环境中是耐火的或安全的。

另外，需要注意的是，被测样品需要在特定温度和湿度下进行 24 ~ 48h 的养护，因此研究者应该意识到这些变量对测试结果潜在的影响。试验空间的几何形状也很重要。同一件家具放置在角落或靠墙测试，可能会产生不同于放置在大房间中心时的热释放量和火灾痕迹，而后者会最大限度地减少交叉辐射或通风影响。

点火的位置、方式、方法和持续时间对家具的燃烧性能起着重要的作用。例如，如果点火源是放在座椅上的小火源，座椅上的乙烯基覆盖层可以提供较好的阻燃效果（聚氯乙烯装饰层会使基材炭化、膨胀，对内层材料产生覆盖作用）。但如果是作用于座椅下部，即使是一个小火源，火焰也可以接触到聚氨酯填充物，很容易将椅子引燃。

10.1.5 香烟对软垫家具的引燃

几十年来，软垫家具被香烟引燃是主要的火灾原因之一。这是因为软垫类家具大都将棉花或亚麻覆盖在棉花、椰子纤维、木棉或类似纤维填充材料上，而这些材料都很容易被灼热的香烟引燃。

Holleyhead（1999）曾发表了一篇关于香烟引燃家具的文献综述类文章。然而，存在大量关于此类阴燃向有焰燃烧转变所需时间的错误信息。调查人员错误地认为这种转变总是需要 1 ~ 2h，从而推断，任何在较短时间内发生的有焰燃烧火灾一定是明火蓄意引燃的。

美国加州家居研究局和美国国家标准技术研究所（国家统计局）进行了大量的试验，并于 20 世纪 80 年代早期公布了试验结果，即阴燃向有焰燃烧转变所需的时间是个变量。从灼热的香烟放置于垫子之间，或垫子与扶手、靠背之间，到出现明火，需要 22min。而其他试验需要 1 ~ 3h，还有一些试验在阴燃好几个小时之后便自熄了，并未出现明火燃烧。甚至在相同的条件下试验结果也会不同。Babrauskas 和 Krasny（1997）统计分析了这些试验结果，并进行了发表。

这些研究人员的试验中也出现了相近的引燃时间和点火结果。如果织物被撕破，香烟直接接触到没有经过阻燃处理的棉花衬垫，在静止空气中只需 18min 就可以观察到向明火的转变。气流的存在会影响纤维阴燃的进程并增加其热释放速率。DeHaan 做了一个非正式的试验，他把香烟松散地包在一条棉质毛巾里，并置于室外，在风速不大、风向多变的情况下，放置大约 15min 后就出现了明火。手卷卷烟的着火风险较低，因为它们比商业化生产的卷烟更容易自熄。有关大麻树脂香烟作用于浸有汽油的衣服的相关试验结果可参见 Jewell、Thomas 和 Dodds（2011）的研究。

根据 NFPA 赞助的网站 firesafecigarrettes.org 可以了解到，50 个州全部都通过了相关法规，强制要求香烟具有自熄性或防火安全（FSC）性。欧盟（EU）为其成员国也制定了相关标准，并从 2011 年 11 月 17 日起要求所有在欧盟销售的香烟都必须为低引燃性（RIP）香烟。对于这些香烟来说，RIP 这个术语在技术上比防火安全更为准确，因为它意味着这些香烟设计得比传统香烟更不容易引燃沙发或床垫等软垫类家具。但这些设计只会减少卷烟引燃软垫材料的机会，而不会阻止所有可能引燃情况的发生。防火安全香烟通常采用带状纸设计，带状纸内交替填充着高孔隙率和低孔隙率的烟丝，这将导致阴燃停止。

乳胶或天然橡胶泡沫接触到灼热的香烟，也很容易被引燃。一支香烟点燃后，最多可在 20 ～ 25min 内被吸完，如果夹在座椅靠垫之间，燃烧时间会稍长一些。如果将点燃的香烟置于可燃物之中，由此而引发了自持性阴燃，其结果是引燃时间要增加几倍，这一点可以从明火燃烧出现前几分钟产生的大量白烟得到证实——远远超过一根香烟产生的烟量。

10.2
物理试验

10.2.1　缩尺寸模型

通过缩尺寸的房间或家具制品的试验，可以获得大量有用的信息，并且与全尺寸试验相比，成本和复杂程度更低。这些模型对于测试着火和初期火灾假设特别有价值，因为此阶段房间表面或房间条件的相互作用不占主导。

当涉及热辐射或通风因素时，试验必须考虑到，并不是所有火灾中的参数都像房间尺寸那样按照相同的线性方式缩小。例如，通过开口的风量是由开口面积及其高度的平方根来控制的。这些因素的修正计算是可以实现的，但并不像建造玩具屋那么简单，所有门窗相对于全尺寸的比例都要一样。辐射热通量与距离的平方成反比（$1/r^2$），缩尺寸模型的建模人员必须记住这些关系。

与所有可供调查人员使用的火灾调查工具一样，缩尺寸的封闭空间（RSE）试验可以提供许多非常有用的信息，而且建造模型和燃烧相对简单。热烟气是动态的流体，它通过全尺寸封闭空间（FSE）的运动与通过缩尺寸封闭空间（RSE）的运动是相似的。在早期的一篇论文中，Quintiere 对各种与传热和烟气运动有关的尺度因素进行了评估（Quintiere，1989）。

目前，缩尺寸封闭空间试验中关于通风开口（门）的研究主要集中在垂直尺度的缩放和宽度的调整上，通过对通风因子（$A_0\sqrt{h_0}$）的调整以保持空气的流量，其中 A_0 为门开口的面积，h_0 为门开口的高度，例如，如果比例是 1/4（0.25），则 RSE 门的宽度为 FSE 门宽度的 $\sqrt{0.25}$（或 0.5）倍。因此，30in 宽的开口在 1/4（0.25）比例尺下将是 7.5in 宽，但用平方根因子修正后，开口将是 15in 宽。需要注意的是，只对通风口的宽度进行了调整（Bryner、Johnsson、Peter，1995）。

此外，目前的研究似乎表明，按比例缩建的家具不需要精确和复杂的结构。使用标准的 1/2in 定向刨花板（OSB）作为框架，聚氨酯作为填料，家具内饰作为覆盖物，就可以提供足够荷载的燃料包。家具整体尺寸是按比例缩放的，但其厚度不是。

有一种缩尺寸的家具，是把定向刨花板的中心切掉，形成一个框架，并用这个框架制作椅子和沙发。制作时，将框架用胶或钉子固定形成框架结构，再用家具软垫包裹住框架并黏合固定，接着用聚氨酯填充在软垫之下，并放置在框架上。床是由两层聚氨酯制成，上面盖着床单，下面为简单的木结构床架。Mark Campbell 关于缩尺寸模型的研究工作见图 10-5。

目前的试验显示了全尺寸、缩尺寸和 FDS 模拟之间的相似性。这些相似性体现在煅烧痕迹图、清洁燃烧区域、通风燃烧痕迹、轰燃、回燃和热电偶测量数据等方面。缩尺寸试验中的热电偶数据显示了火灾的发展阶段和向轰燃的过渡，以及发生在封闭空间中的湍流混合和火灾的衰减。这些信息可以帮助调查人员检查火灾痕迹及其位置和强度。

缩尺寸试验可以提供有关火灾影响的信息，但不能用来计算热释放速率、火灾蔓延时间、质量损失速率、气体种类或气体浓度，因为这些更难以衡量。此外热释放速率、烟气移动速度和轰燃时间也不是线性相关的。这些有价值的信息是用来辅助调查者完善假设的，而不应该是独立的研究或试验。

如果地板或墙壁材料的厚度按比例减少，当它们的厚度小于几毫米时，会成为热薄型材料，其对火反应特性与该材料在较厚情况下是不同的。墙壁和天花板的模型可以选用特殊的材料，这样石膏或石膏墙的热性能就可以在缩尺寸情况下得以重现。

(a) 由Mark Campbell和Dan Hrouda建造的1∶4比例的房间。缩尺寸房间的正面视图。试验时前面会放置石膏板，并使其正对门的开口。分别在面朝房间背面的A处和面朝沙发的D处安装两个摄像头，丙烷砂盘燃烧器放置在B/C的夹角处，15个热电偶分布在整个试验房间中

(b) 丙烷砂盘燃烧器点火后90s从D面往B面看的侧视图。丙烷砂盘燃烧器位于沙发的右侧，热释放率缩小到约3kW，它符合5/2的缩尺寸定律的要求。全尺寸封闭空间试验时的火源功率为100kW

图 10-5

(c) 火已经蔓延到沙发上，此时天花板上的热烟气体使椅子发生热解并着火。房间中间的热电偶有助于确定房间开始向轰燃过渡的时间

(d) 火焰冲出试验房间，此时为轰燃后燃烧阶段。火焰在轰燃后持续了2min。缩尺寸试验为研究者提供了另一种工具，以帮助评估各种火灾的影响和燃烧痕迹

图 10-5　缩尺寸模型的研究

资料来源：Mark Campbell, Fire Forensics Research Center, Denver, CO

10.2.2　流体箱试验

　　大量用于烟气和高温气体运动模型的建模和试验信息是在完全没有火或烟的流体箱中得到的。相对于正常室内空气，高温气体产生的浮力推动了建筑物内烟气的运动，因此可以使用两种不同密度的液体，如淡水和盐水，来模拟相同的过程。如果将一种液体染色，就很容易观察和记录其运动和混合过程。图 10-6 为使用流体箱模型进行的探究工作。

　　通常会使用缩尺寸房间模型（1/8 到 1/4），该模型由透明树脂玻璃制成，倒置浸没在一个装有较轻、密度较低液体的大箱子里。然后在模型中引入较重的液体，以模拟着火房间产生的烟气。在该模拟过程中，比例因素非常重要，液体的相对密度和黏度需要进行校准以模拟气体浮力流动的混合过程，这项技术可以为某些调查问题提供答案，并用以证实

计算模型和假设（Fleischmann、Pagni、Williamson，1994）。

(a) 1:16缩尺寸流体箱侧面图，在门(最右边)打开后，较冷且密度较大的流体(代表较冷的空气)通过门的下半部分进入试验箱。浮力流体(颜色较浅部分)从开口顶部流出。进行这些试验是为了评估房间火灾中出现回燃现象时烟气的流动和混合过程

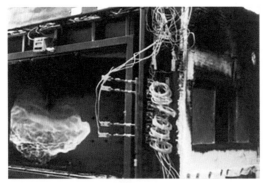

(b) 1:2缩尺寸火灾试验箱的四分之一视图。在封闭的燃烧室中，在通风控制燃烧的情况下产生了高温、富燃料的浮力烟层。当门(右边)打开时，上层烟气逸出，新鲜冷空气从门的底部流入，与热烟气混合。当混气被远端火焰引燃时，火焰将沿预混界面快速前进，形成回燃现象。图(a)所示的流体箱试验预测了这种行为

图 10-6　使用流体箱换机进行的探讨

资料来源：Dr. Charles Fleischmann, University of Canterbury, Christchurch, New Zealand.

10.2.3　现场试验

对火灾重建过程来说，最初起火物的识别是至关重要的。如果最初起火物更容易被明火而不是炽热或高温表面引燃（例如天然气、汽油蒸气或聚乙烯塑料等），火灾现场勘验时可以集中在搜索适当类型的潜在火源上。而纤维素燃料或其他天然材料，如羊毛，更容易被丢弃的香烟或灼热的电线等热表面引燃。大多数材料可以通过目测来可靠地识别，但是关于它们引燃时的行为则属于火灾调查员专业领域的知识。

NFPA 705（NFPA, 2013）中描述了一个简单的有焰燃烧或引燃敏感性试验方法，试验时使用火柴或打火机作用于试样的一角，小尺寸试验样品垂直静置于空气中，该试验将揭示样品是否容易被引燃，以及当火源被移除时是否能够维持燃烧。而现在 NFPA 701（NFPA, 2015）被认为是首选的方法。

在 NFPA 705 试验条件下，纤维素材料燃烧产生黄色的火焰和灰色的烟，当有焰燃烧

结束之后，会出现无焰燃烧现象。残留灰烬的颜色从灰至黑，质地为粉末疏松状，没有熔化滴落的硬质残留物。热塑性合成材料在燃烧过程中会出现熔融的现象，因此会有熔融、燃烧的滴落物出现。这些材料在熔融时还会出现收缩和褶皱的现象，燃烧时火焰通常为蓝色，烟气的颜色由几乎看不到的白色（聚乙烯）到浓黑色（聚苯乙烯），且这些材料不支持阴燃。

热固性树脂通常比其他燃料更难被引燃，当火焰熄灭时，往往会发生阴燃，产生大量烟气，并留下坚硬的、半多孔的残留物。弹性体（elastomers）（橡胶）可以是天然的（乳胶）也可以是合成的，并表现出两种特性，有些很容易燃烧，而另一些，像硅橡胶，则难以燃烧。硅橡胶燃烧后会留下明亮的白色粉末状灰烬，而其他弹性体则会留下坚硬、深色、多孔的物质。对于任何未知的疑似最先起火物的材料，如果对其在起火和火灾发展的贡献方面有疑虑的，均应收集起来进行实验室分析。

在开展和分析此类非正式引燃试验时应小心谨慎，由于涉及程序和人员方面的问题，NFPA 705 试验被诟病具有主观和不确定性。此外，还存在人员受伤和严重意外事故的风险。强烈建议在进行有焰燃烧或引燃敏感性试验时使用 NFPA 701《纺织品和薄膜火焰传播的标准试验方法》（NFPA, 2015）试验方法（如图 10-7 所示）。

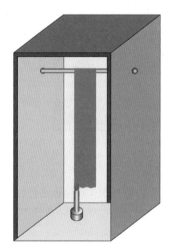

图 10-7　NFPA 701 用于织物易燃性的小尺寸试验。在封闭的实验箱中对自由悬挂的垂直织带〔150mm×400mm（6in×16in）〕进行测试，燃烧器的火焰在织带底部作用 45s，然后移除。观察织物的火焰蔓延行为，并在熄灭后对残留物进行称重

资料来源：Icove, David J.; DeHaan, John D.; Haynes, Gerald A., Forensic Fire Scene Reconstruction, 3rd Ed

NFPA 701 试验方法是一种基本的易燃性测试方法，适用于典型的垂直悬挂织物，如窗帘、帷幔和窗户装饰材料。该试验可确定织物在特定火源下的易燃性。在 NFPA 701 试验中，材料垂直悬挂并在规定时间内受到火焰的作用；观察材料是否自熄；测量其炭化长度；观察试样掉落至箱底后是否仍然维持燃烧。

NFPA 701 试验方法 1 适用于单层织物、多层窗帘和窗帘组件。乙烯基涂层织物遮光衬里应根据 NFPA 701 试验方法 2 进行测试。NFPA 701 提示，用于建筑物表面或内部装饰的材料应按照 NFPA 255《建筑材料表面燃烧特性标准试验方法》或 NFPA 265《评估全高度面板和墙壁表面覆盖织物对房间火增长贡献的标准火灾试验方法》（NFPA, 2015）进行测试。

阻燃剂的存在会显著影响着火和火焰蔓延。像地毯这样的材料，同一引火源从试样角落或边缘引燃比从中心引燃更容易。样品垂直放置时，引燃和火焰蔓延会得到增强，但也可能因排烟或样品中的水分而延迟，因此对试验结果要加以分析，而不应将其作为判定燃烧性能或实际火灾行为的证据。

10.2.4 全尺寸火灾试验

尽管试验建筑的尺寸、通风和建筑材料与正在研究的特定火灾条件不匹配，但通过在预拆除的实际建筑中进行火灾试验，已经收集了相当多的信息。除了物理适用性外，通常还存在一些其他问题，如试验建筑火焰对周围房屋的影响、环境问题、后勤保障和有限的消防救援力量等。如果使用预拆除的建筑进行试验，则应架设多个摄像机进行记录，并布置热电偶阵列和辐射热流计测量相关数据。

DeHaan 建造了一个实验室，与一起造成 6 人死亡火灾的房间几乎相同。实验室经过重新装修，以重现最初的火灾场景。用该实验室进行加速和非加速引燃的火灾实验，并用热电偶、气体分析仪和摄像机进行记录，试验数据显示，非加速引燃火灾可能导致结构损坏，并很快将受害者困在楼上（DeHaan, 1992）。

在美国，由于出现过许多在消防训练时死亡的事故，消防部门更不愿意让他们的人员暴露在实际建筑火灾的风险之中。大多数消防人员认识到在这样的建构筑物中进行训练的价值，并根据 NFPA 1403《消防实训演练标准》（NFPA, 2012）中概述的安全规定来制定实训计划。

调查人员应该知道，这些规定有：覆盖地板开口，去除玻璃窗、门以及碎片等导致不安全状况的物品，识别和评估所有出口是否安全，使用有限的火灾荷载（即不燃液体或气体）。故由此产生的火灾行为以及最重要的火灾痕迹，通常与具有正常家具、门、玻璃窗以及完整天花板和屋顶的建筑物火灾特征并不相符。建议火灾调查人员不要利用此类消防演习来收集关于火灾行为 / 痕迹的数据，可以利用复制特定条件和控制其他变量的全尺寸房间来进行火灾试验。

ASTM E603《房间火灾试验标准指南》（ASTM, 2013c）规定了成套的试验方法，用于评估材料、组件或房间内物品在特定火灾情况下的火灾响应行为，而小尺寸试验无法重现这些情况。该指南有助于设计全尺寸房间火试验，并指出了在试验开始前应该解决的问题。

例如，ASTM E603 建议典型的房间尺寸是 2.4m × 3.7m（8ft ×12ft），2.4m（8ft）高的天花板。标准尺寸的门 [0.80m × 2.0m（高）] 应设置在一面墙上，门口的顶部距天花板至少应为 0.4m（16in），从而使室内能蓄积一部分烟气和热气体。该指南还建议配置用于测量烟气光学密度、温度和热通量的仪器，并对必要的记录和控制进行了描述。

10.2.5 全尺寸小室结构火灾试验

有效的小室模型能够以较低的组装成本开展全尺寸的火灾试验。根据 Mark Wallace 的设计，小室模型基本上是由四块 2.43m × 2.43m（8ft × 8ft）的木板［通常 61cm（24in）中心处钉有石膏板］围成，顶部用类似的板当天花板。用类似的方法可以很容易建造更大的试验房间，并且可以设计一面可拆除的墙，便于试验后移除来进行现场记录。

门窗可根据需要进行切割。每个门上方必须留有 25 ~ 45cm（10 ~ 18in）高的门头。这样房间就很容易安装在四个覆盖有 13mm（0.5in）厚胶合板的木托架上，或放置在 2in×4in（或 4in×4in）的托梁上。由于这些试验的持续时间很短（< 30min），因此可以不设置绝热材料，一般不会影响内部火灾试验的结果，同时也容易添加电源插座。

添加视窗的方法很简单，只需要在一面或多面墙壁靠近地板的地方切割 25cm × 30cm（10in × 12in）的孔即可。使用硅酮密封胶将一块无框普通窗玻璃粘到墙的内表面上，并在火灾前硬化 24h。没有框架意味着整个玻璃片暴露在相同的热通量下，不会在轰燃前产生使其破裂的应力。经验表明，这样的窗户在轰燃发生之前都会保持完好。如果需要也可以使用耐热玻璃，比如用于壁炉屏风或炉门的玻璃，它们可以在轰燃后仍然保持完整。

热电偶是一种测量温度的传感器，由两种不同的金属合金在一端连接起来（铰接或焊接）制成。当这个结合点暴露在热流中时，会产生一个与温度成正比的小电压。最常见的是 K 形热电偶（镍铬合金 / 镍铝合金），要根据其极性正确连接到延长线上才能正常工作。它的温度测量范围为 −200 ~ 1250℃。通过查阅欧米茄工程公司手册，或登录他们的网站（www.omega.com）可以获得相关的市场文件或材料。

通过在石膏上钻小孔的方式，很容易在需要的地方添加热电偶。一个墙壁上至少要有三个热电偶：一个在顶棚附近，一个在中间，一个在距离地板大约 15cm（6in）且远离门或其他通风口的地方。第二组热电偶可以安装在对面的墙上，或在门内侧顶部额外增设一组热电偶（以记录滚燃情况），或在目标燃料包上方安装热电偶。它们可以用小直径的金属、陶瓷或玻璃管作遮挡，只需露出尖端。使用的热电偶直径应尽量小，因为较大的尺寸会导致测量温度的系统性下降。通常合适的导线尺寸是 24 AWG，数值越大，表明导线直径越小；然而，在现场火灾试验条件下，较细的热电偶导线使用起来比较困难，也容易断裂。数据最好通过数据采集器（如 Picolog）来获取，也可以利用一台摄像机同时监控数个独立仪表输出的数据，以便试验后进行手工抄写。

这样的小室可以创造出与真实房间非常相似的环境［大的房间可以增加 1m × 2.5m（3.3ft × 8.2ft）的空间］，同时将安全风险降到最低，并减少对人员的危害（例如，有毒材料、接触石棉或结构倒塌）。设置入口的墙可以独立安装，这样在火灾后就可以很容易地把它打开，并平铺在地上，以便于检查和摄像。采用录像拍摄所有的试验过程，并尽可能使用多个摄像机和同步时钟进行相关记录。点火的同时应用视频和音频提示开始记录，以使所有记录上 t = 0 的时刻是同时标记的。在相同的燃料荷载下，小尺寸房间［2.5m × 2.5m（8ft × 8ft）］将比典型的 3m × 4m（10ft × 13ft）房间在更短的时间内（大约少30%）发生轰燃。

如果能充分考虑试验参数影响，即使在没有设备的情况下，也可以科学有效地进行小尺寸试验来测试火焰传播特性。例如，因为墙壁和天花板反射回来的辐射热以及通风条件的变化，使得在小室中进行的地毯或家具试验，与在室外进行的试验会呈现截然不同的结果。

地毯要以与实际结构相同的方式固定在地板上。合成地毯燃烧时会收缩和卷曲，如果边缘翘起，地毯的燃烧可能会显著增强，进而改变热释放速率和火灾痕迹。地毯必须使用与实际火灾情况相同的衬垫，因为衬垫与地毯之间的相互作用会导致自持性燃烧（尽管这两种材料单独燃烧时都不能使火焰蔓延）。

试验使用的火源应与实际火灾的相同，或对多种火源进行试验。例如，聚丙烯地毯在室温下不能被掉落的火柴引燃，它可以通过甲氧胺片试验（CPSC 1-70 易燃性试验）。但是，如果地毯暴露在稍大的引火源下（如燃烧的褶皱报纸或任何附加的外部热源），地毯将能够维持燃烧，且在引燃之后，其燃烧速率为 0.5 ~ 1m²/h（5 ~ 11ft²/h），火焰高 5 ~ 7cm（2 ~ 3in）。

如果是在小室内进行试验，必须注意在每次试验中主燃料的位置必须相同（或与被模拟的场景相同）。房间角落处的燃料与靠墙或房间中央的燃料燃烧方式不同，燃料在远离敞开房间门的位置和在门附近燃烧时的情况也不同。房间通风口大小和位置的变化会改变试验期间的空气流量，并影响最终的火灾痕迹，如果试验进行到了轰燃后（通风受限）阶段，则会出现通风控制条件下的火灾痕迹。

10.3
织物类型

织物的燃烧性能差别很大，有的本身非常危险，有的根本不能燃烧。1953 年的《易燃织物法》（16 CFR 1610）规定，禁止在美国使用一些极易燃织物。然而，有些符合法规的织物也可能很容易着火和燃烧。大多数防火织物一般只用于特殊用途，如飞行员、消防员和赛车手的防火服。

最常见的织物包括天然纤维（natural fibers）、石油基合成纤维和非石油基合成纤维。

10.3.1　天然纤维

（1）羊毛
羊毛用在许多服装织物上，也用于床上用品、室内装潢材料和其他用途。由于它的氮含量和蛋白质含量较高，所以它的火灾危险是最小的。羊毛虽然可以燃烧，但相当困难，因为它的着火温度较高而燃烧热较低，通常不能维持火焰。因此，当一个人的衣服着火了，可以用羊毛毯子来包裹，但是否能作为家具的屏障层目前正处于测试之中。火焰能将与之接触的羊毛织物烧出一个洞，但当移除外部热源时，火焰会自动熄灭。羊毛燃烧时，会产生有毒的氰化氢气体以及其他燃烧产物。

（2）棉花
棉花广泛用于服装、床上用品和室内装潢的布料中。它可能是最易燃的普通天然纤维。它的成分是纤维素，就像木材和纸一样。由于棉花的表面积与体积的比值非常大，也就是说棉花的比表面积很大，所以可以很容易将其引燃，而且只要通风良好，棉花就可以在引燃后持续燃烧并扩大蔓延。棉花燃烧的难易程度取决于几个因素，这将在后面加以讨论。棉絮曾被广泛用作服装、家具以及垫子的填充物。在一些现代家具中仍能找到它的身影，但它在很大程度上已被聚酯纤维填充物或其他合成材料所取代。

（3）亚麻

亚麻的使用比以前少了很多，尤其是在服装上，而且在发生的大火中较少涉及它的燃烧。亚麻的纤维素纤维来自茎（韧皮），而不是像棉花那样来自种子荚。由于亚麻是一种韧皮纤维，所以它的变化比棉花要大得多，而且预计这种差异会对燃烧速率产生一定的影响。用细纤维制成的布料比用粗纤维制成的布料更容易燃烧。和棉花一样，亚麻布也可以被阴燃的香烟引燃，或者在接触热表面后发生阴燃或有焰燃烧。

（4）木棉

木棉用于枕头、床上用品和隔热衣物的填充物，通常不用作布纤维。涉及木棉的火灾发生的频率较高，其火灾危险性也相当显著。木棉和棉花一样是纤维素纤维，但由于细胞结构和细度的差别，其易燃性大大超过棉花。木棉很容易着火，而且当通风良好时，燃烧很猛烈。木棉也能很好地支持阴燃。好在木棉的使用是有限的，服装火灾一般不会涉及它。然而，在工业领域，如救生圈和枕头制造业，它的燃烧可能造成重大危害。在加州严格的软垫家具易燃性法规中，木棉是不允许使用的。

（5）蚕丝

蚕丝是把蚕茧解开，并将得到的细丝纺成丝线制成的。它是一种像羊毛一样的蛋白质材料，虽然不容易大批量引燃，但它经常被编织成薄的或透明的织物，一旦引燃就能迅速燃烧。它在燃烧时会产生氰化氢等有毒气体。

10.3.2　石油基合成纤维

由于合成纤维（synthetic fibers）的多功能性，它是目前美国室内装潢和服装中使用最广泛的一种纤维。它的织物有尼龙、涤纶、奥纶、代纳尔和阿克利纶等，它们的着火和燃烧性能有很大不同。部分原因是纤维本身的化学作用，但通常是那些用来改善纤维性能的特殊添加剂和改性剂造成的结果。大多数合成纤维是由来自石油产品的化学物质制成的，与热表面或灼热的灰烬相比，它们往往更容易被明火引燃。尼龙、聚酯、聚乙烯、聚苯乙烯和聚丙烯在接触火焰时会着火，尤其当它们以薄织物或涂层的形式出现时。蓬松的聚酯纤维作为靠垫、枕头和被子的填充物也很常见。

（1）泡沫橡胶

丁基橡胶、丁腈聚丁二烯橡胶和聚氨酯橡胶是常用的合成材料，用于涂层、填充物和家庭用品的绝热材料。它们能抵抗来自炽热火源的引燃；但是如果没有阻燃添加剂，它们很容易被小的明火引燃，且燃烧时释放相当多的热量。

聚氨酯泡沫橡胶广泛应用于室内装潢（有时也用于服装），是最常见的具有重大火灾危险性的合成材料（今天，几乎所有在美国销售的软垫家具都含有一些聚氨酯橡胶衬垫）。现在越来越多的泡沫是阻燃型的。

阻燃泡沫种类很多，其中大多数只能抵抗小的明火，当被更大的火焰引燃时会猛烈燃烧。但也有些泡沫可以抵抗较大的火源。据估计，随着软质聚氨酯泡沫在强度、耐久性和成本方面的提升，使用阻燃级的软垫家具的比例从1970年的1%上升到1994年的

50%（Damant，1996），但阻燃级的泡沫在住宅家具中仍然没有得到充分的应用（Foster 和 Zicherman，2005）。

不是所有的泡沫橡胶都是聚氨酯类的，还有其他弹性材料，如异戊二烯、异丁烯或聚酯泡沫。与聚氨酯相比，这些材料可能有不同的着火和燃烧性能，通常需要进行实验室测定。大多数弹性材料加热后不会熔化，而是发生分解。

除了易燃以外，大多数（但不是所有）合成纤维织物在燃烧时都有熔化和流淌的特点。当这种情况发生时，燃烧的滴落物落到其他可燃物上会引发二次火灾。如果织物是服装形式的，熔化的材料可能迅速滴落，燃烧的滴落物会附着在穿着者的皮肤上，难以扑灭的火焰会造成局部烧伤（Mehta 和 Wong，1983）。

有趣的是，在过去的 35 年里，儿童睡衣的面料用的都是 100% 的聚酯纤维。它的熔化和收缩行为实际上阻止了小火焰的传播，从而使得这些织物能够通过美国消费品安全委员会 16CFR 1615 和 16CFR 1616 对睡衣的要求。但暴露在较大的火焰中时，聚酯会燃烧和熔化，可能会造成严重的烧伤。合成纤维与天然纤维混合后，其着火和燃烧性能会发生变化。例如，棉、涤纶混纺织物比聚酯纤维更容易造成伤害，因为棉可以使燃烧的织物保持在一起，以支持火焰的迅速蔓延，而且织物还能与穿着者保持接触（Holmes，1986）。纯热塑性合成纤维不会发生阴燃，只能明火燃烧。

（2）诺梅克斯

诺梅克斯是一种芳香族聚酰胺合成纤维，它可以抵抗所有类型的火源，用于消防员、飞行员和赛车手防火装备的织物中。在 600℃（1200℉）的火焰中，一层诺梅克斯布可以在 30s 内保护人体组织不被灼伤。目前市面上的其他阻燃织物包括：聚丙烯腈、黏胶、聚苯并咪唑（PBI）、凯夫拉尔、基诺和一些 PVC（聚氯乙烯）织物（Bhatnagar，1975；Backer 等，1976）。

10.3.3 非石油基合成纤维

非石油基合成纤维包括人造丝和醋酸纤维素。人造丝，或再生纤维素，在化学上与棉花几乎相同，因为它们是通过溶解棉花或其他纤维素材料，使溶液通过喷丝板进入再生槽，并以挤压纤维的形式再生纤维而制成的。由于与棉花相似，其火灾危险性的主要差异是由织物组织、服装结构以及纤维尺寸的不同所决定的。

（1）醋酸纤维

醋酸纤维（乙酰化纤维素）在制造和外观上与人造丝相似，但对纤维素进行化学改性会降低其易燃性。它很容易熔化，燃烧起来有些困难，但是在轻质织物上燃烧得相对较快。

（2）玻璃纤维

在一些不常见的织物中可能会遇到其他合成纤维。玻璃纤维布尽管也用来制作衣服，但它主要用于非服装用途。窗帘是一种用玻璃纤维制作的常用织物，具有明显的阻燃性和防火性。然而，几乎所有出售给居民使用的窗帘，都容易被引燃，并支持较大强度的燃烧。用于公共场所的窗帘应是防火的，通常需要符合 NFPA 701 的规定。

（3）石棉

石棉是一种天然纤维状矿物，因其良好的防火性和绝对的不可燃性而被应用于剧院窗帘等特殊场合。由于石棉的潜在致癌性，不再允许其用于服装或家用纺织品中。

10.4
火灾危险

很少有织物存在极端的火灾危险，尤其是那些在服装中使用的织物。织物的易燃性不仅取决于用来制造它的纤维，还取决于织物的编织方式，以及服装采用的设计方式。

紧捻的纱或线比松捻的燃烧强度小。在一些布料的制造中，线是紧捻的纤维，编织得也很紧密。纺纱的紧密程度决定了织物的易燃性，织物的重量或密度也是决定燃烧性能的关键因素。织物越重，就越能抵抗火源的引燃。虽然较重的织物可能更难引燃，但一旦着火，如果衣服无法脱掉或无法将火焰扑灭，由于较大的燃料负荷可以维持燃烧，因而更容易造成伤害。

10.4.1　服装设计

服装设计会对意外着火的可能性造成影响。宽松的衣服，如长袍、衬衫和睡衣，以及有褶皱花边或宽松且飘动袖子的衣服，可能会意外接触到热源。此外这种宽松服装中的布料用量较多，会增加燃料负荷，燃料空气比也会增加，从而促进了快速燃烧。从消防安全的角度来看，燃烧的衣服是否容易脱掉也应是衣服的关键设计点，而这会影响受伤的严重程度。

10.4.2　纺织与整理方法

纺织和整理方法会影响织物的燃烧行为，因为他们会控制织物的燃料－空气交界面的大小。如果是一种松散的织布，线与线之间有间隔，燃烧速率比用同一种线织成的紧密织物快得多。比如，一块棉帆布燃烧得相对较差，而纱布则很快被烧完（但帆布更容易被香烟引燃）（尽管两者都是由同一种纤维材料制成的）。

10.4.3　布料

织得很紧密、很重的布料，比如牛仔布，引燃和燃烧的速度会比薄而轻的棉质布料，比如衬衫上使用的阔幅布，要慢得多。有绒毛的织物，如棉质法兰绒，表面松散的纤维之间有空隙，引燃速度比表面光滑的棉布要快得多。棉质法兰绒和毛巾布织物特别容易着火。在一些毛衣中使用的蓬松的高绒织物比同样纤维紧密编织的低绒织物着火和燃烧得更快。

与其他类型的火灾类似，服装火灾也有多种引火源，如打火机、公用设施或壁炉打火机、点燃的火柴、燃烧的烟草、煤气灶、加热的器具。研究表明，大多数服装面料不太可能被阴燃的香烟引燃（Mehta 和 Wong, 1983, 1-30）。

10.5
易燃织物的规定

在美国，消费品安全委员会（CPSC）在联邦这一级对可燃织物的易燃性进行监管。许多州和管理控制机构还有单独的、涵盖范围更广的规定。对于酒店、剧院、医院和其他公共建筑使用的地毯、墙面覆盖物和家具的规定尤其如此，一些地方性建筑规范对危险环境中产品的易燃性有严格的要求。

加州的法规往往是最严格的，且实际上起到了国家法规的作用，这是因为在加州销售产品的制造商也在其他州销售产品。

10.5.1　联邦管辖权概述

1953 年通过的《易燃织物法》（FFA）规定了在州际范围内出售的所有高度易燃服装和织物的生产。根据 FFA 的规定，监管权属于美国商务部（DOC）。

1972 年的《消费品安全法》将 FFA 的所有执行工作移交给消费品安全委员会，该委员会对家用产品及其安全具有广泛的管辖权，现在还负责颁布并实施这些标准。从那时起，消费品安全委员会颁布了许多关于易燃织物的重要标准和法规。自 1972 年以来，卫生与公众服务部（前身为卫生、教育和福利部）已经为医院和疗养院使用的室内装饰和室内装饰织物制定了标准。1972 年以来，用于汽车内部的织物和减震材料必须通过交通部（DOT）规定的美国机动车安全标准第 302 号的试验。1968 年，美国交通部通过了美国联邦航空局第 14 章——飞机内部装饰易燃性条例。目前对飞机内饰的试验，主要是测试其对附近大火（如飞机燃油泄漏和烟雾排放）辐射热的抵抗能力。

10.5.2　服装的易燃性

FFA 发布的第一个标准 CS-191-53，用于测试织物被明火直接引燃后的火焰传播情况。关于服装纺织品易燃性的标准，即 16CFR 1610，只需在试验样品表面用针状火焰燃烧一秒钟，然后观察火焰的蔓延。因为报纸都能通过该测试，所以这个标准只能排除最危险的织物。

标准试验 16 CFR 1615 和 1616，要求在试样的外露边缘上施加更大的火焰，并持续3s。所有这些试验只针对织物样品。成衣很可能有较高的着火风险。1967 年，该法案经过修订和扩展，将非服装用途的纺织品也包括在内，如室内装饰和家具。执法责任由商务部和联邦贸易委员会（FTC）分担。

10.5.3　地毯的易燃性

扩大后的 FFA 制定了第一个关于地毯燃烧性能的标准，即地毯表面易燃性标准（DOC FF 1-70）或 16 CFR 1630。这个标准对于在美国销售的地毯仍然是强制性的，测试地毯被甲氧胺片（一种可再生的点火源）引燃后水平火焰的蔓延情况。于 1970 年制订的 DOC

FF 2-70，即现在的 16CFR 1631，规定了小面积地毯的易燃性。

10.5.4　儿童睡衣的易燃性

1971 年，DOC FF 3-71，即现在的 16 CFR 1615，考虑了儿童睡衣特别是在美国销售的小号睡衣（0～6X）的易燃性。DOC FF 5-74，即 16 CFR 1616，解决了较大尺寸睡衣（7～14X）的易燃性问题。这两个标准都是相当严格的，试验都是用明火引燃垂直的织物表面。

10.5.5　床垫的易燃性

鉴于家具和床垫引发火灾的频率和严重程度，在美国销售的床垫和软垫家具的易燃性标准是最重要且最具争议性的标准。自 1973 年以来，在美国销售的所有床垫、蒲团和床垫衬垫都要通过耐香烟引燃的国家标准（DOC FF 4-72，现在是 16 CFR 1632, 1984 年修订）。这一标准规定，床垫和衬垫不能被直接放在其上或放置在床垫与床单之间的普通香烟引燃。

1973 年以前，标准的床垫由线圈弹簧、厚厚的棉絮以及织物或布料覆盖保护组成，弹簧上覆盖着一层绝热毡。棉絮虽易发生阴燃，但较难被明火引燃。根据 1973 年的法律，大多数制造商开始使用非阻燃聚氨酯垫作为棉絮的补充或完全替代品。尽管 1973～2007 年间生产的床垫确实不容易被香烟引燃，但与之前的床垫相比，它们更容易被明火引燃并能持续燃烧。

一些制造商生产的床垫是经阻燃剂处理过的棉垫或阻燃的聚氨酯垫，以优化其防火性能。然而，这些材料比不安全的产品稍微贵一些，所以注重成本的制造商在推进这些材料的使用方面一直行动迟缓。一般来说，用于医院和监狱的床垫要符合更为严格的标准。自 1977 年以来，加州要求所有不符合阴燃和明火试验标准的床垫都要贴上消费者警告标签，以说明这种床垫易被明火引燃。

2001 年 8 月，加州立法机关颁布了一项法案（议会第 603 号法案），要求所有在 2005 年 1 月 1 日及之后生产并在加州销售的床垫、蒲团和床垫套装（包括供居民使用的产品）都要能抵抗较大的明火。该法案的实施旨在减少与卧室火灾相关的火灾伤亡和财产损失。

加利福尼亚《技术通报（TB）603》中《床垫、弹簧箱和蒲团的标准》，要求所有床垫、箱形弹簧和蒲团符合新的火焰引燃的试验程序。该试验旨在模拟真实场景的火源，并测量这些物品燃烧时释放的热量。该试验已被 CPSC 试验标准 16 CFR 1633 所取代。几乎只有通过使用各种防火层或屏障才能达到这些标准的要求，而非使用化学抑制剂。这些防火层包括 PVC 布、金属薄膜和其他被动阻火系统。

加州《技术通报（TB）117-2013》（加州消费者事务部，1980b）是针对软垫家具易燃性要求的最新规定，同时也规定了无覆盖物床垫产品使用的泡沫的阴燃试验要求。该规定现取消了室内装饰材料（包括填充材料，如软质聚氨酯泡沫）的明火试验，并修订了耐阴燃要求。只有当覆盖织物和／或填充材料未能通过相应的试验时，才需要使用阻火材料。

易燃的床上用品包括零部件市场的泡沫床罩、被子、枕头和羽绒被等。尽管在努力地将这类材料纳入防火标准，但它们很容易被小火焰引燃并对生命安全构成威胁（如图

Kirk's
Fire
Investigation　　**柯克火灾调查**

10-8 和图 10-9 所示）。2003 年，加州家具局公布了这类物品的试验标准草案（编号为 TB 604）。消费品安全委员会于 2007 年公布了一项床上用品易燃程度的规范建议公告（16 CFR 1634），但并没有取得进一步进展，它强制要求这些产品通过明火试验，如图 10-9 所示，但从未付诸实施。

图 10-8　泡沫床垫的边缘容易被火柴火焰引燃
资料来源：John Jerome and Jim Albers

图 10-9　符合加州安全建议标准（TB 604）的被子能够抵抗明火引燃且大大减少了火势的蔓延
资料来源：Bureau of Electronics 和 Appliance Repair, Home Furnishings

10.6
软垫家具

软垫家具一定程度上也受同样规定的约束。虽然有一些关于软垫家具易燃性的国家行业标准，但是否遵守这些标准是自愿的，且仅针对阴燃火源。

加州针对公共建筑内的床垫和软垫家具制定了严格的标准和易燃性试验程序，这些公共建筑包括监狱、医院、养老院、酒店、汽车旅馆、大学宿舍及公共礼堂等。1980 年，由加州家具局开发的加州 TB 121《高危险环境下使用的床垫易燃性试验程序》，被加州劳教委员会采用，作为加州所有拘留设施的强制性要求（加州消费者事务部，1980）。

1984 年，加州家庭装饰和隔热材料局率先开发了用于公共场所的座椅类家具易燃性试验程序（Wortman、Williams 和 Damant, 1984, 55-67）。1988 年颁布的《用于办公和公共场所的座椅类家具易燃性试验程序》现被称为加州技术公报 133（TB 133）（加州消费者事务部，1988）。1992 年，TB 133 成为加利福尼亚州的一项强制性法规，并已被其他几个州和一些地方司法管辖区采用，包括伊利诺伊州、俄亥俄州、明尼苏达州、马萨诸塞州、波士顿市和纽约 - 新泽西港务局。通用版本已被采用，并作为 ASTM E1537《软垫家具标准火灾试验方法》予以实施（Damant, 1994）。最后，TB 129《用于公共建筑的床垫的易燃性试验程序》于 1992 年公布实施，现已被广泛采用，其通用版本已作为 ASTM E1590（加州消费者事务部，1992）发布。

加州消费者事务部设有一个全国认可的测试实验室，隶属于家居和隔热材料局。这个实验室负责织物、服装和家具的燃烧性能试验，以确保它们符合严格的国家标准。该实验室指出，无法预测现代软垫家具阴燃和明火燃烧的时间范围。在它的试验中，用香烟引燃并导致明火出现的时间为 1 ～ 9h 或更长（Babrauskas 和 Krasny, 1997, 1029- 31），这种差异性已在学者进行的大量全尺寸家具试验中得到了证实。

最早的阻燃聚氨酯泡沫，随着其老化，尤其是在高温条件下使用，阻燃性能会降低。现在使用的添加剂在正常生活条件下大部分是稳定的，但加州法规要求泡沫在老化前后都要经过易燃性的试验。有些添加剂会使泡沫更难被明火引燃，但更容易被阴燃引燃。所以制造商在选择阻燃剂、黏合剂甚至脱模剂时必须要非常小心，以确保成品具有最佳的阻燃性能。

由美国几家聚氨酯泡沫制造商提供的阻燃改性高回弹（CMHR）泡沫具有优异的防火性能，但其柔韧性较差，且比标准泡沫的密度大得多。还有一种所谓的低烟氯丁橡胶泡沫，具有良好的阻燃性。阻燃改性高回弹（CMHR）泡沫在监狱和其他高危险设施中是有用的，但在 BASF（巴斯夫）制造的三聚氰胺脲烷出现之前，它的物理局限性使其不太适合常规使用。最新的泡沫塑料具有优异的防火性能和较长的使用寿命，同时还具有重量轻、弹性好、成本低等优点（Damant, 1996）。目前已研究出各种高性能阻燃泡沫，但除了特殊应用外，它们还没有被证明可以进入消费市场。

家具的实验室测试可以为研究人员提供一些有关着火和火焰蔓延特性的一般性指导，但是正如 Krasny、Parker 和 Babrauskas（2001）所描述的，有许多种试验方法和规则可供选择。引火源有很多种，包括香烟、发光的电热元件、如火柴和甲氧胺片等明火火源、揉皱的纸张，以及不同热释放速率和结构的气体燃烧器等，这取决于试验时的火源强度需求。通过试验过程中的热释放速率（量热法）、固定时间内（通常为 180s）释放的总热量、质量损失速率、总质量损失率（绝对或百分比）、可见炭化程度、产烟量、火焰蔓延速率或向有焰燃烧转变的时间等方面的数据，可以获得材料的相关信息，并且基于其中一个或多个因素，可以制定通过 / 不通过的判断标准。

试验的样品可以是单独的组件、小尺寸的实物模型、全尺寸的实物模型、家具原型，或者从商店中购买的真实家具。小尺寸模型必须经过测试，以证明它们与全尺寸试验的相关性，然后才能用于标准试验（Babrauskas 和 Krasny, 1985）。在 20 世纪 90 年代早期，欧盟（EU）赞助了有史以来最大的关于软垫家具燃烧行为的研究项目 [项目名称为软垫家具燃烧行为（CBUF）]。特别令人感兴趣的是明火引燃试验，如 BS 5852 和 BS 6807（英国）、TB 133 和 TB 129 以及一些 ASTM 试验。此外，对国际标准化组织（ISO）9705 墙角火试验也进行了研究，获得了该试验用来模拟真实火灾场景的试验信息（Sundstrom, 1995）。在美国，软垫家具咨询委员会（UFAC）担任了易燃性标准方面的行业顾问。

家具的热释放速率可以通过家具模型或实物模型的小尺寸试验来测量；然而，更准确的结果通常是采用房间量热仪试验得到的，例如在加利福尼亚技术公报方法中使用的那些设备，或图 10-10 所示的家具耗氧量热仪。利用这些试验装置测量的最大热释放速率范围为：软垫座椅 370 ～ 2500kW，沙发 2500 ～ 3000kW，窗帘 150 ～ 600kW，枕头从

16kW（羽毛）到 35 ~ 43kW（聚氨酯泡沫）、再到 117kW（乳胶泡沫）（Krasny、Parker 和 Babrauskas, 2001）。普通家具的热释放速率是评估火灾发展潜力的关键参数，但利用家具量热仪测量的热释放速率数值不能直接用于预测它们在室内真实火灾中的表现。燃料的最大热释放速率取决于燃料从火灾环境中获得的辐射热。由于房间火灾的热反馈，很可能使得家具的最大热释放速率比利用量热仪测量的结果要高。同时，家具量热仪允许足够的通风，而房间火灾很可能会通风受限，从而降低最大热释放速率。

图 10-10 家具耗氧量热仪。燃烧产物被吸入集烟罩，并在集烟罩内测量气体的流速、氧气、二氧化碳和一氧化碳的浓度。产生的热量是根据消耗每千克氧气放出的热量为 **13MJ** 计算得出的

资料来源：Bureau of Alcohol, Tobacco, Firearms and Explosives（ATF）

10.7
联邦法规中的易燃性试验

10.7.1 服装纺织品的易燃性（16 CFR 1610）

16 CFR 1610 标准要求 10in（25cm）长的纺织品试样被固定在一个呈 45°倾角的支架上（图 10-11），小火源作用于表面 1s，对于光滑表面的试样，3.5s 内不能被引燃或火焰不能蔓延至整个试样长度，对于绒毛织物是 4s（CPSC, 1976, 1-5）。

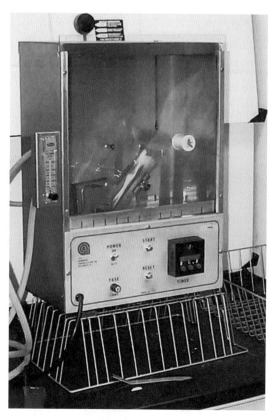

图 10-11　16 CFR 1610 织物试验：**6.0in（150mm）**的布条被固定在 **45°** 的金属框架上。
火焰在织物表面略高于底边的位置作用 **1s**

10.7.2　乙烯塑料薄膜的易燃性（16 CFR 1611）

标准 16 CFR 1611 要求乙烯基塑料薄膜（用于服装）以 45°角放置在支架上，引燃后以不超过 3.0cm（1.2in）/s 的速率燃烧。

10.7.3　地毯的易燃性 [CFR 1630（大块地毯）和 CFR 1631（小地毯）]

16 CFR 1630 和 16 CFR 1631 标准要求在试样中心放置燃烧的甲氧胺片，试样在任何方向的炭化不超过 7.6cm（3in）。燃烧的片或丸是对燃烧的火柴的模拟，即 1min 释放 50W 的热量。

10.7.4　床垫和垫子的易燃性（16 CFR 1632）

在裸露床垫的不同位置（绗缝、光滑表面、织带边缘、簇状口袋等）放置至少九支点燃的普通香烟。任何一根香烟在任何方向引起的床垫表面的炭化长度不得超过 3cm（2in）。将香烟放在覆盖床垫的两张床单之间，重复该试验。

10.7.5　床垫和弹簧箱的易燃性（16 CFR 1633）

床垫或床垫组件的顶部和侧面暴露在两个 18kW 的气体燃烧器下一段时间（如图

10-12 所示）。满足以下条件之一则不能通过该标准试验：

① 引燃后 30min 内峰值热释放速率达到或超过 200kW；

② 引燃后 10min 内释放 15MJ 或更大的总热量。

从 2007 年 7 月 1 日起，所有出售给美国居民使用的床垫必须通过 16 CFR 1633 试验。

图 10-12 图为符合加州安全标准（TB 603）或 16 CFR 1633 标准的床垫和弹簧箱，
试样受燃烧器火焰作用 70s，30min 内热释放速率和总释热量方面满足严格的限定要求

资料来源：Bureau of Electronics & Appliance Repair, Home Furnishings

10.7.6　儿童睡衣的易燃性（16 CFR 1615 和 1616）

5 个 8cm× 25cm（3.5in×10in）的试样分别垂直悬挂于试验箱的支架上，底部边缘的小气体火焰对其作用 3s（如图 10-13 所示）。这些试样的平均炭化长度不能超过 18cm（7in）；任一试样的炭化长度不能达到 25cm（10in）（充分燃烧后）；在引火源移除 10s 后，任一试样在箱底都不能有起火的物质。成品睡衣（如已生产或经过一次洗涤和干燥之后的），以及经过 50 次洗涤和干燥之后的睡衣都需要进行该试验。

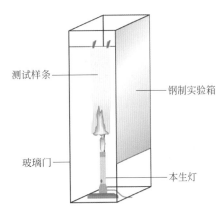

图 10-13　16 CFR 1615（儿童睡衣）试验装置：3.5in×10in（8cm × 25cm）样条垂直悬挂，火焰作用于样条底部边缘

10.8
火灾调查人员的注意事项

许多因素都会对家具的易燃性和时间产生影响，这些因素包括燃料的含水率、环境温度、香烟的位置、外层织物的性质（薄厚、纤维素或合成纤维的种类）、是否存在阻

挡层等。外部气流的存在也会影响有焰燃烧的转变，因为气流会增大燃烧速率。正如 TB 116 试验中提到的，在阴燃的香烟上覆盖一层布可以减少对流和辐射的损失，使香烟更具引燃性。

　　Holleyhead 发表了一篇关于家具火灾试验的文献综述，并探讨了一些与家具相关的变量（Holleyhead, 1999, 75-102）。火灾调查人员需要了解与家具和场景相关的变量，以及它们对家具易燃性的影响。虽然大多数意外掉在地上的香烟可能是整根香烟的一截，但试验时是整支香烟作用在家具上，而香烟的引燃需要充分接触，所以一截香烟或掉落的灰烬不太可能将家具引燃。对家具而言，香烟和像蜡烛这样的明火是有效的火源，这是由所接触的织物的性质决定的。基本上明火在与现代织物接触（3～5s）时就会将其引燃，而阴燃的香烟则需要 20min 或更久，并且要同时满足其他支持燃烧的条件。

　　当暴露在不断增长火灾的辐射热下，热塑性织物会熔化和收缩，这可能会使底层衬垫材料暴露在火焰和辐射热下，从而使火灾迅速增长。聚丙烯（聚烯烃）和聚乙烯醇织物在这方面特别危险。如果家具材料包含防火层，如玻璃纤维、PBI（聚苯并咪唑纤维）、涂层织物以及黏合在织物上的氯丁橡胶泡沫，其最大热释放速率可以显著降低（Damant, 1995）。

　　NIST 的研究人员观察到，当聚氨酯泡沫燃烧时，它们会分解并熔化成半液体状态，在椅子、沙发或床垫下形成液池，从而引发非常强烈的池火燃烧。使用惰性填料来抑制此类产品的流动，可显著降低最大热释放速率（bfrl.nist.gov）。对于地毯来说，表层纱及底布的种类则是主要的因素。由于聚丙烯纤维的熔点很低，所以聚丙烯地毯很容易熔化，并将其下面的易燃衬垫暴露出来。

　　现在，火灾调查人员已经意识到，家具、床垫、衣服和地毯中的纤维、织物和填充物的类型，都会影响其引燃、火灾蔓延、火灾强度和有毒气体的产生。因此，需要对这些制品进行提取和保存，以供可能进行的鉴定所用。将来，火灾调查人员还必须确定火场中的家具是否符合相关的防火标准。通过恰当的设计可以使家具符合标准，如添加阻火层、化学结构改性、添加阻燃剂。标签或标识不能确保产品符合防火标准，美国消费品安全委员会和加州消费者事务部门公布了大量不合格的产品，有些甚至带有虚假或伪造的标签。

 总结　　　火灾试验方法有很多种，从简单的现场可燃性试验（如 NFPA 705 试验）到小尺寸的织物燃烧试验（如 ASTM 和 16 CFR 试验），再到建筑内的全尺寸燃烧试验。通过这些试验，可以得到许多有用的数据，包括简单的观测数据、温度、辐射热通量、使用耗氧量热法算出的大体积燃料堆的热释放速率等。同时，通过设计、实施并分析火灾试验，还可以收集更多有关基础火灾过程的信息，这些信息往往会在同行评议的出版物、权威论文或是网站上发表出来，进而应用于火灾相关事件的调查中，因此这些数据在验证有关火灾的着火、蔓延及后果等假设过程中具有非常重要的作用。

涉火案件现场重建中使用火灾试验信息的标准是：试验是否正确开展，数据是否准确收集和报道，以及试验是否适合和适用于所考虑的情况。火灾试验要在可重复和有效的方式下收集相关数据。

调查人员必须要搞清楚，试验时使用的燃料、燃烧条件和点火机制，能否重现所调查的火灾场景。试验设计是否遵循了 ASTM 或 NFPA 标准？如果答案为是，试验过程是否严格按照标准操作的？如果答案为否，在试验设计时考虑了哪些因素？需要考虑哪些变量，如何控制这些变量？燃料的湿度、质量、数量和物理状态，环境温度和湿度，热通量，氧含量等变量对于着火、火焰传播和热量释放都非常重要。如果这是一个自主设计的实验，可以准确收集和分析的数据有哪些？是否有计划进行一系列测试以检查数据的敏感性和重现性？由于火灾试验数据无论是对于刑事还是民事火灾调查都十分重要，调查人员必须以客观、公正和可重现的方式开展试验和分析数据，不得有不详之处。

一般情况下，织物和家用装修物品的相关试验只反映物品的着火特性，即在偶然情况下着火的可能性。而不能判定在给定的室内火灾中，织物是否发生燃烧，以及是否对房间内的火灾荷载产生贡献。如果火场温度、通风条件和火灾持续时间适宜，所有织物都会发生燃烧；即使是诺梅克斯（Nomex）或聚苯并咪唑（PBI）之类耐火性能很强的织物，只要条件合适也会发生燃烧。这些关于织物及其试验的评论，有助于调查人员评估服装或软垫家具接触小火焰或炽热余烬后着火而导致的后果。

作为"星尘迪斯科"（1981）火灾调查的一部分，英国消防研究所进行了广泛的试验，从中得到的一个教训是，即使单个材料和产品通过了适当的易燃性试验，它们也可能以复杂的方式相互作用，从而创造出特殊的火灾条件。在星尘迪斯科大火中，家具和墙纸的燃烧产生的辐射热反馈，燃烧的滴落物，家具材料阴燃向明火的转变，共同导致了火焰迅速在开放座位区域的传播，速度远超人们的想象。只有通过全尺寸火灾模拟才能重现这种火灾。火灾调查人员在计算火灾中每种燃料的作用时，都必须牢记这些经验（Pigott，1984,207-12；Morris，1984,255-65）。

复习题

1. 如果要让火灾试验与实际火灾场景一致，那么材料、尺度和通风条件要在多大程度上匹配原始条件？

2. 找一个你所在州的商业、学术或政府火灾试验机构。访问或致电该机构，确定它执行的试验类型是什么。

3. 从已发表的研究中收集至少 10 项涉及使用量热仪的试验。

4. 研究分析现场火灾试验的方法。

5. 从布料店购买不同衣物或家居装饰面料的小样（成分已知），用这些小样分别进行 NFPA 705 引燃试验（在安全的地方）。收集数据，并把观察结果和参考文献中的描述进行对比。

6. 天然纤维和人造纤维的化学成分有什么不同？各举三个例子。

7. 纤维素布料特有的燃烧性能是什么？为什么多数人造纤维没有这种火灾特性？

8. 列举出三条关于织物易燃性的美国政府法规，并描述其应用范围。

9. 一般来讲，香烟引燃软垫家具的时间范围是多少？

10. 基于耗氧原理的量热仪有什么用途？

11. 加利福尼亚阻燃标准（TB 603）是什么？为什么它和之前的标准有如此大的差异？

12. 列举三种现行的织物易燃性试验方法。

13. 什么是甲氧胺片试验？这种试验的用途是什么？

14. 为什么在火灾调查中要格外注意聚丙烯地毯？

关键术语解释

火灾试验（fire testing）：一种为火灾现场收集数据提供补充的工具，也可用于假设的检验。火灾试验的范围可以从小尺寸的试验到整个事件的全尺寸再现。

自燃点（spontaneous ignition temperature SIT）：可燃物在空气中，在无火花或火焰作用的情况下发生着火的最低温度（NFPA，921，2014，3.3.15）。

自燃点（autoignition temperature, AIT）：可燃物在空气中，在无火花或火焰作用的情况下发生着火的最低温度（NFPA, 921，2014，3.3.16）

液体闪点（flash point of a liquid）：在特定的实验室仪器测试条件下，使可燃液体表面蒸气浓度足以产生一闪即灭的火焰的最低温度（NFPA，2017, 3.3.82）。

量热法（calorimetry）：用来测试燃料燃烧所产生的全部热量的方法（ASTM, D4809-13）。

家具量热仪（furniture calorimeter）：一种测量中尺寸燃料包燃烧产生的热量和热释放速率的仪器。

弹性体（elastomers）：具有弹性的纤维或材料。

天然纤维（natural fibers）：未经化学处理的动物或植物纤维。

合成纤维（synthetic fibers）：经过化学处理的人造纤维。

参考文献

Ahrens, M. 2008. "Home Fires that Began with Uphol-stered Furniture" (Quincy, MA: Fire Analysis and Research Division, National Fire Protection Association, 2008).

ASTM. 1993. *ASTM D3659-80e1: Standard Test Method for Flammability of Apparel Fabrics by Semi-restraint Method*. West Conshohocken, PA: ASTM International.

——. 2008a. *ASTM E1352-80a: Standard Test Method for Cigarette Ignition Resistance of Mock-Up Uphol-stered Furniture Assemblies*. West Conshohocken, PA: ASTM International.

——. 2008b. *ASTM E1353-08ae1: Standard Test Method for Cigarette Ignition Resistance of Compo-nents of Upholstered Furniture*. West Conshohocken, PA: ASTM International.

——. 2010a. *ASTM D56-05: Standard Test Method for Flash Point by Tag Closed Cup Tester*. West Consho-hocken, PA: ASTM International.

——. 2010b. *ASTM D1230-10: Standard Test Method for Flammability of Apparel Textiles*. West Consho-hocken, PA: ASTM International.

——. 2010c. *ASTM D2859-06: Standard Test Method for Ignition Characteristics of Finished Textile Floor Covering Materials*. West Conshohocken, PA: ASTM International.

——. 2011. *ASTM D3278-96: Standard Test Methods for Flash Point of Liquids by Small Scale Closed-Cup Apparatus*. West Conshohocken, PA: ASTM International.

——. 2012a. *ASTM D92-12b: Standard Test Method for Flash and Fire Points by Cleveland Open Cup Tester*. West Conshohocken, PA: ASTM International.

———. 2012b. *ASTM D3828-12a: Standard Test Methods for Flash Point by Small Scale Closed Tester.* West Conshohocken, PA: ASTM International.

———. 2013a. *ASTM D4809-13: Standard Test Method for Heat of Combustion of Liquid Hydrocarbon Fuels by Bomb Calorimeter (Precision Method).* West Conshohocken, PA: ASTM International.

———. 2013b. *ASTM E502-07: Standard Test Method for Selection and Use of ASTM Standards for the Determination of Flash Point of Chemicals by Closed Cup Methods.* West Conshohocken, PA: ASTM International.

———. 2013c. *ASTM E603-13: Standard Guide for Room Fire Experiments.* West Conshohocken, PA: ASTM International.

———. 2013d. *ASTM E1321-13: Standard Test Method for Determining Material Ignition and Flame Spread Properties.* West Conshohocken, PA: ASTM International.

———. 2014a. *ASTM D1310-14: Standard Test Method for* Flash Point *and* Fire Point *of Liquids by Tag Open-Cup Apparatus.* West Conshohocken, PA: ASTM International.

———. 2014b. *ASTM D1929-14: Standard Test Method for Determining Ignition Temperature of Plastics.* West Conshohocken, PA: ASTM International.

———. 2014c. *ASTM D3675-14: Standard Test Method for Surface Flammability of Flexible Cellular Materials Using a Radiant Heat Energy Source.* West Conshohocken, PA: ASTM International.

———. 2014d. *ASTM E800-14: Standard Guide for Measurement of Gases Present or Generated during Fires.* West Conshohocken, PA: ASTM International.

———. 2015a. *ASTM E84-15a: Standard Test Method for Surface Burning Characteristics of Building Materials.* West Conshohocken, PA: ASTM International.

———. 2015b. *ASTM D93-15b: Standard Test Methods for Flash Point by Pensky-Martens Closed-Cup Tester.* West Conshohocken, PA: ASTM International.

———. 2015c. *ASTM E119-15: Standard Test Methods for Fire Tests of Building Construction and Materials.* West Conshohocken, PA: ASTM International.

———. 2015d. *ASTM E648-15e1: Standard Test Method for Critical Radiant Flux of Floor-Covering Systems Using a Radiant Heat Energy Source.* West Conshohocken, PA: ASTM International.

———. 2015e. *ASTM E659-15: Standard Test Method for Autoignition Temperature of Liquid Chemicals.* West Conshohocken, PA: ASTM International.

———. 2015f. *ASTM E1354-15a: Standard Test Method for Heat and Visible Smoke Release Rates for Materials and Products Using an Oxygen Consumption Calorimeter.* West Conshohocken, PA: ASTM International.

Babrauskas, V. 1997. "The Role of Heat Release Rate in Describing Fires." *Fire & Arson Investigator* 47 (June): 54–57.

Babrauskas, V., and J. Krasny. 1985. *Fire Behavior of Upholstered Furniture.* Gaithersburg, MD: US Department of Commerce.

———. 1997. "Upholstered Furniture Transition from Smoldering to Flaming." *Journal of Forensic Sciences* 42: 1029–31.

Backer, S., G. C. Tesoro, T. Y. Yoong, and N. A. Moussa. 1976. *Textile Fabric Flammability.* Cambridge, MA: MIT Press.

Bhatnagar, V. M., ed. 1975. *Advances in Fire Retardant Textiles.* Westport, CT: Technomic, 1975.

Bryner, N. P., E. L. Johnsson, and W. M. Pitts. 1995. "Scaling Compartment Fires: Reduced- and Full-Scale Enclosure Burns." Paper presented at the International Conference on Fire Research and Engineering, September 10–15, Orlando, FL.

California Department of Consumer Affairs. 1980a. *Technical Bulletin 116: Requirements, Test Procedure and Apparatus for Testing the Flame Retardance of Upholstered Furniture.* North Highlands, CA: California Department of Consumer Affairs, January 1980.

———. 1980b. *Technical Bulletin 117: Requirements, Test Procedure and Apparatus for Testing the Flame Retardance of Resilient Filling Materials Used in Upholstered Furniture.* North Highlands, CA: California Department of Consumer Affairs, January 1980.

———. 1980c. *Technical Bulletin 121: Flammability Test Procedure for Mattresses for Use in High Risk Occupancies.* North Highlands, CA: California Department of Consumer Affairs, April 1980.

———. 1988. *Technical Bulletin 133: Flammability Test Procedure for Seating Furniture for Use in Public Occupancies.* North Highlands, CA: California Department of Consumer Affairs.

———. 1992. *Technical Bulletin 129: Flammability Testing Procedures for Mattresses for Use in Public Buildings.* North Highlands, CA: California Department of Consumer Affairs.

———. 2002. *Technical Bulletin 603: Requirements and Test Procedures for Resistance of a Mattress/Box Spring Set to a Large Open Flame* North Highlands, CA: California Department of Consumer Affairs, January 2002.

CPSC. 1976. *Guide to Fabric Flammability.* US Consumer Product Safety Commission.

Damant, G. H. 1994. "Recent United States Developments in Tests and Materials for the Flammability of Furnishings." *Journal of the Textile Institute* 85, no. 4.

———. 1995. "Cigarette Ignition of Upholstered Furniture." Inter-City Testing and Consulting, Sacramento, CA, 1994; also in *Journal of Fire Sciences* September–October 1995.

———. 1996. "The Flexible Polyurethane Foam Industry's Response to Tough Fire Safety Regulations." *Journal of Fire Sciences* 4 (1986). Revised by G. H. Damant, personal communication, January 1996.

DeHaan, J. D. 1992. "Fire: Fatal Intensity; A Third View of the Lime Street Fire." *Fire and Arson Investigator* 43 (1): 5.

Fleischmann, C. M., P. J. Pagni, and R. B. Williamson. 1994. "Salt Water Modeling of Fire Compartment Gravity Currents." Paper presented at Fire Safety Science: Fourth International Symposium, July 13–17, Ottawa, Ontario, Canada.

Foster, R. P., and J. B. Zicherman. 2005. "Is There a Time Bomb in the Sofa?" *Trial* November: 58–63.

Hall, J. R. 2001. "Targeting Upholstered Furniture Fires." *NFPA Journal*, March–April: 57–60.

———. 2008. "The U.S. Smoking Material Fire Problem." Quincy, MA: Fire Analysis and Research Division, National Fire Protection Association.

Hoebel, J. F., G. H. Damant, S. M. Spivak, and G. N. Berlin. 2010. "Clothing Related Burn Casualties: An Overlooked Problem." *Fire Technology* 46 (3), July 2010, 629–649.

Holleyhead, R. 1999. "Ignition of Solid Materials and Furniture by Lighted Cigarettes. A Review." *Science & Justice* 39 (2): 75–102, doi: 10.1016/s1355-0306(99)72027-7.

Holmes, J. 1986. "Some Clothes May Play with Fire." *Insight,* June 9, 1986: 46.

Jewell, R. S., J. D. Thomas, and R. A. Dodds. 2011. "Attempted Ignition of Petrol Vapour By Lit Cigarettes and Lit Cannabis Resin Joints." *Science & Justice* 51 (2): 72–76, doi: 10.1016/j.scijus.2010.10.002.

Krasny, J., W. J. Parker, and V. Babrauskas. 2001. *Fire Behavior of Upholstered Furniture and Mattresses.* Norwich, NY: William Andrew.

Mehta, A. K., and F. Wong. 1983. "Hazards of Burn Injuries from Apparel Fabrics." NTIS COM-73–10960, Fuels Research Laboratory, MIT, February 1983.

Miller, D. 2015. *2010-2012 Residential Fire Loss Estimates: U.S. National Estimates of Fires, Deaths, Injuries, and Property Losses from Unintentional Fires.* Bethesda, MD: US Consumer Product Safety Commission.

Miller, D., R. Chowdury, and M. Greene. 2009. "2004–2006 Residential Fire Loss Estimates." Washington, DC: Consumer Product Safety Commission.

Morris, W. A. 1984. "Stardust Disco Investigation: Some Observations on the Full-Scale Fire Tests." *Fire Safety Journal* 7: 255–65.

NFPA. 2012. *NFPA 1403: Standard on Live Fire Training Evolutions.* Quincy, MA: National Fire Protection Association.

———. 2013. *NFPA 705: Recommended Practice for a Field Flame Test for Textiles and Films.* Quincy, MA: National Fire Protection Association.

———. 2017. *NFPA 921: Guide for Fire and Explosion Investigations.* Quincy, MA: National Fire Protection Association.

———. 2006. NFPA 255: Standard Methods of Test of Surface Burning Characteristics of Building Materials. Quincy, MA: National Fire Protection Association.

———. 2015. NFPA 265: Standard Methods of Fire Tests for Evaluating Room Fire Growth Contribution of Textile on Expanded Vinyl Wall Coverings on Full Height Panels and Walls. Quincy, MA: National Fire Protection Association.

———. 2015. NFPA 701: Standard Methods of Fire Tests for Flame Propagation of Textiles and Films. Quincy, MA: National Fire Protection Association.

Pigott, P. T. 1984. "The Fire at the Stardust, Dublin: The Public Inquiry and Its Findings." *Fire Safety Journal* 7: 207–12.

Quintiere, J. G. 1989. "Scaling Applications in Fire Research." *Fire Safety Journal* 15 (1): 3–29, doi: 10.1016/0379-7112(89)90045-3.

Rohr, K. D. 2005. "Selections for Products First Ignited in U.S. Home Fires: Soft Good and Wearing Apparel." Quincy, MA: Fire Analysis and Research Division, National Fire Protection Association.

Sundstrom, B., ed. 1995. *Fire Safety of Upholstered Furniture: The Full Report of the European Commission Research Programme (CBUF).* London: Interscience Communications.

Wortman, P. S., S. S. Williams, and G. H. Damant. 1984. "Development of a Fire Test for Furniture for High Risk and Public Occupancies." Pp. 55–67 in *Proceedings of the International Conference on Fire Safety.* Sunnyvale CA: Product Safety Commission.

第十一章

放火犯罪现场分析

关键术语

- 助燃剂（accelerant）
- 放火罪（arson）
- 掩盖犯罪动机（crime concealment-motivated）
- 寻求刺激动机（excitement-motivated）
- 极端主义动机（extremism-motivated）

- 放火火灾（incendiary fire）
- 动机（motive）
- 牟利动机（profit-motivated）
- 放火狂（pyromania）
- 报复动机（revenge-motivated）
- 故意破坏（vandalism-motivated）

目标

阅读完本章后，应该学会：

能够进行放火犯罪现场分析。

理解放火罪的定义。

掌握放火动机的分类。

能够识别动机。

根据美国消防协会（NFPA）公布的统计数据，2014 年，美国消防部门处理了 1298000 起火灾，火灾共造成 3275 人死亡，15775 人受伤，直接财产损失约为 116 亿美元。居民火灾造成的损失和死亡人数惊人，有 2745 人丧生。这些统计数据是根据消防部门对 NFPA 进行的全国火灾调查（题为"2014 年美国火灾损失"）的如实反映而编写的（Haynes, 2015）。

在美国，放火是主要的火灾隐患，并且仍然是一个紧迫的全国性问题。放火通常被描述为犯罪分子的秘密犯罪工具，但其真实情况尚不清楚。据 NFPA 2014 年的统计数据估计，人为放火的建筑火灾有 19000 起，造成 157 人死亡和 6.13 亿美元的财产损失。此外，人为放火的车辆火灾约有 8000 起，造成的财产损失约为 1.16 亿美元（Haynes, 2015; Campbell, 2014）。

不只有美国对放火进行统计分析，1999 年，英国内政部提出了对英国放火火灾问题的看法（内政部，1999）。在地球的另一端，澳大利亚针对其独特的荒地森林放火火灾问题，提出了基于统计学的预防方法（Willis, 2004; Anderson, 2010）。

从经济上讲，放火会影响保险费率，造成财产损失，并侵扰社区安定。从历史上看，大城市的内部区域，经常遭受放火火灾的重创。其结果是，这种破坏性犯罪的大部分成本都落在了最无力承担的人身上。历史趋势一再表明，经济下滑会导致放火案件数量增加（Decker 和 Ottley, 2009）。

对放火犯罪动机的理解，可能会有助于调查人员的分析，并为预防工作理清重点。对火灾现场的调查和对调查结果的报告，可以促进参与放火案件执法、调查和预防的各个专业领域和调查单位之间的交流对话。

本章内容将有助于放火案件的调查人员理解和解释犯罪现场证据特征技能的培养，并将该证据应用于分析放火嫌疑人的行为和动机类型。

11.1
放火罪

放火罪（arson）的定义范围很广，主要是由于法定术语不同。FBI 的 UCR 计划将放火罪定义为"任何蓄意或恶意焚烧或试图焚烧他人的住宅、公共建筑、机动车、飞机或个人财产的行为，无论是否有诈骗意图"（FBI, 2010）。此外，NFPA 921（NFPA 921, 2014, 3.3.13）将放火罪（arson）定义为"恶意、故意或不顾后果地放火或引发爆炸的罪行"。最被接受的定义是，放火罪（arson）仅仅是故意和恶意焚烧财产的行为（Icove 等, 1992）。

根据 NFPA 921 的规定，放火火灾（incendiary fire）是"在点火者知道不应点火的情况下，故意进行点火的一类火灾"（请参阅 NFPA 921, 2014, 1, 3.3.108）。

放火犯罪行为通常分为三个方面（DeHaan 和 Icove, 2012）：

① 存在财产烧损。必须向法院证明存在实际的破坏，至少是部分遭到破坏，而不仅仅是烧焦或熏黑（尽管有些州规定，只要存在任何表面的物理或可见损伤即可）。这里所说的"烧损"包括爆炸造成的破坏。

② 火灾是故意点火造成的。只要有证据证明存在有效的放火装置，不管它有多简单，都是可以的。必须使用科学方法，通过详尽考虑所有的假设来建立证明。

③ 应证明火灾是恶意而为之。放火的目的是摧毁财产（即一个人实施放火或爆炸，目的是用火来摧毁他人或自己的建筑财物）。在大多数司法管辖区，放火罪的"程度"与建筑是否有人居住有关：第一级对应于有人居住的建筑，第二级对应于空置的建筑，第三级对应于其他财产。

根据 NFPA 1033（NFPA, 2014, 4.6.4），对于放火火灾，火灾调查人员有责任建立有关放火动机和 / 或放火机会的证据，而且证据要有相关文件支持，并符合司法管辖区的证据要求。

放火犯是指因一次或多次放火而被逮捕、指控和定罪的人。放火犯通常使用助燃物来实施放火行为，助燃剂（accelerants）是指添加到目标材料中，以增强其燃烧（combustion）

并增加火焰扩散的强度或速率的一类材料或物质（Icove 等，1992）。而有许多连环放火犯实施放火，却不使用任何助燃剂。

11.1.1　建立火灾假设

根据 NFPA 1033（2014 年版）4.6.5 条规定，火灾调查人员有责任根据调查结果，给出有关起火点、起火原因或者火灾责任的意见。

2017 年版 NFPA 921 的第 24 章放火火灾（NFPA，2017）中讨论了可能有助于建立放火火灾假设的几个因素。图 11-1 摘自 NFPA 921，为建立放火火灾或爆炸假设的影像因素关系图。但这些因素并不全面，也可能存在其他指标。然而，调查人员应注意，这些因素中的一个或多个不一定足以构建放火火灾的假设。

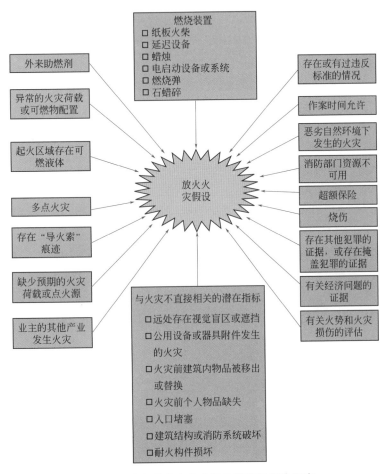

图 11-1　建立放火火灾或爆炸假设的影像因素
资料来源：NFPA 921, 2014 ed., chap. 24

- 火灾事后调查标准：2014 年版 NFPA 1033 4.6.5 条

任务：
根据所有调查结果，就起火点、起火原因或火灾责任提出意见，以便这些意见有数据、事实、记录、报告、文件和资料得以支撑。

绩效结果：

调查人员就火灾责任和产品问题给出意见。

条件：

给定完整的火灾调查文件，包括记录、文件和证据，调查人员将完成列出的任务。

任务步骤：

1. 审查提供的材料；

2. 形成并记录有关火灾责任和 / 或产品问题的意见。

资料来源：Washington State Patrol, Form No. 3000-420-081 (Sept.2014) Fire Protection Bureau, Standards and Accreditation, Olympia, Washington http://www.wsp.wa.gov/fire/docs/cert/fire_invest.pdf

11.1.2 多场火灾

当罪犯卷入三场或三起以上火灾时，将使用特定术语来描述其罪行（Icove 等，1992）。

- 大量放火案（mass arson）是指罪犯在有限的时间内，在同一地点或位置放火三次或三次以上。
- 激情放火案（spree arson）是指罪犯在不同的地点放火三场或三场以上，而在两次放火之间没有冷静情绪或时间延迟。
- 连环放火案（serial arson）是指罪犯放火三场或三场以上，并在两次起火之间有冷静情绪或时间延迟。

本章将详细讨论如何分析放火案现场。这种分析通常可以确定罪犯、其行为模式以及频繁作案地区。

11.2
动机的类型

陪审团通常希望利用证据来证明动机，以便证实他们的结论，即使这不是法律所要求的。尽管动机对于确立放火罪不是必需的，也无需在法庭上证明，但动机的确认过程常常能帮助确认罪犯的身份。在审判期间向法官和陪审团陈述时，确定动机也为控方提供了重要的论据。人们认为，放火案的动机常常起到整合各种犯罪要素的作用。

NFPA 921（NFPA, 2017, 24.4.9.2）阐明了动机和意图之间的区别。标准指出意图是指在犯罪时的精神状态、步骤和行为，或不作为。在描述意图时，调查应显示"该人作为或不作为的目的性或故意性"。

动机（motive）被定义为"一种内在的驱动力或冲动，它是诱发或促使特定行为发生的原因或理由"（Rider, 1980）。这可能是个人或团伙决定是否采取行动的原因。

NFPA 1033（NFPA，2014，4.6.4）中列出了工作标准要求，强调确定动机的重要性，指出火灾调查人员"在认定放火火灾时，应建立有关动机和／或机会的证据，而且证据要有文件（记录）支持，并符合所在辖区对证据的要求"。

有关放火实施与犯罪的大多数文献，集中于精神病学心理学或犯罪学研究（Kocsis和 Cooksey，2006）。关于放火的犯罪学研究涉及案例研究或动机分类方法研究。一些早期的分类方法对从传统意义上理解放火犯的动机和心理特征做出了重要贡献（Lewis和 Yarnell,1951; Robbins 和 Robbins,1967; Steinmetz,1966; Hurley 和 Monahan,1969; Inciardi,1970; Vandersall 和 Wiener,1970; Wolford,1972; Levin,1976; Icove 和 Estepp,1987）。

● 火灾事后调查标准：2014 年版 NFPA 1033 的 4.6.4 条

任务：

认定放火火灾时，应建立放火动机和／或机会的证据，而且证据要有文件（记录）支持，并符合管辖区对证据的要求。

绩效结果：

研究者将通过使用真实和完整的调查文件，来确定放火的动机和／或机会，并确定证据是否符合法律要求。

条件：

给定完整的火灾调查文件和证据日志，调查人员将确定放火动机和／或机会，并确定所提供证据的法律价值。

任务步骤：

1. 审查所提供的材料；

2. 确定并记录放火的动机和／或机会；

3. 列出证明放火动机的相关文件；

4. 记录用来确定放火动机的证据；

5. 记录所提供证据的法律价值。

资料来源：Washington State Patrol, Form No. 3000-420-081（Sept. 2014）Fire Protection Bureau, Standards and Accreditation, Olympia, Washington http://www.wsp.wa.gov/fire/docs/cert/fire_invest.pdf

引用 Lewis 和 Yarnell（1951）的研究只是出于历史的目的，因为这是一个早期研究，并且样本数量非常有限。然而，自此项研究以来，研究工作的重点转向与放火有关的动机。Gannon 和 Pina（2010 年）最近的综合研究涉及成年放火犯的特征、放火行为理论和实时干预措施。研究人员认为，与放火有关的临床知识和经验极不完善。

11.2.1 一般分类

纵观历史，放火犯的研究主要是从法医心理学的角度进行的（Vreeland 和 Waller，1978）。许多法医研究人员不一定要从执法角度评估犯罪。他们获得完整的成人和青少年犯罪记录，以及调查案件档案的机会可能有限，并且通常必须完全依靠罪犯的自述报告来获取亲笔证言。通常，这些研究人员没有能力和时间开展后续调查来验证信息。另一些研究人员指出，以前的某些研究可能因为方法上的困难而存在偏差，这包括较小的访谈样本量和数据库的偏差（Harmon、Rosner 和 Wiederlight, 1985）。

英查迪（Inciardi, 1970）的文章中论述了成年放火犯的类型。盖勒（Geller, 1992, 2008）对该文献进行了详尽的综述并确定了 20 多种放火犯分类的方法。坎特和弗里宗（Canter 和 Fritzon, 1998）提出了这样的假说，即放火犯在犯罪过程中会表现出行为上的一致性，这包括他们的攻击目标和犯罪动机。Doley（2003a）研究了放火犯及其动机的分类方法。

医学研究提出了几个生理问题，包括放火行为的医学模型。Virkkunen 等（1987）研究了 20 名放火犯、20 名习惯性暴力罪犯和 10 名健康志愿者的脑脊液（CSF）单胺代谢产物水平。他们发现，尽管脑脊液浓度与重复放火的行为没有相关性，但放火犯却有患低血糖症的趋势。Galliot 和 Baumeister（2007）还指出，血糖是自我控制能量的重要组成部分，并且可能是导致放火火灾的一个因素。

研究着眼于被定罪放火犯的犯罪行为和精神行为的各个方面。Repo 等（1997 年）检查了 282 名芬兰放火犯的医疗和犯罪记录，发现惯犯具有酒精依赖、反社会行为和在儿童时期长期遗尿（尿床）的共同特征。

斯图尔特和卡尔弗（1982），以及后来的杨和盖勒（2009）从临床的角度研究了对少年放火犯的处理。Harmon、Rosner 和 Wiederlight（1985），以及 Miller 和 Fritzon（2007）研究了女性放火犯的人口统计学特征。Doley（2003b）以及 Fritzon、Doley 和 Hollows（2014）继续开展了相关研究工作，以放火犯的动机、医学和行为特征来对放火犯的分类进行建模。

11.2.2 基于犯罪嫌疑人的动机分类

为了进行分类，FBI 行为科学研究将动机定义为一种内在驱动力或冲动，它是诱发或促使特定行为发生的原因或诱因（Rider, 1980）。基于动机的分析方法可用于识别未知罪犯所表现出的个人特征（Icove, 1979; Icove 和 Estepp, 1987; Douglas 等, 1986; Douglas 等, 1992, 2006; Icove 等, 1992; 艾伦, 1995）。从法律层面看，动机通常有助于解释犯罪者犯罪的原因。但是，动机通常不是刑事犯罪的法定要素。

火灾调查和法律界普遍接受这种动机分类方法。本章中讨论的动机在 FBI 的《犯罪分类手册》（Douglas 等, 2006; Icove 等, 1992）、NFPA 921《火灾和爆炸调查指南》（NFPA, 2017, 24.4.9.3）中也有所提及和阐述，并引用了法律参考书《放火法律与起诉》（Decker 和 Ottley, 2009）中的案例。

Santtila、Fritzon 和 Tamelander（2004）强调了将放火犯与其犯罪行为联系起来的重要性。放火犯在犯罪行为上的一致性与其动机有关（Fritzon、Canter 和 Wilton, 2001）。后者的研究调查了 248 起放火案件，将这些案件分为 42 类，并分析了其 45 个不同点。该研究结果在统计上证实了较早的研究，表明连环放火案和激情放火案可以基于不同犯罪现场行为的一致性而联系在一起。Woodhams、Bull 和 Hollin（2007）强调了调查人员熟悉案例关联研究的重要性。

在进行刑事调查和起诉时不需要证明动机，这与目的不同。但是，在刑事案件中，找到合理的犯罪动机，更容易找到事实真相，即发现火灾是放火造成的，并将被告与火灾联系起来。相关案例参见"State v. O'Haver 案"（33 S.W.3d 555）（Miss.Ct.App.，2001）和"Briggs v. Makowski 案"（2000 U.S. Dist. LEXIS 13029）（美国密歇根州，2000）。

以执法为导向的放火动机研究是以罪犯为基础的，也就是说，其着眼于罪犯表现出的行为特征和犯罪现场与动机有关的可观察特征之间的关系，因为这与动机有关。最大的一项罪犯研究，是针对乔治王子郡消防局（PGFD）火灾调查部门（Icove 和 Estepp，1987）在 1980 ～ 1984 年间，对因放火和与火灾有关的犯罪而逮捕的 1016 名未成年人和成年人所进行的访谈。这些罪犯中，504 人因放火被捕，303 人因恶意谎报火警被捕，159 人因违反爆炸 / 爆炸物 / 烟火法被捕，50 人因其他与火灾有关的罪行被捕。

PGFD 研究的总体目的是创建和推动使用基于动机的放火犯和火灾相关罪犯的个人档案，以协助调查。先前的研究未能全面解决现代执法所面临的问题。关注的重点是努力为放火犯罪调查提供合乎逻辑的、基于动机的线索。

进行这项研究的主要原因是，消防和执法专业人员能够承担对放火罪进行独立研究的任务。PGFD 研究发现，被捕和被监禁的放火犯主要有以下动机（Icove 和 Estepp，1987）。自这项主题研究以来，这些主要动机类别在被首次列入《柯克火灾调查》之后，就已经被火灾调查领域所接受。NFPA 921 中（NFPA，2017，24.4.9）列出了这些动机类型：

- 故意破坏；
- 寻求刺激；
- 报复；
- 掩盖犯罪；
- 牟利；
- 极端主义信仰。

这种分类体系优于联邦调查局较早采用的罪犯分类方法，即将包括放火犯在内的犯罪分子分为有组织的和无组织的两类（Douglas 等，1986）。Kocsis、Irwin 和 Hayes（1998）的一项研究中的数据，支持了有组织 / 无组织犯罪者的存在。研究人员利用以牟利为动机和以故意破坏为动机的放火罪的犯罪现场特征，对放火罪的假设进行了分析和验证。

在某些案件中，可能有多种动机，这些情况可以归类为混合动机。例如，一个商人可能会在下班后谋杀其合伙人，在他们的商店放火以掩盖犯罪，移走有价值的商品，并提出虚假的保险索赔。这种假设的案件表现出复仇、掩盖犯罪和牟利的混合动机。

11.3
故意破坏放火

故意破坏（vandalism-motivated）放火被定义为造成财产损失的恶意放火行为（请参见表 11-1 和图 11-2）。少年放火犯罪中有一些为故意破坏，最常见的目标是学校、学校财产和教育设施。破坏者还经常瞄准废弃的建筑物和可燃植被。典型的以故意破坏为动机的放火嫌疑人，将使用可用的材料来放火，并用火柴和打火机点火。很少使用延时装置和助燃剂。故意破坏的动机分类参考了 NFPA 921（NFPA, 2017, 24.4.9.3.2）的相关内容。

表11-1　故意破坏放火

受害者特征：目标财产	共同目标是教育设施
	住宅区
	植被（草、灌木、林地和木材）
经常出现的犯罪现场特征	多名罪犯的自发性冲动行动
	犯罪现场反映了犯罪的自发性（无组织）
	罪犯在现场使用了可用材料，并留下物证（鞋印、指纹等）
	偶尔使用易燃液体
	通过设防建筑的窗户进入
	现场经常出现火柴盒、香烟和喷漆罐（涂鸦）
	现场遗失物品和财产的普遍破坏
常见鉴定样品	易燃液体
	烟花
	玻璃碎片（如果通过打碎窗户进入，嫌疑人衣服上存在玻璃碎片）
调查注意事项	典型的罪犯是受过 7～9 年正规教育的青少年男性
	学校表现不佳的记录
	无业
	单身，与父母一方或双方生活在一起
	一般与酒精和药物滥用无关
	罪犯可能被警方所知，并有逮捕记录
	大多数罪犯居住在距离犯罪现场 1 英里以上的地方
	大多数罪犯会立即逃离现场，不返回
	如果罪犯回来，他们会从安全的有利位置观看火灾
	调查人员应寻求学校、消防员和警察的帮助
搜查建议	喷漆罐
	现场物品
	爆炸装置
	易燃液体
	衣服：易燃液体、玻璃碎片的证据
	鞋：鞋印、易燃液体痕迹

资料来源：Icove and Estepp,1987;Icove et al.,1992; Sapp et al.,1995

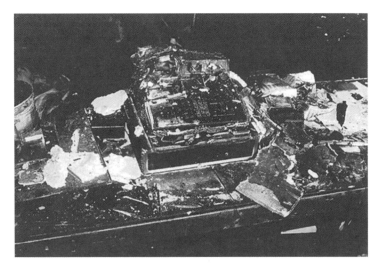

图 11-2　某故意破坏放火案中一个表面损坏的收银机

资料来源：David J. Icove, University of Tennessee

通常，以故意破坏为动机的放火嫌疑人会离开现场，不再返回现场。他们的兴趣是放火，而不是看火灾或引发的消防活动。平均而言，故意破坏他人财产的放火嫌疑人在被逮捕和指控之前会受到两次讯问。他们在被捕时不会抵抗，但会行使权利尽可能减少他们的责任。在最初无罪答辩后，故意破坏动机的放火嫌疑人通常在审判前会改变无罪辩护并认罪。

几个案例可以证明这种动机。在"State v. True 案"（190 N.W. 2d 405）（艾奥瓦州，1971）中，被告和他的朋友去了一个农场，意图是为他们的汽车偷汽油。被告试图强行用轮箍铁条取下泵上的挂锁和链条时，破坏了油箱，使汽油泄漏到地面上。被告在离开时对他的朋友说："如果回去扔一根火柴，就不会因此而坐牢。"然后，这位朋友就点燃了一根火柴，将其扔在汽油上，引起了大火，摧毁了农场的一些建筑物。被告被判犯有教唆放火罪。

在"Reed v. State 案"（326 Ark. 27929 S.W.2d 703）（Ark，1996）中，一名被告和两名同伙逃学，并在几所房屋内实施入室盗窃。在其中一所房子里，被告问他的一个同伴是否应该烧掉房子，然后他放火烧了窗帘。被告被判犯有盗窃罪（入室盗窃）和放火罪。

在"People v. Mentzer 案"（163 Cal. App. 3d 482, 209 Cal. Rptr. 549）（Cal.Ct.App.，1985）中，被告和他的朋友在墓地相遇，喝了几杯啤酒，然后出于某种愚蠢的原因决定在一座陵墓旁的长凳上放火，使陵墓的大理石地板和石膏墙壁变色、变形断裂和破碎，造成 65000 美元的损失。被告在审判期间试图辩称，对陵墓的损害不构成放火火灾，因为它不可能被大火吞噬。被告犯有企图放火焚烧墓地的罪名。加州上诉法院也驳回了这一辩护论点。

【例11-1】　故意破坏放火:故意破坏动机的连环放火案例

一名 19 岁的高中辍学生在东北部城市实施了一系列放火案，这些放火案利用打火机点燃了现场材料。他承认在空置的建筑物和车库，以及垃圾箱和废弃车辆中放了 31 起火。他在被捕前被审问了两次，并被正式指控与 9 起房屋火灾有关。接受讯问时，他说："我只是为了好玩才把它们烧掉的。只是为了有事情做。那些老房子和其他东西一文不值。"

他两岁时，父母就离婚了。他轮流跟他的母亲和祖母生活。与他和父亲没有联系，母亲再婚过几次。高中一年级辍学后，他偶尔从事一些非技术性工作，并继续和祖母在一起生活。

有几次，他说只是划了一根火柴，扔进枯叶或草丛中，然后走开，甚至不看它是否点燃。"我不在乎看有没有火。这只是要做的事情。你知道，大部分时间都没发生什么情况。只是闲逛时要做的事。只是开玩笑，只是为了好玩。我认识的人中有一半人会为此而放火。"（Sapp 等，1995）

11.4
寻求刺激动机放火

出于寻求刺激动机（excitement-motivated）的罪犯包括寻求刺激、引人注意、认同感的人，以及很少但很重要的特殊性满足的人（请参阅表 11-2 和图 11-3）。为性满足而放火的放火犯非常少见。寻求刺激的动机分类参考了 NFPA 921（NFPA，2017，24.4.9.3.3）中的有关内容。

表11-2 寻求刺激动机放火

受害者研究特征：目标财产	垃圾箱
	植被（草、灌木、林地、木材）
	木堆
	施工现场
	房产
	空置建筑物
	可以安全观察灭火和调查的有利位置
经常出现的犯罪现场特征	犯罪嫌疑人经常在现场周边出没
	经常使用随手可用的材料点个小火
	如果使用燃烧装置，通常会有延时触发机制
	18～30 岁年龄段的罪犯更倾向于使用助燃剂
	火柴/香烟延迟装置常用于点燃植被火灾
	一小部分罪犯是出于性变态的动机，会留下精液、粪便和色情刊物
常见鉴识物	指纹、车辆和自行车轨迹
	燃烧装置的残留物
	精液或者粪便

调查注意事项	典型的罪犯是受过 10 年以上正规教育的少年或成年男性
	犯罪者失业、单身，与从属中产阶级到下层阶级的父母一方或双方生活在一起
	犯罪者通常社交能力不足，尤其是在异性关系中
	药物或酒精的使用通常仅限于老年罪犯
	有过滋扰性犯罪的历史
	通过聚类分析，罪犯住在离犯罪现场很远的地方
	有些罪犯没有离开，混杂在人群中观看火灾
	离开的罪犯通常晚些时候会返回现场来评估损失和他们的杰作
搜查建议	车辆：类似于燃烧装置的材料、地垫、行李箱垫、地毯、罐头、火柴、香烟、警用 / 消防扫描仪的材料
	房屋：类似于燃烧装置、衣服、鞋子、罐头、火柴、香烟、打火机、日记、杂志、笔记、日志、火灾记录图、报纸文章、犯罪现场旅游纪念品、警用 / 消防扫描仪的材料

资料来源：Icove and Estepp,1987; Icove et al.,1992; Sapp et al.,1995

寻求刺激动机放火犯的潜在目标各种各样，涵盖了从所谓的滋扰性火灾，到夜间对住人公寓实施的放火火灾。已知有少数消防员会放火，这样他们就可以参与灭火工作（Huff, 1994; USFA, 2003）。保安人员放火是为了消解无聊和获得赞赏。对这一类动机的研究进一步将寻求刺激动机的放火犯归为几个子类，包括寻求刺激动机、性动机和获取认可及注意力动机的放火犯（Icove 等，1992）。最近有关处理消防员放火的报告，为国家志愿消防委员会通过仔细的就业前筛选和犯罪记录检查，来预防火灾提供了新的视角（NVFC，2011）。

图 11-3　寻求刺激动机放火犯有时会把目标对准车库，车库里有并且很容易获得放火所需的所有材料和燃料
资料来源：David J. Icove, University of Tennessee

【例11-2】 寻求刺激动机放火：寻求刺激/获取认可动机的连环放火案例

一名 23 岁的志愿消防员在加入消防部门后不久被指控实施了系列放火。最初他在垃圾桶和垃圾箱里放火，然后发展到在无人居住和空置的建筑里放火。

这位消防队员成为放火嫌疑人，是因为他总是第一个到达现场，并经常报告火灾情况。他说，他放火是为了练习灭火技能，而且使其他人认为他是一位优秀的消防员。他评论说，他的父亲为他是消防员而感到骄傲（Sapp 等，1995）。

11.5
报复动机放火

出于报复动机（revenge-motivated）的放火，是为了报复罪犯受到的一些真实的或想象的不公正待遇（见表 11-3 和图 11-4）。通常，报复也是一类动机。报复动机参考了 NFPA 921（NFPA，2017，24.4.9.3.4）中的有关内容。复合动机将在本章后面讨论。

表11-3 报复动机放火

受害者特征：目标财产	报复动机放火的受害者通常与犯罪者有人际关系或职业冲突的经历（三角恋人、房东/房客、雇主/雇员）
	种族歧视犯罪倾向
	女性罪犯通常瞄准的是受害者有价值的东西（车辆、个人财物）
	前任恋人经常烧毁衣服、床上用品和/或个人财物
	报复社会将目标转移到机构、政府设施、大学、公司
经常出现的犯罪现场特征	女性罪犯通常会在个人重要区域焚烧受害者的衣服或其他个人物品
	男性罪犯会从对个人有意义的地方下手，往往会过度使用助燃剂或燃烧装置，造成过度烧毁
常见鉴识物	助燃剂、燃烧装置残骸、衣服、指纹
调查注意事项	罪犯主要是受过 10 年以上正规教育的成年男性
	如果是打工人员，罪犯通常是社会经济地位低的蓝领工人
	居住在租赁房屋中；孤独、不稳定的人际关系
	放火发生在突发事件发生数月或数年后
	最常见的情况是，定期与执法部门就入室盗窃、盗窃和/或故意破坏等情况进行联系
	酒精的使用比药物更普遍，在火灾后饮酒的可能性会更大
	通常只有一个人在现场，火灾开始后很少回来，以证明其不在现场
	生活在易受影响的社区中，流动性是重要因素
	以复仇为重点的分析有助于确定真正的受害者
	调查投入很重要
搜查建议	如果怀疑存在助燃物，需要搜查鞋、袜子、衣服、瓶子、易燃液体、火柴盒

资料来源：Icove and Estepp,1987; Icove et al.,1992; Sapp et al.,1995

图 11-4　一个以报复为动机的放火案例，这是具有"个人意义"的重点目标特征
资料来源：David J. Icove, University of Tennessee

研究人员可能要担心的是，被认为是不公正的事件或情况可能发生在火灾之前的数月或数年（Icove 和 Horbert，1990）。出于威胁评估的目的，这种时间延迟可能不容易被识别，因此建议调查人员追查以人或财产为目标的过往事件。

报仇和故意放火是造成严重放火案件的主要原因，这是由于罪犯的行为造成了过大的损害，如图 11-5 所示。在这些案例中，当使用一个装有易燃液体的容器就足以使建筑着火或焚烧尸体时，罪犯可能会使用超量的易燃液体，这反映了该行为的愤怒或报复性质。

图 11-5　一场出于报复动机的放火案例，点燃沙发进行报复，导致客厅发生轰燃，地板被烧穿
资料来源：Det. Michael Dalton (ret.), Knox County Sheriff's Office

广义的报复动机放火犯，根据报复的目标可进一步划分为小类。研究表明，一类出于报复动机的连环放火犯更有可能将其报复指向机构和社会，而不是个人或团体（Icove 等，1992）。

有许多男性出于报复动机放火的案例，发生在与妻子、女友或前女友起争执之后。案例包括"Mathews v. State 案"（849 N.E.2d 578）（Ind.，2006）；"Commonweal th v. Dougherty案"[580 Pa.183，860 A.2d 31（2004）]；"State v. Curmon 案"（171 N.C. App.697，615 S.E.2d

417）（N.C. Ct. App.，2005）；"State v. Howard 案"（2004 Ohio App. LEXIS 385（Ohio Ct. App.，2004）；"State v. McGinnis 案"（2002 N.C. App. LEXIS 2325）（N.C .Ct. App.，2002）。

在"State v. Lewis 案"中（385 N.W.2d 352）（Minn. Ct. App.,1986），被告被控以一级放火罪，罪名是放火烧毁了他前女友的公寓，摧毁了她所有的财产，导致她宠物猫的死亡，造成了 23500 美元的建筑损失。法院提供了目击者间接证据，证明在大火发生前约 35min 被告出现在被烧毁公寓的前门，并提供了被告实施其他三起放火的证据。这些间接证据用来表明被告的动机、作案手法、身份，以及有意策划的一个协同作案计划，展示了他如何向曾经拒绝他的女性的汽车实施放火。

在"State v. Bowles 案"（754 S.W.2d 902）（Mo. Ct. App.,1988）中，一名被告被指控犯有一级放火未遂罪，当时在与警察发生争执后，被告和他的朋友带了一些汽油，前往警察的房子。警察听到一阵响声，走出房子发现被告蹲在房子旁边，口袋里装着汽油和打火机。警察在被告点燃汽油之前逮捕了他，并以放火罪名将他告上法庭。密苏里州上诉法院确认了被告的定罪。

【例11-3】 报复动机放火：报复政府机构的连环放火案例

约翰（化名）31 岁，声称在他居住城市的各种地方政府设施中，放火 60 多次。自 19 岁起，他就开始实施放火。

约翰在当地因小偷小摸，被判入狱 180 天，之后开始放火。他声称在监狱里放了 5 次火，然后在当地市政厅放火烧了 20～25 个垃圾桶。他的操作方法很简单，就是走过垃圾桶，并把点燃的火柴扔进去。

他说，放火的动机是"给这座城市带来一些麻烦和经济损失"。他被问到何时才能满足他对这座城市的报复时，他的回答是"当整个该死的市政厅和监狱被烧毁时"（Sapp 等，1995）。

11.6
掩盖犯罪动机放火

掩盖犯罪动机（crime concealment–motivated）放火是放火类别中的第二类犯罪活动（请参见表 11-4 和图 11-6）。掩盖犯罪动机，目的是掩盖谋杀、入室盗窃或消除犯罪现场留下的证据。掩盖犯罪动机的分类参考了 NFPA 921（NFPA,2017, 24.4.9.3.5）中的相关内容。

其他情况还包括破坏业务记录以掩盖侵权案件的放火，以及破坏汽车盗窃证据的放火。在这些情况下，放火嫌疑人可能放火烧毁建筑物，以破坏最初犯罪的证据，消除潜在的指纹和鞋印，有时还试图提供无用的 DNA 或法医学证据，将其他嫌犯与被留在火中烧死的受害者联系起来。

在"People v. Cvetich 案"（73 Ill. App. 3d 580，391 N.E. 2d 1101）（Ill. App. Ct.，1979）中，被告和同犯盗窃了一家律师事务所。同犯和被告在办公室放火，以掩盖其罪行。在对

入室盗窃案进行定罪的上诉中，被告承认在场，并实施了入室盗窃，但声称他没有鼓励他的同犯放火。即使是同犯实施了放火，但伊利诺伊上诉法院仍然认为被告应承担教唆放火来掩盖其入室行窃的责任。

表11-4　掩盖犯罪动机放火

受害者特征：目标财产	取决于掩盖现场的性质
经常出现的犯罪现场特征	谋杀：通常以杂乱的方式引燃助燃剂，以消除潜在的法医学证据或掩盖受害者的身份
	入室盗窃：使用随手材料来引发火灾，具有多名罪犯参与的特征
	汽车盗窃：偷取车内财物并烧毁车辆以消除指纹
	销毁记录：在通常保存记录的区域放火
常见鉴识物	确定火灾时受害者是否还活着，以及他／她为什么没有逃脱
	记录伤害，尤其是集中在生殖器周围的损伤
调查注意事项	酗酒和娱乐性吸毒很常见
	罪犯应有与警察和消防部门接触或被逮捕的历史
	罪犯可能是生活在周围社区的年轻人，流动性很大
	掩盖犯罪表明有同伙在现场
	掩盖谋杀，通常是一次性事件
搜查建议	参考其他类别的原始动机
	汽油容器
	衣服、鞋子、玻璃碎片、烧毁的纸质文件

资料来源：Icove and Estepp,1987; Icove et al,1992; Sapp et al,1995

图 11-6　出于掩盖犯罪动机的放火案，火灾发生前，有价值的贵重物品被移走

资料来源：David J. Icove，University of Tennessee

【例11-4】 掩盖犯罪动机的连环放火案例

从监狱获释三周后，一名 31 岁的失业工人承认在 7 个月的时间里盗窃住宅区的 12 栋房屋并放火。除一场火灾外，所有火灾都是在业主不在时发生的。

罪犯说："我只是开车经过，在人们离开一段时间的地方，寻找报纸和其他东西。我只是拿走了钱、珠宝和那些会在火中丢失或烧毁的东西。我会在所有东西上倒汽油，然后用蜡烛点燃它。"

这些火灾都被认定为放火火灾，因为其火势蔓延迅速，而且在残骸中发现了残留的易燃液体。大范围的损坏使得房主很难确定家中的贵重物品是否被偷走。罪犯陈述，他总是把东西带到别的地方去卖，他被认出"是因为一位女士在另一个城镇的当铺里发现了自己的一枚戒指，并报了警。"

他有过盗窃罪的犯罪历史，当赃物被追回时，追查到了他。罪犯的回应是："我发现，如果大火燃烧了一切，没人会知道什么东西不见了。上一次，我遗留了线索，所以这次我决定不让他们知道发生了什么。"（Sapp 等，1995）

11.7
牟利动机放火

出于牟利动机（profit-motivated）放火的罪犯期望从放火中牟利，可能是直接获得金钱收益，或者是获得金钱以外的利益（见表 11-5 和图 11-7）。直接获取金钱收益的例子包括保险欺诈、财产清算、解除交易、销毁存货、包裹清算和获得就业。一名建筑工人想要重建他摧毁的公寓大楼，就是他犯下放火罪后找到工作的一个例子。以牟利为目的的放火动机分类在 NFPA 921（NFPA, 2017, 24.4.9.3.6）和针对调查人员的完整教科书中有所提及（Icove、Wherry 和 Schroeder, 1980）。

当罪犯直接或间接受益时，以牟利为目的的牟利放火行为可能会发生有趣的变化。放火犯曾经放火烧毁了西部森林，以使他的设备被租借来支持部分灭火工作。在所有案件中，最令人不安的是，父母为谋取利益谋杀了自己的孩子，并用大火掩盖了孩子的死亡。尽管这种动机并不常见，但也绝非罕见（Huff, 1997、1999）。有案例记载了一个上了保险的孩子被谋杀，但更常见的是父母希望摆脱孩子对他们的烦扰。在单亲或父母离婚的情况下尤其如此，在这种情况下，孩子被视为自由或婚姻的障碍。本章后面的部分将进一步讨论用火杀人的情况。

放火犯可能牟取的非金钱利益，包括放火以增加狩猎动物的可能性，以及焚烧附近的房屋以改善视野。此外，还包括为了逃离不喜欢的环境而放火，例如不愿起航的海员放火烧了船（Sapp 等，1993、1994）。

以牟利为动机的放火案例有很多，特别是骗保放火。在"State v. Jovanovic 案"（174 N.J.Super, 435, 416A.2d 961）（N.J. Super. Ct.App. Div. 198）中，被告被判有放火罪。他向一名卧底警察透露，他的建筑物即将被取消抵押赎回权，因为他有财务问题。他告诉警察说，如果他不能卖掉那座建筑物，他想把它烧掉，以获得 20 万美元的保险收益。

在"People v. Abdetmabi 案"（157 ru.App.3d 979.511 N.E.2d 719）（Ill. App. Ct., 1987）中，两名被告被判犯有共谋放火罪，其中一名被告反复陈述，他打算烧毁自己的杂货店和公寓楼来获取火灾保险收益。当其中一名被告向商店的一名雇员透露这一信息后，该雇员向警方报告了此信息。

在以牟利为动机的放火案件中，间接证据可以用来起诉和定罪。在"State v. Porter 案"（454 So.2d 220）（La. Ct. App., 1984）中，当局通过引入商业和个人财务困难的间接证据，确立了犯罪动机。在这起案件中，一对夫妻被判犯有放火罪和故意欺诈罪。

表11-5 牟利动机放火

受害者特征：目标财产	目标财产包括住宅、商业和运输工具（车辆、船只等）
经常出现的犯罪现场特征	通常是经过精心计划和有条不紊实施的，犯罪现场包含的物证较少
	对于大型企业，可能涉及多个罪犯
	意图是彻底破坏，过度使用助燃剂、燃烧装置、多点点火、延时装置
	没有强行进入的痕迹
	在火灾发生前移走或替换有价值的物品
常见鉴识物	复杂的助燃剂（水溶性）或混合物（汽油和柴油）
	燃烧装置的组件
调查注意事项	首犯通常是受过 10 年以上正规教育的成年男性
	从犯有时是放火者，通常是男性，25～40 岁，无业
	罪犯通常住在离犯罪现场 1 英里以上的地方，可能会有人陪着到现场，离开后通常不会回来
	具有财务困难的迹象
	随着生产成本的增加而无利可图，收入减少
	工艺或设备技术落后
	昂贵的租金或租赁协议
	用公司资金支付个人费用
	虚报资产，夸大库存水平
	有未决诉讼、破产中
	以前的火灾损失和索赔
	财产所有权、欠税、多重留置权的频繁变化
搜查建议	检查财务记录
	如果现场有燃料 / 空气爆炸的迹象，请检查当地急诊室是否有烧伤患者
	尽快确定公共设施的状况

资料来源：Icove and Estepp,1987; Icove et al 1992; Sapp et al, 1995

图 11-7　出于牟利动机的放火，购买了过多的保险，有时会在空置住宅中策划周全的火灾，并在其中加入过量的助燃物

资料来源：David J. Icove, University of Tennessee

另一起涉及间接证据的案件是"Commonwealth v. Hunter 案"（18 Mass. App. 217, 464 N.E.2d 413）（Mass. App. Ct., 1984）。一间迪斯科舞厅的业主，被判犯有企图放火焚烧投保财产以骗保的罪名。证明其商业财务困难的证据包括：遇到严重的财务困难，拖欠贷款和房租，并且可以从大火中获得可观的经济利益。关于保险，间接证据表明该财产有超额保险，并且由于未缴纳保险费，保险政策即将取消。

在某些出于牟利动机的放火案件中，当有价值的物品没有遗骸时，就应当引起怀疑。在"Mountain West Farm Bureau Mutual Insurance Company v. Girton 案（697 P.2d 1362）（Mont., 1985）中，蒙大拿州最高法院持有的证据证明被告犯有以牟利为目的的放火罪：在火灾发生前，他取走了珍贵的邮票和硬币收藏品，获得了一份额度相当大的保险单，并在建筑物内储存了大量汽油。

当火灾前企业库存急剧减少时，有时会怀疑为人为放火。在"State v. Zayed 案"（1997 Ohio App. LEXIS 3518）中，被告因放火烧了其杂货店而被判有罪。目击者和供应商在火灾发生前几天就发现了库存的减少。火灾发生前两周，一名送货的商贩质问被告，他被支付了一张过期的、毫无价值的付款支票，被告告诉商贩："去你的，我要烧掉我的房子，你什么也得不到。"

在一起涉嫌以牟利为目的的放火民事案件中，一位专家证人受到质疑，质疑他是否能够根据事实和数据，以及他的专业知识和经验来作证。在"State Farm Fire & Casualty Company v. Allied & Associates Inc., et al. 案"（United States District Court, Eastern District of Michi-gan, Case 2:11-cv-10710）中，专家证人准备作证，证明他发现了实施放火和保险欺诈的证据。专家证人发现的事实包括：火灾发生于购买保险后不久；同一被保险人

（包括相关个人）的多重保险索赔和 / 或损失；火灾时建筑物空置或无人居住；个别人士和 / 或与他 / 她有联系的人反复提出相对较少的索赔申请；在多个房间存在多个起火点，表明放火，因为非故意的火灾不会有多个起火点；意外原因或不明原因的起火，包括烹饪、吸烟和点蜡烛；在经济不景气和 / 或被保险人遇到经济困难的情况下，在一个地区接二连三地发生火灾。

【例11-5】　一个出于牟利动机的放火案例

阿诺德（假名）是一名职业放火者，因他的一次放火而被判入狱两年。他承认在他的职业生涯中，烧毁了 35 ～ 40 栋空房子。当他和一个试图给他找公寓的房地产经纪人谈话时，他参与了放火牟利的活动："他问我能不能找人烧一个地方？是否知道有人参与过爆破？我告诉他知道，然后一切就从那里开始的。"

然后，阿诺德与房地产经纪人和爆破专家合作。房地产经纪人确定了目标房产并确保其空置的。爆破专家教阿诺德如何放火，甚至在他第一次放火时陪着他。

阿诺德声称，他使用的放火技术，从未导致火灾被确定为放火案。"他们分不清。他们会说正在调查中。当他们说这是在调查中时，他们非常确定这是放火，但却无法证明。"他的操作方法是在阁楼里倒 19 ～ 38L（5 ～ 10gal）无味的无铅汽油，留下一个延时化学点火器，从上到下烧毁房屋。点燃的汽油导致了火势迅速蔓延，烧塌屋顶，也打消了火灾调查人员的怀疑，他们很难确定是否使用了助燃剂。

阿诺德被问及是否有人会在其放火时受伤，他回答："我从未烧过任何里面有人的地方。我确保没有伤害任何人。那很重要，真的"。

因与房地产经纪人有牵连而涉嫌放火，阿诺德被判入狱两年。"这是错的，但是当时我赚了很多钱，却没有伤害任何人。这很简单，但这是一项危险的工作。我放火时每一分钟都很害怕。"

事后，阿诺德声称自己也是放火的受害者。"我是受伤的人。我工资很低。我在一场火灾中赚 700 美元或 800 美元，那个房地产商在他的那份保险单上赚了大约 10000 美元，而我却是那受罚的人。"（Sapp 等，1995）

11.8
极端主义动机放火

极端主义动机（extremism-motivated）的放火犯可能是出于进一步的社会、政治或宗教原因而放火（见表 11-6）。极端分子的目标包括堕胎诊所、屠宰场、动物实验室、毛皮农场、皮草商店，甚至还有现在的运动型多用途车（SUV）经销商。政治恐怖分子的目标反映了其愤怒的焦点，目标的随机选择也会让人产生恐惧和困惑。自焚同样也被视为一种极端主义行为。极端主义类的动机分类参考了 NFPA 921 中的相关内容（NFPA，2017, 24.4.9.3.7）。

表11-6　极端主义放火

受害者特征：目标财产	对目标物的分析是确定具体动机所必需的；目标物象征着犯罪人信仰的对立面
	目标包括研究实验室、堕胎诊所、企业和宗教机构
经常出现的犯罪现场特征	犯罪现场体现出罪犯有组织、有针对性的攻击
	经常使用燃烧装置，在放火时留下非语言类警告或信息
	放火时有过度杀伤
常见的鉴识物	极端主义放火者多是老练的罪犯，经常使用可远程遥控或延时点火的燃烧装置
调查注意事项	违法者常常由于目标或有问题的团体而被辨识
	可能曾因非法侵入、毁坏财物罪或侵犯公民权利等罪行与警方有过接触或被逮捕的记录
	犯罪后的申诉应进行威胁评估审查
搜查建议	书面材料：与团体或事业有关的著作、资料、手册、图表
	燃烧装置部件、旅行记录、销售收据、信用卡对账单、银行购买记录
	易燃材料：材料、液体

资料来源：Icove and Estepp 1987; Icove et al, 1992; Sapp et al, 1995

【例11-6】　极端主义放火案例

这是一个被小说化了的案例，真实的是极端分子针对美国政府机构实施的蓄意放火（ADL, 2003）。

联邦陪审团指控一个前反政府极端组织的头目在美国国税局办公室放火。陪审团裁定这名48岁的前头目犯有破坏政府财产和干涉国税局雇员的罪行。

检察官说，此人和另外两名同伙使用19L（5gal）汽油和一个计时装置，放火烧毁了国税局办公室。这场火灾造成了250万美元的损失，且有一名消防员在灭火时受了重伤。这名前头目还因要求一名证人在向联邦大陪审团作证时撒谎而被判犯有篡改证人证词和唆使作伪证罪。据报道，该头目还曾威胁一名证人，阻止他与执法人员合作。检察官表示，这三名男子的动机是一种反政府情绪，放火是为了抗议纳税。

11.9
其他动机

其他动机也出现在了已有文献中，并且需要重点阐明。提供这些信息是为了进一步解释和消除误解。

11.9.1　放火狂

当人们讨论放火动机时，总是不会漏掉放火狂（pyromania）。这种疾病的名字来源于两个希腊单词：pyro，意思是火；mania，意思是失去理智或疯狂。

美国联邦政府卫生与公众服务部（DHHS）负责运行医疗保险和医疗补助服务中心（CMS）及国家卫生统计中心（NCHS）。CMS 和 NCHS 提供了以下使用国际疾病分类第十次版临床修改（ICD-10-CM）进行编码和报告的指南。

有关该术语的权威定义，请参考 2016 年 ICD-10-CM F63.1 有关放火狂的医疗诊断规范。临床诊断将这一疾病描述为：具有放火冲动的，一种以迷恋火灾和反复放火为特征的疾病，在此过程中，个体在放火前主观上极度紧张，而在放火时感到满足或放松，患者放火没有其他目的（如为了金钱利益或政治意识形态的表达）。

研究人员提出，放火的冲动，这一在放火狂诸多定义中都提到的特征，是否可能还是其他疾病的表现。一些报告指出，放火的"不可抗拒的冲动"实际上只是一种没有加以抑制的冲动（Geller、Erlen 和 Pinkus，1986）。对放火狂一词的评价表明，即使在精神卫生专业人员和行为科学家之间，对于是什么导致了放火狂放火，以及是否真的存在这种障碍，也没有达成共识（Gardiner，1992）。甚至美国联邦调查局（Huff、Gary 和 Icove，1997）也在其位于弗吉尼亚匡蒂科的国家暴力犯罪分析中心研究过"放火狂之谜"。Doley（2003b）以澳洲放火犯为例，探讨了文献中存在的普遍误解，并试图阐明如何判断放火狂作为一种动机的真实程度。

在通俗文学中，性幻想或性欲望常与放火狂联系在一起，但这种说法在问卷调查研究中尚未得到证实。性作为一种动机被严重高估了。事实上，用阴茎反应作为性唤起指标的实验已表明，性动机和放火之间没有相关性（Quinsey、Chaplin 和 Upfold，1989）。在一项研究中，研究人员向 26 名放火犯和 15 名非放火者播放了异性恋活动和与性、寻求刺激、保险、报复、英雄主义和权力等动机有关的放火行为的录音叙述，并记录比较了受试者的阴茎反应。结果发现放火犯和非放火者在听到叙述后所表现出的反应不存在显著差异。

在许多情况下，所谓的无动机放火犯知道自己放火的动机，这些动机对局外人来说不一定有意义，放火犯也可能缺乏能表达这种想法的语言技能或能力。

火灾调查人员应当注意不要随意给一个人贴上放火狂的标签，因为需要由心理健康专家做出诊断。每个执业者（调查人员、犯罪学家、心理学家和精神病学家）对放火狂都有一定的偏见或不同的看法，因此，他们用于判断的依据不尽相同。

11.9.2 混合动机

对被监禁放火犯进行的采访明显体现出人类行为的复杂性，特别是在出现混合动机时。当被问及放火动机时，他们的回答表明，除主要动机（蓄意破坏、刺激、报复、掩盖犯罪、牟利或极端主义）之外，通常还有次要动机和补充动机。

若只是为了杀死目标，放火可以直接作为一种手段。这种杀人行为可能出于各种各样的动机，包括自卫。彻底地重建整个事件而不仅是放火事件，会对揭示犯罪者杀人的真正意图有所帮助。

以 Lewis 和 Yarnell（1951）为代表的研究人员断言，在所有放火案件中，或多或少都存在着复仇动机。放火动机与人类行为的其他方面一样，常常与结构化的严格定义有出入。

另一个根本原因是放火犯可能缺乏必需的社交和沟通技巧来清楚地表达其动机，对真实动机的难于启齿也可能导致其向调查人员或心理健康专业人员提供了另一种或虚假的动机。

再加上权力和复仇因素就更体现出遵循刻板分类的不妥。火灾调查人员也应该意识到，因为放火是一种犯罪手法，动机可能会根据目标或情况而改变。

对于连环放火案中出现的诸多因素，阐明其最好的例子是一名罪犯从自身角度出发对放火案进行的真实描述：一位笔名为莎拉·惠顿（Sarah Wheaton, 2001）的女性连环放火犯对此进行了详细描述。在她发表的文章中，有从其出院总结中摘录的一些经过编辑的内容，其中提到了对边缘型人格障碍的诊断。她的治疗方案包括生物反馈、社交技能训练和使用精神药物克罗米帕明。在写这篇文章的时候，惠顿女士表示自己已经 8 个月没有与火相关的想法了。

【例11-7】 一名连环放火犯的回忆录

莎拉·惠顿（化名）曾是一名自认为有强迫症的连环放火犯，目前正在攻读心理学硕士学位。在她大学一年级结束的时候，也就是 1993 年的夏天，她因为放火被强制送进精神病院治疗了两个星期。

以下节选自惠顿 2001 年时的出院总结，其中有关于她作为一名连环放火犯所接受的治疗和个人感受的描述。

入院原因：收治时，这名 19 岁的单身女性住在加州大学的宿舍里。患者曾参与过一些奇怪的活动，包括在校园里放火 5 次（但没有成功）。

既往病史：患者是一位非常聪明和活跃的年轻女性，高中四年里，她在班里一直是班长。她上大学时在一家比萨店有一份全职工作。她曾打电话给警察声称要自杀。当她被带进来时，患者完全否认自己的症状并声称一切都很好，她不需要在这里。她接受了 72 小时的治疗和评估。

治疗过程：最初医疗诊治非常艰难，病情无法诊断，因为病人一方面非常聪明、非常受工作人员的喜爱，另一方面又叫人难以捉摸。她翻过墙跳上露台，最后被警察带了回来。由于试图用塑料和/或玻璃割伤自己，她又在拘留中接受了长达 14 天的强化治疗。从那以后，她变得更加外向，更易伤感，有时也更加脆弱。她倾向于逃避问题，总试图帮助他人，而不正视自己。她的父亲和她一起接受社区工作者的家庭治疗。

据父亲说，母亲既是酒鬼，又有躁郁症病史。患者自己报告说，在 9 ～ 11 岁的时候曾遭继兄的性虐待。

起初我打算让患者服用抗躁狂药物卡马西平或锂盐，但以她坚决反对药物治疗而告终。患者之后确实在没有服药的情况下做到了情绪平稳。她的病情有了明显的好转，但我和护理人员仍然很担心，因为出院后，能让她保持情绪稳定的环境可能不复存在。按计划，她将于 7 月 1 日前往华盛顿特区，在一位国会代表的办公室担任实习生，她两年前曾在那里做过文职工作。

护理说明：由于患者今日出院并且将在第一时间前往华盛顿，因此没有进行后续预约。

精神科医生预测：鉴于患者病情的严重程度，预后是非常谨慎的。

精神状态：患者坚决否认毁灭性的想法，包括此时的放火。

出院诊断（初次住院后 33 次治疗）： Ⅰ .重度抑郁症，复发性抑郁症，伴精神病； Ⅱ .强迫型人格障碍，放火狂病史，边缘型人格障碍； Ⅲ .哮喘； Ⅳ .GAF 45。

"经精神科服务机构许可转载（2001 版）。美国精神病学协会。保留所有权利。"

因为惠顿是一名心理学学生，所以她能准确发现连环放火犯的许多迹象和特征，尤其是那些已在文献中报道过的和已被专门研究放火的执法人员的采访所证实的。下面引用了她关于从学前班到大学期间火对她生活产生影响的认识。

还在上学前班的时候，我的字典里就有了"火"这个字。在夏天，家乡进入山火易发时节，我和家人会被疏散，发生山火时，我会满怀敬畏地看着。

下面，我列出了发生有关火的异常行为八年后自己的一些想法和行为。我还总结了一些可以帮助放火者的建议。

连续不断的放火行为：每年夏天我都期待着火灾易发季节的开始，也期待着秋天——一个干燥多风的季节。我一个人点火，还很冲动，这让我的行为变得难以预测。当我独处时，会表现出偏执的特点，我总是环顾四周，看是否有人在跟踪我。我想象着周围所有可燃的东西都着火了。

我每天收听当地新闻广播，了解当天火灾发生的情况，还阅读当地的报纸，查找有关可疑火灾的文章。我读有关火灾、放火者、放火狂、放火和放火犯的文献。我与政府机构联系以获取有关火灾的信息，了解调查人员使用的最新的放火案件调查方法。我看关于火灾的电影，听关于火灾的音乐。我的梦里都是关于我已经实现了的和想要或希望实现的放火的想法。

我喜欢调查不是由我自己引起的火灾，我还可能会打电话承认不是我引起的火灾。我喜欢在消防局前来回行驶，甚至希望拉响我看到的每个火灾警报器。我自我批评，防备心强，害怕失败，有时还会出现自杀行为。

放火前：我可能会有被抛弃感、孤独感或无聊的感觉，这些都会在放火前引发焦虑感或情绪激动。我有时感到剧烈的头痛，快速的心跳，无法控制的手部运动以及右臂刺痛。我从不计划放火，但通常在我即将放火的地点附近的街区或公园来回开车或步行，这样做可能是为了熟悉这个地区并计划逃生路线，也可能是为了等待放火的最佳时机。在任何地方这种行为可能会持续几分钟到几个小时。

放火时：我从不在其他火灾发生的确切地点放火。我放火是随机的，就用我在加油站买的或要到的东西——火柴、香烟或少量汽油。我也不会留下标记来证明是我放的火。我只在偏僻的地方放火，比如路边、后山、死胡同和停车场。我通常在天黑后放火，因为那时我被人抓住的概率会小得多。我可能会点几次小火或一次大火，这都取决于我当时的意愿和需要。正是在点火的那个时候，我会体验到一种强烈的情感反应，比如紧张感的释放、兴奋感，甚至是恐慌感。

离开火灾现场：我非常清楚留在火灾现场的风险。当我离开时，我会正常驾驶，这样一来附近有其他车辆或其他人时，我就不会显得可疑。我经常从相反方向经过来救火的消防车。

着火时：从一个完美的有利位置观察火灾对我来说很重要，我想看到我或其他人造成的混乱和破坏。在行动进行时，通过电话或亲自与当局交谈是令人兴奋的一部分。我喜欢从收音机或电视上收听（看）火灾的消息，了解官方对火灾起因和过程的所有理论分析和动机分析。

火灭之后：这个时候我感到悲伤和痛苦，以及有再一次放火的渴望。总的来说，这场火灾似乎为一个永久性问题提供了一个暂时的解决方案。

火灾后 24h 内：我再次来到火灾现场。我可能会感到悔恨，同时也对自己感到愤怒。幸运的是，没有人因为我的放火而受到身体上的伤害。

火灾后的几天：我陶醉在无名放火犯的恶名中，即使那人不是我。我还会再次返回现场查看破坏情况，并在区域地图上标注被破坏的现场区域。

火灾周年纪念日：我总是在火灾周年日重返我或其他人在该地区放火的现场。

非本人放火：那些不是我自己放的火会带来兴奋感和紧张感的稍许缓解。然而，别人的每一场放火我总希望是自己做的。知道这一地区还有另一个放火者，可能会让我产生想与之竞争或嫉妒的感觉，激起我要制造一次更大更好的火灾的欲望。我也很想知道其他放火者放火的兴趣或动机。

帮助放火者的建议：放火犯再犯的可能性很大，他们总期盼着有人谈论关于放火的想法。放火可能占据一个人生命相当重要的部分，以至于他或她无法想象没有它的生活。这种习惯在各方面都会培养出许多对于放火者来说很正常的情绪，包括爱、幸福、兴奋、恐惧、愤怒、无聊、悲伤和痛苦。

放火犯应当学习适当解决问题的技巧，以及呼吸和放松的技巧。接触烧损区域和被破坏的火灾现场可能具有治疗意义，有可能使放火者更愿意谈论自己的生理和情绪反应。这样做不仅能帮助放火者，还能让心理健康专家对放火者的偏执行为有更深入的了解。

这份自我报告的内容清楚地证实了科学、精神病学和执法研究的发现。特别值得注意的是放火者在火灾现场犯罪前后的行为，纪念日的意义，以及其他放火者放火的暗示性影响。敏锐的火灾调查人员可以利用这些信息来识别和解决由强迫性放火犯实施的连环放火案件。

11.9.3　借火灾伪造死亡

为了掩盖真实身份而放火焚烧替代尸体的保险欺诈行为，是一种以牟利为动机的犯罪。这种形式的放火通常涉及详细的计划，特别是在获取尸体的途径和逃避调查机构怀疑的方法这两个方面。

案例研究表明，警惕伪造死亡的迹象包括但不限于以下几点（Reardon，2002）：

- 死亡发生在提交保险申请后不久和 / 或争议期间。
- 死亡发生在国外。
- 被保险人有财务问题。
- 存在不需要进行医疗检查的大型保单或多个小型保单。这些保单条款有不实陈述或遗漏。
- 被保险人使用别名。
- 先前的保单已被取消。
- 保险水平与实际收入不相称。
- 没有尸体，或者尸体处于无法辨认的状态。

Reardon 强调，人寿保险索赔支付的基本要求是能够证明被保险人确实已经死亡。他建议适时对这类索赔和诉讼进行彻底调查，以降低向这类骗保人赔款的可能性。

【例11-8】 境外火灾伪造死亡计划

1998 年，唐尼·琼斯（化名）完成了一份价值 400 万美元的定期寿险保单的申请，在这之前，琼斯已经和另一家保险公司签了一份 300 万美元的保单。在 400 万美元保单开出六个月后，保险公司收到了琼斯在美国境外死于车祸的消息。

被保险人仔细准备了他的计划。当琼斯和一个朋友出国时，他租了一辆大型 SUV，把自行车放进车里，在晚上 10 点时开车离开。打算驱车 3h 穿越沙漠到达邻近的城镇。第二天清晨，人们在一条沙漠高速公路旁发现这辆 SUV 正在燃烧。当地调查机构没有在 SUV 中发现山地车，车辆没有碰撞的迹象，一开始也没有找到尸体。之后在一个院子的一辆车里发现了一具尸体，但尸体很快被琼斯的旅伴认领并火化了。

由于情况特殊，保险公司立即对索赔展开了调查，安排一名法医人类学家对尸体骨骼进行检验，并安排一名消防工程师记录并公正地认定了车辆起火的原因。法医人类学家断定，死者应是一位美国老年原住民，而非那位 33 岁的白种被保险人。消防工程师为保险公司解释了火灾的放火性质、事故过程以及外国调查机构在调查期间收集的物证信息。

该保险公司拒绝了这一索赔，并向美国地方法院提起诉讼，要求对撤销该保单做出宣告性判决。提起诉讼使保险公司得以开始收集和保存来自当局、警察、公共部门和私营部门的证据。在美国境外进行的调查需要美国领事馆的先行介入，之后才是诉讼。根据《海牙公约》，这一程序通常要得到美国法院和相关外国机构的批准。

最终，美国一个公司在例行背景调查中发现，被保险人一直在该公司以化名工作。保险单被废止，被保险人随后在联邦法院接受了犯有电信欺诈的刑事指控，并被责令全额赔偿保险金（Reardon, 2002）。

11.9.4 杀害子女行为

通过放火杀害子女是一类犯罪，这类案件的凶手是受害者的父母，罪犯往往用火来掩盖死亡使其看起来像一场意外。尽管放火杀害子女的案例似乎很少，但学者们对此类事件的研究却越来越频繁（Stanton 和 Simpson, 2006）。

根据联邦调查局的研究，虽然案例样本数有限，但仍可以让我们深入了解这种犯罪。由于这些调查进行得比较彻底，该机构推测这种现象可能是普遍存在的，却未得到充分报道（Huff, 1997、1999）。

和其他犯罪一样，杀害子女行为的动机多种多样，已知的动机有以下几种。

- **不想要孩子的想法**：母亲错误地认为没有孩子可以让她和她的配偶或情人毫无负担地生活，因此杀了孩子，以消除她眼中的障碍或甩掉累赘。
- **急性精神病**：父母一方是精神病患者。比如有位患重度抑郁症的单身母亲，即她将三个年幼的孩子刺死，然后放火烧了他们的公寓。
- **配偶复仇**：一个有嫌隙的丈夫残酷地决定剥夺他妻子最珍惜的宝贝，即她的孩子。
- **以骗保为目的谋杀**：父母为他们的孩子购买大量人寿保险，之后放火将他们烧死。

在某些情况下，可能只支付了少量保费，保单因未支付而失效。

上述任一种情况，最初可能都不会引起调查机构的怀疑，原因有多种，包括对火灾调查的不彻底；对致命火灾是由孩子玩火柴引起的意外这种先入为主的假定；对父母的极度同情；为孩子所感到悲伤。这些情绪反应都可能掩盖值得怀疑的迹象（危险信号）(Huff, 1997)。

虽然没有单一的指标，但在放火杀害子女的案件中存在一些相同特征，包括以下几点：

受害者研究： 受害者通常为学龄前的幼童，没有受过应对火灾的训练，也因此不大可能逃脱。人们通常觉得年幼的孩子更容易被抛弃，更容易在以后被"取代"。

犯罪前的行为： 在火灾前有反常行为，例如准备孩子最喜欢的饭菜或带孩子参观特殊的地方。例如，在一个案例中，罪犯给两个十几岁的儿子提供了快餐，在饭中加了一剂常见的安眠药（从死者尸体的血液和幸存者衣服上的干涸血迹中都检验出了残留物），使他们在起火时处于昏睡状态。其中一个男孩死于大火，幸存下来的另一个证明了火灾前发生的事。家里的幼女没有成为目标，当时也不在家中的起火区域。

发生时段： 火灾发生在夜里或凌晨，孩子最有可能在床上睡觉的时间段。这使得父母有时间计划放火，在一些案件中，罪犯还会在放火时将孩子锁在房间里。

犯罪现场特征： 火灾发生当晚，孩子往往被要求改变睡眠习惯，睡在平时不使用的房间。有时，会上演孩子们被枪杀、刺伤或勒死，然后放火掩盖罪行的场景，通常使用的是汽油等易燃液体。在一些案件中还有逃生通道被堵和房门上锁的情况。孩子或许服用了药物而昏睡或失去知觉，因此对任何儿童受害者都必须进行全面的法医尸检，包括 X 射线检验和毒物化验。

罪犯特征： 成年人的救援行动未尽全力，也没有遇到明显的危险。因此，他们不会像预期的那样被烧伤和泪流满面，衣服也不会有烟熏痕迹。父母多住在预制房里，年龄不超过 35 岁。

犯罪后的行为： 火灾发生后，成年人表现出不恰当的行为，如几乎不感到悲伤；很少谈及受害者；喜欢讨论物质方面的损失（包括保险赔偿）；急于恢复正常生活。

这些特征会单独出现，也可能会同时出现。但是，调查人员应当注意不能因为某个因素的出现就引起怀疑，要以谨慎而专业的方式循序渐进地展开调查，且不要受被害者父母的担忧情绪所影响。由于每个人对创伤的处理方式都不一样，调查人员不应因为父母不够悲伤，就随意断定案情。

【例11-9】 杀害孩子的母亲

在夏末的一场火灾中，消防队员在上锁的卧室壁橱里发现了一名 22 个月大的女童，她被藏在一堆衣服下面，死于吸入的浓烟。孩子的母亲告诉消防队员，她的小女儿经常玩厨房里的打火机。

起初消防队员对这个故事表示怀疑，但是当死者四岁左右的哥哥证明她能够操作打火机时，这个故事变得可信了。调查人员随后认定是意外起火，初步判断死者在厨房里点燃了几张餐巾纸，把它们带进了卧室，然后走进了壁橱，身后的门自己锁上了。

所有迹象都表明这是一次孩子玩打火机并导致自己死亡的意外。直到 5 年后，这位母亲已经 9 岁的儿子在另一场火灾中被鉴定为三级烧伤，人们才开始有理由怀疑这所谓的意外。当消防队员赶到时，他们发现孩子躺在锁着的卧室门后不省人事，而母亲在火灾发生后随即逃走了。

一周后，火灾调查人员找到这名母亲并对其进行了讯问，据称她承认两次放火是她实施的，并表达了对丈夫的不满情绪。在每场火灾中，都有个别因素表明是人为放火，意图是杀害子女（Huff, 1997）。

11.10
连环放火案的地理学分析

基于犯罪分子进行放火罪分类时不仅限于识别动机，调查人员还应仔细研究放火嫌疑人选择的放火地点。对这些地点的分析可能会让调查人员掌握更多关于犯罪分子选择目标的依据，加深对其动机的理解，并为识别和逮捕放火嫌疑人提供一个潜在的监控计划。

一项关于连环暴力犯罪地理分布的联合研究工作，其结果证明了在连环放火案中发现的作案模式。研究结果表明，反复放火的罪犯所表现出的时间特征、目标的特定性和空间模式常与他们的作案手法（实施方法或惯常做法）有关（Icove、Escowitz 和 Huff, 1993; Fritzon, 2001）。

许多地理学家、犯罪学家和执法人员都对包括放火在内的连环暴力犯罪的上升趋势感到担忧，这些犯罪正在困扰着美国和其他自由世界国家。许多暴力罪犯还故意在法律边缘游走，以逃避执法人员的调查。

连环放火犯常常在整个社区制造恐慌气氛。社区负责人继而向执法机构施压，希望其迅速识别并逮捕放火犯，这使问题变得更加复杂。放火犯经常逃避逮捕数月之久，这使最有经验的调查人员都感到无能为力。放火案件发生的间隔时间往往无法预料，这让执法机构无法确定放火犯是否已停止放火，还是离开了该地区或是已因其他罪行被捕。

目前对于包括放火在内的连环暴力犯罪的地理分布研究很少。文献中已有的研究集中在特定罪行的特定特征方面（Icove, 1979; Rossmo, 2000）。

对暴力犯罪从空间和生态角度进行了基础分析（Georges, 1967、1978）。社会生态学观点认为，犯罪与环境之间存在直接关系。按照这种观点，缺乏控制的环境（例如市中心）可能会导致高犯罪率。一些历史方法可用于解释犯罪的地域分布，这些方法对放火和涉及火的犯罪的地理分布分析尤其适用。

11.10.1　过渡区

芝加哥社会学学派最先提出犯罪与环境有关（Park 和 Burgess, 1921）。这种生态学方法假定在被称为过渡区的城市地区有高的犯罪率。这类地区占地用途多样，人口流动频繁。

在许多城市，过渡区呈同心圆环状，代表着中央商务区和住宅区之间的区域。在这片区域中通常有公寓、贫民区、红灯区和不同的民族群体聚居。

1981 年在对田纳西州诺克斯维尔的 15 起火灾爆炸事件的研究中阐述了过渡区理论

（Icove、Keith 和 Shipley，1981）。诺克斯维尔警察局的放火特别调查小组对火灾爆炸事件的分析显示，66% 的事件发生在特定人口普查区域，这些区域内人口都有明显的下降或增长。

诺克斯维尔的研究还调查了低收入的人口普查区域，那里在报告所述期间发生了三次火灾爆炸。美国人口普查数据显示，在所有爆炸发生地中，此区域内的少数族裔人口最多，贫困人口比例最高，平均收入位居倒数第二。

11.10.2　中心图解法

中心图解法是利用描述性统计方法在二维空间平面上预测犯罪地点集中趋势的技术。对于某些案件来说，罪犯的住所可能靠近犯罪地点。另一种假设是，罪犯年龄越大，从犯罪现场到其住所的平均距离就越大。这种流动性，在一定程度上是因为罪犯有自行车或其他交通工具，并且超过宵禁年龄。

美国司法部的一项研究解释了中心图解法的概念，并描述了罪犯的地理锚点（Rengert 和 Wasilchick，1990）。通过研究入室盗窃目标建筑的地理位置，研究人员得出结论：犯罪分子会选择靠近锚点的目标，这样可以最大限度地缩短作案所需的路程和时间。通常情况下，主锚点靠近罪犯的住所。其他远离罪犯住所的锚点包括酒吧、学校和视频游戏厅。Kocsis 和 Irwin（1997）也调查了连环放火案件，在这些案件中，罪犯倾向于从他们的住所出发，沿着各个方向移动放火。

其他地理学分析方法分微观和宏观两级进行。微观层面的方法研究犯罪的确切位置，目标建筑物、车辆或街道的类型。宏观层面的方法倾向于将数据整合到区域中，这些区域可以是人口普查区、警控区或其他地理区域。这种方法可以扩大分析规模。

中心图解法已被用于研究其他暴力犯罪的时空关系（LeBeau，1987）。观察犯罪空间分布时，在街道地图上绘制笛卡尔坐标系的 x 轴和 y 轴。大量案件的位置分析使用了平均中心法，通过追踪这些平均中心的移动来评价集中趋势，并通过确定标准偏差椭圆来描述案件的分布。

关于犯罪时空关系的最新研究再次证实了火灾调查人员经常怀疑的事情，即许多连环放火犯的犯罪都遵循某种模式。洛杉矶县治安局对 2005 ～ 2012 年有地域模式可循的犯罪数据进行了多年研究，有证据表明，初始案件发生后较短时间间隔内在案发现场附近，重复放火的可能性会增加（Grubb 和 Nobles，2016）。

Fritzon（2001）研究了放火者放火地点距其住处远近和动机之间的关系。该研究使用最小空间分析（SSA）的概念来表示放火地点的距离、犯罪现场特点和罪犯背景特点之间的关系。研究结果表明，与器质型犯罪相比，表现型犯罪发生的地点距放火犯的家这一锚点更近。在出于报复动机的案件中，放火地点与罪犯住处间的总距离最大。此外，近期与伴侣分手的放火犯更有可能在远离住处的地方放火。对于该领域的已有研究来说，这一研究无疑具有贡献意义。

11.10.3　空间和时间趋势

地方层面也对连环放火犯和爆炸犯作案的时空趋势进行了研究（Icove, 1979;Rossmo, 2000）。使用聚类分析技术发现了一种还未记录过的连环放火犯罪模式——以个人或团伙形式作案的连环放火犯及爆炸犯的犯罪行为往往受到自然或人为边界的地域限制（参见图

11-8）。当罪犯搬家后，一连串的案件往往随行发生。

针对纽约布法罗市以往放火地点变化进行的研究，也证实了使用聚类分析法观察到的许多结果。空间监控概念的提出给监测火灾位置随时间的变化带来了新的意义。研究人员注意到，这些空间模式的变化可能出自许多原因，也不应仅靠直观分析就得出结论（Rogerson 和 Sun, 2001）。

Icove（1979）利用基于时间的聚类分析技术研究了犯罪的时间趋势。使用这种分析方法，他观察到与集群中心的位置变化相关的一天中的时间段和星期几的微妙趋势。其他时间趋势，如纽约市随月球引力变化而增加的放火事件也被记录了下来（Lieber 和 Agel, 1978）。加州大学伯克利分校犯罪学学院的一篇论文探讨了月球变化现象（不一定是满月）与放火案之间的关系（Netherwood, 1966）。

【例11-10】 放火犯罪的侦查

这个案例演示了地理学分析方法在寻找连环放火犯活动集中区域方面的应用。在统计了 1974 年 2 月至 9 月一个东部城市内放火案件的发生地点后，研究人员发现了一个活动聚集点。图 11-8 和图 11-9 展示了三种对比分析方法，分别是二维网格事件分布图、三维阴影等高线图和聚集点分布等高线图。

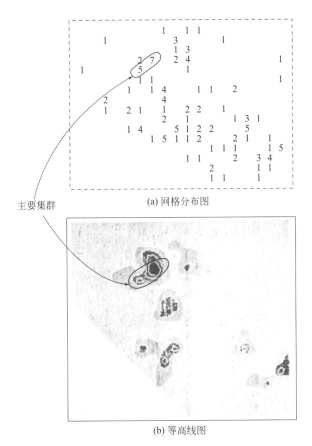

图 11-8　放火案件聚集发生地点的网格分布图和等高线图
资料来源：David J. Icove, University of Tennessee

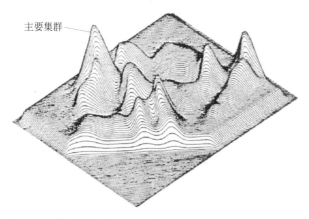

主要集群

图 11-9　逆时针旋转 35° 的放火案件地理聚集情况三维图

资料来源：David J. Icove, University of Tennessee

进一步分析表明，依据 12 起放火案发生地点绘制的两个网格构成了一个活动聚集点。调查显示，在那段时间里，一群少年在这座大城市里的一片区域内放火，他们的作案目标包括车库和林区。

当调查人员将该地区其他放火案发生地点一并绘制在地图上时，这些位置形成了一个主要集群。收集并分析这些火灾的数据，可以为当地执法部门提供监控计划。通过对这一主要集群代表地区内所发生的事件进行时序分析，发现这些青少年是在学校休息时间放火。在夏季放假时，火灾发生在晚上，但在秋季开学时，火灾发生时间的规律又恢复到了原来的模式。除少数例外，火灾都发生在工作日。在时序分析中，经常能发现月球模式。在这个案例中，75% 的火灾发生在新月出现或满月后的两天内。

11.10.4　城市形态

乔治斯（1978）研究了城市形态的概念，认为犯罪倾向于集中在某些特定区域或接近交通路线的区域内。例如，乔治斯在对 1967 年纽瓦克骚乱期间发生的放火案件地理分布的早期研究中发现，火灾都发生在主要的商业街道沿线（Georges, 1967）。这项研究进一步证明了早期的理论，即随着城市的发展，犯罪活动往往沿着主要的交通干线增多（Hurd, 1903）。

犯罪模式分析是一种依据事件发生的时间、日期和地点来推测重复发生的模式、趋势和周期性事件的方法。在连环放火案中发现作案模式后，可以对下一次放火进行预测，并对罪犯表现出的行为模式进行分类。想全面了解，请参见国家司法研究所有关于犯罪地图的网页（网址：http://www.nij.gov/maps/），其重点介绍了犯罪防治项目、地理空间工具、数据来源、研究、会议、培训和出版物。

权威研究进一步强调，犯罪特征的共现也与作案目标的地理选择和罪犯的居住 / 工作场所有关（Canter 和 Fritzon, 1998）。一种系统算法已经获得专利，该算法可以对犯罪活动区域进行地点分析，从而确定可能的犯罪活动中心（Rossmo, 2000）。

在丛林火灾合作研究中心的资助下，澳大利亚犯罪学研究所编写了一本手册，提供了一种基于犯罪分析的方法来识别、预测和预防放火（Willis, 2004; Anderson, 2010）。该手册是地方、消防和警察机构制定预防策略的参考工具。项目网站包含可下载的手册、工作表和电子表格，均可用于收集地理和时间信息。

联邦调查局通常会准备一份犯罪调查分析报告，也被称为概要，它是基于大量以往案件、个人经历、教育背景和所做研究得出的分析。真实的犯罪嫌疑人并不总是完全符合预测，因为预测是基于相似的历史案例做出的，而罪犯可能会不断调整他或她的作案方式（实施方法或惯常做法）来应对频繁的调查。

计算机辅助地理分析系统的应用一直是犯罪分析领域的研究热点。20 世纪 80 年代，FBI 在自动犯罪分析工作（Icove, 1986）中使用了许多源自放火犯罪分析的概念（Icove, 1979）。

在涉及连环案件地理位置的犯罪调查分析中，有几个关键点：时序分析、目标选择、集群中心的空间分析和标准距离。

① 时序分析。在连环放火案件中，第一种模式分析是时序分析，它能确定罪犯作案是否存在时段的规律（参见图 11-9 中的示例）。如果罪犯为应对频繁调查而改变了作案手法，这些趋势可能会有所不同。这种改变可能是犯罪嫌疑人一种有意识的行为。

② 目标选择。另一种模式分析的是罪犯作案目标类型和位置的选择。在涉及连环放火犯的案件中观察到一个普遍特征，即罪犯会不断升级选定的目标，随着时间的推移，行为开始危及人的生命。一种典型情况是，放火者的目标从小草和灌木开始，之后是外围建筑和空置的建筑，最后转移到有人居住的建筑。距离也是影响目标选择的一个因素（Fritzon, 2001）。

③ 空间分析。通过空间分析，调查者可以发现同一地区内反复发生的一系列放火案件所形成的活动集群（如图 11-8 所示）。这个活动中心通常揭示出有关罪犯选择潜在目标的规律，及其可能生活或工作的地方。如前所述，连环放火犯和爆炸犯往往受到自然或人为边界的地域限制。因此，违法者有意无意地将他们的活动限定在有限范围内，很少跨越主干公路、河流或铁路轨道。对纽约州布法罗市放火地理模式的空间监测证明了寻找空间模式变化的价值（Rogerson 和 Sun, 2001）。

④ 地理分析。实践证明，通过培训和引导可以提升地理分析的使用技巧。在最近一项关于地理分析的研究中，215 名志愿者参与了一项实验，实验要求他们根据犯罪地点的信息数据来预测连环犯的居住地。研究中，在开展一种精算分析技术的正式培训前后分别对这些人进行了测试（Snook、Taylor 和 Bennell, 2004）。分析参与者的表现后发现，50%的参与者在接受正式培训之前就能够使用启发法并得出准确的预测结果，近 75% 的参与者在接受正规培训后预测能力有所提高。Bennell 和 Corey（2007）提出可以使用地理分析方法来发现和预测恐怖袭击，参见 Canter 和 Fritzon（1998）与 Rossmo（2000）在地理分析方面所做的工作。

⑤ 集群中心分析。均值中心是对一组数据点空间分布的主要度量。假设地图上的列相当于笛卡尔坐标系上的 x 值，行相当于 y 值，则计算均值中心的方程（Ebdon, 1983）为：

$$\bar{x} = \frac{1}{n}\sum_{i=1}^{n} x_i$$

$$\overline{y} = \frac{1}{n}\sum_{i=1}^{n} y_i$$

一般情况下，集群中心 z 的计算公式为

$$z_i = \frac{1}{n}\sum_{i=1}^{n} x$$

对这些集群中心的长期分析有助于确定犯罪者是否改变了其住所或工作地点。当被分析的数据时长跨越 3 年或更长时，应该分别计算每年的集群中心并在地图上绘制出来（Icove, 1979）。如果集群中心没有明显的移动或在特定的区域内徘徊，犯罪者就不太可能在这期间改变住所或工作地点。当检测到明显的变化时，这些信息会被传送给执法机构，执法机构会将这些信息与嫌疑人的可能移动情况进行比较。

研究表明，放火犯的动机与其行进距离之间存在相关性（Fritzon, 2001）。行为具有强烈情感成分（如复仇动机）的罪犯往往更倾向于长途跋涉。

一个更适合犯罪模式分析的活动中心被称为最小路程中心，也就是所谓的质心。这个中心是到地图上其他点的欧几里得距离平方和的最小点或最小坐标。

在研究单个罪犯的犯罪地理位置时，质心比均值中心更有意义。理由是，罪犯会选择最小的距离步行至他或她的犯罪地点。均值中心并不总是与质心重合。

质心的计算不是一个简单的公式就能解决的，而是需要一个使性能指标最小化的迭代过程。使用该技术的最佳聚类过程称为 *K*-means 算法（MacQueen, 1967），该算法的应用（Tou 和 Gonzalez, 1974）最好按逻辑步骤分步实施。

⑥ 标准距离。一旦计算出系列犯罪发生地理位置的集群中心，执法人员就可以利用这些信息，集中调查和监控该区域内的犯罪活动。这种以犯罪集群中心为圆心的搜索半径有助于将犯罪调查集中在距离集群中心的合理距离内。例如，在对一个连环放火案进行详细分析时，资料收集人员通常会建议在距离集群中心一个标准偏差半径的范围内实施监控计划并划分重点区域（Icove, 1979）。这个范围被称为标准距离。

以下案例说明：在当地执法机构进行深入调查，用尽了所有逻辑线索之后，研究地理位置在犯罪模式分析方面具有重要作用（Icove、Escowitz 和 Huff, 1993）。

【例11-11】 移动的集群中心

在美国西南部一个州的秋季和冬季，有身份不明的放火犯被怀疑制造了 24 起火灾，放火目标包括田野、车辆、活动房屋、住宅和其他建筑物。其中一些是罪犯闯入建筑物后发生的。

对这 24 起事件的时序分析显示，放火犯喜欢在深夜和凌晨活动，火灾多数发生在周末，如表 11-7 所示。对放火犯所选的目标进行分析后发现，受损建筑要么无人居住，要么空置，要么停业。过了一段时间后，放火犯犯罪的严重程度逐渐升级，由一开始使用现成材料变为使用易燃液体来加速燃烧。

表11-7 移动的地理集群中心的时间和目标分析

变量	8月	9月	10月	11月	12月	总计
8：00～16：00					1	1
16：00～24：00	1		4	3		8
24：00～8：00		1	4	6	3	14
未知			1			1
星期一					1	1
星期二	1					1
星期三					2	2
星期四			1	2	1	4
星期五				2		2
星期六		1	4	6		11
星期日				2	1	3
田野				1	1	2
机动车			2			2
移动房屋				2	1	3
空置房屋	1	1	1			3
占用房屋					1	1
建筑物		1	3	5	2	11
总计	1	1	9	9	4	24

资料来源：Icove，Escowitz, and Huff, 1993

地理聚类分析显示，前三个火灾集群都集中在城镇的西侧，其余火灾集中在东侧一个更大的活动集群内（图11-10）。

研究人员对该案件进行了犯罪分析，并将结果提交给请求援助的机构。调查人员被告知，要集中精力调查那些最初住在西侧集群中心附近，然后又搬家到靠近东侧集群中心的嫌疑人。

根据这些信息，执法机构不久后就指控并定罪了一名19岁的单身白人男性，他符合犯罪分析所描述的特征。本案的一个关键因素是，罪犯的住处靠近两个放火区的集群中心。当罪犯从城市的西侧转移到东侧时，犯罪活动的地理中心就变化了（Icove、Escowitz和Huff, 1993）。

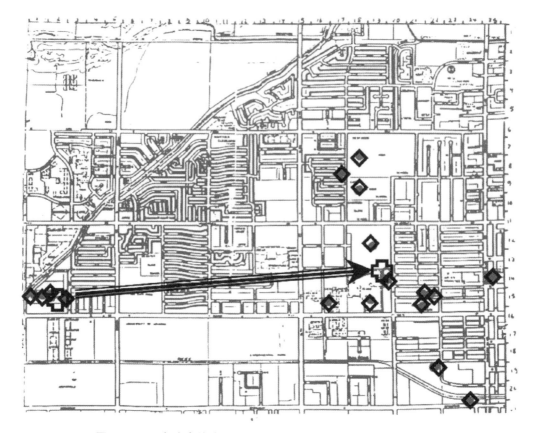

图11-10　24起火点的地理分布显示两个火灾集群中心由西向东转移
资料来源：Icove, Escowitz, and Huff 1993，David J. Icove, University of Tennessee

【例11-12】　时间聚类

东南部某城市在两年时间里，发生了52起针对空置建筑、机动车、商业企业、住宅和车库的放火事件。调查此案的执法机构被难住了，在用尽了所有传统侦查手段后转向了犯罪分析。

犯罪分析揭示了放火案发生的时间和地点所遵循的时序和地理模式。多数火灾发生在工作日的下午和晚上。放火案中有两个长达6个月的间隔。绝大多数的放火发生在距离市中心1英里的半径范围内，存在两个集群点，分别邻近两个湖泊。该机构收到的犯罪分析报告称，罪犯的住所离放火集群中心很近。后来放火犯在被逮捕时承认，在大多数情况下，他都是步行至犯罪现场，使用现成的材料和火柴，或随身携带的打火机放火。尽管在下午和晚上放火风险很高，但罪犯对于地理区域的熟悉降低了他被发现和跟踪的可能性。

在调查机构收到犯罪分析报告四个月后，一名29岁的白人男子在逃离放火现场时被当场逮捕。这名嫌疑人后来告诉警方，他第一次放火是在与其女友关系破裂的时候，不同的放火集群是其更换住所的结果。罪犯放火不活跃的时期与其有持续社交关系的时期重合，当这些关系破裂时，罪犯又开始实施放火行为。他的动机似乎是报复。

犯罪嫌疑人被逮捕时，发现了他的一张地图，上面标明了放火的地点。罪犯之前的犯罪记录包括扰乱治安、毁坏财物、骚扰，以及向执法部门提交虚假报告等（Icove,

Escowitz, 和 Huff, 1993）。

 总结

放火指故意或蓄意通过火灾破坏财产的行为。虽然确定放火动机不是刑事犯罪构成要件的法定要求，但它有助于侦查工作聚焦，有助于对放火犯的起诉。放火的动机通常包括以下的一种或多种：蓄意破坏、刺激、报复、掩盖犯罪、牟利和政治恐怖主义。无动机放火或放火狂是不可识别的分类。

放火犯罪的现场分析尚处于起步阶段，其使用和应用所需的知识非常广泛，以评估和解释犯罪现场，特别是在使用基于动机的方法时。

消防工程原理、行为科学和法庭科学方面的综合背景知识势必可以增强分析能力。显然，"灰烬会说话"这一概念在放火犯罪现场分析的应用中至关重要。

未来这一领域的工作应将火灾痕迹分析知识与综合摄影技术相结合，以帮助调查人员在火灾发生很长时间后或现场被破坏情况下仍能进行观察研判。

 复习题

1. 研究一起媒体报道过的本地连环放火案件。标出火灾发生的位置并进行时序分析。你能从这个分析中发现什么？

2. 确定问题1中的作案动机，媒体对此的评价正确吗？控方陈述的动机是什么？辩护方陈述的动机又是什么？

3. 哪项公开研究支持了"性是放火的主要动机"这一流行观点？如今这一结论的可靠性如何？

关键术语解释

放火罪（arson）：恶意地、故意地或不顾后果地引起火灾或爆炸的犯罪行为（NFPA, 2017, 3.3.14）；任何蓄意或恶意焚烧或试图焚烧他人住宅、公共建筑、机动车、飞机或个人财产的行为，无论是否有诈骗意图（FBI, 2010）。

放火火灾（incendiary fire）：在不应发生火灾的区域或情况下故意引起的火灾（NFPA, 2017, 3.3.116）。

助燃剂（accelerant）：一种燃料或氧化剂，通常是一种可点燃的液体，故意用来引起火灾或增加火灾的发展和蔓延速率（NFPA, 2017, 3.3.2）。

动机（motive）：内在的驱动或冲动，是引起或促使某种特定行为的起因、原因或诱因（Rider, 1980）。

故意破坏（动机）[vandalism (motive)]：蓄意放火被定义为造成财产损失的恶意放火行为。常见的目标包括教育设施和废弃的建筑，但也包括垃圾和草地。蓄意破坏放火类别包括蓄意和恶意的破坏财产的行为以及制造群体恐慌（NFPA,2017, 24.4.9.3.2）。

寻求刺激（动机）[excitement (motive)]：以寻求刺激为动机的放火者可能会享受实际放火或灭火行为所带来的兴奋感，也可能有被关注的心理需求。寻求刺激的罪犯通常是连环放火犯。这种放火犯一般在火灾发生时留在现场，并经常在现场应对火灾变化作出反应，或观看火灾和周围的活动。这些寻求刺激动机的放火者的目标范围从小的垃圾、草地到有人居住的建筑物（NFPA, 2017, 24.4.9.3.3）。

报复（动机）[revenge (motive)]：以报复为动机的放火者会对一些真实的或感知到的不公进行报复。一个重要的方面是罪犯会感觉到不公正，其所感知到的不公正事件或情况可能发生于放火前数月或数年。报复动机的罪犯放火可能是精心策划的一次性事件，也可能是连续放火，很少会有或没有预先计划。连环罪犯可能将报复矛头指向个人、机构或整个社会（NFPA , 2017, 24.4.9.3.4.1）。

掩盖犯罪（动机）[crime concealment (motive)]：这类放火是为了掩盖主要犯罪活动而进行的次要或附带犯罪的活动。然而，在某些情况下，放火实际上可能是故意犯罪的一部分，比如报复。许多人错误地认为火灾会摧毁犯罪现场的所有物证。掩盖犯罪的放火类型包括谋杀、盗窃、隐藏和销毁记录或文件（NFPA, 2017, 24.4.93.5）。

牟利（动机）[profit (motive)]：为牟利而放火包括那些为物质或金钱利益而直接或间接放火的行为。直接收益可能来自保险欺诈、消除或威胁商业竞争、敲诈勒索、拆除不想要的建筑物以增加财产价值，或逃避财务责任（NFPA, 2017, 24.4.9.3.6）。

极端主义（动机）[extremism (motive)]：极端分子的放火动机是出于社会、政治或宗教事业的原因。自从有了革命，火一直被用作社会抗议的武器。极端主义的放火者可能是集体行动，也可能是个人行动。此外，由于计划方面的原因和对目标的选择，极端主义的放火者通常有很大程度的组织性，这反映在他们使用更复杂的点火或燃烧装置上。极端主义放火的子类别动机是制造恐怖主义和暴乱/内乱（NFPA , 2017, 24.4.9.3.7）。

放火狂（pyromania）：临床诊断将这种疾病描述为：具有放火冲动的；一种以迷恋火灾和反复放火为特征的疾病。在此过程中，个体在放火前会有一种不断上升的主观紧张感，在放火时会感到满足或解脱。这类放火没有其他不可告人的动机（如金钱利益或政治意识形态的表达）（2016 ICD-10-CM Diagnosis Code F63.1 ICD-10-CM Medical Diagnosis Codes）。

参考文献

ADL. 2003. *Anti-Government Extremist Convicted in Colorado IRS Arson*. Anti-Defamation League.

Allen, D. H. 1995. "The Multiple Fire Setter." Paper presented at the International Association of Arson Investigators, Los Angeles, CA.

Anderson, J. 2010. "Bushfire Arson Prevention Handbook." *Handbook No. 10*. Canberra: Australian Institute of Criminology.

Bennell, C., and S. Corey. 2007. "Geographic Profiling of Terrorist Attacks." Chap. 9 in *Criminal Profiling: International Theory, Research, and Practice*, ed. R. N. Kocsis. Totowa, NJ: Humana Press.

Campbell, R. 2014. *Intentional Fires*, ed. National Fire Protection Association. Quincy, MA, USA.

Canter, D., and K. Fritzon. 1998. "Differentiating Arsonists: A Model of Firesetting Actions and Characteristics." *Legal and Criminological Psychology* 3 (1): 73–96, doi: 10.1111/j.2044-8333.1998.tb00352.x.

Decker, J. F., and Ottley, B. L. 2009. *Arson Law and Prosecution*. Durham, NC: Carolina Academic Press.

DeHaan, J. D., and D. J. Icove. 2012. *Kirk's Fire Investigation*. 7th ed. Upper Saddle River, NJ: Pearson-Prentice Hall.

Doley, R. 2003a. "Making Sense of Arson Through Classification." *Psychiatry, Psychology and Law* 10 (2): 346–52, doi: 10.1375/pplt.2003.10.2.346.

———. 2003b. "Pyromania: Fact or Fiction?" *British Journal of Criminology* 43 (4): 797–807, doi: 10.1093/bjc/43.4.797.

Douglas, J. E., A.W. Burgess, A. G. Burgess, and R. K. Ressler. 1992. *Crime Classification Manual: A Standard System for Investigating and Classifying Violent Crimes.* San Francisco, CA: Jossey-Bass.

———. 2006. *Crime Classification Manual: A Standard System for Investigating and Classifying Violent Crimes.* 2nd ed. New York: Wiley.

Douglas, J. E., R. K. Ressler, A. W. Burgess, and C. R. Hartman. 1986. "Criminal Profiling from Crime Scene Analysis." *Behavioral Sciences & the Law* 4 (4): 401–21, doi: 10.1002/bsl.2370040405.

Ebdon, D. 1983. *Statistics in Geography.* Oxford: Blackwell.

FBI. 2010. *Crime in the United States, 2010: Arson.* Washington, DC: Federal Bureau of Investigation.

Fritzon, K. 2001. "An Examination of the Relationship Between Distance Travelled and Motivational Aspects of Firesetting Behaviour." *Journal of Environmental Psychology* 21 (1): 45–60, doi: 10.1006/jevp.2000.0197.

Fritzon, K., D. Canter, and Z. Wilton. 2001. "The Application of an Action System Model to Destructive Behaviour: The Examples of Arson and Terrorism." *Behavioral Sciences & the Law* 19 (5–6): 657–90, doi: 10.1002/bsl.464.

Fritzon, K., R. Doley, and K. Hollows. 2014. "Variations in the Offence Actions of Deliberate Firesetters: A Cross-National Analysis." *International Journal of Offender Therapy and Comparative Criminology* 58(10), 1150–1165.

Gailliot, M. T., and R. F. Baumeister. 2007. "The Physiology of Willpower: Linking Blood Glucose to Self-Control." *Personality and Social Psychology Review* 11(4), 303–27.

Gannon, T. A., and A. Pina. 2010. "Firesetting: Psychopathology, Theory and Treatment." *Aggression and Violent Behavior* 15 (3): 224–38, doi: 10.1016/j.avb.2010.01.001.

Gardiner, M. 1992. "Arson and the Arsonist: A Need for Further Research." *Project Report.* London, UK: Polytechnic of Central London.

Geller, J. L. 1992. "Arson in Review: From Profit to Pathology." *Psychiatric Clinics of North America* 15: 623–46.

———. 2008. "Firesetting: A Burning Issue." Pp. 141–77 in *Serial Murder and the Psychology of Violent Crimes,* ed. R. N. Kocsis. Totowa, NJ: Humana Press.

Geller, J. L., J. Erlen, and R. L. Pinkus. 1986. "A Historical Appraisal of America's Experience with "Pyromania": A Diagnosis in Search of a Disorder." *International Journal of Law and Psychiatry* 9 (2): 201–29.

Georges, D. E. 1967. "The Ecology of Urban Unrest in the City of Newark, New Jersey, During the July 1967 Riots." *Journal of Environmental Systems* 5 (3): 203–28.

———. 1978. "The Geography of Crime and Violence: A Spatial and Ecological Perspective." Resource Paper for College Geography. No. 78-1. Washington, DC: Association of American Geographers.

Grubb, J. A., and M. R. Nobles. 2016. "A Spatiotemporal Analysis of Arson." *Journal of Research in Crime and Delinquency* 53 (1), 66–92.

Harmon, R. B., R. Rosner, and M. Wiederlight. 1985. "Women and Arson: A Demographic Study." *Journal of Forensic Science* 30 (2): 467–77.

Haynes, H. J. G. 2015. *Fire Loss in the United States During 2014.* Quincy, MA: National Fire Protection Association.

Home Office. 1999. *Safer Communities: Towards Effective Arson Control; The Report of the Arson Scoping Study.* London, UK: Home Office.

Huff, T. G. 1994. *Fire-Setting Fire Fighters: Arsonists in the Fire Department; Identification and Prevention.* Quantico, VA: Federal Bureau of Investigation, National Center for the Analysis of Violent Crime.

———. 1997. *Killing Children by Fire. Filicide: A Preliminary Analysis.* Quantico, VA: Federal Bureau of Investigation, National Center for the Analysis of Violent Crime.

———. 1999. "Filicide by Fire." *Fire Chief* 43 (7): 66.

Huff, T. G., G. P. Gary, and D. J. Icove. 1997. *The Myth of Pyromania.* Quantico, VA: National Center for the Analysis of Violent Crime, FBI Academy.

Hurd, R. M. 1903. *Principles of City Land Values.* New York: Record and Guide.

Hurley, W., and Monahan, T. M. 1969. "Arson: The Criminal and the Crime." *British Journal of Criminology* 9 (1): 4–21.

Icove, D. J. 1979. *Principles of Incendiary Crime Analysis.* PhD diss., University of Tennessee, Knoxville, TN.

———. 1986. "Automated Crime Profiling." *FBI Law Enforcement Bulletin* 55 (12): 27–30.

Icove, D. J., J. E. Douglas, G. Gary, T. G. Huff, and P. A. Smerick. 1992. "Arson." Chap. 4 in *Crime Classification Manual,* ed. J. E. Douglas, A. W. Burgess, A. G. Burgess, and R. K. Ressler. San Francisco, CA: Jossey-Bass.

Icove, D. J., E. C. Escowitz, and T. G. Huff. 1993. "The Geography of Violent Crime: Serial Arsonists." Paper presented at the 8th Annual Geographic Resources Analysis Support System (GRASS) Users Conference, March 14–19, Reston, VA.

Icove, D. J., and M. H. Estepp. 1987. "Motive-Based Offender Profiles of Arson and Fire Related Crimes." *FBI Law Enforcement Bulletin* 56 (4): 17–23.

Icove, D. J., and P. R. Horbert. 1990. "Serial Arsonists: An Introduction." *Police Chief* (Arlington, VA), December: 46–48.

Icove, D. J., P. E. Keith, and H. L. Shipley. 1981. *An Analysis of Fire Bombings in Knoxville, Tennessee.* US Fire Administration, Grant EMW-R-0599. Knoxville, TN: Knoxville Police Department, Arson Task Force.

Icove, D. J., V. B. Wherry, and J. D. Schroeder. 1980. *Combating Arson-For-Profit: Advanced Techniques for Investigators.* Columbus, OH: Battelle Press.

Inciardi, J. A. 1970. "The Adult Firesetter: A Typology." *Criminology* 8 (2): 141–55, doi: 10.1111/j.1745-9125.1970.tb00736.x.

Kocsis, R. N., and R. W. Cooksey. 2006. "Criminal Profiling of Serial Arson Offenses." Chap. 9 in *Criminal Profiling: Principles and Practice,* ed. R. N. Kocsis. Totowa, NJ: Humana Press.

Kocsis, R. N., and H. J. Irwin. 1997. "An Analysis of Spatial Patterns in Serial Rape, Arson, and Burglary: The Utility of the Circle Theory of Environmental Range for Psychological Profiling." *Psychiatry, Psychology and Law* 4 (2): 195–206, doi: 10.1080/13218719709524910.

Kocsis, R. N., H. J. Irwin, and A. F. Hayes. 1998. "Organised and Disorganised Criminal Behaviour Syndromes in Arsonists: A Validation Study of a Psychological Profiling Concept." *Psychiatry, Psychology and Law* 5 (1): 117–31, doi: 10.1080/13218719809524925.

LeBeau, J. L. 1987. "The Methods and Measures of Centrography and the Spatial Dynamics of Rape." *Journal of Quantitative Criminology* 3 (2): 125–41.

Levin, B. 1976. "Psychological Characteristics of Firesetters." *Fire Journal* (March): 36–41.

Lewis, N. D. C., and H. Yarnell. 1951. *Pathological Firesetting: Pyromania*. New York: Nervous and Mental Disease Monographs.

Lieber, A. L., and J. Agel. 1978. *The Lunar Effect: Biological Tides and Human Emotions*. Garden City, NY: Anchor Press.

MacQueen, J. B. 1967. "Some Methods for Classification and Analysis of Multivariate Observations." Paper presented at the Fifth Berkeley Symposium on Mathematical Statistics and Probability.

Miller, S., and K. Fritzon. 2007. "Functional Consistency Across Two Behavioural Modalities: Fire-Setting and Self-Harm in Female Special Hospital Patients." *Criminal Behaviour & Mental Health* 17 (1): 31–44.

Netherwood, R. E. 1966. "The Relationship Between Lunar Phenomena and the Crime of Arson." Master's thesis, University of California, Berkeley.

NFPA. 2014. *NFPA 1033: Professional Qualifications for Fire Investigator*. 2014 Edition. Quincy, MA: National Fire Protection Association.

———. 2017. *NFPA 921: Guide for Fire and Explosion Investigations*. 2017 Edition. Quincy, MA: National Fire Protection Association.

NVFC. 2011. "Report on the Firefighter Arson Problem: Context, Considerations, and Best Practices." Greenbelt, MD: National Volunteer Fire Council.

Park, R. E., and E. W. Burgess. 1921. *Introduction to the Science of Sociology*. Chicago, IL: The University of Chicago Press.

Quinsey, V. L., T. C. Chaplin, and D. Upfold. 1989. "Arsonists and Sexual Arousal to Fire Setting: Correlation Unsupported." *Journal of Behavioral and Experimental Psychiatry* 20 (no. 3): 203–8.

Reardon, J. J. 2002. "The Warning Signs of a Faked Death: Life Insurance Beneficiaries Can't Recover Without Providing 'Due Proof' of Death." *Connecticut Law Tribune 5*.

Rengert, G., and J. Wasilchick. 1990. *Space, Time, and Crime: Ethnographic Insights into Residential Burglary*. Final Report to the US Department of Justice. Philadelphia, PA: Temple University, Department of Criminal Justice.

Repo, E., M. Virkkunen, R. Rawlings, and M. Linnoila. 1997. "Criminal and Psychiatric Histories of Finnish Arsonists." *Acta Psychiatrica Scandinavica* 95 (4): 318–23, doi: 10.1111/j.1600-0447.1997.tb09638.x.

Rider, A. O. 1980. "The Firesetter: A Psychological Profile." *FBI Law Enforcement Bulletin* 49 (June, July, August): 7–23.

Robbins, E., and L. Robbins. 1967. "Arson with Special Reference to Pyromania." *New York State Journal of Medicine* 67: 795–98.

Rogerson, P., and Y. Sun. 2001. "Spatial Monitoring of Geographic Patterns: An Application to Crime Analysis." *Computers, Environment and Urban Systems* 25 (6): 539–56, doi: 10.1016/s0198-9715(00)00030-2.

Rossmo, D. K. 2000. *Geographic Profiling*. Boca Raton, FL: CRC Press.

Santtila, P., K. Fritzon, and A. Tamelander. 2004. "Linking Arson Incidents on the Basis of Crime Scene Behavior." *Journal of Police and Criminal Psychology* 19 (1): 1–16, doi: 10.1007/bf02802570.

Sapp, A. D., G. P. Gary, T. G. Huff, D. J. Icove, and P. R. Horbett. 1994. *Motives of Serial Arsonists: Investigative Implications*. Monograph. Quantico, VA: Federal Bureau of Investigation.

Sapp, A. D., G. P. Gary, T. G. Huff, and S. James. 1993. *Characteristics of Arsons Aboard Naval Ships*. Monograph. Quantico, VA: Federal Bureau of Investigation.

Sapp, A. D., T. G. Huff, G. P. Gary, D. J. Icove, and P. Horbert. 1995. *Report of Essential Findings from a Study of Serial Arsonists*. Monograph. Quantico, VA: Federal Bureau of Investigation.

Snook, B., P. J. Taylor, and C. Bennell. 2004. "Geographic Profiling: The Fast, Frugal, and Accurate Way." *Applied Cognitive Psychology* 18 (1): 105–21, doi: 10.1002/acp.956.

Stanton, J., and A. I. F. Simpson. 2006. "The Aftermath: Aspects of Recovery Described by Perpetrators of Maternal Filicide Committed in the Context of Severe Mental Illness." *Behavioral Sciences & the Law* 24 (1): 103–12, doi: 10.1002/bsl.688.

Steinmetz, R. C. 1966. "Current Arson Problems." *Fire Journal* 60 (no. 5): 23–31.

Stewart, M. A., and K. W. Culver. 1982. "Children Who Set Fires: The Clinical Picture and a Follow-Up." *British Journal of Psychiatry* 140:357–63, doi: 10.1192/bjp.140.4.357.

Tou, J. T., and R. C. Gonzalez. 1974. *Pattern Recognition Principles*. Reading, MA: Addison-Wesley.

USFA. 2003. "Special Report: Firefighter Arson." *Technical Report Series*. Emmitsburg, MD: US Fire Administration.

Vandersall, T. A., and J. M. Wiener. 1970. "Children Who Set Fires." *Archives of General Psychiatry* 22 (January).

Virkkunen, M., A. Nuutila, F. K. Goodwin, and M. Linnoila. 1987. "Cerebrospinal Fluid Monoamine Metabolite Levels in Male Arsonists." *Archives of General Psychiatry* 44 (March): 241–47.

Vreeland, R. G., and M. B. Waller. 1978. *The Psychology of Firesetting: A Review and Appraisal*. Chapel Hill, NC: University of North Carolina.

Wheaton, S. 2001. "Personal Accounts: Memoirs of a Compulsive Firesetter." *Psychiatric Services,* 52 (8), doi: 10.1176/appi.ps.52.8.1035.

Willis, M. 2004. "Bushfire Arson: A Review of the Literature." *Research and Public Policy Series No. 61*. Canberra, Australia: Australian Institute of Criminology.

Wolford, M. R. 1972. "Some Attitudinal, Psychological and Sociological Characteristics of Incarcerated Arsonists." *Fire and Arson Investigator* 22.

Woodhams, J., R. Bull, and C. R. Hollin. 2007. "Case Linkage: Identifying Crimes Committed by the Same Offender." Chapter 6 in *Criminal Profiling: Principles and Practice*, ed. R. N. Kocsis. Totowa, NJ: Humana Press.

Yang, S., and J. L. Geller. 2009. "Firesetting." In *Wiley Encyclopedia of Forensic Science*. Chichester, UK: Wiley. (See online edition at www.wiley.com.)

参考案例

Briggs v. Makowski, 2000 U.S. Dist. LEXIS 13029 (E.D. Mich. 2000).

Commonwealth v. Dougherty, 580 Pa.183, 860 A.2d 31 (2004).

Commonwealth v. Hunter, 18 Mass. App. 217, 464 N.E.2d 413 (Mass. App. Ct. 1984).

Mathews v. State, 849 N.E.2d 578 (Ind. 2006).

Mountain West Farm Bureau Mutual Insurance Company v Girton 697 P.2d 1362 (Mont. 1985).

People v. Abdetmabi, 157 ru. App.3d 979.511 N.E.2d 719 (Ill. App. Ct. 1987).

People v. Cvetich, 73 Ill.App.3d 580,391 N.E.2d 1101 (Ill. App. Ct. 1979).

People v. Mentzer, 163 Cal.App.3d 482, 209 Cal.Rptr. 549 (Cal. Ct. App. 1985).

Reed v. State, 326 Ark. 27,929 S.W.2d 703 (Ark. 1996).

State Farm Fire & Casualty Company v. Allied & Associates, Inc., et al., United States District Court, Eastern District of Michigan, Case 2:11-cv-10710.

State v. Bowles, 754 S.W.2d 902 (Mo. Ct. App. 1988).

State v. Curmon, 171 N.C. App. 697, 615 S.E.2d 417 (N.C. Ct. App. 2005).

State v. Howard, 2004 Ohio App. LEXIS 385 (Ohio Ct. App. 2004).

State v. Jovanovic, 174 N.J. Super. 435, 416A.2d 961 (N.J. Super. Ct. App. Div. 198).

State v. Lewis, 385 N.W.2d 352 (Minn. Ct. App. 1986).

State v. McGinnis, 2002 N.C.App. LEXIS 2325 (N.C. Ct. App. 2002).

State v. O'Haver, 33 S.W.3d 555 (Miss. Ct. App. 2001).

State v. Porter, 454 So.2d 220 (La. Ct. App. 1984).

State v. True, 190 N.W.2d 405 (Iowa 1971).

State v. Zayed, 1997 Ohio App. LEXIS 3518.

第十二章

火灾中人的伤亡

关键术语

- 缺氧症（anoxia）；
- 死亡原因（cause of death）；
- 有效浓度分数（fractional effective concentration）；
- 哈伯定律（Haber'srule）；
- 供氧不足（hypoxia）；
- 死亡方式（manner of death）；
- 耐受能力（tenability）

目标

阅读本章后，应该学会：

了解有人员伤亡的火灾调查存在的问题及误区。

理解火灾现场导致人员伤亡的各种因素。

能够对历史案例及其结果进行比较分析。

能够对火灾现场和调查人员间的合作进行评估。

　　几乎所有国家，特别是在高度工业化的国家，火灾都造成了大量的人员死亡。在美国，火灾是意外死亡的五大元凶之一。在进行法庭重建时，尤其是有人员死亡的情况下，火灾调查人员应该就调查中常见的问题和误区进行评估。本章的目的是审视这些影响人员逃生的因素，提出一些分析方法，并用历史案例予以说明。

　　大多数火灾中，人员死亡不是火焰直接造成的，而是由于环境中充斥的有毒气体造成了窒息。事实上，窒息造成的死亡人数是火灾／爆炸造成的热伤害或物理伤害的三倍（Purser，2002）。人倒下后，火灾的直接作用会导致其身体受到损伤。不管死亡的真正原因是什么，一旦在灰烬中发现了受害者，就应采取另一套调查措施。火灾造成的死亡并不总是瞬时发生的，也可能发生在火灾后的数小时、数天或数周。因此，每一起有现场人员或应急救援人员受到严重伤害（严重到需要住院治疗）的火灾，都应被视为潜在的亡人火灾，并应予以相应处理。

　　在亡人火灾调查中，火灾调查人员和法医专家来自不同的部门，以不同形式参与调查，凭借各自的智慧和学识应对挑战，以得到公正准确的结论。这些案件需要调查人员之间开展最大限度的合作，因为案件调查成功与否取决于每名调查人员所做的贡献。当火灾中有人员死亡时，该事件就会成为媒体和公众以及警察、消防员、保险员和法医专业人员关注的焦点。一旦出现问题，就会产生深远的影响。

12.1
团队合作

每一起亡人火灾的调查都需要团队的通力合作，这也是理所应当的。火灾调查员、病理学家、毒理学家、放射科医生和牙科医生在调查中都发挥着重要作用，具体情况不同，其作用大小也不同。没有他们的综合专业知识，死亡的原因和方式是无法确定的，而火灾调查人员如果没有认识到法医的工作价值，将会严重危及整个调查的成功。

每当在火灾现场发现人类或疑似人类的遗骸时，调查人员必须考虑以下六个问题：

① 遗骸是人类的吗？

② 受害者是谁？

③ 死亡原因是什么？

④ 死亡方式是什么？

⑤ 火灾发生时还活着或还有意识吗？如果是，为什么没能逃生？

⑥ 死亡是由火灾造成的，还是仅仅与火灾有关？

应按这些要点依次进行检查。

12.1.1 遗骸种类

如果不能确定火场中的遗骸为动物的遗骸，都应该将其按照人类遗骸进行推定。在开始调查之前，首先要做的是与验尸官、法医或治安警察取得联系。在一起农场建筑火灾中，一名调查人员用小刀切开了一具被认为是猪的尸体，随后他惊恐地发现，这是人类的尸体。相反的情况也时有发生。严重烧伤的猪、鹿，甚至是大体型狗的遗骸，都曾被误认为是人类遗骸。许多地区的法律规定，只有验尸官或法医才能对遗骸进行检验，其他人的操作是违法的。

对于严重烧焦或残缺的遗骸，可能会要求犯罪实验室人员进行初步评估，但更可能会要求当地学院或大学的人体或法医专家进行鉴定。只要有任何未燃烧的组织存在，就可以在犯罪实验室进行血清学试验，即使是零碎的遗骸也可以用于物种鉴定。人们发现，脱氧核糖核酸（DNA）非常耐降解，即使是严重烧伤的骨头和牙齿，也能提取到DNA，用于物种认定。调查人员还应该考虑对火灾中发现的任何宠物的遗骸进行检查。在宠物体内发现受伤部位或子弹，或检出一氧化碳（CO）或药物，有时可作为重要线索用以可疑火灾死亡的重建。

12.1.2 受害者身份认定

如果遗骸是人类的，认定受害者的身份是很重要的。因为受害者身份认定通常关乎放火火灾动机或放火火灾可能性的确认，所以为了查清火灾原因，这种身份认定必不可少。

有些情况下，也有可能会因为保险诈骗或谋杀而放火杀人。在杀人案件中，必须要有确凿的身份认定证据，才能起诉嫌疑人。只有在特殊（如飞机失事，疑似受害者的数量大致能确定）且已知事实和遗骸检查结果一致的情况下，才可以依靠个人物品（如珠宝）或证件（如驾照或信用卡）进行身份认定。

虽然在少数情况下，死者的朋友或亲属可以正确地认定其身份，但火灾和腐败通常会影响这种识别的可靠性。浮肿会使死者面部肿胀，热会造成皮肤收缩，使其面部变得紧绷，因此有时会使估计年龄偏小。热量和烟灰还会极大程度地改变发色和肤色，甚至会造成对年龄、种族或头发颜色等基本因素的错误判断。火灾会对遇难者的亲属造成情感创伤，这使得个人视觉识别更加不可靠。

为了正确认定受害者的身份，需要有资质的法医病理学家、法医牙医师和放射科医师参与鉴定。鉴别的特征可能包括：疾病或先前受到伤害而留下的病理迹象、独特的纹身、手术疤痕或四肢长度（通过测量四肢长度来重建身高和体重）。

通常，鉴定的最佳方式是将遗骸的牙齿与牙科图表和 X 射线片进行比较。牙齿、填充物、替代物（假体）、牙桥和类似的特征，在严重焚烧后仍可得以保留，如果有足够的生前记录（如 X 射线照片、印模和照片），大多数情况下的鉴别结果是可靠的（Delattre，2000）。瓷冠可以耐受 1100℃的高温，牙科汞合金可以耐受 870℃的高温。而有些新型的修复性牙科材料在 300 ～ 500℃的温度下会降解（Robinson、Rueggeberg 和 Lockwood，1998）。即使在热损伤之后，复合树脂也可以通过扫描电子显微镜 /X 射线能谱仪（SEM/EDS）来鉴定其制造商（Bush、Bush 和 Miller，2006）。树脂和金属填充物会因火的直接热作用而损坏，但是牙齿本身会承受更为严重的火灾作用（最终由于牙本质的破坏而破碎）。

由于起搏器、矫形板、螺钉、销钉、人工关节、植入物和心脏瓣膜可能是为患者定制的，并且是可追踪的，因此 X 射线可以对这些物证进行鉴定。假牙可以通过制造时编号的标签、微芯片或其他嵌入特征进行鉴别。射线照相技术可以揭示死者生前的骨折或异常骨骼特征，这种方法已被用于严重烧伤尸体的身份认证。如果死者颌骨和外露牙齿有缺失，且生前有 X 射线片，那么窦腔、齿根和其他骨骼的内部结构特征也可以用于确定死者身份（Kirketal，2002；Schmidt，2008）。

放射科医师对于火灾中的死亡调查至关重要，因为其不仅可以提供鉴别死者身份的有价值信息，还可以透过烧焦和破坏的火场探测到死者的受伤情况和武器的存在。放火可能是为了掩盖谋杀的证据，所以对死者进行仔细的 X 射线检查是十分必要的，以确认是否有受伤、子弹、骨折甚至是刀片。在以往案件的调查中，不止一名调查人员确信其处理的是意外死亡，直到将尸体转移到担架上时，才发现插在死者要害处的刀，或者是通过 X 射线探测到了死者躯体中的霰弹枪子弹。

如果手指的皮肤组织还存在，指纹是不能作为鉴定依据的。当受害者的身份受到怀疑时，即使是一小部分的指尖皮肤，也能够提供足够的细节来加以鉴定。手指皮肤的表皮会因受热引起的皮肤滑动而脱落，并且可以在身体附近的碎片中找到。剩余组织的 DNA 图谱分析正逐步应用于实际的鉴定工作之中，特别是在有直系亲属能够提供血液或组织样本，并与未知尸体进行比较的情况下。实践表明，即使在极端火灾作用和经历了火灾的分解之后，DNA 分析也能提供准确的鉴定结果（di Zinno 等，1994；Owsley 等，1995）。2001 年世贸中心被袭击后，从零碎的遗骸中提取到了 DNA，并开展了相关鉴定工作（Mundorff、Bartelink 和 Mar-Casslh，2009）。

12.1.3 死亡原因

死亡原因和死亡方式是由法医、验尸官或同等身份的官员来负责确认的（Hickman 等，2007）。死亡原因（cause of death）是可以引发死亡的伤害或疾病。除了所有杀人和意外死亡的原因外，在火灾中，死亡原因可能包括以下几种：

- 一氧化碳或其他有毒气体导致的窒息（最常见）；
- 烧伤（焚烧）；
- 因氧气消耗造成的缺氧；
- 吸入热气引起的内部水肿；
- 暴露在高温下导致体温过高；
- 不慎跌落；
- 电击；
- 建筑物构件坠落造成的创伤。

由于窒息和烧伤的重要性，这些内容将在本章的后面予以更为深入的讨论。

总的来说，从火灾发生到出现死亡之间的时间间隔，可用来分析与火灾相关的死亡原因。如果死亡发生得很快（几秒钟、几分钟到几个小时），死亡原因通常与热、烟或一氧化碳有关。一天左右的死亡通常与休克、体液流失或电解质失衡有关，而火灾后数天或数周发生的死亡通常是由感染或器官衰竭引起的。对于最后一种情况来说，可能会失去死亡和实际原因之间的联系。这里的死亡原因可能是感染、肾衰竭、呼吸衰竭、毒血症，甚至是心脏骤停，但这些都是死亡的机制，而不是实际原因。死亡机制是导致生命终止的直接医学事件。错误地将其中一个机制列为死亡原因，会掩盖火灾作为实际因果事件的事实。

12.1.4 死亡方式

死亡方式（manner of death）可以定义为死亡发生的方式或情况。死亡方式是通过病理学和毒理学分析，以及与火灾现场重建和受害者活动相互印证来确定的。这种重建需要火灾调查员、病理学家，有时还需要犯罪学家之间的通力合作。

在美国，有五种公认的死亡方式：

① 自然死亡；
② 他杀死亡；
③ 自杀死亡；
④ 意外死亡；
⑤ 未确定原因死亡。

在某些司法管辖区，接受意外事故或医疗干预导致死亡的裁定。虽然很大部分的火灾死亡属于意外死亡，但调查人员永远不应预判死亡方式，就像他们不应预判火灾本身的原因一样。

12.1.5　受害者死亡时的状态

一氧化碳含量、窒息迹象和吸入燃烧气体的程度、血液或组织中有毒燃烧产物的存在以及气道中的烟灰都在死亡方式的确定中起着重要作用，因为它们有助于确定重建火灾时的环境情况。这些指标有助于解答两个问题：受害者在火灾中是否还活着，神智是否清醒？如果受害者是有意识的，是什么情况阻止了其逃生？

此外，栅栏的窗户，标记不当的出口，由药物、酒精、年龄或部分窒息引起的精神错乱，因刺激性烟气而丧失行为能力，被浓烟遮蔽的出口，身体受限或身体残疾等，都是调查人员必须考虑的因素。受害者穿的衣服以及尸体的位置和方位，有助于分析火灾发生时受害者的活动情况。此外，在尸体附近发现的物品——灭火器、手电筒、电话、钱包、汽车钥匙等，也可以说明受害者受困时在做什么或试图做什么。

12.1.6　火灾造成的死亡和与火灾相关的死亡

只有通过全面的调查，包括全面的病理和毒理学检查，才能确定死亡是否是火灾造成的。但是，火灾可能是习惯性或报复性犯罪的一部分，在这种情况下，受害者已经死于其他原因，或者可能是一系列完全意外事件的结果。火灾原因和死亡原因可能相关，也可能无关。受害者和火灾之间的关系可以通过分析火灾的蔓延及其产生的热量和烟气来确定。无论是意外死亡、自杀死亡、自然死亡还是他杀死亡，都可能会发生意外火灾。同样，放火也可能会引发意外或自然死亡，或者是凶杀案的一部分。烟气探测器的动作情况（通常没有动作）等因素可能在重建过程中发挥主要作用（Flemming, 2004）。

12.1.7　问题和误区

有几个问题会使亡人火灾的调查变得复杂，并影响其调查结论的准确性和可靠性。

- **火灾和死亡调查之间的联系：** 将火灾及其伴随发生的死亡预判为事故，并自动按照相应事故现场的调查方式处理事务，这是亡人火灾调查的一个主要问题。火灾的起因可能是故意的、自然的或意外的，死亡也可能是意外的、他杀的、自杀的或自然的。这两个事件之间的联系可以是直接的、间接的，或是简单的巧合。在这些案件中火灾调查组的责任是确定火灾原因，协助法医进行死亡调查，并确定火灾和亡人之间的联系（如果有的话）。

- **死亡时间间隔：** 突然的暴力死亡被认为是由于受害者瞬间被冒犯，然后立即倒下并导致了死亡（例如，朝受害者开枪，受害者倒下，不久后死亡）。许多法医调查都是从这个角度考虑的（并成功地完成了调查）。然而，火灾会持续一段时间，创造出危险环境，且随着时间推移会产生巨大变化，可能通过各种机制造成死亡。一个人可能会因为轰燃时的火焰直接作用而几乎立即死亡，也可能在暴露于有毒气体中数小时后才死去。调查人员必须了解火灾的性质、其致命的产物以及必须考虑的变量，并且不得将死亡事件视为人员暴露于一系列条件简单叠加后，在某一精确时刻导致的瞬间倒毙。

- **热强度和持续时间：** 侦探、病理学家和医学检查人员几乎不能掌握火灾发展过程中的环境温度和热强度的准确信息。因此，他们错误的理解和解释会导致调查人员在试图评估火灾造成的伤害或死后损害时，出现严重的错误。

- **与火灾相关的人的行为**：在大多数暴力死亡事件中，受害者面对威胁通常会做出战斗或逃跑的反应，然后受伤、倒下并死亡。在火灾中，受害者的潜在反应通常包括：展开调查，简单地观察，未能注意到或意识到危险，由于药物、酒精或虚弱而无法反应，为了抢救宠物、家人、个人财产或贵重财产而重返火灾现场或延迟逃生，以及灭火或试图灭火。由于人员反应不同，解决关键问题的过程变得极为复杂，比如为什么受害者没能逃出火场（或者为什么其他人逃生了）。

- **从火灾发生到死亡的时间间隔**：火灾可能在几秒钟内造成人员死亡，也可能在受害者被移出现场后的几分钟、几小时、几天甚至几个月后导致人员死亡。火灾和死亡之间的时间间隔越长，追踪实际原因（火灾）和结果（死亡）之间的联系就越困难。当一个伤者从现场被带走，然后在现场之外死亡时，证据就丢失了，此时再恢复或记录证据可能为时已晚。受害者住院后发生的死亡事故将不可避免地被 NFIRS 的统计遗漏，也可能会被国家死亡统计遗漏。

- **调查机构之间的冲突**：警察、消防员、司法鉴定人员经常会参与亡人火灾的调查，他们之间可能会因为职责和权限问题产生冲突。

- **死后影响**：死亡后，火灾对尸体的作用会抹去证据，使调查复杂化。受害者死后暴露于火灾环境中，热效应和烟气沉积会在尸体上留有火灾痕迹，其原有状况会被掩盖。尸体暴露在火焰中会被焚化，火灾前伤口的证据，甚至是血样等临床证据，都会被销毁。结构坍塌、消防射水以及翻动火场的影响，也会进一步造成对火灾现场和尸体的损害。

- **过早移走尸体**：过早地将死者从火灾现场移走是一个大问题。救援人员营救和转移每名火灾受害者的冲动非常强烈，尤其是消防队员。然而，一旦火势得到控制且不会对已确认死亡的尸体造成进一步的伤害，不做记录、匆忙地移走尸体就没有任何好处，而且在分析烧伤痕迹，回收尸体碎片（尤其是牙齿证据）、射弹、衣服和相关的人工制品（如钥匙、手电筒、狗链），甚至是在收集痕迹证据方面，都会造成很大损失。

12.2
逃生能力：是什么导致了死亡？

建筑火灾可以通过多种方式造成致命的结果——热量、烟气、火焰、烟炱颗粒等，但火灾条件会随着火势的发展而不断变化，受害者所处的环境条件也会因此而有所不同，或者是无害的（或没有伤害威胁的），或者是瞬间令人死亡的。火灾的致命因素通常是共同作用的，包括热、烟气、吸入烟气或有毒气体、缺氧、火焰和钝器创伤。本章后面部分将进一步详细讨论这些致命的火灾因素。

人逃离火场的能力，即耐受能力（tenability），是通过在所处环境下保持存活的时长来衡量的。当人暴露在高温和烟气中时，火灾会对其逃生能力造成影响。对人生理效应造成影响的原因一般有以下几个方面（Purser，2008）。

- **有毒气体和刺激物**：根据有毒气体的化学成分，吸入有毒气体会导致精神错乱、呼吸道损伤、失去知觉、窒息和皮肤反应。
- **热传递**：过多的热量会刺激外露皮肤和呼吸道，导致剧烈疼痛以及不同程度的烧伤、高热或中暑。
- **能见度**：当浓烟通过房间、楼梯井和走廊向地面扩散时，火灾产生的烟气和刺激物的遮光性会导致视力受损。

火灾调查人员在进行法医分析时，还应考虑其中两个或多个因素的协同效应。首要应关注的是，在上述一个或多个变量作用下，受害者是何时受到伤害或丧失了逃生能力而死亡的。在以上火灾变量作用下，人所表现的心理行为会影响其对逃生路线的选择及其通过安全逃生路线所需的时间。

人类逃生能力的临界条件包括：能见度不低于 5m（16.4in），一氧化碳累积暴露率为 $30000×10^{-6}$/min，临界温度约为 120℃。这些关键因素中的两个或两个以上的协同效应可能会超越个体的耐受极限（Jensen，1998）。

在进行逃生能力分析时，研究者的主要目标是确定人在试图逃离起火建筑时是如何受到伤害的，以及火灾是如何改变其所处的环境和其感知的。这些基于实验和法医数据的逃生能力分析技术，为研究者提供了一种可用于相互印证的实用方法。

热传递和有毒烟气对动物和人类产生的生理和毒理学效应，其理论基础是科学、有效的实验。例如，暴露环境中一氧化碳含量与血流中碳氧血红蛋白水平的关联性研究中，从实验室老鼠到医学学生志愿者均可以作为实验的对象（Nelson，1998）。利用其中一部分数据进行外推处理，可模拟一氧化碳暴露水平较高时的结果。这些模型必须考虑到个体年龄、健康和身高的差异，因为当人站立在分层的烟气中时，其身高会影响其与有毒气体的接触程度，而几乎所有毒性气体通常会分布在上层烟气层中。如图 12-1 所示，展示了人在烟气层中直立行走时的情况（Bukowski，1995）。

对火灾受害者丧失逃生能力的法医评估，也来自实际案例和调查中的法医数据。而对火灾中人的行为的主要研究，来自对大火和爆炸中幸存者的专题采访（Bryan 和 Icove，1977）。

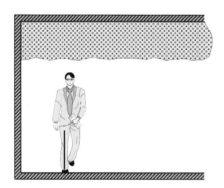

图 12-1　不同烟气高度下人的逃生能力图解

资料来源：R. W. Bukowski，"Predicting the Fire Performance of Buildings: Establishing Appropriate Calculation Methods of Regulatory Applications," National Institute of Standards and Technology, Gaithersburg, MD, 1995

12.3
有毒气体

在上一节逃生能力的分析中，讨论了人在选择逃生路线和进行火场逃生时，能见度和刺激物的影响。烟气所含的有毒气体也会产生麻醉作用，导致受害者窒息。烟气中影响神经和心血管系统的主要麻醉气体是一氧化碳（CO）和氰化氢（HCN）。无毒的二氧化碳和低氧水平（缺氧）可能对逃生能力造成严重的协同效应。

持续接触有毒气体可能会导致身体内部系统紊乱、失去知觉，并最终致人窒息死亡。火灾中因窒息而导致的逃生能力丧失和死亡可以通过建模来进行预测（Purser，2008）。燃烧产生的有毒产物可能包括各种各样的化学物质，这取决于燃烧的物质和燃烧的效率（温度、混合情况和氧气浓度都是决定产生何种化学物质的重要变量）。

有毒气体一般可以分为三类：

- 非刺激性气体（有时称为"麻醉气体"）：CO、HCN、H_2S（硫化氢）和光气（$COCl_2$）。
- 酸性刺激物：HCl（氯化氢）——聚氯乙烯（PVC）塑料燃烧过程中会产生；硫氧化合物（SO_x）——由含硫燃料氧化产生，会形成 H_2SO_3（亚硫酸）和 H_2SO_4（硫酸）；氮氧化合物（NO_x）——由含氮材料燃烧产生，会形成 HNO_2（亚硝酸）和 HNO_3（硝酸）。
- 有机刺激物：甲醛（CH_2O）和丙烯醛（2-丙烯醛，C_3H_4O），是由纤维素燃料燃烧产生的；异氰酸酯，是由聚氨酯燃烧产生的。

酸性刺激性气体溶解在黏膜的体液中，会产生上述腐蚀性酸。这些酸会破坏上皮细胞膜，导致细胞溶解，释放液体并产生水肿，表现为眼睛流泪不止、咳嗽和无法呼吸。二氧化硫与水结合会形成亚硫酸——一种强烈的刺激物。这些反应都会导致个体能力丧失，阻止其从致命气体（如氰化氢和一氧化碳）中逃生。暴露于浓度为 50×10^{-6} 的氯化氢气体中时，会使人产生呼吸或视觉障碍，进而影响其行走效率。当氯化氢气体浓度接近 300×10^{-6} 时，运动能力完全丧失。当氯化氢浓度超过 1000×10^{-6} 时，可能会使人无法逃生（Purser，2001）。

表 12-1 显示了各种火灾气体使人类逃生受阻和机能丧失时对应的浓度值。大多数火灾会产生有毒的刺激性气体和水蒸气的复杂混合物，并伴有高二氧化碳和缺氧（低氧）条件。火灾调查人员在评估火灾中人的逃生能力时，必须考查是什么物质在燃烧，在什么条件（阴燃、明火、通风不良）下燃烧，以及在哪里会接触到有毒气体和蒸气。

表12-1　逃生能力受损50%或完全丧失时刺激性火灾气体的浓度预估值

常见火灾气体	逃生能力受损浓度 / $\times 10^{-6}$	逃生能力丧失浓度 / $\times 10^{-6}$
氯化氢（HCl）	200	900
溴化氢（HBr）	200	900
氟化氢（HF）	200	900
二氧化硫（SO_2）	24	120
二氧化氮（NO_2）	70	350

常见火灾气体	逃生能力受损浓度 / ×10⁻⁶	逃生能力丧失浓度 / ×10⁻⁶
甲醛（CH₂O）	6	30
丙烯醛（C₃H₄O）	4	20

资料来源：Purser，2001

无论是明火燃烧还是阴燃，乙烯基塑料的主要燃烧 / 分解产物都是氯化氢。一些合成橡胶燃烧时会产生溴化氢（HBr）或氟化氢（HF）。当木材、纸板或纤维素材料燃烧时，会产生丙烯醛。

有效浓度分数（fractional effective concentration, FEC）一词被用来评估有毒烟气和燃烧副产品对受试者的影响（Purser，2001）。对 FEC 概念的使用，可以帮助火灾调查人员更好地鉴别和理解有哪些燃烧毒理学的工具，可用于计算致命的毒性产物对人类的危害（Purser，2008）。

有效浓度分数一般表示为：

$$FEC = \frac{时间t时接受的剂量（C_t）}{导致失能或死亡的有效剂量（C_t^*）} \qquad (12.1)$$

在特殊情况下，FEC 也被称为失能剂量分数（FID）或致死剂量分数（FLD）。

12.3.1　一氧化碳

一氧化碳（CO）是由火灾中任何含碳燃料的不完全燃烧产生的，然而，在所有的火灾中，一氧化碳的生成速率并不相同。在自由燃烧（通风良好）的火灾中，一氧化碳浓度可低至火灾气体产物总量的 0.02%（200×10⁻⁶）。在阴燃、轰燃后或通风不良的火灾中，烟气流中的一氧化碳浓度在 1% ～ 10%。

一氧化碳的来源多种多样，对于调查人员来说有时难以确定。这些来源包括但不限于以下几种情况：
- 涉及建筑物、衣物或家具的火灾；
- 有缺陷的加热设备（包括室内使用的木炭烤架），这是一氧化碳导致非火灾死亡的主要原因（Flynn，2008；Mah，2000）；
- 汽车或其他内燃机排出的废气，尤其是在密封的车库里（deRoux，2006；Suchard，2006）；
- 工业过程中，有意将一氧化碳作为燃料或作为制造过程的一部分，或是某些燃料不完全燃烧产生的副产物。

一氧化碳只有被活体吸入才能进入血液。因此，由于没有呼吸，外界的 CO 不能够扩散到尸体，更不能够进入血液里。同样，一氧化碳在尸体的血液中是稳定的，直到腐败才会被分解。

当吸入的 CO 进入血液中时，会与血红蛋白分子结合，并在红细胞中形成碳氧血红蛋白（COHb）。CO 对血红蛋白中血红素的结合力比氧气强 200 ～ 300 倍。CO 还会与肌红蛋白中的血红素结合，肌红蛋白是红色肌肉组织中的"红色"部分。CO 对肌红蛋白的亲和

力大约是 O_2 的 60 倍。肌红蛋白在肌肉组织，尤其是在心肌中，负责储存和运输 O_2。在缺氧条件下，CO 可以从血液转移到肌肉中，对心肌的亲和力高于横纹肌（Myers、Linberg 和 Cowley，1979）。这就能解释为什么患有心脏病的死者血液中有时会发现低浓度的 CO。

CO 也会影响 Cya_3 氧化酶，这是一种在细胞内催化三磷酸腺苷（ATP）生成的酶（Feld，2002）。COHb 的稳定性降低了血液的携氧能力。没有氧气和水，细胞的线粒体就不能产生 ATP，细胞就会死亡（Feld，2002）。CO 还通过与细胞色素 b 和 aa3 结合而损害细胞组织的呼吸（Purser，2010）。

Goldbaum、Orellano 和 Dergal（1976）报告称，通过实验将狗的血细胞压积（血液承载能力）降低 75% 并不会导致死亡。即使被含 60% COHb 的血液代替，通过腹膜腔输注 CO 也不会导致死亡。只有当这些实验动物吸入 CO 时，才会发生死亡。这表明 CO 的吸入及其对新陈代谢的干扰在死亡中起着至关重要的作用（Goldbaum、Orellano 和 Dergal，1976）。

血液中 CO 的存在并不一定能表明吸入了火灾气体。由于血液中血红素的降解，正常人体的 CO 饱和度为 0.5%～1%。在患有贫血或其他血液疾病的非火灾受害者中可能会发现更高浓度（高达 3%）的 CO（Penney，2000、2008、2010）。吸烟者体内的 CO 含量可能达到 4%～10%，因为烟草烟气中含有高浓度的 CO。在有应急发电机、泵、燃油加热器和压缩机的密闭空间中，人们血液中 COHb 的浓度可能会升高，有时甚至是危险的。

当受害者从富含 CO 的环境转移到新鲜空气中时，CO 会逐渐从血液中排出。O_2 的分压越高（例如由医务人员给药），CO 消除得越快。在新鲜空气中，COHb 的初始浓度将在 250～320min（4～5h）内降低 50%。在纯氧面罩的情况下，可以在 65～85min（1～1.5h）内降低 50%。在高压（3～4atm）O_2 中，COHb 浓度将在 20min 内减少 50%（Penney，2000、2008、2010）。对血液中高浓度 CO 或 N_2 的治疗，可以通过在高压舱中待上一段时间予以实现，这样能减少 CO 或 N_2 中毒的影响。

从火灾受害者身上抽取血样的时间，以及任何医疗处理的情况（如死前给予 O_2）都是必须要记录下来的。尸体中血液的 COHb 非常稳定，即使在腐败分解开始时也是如此。CO 中毒使许多火灾受害者在接触到火灾之前就已经死亡。因为 CO 气体是无色无味的，可能不会被受害者发现。当受害者没有接触到任何热量或火焰时，CO 也可能在远离火场的一段距离内导致受害者死亡，但它并不是火灾死亡的唯一因素。

二氧化碳（CO_2）几乎是所有火灾的产物。空气中 4%～5% 的 CO_2 水平会导致成人的呼吸频率增加一倍（Purser，2010）。10% 的 CO_2 水平会致使呼吸频率翻两番，并可能导致意识不清（Purser，2010）。呼吸频率的加快会增加 CO 和其他有毒气体的吸入速度。高浓度的 CO_2 也会稀释可吸入 O_2 的浓度，导致缺氧性衰竭。血液中的 CO_2 浓度可以在活体中测量，但是血液化学成分在人死后就会发生变化。此外，由于尸体分解也会导致 CO_2 含量增加，因此在人死后很难精确地测量 CO_2（和 O_2）饱和度。

12.3.2　一氧化碳使人丧失能力的时间预测

众所周知，每个人对有毒气体和其他环境影响的耐受程度是不同的，CO 当然也不例外。有人可能在 40% 的 CO 饱和度下死亡，而有人则死于 90% 的 CO 饱和度下，这二者作用的一致性还有待解释。相关的影响因素可能有：

- 气体吸入速率;
- 活动或静止状态，改变了对 O_2 的需求;
- 易感性的个体差异。

前两个因素紧密相连。活动越多，呼吸越快，达到致命水平的速度就越快。体力活动增加了肌肉对 O_2 的需求，因此而导致的缺氧会使人丧失运动能力，从而降低其逃生机会。历史案例显示，人在休息状态（睡眠或无意识）时，体内的 COHb 往往最高，因为他们身体对 O_2 的需求最少。

在个体的差异性方面，CO 与心肌的相互作用情况是最重要的因素。如果一个人相对不活跃，对 O_2 的需求就会减少，呼吸会变得更慢、更浅，空气中 CO 在体内的积累会比呼吸更快、更深时要慢。如果呼吸很深且速度很快，比如从事体力劳动时，空气中的 CO 会在体内迅速积累。因此，可以这样说，如果有人怀疑周围空气中存在大量的 CO，其最好安静地休息，呼吸尽可能少而浅，并应避免所有会增加呼吸频率的活动。对于必须努力灭火和营救被困人员的消防队员来说，对这些因素的考虑往往很重要，因为其高强度的活动将不可避免地大大增加危险。这是消防员在室内灭火时使用自给式呼吸器的原因之一。

体力活动也增加了身体对 O_2 的需求，当 40% 或 50% 的血液已经饱和时，对 O_2 需求的突然增加可能会导致死亡（Hazucha，2000）。个体耐受性的差异取决于生理差异、血液中血红蛋白的浓度以及通常不受个体控制的相关因素。之前引用的许多毒理学研究都是以健康的成年男性为试验对象的。

目前还尚未开展 CO 对老年人和幼儿的影响的研究，但预计 CO 对这些人群产生不良影响的浓度会低于对健康成人的水平。老年受害者的心脏和肺功能可能已经由于年龄或疾病而受损，当其有不足 40% 的血液与 CO 结合时，就有可能死亡。婴儿的呼吸速度更快，其吸入 CO 的速度可能比成人快。也有迹象表明，CO 还会与火灾中其他有毒气体（如氯化萘或甲醛）、二氧化碳和低氧一起，形成协同作用，甚至会加剧其对人体的影响（Purser，2000）。

为了预测人体失能的时间，极为重要的一环是要评估致使人体失能的剂量水平。根据哈伯定律（Haber's rule），一个人吸入有毒气体的剂量等于其浓度乘以接触时间。例如，接触一种浓度的有毒气体 1h 与接触一半浓度该种气体 2h 的结果是一样的。

（1）科伯恩 - 福斯特 - 凯恩（CFK）方程

在某些情况下，哈伯法则并不总是适用。CO 浓度和吸收之间的关系仅在较高浓度时才是线性的，而在极高浓度时是无效的。对于较低浓度，浓度与丧失能力的时间呈指数关系，由 CFK 方程描述。CFK 方程 [式（12.2）] 也可以描述为：CO 的半衰期是通风率的双曲函数（Peterson and Stewart，1975）。

$$\frac{A[\text{COHb}]_t - BV_{\text{CO}} - p_{I_{\text{CO}}}}{A[\text{COHb}]_o - BV_{\text{CO}} - p_{I_{\text{CO}}}} = e^{-tAV_b B}$$

(12.2)

式中　　$[\text{COHb}]_t$——在 t 时刻血液中 CO 的浓度，mL/mL;

　　　　$[\text{COHb}]_o$——开始接触时血液中 CO 的浓度，mL/mL;

　　　　$p_{I_{\text{CO}}}$——吸入空气中 CO 的分压，mmHg;

V_{CO} —— CO 生成率，mL/min；

A —— 派生常数；

B —— 派生常数；

V_b —— 派生常数。

使用 CFK 方程的一个明显缺点是所需变量的数量过多。CFK 方程适用于接触浓度低于 2000×10^{-6}（0.2%）、接触时间超过 1h 的情况，或用于估计 COHb 含量为 50% 时的死亡时间（Purser, 2008）。在大多数亡人火灾案例中，CO 浓度大于 0.2%，COHb 通常远大于 50%，CFK 方程不适用于此类火灾中死亡原因的分析。

（2）斯图尔特方程

在预测丧失能力的时间时，如果环境中 CO 浓度高于 2000×10^{-6}（0.2%）且血液中 COHb 的饱和度低于 50%，应使用一个更为简单的方程，称之为斯图尔特方程 [式（12.3）]：

$$[COHb] = 3.317 \times 10^{-5} \times [CO]^{1.036} \times RMV \times t \qquad (12.3)$$

式中 $[CO]$ —— CO浓度，$\times 10^{-6}$；

RMV —— 每分钟呼入的空气量，L/min；

t —— 接触时间，min。

通过斯图尔特方程进行求解，接触时间可表示为

$$t = \frac{3.015 \times 10^4 \times [COHb]}{[CO]^{1.036} \times RMV} \qquad (12.4)$$

如表 12-2 所示，为标准的吸气量（RMV），对象涵盖了男性、女性、儿童、婴儿和新生儿。更多关于标准吸气量的信息，见 Health Canada, 1995; SFPE, 2008; Bide、Armour 和 Yee，1997。

表12-2　标准吸气量（RMV；L/min）

状态	男性	女性	儿童	婴儿	新生儿
静止	7.5	6.0	4.8	1.5	0.5
轻度活动	20.0	19.0	13.0	4.2	1.5

资料数据：Health Canada, 1995; SFPE, 2008; Bide, Armour, and Yee 1997

根据斯图尔特方程，吸入几口浓度为 1% ~ 10%（10000×10^{-6} ~ 100000×10^{-6}）的 CO，血液中的 COHb 会迅速提高。例如，在 1%CO（10000×10^{-6}）的环境中暴露 120s，会导致 COHb 饱和度升至 30%，在 10%CO（100000×10^{-6}）的环境中暴露 30s，则会导致 COHb 饱和度升至 75%（Spitz 和 Spitz, 2006）。

评估 CO 导致能力丧失的标准方法是，计算 1h 内每分钟吸入的 CO 分数。在中度活动时，人体 RMV 值约为 25L/min，血液中 COHb 含量为 30% 时会导致意识丧失（Purser in SFPE, 2008）。在 1h 有效时长内的部分能力丧失剂量可表示为：

$$F_{I_{CO}} = \frac{3.317 \times 10^{-5} [CO] \times 1.036 Vt}{D}, \qquad (12.5)$$

$$F_{I_{CO}} = 部分能力丧失剂量（FID） = \frac{在t时刻受试者接触到的刺激物的浓度}{导致逃生概率降低的刺激物浓度} \qquad (12.6)$$

[CO] —— CO浓度（20℃），μL/L；

　　t —— 接触时间，min；

　　D —— 丧失能力剂量（COHb所含比例），%。

静息或睡眠	$V=8.3L/min$ 和 $D=40\%$
轻松工作：步行逃跑	$V=25L/min$ 和 $D=30\%$
繁重的工作：慢跑，爬楼梯	$V=50L/min$ 和 $D=20\%$

【例12-1】 一氧化碳导致的能力丧失

问题：救援人员在起火房间的床上，发现一名已经昏迷的成年女性。假设起火房间的CO浓度约为 5000×10^{-6}，并且受害者处于休息状态，请计算丧失能力的时间和部分能力丧失剂量。

建议解法：使用表12-2中的RMV数据。

呼入的空气量	RMV = 6.0L/min（静止状态）
意识丧失	[COHb] = 40%（静止状态）
CO浓度	[CO] = 5000×10^{-6}

丧失能力的时间［式（12.4）］

$$t = \frac{3.015 \times 10^4 \times 40}{5000^{1.036} \times 6.0} = 30\,min$$

部分能力丧失剂量［式（12.6）］

$$F_{I_{CO}} = \frac{8.2925 \times 10^{-4} \times 5000^{1.036}}{30} = 0.188$$

【例12-2】 消防队员的一氧化碳中毒和死亡

问题：美国消防署通过计算机火灾模拟对匹兹堡火灾调查进行了重新评估（Routley，1995），这场火灾中有三名消防队员死亡（Christensen 和 Icove，2004）。他们采用 NIST 的火灾动力学模拟软件（FDS）对火灾及住宅中 CO 的浓度进行了模拟计算，而后者正是两名消防队员死亡的直接原因，使他们没能从起火住宅中逃生。

火灾发生在一栋四层的联排别墅里，有人在一楼的房间里用汽油放火。消防队员进入街道，试图找到冒烟的位置。消防队员死亡前几分钟的细节尚不清楚，但似乎在某个时候，他们意识到空气呼吸器的余气不足了，需要离开，但直至空气耗尽都没有找到出口。可以确定的是，其中两名消防队员已经取下或松开了空呼面罩，并与同伴轮流使用唯一一部空气呼吸器里的余气。得出的结论是，两名消防队员都因吸入有毒气体而昏迷。尸检发现，他们的 COHb 饱和度分别为 44% 和 49%。第三名消防员被发现时，他的面罩还在，他的 COHb 饱和度为 10%，这表明他死于缺氧。

建议解法：根据假设的呼吸量和已知的血液 COHb 水平，利用斯图尔特方程来估算接触时间。如图 12-2 所示，FDS 模拟显示，火灾发生 27min 后，消防员所处环境中的一氧化碳浓度已经达到大约 3600×10^{-6}。在这种浓度和 70L/min 的呼吸速率下，COHb 饱和度若达到 47%（尸检时两名消防员血液中 COHb 的平均值），接触时间需要 3 ～ 8min。

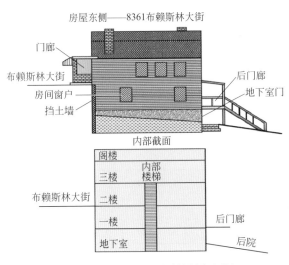

(a) 三名消防队员被困的城镇房屋平面图

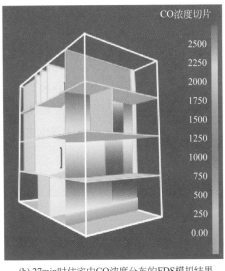

(b) 27min时住宅中CO浓度分布的FDS模拟结果

图 12-2　例 12-2 附图

资料来源：David J. Icove, University of Tennessee

根据 FDS 模型计算的一氧化碳值，用斯图尔特方程来求解接触时间

$$[COHb]=3.317 \times 10^{-5} \times CO^{1.036} \times RMV \times t$$

式中　[CO] —— CO浓度，3600×10^{-6}；

　　〔COHb〕—— COHb饱和度，47%；

　　RMV —— 每分钟吸入的空气量，70 L/min；

　　t —— 接触时间，min。

求解接触时间，即：

$$47\%=3.317 \times 10^{-5} \times 3600^{1.036} \times 70t$$

$$t =4.2min$$

而估计的接触时间范围为：$t = 3 ～ 8min$。

计算得到的总接触时间为 4.2min，表明消防员摘掉面罩后，在 CO 的气氛中只需要几分钟，就可以达到尸检时测得的致命的 CO 浓度。

12.3.3　氰化氢

氰化氢（HCN）易溶于血浆、细胞和器官的水相中，并在那里形成氰基。HCN 或氰化萘对细胞的主要影响作用是抑制细胞对 O_2 的利用，从而使血液中的 O_2 不能被细胞正确利用（Purser，2010）。氰基还会与 Cya_3 氧化酶结合，抑制其在细胞线粒体中的功能作用。Cya_3 氧化酶受到的抑制会阻止水和 ATP 的形成，而这是细胞呼吸作用的基本途径（Feld，2002）。在所有涉及含氮燃料的火灾中都会产生 HCN，尤其是涉及丙烯酸橡胶、ABS 塑料和聚氨酯的火灾。

与 CO 一样，HCN 的产量随燃烧区的温度和供氧量的变化而变化。与 CO 的影响不同，HCN 的影响迅速但复杂，通常取决于浓度和吸入速率。与 COHb 不同，HCN 在血液中的浓度是不稳定的，在死亡后的 24h 内会降低 50%，在储存的血液样本中也是如此（Purser, 2010）。人们怀疑氢化萘是造成许多火灾死亡的原因，但通常没有及时进行测量。因为产生 HCN 的火灾条件与 CO 相同，很可能在低剂量作用下就迅速发挥作用，使受害者丧失行动能力，致使其更长时间地暴露于 CO 和其他火灾气体中，进而导致死亡。

表 12-3 列出了因接触而导致丧失能力或死亡的 CO、HCN、低 O_2 和 CO_2 的浓度极限。5min 和 30min 是燃烧产物产生麻醉效果的两个常用时间基准。

表12-3　常见有毒燃烧产物因接触而致人丧失能力或死亡的浓度极限

项目	5min		30min	
	丧失能力	死亡	丧失能力	死亡
$CO/\times 10^{-6}$	6000～8000	12000～16000	1400～1700	2500～4000
$HCN/\times 10^{-6}$	150～200	250～400	90～120	170～230
低 O_2 /%	10～13	＜5	＜12	6～7
CO_2/%	7～8	＞10	6-7	＞9

资料来源：SFPE 2008, Table 2.6.B1, 2-185, Courtesy of the Society of Fire Protection Engineers, © 2008, reprinted with permission

12.3.4　氰化氢导致丧失能力的时间预测

如前所述，氰化氢（HCN）是火灾中的另一种有毒气体，通过生化窒息使人丧失能力。与 CO 一样，丧失能力的时间取决于呼吸速率和剂量（Purser, 2008）。表 12-4 列出了接触 HCN 后的常见影响。

表12-4　接触HCN后的常见影响

已报道的对健康成人的影响
剧毒：
$170 \times 10^{-6} \sim 230 \times 10^{-6} = 30\text{min}$ 内死亡
$250 \times 10^{-6} \sim 400 \times 10^{-6} = 5\text{min}$ 内死亡（SFPE）
由任何含氮燃料（毛发、羊毛、毛皮、皮革、聚氨酯、尼龙）燃烧产生
通过吸入和摄入吸收

HCN 浓度低于 80×10^{-6} 时，对健康成人的影响很小（Purser, 2010）。HCN 浓度超过 80×10^{-6} 时，可以计算得出（Purser in SFPE 2008）。浓度为 $(80 \sim 180) \times 10^{-6}$ 时，人体吸入 HCN 丧失能力的时间公式为

$$t_{I_{CN}}(\text{min}) = \frac{185 - [\text{HCN}]}{4.4} \qquad (12.7)$$

HCN 浓度超过 180×10^{-6} 时，失能时间的计算公式为

$$t_{I_{CN}}(\text{min}) = \exp\left(5.396 - 0.023 \times [\text{HCN}]\right) \qquad (12.8)$$

每分钟吸入失能剂量分数（FID/min）为

$$F_{I_{CN}}(\min) = \frac{1}{\exp(5.396 - 0.023 \times [HCN])} \tag{12.9}$$

注意等式（12.8）和（12.9）中的"exp"表示的是指数形式。如表 12-3 所示，丧失能力所需的 HCN 剂量远低于 CO 的剂量。成人急性氰化物中毒死亡的最低血药浓度为 1 ~ 2mg/mL。更典型的致死血药浓度为 2.4 ~ 2.5mg/mL（Purser, 2010）。实例 12-3 描述了一个案例研究，用到了这些方程。

【例12-3】 氰化氢致人丧失能力的案例

问题： 与实例 12-1 中的火灾场景相同，一名成年男性在接触火灾的有毒产物后，在休息室中昏迷。通过火灾模型，估算出聚氨酯塑料床垫在空气中燃烧产生的 HCN 浓度约为 200×10^{-6}。

解决方案： 计算失能时间和每分钟失能剂量分数（FID/min）。

HCN 浓度 $\qquad [HCN] = 200 \times 10^{-6}$

失能时间 $\qquad t = \exp(5.396 - 0.023 \times 200) = 2.2 \min$

每分钟失能剂量分数 $F_{I_{CN}}(\min) = \dfrac{1}{\exp(5.396 - 0.023 \times 200)} = 0.45\,FID/\min$

12.3.5 缺氧导致的能力丧失

缺氧症（anoxia，缺氧）或供氧不足（hypoxia，氧浓度低）指的是 O_2 不足以维持生命的状态。当 O_2 被另一种惰性气体（如 N_2 或 CO_2）置换时，就会出现这种情况。被 CH_4 等可燃气体，甚至是燃烧的良性产物（如 CO_2 和水蒸气）置换时，也是如此。正常空气中含有 20.9% 的 O_2。O_2 浓度低至 15% 时，由于浓度降幅较小，对人体没有明显影响。O_2 浓度在 10% ~ 15% 之间时，人员出现定向障碍（类似于中毒），判断力受到影响。O_2 低于 10% 时，可能会出现昏迷和死亡。高浓度的 CO_2 会加快呼吸速率，从而加剧缺氧。缺氧的影响包括大脑抑制，造成嗜睡、记忆困难和精神不集中，丧失意识，以及死亡（Purser, 2010）（见表 12-5）。

表12-5 低氧环境对人的影响

O_2 浓度 /%	已报道的对成年人的影响
14.14 ~ 20.9	无明显影响，运动耐力略有下降
11.18 ~ 14.14	对记忆和思维能力有轻微影响，运动耐力降低
9.6 ~ 11.18	严重丧失能力、昏睡、极度兴奋、失去意识
7.8 ~ 9.6	失去意识、死亡

资料来源：SFPE 2008

低氧环境中的成年人失去意识的时间可表示为

$$t_{\text{lo}} = \exp\left[8.13 - 0.54 \times \left(20.9 - [O_2]\right)\right] \qquad (12.10)$$

式中　t_{lo}——接触时间，min；

　　$[O_2]$——20℃时吸入空气中的氧气浓度，%。

12.3.6　二氧化碳致人丧失能力的时间预测

接触 CO_2 会产生多种影响，从呼吸窘迫到失去知觉（SFPE，2008，2-119）（见表12-6）。

CO_2 不仅是一种能够取代 O_2 的窒息物，还会增加呼吸速率，反过来加强人员吸收其他有毒气体（Purser，2008）。倍增因子 V_{CO_2} 的计算公式为

$$V_{CO_2} = \exp\left(\frac{[CO_2]}{5}\right) \qquad (12.11)$$

$$V_{CO_2} = \frac{\exp\left(1.903 \times [CO_2] + 2.0004\right)}{7.1} \qquad (12.12)$$

CO_2 致人失去意识（失能）的时间可表示为

$$t_{I\,CO_2} = \exp\left(6.1623 - 0.5189 \times [CO_2]\right) \qquad (12.13)$$

每分钟失能剂量分数（FID/min）为

$$F_{I\,CO_2} = \frac{1}{\exp\left(6.1623 - 0.5189 \times [CO_2]\right)} \qquad (12.14)$$

表12-6　接触CO_2后的影响

CO_2 浓度 /%	已报道的影响
7～10	失去意识
6～7	呼吸急促、头晕、可能失去知觉
3～6	随着浓度上升，呼吸愈加困难

资料来源：SFPE 2008

12.4
热作用

只要能够通过皮肤散热对血液进行冷却，特别是通过蒸发冷却来降低核心温度，人就能够在外部热作用下存活。这一过程，在体内通过口、鼻、喉咙和肺黏膜的水分蒸发散热；在体外通过皮肤汗液蒸发散热。如果人体核心体温超过43℃（109 ℉），很可能会死亡。

长时间暴露在 80～120℃（175～250 ℉）的外部高温和低湿度环境下，会引发致命

的高热。暴露在高温高湿度的环境下也是致命的，因为这会降低皮肤或黏膜水分的冷却蒸发速率。火灾受害者即使能免于 CO、烟气和火焰的伤害，也有可能因高温作用而死亡。尽管由于结缔组织和皮肤中的胶原蛋白和其他蛋白质在高温下会变性，在人员死后可能会出现皮肤起泡和脱落，但受害者死后的变化可能会很小。

12.4.1 热作用导致丧失能力的时间预测

当暴露于火灾环境的热流作用下时，每分钟丧能剂量分数（FID/min）的计算方式如下：

$$F_{Ih} = \frac{1}{\exp(5.1849 - 0.0273 \times T)} \qquad (12.15)$$

通过对各种数据的分析整合，建立了有毒物质危害评估模型的基础（Purser in SFPE, 2008）。利用火灾模型得到的有毒化学物质和物理物质的浓度水平等数据，可作为该危险评估模型的输入参数。根据该模型，几分钟内，人体可接受的辐射热容阈值通常为 2.5kW/m²。除了皮肤烧伤（辐射热和对流热），吸入温度超过 120℃（250 ℉）的干燥气体也会对上呼吸道造成热损伤。

评估该危险模型所需的信息主要有两类，即有毒产物的浓度和时间分布，包括时间、浓度和毒性的关系。据估计，受害者呼吸范围内的危险因素包括达到危险浓度的 CO、HCN、CO_2 等气体，以及辐射热通量和空气温度等热作用。其中一些数值可以通过前面讨论过的复杂计算机模型来计算。

12.4.2 吸入热烟气

吸入热烟气会导致黏膜组织水肿（肿胀和炎症）。这种水肿可能严重到足以导致气管阻塞和窒息。吸入热烟气也可能会引发喉咙痉挛，喉咙会自动闭合以阻止异物进入；还会抑制迷走神经，导致呼吸停止，心率下降。

由于黏膜组织的水分蒸发，热烟气在吸入过程中会迅速冷却，因此如果吸入了干燥的热烟气，热损伤通常不会延伸到喉部以下。如果热烟气中含有蒸汽，或热烟气达到蒸汽饱和状态，蒸发冷却作用降至最低，烧伤/水肿会延伸至主要支气管和肺泡（肺部的微小气囊）。如果吸入的热烟气温度高到足以损害气管和肺叶内部组织，通常会灼伤面部皮肤、口腔，以及面部或鼻腔的毛发。

12.4.3 热和火焰的影响

当受到火的热作用时，人体的整体变化是复杂的。皮肤由两层基础组织构成。外层表皮较薄（坏死的角质化皮肤细胞），内层为较厚的真皮层（由活跃的生长细胞组成），其中嵌有神经末梢、毛囊和毛细血管（为生长中的皮肤提供营养）。真皮层下面是一层坚韧的弹性结缔组织、皮下脂肪，再往内是肌肉和骨骼。

每种组分受到热量和火焰的影响不同。高温作用会导致表皮与下面的真皮分离，形成水泡，就像加热时油漆或墙纸会从所附着的木头或石膏上鼓起一样。当组织温度超过 54℃

时，皮肤就会起水泡。凸起的表皮层非常薄，更容易受到持续加热的影响，如果温度足够高，表皮层会烧焦并变黑。表皮还会在更大范围内分离，形成大面积的皮肤滑脱。当裸露的真皮层暴露于超过 43 ～ 44℃的高温时，会导致极度疼痛（Purser in SFPE, 2008）。

更长时间的接触会破坏真皮层的蛋白质，导致其进一步干燥和变色。较高的热通量会导致较高的温度，从而使组织变熟甚至烧焦。随着皮肤变干，它会收缩，消除皱纹和改变面部轮廓（通过视觉识别受害者变得非常不可靠）。如果皮肤继续收缩，它会裂开，留下锯齿状的、不规则的、撕裂的表面（与锋利的刀切表面相反）（Pope 和 Smith, 2003）。热裂皮肤通常会表现出皮下组织间的桥接，而切割皮肤则没有。

如果受害者存活了一段时间，失水会导致血管收缩，因此要贯穿受损的真皮层切出切口（称为焦痂切开术），以减轻血管压力，维持血液循环。如果火灾受害者在火灾后存活了一段时间，且进行了医疗干预，如焦痂切开术或皮肤移植，研究者必须要认识到这些影响，并将其与火灾影响区分开来。

由于头发尺寸小，热惯性低，所以会很快受到热量的影响。颜色会发生改变（通常会变深或变红，或者完全变成灰色、灰白色）。发根受热时会起泡、收缩和断裂。这种收缩会导致发干卷曲，即通常看到的烧焦。烧焦毛干的微观特征非常独特（与剪短或折断的毛干不同）。如果头发大面积烧伤，它会形成一个黑色的、蓬松的、缠结的团块。

如果身体持续受热，收缩会影响到肌肉。当颈部的皮肤和肌肉收缩时，会迫使舌头伸出口腔。肌肉和肌腱的收缩会导致关节弯曲，形成所谓的拳击姿势。这种弯曲和姿势会导致身体在火灾中移动。如果身体处于不规则或不稳定的表面，这种移动会导致身体从床上或椅子上跌落，并可能改变热作用的方向，消除或遮挡先前受保护的区域。在 670 ～ 810℃的火焰中暴露 10min 后，就会观察到拳击姿态（Bohnert, Rost 和 Pollak, 1998; Pope, 2007）。

在 500 ～ 900℃的高温气体和高热通量（55kW/m²）的火焰冲击下，人体会非常迅速地产生反应。大约 5s 后会形成水泡，几秒钟后会出现烧焦。与火焰直接接触 5 ～ 10min 后，皮肤就会完全烧焦，特别是在骨头上延展的部位（关节、鼻子、前额、头骨）（Pope 和 Smith,2003、2004; Pope, 2007）。由于热量需要一定的时间才能作用于深层部位，所以火灾中非常短但强烈（轰燃）的火焰作用，会导致表皮层起泡而不会引起疼痛的感觉（因为疼痛传感器在下面的真皮层中）。

即使在没有火焰的情况下，如果身体长时间暴露在超过 50℃的高温中，肌肉组织也会干燥收缩，从而形成拳击姿势。暴露在火焰中会导致肌肉燃烧和主要肢体骨骼断裂，因为骨骼在与火焰接触的地方会发生降解。高热会导致骨头扭曲断裂，持续的火焰作用（在观察到的火葬中时间为 30min 或更长）会导致煅烧（在煅烧过程中，烧焦的有机物被烧掉）。骨头被煅烧后，会变得非常脆弱，可能会自行分解。据观察，火焰作用下，老年骨质疏松症患者的低密度主骨比正常密度的骨头分解得更快、更完全（Christensen, 2002）。

测试显示，火焰的作用会导致大脑缓冲液和脑细胞液通过暴露的头骨裂缝渗漏，但不会导致颅骨爆炸。暴露在火中的内脏会变干并烧焦，因此至少需要 30 ～ 40min 才能烧尽（Bohnert、Rost 和 Pollak, 1998）。在正常的建筑火灾中，成人器官受到影响所需暴露时间会更长。火焰作用下，骨头长度也会缩小，从而使得对生前身高的估计产生潜在的误差。

薄的头盖骨受热可能会分层，内层和外层会分别脱落。这种分层现象会在颅骨上产生热致孔，这些孔的斜边与枪击产生的相类似（Pope 和 Smith, 2003）。近期的实验表明，无论之前是否存在机械或钝力创伤，颅骨的损坏都可能是由火灾造成的。有时，热引发的损伤与枪伤相似，在个案调查解释中需要格外小心（Pope 和 Smith, 2004）。

头部受热会导致血液和组织液积聚，并在颅骨和包围大脑的硬膜组织（硬脑膜）之间的硬膜外腔形成血肿。随着进一步的加热，这些液体会沸腾、干燥，然后焦化，产生坚硬的、泡沫状的发黑物质。因掉落的建筑结构物的冲击而对大脑造成的物理创伤也可能会导致硬膜下血肿。然而，到目前为止，还没有观察到火灾作用造成的颅骨底部骨折（Bohnert、Rost 和 Pollak, 1998; Pope, 2007）。在火中，外露的肢体会被烧焦并形成封闭层，因此暴露在火焰中的身体通常不会出血。然而，当身体移动时，覆盖在组织上的脆弱焦炭层可能会破裂，从而使体液渗出。因此，在移动带有外露烧焦组织的烧焦尸体时必须非常小心，并且应仔细记录其移动前的状况。

假设火灾的强度可以通过燃料、通风和前文描述的分布因素来估算，那么火灾对身体的损害程度可能与暴露时间有关。在最近的研究中，DeHaan、Campbell 和 Nurbakhsh（1999）探讨了燃烧速率、热惯性和身体器官的相对燃烧性等因素。本章后面会讨论死后火灾对身体的损害。

衣服通常不会被火完全烧毁。受害者的穿着可能表明其在火灾前的活动情况。这里必须考虑到火灾发生时间与着装状态的关系。受害者在凌晨 3 点还穿着全套衣服，还是直到中午还穿着睡衣？如果火灾发生在下午 3 点，受害者穿着衣服上床睡觉，那么其在火灾前是否生病或丧失行为能力？更传统的死亡时间标记，如尸僵和体温记录，会因为火灾的作用而与实际严重不符，因此环境指标的记录就变得更加重要。

在火灾作用下，深色头发会变亮变红。火灾中人造染料与天然色素的反应不同。这可能是由于通风效应会产生氧化气氛，然而燃料富裕型火灾会产生还原气氛，形成另一种效应。在严重烧焦的尸体中，计算机断层扫描（CT）和磁共振成像已成功用于记录烧伤造成的损伤，以及机械创伤造成的软组织损伤（Thalietal, 2002）。

12.4.4　燃烧（焚烧）

当热量施加到一个表面时，它穿透该表面的速率由材料的热惯性（热容、密度和热导率的乘积）决定。人体皮肤的热惯性与一块木头或聚乙烯塑料的热惯性没有太大区别（见表 12-4❶）。人体皮肤的疼痛传感器在表皮下的真皮中，大约在表皮下 2mm（0.1in）处。如果热作用时间很短，可能不会有任何不适或疼痛感。热作用时间越长，对皮肤的渗透就越深。热强度越高，渗透到皮肤的速度就越快。当皮肤细胞温度达到 48℃（120 ℉）时，就会引发疼痛，如果温度超过 54℃，细胞就会受损（Stoll 和 Greene, 1959）。

将皮肤暴露在 2 ～ 4kW/m² 的辐射热下 30s 会引起疼痛，但不会对细胞造成永久性损伤。较高的热通量会引发水泡和皮肤滑脱等损伤。将皮肤暴露在 4 ～ 6kW/m² 的辐射热下

---

❶　原书此处有误，正确的应为表 2-11。

8s 会引发水泡（二度烧伤）。将皮肤暴露在 10kW/m² 的辐射热下 5s 会导致更深的局部损伤。将皮肤暴露在 50 ～ 60kW/m² 的辐射热中 5s，会产生三度烧伤，并破坏真皮（Stoll 和 Greene, 1959）。

调查人员不应假定从火灾中发现的尸体状况与死亡时的状况相同。尸体也是一种可燃物，如果继续暴露在火中，就会发生变化。很少遇到足以破坏所有解剖特征的热量强度和持续时间。完全合法地焚化（火葬）成人尸体要求温度在 950 ～ 1100℃，需在 1 ～ 2h 内完成（Eckert、James 和 Katchis, 1988; Bohnert、Rost 和 Pollak, 1998）。即便如此，头骨、盆骨和牙齿的可识别部分通常仍然能保存下来。一场充分燃烧的木框架建筑火灾持续了一个小时，导致一名成年男性的身体被烧成了大块的骨头碎片（Pope, 2004）。但其骨骼结构的可识别部分仍然存在。

通常家具、床上用品或地毯不仅为外部火源提供了持续的燃料来源，还提供了用作灯芯的炭。这种现象被称为蜡烛效应，或灯芯效应，描述的是一种火灾场景，即以衣物或寝具作为最初起火物被引燃，身体脂肪来维持后续燃烧；火源——吸烟材料或烹饪、加热器具；最后，热量、燃料和通风的动力作用促进了缓慢、稳定火焰的持续，这种火焰可能只产生小的明火和较弱的辐射热来促进火势发展。在这种情况下，身体燃烧产生的脂肪会以与油灯或蜡烛中的燃料相同的方式起作用。如果尸体的位置能使脂肪渗入多孔的吸芯材料中，或者滴到、流到点火源上，它就会继续燃烧。如果有可燃燃料——地毯衬垫、寝具、室内装潢填料，就会形成一种坚硬的碳质炭，能够吸收人体脂肪并充当灯芯，从而使这种效应大大增强（Ettling, 1968; Gee, 1965; DeHaan、Campbell 和 Nurbakhsh, 1999）。在适当的条件下，成年人的身体可以维持 6 ～ 7h 的燃烧（DeHaan 等 , 1999、2001）。

12.4.5 烧伤

在没有火或火羽直接作用的情况下，身体或身体某部位长时间暴露在高温下，其整体温度升高到 54℃以上，并导致皮肤干燥、脱落和起泡，进而造成烧伤。当身体接触了腐蚀性的化学物质时，也会引发这些症状。通常很难区分这类烧伤是在接近死亡时（死前）还是死后造成的，但也不是不可能。死前和死后的火灾作用，以及死后的分解都可能会导致水泡的产生。

大多数医务人员认为一级烧伤只涉及皮肤变红。二级烧伤，有时也称为中度烧伤，包括表皮的损伤，同时伴有起泡和脱皮，因为真皮的生长层仍然存在，这种烧伤大多数都会愈合，不需要皮肤移植。三级烧伤被称为深度烧伤，由于真皮受损，伤口仅能从边缘愈合，需要进行皮肤移植。四级烧伤，有时也称为深度烧伤，包括皮肤被破坏，使露出的皮下脂肪和肌肉以及肌肉下面的骨骼烧伤。五度烧伤涉及底层肌肉和骨骼。

当汽油或类似的低黏度、低表面张力的挥发性液体燃料倒在裸露的皮肤上时，大部分会从表面流失，但仍有一些被表皮吸收，留下一层非常薄的液体膜，特别是在垂直表面上。这种薄膜燃烧得非常快（不到 10s）。下面的皮肤可能会完全没有烧伤或仅仅是变红（一级烧伤），如果皮肤或衣服的褶皱里残留了足够的燃料并维持较长时间的燃烧，就会产生严重的水泡，在极端情况下甚至会使表皮烧焦。能够使皮下脂肪或肌肉外露的深度穿透性烧伤，需要的火焰作用时间为几分钟，这比典型的薄膜汽油燃烧时间要长得多。在水平皮肤表面上，较深的燃烧池可能会保持足够长的燃烧时间，并在其周围会形成晕轮状烧痕或一圈水泡（二级烧伤）（DeHaan 和 Icove, 2012）。

12.4.6 钝力创伤

钝力创伤也可能会导致火灾受害者死亡。结构坍塌或爆炸会导致固体物质击中受害者。在逃生过程中，跌落或撞击固定表面（家具或门框）会导致钝力创伤，只有通过仔细的医学检查才能将其与攻击性创伤区分开来。伤口痕迹、血迹甚至火场的痕迹证据都可以用来解释钝伤，并确定它们是由攻击还是火灾相关的事件造成的。火灾调查人员可以通过咨询病理学家和刑事专家，来协助确定钝力外伤，并将它们与火灾现场的相应特征联系起来。

12.5
能见度

浓烟及其刺激物的光学不透明性会使正常人的视力和呼吸受到损害，并对其行动能力产生影响。这种浓烟会影响：
- 出口选择和逃生决定；
- 移动速度；
- 路线选择。

在建筑火灾中，居住者通常通过观察来寻找出口标志、门和窗（Jin, 1976; Jin 和 Yamada, 1985）。物体的可见性取决于多个因素，例如烟气散射或吸收环境光的能力、光的波长、被观察物品（例如出口标志）是发光还是反光，以及个人的视觉敏锐度（Mulholland, 2008）。

美国海军医学研究实验室、医学和外科学研究所的相关研究，首次为使用红色出口标志的基本原则提供了解释。这些研究检验了海上有色目标的可探测性。在最远距离上可辨别的颜色是红色荧光物质（橙色和橙红色）（美国国家标准，1955）。后来美国空军对夜视的研究（Miller 和 Tredici, 1992）扩展了这些发现，当明视觉（高照度）转换为暗视觉（低照度，通常在夜间）时，眼睛的灵敏度颜色会从可见光谱的红色端向蓝色端方向变化。

美国海军对眼睛感知远距离红色能力的研究证明，无论是被动荧光还是照明，红色用于火灾出口标志具有逻辑正确性。职业安全与健康管理局规定，当需要时，出口标志应以白色为背景，用清晰的红色字母书写，且字母高度不应低于6in。

12.5.1 光密度

能见度可以根据每米的光密度来进行估计。计算涉及一个称为消光系数 K 的系数，它是单位质量消光系数 K_m 和烟气气溶胶质量浓度 m 的乘积：

$$K = K_m m \qquad (12.16)$$

$$D = \frac{K}{2.3} \qquad (12.17)$$

式中 K —— 消光系数，m^{-1}；

   K_m —— 比消光系数，m^2/g；

   m —— 烟气的质量浓度，g/m^3；

   D —— 每米光密度，m^{-1}。

木材或塑料燃烧时产生的烟 K_m 值通常为 7.6 m^2/g，热解时产生的烟 K_m 值为 4.4 m^2/g（SFPE，2008）。

在确定火灾发光出口标志和反光出口标志的能见度 S（对居住者而言）时，需要考虑消光系数 K。S 值是衡量一个人透视烟气能力的尺度。如式（12.18）和式（12.19）所示，发光标志的可见性是反光标志的 2 ～ 4 倍（Mulholland in SFPE 2008, 2-297）。

$$发光标志\ KS = 8 \qquad (12.18)$$

$$反光标志\ KS = 3 \qquad (12.19)$$

式中 K —— 消光系数，m^{-1}；

   S —— 可见度，m。

利用质量光密度来估计能见度的方法是基于实际研究得出的，因此也是可行的。在这些研究中，人们从烟气弥漫的区域返回时的光密度，对应于3m（9.84ft）的可见距离（Bryan，1983）。该研究还显示，女性比男性更有可能返回。其他因素还包括人们能够看到引导其从建筑物中疏散到安全区域的出口标志的能力。另外，出口标志的高度以及观看者的高度对能见度也至关重要。

通过测试得到的质量光密度（D_m）数据是估算能见度的基础（Babrauskas，1981），床垫燃烧时产生的质量光密度的典型值见表 12-7。

12-7   床垫燃烧时的质量光密度

材料种类	质量光密度 /（m^2/g）
聚氨酯	0.22
棉花	0.12
乳胶	0.44
氯丁橡胶	0.20

资料来源：Babrauskas，1981

以下公式可用于估算可见烟气的密度 D：

$$D = \frac{D_m \Delta M}{V_c} \qquad (12.20)$$

式中 D —— 每米的光密度，m^{-1}；

   D_m —— 质量光密度，m^2/g；

ΔM—— 样品的总质量损失，g；

V_c——隔间或腔室的总体积，m^3。

【例12-4】 能见度

问题：一名少年放火犯点燃了等候室长凳上的一个300g（0.66ib）的聚氨酯小垫子，并产生明火燃烧。等候室为6m^2，天花板高度为2.5m（8.2in）。请确定通向出口门最近的发光和反光标志的能见度。

解决方案：假设等候室内的烟气是均匀混合的。

床垫总质量损失	$\Delta M = 300$ g
质量光密度（根据表12-7）	$D_m = 0.22$ m^2/g
等候室容积	V_c=6m×6m×2.5m = 90.0m^3
光密度	D=0.22m^2/g×300g÷90.0m^3= 0.733 m^{-1}
消光系数	$K = 2.3D$ =2.3×0.733m^{-1}=1.687m^{-1}❶
能见度（发光）	S=8/K=8/0.1687m^{-1}❷=4.74m
能见度（反光）	S=3/K=3/0.1687m^{-1}❸=1.77m

计算表明，在这场大火中，在4.74m（15.5in）的距离范围内可以看到发光标志，相比之下，能看到反光标志的距离只有1.7m（5.58in）❹。在实际的房间里，热烟气由于浮力会在房间上部聚集，因此对房间上部的标志进行识别会更难。现在疏散标志被放置在膝盖或更低的位置，以便能够在更远的地方看到它们。

12.5.2 烟气当量浓度分数

下列公式与封闭空间相关。随着烟气当量浓度分数值接近1，视觉模糊程度随之增加，成功疏散的概率也显著降低。

对于较小封闭空间：

$$\text{FEC}_{烟} = \frac{D}{0.2} \tag{12.21}$$

对于较大封闭空间：

$$\text{FEC}_{烟} = \frac{D}{0.1} \tag{12.22}$$

式中　D —— 烟气的每米光密度。

12.5.3 逃生速度

如前所述，人们在选择最近的出口、正确逃生、寻找逃生路线及行动速度方面，都会受到烟气遮光性的影响。健康成人在能见度正常的空旷区域步行速度约为2m/s。在烟气

---

❶ 原书此处有误，1.687m^{-1}应为1.686m^{-1}。

❷ 原书此处有误，0.1687m^{-1}应为1.686m^{-1}。

❸ 原书此处有误，0.1687m^{-1}应为1.686m^{-1}。

❹ 原书此处有误，1.7m（5.58in）应为1.78m（5.84in）。

弥漫的情况下，受家具和其他人员逃生的影响，其步行速度会降低。火灾调查人员在评估目击者从起火建筑疏散至出口所用时间时，应考虑这一因素。

受试者通过充满无刺激性烟气的走廊的实验表明，运动速度随着烟气密度的增加而降低（Jin, 1976; Jin 和 Yamada, 1985）。

基于 Jin（1976）的研究，运动速度和烟气密度的关系如式（12.23）所示：

$$FWS = -1.783D + 1.236 \tag{12.23}$$

式中　FWS —— 步行速度，m/s；

D —— 烟气的每米光密度，m^{-1}，$0.13m^{-1} \leqslant D \leqslant 0.30m^{-1}$。

对于该等式，烟气光学密度的范围在 $0.13m^{-1}$（低于正常行走速度）和 $0.56m^{-1}$（高于黑暗中 0.3 m/s 的行走速度）之间。该等式不适用于会导致疏散延迟的情况，例如行走不稳定和感官刺激的情况。Jin 的实验中使用的产烟材料是木材。

12.5.4　路径选择

在寻找路径时，能见度降低和烟气的刺激性会对公式结果产生影响，但 Jin 没有对其进行修正。研究表明，人在折返时的平均烟气密度为 3m（9.84in）（$D = 0.33m^{-1}$，$K = 0.76$）。能见度低和眼睛受到刺激是减少寻找路径的主要因素，其次是对呼吸系统的刺激（Jensen, 1998）。

12.5.5　烟气

烟气包含水蒸气、CO、CO_2、无机灰分、有毒气体、气溶胶形式的化学物质以及烟炱等。烟炱是不完全燃烧产生的碳聚体，其分子量很大，足以产生肉眼可见的颗粒。这些颗粒可能非常热，在吸入时不容易冷却，因此它们可能会引起水肿和烧伤，并滞留在呼吸系统的黏膜组织中。烟炱颗粒是活性吸附剂，因此其可能携带有毒化学物质，进而被人体摄入或吸入（通过黏膜组织直接吸收）。烟炱的吸入量足以造成呼吸道的物理性阻塞，并导致机械性窒息。烟炱、水蒸气、灰烬和烟气中的气溶胶也会模糊受害者的视线，妨碍他们逃生。

12.6
现场调查

在火灾现场发现和记录的血迹（通过与墙壁或门框碰撞造成的）、墙上的手印、机械损伤（钝伤）或与尸体一起发现的物品，都有助于重建火灾受害者的活动现场。服装（便服、睡袍、睡衣）或物品（狗链、珠宝、手电筒、灭火器、房屋钥匙、电话、纪念品等）的性质可以提供相关线索，能说明其倒地死亡前在做什么。

受害者的位置（面朝上或面朝下）通常并不重要，因为火灾中死亡的人有各种姿势。对于拳击姿态，其与死前的行为也没有什么必然的关系。如前所述，拳击姿势是身体对热量的一种物理反应，无论人是在火灾前死亡还是在火灾中死亡，都有可能保持这种姿态。它会导致身体移动，有时甚至会从椅子或床垫等不稳定的表面滚落下来。年幼的孩子可能藏在床下或壁橱里，但是在其他地方找到他们，并不能证明他们没有时间或体力去寻找更安全的地方。

12.6.1 火对尸体的破坏

暴露在火中的尸体是可以支持燃烧的，其燃烧的速度和彻底性取决于火焰的性质和条件。皮肤、脂肪、肌肉和结缔组织会因脱水和烧焦而收缩。如果火焰足够大，尸体会燃烧并产生一些燃烧热。内部器官里相对浸满水的组织在燃烧之前必须通过热量的烘烤来干燥，并且脱水的过程增强了其耐火性，并延迟了其损耗速度。

骨头含有水分，且脂肪含量较高，骨髓更是如此，所以它们会收缩、开裂和分裂，并为外部火提供燃料。人体皮下脂肪是最好的燃料，其有效燃烧热为 32 ~ 36kJ/g（DeHaan、Campbell 和 Nurbakhsh, 1999）。然而，就像蜡烛的蜡一样，它不会自燃或阴燃，通常也不会支持有焰燃烧，除非脂肪被吸收到合适的灯芯中。灯芯材料可以是烧焦的衣服、被褥、地毯、室内装潢材料或附近的木头（只要它能形成多孔的刚性物质）。该过程产生火焰的大小由灯芯的大小（表面积）控制。根据人体的位置及其可用的灯芯面积，身体燃烧产生的火焰为 20 ~ 120kW，类似于小型废纸篓的燃烧。这样的火灾只会影响到附近的物品，且其伤害通常十分有限。

身体脂肪燃烧产生的火焰温度范围为 800 ~ 900℃，如果火焰席卷到身体表面，会加剧身体的破坏。但如果没有外部火源的作用，这个过程是非常缓慢的，燃料消耗率为 3.6 ~ 10.8kg/h（7 ~ 25ib/h）。当给予足够长的时间（5 ~ 10h）时，身体大部分可能会被烧成骨架（DeHaan, 2001; DeHaan、Campbell 和 Nurbakhsh,1999;DeHaan 和 Pope, 2007）。

然而，如果一具尸体暴露在一个充分发展的房间或车辆的火灾中，其破坏速度与在商业火葬场观察到的会非常接近。在这种情况下，700 ~ 900℃的火焰和 100kW/m² 的热强度包围着身体，并能在 1.5 ~ 3h 内将其烧成灰烬和较大的骨头碎片（Bohnert、Rost 和 Pollak, 1998; DeHaan 和 Fisher, 2003; DeHaan, 2012）。

12.6.2 火灾发生到死亡的时间间隔

前文曾提到一个问题，即从接触火灾到发生致命后果的时间间隔。死亡几乎可以在瞬间发生，也可以在几分钟或几小时后发生。在这种情况下，将死亡与其实际原因联系起来并不困难。当一个人在火灾后几周甚至几个月死亡时，原因仍然可能是火灾，但是这种联系可能被大量的医疗干预所掩盖。

从火灾发生到死亡的时间间隔受很多因素的影响。体温过高、暴露在高温气体或蒸汽中、缺氧，都会在数秒至数分钟内导致死亡。在瞬间死亡的情况下，吸入的火焰和热气会抑制神经或引发喉部痉挛，导致呼吸停止，随后致人很快死亡。由充分发展的火灾造成的爆炸创伤和焚烧，几乎会瞬间使人死亡。

吸入 HCN、CO 或其他热解产物等有毒气体，因接触火焰或吸入烟炱而导致的呼吸道阻塞，身体创伤（失血）、内伤、脑损伤，这些情况会在几分钟内导致死亡。

暴露于 CO 中、吸入热烟气引起的水肿、烧伤和大脑或其他内部损伤，在几小时内就会导致死亡。脱水和烧伤导致的休克，会在火灾后几天导致死亡。即使在火灾后的几周或几个月内，火灾伤害引发的感染或器官衰竭仍可能会导致死亡。

对死亡原因的定义是，引发或导致一系列死亡事件的伤害或疾病。在火灾中，死亡原因可能包括吸入热烟气、CO 或其他有毒气体，热，烧伤，缺氧，窒息，建筑倒塌或钝伤。死亡机制是与生命不相容的生物或生化紊乱。死亡机制可能是呼吸衰竭、失血、感染、器官衰竭和心脏骤停。死亡方式是对导致死亡的内部或外部原因的法医学评估和分类。在美国，这些分类通常表示为凶杀、自杀、事故、自然的或不明原因。

死亡原因（火灾）和死亡机制（器官衰竭、败血症等）作用之间的间隔越长，这种联系就越有可能丢失。当受害者从创伤护理医院转移到长期护理机构，有时是在其他地理区域，情况尤其明显。调查人员必须努力确保在死亡证明上最终所列的死亡原因是实际原因，而不是如呼吸衰竭、心脏骤停或败血症等一般死亡机制。

12.6.3 亡人火灾中尸检的必要性

许多亡人火灾十分复杂，因此有必要为先前并不明显的问题找到答案。获得全面的法医样本和数据是成功和准确调查的最佳途径。虽然并非所有的亡人火灾都需要全部的法医检验和数据，但如果尸体被埋葬或火化，再想进行法医检验就为时已晚了。

尸检项目包括：

- **血液（取自心脏的主要血管或心室，而非体腔）**：测试 COHb 饱和度、HCN、药物（治疗和滥用）、酒精和挥发性碳氢化合物。
- **组织（脑、肾、肝、肺）**：测试药物、毒物、挥发性碳氢化合物、燃烧副产物、一氧化碳（作为血液不足时的备份）。
- **组织（伤口附近的皮肤）**：测试细胞对烧伤、化学物质的反应。
- **胃内容物**：测试死亡前进行的活动和可能的死亡时间。
- **眼液**：一种未被污染的药物和代谢物来源。
- **气管**：从口腔到肺的气管进行全纵向切开，以检查和记录水肿、灼热、脱水和烟炱附着的程度和分布范围。
- **X 射线检查**：全身（包括尸袋中的相关碎片）、牙齿的细节以及发现的任何异常特征（骨折、植入物等）。
- **衣物**：将所有衣物残余物和相关饰品从尸体上移除并进行保存。
- **照片**：局部拍摄的照片、彩色的整体（全面）照片、烧伤或伤口的特写照片。
- **尸体的多层螺旋 CT（MDCT）**：实验发现，如果条件具备，该方法非常有价值（Levy 和 Harcke, 2011）。
- **死后重量**：确定尸体及器官残留重量，但不包括火灾残骸和尸袋。

火灾调查人员参与尸检和尸体解剖是非常有益的，因为其不仅可以对实施的全部过程进行适当的观察，还可以随时回答检查中出现的任何问题。很少有病理学家能够掌握丰富的火灾化学或火灾动力学方面的知识，或者能够解释火灾对身体的影响，因此火灾调查人员在场，有助于向病理学家提供有关尸体附近火灾情况的建议。

在有人员伤亡的火灾中，死亡原因和火灾原因通常是独立的，但会因环境条件而联系在一起。只有找到所有的死亡原因和火灾原因才能确定它们之间的联系。

意外火灾可能伴随着意外死亡、自杀、凶杀，甚至是自然死亡。放火火灾可能与杀人有关（作为死亡的直接原因或仅仅作为犯罪事件的一部分），但也可能与意外或自然死亡有关。为确保火灾死亡调查的成功（即准确和可辩护），必须遵守以下准则：

将现场视为犯罪现场。每一场造成死亡或重大伤害的火灾都应被视为潜在的犯罪现场，而不是预判为意外事故。现场应由专业人员组成的合作团队进行保护、保存、记录和搜查。

记录所有关键特征。记录内容包括准确的平面图、尺寸和主要可燃物，以及全面的现场照片。照片应包含调查前的照片、搜查和分层勘验过程中的照片，以及尸体移除前、移除过程中以及法医尸检过程中各个角度的照片。这些记录对于正确的法医火灾现场重建至关重要。

避免移动尸体。在火灾调查人员、病理学家或验尸官对尸体进行适当检查并通过照片和图表记录下来之前，不得移动尸体。应在尸体下方及 0.9m（3ft）范围内仔细地进行分层勘验和筛选碎片。所有衣物或碎片都应妥善保存。珠宝、武器等也必须予以收集和记录。

评估可燃物。火灾调查人员必须评估在现场出现的可燃物（建筑和家具），及其在引燃、火焰蔓延、热释放速率、发展时间和轰燃条件形成方面的作用（可能有，也可能没有）。

进行全面的法医检查。每一次火灾导致的死亡都应进行全面的法医尸检，包括毒理学和 X 射线检查。应对血液和组织等样本进行毒物学测试，测试项目包括酒精和药物，以及 CO 和 HCN 等。应将衣服保留在尸体上，在需要脱下之前，尽可能地进行就地记录和评估，然后再予以妥善保存。同时，应尽快（最好在现场）测量体内（肝脏）温度。

检查宠物。死去的宠物应该接受 X 射线检查和尸检。对活着的宠物受到的伤害应该记录在案。死亡宠物的血液也应该进行 COHb 和药物残留检测。

检查幸存的受害者。对于幸存的火灾受害者，无论是否被烧伤，都应该在询问时进行目视检查，并在可能的情况下进行拍照。如果需要的话，应该从他们身上采集血样，以便进行后续分析。外层衣物（裤子、鞋子、衬衫）应进行妥善保存。

充分了解火灾环境。病理学家和凶杀侦探必须了解火灾环境——温度、热量及其传递、火焰和烟气，以及燃烧产物的分布和人对这些条件的反应等变量。最佳的做法是，法医或病理学家到现场进行查看，并在现场观察尸体，以了解其暴露条件（火焰、高温和烟气）和残留物的性质、位置及其方向。

进行法医重建。完整的重建可能会涉及刑事证据，如血迹、血液转移、指纹、工具痕迹、鞋印和其他痕迹证据。刑事学家应该同凶杀侦探、火灾调查人员和病理学家一起，成为现场调查小组的一员。

正如我们所看到的，与火灾有关的死亡不仅仅是在某个时刻简单地暴露在一系列静态条件下。火灾是一个非常复杂的事件，火灾导致的死亡调查更加复杂和具有挑战性。只有将具备才华和专业知识的人组为团队，共同努力，才能得到以下三大问题的正确答案：是什么导致了人员死亡？火灾是意外发生的，还是蓄意为之？火灾和亡人这二者之间是如何相互作用的？

□ 复习题

1. 讨论与亡人火灾调查相关的常见问题和误区，并与国内媒体报道的最近的一个案例进行比较，你能找到什么相似之处？

2. 参考例12-4，同一火灾情况下，请确定面积为 3m×15m（9.84in×49.2in）、天花板高度为 2.5m（8.2in）的封闭走廊中的能见度。

3. 参考例12-3，计算相同情况下男性、儿童和婴儿的失能剂量分数。

4. 在报纸上查看有关你所在地区最近一场亡人火灾的报道。确定是谁调查的，结论是什么，是否会导致刑事指控。

关键术语解释

死亡原因（cause of death）：引发一系列死亡事件的伤害或疾病。

死亡方式（manner of death）：死亡原因发生的方式或情况。

耐受能力（tenability）：根据对燃烧产物的来源、热释放速率和生成速率的分析；居住者何时会接触到这些有害环境；有害环境对居住者的影响，对火灾可能造成的潜在危害进行评估。

有效浓度分数（fractional effective concentration）：一种评估有毒烟气和燃烧产物对某客体影响的测量方法。有效浓度分数取决于火灾烟气中某种特定有毒成分的浓度和接触时间。

哈伯定律（Haber's rule）：假定一个人吸入的有毒气体剂量等于该气体的浓度和接触时间的乘积。

缺氧症（anoxia）：与缺氧有关的状态。

供氧不足（hypoxia）：氧气浓度较低时的状态。

参考文献

Babrauskas, V. 1981. "Applications of Predictive Smoke Measurements." *Journal of Fire and Flammability* 12: 51–66.

Bide, R. W., S. J. Armour, and E. Yee. 1997. *Estimation of Human Toxicity from Animal Inhalation Toxicity Data: 1. Minute Volume–Body Weight Relationships Between Animals and Man.* Ralston, Alberta, Canada: Defence Research Establishment Suffield (DRES).

Bohnert, M., T. Rost, and S. Pollak. 1998. "The Degree of Destruction of Human Bodies in Relation to the Dura-

tion of the Fire." *Forensic Science International* 95 (1): 11–21, doi: 10.1016/s0379-0738(98)00076-0.

Bryan, J. L. 1983. *An Examination and Analysis of the Dynamics of the Human Behavior in the Westchase Hilton Hotel Fire, Houston, Texas, on March 6, 1982.* Quincy, MA: National Fire Protection Association.

Bryan, J. L., and D. J. Icove. 1977. Recent Advances in Computer-Assisted Arson Investigation. *Fire Journal* 71 (1): 20–23.

Bukowski, R. W. 1995. "Predicting the Fire Performance of Buildings: Establishing Appropriate Calculation Methods for Regulatory Applications." Pp. 9–18 in *Proceedings of ASIAFLAM95 International Conference on Fire Science and Engineering,* Kowloon, Hong Kong, March 15–16.

Bush, M.A., P. J. Bush, and R. G. Miller. 2006. "Detection of Classification of Composite Resins in Incinerated Teeth for Forensic Purposes." *Journal of Forensic Sciences* 51, no. 3 (May): 636–42.

Christensen, A. M. 2002. "Experiments in the Combustibility of the Human Body." *Journal of Forensic Sciences* 47 (3): 466–70.

Christensen, A. M., and D. J. Icove. 2004. "The Application of NIST's Fire Dynamics Simulator to the Investigation of Carbon Monoxide Exposure in the Deaths of Three Pittsburgh Fire Fighters." *Journal of Forensic Sciences* 49 (1): 104–7.

DeHaan, J. D. 2001. "Full-Scale Compartment Fire Tests." *CAC News* Second Quarter: 14–21.

———. 2012. "Sustained Combustion of Bodies: Some Observations." *Journal of Forensic Sciences,* doi: 10.1111/j.1556–4029.2012.02190.x.

DeHaan, J. D., S. J. Campbell, and S. Nurbakhsh. 1999. "Combustion of Animal Fat and Its Implications for the Consumption of Human Bodies in Fires." *Science & Justice* 39 (1): 27–38, doi: 10.1016/s1355-0306(99)72011-3.

DeHaan, J. D., and F. L. Fisher. 2003. "Reconstruction of a Fatal Fire in a Parked Motor Vehicle." *Fire & Arson Investigator* 53 (2): 42–46.

DeHaan, J. D., and D. J. Icove. 2012. *Kirk's Fire Investigation.* 7th ed. Upper Saddle River, NJ: Pearson-Prentice Hall.

DeHaan, J. D., and E. J. Pope. 2007. "Combustion Properties of Human and Large Animal Remains." Paper presented at Interflam, July 3–5, London, UK.

Delattre, V. F. 2000. "Burned Beyond Recognition: Systematic Approach to the Dental Identification of Charred Human Remains." *Journal of Forensic Sciences* 45, no. 3 (July): 589–96.

deRoux, S. J. 2006. "Suicidal Asphyxiation of Automobile Emission without Carbon Monoxide Poisoning." *Journal of Forensic Sciences* 51, no. 5 (September): 1158–59.

di Zinno, J., et al. 1994. "The Waco Texas Incident: The Use of DNA Analysis in the Identification of Human Remains." Paper presented at *Fifth International Symposium on Human Identification,* London, England.

Eckert, W. G., S. James, and S. Katchis. 1988. "Investigation of Cremations and Severely Burned Bodies." *American Journal of Forensic Medicine and Pathology* 9, no. 3 (1988): 188–200.

Ettling, B. V. 1968. "Consumption of an Animal Carcass in a Fire." *Fire and Arson Investigator* April–June.

Feld, J. M. 2002. "The Physiology and Biochemistry of Combustion Toxicology." Paper presented at Fire Risk and Hazard Assessment Research Applications Symposium, July 24–26, Baltimore, Md.

Flemming, D. 2004. *Explosion in Halifax Harbour: The Illustrated Account of a Disaster that Shook the World.* Nova Scotia: Formac Publishing Company.

Flynn, J. 2008. "CO Deaths." *NFPA Journal* January–February: 33–35.

Gee, D. J. 1965. "A Case of Spontaneous Combustion." *Medicine, Science and Law* 5 (January): 37–38.

Goldbaum, L. R., T. Orellano, and E. Dergal. 1976. "Mechanism of the Toxic Action of Carbon Monoxide." *Annals of Clinical and Laboratory Science* 6 (4): 372–76.

Hazucha, M. J. 2000. "Effect of Carbon Monoxide on Work and Exercise Capacity in Homes." Chapter 5, pp. 102–7 in *Carbon Monoxide Toxicity,* ed. D. G. Penney. Boca Raton, FL: CRC Press.

Health Canada. 1995. "Investigating Human Exposure to Contaminants in the Environment: A Handbook for Exposure Calculations." Ottawa, Ontario, Canada: Ministry of National Health and Welfare, H. C. Health Protection Branch.

Hickman, M. J., et al. 2007. "Medical Examiners' and Coroners' Offices, 2004." Washington, DC: US Department of Justice, Bureau of Justice Statistics, June 2007.

Jensen, G. 1998. "Wayfinding in Heavy Smoke: Decisive Factors and Safety Products; Findings Related to Full-Scale Tests." IGPAS: InterConsult Group.

Jin, T. 1976. "Visibility Through Fire Smoke: Part 5, Allowable Smoke Density for Escape from Fire." *Report No. 42.* Fire Research Institute of Japan.

Jin, T., and T. Yamada. 1985. "Irritating Effects of Fire Smoke on Visibility." *Fire Science and Technology* 5 (1): 79–90.

Kirk, N. J., et al. 2002. "Skeletal Identification Using the Frontal Sinus Region." *Journal of Forensic Sciences* 47, no. 2 (March): 318–23.

Levy, A. D., and H. T. Harcke Jr. 2011. *Essentials of Forensic Imaging.* Baton Rouge, LA: CRC Press.

Mah, J. C. 2000. "Non-Fire Carbon Monoxide Deaths and Injuries Associated with the Use of Consumer Products." Bethesda, MD: CPSC.

Miller, R. E., and T. J. Tredici. 1992. "Night Vision Manual for the Flight Surgeon." *Special Report AL-SR-1992-0002.* Brooks Air Force Base, TX: Armstrong Laboratory.

Mulholland, G. W. 2008. "Smoke Production and Properties." In *SFPE Handbook of Fire Protection Engineering,* 4th ed., ed. P. J. DiNenno, pt. 2, chap. 13, 12–297. Quincy, MA: National Fire Protection Association.

Mundorff, A. Z., E. J. Bartelink, and E. Mar-Casslh. 2009. "DNA Preservation in Skeletal Elements from the World Trade Center Disaster." *Journal of Forensic Sciences* 54, no. 4 (July): 739–45.

Myers, R. A. M., S. E. Linberg, and R. A. Cowley. 1979. "Carbon Monoxide Poisoning: The Injury and Its Treatment." *Journal of the American College of Emergency Physicians* 8 (11): 479–84.

Nelson, G. L. 1998. "Carbon Monoxide and Fire Toxicity: A Review and Analysis of Recent Work." *Fire Technology* 34 (1): 39–58, doi: 10.1023/a:1015308915032.

Owsley, D. W., et al. 1995. "The Role of Forensic Anthropology in the Recovery and Analysis of Branch Davidian Compound Victims: Techniques of Analysis." *Journal of Forensic Sciences* 40, no. 3 (May): 341–48.

Penney, D. G. 2000. *Carbon Monoxide Toxicity*. Boca Raton, FL: CRC Press.

———. 2008. *Carbon Monoxide Poisoning*. Boca Raton, FL: CRC Press.

———. 2010. "Hazards from Smoke and Irritants." In *Fire Toxicity*, ed. A. A. Stec and T. R. Hull. Boca Raton, FL: CRC Press.

Peterson, J. E., and R. D. Stewart. 1975. "Predicting the Carboxyhemoglobin Levels Resulting from Carbon Monoxide Exposure." *Journal of Applied Physiology* 39: 633–38.

Pope, E. J. 2007. "The Effects of Fire on Human Remains: Characteristics of Taphonomy and Trauma." PhD diss., University of Arkansas, Fayetteville, Arkansas.

Pope, E. J., and O. C. Smith. 2003. "Features of Preexisting Trauma and Burned Cranial Bone." Presentation lecture, American Academy of Forensic Sciences (AAFS) 55th Annual Meeting, Chicago, February 17–22.

———. 2004. "Identification of Traumatic Injury in Burned Cranial Bone: An Experimental Approach." *Journal of Forensic Sciences* 49 (3): 431–40.

Pope, E. J., O. C. Smith, and T. G. Huff. 2004. "Exploding Skulls and Other Myths about How the Human Body Burns." *Fire and Arson Investigator* (April): 23–28.

Purser, D.A. 2000. "Interactions among Carbon Monoxide, Hydrogen Cyanide, Low Oxygen Hypoxia, Carbon Dioxide, and Inhaled Irritant Gases." Chap. 7 in *Carbon Monoxide Toxicity*, ed. D. G. Penney. Boca Raton, FL: CRC Press.

———. 2001. "Human Tenability. The Technical Basis for Performance-Based Fire Regulations." Paper presented at the United Engineering Foundation Conference, January 7–11, San Diego, CA.

———. 2002. "Toxicity Assessment of Combustion Products." Chap. 2–6 in *SFPE Handbook of Fire Protection Engineering*, 3rd ed. Bethesda, MD: Society of Fire Protection Engineers.

———. 2008. "Assessment of Hazards to Occupants from Smoke, Toxic Gases and Heat." In *SFPE Handbook of Fire Protection Engineering*, 4th ed., ed. P. J. DiNenno, pt. 2, chap. 6, 96–193. Quincy, MA: National Fire Protection Association.

———. 2010. "Asphyxiant Components of Fire Effluents." Pp. 118–98 in *Fire Toxicity*. Boca Raton, FL: CRC Press.

Robinson, F. G., F. A. Rueggeberg, and P. E. Lockwood. 1998. "Thermal Stability of Direct Dental Esthetic Restorative Materials at Elevated Temperatures." *Journal of Forensic Sciences* 43, no. 6 (November): 1163–67.

Routley, J. G. 1995. "Three Firefighters Die in Pittsburgh House Fire, Pittsburgh, Pennsylvania." In *Major Fires Investigation Project*. Emmitsburg, PA: US Fire Administration.

Schmidt, C. W. 2008. "The Recovery and Study of Burned Human Teeth." Pp. 55–74 in *The Analysis of Burned Human Remains*, ed. C. W. Schmidt and S. A. Symes. New York: Academic Press.

SFPE. 2008. *SFPE Handbook of Fire Protection Engineering*. 4th ed. Quincy, MA: National Fire Protection Association, Society of Fire Protection Engineers.

Smith, O.B.C., and E. J. Pope. 2003. "Burning Extremities: Patterns of Arms, Legs, and Preexisting Trauma." Paper presented at the 55th Annual Meeting of the American Academy of Forensic Sciences, Chicago, IL.

Spitz, W. U., and D. J. Spitz, eds. 2006. *Spitz and Fisher's Medicolegal Investigation of Death: Guidelines for the Application of Pathology to Crime Investigation*, 4th ed. Springfield, IL: Charles C. Thomas.

Stoll, A. M., and L. C. Greene. 1959. "Relationship Between Pain and Tissue Damage Due to Thermal Radiation." *Journal of Applied Physiology* 14 (3): 373–82.

Suchard, J. R. 2006. "Motor-Vehicle Related Toxicology." *Topics in Emergency Medicine* 28, no. 1 (2006): 76–84.

Thali, M. J., K. Yen, T. Plattner, W. Schweitzer, P. Vock, C. Ozdoba, and R. Dirnhofer. 2002. "Charred Body: Virtual Autopsy with Multi-Slice Computed Tomography and Magnetic Resonance Imaging." *Journal of Forensic Science* 47 (6): 1326–31.

USN. 1955. "Field Study of Detectability of Colored Targets at Sea." *Medical Research Laboratory Report No. 265* (vol. 14, no. 5). New London, CT: US Naval Medical Research Laboratory.

单位换算

压强

1 atm = 101.3 kPa =14.7 psi = 760 mmHg = 406.7 inH_2O

1 psi = 0.068 atm = 6.89 kPa

1 bar= 100 kPa = 0.987 atm = 100kN/m^2

1 psi = 27.67 inH_2O = 51.7 mmHg = 70 mbar

1 mbar = 0.014 psi

1 kN/m^2 = 10 mbar = 0.14 psi

长度

1 ft= 0.3048 m

1 in= 25.4 mm

1 m = 39.6 in

面积

1 ft^2 = 0.092 m^2

1 m^2= 10.87 ft^2

体积

1 ft^3 = 0.028 m^3

1 m^3 = 35.7 ft^3

1 L = 61 in^3 = 0.001 m^3

1 fl oz = 30.2 cm^3

1 gal = 3.8 L

质量（重量）

1 kg= 2.2 ib

1 ib= 454.5 g

1 oz= 28.4 g

温度

1 ℉ = 5/9℃

℉ = (9/5℃) + 32

℃ = (℉ − 32) 5/9

℉R = (℉) + 460 （热力学温度）

K= (℃) + 273 （热力学温度）

能量

1 Btu = 1055J = 1.055 kJ= 252 cal

能量流量率

1 W = 1 J/s= 3.412 Btu/h

1 kW= 1000 J/s= 3412 Btu/h = 0.95 Btu/s

精选材料性能

表1 常见可燃气体的燃烧（爆炸）极限和自燃点

燃料	燃烧极限（空气中）		最低自燃点		最小点火能
	燃烧下限	燃烧上限	℃	℉	mJ
天然气	4.5	15	482～632	900～1170	0.25
商用丙烷	2.15	9.6	493～604	920～1120	0.25
商用丁烷	1.9	8.5	482～538	900～1000	0.25
乙炔	2.5	81[a]	305	581	0.02
氢气	4	75	500	932	0.01
氨气	16	25	651	1204	—
一氧化碳	12.5	74	609	1128	—
乙烯	2.7	36	490	914	0.07
环氧乙烯	3	100	429	8041	0.06

资料来源：NFPA.2003. Fire Protection Handbook.19th ed.Quincy,MA:National Fire Protection Association,Table8-9.2;and SFPE. 2008.SFPE Handbook of Fire Protection Engineering.4th ed.Quincy,MA: Society of Fire Protection Engineers and the National Fire Protection Association,Table3-18.1

[a] 高浓度可燃气体（高至100）也可以发生爆炸。

表2 部分可燃液体的闪点和燃点

可燃物	闪点（闭杯）*		闪点（开杯）		燃点	
	℃	℉	℃	℉	℃	℉
汽油（汽车用，低辛烷值）	-43	-45	—	—	—	—
汽油（100辛烷值）	-38	-38				
轻石油[a]	-29	-20				
JP-4（喷气式航空燃料）	-23～-1	-10～-30				
丙酮	-20	-4				
石油醚	＜-18	＜0				
苯	-11	-12				
甲苯	4	40				

可燃物	闪点（闭杯）*		闪点（开杯）		燃点	
	℃	℉	℃	℉	℃	℉
甲醇	11	52	1（13.5）[+]	34（56）	1（13.5）	34（56）
乙醇	12	54				
正辛烷	13	56				
松节油（松脂）	35	95				
燃油（煤油）	38	100				
矿物油	40	104				
正癸烷	46	115	52[++]	125	61.5[++]	143
2号燃油（柴油）	52（最低）[b]	126				
燃油（不确定）	—	—	133[a]	271	164[a]	327
航空煤油	43～66	110～150				
对二甲苯	25[$]	77[$]	29[$]	84[$]	—	—
JP-5（喷气式航空燃料）	66	151				

资料来源：*NFPA. 2001. Fire Protection Guide to Hazardous Materials. Quincy, MA: National Fire Protection Association, except as noted

[+] 采用火焰点火器的开杯实验测算出的最低值。括号中较高的值是电火花点火测得的数值。

资料来源：Glassman, I., and Dryer, F. L. 1980–1981. "Flame Spreading across Liquid Fuels." Fire Safety Journal 3: 123–38

[++]SFPE. 2008. SFPE Handbook of Fire Protection Engineering. 4th ed. Quincy, MA: NFPA, Table 2-8.5.

[$]www.ScienceLab.com, MSDS p-xylene, 2008.

[a] 用于打火机、野营炉和灯笼等消费产品燃料的各种轻质石油馏分的总称。

[b] 在许多司法管辖区，煤油的燃点是法规中规定的，当地法规中规定的燃点可能更高。

表3　部分常见可燃液体的最低自燃点、燃烧极限及相对密度

燃料	自燃点/℃	自燃点/℉	最小引燃能量/MJ	燃烧极限（20℃空气中）	相对密度
丙酮	465	869	1.15	2.6～12.8	0.8
苯	498	928	0.2	1.4～7.1	0.9
乙醚	160	320	—	1.9～36.0	0.7
乙醇（100%）	363	685	—	—	0.8
乙二醇	398	748	—	—	1.1
1号燃油（煤油）	210	410	—	—	
2号燃油	257	495	—	—	
汽油（低辛烷）	280	536	—	1.4～7.6	0.8
汽油（100辛烷）	456	853	—	1.5～7.6	0.8
喷气燃料（JP-6）	230	446	—	—	
亚麻籽油（沸腾）	206	403	—	—	

燃料	自燃点 /℃	自燃点 / ℉	最小引燃能量 /MJ	燃烧极限 （20℃空气中）	相对密度
甲醇	464	867	0.14	6.7 ~ 36.0	0.8
正戊烷	260	500	0.22	1.5 ~ 7.8	0.6
正己烷	225	437	0.24	1.2 ~ 7.5	0.7
正庚烷	204	399	0.24	—	0.7
正辛烷	206	403	—	1.0 ~ 7.0	0.7
正癸烷	210	410	—	—	0.7
石油醚	288	550	—	1.1 ~ 5.9	0.6
蒎烯（α）	255	491	—	—	0.6
松节油	253	488	—	—	< 1

资料来源：NFPA. 2001. Fire Protection Guide to Hazardous Materials. Quincy, MA: National Fire Protection Association; Turner, C. F., and J. W. McCreery. 1981. The Chemistry of Fire and Hazardous Materials. Boston: Allyn and Bacon

表4　火场常见物质的热力学特征

材料	热导率 k /[W/（m·K）]	密度 ρ /（kg/m³）	热容量 c_p /[J/（kg·K）]	热惯性 $k\rho c_p$ /[W²·s/（m⁴·K²）]
铜	387	8940	380	1.30×10^9
钢铁	45.8	7850	460	1.65×10^8
砖	0.69	1600	840	9.27×10^5
混凝土	0.8 ~ 1.4	1900 ~ 2300	880	2×10^6
玻璃	0.76	2700	840	1.72×10^6
石膏灰泥	0.48	1440	840	5.81×10^5
有机玻璃	0.19	1190	1420	3.21×10^5
橡木	0.17	800	2380	3.24×10^5
黄松	0.14	640	2850	2.55×10^5
石棉	0.15	577	1050	9.09×10^4
纤维板	0.041	229	2090	1.96×10^4
聚氨酯泡沫	0.034	20	1400	9.52×10^2
空气	0.026	1.1	1040	2.97×10^1

数据来源：Drysdale,2011,37

表5　常见引火源的热释放速率和燃烧时间

项目	典型热释放速率 /kW	典型燃烧时间 /s[a]	最大火焰高度 /mm	最大热通量 /（kW/m²）
完全干燥的 1.1g 香烟（置于固体表面，未抽吸）	0.005	1200	—	42
相对湿度 50% 的 1.1g 香烟（置于固体表面，未抽吸）	0.005	1200	—	35

项目		典型热释放速率 /kW	典型燃烧时间 /s[a]	最大火焰高度 /mm	最大热通量 / (kW/m²)
0.15g 乌洛托品片（六亚甲基四胺）		0.045	90		4
蜡烛（21mm，石蜡）*		0.075	—	42	70[b]
木垛，参照标准 BS 5852 第 2 部分	4 号木垛，8.5g	1	190		15[c]
	5 号木垛，17g	1.9	200		17[c]
	6 号木垛，60g	2.6	190		20[c]
	7 号木垛，126g	6.4	350		25[c]
揉皱的棕色午餐袋，6g		1.2	80		
揉皱的蜡纸，4.5g（攥紧实）		1.8	25		
双页折叠的报纸，22g，从底部引燃		4	100		
揉皱的蜡纸，4.5g（松弛状）		5.3	20		
揉皱的双页报纸，22g，从上部引燃		7.4	40		
展开的双页报纸，22g，从底部引燃		17	20		
聚乙烯废纸篓 285g，装有 12 个牛奶盒 390g		50	200[d]	550	35[e]
塑料垃圾袋（装着纤维垃圾，1.2～14kg）[f]		120～350	200[d]		
小软垫椅子		150～250	—	—	—
现代泡沫制软垫舒适椅		350～750	—	—	—
躺椅（PU 泡沫塑料，合成家具）		500～1000	—	—	—
混凝土上的汽油 2L，1m² 大小		1000	30～60	—	—
沙发		1000～3000	—	—	—

资料来源：V. Babrauskas and J. Krasny, Fire Behavior of Upholstered Furniture, NBS Monograph 173（Gaithersburg, MD: US Department of Commerce, National Bureau of Standards, 1985）

* 取自 S. E. Dillon and A. Hamins, "Ignition Propensity and Heat Flux Profiles of Candle Flames for Fire Investigation" in Proceedings: Fire and Materials 2003（London: Interscience Communications）, 363–76

[a] 明火的持续时间。

[b] 蜡烛中心处火焰上部外围的瞬时热通量 < 4kW/m²。

[c] 距离木垛 25mm 处测量。

[d] 总燃烧时间超过 1800s。

[e] 通过模拟燃烧器测得。

[f] 结果受填料密度影响很大。

术语

A

溯因推理（abductive reasoning）：对一种现象做出最为合理解释的过程。

热力学温度（absolute temperature）：用开尔文（K）或兰金刻度（R）表征的温度（NFPA，2017d，3.3.1）。

助燃剂（accelerant）：为点火或加速火势蔓延扩大，有意使用的可燃物或氧化剂，通常是易燃液体。

失火火灾（accidental fire）：是指非人的故意行为引起的火灾。这也包括正常用火时，因火势失控而造成的灾害；另外，因行为上的粗心大意而造成的火灾，无论以何种形式出现，都属于失火火灾，但要通过分析已掌握的证据信息来判断行为是否存在主观故意。（NFPA，2017，20.1.1）

绝热的（adiabatic）：达到温度和压力平衡的理想状况（Lightsey 和 Henderson, 1985）。

吸附（adsorption）：气体物质在固体基底表面的捕集作用。

环境（ambient）：某人或某物的周围状况，特指其所在位置的周边环境，例如：环境气氛和环境温度（NFPA 921，2017，3.3.5）。

环境温度（ambient temperature）：周围介质的温度，通常指建筑物所处的空气温度或设备运行所处的空气温度（NFPA, 2017c）。

退火（annealing）：因加热而引起的金属回火。

缺氧症（anoxia）：与缺氧有关的状态。

电弧（arc）：发生在间隙或通过类似炭化绝缘体介质过程中的高温发光放电现象。（NFPA，2017b，3.3.7）。

电弧故障路径图（arc-fault mapping）：为认定起火部位，分析火灾蔓延情况对电气线路布置、各组件的空间关系和电弧位置进行的综合分析（NFPA 921，2017，3.3.9）。

炭化路径电弧（或经炭电弧）（arc through char）：经由作为半导体介质的炭化材料（例如：炭化后的绝缘）产生的电弧（NFPA 921，2017，3.3.11）。

转化区域（area of transition）：野外火灾中火灾蔓延方向上的混合物

芳香族化合物（aromatics）：一种环状结构有机化合物，特征是电子在通常含有多个共轭双键的环状结构（如苯）中处于离域状态，从而使化学稳定性增强。（来源：韦氏词典，https://www.merriamwebster.com/dictionary/aromatic. 检索于 2017 年 4 月 26 日）

起火区域（area of origin）：火灾构成的一部分，一般位于火灾现场的火灾或爆炸的起点（NFPA 921，2017，3.3.12; 3.3.142）。

退火（annealing）：因热作用引起的金属内应力的损失。

放火罪（arson）：因恶意、故意或鲁莽引发火灾或爆炸的一种犯罪行为（NFPA，

2017，3.3.14)；任何蓄意或恶意焚烧或试图焚烧他人住宅、公共建筑、机动车、飞机或个人财产的行为，无论是否有诈骗意图（FBI，2010）。

原子（atom）：构成物质的最小粒子，既可以单独存在，也可以与氢原子结合。

自燃温度（自燃点，autoignition temperature）：在没有火花或火焰的条件下，可燃材料在空气中起火的最低温度（NFPA，2017b，3.3.15）。

B

回燃（backdraft）：受限空间内存在缺氧条件下不完全燃烧的产物，由于空气突然进入而发生的爆燃现象。

BLEVE："Boiling liquid expanding vapor explosion"首字母简写，指沸腾液体扩展蒸汽爆炸。

沸点（boiling point）：液体的蒸气压等于周围大气压时的温度。为了确定沸点，大气压应视为14.7psia（760mmHg或101.4kPa）。对于沸点不恒定的混合物，根据ASTM D86《常压下石油产品蒸馏的标准试验方法》得到的20%蒸馏点视为沸点（NFPA，2016b）。

破碎效能（brisance）：爆炸或爆炸品所具有的破碎效果或能量。

C

石膏板煅烧（calcination of gypsum）：在石膏制品（包括墙板）中发生的火灾效应，是由于暴露在热量中，失去游离水和化学结合水（NFPA，2017，3.3.24）。

量热法（calorimetry）：一种用来测量燃料总燃烧热的分析方法。

原因（cause）：在火灾或爆炸事故中，导致火灾或者爆炸发生、造成财产损失或人员伤亡的环境、条件和作用方式（NFPA，2017，3.3.26）。

死亡原因（cause of death）：引发一系列死亡事件的伤害或疾病。

顶棚射流（ceiling jet）：由于羽流撞击和流动的气体被迫水平移动，在水平表面（如天花板）下形成的相对较薄的流动热气层（NFPA，2017，3.3.26）。

纤维素的（cellulosic）：以天然糖聚合物为基体的。

炭化物质（char）：经过燃烧或热分解后，表面呈黑色的含碳材料。

炭化深度（char depth）：木质物体从表面开始发生热解或烧损的部分的测量厚度。

色谱法（chromatography）：基于两种物质在不同物理状态下（如气/液、液/固）的化学亲和性的不同，将化合物进行分离的化学过程。

清洁燃烧（clean burn）：在可燃层（如烟尘、油漆和纸张）烧掉后，在不可燃表面通常会出现明显可见的火灾作用。该现象也可能出现在由于表面温度过高而未能沉积烟尘的地方（NFPA，2017，3.3.31）。

可燃的（combustible）：可以发生燃烧的（NFPA，2017d，3.3.31）。

可燃液体（combustible liquid）：Ⅱ类为闪点在100℉（37.8℃）或以上，140℉（60℃）以下的任何液体。ⅢA类为闪点在140℉（60℃）或以上，但低于200℉（93℃）的任何液体。ⅢB类为闪点在200℉（93℃）或以上的任何液体（NFPA，2016c）。

燃烧效率（combustion efficiency）：物质的有效燃烧热与完全燃烧热的比值。

燃烧（combustion）：快速的氧化反应，产生热量，通常伴有光亮或火焰的一种化学过程（NFPA，2017，3.3.35）。

[译者注：国家标准《消防词汇》GB/T 5907.1—2014 中表述为：可燃物与氧化剂作用发生的放热反应，通常伴有火焰、发光和（或）烟气的现象。]

热传导（conduction）：物体内部或直接接触物体之间的热量传递过程。这种通过直接接触传递热能的方式，是由温差驱动分子和/或粒子产生运动而实现的（NFPA，2017，3.3.38）。

热对流（convection）：在气体或液体内，通过流动方式产生的热量传递方式（NFPA，2017d，3.3.39）。

犯罪构成（corpus delicti）：字面上讲是犯罪的本身。证明犯罪发生所需的基本构成要素。

龟裂（crazing）：高温玻璃因快速冷却产生的应力而引起的裂纹。

掩盖犯罪（动机）[crime concealment (motive)]：这类放火是为了掩盖主要犯罪活动而进行的次要或附带犯罪的活动。然而，在某些情况下，放火实际上可能是故意犯罪的一部分，比如报复。许多人错误地认为火灾会摧毁犯罪现场的所有物证。掩盖犯罪的放火类型包括谋杀、盗窃、隐藏和销毁记录或文件（NFPA，2017，24.4.93.5）。

证据链（保管链）[Chain of evidence (chain of custody)]：按时间顺序排列的文档或纸质记录，显示物证或电子证据的提取、保管、控制、转移、分析和处置过程。

树冠蔓延（crowning）：火在 2m 以上的树叶、针叶和细小可燃物的多孔排列中迅速蔓延。

煅烧（calcination）：高温作用于石膏板墙面等石膏制品，使其失去自由水和结合水而呈现出的火灾作用结果（NFPA，921，2017，3.3.24）。

D

数据（data）：作为讨论或做出决定的基础事实或信息（ASTM，1989）。

演绎推理（deductive reasoning）：根据已掌握的信息和资料，通过逻辑推理，得到最终结论的过程（NFPA，2017，3.3.42）。

爆燃（deflagration）：在未燃介质中，以小于音速速率传播的燃烧。

爆轰（detonation）：燃烧区以大于声速的速度在未燃区进行传播的现象。

双原子的（diatomic）：由两个原子组成的分子（NFPA，2013）。

滴落（drop-down）：通过燃烧材料的下落而使火灾蔓延。与倒塌同义（NFPA 921，2017，3.3.49）。

E

弹性体（elastomers）：具有弹性的纤维或材料。

爆炸（explosion）：潜在能量（化学和机械能）向动能的突然转化，伴随着高压气体的产生及释放，或仅是高压气体的释放。高压气体随后产生机械做功，如：移动、改变或抛出周围物品。

寻求刺激（动机）[excitement (motive)]：以寻求刺激为动机的放火者可能会享受实际放火或灭火行为所带来的兴奋感，也可能有被关注的心理需求。寻求刺激的罪犯通常是连环放火犯。这种放火犯一般在火灾发生时留在现场，并经常在现场应对火灾变化作出反应，或观看火灾和周围的活动。这些寻求刺激动机的放火者的目标范围从小的垃圾、草地到有人居住的建筑物（NFPA，2017，24.4.9.3.3）。

吸热反应（endothermic）：吸收热量的化学反应。

放热反应（exothermic）：伴有热量释放的反应或过程。

爆炸品（explosive）：任何具有爆炸功能的化合物、混合物或装置。

极端主义（动机）[extremism (motive)]：极端分子的放火动机是出于社会、政治或宗教事业的原因。自从有了革命，火一直被用作社会抗议的武器。极端主义的放火者可能是集体行动，也可能是个人行动。此外，由于计划方面的原因和对目标的选择，极端主义的放火者通常有很大程度的组织性，这反映在他们使用更复杂的点火或燃烧装置上。极端主义放火的子类别动机是制造恐怖主义和暴乱/内乱（NFPA，2017，24.4.9.3.7）

F

场模型（field model）：一种基于计算流体力学（computational fluid dynamics，CFD）技术，将房间划分成均匀的小网格或控制体，来对火灾现场环境进行分析评估的计算机火灾模型。计算机程序尝试预测每个网格内的工况参数，比如压力、温度、一氧化碳、氧气和烟尘产量。

火灾（fire）：一种快速氧化过程，此化学反应过程中，产生不同强度的光和热（NFPA，2017，3.3.66）。

起火原因（fire cause）：使可燃物、引火源和助燃物（如：空气或氧气）相互作用，导致火灾或爆炸发生，所需的环境、条件或作用机制（NFPA，2017，3.3.69）。

火灾动力学（fire dynamics）：研究化学、火灾科学、工程流体力学和传热学怎样影响火灾行为的科学（NFPA，2017，3.3.70）。

火灾作用（fire effects）：火灾引起的物质上可观察到的或可测量的变化（NFPA，2017，3.3.71）。

火灾危险性（fire hazard）：可能造成火灾或爆炸发生或者以提供可燃物的方式导致火灾或爆炸蔓延扩大，从而危害生命或财产安全的环境、工艺、物质或条件。[译者注：国家标准《消防词汇》GB/T 5907.1—2014 中有这样两个表述：火灾危害（fire hazard）即火灾所造成的不良后果。火灾危险（fire danger）即火灾危害和火灾风险的统称。国家标准《消防词汇》GB/T 5907.2—2015 中表述：火灾风险（fire risk）即发生火灾的概率及其后果的组合。注1：某个事件或场景的火灾风险是指该事件或场景的概率及其后果的组合，通常为概率和后果的乘积。注2：某个设计的火灾风险是指与该设计有关的所有事件或场景的概率及其后果的组合，通常为所有事件或场景风险的和。]

火灾调查（fire investigation）：认定火灾或爆炸的起火点、起火原因和发展蔓延情况的过程。[译者注：国家标准《消防词汇》GB/T 5907.4—2015 中表述为：火灾原因调查（fire cause investigation）即通过火灾现场实地勘验、现场询问和火灾物证技术鉴定等工作，分析认定火灾原因的活动。]

火灾调查人员（fire investigator）：经过认证的，拥有开展、协调和完成火灾调查所需的技能和知识的个人（NFPA，2014，3.3.7）。

火灾模型（fire model）：一种使用数学或计算机计算来描述与火灾发展相关的系统或过程的方法，包括火灾动力学、火灾蔓延、人员暴露以及火灾影响。可以将火灾模拟产生的结果与物理证据和目击者证据进行比较，以检验工作假设。

火灾痕迹（fire patterns）：由单个或多个火灾作用（fire effects）形成的可测量或可辨识的物质或形状变化（NFPA，2017，3.3.74）。

燃点（fire point）：当液体暴露于试验火焰中，液体被引燃并实现持续燃烧的最低温度。

火灾现场调查和重建（fire scene investigation and reconstruction）：火灾调查分析过程中，重构实体现场的过程，或者通过现场残留物的清理，还原火灾前现场物品及建筑构件位置关系的过程（NFPA，2017，3.3.76）。

火灾发展曲线（fire signature）：火灾发生时间与热放热速率的关系曲线，通常有四个阶段：初始引燃阶段、发展阶段、充分发展阶段和衰减阶段（前后对应）。

火灾蔓延（fire spread）：火从一个地方蔓延到另一个地方（NFPA，2017，3.3.78）。

火灾试验（fire testing）：一种为火灾现场收集的数据提供补充的工具，也可用于假设的检验。火灾试验的范围可以从小尺寸的试验到整个事件的全尺寸再现。

燃烧四面体（fire tetrahedron）：对燃烧的四要素（燃料、氧化剂、热量、不受抑制的连锁反应）的几何方法表示。

火焰（flame）：燃烧过程中所含气态物质的主体或气流，以辐射的方式传递热量，可燃物的燃烧反应决定着辐射波长。在多数情况下，部分能量辐射是人眼可见的。

火焰前锋（flame front）：促使燃烧区域扩展的火焰前端边界。[译者注：国家标准《消防词汇》GB/T 5907.2—2015 中这样表述：火焰前锋（flame front）即材料表面上气相燃烧区的外缘界面。]

阻燃性能（flame resistant）：本质上不可燃的材料，其化学结构具有阻燃性。

阻燃剂（flame retardant）：经过化学处理后在明火中缓慢燃烧或可自熄的材料。

滚燃（flameover, rollover）：在房间火的发展阶段，热烟气层被明火引燃的现象。此时，上部聚集的已燃区所释放的分解产物浓度已经达到或超过其着火下限。远离起火源的可燃物在没有被引燃或引燃之前有可能发生此种现象（NFPA，2017d，3.3.82）。

有焰燃烧（flaming combustion）：热解后产生的气态物质的燃烧。

易燃的（flammable）：能带火焰燃烧的（NFPA，2017，3.3.83）。

易燃液体（flammable liquid）：闭杯试验的闪点值不低于 37.8℃（100°F）的液体。（同见 3.3.85 可燃液体）（译者注：准确理解 combustible liquid，需与 flammable liquid 作对比，combustible liquid 是可燃液体，flammable liquid 则指易燃液体，二者以闭杯闪点温度 37.8℃为界，大于等于此温度，为可燃液体，小于此温度为易燃液体。需注意在使用中二者容易混淆，详见 NFPA 30。我国区分液体火灾危险性采用不同的分类方法，《建筑设计防火规范》GB 50016—2014 中将生产、储存物品的火灾危险性分为甲、乙、丙、丁、戊五类，其中液体的火灾危险性涉及三类，闪点小于 28℃为甲类，不小于 28℃但小于 60℃为乙类，不小于 60℃为丙类。这是我国消防领域常用的液体火灾危险性分类方式。）

燃烧区间（flammable range）：燃烧极限最高和最低值之间的浓度范围。

侧向蔓延（flanking）：火势方向与主蔓延方向成直角的蔓延。

闪燃（flash fire）：没有破坏压力产生，在分散相可燃物中火焰前锋迅速传播的一种火灾形式。

闪点（flash point）：在规定实验条件下，液体能够产生足量蒸汽，以支持在表面发生瞬间燃烧的最低温度。（译者注：国家标准《消防词汇》GB/T 5907.1—2014 中这样表述：在规定的试验条件下，可燃性液体或固体表面产生的蒸气在试验火焰作用下发生闪燃的最低温度。）

轰燃（flashover）：室内火灾中，在热辐射作用下，可燃物表面几乎同时达到着火温度，火势迅速在室内蔓延，造成整个室内或大部分空间开始燃烧，是室内火灾发展的一个临界状态。[译者注：轰燃（flashover）的发生，标志着室内火灾从初期发展阶段转变为全面燃烧阶段，对现场痕迹造成一定的干扰破坏。轰燃是痕迹分析时需要掌握的重要概念。在 NFPA 921 中，至少 50 次出现轰燃这个专业术语，并在 Chapter 6 Fire Patterns 火灾痕迹中，重点分析了轰燃前（pre-flashover）和轰燃后（post-flashover）对痕迹的影响，详细内容见 NFPA 921 Chapter 5 Basic Fire Science 5.10 Compartment Fire Development 以 及 Chapter 6 Fire Patterns 6.3.2 Causes of Fire Patterns。另注：国家标准《消防词汇》GB/T 5907.1—2014 中这样表述：轰燃（flashover）即某一空间内所有可燃物的表面全部卷入燃烧的瞬变过程。]

法庭科学（forensic science）：用于解释司法系统相关问题的应用科学（NFPA，2017，3.3.90）。

有效浓度分数（fractional effective concentration）：一种评估有毒烟气和燃烧产物对某客体影响的测量方法。有效浓度分数取决于火灾烟气中某种特定有毒成分的浓度和接触时间。

破碎（fragmentation）：炮弹、炸弹或手榴弹的外壳被炸药填充物的爆炸击碎的过程。

可燃物（fuel）：在特定环境条件下，可以持续燃烧的物质。{译者注：国家标准《消防词汇》GB/T 5907.1—2014 中这样表述：可燃物 [combustible（n）] 可以燃烧的物品。}

燃气（fuel gas）：用于供暖、冷却、烹饪等商业和居民用途的天然气、工业煤气、液化石油气和其他类似气体。

火灾荷载（fuel load）：在建筑、室内、过火区域中可燃物的总量，包括室内装饰装修材料，一般用热量单位或等效木材重量表示（NFPA 921，2017，3.3.93）。

[译者注：国家标准《消防词汇》GB/T 5907.1—2014 中这样表述：火灾荷载（fire load）即某一空间内所有物质（包括装修、装饰材料）的燃烧总热值。]

燃料控制燃烧（fuel-controlled fire）：在空气供给充足条件下，由可燃物数量、形状等可燃物特性控制热释放速率和增长速率的燃烧形式。

全室火灾（full room involvment）：在室内火灾中，整个房间都参与到不同强度的燃烧中（NFPA，2017d，3.3.95）。

家具量热仪（furniture calorimeter）：一种测量中尺寸燃料包燃烧产生的热量和热释放

速率的仪器。

保险丝（fuse）：在断路器可熔断部件中，用于防止过电流故障发生的装置，一旦通过的电流增大，将出现加热或熔断的现象（NFPA 70, 2014, Article 100）。

G

气体（gas）：一种没有固定的形状和体积的物质形态，可扩散充满其所在的容器或封闭空间，以形成固定的形状。

重影痕迹（ghost marks）：由瓷砖黏合剂的溶解和燃烧产生的地砖染色痕迹。

炽燃（glowing combustion）：固体物质产生的发光而没有可见火焰的燃烧现象（NFPA 2017d, 3.3.97）。[国家标准《消防词汇》GB/T 5907.1—2014 中表述为：无焰燃烧（flameless combustion）物质处于固体状态而没有火焰的燃烧。]

接地（ground）：电气线路或设备与大地之间进行导电连接，或与大地的等电位体进行导电连接（可以是有意连接，也可以是事故性连接）。

接地故障（ground fault）：非正常电流流经正常电路之外路径。如：（a）电流流经设备的接地导体；（b）电流流经与较低电位处（如：大地）连接的导电物质，而不流经电气接地系统（金属水管等）；（c）电流流经电气接地回路综合系统。

接地故障断路器（ground-fault circuit interrupter, GFCI）：为防止人员触碰到带电线路或部件，设置的保护装置，当流向大地的电流达到 A 级设备要求的值，且超过一定的时间后，将发生动作（NFPA, 70, 2014, Article 100）。

H

哈伯定律（Haber's rule）：假定一个人吸入的有毒气体剂量，等于该气体的浓度和接触时间的乘积。

危险品（hazard）：具有潜在危害的物质组合。

热量（heat）：以分子振动方式表现的一种能量形式，可以引发化学变化，改变物质状态。

热和火焰作用矢量（heat and flame vector）：在火灾现场中，用标绘箭头的方式，来表征受热、烟气流动和火焰作用方向。（译者注：加热和火焰作用矢量的相关内容出现在 NFPA 921 Chapter16 Documentation of the Investigation 调查记录中，是美国火灾调查过程中要求分析记录的一种重要方式。）

热通量（heat flux）：热量向物体表面传递速率的量度，一般用 kW/m^2 或 W/cm^2 来表示（NFPA, 2017d, 3.3.103）。

热层高度（heat horizon）：通过墙漆或墙面材料炭化、燃烧或变色痕迹所显现的热破坏界限（通常是水平的）。

燃烧热（heat of combustion）：在标准状况下，某种物质与氧发生完全燃烧时释放的总热量。

着火能量（heat of ignition）：引燃所需要的热能量。

热释放速率（heat release rate, HRR）：燃烧过程中产生热量的速率（NFPA 921, 2017, 3.3.105）。

传热学（heat transfer）：材料之间通过传导、对流和/或辐射火焰进行热能交换（NFPA，2017，3.3.106）。

高烈度炸药（high explosive）：在未反应介质中，反应的传播速率等于或大于声波在该介质中传播速率［通常为 1000 m/s（3000 ft/s）］的材料；或者能够维持爆轰发生的材料。

高烈度破坏（high-order damage）：一种压力快速上升或产生高强度效应的爆炸，其特征是会对封闭结构或容器产生破碎作用，并具有长距离的抛射作用。

高阻抗连接点（high-resistance connection）：传统电气组件和开关处，连接松动或接触不良呈现的状态，可能产生高温，并能够导致火灾发生。

高温板引燃/热表面引燃（hot-plate ignition /hot surface ignition）：液体燃料接触到金属试板时被点燃的温度。

热装置（hot set）：用明火（火柴或打火机）直接点燃可用燃料。

碳氢化合物（hydrocarbon）：完全由氢和碳组成的有机化合物。

假设（hypothesis）：为解释某些事实而提出的推测或猜想，并用作进一步调查的基础，用于证明或反驳（ASTM，1989）。

供氧不足（hypoxia）：氧气浓度较低时的状态。

I

可燃液体（ignitable liquid）：任何能引起火灾的液体或任何材料的液相，包括易燃液体、可燃液体或任何其他可液化和燃烧的材料（NFPA 921，2017，3.3.111）。

引燃（ignition）：触发独立稳定燃烧的过程。

引燃能量（ignition energy）：物质起火燃烧，需要吸收的热量值。

引燃温度（ignition temperature）：在特定实验条件下，物质着火需要达到的最低温度。

引燃时间（Ignition time）：自引火源作用到某种物质到该物质开始自行稳定燃烧所需的时间。

放火火灾（incendiary fire）：在不应发生火灾的区域或情况下故意引起的火灾（NFPA，2017，3.3.116）。

受火特征（indicators）：火灾热量、火焰和烟气引起的可见的（通常也可测量的）表面变化。

归纳推理（inductive logic or reasoning）：人们由特殊的具体事例推导出一般原理的过程。根据所见、所闻、所学、所知、所感、所悟的内容，建立各种假设推理的过程（NFPA，2017，3.3.117）。

无机物（inorganic）：来源或组成成分不是动植物材料的物质。

当事人（interested party）：自身利益与事故调查相关的，并享有法定权利和义务的个人、实体或单位，以及单位法定代表人。

膨胀型防火涂料（intumescent coating）：用于增加钢结构或其他材料耐火极限的涂料。正常条件下为油漆状，加热时膨胀，在钢结构周围形成隔热层（NFPA，2017d，7.5.1.4）。

碘值（iodine number）：用 100g 物质吸收的碘的值或当量卤素值来表示的物质（油或脂肪）的不饱和度（Merriam-Webster，2017）。

炭化等深线（isochar）：在图中将炭化深度相同的点连接而成的线。

J

工作职业要求（job performance requirement）：描述某项工作的任务、完成任务所需主要条款的清单，确定关于此项工作的可测量、可观察的产出及评估方法的说明（NFPA，2014，3.3.9）。

焦耳（joule）：热量、能量和做功的国际单位。1J为1A电流通过1Ω电阻时，每秒钟产生的热量；或者是在1N力作用下产生1m位移所做的功。1cal等于4.184J，1Btu等于1055J。1W等于1J/s。[NFPA，2017d，3.3.122；British Thermal Unit（Btu），3.3.22，Calorie，3.3.25]。

英国热量单位（British Thermal Unit, BTU）：在1atm、60°F条件下，1lb的水升高1°F需要的热量。1Btu等于1055J，1.55kJ，和252.15cal（NFPA，2017d，3.3.22）。

K

千瓦（kilowatt）：能量释放速率测量单位。

引燃温度（kindling temperature）：在特定实验条件下，物质着火需要达到的最低温度。

L

爬梯可燃物（ladder fuels）：地面凋落物和树冠之间的中等高度燃料。

逐层勘验（layering）：在火灾现场中，从顶层开始，逐层清理残留物，观察残留物间位置关系的一种系统勘验方法。

低烈度炸药（low explosive）：以爆燃或相对缓慢反应发展速度和较低压力为特征的炸药。常见的低烈度炸药包括无烟火药、闪光粉、固体火箭推进剂和黑火药。低烈度炸药是通过快速产生热反应气体的推动和抛出作用来实现其功能。

低烈度破坏（low-order damage）：一种压力上升缓慢或产生低强度效应的爆炸，其特征是会对封闭结构或容器产生移动或推动作用，并具有短距离的抛射作用。

M

死亡方式（manner of death）：死亡原因发生的方式或情况。

质谱法（mass spectrometry）：通过裂解有机分子并按大小将其分离的分析方法。

最初起火物（material first ignited）：在引火源的作用下，最先开始燃烧的可燃物；对于实际调查来说，应该明确可燃物的种类和形式。

物理爆炸（mechanical explosion）：当容器或管道内部气体或液体压力超过其抗拉强度时破裂所产生的爆炸。

动机（motive）：内在的驱动或冲动，是引起或促使某种特定行为的起因、原因或诱因（Rider，1980）。

N

环烷（naphthenics）：环烷烃衍生物或与环烷烃相关的物质。

天然纤维（natural fibers）：未经化学处理的动物或植物纤维。

排除认定（negative corpus）：是指逐个排除可能的原因，仅留下一个可能的原因而认定起火原因的过程。

中性线导体（neutral conductor）：连接到电气系统中性点的导体，其正常情况下是有电流通过的（NFPA 70，2014 ed，Article 100）。

不燃物质（noncombustible material）：在常用条件下，受到火焰或加热作用，无法被引燃，不发生燃烧，不支持燃烧，且不产生可燃气体的物质。

O

有气味的（odorant）：具有气味的。

欧姆（ohm）：电阻抗的国际单位，在直流电中，用于表征电阻（NFPA 921，2017，3.3.132）。

烯烃（olefinic）：具有烯烃特点或含有烯烃的化合物。

中性线断开（open neutral condition）：在美国 120/240V 民用低压配电系统中，中性线未与接地装置连接的状态（NFPA 70，2014，Article 100）。

意见（opinion）：根据事实和逻辑，做出的认定或判断，但没有完全证实其真实性（ASTM E1138-89，1989）。

有机的（organic）：本身是生物体或与生物体有关或源于生物体的。

起火部位（origin）：最先发生火灾或爆炸的大致区域（NFPA 921，2017，3.3.133，3.3.142，3.3.12，3.3.133）。

过电流（overcurrent）：过负荷、短路、接地故障等故障发生时，导致设备通过的电流超过其额定电流的情况。

清除余火（overhaul）：主体火灾被扑灭后，消防队最后开展的清扫余火的过程。此时，将扑灭火灾现场中所有余火（NFPA 921，2017，3.3.135）。

过负荷（overload）：设备运行超过其正常满负荷工作时的电流，此种情况持续一定时间后，可能造成过热破坏，具有引发火灾危险。过负荷并不是短路、接地等故障（NFPA 921，2017，3.3.136）。

氧化反应（oxidation）：以单质或化合物的形式与氧发生的反应。

P

石蜡族化合物（paraffinic）：具有石蜡或石蜡烃特征的化合物。

同行审查（peer review）：科学技术文件发表前，赞助单位筛选拨款申请前的一种正常审查程序。审查人员应该与报告结果无任何利害关系（NFPA，2017，4.6.3）。

物理危害性物质（physical hazard material）：是指一类化学品或物质，分为可燃液体、爆炸品、易燃制冷剂、易燃气体、易燃液体、易燃固体、有机过氧化物、氧化性物质、氧化性制冷剂、自燃物质、不稳定（反应性）或与水发生反应的物质。

引燃点火（piloted ignition）：气体物质通过与外部高能量源（如火焰、电火花、电弧或灼热的电线）接触的方式引起燃烧的过程。

引燃温度（piloted ignition temperature）：在特定实验条件下，物质着火需要达到的最低温度（NFPA，2017b，3.3.139，3.3.114）。

塑料（plastic）：可通过挤压、加热、拉伸或其他方法进行塑形，具有高分子量，种类繁多的自然或合成的有机材料。

起火点（point of origin）：在起火区域中，热源和最初起火物发生作用，造成火灾或爆炸发生的准确位置。

可能的（possible）：在这种确定性水平下，可以证明假设是可行的，但不能宣布为极可能（NFPA，2017，4.5.1）。

预混火焰（premixed flame）：燃烧之前，可燃物与助燃物已经混合，例如：实验室中的本生灯、各种燃气灶；流动速率、流动过程和化学反应相互之间的关系，决定着火焰传播速度。

极可能的（probable）：这种确定程度相比于假更倾向于真。在这种确定性水平下，假设为真的可能性大于50%（NFPA，2017，4.5.1）。

燃烧产物（products of combustion）：燃烧过程中产生的热量、气体、挥发的液体和固体、颗粒物、灰烬等。

牟利（动机）[profit（motive）]：为牟利而放火包括那些为物质或金钱利益而直接或间接放火的行为。直接收益可能来自保险欺诈、消除或威胁商业竞争、敲诈勒索、拆除不想要的建筑物以增加财产价值，或逃避财务责任（NFPA，2017，24.4.9.3.6）。

热解（pyrolysis）：在热量单独作用下，物质发生分解，或断裂为简单分子组分的过程；热分解往往发生在燃烧之前（NFPA，2017d，3.3.150）。

放火狂（pyromania）：临床诊断将这种疾病描述为：具有放火冲动的；一种以迷恋火灾和反复放火为特征的疾病。在此过程中，个体在放火前会有一种不断上升的主观紧张感，在放火时会感到满足或解脱。这类放火没有其他不可告人的动机（如金钱利益或政治意识形态的表达）（2016 ICD-10-CM Diagnosis Code F63.1 ICD-10-CM Medical Diagnosis Codes）。

自燃物（pyrophoric material）：接触氧气后能够自发着火的物质（NFPA，2017d，3.3.151）。

羽流（plume）：燃烧物体上方，由升起的热解气体、火焰和烟气形成的柱状体，也称为对流柱、热气流或者传热柱（NFPA 921，2017，3.3.141）。

R

辐射热（radiant heat）：通过电磁波方式传递的热量，该电磁波波长较可见光长，较无线电波短；辐射热（电磁辐射）将使所有吸收辐射的物体温度升高，特别是不透明的固态物体（NFPA，2017d，3.3.152）。

热释放速率（rate of heat release）：燃烧过程中产生热量的速率。

复燃（rekindle）：主体熄灭但不完全熄灭后又重新燃烧（NFPA，2017，3.3.155）。

必要知识（requisite knowledge）：执行某项任务必须具备的基本知识（NFPA，2014，3.3.10）。

必要技能（requisite skills）：执行某项工作所必须具备的基本技能（NFPA，2014，3.3.11）。

责任（responsibility）：个人或单位因造成火灾或爆炸、火势扩大、人员伤亡、财产损失等相关事件的发生，应当承担的责任。

报复（动机）[revenge（motive）]：以报复为动机的放火者会对一些真实的或感知到的不公进行报复。一个重要的方面是罪犯会感觉到不公正，其所感知到的不公正事件或情况可能发生于放火前数月或数年。报复动机的罪犯放火可能是精心策划的一次性事件，也可能是连续放火，很少会有或没有预先计划。连环罪犯可能将报复矛头指向个人、机构或整个社会（NFPA，2017，24.4.9.3.4.1）。

风险（risk）：可能发生的危害，用危害或损失的频率或严重程度的统计概率或定量预测表示。

喷射溢流火（rollout）：因燃气设备内燃料的外溢而导致的燃烧器火焰的外溢。

轰燃（rollover）：同轰燃（flameover）。

S

抢救财产（salvage）：通过移走或覆盖房间内物品而减少因烟气、水和天气所造成的财产损失的过程。

火灾现场（scene）：发生火灾或爆炸事故的一般位置（建筑、车辆、船只、设备的整个区域或部分区域），由于火灾现场中留存着各种破坏痕迹、残留物、证据、受害者和与火灾相关的危险（品），其对调查来说非常重要。

科学方法（scientific method）：用系统的方法获得相关知识，包括认识和定义问题，通过观察、实验、分析数据、建立假设，并对假设进行分析和检验。如果可能，最终确定唯一的假设（NFPA，2017，3.3.160）。

[译者注：如图3.3.160所示，科学方法（scientific method）是NFPA 921中提出的调查火灾和爆炸的方法步骤，无特殊情况，必须按照科学方法开展调查工作。在庭审过程中，调查人员是否按照科学方法开展调查是法官和律师重点审查的内容之一，如果没有按照科学方法开展调查，必须要在法庭中给出合理的理由，否则认为整个火灾调查过程存在问题。详细内容，请查阅NFPA 921第12章Legal consideration相关法律问题，以及美国职业化火灾调查人员培训教材Fire Investigator。]

爆炸中心（seat of explosion）：在某些爆炸的起点处形成的火山口状凹痕（NFPA 921，2017，3.3.161）。

自热（self-heating）：在特定条件下，在有些物质内部自发地发生放热反应，当放热速率足够大时，将导致物质温度升高（NFPA，2017b，3.3.164）。

自燃（self-ignition）：指由热作用引起的燃烧，而没有火花或火焰（NFPA，2017b，3.3.165）。

自燃点（self-ignition temperature）：由于物质的自热属性引起燃烧的最低温度（NFPA

921，2017，3.3.166）。

供电设施（service）：用于从供电侧到配电场所设备传输电流的导线和设备（NFPA 70，2014，Article 100）。

供电线路（service conductors）：由供电设施一端到供电设施未连接处的供电线路（NFPA 70，2014，Article 100）。

架空供电线路（overhead service conductors）：从供电设施处或连接起点处到房屋或其他建筑结构的进户端加在空中的导线（NFPA 70，2014，Article 100）。

埋地供电线路（underground service conductors）：从供电设施处或连接起点处到建筑墙内外配电箱、电表或其他壳体的埋地线路（NFPA 70，2014，Article 100）。

架空进户线（service drop）：配电系统和用电设施之间的架空线路（NFPA 70，2014，Article 100）。

短路（short circuit）：在正常回路中出现的小电阻的非正常连接（远远小于回路电阻）；此种情况属于过电流，而不是过负荷（NFPA，2017b，3.3.167）。

事发地点（site）：事故发生的实际地点，包括现场和与调查过程相关的周围环境。

烟气（smoke）：物质高温分解或燃烧时产生的固体和液体微粒、气体，连同夹带和混入的部分空气形成的混合产物。

烟气边界（smoke horizon）：墙面和窗户上的烟气沉积情况，可显现为墙面和窗户上发生烟气和烟灰着色（没有热破坏）的高度。

阴燃（smoldering）：一种没有火焰的燃烧，通常伴有发光和发烟现象（NFPA 921，2017，3.3.172）。

烟炱（soot）：火焰产生的黑色碳颗粒（NFPA 921，2017，3.3.173）。[国家标准《消防词汇》GB/T 5907.4—2015 中表述为：烟炱（soot）即有机物质不完全燃烧时所产生并沉积的微粒，主要是炭的微粒。]

剥落（spalling）：混凝土或砖石表面的剥落或坑蚀（NFPA，2017，3.3.174）。

火花（spark）：由于自身温度或在其表面上发生的燃烧过程，能够向外辐射能量的运动固体颗粒物（NFPA，2017b，3.3.175）。

相对密度（specific gravity）：气体或蒸气平均分子量与空气平均分子量之比（NFPA，2017d，3.3.176）。

证据损毁（spoliation）：在诉讼过程中，需要专人保管的，可作为证据的物品或文件出现损毁、丢失、变更的情况（NFPA 921，2017，3.3.178）。

自燃（spontaneous combustion）：指因自热而形成的一种特殊形式的阴燃，不涉及外部加热过程。材料内部的放热反应是导致起火燃烧的能量来源（NFPA 921，2017，5.7.4.1.1.5）。

自热（spontaneous heating）：不吸收外界热量，物质自身温度上升的过程（NFPA 921，2017，3.3.179）。

自燃（spontaneous ignition）：通过物质自身的化学或生物反应，产生足够热量而引起自身燃烧的现象。

自燃点（spontaneous ignition temperature，SIT）：可燃物在空气中，在无火花或火焰

作用的情况下发生着火的最低温度（NFPA 921，2014，3.3.15）。

斑点火灾（spot fires）：火灾是在离火的主体有一定距离的空中余烬引起的。

化学计量（stoichiometric）比：每种燃料 - 空气混合物燃烧效率最高的最佳比例。这个比例处于或接近于化学家所称的化学计量比。当空气量与燃料量平衡时（即燃烧后既没有多余的燃料也没有多余的空气），燃烧称为化学计量比燃烧。这种情况很少发生在火灾中，但某些类型的气体火灾除外（NFPA 921，2017，5.1.2.2；23.8.2.1.3）。

叠加效应（superposition）：两种及以上的燃烧或传热效应的叠加，这种现象会产生迷惑性的燃烧破坏痕迹。

灭火（suppression）：从发现火灾开始，为熄灭火灾所采取的一切行动（NFPA 921，2017，3.3.181）。

疑似放火火灾（suspicious）：火灾原因尚未确定，但有迹象表明，火灾是放火火灾，所有意外火灾原因均已排除。

合成材料（synthetic）：非天然的材料或化学品，尤指纺织纤维。

合成纤维（synthetic fibers）：经过化学处理的人造纤维。

T

被引燃物（target fuel）：因火焰、热烟气等的热辐射作用被引燃的可燃物。

技术专家（technical expert）：在机械操作、应用科学或相关工艺方面，受过教育、训练或具备经验的人（ASTM，1989）。

温度（temperature）：通过热电偶或类似设备，测量的物体对热的敏感程度（NFPA 921，2017，3.3.183）。

逃生能力（tenability）：火灾中可能造成伤害的分析，主要依据：（1）引火源、热释放速率、燃烧产物产生速率的分析；（2）处于伤害环境中的现场人员；（3）受到伤害作用人员的反应。

羽流（thermal column）：见 3.3.141 羽流（plume）（NFPA 921，2017，3.3.184）。

高温切断装置（thermal cutoff，TCO）：一种电气安全装置，当暴露于热环境温度达到特定值时切断电路电流。

热膨胀（thermal expansion）：随着温度的升高，物体的长度、体积、表面积增加（NFPA 921，2017，3.3.185）。

热惯性（thermal inertia）：表征材料受热时表面温升速率的特性参数，热惯性与材料的导热系数、密度和热容有关（NFPA，2017d，3.3.186）。

热保护装置（thermal protection device）：设备内部防止电流或外界高温引起过热的装置，对设备起到保护作用，避免过负荷或无法启动造成过热出现（NFPA 70，2014，Article 100）。

热失控（thermal runaway）：当材料反应产生的热量超过向环境散失的热量时，所形成的一种不稳定状态。此时温度上升很快，体系不能处于稳定的状态（NFPA，2017d，5.7.4.1.3）。

热动力学（thermodynamics）：研究热和其他能量形式相互关系的学科，是物理学的一个分支（NFPA 921，2017，3.3.187）。

测温学（thermometry）：与温度测量相关的技术、方法和实践的研究（NFPA 921，2017，3.3.188）。

热塑性塑料（thermoplastic）：受热后出现软化变形，呈流淌状态的塑料（NFPA 921，2017，3.3.189）。

热固性塑料（thermoset plastics）：加工过程中一次加工成型，一般情况下，受热不会发生软化变形；在火灾中往往发生炭化（NFPA 921，2017，3.3.190）。

热固性树脂（thermosetting resin）：在加热时发生分解或降解而不是熔融的聚合物。

时间轴（time line）：按照时间先后顺序，呈现火灾事故中事件关系的几何图形（NFPA 921，2017，3.3.191）。

完全烧毁（total burn）：可燃物持续燃烧，直至烧完大部分可燃物，由于缺少可燃物而熄灭的火灾现场，或者燃烧导致火灾荷载降低，且灭火剂充足，从而扑灭火灾的火灾现场（NFPA 921，2017，3.3.192）。

导火物（trailer）：故意造成火势加速蔓延，使用的固体或液体可燃物（NFPA 921，2017，3.3.193）。

沟槽效应（trench effect）：一种现象，也被称为康达效应，在这种现象中，快速移动的气流倾向于朝着或沿着附近的表面移动。

热塑性塑料（thermoplastics）：在不发生化学降解的情况下，能够熔融和并且在冷却后再凝固的有机材料。

U

无约束蒸气云爆炸（unconfined vapor cloud explosion，UCVE）：易燃蒸气泄漏后与空气混合后形成的易燃蒸气云团。引燃后能够产生高速传播的火焰和明显的爆炸超压[American Institute of Chemical Engineers（AIChE），Glossary of Terms，2017]。

原因不明火灾（undetermined fire cause）：最终结论只是达到了认定此结论的数据质量要求。如果此结论的确定度只是可能或怀疑，起火原因未被解决，类别应被划为原因不明。调查中或依据分析建立假设时，关于数据的确定度的这种认定，与调查人员密切相关。

原因不明（undetermined）：火灾调查所获得的证据，仅能达到可能、怀疑这一结论，火灾原因应该列为原因不明（NFPA，2017，19.7.4）。

配电系统（utility services）：将电力从供电系统输送至用户端设备的输电装置和设备。

V

蓄意破坏（动机）[vandalism（motive）]：蓄意放火被定义为造成财产损失的恶意放火行为。常见的目标包括教育设施和废弃的建筑，但也包括垃圾和草地。蓄意破坏放火类别包括蓄意和恶意的破坏财产的行为以及制造群体恐慌（NFPA，2017，24.4.9.3.2）。

蒸气（vapor）：物质的气相状态，特别是常温下通常为固体或液体的物质的气相状态（NFPA 921，2017，3.3.196；3.3.96，Gas）。

气体密度（vapor density）：气体或蒸气相对于空气的重量，其参考值为1。如果气体的蒸气密度小于1，它在空气中通常会上升；如果蒸气密度大于1，气体通常会在空气中下沉。

通风口（vent）：气体、烟气、烟雾等气体通过或消散的通道（NFPA，2017，3.3.198）。

通风（ventilation）：空间内通过自然风、对流或者风机使空气进入或废气排出建筑物的过程；通过打开门窗或房顶开洞的方式，将烟气和热量导出建筑的灭火方法（NFPA，2017，3.3.199）。

通风控制火灾（ventilation-controlled fire）：火灾中的热释放速率和增长速度，由火灾中空气供给量决定的火灾类型。

排烟（venting）：烟雾和热量通过建筑物的开口逸出（NFPA，2017，3.3.201）。

验证和确认（verification and validation，V&V）：确定火灾模型的可接受用途，适用性和局限性的过程。验证过程用来确定模型准确代表开发人员的概念描述。确认过程能够确定模型符合实际，并且能够重现感兴趣的现象（Salley 和 Kassawar，2007g）。

挥发物（volatile）：低沸点液体（通常低于20℃），容易蒸发成蒸气状态。

伏特（volt）：电压（电势）的单位，用 E 表征。1A 电流通过 1Ω 电阻时，所需的电势差。

额定电压（nominal voltage）：为了注明电气线路或系统的常用电压等级，标注的正常运行值（例如：120/240V；480/277V；600V）。

W

瓦（watt，W）：功率单位，做功的速率，等于 1J/s，或 1A 电流在 1V 电压下做的功（NFPA 921，2017，3.3.203）。

Z

区域模型（zone models）：一种计算机火灾模型，假设一个房间或维护结构中的火灾可以用两个独立的区域（即上下区域或层）来描述，并且可以预测每个区域内的情况。区域模型使用一组差分方程来求解每个区域的条件，如：例如，压力、温度、一氧化碳、氧气和烟炱的产生。